Hinweise zur Benutzung

Liebe Vogelbeobachterin, lieber Vogelbeobachter,

zunächst erst einmal ganz herzlichen Dank dafür, dass Sie dieses Buch erworben haben! Damit Sie es optimal nutzen können, möchten wir Ihnen dessen Aufbau ganz kurz erläutern:

Eine Übersicht aller in diesem Band enthaltenen Bundesländer auf Seite 6 führt Sie jeweils zu einer Übersichtskarte der Region mit den eingezeichneten, nummerierten Beobachtungstipp sowie zu einem Inhaltsverzeichnis aller Plätze in diesem Bundesland. So können Sie schnell unc unkompliziert die Beobachtungsplätze in Ihrer Nähe oder der gewünschten Gegend finden. Soweit möglich haben unsere Autorinnen und Autoren neben Ansprechpartnern vor Ort auch Übernachtungsmöglichkeiten recherchiert. Im Informationsteil, am Schluss jedes Artikels, finden Sie, neben Tipps zur Anreise mit öffentlichen Verkehrsmitteln, auch die GPS-Daten, die Sie entweder unmittelbar zum Beobachtungsplatz, zu Sehenswürdigkeiten oder in den nächstgelegenen Ort führen.

Die Autorinnen und Autoren der Beiträge widmen sich ganz bewusst den besonderen Vogelarten in den jeweiligen Beobachtungsgebieten. Das bedeutet, dass "Allerweltsarten", wie sie fast überall vorkommen, hier keine Erwähnung finden, sofern sie im jeweiligen Beobachtungsgebiet nicht selbst als Besonderheit zu werten sind.

Eine praktische Orientierung ermöglicht die Tabelle ab Seite 475. Diese sagt Ihnen nämlich, wo Sie welche besonderen Arten antreffen können – die passende Jahreszeit natürlich vorausgesetzt! Sie ist nach deutschen Artnamen aufgebaut. Wer nach wissenschaftlichen Namen sucht, findet ab Seite 483 ein entsprechendes Verzeichnis. Und ab Seite 486 gibt es eine alphabetische Übersicht über alle in diesem Band enthaltenen Beobachtungsplätze.

Abschließend eine Bitte: Obwohl wir kurz vor Redaktionsschluss noch einmal alle Daten und Informationen abgefragt haben, kann sich jederzeit etwas ändern. Bitte teilen Sie uns mit, wenn Sie vor Ort feststellen, dass eine Information nicht mehr zutrifft, damit wir dies bei der nächsten Auflage berücksichtigen können. Hier die Kontaktadresse: Redaktion „Der Falke", AULA-Verlag GmbH, Industriepark 3, 56291 Wiebelsheim, E-Mail: beobachtungsplaetze@aula-verlag.de

Viel Spaß und Erfolg bei Ihrer Beobachtungstour wünscht Ihnen

Ihre
FALKE-Redaktion

Empfehlenswerte Vogelbeobachtungsplätze in Deutschland

104 Hotspots zwischen Flensburg, Osnabrück und Cottbus

bearbeitet von
Thomas Brandt, Cordula Jülch, Kilian Wasmer, Felix Weiß, Christopher König, Christoph Moning, Christian Wagner, Till Jonas Linke, Andrea Maier, Robin Maares

zusammengestellt von der Falke-Redaktion

AULA Verlag, Wiebelsheim

Die Angaben in diesem Buch sind von den Autorinnen und Autoren sowie dem Verlag sorgfältig erwogen und geprüft, dennoch kann keine Garantie übernommen werden. Eine Haftung der Autorinnen und Autoren sowie des Verlags und seiner Beauftragten für Personen-, Sach- und Vermögensschäden ist ausgeschlossen.

Bibliografische Information der Deutschen Nationalbibliothek
Die Deutsche Nationalbibliothek verzeichnet diese Publikation in der Deutschen Nationalbibliografie; detaillierte bibliografische Daten sind im Internet über http://dnb.d-nb.de abrufbar.

Die Vorauflage erschien unter dem Titel "Die 100 besten Vogelbeobachtungsplätze in Deutschland".

www.aula-verlag.de

Umschlagabbildungen: U1: Adobe Stock (fotoman1962 (o. l.), Creatureart (o. m.), HandmadePictures (o. r.), doris oberfranken-list (Hintergrund), pawle (Person), pusteflower9024 (Schild))
Druck und Verarbeitung: Plump Druck & Medien GmbH, Rheinbreitbach
Printed in Germany/Imprimé en Allemagne
ISBN 978-3-89104-866-5

Inhaltsverzeichnis

Übersicht nach Bundesländern

Tipp Nr.	Beobachtungsplatz
1	Das Niedervieland S. 8
2	Der Bürgerpark S. 12
3	Die große Luneplatte S. 16
4	Die Borgfelder Wümmelwiesen S. 21

Ein Beobachtungsturm südlich der Ortschaft Strom bietet einen hervorragenden Blick in das NSG Ochtumniederung bei Brokhuchting. Foto: T. Brandt, Mai 2007.

Das Niedervieland

Wiesenvögel zwischen Weser und Ochtum

Am westlichen Stadtrand Bremens liegt südlich der Weser und der Ortschaft Seehausen ein großes Marschgebiet, das Niedervieland. Im Süden wird es durch die Niederung des Flusses Ochtum begrenzt. Früher bestand das Gebiet fast ausschließlich aus feuchtem und nassem Grünland und war von den typischen Wiesenvögeln dicht besiedelt. Im Verlauf der letzten Jahrzehnte wandelte sich die Landschaft zunehmend. Bereits 1962 entstand im Nordosten des Gebietes der Neustädter Hafen, Schlick wurde auf Spülpolder gepumpt, die Landwirtschaft intensiviert und ein riesiges Güterverkehrszentrum wurde mitten in das Gebiet gebaut. Heute leben typische Wiesenvögel vor allem in den (meist als Ausgleichsmaßnahmen) angelegten Poldern und im vom Bund für Umwelt- und Naturschutz (BUND) betreuten Naturschutzgebiet Ochtumniederung bei Brokhuchting. Eine 1130 Hektar große Teilfläche des Niedervielandes ist seit 1995 als EU-Vogelschutzgebiet geschützt. Die für Vogelbeobachter heute noch interessanten Flächen liegen im Norden an der Weser und im Süden an der Ochtum, also an den Rändern des Niedervielandes. Sie sind einfach zu erreichen, gut einsehbar und bieten dem Beobachter eine ideale Gelegenheit, typische Vögel der Marsch kennenzulernen.

Lebensräume

Das trotz der zahlreichen Eingriffe immer noch vergleichsweise großflächig vorhandene Grünland macht den Kern des Gebietes aus. Die Wiesen werden unterschiedlich intensiv genutzt und sind unterschiedlich wertvoll. Wichtige Vogellebensräume liegen an der Peripherie des Niedervielandes. Im Uhrzeigersinn beschreiben wir sie kurz.

Im Norden liegt zwischen dem Neustädter Hafen im Osten und Seehausen im Westen wesernah ein Überschwemmungspolder mit einigen Flachgewässern und einer weitgehend sich selbst überlassenen Weichholzaue.

Westlich von Seehausen liegen zwischen der Ochtummündung (mit Sperrwerk) und der Weser zwei Polder mit unterschiedlicher Wasserführung. Der wesernahe, 25 Hektar große Vorder- und Hinterwerder führt ganzjährig, aber tidenabhängig Wasser und hat einen Überlauf zur Weser. An den Ufern wachsen Röhrichte. Auf der anderen Seite des Deiches zieht sich der zweite Polder, der 26 Hektar große Duntzenwerder, am rechten Ufer der Ochtum entlang. Er wird ab Mitte November für Wasservögel überflutet. Das Wasser wird im Frühjahr abgelassen, das Grünland anschließend extensiv nach Vorgaben des Naturschutzes von Rindern beweidet. Im Mai stehen noch große Teile der Fläche unter Wasser und sind daher ein wichtiges Rastgebiet für durchziehende Limikolen und Enten. Westlich des Ochtum-Sperrwerks (hier brüten Stare in den Spundwänden) ist auf einem ehemaligen Spülfeld, dem Ochtumsand, ein Gehölzbestand aufgewachsen. Daneben liegen noch zwei weitere Gewässer, ein ehemaliges Spülfeld und ein Altarm der Ochtum.

Im Südosten des Gebietes erstreckt sich am linken Ufer (südlich) der Ochtum das 375 ha große und erst 1998 aus-

Blaukehlchen sind im Niedervieland häufige Brutvögel. Bis zu 200 Paare brüteten dort in den vergangenen Jahren. Foto: Marcel Hesse.

gewiesene NSG Ochtumniederung bei Brokhuchting. Hierbei handelt es sich um ein besonders hochwertiges Wiesenvogelschutzgebiet, das als Ausgleichsmaßnahme für Gewerbeansiedlungen und für das Bremer Güterverkehrszentrum angelegt wurde. Es ist im Winter stellenweise lange überflutet. Das Wasser wird wie im Ochtumpolder spät abgelassen, sodass die nassen Flächen ein ideales Brutgebiet für Wiesenvögel sind. Von den knapp 15 Uferschnepfenpaaren im Niedervieland (Stand 2007) brüten rund 10 in diesem NSG. Neben den feuchten und nassen Grünlandflächen werden hier auch Feuchtbrachen, Röhrichte und Gehölze geschützt. Das Gebiet durchfließt die 1990 naturnah verlegte Ochtum. Ihre Ufer sind streckenweise mit Gehölzen bewachsen.

In der Nähe des Neustädter Hafens und am Rande des Güterverkehrszentrums liegen große Brachflächen, die teils auf ehemaligen Spülflächen wachsen. Diese Brachen sind u.a. wichtige Brutplätze von Blaukehlchen und Schilfrohrsänger.

Gräben durchziehen das gesamte Niedervieland und sind heute wichtige Lebensräume für Vogelarten, wie z.B. Teichhuhn, Löffel- und Knäkente. In

Typische Vogelarten im Niedervieland, deren Status und günstige Beobachtungszeit (in Klammern)
h = häufiger, r = regelmäßiger, s = seltener, J = Jahresvogel, B = Brutvogel, W= Wintergast, D = Durchzügler, N = Nahrungsgast
Schwerpunktgebiete (wenn relevant): *= NSG Ochtumniederung bei Brokhuchting, **= Polder Vorder- und Hinterwerder, Duntzenwerder, *** = Überschwemmungspolder östlich Seehausen

Art	Status (beste Beobachtungszeit)
Austernfischer	rB (März – Juli)
Bartmeise	sB, sW (ganzjährig)
Bekassine *	hB (März – Sept.)
Beutelmeise	rB (April – Aug.)
Blaukehlchen	hB (April – Aug)
Blässgans	rW (Nov. – März)
Brandgans	rB, hD (ganzjährig)
Braunkehlchen	rB (Mai – Sept.)
Bruchwasserläufer	hD (Mai, Juli – Aug.)
Drosselrohrsänger***	sB (Mai – Juli)
Dunkler Wasserläufer	rD (April – Mai, Aug. – Sept.)
Feldschwirl	hB (Mai – Juni)
Flussregenpfeifer	rB (April – Sept.)
Flussseeschwalbe	rD, rN (April – Sept.)
Graugans	rB (ganzjährig)
Großer Brachvogel	rB, rD (März – Nov.)
Grünschenkel	rD (April – Mai, Aug.)
Gänsesäger	rW (Nov. – März)
Haubentaucher	rB, rW (ganzjährig)
Kampfläufer	hD (März – April)
Kiebitz	hB, hD, rW (ganzjährig)
Knäkente	rB (März – Aug.)
Kornweihe	rW (Nov – März)
Krickente	sB, hD (ganzjährig)
Löffelente	hB, hD (März – Nov.)
Nachtigall	rB (April – Aug.)
Pfeifente	hW (Nov. – März)
Rebhuhn	rB (ganzjährig)
Rohrdommel	sW (Okt. – März)

Art	Status (beste Beobachtungszeit)
Rohrweihe	rB (April – Aug.)
Rotschenkel	hB, (März – Juli)
Schilfrohrsänger	hB (Mai – Aug.)
Schnatterente	rB, hW (ganzjährig)
Schwarzhalstaucher ***	sB (März – Sept.)
Schwarzkehlchen	hB (April – Sept.)
Silberreiher	rW (Sept. – April)
Singschwan**	sW (Nov. – März)
Spießente *	rD (März – April)
Steinschmätzer	sB, hD (Mai, Sept.)
Sumpfrohrsänger	hB (Mai – Aug.)
Säbelschnäbler	rD (Apri – Mai, Sept.)
Teichrohrsänger	hB (April – Aug.)
Temminckstrandläufer **	rD (Mai)
Trauerseeschwalbe	rD (Mai, Aug – Sept.)
Tüpfelsumpfhuhn	sB (April – Juni)
Uferschnepfe *	rB (März – Juni)
Wachtel	sB (Mai – Juli)
Wachtelkönig	sB (Mai – Juli)
Wasserralle	rB (März – Aug.)
Weißstorch	rB (April – Aug.)
Weißwangengans**	sW (Nov. – April)
Wiesenpieper	hB, hD (ganzjährig)
Wiesenschafstelze	hB (April – Sept.)
Zwergmöwe	rD (Mai)
Zwergschwan**	rW (Nov. – März)
Zwergsäger	sW (Nov. – März)
Zwergtaucher	rB, rW (ganzjährig)

Rohrweihen (hier ein Männchen) sind im Niedervieland von April bis August regelmäßig zu sehen. Foto: M. Hesse.

Teilen des Gebietes wachsen kleinflächige Röhrichte und Gehölzbestände.

Besondere Vogelarten

Das Niedervieland zeichnet sich vor allem durch das Vorkommen selten gewordener Wiesenvögel aus. Uferschnepfen, Rotschenkel, Austernfischer und Bekassinen brüten dort in kleinen Beständen. Häufiger sind Kiebitze und Schafstelzen. Auf schlammigen Flächen brüten auch Flussregenpfeifer. 2007 gab es im Niedervieland sechs besetzte Weißstorchnester. Unter den Entenvögeln sind Graugänse, Reiher-, Schnatter-, Knäk-, Löffelente, Grau- und Brandgans häufige Brutvögel, die Krickente ist dagegen seltener. In den Wiesen rufen Wachteln und Wachtelkönige in jährlich schwankender Zahl. Tüpfelsumpfhühner sind in den meisten Jahren im Überschwemmungspolder an der Senator-Apelt-Straße und in den überstauten Grünlandflächen zu hören. Hier gab es bis 2006 auch eine kleine Lachmöwenkolonie und in den letzten Jahren brüteten immer auch mindestens ein Schwarzhalstaucherpaar. Drosselrohrsänger und Rohrschwirl ließen sich in den letzten Jahren als Brutvögel festgestellen. Nachtigallen und Gelbspötter singen in den meisten Gehölzbeständen, Blaukehlchen (über 200 Paare im Niedervieland!), Schilf- und Teichrohrsänger sowie Feldschwirle besiedeln selbst kleinflächige Röhrichte. In den größeren Röhrichten leben einige wenige Bartmeisenpaare, z. B. am Polder Vorder- und Hinterwerder.

Auf dem Durchzug kann man so ziemlich alle Wat- und Wasservogelarten erwarten, die das Binnenland queren. Gut zu sehen sind vor allem Limikolen, die die flach überstauten Wiesen zur Nahrungssuche nutzen. Kampfläufer und Bruchwasserläufer sind häufig, Säbelschnäbler, Grünschenkel und Dunkler Wasserläufer regelmäßige Durchzügler. Ebenfalls regelmäßige Durchzügler in den Überschwemmungsgebieten sind Trauer- und Flussseeschwalben sowie Zwergmöwen. Im Winter, wenn die Polder angestaut sind, rasten regelmäßig Zwergschwäne und Blässgänse sowie Gänsesäger im Gebiet, seltener Singschwäne, Weißwangengänse und Zwergsäger.

Reisezeit

Das Niedervieland ist ganzjährig ein gutes Reiseziel. Am eindrucksvollsten wird ein Besuch im Frühling sein, wenn die Rufe der Wiesenvögel die Akustik der Polder bestimmen und auf den überschwemmten Wiesen viele Löffel-, Pfeif- und Spießenten rasten. Die Schwarzhalstaucher treffen im April ein. Der Mai ist der Monat der späten Zugvögel. Neben einem breiten Spektrum an Limikolen ziehen auch viele Braunkehlchen und Steinschmätzer durch. Regelmäßig suchen Trauerseeschwalben und Zwergmöwen die Polder auf. Wintergäste wie Zwergschwäne und Blässgänse treffen zumeist im November ein und bleiben bis März im Gebiet.

Beobachtungsmöglichkeiten

Den Überschwemmungspolder im Norden kann man am besten vom südwestlich angrenzenden Deich an der Senator-Apelt-Straße einsehen. In der Mitte führt ein Weg von der Senator-Apelt-Straße in das Gebiet.

Die beiden Polder Vorder- und Hinterwerder sowie Duntzenwerder im Westen sind ebenfalls von den Deichen aus sehr gut und vollständig einsehbar. Ein Spektiv ist sehr hilfreich.

Wirklich gut zu überblicken ist das Naturschutzgebiet Ochtumniederung bei Brokhuchting von einer Beobachtungsplattform an der Brokhuchtinger Landstraße (siehe Karte). Die im Frühling noch sehr nassen Flächen sollte man vormittags (Rückenlicht) aufsuchen. Kiebitze, Uferschnepfen, Rotschenkel, Bekassinen, Blaukehlchen und Schilfrohrsänger brüten in Nähe der Plattform. Den östlichen Teil des NSG erreicht man von hier aus über die Ortschaft Huchting (siehe Infotafel an der Beobachtungsplattform) oder von Bremen aus über den Wardamm (von der Senator-Apelt-Straße links abbiegen).

Inmitten der sich an der Stromer Landstraße entlangziehenden Ortschaft

An der Senator-Apelt-Straße liegen zwischen Weser und Güterverkehrszentrum der Überschwemmungspolder, kleinere Feuchtgebiete und Brachen. Foto: T. Brandt.

GPS		
Strom (Ortsmitte)	53°04'36.36" N	8°43'24.65" O
Huchting (Ortsmitte)	53°03'27.92" N	8°43'24.65" O

Strom, nicht weit entfernt von der Ochtumbrücke, ist ein Weißstorchnest auf einer großen Eiche – ein hübsches Fotomotiv. Gegenüber dem Weißstorchnest auf der anderen Straßenseite brüten regelmäßig mehrere Graureiher.

Weitere Beobachtungs- und Freizeitmöglichkeiten

Wer einen Eindruck von alten Tiefland-Eichenwäldern mit Jahrhunderte alten Eichen gewinnen und zusätzlich zu den Wiesenvogelgemeinschaften eine ganz andere Vogelfauna kennenlernen möchte, der sollte den Hasbruch westlich Delmenhorst und südlich von Hude besuchen. Hier sind vor allem im Spätwinter bzw. im zeitigen Frühling Mittelspechte und Grünspechte zu sehen. Das Gebiet erreicht man über die Autobahn 28, Abfahrt Hude (Nr. 18). Von hier aus Richtung Hude fahren und nach etwa 4 km rechts in den Hasbruch einbiegen. Ein guter Ausgangsort ist das Forsthaus (Infotafel mit Karte vor Ort).

Weitere großflächige bremische Grünlandgebiete sind das Hollerland, die Borgfelder Wümmewiesen im Nordosten der Hansestadt und das Blockland im Nordwesten.

Thomas Brandt, Cordula Jülch, Kilian Wasmer

Infomaterial/Literatur

Dahle, W. (Hrsg., 2001): Im Land der Moore und Deiche, Ausflüge links und rechts der Weser. Ein Reise- und Lesebuch. Edition Temmen, Bremen.

Handke, K. (1995): Brutvogelbestandsentwicklung in einem Feuchtgrünlandgebiet der Wesermarsch. Falke 42: 22–28.

Handke, K. (1996): Bestandsentwicklung der Brutvögel eines Flussmarschgebietes bei Bremen. Vogelwelt 117: 15–28.

Moning, C. & F. Weiß (2010): Vögel beobachten in Norddeutschland. Kosmos Verlag, Stuttgart.

Seitz, J., K. Dallmann & T. Kuppel (Hrsg., 2004): Die Vögel Bremens und der angrenzenden Flussniederungen. BUND Landesverband Bremen.

Anfahrt

Mit Bahn und Bus

Vom Bahnhof in Bremen fahren Busse in das Gebiet. Um in den nördlichen Teil zu gelangen, nimmt man die Linien 62 oder 64. Von der Haltestelle Klärwerk im Süden von Seehausen erreicht man die Weichholzaue an der Senator-Apelt-Straße (ca. 1 km), die Haltestelle Hasenbürener Jachthafen liegt nur etwa 1 km östlich des Polders Duntzenwerders und des Ochtumsperrwerks.

Die Buslinie 61 (Sandhausen) führt über die Ortschaft Strom. Von der Haltestelle Köhler Brücke ist es etwa 1 km (über die Ochtumbrücke) bis zur Beobachtungsplattform im NSG Ochtumniederung bei Brokhuchting. Um die einzelnen Gebietsteile nacheinander aufzusuchen, ist ein Fahrrad zeitsparend.

Mit dem Auto

Von Bremen aus fährt man über die B6 zunächst in Richtung Elsfleth oder Nordenham. An dem riesigen Gebäude der BLG Logistics biegt man nach rechts ab (hier gibt es auch eine Bushaltestelle), um auf die Senator-Apelt-Straße zu gelangen. Durch Seehausen hindurch erreicht man auf der Straße bleibend (Hasenbürener Landstraße) den Polder Duntzenwerder und das Sperrwerk (s. o.). Biegt man in Seehausen links ab (Wiedbrokstraße) durchquert man große Wiesenflächen. Am Ende der Straße biegt man links (Stromer Landstraße) in die Ortschaft Strom ab. Am östlichen Ende der Ortschaft biegt man an der Haltestelle Köhlerbrücke rechts ab, überquert den Fluss und erreicht – der Straße folgend – die Aussichtsplattform. Nach Bremen zurück fährt man am einfachsten zur Stromer Landstraße zurück und biegt rechts ab.

Mit dem Fahrrad

Die einzelnen Gebietsteile liegen recht weit auseinander. Die Entfernungen sind mit dem Fahrrad gut zu bewältigen.

Adressen

Unterkünfte und Gastronomie findet man u. a. in den kleinen Gemeinden im Niedervieland (Strom, Seehausen). Einkaufsmöglichkeiten sind rar.

BUND Landesverband Bremen e.V., Am Dobben 44, 28203 Bremen, www.bund-bremen.net; info@bund-bremen.net, Tel.: 0421/790020
Öffnungszeiten: Mo. – Do. 9 – 18 Uhr, Fr. 9 – 14 Uhr

Der Bürgerpark wurde vom Landschaftsarchitekten Wilhelm Benque geplant. Foto: F. Weiß. Bürgerpark, 1.2.2014.

Der Bürgerpark

Ein Park auch für die gefiederten Mitbürger

Im Herzen der Hansestadt Bremen liegt gleich nördlich des Hauptbahnhofs der Bürgerpark, an den sich nördlich der Stadtwald und das Unigelände anschließen, sodass sie gemeinsam eine Grünachse bis an den Rand der Stadt bilden. Mitten in Bremen in reizvoller Landschaft lassen sich Mittelspechte und Hohltauben beobachten. Ein Besuch des Gebiets ist besonders im zeitigen Frühjahr reizvoll, wenn Spechte, Kleiber und Meisen auf dem Höhepunkt ihrer Balzaktivitäten sind.

Landschaftsgeschichte und Lebensräume

Der Bremer Bürgerpark ist bereits seit dem Mittelalter im Besitz der Bürger der Stadt. Durch eine Urkunde aus dem Jahr 1159 belegt, vermachte Erzbischof Hartwig I der Stadt die Bürgerweide. Einer Legende nach ging das Gelände sogar noch früher in den Besitz der Bürger über. Demnach traf die Gräfin Emma bei einem Ausritt mit ihrem Schwager Herzog Benno von Sachsen auf Abgesandte der Bremer Bürger, die die Gräfin um Weideland für ihr Vieh baten. Die großzügige Gräfin gewährte ihnen ein Stück Land von der Größe, die ein Mann an einem Tag umschreiten kann. Der geizige Herzog Benno bestimmte einen am Wegrand stehenden Krüppel für diese Aufgabe, der über sich hinauswuchs und zur Verwunderung des Herzogs kriechend die Bremer Bürgerweide ummaß. Der Emma-See und ein Straßenname erinnern unter anderem an die großzügige Gräfin. Der Krüppel ist zu Füßen der Bremer Rolandstatue dargestellt.

In den ersten 700 Jahren ihrer Geschichte prägten Weideland und Kühe statt Eichen und Menschen das Gelände. Erst Ende des 19. Jahrhunderts wandel-

Mittelspechte leben erst seit etwa zehn Jahren im Bürgerpark. Foto: R. Martin. Karlsruhe, 28.11.2010.

te sich die Bürgerweide zum Bürgerpark und fortwährend weideten nicht mehr die Kühe das Gras, sondern die Bürger ihre Augen an der lieblichen Landschaft, die der bekannte Landschaftsarchitekt Wilhelm Benque auf die grüne Wiese zauberte. Benque hatte seine Kunst unter anderem bei der Mitgestaltung des New Yorker Central Parks und mehrerer Friedhöfe erlernt. Der Wandel war logisch, denn die Stadt Bremen war weit über die Grenzen der Stadtbefestigung gewachsen und die Viehhaltung unter Bremer Bürgern unpopulär geworden. Nur 154 Stück Vieh grasten 1860 noch auf dem Gelände, vier Jahre später endete die Viehhaltung, die erst in der Gegenwart mit einem Streichelzoo mit alten Haustierrassen wiederbelebt wurde. Zur gleichen Zeit, in der die Viehzucht aufgegeben wurde, wuchs die Sehnsucht der Bremer nach Erholungsräumen in der wachsenden Stadt. Am 16. November 1865 wurde deswegen das Comité zur Bewaldung der Bürgerweide gegründet, das in den noch heute sehr aktiven Bürgerparkverein überging. Der Bürgerpark ist ein klassischer Landschaftspark. Grünflächen mit Solitärbäumen und Wasserflächen bilden weite Sichtachsen in den alten Laubbaumbeständen. Es dominieren Eichen, Hainbuchen und Buchen sowie Stechpalmen und Haselnusssträucher im Unterwuchs. Nadelgehölze finden sich im Bürgerpark nur inselartig. Es sind dann meist exotische Arten.

Westlich des Bürgerparks verläuft der Torfgraben, auf dem früher Kähne Torf aus dem Teufelsmoor nach Bremen brachten und der selten zufriert. Durch eine Bahnlinie vom Bürgerpark getrennt schließen sich nördlich der Stadtwald, der Unisee und die Uniwildnis an. Die Bäume im Stadtwald sind jünger als im Bürgerpark. Weichhölzer sind besonders stark vertreten. Der hohe Grundwasserstand fällt durch die zahlreichen Gräben auf. Der Unisee entstand als Abgrabungsgewässer im Zuge des Baus der Autobahn 27. Seine Ufer sind steil und so hat sich nur an einer Stelle ein schmaler Schilfgürtel ausbilden können. Das Südufer von Bremens beliebtestem Badesee wird von einem Sandstrand geprägt. Die Ufer im Westteil und im Norden sind mit niedrigem Weidengebüsch bewachsen. Der See friert auch bei strengem Frost selten zu. Zwischen dem Unisee und der Universität liegt die Uniwildnis, ein unübersichtliches Gelände mit jungem Birkenwald. Es sind dies alles im gesamtdeutschen Maßstab keine außergewöhnlichen Lebensräume. Doch es ist wie beim Central Park in New York, dem die hier vorgestellten Gebiete auch in ihrer Abmessung ähneln: Die Lage mitten in einer Großstadt macht den Bürgerpark zu einem lohnenden Ziel für Bremer Vogelbeobachter und Gäste der Hansestadt.

Gartenbaumläufer suchen wie Mittelspechte in der rauhen Borke nach Insekten und anderen Gliedertieren. Foto: C. Moning. Frankfurt, Friedberger Friedhof, 18.10.2009.

Besondere Vogelarten und Reisezeit

Vogelbeobachter bemerken das nahende Frühjahr zeitiger als viele andere Menschen. Die meisten charakteristischen Vogelarten des Bürgerparks sind Standvögel. Die Balz beginnt bei ihnen bereits im Spätwinter, wenn vielfach noch Schnee liegt. In windarmen, trockenen Nächten im Januar und Februar sind Waldkäuze aus den Altholz-

Typische Vogelarten im Bürgerpark, Stadtwald und Unigelände, deren Status und günstige Beobachtungszeit (in Klammern)
h = häufiger, r = regelmäßiger, s = seltener; B = Brutvogel, W = Wintergast, N = Nahrungsgast.

Art	Status (beste Beobachtungszeit)
Schellente	rW (Nov.–März)
Zwergsäger	sW (Nov.–März)
Gänsesäger	rW (Nov.–März)
Wanderfalke	rN (ganzjährig)
Sperber	rB (ganzjährig)
Flussseeschwalbe	rN (Mai–Juni)
Hohltaube	rB, (März–Juli)
Waldkauz	rB (ganzjährig)
Eisvogel	rW (Nov.–Feb.)
Mittelspecht	rB (Feb.–April)

Art	Status (beste Beobachtungszeit)
Buntspecht	hB (ganzjährig)
Grünspecht	rB (ganzjährig)
Kleiber	hB (ganzjährig)
Sumpfmeise	hB (ganzjährig)
Weidenmeise	rB (ganzjährig)
Kleiber	hB (ganzjährig)
Gartenbaumläufer	hB (ganzjährig)
Nachtigall	rB (April–Mai)
Fitis	hB (April–Juni)

Leicht lassen die alten Bäume an eine natürlich gewachsene Landschaft denken, doch das Gelände mit seinen Sichtachsen wurde genauestens geplant. Foto: F. Weiß. Bürgerpark, 1.2.2014.

beständen zu hören. Kohl-, Blau- und Sumpfmeisen sowie Kleiber und Gartenbaumläufer lassen im Spätwinter mit zunehmender Tageslänge immer häufiger ihre Reviergesänge erklingen. Als Höhlen- und Nischenbrüter sind sie auf ständige Bautätigkeit der zahlreichen Buntspechte und die Nistkästen im Park angewiesen. Im März und April erreicht die Gesangsaktivität der Mittelspechte ihren Höhepunkt. Im Gegensatz zu Buntspechten trommeln sie nicht, sondern grenzen ihre Reviere mit quäkenden Rufen ab. Dadurch sind sie relativ einfach zu entdecken und zu beobachten. Nach Abklingen der Balzaktivität und dem Laubaustrieb der Eichen im Mai sind sie nur noch schwer zu finden. Mittelspechte haben den Park erst in den letzten zehn Jahren besiedelt, im Zusammenhang mit der Bestandszunahme und Ausbreitung in ganz Norddeutschland. Auch Grünspechte finden im Bürgerpark einen optimalen Lebensraum. Die Wiesen in Nachbarschaft der alten Baumbestände bieten Nahrungsflächen und Nistmöglichkeiten. Hohltauben verlassen den Bürgerpark im Winter und besetzen ab Februar ihre Brutplätze. In Ermangelung von Schwarzspechthöhlen nisten sie meist in ausgefaulten Baumlöchern.

Die jüngeren Baumbestände mit Weichhölzern im Stadtwald und um den Unisee sind Lebensraum einer anderen Vogelwelt. Fitisse besiedeln die jungen Birkenwälder, Nachtigallen sind vereinzelt um den Unisee anzutreffen. Grauschnäpper und Waldlaubsänger, im Bürgerpark praktisch verschwunden, besetzen hier noch Reviere. Klapper-, Dorn- und Gartengrasmücken leben in den Gebüschen um den Unisee. Auf dem angrenzenden Unigelände brütet ein Wanderfalkenpaar, das dem Vogelvolk am See regelmäßig einen Besuch abstattet.

Exotisches Wassergeflügel ist für ein so großes städtisches Gelände überraschend spärlich vertreten. Lediglich Nilgänse kommen in wenigen Paaren vor. Im Winter rasten auf dem Unisee Gänsesäger, Zwergsäger und Schellenten. Eisvögel profitieren dort und am Torfgraben, besonders in kalten Wintern, vom Fischreichtum und dem späten Zufrieren der Gewässer.

Beobachtungsmöglichkeiten

Es ist die zentrale Lage zwischen Hauptbahnhof und Universität, mitten in der

Auch wenn Schwarzspechthöhlen fehlen, brüten Hohltauben im Bürgerpark. Foto: C. Moning. Bayrischer Wald, 29.8.2010.

Stadt, die den Bürgerpark zu einem reizvollen Beobachtungsgebiet macht. Vom Hauptbahnhof kommend trifft man zunächst auf den Hollersee und das herrschaftliche Parkhotel. Flussseeschwalben aus einer Kolonie an der Weser nutzen das mit Stein eingefasste Gewässer (1) im Sommer regelmäßig zur Jagd und Rauchschwalben, die mit wenigen Paaren am Hotel brüten, baden und trinken hier. Östlich des Parkhotels liegt eine von wenigen Nadelwaldinseln im Bürgerpark (2), in der zuweilen Wintergoldhähnchen und Tannenmeisen zu hören sind. Nördlich des Parkhotels öffnet sich der Blick (3) bis zur Meierei im Nordteil des Parks. Die Grenzflächen von Wald und Wiesen sind beliebte Aufenthaltsorte von Grünspechten und abends lassen hier gelegentlich Waldkäuze von sich hören. Mittelspechte sind im Bürgerpark weit verbreitet. Beliebte Aufenthaltsorte liegen im südwestlichen und nordwestlichen Teil (4,5), dort lassen sich regelmäßig auch Hohltauben beobachten. Der Zugang zum nördlich angrenzenden Stadtwald ist nur über zwei Unterführungen am westlichen und östlichen Rand des Grünzugs möglich (7,8). In den von Birken dominierten Bereichen im Stadtwald sind Fitisse häufiger als im Bürgerpark. Besonders lohnende Beobachtungsplätze sind die Ränder der offenen Bereiche, an denen auch Grauschnäpper vorkommen (9). In der Nordostecke des Stadtwalds liegen einige kleine Gewässer (6), die sich optisch nicht von vielen anderen im Park unterscheiden, jedoch regelmäßig ungewöhnliche Gäste wie Schnatterenten oder Zwergtaucher beherbergen. Den Unisee umrundet man auf einem ufernahen Weg. Besonders das ruhigere westliche Ufer (10) bietet interessante Beobachtungsstellen. Vereinzelt sind hier Nachtigallen zu hören und im Winterhalbjahr sitzen immer wieder einmal Eisvögel auf den Weiden am Ufer. Die Uniwildnis (11) ist durch ein unübersichtliches Gewirr kleiner Trampelpfade zugänglich. Charaktervögel in diesem Gelände sind Fitisse.

Weitere Freizeitmöglichkeiten

Nördlich der A 27 beginnt das Blockland, in dem man einen Eindruck bekommen kann, wie die Bremer Bürgerweide einst ausgesehen haben mag. Weites Marschland mit zahlreichen Gräben prägt die Landschaft. Die Wiesenvögel haben in diesem Teil der Marsch leider stark abgenommen. Im Frühjahr und Herbst rasten Weißwangen- und Blässgänse sowie Pfeifenten. Silberreiher sind regelmäßige Wintergäste. Der Kuhgrabenweg führt östlich der Uniwildnis entlang eines breiten Grabens unter der A 27 hindurch in die weite, offene Landschaft.

Felix Weiß, Christopher König, Christoph Moning, Christian Wagner

Infomaterial/Literatur

www.buergerpark.de Der Internetauftritt des Bürgerparkvereins.

Wir danken Jörn Wildberger für zahlreiche Informationen zum Gebiet und die Durchsicht des Manuskripts.

Anfahrt

Mit Bahn und Bus

Wohl kaum ein bisher in Der Falke beschriebenes Beobachtungsgebiet ist so gut an den öffentlichen Nah- und Fernverkehr angeschlossen wie der Bremer Bürgerpark. Vom Hauptbahnhof erreicht man den Eingang des Bürgerparks zu Fuß in fünf Minuten.

Mit dem Auto

Hauptbahnhof und Messehallen sind in Bremen gut ausgeschildert. Dort bestehen zahlreiche Parkmöglichkeiten. Den Unisee erreicht man direkt über die A 27 Abfahrt 19 Bremen Horn Lehe, von dort Richtung Universität und nach 800 m rechts auf die Universitätsallee abbiegen. Nach 1 km zweigt nach dem Universum, einem futuristischen Museumsbau, rechts eine kleine Straße zu einem Parkplatz am Unisee ab.

Adressen

Bürgerparkverein, Schweizerhaus/Bürgerpark, 28209 Bremen, Tel.: 0421/342070.

GPS		
Parkplatz Messegelände	53°05'12,00" N	8°48'48,00" O
Parkplatz Unisee	53°06'27,00" N	8°50'13,00" O

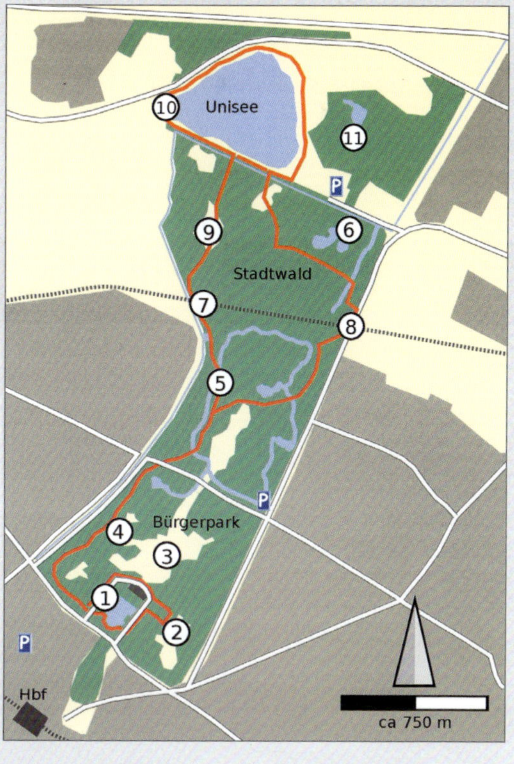

Karte aus „Vögel beobachten in Norddeutschland" (Moning & Weiss, 2010).

Vom Beobachtungsturm erkennt man die komplexe Struktur des Tidepolders. Foto: F. Weiß. 6.10.2018.

Die Große Luneplate

Tidepolder und Feuchtgrünland

Direkt südlich des Fischereihafens der Stadt Bremerhaven liegt die Große Luneplate, eine ehemalige Flussinsel an der Mündung der Weser. Das 1400 Hektar große, praktisch unbewohnte Gebiet steht in starkem Kontrast zur nördlich angrenzenden Hafenindustrie der Großstadt Bremerhaven. Großflächige Kompensationsmaßnahmen für die Anlage von Containerterminals und weiteren Hafenanlagen haben hier ein strukturreiches Vogelparadies entstehen lassen. Einmalig ist der Tidepolder, der über ein Siel wieder an den Gezeitenstrom im Weserästuar angebunden wurde. Wertvolles Feuchtgrünland prägt die Landschaft im östlichen Teil der seit 2015 auch als Naturschutzgebiet ausgewiesenen Großen Luneplate. Tausende rastende Krickenten und Säbelschnäbler im Spätsommer, gewaltige Gänseschwärme im Winter und eine artenreiche Brutvogelwelt machen das Gebiet ganzjährig zu einem lohnenden Exkursionsziel.

Die Luneplate liegt an der Unterweser, kurz vor dem Übergang in die trichterförmige Außenweser, die sich bei Bremerhaven Richtung Nordsee öffnet. Das Salzwasser der Nordsee ist hier bereits stark mit dem Süßwasser der Weser vermischt. Die Gezeiten der Nordsee lassen bei Flut gewaltige Wassermassen in die Wesermündung fließen, bei Ebbe ziehen sie sich zurück in die Nordsee. Der Unterschied zwischen Hoch- und Niedrigwasser, der Tidenhub, beträgt hier stolze vier Meter. Wegen des geringeren Salzgehalts wachsen in den Vorländern der Unterweser keine Salzwiesen, sondern Brackwasserröhrichte mit großflächigen Schilfflächen und Weidengebüschen. Davor fallen bei Niedrigwasser breite Wattflächen mit besonders feinem, schlickigem Substrat frei. Binnendeichs wird die Luneplate von weiten Grünländern geprägt, die von zahlreichen Gräben durchzogen sind. Der Marschboden besteht aus schwerem Kleiboden und ist außerordentlich wasserundurchlässig. Nach Regenfällen bilden sich daher häufig großflächig Blänken, da das Wasser kaum versickert. Bis in die 1980er Jahre wurde das Gebiet intensiv landwirtschaftlich genutzt. Ab 1992 wurden auf der Großen Luneplate und in den Vorländern durch die Bremer Hafenbetriebsgesellschaft bremenports zahlreiche Kompensationsmaßnahmen für den Bau von Hafenflächen durchgeführt. In diesem Zug wechselte 2010 auch die Zugehörigkeit der Großen Luneplate von Niedersachsen zum Bundesland Bremen, das sich damit um immerhin 3,7 % vergrößerte. Abgesehen von den Fahrwegen, Deichen und Wattflächen sind praktisch alle Flächen auf der Luneplate Kompensationsflächen und mit wenigen Ausnahmen in öffentlichem Besitz. Dadurch liegt auch die Jagdhoheit in öffentlicher Hand und wird von bremenports verwaltet. Auf allen binnendeichs gelegenen Flächen ruht die Jagd, was insbesondere für die großen Schwärme der Weißwangen- und Blässgänse eine störungsfreie Rast ermöglicht. Die östlichen Bereiche der Luneplate werden zu extensiv bewirtschaftetem Feuchtgrünland entwickelt. Dazu wurden mehrere Polder geschaffen, deren Wasserstände einzeln reguliert werden können. Über kleine Windschöpfwerke wird ständig Wasser aus den Gräben in die Polder eingebracht. Die Wasserstände können über Hubschütze reguliert werden. Im

Winter und zeitigen Frühjahr werden flach überschwemmte Grünländer geschaffen, die attraktive Rastflächen und später optimale Brutgebiete für Wiesenlimikolen darstellen. Die Flächen werden durch Rinder und eine kleine Herde Wasserbüffel extensiv beweidet. Am Südrand der Luneplate verläuft die Alte Weser, ein naturnaher Altarm mit auwaldartiger Verlandungszone aus Hybridpappeln, Eschen, Silberweiden und Röhrichten. Herzstück der Luneplate ist der in Deutschland einmalige Tidepolder im westlichen Teil des Gebietes, der 2012 in Betrieb genommen wurde. Über das imposante Erdmannssiel ist er an die Weser und die Gezeiten angebunden. Nur bei Sturmfluten wird das Siel geschlossen und die an den Polder angrenzende Marsch so vor Überflutungen geschützt. Der 215 ha große Tidepolder ist ein außerordentlich dynamischer Lebensraum mit sich ständig verlagernden Prielen, Abbruchkanten, Röhrichten und Wattflächen. Seine Entwicklung bleibt auch für die Zukunft spannend, doch hat er sich schnell zu einem bedeutenden Rastgebiet entwickelt.

Besondere Vogelarten und Reisezeit

Die Wattflächen der Weser beherbergen im Herbst eine typische Gesellschaft von Rastvogelarten: Besonders Brandgänse, Krickenten, Säbelschnäbler und Lachmöwen haben eine Vorliebe für das fein schlickige Substrat. Im Juli/August sind auch kleine Gruppen Dunkle Wasserläufer und Löffler zu beobachten. In den Grünländern binnendeichs rasten tausende Kiebitze, Goldregenpfeifer, Weißwangen- und Blässgänse sowie Pfeifenten. Greifvögel sind mit zahlreichen Mäusebussarden, Turmfalken und einzelnen Raufußbussarden, Kornweihen, Wanderfalken und Merlinen vertreten. Seeadler suchen das Gebiet ganzjährig zur Jagd auf. Erst nach längeren Frostperioden oder nach Schneefall verlassen viele Rastvögel das Gebiet in Richtung Niederlande und Frankreich. Bergpieper und Berghänflinge sind im

Die weiten Feuchtgrünländer werden extensiv beweidet. Foto: F. Weiß, 6.10.2018.

Typische Vogelarten an der Luneplate, deren Status und günstige Beobachtungszeit (in Klammern)
h = häufiger, r = regelmäßiger, s = seltener; B = Brutvogel, W = Wintergast, D = Durchzügler, S = Sommergast, N = Nahrungsgast

Art	Status (beste Beobachtungszeit)
Blässgans	hW (Okt.–Mrz.)
Graugans	hB, hD, hW (ganzjährig)
Kanadagans	rB, hD, hN (ganzjährig)
Weißwangengans	hW (Okt.–Mai)
Brandgans	rB, hD, rW (ganzjährig)
Pfeifente	hD, hW (Sep.–Apr.)
Krickente	hD, hW, (Aug.–Apr.)
Knäkente	rD, rB (Apr.–Aug.)
Löffelente	rB, hD, rW (ganzjährig)
Kormoran	hN, hD, hW (ganzjährig)
Löffler	rN (Apr.–Sep.)
Raufußbussard	rW (Okt.–Mrz.)
Rohrweihe	hB, rN, rD (Mrz.–Sep.)
Seeadler	hN (ganzjährig)
Wasserralle	rB, hD (Mrz.–Okt.)
Austernfischer	hB, rW, sW (ganzjährig)

Art	Status (beste Beobachtungszeit)
Säbelschnäbler	sB, hD (Apr.–Okt.)
Kiebitz	hB, hD, rW (ganzjährig)
Goldregenpfeifer	hD, rW (Sep.–Apr.)
Uferschnepfe	sB, rN, rD (Mrz.–Aug.)
Rotschenkel	hB, rD (Mrz.–Okt.)
Bekassine	sB, hD, rW (ganzjährig)
Flussseeschwalbe	sB, hD (Apr.–Sep.)
Kuckuck	hB (Apr.–Aug.)
Eisvogel	rB, rD, sW (ganzjährig)
Bartmeise	rB (ganzjährig)
Feldlerche	hB, hD, sW (Feb.–Nov.)
Schilfrohrsänger	hB (Apr.–Sep.)
Blaukehlchen	hB (Apr.–Sep.)
Schwarzkehlchen	hB (Mrz.–Aug.)
Wiesenpieper	hB, hD, rW (ganzjährig)
Rohrammer	hB, hD (Mrz.–Okt.)

Krickenten lieben die schlickigen Wattflächen der Weser.

Foto: C. Moning. Echinger Stausee, 19.3.2011.

Winter in unsteten Trupps im Gebiet unterwegs und häufig rasten große Trupps Wacholderdrosseln in den überstauten Wiesen. Im Februar kehren bereits die ersten Feldlerchen zurück, die in den Grünländern noch sehr häufige Brutvögel sind. Kiebitze balzen ab März über den Wiesen und vereinzelt brüten noch Uferschnepfen und Bekassinen. Etwas häufiger und regelmäßiger sind Rotschenkel, Knäk- und Löffelenten als Brutvögel anzutreffen. Die Röhrichte und Hochstaudenfluren an der Alten Weser, im Tidepolder und in den Vorländern beherbergen eine reiche Singvogelwelt. Blaukehlchen, Schilf-, Teich- und Sumpfrohrsänger, Feldschwirle, Rohrammern und Bartmeisen gehören zu den Charakterarten dieser Lebensräume. Kuckucke profitieren von der hohen Dichte potenzieller Wirtsvogelarten. Auf den Wattflächen des Tidepolders rasten zahlreiche Limikolenarten, besonders Uferschnepfen, Bekassinen und Säbelschnäbler, aber auch Wald- und Bruchwasserläufer, Kampfläufer und Flussuferläufer. Strandläufer sind eher selten, doch vereinzelt lassen sich auch Temminck- und Zwergstrandläufer beobachten. Alpenstrandläufer rasten gelegentlich in größerer Zahl.

Beobachtungsmöglichkeiten

Der Zugang zur Luneplate erfolgt vom Parkplatz am Infopavillon am Seedeich (1). Von der Deichkrone etwas westlich des Parkplatzes reicht der Blick weit nach Süden über die Wattflächen vor der Luneplate, auf denen im Spätsommer hunderte Säbelschnäbler, Krickenten und Brandgänse rasten. Nach orkanartigen Stürmen aus Nordwest können auch Hochseevögel in das Weserästuar verdriftet werden, gelegentlich werden dann Dreizehenmöwen oder sogar Eissturmvögel und Wellenläufer beobachtet. Zurück am Parkplatz verläuft der Weg nach Südwesten entlang des Weserdeichs. Linker Hand liegen zunächst die Alte Lune und einige Baggerteiche, die von Röhricht und Weidengebüschen gesäumt werden. Gelegentlich singen hier im Frühjahr Beutelmeisen und Nachtigallen. Ein kurzes Stück weiter öffnet sich der Blick binnendeichs auf die 260 ha großen Grünlandflächen mit ihren zahlreichen Gräben und Blänken. Mit dem Spektiv kann man von der Deichkrone (2) auch die entfernteren Bereiche einsehen. Im Winterhalbjahr rasten zahlreiche Weißwangen- und Blässgänse und viele Greifvögel, darunter regelmäßig Raufußbussarde, Kornweihen und Merline. Im Frühling beeindrucken die Balzflüge der Kiebitze

In den Weserwatten rasten Hunderte Säbelschnäbler und Krickenten. Foto: F. Weiß. 6.10.2018.

und Uferschnepfen und in den Gräben schwimmen Löffel- und Knäkenten. In den überstauten Grünländern rasten Limikolen. Aus den weiten Röhrichtflächen außendeichs erklingen im Frühjahr die Gesänge von Blaukehlchen, Feldschwirlen und Schilfrohrsängern sowie die Rufe von Bartmeisen. 3 km nach dem Parkplatz, kurz bevor ein gelber Radarturm erreicht wird, biegt man links ab. Auf der rechten Seite liegt nach 300 m ein komfortables Beobachtungsversteck (3) mit Blick auf einen Ausschnitt des Tidepolders. Oft können hier Säbelschnäbler, Uferschnepfen und verschiedene Gründelenten aus der Nähe bestaunt werden. Im August/September hat man bei Niedrigwasser gute Chancen, an den Schilfrändern Tüpfelsumpfhühner zu entdecken. 2015 gelang hier der erste Nachweis eines Sandstrandläufers für Deutschland. Der Weg führt weiter bis zu einer alten Hofstelle mit altem Baumbestand und reichlich Gebüschen. Ein Abstecher führt von hier an die von Weichholzaue gesäumte Alte Weser (4). Hier rasten wenige Wasservögel, dafür sind regelmäßig Eisvögel zu beobachten und im Frühling ist ein vielstimmiges Vogelkonzert zu hören. Die Pappeln dienen zeitweise als Schlafplatz für Kormorane oder als Ansitz für Seeadler. Zurück an der Hofstelle führt der Weg weiter nach Westen zu einem imposanten Beobachtungsturm (5) mit Blick über den Tidepolder. Erst von der Plattform lässt sich die komplexe Struktur des Polders erkennen. Tiefe, weit verzweigte Priele, Röhrichte, Wattflächen und Strandasterbestände prägen das Bild. Regelmäßig jagen Seeadler über dem Polder und lösen Panik unter den zu Tausenden rastenden Grau- und Kanadagänsen, Pfeif-, Krick- und Schnatterenten aus. Auf den Schlammflächen rasten Goldregenpfeifer, Säbelschnäbler und zahlreiche Uferschnepfen. Bekassinen, Kampfläufer und diverse Wasserläufer sind weitere typische Rastvögel. Rohrschwirle, Wasserrallen und Bartmeisen sind regelmäßige Brutvögel. Häufig und typisch sind Blaukehlchen, Schilfrohrsänger, Feldschwirle und Rohrammern. Der Weg führt weiter am Polderdeich zu einem ersten Siel (5), von dem man in einen der Hauptpriele des Polders blickt, an dem Hunderte Krick- und Pfeifenten zu beobachten sind, und stößt dann wieder auf den Weserdeich. Dort biegt man rechts ab zurück in Richtung Ausgangspunkt. Nach 800 m erreicht man das Siel- und Sperrwerk (6), das den Tidepolder an die Weser anbindet. Dies ist ein weiterer sehr lohnender Beobachtungspunkt. An den

Löffler sind regelmäßige Nahrungsgäste auf der Luneplate.

Foto: C. Moning. Marokko, 10.1.2015.

Prielkanten suchen bei Niedrigwasser Hunderte Gründelenten sowie regelmäßig Löffler nach Nahrung. Im Winter schwimmen außendeichs auf der Weser zahlreiche Gänse- und Zwergsäger. An den Scheunen östlich des Siels rasten oft viele Singvögel, besonders Stelzen, Pieper, Braunkehlchen und Steinschmätzer. Der Rückweg verläuft vom Siel immer entlang des Weserdeichs zum Parkplatz (1).

Im Winter lohnt noch ein Abstecher zum Fischereihafen. Vom Parkplatz (1) fährt man nach Süden auf der Straße „Am Luneort" und biegt nach 2,8 km links in die Straße „Am Lunedeich". Der Zugang zum Fischereihafen erfolgt nach 1,4 km links über die „Grönlandstraße". Die nächste Haltestelle ist „Lofotenstraße". Im Fischereihafen wurden im Winter schon mehrfach Eis- und Polarmöwen entdeckt, Steppen- und Mittelmeermöwen sind etwas regelmäßiger und im Hafenbecken schwimmen oft Schellenten.

Weitere Freizeitmöglichkeiten

Nördlich von Bremerhaven unmittelbar hinter dem Seedeich liegt der Ochsenturm, ein Überbleibsel der 1895 abgebrochenen Imsumer Kirche. Die Plattform auf dem Turm ist frei zugänglich und bietet einen spektakulären Blick über die Wesermündung und zu den Containerterminals, für die auf der Großen Luneplate die Kompensationsflächen geschaffen wurden. Die Küste am Ochsenturm verläuft gen Nordwesten Richtung Cuxhaven und stellt im Herbst eine wichtige Leitlinie für den Vogelzug dar. Von der Plattform auf dem Ochsenturm lässt sich der Vogelzug auf Augenhöhe erleben, eine einmalig günstige Beobachtungssituation. Tausende Buch- und Bergfinken, Wiesen- und Baumpieper, Feldlerchen, Sing-, Rot- und Wacholderdrosseln ziehen an guten Zugtagen im September und Oktober vorüber. In den Kastanien- und Eschenbäumen um den Turm rasten zudem nächtlich ziehende Arten wie Trauerschnäpper, Zilpzalpe und Rotkehlchen. Direkt am Ochsenturm bestehen Parkmöglichkeiten. Mit öffentlichen Verkehrsmitteln ist der Turm schlecht zu erreichen.

Felix Weiß, Christoph Moning, Christopher König

Anfahrt

Mit Bahn und Bus

Vom Hauptbahnhof Bremerhaven verkehrt die Buslinie 510 bis zur Haltestelle „Am Seedeich". Von dort sind es noch 1,5 km entlang des Deiches bis zum Infopavillon (1).

Mit dem Auto

Von der A 27 nimmt man die Abfahrt Wulsdorf (AS 9) und wechselt auf die Bundesstraße 71N. Man folgt dem Straßenverlauf über die Ampelkreuzung geradeaus bis zur nächsten Ampelkreuzung. Dort biegt man links in die Straße „Am Luneort" ein, folgt dem Straßenverlauf und biegt links in die Straße „Am Seedeich" und parkt dort am Infopavillon (1).

Adressen

Regelmäßig werden von bremenports vogelkundliche Führungen durch das Gebiet angeboten.
https://bremenports.de/veranstaltungen/exkursionen-luneplate

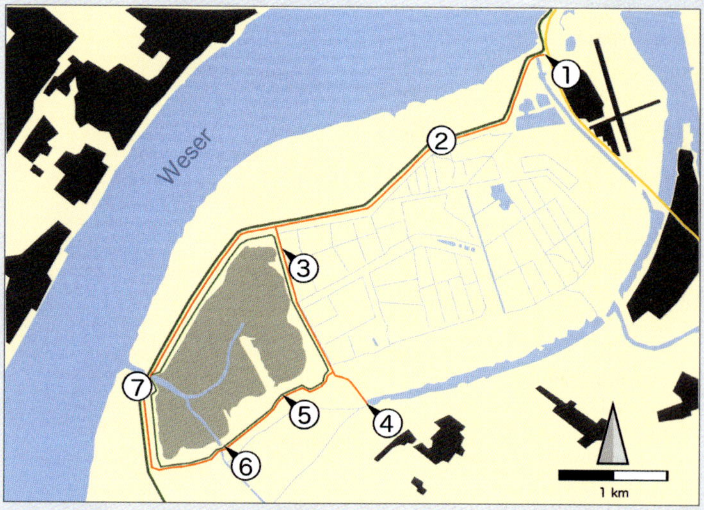

GPS		
Parkplatz „Am Seedeich" (1)	53°30'36" N	8°33'50" O
Beobachtungsversteck (3)	53°29'36" N	8°31'37" O
Beobachtungsturm (5)	53°28'53" N	8°31'36" O
Ochsenturm	53°36'54" N	8°31'03" O

Infomaterial/Literatur

Umfangreiche Informationen zu den Kompensationsmaßnahmen und Monitoringberichte finden sich in der Mediathek von bremenports: https://bremenports.de/greenports/mediathek

Wir danken Ralf Aumüller sowie Anne Brüggen von bremenports für zahlreiche wertvolle Hinweise und die Durchsicht des Manuskripts.

Die Wümmewiesen stellen eines der wichtigsten Brut- und Rastgebiete der Region um Bremen dar.
Foto: T. J. Linke. 7.2.2023.

Die Borgfelder Wümmewiesen

Binnendelta im städtischen Feuchtwiesengürtel

Im Nordosten der Hansestadt liegt in der Überflutungsaue der Wümme eines der bedeutendsten zusammenhängenden Grünlandgebiete Bremens. Die Borgfelder Wümmewiesen sind bis heute stark von dynamischen Wasserständen geprägt. In den extensiv bewirtschafteten Wiesen und Weiden ist vielfach noch der typische Charakter früherer Feuchtwiesen erhalten. Hier liegen die Lebensräume der gefährdeten Brutvögel Kiebitz, Bekassine und Wachtelkönig. Während der Wintermonate machen großflächige Überschwemmungen das Gebiet zu einem Magneten für rastende Wasservögel. Neben arktischen Bläss- und Weißwangengänsen können dann auch Tausende überwinternde Enten beobachtet werden.

Als Teil der Teufelsmoor-Wümme-Niederung ist die Entstehungsgeschichte der Borgfelder Wümmewiesen eng mit den großen Fließgewässern der Region verbunden. Nachdem das Gebiet während der Saale-Eiszeit vor etwa 200 000 Jahren noch von massiven Inlandgletschern überlagert war, entstand während der letzten Kaltzeit vor ungefähr 12 000 Jahren eine überwiegend baumlose Tundren-Landschaft mit Permafrostböden. Mit zunehmender Erwärmung formten riesige Schmelzwasserströme die Topografie der Landschaft. Die Flusstäler waren zu dieser Zeit von langen Überstauungsphasen und hohen Grundwasserständen geprägt, was zur Entstehung von Niedermoorböden führte. Die heutigen Wümmewiesen liegen in einer flachen Tiefebene, in der sich ein Binnendelta mit vielen parallel fließenden Seitenarmen bildete. Entlang des Flusslaufs entwickelte sich ein Weichholzauenwald mit Weiden und Erlen, in den höheren Lagen prägten Eschen und Eichen die Hartholzaue. Dazwischen entwickelte sich ein vielschichtiges Mosaik kleinräumig offener Bereiche mit Seggenriedern und Röhrichten. Die bis heute prägende, weitläufige Offenlandschaft mit ihren Grünländereien entstand jedoch erst viel später im Zuge der landwirtschaftlichen Kultivierung der Niederungen und Moore. Dafür wurden die Flächen entwässert und es entstanden vielerorts extensive Mähwiesen und Weideflächen für das Vieh. Die Wümmewiesen sind Teil des alten Bremer Feuchtgrünlandrings, der sich in den Niederungen von Weser und Wümme an das Stadtgebiet anschließt und bis heute in weiten Teilen erhalten ist. Mit zunehmender Mechanisierung und der Entwicklung synthetischer Düngemittel führte der landwirtschaftliche Strukturwandel in den letzten rund siebzig Jahren zu einer deutlich intensiveren Nutzung der Wiesen. Die Verzweigung des Wümmestroms in drei Hauptarme ist bis heute erhalten geblieben, die meisten der früheren Seitenarme wurden jedoch abgetrennt und verfüllt, sodass das frühere Binnendelta heute nur noch schemenhaft zu erkennen ist. Der renaturierte Wümme-Nordarm bildet die Grenze zu Niedersachsen, kurz hinter der Landesgrenze fließen auch der Mittelarm und der begradigte Südarm zusammen und bilden anschließend den Unterlauf der Wümme. Weiter

Für die Nahrungssuche müssen die Böden für den Rotschenkel feucht und stocherfähig sein. Foto: T. J. Linke. Dümmer, 27.4.2023.

verleihen die rosaroten Blüten der Kuckuckslichtnelke und das knallige Gelb der Sumpfdotterblumen den Wiesen prächtige Farben, im April blüht hier auch das für das Gebiet charakteristische Wasser-Greiskraut.

Bereits 1974 wurde durch die Bremer Naturschutzgesellschaft, die Vorgängerorganisation des Bremer Bund für Umwelt und Naturschutz (BUND), die erste wertvolle Fläche für Schutzzwecke erworben. Weiterer Flächenerwerb durch den WWF Deutschland ebnete den Weg zur Ausweisung der Borgfelder Wümmewiesen 1987 als Naturschutzgebiet. Anschließend folgte die Meldung als EU-Vogelschutzgebiet und teilweise auch als FFH-Gebiet. Die 677 ha großen Wümmewiesen sind somit Teil des europaweiten Schutzgebietsnetzwerks Natura 2000 und stellen für viele Vogelarten eines der bedeutendsten Brut- und Rastgebiete in der Region dar. Seit 2006 ist die Stiftung NordWest Natur im Auftrag der Senatorin für Umwelt, Klima und Wissenschaft des Landes Bremen für die Betreuung des Schutzgebietes zuständig.

stromabwärts wird die Wümme nach zahlreichen Strombaumaßnahmen wie der Weservertiefung inzwischen auch vom Tidestrom der Nordsee beeinflusst.

Aufgrund zahlreicher Naturschutzbemühungen konnte in den Borgfelder Wümmewiesen eine regelmäßig überschwemmte Niederungslandschaft erhalten und die Nutzung der Wiesen und Weiden wieder extensiviert werden. Neben einer Beweidung durch Rinder und Pferde werden die meisten Wiesen zur Heugewinnung genutzt. Die einst zur Trockenlegung und Bewirtschaftung des Gebietes angelegten Gräben werden bis heute dazu verwendet, das Wasser der Wümme den Naturschutzzielen entsprechend in die Flächen einzuleiten oder abzuführen. Dadurch sind in den Wümmewiesen noch zahlreiche Bodensenken erhalten, in denen sich im Frühjahr lange das Wasser hält. Dann

Besondere Vogelarten und Reisezeit

In den Borgfelder Wümmewiesen gibt es im Jahresverlauf zwei prägende Phasen: die winterliche Überschwemmung und die sommerliche Bewirtschaftung des Grünlandes. Während sich die Flussaue im Winter oftmals in eine große, zusammenhängende Wasserfläche verwandelt, verteilt sich im Frühjahr und Sommer eine Vielzahl kleinerer

Während des Sommers werden viele Flächen extensiv beweidet. Foto: T. J. Linke. 31.8.2022.

Teiche und überstauter Bodensenken im Gebiet. Die temporären Flachgewässer sind im Herbst und Winter aufgrund ihrer idealen Rastbedingungen ein echtes Paradies für Wasservögel. Entsprechend können zu dieser Zeit Tausende rastende und überwinternde Gründelenten wie Spieß-, Krick-, Schnatter- und Stockenten beobachtet werden. Auf dem Frühjahrs- und Herbstzug finden sich viele Löffel- und einzelne Knäkenten ein. Ebenso bedeutend ist das Gebiet in den Wintermonaten für nordische Schwäne wie die regelmäßig auftretenden Singschwäne, wogegen Zwergschwäne etwas seltener anzutreffen sind. Bei den arktischen Wildgänsen sind Bläss- und Weißwangengänse über den gesamten Winter in größeren Zahlen vertreten, Tundrasaatgänse können in kleineren Anzahlen regelmäßig beobachtet werden. Nahezu jedes Jahr mischen sich auch einzelne Kurzschnabel- oder Rothalsgänse unter die äsenden Rasttrupps. Während der Zugzeiten von Limikolen lassen sich häufig verschiedenste Arten beobachten. Auf dem Heimzug sind dreistellige Zahlen von Kampfläufern nicht selten, an den Schlammflächen der Kleingewässer finden sich im Herbst regelmäßig Grünschenkel, Bruch- und Waldwasserläufer, Alpenstrandläufer, Uferschnepfen sowie Fluss- und Sandregenpfeifer ein. Deutlich seltener sind andere, eher aus dem Wattenmeer bekannte Watvögel wie Pfuhlschnepfe, Knutt und Kiebitzregenpfeifer. Zur Brutzeit sind hohe Dichten von Feldlerchen, Wiesenschafstelzen und Feldschwirlen zu beobachten. Über den Wiesen und Weiden jagen regelmäßig Wander- und Baumfalken, die in der Umgebung brüten, und auch Seeadler können häufig beobachtet werden. Im Herbst sind mit etwas Glück Beobachtungen von Rotfußfalken und Steppenweihen möglich.

In den lückigen und kurzrasigen Feuchtwiesen finden Kiebitze geeignete Brutstandorte. Foto: T. J. Linke. Osterstader Marsch, 21.7.2022.

Entlang der Gräben brüten in den Schilfsäumen häufig Schilfrohrsänger, Blaukehlchen und Rohrammern. Insbesondere in den frühen Morgenstunden und abends erklingen dann auch die markanten Rufe zahlreicher Wachteln aus den Wiesen und Weiden. In der Nacht haben mehrere echte Highlights ihren Aktivitätsschwerpunkt: Dann singen Rohrschwirle und Wasserrallen aus den verschilften Hochstaudenfluren der vielen Kleingewässer, die Peitschenrufe von Tüpfelsumpfhühnern erklingen aus den nassen Oerenstreekswiesen und die schnarrenden Laute des heute seltenen

In den Wintermonanten entsteht in den Wümmewiesen eine großflächige Überschwemmungslandschaft. Foto: T. J. Linke. 12.2.2022.

Wachtelkönigs sind zu hören. Letzterer ist in Niedersachsen und Bremen inzwischen vom Aussterben bedroht, weist aber in den Wümmewiesen noch einen vergleichsweise stabilen Bestand auf. Zur Brutzeit können auch vier Arten von Wiesenlimikolen als Brutvögel beobachtet werden: Kiebitz, Großer Brachvogel, Rotschenkel und Bekassine. Bereits zwei Mal konnte außerdem das in Deutschland extrem seltene Zwergsumpfhuhn nachgewiesen werden, 2016 sogar mit einer Brut. Aufgrund ihrer Ausdehnung und Lage können in den Borgfelder Wümmewiesen auch immer wieder seltene Durchzügler oder Wintergäste beobachtet werden – so etwa 2022 mehrere Doppelschnepfen, die bis in den Mai anwesend waren, oder im Januar 2023 eine Zwerggans.

Der Wachtelkönig ist in Niedersachsen und Bremen vom Aussterben bedroht.
Foto: S. Pfützke. Nordkehdingen, 11.6.2012.

Beobachtungsmöglichkeiten

Die Borgfelder Wümmewiesen sind eines der wichtigsten Bremer Naherholungsgebiete und dementsprechend an Wochenenden und Feiertagen stark besucht. Über das ganze Jahr sind spektakuläre Naturbeobachtungen möglich. Ein durchgehender Rundweg nur durch die Wümmewiesen ist zwar nicht möglich, dennoch bieten sich zahlreiche Optionen für Spaziergänge. Insbesondere in den Wintermonaten bietet der Hollerdeich (1) südlich der Wümme ideale Beobachtungsmöglichkeiten von rastenden und überwinternden Enten aus nächster Nähe. Vom Aussichtsturm (2) können die Flächen überblickt und auch die angrenzenden Oberneulander Wümmewiesen eingesehen werden. Vorbei an dem kleinen Gehölz „Sodenstich" (3) am Großen Moordamm führt der „Weg vor den Wischen". Von hier kann der zentrale Offenbereich des Schutzgebietes sehr schnell und einfach erreicht werden. Dieser Weg bietet außerdem die einzige Gelegenheit eines kleinen Rundgangs. Dafür kann an einer T-Kreuzung nach 500 m der Weg nach rechts zur Wümme und wieder in Richtung des Borgfelder Stadtrandes eingeschlagen werden. In diesen Bereichen liegen im Winter wichtige Äsungsflächen von Pfeifenten und arktischen

Typische Vogelarten in den Borgfelder Wümmewiesen, deren Status und günstige Beobachtungszeit (in Klammern)
h = häufiger, r = regelmäßiger, s = seltener; B = Brutvogel, N = Nahrungsgast, D = Durchzügler, W = Wintergast

Art	Status (beste Beobachtungszeit)
Blässgans	hW (Okt.–Feb.)
Tundrasaatgans	rW (Okt.–Feb.)
Weißwangengans	hW (Nov.–Feb.)
Pfeifente	hW (Okt.–Mrz.)
Löffelente	rB, hD (Apr.–Okt.)
Krickente	sB, hD (Feb.–Nov.)
Knäkente	rB, rD (Apr.–Mai)
Spießente	hW (Okt.–Apr.)
Schellente	rW (Okt.–Feb.)
Singschwan	rW (Nov.–Feb.)
Zwergschwan	sW (Nov.–Feb.)
Wachtel	rB (Apr.–Jul.)
Baumfalke	rB (Apr.–Sep.)
Seeadler	rB (ganzjährig)
Rohrweihe	rB (Apr.–Sep.)
Wachtelkönig	rB (Mai–Jul.)
Wasserralle	rB (Apr.–Jun.)

Art	Status (beste Beobachtungszeit)
Tüpfelsumpfhuhn	sB (Apr.–Mai)
Bekassine	rB, rW (ganzjährig)
Zwergschnepfe	rD (Apr.–Mai, Sep.–Okt.)
Kiebitz	rB, hW (ganzjährig)
Brachvogel	rB (Mrz.–Okt.)
Goldregenpfeifer	rD (Mrz.–Apr., Sep.–Nov.)
Kampfläufer	hD (Apr.–Mai, Jul.–Sep)
Schilfrohrsänger	hB (Apr.–Jul.)
Feldschwirl	rB (Apr.–Jul.)
Rohrschwirl	sB (Apr.–Jul.)
Wiesenpieper	rB, hD, rW (Mrz.–Nov.)
Feldlerche	hB (Feb.–Nov.)
Braunkehlchen	sB, hD (Apr.–Mai, Aug.–Okt.)
Blaukehlchen	hB (Apr.–Aug.)
Bergpieper	rD, rW (Okt.–Dez.)
Neuntöter	sB (Apr.–Aug.)
Pirol	sB (Mai–Jul.)

Bläss- und Weißwangengänsen. Im Bereich der unteren Oerenstreekwiesen (4) konzentriert sich im Winter das Rastgeschehen, während der Brutzeit liegen hier die Lebensräume von Wiesenpiepern, Kiebitzen, Bekassinen und Wachtelkönigen. Kurz vor einer leichten Rechtskurve auf dem Weg Richtung Osten können die Kleingewässer bei Brandsgraben (5) eingesehen werden, einem der wertvollsten Teilbereiche des Gebiets. Parallel zum Oerenstreek und der südlich verlaufenden Wümme führt der Weg weiter bis zur Ausdeichung der Oerenstreekswiesen (6). Hier wurde der Sommerdeich der Wümme zurückverlegt, sodass die Wasserstände das ganze Jahr über der Dynamik des Flusses entsprechen. Für Rastvögel ist dieser Bereich von überragender Bedeutung und im Frühjahr befinden sich hier Bruthabitate des Tüpfelsumpfhuhns. Aus Richtung der Weichholzaue der Wümme sind gelegentlich auch die Gesänge von Pirolen zu hören. Von hier aus führt der Weg entweder zum Großen Moordamm (7) oder bis zur Landesgrenze am Hexenberg. In diesem östlichen Teil des Gebiets (8) verändert sich der landschaftliche Charakter hin zu einer halboffenen Struktur mit einigen Kleingehölzen und Hecken. Zur Brutzeit können hier Schwarzkehlchen und unregelmäßig auch Neuntöter beobachtet werden. Eine weitere Option besteht in einem Rundweg vom Hollerdeich aus über die Fischerhuder Wümmewiesen.

In der näheren Umgebung der Borgfelder Wümmewiesen befinden sich mit dem südöstlich gelegenen Eichen-Buchenmischwald am Hexenberg sowie der südlich daran anschließenden Fischerhuder Wümmeniederung und dem Oberneulander Schnabel weitere lohnende Beobachtungsgebiete.

Till Jonas Linke, Robin Maares, Christopher König

Infomaterial/Literatur

Seitz J, Dallmann K, Kuppel T 2004: Die Vögel Bremens und der angrenzenden Flußniederungen. Fortsetzungsband 1992–2001. Landesverband des BUND Bremen.

Seitz J, Dallmann K 1992: Die Vögel Bremens und der angrenzenden Flußniederungen. Landesverband des BUND Bremen.

Anfahrt

Mit Bahn und Bus

Vom Bremer Hauptbahnhof aus kann der Stadtteil Borgfeld innerhalb von einer halben Stunde mit der Straßenbahn (Linie 4 bis zur Haltestelle Borgfeld) oder in nahezu der gleichen Zeit mit dem Fahrrad erreicht werden. Von hier aus sind es über die Borgfelder Landstraße und die Kleine Wümmebrücke nur fünf Radminuten in das Gebiet. Mit dem Fahrrad ist auch die Anfahrt bis zum Hollerdeich durch die südlich gelegenen Oberneulander Wümmewiesen eine lohnende Option.

Mit dem Auto

Über die A 27 (Abfahrt 19 Bremen-Horn-Lehe) sind es vom Autobahnzubringer und die Lilienthaler/Borgfelder Heerstraße etwa 10 bis 15 Minuten Fahrweg. Von der Heerstraße in Borgfeld nach rechts abbiegen, um auf dieser zu bleiben (geradeaus führt die Borgfelder Allee weiter). Danach erneut rechts auf die Borgfelder Landstraße abbiegen. Diese führt dann über die Kleine Wümmebrücke bis zum Großen Moordamm, auf den abermals rechts abgebogen werden muss. Auf Höhe des Sodenstichs kann an der Straße in einer länglichen Haltebucht geparkt werden (keine ausgewiesene Parkmöglichkeit). Alternativ gibt es nach etwa fünf Minuten Fahrt eine weitere Haltemöglichkeit am Großen Moordamm. Als letzte Option kann auch bis zum Hexenberg gefahren werden. Hier kann das Auto an der wenig befahrenen Straße abgestellt werden. Achtung: Im Gebiet selbst sind die Wege ganzjährig für den Autoverkehr gesperrt.

Adressen

Stiftung NordWest Natur, Am Dobben 44, 28203 Bremen, www.nordwest-natur.de

Kartengrundlage: openstreetmap.org

GPS		
Beobachtungsturm Hollerdeich (2)	53.119617	8.928686
Sodenstich (3)	53.130932	8.918847
Aussichtspunkt Brandsgraben (5)	53.126560	8.937201
Großer Moordamm (7)	53.133651	8.950588

Niedersachsen

Tipp Nr. **Beobachtungsplatz**

Foto: E. Bühring.

Meißendorfer Teiche/ Bannetzer Moor

Wichtiges Naturschutzgebiet

Das Naturschutzgebiet Meißendorfer Teiche/Bannetzer Moor ist ein traditionelles Ausflugsziel zahlreicher Vogelbeobachter in Niedersachsen und durch das Bildungszentrum Gut Sunder des Naturschutzbundes (NABU) bekannt geworden. Das auf Initiative der örtlichen Naturschutzverbände im Jahr 1984 ausgewiesene Naturschutzgebiet liegt in der Südheide etwa 20 km nordwestlich der Stadt Celle und hat eine Größe von etwa 900 ha. Bereits 1978 wurden Teile des Gebietes in das Programm „Errichtung und Sicherung schutzwürdiger Teile von Natur und Landschaft mit gesamtstaatlich repräsentativer Bedeutung“ aufgenommen. Der Projektträger Landkreis Celle ist inzwischen auch Eigentümer von rund 700 ha.

Das Gebiet darf auf öffentlichen und gekennzeichneten Wegen betreten werden.

Lebensräume

Die Lebensräume sind sehr vielgestaltig. Einen für Beobachter besonders interessanten Bereich bilden die insgesamt etwa 60 Teiche mit einer Gesamtfläche von 400 ha. Die meisten von ihnen wurden Ende des 19. Jahrhunderts angelegt; es entstand die größte Karpfenzucht Norddeutschlands. In den 1970er Jahren stellte man sie aber weitgehend ein. Daraufhin kauften der DBV (heute NABU) und andere mit öffentlicher Unterstützung einen großen Teil der Fläche, um das bedeutsame Feuchtgebiet zu sichern.

Der größte Teich ist der außerhalb der Schutzgebietsgrenzen liegende Hüttensee, der der Erholungsnutzung vorbehalten ist. Die anderen gekauften oder gepachteten Teiche werden heute extensiv und naturschutzorientiert genutzt und unterliegen fünf verschiedenen Bewirtschaftungsweisen, was auch ein Grund für die Vielfalt an Vogelarten ist.

Nördlich der Teiche liegt das NABU Gut Sunder mit wertvollen Buchenaltholzbeständen und dem Flüsschen Meiße in der Nähe, das 1998 in einem ersten Abschnitt renaturiert wurde. Die angrenzenden Bruchwiesen werden heute extensiv genutzt.

Südlich der Teiche erstreckt sich das weitgehend entwässerte Bannetzer Moor, das bislang nur stellenweise wieder vernässt werden konnte. Die Freiflächen weisen heute größere Gagel- und Pfeifengrasbestände auf.

Besondere Vogelarten

Schon seit Jahrzehnten sind die Meißendorfer Teiche DAS Gebiet in Niedersachsen, um Schwarzstörche beobachten zu können. Seit 1997 lebt am Rande auch ein Seeadlerpaar, damals eines der ersten in Niedersachsen. Regelmäßig sind auch Fischadler zu sehen. Kraniche (1-2 Paare) brüten seit einigen Jahren, Graugänse sind häufig. Die „Leitart“ des Teichgebietes ist jedoch die bundesweit vom Aussterben bedrohte Rohrdommel. Drei bis fünf Rufer waren in den letzten Jahren konstant zu hören. Drossel- und Schilfrohrsänger sowie Rohrschwirle sind selten geworden und heute wohl nur noch sporadische Brutvögel. Der Bestand von Knäk-, Krick- und Schnatterenten dagegen ist in den letzen Jahren angestiegen.

Die Freiflächen im Bannetzer Moor werden von Schwarz- und Braunkehlchen und dem Neuntöter besiedelt.

Seit einigen Jahren brüten Kraniche im NSG Meißendorfer Teiche/Bannetzer Moor. Foto: B. Volmer.

Raubwürger und Heidelerchen sind seltener. An der Meiße brüten Gebirgsstelzen und Eisvögel; im Jahr 2004 zog hier – weit nördlich des eigentlichen Areals - sogar ein Wasseramselpaar erfolgreich Jungvögel auf.

In den Bruchwiesen lässt ab Mai der Wachtelkönig seine Stimme erklingen. Häufiger als in allen anderen Gebieten Niedersachsens sahen Beobachter hier in den letzten Jahren Schlangen-, Zwerg- und Schreiadler.

Reisezeit

Ein Ausflug an die Meißendorfer Teiche und in deren Umgebung ist zu allen Jahreszeiten empfehlenswert. Zahlreiche Limikolen nutzen während der Zugzeiten, vor allem im Spätsommer, die Schlammflächen der eigens für sie abgelassenen Fischteiche. Viele Entenvögel bevölkern in den Wintermonaten die Wasserflächen solange sie eisfrei sind. Im Spätwinter sind Schwarz- und Kleinspechte in der Nähe des Gutes zu sehen. Eisvögel und Gebirgsstelzen leben ganzjährig an der Meiße. Von Ende April bis in den Sommer erklingt der Gesang von Teich- und Schilfrohrsängern sowie Rohrschwirlen aus den Schilfflächen der Teiche. Die Rohrdommeln rufen vor allem im zeitigen Frühling.

Beobachtungsrouten und -möglichkeiten

Im Gebiet stehen den Beobachtern drei Beobachtungstürme und ein Hügel zur Verfügung. Zahlreiche Wanderwege sind vorhanden, drei Routen besonders empfehlenswert. Die erste (Länge ca. 4 km) führt vom Hüttenseeparkplatz aus um den Hüttensee (Rundwanderweg). Hier ermöglicht ein Beobachtungsturm gute Einblicke auf die Wasserfläche. Der Weg ist besonders im Winterhalbjahr und zu den Zugzeiten ergiebig (Schellenten, Säger, Fischadler, Möwen).

Die zweite Route führt vom NABU Gut Sunder (Parkplatz) in die Bruchwiesen der Meißeniederung. Von dort aus führt in Richtung Südwest ein Waldweg, der nach ca. 2 km rechts zu dem Beobachtungshügel an einem renaturierten Teilstück der Meiße führt (Wespenbussard, Baumfalke, Schwarzkehlchen, von hier aus auch die verschiedenen Adlerarten).

Typische Vogelarten, deren Status (günstige Beobachtungszeit)
h = häufig, r = regelmäßig, s = selten; J = Jahresvogel, B = Brutvogel, W= Wintergast, D = Durchzügler, M = Mausergast; N = Nahrungsgast

Art	Status (beste Beobachtungszeit)
Baumfalke	rB (Mai – Okt.)
Braunkehlchen	hB (April – Sept.)
Drosselrohrsänger	sB (Mai – Aug.)
Fischadler	rD (März – Okt.)
Graugans	rB (ganzjährig)
Grünspecht	rJ (ganzjährig)
Gänsesäger	rW (Okt. – März)
Haubentaucher	rB (März – Dez.)
Heidelerche	rB (März – Okt.)
Hohltaube	rJ (ganzjährig)
Kleinspecht	rB (ganzjährig)
Knäkente	rB, rD (April – Aug.)
Kolkrabe	rJ (ganzjährig)
Kranich	rB, rD (Febr. – Dez.)
Krickente	rB, hD (März – Nov.)
Löffelente	sB, rD (April – Sept.)
Raubwürger	sB (ganzjährig)

Art	Status (beste Beobachtungszeit)
Reiherente	rB, rW (ganzjährig)
Rohrdommel	rB (ganzjährig)
Rohrschwirl	sB (Mai – Sept.)
Rohrweihe	rB (April – Sept.)
Schellente	rB, rW (ganzjährig)
Schilfrohrsänger	sB (April – Aug.)
Schnatterente	rB, hD (April – Okt.)
Schwarzkehlchen	rB (März – Okt.)
Schwarzspecht	rB (ganzjährig)
Schwarzstorch	rB (April – Aug.)
Seeadler	rB (ganzjährig)
Tafelente	rJ (ganzjährig)
Wachtelkönig	sB (Mai – Juli)
Wasserralle	hB (März – Okt.)
Zwergsäger	sD, sW (Nov. – März)
Zwergtaucher	rB (April – Okt.)

Für Route drei fährt man von der Ortschaft Bannetze die Straße „Ochsentrift“ bis zum Ende (Parkmöglichkeit). Von dort gelangt man zu Fuß nach Norden zum „Fritz-Dierschke-Turm“ am „Großen Möwenteich“. Zur Brutzeit trifft man bereits auf dem Weg dorthin Heidelerche, Neuntöter und Braunkehlchen. Von hier aus gelingen zur entsprechenden Jahreszeit fast täglich Beobachtungen von Schwarzstörchen, Seeadlern und Baumfalken. Rohrdommeln und – in manchen Jahren – Tüpfelsumpfhühner sind dagegen meist nur zu hören. Vom „Fritz-Dierschke-Turm“ erreicht man in Richtung Osten gehend nach 1,5 km einen zweiten Beobachtungsturm, der Einblicke in eine Kormorankolonie gewährt und von dem aus man vor allem im Herbst und Winter Wasservögel sehen kann. Ebenfalls vom „Fritz-Dierschke-Turm“ führt nach Westen ein Stichweg in das Bannetzer Moor, wo Schwarzkehlchen und Raubwürger, zur Zugzeit auch Steinschmätzer zu sehen sind.

Vielfältige Infos sind im NABU Gut Sunder erhältlich, das seit dem 1. Oktober 2003 vom NABU-Landesverband Niedersachsen geführt wird. Das Infozentrum ist am Wochenende von 11 - 16 Uhr geöffnet. Hier gibt es Informationsmaterial wie Bücher, Karten und Broschüren.

Weitere Freizeitmöglichkeiten

Am Hüttensee kann man baden, segeln und Tretboot fahren.

Thomas Brandt, Cordula Jülch, Kilian Wasmer

Infomaterial/Literatur

Torkler, A. (2001): Die Vogelwelt der Meißendorfer Teiche. Avifaunistischer Sammelbericht 1999/2000. Celler Berichte zur Vogelkunde, Heft 7: 1–74.

Clausnitzer, H.-J., E. Bühring, H. Langbehn, M. Ortmann, R. Rufert & A. Thiess (2004): Die Entwicklung des Naturschutzprojekts „Meißendorfer Teiche/Bannetzer Moor“ (Landkreis Celle, Niedersachsen) seit 1979. Natur und Landschaft 79: 249–256.

Anfahrt

Mit Bahn und Bus

Mit der Bahn kommt man bis Celle. Von dort aus fahren Busse über Winsen/Aller nach Meißendorf. Von dort aus sind es bis zum Gut Sunder noch 2 km zu Fuß oder per Taxi.

Mit dem Auto

Autobahn A 7, von Süden kommend Abfahrt Nr. 50 (Schwarmstedt). Von dort auf der B 214 über Jeversen (ggf. in Richtung Norden nach Bannetze abbiegen) nach Wietze, dann nach Winsen/Aller, Meißendorf und schließlich nach Gut Sunder. Von Norden Autobahnabfahrt Nr. 49 (Westenholz) und über Osterholz nach Meißendorf.

Unterkunftsmöglichkeiten in Winsen (über Touristinfo, s.u.), Campingmöglichkeiten am Hüttensee. Am Wochenende stehen nach Absprache auch Unterkunftsmöglichkeiten auf Gut Sunder zur Verfügung.

Adressen

NABU Gut Sunder, OT Meißendorf, 29308 Winsen/Aller, Tel.: 05056/970111, info@nabu-gutsunder.de; www.nabu-gutsunder.de
Touristinfo Winsen/Aller, Am Amtshof 4, 29308 Winsen (Aller)
Tel.: 05143/912212, info@winsen-tourismus.de; www.winsen-tourismus.de
Öffnungszeiten: Mo. – Fr. 9 – 13 Uhr

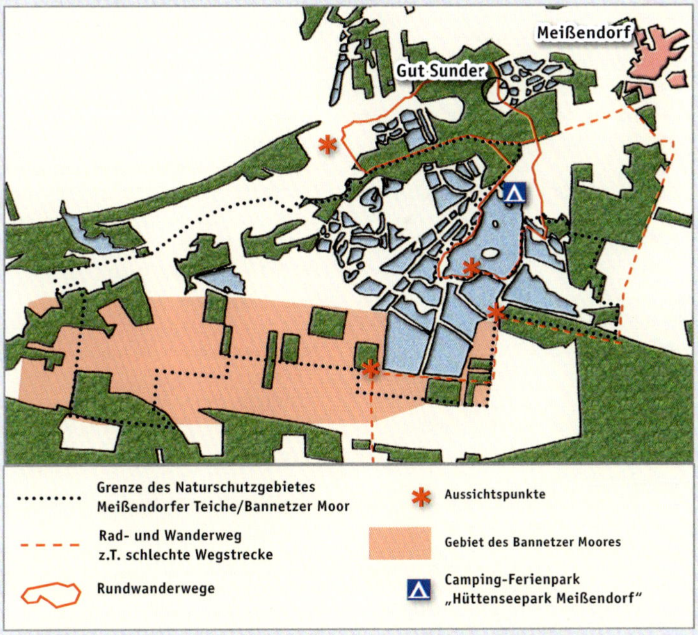

GPS		
Sunder (Ortsmitte)	52°43'36.38" N	9°49'14.36" O
Meißendorf (Ortsmitte)	52°43'46.66" N	9°51'01.82" O

Die Westhälfte der Insel Norderney mit dem Südstrandpolder.
Foto: M. Temme.

Foto: M. Temme.

Die Nordseeinsel Norderney

Rast- und Brutplatz

Mitten im zweitgrößten deutschen Nationalpark, dem niedersächsischen Wattenmeer, liegt der Küste vorgelagert die Insel Norderney. Sie gehört zu den mittleren Inseln der ostfriesischen Inselkette und ist das Ergebnis einer seit Jahrhunderten andauernden Dynamik aus Meeresströmung, Wind und dem ewigen Wechselspiel von Ebbe und Flut. Mit einer Länge von fast 14 km und einer Breite von etwa 2 km (Gesamtfläche 29 km^2) ist sie die zweitgrößte der sieben bewohnten und die bevölkerungsreichste der ostfriesischen Inseln. Wegen Sturmflutgefährdung im Westen ist sie stark mit Buhnen befestigt.

Lebensräume

Von der offenen Nordsee ist die Insel bis zum Wattenmeer im Süden in sehr unterschiedliche, streifenförmig zonierte Lebensräume mit typischen Vogelarten aufgeteilt. Zur See hin liegen die Strände, darauf folgen Dünen (Primär-, Weiß-, Grau- und Braundünen) mit einer Gesamtfläche von rund 890 ha. Im Dünengebiet liegen trockene und feuchte Dünentäler mit Schilf- und Brackwasserröhrichten. In manchen tief liegenden Dünentälern entwickelten sich Übergangsmoore.

In der Inselmitte liegen landwirtschaftliche Nutzflächen, vor allem Weiden und Wiesen. Von ornithologischer Bedeutung ist hier der Grohepolder. Im westlichen Bereich der Insel wurde in Stadtnähe 1815 der Kurpark angelegt. In den letzten achtzig Jahren wurden weitere kleinere Gehölze angepflanzt (Kiefern- und Erlenwald).

Eine Besonderheit auf den ostfriesischen Inseln sind die künstlich angelegten Süßwasserteiche im 130 ha großen Südstrandpolder. Der Polder entstand aus einer 1940 eingedeichten Wattfläche. Das Ergebnis verschiedener Bau-, später auch Naturschutzmaßnahmen, ist heute ein Komplex von mehreren Teichen, die zunehmend mit Röhricht und Gehölzen zuwachsen.

Zum Wattenmeer hin liegen die etwa 750 ha umfassenden Salzwiesen (Heller). Sie haben noch mal in sich eine bestimmte und für alle ostfriesischen Inseln typische Zonierung. Das Wattenmeer schließt sich an. Südlich des Golfplatzes liegt aufgrund der geschützten, strömungsarmen Lage ein für Watvögel besonders nahrungsreiches Wattgebiet.

Typische Vogelarten

Der Strand ist Brutplatz von Sandregenpfeifern, in manchen Jahren auch von Seeregenpfeifern und Zwergseeschwalben. Brandenten, Kornweihen, Sumpfohreulen, Hohltauben, Wiesenpieper und Steinschmätzer sind typische Brutvögel der Dünenlandschaft. Die Höhlenbrüter (zu denen auf Norderney auch die Dohlen gehören!) nutzen die Kaninchenhöhlen. In den Dünen liegen auch Kolonien von Silber- und Heringsmöwen. In den anmoorigen oder nassen Dünentälern brüten Kornweihen, Große Brachvögel, Sumpfohreulen, mehrere Entenarten und Teichrohrsänger. Auf den Gehölz bewachsenen Dünen leben Fitisse, Bluthänflinge und Birkenzeisige. Die Anpflanzungen und der Siedlungsbereich haben auch typische Festlandarten als Brutvögel angezogen, z. B. Buntspecht, Hausrotschwanz, Singdrossel und Buchfink. Ornithologisch interessant sind auch die Süßwasserteiche im Südstrandpolder. Hier brüten über 60 Arten, unter ihnen Rohrweihen, Bläss- und Teichhühner, Wasserrallen und Bartmeisen.

Die meisten Vögel wird man aber in den Salzwiesen und im Wattenmeer sehen. In den Salzwiesen liegen große Kolonien von Herings-, Silber- und Lachmöwen, brüten einige Fluss- und Küstenseeschwalben. Dazwischen liegen kleinere Kolonien der grazilen Säbelschnäbler. Die Salzwiesen sind auch

am Nordostufer des Sees ermöglicht die Beobachtung verschiedener Entenarten. Die Hütte ist im Winter und zur Brutzeit ein lohnendes Ziel. In den umgebenden Weidenbüschen brüten Beutelmeisen.

4. Swartwolder Kolk
Im Südwesten des Swartwolder Kolks steht eine hölzerne Beobachtungshütte. Ein Besuch lohnt sich vor allem im Winter zur Beobachtung von Gänsen, Sägern, Enten und Kormoranen. Auf einem Brutfloß brüten im Sommer Flussseeschwalben.

5. Coldam
Eine Beobachtungskanzel am Ortseingang von Coldam ermöglicht den Blick auf ein Beweidungsprojekt mit Koniks („Wildpferde") und Heckrindern („Auerochsen"-Rückzüchtung). Hier lassen sich im Sommer gelegentlich Rohrweihen, im Winter Kornweihen und Sumpfohreulen beim Jagen beobachten. Coldam ist Brutgebiet für Rotschenkel, Uferschnepfe, Schilfrohrsänger und Blaukehlchen.

Weitere Beobachtungseinrichtungen finden sich am Wymeerer Hammrich (6) bei Wymeer und am Westufer des Dollarts sowie am Polder Breebaart (7). Auch ein Blick vom Sielgebäude (8) am Coldeberger Siel auf die Ems, die Vorländer und die Emsinsel Hatzumer Sand lohnt sich.

Weitere Freizeitmöglichkeiten

Empfehlenswert ist die „Internationale Dollard Route", eine rund 204 km lange Fahrradroute, die gute Möglichkeiten zur Vogelbeobachtung bietet. Der NABU Ostfriesland bietet von Januar bis März „Gänsebusfahrten" ins Rheiderland an (ab Bhf. Leer) sowie das „Frühstück mit Gänsen" am NABU Infopavillion Nieuwe Statenzijl. Auf den Wattflächen lassen sich Seehunde beobachten. Anmeldung für alle Veranstaltungen beim NABU-Büro.

Thomas Brandt, Cordula Jülch, Kilian Wasmer

Infomaterial/Literatur

Kruckenberg, H. & M. Bergmann (2000): Radwandern auf der Dollard-Route: ein Naturführer. Isensee, Oldenburg.
Gerdes, K. (2000): Die Vogelwelt im Landkreis Leer. Schuster, Leer.

Anreise

Das gesamte Gebiet ist für Radfahrer gut erschlossen. Alle Beobachtungseinrichtungen sind mit einheitlichen braunen Wegweisern von der nächstgelegenen größeren Straße ausgeschildert, lediglich die Kiekkaaste ist über eine längere Distanz ausgeschildert (nicht verunsichern lassen, wenn über lange Strecken kein Schild steht! Dann immer geradeaus fahren!).

Mit Bahn und Bus

Mit dem RE oder IC nach Leer, weiter mit dem Rad. Zur Kiekkaaste fährt der Bus 624 Richtung Kanalpolder Janssen (ca. 1 h). An der Endstation zu Fuß der Ausschilderung Dollard-Route folgen. Sie führt zum Infopavillion.

Mit dem Auto

Zur Kiekkaaste: BAB 31 bis zum Dreieck Bunde, dort auf die BAB 280 Richtung Groningen bis Abfahrt Bunde-West. Ab hier der Beschilderung folgen (nach links). Am Deich vor dem Marcelluspfad stehen wenige Parkmöglichkeiten zur Verfügung.

Adressen

Weitere Informationen zu Beobachtungsmöglichkeiten im Rheiderland: www.naturerlebnis-ostfriesland.de
Informationen zu den Hochwasserzeiten: Bundesamt für Wasserschifffahrt und Hydrologie, www.bsh.de

NABU-Woldenhof, Forlitzer Str. 121, 26624 Wiegboldsbur, Tel.: 04942-990394, info@nabu-woldenhof.de; www.nabu-ostfriesland.de

Übernachtungsmöglichkeiten und Informationsmaterial:
Internationale Dollard Route, Ledastr. 10, 26789 Leer,
Tel.: 0491-91969650, info@dollard-route.de; www.dollard-route.de

GPS		
Wymeer (Ortsmitte)	53°08'04.49" N	7°14'22.11" O
Termuntenzijl (Ortsmitte)	53°18'04.38" N	7°02'02.64" O
Dyksterhusen (Ortsmitte)	53°18'04.43" N	7°14'56.61" O
Coldam (Ortsmitte)	53°12'28.61" N	7°24'13.46" O
Ditzum (Ortsmitte)	53°18'55.77" N	7°16'42.57" O

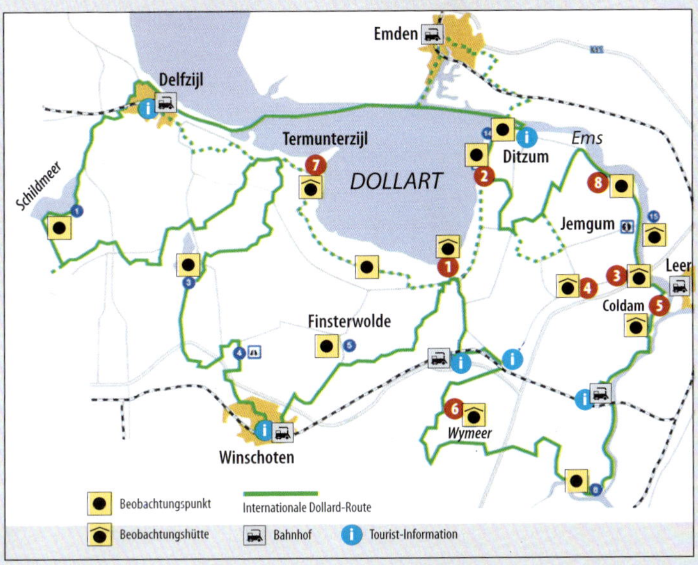

Der Steinbruch Messingsberg ist schon von Weitem zu sehen. Foto: T. Brandt

Foto: T. Brandt.

Das Schaumburger Bergland

Vögel am nördlichen Rand der Mittelgebirge

Im Schaumburger Land, etwa 40 Kilometer westlich von Hannover, schiebt sich die Grenze der Mittelgebirge weiter nach Norden als anderswo in Mitteleuropa. Somit ist diese Region vor allem für norddeutsche Vogelbeobachter das nächstgelegene Ziel, um typische Mittelgebirgsarten zu beobachten. Dazu gehören Wasseramseln, Uhus und Gebirgsstelzen. Die Erstgenannte lebt hier an ihrer nördlichen Arealgrenze in Deutschland. Andere Vogelarten wie Uhu, Grauspecht und Gebirgsstelze kommen weiter nördlich in der norddeutschen Tiefebene nur noch vereinzelt oder unregelmäßig vor.

Das Schaumburger Bergland in der Nähe der Weserstadt Rinteln ist gut zu erreichen. Es liegt nur 30 Kilometer südlich des Steinhuder Meeres, sodass die Tour hervorragend mit einem Besuch des größten niedersächsischen Sees kombiniert werden kann.

Lebensräume

Das Schaumburger Bergland ist sehr vielgestaltig. Es umfasst Teile des Wesergebirges und grenzt an das FFH-Gebiet „Süntel, Wesergebirge, Deister“ mit großflächigen Waldmeister-Buchenwäldern, Hainsimsen-Buchenwäldern, Schlucht- und Hangmischwäldern sowie Kalkfelsen. Der riesige Steinbruch „Messingsberg“, ist teilweise erschlossen ("Wanderpark Jahrtausendblick", siehe www.westliches-weserbergland.de/erlebniswelt-steinzeichen), liegt nahe dem FFH-Gebiet und ist Bestandteil des Vogelschutzgebietes „Uhubrutplätze im Weserbergland“. Nur wenige hundert Meter nördlich des Steinbruchs durchfließt die – streckenweise naturnahe – Bückeburger Aue ein Tälchen

Seit mindestens 1987 brüten Uhus im Gebiet. Im Steinbruch sind sie während der Brutzeit zu beobachten. Foto: B. Volmer.

mit extensiv genutzten Wiesen und Wäldern. Etwa 200 m westlich befindet sich der Ahrensburger Schlosspark mit mehreren kleinen Teichen. Nördlich des Tals erstrecken sich die bis zu 360 m hohen Bückeberge, die im Süden einen relativ großen Laubholzanteil aufweisen, nördlich des Kamms jedoch weitgehend mit Fichten aufgeforstet wurden.

Teile der Bückeburger Aue wurden in den letzten zehn Jahren renaturiert und haben sich zu einem wertvollen Lebensraum entwickelt. Foto: T. Brandt.

Charakteristische Vogelarten

Das Schaumburger Land ist ornithologisch – vor allem aus arealkundlicher Sicht – besonders interessant. Den kleinen Landkreis Schaumburg durchzieht die Grenze zwischen Mittelgebirge und nordwestdeutscher Tiefebene und schließt Teile der niedersächsischen Börde ein. Er ist daher einer der wenigen Kreise, in denen man während der Brutzeit Seeadler, Uhus, Kraniche, Schwarzstörche, Große Brachvögel, Bekassinen, Grauspechte, Karmingimpel und Wasseramseln sehen kann. Im Steinbruch „Messingsberg" leben seit den achtziger Jahren Uhus (erster Brutnachweis 1987). Sie brüten über Jahre in derselben Felsnische und sind oft von der gegenüberliegenden Kuppe mit einem Spektiv zu sehen (s. u.). Im Steinbruch kann man auch regelmäßig äsende Mufflonherden beobachten (scheu!). Rotmilane brüten in dem Buchenwald östlich des Steinbruches. Im Abbaubereich nisten gelegentlich Flussregenpfeifer. Baumpieper und Hausrotschwänze singen überall.

An der Bückeburger Aue brüten nur wenige hundert Meter von der „Erlebniswelt Steinzeichen Steinbergen" entfernt mehrere Wasseramsel- und Eisvogelpaare. Gebirgsstelzen sind hier nicht zu übersehen. Das Fließgewässer gehört auch zum Nahrungsgebiet eines Schwarzstorchpaares. Im Buchenwald, der an die Aue grenzt, sind Hohltaube, Klein-, Grün- und Schwarzspecht zu sehen. Die Nadelwälder der Bückeberge waren bis vor wenigen Jahren das nördlichste regelmäßige Brutgebiet von Tannenhähern in Deutschland (10 bis 20 Paare). Mit Absterben und Rodung eines teils der Fichtenwälder scheinen sie mittlerweile allerdings verschwunden zu sein.

Das Gebiet bildet nicht nur die Arealgrenze verschiedener Vogelarten, sondern auch für weitere Tier- und Pflanzenarten. Im Steinbruch „Messingsberg", der auch für den Amphibienschutz eine hohe Bedeutung hat, kann man mit Glück auf Gelbbauchunken und Geburtshelferkröten treffen.

Reisezeit

Ein Ausflug in das Gebiet lohnt sich vor allem im Frühling. Von April bis etwa Ende Mai sind die jungen und alten Uhus im Steinbruch zu sehen. Danach haben die Jungvögel den engeren Nestbereich möglicherweise verlassen und sind tagsüber nur schwer in der Felswand zu finden. Die Tageseinstände der Altvögel wechseln häufig und sind nicht immer (leicht) zu sehen.

An der Bückeburger Aue sind interessante Beobachtungen ganzjährig möglich. Wasseramseln sind immer leicht zu finden, wenn man das Gewässer sorgfältig beobachtet. Das trifft in der Regel auch auf die Eisvögel zu, die häufig an den Teichen im nahen Schlosspark Nahrung suchen. Man sollte die Vögel, die hier sehr scheu sind, nicht ganze Bachstrecken vor sich herjagen. Gebirgsstelzen sind ganzjährig anwesend, aber im Winter erheblich seltener. Im Frühling sind die Spechte auffällig. Dann suchen gelegentlich auch Waldwasserläufer an den Ufern der Aue nach Nahrung. Von April bis September sollte man auf Schwarzstörche achten. Zu dieser Zeit kann man auch Rotmilane, Mäusebussarde und gelegentlich Wespenbussarde beobachten.

Typische Vogelarten, deren Status und günstige Beobachtungszeit (in Klammern).
h = häufig, r = regelmäßig, s = seltener; J = Jahresvogel, B = Brutvogel, D = Durchzügler

Art	Status (beste Beobachtungszeit)
Eisvogel	rB (ganzjährig)
Gebirgsstelze	hB (ganzjährig)
Grünspecht	rB (ganzjährig)
Hohltaube	rB (ganzjährig)
Kleinspecht	rB (ganzjährig)
Kolkrabe	rJ (ganzjährig)
Rotmilan	rB (März–Okt.)

Art	Status (beste Beobachtungszeit)
Schwarzspecht	rB (ganzjährig)
Schwarzstorch	sB (April–Aug.)
Uhu	sB (ganzjährig)
Waldwasserläufer	rD (März/April, Juli–Okt.)
Wasseramsel	rB (ganzjährig)
Wespenbussard	sB (Mai–Aug.)

An der Bückeburger Aue liegen die nördlichsten regelmäßigen Wasseramselbrutplätze in Deutschland. Foto: F. Derer.

Beobachtungsmöglichkeiten

Ein Großteil des Gebietes ist frei zugänglich. Um den Steinbruch „Messingsberg" betreten zu können, muss man allerdings eine Eintrittskarte für den Wanderpark Jahrtausendblick lösen (2025: Montag und Dienstag Ruhepark).Dafür kann man dort von Ende März bis Juni (wild lebende) Uhus beobachten. Zudem hat man von dem dazugehörigen Aussichtsturm „Jahrtausendblick" auf dem Kamm des Wesergebirges in südliche Richtung einen hervorragenden Blick auf das Wesertal und das Weserbergland.

Steinbruchroute: Uhus beobachtet man am besten vom Bistro von der Kuppe gegenüber der langen Steinbruchwand. Der Besucherverkehr ist weit genug entfernt und scheint die Vögel nicht zu stören. Von hier aus lassen sich auch verschiedene Sing- und Greifvögel beobachten. Das Gebiet lässt sich am besten mit einem an der Kasse erhältlichen Übersichtsplan erkunden.

Bückeburger Aue: Diese Route führt vom Parkplatz der Erlebniswelt in die entgegen gesetzte Richtung über die Straße. Wenn man sich links hält, erreicht man in Höhe des Sportplatzes die Bückeburger Aue, die hier die Straße nach Obernkirchen unterquert. An der Straßenbrücke (Wasseramselnest darunter) geht man rechts in östliche Richtung an der Aue entlang (Parkverbote beachten!), bleibt auf dem Weg, durchquert die alte Unterführung einer selten frequentierten Bahnstrecke und gelangt nach hundert Metern an eine kleine Brücke. Dies ist ein besonders gemütlicher Platz, um die typischen Fließgewässervögel zu beobachten. Etwas bachaufwärts, also jenseits der Brücke, gelangt man an einen renaturierten Gewässerabschnitt. Man kann dem Bachlauf beliebig weit folgen, muss aber auf demselben Weg zurück.

Bückeberge: Man erreicht sie von den beschriebenen Parkplätzen bergauf in Richtung Obernkirchen. An der Gaststätte „Süße Mutter" biegt man rechts und sofort wieder links ab. Die Straße führt mehrere Kilometer durch den Wald (meist Mischwald). Schließlich gelangt man an eine Gaststätte und ein Schulungszentrum. Auf dem Parkplatz gegenüber kann man kostenlos parken, von hier an ist die Straße für den öffentlichen Verkehr gesperrt. Auch Fichtenkreuzschnäbel wird man hier mit großer Wahrscheinlichkeit zu Gesicht bekommen. Nur etwa 500 Meter östlich des Zentrums, also der gesperrten Straße zu Fuß folgend, erreicht man über eine Werkszufahrt die bekannten Obernkirchener Sandsteinbrüche. Hier gelangen 2007 sensationelle Funde von Dinosaurierfährten, die man besichtigen kann.

Weitere Freizeitmöglichkeiten

Eine schöne Tour kann man mit der Fahrraddraisine von Rinteln in das südlich der Weser liegende Extertal unternehmen (hier ebenfalls gute Beobachtungsmöglichkeiten von Wasseramseln und anderen Fließgewässervögeln). Infos und Buchungen sind über Pro Rinteln e.V. möglich (Tel.: 05751/403 987).

Die Erlebniswelt Steinzeichen Steinbergen bietet verschiedene Attraktionen, Mitmachangebote, Workshops etc. zu den Parkthemen „Faszination Stein" und „Wunder des Lebens".

In Rinteln gibt es ein Spaßbad und andere Freizeitmöglichkeiten, ein Besucherbergwerk liegt in Kleinenbremen (von dem hier beschriebenen Gebiet über Bad Eilsen erreichbar, ca. 10 km). Ein Stück weiter östlich nahe der A2 (Abfahrt Rehren) ist das „natour.NAH.zentrum Schillat-Höhle". Dort, in Deutschlands nördlichster Tropfsteinhöhle, kann man 45 Meter unter der Erde und auf einer Länge von 180 Metern Erdgeschichte erleben und dabei Höhlenmalereien und funkelnde Kristalle bestaunen. Eine 3D-Show informiert im Zentrum über die Tier- und Pflanzenwelt im Weserbergland, im LandFrauen-Café kann man zudem regionale Küche genießen.

Etwa 30 km nördlich des hier beschriebenen Gebietes liegt das Steinhuder Meer (s. S. 68). Das Artenspektrum dort ist typisch für die norddeutsche Tiefebene und somit ein komplett anderes. Es schließt Brutvögel wie See- und Fischadler, Bekassine, Großer Brachvogel, Knäk- und Löffelente, Bartmeise und Blaukehlchen ein. Im Winter sind am See Tausende Wasservögel anwesend. In Rinteln liegen entlang der Weser eine Reihe von Kiesteichen, an denen man ebenfalls zahlreiche Wasservögel beobachten kann. Besonders empfehlenswert ist das Naturschutzgebiet "Auenlandschaft Hohenrode" am Rande der gleichnamigen Ortschaft nur wenige Kilometer östlich von Rinteln am südlichen Weserufer. Das Gebiet wurde vom Naturschutzbund (NABU) gekauft und ist für Vogelbeobachter mit einer schönen und gut gelegenen Beobachtungshütte und einem Aussichtsturm gut erschlossen. Hier brüten unter anderem Flussseeschwalben und Austernfischer. Seeadler sind hier regelmäßig und ganzjährig Nahrungsgäste.

Thomas Brandt, Cordula Jülch, Kilian Wasmer

Infomaterial/Literatur

Brandt, T., L. Büttner & H. Küster (2005): Naturpfad Schaumburg – Landschaft und Natur entdecken. Zu Klampen Verlag, Springe.

Buschmann, H., B. Scheel & T. Brandt (2006): Amphibien und Reptilien im Schaumburger Land und am Steinhuder Meer. Natur & Text, Rangsdorf.

Anfahrt

Mit Bahn und Bus

Mit der Bahn kommt man bis Rinteln und per Bus weiter nach Obernkirchen. In Buchholz aussteigen. Von dort aus sind es nur wenige hundert Meter zu Fuß zur „Erlebniswelt Steinzeichen Steinbergen" bzw. an die Bückeburger Aue. Um in die Bückeberge zu gelangen, muss man weiter in Richtung Obernkirchen fahren und an der Gaststätte „Süße Mutter" aussteigen. Bis zu den Dinosaurierfährten sind es aber noch etwa 3 km entlang der Straße.

Mit dem Auto

Das Gebiet liegt direkt (beidseitig) an der A 2. Von Hannover wählt man die Ausfahrt Obernkirchen (vorsicht, dies ist nur eine Ausfahrt), fährt links und gelangt nach etwa 1 km zum Parkplatz des Wanderparks Jahrtausendblick. An der gleich dahinter liegenden Ampel kann man rechts fahren und auf einem Parkplatz am Sportplatz halten, der weniger als 300 m Luftlinie von dem ersten Parkplatz entfernt liegt. Von Westen (Westfalen) kommend wählt man von der A 2 die Abfahrt Bad Eilsen, fährt rechts und folgt der Beschilderung zum Steinzeichen. Unterkunftsmöglichkeiten gibt es vor allem in Rinteln (5 km entfernt), Campingmöglichkeiten sind beispielsweise in Rinteln am Doktorsee vorhanden.

Adressen

Wanderpark Jahrtausendblick (Erlebniswelt Steinzeichen Steinbergen), Arensburger Str. 4, 31737 Rinteln, OT Steinbergen, Tel.: 05751/917-590, https://www.westliches-weserbergland.de

Touristikzentrum Westliches Weserbergland, Marktplatz 7, 31737 Rinteln, Tel.: 05751/403980, touristikzentrum@westliches-weserbergland.de; www.westliches-weserbergland.de

natour.NAH.zentrum Schillat-Höhle, Riesenbergstr. 2a, 31840 Hessisch Oldendorf (ST Langenfeld), Tel.: 05751/403980, schillathoehle.de (mit aktuellen Angaben zu den Öffnungszeiten).

GPS		
Buchholz (Ortsmitte)	53°19'47.12" N	9°52'36.83" O
Steinbergen (Ortsmitte)	52°12'10.71" N	9°07'19.81" O

Brandgänse und Limikolen versammeln sich bei Hochwasser im schmalen Vorland am Strandbad Sehestedt.

Foto: J. Dierschke. Schweiburgersiel, 3.9.2007.

Der Jadebusen

Wasservogelparadies vor den Toren Wilhelmshavens

Westlich der Weser liegt der Jadebusen, eine Bucht, die weit in die friesische Küste hineinreicht. Aus der Luft erinnert seine Form an einen Apfel. Das Meerwasser fließt über den Jadestrom durch die Enge zwischen Wilhelmshaven und Eckwarderhörne bei jeder Flut in die Bucht und bedeckt die Watten, um sie bei der nächsten Ebbe wieder freizugeben. Der stete Strom führt Nährstoffe herbei, welche die Basis für eine hoch produktive Lebensgemeinschaft bilden. Der Tisch ist für Vögel reich gedeckt. Der Wert des Gebiets wurde früh erkannt, sodass der Jadebusen mit seinen Prielen, Wattflächen und Salzwiesen im Jahr 1986 Teil des Nationalparks Niedersächsisches Wattenmeer wurde, der seit dem Jahr 2009 zudem den Titel UNESCO Weltnaturerbe trägt. Der Großteil des Jadebusens gehört dabei zur Zone I, der sogenannten Ruhezone und höchsten Schutzkategorie innerhalb des Nationalparks. Im Nordwesten des Jadebusens liegt das maritime Wilhelmshaven mit etwa 80 000 Einwohnern und einem bedeutenden Hafen.

Landschaftsgeschichte und Lebensräume

Entstanden ist der Jadebusen im Mittelalter durch schwere Sturmfluten, die in die ehemalige Moorlandschaft einbrachen, den Boden wegspülten und die Landschaft dauerhaft veränderten. Der Name Jade leitet sich von Riade ab, was Riss oder Sumpfniederung, die von einem Bach durchflossen wird, bedeutet. Von der ehemaligen Moorlandschaft zeugt noch heute ein kleines Hochmoor in den Salzwiesen bei Sehestedt. Bei Sturmfluten schwimmt der Torfboden auf dem Meerwasser, was diesem einzigartigen Naturdenkmal den Beinamen „Schwimmendes Moor" einbrachte. Die Bewohner der Küste begannen im 16. Jahrhundert die überschwemmten Gebiete durch den Bau von Deichen wieder in Land umzuwandeln. Die Form der Küste war damit einem ständigen Wandel unterworfen und seine heutige Form erreichte der Jadebusen erst 1725, als das letzte Stück Deich über das Moor bei der heutigen Ortschaft Sehestedt gebaut wurde. Neben dem kleinen Fluss Jade, der im Süden am Wapelersiel in die Bucht mündet, enden noch einige weitere kleine Flüsse und Kanäle am Jadebusen. Sie schaffen durch die Vermischung von Süß- und Salzwasser Lebensräume mit einer eigenen charakteristischen Vogelwelt. Die Salzwiesen, auch Außengroden genannt, sind am Ufer des Jadebusens sehr ausgeprägt und erreichen bei Wapelersiel eine Breite von etwa einem Kilometer. Für die Verstärkung der Deiche am Jadebusen wurde an vielen Stellen schwerer Marschboden, der sogenannte Klei, aus

Weißwangengänse sind häufige Wintergäste, verweilen aber auch bis weit ins Frühjahr.

Foto: F. Weiß. Westerhever, 14.2.2009.

Schneeammern sind Wintergäste in den Salzwiesen und an den Deichen oft entlang der Spülsäume zu beobachten. Foto: J. Dierschke. Norddeich, 21.9.2007.

den Salzwiesen und aus dem Grünland hinter den Deichen entnommen. Zurück blieben meist rechteckige, flache Gewässer, die Pütten. Sie prägen vielerorts das Landschaftsbild und werden von Limikolen, Möwen, Seeschwalben und Entenvögeln besonders bei Hochwasser als Rastplätze genutzt.

Besondere Vogelarten und Reisezeit

In den weiten Salzwiesen des Jadebusens sind Rotschenkel die prägenden Brutvögel. Zur Hauptbrutzeit von April bis Juni begleiten ihre Rufe den Vogelbeobachter auf Schritt und Tritt. Austernfischer, Kiebitze, und Wiesenpieper sind weitere häufige Brutvögel im Vorland. Lachmöwen, Säbelschnäbler und Flussseeschwalben, bilden an einigen Stellen kleine Kolonien in den Salzwiesen. Letztere brüten auch in einer großen Kolonie in Wilhelmshaven. Die zahlreichen Brutvögel locken Greifvögel wie Rohr- und Wiesenweihen an, die vielerorts bei der Jagd beobachtet werden können. Die Brutbestände von Wiesenvögeln in den Marschen hinter dem Deich haben stark abgenommen, dennoch sind Kiebitze hier noch verbreitet und auch Uferschnepfen kommen noch vereinzelt vor. An mit Schilf bestandenen Gräben singen häufig Schilfrohrsänger und mit etwas Geduld lassen sich im gleichen Lebensraum auch Blaukehlchen beobachten. Im Spätsommer ist der Jadebusen mit seinen schlickigen Wattflächen der wichtigste Mauser- und Rastplatz für Säbelschnäbler in Deutschland. Häufige Rastvögel zu den Zugzeiten im April und Mai sowie von Juli bis September sind Dunkle Wasserläufer, Rotschenkel, Grünschenkel und Alpenstrandläufer. Etwas zeitiger im Frühjahr, besonders im März, und im Spätherbst von Oktober bis November rasten Spieß-, Krick- und Stockenten in großer Zahl. Löffler brüten auf der benachbarten Vogelinsel Mellum und sind im Sommer regelmäßig zu Besuch am Jadebusen. Im Winter sind Blässgänse, Weißwangengänse und Pfeifenten häufige Gäste. Greifvögel sind mit Mäusebussarden, Kornweihen und Wanderfalken sowie gelegentlich Raufußbussarden vertreten. In den Salzwiesen suchen vereinzelt Trupps von Berghänflingen nach Nahrung. In kleinerer Zahl kommen auch Schneeammern und Ohrenlerchen vor.

Beobachtungsmöglichkeiten

Der Banter See (A) liegt im Stadtgebiet von Wilhelmshaven. Vom Bahnhof Wilhelmshaven geht man nach Süden über den Valoisplatz, überquert Rhein- und Weserstraße und folgt der Jadestraße, die zum Ostende des Sees führt, wo ein kleiner Parkplatz liegt. Autofahrer folgen in Wilhelmshaven der Ausschilderung zur Maritimen Meile. Der Banter See beherbergt eine unter Ornithologen international bekannte Kolonie Flussseeschwalben. Das Brutgeschehen spielt sich auf künstlichen Brutinseln ab und wird seit vielen Jahren intensiv von den Mitarbeitern des Instituts für Vogelforschung untersucht. Ein Weg am Nordrand des Banter Sees führt den Besucher zu den Brutflößen der Kolonie. Im Winter friert der Banter See nur selten zu. Schellenten, Haubentaucher, Zwergtaucher, Reiherenten, Kormorane, Stockenten und Blässhühner überwintern in größerer Zahl und lassen sich gut beobachten. Gelegentlich werden Stern- und Prachttaucher, Trauer-, Samt- und Eisenten entdeckt. Die Wattflächen bei Dangast (B) nutzen im Spätsommer beeindruckende Säbelschnäbleransammlungen und die angrenzenden Salzwiesen werden zur Brutzeit von zahlreichen Rotschenkeln besiedelt. Mit dem Auto erreicht man Dangast von der A 29 Abfahrt „Varel-Bockhorn" über die B 437 in Richtung

Steinwälzer lassen sich von den Spaziergängern am Südstrand nicht stören. Foto: F. Weiß. Wilhelmshaven, 24.1.2010.

Varel, die man gleich wieder Richtung Dangast verlässt. In Dangast biegt man an der Ampel nach links ab in die „Sielstraße", die zu einem Parkplatz am Dangaster Hafen führt. Vom Deich westlich des Hafens hat man einen hervorragenden Blick auf die Wattflächen, auf denen besonders bei auflaufendem Wasser tausende Limikolen zu beobachten sind. Binnendeichs liegt 500 m westlich vom Hafen eine Pütte. Wenn sie nicht ausgetrocknet ist, dient sie hunderten Alpenstrandläufern, Rotschenkeln und Dunklen Wasserläufern als Hochwasserrastplatz. Regelmäßig legen dann auch Zwergstrandläufer, Temminckstrandläufer und Sichelstrandläufer Rast an dem Gewässer ein. Im Spätsommer ist die Artenvielfalt am größten. Im breiten Vorland zwischen Dangast und Wilhelmshaven lässt sich im Frühjahr die Brutvogelwelt der Salzwiesen beobachten. Am Wapelersiel (C), der Südspitze des Jadebusens, mündet die Jade ins Watt. In der Marsch überwintern Blässgänse und Weißwangengänse in großer Zahl. Von Varel fährt man auf der B 437 Richtung Diekmannshausen. Direkt bevor die Bundesstraße die Jade überquert, nimmt man links den Abzweig zum Wapelersiel, wo man parken kann. Gänse lassen sich vom Deich aus mit dem Spektiv beobachten. An der Jade sind im Winter Pfeifenten häufig. Zur Brutzeit leben Rohrweihen, Schilfrohrsänger und Blaukehlchen im Schilf. Ein weiterer interessanter Beobachtungspunkt liegt am Strandbad Sehestedt (D). Vom Wapelersiel fährt man auf der B 437 weiter Richtung Diekmannshausen und biegt im Ort links in Richtung Sehestedt ab. Nach 7 km weist ein Schild nach links zum Strandbad Sehestedt, Parkmöglichkeiten bestehen binnendeichs am Deichaufgang zum „Schwimmenden Moor" sowie am Christian-Künnemann-Platz. Im Sommer kann man auch außendeichs am Strandbad parken (Parkgebühr). Außendeichs befindet sich das Schwimmende Moor, der Rest eines ehemals ausgedehnten Hochmoores direkt zwischen Deich und vorgelagerter Salzwiese. Auf einem im Sommer beschilderten Rundweg (Salzwiese-Erlebnispfad) vom Schwimmenden Moor durch die Salzwiesen an die Wattkante und weiter zum Strandbad. Die besten Beobachtungsmöglichkeiten bieten sich von einer Beobachtungshütte am Südostrand des Gebietes, das durch einen kurzen Bohlenweg durch diesen einzigartigen Lebensraum zugänglich ist. Als Brutvögel können dort Säbelschnäbler, Rotschenkel, Löffelenten, Brandgänse und Lachmöwen beobachtet werden. Die Wattflächen zwischen dem Moor und dem etwa 2,5 km südlich gelegenen Schweiburgersiel werden von der Flut erst spät erreicht und werden daher kurz vor Hochwasser von zahlreichen Limikolen und Brandgänsen aufgesucht. Im Mai und von August bis Oktober findet sich hier einer der größten Hochwasserrastplätze im Jadebusen, an dem Tausende Alpenstrandläufer, Austernfischer, Große Brachvögel und Sandregenpfeifer sowie Hunderte Brandgänse, Kiebitzregenpfeifer, Knutts, Sichelstrandläufer und Pfuhlschnepfen rasten. Auf den Buhnen sind im Spätsommer auch stets einige Regenbrachvögel zu sehen. Die meisten Vögel rasten, wenn das Hochwasser überdurchschnittlich aufläuft. Die Vögel halten sich dann auf den Steinbuhnen oder direkt am Deichfuß auf, sodass sie aus geringer Entfernung beobachtet werden können. Aufgrund der geringen Entfernung zu den großen Vogelschwärmen ist beim Beobachten jedoch mit großer Vorsicht vorzugehen, um Störungen zu vermeiden.

Der Nordosten des Jadebusens (E) bildet den Abschluss der Beobachtungstour. Vom Strandbad Sehestedt fährt man auf der K 179 10,5 km nach Norden bis links der „Beckmannsfelder Weg" abzweigt. In Beckmannsfeld kann man am Deich parken. In einer außendeichs gelegenen Pütte rasten bei Hochwasser vor allem Dunkle Wasserläufer und Rotschenkel, in den südlich angrenzenden Salzwiesen befindet sich eine Kolonie von Lachmöwen, Säbelschnäblern und Flussseeschwalben, zu den

Typische Vogelarten am Jadebusen, deren Status und günstige Beobachtungszeit.
h = häufiger, r = regelmäßiger, s = seltener; J = Jahresvogel, B = Brutvogel, W = Wintergast, D = Durchzügler, N = Nahrungsgast

Art	Status (beste Beobachtungszeit)
Austernfischer	hJ (ganzjährig)
Berghänfling	rW (Nov.–März)
Blaukehlchen	sB (April–Mai)
Blässgans	hW (Nov.–April)
Brandgans	hJ (ganzjährig)
Dunkler Wasserläufer	hD (April, Juni–Okt.)
Flussseeschwalbe	hB (Mai–Juli)
Goldregenpfeifer	hD (März–April, Sept.–Nov.)
Großer Brachvogel	hD, rW (Juli–April)
Haubentaucher	rW (Nov.–März)
Kiebitz	hB (März–Mai)
Kornweihe	rW (Nov.–März)
Küstenseeschwalbe	rB (Mai–Juli)
Lachmöwe	hB (April–Juni)
Löffler	rD (Juli–Sep.)
Ohrenlerche	rW (Nov.–März)
Pfeifente	hW (Nov.–April)

Art	Status (beste Beobachtungszeit)
Raufußbussard	rW (Nov.–März)
Regenbrachvogel	rD (April, Juli–Aug.)
Rohrweihe	hB (April–Aug.)
Rotschenkel	hB, hD (April–Juni, Juli–Sept.)
Sandregenpfeifer	rB (April–Juni)
Schellente	rW (Nov.–März)
Schilfrohrsänger	rB (Mai–Juni)
Schneeammer	rW (Nov.–März)
Silbermöwe	hJ (ganzjährig)
Spießente	hD (Okt.–Nov., März–April)
Sturmmöwe	sB (April–Juni)
Säbelschnäbler	rB, hD (April–Sept.)
Uferschnepfe	sB (April–Mai), rD (Juli)
Wanderfalke	rW (Nov.–März)
Weißwangengans	hW (Nov.–April)
Wiesenpieper	hB (April–Mai)
Zwergtaucher	rW (Nov.–März)

Zugzeiten rasten dort auch verschiedene Limikolen-Arten und Ringelgänse. Ein Spaziergang auf dem Deich bis Hayenschloot, das etwa 2,5 km westlich von Beckmannsfeld liegt, führt binnendeichs an einem Wiesenbrütergebiet vorbei, in dem noch Kiebitze und Uferschnepfen brüten. Westlich schließt ebenfalls binnendeichs eine Pütte an, in der sich bei Hochwasser verschiedene Enten- und Limikolen-Arten beobachten lassen. Von Juli bis September ist sie ein verlässlicher Platz, um Löffler zu sehen. Diese halten sich entweder auf einer Insel in der Pütte auf, oft aber auch auf den Buhnen außendeichs.

Weitere Beobachtungs- und Freizeitmöglichkeiten

Ein Besuch im Wattenmeerhaus an der Maritimen Meile in Wilhelmshaven ist jedem Naturinteressierten sehr zu empfehlen. Zahlreiche Führungen werden zu den verschiedensten Themen angeboten. Eine Ausstellung präsentiert unter anderem Vogelpräparate aus der Hand von Heinrich Gätke, dem Pionier der helgoländer Zugvogelforschung. Von der Dachterasse des Gebäudes hat man einen schönen Blick über die weiten Wattflächen des Jadebusens. Nebenan am Deich halten sich im Winter etliche Steinwälzer auf. Die Vögel lassen sich von den zahlreichen Spaziergängern nicht stören und sind aus nächster Nähe bei der Nahrungssuche zu beobachten. Etwas östlich des Wattenmeerhauses, ebenfalls an der Maritimen Meile, liegt das Aquarium Wilhelmshaven, ein großes Schauaquarium. Im Sommer fährt ab Wilhelmshaven eine Fähre nach Helgoland.

Felix Weiß, Christopher König, Christoph Moning, Christian Wagner

Infomaterial/Literatur

Moning, C. & F. Weiß (2007): Vögel beobachten in Norddeutschland, Die besten Beobachtungsgebiete zwischen Sylt und Niederrhein. – Kosmos, Stuttgart.

Dierschke, J., R. Lottmann & P. Potel (2008): Vögel beobachten im Nationalpark Niedersächsisches Wattenmeer. – Heinrichshofen-Bücher, Wilhelmshaven.

Anfahrt

Mit Bahn und Bus

Mit der Bahn besteht guter Anschluss an die Orte Varel, Sande und Wilhelmshaven. Zwischen Wilhelmshaven und Eckwarderhörne verkehrt im Sommer eine Fähre für Fußgänger und Fahrradfahrer. Dies eröffnet die Möglichkeit einer Umrundung des Jadebusens mit dem Fahrrad (etwa 55 km).

Mit dem Auto

Die A 29 führt von Oldenburg westlich des Jadebusens über Varel nach Wilhelmshaven. Von Osten erreicht man den Jadebusen auch durch den Wesertunnel zwischen Bremen und Bremervörde.

Adressen

UNESCO-Weltnaturerbe Wattenmeer Besucherzentrum, Südstrand 110b, 26382 Wilhelmshaven, Tel.: 04421/910733, info@wattenmeer-besucherzentrum.de; www.wattenmeer-besucherzentrum.de, Öffnungszeiten der Ausstellung: 1. April bis 13. Oktober: täglich 10–18 Uhr; 1. November bis 31. März: Dienstag–Sonntag 10–17 Uhr.

Nationalpark-Haus Dangast, Zum Jadebusen 179, 26316 Nordseebad Dangast, Tel.: 04451/7058, nationalparkhaus-dangast@email.de; www.nationalparkhaus-wattenmeer.de/nationalpark-haus-dangast, Öffnungszeiten der Ausstellung: 1. April bis 31. Oktober: Dienstag–Freitag 10–12 und 14–18 Uhr, Samstag, Sonntag und Feiertags: 14–18 Uhr; 1. November bis 31. März: nur für Gruppen nach Vereinbarung.

Nationalpark-Erlebnisstation Sehestedt, Am Strandbad, 26349 Jade, Tel.: 04455/1458 (Mai–September)

Fähre Wilhelmshaven-Eckwarderhörne: Reederei Warrings, Neue Straße 9, 26409 Wittmund/Carolinensiel, Tel.: 04464/94950, info@reederei-warrings.de; www.reederei-warrings.de, Fahrplan 2010: im Mai Samstags und Sonntags; vom 1. Juni bis 31. August täglich; im September Freitags bis Sonntags jeweils um 9 und 17 Uhr ab Wilhelmshaven und um 9.40 und 17.40 Uhr ab Eckwarderhörne; Fahrtzeit etwa 40 Minuten.

GPS		
Parkplatz Banter See (A)	53°30'34" N	8°06'53" O
Kleientnahme Dangast (B)	53°26'39" N	8°06'05" O
Parkplatz Wapeler Siel (C)	53°24'35" N	8°11'14" O
Beobachtungsversteck (D)	53°26'14" N	8°18'15" O
Pütte Beckmannsfeld (E)	53°31'26" N	8°17'18" O

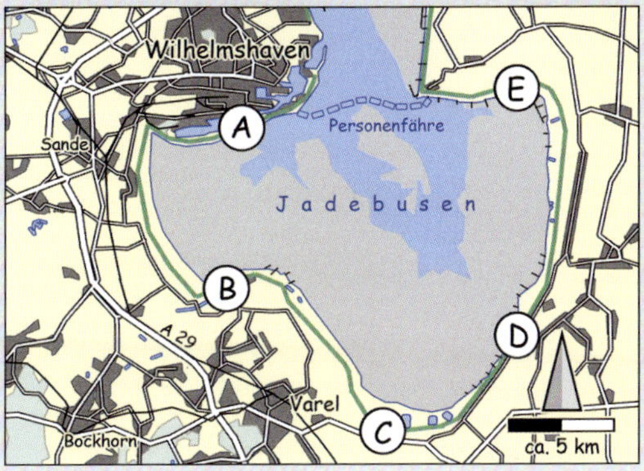

Karte aus Moning & Weiß (2007): Vögel beobachten in Norddeutschland. Kosmos, Stuttgart.

Im Osten von Wangerooge lässt sich die Entstehung der Insel gut nachvollziehen. Foto: F. Weiß. Wangerooge, 20.10.2010.

Die Nordseeinsel Wangerooge

Vogelbeobachten aus der Eisenbahn

Wangerooge liegt im Nationalpark Niedersächsisches Wattenmeer, dem 2009 von der UNESCO die Auszeichnung Weltnaturerbe verliehen wurde. Sie ist die östlichste der Ostfriesischen Inseln und mit etwa 8 km² die zweitkleinste. Sumpfohreule und Kornweihe sind stetige Brutvögel und im Frühjahr und Herbst lässt sich der Vogelzug eindrucksvoll beobachten.

Landschaftsgeschichte und Lebensräume

Wangerooge, die Insel (Oog) vor dem Wangerland, ist wie alle ostfriesischen Inseln eine Düneninsel und somit nach geologischen Zeitmaßstäben sehr jung. Sie entstand erst nach dem Ende der Eiszeiten. Die Insel ging aus einer Sandbank hervor, die sich in der Brandungszone zwischen offener Nordsee und Wattenmeer im Zusammenspiel von Strömung und Wellen bildete. Kleine vom Wind geformte Sanddünen wurden von der Dünen-Quecke (*Agropyron pungens*) besiedelt und befestigten Primärdünen, die weiter in die Höhe wuchsen und schließlich vom Gewöhnlichen Strandhafer (*Ammophila arenaria*) besiedelt werden konnten, der charakteristisch für die jungen, sogenannten Weißdünen ist. Auf der dem Wattenmeer zugewandten Seite der Dünen lagerte sich Schlick ab, der zunächst vom Europäischen Queller (*Salicornia europaea*) besiedelt wurde und sich schließlich zu einer artenreichen Salzwiese entwickelte. Von der Entstehung der Ostfriesischen Inseln hat man eine sehr gute Vorstellung, da sie noch heute an vielen Orten im Wattenmeer beobachtet werden kann. So entstand auf diese Weise im 20. Jahrhundert der Hohe Knechtsand, eine kleine Insel zwischen Wangerooge und Neuwerk, die mittlerweile jedoch wieder verschwunden ist.

Aus den Weißdünen wurde mit der Zeit Kalk ausgewaschen und es bildete sich eine dünne Humusschicht und Graudünen entstanden. Mit fortschreitender Bodenbildung wurden diese zu Braundünen, auf denen unter anderem Sanddorngebüsche und Heiden wachsen. Zwischen den Dünenkämmen bildeten sich feuchte, vermoorte Senken.

Die natürliche Abfolge der Lebensräume ist auf Wangerooge noch vielerorts, vor allem aber im Ostteil der Insel, zu erkennen. Andere Bereiche der Insel wurden durch den Menschen stark überformt. West- und Ostinnengroden

Steinwälzer sind auf Wangerooge häufige Durchzügler und Wintergäste. Foto: F. Weiß. North Uist, Schottland, 4.9.2009.

Neben Küstenvögeln brüten auf Wangerooge auch zahlreiche Singvogelarten. Dohlen sind im Ort allgegenwärtig und wenig scheu.
Foto: F. Weiß. Wangerooge, 20.10.2010.

wurden durch Deiche dem Einfluss der Nordsee entzogen und süßten aus. Kreisrunde, wassergefüllte Bombentrichter in den Wiesen sind Zeitzeugen des Zweiten Weltkriegs. Im Ort wachsen Bäume und Sträucher auf der ursprünglich baumfreien Insel. Der Strand ist an vielen Stellen durch Buhnen befestigt und die Dünen im Westen der Insel sind teilweise durch ein Deckwerk aus Steinen und Asphalt ersetzt worden. Ohne diese Küstenschutzmaßnahmen würde Wangerooge immer weiter nach Osten wandern. In den letzten 300 Jahren legte das Eiland gut zwei Kilometer zurück.

Besondere Vogelarten und Reisezeit

Sumpfohreulen und Kornweihen haben auf den Ostfriesischen Inseln ihren Verbreitungsschwerpunkt innerhalb Deutschlands. Von April bis Juli hat man sehr gute Chancen, die beiden Arten auf Wangerooge zu beobachten. Die Wiesen im West- und Ostinnengroden sind ein bedeutendes Brutgebiet für Uferschnepfen und Kiebitze. In den Salzwiesen brüten Austernfischer und Rotschenkel in hoher Dichte. Feldlerchen und Wiesenpieper kommen hier ebenfalls vor. Große Möwen- oder Seeschwalbenkolonien fehlen auf Wangerooge, dennoch kommen Herings-, Silber-, Sturm- und Lachmöwe als Brutvögel vor. In den Dünen brüten Brandgänse in zahlreichen Paaren. Im Ort leben viele Dohlen und Türkentauben.

Der Vogelzug ist im Frühjahr besonders stark ausgeprägt. Die Kette der Ostfriesischen Inseln übt zu dieser Jahreszeit eine starke Leitlinienfunktion aus, die auf dem Herbstzug in dieser Form nicht gegeben ist. Neben tagziehenden Singvogelarten aus den Familien der Finken, Lerchen, Pieper und Schwalben sind auch Entenvögel sehr zahlreich, vor allem Eiderenten, Ringelgänse, Weißwangengänse und Blässgänse.

Im Herbst ist Wangerooge ein ausgezeichneter Ort zum Beobachten von Seevögeln. Wellenläufer und Dunkle Sturmtaucher werden alljährlich beobachtet. Zu dieser Zeit beeindrucken auch die großen Schwärme arktischer Limikolen. Alpenstrandläufer und Knutts sind besonders zahlreich. Kiebitzregenpfeifer, Sandregenpfeifer und Große Brachvögel sind jedoch ebenfalls allgegenwärtig.

Ohrenlerchen, Berghänflinge, Strandpieper und vereinzelt auch Spornammern überwintern in Wangerooges Salzwiesen. Schneeammern können vor allem auf dem Strand beobachtet werden. An den Küstenschutzanlagen im Westen der Insel überwintern Steinwälzer und Meerstrandläufer. Sanderlinge bevorzugen den langen Strand der Insel.

Beobachtungsmöglichkeiten

Wangerooge ist Teil des Nationalparks Niedersächsisches Wattenmeer. Lediglich der Ort, der Flugplatz und die besiedelten Flächen im Westen der Insel gehören nicht zum Nationalpark, die übrigen Bereiche sind in drei Schutzkategorien mit unterschiedlichen Betretungsregelungen aufgeteilt. Die mit blauen Schildern gekennzeichnete Ruhezone schützt die empfindlichsten und wertvollsten Bereiche des Nationalparks und darf nur auf ausgewiesenen Wegen betreten werden. Die Zwischenzone darf auch außerhalb der Wege betreten werden. Ausgenommen hiervon sind Salzwiesen in der Brutzeit vom

Die Inselbahn als mobiler Beobachtungsstand. Foto: F. Weiß. Wangerooge, 19.10.2010.

1. April bis 31. Juli und die trittempfindlichen Dünen. Die Erholungszone schließlich umfasst unter anderem den Strandbereich, der frei betreten werden darf. Wattwanderungen sollten nur mit einem ortskundigen Wattführer unternommen werden.

Die Überfahrt nach Wangerooge ist nur in einem kurzen Zeitraum vor und nach Hochwasser möglich. Die Wattflächen stehen daher während der Fahrt unter Wasser. Zahlreiche Eiderenten schwimmen in den flachen Gewässern zwischen Insel und Festland und Flussseeschwalben sind bei der Jagd zu beobachten.

Der Hafen von Wangerooge (1) liegt an der Südwestspitze der Insel und bietet bereits erste Eindrücke der Vogelwelt. Steinwälzer und einzelne Meerstrandläufer rasten auf dem Bahndamm und die Weidenbüsche hinter den Hafengebäuden wirken wie ein Magnet auf durchziehende Singvögel.

Vom Hafen fährt die Inselbahn durch den Westaußengroden (2) in den Ort. Die Fahrt führt vorbei an Hochwasserrastplätzen von Großen Brachvögeln, Austernfischern, Pfuhlschnepfen und Ringelgänsen. Der Zug fährt langsam und die Vögel sind bis zu einem gewissen Grad an ihn gewöhnt, wodurch sich ausgezeichnete Möglichkeiten zum Beobachten und Fotografieren bieten. Bei den im Oktober 2010 zum zweiten Mal in Nationalpark veranstalteten Zugvogeltagen wurde die Bahn erstmals auch gezielt als rollendes Beobachtungsversteck eingesetzt.

Vom Bahnhofsgebäude im Ort verläuft die Zedeliusstraße nach Norden zur Kurpromenade. Vorbei am alten Leuchtturm, der heute als Aussichtsturm dient, liegt nach etwa 300 m rechterhand der Rosengarten, an dessen östlichen Ende etwas versteckt das Nationalpark-Haus (3) steht. Das barrierefreie Gebäude beherbergt das ganzjährig geöffnete Informationszentrum des Nationalparks. Hier befindet sich eine kleine Naturbuchhandlung und eine umfangreiche Ausstellung zum Vogelzug und weiteren inselbezogenen Naturthemen. Vogelkundliche Führungen werden im Sommerhalbjahr vom Mellumrat e. V. angeboten, der im Osten (4) und Westen (5) der Insel jeweils eine Station unterhält. Die Termine richten sich nach den Gezeiten und hängen in den Schaukästen an den Stationen aus.

Die Bäume um das Nationalpark-Haus und im angrenzenden Park sind zu den Zugzeiten beliebte Rastplätze von Singvögeln. Vor allem Grau- und Trauerschnäpper, Fitisse, Zilpzalpe und Rotkehlchen sind zu beobachten. Regelmäßig wurden in den letzten Jahren im Oktober Gelbbrauen-Laubsänger entdeckt.

Die Kurpromenade (6) am Ende der Zedeliusstraße ist im Frühjahr und Herbst ein ausgezeichneter Ort, um den Zug von See- und Meeresvögeln entlang der Küste zu beobachten. Vor allem Eiderenten und Gänse ziehen in großer Zahl durch. Bei Herbststürmen aus nordwestlicher Richtung sind Seevögel wie Basstölpel oder Dreizehenmöwen zu sehen. Im Sommerhalbjahr patrouillieren am Strand stets Brandseeschwalben, im Winter können Sanderlinge beobachtet werden. Die Gebäude am Schwimmbad im Westen der Promenade bieten Schutz vor Wind und Regen.

Die Wiesen im Westinnengroden sind ein wichtiges Brutgebiet für Uferschnepfen und Kiebitze, die sich vom Deich (7) oder vom neuen Leuchtturm aus beobachten lassen (8). Bei Hochwasser rasten auf den Wiesen Herings- und Silbermöwen. Im Frühling äsen Ringelgänse das frisch sprießende Grün und Goldregenpfeifer rasten. Weißwangengänse sind ganzjährig zu beobachten und brüten hier auch. Kornweihen fliegen im niedrigen Jagdflug über dem Gelände und in der Dämmerung ist dies ein guter Ort, um Sumpfohreulen zu sehen.

Ähnliche Arten sind auch im Ostinnengroden zu beobachten. Zudem bietet der Sielausfluss vom Ostinnengroden (9) auch bei Niedrigwasser sehr gute Beobachtungsmöglichkeiten. Ringelgänse, Pfeifenten und Spießenten rasten hier gerne; mit etwas Glück können Löffler beobachtet werden. Die Salzwiesen mit ihren kurzen Quellerrasen bieten Nahrung für Ohrenlerchen und Berghänflinge. Bei Hochwasser rasten zahlreiche Austernfischer in diesem Bereich.

Typische Vogelarten auf Wangerooge, deren Status und günstige Beobachtungszeit (in Klammern)
h = häufiger, r = regelmäßiger, s = seltener; B = Brutvogel, W= Wintergast, D = Durchzügler, N = Nahrungsgast

Art	Status (beste Beobachtungszeit)
Alpenstrandläufer	hD, hW (Juli–Mai)
Austernfischer	hB, hD, hW (ganzjährig)
Berghänfling	rW (Okt.–März)
Brandgans	hB, hD, hW (ganzjährig)
Brandseeschwalbe	hN, hD (April–Sept.)
Dunkler Sturmtaucher	sD (Sept.–Okt.)
Eiderente	hD, hW (ganzjährig)
Feldlerche	rB, hD (März–Nov.)
Flussseeschwalbe	rB, hN, hD (April–Sept.)
Großer Brachvogel	hD, hW (Juli–April)
Grünschenkel	hD (April, Juli–Sept.)
Heringsmöwe	hB, hN, hD (April–Sept.)
Kiebitz	hB, rD (März–Juli)
Kornweihe	rB, rD (April–Juli)
Lachmöwe	hB, hD, hW (ganzjährig)

Art	Status (beste Beobachtungszeit)
Meerstrandläufer	rW (Okt.–März)
Ohrenlerche	rW (Okt.–März)
Pfuhlschnepfe	hD (April/Mai, Juli–Sept.)
Ringelgans	hD, rW (Okt.–Mai)
Rotschenkel	hB, hD, rW (ganzjährig)
Sanderling	rD, rW (Aug.–Mai)
Schneeammer	rW (Okt.–März)
Spießente	rD, rW (Okt.–April)
Steinwälzer	hD, hW (Aug.–Mai)
Strandpieper	hW (Okt.–März)
Uferschnepfe	hB (April–Juni)
Wanderfalke	rN, rW (ganzjährig)
Wellenläufer	sD (Sept.–Okt.)
Wiesenpieper	rB,hD (März–Nov.)

Der breite Strand an der Ostspitze von Wangerooge (10) ist ein großer Hochwasserrastplatz, den vor allem Alpenstrandläufer, Knutts und Kiebitzregenpfeifer nutzen. Die Schwärme sind sehr störungsempfindlich und sollten daher nur aus gebührendem Abstand, am besten mit einem Spektiv, beobachtet werden. Am Strand halten sich im Winter Schneeammern auf.

Zu den besten Beobachtungspunkten auf Wangerooge gehört eine Plattform (11) auf dem Dünenkamm im Osten der Insel. Vor allem bei schwachem Ostwind lässt sich hier im Frühjahr und Herbst in den Morgenstunden spektakulärer Durchzug von Singvögeln und Gänsen beobachten. Zu den häufigsten Durchzüglern gehören Rauchschwalben, Stare, Sing-, Rot- und Wacholderdrosseln, Wiesen- und Baumpieper, Bach-, Thunberg- und Wiesenschafstelzen, sowie Buch- und Bergfinken. Aber auch seltenere Arten wie Ringdrosseln sind zu erwarten und schon mehrfach wurden hier durchziehende Spornpieper beobachtet.

Weitere Freizeitmöglichkeiten

Von Wangerooges Ostspitze blickt man auf die Nachbarinsel Minsener Oog, die nur zeitweise von einem Naturschutzwart des Mellumrats bewohnt wird. Mit Ausnahme eines kleinen Besucherbereichs im Südteil, liegt die Insel vollständig in der Ruhezone des Nationalparks. Von Schillig, 15 km östlich von Harlesiel, aus werden im Sommerhalbjahr geführte Wattwanderungen nach Minsener Oog angeboten. Auf Minsener Oog brüten Brand-, Fluss-, Küsten- und Zwergseeschwalben.

Felix Weiß, Christopher König, Christoph Moning, Christian Wagner

Infomaterial/Literatur

Dierschke J, Lottmann R, Potel P 2008: Vögel beobachten im Nationalpark Niedersächsisches Wattenmeer. Verlag der Heinrichshofen-Bücher, Wilhelmshaven.

Moning C, Weiß, F 2007: Vögel beobachten in Norddeutschland – Die besten Beobachtungsgebiete zwischen Sylt und Niederrhein. Franckh-Kosmos-Verlag, Stuttgart.

Anfahrt

Mit Bahn und Bus

Der nächstgelegene Bahnhof ist Sande. Von dort verkehrt der „Tidebus" zum Fähranleger in Harlesiel. Die Fahrzeiten von Bus und Fähre sind aufeinander abgestimmt. Der Fährverkehr ist von den Gezeiten abhängig. Abfahrtzeiten können bei der Reiseauskunft der Bahn abgerufen werden. Die Überfahrt dauert etwa 50 Minuten. In der Regel finden zwei Abfahrten am Tag statt. Vom Anleger an der Westspitze Wangerooges verkehrt die Inselbahn in den zentralen Ort.

Mit dem Auto

Den Fähranleger in Harlesiel erreicht man über die A 29 bis Wilhelmshavener Kreuz und weiter über die B 210 Richtung „Wittmund/Jever". Bei Wittmund wechselt man auf die B 461 Richtung „Carolinensiel". Wangerooge ist eine autofreie Insel. Am Fähranleger in Harlesiel sind kostenpflichtige Parkplätze vorhanden.

Adressen

Nationalpark-Haus Wangerooge, Nikolausstr. 8, 26486 Wangerooge, Tel.: 04469/8397, nationalparkhaus@wangerooge.de; www.nationalparkhaus-wangerooge.de

Mellumrat e. V., Nationalpark-Station Ost (ganzjährig), Tel.: 04469/8174, Nationalpark-Station West (März-Oktober) Tel.: 04469/8179, www.mellumrat.de

GPS

Nationalpark-Haus (3)	53°47'26" N	7°54'06" O
Nationalpark-Station Ost (4)	53°47'11" N	7°55'59" O
Nationalpark-Station West (5)	53°47'14" N	7°51'04" O

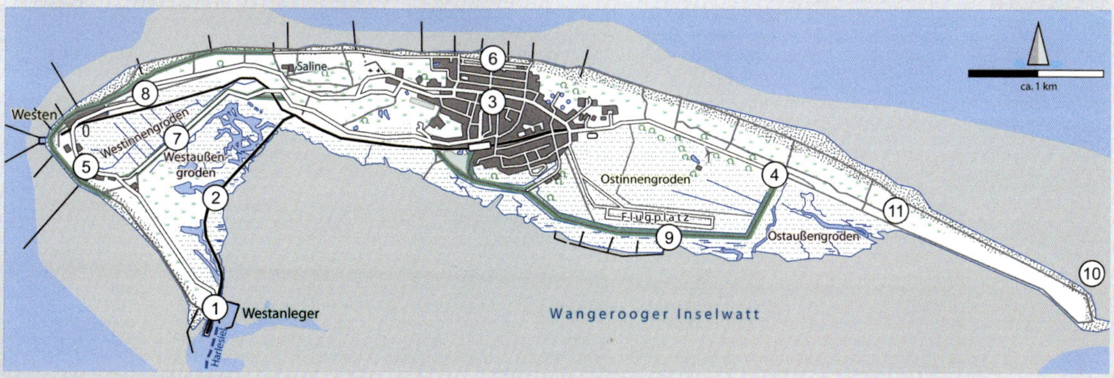

Karte aus Wagner & Moning (2009): Vögel beobachten in Ostdeutschland. Kosmos, Stuttgart.

Die Weiden südwestlich von Barstede sind noch nicht von Mais abgelöst. Sie sind Lebensraum einer reichhaltigen Wiesenlimikolenfauna.
Foto: C. Wagner. Barstede, 15.8.2010.

Das Große Meer

Der größte Binnensee Ostfrieslands

Ganz im Nordwesten Niedersachsens, zwischen Aurich und Emden in der Gemeinde Südbrookmerland, liegt der mit zirka vier Kilometer Länge und bis zu einem Kilometer Breite größte Binnensee Ostfrieslands. Umgeben sind das als Großes Meer bezeichnete Flachgewässer sowie das benachbarte Kleine Meer und das Loppersumer Meer von Grünland und eingestreuten Ackerflächen. Die Niederung ist Lebensraum für Tier- und Pflanzenarten der Flachwasser, der Röhrichte und der Verlandungsbereiche. Sie ist ein wertvolles Brutgebiet für Wiesen- und Röhrichtvögel sowie ein Rastgebiet von nationaler und internationaler Bedeutung für nordische Gänse und Limikolen. So ist es nicht verwunderlich, dass rund 5920 ha zwischen Emden, Aurich, Ems-Jade-Kanal und Bundesstraße 210 sowie eine kleinere Teilfläche beiderseits des Abelitz-Moordorf-Kanals nördlich der Bundesstraße als Europäisches Vogelschutzgebiet „Ostfriesische Meere" ausgewiesen wurden.

Landschaftsgeschichte und Lebensräume

Zwischen der Geest, also den Bereichen mit eiszeitlichen Sand- und Lehmablagerungen, die von ihrer Natur her Höhenrücken sind, und der Küstenmarsch, dem Schwemmland der nordwestdeutschen Küste, befindet sich das Sietland. Es liegt noch tiefer als die Marsch. Deswegen konnte das Wasser, das aus den Hochmooren der Geest in das Sietland floss, nicht über die Marsch in die Nordsee abfließen. Es bildeten sich ausgedehnte Niedermoore. Die tiefsten Bereiche füllten sich mit Wasser und es entstanden Seen oder Meere, wie die Ostfriesen diese Gewässer nennen. Immerhin 100 solcher Niedermoorseen sind bekannt. Auch das Große Meer ist so entstanden. Es hat eine freie Wasserfläche von etwa 289 ha, ist aber im Durchschnitt nur 0,5 bis 1,0 m tief und von einem über 100 ha großen Schilfgürtel umgeben. Dieser trennt den See in zwei Hälften. Das Umland versumpfte, nachdem sich nach der Eiszeit der Meeresspiegel hob, und wurde zu einem Niedermoor. Trotz der Unzugänglichkeit, war die Region wahrscheinlich bereits im frühen (9/10. Jh.) und hohen (12/13. Jh.) Mittelalter besiedelt. So wurden bei archäologischen Untersuchungen verschiedene Tongefäße, Findlinge, Backsteintrümmer und ein historischer, durch den See führender Weg entdeckt. Eine intensive Nutzung des Sietlands konnte aber erst mit der Eindeichung der küstennahen Niederungsgebiete beginnen. Heute sind Landwirtschaft und Erholungsnutzung die wesentlichen Wirtschaftszweige in der Region. Vor allem die Intensivierung der Landwirtschaft und die Eingriffe ins Wasserregime führten zu tief greifenden Änderungen im Seengefüge. Das Seewasser eutrophierte durch Nährstoffeinträge und muss heute als sehr bis extrem nährstoffreich bezeichnet werden. Algen und Treibmudde (Schlamm) trüben den Wasserkörper ein, sodass kaum Unterwasserpflanzen existieren können. Das Große Meer verlandet schnell. Maßnahmen der Wasserregulierung führten zu einer

Uferschnepfen sind im Frühjahr ein vertrauter Anblick im Niederungsgebiet der Ostfriesischen Meere.
Foto: F. Lietzow. Dümmer, 6.4.2010.

Die eleganten Wiesenweihen – hier ein Jungvogel – brüten in den Getreidefeldern am Rand des Vogelschutzgebiets und nutzen die Wiesen und Weiden regelmäßig zur Nahrungssuche. Foto C. Moning. Göksu-Delta, 19.9.2009.

verminderten Seendynamik, mit einem gegenüber dem Jahr 1850 um zirka 0,75 m abgesenkten Wasserspiegel, geringeren Wasserstandsschwankungen und dem Ausbleiben winterlicher Überschwemmungen der Niederungswiesen. Der mittlere Wasserstand des Großen Meeres liegt heute sogar 1,4 m unter dem Meeresspiegel (NN).

Die lokalen Behörden und Verbände haben erkannt, dass, wenn man diesen Entwicklungen nicht entgegen steuert, der Fremdenverkehr darunter zu leiden haben und die hohe Wertigkeit der Niederung für den Naturschutz abnehmen wird. Deswegen wurde von der Gemeinde Südbrookmerland am Runden Tisch aus Vertretern der relevanten Behörden, Institutionen und Verbände ein Entwicklungs- und Sanierungskonzept für die Region Großes Meer entwickelt. In der Zwischenzeit wurden verschiedene Maßnahmen zur Uferrevitalisierung und zum Wassermanagement abgeschlossen. Außerdem wurden Überflutungspolder geschaffen, in denen im Winter Wasser stehen darf. Es muss sich zeigen, ob die Maßnahmen greifen und zu einer Verbesserung der Wasserqualität, einer Revitalisierung des Schilfkörpers und zu einem höheren Bruterfolg bei den wiesenbrütenden Limikolen führen werden.

Besondere Vogelarten und Reisezeit

Das Gebiet ist zu allen Jahreszeiten interessant. Im Frühjahr ist der Brutvogelaspekt der Röhricht- und Wiesenbrüter herausragend, im Herbst liegt der Fokus auf den Rastgemeinschaften der Gänse.

Das Große Meer und die vielen kleinen Stillgewässer sind je nach Erhaltungszustand für Krick-, Knäk-, Löffel- und Schnatterenten interessant. Flussseeschwalben brüten unregelmäßig in wenigen Brutpaaren auf dem Großen Meer. Graugänse dagegen sind wenig anspruchsvoll und brüten auf den Inseln. Der nördliche Teil des Großen Meeres ist für den Wassersport freigegeben. Motorisierte Boote dürfen das Meer allerdings nicht befahren. Der südliche Teil steht unter Naturschutz.

Ausgeprägte Röhrichte existieren unter anderem am Ostrand des Großen Meeres. Hier kann man ohne große Probleme zur Brutzeit Rohrschwirle, Schilfrohrsänger und Blaukehlchen beobachten. Bei den Bartmeisen werden stark schwankende Populationsgrößen festgestellt, sie sind aber ganzjährig im Gebiet. Auch Rohrweihen finden in den Schilffeldern geeignete Brutbedingungen und weisen einen guten und stabilen Bestand auf. Nicht so zahlreich brüten Wasservögel, die wasserführende Röhrichte bevorzugen. Auch werden sie durch den hohen Besucherdruck stärker beeinträchtigt, als die oben genannten Arten. Trotzdem kann man Krick- und Löffelenten, Haubentaucher sowie Wasserrallen mit etwas Glück sehen bzw. hören.

Limikolen des Grünlands sind mit Austernfischern, Kiebitzen, Uferschnepfen, Großen Brachvögeln und Rotschenkeln noch gut vertreten. Leider muss man von einem niedrigen Bruterfolg ausgehen, da viele Flächen zu intensiv gewalzt, geschleppt, gedüngt, gefräst, beweidet oder zu früh gemäht werden und es an Stellen mangelt, die bis in den Frühsommer feucht bleiben. Problematisch ist auch die Prädation der Küken durch Fuchs, Marder und Rabenkrähen. Feldlerchen sind noch vorhanden, die Population hat aber abgenommen. Auch Braunkehlchen und Wachtel nehmen stark ab. Hier kann man nur hoffen, dass die Schutzmaßnahmen greifen und die Populationen sich wieder erholen werden. Vor allem in Getreidefeldern außerhalb des Vogelschutzgebietes brüten wenige Paare der Wiesenweihe. Mit etwas Glück kann man auch die inzwischen nur noch unregelmäßig im Vogelschutzgebiet brütende Sumpfohreule antreffen. Im April und Mai sowie im Juli/August rasten regelmäßig mehr als 50 Regenbrachvögel im Gebiet.

Der Beobachtungsturm (6) bei Forlitz-Blaukirchen kann direkt angefahren werden. Er bietet einen weiten Blick über Weiden und das Große Meer. Foto: C. Wagner. Forlitz-Blaukirchen, 15.8.2010.

Wenn die Brutperiode beendet ist, wird es kurzzeitig ruhiger im Gebiet, bevor im August der Limikolenzug beginnt, der mit dem Durchzug der Goldregenpfeifer im Oktober und November seinen Höhepunkt erreicht. Dann kommen auch die ersten nordischen Gänse, die mit über 10 000 Individuen bis in den März hinein bleiben – vorausgesetzt die winterlichen Bedingungen führen nicht zu einer Schnee- oder Eisflucht. Unter den Gänsen überwiegen Weißwangen-, Bläss- und Graugänse, unter die sich immer mal wieder Kurzschnabel- und Zwerggänse mischen.

Beobachtungsmöglichkeiten

Von der A 31 nach Aurich fahrend, verlässt man die L 1 nach 9,1 km nach links in die Barsteder Straße. Man folgt der Hauptstraße durch den Weiler nach Südwesten, bis man nach 2,7 km am Straßenrand parken muss, weil die Weiterfahrt gesperrt ist. Die Wiesen, die nach Südwesten anschließen (1) können auf einem 5,7 km langen Rundweg erwandert werden. Sie sind gut für Wiesenbrüter einschließlich der Wiesenweihe. An den mit Schilf bestandenen Gräben können mitunter Schilfrohrsänger und Blaukehlchen in hoher Dichte beobachtet werden.

Um Wiegboldsbur zu erreichen, fährt man 1,2 km zurück und nimmt den „Neuen Weg" nach links (Nordnordwest) aus dem Ort. An der ersten Kreuzung nach 1,9 km muss man links in den „Balkweg" abbiegen, nach weiteren 1,4 km stößt man auf die Hauptstraße und fährt dort links. Der Woldenhof (2) liegt an der zentralen Kreuzung im Ort. Von hier kann man eine weitere, knapp 4 km lange Runde durch interessantes Grünland (3) mit Kiebitzen, Uferschnepfen, Rotschenkeln und Schwarzkehlchen machen. Die Straße „Brunnfenne", etwas nordöstlich des NABU-Zentrums, markiert den Beginn. Auch einen Naturlehrpfad gibt es hier.

Vom Woldenhof folgt man der Forlitzer Straße 2,6 km nach Südwesten. An der Gabelung (4) fährt man rechts Richtung „Camping Großes Meer" in den „Langen Weg". Nach weiteren 500 m folgt man dem Hinweisschild nach links Richtung „Ev.-rev. Kirche" und parkt 100 m südlich der Kirche auf der rechten Seite an einem Pavillon. Von hier aus kann man den Fahrradweg entlang des Kanals Richtung See und am Seeufer entlang gehen (5). Zwei neue Beobachtungstürme und zwei alte Plattformen ermöglichen einen guten Blick über die ausgedehnten Schilfbestände am Ostufer des Großen Meeres.

Zurück bei (4) bleibt man für 3 km bis zum Ende der Häuser auf der Forlitzer Straße und biegt an der Bushaltestelle „Forlitz-Blaukirchen Groen Br." nach links ab. Der schon sichtbare Beobachtungsturm (6) ist nach 200 m erreicht. Mit einem Spektiv kann man hier Wiesen und das Große Meer überblicken.

Weitere Freizeitmöglichkeiten

Seit April 2008 ist der 3-Meere-Weg mit dem Fahrrad befahrbar. Es gibt zwei Strecken, eine von 15 km Länge und eine von 30 km Länge. Die Rundwege führen entlang der drei Meere Großes Meer, Kleines Meer und Loppersumer Meer (Informationen siehe unten). Der Radweg ist wegen der Kanalquerungen mit sogenannten Pünten – kleinen Selbstkurbelfähren – nur im Sommerhalbjahr in seiner Gänze befahrbar. Im Winter ist der Wasserstand zu niedrig und die Pünten werden außer Betrieb gesetzt.

Wer etwas Zeit übrig hat, sollte einen Abstecher zum Ewigen Meer machen. Auch das Ewige Meer hält einen Rekord. Es ist mit 89,2 Hektar Wasserfläche der größte Hochmoorsee Deutschlands. Der See ist allerdings nur etwa zwei bis drei Meter tief und so nährstoffarm, dass kaum pflanzliches oder tierisches Leben existiert. Die Entstehung des Sees wird auf das Zusammenwachsen mehrerer Hochmoorkörper zurückgeführt, die das Abfließen des Niederschlagswassers verhinderten und damit eine offene Wasserfläche schufen. Die einzelnen Hochmoorkörper sind weitgehend ungenutzt und zeigen noch ihr

Typische Vogelarten in der Region Großes Meer, deren Status und günstige Beobachtungszeit (in Klammern)
h = häufiger, r = regelmäßiger, s = seltener, u = unregelmäßiger; J = Jahresvogel, B = Brutvogel, W= Wintergast, D = Durchzügler

Art	Status (beste Beobachtungszeit)
Austernfischer	hB, rW (ganzjährig)
Bartmeise	rB, rW (ganzjährig)
Bekassine	sB, rD (April–Okt.)
Blaukehlchen	hB (März–Aug.)
Blässgans	hD (Mitte Okt.–März)
Brandgans	rB, rW (ganzjährig)
Braunkehlchen	rB, hD (Ende April–Sept.)
Feldlerche	hB, hD (März–Nov.)
Flussseeschwalbe	uB, rD (Ende April–Aug.)
Goldregenpfeifer	hD (Feb./März, Okt./Nov.)
Graugans	hJ (ganzjährig)
Großer Brachvogel	rB (März–Aug.)
Haubentaucher	rB, rW (ganzjährig)
Höckerschwan	hJ (ganzjährig)
Kiebitz	hB,hD (März–Nov.)
Knäkente	sB, rD (Mitte März–Aug.)

Art	Status (beste Beobachtungszeit)
Kornweihe	uB, rW (Nov.–März)
Löffelente	rB,rD (März–Okt.)
Regenbrachvogel	rD (April–Mai)
Rohrschwirl	rB (Ende April–Aug.)
Rohrweihe	rB, rD (März–Okt.)
Rotschenkel	rB, rD (April–Sept.)
Saatkrähe	hW (Okt.–März)
Schilfrohrsänger	hB (Ende April–Aug.)
Schnatterente	rB,hD, rW (ganzjährig)
Sumpfohreule	uB (April–Juli)
Uferschnepfe	hB (März–Aug.)
Uferschwalbe	hB, hD (April–Sept.)
Wasserralle	sB (ganzjährig)
Weißwangengans	hD (Mitte Okt.–März)
Wiesenweihe	sB, rD (April–Aug.)

konvexes Hochmoorprofil. An manchen Orten sind die für aufgewölbte Regenmoore charakteristischen Bult-Schlenken-Komplexe ausgebildet. Besen- und Glockenheide prägt die umgebende, überwiegend offene Landschaft und einzelne Moorbirken- (*Betula pubescens*) und Grauweidengebüsche (*Salix cinerea*) lockern die Landschaft auf, in der Braunkehlchen, Schwarzkehlchen und Baumpieper brüten. Trauerseeschwalben nisten in der Nähe und suchen auf dem Ewigen Meer Nahrung. See und Moor bilden das 1180 Hektar umfassende Naturschutzgebiet „Ewiges Meer und Umgebung". Seit 1979 realisiert die staatliche Moorverwaltung Maßnahmen zur Anhebung des Moorwasserstands und damit zur Verbesserung der Bedingungen für die Moorrenaturierung. Seit Anfang der 1980er Jahre besteht am Nordrand ein 1,8 km langer Bohlenweg mit Moorlehrpfad. Die Zufahrt ist mit „Ewiges Meer" von der K 40 gegenüber der Ortseinfahrt von Elversmeer, das zirka 10 km nordnordwestlich von Aurich liegt, ausgeschildert. Ein großer Parkplatz mit Toiletten markiert den Beginn des Wanderwegs. In den von Hecken durchsetzten Moorwiesen im Norden und Westen ist eine für Norddeutschland vergleichsweise hohe Dichte an Neuntöterbrutpaaren zu beobachten. Die Anfahrt sollte hier von Tannenhausen in Richtung des Moorsees „Dobbe" erfolgen. Im Übrigen wurde der Mann von Bernuthsfeld, eine aus dem späten siebten oder frühen achten Jahrhundert stammende Moorleiche, im Jahr 1907 bei Tannenhausen gefunden. Die Überreste des Fundes mitsamt seiner ausgesprochen gut erhaltenen wollenen Kleidung werden im Ostfriesischen Landesmuseum in Emden gezeigt.

Christian Wagner, Christopher König, Christoph Moning, Felix Weiß

Infomaterial/Literatur

Ecoplan Bürogemeinschaft Landschaftsplanung 2006: EU-Vogelschutzgebiet V 09 „Ostfriesische Meere" Brutvogelerfassung 2006 im Auftrag des NLWKN – Niedersächsischer Landesbetrieb für Wasserwirtschaft, Küsten- und Naturschutz, 78 S.

Anfahrt

Mit Bahn und Bus

Weitläufig und dünn besiedelt sind die Exkursionspunkte nur schwer mit öffentlichen Verkehrsmitteln erreichbar. Die nächsten Bahnhöfe liegen in Emden, Marienhafe und Leer. Von Emden kann man mit dem Bus bis in die am Rande des Vogelschutzgebiets gelegenen Dörfer Surhusen oder Georgsheil fahren. Wiegboldsbur wird von Aurich regelmäßig mit Bussen angefahren. Barstede (Ihlow), Forlitz-Blaukirchen und Bedekaspel dagegen nur wenige Male am Tag. Bei Mitnahme eines Fahrrads kann man in einer strammen Tagestour alle Beobachtungspunkte abfahren. Die beschriebenen Rundwege sind fahrradtauglich.

Mit dem Auto

Man verlässt die A 31 östlich von Emden an der Ausfahrt 6 „Riepe" und hält sich Richtung „Aurich".

Adressen

NABU-Woldenhof mit Regionalgeschäftsstelle des NABU Ostfriesland, Forlitzer Str. 121, 26624 Wiegboldsbur, Tel.: 04942/990394, info@nabu-woldenhof.de, www.nabu-ostfriesland.de; www.woldenhof.de; Zentrum für Umweltbildung und Naturschutzarbeit und erster Schulbauernhof Niedersachsens. Ausgangspunkt für den Naturlehrpfad. Im Woldenhof kann in stilvollen Zimmern übernachtet werden.

www.projekt-grosses-meer.de, Internetseite des Projekts „Meer erleben – Mehr verstehen". Ein sehr informativer Internetauftritt unter anderem mit Inhalten zur Region Großes Meer, zu den Entwicklungszielen, den Maßnahmen und nicht zuletzt mit einer Karte des 3-Meere-Wegs.

GPS		
Parkmöglichkeit Barstede	53°25'46" N	7°21'19" O
Woldenhof (2)	53°27'25" N	7°20'44" O
Beobachtungsturm Forlitz (5)	53°24'50" N	7°18'54" O
Parkplatz Bedekaspel	53°26'10" N	7°18'43" O

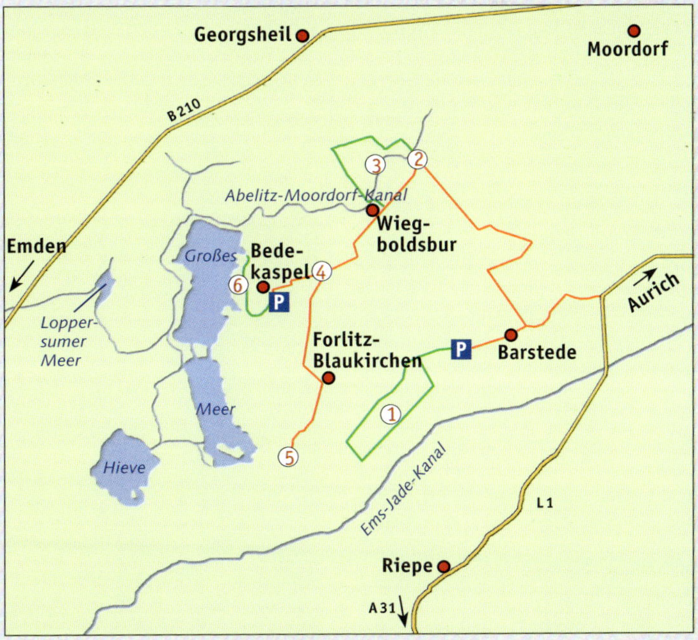

Karte aus Wagner & Moning (2009): Vögel beobachten in Ostdeutschland. Kosmos, Stuttgart.

Der Holzsteg am Seeburger See bietet hervorragende Beobachtungsmöglichkeiten.
Foto: F. Weiß. Seeburg, 20.3.2011.

Der Seeburger See

Das Auge des Eichsfeldes

Die Lage macht den Unterschied. In gewässerreichen Regionen Deutschlands würde der Seeburger See sicher nicht weiter Beachtung finden. Doch mit seinen 90 Hektar ist er das größte natürliche Gewässer im südöstlichen Niedersachsen und durch seine Nähe zur Universitätsstadt Göttingen seit vielen Jahren ein beliebtes Exkursionsziel von Vogelbeobachtern. Mit dem Seeanger und dem Lutteranger liegen zwei weitere interessante Feuchtgebiete in unmittelbarer Nachbarschaft des Seeburger Sees.

Landschaftsgeschichte und Lebensräume

Der Seeburger See liegt im südlichen Harzvorland. Die Landschaft ist leicht gewellt, die lössbedeckten Böden sind sehr produktiv und werden intensiv ackerbaulich genutzt. Die Region trägt aufgrund ihrer Fruchtbarkeit auch den Namen Goldene Mark. Drei Feuchtgebiete mit sehr unterschiedlichem Charakter liegen inmitten dieser Landschaft und umgeben auf drei Seiten den kleinen Erholungsort Seeburg. Ihre Entstehung reicht weit zurück. Vor dem Ende der Eiszeiten wurden über einen langen Zeitraum aus tiefliegenden Gesteinsschichten unterhalb Seeburgs Salze ausgewaschen. Vor etwa 10 000 Jahren brach die darüberliegende Schicht aus Buntsandstein ein und es bildete sich das Seeburger Becken. In drei Senken entstanden der Seeburger See, der Lutteranger und der Westersee. Der Seeburger See ist heute 90 ha groß und an seiner tiefsten Stelle vier Meter tief. Gespeist wird er von der Aue, einem kleinen Bach, der bei Seeburg einmündet. Aus der Umgebung schwemmt das Wasser der Aue reichlich Nährstoffe in den See. Deswegen treten in manchen Sommern Algenblüten auf. Die Ufervegetation wird von einem Schilfgürtel gebildet, dem eine Zone mit Schwimmblattvegetation aus Laichkräutern und Teichrosen vorgelagert ist. Landwärts geht der Schilfgürtel in ein Mosaik aus Erlenbruchwäldern, Weidengebüschen, kleinen Grünländern, Streuobstbeständen und Hochstaudenfluren über. Der landschaftlich schöne See ist ein beliebtes Ausflugsziel und das Seeufer bei See-

Rotmilane jagen nicht nur über Land, sondern können auch Fische erbeuten.
Foto: E. Lietzow. Feldberger Seenlandschaft, 16.6.2009.

burg ist mit Restaurant, Bootsverleih, Strandbad und Minigolfplatz intensiv erschlossen. Ein Holzsteg reicht weit auf den See hinaus.

Während der Seeburger See über die Jahrtausende leicht schrumpfte, aber seinen Charakter ansonsten beibehielt, haben Seeanger und Lutteranger eine sehr wechselvolle Geschichte hinter sich. Der Seeanger ging aus dem ehemaligen Westersee hervor, einem der drei „Urseen" des Seeburger Beckens. Wie der Seeburger See wird auch er von der Aue durchflossen. Da er jedoch flussaufwärts vom Seeburger See liegt, lagerte die Aue in ihm ihre Sedimentfracht ab, sodass er über die Jahrtausende verlandete und in eine feuchte Senke mit Niedermoorböden und Auelehmen überging. Mitte des 20. Jahrhunderts wurde die Senke trockengelegt, der Fluss begradigt und die Böden umgebrochen. Der Seeanger hatte seine Funktion als Sedimentfalle verloren und auch der Seeburger See begann langsam zu verlanden. 1988 begann der Landkreis Göttingen mit einem ehrgeizigen Projekt dieser Entwicklung entgegenzuwirken. Große Flächen der Niederung wurden aufgekauft, Entwässerungsgräben geschlossen, die Aue in ihr ursprüngliches Bett zurückverlegt und angestaut. Äcker wurden wieder zu Grünland und fortan extensiv bewirtschaftet. Das Renaturierungsprojekt wurde 2003 erfolgreich abgeschlossen. Heute präsentiert sich der Seeanger als eine Grünlandniederung mit Flachwasserzonen, Kopfweiden und Rohrkolbenbeständen. In trockenen Jahren bilden sich im Sommer Schlammflächen aus.

Trauerseeschwalben rasten auf dem Frühjahrszug häufig am Seeburger See.
Foto: C. Moning. Brokdorf, 9.8.2009.

Der Lutteranger nördlich des Seeburger Sees bezieht sein Wasser aus unterirdischen Quellen. Über die Jahrtausende bildeten sich im Zuge der Verlandung Niedermoortorfe, die 1840 einen Göttinger Baumeister bewogen den Lutteranger trockenzulegen, um die Torfe abbauen zu können. Über einen Stollen wurde das Wasser in den tieferliegenden Seeburger See abgeleitet. Der Kanal, der zum Stollen führt, ist heute noch am Südrand des Lutterangers zu erkennen. 1988 wurde der Lutteranger wieder eingestaut. Dabei wurden auch Baumbestände überschwemmt, die daraufhin abstarben und heute als schwarze Stümpfe aus dem Wasser ragen. Der Lutteranger wird umgeben von einem Waldstreifen aus Erlen, Pappeln und Weiden. Die Bedeutung der drei Feuchtgebiete spiegelt sich auch in ihrem Schutzstatus wieder. Der Seeburger See ist seit 1976 als Naturschutzgebiet ausgewiesen. Seeanger, Lutteranger und Seeburger See sind Teil des europäischen Schutzgebietssystems Natura 2000 und sowohl als Europäisches Vogelschutzgebiet als auch als FFH-Gebiet ausgewiesen.

Besondere Vogelarten und Reisezeit

Im Mai wird der besondere Reiz des Seeburger Sees deutlich. Durch seine isolierte Lage in einer gewässerarmen Landschaft wirkt er auf Durchzügler wie ein Magnet. Regelmäßige Rastvögel sind Trauerseeschwalben und Zwergmöwen, die im wendigen Flug stundenlang niedrig über dem Wasser umherfliegen und immer wieder Zuckmückenlarven von der Oberfläche picken. Das Spektrum der Rastvögel am

Typische Vogelarten des Seeburger Sees, deren Status und günstige Beobachtungszeit (in Klammern)
h = häufiger, r = regelmäßiger, s = seltener; B = Brutvogel, W = Wintergast, D = Durchzügler, N = Nahrungsgast

Art	Status (beste Beobachtungszeit)
Blaukehlchen	sB (April–Juni)
Blässhuhn	hB, hW (ganzjährig)
Drosselrohrsänger	sB (Mai)
Fischadler	rD (April, Sept.)
Graugans	hB, rW (ganzjährig)
Gänsesäger	hW (Nov.–März)
Haubentaucher	hB, hW (ganzjährig)
Kiebitz	hD (März, Sept.–Nov.)
Kormoran	hN, hW (ganzjährig)
Kranich	rD (März, Okt.–Nov.)
Krickente	rD (März/April, Sept.–Nov.)
Küstenseeschwalbe	sD (Mai)
Löffelente	rD (März/April, Sept.–Nov.)

Art	Status (beste Beobachtungszeit)
Rebhuhn	rB (März–Mai)
Reiherente	rB, hW (ganzjährig)
Rohrammer	hB (April–Juli)
Rotmilan	rB (März–Okt.)
Schwarzhalstaucher	rD (März/April)
Schwarzmilan	rB (März–Aug)
Silberreiher	rD, rW (Aug.–April)
Teichhuhn	hB (März–Aug.)
Teichrohrsänger	hB (Mai–Aug.)
Trauerseeschwalbe	hD (Mai)
Weidenmeise	sB (März/April)
Zwergmöwe	hD (April/Mai)
Zwergsäger	rW (Nov.–März)

Blaukehlchen brüten erst seit wenigen Jahren am Seeburger See.
Foto: C. Moning. Viehlassmoos, 2.4.2010.

See ändert sich ständig und jeder Besuch bietet neue Überraschungen. Besonders lohnend kann eine Exkursion nach Seeburg auch bei ungemütlichem Wetter sein. Nach starken Schauern und Gewittern etwa unterbrechen viele Wasservögel ihren Zug, der oft unbemerkt in großer Höhe über Land führt. Dann bestehen im Mai gute Chancen seltene Arten wie Küsten-, Raub-, Weißbart- und Weißflügelseeschwalben zu entdecken. Während Schlechtwetterperioden jagen oft Hunderte Mauersegler, Rauch-, Mehl- und Uferschwalben flach über dem Wasser. Fischadler stehen rüttelnd hoch in der Luft und spähen nach Fischen. Am Seeanger rasten vor allem Gründelenten und Limikolen. Regelmäßige Gäste aus diesen Artengruppen sind Knäkenten, Löffelenten, Flussuferläufer, Bekassinen, Temminckstrandläufer, Kampfläufer, Grünschenkel, Bruchwasserläufer und Waldwasserläufer.

Die Brutvogelwelt ist für die Region bemerkenswert vielfältig. Im Schilfgürtel des Seeburger Sees brüten zum Beispiel Haubentaucher, Wasserrallen, Blässhühner, Teichrohrsänger und Rohrammern. Unregelmäßig besetzen auch einzelne Drosselrohrsänger und Rohrschwirle Reviere. Im Übergangsbereich vom Schilf zum Grünland kommen Blaukehlchen in wenigen Paaren vor. Weißstörche brüten mit zwei Paaren in der Umgebung von Seeburg und können besonders am Seeanger bei der Nahrungssuche beobachtet werden. Dort sind Graugänse die auffälligsten Brutvögel. Am Lutteranger brüten Schwarzmilane. Kleinspechte und Weidenmeisen leben in dem breiten Gehölzgürtel.

Charaktervögel der Region sind die Rotmilane, die auch bei Seeburg brüten und in der umliegenden Agrarlandschaft nach Nahrung suchen. Auf dem Herbstzug ist vor allem der Seeanger interessant. Ab Juli rasten Limikolen, besonders wenn in trockenen Sommern größere Schlammflächen trockenfallen. Neben den auf dem Frühjahrszug erscheinenden Arten ist besonders im August und September auch mit Alpenstrandläufern, Zwergstrandläufern oder Sandregenpfeifern zu rechnen. Stare, Schwalben und Stelzen suchen den Seeburger See und den Seeanger zum Schlafen auf. Die Winter am Seeburger See sind ruhig. Vereinzelt werden Rohrdommeln im Schilf beobachtet. Gänsesäger, Zwergsäger und Schellenten schwimmen auf der freien Wasserfläche. Im November und von Februar bis April rasten ganz vereinzelt Samt-, Eider- und Trauerenten sowie Pracht- und Sterntaucher auf dem Gewässer. Die scheuen Vögel verweilen jedoch meist nur für kurze Zeit.

Schwarze Baumstümpfe zeugen von der Vergangenheit des Lutterangers.
Foto: F. Weiß. Seeburg, 20.3.2011.

Beobachtungsmöglichkeiten

Die Beobachtungspunkte liegen alle in der näheren Umgebung von Seeburg und können vom Parkplatz am Ende der Seestraße zu Fuß erreicht werden. Vom Parkplatz gelangt man in 200 m an das Seeufer. Am Restaurant und Freibad sind Steganlagen (1) errichtet, von denen man hervorragende Beobachtungsmöglichkeiten hat. Mit dem Spektiv lässt sich von dort der gesamte See überblicken. Graugänse, Haubentaucher und Blässhühner lassen sich beim Brutgeschäft beobachten und zahlreiche Entenvögel rasten auf dem Wasser. Auch lohnt es sich nach jagenden Möwen und Seeschwalben Ausschau zu halten. Der See kann auf einem 5 km langen, rot ausgeschilderten Weg umrundet werden, der bei Bernshausen weitere interessante Beobachtungsmöglichkeiten bietet (2, 3, 4). Unterwegs sind aus dem

Schilf Teichrohrsänger, Wasserrallen und Rohrammern zu hören.

Am Nordufer des Seeburger Sees zweigt vom Rundweg ein unbefestigter Feldweg nach Norden ab, überquert eine Kuppe und führt dann hinab zum Lutteranger. Ein breiter Gehölzstreifen verhindert einen freien Blick auf das Gewässer. Ein kurzes Stück weiter hat man linkerhand (5) durch die Bäume jedoch einen mehr oder weniger guten Blick auf die Wasserfläche. Weidenmeise und Kleinspecht sind als regionale Besonderheiten hier vertreten. Der Lutteranger ist störungsärmer als der benachbarte Seeburger See und bietet geschützte Rastmöglichkeiten für verschiedene Entenarten, z.B. für Krickenten. In manchen Jahren siedelte sich eine Lachmöwenkolonie an. Silberreiher sind regelmäßig zu sehen.

Um zum Seeanger zu gelangen, begibt man sich zurück zur Hauptstraße und geht nach rechts entlang der Straße bis man auf eine Querstraße stößt. Zur Linken beginnt nach 20 m auf der gegenüberliegenden Straßenseite ein Plattenweg, der einen Hügel hinaufführt. Von der Kuppe aus erblickt man bereits die Wasserflächen des Seeangers. Von dem Feldweg (6) hat man einen ausgezeichneten Blick auf die Gewässer und Grünlandflächen. Hier lohnt es sich länger zu verweilen. Oft kann man rastende Limikolen entdecken. Im Randbereich des Gewässers besetzen Rohrammern und einzelne Blaukehlchen ihre Reviere. Weißstörche und Graugänse stehen im Grünland. Auch am Seeanger gibt es einen durch blaue Schilder gekennzeichneten, 4,7 km langen Rundweg durch die Niederung (nicht in Karte eingezeichnet).

Weitere Freizeitmöglichkeiten

In der Agrarlandschaft um Seeburg kommen noch Rebhühner vor, auch Feldlerchen sind noch verbreitete Brutvögel. Im Landkreis Göttingen werden die beiden Arten seit einigen Jahren mit einem Blühstreifenprogramm gefördert. In der Abenddämmerung hat man im Frühjahr entlang von Feldwegen um Seeburg die Chance Rebhühner zu hören. Am besten eignen sich windstille, trockene Abende für die Suche nach diesen bedrohten Hühnervögeln.

Felix Weiß, Christoph Moning, Christopher König, Christian Wagner

Anfahrt

Mit Bahn und Bus

Vom ZOB Göttingen und vom ZOB Duderstadt verkehren Busse nach Seeburg (Haltestelle „Seeburg Mitte"). Die Fahrtzeit beträgt etwa eine halbe Stunde.

Mit dem Auto

Von der A 7, Abfahrt „Göttingen Nord" sind es nur 21 km bis Seeburg. Von der Abfahrt fährt man zunächst auf der B 27 nach Osten. Nach 18 km fährt man von der Bundesstraße ab und biegt rechts auf die B 446. Nach 1,3 km ist linkerhand der Abzweig nach Seeburg.

Adressen

Natur-Informationszentrum Seeburger See (direkt am See, zwischen Naturschwimmbad und Restaurant Graf Isang), 37136 Seeburg
Öffnungszeiten: Mai – Okt.: tägl. 10 – 18 Uhr, Nov. – Apr.: So. 13 – 17 Uhr.
Gruppen können nach Anmeldung unter Tel.: 05507/2371 auch andere Besuchszeiten vereinbaren.
Weitere Informationen unter: www.seeburgersee.com

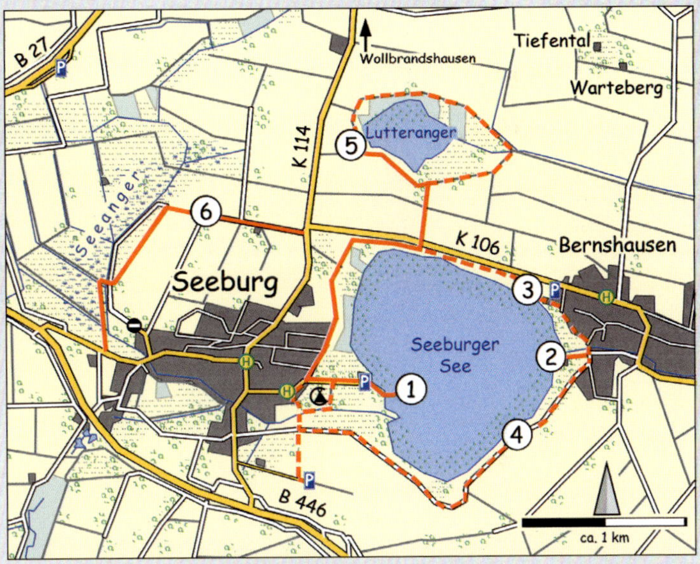

GPS		
Parkplatz Seeburg	51°33'50.90" N	10°09'16.50" O
Steg Seeburg	51°33'48.50" N	10°09'39.00" O
Beobachtungspunkt 5 Lutteranger	51°34'30.00" N	10°09'28.60" O
Beobachtungspunkt 6 Seeanger	51°34'18.80" N	10°08'46.50" O

Infomaterial/Literatur

Lohmann M, Haarmann K 1989: Vogelparadiese. 122 Biotope zwischen Wattenmeer und Bodensee. Bd. 1 Norddeutschland. Verlag Paul Parey, Hamburg.

Moning C, Weiß F 2007: Vögel beobachten in Norddeutschland – Die besten Beobachtungsgebiete zwischen Sylt und Niederrhein. Franckh-Kosmos Verlag, Stuttgart.

www.ornithologie-goettingen.de
Internetseite des Arbeitskreises Göttinger Ornithologen (AGO) u.a. mit aktuellen Zusammenfassungen über das Vogelleben in der Region.

Vom Aussichtsturm am Rand der großen Frästorfflächen kann man den Schlafplatz der Kraniche optimal einsehen. Foto: F. Weiß. Tister Bauernmoor, 4.6.2011.

Das Tister Bauernmoor

Zu Besuch am Schlafplatz der Kraniche

Kraniche waren noch vor zwei Jahrzehnten eine Rarität im westlichen Niedersachsen. Doch mittlerweile hat sich eine bedeutende Rasttradition in der Diepholzer Moorniederung und im Bereich der Wümmeniederung entwickelt. Das renaturierte Tister Bauernmoor zwischen Hamburg und Bremen bietet dank einer exzellenten Infrastruktur spektakuläre Beobachtungsmöglichkeiten am Schlafplatz der scheuen Vögel. Daneben geben sich hier zahlreiche Greif- und Wasservögel auf dem Zug und zur Brutzeit ein Stelldichein.

Landschaftsgeschichte und Lebensräume

Niedersachsen ist das moorreichste Bundesland Deutschlands. Die hohen Niederschläge zusammen mit dem flachen Bodenrelief haben im Laufe der Jahrtausende riesige Moorgebiete entstehen lassen. Lediglich ein Jahrhundert hat es gedauert, einen großen Teil davon wieder zu zerstören. Mit dem Aufleben der Naturschutzbewegung in den 1970er und 1980er Jahren fand jedoch ein Umdenken statt. Zwar werden aufgrund von langfristigen Verträgen auch heute noch große Moorflächen in Niedersachsen industriell abgetorft, doch hat man zahlreiche verbliebene Moorflächen unter Schutz gestellt und damit begonnen, abgetorfte Flächen zu renaturieren.

Auch das Tister Bauernmoor wurde über viele Jahre industriell genutzt.

Auch dank der imposanten Kraniche hat sich ein reger Naturtourismus im Tister Bauernmoor entwickelt. Foto: E. Lietzow. Rehdener Geestmoor, 29.9.2010.

Der Weg zum Turm führt durch eine abwechslungsreiche Landschaft mit zahlreichen Zeugnissen der Moornutzung. Foto: F. Weiß. Tister Bauernmoor, 4.6.2011.

Mit einer Kleinbahn wurde der Torf zu einer nahen Fabrik befördert und dort weiterverarbeitet. In den Randlagen stachen die Bewohnern der angrenzenden Orte den Torf für den Eigenbedarf auch per Hand gestochen. Über Gräben wurde das Moor entwässert und mit Vieh beweidet.

In den 1980er Jahren wurde das niedersächsische Moorschutzprogramm ins Leben gerufen. Der Landkreis Rotenburg an der Wümme kaufte mit Landesmitteln einen großen Teil der abgetorften Flächen und begann ab 1990 mit der Renaturierung. Entwässerungsgräben wurden geschlossen und so die Frästorfflächen überstaut. Große Wasserflächen entstanden im zentralen Teil des Moores. Deren heute noch gut erkennbare rechteckige Form deutet auf diese jüngere Geschichte der industriellen Abtorfung hin. Die Wasserflächen werden durch Dämme getrennt, auf denen die Schienen für die Loren der Moorbahn verlegt waren, mit denen der Torf abtransportiert wurde. Die historische Moorbahn wird vom Verein Moorbahn Burgsittensen e.V. erhalten und transportiert heute naturinteressierte Besucher durch das Tister Bauernmoor. Diesem Verein ist auch die weitere ausgezeichnete Infrastruktur für Vogelbeobachter zu verdanken.

Im nördlichen Teil des Tister Bauernmoores wurde der Torf von Bewohnern der angrenzenden Orte per Hand gestochen. Hier entstand ein kleinräumiges Mosaik aus Torfstichen, Heidekraut, Birkenwäldern und gestörten Hochmoorresten. Auf großen Flächen finden sich zudem Kiefernforste. Randbereiche wurden zu Grünland umgewandelt und werden mittlerweile extensiv bewirtschaftet.

Das Tister Bauernmoor ist mit einer Größe von etwa 570 ha seit 2002 Naturschutzgebiet. Im Süden grenzt direkt das ebenfalls als Naturschutzgebiet ausgewiesene Ekelmoor mit rund 652 ha an. Beide sind Teil des Europäischen Vogelschutzgebietes „Moore bei Sittensen“.

Besondere Vogelarten und Reisezeit

Charaktervögel des Tister Bauernmoores sind die Kraniche. Neben Tausenden Rastvögeln, die auf dem Herbstzug im Moor eine Pause machen, sind Kraniche auch Brutvögel in mehreren Paaren. Nur wenn die Gewässer während längerer Frostperioden im Winter

Typische Vogelarten im Tister Bauernmoor, deren Status und günstige Beobachtungszeit (in Klammern)
h = häufiger, r = regelmäßiger, s = seltener; B = Brutvogel, W = Wintergast, D = Durchzügler, N = Nahrungsgast

Art	Status (beste Beobachtungszeit)
Baumfalke	rBND (Mai – Sept.)
Baumpieper	hB (April – Juli)
Fischadler	rD (April/Aug.)
Fitis	hB (April – Juli)
Graugans	hBW (ganzjährig)
Haubenmeise	hB (ganzjährig)
Kanadagans	hBW (ganzjährig)
Kranich	hBDN, sW (Sept. – Mitte Nov.)
Krickente	hBD (März – Okt.)

Art	Status (beste Beobachtungszeit)
Kuckuck	hB (Mai – Aug.)
Misteldrossel	hB (Feb. – Juli)
Rotfußfalke	sD (Mai)
Schwarzspecht	hB (ganzjährig)
Seeadler	rN (ganzjährig)
Waldschnepfe	hB (März – Juni)
Waldwasserläufer	sB, hD (April – Sept)
Weidenmeise	hB (ganzjährig)

zufrieren, muss man auf den Anblick und die weittragenden Rufe der Vögel verzichten. Im Herbst nutzen Kraniche die überstauten Frästorfflächen im zentralen Teil des Moores als sicheren Schlafplatz. Die Vögel suchen tagsüber auf Feldern und Grünlandflächen in der Umgebung nach Nahrung. Bevor sie zum Schlafplatz fliegen, sammeln sie sich an Vorrastplätzen, von denen sie gemeinsam in großen Schwärmen zum Schlafplatz weiterziehen. Das Schauspiel dauert jeden Abend von ca. eine Stunde vor Sonnenuntergang bis in die späte Abenddämmerung. Die größten Rastbestände sind im Oktober zu beobachten, aber bereits im August baut sich der Bestand auf. Solange das Wetter mild bleibt, verweilen die Vögel bis weit in den November.

Weitere Charaktervögel mit ähnlich imposanter Stimme wie die Kraniche sind die Kanadagänse, die mit zahlreichen Paaren im Gebiet brüten. Graugänse sind ebenfalls allgegenwärtig. Krickenten sind typische Brutvögel der wiedervernässten Torfstiche und stetig im Moor anzutreffen.

Das Moor und seine Umgebung sind reich an Greifvögeln. Die zahlreichen Wasservögel sind der Grund, warum regelmäßig Seeadler im Gebiet auftauchen. Ganzjährig erscheinen die Adler im zentralen Teil des Moores zur Jagd. Sie können aber auch über lange Zeit fast regungslos auf einer Warte sitzen und dann sehr unauffällig sein. Während der Zugzeiten rasten regelmäßig Fischadler an den Wasserflächen. Baumfalken können vor allem im Spätsommer bei der Jagd auf die zahlreichen Libellen beobachtet werden. Wespenbussarde, Rot- und Schwarzmilane sind weitere regelmäßig auftretende Arten in den Sommermonaten. Im Mai lassen sich mit Glück rastende Rotfußfalken beobachten. Die Vögel treten jedoch nicht alljährlich im Tister Bauernmoor auf.

Bis in die 1990er Jahre gelangen im angrenzenden Ekelmoor noch Beobachtungen einzelner Birkhühner. Mittlerweile scheinen sie jedoch leider gänzlich verschwunden zu sein.

Der Wasserstand in den großen Frästorfflächen schwankt in Abhängigkeit von den Niederschlägen. Trockengefallener Moorboden ist ein beliebter Rastplatz für Limikolen vor allem im Herbst. Kiebitze sind die häufigsten Rastvögel, aber auch Bekassinen,

Krickenten sind charakteristische Brutvögel der Moorgewässer.

Foto: C. Moning. Echinger Stausee, 19.3.2011.

Kampfläufer, Große Brachvögel und verschiedene Wasserläuferarten sind häufig zu sehen. Kiebitze, Bekassinen und Waldwasserläufer sind auch Brutvögel im Moor.

Die zentralen Flachwasserflächen werden von einem Waldgürtel umschlossen, der von kleinen Torfstichen durchsetzt ist. Kiefernwald dominiert, durchsetzt mit zahlreichen Birkenbeständen. Baumpieper und Fitislaubsänger sind in diesem Habitatmosaik zur Brutzeit allgegenwärtig und sehr auffällig. Etwas heimlicher, aber ebenfalls verbreitet, finden sich Gartenrotschwänze sowie Weiden- und Schwanzmeisen. In den Kiefernwäldern leben Misteldrosseln, Haubenmeisen, Bunt- und Schwarzspechte. Waldschnepfen fliegen in der Abenddämmerung ihre Bahnen und in offeneren Bereichen sind vereinzelt Schwarzkehlchen zu finden. Am Bahnhof der Moorbahn brüten Rauchschwalben, die vom reichen Angebot an Insekten im Moor profitieren.

Beobachtungsmöglichkeiten

In Finnland wird alljährlich im Mai der „Kampf der Türme“ ausgetragen. Wie beim seit 2004 auch in Deutschland etablierten Birdrace ist es Ziel dieses Wettkampfs, mit einigen Mitstreitern an einem Tag möglichst viele Vogelarten zu bestimmen. Allerdings nicht in einem Landkreis, sondern von einem einzigen Beobachtungsturm aus. Das Tister Bauernmoor könnte in diesen Wettkampf einen im wahrsten Sinne aussichtsreichen Kontrahenten entsenden. Der imposante über fünf Meter hohe Beobachtungsturm (3) im Norden der großen Flachwasserflächen gehört sicher zu den komfortabelsten und kurzweiligsten in ganz Deutschland. Diese hervorragenden Beobachtungsbedingungen ziehen zahlreiche Besucher an. Wenn im Herbst der Kranichbestand sein Maximum erreicht, kann es am Wochenende abends schon mal eng werden, auch wenn die Plattform die Größe eines Einfamilienhauses erreicht.

Man muss es nicht so weit treiben, wie die finnischen Vogelbeobachter bei ihrem „Kampf der Türme“, doch sollte man sich an diesem wirklich besonderen Ort schon einige Zeit nehmen. Ein Schwenk mit dem Spektiv über die Wasserflächen reicht zwar aus, um die anwesenden Gänse, Enten und Limikolen zu finden, und auch Kraniche wird man so recht schnell entdecken, doch lohnt es sich, länger zu verweilen. Die in zahlreichen Arten vertretenen Greifvögel etwa wird man mit Geduld einen nach dem anderen beobachten können. Seeadler suchen die Gewässer regelmäßig auf und können mit Glück auch bei der Jagd auf Wasservögel beobachtet werden. Auffliegende Gänse sind ein fast sicheres Zeichen, dass sich einer der Vögel nähert.

Den Beobachtungsturm erreicht man vom Parkplatz an der Moorbahn Burgsittensen über einen 1,3 km langen, mit Holzhäckseln gestreuten Fußweg. Für Fahrradfahrer ist der Weg gesperrt. Hunde dürfen mit Rücksicht auf die rastenden Kraniche in den Zeiten vom 15.2. bis 30.4. und vom 15.9. bis 15.12. nicht mitgenommen werden. Eine weitere, allerdings nur zeitweise bestehende Möglichkeit zum Turm zu gelangen, ist die Moorbahn, die am Parkplatz abfährt und direkt am Turm hält. Die Bahn durchquert dabei auch Bereiche, die zu Fuß nicht zugänglich sind, dem Vogelbeobachter jedoch keine neuen Aspekte bieten. Der Wanderweg zum Turm verläuft durch lückige Bestände aus Kiefern und Birken (2), die mit kleinen Torfstichen, Heideflächen und Pfeifengraswiesen durchsetzt sind. Zur Brutzeit im Frühjahr lässt sich hier eine reiche Brutvogelwelt mit zahlreichen Singvögeln wie Baumpiepern, Gartenrotschwänzen, Schwarzkehlchen, Fitissen und Weidenmeisen beobachten. Im Herbst, wenn der Kranichzug seinen Höhepunkt erreicht, ist die Strecke hingegen meist arm an Vögeln. Kurze Abstecher vom Hauptweg führen durch die dichte Moorvegetation und sind vor allem für Botaniker und Entomologen interessant.

Weitere Freizeitmöglichkeiten

Das Klostergut Burgsittensen liegt 800 m westlich des Parkplatzes an der Moorbahn. Das Hofgut hat eine lange Geschichte, die sich bis ins 17. Jahrhundert zurückverfolgen lässt. Die Gutsgebäude und das Jagdschloss aus dem Jahre 1856 werden von einem kleinen Park mit altem Baumbestand und Burggraben umgeben.

Felix Weiß, Christopher König, Christoph Moning, Christian Wagner

Infomaterial/Literatur

Krüger T, Oltmanns B 2009: Kraniche als Gastvögel in Niedersachsen. Naturschutz und Landschaftspflege in Niedersachsen 44.

Anfahrt

Mit Bahn und Bus

Der nächstgelegene Bahnhof ist „Tostedt". Von dort verkehren Busse in Richtung Sittensen. Die nächstgelegene Bushaltestelle liegt in Tiste. Die Verbindung ist unter der Woche gut, am Wochenende jedoch spärlich. Wer den abendlichen Einflug der Kraniche abpassen möchte, nutzt am besten das Fahrrad für die Strecke (ca. 12 km) vom Bahnhof ins Moor.

Mit dem Auto

Das Tister Bauernmoor liegt wenige Kilometer südlich der A1 zwischen Hamburg und Bremen. Von der Abfahrt „Sittensen" fährt man nach Süden in den Ort und biegt nach ca.1,1 km direkt nach den Bahngleisen an einer Ampel links ab in Richtung Tostedt. Nach weiteren 4,5 km weist rechts ein Schild zur „Moorbahn Burgsittensen", an der man parken kann (1).

Adressen

Moorbahn Burgsittensen e.V., Hauptstraße 70, 27419 Tiste, www.moorbahn.de

GPS		
Parkplatz (1)	53°16'46,00"N	09°34'00,00"O
Beobachtungsturm (3)	53°15'43,00"N	09°34'17,00"O
Klostergut Burgsittensen	53°16'53,00"N	09°33'18,00"O

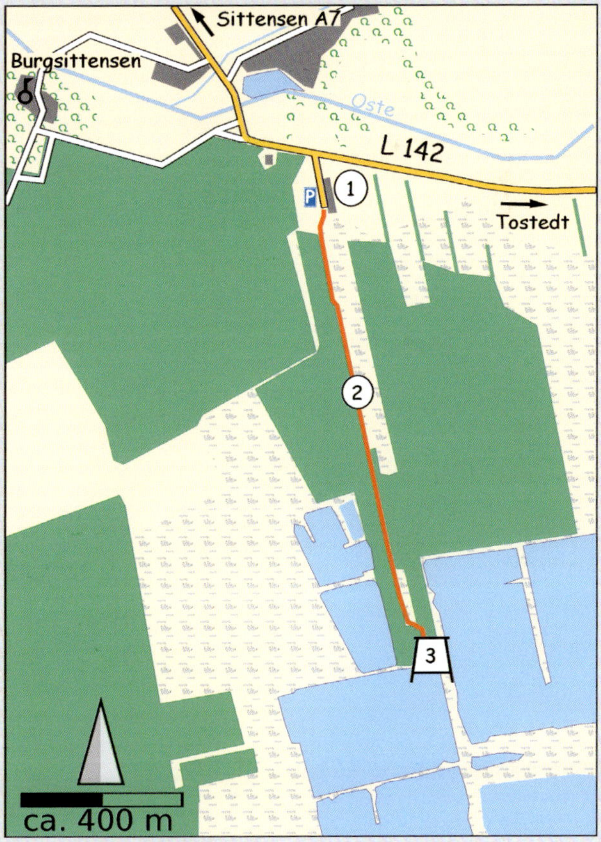

Von besonderer Bedeutung für die Vögel sind vor allem die zahlreichen Stillgewässer der Südlichen Leineaue. Foto: C. König. 15.7.2012.

Die Südliche Leineaue

Vielfältige Auenlandschaft vor den Toren Hannovers

Löffelenten rasten auf dem Zug in ihre Winterquartiere auch in der Südlichen Leineaue. Foto: E. Lietzow. Rieselfelder Münster, September 2009.

Direkt südlich von Hannover erstreckt sich zwischen Laatzen und Sarstedt die landschaftlich abwechslungsreiche Südliche Leineaue. Alte Tongruben und jüngere Kiesseen wechseln sich mit Auwaldresten und Sukzessionsflächen ab. Der Mensch hat die Südliche Leineaue über Jahrhunderte großflächig verändert. Einzigartige Lebensräume wie Auwälder und Feuchtwiesen gingen dabei verloren, jedoch konnten sich durch die Eingriffe auch neue strukturreiche Habitate entwickeln. Besonders der Südteil zwischen Ruthe und Koldingen hat sich mit seinen unterschiedlich großen, durch Kiesabbau entstandenen Teichen zu einem Paradies für Wasservögel entwickelt, das heute nationale Bedeutung besitzt. Die Stillgewässer schmiegen sich dabei wie ein blaugrüner Flickenteppich in die Windungen der Leine.

Landschaftsgeschichte und Lebensräume

Die Leineaue wurde von den Eiszeiten maßgeblich geprägt. Mit dem Abtauen der Gletscher transportierten die Flüsse mit dem abfließenden Gletscherwasser Steine und Schotter und schufen so die großen Urstromtäler. Mit dem Ende der Saale-Eiszeit vor etwa 180 000 Jahren entstand das heutige Flussbett der Leine. Am Ortsrand von Koldingen ist noch heute die Kante der Schotterterrasse zu erkennen. Auwälder bedeckten einst die Südliche Leineaue, die lange Zeit durch die Dynamik des Wassers für die Menschen nur als Waldweide im Sommer und Holzquelle im Winter nutzbar war. Um die fruchtbare Aue für Ackerbau und Viehzucht nutzen zu können, wurde das Gelände ab dem Mittelalter daher zunehmend trockengelegt und landwirtschaftlich nutzbar gemacht. Im 20. Jahrhundert fand eine weitere maßgebliche Veränderung der Landschaft statt. Schottersande und Tone wurden weiträumig abgebaut, zahlreiche Kiesteiche von unterschiedlicher Tiefe entstanden. Der Auwald ging dabei leider weitgehend verloren und ist heute nur noch in kleinen Resten vorhanden. Insgesamt wurden in der Südlichen Leineaue über vierzig Jahre lang Kiessande intensiv gefördert und zu Zuschlagstoffen für die Bauindustrie verarbeitet. Seit der Aufgabe des Abbaus erobert die Natur die Aue nach und nach zurück. Die Landschaft wird heute aus einem Mosaik aus Kiesteichen, Weidengebüschen, Röhrichten und Bracheflächen gebildet. Neben aufgelassenen Teichen wurde auch die Leine in einigen Abschnitten wieder ihrer natürlichen Dynamik überlassen, sodass unterschiedliche Strömungsgeschwindigkeiten und Frühjahrshochwasser neue Lebensräume schaffen. Durch den Bau des Rückhaltebeckens Salzderhelden sind Hochwasser jedoch weitaus seltener geworden.

Die attraktiven Zwergsäger können im Winter vor allem auf dem Großen Koldinger See beobachtet werden. Foto: E. Lietzow. Osterfeiner Moor, Januar 2012.

Besondere Vogelarten und Reisezeit

Von großer Bedeutung für die vielen Tier- und Pflanzenarten sind die zahlreichen Gewässer der Südlichen Leineaue. Die bis zu zehn Meter tiefen, teils großflächigen Kiesteiche beherbergen eine Vielzahl von Fischarten. Diese dienen als Nahrungsgrundlage sowohl für Fisch fressende Brutvögel wie Haubentaucher und Eisvögel als auch für Gastvögel wie Gänsesäger und Fischadler. Letztere lassen sich vorwiegend im Frühjahr und Herbst als Durchzügler bei ihrer spektakulären Jagd beobachten. Auch der majestätische Seeadler wird regelmäßig gesehen. Unter den Entenvögeln brüten viele Graugänse, mit zunehmendem Bestand auch Reiher- sowie vereinzelt Tafelenten im Gebiet. Viele weitere interessante Entenarten treten als regelmäßige Durchzügler und Überwinterer in teilweise großer Zahl auf. Häufigste Art ist dabei die Stockente mit bis zu 3000 Individuen. Dreistellig können auch die Rastbestände von Pfeif-, Krick-, Spieß-, Löffel- und Schellenten werden. Bisher wurden insgesamt mehr als sechzig Wasser- und Watvogelarten im Gebiet festgestellt. Schwarzhalstaucher sind im Frühjahr und Sommer regelmäßige Gäste in der Südlichen Leineaue. Fluss- und Trauerseeschwalben gehören zu den regelmäßigen Durchzüglern im Gebiet. Auch Greifvögel werden durch das reichhaltige Nahrungsangebot in die Nähe der Teiche gelockt. In den Sommermonaten kann man daher regelmäßig Rohrweihen, Rot- und Schwarzmilane sowie Baumfalken beobachten. Wenn zu den Zugzeiten durch Überschwemmungen besonders im Bereich Laatzen-Grasdorf attraktive Limikolenflächen entstehen, kann man unter anderem Goldregenpfeifer, Kiebitze, Bekassinen, Grünschenkel und Bruchwasserläufer antreffen. Im Winter bilden vor allem Tundrasaat-, Bläss- und Graugänse sowie verschiedene Gründelenten die Masse der Vögel. Alljährlich lassen sich auch die attraktiven Zwergsäger sowie Meeresenten, hier vor allem Samtenten, unter den häufigeren Arten entdecken. Das Artenspektrum wird an den Ufern durch Kormorane und Silberreiher erweitert. In den umliegenden Offenland-

Typische Vogelarten der Südlichen Leineaue, deren Status und günstige Beobachtungszeit (in Klammern)
h = häufiger, r = regelmäßiger, s = seltener; B = Brutvogel, W = Wintergast, D = Durchzügler, N = Nahrungsgast.

Art	Status (beste Beobachtungszeit)
Baumfalke	rB (April–Sept.)
Beutelmeise	sB (April–Sept.)
Blässgans	hW (Okt.–April)
Bruchwasserläufer	hD (Mai, Juli/Aug.)
Eisvogel	rB (ganzjährig)
Feldschwirl	rB (Mai–Aug.)
Fischadler	rN (Apr., Aug.–Sept.)
Flussregenpfeifer	rB (April–Sept.)
Flussseeschwalbe	rD (Mai–Aug.)
Gänsesäger	hW (Nov.–März)
Goldregenpfeifer	sD (März–April)
Graugans	hB (ganzjährig)
Kormoran	hB (ganzjährig)
Kornweihe	rW (Okt.–April)
Krickente	hD (März–Nov.)

Art	Status (beste Beobachtungszeit)
Löffelente	hD (März–April, Sept.–Okt.)
Neuntöter	rB (Mai–Aug.)
Pfeifente	hD, rW (Okt.–Mai)
Samtente	sW (Okt.–März)
Schellente	rW (Okt.–April)
Schwarzhalstaucher	rD (April–Okt.)
Schwarzmilan	sB (März–Aug.)
Seeadler	sW (Nov.–März)
Silberreiher	rD, rW (Sept.–März)
Spießente	rD (März–April, Sept.–Nov.)
Trauerseeschwalbe	rD (Apr.–Mai)
Tundrasaatgans	hW (Okt.–April)
Weißstorch	rB (April–Aug.)
Wendehals	rB (Mai-Aug.)
Zwergsäger	rW (Nov.–März)

Feldschwirle sind in den Wiesen regelmäßig zu hören, aber nur selten so frei sitzend zu sehen.
Foto: E. Lietzow. Steinhuder Meer, Mai 2011.

bereichen jagen in den Wintermonaten Kornweihen.

Ein Besuch der Südlichen Leineaue ist ganzjährig ein Erlebnis. Sehr schön kann das gesamte Gebiet auch mit dem Fahrrad erkundet werden. Insgesamt wurden bereits mehr als 250 Vogelarten nachgewiesen. Trotz einer stetig steigenden Bedeutung für Brutvögel ist die Südliche Leineaue vor allem von Oktober bis März zu empfehlen, wenn Tausende rastender Wasservögel dort Station machen und ihre Fettreserven für den Weiterflug in die Brut- oder Überwinterungsgebiete wieder auffüllen.

Beobachtungsmöglichkeiten

Im nordwestlichen Teil des Gebiets lohnt sich vor allem ein Besuch am Steinfeldsee (auch Hermann-Bettels-See genannt). Von einer Beobachtungshütte (1) aus blickt man auf den See und zwei im Herbst 2011 angelegte periodische Amphibiengewässer, die Flussregenpfeifern als Brutplatz dienen. Regelmäßig können hier auch Eisvögel beobachtet werden.

Vom Parkplatz Alt-Laatzen (2) gelangt man in das östlich liegende Naturschutzgebiet „Alte Leine". Auf einem kurzen Rundweg kann man hier eine vielfältige Aue mit mehreren kleinen Teichen durchwandern. Auf den Wiesen können ganzjährig zahlreiche Graugänse angetroffen werden, Rohrweihen brüten in der Umgebung. Weiter südlich führt ein Weg von Grasdorf aus durch extensiv genutzte Wiesen. Dieser ist am besten vom NABU-Naturschutzzentrum „Alte Feuerwache" (3) aus erreichbar. Das Zentrum bietet neben einer Ausstellung auch zahlreiche Veranstaltungen mit Vorträgen und Exkursionen an. Der Weg in die Aue beginnt an der Leinebrücke. Etwa 300 Meter südlich befindet sich auf der Westseite des Flusses in den Wiesen ein Weißstorchhorst, der seit 1989 regelmäßig besetzt ist. Links und rechts des Weges erstrecken sich Rückhaltebecken, die nach Überschwemmungen schöne Möglichkeiten zur Beobachtung von Limikolen bieten. Zur Brutzeit können hier Neuntöter und Feldschwirle entdeckt werden. Der Weg führt im Westen bis zu einem Beobachtungsturm (4), von dem man einen attraktiven Überblick über die Wiesen und auf zwei leider stark zugewachsene und im Sommerhalbjahr verlandende Teiche hat. Eine Graureiher- und Kormorankolonie existiert mittlerweile leider nicht mehr. Ein Weg vom Turm aus nach Norden mündet auf den Rundweg bei Alt-Laatzen.

Die interessantesten Beobachtungsmöglichkeiten bietet der Südteil des Gebiets. Vom Parkplatz (5) an der B 443 zwischen Koldingen und Rethen führt ein ausgeschilderter Rundweg um den Großen Koldinger See. Ein Turm am Westufer (6) bietet einen sehr guten Überblick sowohl auf den Nord- als auch den Südteil des Sees. Im Winterhalbjahr können die Entenmassen von hier aus durchmustert werden. Dabei sind regelmäßig auch Schellenten, Zwerg- sowie größere Ansammlungen von Gänsesägern zu sehen. Nicht alljährlich werden auch Seetaucher entdeckt. Der Weg führt vom Turm aus weiter nach Süden durch vielfältig strukturierte Lebensräume. An den Großen Koldinger See schließen sich südlich und östlich weitere Kiesteiche an, die auf verschiedenen Wegen erreicht werden können. Der Rundweg führt am Südostende des Sees an einem weiteren, erst 2011 errichteten Beobachtungsturm (7) vorbei. Vom Turm aus lässt sich sowohl der Südteil des Großen Koldinger Sees überblicken, als auch der benachbarte Brockkamp-Teich. In den angrenzenden Gehölzen sollte man auf Beutelmeisen achten. Folgt man dem Rundweg weiter nach Norden, kann dieser an einigen Stellen zuweilen recht schlammig sein. Sehr interessant sind auch die Beobachtungsmöglichkeiten am Nordufer (8). Hier kann man zur Brutzeit das rege Treiben in der Kormorankolonie (2012 mehr als 40 Nester) auf der vorgelagerten Insel beobachten. An einigen Stellen entlang des Weges bieten sich außerdem Einblicke auf die nördlich angrenzenden Teiche, bevor der Weg wieder am Parkplatz endet.

Die feuchten Wiesen mit eingestreuten Gebüschen und Gehölzen sind Lebensraum von Neuntötern und Feldschwirlen. Foto: C. König. 15.7.2012.

Infomaterial/Literatur

Moning C, Weiß F 2007: Vögel beobachten in Norddeutschland. Franckh-Kosmos Verlag, Stuttgart.

Weitere Freizeitmöglichkeiten

Da die Südliche Leineaue nur wenige Kilometer von den Städten Hannover und Hildesheim entfernt liegt, ergeben sich vielfältige Freizeitmöglichkeiten. Rund zwölf Kilometer nordwestlich von Laatzen liegen die Königlichen Gärten Herrenhausen, die zu den schönsten Parkanlagen Europas zählen. Die wichtigsten Stilrichtungen der Gartenkunst finden sich in der Anlage wieder: die barocke Gartenkunst im französischen Stil, der englische Landschaftsgarten und der botanische Garten. Der alte Baumbestand des Parks ist Heimat von Waldkäuzen. Die Herrenhäuser Gärten sind ganzjährig auch wegen der vielfältigen Veranstaltungen einen Besuch wert. Neben Konzerten oder Aufführungen in den historischen Gebäuden finden verschiedene Gartenfestivals statt.

Christopher König, Christoph Moning, Christian Wagner, Felix Weiß

Anfahrt

Mit Bahn und Bus

Der Bahnhof Hannover Messe/Laatzen liegt nur 1 km östlich des NSG „Alte Leine". Empfehlenswerte Straßenbahnhaltestellen sind im Norden „Bahnhof Laatzen/Eichstraße" und im Süden „Neuer Schlag". Für den Südteil bei Koldingen sind der Bahnhof Rethen sowie die Bushaltestelle „Rethen, Kiesgrube" an der B 443 die besten Ausgangspunkte.

Mit dem Auto

Der Zugang zum nördlichen Teil der Südlichen Leineaue erfolgt über die Hildesheimer Straße und weiter wie in der Karte angegeben. Den Südteil erreicht man über die B 443 zwischen Koldingen und Ruthe. Rund 200 m östlich der Brücke über die Leine nimmt man eine unbeschilderte Einfahrt nach Süden und folgt dem Weg 400 m bis zu einem Parkplatz vor einer Schranke. Hier beginnt der Rundweg um den Großen Koldinger See.

Adressen

NABU-Naturschutzzentrum „Alte Feuerwache", Ohestraße 14, 30880 Laatzen-Grasdorf, Tel.: 0511/8790110, info@nabu-laatzen.de; www.nabu-laatzen.de. Öffnungszeiten April–Oktober Di und Do 14–17 Uhr, So 11–17 Uhr, von November bis März schließt das Zentrum bereits um 16 Uhr.

NABU Hannoverscher Vogelschutzverein von 1881 e. V., Lüchower Straße 38, 30625 Hannover, HVV@NABU-Hannover.de, www.nabu-hannover.de.

GPS		
Beobachtungshütte Steinfeldsee (1)	52°18'26" N	9°46'0" O
Beobachtungsturm Laatzen (4)	52°18'9" N	9°46'50" O
Beobachtungsturm Gr. Koldinger See West (6)	52°16'13" N	9°48'42" O
Beobachtungsturm Gr. Koldinger See Südost (7)	52°16'0" N	9°49'14" O

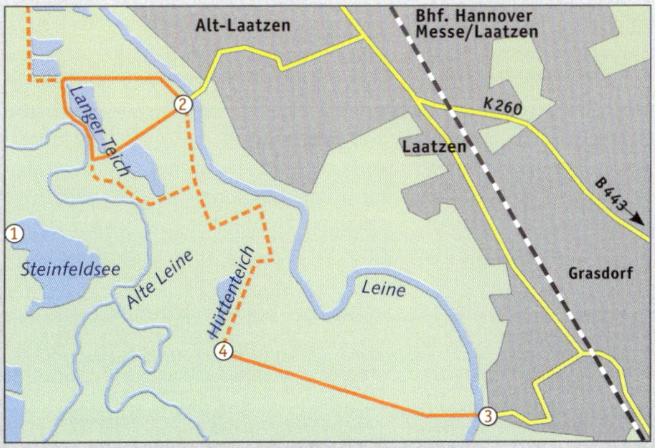

Weite Watten und Sande prägen die Süd- und Ostseite Borkums. Foto: C. Moning. 17.8.2007.

Die Insel Borkum

Die Vielfalt der Nordsee auf einer Insel vereint

Die Nordseeinsel Borkum ist die westlichste und mit knapp 31 km² auch die größte der Ostfriesischen Inseln. Sie liegt 12 km nördlich der niederländischen und 20 km vor der ostfriesischen Küste zwischen dem großen Randzel-Watt und der offenen Nordsee. Auf Borkum finden sich kleinräumig nahezu alle typischen Lebensräume der deutschen Nordseeküste, was Borkum zu einer der artenreichsten Inseln in der Nordsee macht. Über hundert Vogelarten brüten alljährlich. Neben den typischen Küstenarten gehören Löffler, Kornweihen und Sumpfohreulen zu den spektakulären Brutvögeln. Nicht nur durch einen umfangreichen Kleinvogelzug hat Borkum nahezu unbegrenzt Potenzial für die Beobachtung von Seltenheiten.

Landschaftsgeschichte und Lebensräume

Borkum liegt nördlich der Emsmündung und ist der niederländischen Küste näher als dem deutschen Festland, was die 5200 Einwohner zählende gleichnamige Stadt zur westlichsten Niedersachsens macht. Noch 1863 bestand Borkum aus zwei separaten Inseln, Westland und Ostland, die durch einen Priel voneinander getrennt waren. Das Tüskendör („Zwischendurch") zeigt die alte Trennlinie an. Die beiden Inselteile weisen deutlich die hufeisenförmige Gestalt der konzentrisch verlaufenden Dünenketten auf, die zum Randzel-Watt hin offen sind. Das Innere der Dünenbögen ist von eingedeichten Marschen aus Grünland und Salzwiesen vor dem Seedeich geprägt.

Im Gegensatz zu den Nordfriesischen Inseln besitzt Borkum, wie die Ostfriesischen Inseln insgesamt, keinen Geestkern. Die Insel liegt auf einem mindestens einige 10 000 Jahre alten Sockel, der durch die Anlagerung von Sanden in der Zeit um Christi Geburt zur Insel wurde.

Der Name Borkum leitet sich von altnordisch „burkn" für Farnkraut ab. Eine Besiedlung von Borkum ist erstmals 1406 geschichtlich dokumentiert. Die Inselbevölkerung fand vor allem im 18. Jahrhundert ihr Auskommen im Walfang, von dem noch heute Zäune aus Walkinnladenknochen zeugen. Seit Mitte des 19. Jahrhunderts gewann der Tourismus an Bedeutung, der heute der wichtigste Wirtschaftsfaktor ist.

Schon früh zog Borkum ornithologisches Interesse auf sich. Gesundheitliche Gründe führten den Ornithologen Ferdinand von Droste zu Hülshoff zwischen 1863 und 1868 mehrfach auf die Insel. Während dieser Erholungsaufenthalte entstand seine 1869 erschienene Beschreibung der Vogelwelt von Borkum, die die Insel und ihre Vogelwelt über die Grenzen Deutschlands hinaus bekannt machte.

Nicht zuletzt die arten- und individuenreiche Vogelwelt führte dazu, dass große Teile Borkums 1986 Teil des Nationalparks Niedersächsisches Wattenmeer wurden. Seit einigen Jahren finden intensive Erfassungen zum Vogelleben auf der Nordsee vor Borkum statt, um mögliche Auswirkungen von Windparks auf die Vogelwelt zu untersuchen. Rund 45 km nördlich von Borkum befindet sich der erste deutsche Offshorewindpark alpha ventus. Weitere Windparks sind genehmigt und teilweise im Bau, unter anderem der Windpark Borkum Riffgat circa 15 km vor der Küste, mit dessen Bau 2012 begonnen wurde.

Besondere Vogelarten und Reisezeit

Die Lebensraumvielfalt zieht ganzjährig ein reiches Vogelleben an. Wer im Winter nach Borkum fährt, findet in Abhängigkeit des Witterungsverlaufs überwinternde Wat- und Wasservögel. Neben Austernfischern lassen sich auch

Ringelgänse, Pfeifenten und besonders im Watt Kiebitzregenpfeifer, Alpenstrandläufer und Große Brachvögel beobachten. An den Stränden suchen Sanderlinge und Schneeammern nach Nahrung, während an den Buhnen bis zu zwanzig Meerstrandläufer und regelmäßig auch Steinwälzer überwintern. Silbermöwen rasten zahlreich an den Stränden. Ohrenlerchen, Berghänflinge und Strandpieper bevorzugen die Salzwiesen und Spülsäume. Auf dem Meer fressen Eider- und Trauerenten Muscheln sowie einzelne Sterntaucher Fische. Mit etwas Glück kommen Beobachtungen von Raufußbussarden und Merlinen hinzu.

Ab März setzt wieder deutlicher Vogelzug ein. Einige Tausend Ringelgänse und Alpenstrandläufer rasten. In den Wiesen kommen Kiebitze, Rotschenkel, Uferschnepfen, Feldlerchen und Wiesenpieper an. Ende April ist der Durchzug von Kiebitzregenpfeifern, Pfuhlschnepfen und Knutts auf seinem Höhepunkt. Seeschwalben werden ab jetzt zu einem lautstarken Bestandteil der Inselvogelwelt.

Durch die enge Verzahnung unterschiedlicher Lebensräume brüten Brandgänse, Löffel- und Eiderenten, Löffler, Säbelschnäbler, Sandregenpfeifer, Uferschnepfen, Rotschenkel, verschiedene Möwen- und Seeschwalbenarten sowie Feldschwirle, Schilfrohrsänger und Steinschmätzer in räumlicher Nähe zueinander. Kornweihen und Sumpfohreulen haben national bedeutende Brutpopulationen auf Borkum. Auch Niedersachsens größte Brutpopulation von Seeregenpfeifern liegt hier, jedoch sind die Zahlen rückläufig. Hohltauben brüten im Gegensatz zum Festland in Kaninchenhöhlen und im Schutz von Lachmöwenkolonien. In den Sommermonaten versammeln sich bis zu 30 000 mausernde Eiderenten um Borkum und auch Brandseeschwalben zählen dann zu den regelmäßigen Nahrungsgästen.

Nur kurz währt im Sommer die Phase des ruhenden Vogelzugs, denn schon im Juli sind die meisten Watvögel wieder auf dem Rückzug. Anfangs noch im Prachtkleid mausern sie nach ihrer Ankunft zunehmend in das unscheinbare Winterkleid. Die größten Scharen bilden die Altvögel mit den später eintreffenden Jungvögeln ab Mitte August bis Anfang Oktober über dem Wattenmeer.

Im September und Oktober erreicht der Singvogelzug seinen Höhepunkt, insbesondere Wiesenpieper, Rot- und Singdrosseln ziehen oder rasten in beeindruckender Zahl. Bei Nordweststürmen lassen sich am Riffgrund mit etwas Glück auch Hochseevogelarten wie Raubmöwen, Sturmtaucher oder Basstölpel beobachten. Borkum liegt zudem auf der Zugroute von Kurzschnabel- und Weißwangengänsen sowie von Zwergmöwen. Ab Mitte November haben die meisten Durchzügler das Wattenmeer verlassen.

Beobachtungsmöglichkeiten

Zur Brutzeit gehören die Greune Stee (=grüne Stelle), ein Mosaik aus Wald, Gewässern, Schilf und moorigen Bereichen, sowie die angrenzenden Salzwiesen der Ronden Plate zu den besten Beobachtungsstellen auf Borkum. Die Greune Stee (1) bietet Waldvogelarten wie Waldschnepfen, Schwanzmeisen, Birkenzeisigen, Gelbspöttern und der einzigen brütenden Sumpfmeisenpopulation der Ostfriesischen Inseln Lebensraum. Zu den Zugzeiten rasten hier viele Singvögel, darunter zahlreiche Drosseln. Entlang des Weges am Nordrand der Ronden Plate (2) lassen sich Säbelschnäbler, Sumpfohreulen, Rohr- und Kornweihen beobachten, während die Schilfflächen von Blaukehlchen, Bartmeisen, Teich- und Schilfrohrsängern besiedelt sind. In der Lagune rasten Brandgänse und gelegentlich Löffler. An den Buhnen bei (3) halten sich im Winterhalbjahr gerne Meerstrandläufer und Steinwälzer auf. Bei Hochwasser rasten hier viele Limikolen.

Vor der Kurpromenade am Nordweststrand Borkums erstreckt sich die Seehundbank „Hohes Riff" (4). Sie ist nicht nur Ruheplatz für Seehunde und Kegelrobben, sondern auch Brutplatz für Sand- und Seeregenpfeifer sowie für Zwergseeschwalben. Daneben rasten hier verschiedene Möwenarten, Sanderlinge, Knutts und Brandseeschwalben. Bitte beachten Sie unbedingt die Absperrungen in diesem Bereich.

Die Waterdelle (5), ein ursprünglich baumfreies Dünental, ist heute ein Bruchwald, in dem sich vor allem Singvögel wie Singdrosseln und Nachtigallen wohlfühlen. Daneben wird man aus den eingestreuten Schilfflächen Wasserrallen quieken und mit etwas Glück

Typische Vogelarten auf Borkum, deren Status und günstige Beobachtungszeit (in Klammern).
h = häufiger, r = regelmäßiger, s = seltener; B = Brutvogel, W = Wintergast, D = Durchzügler, N = Nahrungsgast

Art	Status (beste Beobachtungszeit)
Kurzschnabelgans	rD (Feb., Okt.)
Ringelgans	hD (März–Mai, Sep.–Nov.)
Brandgans	hB, hW, hD, hN (ganzjährig)
Pfeifente	hD, hW (Sep.–Apr.)
Eiderente	rB, hW, hD, hN (ganzjährig)
Trauerente	rW, hD (Sep.–Mai)
Löffler	rB, rD (Mai–Sep.)
Sterntaucher	rW, hD (Sep.–Apr.)
Kornweihe	rB, rW (ganzjährig)
Merlin	rW, hD (Apr.–Mai, Sep.–Nov.)
Austernfischer	hB, hW, hD, hN (ganzjährig)
Säbelschnäbler	rB, hD (Apr.–Sep.)
Uferschnepfe	rB (März–Juni)

Art	Status (beste Beobachtungszeit)
Meerstrandläufer	rW (Okt.–März)
Steinwälzer	rD, rW (Aug.–Mai)
Sanderling	hD, rW (Apr.–Mai, Aug.–Sep.)
Seeregenpfeifer	rB, rD (Apr.–Sep.)
Zwergseeschwalbe	sB, rD (Mai–Aug.)
Küstenseeschwalbe	rB, hD (Mai–Aug.)
Hohltaube	rB, rD (ganzjährig)
Sumpfohreule	rB, rW (ganzjährig)
Ohrenlerche	rW, rD (Okt.–Apr.)
Strandpieper	rW, rD (Sep.–März)
Berghänfling	rW, rD (Okt.–März)
Schneeammer	rW (Okt–März)
Kleinvogelzug	(März–Mai, Sep.–Okt.)

in der Abenddämmerung im Frühjahr die dumpfen Rufe von Rohrdommeln sowie Waldschnepfen und Waldohreulen hören können. Im angrenzenden Muschelfeld (6) brüten Dorngrasmücken und Bluthänflinge. Von den beiden Aussichtsdünen (7, 8) lassen sich regelmäßig Rohr- und Kornweihen sowie Sumpfohreulen beobachten. Diese Dünen sind auch ein guter Platz für die Beobachtung des Singvogelzuges.

Der Tüskendörsee, 1975 als Bodenentnahmestelle für den Deichbau entstanden, ist eines der besten Beobachtungsgebiete auf Borkum. Vom südlich angrenzenden Deich aus kann man dieses einzige größere Binnengewässer Borkums gut einsehen (9). Um die verschiedenen Enten- und Watvogelarten genießen zu können, ist ein Spektiv unerlässlich. Im Sommerhalbjahr halten sich hier regelmäßig Löffler auf. In den an den See angrenzenden Wiesen brüten Graugänse, Austernfischer, Säbelschnäbler, Kiebitze und Uferschnepfen. In den Gräben am Deichfuß fühlen sich unter anderem Haubentaucher, Feldschwirle, Teich- und Schilfrohrsänger wohl, während sich am Ausfluss außendeichs (10) vor allem bei Hochwasser Ringelgänse, Eiderenten, Austernfischer und andere Watvogelarten einfinden. Säbelschnäbler, Rotschenkel, Lachmöwen, Fluss- und Küstenseeschwalben brüten hier.

Ringelgänse rasten zu Tausenden auf Borkum. Foto: C. Moning. Lauwersmeer, 3.1.2010.

An den Ostlagunen (11) schwanken die Beobachtungsbedingungen mit dem Wasserstand. Die flachen Senken werden bei Sturmfluten mit Salzwasser überspült. In dem Bereich brüten Austernfischer, Säbelschnäbler, Uferschnepfen, Große Brachvögel, Sand- und Seeregenpfeifer. Bei niedrigen Wasserständen rasten zu den Zugzeiten typische Arten des Brackwassers wie verschiedene Wasserläuferarten. Im Winter finden sich hier Ohrenlerchen, Schneeammern und Berghänflinge ein.

Die Ostspitze der Insel, das Hoge Hörn (12), ist der größte Hochwasserrastplatz auf Borkum. Zu den Zugzeiten versammeln sich hier bis über 100 000 Vögel, vor allem Alpenstrandläufer, Kiebitzregenpfeifer, Große Brachvögel und Pfuhlschnepfen. Aufgrund der großen Beobachtungsdistanzen benötigt man ein Spektiv. Wasserfestes Schuhwerk ist empfehlenswert, da der Weg zum Hoge Hörn bei Hochwasser überflutet sein kann.

Die weitläufigen kurzrasigen Flächen des Flughafens bieten Goldregenpfeifern und Kiebitzen Rastmöglichkeiten.

Knutts, Alpenstrandläufer und Austernfischer bilden zu den Zugzeiten große Rastgemeinschaften. Foto: C. Moning. Tetenbüllspieker, 30.7.2009.

Auch Kornweihen und Sumpfohreulen jagen über dem Gelände, das vom Weg nördlich des Flugplatzes aus eingesehen werden kann (13).

Im Hafengelände rasten zu den Zugzeiten viele Pieper, Steinschmätzer, Schwarz- und Braunkehlchen, Drosseln und andere Singvögel (14). Der Teerdamm nördlich der Jugendherberge (15) bietet hervorragende Möglichkeiten für Beobachtungen am Wattenmeer sowie an den angrenzenden Salzwiesen. Das Hafengelände ist über einen Damm mit dem Rest der Insel verbunden. Der Weg südlich der Gleise (16) erlaubt schöne Einblicke auf die Ronde Plate und angrenzende Wattflächen.

Weitere Freizeitmöglichkeiten

Neben zahlreichen Wassersport- und Bademöglichkeiten im Sommerhalbjahr bietet die Insel ganzjährig Sehenswürdigkeiten. Zu ihnen zählen der Alte Leuchtturm (1576), das älteste Gebäude der Insel und ihr Wahrzeichen und Aussichtsturm sowie der Neue Leuchtturm (1879) an der Westseite der Insel, der Kleine Leuchtturm am Südstrand (1888), drei Kirchen, die zwischen 1882 und 1899 erbaut wurden, sowie seit 1989 das ehemalige Feuerschiff Borkumriff im Borkumer Schutzhafen (14). Es wurde im Juli 1988 als letztes deutsches Feuerschiff außer Dienst gestellt und dient seitdem als Informationseinrichtung für den Nationalpark Niedersächsisches Wattenmeer. Das Heimatmuseum Dykhus (= Deichhaus) liegt in unmittelbarer Nähe des Alten Leuchtturmes.

Von Borkum verkehren Ausflugsschiffe zur benachbarten Insel Juist. Auf der Fahrt passiert man die gewaltige Möwenkolonie auf Memmert.

Christoph Moning, Christopher König, Christian Wagner, Felix Weiß

Infomaterial/Literatur

Dierschke J, Lottmann R, Potel P 2008: Vögel beobachten im Nationalpark Niedersächsisches Wattenmeer. Nationalparkverwaltung Niedersächsisches Wattenmeer, Wilhelmshafen.

Gerdes K 2000: Die Vogelwelt im Landkreis Leer. Verlag Schuster, Leer.

Moning C, Weiß F 2007: Vögel beobachten in Norddeutschland. Franckh-Kosmos Verlag, Stuttgart.

Anfahrt

Mit Bahn und Bus

Mit der Bahn fährt man bis Emden-Außenhafen. Von dort verkehren Fähren (Fahrzeit etwa 2 Std.) und ein Katamaran (Fahrzeit etwa 1 Std.) weiter nach Borkum. Wenn man seine Bahnfahrkarte bis Borkum löst, sind die Kosten für die Fährfahrt im Gesamtpreis enthalten. Vom Borkumer Hafen fährt die Inselbahn in den Ort. In den Sommermonaten fahren auch vom Anleger am Knock und von Greetsiel Fähren nach Borkum. Zusätzlich besteht die Möglichkeit, vom Flugplatz in Emden zur Insel zu fliegen.

Mit dem Auto

In Emden ist der Fähranleger mit „Borkumkai/Emden-Außenhafen" ausgeschildert. Es empfiehlt sich, das Auto auf dem Festland zu lassen und in einer bewachten Garage oder auf Parkplätzen bei den Reedereien abzustellen. Der Ortskern von Borkum ist während der Sommermonate für den Autoverkehr ohnehin gesperrt und auf der Insel können alle Beobachtungspunkte bequem mit dem Fahrrad oder zu Fuß erreicht werden. Auch die Busverbindungen sind sehr brauchbar.

Adressen

Nationalparkschiff „Feuerschiff Borkumriff", Am Nordufer, 26757 Borkum, Tel.: 04922/2030, fsbr@gmx.de; www.feuerschiff-borkumriff.de.

Die Nationalparkwacht bietet ornithologische Führungen an, deren Termine in „Borkum-Aktuell" bzw. bei der Touristeninformation und Kurverwaltung bekannt gegeben werden.

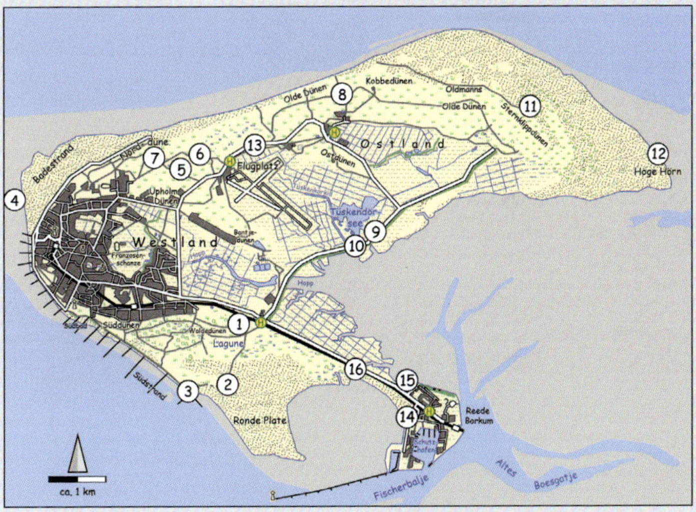

GPS		
Feuerschiff Borkumriff (14)	53°33'45" N	6°45'06" O
Hoge Hörn (12)	53°36'08" N	6°49'04" O
Deich nördlich Jugendherberge (15)	53°34'09" N	6°44'48" O
Ausfluss Tüskendörsee (10)	53°35'18" N	6°43'55" O

Am Westufer bei Winzlar wurden in den letzten Jahren zahlreiche kleine und größere Gewässer geschaffen, die das ganze Jahr über viele Vogelarten anziehen. Foto: C. König. 2.4.2011.

Das Steinhuder Meer

Naturreichtum am größten See des Landes

In der Großlandschaft der Hannoverschen Moorgeest liegt rund 35 km nordwestlich der Landeshauptstadt das Steinhuder Meer. Der im Mittel weniger als 1,5 m tiefe, nährstoffreiche See bildet gemeinsam mit den ihn umgebenden Dünen, Hoch- und Niedermooren, Bruchwäldern, Feuchtwiesen, Schilf- und Röhrichtzonen eine landschaftliche Vielfalt, die zu allen Jahreszeiten besondere Möglichkeiten für Naturinteressierte bietet. Als Herzstück des gleichnamigen Naturparks stellt das etwa 30 km² große Steinhuder Meer ein wichtiges Brut-, Durchzugs- und Überwinterungsgebiet für zahlreiche Wat- und Wasservogelarten dar. Durch eine ausgezeichnete Beobachtungsinfrastruktur mit zahlreichen Beobachtungstürmen und -hütten bietet das Gebiet zu allen Jahreszeiten hervorragende Bedingungen zur Vogelbeobachtung.

Landschaftsgeschichte und Lebensräume

Das Seebecken des Steinhuder Meers entstand im Laufe der letzten Eiszeit, der Weichseleiszeit, vor rund 14 000 Jahren. Am feinsandigen Unterrand des Permafrostbodens verursachte der kapillare Aufstieg von Grundwasser Eislinsen, die bei fortdauernder Wasserzulieferung immer größer wurden und den darüber liegenden Boden anhoben. Durch das sommerliche Auftauen der obersten Bodenschichten wurde der herausgehobene Boden anschließend durch Schmelzwässer und Winde abgetragen, sodass die Auflageschicht immer dünner wurde. Mit dem Verschwinden des Dauerfrosts tauten auch die Eislinsen, sodass an ihren Stellen flache Senken zurückblieben. Diese Senken ließen in der heutigen Niederung ein Binnengewässer von etwa anderthalbfacher Größe des heutigen Steinhuder Meers entstehen. Wegen der geringen Wassertiefe verlandet dieser See bereits seit rund 12 000 Jahren vorwiegend von Westen her und es bildete sich ein Verlandungsgürtel mit Erlenbruchwäldern. In einer angrenzenden Senke im Osten entstand zudem durch Vermoorungsprozesse das Tote Moor, das mit rund 30 km² das größte und am besten zugängliche Moor der Region darstellt.
Die Hoch- und Niedermoore der Umgebung wurden erst im Laufe der letzten zwei bis drei Jahrhunderte erschlossen. Im 18. Jahrhundert wurde im Steinhuder Meer ein System künstlicher Inseln angelegt, die später zur noch heute existierenden befestigten Insel Wilhelmstein vereinigt wurden. Der Tourismus gewann vor allem in den 1970er Jahren durch den Bau großzügiger Steganlagen, einer Badeinsel und zweier Strandpromenaden an Bedeutung. Heute besuchen an Spitzentagen bis zu 80 000 Touristen, darunter bis zu 3000 Radfahrer, die Umgebung des Steinhuder Meers. Die dadurch entstehenden Störungen wurden durch ein durchdachtes Wegesystem, komplette Sperrungen großflächiger Teilgebiete, ein Winterfahrverbot für Wassersportler auf dem gesamten See sowie durch die Ausweisung eines Wildschutzgebiets zur Einschränkung der Jagd bestmöglich verringert.

Besondere Vogelarten und Reisezeit

Die enorme Vielfalt unterschiedlicher Lebensräume hat dazu geführt, dass am Steinhuder Meer mehr als 280 Vogelarten nachgewiesen werden konnten, von denen etwa 150 auch als regelmäßige Brutvögel auftreten.

Häufige Brutvögel auf dem See sind Haubentaucher, die sich von jeglichen Stellen am Seeufer aus beobachten lassen. Verschiedene Entenarten nutzen den See

Im Winter bevölkern Scharen von Gänsesägern die Seefläche. Besonders gut sind sie dann im Bereich der Badeinsel und am Hagenburger Kanal zu beobachten.

Foto: E. Lietzow. Steinhuder Meer, 27.11.2012.

und die zahlreichen Teiche und Tümpel der Umgebung das ganze Jahr über. Schnatter-, Krick-, Knäk- und Löffelente sind unter anderem im sogenannten Vogelbiotop und in den Meerbruchswiesen am Westufer Brutvögel. In der kalten Jahreszeit wird der See von überwinternden Zwerg- und Gänsesägern und Hunderten Tafel- und Reiherenten bevölkert. Herausragend sind die Brutvorkommen von Fisch- und Seeadler. Beide Arten lassen sich im Gebiet hervorragend sowohl bei der eindrucksvollen Nahrungssuche als auch bei der Brut beobachten (siehe dazu auch den Beitrag in DER FALKE 2012, H. 5). Rohrweihen sind Brutvögel, während die nahe verwandten Kornweihen nur im Winterhalbjahr über die Wiesen der Niederung streichen. Die eleganten Rot- und Schwarzmilane brüten in erstaunlich hoher Dichte und können regelmäßig vor allem in den Meerbruchswiesen westlich des Sees bei der Nahrungssuche angetroffen werden. Im Umfeld des Steinhuder Meeres brüten heute etwa zwei Dutzend Kranichpaare. Durch Flächenankauf zu Naturschutzzwecken und an die Brutzeit angepasste Mahdtermine sind auch seltene Wiesenbrüter wie Kiebitze, Große Brachvögel, Bekassinen und Rotschenkel noch in den Feuchtwiesen zu entdecken.

In den Hochmooren zählen Ziegenmelker und Schwarzkehlchen zu den typischen Arten, während die baumbestandenen Randbereiche von Schwarz-, Grün-, Klein- und sogar wenigen Mittelspechten besiedelt werden. In der Schilf- und Röhrichtzone des Sees brüten Rohrschwirle und Schilfrohrsänger, selten auch Bartmeisen. Erfreulich häufig brüten in der Umgebung Neuntöter, schwerpunktmäßig in den Meerbruchswiesen. Ihre grauen Verwandten, die Raubwürger, sind ganzjährig anzutreffen. Während sie regelmäßige Wintergäste sind, beschränkt sich der Brutbestand auf wenige Paare.

Eine Besonderheit stellt das Vorkommen des Karmingimpels dar. Dieser östlich verbreitete attraktive Fink kann vor allem am Westufer im Bereich des Vogelbiotops sowie am Ostufer angetroffen werden und macht ab Ende Mai durch seinen von erhöhten Warten vorgetragenen Gesang auf sich aufmerksam. Keine Brutvögel, jedoch ganzjährige Gäste sind Kormorane. Vor allem in den Wintermonaten kommen bis zu 1000 der schwarzen Gesellen zur Nahrungssuche an das Steinhuder Meer. Nachdem erste Brutversuche am See gescheitert waren, befinden sich die nächstgelegenen Kolonien derzeit an der Weser. Mittlerweile ebenfalls ganzjährig anzutreffen, sind die einst seltenen Silberreiher. Im Winterhalbjahr reihen sich bis zu über hundert der weißen Vögel an den Ufern auf. Der Winter ist auch die Zeit der Gänse. Zu Tausenden lassen sich dann in der Steinhuder-Meer-Niederung vor allem Bläss- und Graugänse, in geringerer

Typische Vogelarten am Steinhuder Meer, deren Status und günstige Beobachtungszeit (in Klammern).
h = häufiger, r = regelmäßiger, s = seltener; B = Brutvogel, W = Wintergast, D = Durchzügler

Art	Status (beste Beobachtungszeit)
Tundrasaatgans	rW (Okt.–April)
Blässgans	hW (Okt.–April)
Schnatterente	hB, rD (ganzjährig)
Krickente	hB (ganzjährig)
Knäkente	rB (Feb.–Aug.)
Löffelente	rB, hD (ganzjährig)
Tafelente	rB, hW (ganzjährig)
Zwergsäger	hW (Nov.–März)
Gänsesäger	hW (Nov.–März)
Haubentaucher	hB (ganzjährig)
Kormoran	hD, hW (ganzjährig)
Silberreiher	rD, rW (ganzjährig)
Fischadler	rB, rD (März–Okt.)
Kornweihe	rW (Okt.–März)
Rohrweihe	rB (März–Sept.)

Art	Status (beste Beobachtungszeit)
Rotmilan	hB (Feb.–Okt.)
Schwarzmilan	hB (März–Aug.)
Seeadler	rB (ganzjährig)
Kranich	rB (Feb.–Nov.)
Tüpfelsumpfhuhn	sB (März–Juni)
Großer Brachvogel	sB (Feb.–Sept.)
Bekassine	rB, hD (März–Sept.)
Rotschenkel	sB (April–Sept.)
Kampfläufer	hD (März–Sept.)
Ziegenmelker	hB (Mai–Aug.)
Schwarzspecht	hB (ganzjährig)
Neuntöter	hB (Mai–Aug.)
Rohrschwirl	rB (April–Juli)
Blaukehlchen	hB (April–Sept.)
Karmingimpel	rB (Mai–Juli)

Zahl auch Weißwangen- und Tundrasaatgänse sowie seltener Ringel-, Kurzschnabel- und Rothalsgänse beobachten.

Beobachtungsmöglichkeiten

Das meistbesuchte, am besten erschlossene und sicher auch attraktivste Gebiet am Steinhuder Meer ist das Westufer bei Winzlar (1). Von den Parkmöglichkeiten im Ort aus geht man auf der Südstraße nach Osten und an deren Ende nach links entlang des Rundwegs durch die Meerbruchswiesen. Vom Weg aus lassen sich zur Brutzeit typische Wiesenbrüter wie Kiebitze, Große Brachvögel und Bekassinen beobachten. Im Winter rasten hier große Scharen arktischer Gänse. Kurz bevor man eine Brücke über den Südbach überquert, erreicht man eine kleine Seeadlerbeobachtungsstation mit einer Informationstafel und einem Münzfernrohr. Von hier aus kann man in manchen Jahren Adlern sehr schön und ohne Störung beim Brutgeschäft im wenige Hundert Meter entfernten Horst zusehen. 2024 übernahmen Uhus das Nest. Fast genau gegenüberliegend befindet sich in größerer Entfernung inmitten der Wiesen ein Fischadlerbrutplatz auf einer Nisthilfe, sodass man beiden Adlerarten von einem Standort aus in die Nester schauen kann, ohne zu stören. Die Brut lässt sich auch über eine Webcam beobachten (über www.oessm.org).

Jenseits der Südbachbrücke befindet sich auf der linken Seite das sogenannte Kleine Vogelbiotop. Diese 2011 angelegte, 4 ha große Wasserfläche ist vor allem zu den Zugzeiten ein Magnet für zahlreiche Enten- und Limikolenarten. Dem Rundweg weiter folgend erreicht man kurze Zeit später eine Abzweigung. Folgt man dem Rundweg links etwa 400 m weiter nach Norden, so erreicht man eine barrierefreie Beobachtungsplattform mit Blick auf eine Wasserfläche des Vogelbiotops, gegenüber hat man wiederum einen guten Blick auf den Fischadlerbrutplatz. Geht man stattdessen am Fahrradparkplatz geradeaus ins Biotop hinein, gelangt man nach und nach zu zwei Beobachtungshütten und schließlich zum Westturm. Entlang dieses Wegs durch Weidengebüsche sollte man von Ende Mai bis Mitte Juli auf den Gesang des Karmingimpels achten. Aus einer der Hütten erhält man schöne Einsicht auf die Wasserflächen des Vogelbiotops, die das ganze Jahr über Wasser- und Watvögel anziehen. Die zweite Hütte bietet einen Blick in die gegenüberliegenden Feuchtwiesen, die bis Mai überstaut werden. Im Vogelbiotop brüten neben den meisten Entenarten auch Kraniche, Kiebitze, Flussregenpfeifer und Bekassinen sowie Rohrschwirle, Schilfrohrsänger und Blaukehlchen. 2012 gab es hier sogar einen – leider erfolglosen – Brutversuch von Stelzenläufern. Die Chancen, bei niedrigem Wasserstand Wasserrallen- und Tüpfelsumpfhühner zu sehen, sind vor allem im Juli und August gut. In dem weitgehend aus abgestorbenen Hybridpappeln bestehenden Wäldchen brüten unter anderem Schwarz- und Kleinspechte sowie Hohltauben.

Derartige Fotos von Seeadlern am Nest lassen sich nur an wenigen Stellen in Deutschland von öffentlichen Wegen aus schießen. Foto: E. Lietzow. Steinhuder Meer, 11.8.2012.

Am Ende des Stichwegs erreicht man den Westturm, der einen eindrucksvollen Blick über das Steinhuder Meer bietet. Tausende Enten bevölkern zusammen mit vielen Haubentauchern die Wasserfläche, Fisch- und Seeadler lassen sich oft nah am Turm bei der Jagd beobachten.

Knapp 2 km nördlich des Vogelbiotops befindet sich am Rundweg der Büffelturm (2). Dieser heißt so, weil die angrenzenden Flächen mit Wasserbüffeln als Landschaftspfleger beweidet werden. Dieser Turm kann alternativ auch per Auto erreicht werden, indem man zwischen Rehburg und Mardorf südwärts in den Weg „Zum Meerbach" einbiegt und diesem bis zu Parkmöglichkeiten am Ende eines Wäldchens folgt. Rund 500 m südwestlich liegt der Turm, von dem aus man die Meerbruchswiesen sehr schön überblicken kann. Unmittelbar vor dem Turm brüten Bekassinen, Neuntöter und Schwarzkehlchen in den Wiesen, an dem Gewässer in manchen Jahren Zwergtaucher. In größerer Entfernung sieht man im Winter Gänseschwärme und Raubwürger, im Frühling vor allem Kraniche und Große Brachvögel. Zwischen Vogelbiotop und Büffelturm liegen weitere überstaute Flächen, die eine große Zahl an Feuchtwiesenvögeln anziehen. Bekannt sind die zahlreichen Blaukehlchen, die sich hier außergewöhnlich gut fotografieren lassen. Um Störungen der Vögel zu vermeiden, sind kleinere Wege ins Gebiet ganzjährig gesperrt. An das Wegegebot im Gebiet muss sich auf jeden Fall gehalten werden!

In der Nordostecke des Steinhuder Meers liegt an der Hubertusstraße die Plattform Neue Moorhütte (3). Hier hat man einen weiten Blick über die ausgedehnten Schilfgürtel des Ostufers. Auch die Südseite des Steinhuder Meers bietet interessante Beobachtungsmöglichkeiten. Über die Ortschaft Großenheidorn erreicht man dem Rundweg nach Norden folgend den Ostturm (4). Dieser ermöglicht einen schönen Blick auf die teilweise trockenfallenden Schlammflächen an der Ostseite des Sees, auf denen im Sommer zahlreiche Alpenstrandläufer und seltener Sanderlinge, Knutts und Kiebitzstrandläufer rasten. Die Beobachtungsentfernungen sind jedoch beträchtlich. Es besteht von hier aus außerdem die Möglichkeit, einem Moorerlebnisweg (Teil des Rundwanderwegs) durch das Tote Moor zu folgen.

GPS		
Westturm	52°27'29" N	9°16'51" O
Turm Ostufer (D)	52°28'58" N	9°23'02" O
Badeinsel Steinhude (E)	52°27'47" N	9°21'37" O
Mündung Hagenburger Kanal (F)	52°26'49" N	9°19'08" O

Nördlich der Uferpromenade bei Steinhude befindet sich die Badeinsel. Von dort hat man einen schönen Ausblick über den See, der für Beobachter vor allem im Winter interessant ist, weil hier regelmäßig Meeresenten und Mittelsäger zu sehen sind. Eine weitere interessante Stelle ist die Mündung des Hagenburger Kanals (6). Besonders im Winter konzentrieren sich hier oft große Wasservogelansammlungen. Man erreicht die Mündung über die Steinhuder-Meer-Straße in Hagenburg, an deren Ende sich ein ausgeschilderter Parkplatz befindet.

Weitere Freizeitmöglichkeiten

Die Ökologische Schutzstation Steinhuder Meer (ÖSSM) in Winzlar bietet eine sehenswerte Dauerausstellung, in der die Besucher sich selbst aktiv Naturphänomene erschließen können. Unter anderem kann man Turmfalken und Schleiereulen über Monitore live bei der Aufzucht der Jungen zusehen. Die Station hat ihre Ausstellung in der Regel von Mitte April bis Ende September geöffnet (aktuelle Öffnungszeiten siehe www.oessm.org). In Steinhude befindet sich im historischen Scheunenviertel eine Ausstellung des Naturparks. Am Nordufer in Mardorf betreibt der Naturpark im Naturparkhaus eine weitere Ausstellung zum Thema Moor.

Christopher König, Christoph Moning, Christian Wagner & Felix Weiß

Infomaterial/Literatur

Brandt T, Hermann D, Volmer B, Beuster T 2002: Naturerlebnis Steinhuder Meer - ein Reise- und Freizeitführer. Landbuch Verlag, Hannover.

Brandt T 2011: Das Steinhuder Meer – Bilder einer Landschaft. Edition Temmen, Bremen.

Moning C, Weiß F 2007: Vögel beobachten in Norddeutschland. Kosmos Verlag, Stuttgart.

Wir danken Thomas Brandt von der Ökologischen Schutzstation Steinhuder Meer für hilfreiche Tipps und die Durchsicht des Manuskripts.

Anfahrt

Mit Bahn und Bus

Die nächstgelegenen Bahnhöfe sind Neustadt am Rübenberge und (günstiger) Wunstorf. Von dort fahren Busse nach Mardorf (von Neustadt) bzw. nach Steinhude, Hagenburg und Winzlar (von Wunstorf). Die Anbindung bis Winzlar ist jedoch mäßig. Sehr gut kann das Steinhuder Meer auch mit dem Fahrrad auf dem 32 km langen Rundweg umfahren werden. Alle beschriebenen Beobachtungspunkte werden dabei erreicht.

Mit dem Auto

Über die A 2 fährt man bis zur Abfahrt Wunstorf-Kohlenfeld oder Wunstorf-Luthe. Von dort folgt man der B 441 in Richtung Steinhude bzw. Rehburg/Winzlar.

Adressen

Ökologische Schutzstation Steinhuder Meer (ÖSSM), Hagenburger Str. 16, 31547 Rehburg-Loccum. Tel.: 05037/9670; info@oessm.org; Internetseite und Beobachtungsblog: www.oessm.org; www.natur-steinhuder-meer.de.

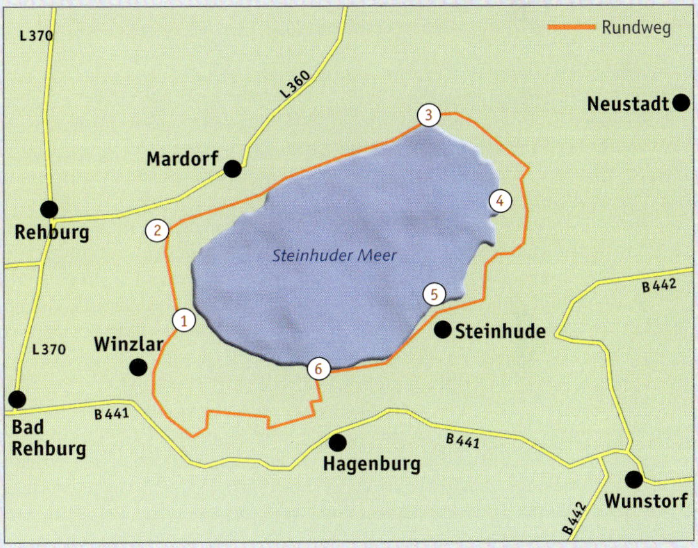

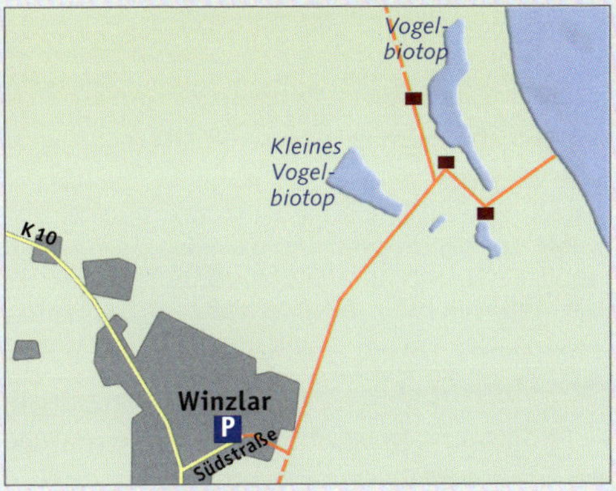

Der Heerter See ist von einem breiten Schilfgürtel sowie angrenzenden Sanddornbüschen und Birkenaufwuchs umgeben. Foto: G. Brombach. 27.9.2013.

Heerter See und Derneburger Teiche

Refugien im Innerstebergland

Am Übergang der Norddeutschen Tiefebene zu den Mittelgebirgen liegt in Salzgitter der Heerter See, der einst als Absetzteich der Eisenerzwäsche angelegt wurde. Das flache Gewässer mit seinen weitläufigen Schilfbereichen besitzt einen hohen Wert insbesondere für Brutvögel, darunter Rohrdommeln und Bartmeisen.

An den 15 km westlich gelegenen Derneburger Teichen funktioniert das Miteinander von Fischzucht und Naturschutz so gut, dass hier sogar die im Binnenland seltenen Mittelsäger brüten. Zuerst im Rahmen einer Klosteranlage, später als englischer Landschaftsgarten und als Teil einer staatlichen Domäne genutzt, haben sich die Teiche heute zu einem bedeutenden Refugium für brütende und rastende Wasservögel entwickelt.

Landschaftsgeschichte und Lebensräume

Nach Abholzung eines Laubwaldes wurde der Heerter See 1951 als sogenannter Klärteich III zur Einspülung von ton- und quarzhaltigem Wasser angelegt. Der Bau war erforderlich geworden, da die Kapazität der beiden vorhandenen Klärteiche südwestlich von Gebhardshagen (heute als „Reihersee" erhalten, jedoch ornithologisch von eher geringem Interesse) erschöpft war. Das eingeleitete Wasser wurde aus tiefen Schichten gepumpt und war bereits vor der industriellen Nutzung sehr salzhaltig. Bis der Erzabbau 1976 zum Erliegen kam und die Einspülungen eingestellt wurden, war der Salzgehalt des Wassers durch Anreicherung zeitweise auf über 20 % gestiegen, was die Ansiedlung salzliebender Küstenpflanzen begünstigte. Von seiner ursprünglichen Größe von 272 ha sind heute je nach Wasserstand 120 bis 160 ha bei einer maximalen Wassertiefe von lediglich drei Metern übrig. Die Sukzession sorgt für einen ständigen Wandel in der Erscheinung des Gebietes. Mehr als 65 ha der einst großen Schlammflächen sind heute mit Schilf bewachsen. Um der zunehmenden Verlandung entgegen zu wirken, wurden im Jahr 2009 zwei neue Gewässer in das Uferschilf des Sees gesprengt. Die so entstandenen Tümpel erhöhen seitdem das Angebot an Lebensräumen und dienen vor allem der Wechselkröte, die am Heerter See ihr westlichstes niedersächsisches Vorkommen besitzt, als Refugium. Bereits 1984 wurde der Heerter See samt seiner Uferbereiche als Natur- und Vogelschutzgebiet ausgewiesen, 1992 wurde das Gebiet zum Europareservat erklärt. Es ist außerdem Bestandteil des europaweiten Schutzgebietsnetzwerks Natura 2000. Seit 2007 wird der Heerter See zusammen mit angrenzenden Waldflächen von der NABU-Stiftung Nationales Kulturerbe betreut. Im Laufe der Zeit hat sich das Gebiet zu einem äußerst wertvollen Feuchtgebiet im südlichen Niedersachsen entwickelt. Vor allem für Arten der Röhrichte, aber auch als Rastgebiet für Wasservögel und Kraniche besitzt der Heerter See überregionale Bedeutung.

Wasservögel stellen auch die charakteristischen Arten der Derneburger Teiche dar. Unter Abt Gottfried Arnu wurden die Fischteiche im 18. Jahrhundert von Zisterziensermönchen aus dem damaligen Derneburger Kloster angelegt. Ab 1814 gestaltete Graf Ernst zu Münster die ehemalige Klosteranlage samt der Gewässer in einen englischen Landschafsgarten um. Weiterhin als Fischteiche genutzt, gehörten die Derneburger Teiche ab 1955 zur staatlichen Domäne Derneburg. Diese wurde 2007 aufgelöst und die Teiche von der Paul-Feindt-Stiftung übernommen, um die Kulturlandschaft auf Dauer zu erhalten und darüber hinaus der Öffentlichkeit Zugang zu der Teichlandschaft zu ermöglichen. Die Stiftung hat die Derneburger Teiche an eine Fischerei verpachtet, die dort nach alter Tradition wirtschaftet. Zu ihren Aufgaben gehört neben dem Besatz der Teiche auch die Entschlammung. Um die umgebenden Deiche in gutem Zustand zu halten, werden diese durch eine Schafherde beweidet. Durch die extensive Bewirtschaftung haben sich interessante Lebensräume für zahlreiche vor allem wassergebundene Vogelarten entwickelt.

Besondere Vogelarten und Reisezeit

Für Schilfbrüter hat insbesondere der Heerter See eine herausragende Bedeutung, während sich die Bedingungen für rastende Limikolen in den letzten Jahren leider stark verschlechtert haben. Insgesamt brüten etwa 90 Arten im Umfeld der Gewässer. Bemerkenswert sind die Brutvorkommen von Rohrdommeln am Heerter See und vor allem die von Mittelsägern an den Derneburger Teichen. Während Rohrdommeln nur noch in wenigen Restvorkommen in Niedersachsen brüten, sind die seit rund dreißig Jahren regelmäßig im Innerstetal brütenden Mittelsäger sogar die einzigen im deutschen Binnenland. Neben Zwerg- und Haubentauchern brüten am Heerter See auch mehrere Rothalstaucherpaare. Schwarzhalstaucher treten regelmäßig zu den Zugzeiten auf, an den Derneburger Teichen brüten sie sogar unregelmäßig. Sowohl als Brutvogel als auch als Überwinterer kommen Bartmeisen am Heerter See vor, die sich im dichten Schilf oft nur anhand ihrer lebhaften Rufe bemerkbar machen. Leichter zu beobachten sind Rohrweihen, die jeweils mit mehreren Paaren in den Gebieten brüten. In den umgebenden Wäldern lassen sich am Heerter See Grau- und Schwarzspechte, rund um das Teichgebiet Derneburg Grün- und Mittelspechte beobachten. Als Nahrungsgäste erscheinen in beiden Gebieten sehr regelmäßig Rot- und Schwarzmilane und zu den Zugzeiten statten Fischadler insbesondere dem Heerter See oft einen Besuch ab. In Frühjahr und Herbst besitzen Heerter See und Derneburger Teiche eine überregionale Bedeutung für durchziehende Wasservögel. Besonders verschiedene Gründelentenarten lassen sich dann beobachten. Vor allem die Bestände von Pfeifenten und Gänsesäger am Heerter See sowie die der Tafelente im Teichgebiet Derneburg sind bemerkenswert. Die Flachwasserbereiche des Sees werden im Herbst von bis zu mehreren Hundert Kranichen als Schlafplatz genutzt, ähnlich beeindruckend ist zu dieser Zeit der abendliche Einflug Tausender Stare in das Schilf. Zu den Zugzeiten sind auch Beobachtungen von Zwergmöwen, Fluss- und Trauerseeschwalben möglich. Ein Besuch der Gebiete lohnt sich zu allen Jahreszeiten, am Heerter See vor allem auch im Winterhalbjahr, wenn dort Tausende Möwen rasten. Darunter dominieren Silber- und Lachmöwen, ganz regelmäßig sind aber auch Mittelmeer-, Steppen-, Herings- und Sturmmöwen sowie selten auch Schwarzkopf- und Mantelmöwen zu beobachten. Zu den Wintergästen zählen darüber hinaus Singschwäne, Bläss- und Saatgänse sowie Silberreiher. Die Derneburger Teiche sind neben ihrer reichhaltigen Vogelwelt auch für die Vorkommen zahlreicher Fledermausarten bekannt. Botanisch lockt die Umgebung des Heerter Sees mit zahlreichen Orchideen wie Fuchs' Knabenkraut, Bienen-Ragwurz, Breitblättriger und Sumpf-Stendelwurz.

Beobachtungsmöglichkeiten

Auf einem Rundwanderweg um den Heerter See sind die einzelnen Bereiche des Sees gut zugänglich. Besonders von zwei durch den NABU Salzgitter errichteten Beobachtungseinrichtungen hat man gute Sicht auf die Wasserfläche. Vom Parkplatz zwischen Gebhardshagen und Lobmachtersen führt ein Stichweg durch den Wald nach Norden bis zu einem hohen Beobachtungsturm (1). Von hier aus können die Wasservögel auf der Seefläche sehr schön beobachtet werden. Da die Entfernung zum anderen Seeufer groß ist, ist hier wie auch an den übrigen Stellen rund um den See ein Spektiv von Vorteil. Ein kurzes Stück zurück in den Wald führt der Rundweg gegen den Uhrzeigersinn nach Osten durch ein Wäldchen und später entlang der Schilfkante weiter Richtung Norden. Bei (2) und (3) bestehen Stellen mit freiem Blick auf die Seefläche mit ihren saisonal freiliegenden Schlammflächen, die dann Limikolen als Rastflächen dienen. Neben Großen Brachvögeln, Grün-

Typische Vogelarten an Heerter See und Derneburger Teichen, deren Status und günstige Beobachtungszeit (in Klammern).
1 = nur Heerter See, 2 = nur Derneburger Teiche; h = häufiger, r = regelmäßiger, s = seltener; B = Brutvogel, W = Wintergast, D = Durchzügler, N = Nahrungsgast.

Art	Status (beste Beobachtungszeit)
Blässgans	rW1 (Okt.–April)
Pfeifente	hW (Okt.–April)
Tafelente	rB2, rD (ganzjährig)
Gänsesäger	hW1 (Okt.–März)
Mittelsäger	sB2, rN2, sW (ganzjährig)
Zwergtaucher	hB (ganzjährig)
Haubentaucher	hB (ganzjährig)
Rothalstaucher	rB1 (April–Aug.)
Schwarzhalstaucher	sB2, rD (April–Sept.)
Rohrdommel	sB, rW (ganzjährig)
Graureiher	sB2, hN (ganzjährig)
Fischadler	rD (April; Aug.–Sept.)
Rohrweihe	rB, rD (April–Sept.)
Rotmilan	hN (März–Okt.)
Schwarzmilan	rN, rD (April–Aug.)

Art	Status (beste Beobachtungszeit)
Baumfalke	rN, rD (Mai–Aug.)
Kranich	hD1 (Okt.–Nov.)
Wasserralle	hB1 (März–Okt.)
Großer Brachvogel	rD1 (März–April; Juni–Okt.)
Lachmöwe	hW1 (Sept.–März)
Silbermöwe	hW1 (Sept.–März)
Eisvogel	rB (ganzjährig)
Grauspecht	rB1 (ganzjährig)
Grünspecht	rB (ganzjährig)
Schwarzspecht	rB1 (ganzjährig)
Mittelspecht	rB2 (ganzjährig)
Kolkrabe	rN (ganzjährig)
Bartmeise	rB1 (ganzjährig)
Wasseramsel	rB2 (ganzjährig)

schenkeln und Flussuferläufern können seltener auch Kampfläufer und Sandregenpfeifer beobachtet werden. Die Lücken im Buschwerk werden bei ausbleibender Pflege in den kommenden Jahren aber wohl leider durch Birken und Sanddorn geschlossen werden. Am Nordrand des Sees bietet eine Beobachtungshütte (4) Einblick auf den den See trennenden Damm. Auch wenn man hier oft störendes Gegenlicht hat, ist dies die verlässlichste Stelle, um Rohrdommeln zu sehen. Gelegentlich halten sich die Tiere entlang der Schilfkante auf. Im Bereich um die Hütte kommen Bartmeisen regelmäßig vor. Sie ist auf kürzester Strecke vom Parkplatz bei Heerte erreichbar. Der Rundwanderweg führt in südwestlicher Richtung weiter am Ufer entlang. Leider behindert die dichte Vegetation meist den Blick auf die Wasserfläche. Nach rund sechs Kilometern ist der See umrundet und man gelangt wieder zum Ausgangspunkt am Parkplatz zwischen Gebhardshagen und Lobmachtersen zurück.

Die Derneburger Teiche sind in einen englischen Landschaftsgarten eingebettet und liegen unmittelbar neben dem Schloss Derneburg. Foto: A. Hill. 6.8.2009.

Die Derneburger Teiche lassen sich von einem Wanderweg sowie von der Schlossstraße aus sehr gut überblicken. Das Betreten der Dämme und Uferbereiche ist verboten. Der kulturhistorische, knapp 3 km lange Rundwanderweg „Laves-Kulturpfad" führt rund um das Schloss Derneburg entlang der Teiche und durch den Derneburger Schlosspark und -wald. Vom Parkplatz (5) führt die Schlossstraße östlich um das Anwesen herum in das Teichgebiet. Nach wenigen Metern hält man sich hinter der Brücke über den Mühlenbach links, um dem Laves-Kulturpfad zu folgen. Wer alle Teiche besuchen will, sollte an dieser Stelle für einen Abstecher der Schlossstraße weiter geradeaus folgen. Dabei ergeben sich links und rechts der Straße Einblicke auf einige Teiche, die ansonsten nicht vom beschriebenen Weg aus erreicht werden. Besonders auf dem letzten Gewässer auf der rechten Seite halten sich regelmäßig Mittelsäger auf. Dies ist außerdem die beste Stelle, um Schwarzhalstaucher zu beobachten. Auf dem Rundwanderweg geht man von der Brücke am Mühlenbach nordwestwärts vorbei an drei kleineren Teichen. Auf Höhe des mittleren Teiches befindet sich eine aus dem Jahr 1598 stammende Mühle (6). Diese ist regelmäßiger Brutplatz eines Wasseramselpaares. Der Weg führt weiter über die sogenannte Lavesbrücke über die Nette auf den Mariensee zu. Im Bereich eines alten Bootshauses (7) erreicht man das Ufer und erhält von hier einen schönen Überblick über den größten See des Teichgebietes. Dies ist die wohl verlässlichste Stelle, um Mittelsäger zu beobachten. Die Vögel führen hier teils ihre Jungen, auch wenn die Bruten vermutlich nicht im Teichgebiet, sondern vielmehr entlang der Flüsse Nette oder Innerste stattfinden.

Rothalstaucher brüten regelmäßig mit wenigen Paaren am Heerter See.
Foto: E. Lietzow. Fehmarn. 26.7.2011.

Auch die übrigen Wasservogelarten sind an diesem Gewässer in größter Arten- und Anzahl zu sehen. Auf den beiden kleinen Inseln im Mariensee haben in den letzten Jahren einige Graureiher gebrütet. 2013 wurden die Horste jedoch aus unbekannten Gründen aufgegeben. Nachdem man den Mariensee rechts liegen gelassen hat, führt der Rundweg zuerst entlang des Schlossparks, anschließend in einem Bogen durch den Schlosswald, in dem häufigere Waldvogelarten beobachtet werden können, bis zum Ausgangspunkt am Parkplatz zurück. Rund um das Schloss sind auch der englische Landschaftsgarten sowie das Ausflugscafé in einem ehemaligen Gewächshaus der Schlossgärtnerei einen Besuch wert.

Weitere Freizeitmöglichkeiten

1608 wurde das Schloss Salder in Salzgitter im Stil der Weserrenaissance als Fürstensitz erbaut. Später diente die Schlossanlage als landwirtschaftliche Domäne und seit 1962 befindet sich hier das Museum der Stadt Salzgitter. Der Schwerpunkt der Ausstellungen liegt auf der Information über die Geschichte des gesamten Salzgittergebietes. Ständige Ausstellungen zur Stadtgeschichte befassen sich mit den Themen Geologie sowie Ur- und Frühgeschichte. Krönung der Geologie-Ausstellung ist ein rund 115 Millionen Jahre altes Ichthyosaurier-Skelett, das 1941 in Salzgitter beim Erzbergbau unter Tage entdeckt wurde. Der Zutritt zum Museum ist kostenlos.

Christopher König, Christoph Moning, Christian Wagner, Felix Weiß

Infomaterial/Literatur

Moning C, Weiß F 2010: Vögel beobachten in Norddeutschland. Franckh-Kosmos, Stuttgart.

http://naturerbe.nabu.de/schutzgebiets-steckbriefe/Heerter_See.pdf

Anfahrt

Mit Bahn und Bus

Vom Bahnhof Salzgitter-Lebenstedt fahren etwa stündlich Busse nach Heerte oder Gebhardshagen, von wo aus der Heerter See erreicht werden kann.

Unmittelbar östlich des Gebiets befindet sich der Bahnhof Derneburg mit Anschluss an die Bahnstrecke Hildesheim–Goslar.

Mit dem Auto

Heerte ist von der A 39 über die Abfahrt SZ-Lebenstedt (19) erreichbar, indem man der L 636 folgt. Der Heerter See befindet südlich der Ortschaft. Zugang zur Südseite des Sees erhält man, indem man Heerte auf der L 670 in Richtung Gebhardshagen verlässt und nach 2,8 km der K 21 links nach Lobmachtersen folgt. Nach rund 1 km erreicht man einen Schotterparkplatz am Waldrand, von dem aus ein Stichweg zum See führt.

Die Derneburger Teiche erreicht man von der A 7 über die Abfahrt Derneburg/Salzgitter. Der B 6 in Richtung Hildesheim folgend, biegt man in Astenbeck links auf die K 305 ab und folgt der Beschilderung bis zum Parkplatz am Schloss.

Adressen

NABU Regionalgeschäftsstelle Südostniedersachsen/Harz, Hasenspringweg 15, 38259 Salzgitter-Bad, Tel.: 05341/401359.

Ornithologischer Verein zu Hildesheim e. V., info@ovh-online.de; www.ovh-online.de.

Paul-Feindt-Stiftung, Bernd Galland, Sohnreystr. 6, 31061 Alfeld, Tel.: 05181/3218, info@paul-feindt-stiftung.de; www.paul-feindt-stiftung.de.

GPS		
Parkplatz Heerter See Nord	52°07'13" N	10°23'12" O
Parkplatz Heerter See Süd	52°06'16" N	10°22'49" O
Beobachtungshütte Heerter See (4)	52°07'12" N	10°23'35" O
Parkplatz Schloss Derneburg	52°05'42" N	10°07'55" O

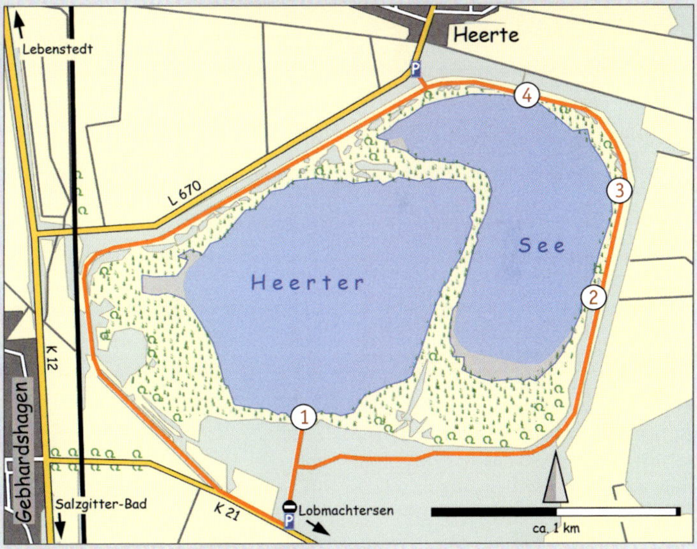

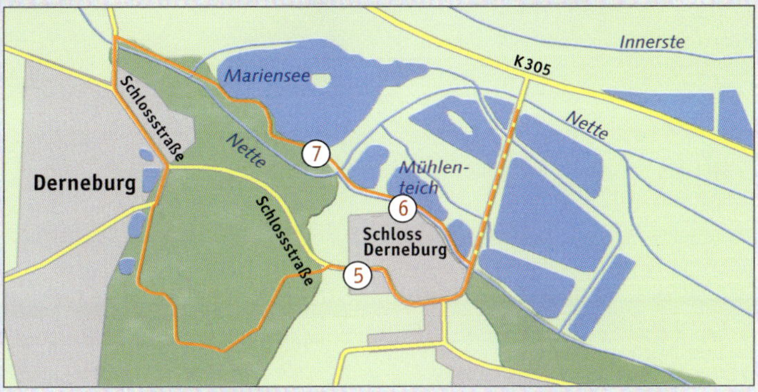

Die Eilenriede wird von alten Baumbeständen geprägt. Foto: F. Weiß. 23.2.2014.

Die Eilenriede

Europas größter Stadtwald

Die Landeshauptstadt Hannover nennt mit der Eilenriede den größten Stadtwald Mitteleuropas ihr Eigen. Die 650 ha große grüne Lunge der Landeshauptstadt ist mit ihrem alten Baumbestand ein optimaler Lebensraum für Mittel- und Schwarzspechte. Zahlreiche Höhlenbrüter nutzen die Spechthöhlen als Nachmieter, darunter eine stabile Population der eingebürgerten Mandarinenten. Zusammen mit dem angrenzenden Maschsee, dem Hermann-Löns-Park und dem ehemaligen Wassergewinnungsgelände in der Ricklinger Masch ergibt sich mitten in der Großstadt eine außerordentliche Vielfalt an Lebensräumen mit einer reichen Brutvogelwelt. Besonders reizvoll ist der Frühlingsaspekt im April und Mai.

Landschaftsgeschichte und Lebensräume

„In universum tamen aut silvis horrida aut paludibus foeda“, als im Ganzen von schrecklichen Wäldern und widerlichen Sümpfen geprägt, beschrieb der Römer Tacitus Mitteleuropa in seinem Werk „Germania“ und man könnte meinen, er hatte den Süden der Stadt Hannover vor Augen, als er dieses Urteil fällte. Die Wahrnehmung hat sich seit Tacitus gewandelt. Sümpfe und Wälder sind gerade in Städten zum unverzichtbaren und allgemein geschätzten Naherholungsraum geworden, und es ist vielerorts das Ziel, sie in ihren ursprünglich wilden Zustand zurückzuführen. Die Eilenriede ist wohl zumindest in ihrem

Sumpfmeisen sind typische Bewohner alter, höhlenreicher Laubwälder. Foto: C. Moning. Murnauer Moos, 28.5.2011.

nördlichen Teil seit dem Mittelalter bewaldet, erstmals erwähnt wird sie im Jahr 1333. Ihre Geschichte verlief sehr wechselvoll. Im 16. Jahrhundert mordete der Räuber Hanebuth in der Eilenriede. Im 17. Jahrhundert war sie durch intensive Beweidung und Holzeinschlag stark aufgelichtet und mit dem heutigen Wald kaum vergleichbar. Zu den Brutvögeln gehörten damals Wiedehopfe und Schreiadler. Die nördliche Eilenriede war vor und nach dem Zweiten Weltkrieg Schauplatz von Motorradrennen mit bis zu 130 000 Zuschauern. Im Zweiten Weltkrieg rissen Bomben große Löcher in die Altholzbestände. Ende des 20. Jahrhunderts wurde insbesondere dank des beharrlichen Einsatzes des BUND und NABU/Hannoverschen Vogelschutzvereins von 1881 ein weitreichender Schutz des Waldes beschlossen. Auf über 10 Prozent der Fläche sind Naturwaldparzellen ausgewiesen, in die forstwirtschaftlich nicht mehr eingegriffen wird. Besonders alte Bäume sind auch außerhalb dieser Flächen von der Nutzung ausgenommen und in einem Teil der südlichen Eilenriede wurde eine Wiedervernässung zur Förderung nasser Eichen-Hainbuchenwälder durchgeführt. Seit 2003 ist der Stadtwald Hannover mit dem Zertifikat des Forest Stewardship Council und mit dem Naturland Zertifikat ausgezeichnet, die beide für nachhaltige Forstwirtschaft vergeben werden. Stieleichen dominieren Hainbuchen und Rotbuchenbestände. Nadelbäume, überwiegend Kiefern auf trockenen Flächen, sind nur kleinräumig vertreten. Im Frühjahr prägt ein Teppich blühender Buschwindröschen, Scharbockskräuter oder Lerchensporne den Waldboden. Der bedeutende Vegetationskundler Heinz Ellenberg schrieb 1971 in einer wissenschaftlichen Abhandlung über das Gebiet: „So naturnah und mannigfaltig wie die Eilenriede ist kein anderes Waldgebiet des mitteleuropäischen Tieflands".

Östlich der Eilenriede schließt sich der 86 ha große Hermann-Löns-Park an, in dem eine idealisierte norddeutsche Landschaft angelegt wurde, mit überwiegend einheimischen Gehölzen und einem sehr naturnahen Charakter. Zwei größere Stillgewässer mit Weidenaufwuchs und Röhrichten an den Ufern prägen den zentralen Teil, Wiesen, Hochstaudenfluren und eingestreute ältere Baumbestände tragen weiter zur Vielfalt des Parks bei.

Der westlich der Eilenriede liegende Maschsee ist die größte Wasserfläche Hannovers. Das 78 ha große, flache Gewässer wurde 1934 künstlich in der Altstädter Masch angelegt. Die Ufer sind komplett eingefasst, sodass sich keine Verlandungszone ausbilden konnte. Für rastende Wasservögel ist das Gewässer zudem aufgrund der Wassersportaktivitäten wenig attraktiv. Erst in den Abendstunden kehrt die Ruhe ein, die die hier übernachtenden Möwen schätzen.

Westlich des Maschsees schließen sich mit dem ehemaligen Wassergewinnungsgelände Ricklingen die Sümpfe aus Tacitus Beschreibung Mitteleuropas an. Die Teiche werden durch die Leine vom Maschsee getrennt. Kleine Wasserflächen mit einer breiten Verlandungszone aus Schilf sowie einer undurchdringlichen Weichholzaue mit Weiden und Pappeln prägen das Bild. Die Wildnis wird nur etwas durch die vom Güterverkehr stark befahrene Eisenbahntrasse am Westrand des Gebietes getrübt.

Besondere Vogelarten und Reisezeit

Eilenriede, Hermann-Löns-Park, Maschsee und Ricklinger Masch beherbergen jeweils sehr unterschiedliche Vogelgemeinschaften. Der alte Baumbestand der Eilenriede bietet Nistmöglichkeiten und Nahrung für mehrere Spechtarten. Neben den sehr häufigen Buntspechten brüten in Beständen mit Eichen und Hainbuchen auch mehrere Mittelspechte. Grünspechte und Schwarzspechte haben recht große Reviere und kommen ebenfalls mit einigen Paaren vor. Von der Bautätigkeit der Spechte profitiert eine ganze Reihe weiterer Höhlenbrüter. Kohl-, Blau- und Sumpfmeisen sowie Kleiber sind häufig, während Hohltauben in wenigen Paaren meist in Dichtezentren des Schwarzspechtes brüten. Eine Besonderheit ist eine Population von Mandarinenten, die ihre Nester ebenfalls in alten Spechthöhlen anlegen. Die zahlreich vertretenen Waldkäuze sind weitere Bewohner von Baumhöhlen und gaben dem Gebiet seinen Namen. Eilenriede leitet sich von Eulenwald ab. Sperber brüten in mehreren Paaren in kleinen Nadelwaldinseln, Habichte brüten nicht alljährlich in ein bis zwei Paaren.

Waldlaubsänger, Grau- und Trauerschnäpper sind in erfreulich großer Zahl Brutvögel in der Eilenriede und im Hermann-Löns-Park. Die Gewässer im Hermann-Löns-Park werden von Graugänsen, Stockenten und Blässhühnern bevölkert, darunter befinden sich meist auch einzelne Mandarinenten. In der

Typische Vogelarten in der Eilenriede, im Hermann-Löns-Park, im Wassergewinnungsgelände Ricklingen und am Maschsee, deren Status und günstige Beobachtungszeit (in Klammern)
h = häufiger, r = regelmäßiger, s = seltener; B = Brutvogel, W = Wintergast

Art	Status (beste Beobachtungszeit)
Mandarinente	rB, rW (ganzjährig)
Habicht	sB (ganzjährig)
Steppenmöwe	sW (Okt.–März)
Mittelmeermöwe	sW (Okt.–März)
Hohltaube	rB (März–Juli)
Waldkauz	rB (ganzjährig)
Eisvogel	rB, rW (ganzjährig)
Mittelspecht	rB (Feb.–April)
Buntspecht	hB (Feb.–April)

Art	Status (beste Beobachtungszeit)
Grünspecht	rB (Feb.–April)
Schwarzspecht	rB (Feb.–April)
Sumpfmeise	hB (ganzjährig)
Weidenmeise	rB (ganzjährig)
Waldlaubsänger	hB (Mai–Juni)
Kleiber	hB (ganzjährig)
Gartenbaumläufer	hB (ganzjährig)
Trauerschnäpper	hB (Mai–Juni)
Nachtigall	rB (Mai–Juni)

halboffenen Landschaft um die Gewässer kommen unter anderem Feldschwirle, Fitisse und Gartenrotschwänze vor.

Der Maschsee ist für rastende Wasservögel relativ unattraktiv. Es sind überwiegend wenig störungsempfindliche Arten wie Blässhühner, Stockenten und Haubentaucher, die auf dem Gewässer rasten. Nach Abklingen des Wassersportbetriebs in den Abendstunden finden sich jedoch teilweise Tausende Möwen zum Schlafen auf der Wasserfläche ein. Ab einer Stunde vor Sonnenuntergang beginnt der Einflug. Neben Lach- und Sturmmöwen finden sich Silbermöwen ein und vereinzelt können seltenere Arten wie Herings-, Mantel-, Mittelmeer- und Steppenmöwen gefunden werden. Die Zahl der übernachtenden Großmöwen hat stark abgenommen, weil seit 2004 die Hausmüllabfälle auf der Mülldeponie in Altwarmbüchen thermisch vorbehandelt werden. Während der Hochphasen des Schlafplatzes wurden im Winter auch so seltene Arten wie Eis- und Polarmöwen entdeckt. Zu den Zugzeiten verirren sich ab und an auch seltenere Wasservögel wie Stern- oder Prachttaucher auf den Maschsee, rasten jedoch meist nur für kurze Zeit.

Die Brutvogelwelt des ehemaligen Wassergewinnungsgeländes Ricklingen ist sehr vielfältig. Wasservögel, Röhrichtbewohner und Arten der Weichholzaue sind gleichermaßen vertreten. In den Verlandungszonen brüten Graugänse, Zwergtaucher, Teichrohrsänger und Wasserrallen. Im Mai und Juni ist der melodische Gesang der Nachtigallen an vielen Stellen zu hören. Vereinzelt wurden auch singende Sprosser festgestellt. Beutelmeisen haben in den letzten Jahren leider wieder stark abgenommen und kommen nur noch vereinzelt in der Aue vor. Pirole halten sich gerne in den hohen Pappeln am Ufer der Leine auf. Eisvögel und Gebirgsstelzen finden sich entlang der Leine, Weidenmeisen zimmern ihre Nisthöhlen in das weiche Holz von Birken und Weiden. Als seltene Gäste treten in manchen Jahren Schlagschwirle auf.

Mandarinenten benötigen Spechte als Zimmerer ihrer Bruthöhlen.
Foto: F. Weiß. Hermann-Löns-Park, 23.2.2014.

Beobachtungsmöglichkeiten

Die richtige Jahreszeit ist gerade für Vogelbeobachtungen in Wäldern ein entscheidender Aspekt. Besonders reizvoll ist es in der Eilenriede im Frühjahr von März bis Mai. Spechte und Meisen balzen im zeitigen Frühjahr intensiv, ab Ende April kommen mit Waldlaubsänger, Grau- und Trauerschnäppern typische Langstreckenzieher in ihre Brutgebiete zurück. Nach Ankunft singen sie für einige Zeit intensiv und sind daher leicht zu finden, bevor sie sich dem eigentlichen Brutgeschäft widmen und dann nur noch äußerst schwer zu entdecken sind. Im Juli und August, wenn das voll entwickelte Laub der Bäume wenig Licht auf den Boden lässt und die Krautschicht hochgewachsen ist, kann die Eilenriede fast vogelleer wirken. Im Gegensatz zur Nennung der besten Jahreszeit bereitet die Angabe konkreter Beobachtungsorte in der Eilenriede Schwierigkeiten. Viele der beschriebenen Arten sind in ihr flächendeckend vertreten, Schwarzspech-

Der Maschsee ist das größte Gewässer der Stadt Hannover und ein bedeutender Möwenschlafplatz in der Region. Foto: F. Weiß. 23.2.2014.

te und Grünspechte bewohnen große Reviere und können unvorhersehbar in allen Bereichen des großen Waldgebietes auftreten. Empfehlenswert ist eine Durchquerung der Eilenriede vom Döhrener Turm (1) im Westen zum Kirchröder Turm im Osten (2). Auf halber Strecke unterquert man dabei den Messe-Schnellweg und die Bemeroder Straße, die das Waldgebiet zerschneiden. Ausgewiesene Naturwaldparzellen liegen im östlichen Teil der Eilenriede (3), interessante Beobachtungen sind jedoch entlang der gesamten Strecke möglich und es empfiehlt sich, die Rufe der genannten Arten gut einzuprägen, insbesondere für die Suche nach Mittel- und Schwarzspechten. Im östlich angrenzenden Hermann-Löns-Park (4) empfiehlt sich eine Umrundung der beiden Teiche, an denen regelmäßig Mandarinenten zu beobachten sind. In den Hochstaudenfluren östlich der Gewässer kommen gelegentlich Feldschwirle vor.

Das ehemalige Wassergewinnungsgelände Ricklingen (5) erschließt sich auf einem abwechslungsreichen Rundweg von einem Parkplatz nördlich des Ricklinger Teichs nach Norden unter der Eisenbahntrasse hindurch. Der Weg stößt auf den Ohedamm, dem man nach rechts folgt und dann zwischen Leine und Wassergewinnungsgelände nach Süden den Rundweg schließt.

Der Maschsee (6) wird fast auf seiner ganzen Uferlänge von Wegen umgeben, die gute Einblicke ermöglichen.

Weitere Freizeitmöglichkeiten

Hannover trägt den Beinamen „Stadt der Gärten" und deren Größe reicht von den teils winzigen Schrebergärten, von denen es nicht weniger als 21 000 gibt, bis zu den großflächigen Herrenhäuser Gärten im Norden der Stadt, unter denen besonders der Große Garten hervorsticht. Er gehört zu den bedeutendsten Barockgärten Europas und ist mit seinen klaren geometrischen Formen ein krasser Gegenentwurf zur wilden Natur der Eilenriede. Die Vogelwelt ist in der Folge weitgehend verarmt und beschränkt sich im Wesentlichen auf Amseln, Grünfinken und Bachstelzen. Die Gärten sind dennoch sehenswert, insbesondere im Frühling und Sommer.

Felix Weiß, Christopher König
Christoph Moning, Christian Wagner

Anfahrt

Mit Bahn und Bus

Vom Hauptbahnhof Hannover erreicht man die Eilenriede, den Hermann-Löns-Park und das Wassergewinnungsgelände mit dem Fahrrad, das aufgrund des weitläufigen Geländes auch vor Ort gute Dienste leistet. Alternativ sind die S-Bahn-Station Hannover-Linden/Fischerhof (Ricklinger Masch, westlich des Kartenausschnitts) und die Straßenbahnhaltestelle Annastift zwischen Hermann-Löns-Park und Eilenriede als Ausgangspunkte zu empfehlen.

Mit dem Auto

Günstiger Ausgangspunkt für eine Wanderung durch das ehemalige Wassergewinnungsgelände Ricklinger Masch ist ein Parkplatz nördlich des Kiessees. Im Randbereich der Eilenriede bestehen zahlreiche Parkmöglichkeiten.

Adressen

Hannoverscher Vogelschutzverein von 1881 e. V. (HVV)
Gruppe Hannover des Naturschutzbundes Deutschland e. V.
www.nabu-hannover.de

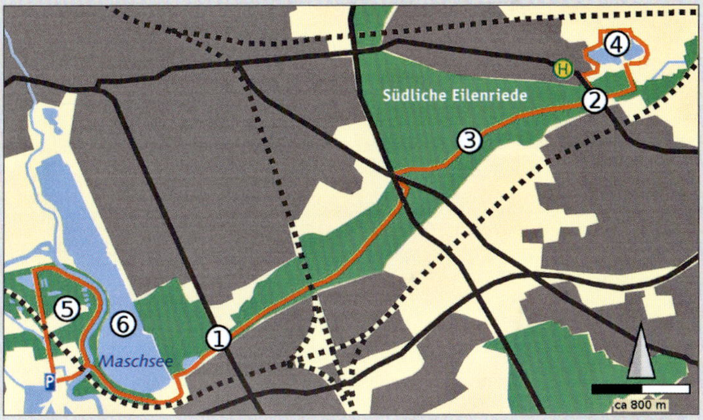

GPS		
Parken Wassergewinnungsgelände Ricklingen	50°20'40,00" N	9°44'24,00" O
Haltestelle Annastift	52°22'10,00" N	9°48'29,00" O

Infomaterial/Literatur

Ellenberg H 1971: Die natürlichen Waldgesellschaften der Eilenriede in ökologischer Sicht. Ber. Naturh. Ges. Hannover 7 121–128.
Wendt D 2006: Die Vögel der Stadt Hannover. Hannover.

Wir danken Markus Fietz für zahlreiche Informationen zum Gebiet und die Durchsicht des Manuskripts.

Die Westseite des Leyhörns ist ein hervorragender Beobachtungsort für Gänse, Enten, Löffler und Limikolen.
Foto: N. Hecker/Nationalparkverwaltung Niedersächsisches Wattenmeer, 12.8.2013

Die Leybucht und die Pütten bei Hauen

Von Naturgewalten erschaffen, durch den Küstenschutz geformt

Der berühmte Pilsumer Leuchtturm und der beliebte ostfriesische Küstenort Greetsiel in der Krummhörn bieten die Kulisse für einen Komplex hochinteressanter Exkursionsziele. Die Leybucht und ihre Umgebung gehören zu den herausragenden Beobachtungsgebieten Deutschlands. Neben der unmittelbaren Lage am Wattenmeer und somit auf einer Achse der wichtigsten Rast- und Zugvogelgebiete Mitteleuropas gelegen, trägt die Lebensraumvielfalt, die von Salzwiesen über Weideflächen bis hin zu verschiedenen Gewässern und Röhrichten reicht, zu einer beachtlichen Artenvielfalt bei. Diese wird durch eine gute Beobachtungsinfrastruktur nahezu hautnah erlebbar. Das Gebiet besticht durch Gänsescharen, Wasservogelvielfalt sowie große Löffleransammlungen und lohnt ganzjährig für einen mindestens eintägigen Besuch.

Landschaftsgeschichte und Lebensräume

Kurz nach Weihnachten im Jahr 838 ziehen dunkle Wolken und stürmische Winde aus Nordwest über Greetsiel. Sie sind Vorboten einer gewaltigen Sturmflut, die zur ersten zuverlässig überlieferten werden und 2500 Menschen in den Tod reißen sollte. Die damit verbundenen immensen Landverluste mündeten in der Entstehung der Leybucht, die nach weiteren Sturmfluten 1374 (Dionysiusflut) und 1376 mit rund 129 km² ihre größte Ausdehnung erreichte. Noch heute ist die Leybucht neben dem Dollart die zweitgrößte Bucht in Ostfriesland.

Die folgenden Jahrhunderte waren durch Landrückgewinnung mittels Poldern geprägt, sodass die Bucht bis 1950 auf ihre jetzige Größe reduziert wurde. Die Geisteshaltung, dem Meer Land abzuringen, mündete 1947 bis 1950 im Bau des Störtebekerdeichs, der den Leybuchtpolder umfasste und die Küstenlinie begradigte. Erst danach bekamen Naturschutzbelange trotz der Sturmfluten von 1962 und 1976 ein ausreichend großes Gewicht, weiteren Eindeichungsplänen Einhalt zu gebieten. Diese Pläne sahen vor, die Leybucht wieder vollständig in Land umzuwandeln.

Als letzter großer und umstrittener Eingriff wurde 1991 das am Westrand der Leybucht gelegene Leyhörn eingedeicht. Hauptgrund war neben der Entwässerung von 35 000 ha Hinterland die starke Verschlickung des Greetsieler Außentiefs, der Zufahrt zum Hafen Greetsiel. Dieser Priel, der durch die Leybucht verlief, musste jährlich für Millionenbeträge ausgebaggert werden. Ebenso musste immer häufiger das Wasser aus dem Binnenland gepumpt werden. Über das Leysiel an der Spitze des Leyhörn ist es nun wieder möglich, bei Ebbe das Binnenwasser abzuführen (sogenanntes Aussielen). Eine Ausbaggerung des Fahrwassers für die Greetsieler Kutter ist nicht mehr nötig.

Im Zuge dieser Maßnahme wurde im Bereich des Greetsieler Nackens ein 360 ha großes Areal eingedeicht. Am seeseitigen Ende entstanden das neue Leysiel sowie eine Schleuse. In diesem eingedeichten Gebiet wurde ein 200 ha großes Speicherbecken ausgehoben, in das das Norder Tief sowie das Alte und Neue Greetsieler Sieltief münden. Sie verleihen dem Bereich des Leyhörns, umrahmt von Deichen, einen durch Brackwasser geprägten Flussmündungscharakter.

Nach der Eindeichung führte die kaum gebremste Sukzession zum deutlichen Rückgang der Brutbestände bei zahlreichen Küstenvögeln und Wiesenlimikolen. Die Bestände von Enten und einzelnen Singvogelarten scheinen von der Entwicklung jedoch zu profitieren.

Ein Teil der Halbinsel Leyhörn wurde im Dezember 1994 als 646 ha großes Naturschutzgebiet Leyhörn ausgewiesen.

Es umfasst die gesamte neu geschaffene Landzunge mit dem darin liegenden Speicherbecken Leyhörn, dem Leyhörner Sieltief und dem Leysiel sowie die Teiche (sogenannte Pütten) bei Hauen. Letztere sind auf einer Fläche von circa 65 ha zuvor landwirtschaftlich genutzter Fläche durch Kleientnahme für den Deichbau entstanden und anschließend vernässt und naturnah gestaltet worden.

Die zum Nationalpark Niedersächsisches Wattenmeer gehörigen Vorländer und Verlandungszonen der Leybucht, die vor allem aus Quellerwatt bestehen, wurden in den 1990er Jahren größtenteils aus der Nutzung genommen. Nur noch rund 160 ha werden heute extensiv beweidet.

Für Weißwangengänse ist die Leybucht einer der wichtigsten Rastplätze Deutschlands. Foto: C. Moning. Niederlande, 3.1.2010.

Besondere Vogelarten und Reisezeit

Die Leybucht und die unmittelbare Umgebung gehören zu den wichtigsten Gänserastgebieten Norddeutschlands. Die Gänsescharen werden von Weißwangengänsen dominiert, die im März und April mit bis zu 30 000 Individuen ihren maximalen Rastbestand erreichen. Unter den bis zu 3500 Ringelgänsen finden aufmerksame Beobachter regelmäßig auch Hellbäuchige und Pazifische Ringelgänse. Mit etwas Glück kann man von Oktober bis März rastende Kurzschnabelgänse auf dem Weg zwischen dem Winterquartier in den Niederlanden und dem Brutgebiet auf Spitzbergen entdecken.

Gründelenten, darunter viele Schnatter-, Spieß- und Löffelenten, beleben im zeitigen Frühjahr die Süß- und Brackwasserbereiche. Letztere werden auch von Mittelsägern bevorzugt. Kornweihen, Wanderfalken und Merline füllen aus dem reichen Vogelleben ihre Fettreserven für den Weiterzug. Besonders eindrücklich lässt sich der konzentrierte Frühjahrszug der Limikolen erleben, wobei die Mischung aus Süß-, Brack- und Salzwasser zu einer anregenden Mischung aus Wasser- und Strandläufern führt. So lassen sich im März und April oft Hunderte Uferschnepfen und im Mai einzelne Temminckstrandläufer in den Pütten bei Hauen finden. Im April und Mai erreicht der Durchzug der Zwergmöwen sowie der Trauer-, Fluss- und Küstenseeschwalben sein Maximum. Der Singvogelzug ist an der Leybucht zuweilen recht lebhaft.

Die folgenden Sommermonate sind durch eine reiche Brutvogelwelt charakterisiert, zu der Brandgänse, Knäk-, Löffel- und Reiherenten, Wiesen- und Rohrweihen, Wasserrallen, Austernfischer, Kiebitze, Sandregenpfeifer, Uferschnepfen, Lachmöwen, Flussseeschwalben und Bartmeisen zählen. Rotschenkel, Schilfrohrsänger, Blaukehlchen, Wiesenpieper und Wiesenschafstelzen sind Charaktervögel des Gebietes und tragen zur eindrucksvollen Geräuschkulisse bei.

Für Löffler ist die Leybuch außerhalb der Brutzeit der wichtigste Rastplatz in Deutschland. Besonders von März bis Oktober mit einem Maximum im Juli und August kann man mit den eleganten Vögeln rechnen. Im Juli beleben oft Hunderte Uferschnepfen die Pütten bei Hauen. Seltener finden sich Seeregenpfeifer, Zwerg- und Brandseeschwalben in der Leybucht ein.

Auf dem Herbstzug dominieren wieder Gänse das Bild, wobei Brandgänse im Oktober und November mit bis zu 13 000 Individuen beeindrucken. Daneben verweilen Gründelenten, Greifvögel, Limikolen, Seeschwalben zum Teil in großer Zahl im Gebiet. Auch der herbstliche Singvogelzug beeindruckt den Beobachter.

Wird es sonst vielerorts ruhig im Winter, lockt die Leybucht mit zahlreichen Ringel- und Weißwangengänsen sowie Pfeifenten. Aber auch Mit-

Typische Vogelarten an der Leybucht und Umgebung, deren Status und günstige Beobachtungszeit (in Klammern).
h = häufiger, r = regelmäßiger, s = seltener; B = Brutvogel, W = Wintergast, D = Durchzügler, N = Nahrungsgast

Art	Status (beste Beobachtungszeit)
Ringelgans	hW, hD (Okt.–Mai)
Weißwangengans	hW, hD (Okt.–Mai)
Brandgans	rB, hW, hD, hN (ganzjährig)
Pfeifente	hW, hD (Okt.–April)
Spießente	rW, hD (Okt.–April)
Mittelsäger	rW, rD, hN (Sept.–April)
Löffler	sB, hD, hN (April–Sept.)
Kornweihe	rW (Okt.–April)
Wiesenweihe	rB, rD (Mai–Aug.)
Rohrweihe	hB, hD (April–Sept.)
Raufußbussard	rW, rD (Okt.–März)

Art	Status (beste Beobachtungszeit)
Säbelschnäbler	rB, sW, hD, hN (April–Nov.)
Goldregenpfeifer	rW, hD (Aug.–Mai)
Uferschnepfe	hB, hD, hN (März–Sept.)
Rotschenkel	hB, rW, hD, hN (ganzjährig)
Temminckstrandläufer	rD (Mai, Juli/Aug.)
Zwergmöwe	rD (April/Mai, Okt.)
Trauerseeschwalbe	rD (April/Mai, Aug./Sept.)
Flussseeschwalbe	rB, hD, hN (April–Sept.)
Ohrenlerche	rW, rD (Okt.–März)
Bartmeise	rB, rD (ganzjährig)
Schilfrohrsänger	hB, rD (April–Aug.)

Die Leybucht gehört in Deutschland zu den besten Beobachtungsgebieten für Löffler.

Foto: C. Moning. Hortobagy, Ungarn, 13.6.2010.

tel- und Zwergsäger, Rohrdommeln, Kornweihen, Merline, Wanderfalken, Limikolen, Sumpfohreulen, Strandpieper, Berghänflinge und Schneeammern zieren regelmäßig die winterlichen Tageslisten. Ohrenlerchen suchen im Winter die Spülsäume der Salzwiesen nach Fressbarem ab und wechseln im März und April auf die sandigen Spülflächen im Leyhörn.

Die Leybucht weist ein hohes Potenzial für seltene Vogelarten auf. So werden alljährlich seltene Gänse wie Rothalsgänse entdeckt. Aber auch die Enten, Reiher, Limikolen und Seeschwalben sind seltenheitenträchtige Artengruppen, die eines genauen Blickes gewürdigt werden sollten. So rasten beispielsweise Uferschnepfen der Unterart *islandica* im März und April mit großer Regelmäßigkeit.

Beobachtungsmöglichkeiten

Das Nationalpark-Haus (1) in Greetsiel mit seiner umfangreichen Ausstellung bietet einen ersten informativen Anlaufpunkt. Nordöstlich davon lassen sich im Winterhalbjahr oft Ringelgänse beobachten.

Um an die Pütten bei Hauen zu gelangen, fährt man von Greetsiel nach Westen und folgt in Höhe Hauen der Ausschilderung Richtung „Schleuse Leysiel" und dann weiter Richtung „Pilsumer Leuchtturm". Kurz darauf tauchen rechts schilfdurchsetzte Wiesen mit flachen Gewässern auf. Schon von der Straße kann man aus kürzester Distanz schöne Beobachtungen machen. Rund einen Kilometer nachdem man die Verbindungsstraße zwischen Greetsiel und Pilsum verlassen hat, gelangt man an einen barrierefreien Beobachtungsstand auf der rechten Seite (2). Bei günstigem (niedrigem) Wasserstand lassen sich hier Limikolen in großer Vielfalt beobachten. Auch die Ackerflächen auf der Westseite sind im Frühjahr und Herbst einen Blick wert. Dann halten sich hier oft Sandregenpfeifer, Säbelschnäbler, Goldregenpfeifer, Kampfläufer und gelegentlich auch Seeregenpfeifer auf. Kurz hinter (2) erreicht man am Deich einen kostenpflichtigen Parkplatz. Ab hier kommt man nur zu Fuß oder mit dem Fahrrad weiter. Vom Deich hinter dem Parkplatz ist eine Salzwiese mit Blänken einzusehen (3), in der vor allem im Frühjahr Ringel- und Weißwangengänse, aber auch verschiedene Entenarten rasten. Im Winter suchen Ohrenlerchen am Deichfuß unauffällig nach Nahrung.

Dem Deichverlauf nach Osten folgend, kann man weitere Beobachtungen auf beiden Seiten des Deiches machen. Direkt östlich von (4) liegen zwei kleine Pütten, an denen regelmäßig verschiedene Wasserläufer rasten. Bei niedrigem Wasserstand gesellen sich Temminck-, Zwerg- und Sichelstrandläufer hinzu. Über den binnendeichs gelegenen Weg Richtung Greetsiel gelangt man 900 m nach dem Parkplatz an einen kurzen Stichweg, der nach rechts zu einer weiteren Beobachtungshütte (5) führt. Hier halten sich oft besonders viele Löffler auf. Bartmeisen und Blaukehlchen sind oft direkt vor der Beobachtungshütte zu entdecken.

Für Beobachtungen auf der Halbinsel Leyhörn überquert man rund 300 m östlich des Parkplatzes den Deich nach Norden. Auf der ersten Wiese (4) halten sich im Frühjahr häufig Uferschnepfen und Kampfläufer sowie Ringel- und Weißwangengänse auf. In dem Schilfstreifen am Deichfuß lassen im Frühjahr Blaukehlchen ihr abwechslungsreiches Lied erklingen. Bei (6) rasten bei auflaufendem Wasser, also 1,5 bis 2 Stunden vor Hochwasser viele Limikolen, insbesondere bis zu Tausende Große Brachvögel, Austernfischer, Säbelschnäbler und Brandgänse. Bei auflaufendem Wasser kann man von hier sehr gut Strandläufer bei der Nahrungssuche beobachten. Die Vögel kommen langsam auf den Beobachter zu, darunter regelmäßig Alpenstrandläufer, Zwergstrandläufer, Knutts, Sichelstrandläufer, Kiebitzregenpfeifer und Pfuhlschnepfen.

Auf dem weiteren rund 4 km langen Fußweg bis zur Schleuse Leysiel kann man von Oktober bis März mit dem Spektiv bei (7) viele Wasservögel beobachten. Auf den Grünlandflächen mit ihren flachen Blänken rasten viele Weißwangen-, in geringerer Zahl auch Bläss- und Graugänse. Schnatter-, Löffel-, Krick- und Pfeifenten sind oft individuenstark vertreten. Neben der Kornweihe erscheinen regelmäßig Wanderfalken und Merline in diesem Bereich. Im Herbst rasten hier bis zu 10 000 Goldregenpfeifer mit Kiebitzen auf den feuchten Grünlandflächen. Im Sommer werden diese Flächen im Sinne des Naturschutzes beweidet.

Bei (8) passiert man ehemalige Spülflächen, auf denen regelmäßig Weißwangengänse weiden. Zu den Zugzeiten blinken die weißen Bürzel der Steinschmätzer von Zaunpfosten zu Zaunpfosten. Auch Wiesenweihen jagen gerne in diesem Bereich. Im Hauptbecken des Leyhörns (8) liegen Inseln, auf denen im Sommerhalbjahr stets Löffler rasten. Mit einem Spektiv lassen sich auf der großen Wasserfläche Enten und Gänse aller Art identifizieren. Seeregenpfeifer und Zwergseeschwalben sind im Sommer am ehesten im Sandwatt an der Nordwestspitze der Halbinsel Leyhörn zu erwarten. Direkt an der Schleuse (9)

Infomaterial/Literatur

Dierschke J, Lottmann R, Potel P 2008: Vögel beobachten im Nationalpark Niedersächsisches Wattenmeer. Nationalparkverwaltung Niedersächsisches Wattenmeer.

Moning C, Weiß F 2007: Vögel beobachten in Norddeutschland, Die besten Beobachtungsgebiete zwischen Sylt und Niederrhein. Franckh-Kosmos, Stuttgart.

Ornithologische Vereinigung Ostfriesland (OVO): Vogelkundliche Jahresberichte aus Ostfriesland, 2003-2005. Norden.

Wir danken Jochen Dierschke, Eberhard Giese, Torsten Penkert, Petra Potel und Gundolf Reichert für die Durchsicht des Artikels.

finden sich zu den Zugzeiten viele Ringel- und Weißwangengänse ein. Von hier hat man einen weiteren Blick in das große Speicherbecken. Die Büsche an der Schleuse sind zu den Zugzeiten beliebte Rastplätze von Nachtziehern. Beobachter müssen hier besonders auf die Privatsphäre der Bewohner achten. Ab hier ist der Weg in östlicher Richtung aus Schutzgründen gesperrt.

Der Buscher Heller im Nordosten der Leybucht ist eines der bedeutendsten Rastgebiete für Weißwangengänse in Deutschland. Von Süden kommend befindet sich direkt nach Überquerung des Leybuchtsiels auf der linken Straßenseite ein kleiner Parkplatz. Hier lässt sich vom Deich aus in der Dämmerung der beeindruckende Schlafplatzflug dieser Gänse bewundern. Der Fußweg entlang des Deiches zwischen (10) und (11) bietet hervorragende Beobachtungsbedingungen, sowohl für die vielen rastenden Gänse als auch für brütende Säbelschnäbler, Kiebitze, Rotschenkel und Uferschnepfen sowie Goldregenpfeifer zu den Zugzeiten.

Am Nordrand des Vorlandes bei Utlandshörn (12) befindet sich ein Hochwasserrastplatz, an dem sich Ringel- und Weißwangengänse, Pfeif- und Spießenten, Austernfischer, Säbelschnäbler, Alpenstrandläufer, Große Brachvögel und verschiedene Möwenarten gut beobachten lassen.

Anfahrt

Mit Bahn und Bus

Am besten erreicht man Greetsiel von der Stadt Norden aus mit dem Bus.

Mit dem Auto

Von Süden fährt man über die A 31 nach Emden und von dort über Hinte und Eilsum nach Greetsiel. Von Osten fährt man über Aurich über die B 72 in Richtung Norden und in Höhe Upgant-Schott nach Westen Richtung Greetsiel.

Adressen

Nationalpark-Haus Greetsiel, Schatthauser Weg 6, 26736 Greetsiel, Tel.: 04926/2041, nationalparkhaus@greetsiel.de; www.nationalparkhaus-wattenmeer.de/nationalpark-haus-greetsiel

NABU Ostfriesland, Forlitzer Straße 121, 26624 Wiegboldsbur, Tel.: 04942/990394 oder -990149, info@nabu-woldenhof.de; www.nabu-ostfriesland.de

Einen Gezeitenkalender findet man unter www.bsh.de/de/Meeresdaten/Vorhersagen/Gezeiten/index.jsp

GPS		
Parkplatz Leuchtturm Pilsum	53°30'03" N	7°03'04" O
Parkplatz nahe Nationalpark-Haus Greetsiel	53°29'56" N	7°05'55" O
Parkplatz am Leybuchtsiel	53°32'34" N	7°08'32" O

Weitere Freizeitmöglichkeiten

Die nächstgelegenen ornithologisch herausragenden Gebiete sind die Muschelschillbank am Campener Leuchtturm sowie die ostfriesischen Inseln Borkum, Juist und Norderney, der Dollart mit dem angrenzenden Rheiderland sowie der Küstenbereich zwischen Norden und Esens mit den besonders interessanten Bereichen Norddeich, Finkenheller, Hilgenriedersiel bis Neßmersiel sowie Westeraccumersiel und Dornumersiel.

Christoph Moning, Christopher König, Christian Wagner, Felix Weiß

Langeoog bietet zu allen Jahreszeiten gute Beobachtungsmöglichkeiten typischer Küstenvogelarten. Foto: C. König. Langeoog, 5.10.2013.

Die Insel Langeoog

Ein Wiedersehen mit Löfflern, Kornweihen und Sumpfohreulen

Im UNESCO-Weltnaturerbe Nationalpark Niedersächsisches Wattenmeer liegt zwischen den Ostfriesischen Inseln Baltrum und Spiekeroog die Insel Langeoog. Zu den interessantesten Brutvögeln der rund 20 km² großen Insel gehören zweifellos Löffler, Kornweihen und Sumpfohreulen. Langeoog bietet aber zu allen Zeiten interessante Beobachtungsmöglichkeiten, die auch einen längeren Aufenthalt lohnenswert machen.

Sumpfohreulen brüten in den ausgedehnten Dünenlandschaften Langeoogs und lassen sich zur Brutzeit regelmäßig tagsüber bei der Jagd beobachten.
Foto: E. Lietzow. Ochsenmoor, Dümmer, 8.4.2013.

Landschaftsgeschichte und Lebensräume

Anders als die Nordfriesischen Inseln, waren die Ostfriesischen Inseln nie mit dem Festland verbunden. Sie gingen stattdessen erst nach dem Ende der Eiszeiten aus Sandbänken hervor, die sich im Laufe der Jahre durch Strömungen und Wind ablagerten. Nachdem sie so hoch waren, dass sie auch bei Flut nicht länger überschwemmt wurden, boten sie hervorragende Bedingungen für diverse Pionierpflanzen, welche die Sande mit ihren Wurzeln festigten. Dies wiederum ermöglichte die Bildung von Dünen und das weitere Wachstum der Insel. Vom Entwicklungsstadium periodisch überfluteter Sandplaten hat sich Langeoog so über hochwasserfreie Strandwälle bis zum Endstadium einer Dünen tragenden Insel entwickelt.

Die erste urkundliche Erwähnung der Insel Langeoog stammt bereits aus dem Jahr 1398. Freigelegte Spuren deuten sogar auf eine Besiedlung im 13. und 14. Jahrhundert hin. Als Tor zur Nordsee war und ist die Insel ständig den Naturgewalten ausgesetzt. Nachdem schon zum Ende des 17. Jahrhunderts das einzige Dorf der Insel mehrfach infolge Sandflugs verlagert werden musste, riss 1717 eine große Weihnachtsflut die Insel vorübergehend in zwei Teile. Nach einer weiteren schweren Sturmflut 1721 wurde die Insel schließlich komplett verlassen und erst zwölf Jahre später wieder dauerhaft besiedelt. Ihre Bewohner lebten damals vor allem von Fischfang und Viehwirtschaft sowie dem Verkauf von Muschelschill zur Kalkherstellung. Während der lokale Fischfang durch die Konkurrenz der aufkommenden Schleppnetzfischerei um 1825 fast vollständig eingestellt wurde, begann mit der Einrichtung einer regelmäßigen Fährverbindung zum Festland und den ersten Badegästen in den folgenden Jahren die touristische Entwicklung. Mit den Einnahmen aus dem Tourismus ließen sich um 1892 die von Sturmfluten gezeichneten Deich-

Vor allem im Frühjahr und Herbst findet man auf Langeoog Ringelgänse. Unter den zahlreichen Dunkelbäuchigen Ringelgänsen werden dabei hin und wieder auch die selteneren Hellbäuchigen und Pazifischen Ringelgänse entdeckt.

Foto: E. Lietzow. Neuwerk, 3.5.2014.

anlagen wieder instand setzen. Dennoch versalzte eine schwere Sturmflut zu Beginn des 20. Jahrhunderts einen Großteil der Brunnen, sodass die Insulaner zum Bau eines heute als Aussichtsplattform genutzten Wasserturms gezwungen waren. Nachdem 1929 der erste Flugplatz errichtet wurde, sollte Langeoog im Zweiten Weltkrieg zu einer Luftwaffenbasis der Wehrmacht ausgebaut werden, die jedoch nie fertiggestellt wurde. Die ehemalige Start- und Landebahn wird heute als Wander- und Radweg genutzt, das übrige Flugfeld wurde bepflanzt und bildet heute das ausgedehnte Inselwäldchen. Nach dem Krieg erhielt die Insel 1949 die staatliche Anerkennung als Nordseeheilbad, durch den Ausbau eines tideunabhängigen Hafens wurde die Erreichbarkeit entscheidend verbessert.

Landschaftlich zeichnet sich die lang gezogene Insel durch einen etwa 14 Kilometer langen Sandstrand aus, dem sich eine Dünenlandschaft mit bis zu 20 Meter hohen Dünen anschließt. Langeoog ist heute die einzige bewohnte ostfriesische Insel ohne seeseitige Küstenbauwerke. Im Südwesten der Insel befindet sich mit dem Flinthörn ein ausgeprägtes Anlandungsgebiet aus Salzwiesen und Dünen, das bereits seit 1963 unter Naturschutz steht und entlang eines Naturlehrpfads erkundet werden kann. Östlich an den Inselort im Nordwesten von Langeoog schließen sich das sogenannte Meedland und durch den südöstlich verlaufenden Seedeich begrenzte Binnenweiden an, die sowohl zur Brut- als auch Zugzeit Lebensraum zahlreicher Wiesenvögel sind. Durch die Entnahme von Sand für den Küstenschutz entstand in diesem Bereich 1971 der bis zu 12 Meter tiefe Schloppsee. Südlich davon wurde in den 1930er Jahren zum Schutz der Viehweiden vor Sturmfluten ein 218 Hektar großer Sommerpolder eingedeicht. Dieser wurde von 2002 bis 2005 als Ausgleichsmaßnahme für Umweltschäden, die durch die Verlegung einer Erdgasleitung entstanden sind, renaturiert, sodass sich mittlerweile wieder der ursprüngliche Gebietscharakter mit einer engen Verzahnung verschiedener Salzwiesentypen und den Übergängen vom Watt bis zu den Dünen ausbilden konnte.

Östlich des Schloppsees schließen sich ein Dreebargen genanntes Gebiet und die Melkhörndünen an. Letztere verdanken ihren Namen der ehemaligen Meierei, in der bis 1952 die Kühe der Insel gemolken wurden. Im Dreebargen liegt mit seinen Möwenkolonien das seit 1875 existierende und somit älteste Naturschutzgebiet Langeoogs. Schutzgrund war ursprünglich der Dünenschutz, da man sich durch den Nährstoffeintrag durch den Vogelkot einen schnelleren Bewuchs und damit eine Festigung der Dünen erhoffte.

Das Ostende der Insel wird als Osterhook, „östliche Höhe“, bezeichnet. Nicht nur aufgrund seiner Bedeutung als Brutgebiet für Seevögel und Liege-

Typische Vogelarten der Insel Langeoog, deren Status und günstige Beobachtungszeit (in Klammern)
h = häufiger, r = regelmäßiger, s = seltener; B = Brutvogel, W = Wintergast, D = Durchzügler, N = Nahrungsgast

Art	**Status (beste Beobachtungszeit)**
Weißwangengans	hD, rW (Okt.–Mai)
Graugans	hB, hD, rW (ganzjährig)
Dunkelbäuchige Ringelgans	hD, sW (Okt.–Mai)
Brandgans	hB, hD, hW (ganzjährig)
Eiderente	rB, hD, hW (ganzjährig)
Löffler	rB (April–Sept.)
Kornweihe	sB, rD, sW (ganzjährig)
Rohrweihe	rB (April–Sept.)
Alpenstrandläufer	hD, hW (ganzjährig)
Austernfischer	hB, hD, hW (ganzjährig)
Sandregenpfeifer	sB, hD (März–Sept.)
Rotschenkel	hB, hD, rW (ganzjährig)
Großer Brachvogel	rB, hD, hW (ganzjährig)
Steinwälzer	rD, sW (ganzjährig)

Art	**Status (beste Beobachtungszeit)**
Uferschnepfe	rB (April–Juni)
Grünschenkel	hD (April/Mai, Juli–Sept.)
Pfuhlschnepfe	hD (April/Mai, Juli–Sept.)
Knutt	hD, rW (März–Mai, Juli–Okt.)
Säbelschnäbler	rB, rD (März–Okt.)
Goldregenpfeifer	hD, sW (Sept.–April)
Kiebitz	hB, hD, rW (ganzjährig)
Heringsmöwe	hB, hN, hD (April–Sept.)
Silbermöwe	hB, hN, hD, hW (ganzjährig)
Lachmöwe	hB, hD, hW (ganzjährig)
Schwarzkopfmöwe	sB (April–Sept.)
Hohltaube	rB (März–Okt.)
Sumpfohreule	rB, D (April–Juli)
Berghänfling	rW (Okt.–März)
Schneeammer	rW (Okt.–März)

platz für Seehunde, sondern vor allem auch wegen seines bedeutenden Hochwasserrastplatzes gehört das Osterhook zum Pflichtprogramm bei einem Besuch der Insel.

Als Folge der Ausbreitung entlang der deutschen Nordseeküste brüten Löffler seit 2008 auch auf Langeoog. Die dunklen Flügelspitzen weisen den abgebildeten Vogel als vorjähriges Tier aus.
Foto: E. Lietzow. Neuwerk, 4.5.2014.

Besondere Vogelarten und Reisezeit

Nur noch ausnahmsweise brüten Kornweihen und Sumpfohreulen am Festland. Auf den Ostfriesischen Inseln haben sie hingegen deutschlandweit einen ihrer letzten Rückzugsräume gefunden. Mehrere Kornweihenpaare brüten im feuchten Randgebiet des Inselwäldchens sowie in den Dünentälern im Ostteil der Insel. Leider wird hier – wie auch auf anderen Ostfriesischen Inseln – seit einigen Jahren ein negativer Bestandstrend festgestellt. Laufende Forschungsprojekte sollen die Gründe des Rückgangs feststellen. Auch Sumpfohreulen sind auf Langeoog auf wenige Brutpaare beschränkt, die in den ausgedehnten Dünengebieten brüten. Ihr Bestand ist jedoch auf niedrigem Niveau weitgehend stabil. Ebenfalls in den Dünen brüten Brandgänse, die besonders zahlreich außerhalb der Brutzeit im Watt und auf den Salzwiesen zu beobachten sind. Hohltauben nutzen verlassene Kaninchenbaue und Erdlöcher in den Dünen, bewohnen darüber hinaus aber auch Baumhöhlen im Inselwäldchen.

Mit bis zu 22 000 Silbermöwenpaaren in den 1930er Jahren war die Möwenkolonie auf Langeoog zeitweise die größte Deutschlands. Nach Verfolgung der Art in den 1950er Jahren und einem Bestandsrückgang brüten aktuell nur noch rund 1500 Paare der Silbermöwe auf der Insel. Es dominieren Heringsmöwen mit über 5000 Brutpaaren, zu denen sich brütende Lachmöwen sowie seit 2006 zunehmend auch Schwarzkopfmöwen gesellen. Die ehemals große Möwenkolonie in den Ostdünen ist heute vom Flinthörn bis zum Osterhook über mehrere Kilometer in viele kleine Kolonien zerteilt.

Abseits der Möwenkolonien herrscht besonders im ehemaligen Sommerpolder zur Brutzeit reges Treiben. Eine Besonderheit stellen hier die erst seit 2008 auf Langeoog brütenden Löffler dar. Nachdem die Art schon seit zumindest dem 16. Jahrhundert in den Niederlanden brütet, kam es in den 1990er Jahren auch an der deutschen Küste zu ersten Ansiedlungen und in der Folge zu einem raschen Anwachsen des Brutbestandes. Bis zu 26 Paare brüten in zwei Kolonien. Weitere Brutvögel im Sommerpolder sind Uferschnepfen, Rotschenkel und Kiebitze. Auf störungsarme Sandbereiche sind Sandregenpfeifer angewiesen, die nur noch am Flinthörn brüten. Seeregenpfeifer und Zwergseeschwalben sind als Brutvögel hingegen leider verschwunden.

Während der Zugzeiten rasten riesige Watvogelschwärme am Südwest- und Ostende der Insel. Diese sind insbesondere am Flinthörn mitunter aus sehr geringer Entfernung zu beobachten. Austernfischer, Alpenstrandläufer, Sandregenpfeifer und Knutts bilden hier die Masse der Vögel. Lohnenswert können auch das Hafenbecken bei Niedrigwasser oder ein Blick vom Hafen ins Flinthörnwatt bei etwa halber Tide sein. Dort tummeln sich dann vor allem Rotschenkel, Säbelschnäbler, Steinwälzer und Pfuhlschnepfen. Auf den Wiesen dominieren abseits der Brutsaison Große Brachvögel, Goldregenpfeifer, Weißwangengänse und Dunkelbäuchige Ringelgänse. Darunter mischen sich regelmäßig auch Hellbäuchige und Pazifische Ringelgänse.

Der Winter ist eine verhältnismäßig ruhige Zeit auf Langeoog, doch lassen sich auch zu dieser Zeit schöne Beobachtungen machen. Regelmäßig sind dann Berghänflinge und Schneeammern bei der Nahrungssuche zu beobachten.

Beobachtungsmöglichkeiten

Besonders empfehlenswert ist der Besuch des Naturlehrpfads durch das Flinthörn. Dieser startet am Nordwestende des Naturschutzgebiets (1) und führt durch verschiedene Stadien der Inselentwicklung und nach rund 1,5 Kilometern zu einer vorbildlich positionierten Beobachtungsplattform (2). Neben Alpenstrandläufern und Pfuhlschnepfen kann man von hier zur Brutzeit mit etwas Glück auch die letzten brütenden Sandregenpfeifer Langeoogs entdecken. Im Herbst ist die Plattform auch für die Beobachtung des Tagzugs der Singvögel empfehlenswert. Am

Besonders am Flinthörn im Südwesten der Insel können große Trupps von Limikolen oft aus ungewöhnlich geringer Entfernung beobachtet werden.
Foto: J. Weinbecker.

Strand entlang führt der Lehrpfad bis zum Ausgangspunkt zurück. Aufgrund der empfindlichen Brutvogelwelt ist der Verlauf der ausgepflockten Wege unbedingt zu beachten. Ornithologisch interessant ist auch die Umgebung des Hafens von Langeoog (3). Während sich im Hafenbecken bei Niedrigwasser Limikolen bei der Nahrungssuche beobachten lassen, bildet ein großer Gebüschkomplex westlich des Hafens interessante Rasthabitate für ziehende Singvögel. Das ausgedehnte Inselwäldchen (4) beherbergt typische Waldvogelarten. Hervorzuheben sind die in der Abenddämmerung balzenden Waldschnepfen.

Östlich der Ortschaft können auf den Binnenweiden südöstlich des Meedlandes vom Radweg aus brütende Uferschnepfen beobachtet werden (5). Folgt man dem Weg weiter in Richtung Osten, passiert man den Schloppsee (6). Neben Gründelenten lassen sich hier vor allem Graugänse sowie stets einige Watvögel beobachten. Erst seit 1999 auf Langeoog brütend, beläuft sich der Graugansbestand heute bereits auf mehr als 200 Brutpaare. Weiter dem Weg folgend gelangt man zur etwa 20 Meter hohen Aussichtsdüne des Melkhörn (7). Von dieser hat man einen hervorragenden Überblick über die verschiedenen Dünenzonen von Langeoog und kann auf jagende Rohr- und Kornweihen sowie Sumpfohreulen hoffen. In den Vorländern rasten zu den Zugzeiten bis zu 600 Ringelgänse. Zwischen den Dünen im Norden und den Salzwiesen des ehemaligen Sommerpolders führt der Weg weiter, vorbei an der Vogelwärterhütte bis zur als Ausflugslokal genutzten alten Meierei (8). Rund 10 Kilometer östlich des Ortes erreicht man schließlich den Naturlehrpfad Osterhook (9). Von einer Plattform aus lassen sich verschiedene Limikolenarten studieren. Die besten Beobachtungsbedingungen ergeben sich ein bis zwei Stunden nach Hochwasser.

Christopher König, Christoph Moning, Christian Wagner, Felix Weiß

Infomaterial/Literatur

Dierschke J, Lottmann R, Potel P 2008: Vögel beobachten im Nationalpark Niedersächsisches Wattenmeer. Verlag der Heinrichshofen-Bücher, Wilhelmshaven.

Wir danken Jan Weinbecker für die Hilfe bei diesem Beitrag.

Anfahrt

Mit Bahn und Bus

Mit der Bahn erreicht man den Fähranleger in Bensersiel, den Ausgangspunkt für die Überfahrt zur Insel. Von Bremen aus gibt es eine direkte Busverbindung („Ostfriesland-Express") bis nach Bensersiel. Die Fährverbindung nach Langeoog verkehrt regelmäßig, bis zu achtmal täglich. Die Fahrtzeit nach Langeoog beträgt etwa eine Stunde (Schiff, dann Inselbahn vom Hafen bis in den Ort).

Mit dem Auto

Von der A 29, Autobahnkreuz Wilhelmshaven, Abfahrt Jever/Wittmund/Ostfriesische Inseln, ist der Weg bis zum Anleger in Bensersiel gut ausgeschildert. Langeoog ist eine autofreie Insel. In der Nähe des Anlegers sind kostenpflichtige, bewachte Parkplätze und Garagen vorhanden.

Auf der Insel bewegt man sich zu Fuß oder mit dem Fahrrad.

Adressen

Regenpfeifer Touren bietet regelmäßig öffentliche Lichtbildvorträge und Beobachtungstouren sowie spezielle Angebote für Kinder an.
Kontakt: Birte Weinbecker, Langeoog, Tel.: 04972/682588,
regen.pfeifer@gmx.de; www.regenpfeifertouren.de

GPS		
Beobachtungsplattform Flinthörn	53°43'35" N	7°28'7" O
Aussichtsdüne Melkhörn	53°45'10" N	7°32'9" O
Beobachtungsplattform Osterhook	53°44'56" N	7°37'40" O

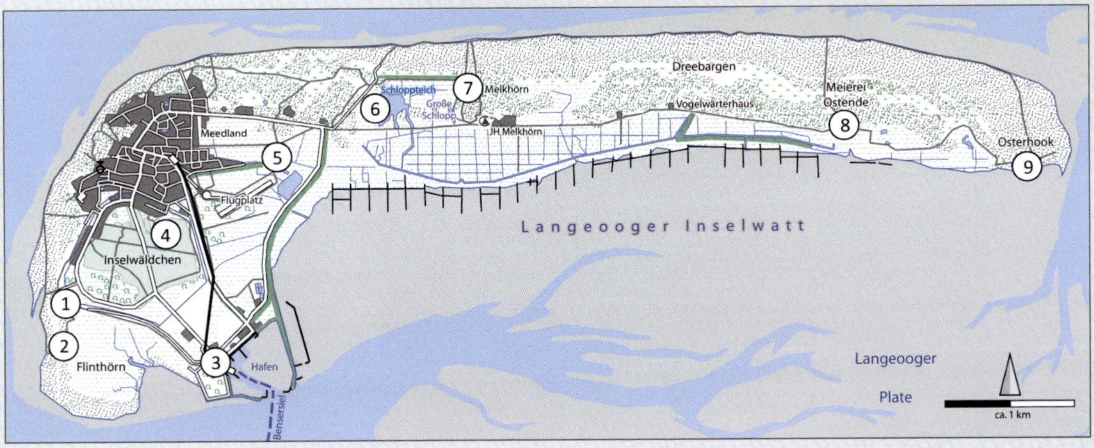

Im Bereich der Ostemündung bestehen gute Bedingungen verschiedene Limikolenarten zu beobachten. Foto: G.-M. Heinze. 31.5.2012.

Die Unterelbe bei Nordkehdingen

Uferschnepfen und Weißwangengänse in maritimer Umgebung

Über rund 50 km erstrecken sich in den Landkreisen Cuxhaven und Stade in Niedersachsen die Marschen des EU-Vogelschutzgebietes Unterelbe. Das knapp 17 000 ha umfassende Gebiet gehört zu den wichtigsten Brut- und Rastgebieten für Wiesen-, Wat- und Wasservögel in ganz Deutschland und zeichnet sich durch das Nebeneinander aus weitem, störungsarmen Marschengrünland mit nahrungsreichen Wattflächen aus. Rund 160 Vogelarten können regelmäßig beobachtet werden, etwa die Hälfte davon brütet auch im Gebiet. Andernorts selten gewordene Brutvogelarten sowie Zigtausende Durchzügler und Wintergäste lohnen ganzjährig einen Besuch im Mündungsbereich der Elbe in die Nordsee. Das Gebiet ist durch zahlreiche Wege und mehrere Aussichtstürme gut erschlossen.

Landschaftsgeschichte und Lebensräume

Vor den Eindeichungen konnte die Dynamik von Ebbe und Flut durch Priele und Gräben weit in die offene Marschlandschaft Nordkehdingens eindringen. Sturmfluten überschwemmten viele Tausend Hektar Land und verteilten fruchtbaren Schlick über die Marschen. Feuchte Grünlandflächen boten ideale Bedingungen für Wiesenbrüter und entlang der Flussufer und Priele zogen Röhrichtbrüter und Entenvögel ihre Jungen groß. Erst mit der frühen Eisenzeit um 700 v. Chr. begann die Besiedlung der schwer zugänglichen Marschen. Sturmflutsicher und damit dauerhaft bewohnbar wurde das Land dann durch den Bau von Deichen, die an der Unterelbe ab circa 1200 n. Chr. im Zuge der Kolonisation durch holländische Siedler entstanden. Die Marschen wurden in schmale Flurstücke aufgeteilt und durch ein Netz von Gräben, Kanälen und Sielen entwässert. Durch fortschreitende Anlandung kam es ab dem 14. Jahrhundert zu großen Landzuwächsen. Dieses Neuland wurde im 19. Jahrhundert durch den Bau eines Sommerdeichs zum Schutz vor Tidenhochwasser für die intensivere Bewirtschaftung erschlossen. Eine große Nutzungsintensivierung, mit der sich das Bild der ursprünglichen Flussmündung dramatisch änderte, vollzog sich aber vor allem ab den 1960er Jahren. Die weiträumige Vordeichung ließ nur einen schmalen Streifen der wertvollen Vorländer im Brackwasserbereich der Elbe zurück. Priele und Gräben wurden durch den Deich gekappt, Nebenflüsse wie die Oste erhielten Sturmflutsperrwerke. Großflächige Feuchtgrünländer wurden in ertragreiche Äcker umge-

Etwa ein Zehntel der Weltpopulation der Weißwangengans rastet zeitweise an der Unterelbe bei Nordkehdingen. Foto: E. Lietzow. Neuwerk, 8.10.2013.

brochen. Auf den verbliebenen Flächen verhinderten frühe Mahdtermine erfolgreiche Bruten der Wiesenvögel. Die verbliebenen Uferzonen und kleine Anteile von Binnendeichsflächen wurden 1976 im Rahmen der Ramsar-Konvention zum „Feuchtgebiet internationaler Bedeutung" erklärt – für den Großteil des Gebiets kam dieser Schutz jedoch zu spät. Um die verursachten ökologischen Schäden zumindest teilweise zu beheben, wurde 1977 das Naturschutzprogramm Unterelbe aufgelegt. Rund 6000 ha wurden unter Naturschutz gestellt, mehr als 1500 ha von Land und Landkreis gekauft, zurück in Grünland umgewandelt und unter vogelschutzgerechten, extensiven Bewirtschaftungsauflagen verpachtet. Über den Vertragsnaturschutz im Kooperationsprogramm Naturschutz erhalten Landwirte günstige Bedingungen für Wiesenvögel und stellen Grünland- und Ackerflächen als Ruhe- und Nahrungsgebiete für nordische Gänse und Schwäne zur Verfügung. Die umfangreichen Schutzmaßnahmen der letzten Jahrzehnte und eine intensive Gebietsbetreuung durch die Naturschutzstation Unterelbe und den Naturschutzwart des Landkreises Stade haben dafür gesorgt, dass das lebenswichtige Mosaik aus Wasser und Landflächen erhalten beziehungsweise stellenweise wiederhergestellt wurde. Neben ausgedehnten, landwirtschaftlich genutzten Binnendeichsflächen findet man in den westlichen, elbabwärts gelegenen und damit von Meerwasser beeinflussten Bereichen außendeichs noch ausgeprägte Salzwiesen. Entlang von Prielen, Gräben und einigen Stillgewässern haben sich Röhrichtgürtel entwickelt und im Osten des Gebiets sind einzelne Auengehölze aufgewachsen.

Besondere Vogelarten und Reisezeit

Die Vielfalt an Lebensräumen bietet einer großen Zahl von Vogelarten ein geeignetes Brut-, Rast- und Überwinterungsgebiet. Im Frühjahr beginnt das Naturschauspiel ab März mit der Balz der Kiebitze. Mit lautem „kiewitt" prägen sie zu dieser Zeit die Geräuschkulisse in den Wiesen und Weiden der Unterelbe, die mit rund 1400 Brutpaaren eines der größten niedersächsischen Kiebitzvorkommen aufweisen. Uferschnepfen, Bekassinen und Rotschenkel erreichen Bestände nationaler bis internationaler Bedeutung und sogar die in Deutschland nur noch in Restbeständen vorkommenden Kampfläufer brüten zwar selten, aber weiterhin regelmäßig im Gebiet. In offeneren Sand- und Schlickflächen beginnen ab April Austernfischer und Säbelschnäbler mit der Brut, während an den Ufern der Gewässer unter anderem Schnatter-, Knäk- und Löffelenten ihre Nester bauen. Lachseeschwalben brüten in Deutschland fast nur noch im Elbeästuar. Die größte Kolonie befindet sich am gegenüberliegenden Elbeufer bei Neufeld, einzelne Paare brüten jedoch regelmäßig auch im EU-Vogelschutzgebiet Unterelbe. Zu den Besonderheiten des Gebiets gehören auch die Brutvorkommen des Wachtelkönigs. Die erst ab Mai eintreffenden Vögel verraten sich in der Dämmerung und nachts durch ihren monotonen, schnarrenden „crex-crex"-Gesang. Nach dramatischen Bestandseinbrüchen durch Eindeichung und Entwässerung hat sich der Bestand der „Wiesenralle" im Gebiet in den letzten zwanzig Jahren auf heute wieder rund 60 rufende Männchen erholt. Von den deutschlandweit selten gewordenen Sumpfohreulen schreiten auch an der Unterelbe nur noch einzelne Paare zur Brut, regelmäßiger lassen sich Durchzügler und Überwinterer beobachten. Unter den Singvögeln sind mehr als 300 Blaukehlchenreviere bemerkenswert. Sehr zahlreich brüten auch Schilfrohrsänger, Wiesenpieper und Wiesenschafstelzen.

Entlang der schilfbestandenen Gräben brüten zahlreiche Blaukehlchen. Ab April ist der schöne Gesang der Männchen zu hören.

Foto: E. Lietzow. Münster, 22.5.2011.

Typische Vogelarten der Unterelbe bei Nordkehdingen, deren Status und günstige Beobachtungszeit (in Klammern)
h = häufiger, r = regelmäßiger, s = seltener; B = Brutvogel, W = Wintergast, D = Durchzügler, N = Nahrungsgast

Art	Status (beste Beobachtungszeit)
Zwergschwan	hW (Okt.–März)
Singschwan	hW (Okt.–März)
Blässgans	hW (Okt.–April)
Weißwangengans	hW (Okt.–Mai)
Pfeifente	hD, hW (Sept.–Mai)
Knäkente	rB, rD (April–Sept.)
Löffelente	rB, hD (März–Nov.)
Wachtelkönig	rB (Mai–Juli)
Seeadler	rB, rW (ganzjährig)
Raufußbussard	rD, rW (Okt.–April)
Bekassine	sB, hD (März–Sept.)

Art	Status (beste Beobachtungszeit)
Uferschnepfe	hB, rD (März–Aug.)
Säbelschnäbler	sB, hD (April–Sept.)
Sandregenpfeifer	rB, hD (März–Sept.)
Goldregenpfeifer	hD, rW (Aug.–April)
Kampfläufer	sB, hD (März–Sept.)
Rotschenkel	hB, hD (März–Okt.)
Lachseeschwalbe	sB, rN (Mai–Aug.)
Blaukehlchen	hB (April–Sept.)
Schilfrohrsänger	hB (April–Aug.)
Berghänfling	rW (Okt.–April)
Schneeammer	rW (Okt.–März)

Vom Deich aus lassen sich nicht nur die Außendeichsflächen überblicken. Auch für die weitläufigen Weiden und Wiesen binnendeichs eröffnen sich gute Beobachtungsmöglichkeiten. Foto: C. König. 15.11.2014.

Außerhalb der Brutzeit bieten die Massen der Durchzügler und Wintergäste ein besonderes Naturschauspiel. Während sich im nahrungsreichen Watt von Elbe und Ostemündung im Spätsommer Tausende Brandgänse zur Mauser versammeln, steigen auch die Bestände der nordischen Limikolen. Dunkle Wasserläufer und Alpenstrandläufer sind dann in den Flachwasserbereichen recht zahlreich und bis zu 25 000 Goldregenpfeifer mischen sich unter rund 30 000 rastende Kiebitze in den Grünländern und auf Äckern. Das Spektakel wird umso größer, wenn mit sinkenden Temperaturen Gänse und Schwäne aus Nordeuropa und Sibirien die Elbe erreichen. Mit bis zu 85 000 Weißwangengänsen versammelt sich etwa ein Zehntel der Weltpopulation zeitweise im Gebiet. Ebenfalls fünfstellige Werte erreichen die Rastbestände von Grau- und Blässgänsen. Neben Höcker- und Singschwänen können im Winterhalbjahr auch viele Zwergschwäne an der Unterelbe beobachtet werden. Die Tageshöchstzahlen liegen bei mehr als 500 Individuen. Der Vogelreichtum bietet auch Greifvögeln einen reich gedeckten Tisch. Inzwischen brüten Seeadler wieder in den Auen von Oste und Elbe und halten sich ganzjährig im Gebiet auf. Lediglich als Durchzügler und Wintergäste treten Raufußbussarde in Erscheinung. Oft lassen sie sich im Rüttelflug über den Wiesen beobachten. Unter den Singvögeln sind im Winter Trupps umherziehender Ohrenlerchen, Berghänflinge und Schneeammern erwähnenswert.

Beobachtungsmöglichkeiten

Das Gebiet der Unterelbe bei Nordkehdingen bietet sehr gute Bedingungen zur Vogelbeobachtung. Während man von den Straßen und Wegen durch Grünländer und Ackerflächen am besten störungsfrei vom Auto aus beobachtet, bieten Stichstraßen zum Deich und zwei Aussichtstürme gute Übersicht. Das westliche Ende des EU-Vogelschutzgebietes Unterelbe bilden die noch teilweise intensiv landwirtschaftlich genutzten Naturschutzgebiete „Hadelner und Belumer Außendeich“. Gute Beobachtungsmöglichkeiten ergeben sich am Hafen von Otterndorf (1). Während man dem Deich nach Osten folgt, können auch Zwischenstopps an den Deichüberfahrten lohnenswert sein. Hier trifft man im Winterhalbjahr oft größere Ansammlungen von Weißwangengänsen an, außerdem rasten Kiebitze und Goldregenpfeifer. Als nächstes erreicht man die Mündung der Oste mit dem NSG „Vogelschutzgebiet Hullen“ als eine der letzten großen Außendeichsflächen. Unmittelbar östlich des Ostesperrwerks mit dem Küstenmuseum „Natureum Niederelbe“ führt an der Innenböschung des Ostedeichs ein Deichverteidigungsweg bis zum Sielgebäude „Naljer Siel“ (2). Dies ist einer der besten Beobachtungspunkte entlang der Unterelbe mit tollem Blick auf die Ostemündung sowie die Mündung der Elbe in die Nordsee. Im Sommer bestehen von hier gute Chancen, die seltenen Lachseeschwalben bei der Jagd und Fütterung der flüggen Jungvögel zu beobachten. Bei Hochwasser sammeln sich zu den Zugzeiten an dieser Stelle zahlreiche Limikolen. Im östlich gelegenen Hörner Außendeich rasten oft Tausende Weißwangengänse, die regelmäßig von überfliegenden Seeadlern aufgescheucht werden.

Vom Ostesperrwerk folgt man der Straße Neuenhof/Außendeich in Richtung Hörne. Kurz bevor man die L 111 erreicht, führt eine Straße über den alten Winterdeich in die weitläufigen landwirtschaftlich genutzten Flächen. Nach gut einem Kilometer quert man den Südlichen Sielgraben und nach einem weiteren Kilometer kreuzt die Sommerdeichstraße (3). Hier hat man die Möglichkeit, dem Weg weiter bis zum Elbdeich oder der Sommerdeichstraße nach Osten quer durch das Ge-

Im Spätsommer versammeln sich bis zu 25 000 Goldregenpfeifer in den Grünländern und auf den Äckern des Gebietes. Foto: E. Lietzow. Neuwerk, 12.10.2014.

biet zu folgen. Die etwa 20 km lange Straße bildet den Ausgangspunkt für verschiedene weitere Deichzufahrten. Es ist lohnenswert, jede Stichstraße zum Deich zu nutzen, um von diesem immer wieder Blicke in die Vorländer sowie die Grünländer und Ackerflächen binnendeichs zu werfen. Bei einer Nachtexkursion im Juni kann man mit Glück auf dieser Strecke Wachtelkönige singen hören. Allgemein sehr lohnenswert ist die „Deichzufahrt Hünkenbüttel“ zwischen Balje und Krummendeich. Kurz vor dem Elbdeich liegt linker Hand die Hünkenbütteler Pütte (4), rechter Hand befindet sich ein ehemaliger Priel. An dieser Stelle sind im Winter bis zu 2000 Pfeifenten zu beobachten, außendeichs lohnt es sich auf Raufußbussarde und Schneeammern zu achten.

Zurück auf der Sommerdeichstraße fährt man weiter nach Osten und erreicht schließlich das Siel Schöneworth (5), das einen guten Blick auf die Elbe ermöglicht. Über die Deichzufahrt Schöneworth geht es nach Süden bis zum alten Winterdeich und zur L 111. Wer Sing- oder Zwergschwäne beobachten möchte, kann der Straße ein Stück nach Westen zurück in Richtung Hörne/Balje folgen. Besonders auf den Feldern nördlich und südlich von Krummendeich (6) sammeln sich größere Trupps. Alternativ folgt man der Elbe weiter flussaufwärts nach Freiburg/Elbe. Von einem ausgeschilderten Parkplatz „Elbewanderweg“ kann man zu Fuß auf dem Deich entlang des Freiburger Hafenpriels gehen (7). Dabei hat man einen schönen Blick auf das NSG „Allwördener Außendeich/Brammer Sand“, der größten nicht eingedeichten Vorlandfläche an der Unterelbe. Das Gebiet lässt sich auch von einem Beobachtungsturm (8) überblicken, den man erreicht, indem man von Freiburg/Elbe direkt am Deichfuß der Straße „Allwördener Deich“ folgt. Unter den vielen Tausend hier grasenden Gänsen werden regelmäßig auch Seltenheiten wie Rothalsgänse entdeckt. Den östlichsten hier beschriebenen Beobachtungspunkt erreicht man der Straße am Deich entlang weiter folgend in Wischhafen, direkt am Anleger der Fähre Wischhafen-Glückstadt. Ein Beobachtungsturm (9) ermöglicht einen Überblick über die Vorländer sowie die Wischhafener Süderelbe. Regelmäßig können hier Seeadler beobachtet werden.

Anfahrt

Mit Bahn und Bus

Die nächstgelegenen Bahnhöfe sind Otterndorf, Cadenberge und Stade. Von hier können die kleineren Ortschaften teilweise per Bus erreicht werden, aufgrund der Weitläufigkeit des Gebiets ist man jedoch ohnehin auf ein Fahrrad angewiesen, um zu den einzelnen Beobachtungspunkten zu gelangen.

Mit dem Auto

Beginnt man im Westen des Gebiets, bietet sich die Anfahrt über die A 27 bis Cuxhaven und anschließend über die B 73 bis Otterndorf oder weiter bis Neuhaus/Oste an. Von dort führt die L 111 bis Freiburg/Elbe und weiter bis Wischhafen. Bei Anreise von Schleswig-Holstein (Osten) aus empfiehlt sich die Nutzung der Elbfähre ab Glückstadt.

Adressen

Natureum Niederelbe, Neuenhof 8, 21730 Balje, Tel.: 04753/842110, info@natureum-niederelbe.de; www.natureum-niederelbe.de

Verein zur Förderung von Naturerlebnissen e. V., Am Sande 4, 21682 Stade, Tel.: 04141/12561, verein-naturerlebnisse@landkreis-stade.de; www.vogelkieker.de

Regelmäßige geführte Touren zur Vogelbeobachtung mit dem „Vogelkieker“, einem speziellen Doppeldeckerbus.

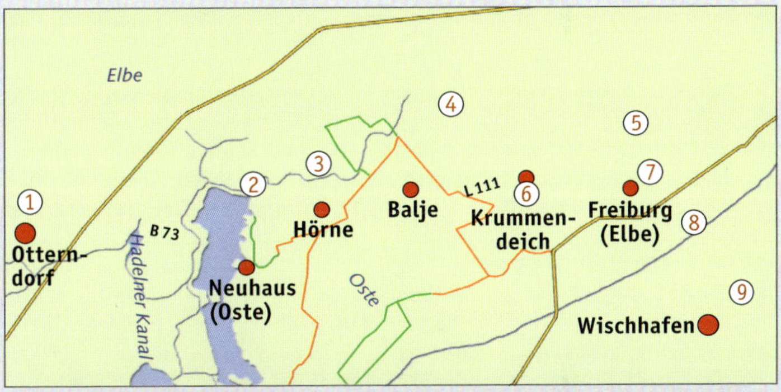

GPS		
Naljer Siel (2)	53°49'53" N	9°2'4" O
Sommerdeichstraße (3)	53°50'38" N	9°4'54" O
Siel Schöneworth (5)	53°50'47" N	9°17'17" O
Beobachtungsturm bei Freiburg/Elbe (8)	53°49'18" N	9°18'2" O

Infomaterial/Literatur

Moning C, Weiß, F 2007: Vögel beobachten in Norddeutschland – Die besten Beobachtungsgebiete zwischen Sylt und Niederrhein. Franckh-Kosmos-Verlag, Stuttgart.

Zwei Faltblätter des NLWKN über die Brut- und Gastvögel sind als PDF-Datei verfügbar und kostenlos verfügbar unter: http://bit.ly/1G6vcEB

Ein besonderer Dank für die Durchsicht des Artikels gilt Gerd-Michael Heinze.

Weitere Freizeitmöglichkeiten

Das „Natureum Niederelbe“ in Balje stellt die Einzigartigkeit von Elbe und Elbmündung und ihre große Bedeutung für Vögel, Fische und als Wirtschaftsader für den globalen Handel vor. Im Außengelände bieten sich gute Gelegenheiten zur Vogelbeobachtung, die etwa denen am Sielgebäude „Naljer Siel“ (2) entsprechen. Besonderes Highlight sind geführte Touren zu den Gänsen und Limikolen mit dem „Vogelkieker“-Doppeldeckerbus.

Christopher König, Christoph Moning, Christian Wagner, Felix Weiß

Der Aussichtshügel des Dalum-Wietmarscher Moores bietet einen guten Blick über die offene, teilweise renaturierte Moorfläche. Foto: C. König. 23.4.2016.

Das Bourtanger Moor

Relikt der größten Moorlandschaft Mitteleuropas

Das nach dem niederländischen Festungsstädtchen Bourtange benannte Bourtanger Moor war einst das größte zusammenhängende Moorgebiet Mitteleuropas. Von den ehemals rund 2000 km² Hochmoor sind heute nur noch kleine Reste vorhanden, die teilweise unter Naturschutz stehen und wiedervernässt werden. Einige Bereiche befinden sich noch in aktiver Abtorfung. Ein Großteil des ehemaligen Moorkomplexes an der deutsch-niederländischen Grenze bei Meppen wird heute landwirtschaftlich kultiviert und ackerbaulich genutzt. Neben den prägenden offenen Moorflächen hat sich eine abwechslungsreiche Landschaft entwickelt, die vielen Tier- und Pflanzenarten als Lebensraum dient. Neben typischen Moorarten brüten in kleiner Zahl auch Wiesenlimikolen in den Randbereichen. Im Winter nutzen vor allem Zwerg- und Singschwäne sowie Tundrasaatgänse die Flächen. Ein Besuch lohnt sich somit zu jeder Jahreszeit.

Landschaftsgeschichte und Lebensräume

Die Bildung von Hochmooren begann in Niedersachsen nach der letzten Eiszeit vor etwa 8000 Jahren. Zu dieser Zeit hob sich der Meeresspiegel der Nordsee an und infolgedessen staute sich das abfließende Wasser der Flüsse. Flussauen und andere niedrig gelegene Gebiete wurden überschwemmt und an nassen, stauenden Stellen siedelten sich die ersten Torfmoose an. Vom nährstoffarmen Regenwasser gespeist entstanden auf diese Weise über Jahrhunderte bis Jahrtausende großflächige Hochmoore. Lange Zeit war die Unzugänglichkeit dieser Gebiete ihr bester Schutz. Noch Ende des 18. Jahrhunderts nahmen Hoch- und Niedermoore in Niedersachsen mit circa 6300 km² fast 14 % der heutigen Landesfläche ein. Diese Situation hat sich in den letzten 150 Jahren jedoch stark verändert und stetige Nutzungsschritte haben die Moorflächen bis auf wenige Reste schrumpfen lassen. Kein einziges Moor in Niedersachsen kann heute noch als natürlich angesehen werden und die Fläche naturnaher Hochmoore umfasst nur noch etwa 500 km². Auch wenn die Moorkolonisation bereits 1662 begann, gab es besonders gravierende Veränderungen der Lebensräume erst in den 1950er Jahren. Zu dieser Zeit lag die Bevölkerungsdichte im Emsland noch bei nur 76 Einwohnern pro km² und die

Tundrasaatgänse nutzen die großen Ackerflächen im Winter in großer Zahl zur Rast. Foto: E. Lietzow. Dümmer, 8.10.2010.

Region verfügte über circa 100 000 ha unkultivierte Böden. Trotz geringwertiger Böden arbeiteten mehr als 50% der Bevölkerung in der Landwirtschaft. Um den Lebensstandard im rückständigen Emsland an den Rest der Republik anzugleichen, beschloss der Bundestag 1950 die Durchführung des sogenannten Emslandplans. Unter technischem Großeinsatz riesiger Tiefpflüge wurden die Moorgebiete und Heideflächen weiträumig umgegraben. Resttorfauflagen wurden mit Talsanden vermischt und so in Ackerböden umgewandelt. Fast das gesamte Bourtanger Moor wurde in dieser Zeit entwässert. Noch heute zeugt ein Netz ehemaliger Entwässerungsgräben von diesen Eingriffen. Neben einer Nutzbarmachung der Moore wurden auch das Wege- und Straßennetz, die Wasserver- und -entsorgung sowie die Elektrifizierung ausgebaut. Charakteristisch sind noch heute die Reihensiedlungen der damals von der staatlichen Hannoverschen Siedlungsgesellschaft gegründeten Moorkolonien. Neben der Nutzbarmachung der Moorflächen für die Landwirtschaft wurde der Torf auch als Brennmaterial abgebaut. Anfangs im Handtorfstich, ab Mitte des 19. Jahrhunderts dann zunehmend maschinell. In den 1950er Jahren löste die Mechanisierung des Torfabbaus den Handabbau vollständig ab. Noch heute findet auf etwa 7000 ha des Bourtanger Moores industrielle Abtorfung statt, viele Genehmigungen laufen aber in den nächsten Jahren aus. Nach und nach gehen so immer mehr abgetorfte Flächen in eine Renaturierung und Wiedervernässung über. Mit der Anlage von mehr als 40 km Deichen und der Verfüllung von rund 50 km Entwässerungsgräben wurde vielfach bereits eine naturnahe Nachnutzung eingeleitet. Die auf wenige Restmoorkörper reduzierte Flora und Fauna der Emslandmoore kann ihren ehemaligen Lebensraum so hoffentlich zunehmend zurückerobern. Heute findet man ein Mosaik aus naturnahen Hochmoorresten, Hochmoorregenerationsstadien, feuchten und trockenen Moorheiden, Birkenbruchwäldern und wiedervernässten Schwarztorfflächen vor. Daneben prägen große Ackerflächen sowie partiell Grünländer die Landschaft. Wälder sind nur kleinflächig vorhanden.

Besondere Vogelarten und Reisezeit

Die Hochmoorreste und wiedervernässten Abtorfungsflächen sind Brutgebiet zahlreicher typischer Moorvogelarten. Der Gesang der Baumpieper dominiert die Stimmung und ihr auffälliger Singflug kann aus geringer Entfernung studiert werden. Im Luftraum jagen auch Baumfalken nach Großinsekten. Darüber hinaus brüten Habichte, Rohrweihen und Kolkraben im Gebiet. Feldschwirle sind regelmäßige Brutvögel und machen durch ihren sirrenden, an eine Heuschrecke erinnernden Gesang auf sich aufmerksam. Auf den Wasserflächen sollte man auf Krick- und Löffelenten sowie Schwarzhalstaucher achten. Weitere Charaktervögel von Hochmooren und ihren Randbereichen sind Ziegenmelker, Blaukehlchen, Steinschmätzer und Wiesenpieper. Auch sie brüten in geringer Zahl im Gebiet. Auf dem Durchzug rasten regelmäßig Trupps von Goldregenpfeifern. Als Brutvögel sind sie leider verschwunden. Im Winter sollte man auf Kornweihen, Merline und Raubwürger achten. Die offenen, weiträumigen Ackerflächen in der Umgebung werden im Winter von Schwänen und Gänsen als Rastgebiet genutzt. Bis zu 500 Zwergschwäne und mehr als 100 Singschwäne können in guten Jahren hier beobachtet werden. Tagsüber äsen die Schwäne auf den landwirtschaftlich genutzten Flächen, abends werden die Schutz bietenden Wiedervernässungsflächen als Schlafplatz aufgesucht. Neben erheblichen Beständen gelbschnäbeliger Schwäne sind vor allem die hohen Rastbestände arktischer Gänse bemerkenswert. Unter bis zu 10 000 Tundrasaatgänse mischen sich mehrere Hundert Bläss- und kleine Zahlen von Weißwangengänsen. Bieten die weitläufigen Felder Schwänen und Gänsen im Winter geeignete Habitate, so haben es Wiesenvögel immer schwerer, geeignete Brutplätze zu finden. Ihre Bestände sind daher leider stark rückläufig und Kiebitze und Große Brachvögel brüten nur noch in geringer Zahl. Auch der Gesang der Feldlerchen ist immer seltener zu hören. In den Gehölz-

Typische Vogelarten des Bourtanger Moores, deren Status und günstige Beobachtungszeit (in Klammern)
h = häufiger, r = regelmäßiger, s = seltener; B = Brutvogel, W = Wintergast, D = Durchzügler, N = Nahrungsgast

Art	Status (beste Beobachtungszeit)
Singschwan	rW (Okt.–März)
Zwergschwan	hW (Okt.–März)
Tundrasaatgans	hD, hW (Okt.–April)
Blässgans	rD, rW (Okt.–April)
Krickente	rB, rD (März–Okt.)
Löffelente	rB, rD (April–Okt.)
Schwarzhalstaucher	sB (April–Okt.)
Kornweihe	rD, rW (Okt.–März)
Rohrweihe	rB, rD (April–Sept.)
Habicht	sB (ganzjährig)
Merlin	rD, rW (Okt.–Mai)
Baumfalke	sB, rW (April–Sept.)
Goldregenpfeifer	rD (Okt./Nov.)
Kiebitz	rB, hD, rW (ganzjährig)

Art	Status (beste Beobachtungszeit)
Großer Brachvogel	sB, rD (Mai–Aug.)
Bekassine	sB, rD (April–Aug.)
Lachmöwe	rB, rD, rW (ganzjährig)
Ziegenmelker	sB (Mai–Juli)
Schwarzspecht	sB (ganzjährig)
Raubwürger	rW (Nov.–März)
Kolkrabe	sB (ganzjährig)
Feldschwirl	rB (Mai–Aug.)
Trauerschnäpper	rB (Mai–Sept.)
Blaukehlchen	rB (April–Aug.)
Gartenrotschwanz	rB (April–Aug.)
Steinschmätzer	sB, rD (April–Aug.)
Baumpieper	hB (April–Sept.)
Wiesenpieper	rB, rD (März–Okt.)

streifen entlang der Straßen und Wege sind Gartenrotschwänze hingegen noch in guter Zahl vertreten und leicht zu beobachten.

Wer sich neben Vögeln noch für andere Artengruppen interessiert, der findet zur richtigen Jahreszeit mit Vorkommen von Ringelnattern (*Natrix natrix*), Kreuzottern (*Vipera berus*) und Moorfröschen (*Rana arvalis*), Rostbinden (*Hipparchia semele*) sowie Großen und Nordischen Moosjungfern (*Leucorrhinia pectoralis* bzw. *rubicunda*) zusätzliche Anreize für einen Besuch.

Der „Blaukehlchenweg" bietet immer wieder Einblicke auf die Wasserflächen des Bargerveens jenseits der deutsch-niederländischen Grenze. Foto: C. König. 23.4.2016.

Beobachtungsmöglichkeiten

Zur Vogelbeobachtung bieten sich mehrere im Rahmen des 2006 gegründeten Internationalen Naturparks Bourtanger Moor-Bargerveen entstandene Rundwege mit guten Beobachtungsmöglichkeiten an. Besonders der 5,5 km lange „Blaukehlchenweg" führt durch verschiedene, für die Region typische Habitate und vermittelt einen Eindruck der Natur- und Kulturlandschaft des Emslandes. Startpunkt des Rundwanderweges ist der Parkplatz am Vogelbeobachtungsturm am Bargerveen (1), unmittelbar an der deutsch-niederländischen Grenze. Von diesem sieben Meter hohen Aussichtsturm blickt man über die Grenze auf das Naturschutzgebiet Bargerveen, das Herzstück des Naturparks. Da hier bereits Ende der 1960er Jahre mit der Renaturierung begonnen wurde, bietet das Moor auf etwa 20 km² eine sehenswerte Moorlandschaft mit typischen Tier- und Pflanzenarten. Leider ist der Blick vom Turm durch zunehmende Sukzession mit Birkenaufwuchs mittlerweile eingeschränkt, sodass man von der Lachmöwenkolonie vorwiegend die pausenlosen Rufe der Vögel hört. Im Uhrzeigersinn führt der gelb markierte Weg anfangs entlang der Grenze nach Norden. Immer wieder bieten sich in Richtung Westen Einblicke auf die großen Wasserflächen des Bargerveens, wo man neben Krick- und Löffelenten auch hier brütende Schwarzhalstaucher beobachten kann. Entlang des Grenzweges sollte man im Birkenaufwuchs auf den Gesang der Blaukehlchen achten, die dem Wanderweg ihren Namen gaben. Baumpieper sind allgegenwärtig. Nach 1,7 km führt der Weg nach rechts an einem Picknickplatz vorbei in die Agrarlandschaft. Auf den Feldern links und rechts des Weges brüten Kiebitze und in den Büschen und Bäumen singen Gartenrotschwänze in erfreulich hoher Zahl. Darüber hinaus begleiten Feldlerchen, Wiesenschafstelzen und Goldammern den Verlauf des Weges. Auf wenige Paare reduziert hat sich leider der Brutbestand der Großen Brachvögel. Der Wegmarkierung folgend erreicht man gegen Ende des Rundweges einen Windpark. Neben den wieder naturnahen Flächen des NSG Bargerveen vermittelt der Blaukehlchenweg so auch einen deutlichen Eindruck der Nutzungskonflikte zwischen Naturschutz, Landwirtschaft und Windenergie. Die Überschrift „Die Vogelwelt ist sicher!" auf einer Hinweistafel zum Windpark kann man bei diesem Anblick nur schwer glauben …

Blaukehlchen singen vor allem aus den jungen Gehölzen am Moorrand.
Foto: E. Lietzow. Rieselfelder Münster, 14.9.2013.

Knapp 10 km vom Parkplatz am Blaukehlchenweg entfernt liegt das Fullener Moor (2), welches auf zwei 2,5 km langen Rundwanderwegen erkundet werden kann. Im Norden führt ein Weg durch den 275 ha großen Fullener Wald. Um den Waldanteil im insgesamt waldarmen Emsland zu erhöhen, wurden hier nach dem Ende des Torfabbaus im Rahmen eines niedersachsenweiten Programms zur langfristigen ökologischen Waldentwicklung ab 1980 1,3 Millionen Bäume verschiedener Arten in den nährstoffarmen Boden gepflanzt, die sich nach und nach zu einem geschlossenen Wald entwickeln. Auf dem Rundweg sollte man auf Schwarzspechte und Trauerschnäpper achten, mit Glück wird man auch die tiefen Rufe der Kolkraben hören. Für botanisch Interessierte bietet ein Baumbestimmungslehrpfad eine willkommene Abwechslung.

Im Süden des Fullener Moores führt der Fullener Moorweg durch ein ehemaliges Moorgebiet, das heute sich selbst überlassen wird. Die verschiedenen Stadien natürlicher Bewaldung von Moorflächen werden auf Infotafeln und an Erlebnisstationen erklärt. Folgt man dem blau markierten Weg im Uhrzeigersinn, erreicht man gegen Ende im Osten des Gebietes eine Tierbeobachtungshütte an einer Offenfläche mit kleinem Gewässer. Tagsüber jagen hier Baumfalken, gegen Abend werden die hier brütenden Ziegenmelker aktiv.

Rund 15 km weiter südlich bietet ein Aussichtshügel am Dalum-Wietmarscher Moor (3) einen Eindruck großflächig offener Hochmoore. Mit Glück können hier noch Bekassinen bei der Balz beobachtet werden. Auf dem Durchzug rasten Goldregenpfeifer und im Winterhalbjahr halten Raubwürger von den Spitzen der Büsche Ausschau nach Nahrung.

Weitere Freizeitmöglichkeiten

Die Geschichte des einzigartigen Lebensraums Moor wird im Emsland Moormuseum in Geeste-Groß Hesepe aufgearbeitet. Das Museum gehört zu den führenden Einrichtungen in Europa, wenn es um die Geschichte von Mooren und den Torfabbau geht. Zwei Ausstellungshallen und eine etwa 30 ha große Hochmoorfläche als Außengelände können zu Fuß oder mit einer Feldbahn erkundet werden. Bemerkenswert ist der Maschinen-Park, wo zur Abtorfung und Kultivierung eingesetzte Großmaschinen ausgestellt sind. Unter anderem kann hier der größte Pflug der Welt besichtigt werden. Auf dem angrenzenden Archehof werden vom Aussterben bedrohte alte Haustierrassen gehalten und den Besuchern deren Bedeutung vermittelt.

Christopher König, Christoph Moning, Christian Wagner, Felix Weiß

Infomaterial/Literatur

Internationaler Naturpark Bourtanger Moor-Bargerveen e.V. 2009: Moorbuch. Kommunikation-Planung-Verlag, Niedenstein.

Anfahrt

Mit Bahn und Bus

Der nächste Bahnhof ist Meppen. Von hier aus kann die zentral gelegene Stadt Twist stündlich per Bus erreicht werden. Die einzelnen Gebiete sind anschließend am besten mit dem Fahrrad erreichbar.

Mit dem Auto

Von der Emslandautobahn A 31 erreicht man die Parkplätze am Bargerveen sowie am Fullener Moor innerhalb weniger Kilometer über die Abfahrt Twist (22). Die Parkmöglichkeit am Aussichtshügel am Dalum-Wietmarscher Moor liegt fast direkt an der Abfahrt Geeste (23).

Adressen

Emsland Moormuseum, Geestmoor 6, 49744 Geeste, Tel.: 05937-709990, www.moormuseum.de

Internationaler Naturpark Bourtanger Moor-Bargerveen e. V., Kreishaus II, Ordeniederung 2, 49716 Meppen, Tel.: 05931-442277, info@naturpark-moor.eu∞ www.naturpark-moor.eu

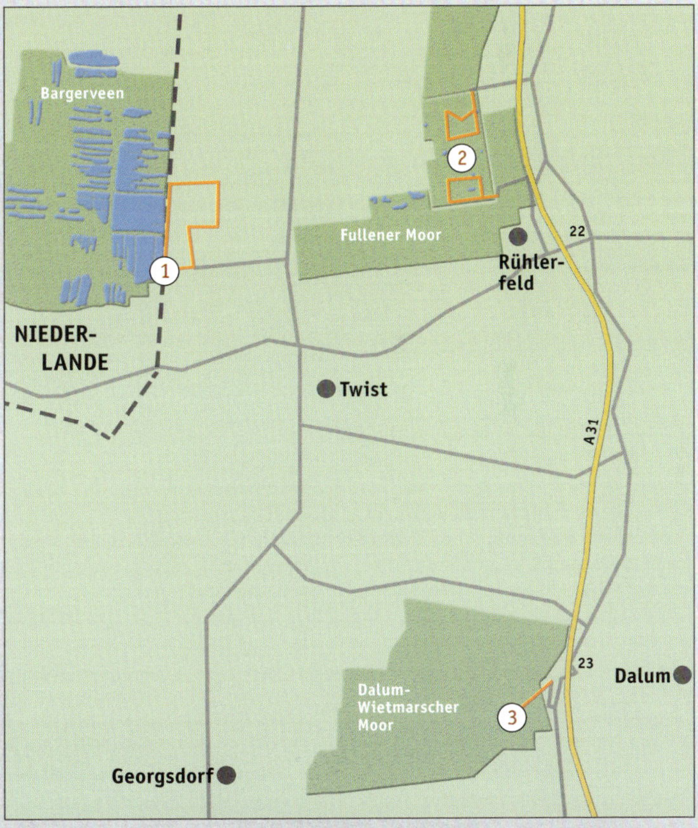

GPS		
Parkplatz „Blaukehlchenweg"	52°39'47" N	7° 3'27" O
Parkplatz Fullener Waldweg	52°41'44" N	7° 8'58" O
Parkplatz Fullener Moorweg	52°40'41" N	7° 9'29" O
Parkplatz Aussichtshügel Dalum-Wietmarscher Moor	52°35'10" N	7°10'25" O

Die Bäume der umgebenden Wälder reichen oft bis fast an die Ufer der Teiche heran. Foto: C. König. 8.10.2016.

Die Ahlhorner Fischteiche

Naturnahes Refugium aus Menschenhand

Das über 100 Jahre alte Teichgut Ahlhorner Fischteiche liegt in der Nordwestdeutschen Tiefebene, etwa 10 km nordöstlich von Cloppenburg und rund 20 km südlich von Oldenburg. 485 ha stehen unter Naturschutz. Das Gebiet hat sich im Laufe der Jahre mit seinen zahlreichen extensiv genutzten, in verschiedene Waldgesellschaften eingebetteten Fischteichen und der naturnahen Niederung der Lethe zu einem wichtigen Feuchtgebiet mit einem hohem Anteil stehender naturnaher Gewässer entwickelt.

Durch den kleinräumigen Wechsel der Lebensräume beeindruckt das Schutzgebiet heute mit einer großen Artenvielfalt. Neben mehr als 200 nachgewiesenen Vogelarten, von denen etwa die Hälfte auch im Gebiet brütet, ist der Reichtum an Amphibien und Libellen bemerkenswert. Da ein Großteil der Teiche im Herbst abgelassen wird, lohnt sich ein Besuch vor allem zur Brutzeit.

Landschaftsgeschichte und Lebensräume

Die Ahlhorner Fischteiche liegen auf der Wildeshauser Geest, einer Altmoränenlandschaft, die vor rund 100 000 Jahren entstand. Die vorletzte Eiszeit, die Saale-Vereisung, schuf die Grundlage für das heutige Landschaftsbild: Mächtige Gletscher schoben sich über das Land und transportierten riesige Gesteinsblöcke aus Skandinavien in die Region. Durch die gewaltigen Bewegungen wurde die Landschaft überprägt und Hügel und Täler geschaffen. Bereits vor etwa 5000 Jahren begannen erste Menschen, die Wildeshauser Geest zu besiedeln. Der Begriff „Geest“ kommt vom niederdeutschen Wort „gest“ und bedeutet „unfruchtbar“. Noch um 1900 bestand die Gegend weiträumig aus sandigem, ertragsarmem Ödland und größeren Heideflächen, die erst nach und nach aufgeforstet wurden. Das Großherzogtum Oldenburg suchte zu dieser Zeit nach einem geeigneten Ort zur Anlage einer Fischzucht. Aufgrund seiner günstigen Lage und dem kalten, sauerstoffreichen Wasser aus dem natürlichen Flusslauf der Lethe fiel die Wahl auf das Gebiet der heutigen Teichwirtschaft Ahlhorn. Insgesamt 54 Teiche mit einer Wasserfläche von mehr als 200 ha wurden so bis 1929 angelegt. Bereits seit 1931 gehört die Staatliche Teichwirtschaft zum Forstamt Ahlhorn. In der unmittelbaren Umgebung der Teiche findet man Erlen-Eschenwälder und Erlen-Birken-Bruchwälder, in der weiteren Umgebung vorwiegend größere Fichten- und Kiefernforste. Auf den trockeneren Standorten herrschen Eichen-Mischwälder sowie kleinräumige Zwergstrauchheiden und Sandmagerrasen vor. Das einzige ähnlich beschaffene Feuchtbiotop im niedersächsischen Tiefland sind die Meißendorfer Teiche bei Celle (FALKE 2005, H. 8).

Regelmäßig werden die auf unterschiedlichem Höhenniveau liegenden und durch ein Netz von Kanälen verbundenen Teiche im Frühjahr angestaut und im Herbst wieder abgelassen sowie bei Bedarf auch entschlammt und entkrautet. Nur etwa 15 % der Teiche bleiben nach dem Abfischen wasserbespannt. Jedes Jahr erwirtschaften die Ahlhorner Fischteiche zwischen 35 und 50 Tonnen Karpfen, Schleien, Zander und Forellen. Die Abnehmer sind in erster Linie Angelvereine und kommerzielle Angelteichbetreiber.

Bereits in den ersten Jahren nach Anlage der Teiche wurden Probleme der ausreichenden Wasserzufuhr deutlich. Trockene Sommer machten und machen der Teichwirtschaft mit ihren im Mittel nur 80 cm tiefen Gewässern zu schaffen.

Neben hohen Verdunstungswerten in heißen Sommern sind es auch die starken Versickerungen im sandigen Boden. Durch einen gesunkenen Grundwasserspiegel, unter anderem durch Trinkwassergewinnung für die Wesermarsch im Großraum der Teiche, sind diese Wasserverluste nur schwer zu kompensieren. So wurde die Anzahl der Teiche schließlich auf etwa 35 mit circa 120 ha Wasserfläche reduziert. Neben dem Wassermangel führt auch die hohe Nährstoffbelastung durch Einträge aus der Landwirtschaft zu starken Problemen. Durch Algenblüten mit nachfolgender Verschlammung gingen die Wasserqualität und auch die Anzahl der brütenden Wasservögel stark zurück. 1993 wurde das Naturschutzgebiet „Ahlhorner Fischteiche und Urwald Baumweg" ausgewiesen. Später kam der Schutz als europäisches Fauna-Flora-Habitat(FFH)-Gebiet hinzu.

Zu den Zugzeiten, besonders im Herbst, wenn die Teiche abgelassen werden, rasten Bekassinen an den schlammigen Ufern. Foto: E. Lietzow. Osterfeine Moor, 10.8.2010.

Besondere Vogelarten und Reisezeit

Die Ahlhorner Fischteiche bilden einen in Nordwestdeutschland einzigartigen Rückzugsraum für viele seltene Pflanzen und Tiere. Mehr als 200 Vogelarten konnten bislang im Gebiet nachgewiesen werden, etwa 90 davon brüten regelmäßig, unter ihnen mehr als 20 Arten der niedersächsischen Roten Liste gefährdeter Vogelarten. Graugänse sind das ganze Jahr über zu beobachten. Die größten Ansammlungen findet man im Spätsommer. Dann steigen auch die Bestände der hier rastenden Enten. Während Schnatter-, Pfeif-, Spieß-, Löffel- und Tafelenten nur in geringer Zahl zu beobachten sind, erreichen Krickenten Anzahlen von bis zu 250 Individuen. Ebenfalls zahlreich anwesend sind Reiherenten, die auch im Gebiet brüten. Möglicherweise durch das Auswilderungsprojekt am Steinhuder Meer begünstigt, wurden in den letzten Jahren mehrfach Moorenten als seltene Durchzügler in diesen Trupps entdeckt.

Typische Vogelarten der Ahlhorner Fischteiche, deren Status und günstige Beobachtungszeit (in Klammern)
h = häufiger, r = regelmäßiger, s = seltener; B = Brutvogel, D = Durchzügler, W = Wintergast, N = Nahrungsgast

Art	Status (beste Beobachtungszeit)
Graugans	rB, hD, rW (ganzjährig)
Krickente	sB, hD (ganzjährig)
Reiherente	rB, hD, rW (ganzjährig)
Schellente	rB, rD, rW (ganzjährig)
Gänsesäger	rD, rW (Nov.–März)
Silberreiher	rD, rN (ganzjährig)
Fischadler	rD (April–Okt.)
Habicht	rB (ganzjährig)
Bekassine	hD (März–Sept.)
Waldwasserläufer	rD (März–Sept.)
Kuckuck	rB (Mai–Juli)

Art	Status (beste Beobachtungszeit)
Eisvogel	rB (ganzjährig)
Schwarzspecht	rB (ganzjährig)
Mittelspecht	sB (ganzjährig)
Kleinspecht	sB (ganzjährig)
Pirol	rB (Mai–Aug.)
Kolkrabe	sB (ganzjährig)
Waldlaubsänger	rB (Mai–Aug.)
Trauerschnäpper	rB (April–Juni)
Gartenrotschwanz	rB (Mai–Aug.)
Fichtenkreuzschnabel	rB (ganzjährig)

Eine Besonderheit bildet das regelmäßige Brutvorkommen von Schellenten an den Ahlhorner Fischteichen. Dieses Vorkommen liegt relativ isoliert am westlichen Arealrand. Die Art lässt sich hier das ganze Jahr über beobachten. Besonders eindrucksvoll ist die Balz der Schellenten. Bereits ab Herbst beginnen die ersten Männchen mit ihren charakteristischen Verhaltensweisen, ab Dezember umwerben sie dann intensiv die Weibchen. Anders als die meisten ihrer Verwandten brüten Schellenten in Baumhöhlen, oft alten Schwarzspechtnestern. Die in Mischwälder eingebetteten Ahlhorner Fischteiche bieten hier ideale Bedingungen. Im Winter lassen sich regelmäßig auch Gänsesäger beobachten. Mittlerweile ganzjährig, besonders zahlreich aber im Herbst, wenn die Teiche abgelassen werden, nutzen Silberreiher das Gebiet zur Nahrungssuche. Unter den Greifvögeln sind Habichte als regelmäßige Brutvögel zu erwähnen. In der Nähe brüten Wespenbussarde und Baumfalken, die ebenfalls hin und wieder über den Fischteichen kreisen. Auf dem Durchzug werden alljährlich Fischadler beobachtet, Seeadler sind hingegen nur seltene Gäste. Je nach Wasserstand nutzen zu den Zugzeiten auch Limikolen das Teichgebiet. Am zahlreichsten sind hier Bekassinen und Waldwasserläufer. Regelmäßige Durchzügler sind außerdem Flussuferläufer und Grünschenkel. Ab April lassen Kuckucke ihren bekannten Gesang hören. Zu dieser Zeit sind auch die das ganze Jahr über an den Ahlhorner Fischteichen zu beobachtenden Eisvögel recht ruffreudig. Die unterschiedlichen Waldstrukturen rund um die Teiche sind Heimat von Grün-, Schwarz-, Bunt-, Mittel- und Kleinspechten, ebenso wie von Pirolen. Kolkraben sind ebenfalls Brutvögel der Umgebung und machen oft bereits aus großer Entfernung durch ihre tiefen Rufe auf sich aufmerksam. Ebenfalls leichter zu hören als zu sehen sind Waldlaubsänger, die wie auch Trauerschnäpper rund um die Teiche brüten. Am Wegesrand sollte man auch auf Gartenrotschwänze achten. In Bereichen mit Nadelhölzern hört man immer wieder die Rufe der Fichtenkreuzschnäbel. Oft wird man sie jedoch nur in Trupps überfliegen sehen. Ein besonderes Schauspiel bietet sich im Spätsommer: Dann nutzen mehrere Tausend Stare die Schilfbestände als Schlafplatz.

Wenn die Teiche im Oktober abgelassen wurden, kehrt an den Ahlhorner Fischteichen Ruhe ein. Die Wasservögel konzen-trieren sich auf die wenigen, weiterhin wasserbespannten Flächen. Interessanter wird es wieder im Frühjahr. Neben den heimkehrenden Brutvögeln bereichern dann auch zahlreiche Durchzügler das Arteninventar. Und auch abseits der Vogelkunde lassen sich dann spannende Entdeckungen machen: Nicht weniger als 11 Amphibien- und 38 Libellenarten wurden bislang an den Ahlhorner Fischteichen gefunden. 27 Wasser- und Uferpflanzen der mehr als 230 nachgewiesenen Gefäßpflanzen gelten nach der Roten Liste der gefährdeten Gefäßpflanzen für Niedersachsen und Bremen als gefährdet.

Beobachtungsmöglichkeiten

Die Ahlhorner Fischteiche sind durch verschieden lange Wanderwege erschlossen. Ein schöner Rundwanderweg durch das nordwestliche Teichgebiet ist der 5 km lange, blau markierte „Fischteich-Weg". Auf meist ebenen Sandwegen ist dieser Weg gut begehbar. Er beginnt am Parkplatz „Am Karpfen" (1). Folgt man der Runde im Uhrzeigersinn so geht man 200 m entlang der Straße „Baumweg" nach Westen, um dann rechts in den Wald abzubiegen. Nun führt der Weg durch den Bruchwald im Tal der Lethe über eine Holzbrücke. Kurze Zeit später erreicht man das Teichgut am Kirchteich. Rechterhand befindet sich ein kleiner Beobachtungsturm (2), von dem aus man dieses Gewässer gut überblicken kann. Auf dem Fischteich-Weg geht man links weiter in Richtung Nordwesten. Gut 500 m weiter ist der Schilfteich erreicht. Hier lassen sich je nach Wasserstand oft verschiedene Enten- oder Limikolenarten beobachten, Reiher sind zahlreich. Dies ist auch eine gute Stelle für Schellenten. Nachdem der Weg nach links abgeknickt ist, erreicht man mit dem Schwanensee (3) die größte Wasserfläche der Ahlhorner Fischteiche. Hier sollte man sich etwas Zeit nehmen

Schellenten brüten bereits seit 1967 an den Ahlhorner Fischteichen. Foto: E. Lietzow. Weser bei Petershagen, 1.2.2013.

und die große Wasserfläche intensiv nach verschiedenen Wasservogelarten absuchen. Graugänse sind hier zeitweise sehr zahlreich zu beobachten. Der Rundweg führt anschließend um den Schwanensee herum. Im Nordteil sollte man bei den knorrigen Eichen genauer auf die Rufe von Schwarz- und Mittelspechten achten. Man passiert als nächstes das Nordufer des Helenensees (4), bevor der Weg nach Süden abknickt und über den Hubertusteich (5) schließlich im Uhrzeigersinn wieder zurück zum Wegekreuz am Beobachtungsturm am Kirchteich (2) führt. Das letzte Stück geht man auf bekanntem Weg über die Holzbrücke im Lethetal bis zum Parkplatz zurück.

Die Ahlhorner Fischteiche können auch auf weiteren, zwischen 1,6 und 5 km langen Wanderwegen erkundet werden. Alle Wege sind farblich markiert und ausreichend gekennzeichnet. Genauere Informationen bieten im Gebiet verteilte Informationstafeln mit Übersichtskarte.

Blick in die Umgebung

Fast unmittelbar an das Gebiet der Ahlhorner Fischteiche schließt sich südlich der „Urwald Baumweg" an, ein Eichen-Hainbuchen-Hutewald mit über 250 Jahre alten Eichen. Früher wurde hier Vieh in den Wald getrieben, das durch Abweiden des jungen Bewuchses zu eigentümlichen Wuchsformen der Bäume führte. Neben den mächtigen Bäumen tragen große Adlerfarnbestände zum märchenhaften Bild des Geländes bei. Ebenfalls vom Parkplatz „Am Karpfen" (1) ist der Wald über überwiegend gut ausgebaute, teilweise befestigte Wanderwege zugänglich. Insgesamt 28 ha des Naturwaldes sind bereits seit mehr als 120 Jahren ohne forstliche Nutzung. Die bereits beschriebenen Waldvogelarten wie Schwarzspechte, Mittelspechte, Waldlaubsänger und Trauerschnäpper lassen sich hier gut beobachten.

Christopher König, Christoph Moning, Christian Wagner, Felix Weiß

Infomaterial/Literatur

www.teichwirtschaft-ahlhorn.de/fileadmin/doku/Benutzergruppen/Ahlhorn/Endfassung_Wanderkarte_Ahlhorner_Fischteiche_14.7.11.pdf

Anfahrt

Mit Bahn und Bus

Mit öffentlichen Verkehrsmitteln sind die Ahlhorner Fischteiche nur unzureichend erreichbar. Lediglich in Kombination mit einem Fahrrad lassen sich kilometerlange Fußwege vermeiden. Der nächstgelegene Bahnhof ist Ahlhorn. Von hier wird auch die den Fischteichen nächste regelmäßig angefahrene Bushaltestelle „Hoheging B 213" angefahren, die jedoch rund 5,5 km von den Fischteichen entfernt ist.

Mit dem Auto

Mit dem Auto sind die Ahlhorner Fischteiche sehr gut erreichbar. Von der Autobahn 29 nimmt man die Ausfahrt 20 „Ahlhorn" und folgt der Bundesstraße 213 für einen knappen Kilometer in Richtung Cloppenburg. Hier biegt man rechts ab in die Straße „Zu den Fischteichen". Die Ahlhorner Fischteiche sind hier bereits ausgeschildert. Die Straße endet nach 3,5 km am Parkplatz „Am Karpfen" (1), Ausgangspunkt für die oben beschriebenen Wanderungen.

Adressen

Niedersächsisches Forstamt Ahlhorn – Teichwirtschaft Ahlhorn, Baumweg 5, 49685 Emstek; Tel.: 04435/971909-25; www.teichwirtschaft-ahlhorn.de

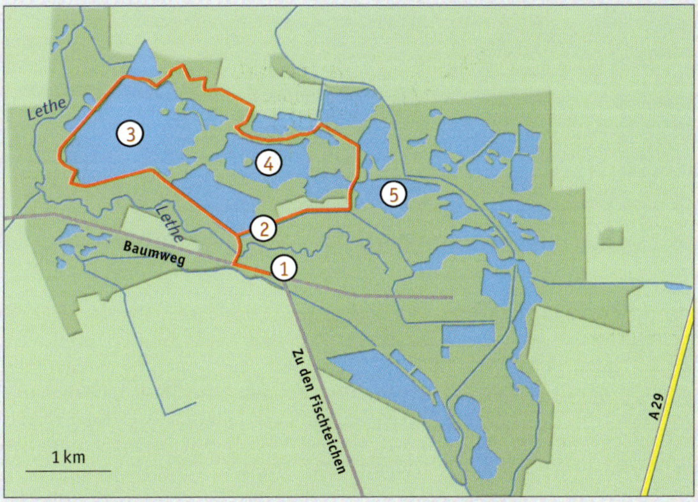

GPS		
Parkplatz „Am Karpfen" (1)	52°55'28" N	8°8'20" O
Beobachtungsturm Kirchteich (2)	52°55'35" N	8°8'13" O

Auf den meist unbefestigten, aber gut begeh- und teilweise auch befahrbaren Wegen lässt sich die Lüneburger Heide ideal erkunden. Foto: C. König. 22.4.2017.

Die Lüneburger Heide

Vogelbeobachtung in den größten Heideflächen Mitteleuropas

Im Nordosten Niedersachsens liegt in den Einzugsbereichen der Städte Hamburg, Bremen und Hannover die flachwellige Heide-, Geest- und Waldlandschaft der Lüneburger Heide. Bis zum Beginn des 19. Jahrhunderts waren weite Teile Norddeutschlands mit Heideflächen bedeckt. Heute sind davon nur noch Restflächen übrig – die größten im Bereich der Lüneburger Heide. Die historische Kulturlandschaft bietet nicht nur eindrucksvolle Lebensräume, sondern auch eine ganz besondere Vogelwelt. Als Naherholungsziel, aber auch Urlaubsregion besuchen die Lüneburger Heide jährlich mehrere Millionen Menschen. Entsprechend gut ausgebaut ist die Infrastruktur, sodass sich interessante Habitate und Beobachtungsorte für einige seltene und andernorts schwer zu beobachtende Brutvögel gut erreichen lassen.

Der geologische Untergrund der heute von Offenland geprägten Kulturlandschaft der Lüneburger Heide entstand durch Eis- und Geröllmassen während der Saale- und Weichsel-Kaltzeit. Massen von Sand und Steinen türmten sich dabei zur höchsten Erhebung der nordwestdeutschen Tiefebene auf, dem 169 m hohen Wilseder Berg. Nach dem Abschmelzen der Gletscher und dem Ende der Eiszeiten breitete sich eine undurchdringliche Landschaft aus Mischwald, Mooren und Bachläufen aus.

Doch bereits in der Jungsteinzeit siedelten sich erste Heidebauern an, rodeten den Wald und betrieben Ackerbau. Mangels Dünger mussten ausgelaugte Flächen der Natur überlassen werden – an diesen Stellen breitete sich die Besenheide aus und eroberte nach und nach die Landschaft. Im Mittelalter änderte sich die Landnutzung. Heidschnucken, eine anspruchslose Schafrasse, dienten als Wolllieferant und Düngerproduzent für den Ackerbau. Um die Masse des Düngers zu erhöhen, wurde der Schafkot mit Heidekraut samt Humusschicht gestreckt. Durch die sogenannten Plaggenhiebe zum Abtragen des Oberbodens wurde die Regenerationskraft der Böden nach und nach erschöpft, was zur weiteren Ausbreitung der Besenheide führte. In den großflächig baumlosen Heideflächen wurde außerdem Bienenwachs und Honig erzeugt. Mitte des 18. Jahrhunderts hatte die Heide ihre größte Ausdehnung erreicht. Anfang des 19. Jahrhunderts änderte sich die Lage für die Heidebauern jedoch drastisch. Durch Merinowolle aus Australien, Petroleum und Rohrzucker sank die Nachfrage nach den in der Lüneburger Heide hergestellten Produkten drastisch. Viele Bauern verkauften ihr Land und weite Flächen wurden aufgeforstet. Diese Entwicklung bedeutete das Ende für viele Heideflächen Norddeutschlands. In der Lüneburger Heide gründete sich jedoch bereits im Jahr 1909 der Verein Naturschutzpark und kaufte erste Flächen um den Wilseder Berg, um die noch bestehenden Heideflächen zu erhalten. Dies war der Ausgangspunkt für die Er-

Birkhühner gehören wohl zu den begehrtesten Vogelarten der Lüneburger Heide. In den weiten Heideflächen südlich von Undeloh hat man im Morgengrauen gute Chancen auf eine Beobachtung. Foto: C. Robiller. Schweden, 22.9.2005.

haltung einer der größten Heideflächen Europas, die sich auf insgesamt 230 km^2 erstreckt. Die Schutzverordnung des Naturschutzgebietes Lüneburger Heide trat schon 1922 in Kraft. Damit gehört das Naturschutzgebiet zu den Ältesten in ganz Deutschland.

Die Heidelandschaft ist durch den Menschen entstanden und kann im derzeitigen Zustand auch nur durch ihn erhalten werden. Ohne Pflegemaßnahmen vergrasen und verbuschen die Heideflächen und es kommt langfristig zur Waldbildung. Um die Flächen offen zu halten, müssen daher Pflegemaßnahmen zum Nährstoffentzug durchgeführt werden. Zu diesen umfangreichen Maßnahmen zählt die Beweidung mit Heidschnucken und Pferden, die Entkusselung (das Entfernen von Pioniergehölzen per Hand), die Mahd , das Abplaggen (der maschinelle Abtrag der Humusauflage) sowie das gezielte Abbrennen zur Verjüngung der überalternden Heidebestände.

Das Pietzmoor am Südrand des Naturschutzgebietes Lüneburger Heide ist ebenfalls nach der Weichsel-Kaltzeit entstanden, als sich durch den Zusammenschluss mehrerer Quellen ein Niedermoor bildete. Im Laufe von mehreren Tausend Jahren entwickelte sich eine mächtige Pflanzendecke und die Moorfläche verlor den Kontakt zum Grundwasser. Seit etwa 5000 Jahren ist das Pietzmoor ein nur noch durch Regenwasser gespeistes Hochmoor. Ab dem 16. Jahrhundert und bis in die 1960er Jahre diente es den umliegenden Höfen und Ortschaften zur Gewinnung von Brenntorf. Ökologische Konsequenzen ergaben sich aber erst Mitte des 19. Jahrhunderts, als tiefe Entwässerungsgräben gezogen wurden und Dämme den Abtransport des Torfs erleichterten. Bis 1960 wurden 20 bis 25 % des Pietzmoores abgetorft, auch wenn der industrielle Abbau mangels Renta-

Typische Vogelarten der Lüneburger Heide, deren Status und günstige Beobachtungszeit (in Klammern)
h = häufiger, r = regelmäßiger, s = seltener; B = Brutvogel, N = Nahrungsgast, D = Durchzügler, W = Wintergast

Art	Status (beste Beobachtungszeit)
Krickente	rB (Mrz.–Nov.)
Birkhuhn	rB (ganzjährig)
Kornweihe	rD, sW (Okt.–Mrz.)
Rotmilan	rB (Feb.–Okt.)
Baumfalke	rB (Mai – Okt.)
Kranich	rB (Mrz.–Okt.)
Großer Brachvogel	sB (Mrz.–Aug.)
Waldschnepfe	rB (Mrz.–Jun.)
Waldwasserläufer	sB (Apr.–Aug.)
Turteltaube	sB (Mai–Aug.)
Raufußkauz	rB (Mrz./Apr., Sep./Okt.)
Sperlingskauz	sB (Mrz.–Mai, Sep./Okt.)
Ziegenmelker	rB (Mai–Aug.)

Art	Status (beste Beobachtungszeit)
Wendehals	rB (Mai–Aug.)
Grünspecht	hB (ganzjährig)
Schwarzspecht	rB (ganzjährig)
Mittelspecht	rB (ganzjährig)
Kleinspecht	rB (ganzjährig)
Pirol	sB (Mai–Aug.)
Neuntöter	sB (Mai–Aug.)
Raubwürger	rW, sB (ganzjährig)
Heidelerche	rB (Mrz.–Okt.)
Ringdrossel	rD (Apr., Okt.)
Steinschmätzer	sB, rD (Apr.–Aug.)
Baumpieper	hB (Apr.–Jul.)

bilität aufgegeben wurde. Ab Mitte der 1970er Jahre wurden erste Flächen des Pietzmoores renaturiert und der Wasserhaushalt wiederhergestellt. Heute umfasst das Moor noch eine Fläche von circa 250 ha bei einer maximalen Torfmächtigkeit von 7,5 m.

Besondere Vogelarten und Reisezeit

Die Brutvogelwelt der Lüneburger Heide ist dank vieler unterschiedlicher Habitate sehr artenreich. Ein Besuch lohnt sich generell zu jeder Jahreszeit, doch ist zur Vogelbeobachtung vor allem das Frühjahr zu empfehlen. Im Spätsommer lockt die blühende Heide zahlreiche Ausflügler an, sodass die Zeit von Ende März bis Anfang Juni zu bevorzugen ist. In den Wintermonaten geht es in der Heide eher ruhig zu. Neben den ganzjährig ausharrenden Birkhühnern sollte man zu dieser Zeit auch auf überwinternde Kornweihen und Raubwürger achten. Erst wenn die Tage länger werden, steigt die Aktivität der Vögel wieder merklich an. Neben dem Trommeln und Rufen von Grün-, Schwarz-, Mittel- und Kleinspechten werden ab Ende Februar auch die Eulen langsam aktiv. In den großen Wäldern können mit Glück Raufuß- und Sperlingskäuze gehört werden. Deutlich vielfältiger wird das Vogelkonzert dann mit dem Durchzug und der Rückkehr der Zugvögel im April und Mai. Als Gäste rasten Ringdrosseln dann regelmäßig in der offenen Landschaft. In den Heideflächen erreicht die Balz der Birkhähne ihren Höhepunkt. Dazu erklingt vielerorts der Gesang von Feld- und Heidelerchen. Baumpieper sind allgegenwärtig. Im Pietzmoor flöten Große Brachvögel und man sollte auf Waldwasserläufer achten. In der Abend- oder Morgendämmerung balzen Waldschnepfen über den Baumkronen. In den Randbereichen der Heideflächen sind dann die Ziegenmelker aktiv. Im Sommer wird es in der Vogelwelt ruhiger und in der Heide durch die Heideblüten-Touristen recht trubelig.

Beobachtungsmöglichkeiten

Im Gegensatz zu ähnlichen Lebensräumen auf Truppenübungsplätzen in der Umgebung, ist die Lüneburger Heide gut öffentlich zugänglich. Dennoch sind große Bereiche autofrei. Fortbewegen kann man sich daher entweder zu Fuß, mit dem Fahrrad oder den Heide-Kutschen, die an allen Parkplätzen rund um das Gebiet stehen und einen ganz besonderen Naturgenuss ermöglichen. Die ausgedehnten Heideflächen lassen sich am besten vom südlichen Ortsrand von Undeloh erreichen. Dort befindet sich ein großer, kostenpflichtiger, aber preisgünstiger Parkplatz, der den idealen Startpunkt für einen Rundweg durch die Heide darstellt. Rund 500 m südlich des Parkplatzes biegt man vom Kopfsteinpflasterweg nach links ab und folgt dem Tal des Radenbachs. Durch das Habitat von Raubwürgern und Gartenrotschwänzen (1) bieten sich bereits nach kurzer Zeit lohnenswerte Einblicke in die Heideflächen (2). Ist man früh morgens unterwegs – was nicht nur die Chance auf besondere Vogelbeobachtungen, sondern auch das ungestörte Erlebnis in der Natur erhöht – sollte man zur richtigen Jahreszeit unbedingt auf die Balzgesänge der Birkhühner achten. Diese zu sehen, ist in dem hügeligen Gelände aber eine Herausforderung. Es versteht sich von selbst, dass die Wege im Naturschutzgebiet nicht verlassen werden dürfen. Entlang des Weges kann man viele heidetypische Arten entdecken. Neuntöter, Heidelerchen und Schwarzkehlchen werden von Baumpiepern übertönt. Bei den Spechten sind Schwarz-, Mittel-

Eine ausgedehnte Beobachtungstour durch die Lüneburger Heide ist nicht nur ornithologisch, sondern auch landschaftlich besonders reizvoll. Foto: C. König. 22.4.2017.

Baumpieper singen oft von exponierten Sitzwarten und sind in der Lüneburger Heide sehr einfach zu beobachten und kaum zu übersehen.

Foto: Risto / Stock.Adobe.com

und Kleinspechte sowie Wendehälse zu beobachten. Pirole sind seltene Brutvögel und leichter zu hören als zu sehen. Das gleiche gilt für Waldlaubsänger und Trauerschnäpper. Rund 2,7 km nachdem man südlich des Parkplatzes Undeloh ins Radenbachtal abgebogen war, teilt sich der Weg (3). Ab hier kann man einerseits eine 12 km lange Runde über Wilsede wandern. Dafür geht man noch 500 m weiter geradeaus, biegt am Waldrand scharf rechts ab und folgt dem Pastor-Bode-Weg bis nach Wilsede. Dort lohnt sich ein Abstecher zum Wilseder Berg (hin und zurück weitere 3 km). Wer sich lieber mit einer kürzeren Tour begnügt, geht ab der Weggabelung auf der Nordseite des Radenbachtals zurück zum Ausgangspunkt. Dieser kleinere Rundweg umfasst insgesamt etwa 6 km. Das zu erwartende Artenspektrum ist ähnlich. Es sei darauf hingewiesen, dass sich überall immer auch ein Blick in den Himmel lohnen kann. Rotmilane und Kolkraben sind Brutvögel.

Ein anderes Exkursionsgebiet ist das Pietzmoor am Rande von Schneverdingen, Luftlinie rund 15 km südwestlich von Undeloh. Es beherbergt eine reiche Auswahl typischer Moorvogelarten. Auf einem attraktiven 4,4 km langen Rundweg lässt sich das Gebiet gut erkunden. Vom Parkplatz am nordöstlichen Rand des Gebietes geht es zunächst über offene Heideflächen (4) nach Westen bis an den Rand eines Feriendorfes. Unterwegs sollte man auf Steinschmätzer achten. Anschließend führt der Weg tiefer ins Moor hinein. Auf einem relativ schmalen, aber gut ausgebauten und gepflegten Bohlenweg kann man trockenen Fußes das Pietzmoor erkunden. Immer

GPS		
Parkplatz Undeloh	53°11'33" N	09°58'37" O
Abzweig ins Tal des Radenbachs	53°11'15" N	09°58'45" O
Wegekreuz Rundweg Undeloh (3)	53°10'40" N	10°00'50" O
Heidefläche am Pietzmoor (4)	53°06'05" N	09°49'33" O
Torfstiche im Pietzmoor (5)	53°05'25" N	09°49'34" O

wieder erhält man unterwegs Einsicht in kleine und größere Torfstiche (5). Es lohnt sich, auf die hier brütenden Krickenten zu achten. Eine Besonderheit stellen die Waldwasserläufer dar. Sie verwenden alte Drosselnester zur Brut. Den Insektenreichtum nutzen Baumfalken. Weitere erwähnenswerte Brutvögel im Pietzmoor sind Kraniche und Turteltauben. Eine botanische Besonderheit ist die hier blühende Gelbe Moorlilie (*Narthecium ossifragum*).

Weitere Freizeitmöglichkeiten

Um noch etwas tiefer in die Landschaftsgeschichte der Lüneburger Heide einzutauchen und interessante Details über das Gebiet zu erfahren, lohnt sich ein Besuch des 2009 im historischen „Seume-Haus", einer Altwandererherberge, eröffneten Heide-ErlebnisZentrums in Undeloh. „Anfassen, Ausprobieren und Mitmachen!" – so betitelt das Heide-ErlebnisZentrum die eigene Ausstellung. Im Untergeschoss wird auf der „eisigen Zeitreise" die Entstehung dieser einmaligen Landschaft erklärt, im Erdgeschoss wird im „Landschaftsraum" anschließend auf die menschliche Nutzung und die besonderen Tiere und Pflanzen der Umgebung eingegangen. Der erste Stock berichtet „Von Imkern und Schäfern". Das Heide-ErlebnisZentrum in Undeloh ist täglich geöffnet und der Eintritt ist frei.

Christopher König, Christoph Moning, Christian Wagner, Felix Weiß

Infomaterial/Literatur

Lütkepohl M, Prüter J 2000: Die Vögel im Naturschutzgebiet Lüneburger Heide. Hauschild-Verlag, Bremen.

Moning C, Weiß F 2007: Vögel beobachten in Norddeutschland. Franckh-Kosmos-Verlag, Stuttgart.

Anfahrt

Mit Bahn und Bus

Für Undeloh empfiehlt sich der von Bremen und Hamburg gut erreichbare Bahnhof Tostedt. Das Pietzmoor ist vom Bahnhof Schneverdingen ideal erreichbar. Vom 15. Juli bis 15. Oktober verkehren in der Lüneburger Heide vier kostenlose Ringbuslinien („Heide-Shuttle"). Fahrräder können problemlos mitgenommen werden und man kann beliebig zu- und aussteigen, hat allerdings aufgrund des erst späten Betriebsbeginns so keine Gelegenheit, bereits in der Morgendämmerung im Gebiet zu sein. Undeloh wird dabei von den beiden Linien 2 und 3 angefahren. Zum Pietzmoor nimmt man Linie 1 bis Haltestelle „Schneverdingen Feriendorf" oder geht vom Bahnhof Schneverdingen zu Fuß. Außerhalb der Sommersaison ist der Busverkehr sehr eingeschränkt. Hier empfiehlt sich der Umstieg auf das Fahrrad.

Mit dem Auto

Über die A 7 (Hannover-Hamburg) ist die Lüneburger Heide gut über die Ausfahrt Egestorf (41) für die Fahrt nach Undeloh bzw. über die Ausfahrt Schneverdingen (43a) für das Pietzmoor erreichbar.

Adressen

www.naturpark-lueneburger-heide.de bietet viele Informationen rund um die Lüneburger Heide mit Tipps zu Wanderwegen, Informationen zu Kutschfahrten und dem Fahrplan des Heide-Shuttles.

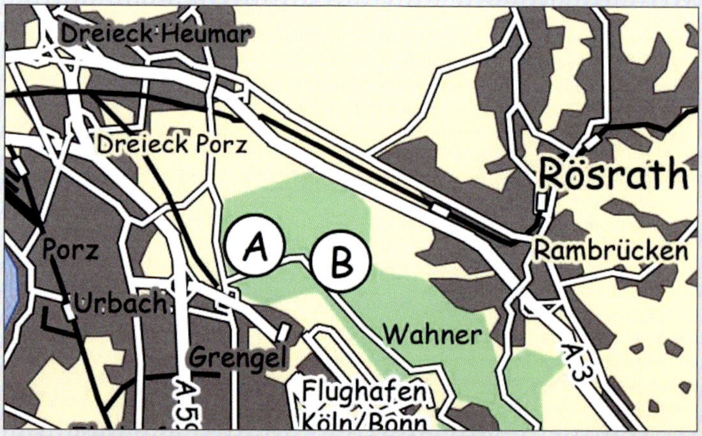

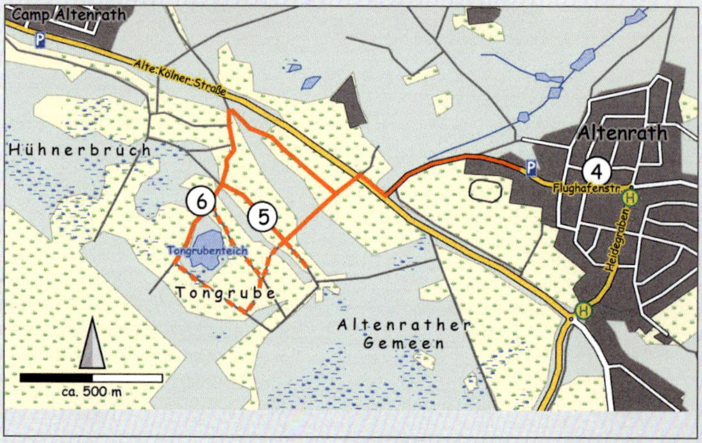

Der Bohlenweg durch den Langwarder Groden. Wattwanderung mit sauberen Füßen. Foto: F. Weiß. Juni 2017.

Der Langwarder Groden

Dem Meer ein Stück zurückgegeben

Im Langwarder Groden ganz im Norden der Halbinsel Butjadingen wurde 2013/2014 ein Abschnitt des Sommerdeichs abgetragen und 140 ha ausgesüßte Mähwiesen verwandelten sich zurück zu einer dynamischen Landschaft mit Salzwiesen, Prielen und Wattflächen. Ein Tabubruch und eine Kehrtwende im Küstenschutz. Die Vogelwelt hat von dem Projekt, das Ausgleichsmaßnahme für den Bau des Jade-Weser-Ports in Wilhelmshaven ist, profitiert. Wie an kaum einer anderen Stelle der Niedersächsischen Küste lassen sich hier Limikolen aus kurzer Entfernung studieren. Säbelschnäbler und Sandregenpfeifer haben das Gebiet sofort als neuen Brutplatz angenommen.

Gott schuf das Meer, der Friese die Küste", spricht der Volksmund an der Nordseeküste Niedersachsens. Seit dem Mittelalter ringen die Menschen hier mit dem Meer um Land und waren dabei meist erfolgreich. Doch prägen auch viele schwere Sturmfluten die Geschichte und das Bewusstsein der Menschen bis in die 1970er Jahre. Viele Zeitzeugen haben noch die traumatischen Ereignisse der Februarsturmflut 1962 mit 340 Toten in Deutschland und die erste und zweite Januarflut 1976 in Erinnerung.

Neben den hohen Seedeichen, die das bewohnte Land schützen und die Hauptdeichlinie darstellen, gibt es an vielen Abschnitten der Niedersächsischen Küste vorgelagerte Sommerdeiche, die landwirtschaftliche Nutzflächen im Vorland gegen kleinere Sturmfluten, wie sie besonders im Sommerhalbjahr auftreten, schützen. Ein solcher Deich wurde 1933 auch an der Küste Butjadingens errichtet. Bis zu 1000 vormals arbeitslose Männer bauten den 4,2 km langen Deich – allein mit Schubkarren und Schaufeln. Für einen Sommerdeich ist er ungewöhnlich hoch und hielt sogar der Januarflut 1976 stand, sodass die 140 ha eingedeichtes Grünland mit der Zeit aussüßten und ihren ursprünglichen Salzwiesencharakter verloren. Der Langwarder Groden war entstanden.

Als die ersten Pläne zur Öffnung des Sommerdeichs als Ausgleichsmaßnahme für den Bau des Jade-Weser-Ports bei Wilhelmshaven veröffentlicht wurden, stießen sie in Butjadingen teilweise auf Ablehnung und es gründete sich sogar ein Verein gegen das Projekt. „Keen nich will dieken, de mutt wieken" (Wer nicht will deichen, der muss weichen) hieß es einst im Deichrecht und der Rückbau von Deichen stellt für einige Bewohner der Region ein Tabu dar. Viele lange Gespräche waren nötig, um einen Kompromiss zu finden, mit dem sich auch die kritischsten Einheimischen arrangieren konnten. Der Sommerdeich wurde bei der schließlich umgesetzten Variante nunmehr nur auf einem Abschnitt im östlichen Teil des Grodens abgetragen. Das dabei gewonnene Material wurde für die Erhöhung des Seedeichs verwendet und diente somit unmittelbar einer langfristigen Sicherung des Hinterlandes. Der längste Abschnitt des Sommerdeichs wurde zudem bewahrt. Die Beweidung des Vorlands mit Rindern wurde auf 70 ha des Grodens erhalten und durch zahlreiche Maßnahmen gefördert. Die Renaturierung des Grodens wurde durch den Abtrag von Boden in drei Bereichen unterstützt, die sich schnell zu Wattflächen und Pioniersalzwiesen mit Queller und Schlickgras wandelten. Ein Bohlenweg über die neu entstandenen Wattflächen, eine Brücke über den großen Priel im Groden und eine Vogelbeobachtungshütte sowie zahlreiche Infotafeln und zwei fest installierte Spektive sind in kürzester Zeit echte Publikumsmagneten für die zahlreichen Sommergäste an der Küste Butjadingens geworden. Die Öffnung des Langwarder Grodens ist ein Umdenken im Küstenschutz und vielleicht Anstoß für weitere ähnliche Projekte. Denn während die eingedeichten Gebiete an der Nordseeküste immer weiter absinken, wächst in Salzwiesen das Land durch das ständige Einschwemmen von neuem Sediment mit den Gezeiten stetig an und kann vielleicht sogar einen Teil des Anstiegs des Meeresspiegels kompensieren. Am Ende könnte die Öffnung von Deichen so einen nachhaltigeren Küstenschutz darstellen als ihr Erhalt.

Besondere Vogelarten und Reisezeit

Die Entwicklung der Vogelwelt im Groden nach der Deichöffnung wird durch ein umfangreiches Monitoringprogramm dokumentiert und man weiß gut Bescheid. Im August und September erreicht der Wegzug der arktischen Limikolen seinen Höhepunkt. Tausende Große Brachvögel, Kiebitzregenpfeifer, Alpenstrandläufer, Pfuhlschnepfen, Sandregenpfeifer und Knutts rasten dann auf den Wattflächen der Wesermündung und um die vorgelagerte Insel Mellum. Bei Hochwasser sammeln sie sich an Rastplätzen in den Salzwiesen. Löffler suchen an den Kanten der Priele und in den Pütten im Langwarder Groden nach Nahrung. Fluss- und Küstenseeschwalben jagen Garnelen und kleine Fische in den Prielen. Im September erscheinen die ersten durchziehenden Ringel- und Weißwangengänse. Pfeif- und Spießenten kehren aus ihren skandinavischen Brutgebieten zurück. Im November wird es ruhiger, doch für Vogelbeobachtungen bleibt das Gebiet interessant. Gelegentlich überwintern Sumpfohreulen im Vorland und verunsichern mit den ebenfalls überwinternden Kornweihen und Wanderfalken die rastenden Ohrenlerchen, Strandpieper und Berghänflinge. Austernfischer, Große Brachvögel, Kiebitzregenpfeifer und Alpenstrandläufer sind charakteristische Limikolen im winterlichen Wattenmeer.

Die Küste Butjadingens bildet im Frühjahr eine Leitlinie für tagziehende Vogelarten; Pieper, Stelzen, Schwalben, Finken, Lerchen und Greifvögel gehören zu den auffälligsten Durchzüglern. Regelmäßig rasten Merline im Vorland. Steinschmätzer suchen an Stellen mit offenem Boden nach Nahrung. Die Vielfalt der Limikolen ist im Mai besonders groß. Neben den gewöhnlichen Arten wie Alpenstrandläufern und Pfuhlschnepfen rasten regelmäßig auch seltenere Vertreter dieser faszinierenden Vogelgruppe wie Zwergstrandläufer, Sanderlinge oder Odinshühnchen. Sumpfläufer treten Mitte Mai regelmäßig mit wenigen Individuen auf. Für diese Art gehört der Langwarder Groden zu den besten Beobachtungspunkten in Niedersachsen.

Während die arktischen Limikolen noch auf dem Weg ins Brutgebiet sind, ist das Brutgeschäft im Langwarder Groden bereits in vollem Gange. Säbelschnäbler und Rotschenkel sind die auf-

Arktische Limikolen, wie Alpenstrandläufer und Knutts rasten bei Hochwasser im Langwarder Groden. Foto: C. Moning. Tetenbüllspieker, Juli 2009.

Säbelschnäbler sind die Charaktervögel im Langwarder Groden. Foto: Eric / Stock.Adobe.com

fälligsten Nutznießer der Deichöffnung und allgegenwärtig. Sandregenpfeifer brüten an Stellen mit offenem Boden. Uferschnepfen waren vor Öffnung des Sommerdeichs häufiger, aber brüten weiterhin mit einigen Paaren in den Salzwiesen. Feldlerchen, Wiesenpieper, Wiesenschafstelzen und Rohrammern tragen ausdauernd ihre Gesänge vor. Rohrweihen gaukeln im Jagdflug über den Salzwiesen. Ihre Brutplätze liegen teilweise auch binnendeichs. Lachmöwen brüten in stark schwankender Zahl im Gebiet.

Beobachtungsmöglichkeiten

Ausgangspunkt für die Erkundung des Langwarder Grodens ist der Parkplatz an der Schäferei (1), der durch ein Kunstwerk in Form von zeltförmig zusammengeneigten Eisenstäben in der sonst etwas einförmigen Landschaft leicht erkennbar ist. Vom Parkplatz führt eine breite Rampe über den Seedeich in den Langwarder Groden. Am Deichfuß (2) informieren Tafeln über das Gebiet, es gibt Fahrradständer und gegen Pfand ausleihbare Wattkarren. Von hier führt der Weg geradeaus in die Salzwiese. Nach 300 m zweigt links der Bohlenweg (3) durch das Watt ab, der ein Besuchermagnet im Langwarder Groden geworden ist. Trotz der zahlreichen Menschen lassen sich hier Säbelschnäbler und Rotschenkel schön bei der Nahrungssuche beobachten. Der Bohlenweg führt in einem Halbbogen zurück zum Hauptweg und wenige Meter weiter führt auf der Linken eine massive Holzbrücke über den großen Priel, der den Langwarder Groden an die Nordsee anbindet. Auf dem alten Sommerdeich ist eine Holzplattform

Typische Vogelarten im Langwarder Groden, deren Status und günstige Beobachtungszeit (in Klammern)
h = häufiger, r = regelmäßiger, s = seltener, B = Brutvogel, W = Wintergast, D = Durchzügler, N = Nahrungsgast

Art	Status (beste Beobachtungszeit)
Löffler	rN (Apr.–Sep.)
Ringelgans	rW, hD (Okt.–Mai)
Brandgans	hB, hD, hW (ganzjährig)
Pfeifente	hW, hD (Sep.–Apr.)
Kornweihe	rW (Sep.–Apr.)
Austernfischer	hB, hD, hW (ganzjährig)
Säbelschnäbler	hB, hD (Apr.–Sep.)
Großer Brachvogel	hD, hW (Jun.–Apr.)
Pfuhlschnepfe	hD (Mrz.–Mai, Jul.–Okt.)
Knutt	hD, rW (Aug.–Mai.)
Kiebitzregenpfeifer	hD, rW (Aug.–Mai)

Art	Status (beste Beobachtungszeit)
Sandregenpfeifer	rB, hD (Mrz.–Okt.)
Alpenstrandläufer	hD, rW (Aug.–Mai)
Sumpfläufer	sD (Mitte Mai)
Lachmöwe	rB, hD, sW (ganzjährig)
Sumpfohreule	sW (Okt.–Mrz.)
Feldlerche	hB, hD (Mrz.–Okt.)
Ohrenlerche	rD, sW (Okt.–Mrz.)
Strandpieper	hW (Okt.–Mrz.)
Wiesenpieper	hB, hD (Mrz.–Okt.)
Berghänfling	rD, sW (Okt.–Mrz.)
Schneeammer	rD, sW (Okt.–Mrz.)

Aus der Beobachtungshütte (8) lassen sich Limikolen auf kurze Distanz beobachten. Foto: F. Weiß. Juni, 2014.

mit fest installiertem Spektiv errichtet worden (4). Besonders im Frühjahr eignet sich dieser Ort gut, um in den Morgenstunden ziehende Singvögel zu beobachten. Durch ein breites Vorland mit unbeweideten Salzwiesen, in denen die Vögel schwer zu beobachten sind, ist man hier allerdings von den Wattflächen getrennt. Zur Brutzeit sind Feldlerchen, Wiesenpieper und Rotschenkel allgegenwärtig. Rohrweihen patrouillieren über den Wiesen.

Zurück über die Brücke verläuft der Weg weiter entlang des Priels nach Osten. Auf diesem Abschnitt wurde der alte Sommerdeich abgetragen. Nach 800 m gabelt sich der Weg, dem man nach links bis zu einigen Infotafeln folgt (5). Der Priel aus dem Langwarder Groden mündet hier in den Hafenpriel von Fedderwardersiel. Die Wattflächen jenseits des Hafenpriels liegen recht hoch und werden bei auflaufendem Wasser erst spät überflutet, sodass sich hier viele Limikolen sammeln bevor sie an die Hochwasserrastplätze fliegen. Ab drei Stunden vor Hochwasser bieten sich gute Beobachtungsmöglichkeiten. In der Salzwiese liegen hier einige Pütten als Überbleibsel von Bodenentnahme für den Deichbau. In manchen Jahren brüten hier Säbelschnäbler und Lachmöwen. Der Weg verläuft weiter an der Vorlandkante bis zur Hafeneinfahrt von Fedderwardersiel (6) vorbei an einer weiteren Pütte. In Fedderwardersiel liegt auf der anderen Hafenseite ein Nationalpark-Informationszentrum (7) mit einigen Aquarien und einer Ausstellung zur Geschichte der Region. Der Hafen kann auch direkt mit dem Auto angefahren werden. Der Rückweg zum Ausgangspunkt (2) erfolgt über den breit ausgebauten Weg am Deichfuß. Den westlichen Teil des Langwarder Grodens erkundet man ebenfalls über

Grünschenkel sind auf dem Wegzug häufige Gäste im Langwarder Groden. Foto: C. Moning. Bornholm, 19.8.2010.

den Weg am Deichfuß. Nach 1 km zweigt rechts ein Stichweg zu einem Beobachtungsversteck (8) ab. Dies ist der spannendste Beobachtungspunkt im Langwarder Groden. Limikolen sammeln sich bei auflaufendem Wasser auf den Wattflächen vor der Hütte und lassen sich dann auf kurze Distanz studieren. Neben Alpenstrandläufern, Pfuhlschnepfen, Kiebitzregenpfeifern, Grünschenkeln und Knutts rasten, besonders im Mai, regelmäßig auch seltenere Arten wie Löffler, Zwergstrandläufer, Sanderlinge oder sogar Sumpfläufer. Allerdings kann bei ungünstigen Wasserständen oder außerhalb der Zugzeiten auch gähnende Leere vor dem Versteck herrschen.

Zurück am Deich verläuft der Weg weiter nach Westen. In den Salzwiesen am Weg brüten Sandregenpfeifer und Säbelschnäbler. Nach weiteren 1,7 km zweigt rechts ein Weg durch die Salzwiesen zur Vorlandkante (9) ab. Dieser Bereich ist für Vogelbeobachtungen weniger ergiebig doch rasten im Winterhalbjahr oft Ringelgänse im Vorland und bei Hochwasser Silber-, Sturm- und Lachmöwen. Bei (10) endet die Salzwiese abrupt. Der Rückweg erfolgt ebenfalls entlang des Deiches oder durch das Binnenland über Langwarden. Hierbei kommt man an einigen jungen Pütten (11) vorbei, die bei der Erhöhung des Seedeichs entstanden sind. Die verschilften Ränder der Pütten beherbergen Blaukehlchen und Schilfrohrsänger. Auf den Wasserflächen schwimmen Zwergtaucher und verschiedene Gründelenten. Zu den Zugzeiten rasten Waldwasserläufer und Flussregenpfeifer.

Weitere Freizeitmöglichkeiten

Ein Besuch im Klimahaus in Bremerhaven ist die perfekte Ergänzung zu einer Exkursion in den Langwarder Groden. Ist doch der Umgang mit dem Klimawandel und dem Anstieg des Meeresspiegels ein wesentlicher Antrieb für das Projekt Langwarder Groden. Im Klimahaus Bremerhaven erfährt man nicht nur viel theoretischen Hintergrund zum Klimawandel, sondern erlebt auch hautnah verschiedene Klimazonen auf einer Reise entlang des 8. Längengrades um die Welt.

Felix Weiß, Christopher König, Christoph Moning, Christian Wagner

Anfahrt

Mit Bahn und Bus

Vom Bahnhof in Nordenham verkehren Busse nach „Fedderwardersiel Ort". Der Langwarder Groden lässt sich von der Haltestelle aus gut zu Fuß erkunden.

Mit dem Auto

Der Langwarder Groden liegt abgelegen im äußersten Norden der Halbinsel Butjadingen. Von Bremen und Oldenburg dauert die Anfahrt jeweils eine Stunde und selbst von den scheinbar nahen Städten Wilhelmshaven und Bremerhaven ist man nicht viel schneller im Gebiet. Parkmöglichkeiten bestehen am Hafen in Fedderwardersiel und am Seedeich mittig am Langwarder Groden.

Adressen

Nationalpark-Haus Museum Fedderwardersiel, Am Hafen 4, 26969 Butjadingen,
Tel.: 04733-8517, info@museum-fedderwardersiel.de

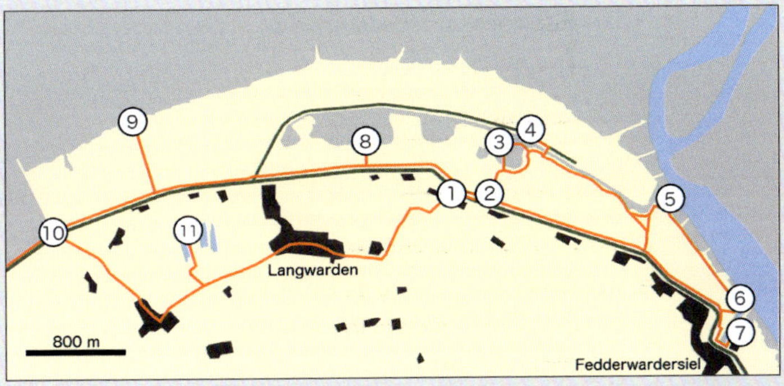

GPS		
Parkplatz (1)	53°36'27.00" N	8°19'19.00" O
Nationalpark-Informationszentrum (7)	53°35'48.00" N	8°21'19.00" O
Beobachtungshütte (8)	53°36'39.00" N	8°18'44.00" O
Klimahaus Bremerhaven	53°32'36.00" N	8°34'27.00" O

Infomaterial/Literatur

Dierschke J, Lottmann R, Potel P 2008: Vögel beobachten im Nationalpark Niedersächsisches Wattenmeer, Florian Noetzel Verlage, Wilhelmshaven.
Reise K 2015: Kurswechsel Küste. Was tun, wenn die Nordsee steigt? Wachhholtz Verlag, Kiel.

Wir bedanken uns bei Susanne Koschel und Volker Bohnet für viele Informationen über das Gebiet und Unterstützung bei der Recherche.

Von Gräben und Hecken durchzogene Feuchtwiesen prägen die Landschaft des Drömlings. Foto: C. König. 11.6.2017.

Der Drömling in Niedersachsen und Sachsen-Anhalt

Im Land der tausend Gräben

Im Grenzbereich von Niedersachsen und Sachsen-Anhalt, 20 km nordöstlich von Wolfsburg, hat in der Drömlingsniederung eine vielfältige Landschaft vergangener Jahrzehnte überlebt. Das Mosaik aus mit Hecken durchsetzten Wiesen und Weiden, Äckern und kleinen Waldgebieten, die von unzähligen Gräben und Kanälen durchzogen werden, dient einer Vielzahl von Vogelarten zur Brut, Rast und Überwinterung. Der Drömling ist in mehrfacher Hinsicht eine Grenzregion. Die politische Grenze ist seit der Wiedervereinigung zum Glück Geschichte, weiterhin ist die Niederung aber eine naturräumliche Grenze und zahlreiche Tier- und Pflanzenarten finden hier den westlichen oder östlichen Rand ihrer Verbreitung. Der Drömling zählt zum atlantischen Klimabereich, kontinentale Einflüsse sind jedoch bereits deutlich vorhanden. Vor allem Schlagschwirle, Sperbergrasmücken und Ortolane zählen zu den bemerkenswerten Brutvögeln des Gebiets. Ein Besuch ist das ganze Jahr über lohnenswert. Zur Brutzeit ist das Naturerlebnis besonders beeindruckend, doch auch das Winterhalbjahr hat im Drömling seine Reize.

Zum Ende der Weichsel-Kaltzeit, der letzten Vergletscherung in Nord- und Mitteleuropa, bildete sich im Bereich des Drömlings ein See, der sich durch Versumpfung und Verlandung zu einem Moor wandelte. Lange Zeit war das Gebiet eine unzugängliche Wildnis aus Moorflächen und Sumpfwald. Siedlungstätigkeiten wurden durch die ungünstigen natürlichen Verhältnisse bis ins 18. Jahrhundert außerordentlich erschwert. Die Nutzung des Gebiets bestand bis dahin fast ausschließlich in der Holzgewinnung aus den großen Erlenbruchwäldern. Nur vereinzelt wurde Viehhaltung und in den Randbereichen Wiesennutzung betrieben. Bauern und Gutsbesitzer wandten sich Mitte des 18. Jahrhunderts schließlich mit einer Petition an den Preußenkönig Friedrich II., der daraufhin die Urbarmachung des Drömlings anordnete. Im Zuge der folgenden, mehrere Jahrzehnte dauernden Trockenlegungsmaßnahmen, wurden rund 200 km Gräben und Kanäle angelegt. Dennoch kam es immer wieder zu größeren Überschwemmungen. Aus diesem Grund folgte ab 1860 eine weitere große Trockenlegung. In dieser Phase entstanden die heute noch vielerorts das Landschaftsbild prägenden Moordammkulturen. Dabei wurden 25 m breite und teils mehr als einen Kilometer lange Dämme mit beidseitig 5 m breiten und bis zu 2 m tiefen Gräben angelegt und die Landschaft auf diese Weise großflächig entwässert. Die nutzbar gemachten Flächen wurden als Weiden und zum Ackerbau genutzt. Die Moordammgräben dienten der Fischzucht. Der landwirtschaftliche Aufschwung führte auch zu einer Verbesserung der Verkehrsanbindung. Diese fand ab 1928 durch den Bau des Mittellandkanals ihren Höhepunkt, der in einer Schleife durch die Niederung geführt wurde, um die Hochwasserableitung zusätzlich zu verbessern. Während und nach dem 2. Weltkrieg wurde die Unterhaltung des Grabensystems im Drömling stark vernachlässigt, was mehrfach zu längeren Überschwemmungen führte. Durch diesen Umstand und die folgende Zeit der innerdeutschen Grenze entwickelte sich eine ungestörte Rückzugszone für Tiere und Pflanzen. Um die staatlichen Planauflagen der Landwirtschaftlichen Produktionsgenossenschaften erfüllen zu können, begann Anfang der 1960er Jahre eine erneute Trockenlegung mit der Anlage und Wiederherstellung von rund 200 km Gräben. Vor allem in den 1970er und 1980er Jahren wurden zahlreiche Grünlandflächen in Äcker umgewandelt. Die durch die umfangreichen Maßnahmen erhofften Ertragssteigerungen blieben jedoch aus. Stattdessen musste man sich wenige Jahre später eingestehen, dass eine zu scharfe Entwässerung vorgenommen worden war. Dieser versuchte man mit der Anlage von Stauanlagen vergeblich entgegenzuwirken.

Erst der politische Umbruch brachte 1989 auch für den Drömling die „Wende". Mit der Ausweisung des Naturparks Drömling wurden 1990 in die bis dahin rein landwirtschaftlich ausgerichtete Nutzung auch Wasserwirtschaft, Naturschutz und Tourismus einbezogen. 2005 entstand im sachsen-anhaltinischen Teil mit der Erweiterung bestehender Gebiete ein mehr als 100 km² großes Naturschutzgebiet in dessen Kernzone (Totalreservat) sich langfristig ein Erlenbruchwald entwickeln soll. Auch im niedersächsischen Teil des Drömlings bestehen mehrere Naturschutzgebiete, die durch zusätzliche Neuausweisungen erweitert werden sollen. Die Einrichtung eines länderübergreifenden UNESCO-Biosphärenreservats Drömling ist in Planung. Erste Entwürfe wurden 2016 vorgestellt. Der Drömling ist außerdem Teil des „Grüne Bandes", des längsten Biotopverbund Deutschlands, entlang der ehemaligen innerdeutschen Grenze.

Schlagschwirle können im Drömling am westlichen Rand ihrer Verbreitung beobachtet werden. Foto: C. Moning. Isarmündung, 11.5.2010.

Heute dominiert auf mehr als 80 % der Fläche des Drömlings die Landwirtschaft mit etwa gleichen Anteilen von Grünland und Ackerflächen. Ein großer Teil des Grünlandes ist über Vertragsnaturschutz an eine extensive Nutzungsform gebunden, was zu einer Verschiebung der Artenzusammensetzung zugunsten der Kräuter geführt hat. Wegen des geringeren Aufwuchses haben sich die Bedingungen für Wiesenbrüter dadurch verbessert. Neben diesem landschaftsprägenden Habitat finden sich im Drömling auch bundesweit bedeutsame Bruchwaldbestände und Großseggenrieder.

Besondere Vogelarten und Reisezeit

Um eine Vielzahl verschiedener Vogelarten und die Besonderheiten des Gebietes zu sehen, ist ein Besuch im Mai besonders zu empfehlen. Selbst die späten Heimkehrer unter den Zugvögeln besetzen zu dieser Zeit ihre Reviere und

Typische Vogelarten des Drömlings, deren Status und günstige Beobachtungszeit (in Klammern)
h = häufiger, r = regelmäßiger, s = seltener; B = Brutvogel, N = Nahrungsgast, D = Durch-zügler, W = Wintergast

Art	Status (beste Beobachtungszeit)
Singschwan	hW (Okt.–Feb.)
Zwergschwan	rW (Okt.–Feb.)
Tundrasaatgans	hW (Okt.–Feb.)
Blässgans	hW (Okt.–Feb.)
Rotmilan	hB, sW (ganzjährig)
Schwarzmilan	rB (Apr.–Jul.)
Seeadler	sB, rN (ganzjährig)
Baumfalke	rB (Mai–Aug.)
Kranich	rB, hD, sW (ganzjährig)
Großer Brachvogel	sB, rD (Mrz.–Sep.)
Bekassine	hB, rD (Mrz.–Jun.)
Schwarzspecht	rB (ganzjährig)

Art	Status (beste Beobachtungszeit)
Kleinspecht	hB (ganzjährig)
Pirol	hB (Mai–Aug.)
Neuntöter	hB (Mai–Aug.)
Kolkrabe	rB (ganzjährig)
Feldschwirl	hB (Apr.–Aug.)
Schlagschwirl	rB (Mai–Jul.)
Drosselrohrsänger	rB (Mai–Aug.)
Sperbergrasmücke	sB (Mai–Aug.)
Schwarzkehlchen	hB (Mrz.–Okt.)
Braunkehlchen	rB, rD (Mai–Sep.)
Ortolan	rB (Mai–Aug.)

machen durch ihre Gesänge auf sich aufmerksam. Am Himmel wird man immer wieder Rotmilane entdecken, die im Drömling in großer Zahl brüten. Auch Schwarzmilane und Baumfalken kommen vor und mit Glück lässt sich einer der Seeadler sehen, die seit einigen Jahren hier brüten. Ganzjährig nutzen Kraniche den Drömling – einerseits als Brutvögel mit positivem Bestandstrend, darüber hinaus aber auch zu den Zugzeiten zur Rast und in milden Wintern auch in kleiner Zahl als Überwinterungsgebiet. Unter den Limikolen sind gute Brutbestände von Bekassinen erwähnenswert. Ansonsten brüten Kiebitze und Große Brachvögel, die beide im Frühjahr und Herbst auch als Durchzügler im Drömling zu Gast sind. Kuckucke machen durch ihre bekannten Gesänge auf sich aufmerksam. Schwieriger zu entdecken sind da schon die schillernden Eisvögel. In geringer Zahl brüten Wendehälse im Drömling, und auch Schwarz- sowie seltener Grau- und Mittelspechte und in recht großer Zahl Kleinspechte kommen vor. Grundsätzlich schwer zu beobachten sind die scheuen Pirole. Dank ihrer Häufigkeit im Gebiet hat man im Drömling dennoch gute Chancen. Kaum zu übersehen sind hingegen die in großer Zahl brütenden Neuntöter. Die Heckenstrukturen im Drömling bieten ihnen ideale Lebensräume. Ganzjährig sieht man Kolkraben am Himmel kreisen oder hört ihre weit schallenden Rufe. Ebenfalls vor allem akustisch sind Feld- und Schlagschwirle zu entdecken. Letztere gehören sicher für viele Beobachter zu den ornithologischen Attraktionen des Drömlings. Ebenfalls ansonsten weiter östlich deutlich einfacher zu beobachten sind Drosselrohrsänger. Ihr lauter, harter Gesang verrät ihre Anwesenheit in einigen Schilfbereichen. Sperbergrasmücken brüten im Drömling am Westrand ihrer Verbreitung. Man braucht Glück, um sie zu beobachten. Die Kenntnis des Gesangs und der Rufe kann auch hier bei der Suche sehr hilfreich sein. Offene Sitzwarten bevorzugen Schwarz- und Braunkehlchen. In einigen Bereichen des Drömlings runden Ortolane die Liste der Brutvogelarten ab.

Aber auch im Winter bietet der Drömling einige ornithologische Besonderheiten. Bis zu mehrere Hundert Singschwäne und in geringerer Zahl auch Zwergschwäne nutzen das Gebiet zur Rast und Überwinterung. Ein Naturschauspiel stellen die Schlafplatzeinflüge an der Flachwasserzone Mannhausen dar. Hier finden sich im Winterhalbjahr auch Tausende Tundrasaat- und Blässgänse ein. Mehrfach wurden darunter auch seltenere Arten wie Kurzschnabel- und Rothalsgänse entdeckt. Tagsüber wird man auf dem Gewässer hier überwinternde Pfeifenten und einige Gänsesäger beobachten. An den Ufern der Gräben stehen Silberreiher, die ganzjährig, jedoch besonders im Winter auch in den Wiesen nach Nahrung suchen.

Beobachtungsmöglichkeiten

Der Drömling ist durch ein weites Wegenetz erschlossen. Für den Autoverkehr sind große Bereiche allerdings gesperrt und nur zu Fuß oder noch besser mit dem Fahrrad zu erkunden. Sowohl landschaftlich als auch ornithologisch ist eine Wanderung durch das Naturschutzgebiet Kaiserwinkel im niedersächsischen Teil des Drömlings lohnenswert. Ein etwa 5,5 km langer Rundweg beginnt am nördlichen Rand der Ortschaft Parsau-Kaiserwinkel (1). Während man zu Beginn in Richtung Südost an intensiver genutzten Weiden

Entlang des Allerkanals lassen sich Pirole hören und mit Glück auch beobachten. Foto: C. König. 11.6.2017.

vorbeigeht, wird das Landschaftsbild bereits nach wenigen Hundert Metern immer naturnaher. Schnell erkennt man die Überreste der historischen Moordammkulturen, mit denen der Drömling einst entwässert wurde. Die Gräben sind heute hoch angestaut und sichern so eine ausreichende Feuchtigkeit der Wiesen als Lebensraum für Amphibien, Insekten und Vögel. Wie mit dem Lineal gezogen, verlaufen Hecken von Grauweiden durch die Feuchtwiesen. Auf ihren Spitzen wachen im Sommer Neuntöter über ihre Reviere. Nach 1,8 km erreicht man einen Beobachtungsturm (2). Hier sollte man längere Zeit verweilen und nach einigen typischen Vogelarten dieser Landschaft Ausschau halten. Während Feld- und Schlagschwirle singen, klettern in den Bäumen Kleinspechte umher. In der Luft vollziehen Bekassinen ihre „meckernden" Balzflüge, aus der Ferne rufen Große Brachvögel und Kraniche. Rot- und Schwarzmilane patrouillieren.

Am Beobachtungsturm biegt man rechts ab und folgt entlang der Hecken einem Schotterweg nach Süden. Nach einem Kilometer erreicht man hinter einem Pappelwäldchen einen Radweg (3), auf dem man nach rechts in Richtung Nordwest weitergeht. In diesem Bereich sollte man einmal mehr auf Schlagschwirle achten. Mehrere Sänger sind hier recht verlässlich anzutreffen. Auch Sperbergrasmücken wurden in den letzten Jahren mehrfach in diesem Bereich gefunden. Gut einen Kilometer weiter wird die Landschaft offener und man erkennt unweigerlich die intensivere Nutzung der Flächen. Am südlichen Rand der Ortschaft verlässt man in einer Kurve vor einer kleinen Fichtenschonung (4) den Weg und geht weiter geradeaus. Am Ende biegt man auf der Straße links ab und erreicht so wieder den Startpunkt. Von der Kreuzung am Nordende von Parsau-Kaiserwinkel (1) lohnt sich noch ein kurzer Abstecher über die Grenze nach Sachsen-Anhalt: Folgt man dem Weg nach Nordosten für rund einen Kilometer, erreicht man einen Bereich, in dem Sperbergrasmücken und Ortolane brüten (5).

Knapp 20 km Luftlinie südöstlich vom NSG Kaiserwinkel entfernt, liegt im sachsen-anhaltinischen Drömling die Flachwasserzone Mannhausen bei Piplockenburg. Das insgesamt 70 ha große, als Ausgleichsmaßnahme für

Rotmilane sind im Drömling häufig und sehr zuverlässig zu beobachten.

Foto: E. Lietzow. Enger Bruch, 15.4.2013.

die Verbreiterung des Mittellandkanals angelegte Biotop, hat sich durch eine der größten Wasserflächen der Umgebung (circa 40 ha) inzwischen zu einem wichtigen Brut- und Rastplatz für Vögel entwickelt. Ein gut 6 km langer Rundweg beginnt in Piplockenburg an der Gaststätte „Drömlingsklause" (6). Gegen den Uhrzeigersinn geht man zuerst nach Süden bis zum Mittellandkanal und dann vor der Brücke nach links zwischen Flachwasserzone und Kanal entlang. Bereits nach rund 600 m erreicht man eine erhöht auf dem Damm gelegene Beobachtungshütte (7). Von hier aus hat man einen guten Überblick über das Gewässer mit seinen kleineren Inseln und Halbinseln. Auch der winterliche Einflug der Schwäne und Gänse zum Schlafplatz lässt sich hier vor Wind und Wetter geschützt beobachten. Von der Hütte aus geht man wahlweise auf dem Damm oder auf dem Schotterweg am Mittellandkanal weiter in Richtung Osten. An der nächsten Kanalbrücke biegt man links ab und folgt der Straße (Plattenweg) nach Norden. Nach einem Kilometer erreicht man hinter einem Pappelwäldchen den Allerkanal (8) und folgt dem Feldweg entlang des Kanals nach links. Alternativ kann man an dieser Stelle auch auf der Straße weiter geradeaus bis zum Fluss Ohe wandern und erst dort links abbiegen. Der Rundweg kann dadurch leicht auf 8 km Länge erweitert werden. Am mit Teichrosen bewachsenen Allerkanal sind die Spuren der seit 1994 wieder hier lebenden Biber kaum zu übersehen. Insgesamt circa 50 Reviere gibt es heute im gesamten Drömling. Die vorwiegend nachtaktiven Tiere sind dennoch nur selten zu beobachten. Für rund 2,5 km geht man jetzt auf einem Schotterweg am Allerkanal entlang. Immer wieder bieten sich nach Norden hin Blicke über feuchte bis nasse Wiesen und Weiden. Kleinere Gehölze ergänzen die Landschaft. Sie sind

Infomaterial/Literatur

Mammen K, Mammen U, Dornbuch G, Fischer S 2013: Die Europäischen Vogelschutzgebiete des Landes Sachsen-Anhalt, Ber. Landesamtes für Umweltschutz Sachsen-Anhalt, 10.

Seelig KJ, Benecke HG, Braumann F, Nicolai 1998: Die Vögel im Naturpark Drömling. Abh. Ber. Mus. Heineanum 3, Sonderh.

Brutplatz von Schwarzspechten und Pirolen, die hier ihren exotisch klingenden Gesang vortragen. Immer wieder lohnt sich auch ein Blick gen Himmel. Verschiedene Greifvogelarten nutzen diesen Bereich zur Nahrungssuche. An der Straßenbrücke erreicht man den Ausgangspunkt in Piplockenburg.

Weitere Freizeitmöglichkeiten

Per Auto rund eine halbe Stunde von den beschriebenen Gebieten entfernt liegt die Hansestadt Gardelegen, die seit der Eingliederung von 18 ehemals selbstständigen Gemeinden im Jahr 2011 nach Berlin und Hamburg die der Fläche nach größte Stadt Deutschlands ist. Sehenswert sind die Anfang des 19. Jahrhunderts aus den Trümmern der ehemaligen Stadtbefestigung entstandenen Wallanlagen von Gardelegen, die den mittelalterlichen Stadtkern wie ein grüner Ring umgeben. Eine 120 Jahre alte Lindenallee führt auf einer Länge von 2,5 km vorbei an Grünflächen, dem Rosengarten und erhalten gebliebenen Teilen der Stadtmauer. Die denkmalgerecht sanierten Anlagen wurden in das Gartenträume-Netzwerk Sachsen-Anhalt aufgenommen.

Christopher König, Christoph Moning, Felix Weiß

Anfahrt

Mit Bahn und Bus

Die beschriebenen Gebiete sind mit Öffentlichen Verkehrsmitteln nur schwer zu erreichen. In der Nähe des Startpunktes zum NSG Kaiserwinkel (1) befindet sich zwar die Bushaltestelle „Kaiserwinkel-Nord", die allerdings nur sehr lokal angebunden ist. Zur Flachwasserzone Mannhausen kann man bis zum 5 km entfernten Bahnhof Wegenstedt fahren. Von dort geht es jedoch nur zu Fuß oder per Fahrrad weiter.

Mit dem Auto

Für das NSG Kaiserwinkel fährt man von der A 2 Abfahrt Helmstedt-West (61) auf der B 244 bis nach Rühen und anschließend über die Giebelstraße und Guleitzer Straße bis nach Parsau-Kaiserwinkel. Die Flachwasserzone Mannhausen erreicht man von Helmstedt über Weferlingen, Rätzlingen und Wegenstedt oder vom Autobahnkreuz Magdeburg über Haldensleben und Calvörde.

Adressen

Naturparkverwaltung Drömling, Bahnhofstraße 32, 39646 Oebisfelde;
Tel.: 039002-85011.

GPS

Startpunkt Rundweg NSG Kaiserwinkel (1)	52°31'48" N	10°57'53" O
Beobachtungsturm NSG Kaiserwinkel (2)	52°31'02" N	10°58'48" O
Startpunkt Rundweg Flachwasserzone Mannhausen (6)	52°25'37" N	11°11'32" O
Beobachtungshütte Flachwasserzone Mannhausen (7)	52°25'31" N	11°11'57" O

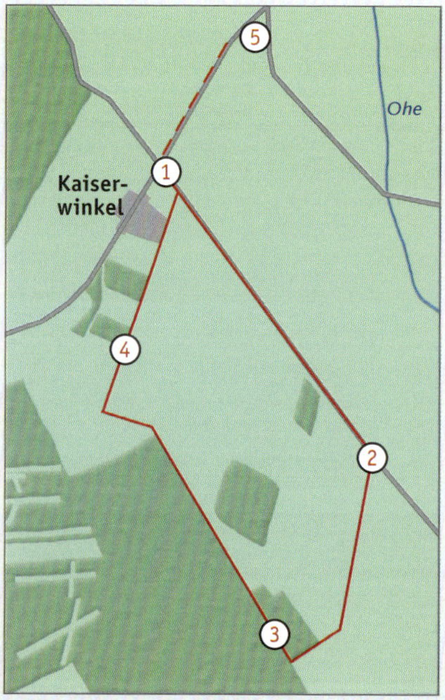

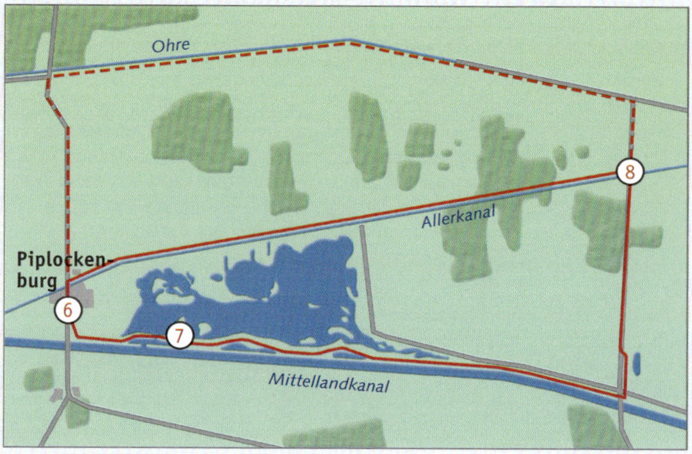

Eine ausgedehnte Dünenlandschaft reicht vom Ostende der Insel bis an den Rand des Dorfes. Foto: C. König. 30.3.2019.

Die Insel Baltrum

Dornröschen der Nordsee

Sowohl mit nur 6,5 km^2 Fläche als auch nach der Einwohnerzahl ist Baltrum die kleinste Ostfriesische Insel. Doch umso mehr Vögel bevölkern das kleine Eiland. Auf Baltrum befindet sich eine der größten Seevogelkolonien des gesamten Wattenmeeres mit den größten Lachmöwen- und Brandseeschwalben-Kolonien der Ostfriesischen Inseln. Die von ausgedehnten Salzwiesen geprägte Natur lässt sich auf der autofreien Insel in aller Ruhe genießen. Bei einer Länge von gerade einmal 5 km und einer Breite von 1,4 km ist die Insel überschaubar und lässt sich gut zu Fuß oder alternativ mit Pferdekutschen erkunden. Sowohl zu den Zugzeiten als auch während der Brutzeit ist auf Baltrum die Vogelwelt in ständiger Bewegung – nicht zuletzt auch dank der Dynamik mitten im Weltnaturerbe Wattenmeer. Zu den besonderen Brutvogelarten gehören Löffler, Brand- und Zwergseeschwalben. Der Winter ist etwas ruhiger, doch locken dann unter anderem verlässlich zu beobachtende Meerstrandläufer, Schneeammern und Berghänflinge.

Die Ostfriesischen Inseln sind erdgeschichtlich noch sehr jung. Erst nach der Antike entstanden sie allein aus dem Kräftespiel von Strömungen, Wellen und Wind. Aus periodisch überfluteten Sandplaten entwickelten sich im Laufe der Zeit Düneninseln. Aufgrund der vorherrschenden Hauptströmung von West nach Ost nagt das Meer ständig an den Westseiten der Inseln, während es im Osten zu Sandablagerungen kommt. Über das genaue Alter von Baltrum gibt es keine konkreten Angaben, es wird allgemein ein Alter von circa 2000 Jahren angenommen. Das Westende von Baltrum lag im 17. Jahrhundert noch rund 4,5 km weiter westlich als heute und damit in einem Bereich, in dem sich heute der Ostteil der Insel Norderney befindet. Da sich Baltrums Ostende in diesem Zeitraum lediglich um rund 1,4 km verschob, hat die Insel in den letzten Jahrhunderten also deutlich an Größe eingebüßt. Heute ist Baltrum allerdings die einzige Ostfriesische Insel, auf der Landzuwachs eindeutig überwiegt. Erst in den letzten 75 Jahren bildete sich vor dem wattseitigen Strandwall ein breiter Vorlandstreifen, Dünen und Salzwiesen im Osten der Insel haben sich ebenfalls ausgedehnt. Grund für die Umkehr der Verhältnisse sind einerseits der starke Küstenschutz auf der Westseite der Insel, darüber hinaus aber auch Veränderungen der Strömungs- und Prielsysteme.

Baltrum wurde 1398 erstmals urkundlich erwähnt. Noch im 17. Jahrhundert war die Insel von nur vierzehn Haushalten bewohnt. Die Menschen lebten vorwiegend vom Fischfang.

Ende des 18. Jahrhunderts gewannen Austernzucht und die Sammlung von Schillkalk an Bedeutung. Kalkbrennereien am Festland, die daraus Kalkmörtel als Baumaterial herstellten, zahlten gutes Geld für die von April bis November im Watt gesammelten Herzmuschelschalen. Die Lebensverhältnisse verbesserten sich deutlich und ab 1879 wurden erste Schutzwerke aus Holzpalisaden, Deiche und Buhnen zum Schutz der bebauten Bereiche errichtet. 1876 wurde Baltrum wie auch die anderen Ostfriesischen Inseln zu einem Seebad. Der Tourismus entwickelte sich jedoch nur langsam, eine regelmäßige Fährverbindung bestand noch nicht. Strom gab es auf Baltrum ab 1925, fließendes Wasser erst ab 1935. Als Wilhelm Vogel, späterer Bürgermeister von Baltrum, 1927 die Leitung der Badeverwaltung übernahm, wurde der Fremdenverkehr endlich auf professionellere Beine gestellt. Es entstand der noch heute genutzte Werbeslogan „Dornröschen der Nordsee". Die Zahl der Touristen stieg nicht zuletzt aufgrund der Inbetriebnahme eines Fährschiffs auf jährlich bereits etwa 5000 Gäste an. Wenige Jahre später kam der Tourismus auf der Insel mit Beginn des Zweiten Weltkriegs zum Erliegen. Wie im Ersten Weltkrieg blieb Baltrum aber von direkten Kriegshandlungen verschont und so erholte sich der Fremdenverkehr nach Kriegsende sprunghaft. Seit 1966 ist Baltrum staatlich anerkanntes Nordseeheilbad und verzeichnet heute pro Jahr rund 30 000 Gäste.

Die kleinste der Ostfriesischen Inseln kann mit einer der größten Brandseeschwalben-Kolonien Deutschlands aufwarten. Foto: E. Lietzow. Neuwerk, 7.6.2013.

Baltrum gehört zum Nationalpark Niedersächsisches Wattenmeer. Die heutigen Nationalparkflächen sind bereits seit der Ramsar-Konvention von 1971 als Feuchtgebiete internationaler Bedeutung geschützt, der Nationalpark besteht seit 1986. 2009 erhielt er gemeinsam mit anderen Bereichen des Wattenmeeres die Anerkennung als UNESCO-Weltnaturerbe. Im Herbst 2018 forderten Politiker auf Baltrum wegen geplanter Änderungen bei den Jagdpachtverträgen den Ausstieg aus dem Nationalpark und die Umwandlung in einen Naturpark. Die vielen Nutzungen durch Tourismus und einheimische Bevölkerung passten nicht zum Schutzziel eines Nationalparks, lautet die Begründung. Viele Insulaner und Touristen zeigten sich schockiert, sodass von der Idee glücklicherweise schnell Abstand genommen wurde.

Typische Vogelarten auf Baltrum, deren Status und günstige Beobachtungszeit (in Klammern)
h = häufiger, r = regelmäßiger, s = seltener; B = Brutvogel, N = Nahrungsgast, D = Durchzügler, W = Wintergast

Art	Status (beste Beobachtungszeit)
Dunkelbäuchige Ringelgans	hD, rW (Okt.–Mai)
Brandgans	hB, hW (ganzjährig)
Eiderente	rB, hD, hW (ganzjährig)
Trauerente	hD, rW (ganzjährig)
Löffler	rB, rD (Apr.–Sep.)
Kornweihe	rD, rW (Okt.–Mrz.)
Austernfischer	hB, hD, hW (ganzjährig)
Kiebitzregenpfeifer	hD, rW (ganzjährig)
Sandregenpfeifer	sB, rD (ganzjährig)
Großer Brachvogel	sB, hD, hW (ganzjährig)
Pfuhlschnepfe	hD (Mai, Jul.–Okt.)
Rotschenkel	rB, hD, hW (ganzjährig)
Steinwälzer	hD, hW (ganzjährig)

Art	Status (beste Beobachtungszeit)
Knutt	hD (Mai, Jul.–Okt.)
Meerstrandläufer	hW (Sep.–Mai)
Alpenstrandläufer	hD, rW (ganzjährig)
Lachmöwe	hB, hD, rW (ganzjährig)
Zwergseeschwalbe	sB, sD (Mai–Jul.)
Brandseeschwalbe	hB, hD (Apr.–Sep.)
Sumpfohreule	sB, rD (Mai–Okt.)
Ohrenlerche	rW (Okt.–Feb.)
Strandpieper	rD, rW (Sep.–Mrz.)
Schilfrohrsänger	rB (Mai–Aug.)
Blaukehlchen	sB (Apr.–Aug.)
Berghänfling	rW (Okt.–Feb.)
Spornammer	rD (Sep.–Okt.)
Schneeammer	hW (Okt.–Mrz.)

Stattdessen wurde der Dialog zwischen Baltrums Bürgermeister, dem Umweltminister Niedersachsens und der Nationalparkleitung gesucht.

Bezüglich der Anordnung der Lebensräume ähneln sich die sieben großen Ostfriesischen Inseln stark. Von Norden folgt auf einen Sandstrand ein Dünenbereich von Primär- über Weiß- bis zu Graudünen. Diese bilden das Rückgrat der Inseln. Seit Errichtung der massiven Küstenschutzmaßnahmen im Westen von Baltrum haben sich die Dünenfelder im Osten der Insel verlängert und verbreitert. Zwei parallele Dünenzüge laufen heute bis zum Ostende. Auf eine hohe Weißdünenkette im Norden folgt weiter südlich eine Graudünenlandschaft mit Sanddorngebüschen, Holunder und Kartoffelrosen. Auf der Südseite Baltrums schließen sich Salzwiesen an, die über ein Drittel der Inselfläche ausmachen. Diese Bereiche werden auch als „Heller" bezeichnet.

Besondere Vogelarten und Reisezeit

Ein Besuch auf Baltrum ist das ganze Jahr über lohnenswert. Viele attraktive Vogelarten sind ganzjährig zu beobachten. So wird man zu allen Jahreszeiten Brandgänse, Eiderenten und Austernfischer entdecken. Sanderlinge und Sandregenpfeifer laufen am Strand die Wasserkante entlang, während Rotschenkel in den Salzwiesen trillern. Nicht zu den Brutvögeln gehörend, aber dennoch ganzjährig vertreten sind auch Kiebitzregenpfeifer und Steinwälzer. Trauerenten halten sich ebenfalls das ganze Jahr über im Bereich nördlich der Insel auf – oft leider weit draußen und zwischen den Wellen schwer zu beobachten. Das Wattenmeer wird von zahllosen Vögeln auf dem Zugweg zwischen Brut- und Winterquartier zur Rast genutzt. Auch das Baltrumer Watt wird insbesondere im Mai sowie von August bis Oktober von Tausenden Pfuhlschnepfen, Knutts und Alpenstrandläufern aufgesucht. Zur Brutzeit sind Lachmöwen und Brandseeschwalben nicht zu übersehen. Auch die imposanten Löffler sind leicht zu beobachten. Erst seit 1995 haben Löffler das Niedersächsische Wattenmeer wieder besiedelt. Auf Baltrum brüten heute mehr als 50 Paare. Zwergseeschwalben brüten regelmäßig in geringer Zahl im Osten der Insel. Nur noch einzelne Brutpaare Sumpfohreulen haben sich gehalten, Kornweihen sind bereits seit zehn Jahren keine Brutvögel mehr. Beide Arten sind jedoch noch sehr regelmäßig auf dem Durchzug zu beobachten. Im September und Oktober gelingen regelmäßig Nachweise rastender Spornammern. Im Winterhalbjahr werden die Salzwiesen von Ringel- und Weißwangengänsen bevölkert. Meerstrandläufer halten sich dann gemeinsam mit Steinwälzern am befestigten Westende der Insel auf. Ohrenlerchen, Strandpieper, Berghänflinge und Schneeammern sind typische Arten der winterlichen Nordseeküste. Auf Baltrum lassen sie sich am besten im Ostteil sowie am Nordstrand beobachten.

Beobachtungsmöglichkeiten

Schon bei der Anreise mit dem Schiff ab Norddeich wird man Eiderenten normalerweise aus nächster Nähe beobachten können, wenn das Schiff die Ostspitze Norderneys passiert. Seehunde und seltener auch Kegelrobben lassen sich hier ebenfalls schön beobachten. Der Westkopf (1) von Baltrum ist heute durch ein 2008/2009 errichtetes modernes Schrägdeckwerk vor den Wirkungen der Gezeiten und starken Stürmen geschützt. Auf fast 2 km Länge liegen vierzehn Buhnen und massive Uferschutzanlagen. Die Steinbuhnen werden ganzjährig von Steinwälzern genutzt, im Winterhalbjahr sind Meerstrandläufer häufige Gäste, Strandpieper sind dann ebenfalls zuverlässig zu beobachten. In kleiner Zahl rasten hier auch Ringelgänse, um die Algen abzuweiden. Von der Promenade nördlich des Westdorfes kann man bei nordwestlichen Winden im Schutz der Strandmauer „seawatchen". Regelmäßig lassen sich rastende und ziehende Trauerenten beobachten. Nur wenige Hundert Meter vom Dorf entfernt, liegt an der Wattkante östlich des Hafens (2) mit einem Hochwasserrastplatz ein

Die kurzrasigen Flächen im Bereich des Flugplatzes werden auf dem Durchzug gern von Steinschmätzern, Stelzen und Piepern zur Rast genutzt. Foto: C. König. 29.3.2019.

Die Küstenschutzmaßnahmen am Westkopf der Insel werden ganzjährig von Steinwälzern genutzt. Im Winter halten sich auch zahlreiche Meerstrandläufer dort auf. Foto: E. Lietzow. Wangerooge, 16.8.2018.

weiteres interessantes Beobachtungsgebiet. Insbesondere zu den Zugzeiten können hier Tausende Watvögel beobachtet werden. Bereits bei auflaufendem Wasser sind hier ganzjährig Austernfischer, Große Brachvögel, Rotschenkel und Alpenstrandläufer zu beobachten. Im Sommerhalbjahr zusätzlich Massen von Pfuhlschnepfen und Knutts. Die beste Zeit ist ab etwa zwei Stunden vor Hochwasser. Sehr leicht lassen sich von dieser Stelle auch Brandseeschwalben entdecken. Im Winter ist dies eine gute Stelle für Strandpieper und Berghänflinge. Im Westheller (3) südlich des Ostdorfs liegt die bereits seit mehr als zwanzig Jahren bestehende Lachmöwenkolonie. Der Bestand schwankt von Jahr zu Jahr beträchtlich und lag 2018 bei mehr als 8600 Paaren. Vom Deichweg aus – insbesondere etwa auf Höhe des Friedhofs – kann das geschäftige Treiben zur Brutzeit weder übersehen noch überhört werden. 2005 haben sich auf Baltrum erstmals Brandseeschwalben zur Brut in Gesellschaft der Lachmöwen eingefunden. Die Kolonie ist mit mehr als 2500 Paaren mittlerweile eine der größten Deutschlands. Die Salzwiesen sind darüber hinaus Brutplatz von Löfflern, Rohrweihen, Rotschenkeln, Feldlerchen und Wiesenpiepern. Die Kolonie der Löffler lässt sich etwa auf Höhe der Kläranlage vom Deichweg aus in einiger Entfernung in den Salzwiesen erkennen. Die Entfernung ist allerdings beträchtlich. Zu den Zugzeiten jagen Merline die auf den kurzrasigeren Flächen des Westhellers rastenden Singvögel, darunter regelmäßig Ringdrosseln und Steinschmätzer. Im Winter lassen sich bis Hunderte Ringel- und Weißwangengänse beobachten. Folgt man dem Deichweg weiter in Richtung Osten, endet der befestigte Weg an der Jugendbildungsstätte des Niedersächsischen Turner-Bundes am Übergang zum Ostheller. Hier führt ein Pfad nach Süden bis an die Wattkante. Dieser ist jedoch oft sehr feucht und der dortige Hochwasserrastplatz hat in seiner Bedeutung in den letzten Jahren abgenommen. Ein vergleichbares Artenspektrum bei deutlich einfacheren Bedingungen bietet der Rastplatz am Hafen (2). In Richtung Ostspitze führt nun der sogenannte „Katastrophenweg“ unbefestigt aber in gutem Zustand weiter durch die Salzwiesen des Osthellers. Im Bereich einer süßwassergefüllten Senke lassen sich Brandgänse, Pfeif- und Spießenten beobachten. Die Besonderheit des Gebiets sind aber die hier brütenden Löffler, die man am bes-

Eiderenten sind auf Baltrum ganzjährig leicht zu beobachten. Foto: E. Lietzow. Helgoland, 15.5.2016.

ten von einer leicht erhöht stehenden Schutzhütte (4) aus sehen kann. Erneut ist die Entfernung allerdings beträchtlich. Als Brutvögel kommen hier unter anderem auch Schwarzkehlchen vor, im Winter sind Kornweihen, Raufußbussarde und Sumpfohreulen auf der Jagd. Der bedeutendste Wasser- und Watvogelrastplatz von Baltrum befindet sich an der Osterhook genannten Ostspitze der Insel (5). Massen von Brandgänsen und Austernfischern, Kiebitzregenpfeifern und Alpenstrandläufern verbringen hier die Hochwasserperiode. Ein Spektiv ist ratsam. Im Sommerhalbjahr sind auch Löffler zuverlässig zu sehen. Zu den seltensten Brutvögeln Baltrums gehören Sandregenpfeifer (drei Brutpaare 2018) und Zwergseeschwalben (sieben Brutpaare 2018). Die Strandbrüter sind aufgrund von Störungen durch Touristen stark gefährdet. Absperrungen während der Brutzeit müssen unbedingt beachtet werden!

In den Wintermonaten lohnt sich der Weg zum Osterhook vor allem, um Ohrenlerchen, Berghänflinge und Schneeammern zu beobachten. Die bislang beschriebenen Beobachtungsgebiete liegen alle in der südlichen Hälfte der Insel, doch auch der Norden hat interessante Beobachtungsmöglichkeiten zu bieten. Auf mehr als 6 km Länge erstreckt sich der Oststrand (6), wo Ohrenlerchen und Schneeammern im Winter zuverlässig zu sehen sind. Heringsmöwen, die auch auf Baltrum brüten, nutzen den weitläufigen Strand gern zur Rast. Den zentralen Bereich der Insel bilden ausgedehnte Dünen mit einzelnen Birken- und Kiefernwäldchen, in denen zu den Zugzeiten Drosseln und Laubsänger rasten. Habichte, Hohltauben und Bluthänflinge sind Brutvögel. Ein von Schilf dominiertes Dünental (7) ist Heimat von Schilfrohrsängern und Blaukehlchen.

Aufgrund der geringen Ausmaße von Baltrum, lassen sich die Beobachtungsgebiete gut zu Fuß erreichen. Es sei darauf hingewiesen, dass grundsätzlich nur von Wegen aus beobachtet werden darf! Eine interessante Rundwanderung, bei der man einen guten Einblick sowohl in die verschiedenen Lebensräume der Insel als auch ihre Vogelwelt erhält, bildet der sogenannte „Gezeitenpfad". Auf 7 km Länge passiert man insgesamt achtzehn Stationen mit Informationstafeln und Aktivmodulen.

Weitere Freizeitmöglichkeiten

Besondere Attraktionen sucht man auf Baltrum vergebens. Die Insel besticht eher durch ihre Ruhe. Wer die Insel nicht zu Fuß erkunden möchte, sollte eine Kutschfahrt buchen. Unterwegs erfährt man allerhand Interessantes rund um die Insel und ihre Bewohner. Das älteste Haus Baltrums ist die Alte Inselkirche aus dem Jahr 1826 – eine Sturmflut hatte ein Jahr zuvor fast alle Häuser zerstört. Wer noch tiefere Einblicke in die Geschichte der Insel erhalten möchte, sollte das Museum „Altes Zollhaus" besuchen. Die Geheimnisse zwischen Ebbe und Flut werden im Nationalpark-Haus „Gezeitenhaus" in einer einmaligen Ausstellung über die Flora und Fauna des Nationalparks Wattenmeer vermittelt.

Christopher König, Christoph Moning, Felix Weiß

Infomaterial/Literatur

Dierschke J, Lottmann R, Potel P 2008: Vögel beobachten im Nationalpark Niedersächsisches Wattenmeer. Verlag der Heinrichshofen-Bücher, Wilhelmshaven.

Wir bedanken uns bei Kirsten Krätzel und Martin Schulze-Dieckhoff für die Hilfe bei der Recherche.

Anfahrt

Wie die meisten der Ostfriesischen Inseln ist auch Baltrum autofrei. Selbst Elektrofahrzeuge sind nicht erlaubt. Die Anreise erfolgt innerhalb von nur 30 Minuten mit der Fähre ab Neßmersiel. Die Fährverbindung ist tideabhängig, die Fähren fahren also nach einem täglich wechselnden Fahrplan. Von Neßmersiel aus lässt sich Baltrum bei Ebbe auch im Rahmen einer Wattwanderung erreichen. Dies sollte jedoch aus Sicherheitsgründen nur in Begleitung Ortskundiger erfolgen.

Mit Bahn und Bus

Der nächstgelegene Bahnhof ist Norden. Von hier fährt der Zubringer-Bus „Baltrum-Linie" pünktlich zur Abfahrt der Fähre innerhalb von circa 30 Minuten direkt zum Hafen Neßmersiel.

Mit dem Auto

Von der A 1 kommend erreicht man Neßmersiel über die A 31 und Aurich oder die A 29 und Wittmund.

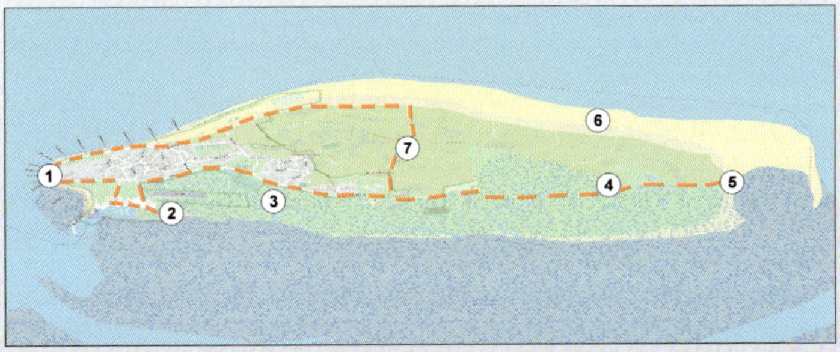

Kartengrundlage: OpenStreetMap. CC-BY-SA 2.0

GPS		
Hochwasserrastplatz östlich des Hafens (2)	53°43'23" N	7°22'15" O
Schutzhütte am Ostheller (4)	53°43'31" N	7°25'02" O
Osterhook (5)	53°43'35" N	7°25'48" O
Nationalpark-Haus „Gezeitenhaus"	53°43'34" N	7°22'40" O

Die Kulturlandschaft des langgestreckten Hellentals ist regional einzigartig.
Foto: C. König, 26.5.2019

Der Solling

Der einsame Höhenzug

Rund 50 km nördlich von Kassel befindet sich mit dem Solling auf über 52 000 ha Fläche eines der größten Waldgebiete Niedersachsens. Buchen- und Fichtenwälder erstrecken sich von der Weser rund 25 km bis fast an die Leine und bis in Höhenlagen von mehr als 500 m. Doch nicht nur Wälder kennzeichnen eine der am dünnsten besiedelten Regionen von Niedersachsen. Hoch oben findet man auch verbliebene Reste einst größerer Hochmoore. Neben Schwarzstörchen gehören Grau-, Mittel- und Schwarzspechte sowie Raufuß- und Sperlingskäuze zu den besonderen Brutvögeln der ausgedehnten Wälder. Die blütenreichen Täler sind Heimat von Neuntötern und Wiesenpiepern.

Nach dem Harz und dem niedersächsischen Teil des Kaufunger Waldes ist der Solling das dritthöchste Gebirge Niedersachsens. Das Buntsandstein-Massiv zeigt jedoch aufgrund keiner klaren Kammlinie und von Natur aus fehlenden Felsen und Steilhängen nur einen wenig gebirgsartigen Charakter. Während der Solling während der variszischen Gebirgsbildung vor etwa 300 Millionen Jahren, bei der unter anderem der Harz entstand, noch Teil einer ausgedehnten Senke war, hob sich das Plateau im Erdmittelalter an. Durch regionale tektonische Vorgänge kam es anschließend zu einer Verwerfung, die sich heute in Form eines teilweise verfüllten Grabens durch das gesamte Massiv zieht. Im zentralen Hochsolling hat sich in diesem Tal mit dem Mecklenbruch eines der größten Moore des Sollings gebildet. Insgesamt ist der Solling eben bis flachwellig und senkt sich zum Rand hin nur mit geringer Neigung ab.

Ähnlich einförmig wie Geologie und Relief ist auch die Vegetation des Sollings zu beschreiben. Er gehört zu den floristisch artenärmsten Bereichen Südniedersachsens. Während auf mehr als 90 % der Fläche der Hainsimsen-Buchenwald die potenzielle natürliche Vegetation darstellt, dominieren zumindest oberhalb von 350 m Höhe meist artreine Fichtenbestände die heutige Kulturlandschaft des Sollings. Der Kern des Laubbaumbestands der tieferen Lagen wird von Buchenwäldern gebildet. Eichen findet man vorwiegend in den südlichen Gebietsteilen.

Klimatisch zeichnet sich der Solling durch milde Winter und kühle Sommer aus. Er gehört außerdem mit mittleren Jahressummen von über 1000 mm in den Hochlagen zu den regenreichsten Regionen Niedersachsens. Die Niederschläge versickern jedoch weitgehend im durchlässigen Sandstein. Lediglich wo Pseudogleye das Wasser stauen, konnten sich Moor- und Bruchgebiete ausbilden. Der Name „Solling" (Soll = sumpfige Stelle) deutet darauf hin, dass Moore immer schon bedeutender Bestandteil dieses Waldgebietes waren.

Funde von Steinwerkzeugen belegen erste menschliche Nutzungen im Solling bereits für die Mittelsteinzeit. Damals wurde der Bereich von umherziehenden Jägern und Sammlern genutzt, während die sesshafte Besiedlung erst mit einer Bevölkerungszunahme im Mittelalter von den randlichen Flusstälern her einsetzte. Eingriffe in die natürliche Vegetation gab es durch erhebliche Rodungen für Bau- und Heizzwecke. Der Solling wurde nach und nach in eine Kulturlandschaft umgeformt. Eine teilweise Wiederbewaldung geschah nach der Pest Mitte des 14. Jahrhunderts. Die anhaltende und ausgeweitete Waldweidewirtschaft führte Mitte des 16. Jahrhunderts zu einer Überalterung des vorwiegend aus Birken, Buchen und Eichen bestehenden Baumbestandes. Rodungen wurden wieder aufgenommen – auch um Ackerflächen zu erweitern. Bereits ab dem 9. Jahrhundert war die waldreiche Region des Sollings als günstiger Standort für Waldglashütten erkannt worden. Enorme Holzmengen wurden zur Befeuerung der Schmelzöfen geschlagen. Neu errichtete Eisenhütten sorgten für zusätzlichen Brennholzbedarf und auch zwischenzeitliche Rodungsstopps führten zu keiner nennenswerten Erholung des Waldes. Neben der gewerblichen Holzentnahme trug auch die Weidewirtschaft zur Waldverwüstung bei. Neben Rindern, Pferden und Schweinen zur Waldweide und Hute mit Dichten von zeitweise mehr als einem Tier pro Hektar, kamen im 18. Jahrhundert noch bis zu 20 000 Schweine zur Mast mit Eicheln und Bucheckern hinzu. Das Schwinden der Holzvorräte führte schließlich dazu, dass zur Deckung des Brennstoffbedarfs auch auf den Torf der Moore des Sollings zurückgegriffen werden musste. Durch Entwässerung und den jahrzehntelangen Torfabbau wurden diese stark in Mitleidenschaft gezogen. Von einst mehr als 1000 ha Moorfläche sind heute gerade einmal 200 ha verteilt auf dreißig Standorte übrig geblieben. Das Mecklenbruch blieb bis heute als das größte Hochmoor im Bergland Niedersachsens außerhalb des Harzes erhalten.

Waldkäuze sind regelmäßige Brutvögel im Solling. Die Jungvögel sind als Ästlinge mit etwas Glück auch tagsüber zu entdecken. Foto: E. Lietzow. Teutoburger Wald, 25.4.2017.

1755 wurde erstmals eine systematische Waldverjüngung durch Fichten in Betracht gezogen und Mitte des 19. Jahrhunderts schließlich in die Tat umgesetzt. Die Mastweidewirtschaft wurde durch die Nutzung als Forst verdrängt. Machten Fichtenforste Ende des 18. Jahrhunderts noch weniger als 1 % der Fläche aus, stieg ihr Anteil bis ins 20. Jahrhundert auf mehr als 40 % an. Mit dem Ansteigen der Holzpreise fand die Waldglasherstellung im 19. Jahrhundert ihr Ende. Zu dieser Zeit entwickelte sich langsam der Fremdenverkehr und das Wanderwegenetz wurde stetig erweitert und verdichtet.

Ein bereits 1939 aufgekommener Naturschutzgedanke zum Schutz der verbliebenen Moorreste des Sollings wurde erst 1979 in einer neuen Verordnung aufgegriffen. Bis zum Jahr 1948 wurde im Mecklenbruch kommerziell Brenntorf abgebaut. 1981 begann man das Mecklenbruch durch Wiedervernässung und die Entnahme von Fichten und Birken zu renaturieren. Heute keh-

Typische Vogelarten im Solling, deren Status und günstige Beobachtungszeit (in Klammern)
h = häufiger, r = regelmäßiger, s = seltener; B = Brutvogel, N = Nahrungsgast, D = Durchzügler, W = Wintergast

Art	Status (beste Beobachtungszeit)
Schwarzstorch	sB, rN (Apr.–Aug.)
Habicht	rB (ganzjährig)
Rotmilan	rB, rN (Mrz.–Okt.)
Baumfalke	sB, sN (Mai-Sep.)
Waldschnepfe	rB (Mrz.–Jun.)
Hohltaube	rB (Mrz.–Okt.)
Raufußkauz	rB (ganzjährig)
Sperlingskauz	rB (ganzjährig)
Waldohreule	rB (ganzjährig)
Waldkauz	rB (ganzjährig)
Grauspecht	rB (ganzjährig)
Grünspecht	rB (ganzjährig)
Schwarzspecht	rB (ganzjährig)

Art	Status (beste Beobachtungszeit)
Mittelspecht	hB (ganzjährig)
Kleinspecht	sB (ganzjährig)
Neuntöter	rB, rD (Mai–Aug.)
Tannenhäher	rB (ganzjährig)
Kolkrabe	rB, rN (ganzjährig)
Waldlaubsänger	rB (Mai–Aug.)
Waldbaumläufer	rB (ganzjährig)
Trauerschnäpper	rB, rD (Mai–Sep.)
Braunkehlchen	rD (April/Mai, Aug./Sep.)
Baumpieper	rB (Apr.–Jul.)
Wiesenpieper	sB, rD (Mrz.–Okt.)
Fichtenkreuzschnabel	rB (ganzjährig)

In den feuchten Wiesen des Hellentals brüten noch Wiesenpieper.
Foto: E. Lietzow. Dümmer, 18.5.2007.

ren die Torfmoose allmählich zurück. Der südliche Teil kann jedoch nicht mehr regeneriert werden und wird stattdessen beweidet. Doch nicht nur die Moore des Sollings wurden und werden geschützt. Zum Schutz der lichten Huteeichenbestände, selten gewordene Relikte einer jahrhundertelangen bäuerlichen Waldnutzung und gleichzeitig hochwertige Biotope im Artenschutz, wird seit dem Jahr 2000 auf mehr als 200 ha Fläche in der Nähe der Ortschaft Nienover mit Rindern und Exmoor-Ponys eine neue Form der Beweidung erprobt. Mit wenigen Tieren auf großer Fläche wird ermittelt, wie die in Hutelandschaften vorherrschende Arten- und Lebensraumvielfalt am besten erhalten werden kann.

Seit 1966 bildet der Solling gemeinsam mit dem nördlich anschließenden Vogler den über 500 km² großen Naturpark Solling-Vogler. Auf mehr als 4000 ha erstreckt sich heute das 2007 ausgewiesene EU-Vogelschutzgebiet Solling. Im Jahr 2013 wurde der Solling als Deutschlands Waldgebiet des Jahres ausgezeichnet.

Besondere Vogelarten und Reisezeit

Vor allem für waldbewohnende Vogelarten stellt der Solling einen wichtigen Lebensraum dar. Insbesondere Arten, die auf ausgedehnte altholzreiche und störungsarme Gebiete angewiesen sind, finden hier geeignete Bedingungen vor. So bildet der Solling einen wichtigen Verbreitungsschwerpunkt für Sperlingskäuze und auch Raufußkäuze haben hier eines ihrer Hauptvorkommen in Niedersachsen. Als weitere Eulen sind Waldohreulen und Waldkäuze nicht selten, auch Uhus brüten im Gebiet. Große Bedeutung besitzt der Solling außerdem als Brutgebiet für Spechte. In den von Buchen dominierten strukturreichen Laub- und Mischwäldern kommen Schwarz- und Grauspechte vor, während Mittelspechte vor allem im südlicheren Teil mit Eichen in teils hoher Dichte brüten. Brutvorkommen von Klein-, Bunt- und Grünspechten unterstreichen die Bedeutung des Gebiets für diese Artengruppe. Die scheuen und heimlichen Schwarzstörche brüten mit mehreren Paaren. Unter den Greifvögeln sind Baumfalken, Habichte und Rotmilane erwähnenswert. Letztere brüten mit rund zwanzig Paaren im Solling. Waldschnepfen kommen in weiten Teilen des Gebiets vor. Die Höhlen der Schwarzspechte nutzen auch Hohltauben zur Brut. In den Wiesentälern brüten Neuntöter in bemerkenswerter Zahl. Tannenhäher und Kolkraben wird man am ehesten anhand ihrer charakteristischen Rufe entdecken. Waldlaubsänger und Trauerschnäpper tragen im Frühjahr ihren charakteristischen Gesang vor, im Vogelkonzert schwieriger zu bemerken sind Waldbaumläufer. Braunkehlchen kommen im Offenland des Sollings leider nur noch als Durchzügler vor, während Wiesenpieper auch noch in kleiner Zahl brüten. In den ausgedehnten Fichtenforsten sind Fichtenkreuzschnäbel ganzjährig zu beobachten.

Da viele der vorkommenden Brutvogelarten ganzjährig im Gebiet verbleiben, lohnt sich ein Besuch im Solling in allen Monaten. Besonders aktiv sind sowohl Eulen als auch Spechte jedoch im zeitigen Frühjahr mit einem Aktivitätsmaximum der Spechte im März/April. Vor der vollständigen Belaubung sind die Vögel außerdem einfacher im dichten Wald zu entdecken. Das größte Artenspektrum ist im Mai zu erwarten, wenn auch in den Offenländern die Zugvogelarten zurückgekehrt sind. Einige Eulen machen durch Herbstbalz auch später im Jahr noch auf sich aufmerksam.

Beobachtungsmöglichkeiten

Der Solling ist durch ein weites Netz von Wanderwegen erschlossen, von denen hier nur eine kleine Auswahl beschrieben werden kann. Viele weitere Touren, Varianten und Kombinationen sind möglich. Eine große Besonderheit des Sollings ist sicherlich das Hochmoor Mecklenbruch. Ein gut 6 km langer Rundweg, die „LebensRaum-Route Mecklenbruch" startet am Wanderparkplatz (1) am östlichen Ortsende von Silberborn und führt anfangs auf einem Schotterweg an extensiv bewirtschafteten Wiesen und Weiden vorbei, bis nach rund 900 m ein 2012 erbauter Bohlenweg nach links ins Mecklenbruch führt. Bereits 200 m weiter erreicht man an einem kleinen Moorsee den Aussichtsturm (2). Dieser bietet den besten Blick über die Moorflächen. Während Baumpieper vom Waldrand aus singen, kreisen Habichte und Kolkraben über dem Bruch. Weiter den Bohlenweg entlanggehend, erreicht man nach einiger Zeit einen überdachten Picknickplatz am Moorrand und bald darauf den Fichtenforst, in dem man auf Schwarzspechte achten sollte. 200m weiter biegt man rechts auf einen kleinen Waldpfad ab und hält sich an dessen Ende auf einem breiten Wirtschaftsweg nach rund 500m erneut rechts. Durch mal dichteren, mal lockereren, fichtendominierten Wald führt der Weg vorbei an einer zugewachsenen Lichtung, auf der Neuntöter brüten und anschließend durch Bereiche mit Chance auf Tannenhäher. Der gesamte Bereich rund um das Mecklenbruch ist auch Brutgebiet von Raufuß- und Sperlingskäuzen, die jedoch wenn überhaupt meist nur zu hören sind. Nachdem man dem breiten Schotterweg 1,2km gefolgt ist, biegt man an einer Kreuzung mit Lärchen und Buchen rechts ab und folgt nach weiteren 500m einem Waldpfad nach rechts, um die Nordspitze des Mecklenbruchs zu umrunden. Der Pfad mündet schließlich auf einen breiten Schotterweg. Hier hält man sich rechts und ist etwa 1,7km später zurück am Parkplatz. Unterwegs sollte man auf Grünspechte achten.

Ein besonderes Kleinod im Solling stellt das nur etwa 2km nordöstlich des Mecklenbruchs gelegene Hellental mit seiner vielfältigen Kulturlandschaft dar. „Die Hellentaler haben ihre Arbeit, das bunte Tal und den grünen Wald, ihre Lieder und ihre Freude an alldem, was singt und klingt und blüht und grünt" schwärmte Hermann Löns in seiner 1913 entstandenen Erzählung „Das Hellental". Ungedüngte, nur ein- bis zweimal jährlich gemähte Wiesen und feuchte Weiden dominieren das Landschaftsbild. Vom Wanderparkplatz (3) nördlich des Friedhofs Hellental empfiehlt sich der etwa 6,8km lange Rundweg „LebensRaumRoute Wiesental". Nachdem man der Sollingstraße für 500m nach Südwesten gefolgt ist, hält man sich halblinks auf einen Feldweg, der mitten durch das Hellental (4) führt. Ein Biotopmosaik aus kräuterreichem Grünland, nährstoffarmem Borstgrasrasen sowie Seggen- und Hochstaudensümpfen bietet einer Vielzahl von Vogelarten Lebensraum. Hervorzuheben sind vor allem die Brutvorkommen von Wiesenpiepern. Wie am Mecklenbruch, so singen auch hier Baumpieper von den umgebenden Waldrändern. Gebüschstrukturen werden von zahlreichen Neuntötern genutzt. Rotmilane sind im Hellental sehr regelmäßig bei der Nahrungssuche zu beobachten. Nach etwa 1,5km erreicht man einen überdachten Picknickplatz und rund 1km später einen zweiten, an dem man links abbiegt und eine Weide durchquert. Auf der anderen Seite erreicht man im Wald einen Schotterweg, dem man nach links und wieder in Richtung Nordosten bzw. der Ortschaft Hellental folgt. Der Weg führt nun vorwiegend durch Buchenwald mit Waldlaubsänger-Vorkommen, hin und wieder ergeben sich Einblicke ins Hellental. Nach knapp 3km biegt man links ab Richtung Hellental-Ort. Durch die Wiesen führt der Weg bis zum Ausgangspunkt am Parkplatz. Die Rundwege um das Mecklenbruch und durch das Hellental lassen sich auch zu einem rund 16km langen Rundweg kombinieren.

Ein weiterer bedeutender Lebensraum des Sollings sind die von Weidetieren geprägten Hutewälder bei Nienover. Luftlinie nur rund 10km südlich von Silberborn lädt ein 8,4km langer, mit „Ni 2" markierter Rundweg zur Erkundung des Projektgebiets ein. Ausgewiesene Parkmöglichkeiten bestehen östlich des Schlosses Nienover (5), von wo der Weg um den Schlossberg herum zu einem Wegekreuz am (ornithologisch unbedeutenden) Carolinenteich führt. Man folgt dem Wirtschaftsweg nach rechts an einem Grillplatz vorbei durch das Reiherbachtal, in dem Grau- und Kle-

Seit 2014 wird die Fläche des circa 220ha großen Hutewaldes als kulturhistorische Waldbewirtschaftung von den Niedersächsischen Landesforsten betrieben. Foto: C. König. 26.5.2019.

inspechte vorkommen und gelegentlich Schwarzstörche nach Nahrung suchen. Etwa 1 km nach dem Start passiert man an einer Weide mit Exmoor-Ponys ein Wildgatter und erreicht gut 200 m später an einem weiteren Wildgatter den Hutewald. Nach 350 m biegt man links ab und geht auf einem Waldpfad den Hang hinauf, wo man auf singende Waldlaubsänger achten sollte. Man erreicht eine Fläche mit locker stehenden Eichen (6), die Brutplatz von Mittelspechten sind. Durch ein Tor mündet der unbefestigte Waldweg auf einen breiten Wirtschaftsweg, dem man nun für mehr als 2,5 km durch den Wald folgt, bevor man rechts ab hinunter zurück ins Reiherbachtal geht. Unterwegs singen Trauerschnäpper und Waldbaumläufer. Am Reiherbach angekommen, geht man rechts durch ein Wildgatter in den Wald der Neuen Hutelandschaft (7), die von Schwarzspechten besiedelt wird. Nach 1 km erreicht man rechts über einen Stichweg eine kleine, jedoch wenig lohnenswerte Beobachtungskanzel (8). Gut 1 km weiter passiert man die eingangs erwähnte Abzweigung des Waldwegs, von dem es noch 1,5 km auf bekanntem Weg zurück zum Parkplatz sind.

Weitere Freizeitmöglichkeiten

Der Solling lässt sich gut mit einem Besuch der rund 15 km östlich liegenden Bier- und Fachwerkstadt Einbeck verbinden. Das Stadtbild der ehemaligen Hansestadt wird von mehr als 400 Fachwerkhäusern aus dem Spätmittelalter geprägt. Besonders hervorzuheben ist das aus dem 16. Jahrhundert stammende Alte Rathaus am Marktplatz, das gleichzeitig das Wahrzeichen Einbecks darstellt. Über der Altstadt lassen sich regelmäßig Wanderfalken beobachten. Aufgrund seiner jahrhundertealten Brautradition ist Einbeck auch als Bierstadt bekannt. Im Mittelalter hatte mehr als die Hälfte aller Gebäude das Braurecht. Die Geschichte des Einbecker Bieres wird auf dem gut 2 km langen Einbecker Bierpfad anschaulich präsentiert.

Christopher König, Christoph Moning, Felix Weiß

Infomaterial/Literatur

Scherner ER 1980: Vogel und Umwelt im Solling. Faun. Mitt. Süd-Niedersachsen 3: 1–240.

Anfahrt

Mit Bahn und Bus

Vom Bahnhof Holzminden verkehrt regelmäßig die Buslinie 510 innerhalb von zwanzig Minuten bis nach Silberborn (Haltestelle „Am Kurgarten“, 600 m südlich des Parkplatzes). Etwas schwieriger zu erreichen ist Nienover. Vom Bahnhof Uslar erreicht man die Haltestelle „Nienover Wildenhausweg“ mit der Buslinie 214 einige Male pro Tag innerhalb von 45 Minuten.

Mit dem Auto

Von Norden kommend über die A 7 bis Abfahrt Seesen/Harz (67), dann über die B 64 und B 3 bis Einbeck und weiter über Dassel auf der L 580 und L 549 nach Silberborn. Aus Richtung Süden A 7 Abfahrt Nörten-Hardenberg (71), dann B 446 und B 241 bis Schönhagen und weiter auf der B 497 bis Silberborn. Von Westen erfolgt die Anfahrt am besten über die A 44 Abfahrt Warburg (65) und anschließend über die B 252, B 241 (Beverungen) und B 497.

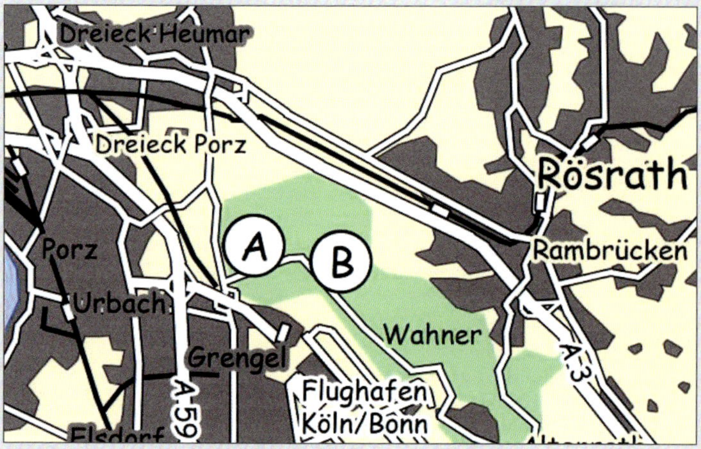

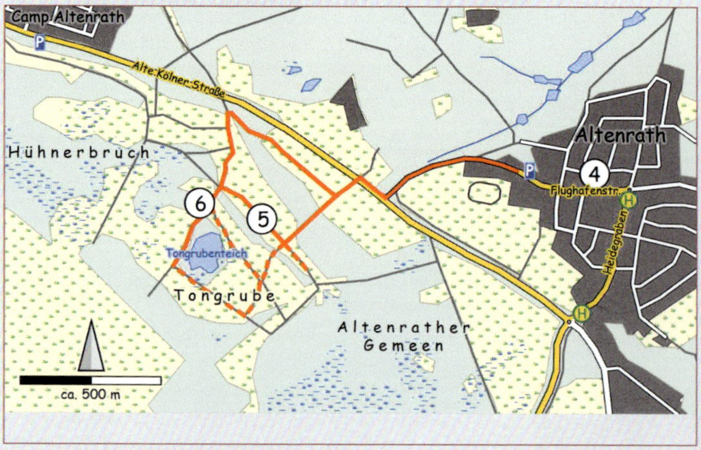

GPS		
Parkplatz Silberborn (1)	51°46'22" N	9°32'11" O
Parkplatz Hellental (3)	51°48'37" N	9°36'48" O
Parkplatz Nienover (5)	51°40'52" N	9°31'29" O
Beobachtungskanzel Hutewald (8)	51°40'46" N	9°29'30" O

Das Reservebecken des Alfsees lohnt zu jeder Jahreszeit einen Besuch. Während zu den Zugzeiten verschiedene Enten- und Limikolenarten rasten, ist das Becken im Winter Schlafplatz von nordischen Gänsen und Schwänen. Foto: C. König. 20.11.2020.

Der Alfsee

Hochwasser- und Vogelschutz

Rund 25 km nördlich von Osnabrück bildet der Alfsee in landwirtschaftlich geprägter Umgebung ein Rastgebiet für Wasservögel von internationaler Bedeutung. Das Hochwasserrückhaltebecken Alfhausen-Rieste – so die offizielle Bezeichnung – ist mit mehr als 2 km² Wasserfläche ein Anziehungspunkt für zahlreiche Wasser- und Watvogelarten. Besonders Reiher-, Tafel- und Löffelenten rasten phasenweise in sehr großer Anzahl. Flach überstaute Wiesen des Reservebeckens werden zu den Zugzeiten von Limikolen als „Tankstelle" genutzt und dienen im Winter nordischen Gänsen und Schwänen als Schlafplatz. Mittlerweile brüten auch Seeadler im einzigen Vogelschutzgebiet des Landkreises Osnabrück. Ein Besuch lohnt sich vor allem zu den Zugzeiten und im Winter.

Das Gebiet des heutigen Alfsees wurde bis zu dessen Bau vorwiegend landwirtschaftlich als Wiesen und Weiden genutzt. Nach dem Zweiten Weltkrieg kam es durch zunehmende Bautätigkeiten in den Orten und Städten zu einer immer stärkeren Versiegelung, was dazu führte, dass die das Gebiet durchfließende Hase das Wasser nicht mehr ausreichend schnell abführen konnte und so immer häufiger über die Ufer trat. In der Haseniederung kam es bis in den Raum Cloppenburg zu regelmäßigen Überschwemmungen auch besiedelter Gebiete. 1964 wurde erstmals offiziell von Plänen für eine Wasserregulierung mithilfe eines Rückhaltebeckens gesprochen, um die ständige Gefahr vor Überflutungen zu bannen. Mit einer eigens eingerichteten Abteilung „Haseregulierung" im Osnabrücker Wasserwirtschaftsamt begannen 1970 die Bauarbeiten für die künftige Seefläche mit Rodungs- und Deichbauarbeiten. Rund 3 Millionen Kubikmeter Sand, 1 Million Kubikmeter Mutter- und Torfboden sowie fast 400 000 Kubikmeter Schluff wurden während der Bauphase bewegt. Im Sommer 1980 wurde das Verteilerbauwerk im 4 km südlich gelegenen Sögeln fertiggestellt. Über einen Zuleiter kann darüber bei Hochwasserereignissen ein Großteil des Hasewassers in das Rückhaltebecken abgeleitet werden.

Der Alfsee-Komplex besteht heute aus vier Seen. Das Wasser des Zuleiters fließt zuerst in ein Absetzbecken mit 10 ha Wasserfläche. Es dient als Sandfang und ist ständig Wasser führend. Einzelne Abschnitte sind mit Röhricht bewachsen. Durch zehn Durchlässe in einer Überlaufschwelle fließt das Wasser dann in das nördlich anschließende Hauptbecken – den eigentlichen Alfsee. Der bis zu 2 m tiefe See misst in Nord-Süd-Richtung 2,7 km bei einer Breite zwischen 330 m im Süden und 1,3 km im Norden. Im Frühjahr 1981 wurde das Rückhaltebecken – aufgrund eines Hochwassers etwas früher

Singschwäne sind im Winter morgens und abends am Reservebecken zu sehen. Tagsüber fliegen die Schwäne zu Nahrungsflächen in der Umgebung.
Foto: E. Lietzow. Obersee Bielefeld, 27.1.2014.

als ursprünglich geplant – in Betrieb genommen und ist seit 1982 dauerhaft angestaut. Die Ufervegetation ist nur schwach ausgeprägt, vorwiegend entlang der Westseite hat sich ein bis zu 10 m breiter Schilfstreifen gebildet. Im Nordosten des Hauptbeckens liegt eine kleine, mit Gehölzen bewachsene Insel. Nördlich des Hauptbeckens schließt sich das Reservebecken an. In seinem Zentrum befindet sich ein 16 ha großer und bis zu 5 m tiefer See. Den überwiegenden Teil des mehr als 120 ha großen Beckens nehmen aber vom Herbst bis ins Frühjahr überstaute Feuchtwiesen sowie ein Feuchtwald ein. Auch dieses Becken kann im Extremfall komplett geflutet werden, normalerweise wird das Wasser jedoch über einen Ableiter nach Norden hin dosiert wieder an die Hase abgegeben. Das kleinste Gewässer ohne Anbindung an das Wasser der Hase bildet der Dubbelausee im Osten des Gebiets. Er entstand durch Sandentnahme für den Bau des Ringdeichs um den Alfsee und dient mit Wasserskianlage und Strandbad heute vorwiegend der Naherholung. Auch wenn sich dort im Winter 2020/2021 über mehrere Monate eine Zwergscharbe aufhielt, ist der See zur Vogelbeobachtung wenig attraktiv.

Das Alfsee-Reservebecken wurde 1991 als Naturschutzgebiet ausgewiesen, im Jahr 2015 folgte dies auch für Haupt- und Absetzbecken. Seit 2001

Typische Vogelarten im Gebiet, deren Status und günstige Beobachtungszeit (in Klammern)
h = häufiger, r = regelmäßiger, s = seltener; B = Brutvogel, N = Nahrungsgast, D = Durchzügler, W = Wintergast

Art	Status (beste Beobachtungszeit)
Singschwan	rD, rW (Nov.–Feb.)
Zwergschwan	rD, rW (Nov.–Feb.)
Blässgans	hD, hW (Okt.–Mrz.)
Pfeifente	hD, hW (Okt.–Apr.)
Löffelente	hD (Mrz./Apr., Aug.–Okt.)
Tafelente	hD, hW (Aug.–Mrz.)
Reiherente	sB, hD, hW (ganzjährig)
Schellente	rD, rW (Okt.–Apr.)
Zwergsäger	rD, rW (Nov.–Mrz.)
Gänsesäger	rD, rW (Nov.–Mrz.)
Schwarzhalstaucher	sB, rD (Apr.–Sep.)

Art	Status (beste Beobachtungszeit)
Silberreiher	hN (ganzjährig)
Seeadler	sB (ganzjährig)
Grünschenkel	hD (Apr./Mai)
Bruchwasserläufer	hD (Apr./Mai)
Alpenstrandläufer	rD (Mrz.–Mai, Sep./Okt.)
Trauerseeschwalbe	rD (Apr./Mai)
Eisvogel	rB, rD, rW (ganzjährig)
Schwarzspecht	sB (ganzjährig)
Nachtigall	rB (Apr.–Jun.)
Gebirgsstelze	sB, rW (Okt.–Mrz.)

: große Wasserfläche des Alfsee-Hauptbeckens wird von vielen Tausend Wasservögeln zur Rast genutzt. Foto: B. Lamping. 14.5.2019.

sind Haupt- und Reservebecken zusätzlich als Europäisches Vogelschutzgebiet gemeldet. Der hohe Wert des Alfsee-Komplexes ergibt sich aus seiner Bedeutung als Brutgebiet für Kormorane sowie als Mauser-, Rast- und Überwinterungsgebiet für zahlreiche Wasservogelarten. Seit jeher bestehen jedoch Konflikte zwischen Vogelschutz und Freizeitnutzung. Letztere ist in Bezug auf die Wasserflächen heute zwar auf den Dubbelausee sowie eine Freizeitzone im nordöstlichen Bereich des Hauptbeckens reduziert, doch kommt es im gesamten Gebiet leider immer wieder zu starken Störungen durch Erholungssuchende. Das Wegegebot wird nur von einem Teil der Besucher eingehalten. Die Böschungsbereiche dienen bei schönem Wetter als Liegewiese, was zu Störungen mausernder Graugänse führt. Häufig wird auch missachtet, dass der Deich nur auf der Deichkrone, nicht aber am Deichfuß begangen werden darf. Dies gilt sowohl für das Haupt- als auch für das Reservebecken. Vogelbeobachter und Naturfotografen sollten hier mit gutem Beispiel voran gehen, zumal der Blick vom erhöhten Deich ohnehin empfehlenswert ist.

Ein modernes Naturschutz- und Bildungszentrum am Alfsee brannte im Oktober 2020, nicht einmal ein Jahr nach seiner Eröffnung, nach Brandstiftung bis auf die Grundmauern nieder. Dank großartiger Unterstützung von

Zu den Zugzeiten sind Löffelenten in großer Zahl am Alfsee zu sehen. Foto: E. Lietzow. Dümmer, 22.4.2018.

vielen Seiten wird es nun neu errichtet und soll ab 2022 wieder mit einer großen interaktiven Ausstellung der Öffentlichkeit präsentiert werden.

Besondere Vogelarten und Reisezeit

Im Winter wird das Reservebecken regelmäßig von Sing- und Zwergschwänen als Schlafplatz genutzt. Tagsüber fliegen die Vögel auf wechselnde Nahrungsflächen in der weiteren Umgebung. Gleiches gilt für Blässgänse, die teilweise in größerer Zahl zum Schlafplatz einfliegen, sowie in geringerer Zahl auch für Tundrasaatgänse. Unter den Enten lassen sich am Alfsee alle häufigeren mitteleuropäischen Entenarten entdecken. Neben den sehr häufigen Stock- und Reiherenten sind ab Oktober unter anderem Pfeif- und Tafelenten zu sehen. Zwerg- und Gänsesäger erweitern das Artenspektrum ab November. Bemerkenswert sind auch die mitunter dreistelligen Anzahlen von Löffelenten im Frühjahr und Herbst. Während sich die genannten Entenarten vor allem auf dem Hauptbecken konzentrieren, findet man Schellenten im Winterhalbjahr auch sehr zuverlässig auf dem See des Reservebeckens. Schwarzhalstaucher sind regelmäßige Durchzügler und halten sich vor allem zwischen April und September auf dem Hauptbecken auf. Im Jahr 2011 kam es infolge eines Massenvorkommens der Wasserpest (*Elodea* spec.) zu einer Brutansiedlung mit mindestens 52 Paaren. Von insgesamt 91 Brutversuchen waren jedoch nur zwei erfolgreich. In den Folgejahren kam es nur sehr unregelmäßig zu weiteren Brutversuchen. Im Reservebecken lassen sich ganzjährig Kormorane beobachten. Die dortige Kolonie umfasste 2020 insgesamt 22 besetzte Nester. Silberreiher nutzen die nahrungsreichen Ufer des Haupt- und Reservebeckens das ganze Jahr über. Eine besondere Attraktion für Vogelbeobachter und Fotografen sind die seit 2019 dauerhaft anwesenden Seeadler. Im Jahr 2020 haben sie zum ersten Mal im Gebiet gebrütet und zwei Junge aufgezogen. Zuverlässig lassen sich die Seeadler am Reservebecken im Norden beobachten. Wenn dort im April und Mai die Wiesen leicht überstaut sind, wird das Reservebecken zu einem attraktiven Rastgebiet für Limikolen. Zu den häufigsten Arten gehören Grünschenkel, Bruchwasserläufer und Alpenstrandläufer. Austernfischer, Bekassinen, Flussuferläufer, Rotschenkel, Waldwasserläufer und Kampfläufer finden sich ebenfalls regelmäßig am Alfsee ein. Kiebitze brüten auch in kleiner Zahl dort. Während des Durchzugs im Frühjahr hat man gute Chancen, Trauerseeschwalben über der Wasserfläche des Hauptbeckens jagen zu sehen. Regelmäßige Brutvögel sind auch Eisvögel. Sie wird man am ehesten im Bereich der Insel im Nordosten des Hauptbeckens beobachten, doch nutzen sie auch den gesamten Alfsee-Komplex zur Nahrungssuche. Nicht alle bemerkenswerten Vogelarten des Gebiets sind an die Gewässer gebunden. Schwarzspechte brüten im Wäldchen direkt östlich des Reservebeckens, zur Brutzeit hört man regelmäßig Rufe der Pirole im Feuchtwald innerhalb des Beckens. Die Chancen auf eine Sichtbeobachtung sind jedoch gering. Vor allem im nordwestlichen Bereich des Hauptbeckens sowie entlang der Bahnlinie im Westen trällern ab April Nachtigallen ihre Lieder. Gebirgsstelzen lassen sich am besten an der Insel im Hauptbecken sowie an der betonierten Überlaufschwelle am Absetzbecken beobachten.

Reiherenten gehören mit bis zu vierstelligen Zahlen zu den häufigsten Vogel-arten am Alfsee. Foto: E. Lietzow. Obersee Bielefeld, 8.1.2014.

Der Alfsee ist für Vogelkundler vor allem zur Beobachtung von Wasser- und Watvogelarten attraktiv. Da nur wenige der Arten auch im Gebiet brüten, lohnt sich ein Besuch besonders zu den Zugzeiten sowie im Winter. Dennoch sind ganzjährig interessante Beobachtungen möglich. Im Rahmen einer Tagestour lassen sich alle Bereiche des Gewässerkomplexes erkunden.

Beobachtungsmöglichkeiten

Das Gebiet ist an vielen Stellen gut zugänglich. Sowohl um das Reservebecken als auch das Hauptbecken verlaufen befestigte Wege auf dem Deich, die auch gut mit dem Fahrrad befahrbar sind. Lediglich die Überlaufschwelle darf nicht befahren werden. Die Dämme dürfen jedoch nicht in Richtung Becken verlassen werden. Die zur Vogelbeobachtung besten Stellen lassen sich fast direkt mit dem Auto anfahren. Für eine Beobachtungsrunde bietet sich die etwa 4,7 km lange Umrundung des Reservebeckens an. Die Tour beginnt am Parkplatz (1) direkt südlich der Riester Straße (L 76). Von dort geht man nach Norden durch ein Tor den Deich hinauf und hat unmittelbar darauf einen idealen Blick auf

Abends fliegen Blässgänse zum Schlafplatz im Reservebecken.

Foto: E. Lietzow. Dümmer, 7.2.2018.

die Feuchtwiesen des Reservebeckens. Dies ist der beste Punkt im Gebiet, um rastende Limikolen zu beobachten. Folgt man dem Rundweg im Uhrzeigersinn, erreicht man nur 400 m weiter westlich eine Beobachtungshütte (2). Von dieser Stelle aus kann man den zentralen See des Reservebeckens am besten einsehen, auch wenn selbst hier die Sicht teilweise durch Gehölze eingeschränkt ist. Der Rundweg führt nun vorbei an Gehölzstreifen und teilweise entlang der Ueffelner Aue in einem großen Bogen um das Becken und vorbei am Auslaufbauwerk zum Ableiter des Hasewassers. Nach etwa 3 km bieten sich im Nordosten des Gebiets vom leicht erhöhten Standort des Dammes noch einmal schöne Beobachtungsmöglichkeiten auf die Feuchtwiesen, ebenso entlang des gesamten weiteren Weges am Ostrand des Beckens bis zurück zum Ausgangspunkt.

Zur Beobachtung der Wasservögel auf dem Hauptbecken des Alfsees sind jegliche Zugänge zum See geeignet. Zahlreiche Parkmöglichkeiten bieten sich im Nordosten (3). Hier sind es wenige Meter zum Weg auf der Dammkrone. Auch die einzige Insel des Hauptbeckens befindet sich in diesem Bereich. Etwas weiter südlich, etwa mittig am Hauptbecken, befindet sich das Naturschutz- und Bildungszentrum „nbz Alfsee“ (4). Wenige Meter südlich ergeben sich aus einer Schutzhütte auf dem Damm windgeschützt gute Blicke auf die große Seefläche.

Für Beobachtungen am südlichen Teil des Hauptbeckens sowie am Absetzbecken ist ein 3,3 km langer Rundweg mit Start an der Dreihorstbrücke (5) nötig. Von den dortigen Parkmöglichkeiten überquert man die Brücke über den Zuleiter und folgt dann dem Weg zwischen Damm und Wäldchen nach Norden. Nach 1,3 km biegt man links ab und erreicht die Überlaufschwelle (6). Von diesem Betonbauwerk hat man einen guten Blick sowohl auf die von keiner anderen Stelle einsehbare Wasserfläche des Absetzbeckens als auch die südlichsten Bereiche des Hauptbeckens. Auf der ande-

Die Überlaufschwelle zwischen Absetz- und Hauptbecken wird gelegentlich von Limikolen zur Rast genutzt. Leider ist diese Stelle sehr störungsanfällig.

Foto: J. Christiansen. 11.6.2013.

ren Seite der Überlaufschwelle führt der Weg entlang der Bahnlinie nach Süden zurück zum Parkplatz.

Weitere Freizeitmöglichkeiten

Etwa 15 km südöstlich des Alfsees befindet sich das Varusschlacht-Museum Kalkriese. Eines der bedeutendsten Ereignisse in der Geschichte der Römer im Bereich des heutigen Deutschlands wird dort in Ausstellungen multimedial in Worte, Bilder und Töne gefasst. Das 2002 eröffnete Museum wurde mehrfach ausgezeichnet, unter anderem als erste archäologische Einrichtung mit dem Europa Nostra Award als europäisches Kulturerbe. In einem an das Museum angeschlossenen, über 20 ha großen Park kann die Geschichte auf dem „Weg der Römer" erkundet werden.

Christopher König, Christoph Moning, Felix Weiß

Infomaterial/Literatur

Flore B-O 2011: Schwarzhalstaucher Podiceps nigricollis am Alfsee: Brut- und Gastvögel an einem nordwestdeutschen Flachsee mit Massenvorkommen von Nuttalls Wasserpest Elodea nuttallii. Vogelwelt 132: 197–206.

Wir bedanken uns bei Jürgen Christiansen für hilfreiche Informationen sowie die Durchsicht des Beitrags.

Anfahrt

Mit Bahn und Bus

Der nächstgelegene Bahnhof ist Rieste. Von dort sind es 2 km bis zum Reservebecken bzw. 2,5 km bis zum Hauptbecken am „nbz Alfsee" (4). Rieste ist stündlich auf der Strecke Bremen-Osnabrück erreichbar.

Mit dem Auto

Aus Richtung Süden nimmt man von der A 1 die Ausfahrt „Osnabrück-Nord" und folgt der B 68 bis nach Alfhausen. Dort biegt man rechts in die Gosestraße zum Alfsee ab. Von Norden kommend nimmt man von der A 1 die Ausfahrt „Neuenkirchen" (67) und hält sich in Richtung Bersenbrück. Nach 2,5 km biegt man links ab und folgt der L 76 weiter bis zum Alfsee.

Adressen

Naturschutz- und Bildungszentrum Alfsee, Am Bootshafen 2, 49597 Rieste; www.nbz-alfsee.de

Biologische Station Haseniederung e. V., Alfseestr. 291, 49594 Alfhausen; www.haseniederung.de

GPS		
Parkplatz Reservebecken (1)	52°29'50" N	7°59'57" O
Parkplatz „nbz Alfsee" (4)	52°29'01" N	7°58'51" O
Parkplatz Dreihorstbrücke (5)	52°27'47" N	7°58'04" O

Allein landschaftlich ist das Venner Moor zu allen Jahreszeiten einen Besuch wert. Foto: C. König. 5.12.2020.

Venner Moor und Campemoor

Entwicklungsstadien eines Hochmoores

Rund 20 km nordöstlich von Osnabrück bilden Venner Moor und Campemoor heute die zentralen Reste des Großen Moores bei Vörden. Zwei Moorlehrpfade laden dazu ein, die wechselhafte Geschichte dieser Region und die massiven Veränderungen der Lebensräume von der Bildung des Hochmoores über die Torfnutzung durch den Menschen bis hin zur Wiedervernässung zu erleben. Verschiedene Moorstadien bilden heute einen reich strukturierten Komplex mit bedeutender Brutvogelfauna. Besonders hervorzuheben sind die Brutbestände von Ziegenmelkern, Steinschmätzern und Blaukehlchen. Im Jahresverlauf wird das Gebiet darüber hinaus von Schwänen, Gänsen und Limikolen als Schlafplatz oder zur Rast genutzt.

Schon nach der Saale-Eiszeit vor etwa 200 000 Jahren hinterließen abschmelzende Gletscher in der Region eine große Senke. Nach der Weichsel-Eiszeit vor etwa 12 000 Jahren füllte sich diese durch Schmelzwasser und vermehrte Niederschläge mit Wasser und es entstand ein rund 150 km^2 großer See, dessen Überrest der heutige Dümmer See ist. Nach und nach zog sich der See auf sein heutiges Gebiet zurück und hinterließ Feuchtgebiete und Niedermoore. In den Randgebieten dieser Verlandungsfläche begann etwa 2300 v. Chr. die Bildung der Hochmoore Venner Moor und Campemoor, deren Ergebnis eine heute bis zu fünf Meter mächtige Torfschicht ist. Die großflächig ausgeprägte Hochmoorlandschaft trennte einst einzelne Siedlungsräume unüberwindbar voneinander ab. Das Moor selbst war lange Zeit als unheimlicher und lebensfeindlicher Ort kaum vom Menschen genutzt. Prähistorische bis frühmittelalterliche Pfahlwege zeugen aber noch heute von den Versuchen der Nutzbarmachung. Im Campemoor wurde 1992 mit dem um 4550 v. Chr. verlegten Pfahlweg Pr31 der älteste Moorweg der Welt ausgegraben. Zur damaligen Zeit bestanden vermutlich noch Sandinseln im Moor, die über diesen mindestens 300 m langen Weg miteinander verbunden wurden. Wie gefährlich das Moor für die Leute war, zeigen die Funde zweier Moorleichen aus dem 3. oder 4. Jahrhundert im Campemoor unweit der Pfahlwege. Jahrhunderte lang wurde der Torf der Moore per Handtorfstich als Brennstoff für die häuslichen Feuerstellen gewonnen, wodurch bis zum Anfang des 20. Jahrhunderts nur kleine, randliche Flächen des Moores verloren gingen. Mit der Industrialisierung des Torfabbaus im Jahr 1909 und Methoden zur Melioration von Moorflächen zur Gewinnung weiterer landwirtschaftlicher Nutzflächen um 1920 kam es jedoch schließlich zu einschneidenden Veränderungen. In den 1920er Jahren wurde der Bereich des Campemoores mit Fräsen und Pflügen erschlossen und erste Siedlungshäuser errichtet, in den 1930er Jahren folgte dies auch für das Venner Moor. Abgetorfte Flächen wurden kultiviert und in landwirtschaftliche Nutzung genommen. Diese Bereiche werden noch heute sehr intensiv als Grünland und Acker genutzt. In den 1950er Jahren wurde das Handtorfstichverfahren im Zuge der Markteinführung des günstigen Mineralöls eingestellt. Dennoch kam es erst in den 1970er Jahren zu einem Umdenken und die Bedeutung von Mooren als Lebensraum für Tiere und Pflanzen wurde erkannt. Um die Entwicklung hochmoortypischer Pflanzen zu unterstützen begann man 1979 mit von Land und Landkreis finanzierten Entkusselungs- und Wiedervernässungsmaßnahmen abgetorfter Flächen. Für die Wiedervernässung wird die Mooroberfläche möglichst waagerecht planiert, um einen gleichmäßigen Anstau zu ermöglichen. 1981 trat das Niedersächsische Moorschutzprogramm in Kraft, 1983 wurde das Venner Moor Naturschutzgebiet. Seit 2000 wird das freigestellte Areal mithilfe von Schafbeweidung offengehalten. Genehmigungen zur Abtorfung währen im beschriebenen Gebiet jedoch teilweise noch über Jahrzehnte fort.

Entlang des Weges im nördlichen Teil des Venner Moores sind Blaukehlchen im Frühjahr relativ verlässlich zu beobachten. Foto: E. Lietzow. Rieselfelder Münster, 3.4.2012.

Heute zeigen sich in Venner Moor und Campemoor verschiedene De- und Regenerationsstadien der typischen Hochmoorvegetation. Das Campemoor weist im Westen, das Venner Moor im Süden einen schwachwüchsigen Birken- und Kiefern-Moorwald mit Heidelbeere und anderen Zwergsträuchern auf. Der überwiegende Teil dieser Moorwälder ist langfristig als „Wildnisinsel" an die Stiftung Ornithologie und Naturschutz e. V. verpachtet. Auch die Flächen außerhalb werden kaum forstlich genutzt. Es schließen sich Flächen mit industriellem Torfabbau an, zunehmend auch wiedervernässte Flächen nach beende-

Typische Vogelarten im Gebiet, deren Status und günstige Beobachtungszeit (in Klammern)
h = häufiger, r = regelmäßiger, s = seltener; B = Brutvogel, D = Durchzügler, W = Wintergast

Art	Status (beste Beobachtungszeit)
Singschwan	hW (Nov.–Feb.)
Zwergschwan	hW (Nov.–Feb.)
Tundrasaatgans	hD, hW (Okt.–Feb.)
Blässgans	hD, hW (Okt.–Feb.)
Krickente	rB, rD (Mrz.–Okt.)
Kornweihe	rD, rW (Nov.–Apr.)
Rohrweihe	rB, rD (Apr.–Sep.)
Baumfalke	rB, rD (Mai–Aug.)
Kranich	rB, hD, rW (ganzjährig)
Flussregenpfeifer	rB, rD (Apr.–Aug.)
Sandregenpfeifer	rD (Mai–Aug.)
Großer Brachvogel	sB, rD (Mrz.–Aug.)
Bekassine	sB, rD (Mrz.–Okt.)
Rotschenkel	sB, rD (Apr.–Aug.)
Grünschenkel	hD (Apr./Mai, Aug./Sep.)

Art	Status (beste Beobachtungszeit)
Waldwasserläufer	hD (Apr.–Sep.)
Bruchwasserläufer	hD (Apr./Mai, Juli/Aug.)
Kuckuck	rB (Mai–Jul.)
Ziegenmelker	rB (Mai–Jul.)
Pirol	rB (Mai–Jul.)
Raubwürger	rW (Nov.–Mrz.)
Feldschwirl	rB (Apr.–Jul.)
Gelbspötter	rB (Mai–Jul.)
Schwarzkehlchen	rB (Mrz.–Sep.)
Blaukehlchen	rB (Apr.–Jul.)
Gartenrotschwanz	rB, rD (Apr.–Jul.)
Steinschmätzer	rB, rD (Apr.–Sep.)
Baumpieper	rB, rD (Apr.–Jul.)
Wiesenpieper	rB, hD (Mrz.–Okt.)
Wiesenschafstelze	rB, rD (Apr.–Aug.)

tem Torfabbau. Umgeben sind Venner Moor und Campemoor von intensiv genutzten Flächen mit Grünlandeinsaat und Maisanbau. Ornithologisch ist vor allem der Bereich „Im Aheschen Bruche" nordwestlich des Campemoores hervorzuheben, da er Sing- und Zwergschwänen sowie Kranichen als Rast- und Nahrungshabitat dient.

Besondere Vogelarten und Reisezeit

Rund 100 Vogelarten brüten in Venner Moor und Campemoor, die Zahl der im Jahresverlauf das Gebiet nutzenden Arten ist noch weitaus höher. Im Winter halten sich auf Wiesen und Äckern rund um den Moorkomplex nordische Schwäne und arktische Gänse auf. Im Aheschen Bruche nordwestlich des Campemoores rasten mitunter große Trupps von Sing- und Zwergschwänen sowie Tundrasaat- und Blässgänse. Vor allem Letztere kann man auch in den Venner Moorwiesen südlich des Venner Moores beobachten. Unter den Enten sind vor allem Krickenten als typische Brutvögel der Moore hervorzuheben, aber auch Knäk- und Löffelenten können auf dem Durchzug beobachtet werden. Silberreiher sind im Winterhalbjahr kaum zu übersehen und Kornweihen nutzen den Moorkomplex zur Jagd und als Schlafplatz. Als Brutvögel unter den Greifvögeln sind Rohrweihen und Baumfalken zu nennen. Letztere profitieren von der reichen Libellenfauna im Venner Moor. Kraniche sind ganzjährig im Gebiet – besonders zahlreich auf dem Durchzug, aber auch als Brutvögel und sogar Wintergäste. In den per Frästorfverfahren bewirtschafteten Flächen brüten Flussregenpfeifer, während Sandregenpfeifer nur auf dem Durchzug zu sehen sind. Erfreulich ist die Rückkehr von Großen Brachvögeln, Bekassinen und Rotschenkeln als Brutvögel, wenn auch bislang noch in geringer Zahl. Unter den rastenden Limikolen sind Grünschenkel, Wald- und Bruchwasserläufer zahlenmäßig am stärksten vertreten. Die Rufe der regelmäßig brütenden Kuckucke sind im Sommer weit zu hören. Als Charakterart der Moore tragen Ziegenmelker in der Dämmerung ab Mai ihren schnurrenden Gesang vor. Tagsüber sind diese Nachtschwalben aufgrund ihrer Tarnung hingegen kaum auffindbar. In den Moorwäldern im Randbereich brüten Pirole. Sie sind relativ verlässlich zu hören, aber in den dichten Baumkronen nur schwer zu Gesicht zu bekommen. Im Winter kann man im Venner Moor mit Glück Raubwürger entdecken, die einzelne Birken und Büsche als Sitzwarte nutzen. Feldschwirle und Gelbspötter geben im Frühjahr ein herrliches Vogelkonzert, besonders hervorzuheben sind aber die Blaukehlchen im Venner Moor. Bereits Ende der 1990er Jahre erreichte diese Art im Zuge einer allgemeinen Bestandserholung und Ausbreitung den Moorkomplex und zeigt eine weiterhin positive Bestandsentwicklung. Schwarzkehlchen sind von den Wegen im Venner Moor aus gut zu beobachten, Gartenrotschwänze brüten in den Randbereichen im Übergang zum Wald. Eine herausragende Bedeutung hat der Moorkomplex für den bundesweit bedrohten Steinschmätzer, von dem zeitweise etwa 10 % des niedersächsischen Bestands im Gebiet brüteten. Er findet in den nach dem Sodenstichverfahren abgebauten Torfflächen in den zum Trocknen aufgesetzten Torfsoden geeignete Brutplätze. Vor allem das Campemoor bietet hier derzeit noch viele Möglichkeiten, während im Venner Moor aufgrund zunehmend geringerer Anwendung dieses Verfahrens die Brutbestände stark rückläufig sind. Bei den Piepern muss man im Gebiet genauer hinschauen oder -hören: Sowohl

Die Brutbestände des Steinschmätzers sind von landesweiter Bedeutung.

Foto: E. Lietzow. Osterfeiner Moor, 6.9.2020.

Rotschenkel sind regelmäßige Rastvögel und seltene Brutvögel im Gebiet.
Foto: E. Lietzow. Osterfeiner Moor, 9.3.2019.

Baum- als auch Wiesenpieper gehören zur Brutvogelfauna. Erfreulich zahlreich brüten auch Wiesenschafstelzen und Bluthänflinge. Beide Arten sind bei einem Besuch zur Brutzeit leicht zu beobachten.

Generell ist das späte Frühjahr für einen Besuch zu empfehlen. Sowohl Vegetation als auch Vogelwelt zeigen sich dann von ihrer schönsten Seite. Wenn die Zugvögel in Richtung Überwinterungsquartiere aufgebrochen sind, wird es ruhiger im Gebiet, und im Winterhalbjahr ist die Artenzahl am geringsten. Dennoch verbreitet das Moor auch dann einen ganz besonderen Charme.

Beobachtungsmöglichkeiten

Zur Vogelbeobachtung bieten sich zwei ausgewiesene Wanderwege mit Informationstafeln an. Auf dem rund 7 km langen Venner Moorpfad lässt sich das Venner Moor sehr gut erkunden. Der Rundweg ist Teil der TERRA.tracks, einem Wanderweg-Netzwerk des Natur- und UNESCO Geoparks TERRA.vita im Osnabrücker Land. Ausreichend Parkmöglichkeiten stehen am Gasthaus Beinker (1) bereit. Von dort führt der Weg anfangs auf dem asphaltierten Pfahlreihenweg in westlicher Richtung bis an den Rand des Moorwaldstreifens (2) im Süden des Venner Moors. Man biegt rechts ab quer durch den Wald und sollte dort auf Pirole achten. Dies ist die verlässlichste Stelle für diese Art im gesamten Gebiet. Jenseits des Waldes erreicht man das eigentliche Hochmoor und eine NABU-Pflegefläche mit Torfstichgewässern. In diesem Bereich sind neben Gelbspöttern und Schwarzkehlchen auch Bluthänflinge zu erwarten. Baumfalken lassen sich hier regelmäßig bei der Insektenjagd beobachten. Vorbei an mehreren Informationstafeln führt der Weg nach Norden zu einem Picknickplatz mit überdachter Sitzmöglichkeit. Man erreicht den befestigen Weg am Venner Moorgraben und biegt links ab. Der Weg führt nun durch die offenen Moorflächen. Während südlich des Weges teilweise bereits seit einigen Jahren renaturierte Bereiche liegen, schließen sich nördlich noch aktive Abtorfungsflächen an. Sofern man nicht schon in der NABU-Pflegefläche auf die Art gestoßen ist, sollte man entlang dieses Weges auf die hier brütenden

Die verschiedenen Entwicklungsstadien von der aktiven Abtorfung bis zur Wiedervernässung kann man im Venner Moor direkt nebeneinander sehen.
Foto: C. König. 5.12.2020.

Blaukehlchen achten. Entlang des Weges verteilen sich einige Reviere. Ebenso sollte man auf Baum- und Wiesenpieper achten, im Winter auf Kornweihen und Raubwürger. Nachdem man diesem Weg für 750 m gefolgt ist, besteht an einem Querweg durchs Moor (3) die Chance für eine Abkürzung. Dafür hier links abbiegen, ansonsten dem Weg für einen weiteren Kilometer folgen. Wo der Weg bei der längeren Variante an einer Kreuzung (4) links nach Süden in Richtung Moorwald abknickt, sollte man in der Dämmerung auf die hier balzenden Ziegenmelker achten. Nach weiteren 400 m erreicht man den Wald und biegt auf einen schmalen Pfad entlang des Waldrands ab. Auf dem folgenden Abschnitt sollte man genauer hinhören: Kuckucke, Feldschwirle und Pirole machen vor allem akustisch auf sich aufmerksam. Nach gut einem Kilometer erreicht man den eingangs genannten Querweg an dessen Südende. Hier bietet es sich an, dem Weg durch den Moorwaldstreifen nach Süden zu folgen und auf der anderen Seite des Wäldchens links auf den Pfahlreihenweg abzubiegen. Diesem folgt man nun zwischen Moorwald und den südlich anschließenden Feldern und Weiden bis zum Ausgangspunkt zurück.

Das Campemoor liegt etwa 4 km Luftlinie vom Venner Moor entfernt. Hier lädt ein Moorerlebnispfad dazu ein, diesen Lebensraum und seine Geschichte genauer kennenzulernen. Der Weg beginnt am Parkplatz an der Dievenhütte (5) am Westrand des Moorwaldgürtels (6). Entlang von Wiesen und Weiden führt der Pickerweg nun in Richtung Osten zum Campemoor. Unterwegs passiert man verschiedene Informationstafeln und sollte auf Kuckucke und Gartenrotschwänze achten. Nach etwa

Flussregenpfeifer nutzen die offenen Bereiche der frisch abgetorften bzw. gerade erst wiedervernässten Flächen zur Brut. Foto: E. Lietzow. Melle, 12.5.2020.

Wiedervernässte Flächen lassen erahnen, warum Hochmoore aufgrund ihrer Unzugänglichkeit über Jahrhunderte kaum vom Menschen erschlossen wurden. Foto: C. König. 2.4.2021.

950 m erreicht man an einem Wegekreuz (7) die offenen Moorflächen. Der Moorerlebnispfad knickt nach rechts ab entlang des Waldrands und kurze Zeit später ist das Ende des Weges erreicht. Baumpieper trällern im Singflug, doch beeindruckender ist der Blick über die flach überstauten, wiedervernässten Moorflächen (8) mit Krickenten und Wiesenpiepern. Auf dem Rückweg sollte man am Wegekreuz nicht sofort dem Pickerweg zurück zum Parkplatz folgen, sondern stattdessen nach rechts entlang einer Baumreihe bis zum nächsten Wegekreuz weitergehen (9). Von hier aus hat man einen guten Blick in die nördlich gelegenen wiedervernässten Bereiche bis zum Torfwerk Ostendorf. Die Renaturierungs- und Regenerationsflächen beherbergen unter anderem Brutvorkommen von Flussregenpfeifern und Rotschenkeln. Dies sind auch die für auf dem Durchzug rastende Limikolen attraktivsten Flächen. Sandregenpfeifer, Bekassinen, Grünschenkel, Wald- und Bruchwasserläufer sind die regelmäßigen Gäste, aber auch ein Graubrust-Strandläufer wurde dort schon entdeckt. Insbesondere im Bereich aktiver Abtorfungen sollte man nach Steinschmätzern Ausschau halten. Auf bekanntem Weg geht es anschließend zurück zum Ausgangspunkt an der Dievenhütte. Der beschriebene Weg hat insgesamt eine Länge von etwa 3,7 km, kann jedoch beliebig verkürzt werden. Die beschriebenen Wege im Venner Moor und Campemoor können nur zu Fuß begangen werden. Lediglich Teilabschnitte sind auch mit dem Fahrrad befahrbar.

Christopher König, Christoph Moning, Felix Weiß

Infomaterial/Literatur

Blüml V 2011: Die Brutvögel des Venner Moores (Landkreis Osnabrück): Zur avifaunistischen Bedeutung verschiedener De- und Regenerationsstadien von Hochmooren. Vogelkdl. Ber. Niedersachs. 42: 111–132.

Blüml V 2012: Die Brutvögel der Abtorfungs- und Wiedervernässungsflächen im südlichen Campemoor (Landkreis Vechta) 2011. Osnabrücker Naturwissenschaftliche Mitteilungen 38: 111–123.

Anfahrt

Mit Bahn und Bus

Die Anbindung an den ÖPNV ist schlecht. Vom Bahnhof Neuenkirchen erreicht man die Bushaltestelle „Campemoor Wernke“ mit der Buslinie 625 etwa alle zwei Stunden innerhalb von 25 Minuten. Die Haltestelle „Vennermoor Gasth. Beinker“ ist mit der Buslinie 213 unregelmäßig innerhalb von 40 Minuten ab Bahnhof Bad Essen erreichbar.

Mit dem Auto

Von der Autobahn A 1 erreicht man beide Gebiete über die Abfahrt „Neuenkirchen“ (67) und die L 76. In Vörden verlässt man den Kreisverkehr in Richtung Bramsche und biegt 300 m später in die Campemoorstraße ab. 2,3 km später führt ein gut befahrbarer Feldweg am Waldrand entlang in 1 km zum Parkplatz (5). Zum Venner Moor folgt man der Campemoorstraße/Vördener Straße noch für weitere 7 km bis man den Parkplatz (1) auf der rechten Seite erreicht.

GPS

Parkplatz Venner Moor (1)	52°26'02" N	8°12'36" O
Wegekreuz Venner Moor (3)	52°26'07" N	8°11'10" O
Parkplatz Campemoor (5)	52°27'21" N	8°06'50" O
Wegekreuz Campemoor (7)	52°27'12" N	8°07'35" O

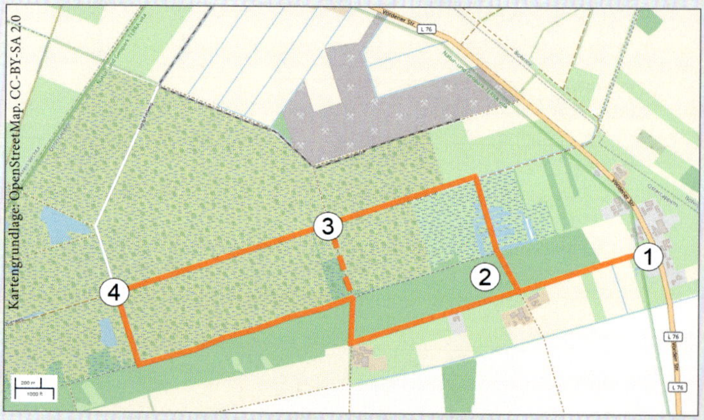

Vom Beobachtungsturm im Polder Bramel blickt man auf eine strukturreiche Landschaft aus Schlammflächen und Flachwasserbereichen umgeben von Röhrichtbeständen und Gebüschstrukturen. Foto: C. König. 30.5.2021.

Die Geesteniederung

Mit dem Wasser kehrte die Natur zurück

Die Geeste erstreckt sich im Elbe-Weser-Dreieck als Nebenfluss der Weser über mehr als 40 km bis zur Mündung in der Stadt Bremerhaven. Die ehemals moorreiche Niederung im Unterlauf der Geeste wird heute weitgehend als Grünland bewirtschaftet. Über Rückdeichungen haben sich die Polder Bramel und Glies zu Naturparadiesen entwickelt, die Heimat zahlreicher gefährdeter Tier- und Pflanzenarten sind. Ornithologisch gehören Seeadler, Kraniche und Blaukehlchen zu den Besonderheiten des Gebietes. Während die Niederung durch zahlreiche Wege erschlossen ist, beobachtet man an den Poldern am besten von zwei Beobachtungstürmen. Besonders im Frühjahr lohnt sich ein Besuch des Gebietes.

Ist die Geeste im Oberlauf noch ein von Kies geprägter Tieflandsbach, so entwickelt sie sich im Unterlauf zu einem breiten Marschgewässer. Sie durchfließt dabei eine nach der letzten Eiszeit entstandene moorige Landschaft, die sich heute durch ein Mosaik aus Wiesen, Weiden, Moorbirkenwäldern, Stillgewässern und einzelnen Wäldchen auszeichnet. Insbesondere in den letzten 150 Jahren wurde das Bild der Landschaft stark vom Menschen geprägt. Im Bereich der heutigen Polder Bramel und Glies kamen Teile der großen Moore bereits im 18. Jahrhundert unter Kultur und wurden in Grünland umgewandelt. Der Polder Bramel entstand im 19. Jahrhundert durch Begradigung und Eindeichung der Geeste. Erst 1959 wurde ein Generalplan zur großräumigen Entwässerung der Geesteniederung beschlossen, dem viele bis dahin noch naturnahe Restlebensräume zum Opfer fielen. Der Bau von Schleusen und Schöpfwerken hatte große Auswirkungen auf die Dynamik des Flusses: natürliche Überschwemmungen sowie der direkte Tideeinfluss wurden verhindert. Eine andauernde Entwässerung ermöglichte im so entstandenen Polder Glies eine intensive Grünlandbewirtschaftung. Doch die enorme Entwässerung führte zu einer stetigen Mineralisation und Zersetzung der mächtigen Niedermoorböden. Das Gelände sackte stellenweise um mehr als einen Meter in sich zusammen. Mit dem Land sackten auch die Deiche immer weiter ab und es wurde zunehmend schwierig, die Landschaft trocken zu halten. Die zunehmende Feuchte der grundwassernahen Wiesenflächen erschwerte die landwirtschaftliche Nutzung. Ende der 1970er Jahre kam es zu ersten Deichbrüchen. Umfangreiche Deichsanierungen und fortlaufende Entwässerungsmaßnahmen wurden nötig, um die Bewirtschaftung fortzuführen. 1994 wurde die landwirtschaftliche Nutzung des Polder Bramel aufgegeben. Ein Jahr später erfolgte mithilfe von drei Deichdurchstichen und einer Verbindung zur Geeste eine großflächige Überflutung des Geländes mit tidebedingt täglich schwankenden Wasserständen. Ein Biotop mit unterschiedlich tiefen Gewässern, Schlammbänken, Röhrichtzonen, Feuchtwiesen und Brachen entstand. Die Randbereiche werden naturnah beweidet.

Der Polder Glies blickt auf eine jüngere Geschichte zurück. Erst 2006 wurde hier der Deich zum Sellstedter See – nachdem auch in diesem Bereich die Landwirtschaft aufgegeben worden war – im Rahmen einer Kompensationsmaßnahme für ein Gewerbegebiet im nahegelegenen Bremerhaven abgetragen und verlegt. Das Gebiet wurde wiedervernässt und dient heute, wie auch der Polder Bramel, gleichzeitig als Hochwassersammelbecken für das Wasser der Geeste. Dauerwasserflächen weisen im Mittel eine Tiefe von nur einem Meter auf. Mit dem Wasser kehrte innerhalb kürzester Zeit die Natur zurück. Seit 2010 ist der Polder Glies Bestandteil des Naturschutzgebietes „Sellstedter See und Ochsentriftmoor/Wildes Moor".

Zu den besonderen Brutvogelarten der Geesteniederung gehört das Blaukehlchen. An den beschriebenen Stellen hat man zur richtigen Jahreszeit gute Chancen auf eine Beobachtung. Foto: E. Lietzow. Rieselfelder Münster, 22.5.2011.

Direkt angrenzend an den Polder Glies wurde im Bereich nahe der Siedlung Pennhop ein Teil der alten Kulturlandschaft bewahrt. Durch eine Beweidung mit geringem Viehbesatz, extensive Mahd und eine schwache Entwässerung hat sich eine artenreiche Wiesenlandschaft erhalten. Auf mehr als 70 ha Fläche findet man heute eine strukturreiche, halboffene Wiesen- und Weidelandschaft. Viele Gräben und Gebüschsäume gliedern das Grünland. Realisiert wurden der Erhalt und die Instandsetzung dieser Landschaft infolge einer Ersatzmaßnahme für ein Baugebiet in Bremerhaven. An der Umsetzung der verschiedenen Gebiete waren neben dem Bund für Umwelt und Naturschutz (BUND) Landesverband Bremen die Bremerhavener Gesellschaft für Investitionsförderung und Stadtentwicklung (BIS) mbH, die Städtischen Wohnungs-

Typische Vogelarten der Geesteniederung, deren Status und günstige Beobachtungszeit (in Klammern)
h = häufiger, r = regelmäßiger, s = seltener; B = Brutvogel, D = Durchzügler, W = Wintergast

Art	Status (beste Beobachtungszeit)
Singschwan	rW (Nov.–Mrz.)
Zwergschwan	rW (Nov.–Mrz.)
Blässgans	hD, hW (Okt.–Mrz.)
Knäkente	sB, rD (Apr.–Jul.)
Löffelente	rB, rD, rW (ganzjährig)
Pfeifente	hD, hW (Okt.–Apr.)
Krickente	rB, hD, hW (ganzjährig)
Wachtel	rB (Mai–Jul.)
Weißstorch	rB (Mrz.–Aug.)
Löffler	rD (Mai–Aug.)
Rohrweihe	rB (Apr.–Sep.)
Kornweihe	rW (Nov.–Mrz.)
Seeadler	rB (ganzjährig)
Baumfalke	sB (Mai–Sep.)
Kranich	rB, hD, rW (Apr.–Dez.)
Sandregenpfeifer	rD (Apr.–Jul.)

Art	Status (beste Beobachtungszeit)
Kampfläufer	rD (Mrz.–Aug.)
Bekassine	hD (Aug.–Okt.)
Rotschenkel	sB, rD (Apr.–Aug.)
Grünschenkel	rD (Apr.–Sep.)
Neuntöter	rB (Mai–Aug.)
Raubwürger	rW (Sep.–Mrz.)
Pirol	rB (Mai–Jul.)
Schilfrohrsänger	hB (Apr.–Aug.)
Gelbspötter	rB (Mai–Jul.)
Feldschwirl	rB (Apr.–Jul.)
Rohrschwirl	rB (Apr.–Jul.)
Blaukehlchen	rB (Mrz.–Jul.)
Braunkehlchen	sB, rD (Mai–Sep.)
Schwarzkehlchen	rB, rD (Mrz.–Okt.)
Wiesenpieper	hB, hD, rW (ganzjährig)
Bergpieper	rW (Okt.–Mrz.)

gesellschaft Bremerhaven (STÄWOG), das Umweltschutzamt Bremerhaven und die Untere Naturschutzbehörde Cuxhaven beteiligt. Für die Betreuung der Gebiete sowie den Schutz und die Förderung der Natur der Geesteniederung engagiert sich der BUND Landesverband Bremen gemeinsam mit seinem Regionalverband BUND Unterweser.

Kraniche sind sowohl auf dem Durchzug als auch zur Brutzeit zuverlässig zu beobachten. Foto: E. Lietzow. Rehdener Geestmoor, 24.9.2016.

Besondere Vogelarten und Reisezeit

Die Vielgestaltigkeit der Landschaft macht die Geesteniederung das ganze Jahr über zu einem lohnenswerten Ziel. Die wiedervernässten Polder Bramel und Glies stellen heute einen Anziehungspunkt für Wasser- und Watvögel dar, während die Feuchtwiesen mit ihren Randstrukturen vielen weiteren Arten als Brutplatz dienen. Einige interessante Vogelarten halten sich ganzjährig im Gebiet auf. So auch die Seeadler, die bei ihren Überflügen regelmäßig Panik unter den anwesenden Wasservögeln verbreiten. Ebenfalls zu allen Jahreszeiten am Himmel zu entdecken sind Habichte und Kolkraben. Sogar Kraniche sind im Gebiet in fast allen Monaten zu beobachten. Während mehrere Paare in der Geesteniederung brüten und dreistellige Zahlen von Nicht-Brütern übersommern, nutzen durchziehende Kraniche im Frühjahr und Herbst die Polder häufig zum Übernachten. Einige Vögel harren bis in den Dezember aus.

Die Wintermonate sind allgemein ruhiger und artenärmer. Von Oktober bis März sind Blässgänse häufige Gäste im Gebiet und tagsüber in den Wiesen verteilt, in den Morgen- und Abendstunden auf den Wasserflächen der ganzjährig weiträumig überfluteten Polder und dem Sellstedter See zu finden. Auch Zwerg- und Singschwäne haben eine lange Rasttradition im Gebiet. Unter den Enten ergänzen neben den ganzjährig anwesenden Krick- und Löffelenten dann auch Pfeifenten und Gänsesäger das Bild. Bergpieper und Raubwürger nutzen die Niederung ab Oktober zur Überwinterung. Kornweihen fliegen im Winter im niedrigen Suchflug über Schilfflächen und Wiesen und nutzen den Überraschungseffekt bei der Jagd auf Mäuse und Kleinvögel. Werden die Tage länger, steigt das Vogelartenspektrum in der Geesteniederung von Tag zu Tag. Zu den frühen Ankömmlingen zählen Feldlerchen, deren Gesang bereits ab März zahlreich über den Wiesen zu hören ist. Am Boden suchen dann die ersten Weißstörche nach Nahrung und Schwarzkehlchen beginnen Reviere zu besetzen. Auch eine der Besonderheiten der Geesteniederung ist schon ab Mitte März zu sehen: Blaukehlchen singen am Rand der Schilfflächen und Gebüschstreifen. Im April kommen viele weitere Zugvogelarten zurück. Knäkenten ziehen dann durch und schreiten alljährlich auch zur Brut. Tüpfelsumpfhühner sind ebenfalls Brutvögel, jedoch nur selten zu sehen. In das Vogelkonzert stimmen Baumpieper mit ein und in Röhrichtbereichen sollte man auf Feld- und Rohrschwirle sowie inzwischen zahlreiche Schilfrohrsänger achten.

Wie am Polder Bramel bieten sich auch am Polder Glies von einem Beobachtungsturm hervorragende Möglichkeiten für die Vogelbeobachtung. Foto: C. König. 30.5.2021.

Schlammflächen, insbesondere im Polder Bramel, werden von Rot- und Grünschenkeln, Dunklen Wasserläufern und Sandregenpfeifern genutzt. Fischadler sind regelmäßig sowohl auf dem Frühjahrszug im April/Mai als auch auf dem Wegzug im August/September zu sehen. Die letzten Zugvogelarten ergänzen ab Mai das Spektrum. Baumfalken jagen nach Insekten und Schwalben, Braunkehlchen nutzen die Weidezäune gerne zur Rast. Spät aus den afrikanischen Winterquartieren kehren dann auch Gelbspötter, Neuntöter und Pirole in die Geesteniederung zurück. An lauen Sommerabenden lohnt es sich in den Wiesen auf den Gesang der Wachteln zu achten. Ab August räumen viele Arten die Gebiete wieder. Große Ansammlungen von Kiebitzen sammeln sich dann in den Poldern und auch die Zahl der rastenden Bekassinen ist von August bis Oktober am höchsten.

Zahlreiche seltene Arten wurden in beiden Poldern in den vergangenen Jahren entdeckt, darunter Carolinakrickente, Rallenreiher, Sichler, Steppenweihe, Wilsonwassertreter und Dunkellaubsänger.

Große Bekanntheit unter den deutschen Vogelbeobachtern erlangte der Polder Glies 2013 aufgrund der dritten artreinen Brut von Zitronenstelzen in Deutschland. Drei Jungvögel wurden damals flügge.

In den Hecken der Pennhopwiesen brüten Neuntöter.

Foto: E. Lietzow. Steinhuder Meer, 1.7.2011.

Beobachtungsmöglichkeiten

Zwar dürfen und können die Polder Bramel und Glies selbst sowohl wegen ihres Schutzstatus als auch wegen der moorigen Überschwemmungslandschaft nicht betreten werden, dafür sind mit zwei Beobachtungstürmen jedoch besonders gute Beobachtungsmöglichkeiten geschaffen worden.

Den Polder Bramel erreicht man in der Ortschaft Bramel über die Straßen Gunort und Gooshoff. Letztere führt in Richtung Nordost und vorbei an einem Weißstorch-Nest direkt zu den Parkmöglichkeiten am Polder. Von dort sind es nur noch wenige Meter bis zum Beobachtungsturm (1). Mit Blick nach Nordwest überblickt man vom Turm aus große Röhricht- und Flachwasserbereiche. In Richtung Nordost erstreckt sich ein Mosaik aus Wasserflächen mit zahlreichen Inseln, (je nach Wasserstand) Schlammbänken sowie kleineren Röhrichtbeständen und Gebüschen. Einige Bereiche des insgesamt rund 150 ha großen Polders sind nicht einsehbar. Es lohnt sich daher durchaus ein längeres Verweilen auf dem Turm. Immer wieder wechseln die Vögel zwischen den unterschiedlichen Bereichen des Polders hin und her. Bei passenden Wasserständen kann man zu den Zugzeiten rastende Limikolen erwarten. Zu den regelmäßig im Polder zu beobachtenden Arten zählen Bekassinen, Bruchwasserläufer, Dunkle Wasserläufer, Grünschenkel, Kampfläufer, Sandregenpfeifer und Große Brachvögel. Von nahegelegenen Brutplätzen kommen Seeadler und Baumfalken regelmäßig im Gebiet vorbei. Im vielstimmigen Vogelkonzert sollte man auf die Gesänge von Blaukehlchen, Schilfrohrsängern und Gelbspöttern achten, die alle hier brüten. Kraniche sind fast ganzjährig in Trupps von Übersommerern bzw. rastenden Durchzüglern zu sehen. Zwischen Mai und August werden alljährlich auch Löffler im Gebiet beobachtet.

Der Luftlinie etwa 3 km südlich gelegene Polder Glies ist mit 85 ha Fläche deutlich kleiner als der Polder Bramel. Man erreicht ihn über die Ortschaft Sellstedt. Von der Hauptstraße L 143 (Schiffdorfer/Geestensether Straße) folgt man der Ausschilderung in die Straße Beelacker, die nach einer Kreuzung in die Kampstraße nach Nord/Nordwest aus dem Ort heraus bis zu den Parkmöglichkeiten (2) am Polder übergeht. 300 m nördlich des Parkplatzes befindet sich der Beobachtungsturm. In fast alle Richtungen ergeben sich hier interessante Beobachtungsmöglichkeiten. In Richtung Nordost blickt man den Sellstedter Seegraben entlang und auf die benachbarte größte Wasserfläche des Polders. Nördlich schließt sich der unzugängliche Sellstedter See an, den man wegen der Schilf- und Gebüschbestände nur vom Beobachtungsturm aus einsehen kann. Die Artenzusammensetzung ähnelt weitgehend der des Polder Bramel. Je nach Wasserstand können auch hier verschiedene Watvogelarten entdeckt werden, meist jedoch in geringerer Zahl als im Polder Bramel. Aus den Schilfbeständen hört man mit Glück den

Rohrweihen brüten mit einigen Paaren im Gebiet und sind vor allem am Polder Bramel im Sommerhalbjahr zu sehen. Foto: E. Lietzow. Enger Bruch, 28.4.2020.

schnurrenden Gesang der Rohrschwirle, Rohrweihen sind sehr verlässlich im Gebiet zu beobachten. Auch Kraniche brüten mit mehreren Paaren im Polder Glies. Einige Paare brüten hier auf kleinen Inseln so frei sichtbar, dass man ihnen vom Beobachtungsturm aus mit dem Spektiv störungsfrei direkt auf dem Nest zusehen kann. Im Winterhalbjahr lassen sich Bergpieper und Raubwürger beobachten.

Für beide Gebiete ist aufgrund der mitunter großen Beobachtungsentfernungen der Einsatz eines Spektivs zu empfehlen.

Doch nicht nur die beiden wiedervernässten Polder sind heute Lebensraum seltener Vogelarten. Südwestlich des Polder Glies erstreckt sich bis zur Siedlung Pennhop ein weitläufiges Gelände aus verschieden feuchten und unterschiedlich stark bewirtschafteten Wiesen und Weiden. Dank mehrerer gut ausgebauter, aber für den Straßenverkehr gesperrter Wege lässt sich dieser Bereich gut zu Fuß oder per Fahrrad erkunden.

Die im Folgenden beschriebene 5,5 km lange Variante kann beliebig verkürzt oder verlängert werden. Start des Rundweges ist der Parkplatz am Beobachtungsturm des Polder Glies. In süd-/südwestlicher Richtung folgt man der Straße für 400 m zurück in Richtung Sellstedt und biegt daraufhin rechts und nach weiteren 300 m abermals nach rechts ab. Man passiert mehrere Feldgehölze, in denen Pirole brüten. Ebenfalls durch ihren Gesang machen entlang der Strecke Gelbspötter auf sich aufmerksam. 700 m später biegt man links ab und folgt dem Weg bis zum Ende. Auf dem Bredenhörenweg geht man daraufhin rechts ab entlang von Viehweiden. Schwarzkehlchen und

Die unterschiedlich feuchten Grünländer der Geesteniederung sind durch zahlreiche Gebüschreihen, Gräben und Weidezäunen unterteilt und liefern einer großen Zahl von Vogelarten geeignete Bedingungen zur Brut, Rast und Überwinterung. Foto: C. König. 29.5.2021.

Gartenrotschwänze kommen in diesem Bereich vor. Am Ende des Weges erreicht man nördlich des gleichnamigen Dorfes die Straße Pennhop. Rechts ab folgt man dieser entlang des Pennhopgrabens. Der nun folgende Abschnitt ist ornithologisch besonders interessant. Westlich des Weges erstreckt sich bis zum Waldrand des Ochsentriftmoores eine halboffene, kleinparzellierte und nur extensiv beweidete Feuchtwiesenlandschaft (3). Zu den besonderen Arten entlang dieser Strecke zählen die hier in den Hecken brütenden Blaukehlchen und Neuntöter. Auch Gelbspötter und Schwarzkehlchen sind hier erneut zu sehen. In den nördlich gelegenen, offeneren Bereichen erfüllt das Trällern eines durch Naturschutzmaßnahmen reichen Bestandes der Feldlerchen den Himmel. Wiesenpieper sind ebenfalls häufige Brutvögel. Nach 1,8 km knickt der Weg rechts ab und führt auf weiteren 800 m mit Neuntötern und Feldschwirlen zurück zum Ausgangspunkt.

Sing- und Zwergschwäne wechseln im Winter zwischen verschiedenen Bereichen des Gebiets. Sowohl Polder Bramel und Polder Glies als auch die Grünlandbereiche zwischen den beiden Poldern und die Pennhopwiesen werden von den Arten genutzt.

Weitere Freizeitmöglichkeiten

Wenige Kilometer westlich der Geesteniederung lohnt sich in der Stadt Bremerhaven ein Besuch des Deutschen Schifffahrtmuseums. Mehr als 500 Schiffe und Schiffsmodelle können besichtigt werden, darunter der Raddampfer Meißen, das Walfangschiff RAU IX, der Hochseeschlepper Seefalke sowie eine Hansekogge aus dem Jahr 1380. Während einer Umbauphase und Neukonzeption der Ausstellungsbereiche 2021 bleibt das Museum mit wechselnden Sonderausstellungen, Schiffsbesichtigungen und Veranstaltungen weiter geöffnet.

Christopher König, Christoph Moning, Felix Weiß

Infomaterial/Literatur

Für hilfreiche Anmerkungen und Tipps bedanken wir uns bei Henning Kunze.

Anfahrt

Mit Bahn und Bus

Der nächstgelegene Bahnhof ist Sellstedt. Von hier erreicht man den Polder Glies innerhalb von 3 km. Bis zum Polder Bramel sind es rund 7 km. Vom Bahnhof Bremerhaven verkehrt die Buslinie 507 stündlich bis zur Haltestelle „Bramel Kindergarten“, etwa 1,5 km Fußweg vom Polder Bramel entfernt. Die Fahrzeit beträgt eine knappe halbe Stunde.

Mit dem Auto

Von der Autobahn 27 erreicht man die Geesteniederung über die Abfahrt „Bremerhaven-Geestemünde“ (8) und anschließend über die L 143 bis nach Sellstedt für einen Besuch am Polder Glies. Zum Polder Bramel biegt man hinter Schiffdorf links ab auf die Brameler Straße und folgt dieser bis nach Bramel.

Adressen

Bund für Umwelt und Naturschutz Deutschland, Landesverband Bremen e. V. Am Dobben 44, 28203 Bremen, Tel. 0421/79002-0, www.bund-bremen.net

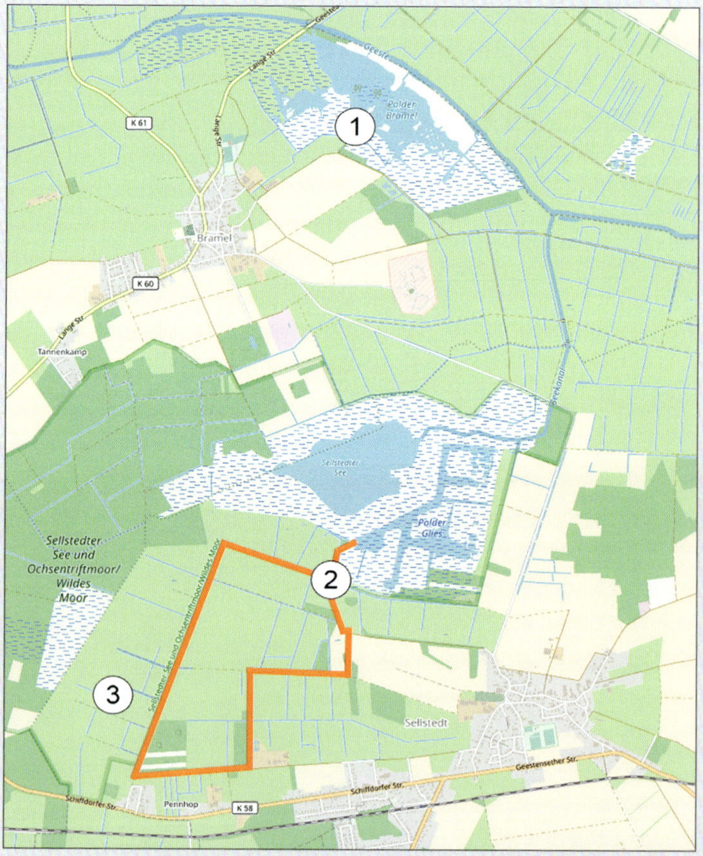

GPS		
Beobachtungsturm Polder Bramel (1)	53°33'33" N	8°42'58" O
Parkplatz Polder Glies (2)	53°31'48" N	8°42'47" O

Im Winter sind die Wasserflächen im Moorhauser Polder Schlafplatz für Blässgänse und Möwen.

Foto: T. Krüger. 15.2.2008.

Der Moorhauser Polder

Seltene Gäste aus Island

In der Hunteniederung östlich der Universitätsstadt Oldenburg liegen mit dem Moorhauser Polder und den Bornhorster Wiesen zwei Refugien für wiesenbrütende Limikolen wie Große Brachvögel und Uferschnepfen. Wenn im Frühjahr die Wiesen flach überschwemmt sind, finden sich zudem zahlreiche rastende Enten und Limikolen ein und auch im Winter bieten Tausende arktische Gänse abwechslungsreiche Beobachtungsmöglichkeiten.

Die Hunte ist ein westlicher Nebenfluss der Weser. Sie entspringt im Osnabrücker Hügelland und erreicht schon nach kurzer Strecke die Norddeutsche Tiefebene. Im Stadtgebiet von Oldenburg wird sie am Wasserkraftwerk von der Oberen zur Unteren Hunte. Bis hierhin macht sich der Einfluss der Gezeiten bemerkbar. Der Tidenhub im Oldenburger Hafen beträgt stolze 2,6 m, was auch auf die zahlreichen Flussbegradigungen im weiteren Verlauf bis zu ihrer Mündung in die Weser bei Elsfleth zurückzuführen ist. Ganze 12 km wurde der Flusslauf in diesem weiteren Abschnitt verkürzt, seine Ufer wurden in ein Steinbett gefasst und eingedeicht. Das 1979 fertiggestellte Hunte-Sperrwerk an der Mündung in die Weser bei Elsfleth wird bei Sturmfluten geschlossen, sodass die Stadt Oldenburg seither vor Überschwemmungen geschützt ist. Allerdings fließt bei geschlossenem Sperrwerk weiter Wasser die Hunte hinab und es bildet sich ein Rückstau. Dann strömt das Wasser über Schwellen in den 99 ha großen Moorhauser Polder östlich von Oldenburg und selten, bei noch höheren Wasserständen, in die westlich angrenzenden Bornhorster Wiesen und danach bei extremen Hochwassern theoretisch in den östlich angrenzenden Geller Polder.

Wasser prägt die Landschaft und die Menschen in den Nordwestdeutschen Flussmarschen seit jeher. Die Wasserstände und ihre frühere natürliche Dynamik im Tages- und Jahresgang bestimmen die Möglichkeiten der Bewirtschaftung und damit das Leben. Kein Wunder also, dass um das Thema Wasser ein eigener Verwaltungsapparat entstanden ist. Da ist zum einen der Wasserverband Moorriem-Ohmstedter Sielacht (MOS), der zuständig für den Unterhalt des Systems aus Gewässern II. und III. Ordnung sowie von Sielen und Schöpfwerken ist. Hierunter fallen auch die Wulfsgraft und das Wulfssiel, über die der Moorhauser Polder mit der Hunte verbunden ist. Der Niedersächsische

Landesbetrieb für Wasserwirtschaft, Küsten- und Naturschutz (NLWKN) wiederum ist unter anderem zuständig für eine Rückstauklappe an der Wulfsgraft, über die der Polder bei hohem Wasserstand geflutet werden kann. Der II. Oldenburgische Deichband ist mit der Pflege der Deiche am nördlichen Ufer der Hunte und somit für die Überlaufschwellen in die Polder östlich von Oldenburg betraut. Die Überlaufstrecke zwischen Hunte und Moorhauser Polder war um bis zu 30 cm gegenüber der ursprünglich vorgesehenen Höhe abgesackt und es kam seit den 1990er Jahren alljährlich in den Wintermonaten zu Flutungen des Polders durch Überlauf aus der Hunte. Die Bedingungen für rastende Wasservögel waren dadurch ideal und mit der Bestandserholung von Weißwangen- und Blässgänsen entwickelte sich die Hunteniederung auch zu einem bedeutenden Rastplatz für die beiden Arten, was zu Konflikten mit den ansässigen Landwirten führte. Die Wasserflächen des Moorhauser Polders wurden von den Landwirten als Ursache für die großen Rastbestände wahrgenommen. Im Jahr 2014 wurde die abgesackte Überlaufstrecke an der Hunte wieder auf die planfestgestellte Höhe und sogar etwas darüber hinaus erhöht, sodass es seither nur noch alle zwei bis drei Jahre zu einer passiven Flutung des Polders direkt aus der Hunte gekommen ist. Seitdem hat die westlich durch den Moorhauser Polder fließende Wulfsgraft die größte Bedeutung für den Wasserstand im Gebiet. Bei hohen Wasserständen in diesem Sielzug kann der Polder aktiv über eine Rückstauklappe geflutet werden, das Wasser durfte zuletzt jedoch auf Intervention

Knäkenten rasten im April und Mai im Polder und brüten in manchen Jahren auch.
Foto: E. Lietzow. Enger Bruch, 23.3.2017.

Wenn die Wiesen Ende April/Anfang Mai noch flach überstaut sind, rasten große Trupps Kampfläufer im Polder. Foto: T. Krüger. 21.4.2019.

der Landwirtschaft nicht mehr genutzt werden. Ein nun gefundener Kompromiss sieht einen Einstau im Moorhauser Polder auf 20 cm unter Normalhöhennull (NHN) im November und 10 cm unter NHN im Dezember vor, sodass zu dieser Zeit noch keine größeren Wasserflächen mit hohem Wasserstand entstehen und die Attraktivität als Schlafplatz für Gänse gering ist. Von Januar bis Ende März soll ein Wasserstand von 20 cm über NHN vorgehalten werden, was zu größeren Wasserflächen im Polder führt und ideale Rastbedingungen unter anderem für Gründelenten bietet. Ab Anfang April soll der Wasserstand dann langsam abgesenkt werden und am 20. April werden die Rückstauklappen vollständig hochgezogen, sodass durchziehende Limikolen gute Rastbedingungen vorfinden und Wiesenbrüter im Gebiet nach und nach ihre Nester anlegen können. Es bleibt zu hoffen, dass sich dieser Kompromiss zwischen landwirtschaftlichen Interessen und naturschutzfachlichen Erfordernissen langfristig etabliert, denn nur mit dem Wasser kommt jeden Winter das Vogelleben in den Polder. Der Moorhauser Polder und die Bornhorster Wiesen sind wegen ihrer hohen Bedeutung als Brutgebiete für Wiesenvögel und als Durchzugs- und Rastgebiete für Wasser- und Watvögel als Naturschutzgebiete ausgewiesen und sind Teil des Europäischen Vogelschutzgebiets „Hunteniederung".

Besondere Vogelarten und Reisezeit

Ende Februar ist der Moorhauser Polder meist hoch überflutet. Es gibt gelegentlich strenge Nachtfröste und die umliegende Marschlandschaft ist braun und grau. Pünktlich kehren jetzt die ersten Uferschnepfen aus ihrem Winterquartier zurück. Erst einzelne, aber im Laufe des März immer mehr. Sie sind jetzt noch sehr gesellig, bevor sie ihre Reviere in den Wiesen an der Hunte beziehen. Regelmäßig fallen zwischen den Uferschnepfen einzelne, besonders rote und auf den Flanken kräftig schwarz gebänderte Männchen auf. Wenn diese dann noch deutlich kurzschnäbeliger und etwas kurzbeiniger wirken als „unsere" Uferschnepfen, kann man davon ausgehen, Vögel der Unterart *islandica* entdeckt zu haben. Alljährlich wird diese im Moorhauser Polder beobachtet, wobei der Durchzug etwas später im April erfolgt als bei den Uferschnepfen der Nominatform. Oft rasten die Vögel über mehrere Tage im Gebiet und es lassen sich die Bestimmungsmerkmale im Vergleich zu den ebenfalls stets anwesenden lokalen Uferschnepfen gut studieren. Neben den Uferschnepfen beherbergen der Polder und die westlich angrenzenden Bornhorster Wiesen noch weitere Wiesenlimikolen. Kiebitze sind in Niedersachsen in ihrem Bestand stark abnehmende, aber in der Hunteniederung noch verbreitete Brutvögel und auf den Zaunpfählen sieht man bisweilen Bekassinen stehen, deren Balzflug in der Abenddämmerung zu beobachten ist. Große Brachvögel brüten mit mehreren Paaren besonders in den Bornhorster Wiesen und Rotschenkel vereinzelt. Die einstmals häufigen Braunkehlchen sind als Brutvögel leider verschwunden und wurden quasi durch Schwarzkehlchen als mittlerweile häufige und vereinzelt auch überwinternde Brutvögel ersetzt. Wiesenpieper, Schafstelzen und Feldlerchen sind noch vergleichsweise häufige Brutvögel in den Wiesen. An den verschilften Gräben besetzen Blaukehlchen, Schilfrohrsänger und Feldschwirle ihre Reviere.

Während die lokalen Brutvögel bereits mit Nestbau und Eierlegen be-

Isländische Uferschnepfen (vorne links) fallen auch auf größere Entfernung durch ihre intensiv kupferrote Färbung auf. Foto: T. Krüger. 1.4.2017.

Die überschwemmten Wiesen im Frühjahr sind der perfekte Rastplatz für Bruchwasserläufer.
Foto: Benny Trapp / Adobe.Stock.com

schäftigt sind, rasten noch zahlreiche Durchzügler auf ihrem Weg nach Skandinavien und Sibirien. Kampfläufer im bunten Prachtkleid rasten Ende April/ Anfang Mai mitunter zu Hunderten in den überschwemmten Niederungswiesen. Mitte des 20. Jahrhunderts waren sie noch verbreitete Brutvögel in der Hunteniederung. Bruchwasserläufer, Waldwasserläufer und Grünschenkel sind weitere regelmäßige Rastvögel auf dem Frühjahrszug. In den flach überschwemmten Wiesen rasten im März und April bunt durcheinandergewürfelt alle heimischen Gründelentenarten mit Hunderten Individuen. Einige Löffel-, Knäk-, Schnatter- und Stockenten bleiben zum Brüten in der Hunteniederung.

Im Juni sind die letzten Wiesen vollständig abgetrocknet. Es wird jetzt ruhig in der Niederung und weil geeignete Rastmöglichkeiten fehlen, tritt der Wegzug der Limikolen hier kaum in Erscheinung. Der Oldenburger Lehrer, Maler und Ornithologe Karl Sartorius (1875–1967) schrieb in seiner Monographie über die Hunteniederung: „Der streifende Beobachter findet im Hochsommer nicht mehr die belebten Bilder, die Rufe und Gesänge sind meist verstummt, die nun folgenden Phasen im Lebensgang der Niederungsvögel drängen sich den Sinnen nicht auf.“ Ein Besuch zu dieser Zeit ist für Vogelbeobachter wenig reizvoll und die Polder sind dann kaum von anderen Grünlandgebieten in Norddeutschland zu

Für Löffelenten ist der Moorhauser Polder ein Rastgebiet mit deutschlandweiter Bedeutung.
Foto:YaD / Stock.Adobe.com

unterscheiden. Erst im Oktober prägen mit der Ankunft der arktischen Gänse wieder Vögel die Landschaft an der Hunte. Blässgänse und Weißwangengänse erscheinen in großen Schwärmen, teils zur Rast, teils auf dem Durchzug. Die Hunteniederung ist als Rastgebiet für beide Arten von internationaler Bedeutung. Tundrasaatgänse rasten in geringer Zahl und vereinzelt lässt sich in den Gänseschwärmen eine Rothalsgans entdecken. Wenn der Moorhauser Polder ab November wieder leicht eingestaut wird, finden sich auch große Scharen Gründelenten, besonders Pfeifenten zur Rast ein. Auf der winterlichen Hunte rasten Gänsesäger und Schellenten und in der Niederung jagen Kornweihen und Raufußbussarde.

Der Moorhauser Polder ist ein beliebtes, oft besuchtes Beobachtungsgebiet und daher werden regelmäßig Ausnahmeerscheinungen entdeckt. Zu den besonderen Gästen gehörten bisher unter anderem Kanadapfeifente, Carolinakrickente, Blauflügelente, Sichler, Stelzenläufer, Thorshühnchen, Polar- und Eismöwe.

Für Bekassinen sind die feuchten Böden im Polder ideale Nahrungshabitate auf der Rast. Foto: E. Lietzow. Dümmer, Ochsenmoor, 8.5.2020.

Beobachtungsmöglichkeiten

Ausgangspunkt für eine Erkundung des Moorhauser Polders ist der Parkplatz am nordöstlichen Rand des Polders (1) beim Dorf Moorhausen. Der beste Beobachtungspunkt liegt nur etwa 100 m östlich des Parkplatzes am Weg auf dem Deich. Da man von dort gen Süden in den Polder blickt, sollte man für die Planung seines Besuchs die Tageszeit berücksichtigen. Die besten Lichtverhältnisse ergeben sich ab dem späten Nachmittag und in den frühen Morgenstunden, tagsüber ist dort das Gegenlicht für Beobachtungen hinderlich. Der Weg führt am Polder entlang weiter nach Osten bis zur Hunte. Hier biegt man rechts ab und befindet sich nun auf der Überlaufstrecke (2) zwischen Hunte und Polder, die im Winterhalbjahr bei hohen Wasserständen selten überflutet sein kann. Von hier aus hat man vormittags ideale Lichtverhältnisse, will man die im Polder anwesenden Vögel beobachten. Auf der Hunte sind im Winterhalbjahr Gänsesäger und Schellenten zu beobachten. Nach etwa 800 m entlang der Hunte erreicht man das Wulfssiel, über das die Wulfsgraft im Westen des Polders in die Hunte entwässert. Etwa 250 m weiter knickt der Weg rechts ab und verläuft auf einem Damm (3) zwischen Bornhorster Wiesen und Moorhauser Polder, alternativ kann man dem

Typische Vogelarten im Moorhauser Polder, deren Status und günstige Beobachtungszeit (in Klammern)
h = häufiger, r = regelmäßiger, s = seltener; B = Brutvogel, W = Wintergast, D = Durchzügler, N = Nahrungsgast

Art	Status (beste Beobachtungszeit)
Blässgans	hD, hW (Okt.–Mrz.)
Weißwangengans	hD, hW (Feb.–Apr.)
Tundrasaatgans	rD (Okt.–Nov.)
Graugans	hB, hD, hW (ganzjährig)
Löffelente	hD, rW, rB (Mrz.–Apr.)
Knäkente	hD, sD (Mrz.–Mai)
Pfeifente	hD, hW (Nov.-Apr.)
Spießente	hD (Mrz.–Apr.)
Krickente	hD, rW (Mrz.–Apr.)
Seeadler	hN (ganzjährig)
Rohrweihe	rB (Apr.–Sep.)
Kiebitz	hB, hD, rW (ganzjährig)

Art	Status (beste Beobachtungszeit)
Flussregenpfeifer	rB, rD (Apr.–Jun.)
Uferschnepfe	hD, rB (Mrz.–Jun.)
„Isländische Uferschnepfe“	sD (Apr.)
Großer Brachvogel	rB, rD, rW (Okt.–Jun.)
Bruchwasserläufer	hD (Mitte Apr.–Mai)
Kampfläufer	hD, sW (Mrz.–Mai)
Bekassine	hD, rW (Apr.)
Feldlerche	hB, hD, sW (Mrz.–Apr.)
Blaukehlchen	hB (Apr.)
Schilfrohrsänger	hB (Apr.–Mai)
Wiesenpieper	hB, hD, rW (Mrz.–Apr.)

Weg entlang der Hunte (4) bis zum Oldenburger Hafen und Bahnhof folgen (7 km) oder auch nur den Abschnitt bis zur Autobahnbrücke als Stichweg gehen (hin und zurück 5 km). Der Weg entlang der Bornhorster Wiesen ist besonders zur Brutzeit im April und Mai lohnend, wenn von hier die Balzflüge von Uferschnepfen, Kiebitzen, Großen Brachvögeln und Bekassinen zu beobachten sind. Der Damm stößt auf die Landstraße von Oldenburg nach Moorhausen. Hier hält man sich rechts und geht auf einem Weg entlang der Straße zurück zur Abzweigung zum Parkplatz und Ausgangspunkt. Die ganze Umrundung des Polders ist knapp 5 km lang. Im Winterhalbjahr lohnt sich ein Abstecher zum Geller Polder. Vom Parkplatz am Moorhauser Polder (1) folgt man dem Wirtschaftsweg (5) auf der Südseite des Deiches nach Osten. Die Wege sind für PKW außer landwirtschaftlichen Verkehr gesperrt. Der Geller Polder ist besonders als Beobachtungsgebiet für Gänse interessant.

Weitere Freizeitmöglichkeiten

Das Landesmuseum Natur und Mensch in Oldenburg ist nicht nur an Regentagen ein lohnendes Ausflugsziel für Naturinteressierte. In den Dauerausstellungen kann man die Landschaften um Oldenburg kennenlernen. Die Dauerausstellung zur Hunte präsentiert dazu deren Unterwasserwelt in 18 Aquarien. Weitere Höhepunkte der Ausstellungen sind vier Moorleichen und zahlreiche Artefakte, die von der frühen Besiedlung der Moore um Oldenburg zeugen. Das Museum beherbergt auch eine große ornithologische Sammlung, die jedoch überwiegend nicht öffentlich ausgestellt ist, darunter auch Präparate der früher noch in der Hunteniederung brütenden Doppelschnepfen und ein Ei eines Riesenalks. Das Museum ist dienstags bis freitags von 10–17 Uhr und am Wochenende von 10–18 Uhr geöffnet.

Felix Weiß, Christopher König, Christoph Moning

Anfahrt

Mit Bahn und Bus

Vom Bahnhof Oldenburg erreicht man das Gebiet am einfachsten mit dem Fahrrad auf dem Fahrradweg entlang der Hunte. Alternativ vom ZOB Oldenburg mit der Buslinie 460 bis zur Station Moorhausen (Elsfleth) Polderweg.

Mit dem Auto

Von Süden auf der A 28 bis Kreuz Oldenburg-Ost und weiter auf die A 29 Richtung Wilhelmshaven, die man an der Abfahrt „Oldenburg-Ohmstedt" verlässt. An der ersten Möglichkeit biegt man daraufhin rechts in Richtung „Elsfleth/Berne" ab und folgt dem Straßenverlauf 4,5 km bis zum grünen Ortsschild „Moorhausen". Dort führt in einer abschüssigen Linkskurve rechts ein schmaler Betonweg zum Parkplatz am Moorhauser Polder.

Adressen

Landesmuseum Natur und Mensch Oldenburg, Damm 38-46, 26135 Oldenburg
www.naturundmensch.de

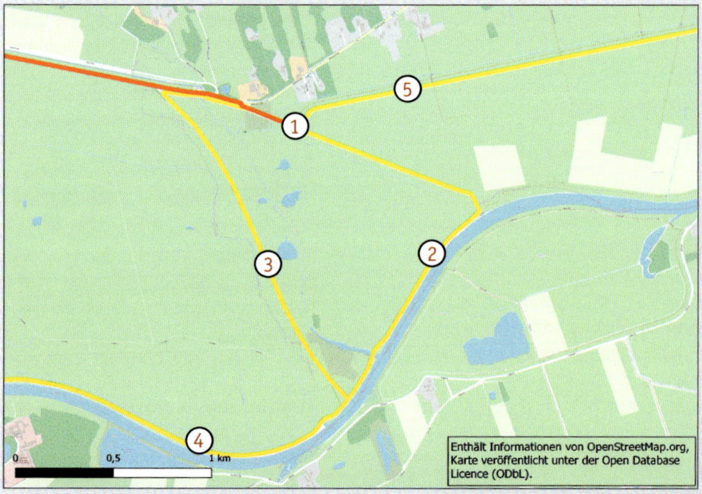

GPS		
Parkplatz Moorhauser Polder (1)	53°09'57.00" N	8°18'29.00" O

Infomaterial/Literatur

Otten M, Schröder K, Wenner K, Thielcke E 2020: Ornithologisches Gutachten zu erforderlichen Wasserständen im Moorhauser Polder mit dem Ziel einer Habitatoptimierung aus Sicht der Ziel-Vogelarten im Projektgebiet V11 „Hunteniederung" 2019. Unveröff. Gutachten im Auftrag der Staatlichen Vogelschutzwarte (NLWKN). Osterholz-Scharmbeck.

Moning C, Weiß F 2007: Vögel beobachten in Norddeutschland. Kosmos, Stuttgart.

Krüger T 2010: Das Vorkommen der „Isländischen Uferschnepfe" Limosa limosa islandica in Deutschland. Limicola, 24 (2): 89–112.

Krüger T, Moritz V, Grützmann J 1999: Die Vögel der Poldergebiete östlich von Oldenburg – Teil 2: Gastvögel. Jahresber. Ornithol. Arb.gem. Oldenbg., 15: 1-103.

Sartorius K 1950: Die Hunteniederung vor Oldenburg. Oldenburger Jahrbuch, 50 (1) 81–122.

Die Kugelbake ist Wappenzeichen von Cuxhaven und markiert den Endpunkt der Binnenelbe und den Beginn der Seeschifffahrt. Foto:Michael / Stock.Adobe.com

Cuxhaven

Seawatching an der Elbmündung

Am nördlichsten Zipfel Niedersachsens liegt die Stadt Cuxhaven. Das größte deutsche Seeheilbad mit seinen langen Stränden hat außerdem eine ausgeprägt maritime Tradition als bedeutender Fischerei- und Fährhafen. Cuxhavens Wappenzeichen, die Kugelbake, markiert den Übergang der Unterelbe zur Außenelbe und damit den Beginn der Seeschifffahrt. Es ist diese geographisch einmalige Lage, welche die Stadt zu einem ausgezeichneten Ort für die Vogelbeobachtung macht. Hochseevögel werden bei Stürmen in den Elbtrichter verdriftet und unzählige Zugvögel folgen auf ihrer Reise der Elbe oder der Küste und passieren die Stadt. Zusätzlich grenzt Cuxhaven direkt an das UNESCO Weltnaturerbe Nationalpark Niedersächsisches Wattenmeer mit seinen gewaltigen Rastansammlungen an Wat- und Wasservögeln.

Östlich der Geest in der Elbmarsch wurde im 14. Jahrhundert nahe dem heutigen Stadtzentrum ein Wehrturm errichtet, der zum Schloss Ritzebüttel erweitert wurde. Im Jahr 1393 wurde es durch die Stadt Hamburg erobert und erlaubte der Hansestadt von hier die Sicherung der Elbmündung und zementierte zudem den langfristigen Einfluss Hamburgs auf die Stadt Cuxhaven. Erst 1937 ging Cuxhaven im Tausch gegen die heutigen Hamburger Stadtteile Altona, Wandsbek und Wilhelmsburg an die Provinz Hannover, wobei der Amerikahafen weiterhin im Besitz der Hansestadt blieb und erst 1993 und somit 600 Jahre nach der Eroberung von Schloss Ritzebüttel an Niedersachsen übergeben wurde.

Die Geschichte Cuxhavens als Seeheilbad reicht bis ins Jahr 1816 zurück. Der Tourismus prägt die Stadt in den Sommermonaten. Fast 4 Millionen Übernachtungen verbucht das Seeheilbad jährlich. Neben den Stränden und dem Watt ist es besonders das maritime Flair, das die Gäste in Scharen anlockt. So legten ab 1899 Dampfer der HAPAG Reederei mit Ziel Amerika in Cuxhaven ab. Da die Überfahrten im Winter nicht sonderlich beliebt waren, entschied man sich für den Winter 1891 eine Fahrt mit dem Dampfschiff Augusta Victoria ins Mittelmeer anzubieten, die zwei Monate lang von Cuxhaven bis nach Alexandria und zurück führte und als erste Kreuzfahrt in die Geschichte einging. Bedeutung hatte neben dem Fährverkehr vor allem die Fischerei, die nach dem Zweiten Weltkrieg zeitweise über

Schmarotzerraubmöwen sind im Herbst regelmäßige Durchzügler, nicht nur bei Sturm.
Foto: F. Weiß. Cuxhaven, 8.10.2011.

7000 Menschen in der Stadt Arbeit bot. Auch wenn diese goldenen Zeiten der Fischerei vorbei sind, gibt es noch mehrere fischverarbeitende Betriebe in der Stadt und das Angebot an Fischläden und Fischrestaurants ist schier unüberschaubar.

Im westlichen Stadtgebiet reicht die über die Flussmarsch hinausragende eiszeitliche Geest bei Duhnen direkt ans Wattenmeer und das Land muss hier auf einer Strecke von 6,5 km nicht durch Deiche vor Sturmfluten der Nordsee geschützt werden. Der Hohe Lieth genannte Geestrücken reicht von Bremerhaven bis Cuxhaven und erreicht mit der Höltjer Höhe bei Cuxhaven stolze 29 m über dem Meeresspiegel. Auf den sandigen Böden und Flugsandgebieten der Geest entwickelten sich durch die Bewirtschaftung große Heideflächen, von denen Teile heute noch in den einzelnen Parzellen des Naturschutzgebietes Cuxhavener Küstenheiden auf der Fläche des ehemaligen Truppenübungsplatzes Altenwalde erhalten sind. Der Truppenübungsplatz wurde zunächst 1912 als Schießplatz Altenwalde errichtet und diente nach dem Zweiten Weltkrieg bis 2003 als Truppenübungsplatz der Bundeswehr, davon die letzten zwanzig Jahre bereits als ausgewiesenes Naturschutzgebiet. Auf 45 ha wird die Heide mit einer kleinen Wisentherde beweidet und weitere Flächen werden mit Heckrindern und Koniks gepflegt. Schafe und Ziegen in Hütehaltung werden zusätzlich gezielt für die Landschaftspflege eingesetzt. Ohne diese Beweidung würden die überall aufwachsenden Kiefern und Birken die Heide schnell verbuschen lassen. Neben Heidekraut wird die Heide auch von der Krähenbeere geprägt. Kleinflächig sind zudem Feuchtheiden und Moore mit ihrer seltenen Pflanzenwelt zu finden. Die für die Lüneburger Heide typischen Wacholderbestände finden sich nur auf einer winzigen Teilfläche bei Sahlenburg.

Besondere Vogelarten und Reisezeit

Im Winter sind Meerstrandläufer und Steinwälzer an den mit Steinschüttungen befestigten Ufern zwischen Kugelbake und Hafen zu finden, gelegentlich laufen sie auch wenig scheu auf den Rasenflächen des Deiches umher und sind oft gut zu beobachten. Im Bereich der Kugelbake lassen sich im Winter recht zuverlässig Schneeammern beobachten, die in größeren Trupps umherfliegen, während die ebenfalls überwinternden Strandpieper oft einzeln und unauffällig unterwegs sind. Berghänflinge sind etwas seltener und eher weiter westlich in Abschnitten mit vorgelagerten Salzwiesen zu finden, während Ohrenlerchen nur unregelmäßig zu beobachten sind. Möwen sind, wie für einen großen Fischereihafen zu erwarten, zahlreiche und ständige Begleiter beim Beobachten. Gelegentlich werden auch seltenere Möwenarten entdeckt: Regelmäßig die an der Nordseeküste nur in geringer Zahl auftretenden Steppen- und Mittelmeermöwen, mehrfach auch Eis- und Polarmöwen und nach Stürmen aus

Meerstrandläufer überwintern an den Steinmolen bei der Kugelbake.
Foto: F. Weiß. Norwegen, 6.4.2011.

Nordwest können Dreizehenmöwen über der Elbe auftreten.

Zur Brutzeit lohnt ein Besuch der Heideflächen auf dem ehemaligen Truppenübungsplatz Altenwalde. Feldlerchen, Goldammern, Baumpieper und Gartenrotschwänze sind dort verbreitete und häufige Brutvögel. Ab April ist der Gesang der Heidelerchen zu hören und vereinzelt besetzen Wendehälse Reviere. Im Juni kann man in der Abenddämmerung mit Glück Ziegenmelker hören und sehen oder eine Wachtel singen hören. Ende April und Anfang Mai rasten gelegentlich Lachseeschwalben und jagen in der Heide nach Insekten und Eidechsen. Diese sind besonders regelmäßig in der Duhner Heide direkt an der Nordseeküste zu beobachten.

Für die meisten Vogelbeobachter ist der größte Reiz Cuxhavens die ausgezeichnete Möglichkeit zum Seawatchen, der Beobachtung von Hochseevögeln, nach Herbststürmen. Bei geeignetem Wetter können Wellenläufer und Raubmöwen über der Elbe beobachtet werden und selten auch Raritäten wie Sturmtaucher oder Schwalbenmöwen. Die Saison beginnt Ende August und endet im November, allerdings nur bei entsprechendem vorausgehendem Wind. Die Windrichtung ist dabei ebenso entscheidend wie die Windstärke. Die Elbmündung und auch die Deutsche Bucht sind trichterförmig nach Nordwesten geöffnet und genau aus dieser Richtung sollte auch der Sturm kommen. Kräftiger Wind reicht meist nicht aus, um die pelagisch lebenden Hochseevögel in die Elbmündung zu drücken. Vor allem ab Windstärke 8 aus Nordwest über einen Zeitraum von mehreren Stunden lohnt sich der Weg nach Cuxhaven zum Seawatching. Ende August und im September ist die klassische Durchzugszeit der Raubmöwen. Schmarotzerraubmöwen sind zu dieser Zeit alljährliche Durchzügler in der Elbmündung und auch nicht nur bei starkem Wind zu erwarten. Spatel- und Falkenraubmöwen treten nicht alljährlich auf. Skuas sind regelmäßige Sturmgäste bis weit in den Winter. Mitte September beginnt auch die Saison der Wellenläufer. Cuxhaven ist vermutlich der beste Ort in Deutschland, um diesen kleinen Hochseevogel zu beobachten. Nach kräftigen Stürmen werden die Vögel weit in die Elbe bis nach Hamburg gepustet und fliegen dann langsam gegen den Sturm zurück Richtung offene See. Dabei passieren sie Cuxhaven häufig ufernah und in vergleichsweise langsamem Flug und sind wegen der niedrigeren Wellen auch leichter zu entdecken als zum Beispiel auf Sylt oder Wangerooge. Die meisten Beobachtungen erfolgen zwischen Ende September und Mitte November aber auch im Dezember und Anfang Januar wurden schon Wellenläufer bei Cuxhaven beobachtet. Nah verwandt, aber deutlich

Auf dem ehemaligen Truppenübungsplatz Altenwalde sind großflächige Heideflächen erhalten geblieben. Foto: F. Weiß. 24.7.2006.

Typische Vogelarten in Cuxhaven, deren Status und günstige Beobachtungszeit (in Klammern)
h = häufiger, r = regelmäßiger, s = seltener; B = Brutvogel, W = Wintergast, D = Durchzügler, N = Nahrungsgast

Art	Status (beste Beobachtungszeit)
Eiderente	hD, hW (ganzjährig)
Wachtel	sB (Mai–Jun.)
Sterntaucher	rD (Okt.–Apr.)
Wellenläufer	rD (Sep.–Nov.)
Sturmschwalbe	sD (Okt.–Nov.)
Dunkler Sturmtaucher	sD (Sep.–Okt.)
Eissturmvogel	sD (Sep.–Nov.)
Basstölpel	rD (Sep.–Nov.)
Sanderling	hD, rW (Aug.–Mai)
Steinwälzer	hD, hW (Aug.–Mai)
Meerstrandläufer	rW (Okt.–Mrz.)
Schmarotzerraubmöwe	rD (Aug.–Okt.)

Art	Status (beste Beobachtungszeit)
Skua	sD (Aug.–Dez.)
Spatelraubmöwe	sD (Aug.–Okt.)
Falkenraubmöwe	sD (Aug.–Okt.)
Dreizehenmöwe	rD (Aug.–Nov.)
Schwalbenmöwe	sD (Sep.–Okt.)
Eismöwe	sW (Jan.–Mrz.)
Lachseeschwalbe	sD (Apr.–Mai)
Krabbentaucher	sD (Okt.–Nov.)
Ziegenmelker	rB (Mai–Jun.)
Wendehals	sB (Apr.–Mai)
Heidelerche	rB (Mrz.–Mai)

seltener sind Sturmschwalben, die tendenziell etwas später im Jahr erscheinen als die ähnlichen Wellenläufer. Über die Jahre wurden beim Seawatchen auch so seltene Gäste wie Schwalbenmöwen, Thorshühnchen, Dunkle Sturmtaucher, Gelbschnabel-Sturmtaucher und Atlantiksturmtaucher beobachtet. Die auf Helgoland brütenden Eissturmvögel, Basstölpel, Dreizehenmöwen, Trottellummen und Tordalke sind deutlich seltener als man aufgrund der geringen Distanz erwarten würde. Im Spätsommer sind über der Elbe häufig Brand-, Küsten- und Flussseeschwalben zu beobachten und im Oktober Sterntaucher und Zwergmöwen.

Die Büsche und Bäume im Kurpark und am Fort Kugelbake, aber auch an anderen Stellen entlang der Küste, sind im September und Oktober beliebte Rastplätze für Singvögel. Besonders Laubsänger, Drosseln und Finken sind dann zu beobachten und gelegentlich werden auch seltene Arten wie Gelbbrauen-Laubsänger entdeckt.

Gelegentlich werden in den Häfen seltene Möwenarten gesichtet wie Polarmöwen.
Foto: F. Weiß. Dänemark, 29.12.2013.

Beobachtungsmöglichkeiten

Die besten Seawatchingpunkte sind die historische Hafenanlage und Aussichtsplattform Alte Liebe (1) in unmittelbarer Nähe zum Ableger der Helgolandfähre und auf der gegenüberliegenden Seite der Hafenausfahrt der Pier Steubenhöft (2). An beiden Beobachtungspunkten gibt es Parkplätze und öffentliche Toiletten und an kalten, stürmischen Tagen kann ein heißer Kaffee aus der benachbarten Gastronomie die Beobachtungen deutlich angenehmer machen. Die Kugelbake liegt zwar noch etwas weiter seewärts, doch sind dort keine vergleichbar geschützten Stellen zu finden, an denen man sein Spektiv aufstellen kann oder bei Regenschauern Unterstand findet. Vom Steubenhöft verkehren auch die Elbfähren zum gegenüberliegenden Ufer bei Brunsbüttel. Leider musste der aktuelle Betreiber kürzlich Insolvenz anmelden und es ist unklar, wie lange der Fährbetrieb noch aufrechterhalten wird. Die benachbarten Hafenbecken, Amerikahafen (3), Alter- und Neuer Fischereihafen (4) lohnen einen Besuch, um die dort rastenden Großmöwen zu beobachten. Von der Alten Liebe folgt man dem Seedeich entlang der Grimmershörn Bucht nach Norden bis zur 3,5 km entfernten Kugelbake (5). Entlang der Strecke und an den Steinmolen an der Kugelbake kann man im Winterhalbjahr recht zuverlässig Meerstrandläufer beobachten. Bei der Kugelbake liegt ein weiterer öffentlicher Parkplatz, sodass sie auch gezielt angefahren werden kann. Die Vogelwelt an der Kugelbake ist sehr abwechslungsreich und immer wieder sind hier außergewöhnliche Beobachtungen gemacht worden,

Die Alte Liebe wurde 1733 errichtet. Drei ausgediente Schiffe dienten als Fundament und wurden an dieser Stelle versenkt. Heute ist sie eine beliebte Aussichtsplattform nicht nur bei Seawatchern.
Foto: Björn Wylezich / Stock.Adobe.com

Infomaterial/Literatur

Moning C, Weiß F 2007: Vögel beobachten in Norddeutschland. Kosmos, Stuttgart.

darunter Nachweise von Prachteiderente und Bonapartemöwe. Der südlich des Fort Kugelbake gelegene Kurpark (6) und die weiter südlich angrenzende Moorwiese lohnen besonders zur Zugzeit im Herbst einen Besuch und dienen verschiedenen Singvögeln als Rastplatz. Im Mai und Juni singen dort in manchen Jahren einzelne Karmingimpel.

Ausgangspunkt für einen Besuch der Heideflächen auf dem ehemaligen Truppenübungsplatz Altenwalde ist ein Parkplatz (7) an der Holter Straße südwestlich von Cuxhaven zwischen den Orten Holte-Spangen und Berensch (siehe Koordinaten). 100 m nördlich des Parkplatzes beginnt auf der gegenüberliegenden Straßenseite ein Zugang zu den großen Heideflächen. Besonders der Bereich um die Höltjer Höhe (8) in der Nähe des weithin sichtbaren rotweißen Sendemastes ist lohnenswert, um die Besonderheiten unter den Brutvögeln wie Heidelerchen und Ziegenmelker zu beobachten.

Ende April/Anfang Mai ist ein Besuch der Duhner Heide zu empfehlen. Regelmäßig können dort um diese Jahreszeit jagende Lachseeschwalben beobachtet werden. Parkmöglichkeiten bestehen in Sahlenburg in der Hans-Retzlaff-Straße (9). Vom Parkplatz geht es nach Norden und am Waldrand entlang Richtung Strand. Von hier fahren die Wattkutschen zur Insel Neuwerk ab. An der Küste führt ein Fahrrad- und Wanderweg nach Norden. Nach wenigen Metern liegt rechterhand das Wattenmeer-Besucherzentrum Cuxhaven mit Aquarien und einer sehenswerten Dauerausstellung. Dieser Küstenabschnitt ist landschaftlich besonders reizvoll, da das Land ohne Seedeich direkt auf das Wattenmeer trifft. 800 m nördlich des Standübergangs Sahlenburg zweigt nach rechts ein Fußweg in die Duhner Heide ab, der sich entlang der Küste durch die Heide schlängelt und nach 400 m an einem Aussichtsturm (10) mit spektakulärem Blick über die Heide und die vorgelagerten Salzwiesen endet.

Anfahrt

Mit Bahn und Bus

Cuxhaven ist von Bremen und Hamburg mit der Regionalbahn zu erreichen. Vor dem Bahnhof fahren Busse zur Kugelbake, zum Anleger Alte Liebe und nach Sahlenburg ab. Die Beobachtungspunkte Alte Liebe und Steubenhöft sind vom Bahnhof jedoch auch fußläufig zu erreichen.

Mit dem Auto

Mit dem Auto erfolgt die Anfahrt von Bremen und Bremerhaven über die A 27 und von Hamburg und Stade über die B 73.

Adressen

Reederei Cassen-Eils: www.cassen-eils.de

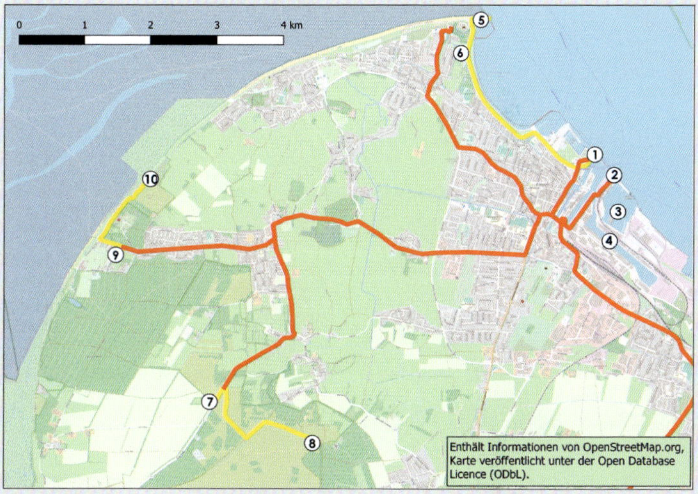

GPS		
Steubenhöft (2)	53°52'09.00" N	8°42'53.30" O
Alte Liebe (1)	53°52'21.75" N	8°42'38.40" O
Parkplatz Kugelbake	53°53'27.00" N	8°40'40.00" O
Parkplatz Heideflächen Altenwalde (7)	53°50'24.64" N	8°37'13.65" O
Parkplatz Sahlenburg (9)	53°51'40.28" N	8°35'58.80" O

Weitere Freizeitmöglichkeiten

Von Cuxhaven fahren die Schiffe der Reederei Cassen Eils ganzjährig täglich (außer im Winter an Sonntagen) nach Helgoland. Auch die Schiffe nach Neuwerk verkehren im Sommerhalbjahr täglich mit tideabhängigem Fahrplan. Eine alternative Anreise nach Neuwerk besteht mit den berühmten Wattkutschen von Sahlenburg aus. Beide Inseln lohnen zu allen Jahreszeiten für Vogelbeobachter mindestens einen Tagesbesuch.

Felix Weiß, Christopher König, Christoph Moning

Die reich strukturierte Lebensraumausstattung des Polders Holter Hammrich bietet für eine Vielzahl verschiedener Vogelarten attraktive Bedingungen und ist zu allen Jahreszeiten ein lohnendes Ziel zur Vogelbeobachtung. Foto: C. König. 9.7.2022.

Der Polder Holter Hammrich

Hochwasser- und Naturschutz

In der Niederung der Flüsse Leda und Jümme wurde 2011 mit dem Holter Hammrich ein Polder angelegt, der sich innerhalb weniger Jahre zu einer artenreichen Niederungslandschaft entwickelt hat. Die Ziele von Hochwasser- und Naturschutz wurden dabei vorbildlich miteinander verbunden. Rund 10 km südöstlich von Leer bzw. etwa 40 km westlich von Oldenburg fügt sich das 240 ha umfassende Gebiet in eines der größten zusammenhängenden Grünlandgebiete Nordwestdeutschlands ein. Der Polder ist heute attraktiver Brutlebensraum für Wiesen- und Watvögel wie Uferschnepfe, Rotschenkel und Blaukehlchen. Gute Rastmöglichkeiten finden Goldregenpfeifer, Regenbrachvögel und Kampfläufer. Massen von Bläss- und Weißwangengänsen nutzen das Gebiet im Winter unter anderem als Schlafplatz, sodass sich ein Besuch zu jeder Jahreszeit lohnt.

Das Leda-Jümme-Gebiet ist ein breites Seitental der Ems. Die schlickreichen, tonigen und überwiegend feuchten bis nassen, nährstoffreichen Böden sind von Grünland geprägt. Wegen seiner niedrigen Lage ist das Gebiet durch starken Oberwasserzufluss sowie bei Sturmfluten von Hochwasser bedroht. Der Bau von Deichen in ausreichender Höhe zur Gefahrenabwehr scheiterte am moorigen, nicht ausreichend tragfähigen Untergrund der Niederung. 1954 wurde daher das Leda-Sperrwerk in Leer errichtet, um Sturmfluten den Zugang zu den Niederungen zu verwehren. Doch zahlreiche in das Gebiet entwässernde Vorfluter und Schöpfwerke führten insbesondere nach Starkregenfällen dennoch zu bedrohlich hohen Wasserständen und der Gefahr von Deichbrüchen. Entlang der Flusssysteme wurden daher mehrere Entlastungspolder für anfallendes Oberwasser gebaut, zu denen heute auch der Polder Holter Hammrich gehört. Die Bezeichnung „Hammrich" steht in Ostfriesland für als Wiese oder Weide genutztes Niederungsland.

Das Gebiet steht bereits seit Anfang der 1990er Jahre im Fokus des Niedersächsischen Fischotterprogramms und des Niedersächsischen Fließgewässerschutzsystems. 1996 wurde ausgehend von der Leitart Fischotter ein Entwicklungskonzept für eine natur- und sozialverträgliche Nutzung der offenen, von Gräben durchzogenen Landschaft im Bereich des heutigen Holter Hammrichs erstellt. Die meist landwirtschaftlich intensiv genutzten Grünlandflächen wurden im Zuge der Flurbereinigung durch das Land Niedersachsen erworben und Voreigentümer außerhalb des Polders wertgleich abgefunden. 2008 kam es schließlich zum Baubeginn, drei Jahre später wurde der Polder Ende Mai 2011 feierlich in Betrieb genommen. Mehr als 3 km Deiche wurden neu gebaut, weitere 800 m verstärkt. Der Boden für den Deichbau wurde dem Polder entnommen, wodurch gleichzeitig Stillgewässer entstanden. Während noch gut entwickelte Feuchtgrünlandbereiche geschützt und durch entsprechende Maßnahmen erhalten wurden, kam es großflächig zu grundlegenden wasserwirtschaftlichen Umgestaltungen. Für das westliche Teilgebiet Leyßer Hammrich wurde eine Reaktivierung einer traditionellen Landbewirtschaftung vorgesehen, wie sie bis zum Beginn der 1950er Jahre noch in der Region betrieben wurde. Dadurch konnte eine erhebliche Verminderung der Stoffeinträge sowie eine Reduzierung der Bewirtschaftungshäufigkeit erreicht werden, die zur Entwicklung eines artenreichen Grünlandkomplexes geführt hat. Die Landschaft soll hier weitgehend frei von Bäumen und Sträuchern bleiben. Als zentrale Komponente wurde eine Steuerung des Wasserhaushaltes mithilfe von Sielzügen und Deichpumpen umgesetzt, um im Winter großflächige Überflutungen und im Sommer eine partielle Zuwässerung zu ermöglichen.

Eine etwas andere Ausrichtung erfolgte im östlichen Teilgebiet Altes Tief. Hier liegt der Schwerpunkt auf limnisch-amphibischen Lebensräumen und das Gebiet soll als natürliche Stoffsenke für den erheblich belasteten, durch das Gebiet verlaufenden Hauptfehnkanal dienen. Mithilfe eines Regulierungssystems können starke Wasserstandsschwankungen vom völligen Trockenfallen über Wochen bis hin zu einer maximalen Überstauung erreicht werden. Das Ein- und Auslaufbauwerk im Osten des Polders verfügt über zwei je 7 m breite Tore, durch die bis zu 130 m³ Wasser pro Sekunde strömen können. Zum Leyßer Hammrich hin wurde ein Überlaufwehr errichtet. Bei vollständigem Einstau hat der Polder ein Fassungsvermögen von 3,8 Millionen Kubikmetern. Offene Flachwasserzonen mit langen Uferstreifen, kleinen Inseln und Röhrichten dominieren heute den Ostteil des Polders.

In dem erfolgreichen Projekt konnten Ziele von Hochwasserschutz und Naturschutz gemeinsam erreicht werden. Im Polder Holter Hammrich haben sich heute die charakteristischen Arten- und Lebensraumgemeinschaften der ostfriesischen Hammriche eingefunden. Zum Schutz der störungsempfindlichen Wiesen- und Watvögel werden die Flächen im Polder nur noch zur Betreuung des Weideviehs sowie zur Mähnutzung außerhalb der Brutzeit betreten. Dank verschiedener Informations- und Beobachtungsmöglichkeiten kommen auch Naturinteressierte dabei nicht zu kurz. Auf einem rund 7 km langen Weg kann das gesamte Gebiet umrundet werden. Teilweise verläuft der Weg auf dem Deich und erlaubt so gute Einblicke in den Polder. An anderen Stellen wurden erhöhte Aussichtspunkte errichtet, die störungsfreie Beobachtungen ermöglichen.

Besondere Vogelarten und Reisezeit

Das Mosaik aus teils beweideten Grünlandflächen auf wechselfeuchten Böden, flachen Gewässern und Sukzessionszonen bietet einer Vielzahl von Vogelarten ganzjährig ideale Bedingungen. Besonders rege ist das Treiben im Frühjahr, wenn nach und nach die Brutvögel heimkehren und um die besten Reviere kämpfen, gleichzeitig Durchzügler das Gebiet als „Tankstelle" für den Weiterflug in nördlichere Gegenden nutzen. Löffelenten sind regelmäßige Brutvögel, seltener brüten auch Knäkenten im Gebiet. In manchen Jahren siedeln sich Schwarzhalstaucher an. Unter den Wiesenbrütern sind Brachvögel, Uferschnepfen und Rotschenkel zu nennen. Bis zu 20 Paare Säbelschnäbler schritten in den ersten Jahren im Polder zur Brut, allerdings zuletzt 2020. Auf dem Durchzug im Frühjahr nutzen im April bis zu 100 Regenbrachvögel das Gebiet zur Rast, Kampfläufer können sogar mit mehreren Hundert Individuen auftreten. Den bunten Männchen im Prachtkleid bei der Balz zuzuschauen ist dann ein ganz besonderes Spektakel. Relativ verlässlich lassen sich im Frühjahr auch Uferschnepfen der isländi-

Zu den besonderen Brutvögeln im Polder Holter Hammrich gehören Blaukehlchen. Sie sind vor allem in den Randbereichen der Gewässer zu finden. Foto: E. Lietzow. Rieselfelder Münster, 22.5.2011.

schen Unterart im Polder beobachten. Unter den Singvögeln sind Feldschwirle, Schilfrohrsänger und Blaukehlchen besonders erwähnenswert. Als regelmäßige Nahrungsgäste finden sich in den Sommermonaten Löffler im Gebiet ein. In den Jahren 2013 und 2017 hat sogar Nestbau stattgefunden, zu Bruten kam es bislang aber nicht. Im Herbst steigen die Zahlen von Krick- und Löffelenten auf mehrere Hundert Individuen an. Auch der Durchzug der Bekassinen macht sich dann bemerkbar. Bei abgesenkten Wasserständen lassen sie sich in großer Zahl auf den Schlammflächen bei der Nahrungssuche beobachten. Auch im Winter ist ein Besuch des Holter Hammrichs absolut lohnenswert. Sing- und Zwergschwäne nutzen das Gebiet dann teilweise als Schlafplatz. Unübersehbar sind zu dieser Zeit Bläss- und in kleinerer Zahl auch Weißwangengänse. Im Mittwinter kann die Zahl der Pfeifenten 3000 erreichen. Regelmäßig lassen sich im Winter auch mehr als 100 Goldregenpfeifer, selten sogar über 1000 Individuen beobachten. Kornweihen und Sumpfohreulen sind in der Niederung auf Nahrungssuche, während in den flach überstauten Bereichen Bergpieper umherlaufen. Egal für welche Jahreszeit man sich entscheidet, kann man im Holter Hammrich immer auch mit Seeadlern rechnen. Sie nutzen den Vogelreichtum des Polders ganzjährig zur Nahrungssuche und sorgen meist für unübersehbare Aufregung. Ebenfalls das ganze Jahr über präsent sind Wiesenpieper.

Beobachtungsmöglichkeiten

Man kann den Polder Holter Hammrich auf einem circa 7 km langen Rundweg sehr gut zu Fuß oder mit dem Fahrrad umrunden. Als Ausgangspunkt bietet sich ein Aussichtspunkt (1) am südwestlichen Ende des Alten Tiefs an. Hier befinden sich einige Parkmöglichkeiten und von einer Sichtschutzwand auf dem Deich kann man (etwas windgeschützt) auf die Wasserflächen des Polders blicken. Ein Spektiv ist hier aufgrund der teilweise recht großen Entfernungen hilfreich. Vom Parkplatz aus folgt man der geteerten Straße am Deich entlang. Auf dem ersten Stück des Weges hat man zwar keine Einsicht in den Polder, kann allerdings gut die Grünländer mit Uferschnepfen und Wiesenpiepern in Richtung Süden bzw. Westen überblicken. Nach 1 km erreicht man das Holter Sieltief, auf dem sich im Winter regelmäßig Gänsesäger aufhalten. Jenseits der Brücke (2) sollte man auf Feldschwirle und Schwarzkehlchen bzw. im Winter auf Sumpfohreulen achten. Der Weg führt allerdings nicht über das Sieltief hinweg, sondern folgt an diesem entlang nach Nordwesten.

Der Polder Holter Hammrich zählt zu den traditionellen Rastgebieten von Regenbrachvögeln, die vor allem im April/Mai und Juli/August zu finden sind.

Foto: E. Lietzow. Helgoland, 16.5.2016.

Pfeifenten sind von September bis April in großer Zahl im Polder zu finden.

Foto: E. Lietzow. Sylt, 3.10.2020.

Nach weiteren 500 m erreicht man einen Deichübergang (3), von dem aus man erstmals Einsicht in den Leyßer Hammrich, den Westteil des Polders, erhält. Weite Grünländer dominieren das Bild. Im Winter kann man hier mit etwas Glück Sing- und Zwergschwäne sowie Blässgänse beobachten, während Kornweihen über der offenen Landschaft jagen. In den Röhrichtbeständen an der Brücke über das Sieltief brüten Schilfrohrsänger. 750 m später ist das Sperrwerk des Holter Sieltiefs erreicht und man biegt rechts ab und folgt dem Weg zwischen Leda und Polder in östliche Richtung. In diesem Bereich des Polders befindet sich eine der ornithologisch interessantesten Flächen. Ein Flachgewässer (4) bietet je nach Wasserstand ideale Rastbedingungen für Limikolen wie Bekassinen, Kampfläufer und Säbelschnäbler. Rund um das Gewässer brüten Feldschwirle und Blaukehlchen. Auf dem nun folgenden Abschnitt des Weges hat man überall freien Blick auf die Grünländer des Polders, während zur Leda hin ein Deich den Blick auf den Fluss verwehrt. Bei einem Besuch im Winterhalbjahr kann es sich lohnen, die Flächen nach Goldregenpfeifern abzusuchen. Nach etwa 1 km passiert man eine fast vollständig zugewachsene ehemalige Pütte (5). Hier lohnt es sich noch einmal auf die Gesänge von Feldschwirl und Blaukehlchen zu achten. Zu den Zugzeiten rasten hier regelmäßig Braunkehlchen. Nachdem man wenige Meter später eine größere, offene, jedoch für die Vogelwelt wenig bedeutende Pütte passiert hat, gelangt man wieder zum Ostteil des Polders. Etwa 900 m führt der Weg nördlich um das Alte Tief herum. Dabei ist man zwar relativ weit von den offenen Wasserflächen entfernt, passiert aber dennoch eine abwechslungsreiche Landschaft mit Feldschwirlen, Schilfrohrsängern und Schwarzkehlchen. Als nächstes erreicht man das Ein- und Auslaufbauwerk (6). Hier sollte man sich etwas Zeit nehmen, da man vom Aussichtspunkt auf dem Dach des Gebäudes einen sehr guten Blick über den Polder hat. Im Sommer

In den Schilfbeständen entlang der Gewässer tragen Schilfrohrsänger ihren schwatzenden Gesang vor.
Foto: E. Lietzow. 28.5.2022.

Typische Vogelarten im Polder Holter Hammrich, deren Status und günstige Beobachtungszeit (in Klammern)
h = häufiger, r = regelmäßiger, s = seltener; B = Brutvogel, N = Nahrungsgast, D = Durchzügler, W = Wintergast

Art	Status (beste Beobachtungszeit)
Singschwan	sW (Nov.–Mrz.)
Zwergschwan	rW (Nov.–Mrz.)
Weißwangengans	hD, rW (Nov.–Mai)
Blässgans	hD, hW (Sep.–Apr.)
Pfeifente	hD, hW (Sep.–Apr.)
Krickente	hD, rW (ganzjährig)
Knäkente	sB, rD (Apr.–Aug.)
Löffelente	rB, hD, rW (ganzjährig)
Schwarzhalstaucher	sB (Mrz.–Sep.)
Löffler	rN (Jun.–Sep.)
Kornweihe	rD, rW (Okt.–Apr.)
Seeadler	rN (ganzjährig)
Säbelschnäbler	sB, rN (Mrz.–Aug.)
Goldregenpfeifer	hD, rW (Okt.–Mrz.)
Regenbrachvogel	hD (Apr./Mai, Jul./Aug.)

Art	Status (beste Beobachtungszeit)
Brachvogel	sB, rD, rW (ganzjährig)
Uferschnepfe	sB, rD (Mrz.–Jun.)
Uferschnepfe (ssp. *islandica*)	rD (Mrz./Apr.)
Bekassine	sB, hD (Jul.–Okt.)
Rotschenkel	sB, rD (Apr.–Jul.)
Kampfläufer	hD (Mrz.–Jul.)
Sumpfohreule	rW (Sep.–Apr.)
Feldschwirl	rB (Apr.–Aug.)
Schilfrohrsänger	rB (Apr.–Jul.)
Schwarzkehlchen	sB, rD (Mrz.–Sep.)
Blaukehlchen	rB (Apr.–Jun.)
Wiesenpieper	sB, hD, rW (ganzjährig)
Bergpieper	rW (Okt.–Mrz.)

lassen sich von hier Säbelschnäbler und Löffler entdecken, zu den Zugzeiten Regenbrachvögel und im Winter Pfeifenten. Am Himmel kreisen Seeadler und Rohrweihen. Auf dem Deich führt der Weg anschließend am Ostrand des Polders entlang. Immer wieder ergeben sich dabei gute Beobachtungsmöglichkeiten. Im Winter nutzen Bergpieper diesen Bereich gern zur Nahrungssuche. In der Südostecke des Polders hat man gute Chancen auf Schilfrohrsänger und Blaukehlchen, bevor der Weg nach rechts/Westen abknickt. Dieser führt nun wieder unterhalb des Deiches entlang. In den südlich gelegenen Grünländern brüten Uferschnepfen und im Winter suchen Blässgänse nach Nahrung. Etwa 800 m sind es bis zum Ausgangspunkt, wo ein erneuter Blick durch die Sichtschutzwand auf die Gewässer nicht schaden kann.

Weitere Freizeitmöglichkeiten

Ein Besuch im Polder Holter Hammrich lässt sich mit dem Besuch der historischen Altstadt von Leer kombinieren. Sie gilt als die wertvollste Altstadt ganz Ostfrieslands und verfügt über nicht weniger als 365 unter Denkmalschutz stehende Gebäude. Das an den Stil der Niederländischen Renaissance angelehnte Rathaus von 1894 gilt als Wahrzeichen der Stadt. Von den vier Burgen Leers lohnt vor allem das um 1650 entstandene Wasserschloss Eversburg inmitten eines herrlichen Schlossparks einen Besuch. Dort brüten Brautenten, Mittelspechte und Gartenrotschwänze.

Christopher König, Christoph Moning, Felix Weiß

Anfahrt

Mit Bahn und Bus

Das Gebiet ist nur schlecht per ÖPNV erreichbar. Der nächstgelegene Bahnhof Leer ist etwa 15 km entfernt. Von dort kann man mit dem Bus bis zur Haltestelle „Holte (Rhauderfehn) Kolonistenweg/Wendeplatz“ fahren, von wo aus man dem Wittbargsweg folgend nach 800 m die Südostecke des Polders erreicht. Gerade am Wochenende gibt es jedoch nur wenige Verbindungen.

Mit dem Auto

Die Autobahn 28 von Oldenburg in Richtung Leer verlässt man an der Abfahrt 3 „Filsum“ in Richtung Rhauderfehn. Nach 4 km biegt man auf die L 21 in Richtung Potshausen/Holte ab. Dieser folgt man für etwa 8 km und biegt in der Ortschaft Holte vor einer Linkskurve in den Heuweg ab, der nun 1,9 km nach Norden bis zu den Parkmöglichkeiten (1) führt. Alternativ kann über die Bietzestraße von Backemoor aus der Deichübergang am Leyßer Polder (3) oder über den Wittbargsweg von Holterbarge aus das Ein- und Auslaufbauwerk (6) mit dem Auto erreicht werden.

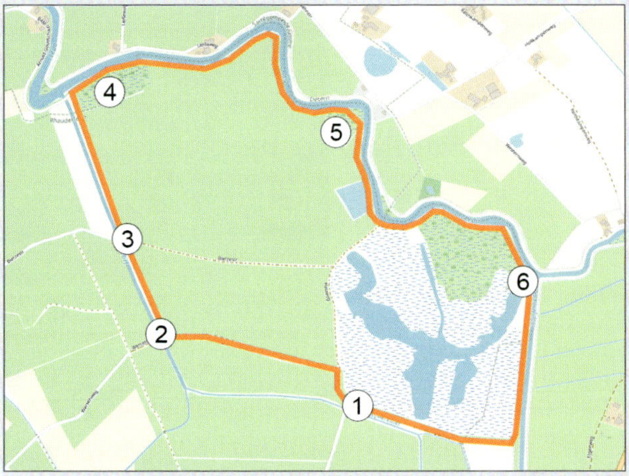

GPS		
Parkmöglichkeiten / Sichtschutzwand „Altes Tief“ (1)	53.186610 N	7.576601 O
Deichübergang „Leyßer Polder“ (3)	53.193698 N	7.560680 O
Ein- und Auslaufbauwerk (6)	53.191935 N	7.589354 O

Flach überstaute Flächen und breite Ufersäume bieten Wasser- und Watvögeln geeignete Bedingungen. Foto: C. König. 9.7.2022.

In den Postwiesen liegen im Zentrum der Hammeniederung mehrere wichtige Nahrungsgewässer für Brut- und Rastvögel.
Foto: T. J. Linke. 3.8.2022.

Die Hammeniederung

Im Reich der Himmelsziegen

Im Landkreis Osterholz nordöstlich von Bremen liegt die weitläufige Flussniederung der Hamme als Teil der Teufelsmoor-Wümme-Niederung. Die Landschaft der Hammewiesen war lange Zeit von regelmäßigen Überflutungen geprägt. Zwar ist sie bis heute kaum eingedeicht, durch umfassende Regulierungen und Entwässerung der Landschaft sind aber dennoch viele sensible Lebensräume verloren gegangen. Trotzdem zählt das Gebiet bis heute zu den wichtigsten Rastgebieten für Wasservögel im küstennahen Binnenland Nordwest-Niedersachsens. Aufgrund ihrer vielfältigen Bedeutung für Brut- und Rastvögel gleichermaßen, wurden bereits frühzeitig Schutzbemühungen für die Hammewiesen unternommen.

Die heutige Niederungslandschaft der Hamme entstand am Ende der Saale-Eiszeit vor etwa 125 000 Jahren durch gewaltige Schmelzwasserströme, welche die Geestplatte zwischen Osterholz im Westen und Tarmstedt im Osten zerteilten. Die Geest war zuvor durch die massive Kraft der letzten Gletschervorstöße als Endmoräne aufgetürmt worden. Nach vielen Jahren mit von Permafrost geprägten Böden ohne Vegetation entwickelte sich in den nachfolgenden Warmzeiten die Auenlandschaft von Hamme und Wümme, durch die hohen Grundwasserstände und das Flusswasser entstanden großflächig Niedermoore. In der Zeit vor tiefgreifenden menschlichen Einflüssen schlängelte sich der Flusslauf in Mäandern durch die Ebene und wurde von ausgedehnten Sümpfen und Bruchwäldern gesäumt, in der Aue fanden sich Altarme mit Röhrichten und kleineren bis mittelgroßen Stillgewässern. Schon im 18. Jahrhundert wurde die Hamme abschnittsweise durch das Durchstechen von Flussschlingen für die Torfschifffahrt begradigt, jedoch nicht vollständig eingedeicht. Entlang einiger Ufer finden sich lediglich kleine Sommerdeiche, während Ufersicherungen die Seitenerosion auf der gesamten Lauflänge unterbinden. Aus einer umfangreichen Meliorationsplanung wurde in den 1950er-Jahren nur der Polder Waakhausen realisiert. Hochwasserereignisse finden noch regelmäßig im Winterhalbjahr statt, wenn auch nicht mehr so hoch und langanhaltend wie früher. Heute fließt die Hamme überwiegend auf „Augenhöhe" mit den umliegenden Wiesen und Weiden und hat sich nicht wie stärker ausgebaute Flüsse des Tieflandes in den Untergrund eingegraben.

Bereits Anfang der 1990er-Jahre wurde die Aufnahme in das Förderprogramm des Bundes für Großschutzgebiete, sogenannte Gebiete gesamtstaatlicher Repräsentanz (GR-Gebiete) beantragt. Mit den Fördermitteln konnten ab 1995 viele wertvolle Flächen durch den Landkreis erworben und

Für den Großen Brachvogel werden jedes Jahr umfangreiche Schutzmaßnahmen umgesetzt.
Foto: T. J. Linke. Hammeniederung, 14.4.2021.

somit langfristig für den Naturschutz gesichert werden. Die Hammeniederung ist als FFH- und Vogelschutzgebiet Teil des europäischen Schutzgebietsnetzwerks Natura 2000 – die Kernflächen von 2849 ha sind heute als Naturschutzgebiet gemeldet. Im Zentrum des Schutzgebietes befindet sich das alte Binnendelta Breites Wasser, das zusammen mit der unteren Beek und dem Schmalen Wasser, einem rekonstruierten Seitenarm der Hamme, eines der wichtigsten Stillgewässer darstellt. In den Wiesen und Weiden nordöstlich des Breiten Wassers finden sich strukturreiche Grünländer mit eingestreuten Feldgehölzen und Hecken. Östlich der Hamme grenzen die nicht durch öffentliche Wege erschlossenen Worpsweder Pferdeweiden an, die lange Zeit zu den nassesten Bereichen der Hammewiesen gehörten und zu den wichtigsten Brutplätzen der heute ausgestorbenen Uferschnepfe zählten. Im Bereich der mittleren Hamme finden sich mit den Postwiesen und Hofleuteweiden zwei große Feuchtgrünlandareale, die heute nahezu vollständig extensiv genutzt werden. Das Überschwemmungsgebiet erstreckt sich über circa 4000 ha von flussnahen Niedermoorböden bis zu abgetorften Hochmoorbereichen am Geestrand. Während die Postwiesen randlich von Hecken begleitet werden, bilden die Hofleuteweiden ein nahezu vollständig offenes Grünland-Grabenareal. Südlich der Hamme grenzt der Polder Waakhausen mit dem früheren Naturschutzgebiet Hamme-Altarm an, der heute in das größere Schutzgebiet integriert worden ist. Entlang der unteren Hamme verjüngt sich das Gebiet zwischen Ritterhude und der Ritterhuder Heerstraße und entwickelt einen deutlich halboffenen Charakter. Die letzten Hochmoorrelikte finden sich im Übergang zur Geest westlich der Hammewiesen und sind ganzjährig nicht zugänglich. Einzig im zentralen Bereich des Moorkomplexes Günnemoor lassen sich einzelne Flächen von Wegen aus einsehen.

Besondere Vogelarten und Reisezeit

Zur Vogelbeobachtung in der Hammeniederung bieten sich das Frühjahr mit Beobachtungen von Durchzüglern und dem beginnenden Brutgeschehen sowie der Herbst an, wenn große Zahlen von Kranichen und anderen Rastvögeln beobachtet werden können. Besonders imposant ist das Balzgeschehen der im Volksmund auch als „Himmelsziege" bezeichneten Bekassinen, das in den frühen Morgenstunden (oder abends) gut von dem Beobachtungsturm „Himmelstreppe" am Rande der Postwiesen zu verfolgen ist. Die Hammeniederung stellt mit einem Bestand von bis zu 100 Revierpaaren eines der wichtigsten Brutgebiete der Bekassine in Niedersachsen und Deutschland dar. Bei ausreichend feuchten Bedingungen erklingen in den Postwiesen und Hofleuteweiden ebenfalls die Rufe zahlreicher Tüpfelsumpfhühner. Gleiches gilt für den Wachtelkönig, dessen Rufe sich heute auf nächtlichen Spaziergängen im Mai regelmäßig in den Wiesen um das Breite Wasser vernehmen lassen. Aufgrund ihrer heimlichen Lebensweise und dem zyklischen Auftreten sind Beobachtungen aller Rallenvögel nur schwer vorhersagbar. In den Hammewiesen findet sich zudem eines der größten Vorkommen des Braunkehlchens in Niedersachsen. In den Schilfsäumen vieler Gräben sind Blaukehlchen und Schilfrohrsänger häufig, der schnarrende Gesang konkurriert mit den

Im Gegensatz zu vielen anderen Gebieten ist der Bestand der Bekassine in der Hammeniederung stabil.
Foto: T. J. Linke. Mecklenburg-Vorpommern, 30.7.2021.

explosiven Singflügen der hier in sehr hoher Dichte brütenden Feldlerchen. Weitere regelmäßige Brutvögel sind Kiebitz, Rotschenkel, Großer Brachvogel, Wiesenpieper und Schafstelze. Insbesondere in den Postwiesen lassen sich rastende Limikolen wie Kampfläufer, Regenbrachvogel oder bei Überstauung des Grünlandes auch Bruchwasserläufer, Grünschenkel und seltener Alpenstrandläufer beobachten. Zur Zeit des Wegzuges im Herbst können regelmäßig Korn- und Wiesenweihen beobachtet werden. Letztere war früher regelmäßiger Brutvogel in Kleinseggenrieden, die heute häufig verbuscht sind und von Rohrweihen besiedelt wurden. Zur Herbstrast der Kraniche lassen sich die größten Trupps meist auf Ackerflächen entlang der oberen Hamme im Übergang zur Breddorfer Niederung im Landkreis Rotenburg beobachten. Im Günnemoor, einem Teil des Naturschutzgebiets Teufelsmoor, findet sich der größte Schlafplatz der Kraniche im Landkreis Osterholz, von der Moorkante bei Verlüßmoor lässt sich in der Dämmerung der eindrucksvolle Einflug in das wiedervernässte Moor beobachten. In den weitläufigen Grünlandarealen der Teilgebiete obere Hamme, Postwiesen und Hofleuteweiden finden sich im Winterhalbjahr große Zahlen rastender und überwinternder arktischer Bläss-, Saat- und Weißwangengänse. Im Gegensatz zu den häufigen Pfeifenten lassen sich nordische Sing- und Zwergschwäne hier nur äußerst selten

Sommerliche Überstauungen der Grünlandareale sind in der Hammeniederung heute eher selten. Foto: T. J. Linke. 4.7.2017.

entdecken. Die Bedingungen zur Beobachtung von Entenvögeln sind während beider Zugperioden abhängig von der Überstauungssituation im Grünland – bei guten Bedingungen rasten hier schnell mehrere Tausend Vögel.

Beobachtungsmöglichkeiten

In der Hammeniederung ist ein weitreichendes und gut ausgebautes Netz von Rad- und Wanderwegen vorhanden. Bestimmte Wege und Querverbindungen sind während der Brutzeit geschlossen, hier sollte auf entsprechende Hinweisschilder Rücksicht genommen werden. Die Niederungsbereiche Postwiesen und Hofleuteweiden lassen sich sehr gut von der Museumsanlage oder vom Klosterplatz am Rand der Niederung fußläufig oder mit dem Rad erschließen. Ausgehend von der Osterholzer Museumsanlage mit dem Vogelmuseum führt der Weg über den Kuhdamm (1) direkt in die Hofleuteweiden. In der reich strukturierten Feldflur besteht die Chance Rebhühner zu sichten, während die sich östlich anschließenden Offenbereiche optimale Habitate für Braunkehlchen, Feldlerchen und Große

Typische Vogelarten in der Hammeniederung, deren Status und günstige Beobachtungszeit (in Klammern)
h = häufiger, r = regelmäßiger, s = seltener; B = Brutvogel, N = Nahrungsgast, D = Durchzügler, W = Wintergast

Art	Status (beste Beobachtungszeit)
Knäkente	rB, rD (Apr.–Mai)
Löffelente	rB, hD (Apr.–Okt.)
Pfeifente	hW (Okt.–Mrz.)
Gänsesäger	rW (Nov.–Feb.)
Schwarzmilan	sD, sN (Apr.–Mai, Sep.–Okt.)
Seeadler	sB, hN (ganzjährig)
Wasserralle	rB (Jan.–Apr.)
Wachtelkönig	sB (Mai–Jul.)
Tüpfelsumpfhuhn	sB (Apr.–Mai)
Kranich	rB, hD, rW (Feb.–Nov.)
Kiebitz	hB, rW (Feb.–Nov.)
Regenbrachvogel	sD (Apr.–Mai)
Großer Brachvogel	rB (Feb.–Okt.)

Art	Status (beste Beobachtungszeit)
Kampfläufer	hD (März–Mai, Aug.–Okt.)
Rotschenkel	März–Okt.
Bekassine	hB, hD (ganzjährig)
Sumpfohreule	sD, sW (Okt.–Apr.)
Neuntöter	rB, rD (Apr.–Aug.)
Raubwürger	rW (Okt.–Mrz.)
Pirol	sB (Mai–Jul.)
Schilfrohrsänger	hB (Apr.–Jul.)
Rohrschwirl	rD (Apr.–Mai)
Blaukehlchen	hB (Apr.–Jul.)
Nachtigall	rB (Apr.–Aug.)
Braunkehlchen	hB, hD (Apr.–Okt.)

Brachvögel bieten. In den umliegenden Gräben ist der Moorfrosch zur Balzzeit im Frühjahr nicht selten. Vor dem Bahndamm zweigt der Weg rechts zur urigen Gastwirtschaft Melchers Hütte ab. Über den Bahndamm führt der Weg durch die Postwiesen zur architektonisch sehenswerten Aussichtsplattform „Himmelstreppe" (2). Von hier lassen sich nicht nur die Postwiesen hervorragend überblicken, sondern zur Brutzeit auch eine beeindruckende Klangkulisse der Balz zahlreicher Bekassinen erleben. Bei feuchten Bedingungen im Frühjahr sind hier Tüpfelsumpfhuhn und Wachtelkönig ebenfalls nicht selten. In dem kleinen angrenzenden Erlenbruchwald ist zudem immer wieder ein Kleinspecht ansässig. Achtung: Hier besteht auch ein Vorkommen der seltenen Maulwurfsgrille, deren Zirpen Anfang Juni in wärmen Nächten leicht mit den Rufen des Ziegenmelkers verwechselt werden kann, der hier allerdings nicht vorkommt. Die Beobachtungshütte „Blickbox" (3) bietet Einblicke in schwer einsehbare Flächen der Postwiesen. Von hier lassen sich regelmäßig Wasserrallen hören und während der Brutzeit häufig Kraniche beobachten. Der Weg parallel zur Beek (4) ist häufig ein guter Tipp für Tüpfelsumpfhühner. Von der Gastronomie Tietjens Hütte lässt sich über einen parallel zur Hamme verlaufenden Rad- und Wanderweg der Polder Waakhausen mit Resten ehemals ausgedehnter Erlenbrüche und der verlandete Hamme-Altarm (5) einsehen. Von hier aus lässt sich zudem der Flusslauf an vielen Stellen hervorragend überblicken. Der heute verlandete und nicht mehr zu erkennende Hamme-Altarm bietet in feuchten Hochstauden umgeben von Weidengebüschen optimale Bedingungen für Braunkehlchen, Feldschwirl und Blaukehlchen. In einigen Jahren konnten hier zudem Schlagschwirle festgestellt werden. Über eine Brücke führt der Weg an Melchers Hütte vorbei in die Hofleuteweiden.

Während der Herbstrast fliegen Tausende Kraniche von den Vorsammelplätzen zu ihren Schlafgewässern.

Foto: T. J. Linke. Hammeniederung, 11.10.2020.

Ein weiterer guter Startpunkt finden sich an der Hammehütte Neu Helgoland. Von hier lässt sich das Breite Wasser (6) als ganzjährig guter Beobachtungspunkt für Wasservögel leicht erreichen. Das Schmale Wasser auf der anderen Seite der Hamme ist heute stark zugewachsen und ist weder zugänglich, noch kann es von außen eingesehen werden. Außerdem findet sich hier ein weiterer Beobachtungsturm (7), von dem aus auch die Beek als größter Zufluss in die Hamme eingesehen werden kann. An der unteren Hamme ermöglicht der Weg nach Scharmbeckstotel (8) Blicke auf raumgreifende Altarme der Hamme mit umliegenden Gebüschen und feuchten Hochstauden. Hier finden sich Brutvorkommen von Löffelente, Nachtigall und Neuntöter. Der ebenfalls schön gestaltete Aussichtsturm „Weidenkorb" (9) bietet eine Übersicht über die weite Niederungslandschaft, ist zur Vogelbeobachtung – außer für Rastvögel – jedoch weniger ergiebig. Erreicht werden kann er von der Kläranlage in Osterholz-Scharmbeck. Das Günnemoor im Nordwesten der Hammeniederung ist ein wiedervernässtes ehemaliges Torfabbaugebiet. Von der Moorkante bei Verlüßmoor (10) können regenerierende Torfstichgewässer eingesehen werden, was insbesondere während des Limikolendurchzugs und der Kranichrast lohnenswert ist. Aus den umliegenden Gehölzen können zudem regelmäßig singende Pirole vernommen werden.

Till Jonas Linke, Christopher König

Im wiedervernässten Günnemoor brüten unregelmäßig Sandregenpfeifer.

Foto: T. J. Linke. 24.5.2017.

Anfahrt

Mit Bahn und Bus

Der Bahnhof Osterholz-Scharmbeck ist über die Regionalbahn nach Bremerhaven (RB 8, NWB RS2) gut angebunden. Von hier lässt sich das Gebiet bequem mit dem Rad erreichen. Bis zur Museumsanlage und den sehenswerten Exponaten des Norddeutschen Vogelmuseums sind es nur fünf Minuten. Von hier führt der Weg Kuhdamm direkt in die Hofleuteweiden, durch die sich ein weites Wegenetz durch die Niederung bis nach Norden zur Hammehütte Neu Helgoland erstreckt. Über den Ahrensfelder Damm oder die Neuenfelder Straße im Ortsteil Neuenfelde lassen sich die Postwiesen einfach und direkt erreichen.

Mit dem Auto

Von Westen kann das Gebiet über die A 27 (Ausfahrt 17 Bremen Industriehäfen Richtung Worpswede) oder von Osten über Lilienthal oder Worpswede angefahren werden. Zur unteren Hamme empfiehlt sich die Anfahrt von der A 27 kommend über die Ritterhuder Heerstraße, von der in einer Rechtskurve die Niederender Straße abzweigt. Hier besteht ein inoffizieller Parkplatz. Bessere Parkmöglichkeiten bestehen bei Tietjens Hütte direkt an der K9 oder bei Neu Helgoland am Hammeweg, welcher sich von der K 9 über die Viehlander/Waakhauser Straße erreichen lässt. Von Tietjens Hütte lassen sich die Teilgebiete Polder Waakhausen/Hamme Altarm sowie Hofleuteweiden bequem zu Fuß erkunden, von Worpswede/Neu Helgoland insbesondere die Pferdeweiden und Postwiesen. Auch an der Museumsanlage in Osterholz-Scharmbeck befinden sich in der Bördestraße Parkplätze. Über die Teufelsmoorstraße lassen sich insbesondere die nördlichen Gebietsteile anfahren, hier sind Parkmöglichkeiten an der Abzweigung der Straße Am Günnemoor vorhanden.

GPS		
Parkplatz Museumsanlage	53.224471 N	8.810092 O
Aussichtsturm „Himmelstreppe" (2)	53.231944 N	8.843333 O
Parkmöglichkeit Postwiesen	53.222908 N	8.844977 O
Beobachtungshütte „Blickbox" (3)	53.224007 N	8.866260 O
Parktplatz Teufelsmoorstraße	53.251272 N	8.868326 O
Aussichtsturm „Weidenkorb" (9)	53.199444 N	8.802083 O
Parkmöglichkeit Tietjens Hütte	53.205191 N	8.820502 O
Melchers Hütte	53.215000 N	8.855278 O
Parkmöglichkeit Neu Helgoland	53.226279 N	8.889730 O
Parkmöglichkeit Verlüßmoor	53.291944 N	8.883944 O

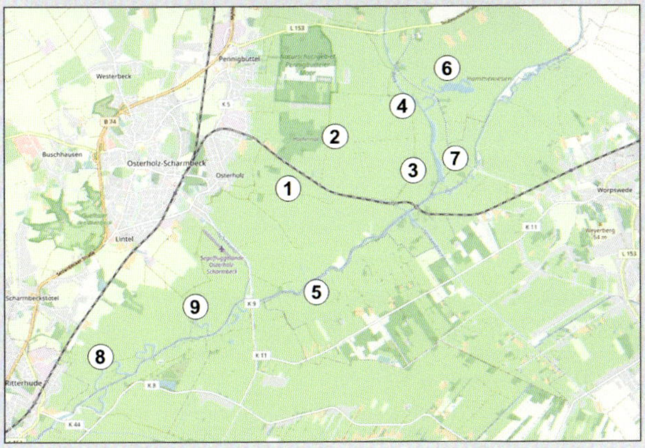

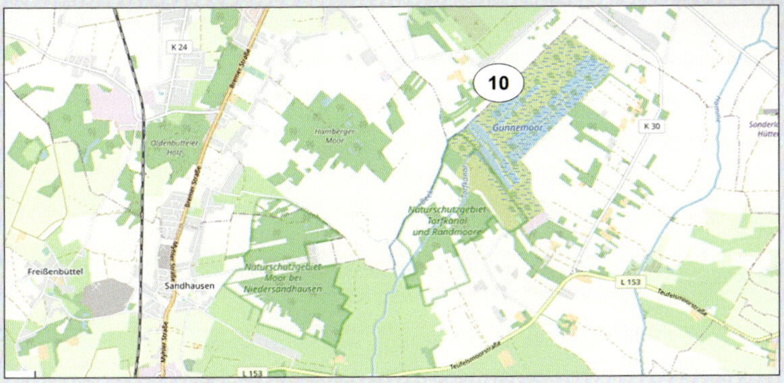

Wasserwandern (Kanu, Torfkahn)

Darüber hinaus besteht die Möglichkeit Teile der Hamme mit dem Kanu, Schiff oder Torfkahn zu befahren. Lediglich in der Zeit von November bis März darf die Hamme zwischen Melchers Hütte und der Hammehütte Neu Helgoland nicht befahren werden. Viele Zuflüsse wie die Beek und das Breite Wasser sind ganzjährig für den Bootsverkehr gesperrt.

Adressen

Biologische Station Osterholz, Lindenstraße 40, 27711 Osterholz-Scharmbeck;
www.biologische-station-osterholz.de

Norddeutsches Vogelmuseum, Bördestraße 42, 27711 Osterholz-Scharmbeck;
www.vogelmuseum-museumsanlage-ohz.de

Die Beobachtungshütte „Blickbox" am Rande der Postwiesen.

Foto: T. J. Linke. 5.1.2023.

Der Mittelteich ist eines der drei großen Flachgewässer in Riddagshausen.
Foto: T. J. Linke. 4.2.2023.

Das Teichgebiet Riddagshausen

Gewässerlandschaft in der Börde

In dem weitläufigen Niederungsgebiet zwischen den Bächen Wabe und Schunter in der heutigen Stadt Braunschweig legten einst Mönche ein ausgeklügeltes System von Fischteichen und Gräben an. Einige von ihnen sind bis heute erhalten und bilden ein vielfältiges Mosaik aus Wasserflächen, Feuchtwiesen und Bruchwäldern. Im Teichgebiet Riddagshausen lassen sich nicht nur ganzjährig rastende Wasservögel beobachten, sondern das Gebiet im Südosten Niedersachsens hat auch für einige seltene Brutvögel eine wichtige Bedeutung. Hervorzuheben sind die Vorkommen von Mittelspechten, Drosselrohrsängern und Rohrschwirlen sowie überwinternde Rohrdommeln.

Früher erstreckten sich ausgedehnte Sümpfe und Bruchwälder in der Aue der Wabe, einem Bach, der nördlich des

Rastende Enten, wie diese Pfeifenten, können insbesondere im Winter in großen Trupps beobachtet werden.
Foto: T. J. Linke. Bremen, 14.2.2021.

Teichgebietes in die Schunter mündet, die wiederum ein kleiner Nebenfluss der im Harz entspringenden Oker ist. Im 12. und 13. Jahrhundert gestalteten die Mönche des 1143 gegründeten Zisterzienserklosters Riddagshausen die bis dahin dynamische Landschaft erheblich um. Durch eine Vielzahl von Gräben wurde das Gebiet entwässert und insgesamt 28 Teiche zur Fischzucht angelegt. Nach der Urbarmachung wurden die umliegenden Bereiche land- und forstwirtschaftlich genutzt. Bis heute sind elf sehr unterschiedliche Gewässer in dem Braunschweiger Stadtteil Riddagshausen erhalten. Bereits 1936 wurde das alte Niederungsgebiet als Naturschutzschutzgebiet ausgewiesen und zählt somit zu den ältesten Schutzgebieten Niedersachsens. Für die frühe Unterschutzstellung engagierten sich damals viele Naturkundler, einer von ihnen war der Braunschweiger Arzt Otto Wilke. Inzwischen ist das Naturschutzgebiet „Riddagshausen" auf der überwiegenden Fläche seiner 526 ha auch als EU-Vogelschutzgebiet und FFH-Gebiet gemeldet.

Die drei großen Gewässer Kreuzteich, Mittelteich und Schapenbruchteich sind nur etwa einen Meter tief und liegen in einer Art Kette von Südwesten nach Nordosten. Bis heute wird hier durch das Fischgut Riddagshausen extensive Fischzucht betrieben. Zu diesem Zweck können die Wasserstände der drei großen Gewässer durch Ablaufbauwerke reguliert oder die Teiche auch vollständig abgelassen werden. Zwischen Oktober und April bietet das Fischgut einen Direktverkauf unter anderem von Karpfen, Schleie und Hecht an. Auf den Dämmen, die das Gebiet erschließen, wachsen knorrige Eichen und Buchen. Im Umfeld der großen Teiche sind mit dem Neuen Bleeksteich, Wiedingsteich, Hopfenteich und Reinertsteich mehrere kleinere Weiher erhalten, die teilweise von einem Dickicht auenartiger Weidengebüsche umgeben sind und längst nicht mehr genutzt werden. Auch wenn es sich bei dem Teichgebiet um eine durch Menschenhand stark veränderte Landschaft handelt, findet sich dennoch eine große Vielfalt unterschiedlicher Lebensräume: Entlang der Uferbereiche mehrerer Gewässer sind Verlandungszonen mit Schwimmblattvegetation aus See- und Teichrosen, Unterwasservegetation, und Röhrichtzonen mit Schilf, Igelkolben und Pfeilkraut ausgeprägt. Insbesondere an den Schapenbruchteich, dem mit etwa 20 ha größten Gewässer, grenzen großflächige Schilfgebiete. Die unregelmäßig überstauten Bruchwälder mit Erlen und Weiden enthalten viel Totholz mit Nistmöglichkeiten für Höhlenbrüter wie Kleinspecht, Mittelspecht und Kleiber. Im Übergang zu den etwas höher liegenden Bereichen der Buchhorst finden sich strukturreiche Mischwälder mit Rotbuchen, Hainbuchen und Stieleichen. In den östlich angrenzenden Wiesen und Weiden des Schapenbruchs im Übergang zum Weddeler Hügelland liegen Feucht- und Nasswiesen mit Großseggenriedern und Binsenbulten. Einige dieser Flächen werden von Schottischen Hochlandrindern und Islandponys beweidet und weisen eine hohe Strukturvielfalt auf.

Besondere Vogelarten und Reisezeit

Das Teichgebiet Riddagshausen ist ganzjährig eine Reise wert. Neben Frühling und beginnender Brutzeit lohnt sich insbesondere auch der Winter, wenn Enten mit der Balz beginnen und in den Röhrichten des Schapenbruchteichs mit etwas Glück überwinternde Rohrdommeln entdeckt werden können. Obwohl sich Beobachtungen dieses scheuen Reiherverwandten häufig auf das Winterhalbjahr beschränken, erscheinen einzelne Röhrichtgebiete auch für eine Brut geeignet. Sowohl während der kalten Monate als auch im Frühjahr sollte das Augenmerk neben den Wasserflächen stets auf die Röhrichte gerichtet sein. Denn hier lassen sich mit Wasserralle, Rohrweihe, Teichrohrsänger und ab Mai komplettiert durch Drosselrohrsänger, Sumpfrohrsänger und Rohrschwirl eine Reihe von Röhrichtbrütern beobachten. Auch wenn der Rohrschwirl im Bundesland ungefährdet ist, zählt das Teichgebiet mit einem Bestand von etwa 18 Revierpaaren zu den wichtigsten Brutgebieten in Niedersachsen. Ebenfalls eine überregionale Bedeutung haben die Brutvorkommen von Wasserralle und Mittelspecht – letzterer findet sich regelmäßig in den Buchen- und Eichenbeständen der umliegenden Waldbereiche und wird dann im Übergang zur Buchhorst häufiger. Regelmäßig können Seeadler und auf

Rohrschwirle kommen im Teichgebiet in hohen Siedlungsdichten vor.
Foto: E. Schulze. Südufer Dümmer, 25.5.2020.

dem Durchzug auch Fischadler als Nahrungsgäste beobachtet werden. Ebenfalls regelmäßig können Kolbenenten zur Brutzeit und Schwarzhalstaucher auf dem Durchzug beobachtet werden. Sogar Moorenten wurden in den letzten Jahren regelmäßig gesichtet, möglicherweise handelt es sich hierbei um Vögel aus dem Wiederansiedlungsprojekt am Steinhuder Meer. Ebenfalls schwer vorhersagbar ist das Vorkommen des seltenen Tüpfelsumpfhuhns, das selten an den Teichen oder in den Nasswiesen im Bereich der Weddeler Grabenniederung rastet. Auf dem Wegzug und im Winter sind die offenen Wasserflächen der drei großen Teiche wichtiges Rast- und Nahrungsgebiet vieler durchziehender und überwinternder Enten. Während der Zugzeiten sind Spießenten nicht selten, im Winter rasten Pfeifenten in größeren Zahlen, dann tauchen auch Schellenten und Tafelenten auf vielen Gewässern nach Nahrung. Auch Kraniche und arktische Gänse wie Bläss- und Tundrasaatgänse nutzen die Wasserflächen dann als Schlafplatz. In den letzten Jahren konnten im Teichgebiet auch immer wieder Seltenheiten beobachtet werden, wie Weißkopf-Ruderente (2023) Nachtreiher, Dreizehenmöwe (beide 2020), Weißbart- (2023) und Weißflügel-Seeschwalbe (2024), Raubseeschwalbe (2023) oder Bienenfresser (2023). In den Waldgebieten der Buchhorst sind außerdem Kolkraben, Schwarzspechte und Waldlaubsänger und im Sommer Trauerschnäpper nicht selten, unregelmäßig werden hier einzelne Reviere des Grauspechts erfasst. In den östlich angrenzenden offenen Bereichen um den Weddeler Graben sind in der Brutzeit regelmäßig Wendehälse anzutreffen.

Rohrweihen sind regelmäßige Nahrungsgäste, können aber auch in den Röhrichten brüten.
Foto: T. J. Linke. Osterstader Marsch, 11.4.2021.

Beobachtungsmöglichkeiten

Das Teichgebiet Riddagshausen stellt im Verbund mit den sehenswerten Buchenwaldgebieten der Buchhorst eines der wichtigsten Naherholungsgebiete der Region Braunschweig dar und ist entsprechend gut erschlossen. Um die Teiche führt ein beschildertes Rundwegsystem mit mehreren Infotafeln zum Gebiet, welches sowohl zu Fuß als auch mit dem Rad genutzt werden kann. Am Wochenende ist auf den Wegen um die Teiche starker Publikumsverkehr und Fahrradfahren nicht immer gerne gesehen. Von der Ortschaft Riddagshausen ausgehend empfiehlt sich folgender Rundgang: Über den Dr.-Wilke-Weg (1) führt der Weg entlang knorriger Eichen am Kreuzteich vorbei, rechter Hand befindet sich der häufig in Teilen trocken gefallene Neue Bleeksteich. Der Linkskurve am in Auendickicht eingebetteten Wiedigsteich (2) folgend, liegt der Mittelteich (3). Von hier führt ein Weg direkt zum Weddeler Graben, der allerdings auch über den Gerhard-Schridde-Weg und das Fischgut erreicht werden kann. Am Schapenbruchteich

Die meisten Brut- und Rastvögel können am strukturreichen Schapenbruchteich beobachtet werden. Foto: T. J. Linke. 4.1.2023.

findet sich am Westufer eine kleine Aussichtsplattform (4) und im Süden ein Beobachtungsturm (5), von dem die Wasserflächen und ein Großteil der Röhrichte eingesehen werden können. Hier können im Frühjahr und Winter häufig große Anzahlen von Tauch- und Gründelenten beobachtet werden, Watvögel finden hier deutlich seltener, bei niedrigen Wasserständen geeignete Rastbedingungen. Dennoch konnten in den vergangenen Jahren viele Limikolenarten nachgewiesen werden, darunter Kiebitzregenpfeifer, Knutt, Sichelstrandläufer und Steinwälzer. Auf dem Frühjahrszug nutzen auch regelmäßig Seeschwalben die Gewässer zur Jagd. Durch den guten Überblick über die Schilfflächen bestehen hier die besten Chancen einer Rohrdommelsichtung. Vom größten Gewässer führt der Dr.-Wilke-Weg parallel zum Schapenerteichgraben durch ein Bruchwaldgebiet nach Osten bis zur Weddeler Grabenniederung (6). Hier wurden seit Beginn der 1990er-Jahre Ackerflächen für den Naturschutz entwickelt, Kleingewässer angelegt und dafür Weddeler und Schapener Graben aufgestaut, sodass feuchte und nasse Wiesen entstanden. Hier können im Frühjahr regelmäßig balzende Zwergtaucher beobachtet werden, bei ausreichend nassen Bedingungen lassen sich mit etwas Glück früh morgens und abends die Rufe von Tüpfelsumpfhühnern vernehmen. Umliegend finden sich mehrere Stationen des Naturlehrpfades von Haus Entenfang mit Infotafeln. In östlicher Richtung

Rohrdommeln verstecken sich im Winter zumeist gut getarnt in Pfahlstellung im Schilf. Foto: E. Schulze. Wobbenbüll, 5.8.2019.

In den aufgestauten Nasswiesen brüten regelmäßig Zwergtaucher. Foto: T. J. Linke. 10.4.2023.

Typische Vogelarten im Teichgebiet Riddagshausen, deren Status und günstige Beobachtungszeit (in Klammern)
h = häufiger, r = regelmäßiger, s = seltener; B = Brutvogel, N = Nahrungsgast, D = Durchzügler, W = Wintergast

Art	Status (beste Beobachtungszeit)
Knäkente	sB, rD (Apr.–Mai)
Krickente	sB, hD, hW (ganzjährig)
Löffelente	sB, hD (Apr.–Okt.)
Tafelente	rN, rW (ganzjährig)
Kolbenente	sR (Apr.–Jun.)
Pfeifente	hW (Okt.–Mrz.)
Schellente	sW (Okt.–Mrz.)
Spießente	sW (Okt.–Mrz.)
Gänsesäger	rW (Nov.–Feb.)
Rohrdommel	sW (Nov.–Feb.)
Seeadler	sB, hN (ganzjährig)
Fischadler	rD (Apr.–Mai, Aug.–Sep.)
Rohrweihe	rB (Apr.–Okt.)
Wasserralle	rB (Jan.–Apr.)

Art	Status (beste Beobachtungszeit)
Tüpfelsumpfhuhn	sB (Apr.–Mai)
Zwergtaucher	rB (ganzjährig)
Schwarzhalstaucher	rD (Mai–Sep.)
Rothalstaucher	sD (Apr.–Aug.)
Kranich	hD, rW (Feb.–Nov.)
Kleinspecht	sB (ganzjährig)
Mittelspecht	rB (ganzjährig)
Wendehals	rB (Apr–Sept.)
Pirol	sB (Mai–Jul.)
Drosselrohrsänger	hB (Mai–Jul.)
Teichrohrsänger	hB (Apr.–Jul.)
Sumpfrohrsänger	hB (Mai–Jul.)
Rohrschwirl	rB (Apr.–Mai)
Bartmeise	sW (Nov.–Feb.)

liegen die feuchten Wiesen und Weiden des Schapenbruchs nur wenige Minuten zu Fuß entfernt. Der Rückweg kann dann entweder parallel zur Bahnstecke oder auf dem gleichen Weg erfolgen. Nördlich der Weddeler Grabenniederung befindet sich fußläufig in zehn Minuten Entfernung zudem das traditionelle Ausflugscafé „Schäfers Ruh“, welches im Sommer und Winter bis auf montags und dienstags geöffnet ist. Auf dem Rückweg Richtung Riddagshausen lohnt ein kleiner Schlenker über den Nehrkornweg mit dem Aussichtsturm „Legdenanger“. Von diesem lassen sich einige neu entwickelte artenreiche Wiesen und Äcker mit Feldrainen überblicken, in denen Feldvögel wie Wiesenpieper und Wiesenschafstelze geeignete Lebensräume finden. Dieser Weg führt in westlicher Richtung auch am Naturerlebniszentrum „Haus Entenfang“ (7) vorbei, in dem sich eine informative Ausstellung zum Teichgebiet befindet. Für eine große Wanderung oder eine Fahrradtour bietet sich im Anschluss an den Schapenbruch ein Rundweg über die Buchhorst mit dem Arboretum und dem rustikalen Landgasthof „Grüner Jäger“ an. Dieser Rundweg führt anschließend über den Kleidersellerweg an den letzten beiden Gewässern (8) vorbei, dem Spitzen Teich und dem Lageteich. Vom Ausgang der Buchhorst an der Ebertallee lohnt sich auch ein kurzer Abstecher in die Wabeaue – hier schlängelt sich mit der Mittelriede ein renaturierter Bachabschnitt durch seine kleine Aue (9). Als weitere Einkehrmöglichkeit liegt das stimmungsvolle Café „Teetied“ mit Blick auf die Klosterkirche St. Mariae nur wenige Minuten Fußweg entfernt vom Kreuzteich.

Till Jonas Linke, Christopher König

Infomaterial/Literatur

Faltblatt mit Karte zum Gebiet: https://www.braunschweig.de/leben/im_gruenen/gruenanlagen/Faltblatt-NSG-Riddagshausen.pdf

Anfahrt

Mit Bahn und Bus

Der Ortsteil Riddagshausen lässt sich in etwa einer halben Stunde vom Braunschweiger Hauptbahnhof über die Buslinien 413 und 418 (Haltestelle Kreuzteich) erreichen. Mit der Regionalbahn an der Strecke nach Magdeburg ist auch der Bahnhof Weddel gut angebunden, von dem die östlichen Gebietsteile um den Schapenbruch nur 15 Minuten Fußweg entfernt liegen. Von hier aus lässt sich das Teichgebiet Riddagshausen hervorragend auch mit dem Fahrrad erkunden.

Mit dem Auto

Von der Autobahn A2 ist das Gebiet über die Abfahrt 57 (BS-Ost) in einer guten Viertelstunde in südlicher Richtung über die Berliner Heerstraße (L 295) und den Messeweg zu erreichen, der schließlich an der Ebertallee endet. Auf dieser befinden sich in Höhe der Teiche mehrere Parkmöglichkeiten.

Adressen

Naturerlebniszentrum Haus Entenfang, Nehrkornweg 2, 38104 Braunschweig; www.braunschweig.de/entenfang

GPS		
Parkmöglichkeit Ebertallee	52.270081 N	10.574249 O
Aussichtsturm Schapenbruchteich	52.272972 N	10.581322 O
Aussichtsplattform Schapenbruchteich	52.276642 N	10.577989 O
Beobachtungspunkt Weddeler Grabenniederung	52.273065 N	10.599369 O
Aussichtsturm „Legdenanger“	52.270137 N	10.588090 O
Bruchwiesen	52.270281 N	10.610073 O
Parkplatz Buchhorst	52.258962 N	10.592042 O
Lagesteich/Spitzer Teich	52.264509 N	10.580671 O
Mittelriede-Schunter-Aue	52.257552 N	10.586013 O

FALKE-Leser wissen mehr!

Lassen Sie sich deshalb keine Ausgabe entgehen!

Unsere Begrüßungsgeschenke:

Bestimmungskarte „Garten- und Parkvögel im Vergleich" für die Anforderung eines Probeheftes.

„Faszinierende Vogelmomente – DER FALKE Bildband" für jeden Neu-Abonnenten

... und wenn Sie sich gleich für ein Abonnement entschließen, erwartet Sie sogar noch die DVD-ROM **„Der FALKE digital 1995 – 2024"**

Wir verarbeiten Ihre personenbezogenen Daten unter Beachtung der Bestimmungen der EU-Datenschutz Grundverordnung (DS-GVO), des Bundesdatenschutzgesetzes (BDSG) sowie aller weiteren maßgeblichen Gesetze. Grundlage für die Verarbeitung ist Art. 6 Abs. 1 DS-GVO. Unsere Datenschutzerklärung finden Sie unter www.aula-verlag.de/datenschutz.

Absender:

Name

Straße, Nr.

PLZ, Ort

Tel.-Nr. (für Rückfragen)

E-Mail

Lieferadresse bei Geschenkabonnement:

Name

Straße, Nr.

PLZ, Ort

Fax: 06766/903-320

Das Porto übernehmen wir für Sie.

Deutsche Post
ANTWORT

AULA-Verlag GmbH
Abonnentenservice „DER FALKE"
z. Hd. Frau Britta Fellenzer
Industriepark 3
56291 Wiebelsheim
DEUTSCHLAND

Juist lädt zu ausgiebigen Strandspaziergängen ein. Lediglich die West- und Ostspitzen dürfen aus Schutzgründen nicht betreten werden. Foto: C. König. 26.4.2023.

Juist

Die schönste Sandbank der Welt

Zwischen Borkum und Norderney liegt die Insel Juist rund 8 km vor der ostfriesischen Küste. Mit 17 km Länge ist sie die längste und schmalste der Ostfriesischen Inseln und wird häufig liebevoll als schönste Sandbank der Welt bezeichnet. Die autofreie Insel lockt durch unregelmäßige Fährzeiten nur wenige Tagesgäste und ist daher weniger stark besucht als andere Inseln. Ornithologisch besonders hervorzuheben sind große Trupps von Weißwangen- und Ringelgänsen, Tausende Limikolen an den Hochwasserrastplätzen sowie rastende Löffler und brütende Sumpfohreulen. Ein Besuch ist ganzjährig lohnenswert und es sollten möglichst mehrere Tage einplant werden.

Juist ist wie alle Ostfriesischen Inseln eine geologisch sehr junge Insel, die um Christi Geburt allenfalls rudimentär vorhanden war. Es wird angenommen, dass die Insel – wie auch Borkum und Norderney – durch Sturmfluten im Mittelalter aus der Großinsel Burchana entstand. Erstmals urkundlich erwähnt wurde Juist 1398, war möglichweise aber schon früher besiedelt. In der Folgezeit entstanden neben Pferdzuchten auch günstige landwirtschaftliche Bedingungen mit Ackerland und Weideflächen. Im 16. und 17. Jahrhundert verwüsteten zwei Sturmfluten die Insel so heftig, dass die Inselkirche durch Unterspülung einstürzte und Juist in zwei Teile zerbrach. Dieser Durchbruch erreichte im Laufe der folgenden Jahre eine Breite von rund 2 km. Immer wieder mussten Häuser an neuer Stelle aufgebaut werden, da die Nordsee stetig nach Süden vordrang. Auch die landwirtschaftlich nutzbare Fläche wurde immer kleiner, die Insulaner konnten die Abgaben an den ostfriesischen Grafen als Eigentümer kaum noch aufbringen. Den Höhepunkt der Leidensgeschichte bildete mit der Fastnachtsflut 1715 eine weitere Sturmflut, die das komplette Dorf sowie die neu errichtete Kirche zerstörte. Die Bewohner konnten sich im Anschluss nicht auf einen Standort für ein neues Dorf einigen, sodass auf beiden Inselteilen neue Siedlungen entstanden: Billdorf im westlichen Teil, Loogdorf im östlichen. Billdorf wurde bei einer neuerlichen Sturmflut zerstört und wurde anschließend nicht wieder aufgebaut. Hochwasser und Sandverwehungen schränkten auch den Haupterwerbszweig Viehwirtschaft immer weiter ein, sodass Mitte des 18. Jahrhunderts immer mehr Menschen mit Walfang und auf Handelsschiffen ihren Unterhalt verdienten. Zu dieser Zeit empfahl der Juister Pastor Janus das Seebaden. Nach zwischenzeitlicher Besetzung durch niederländische Truppen wurde 1840 das erste Seebad gegründet. Mit dessen zunehmender Bedeutung wurde zur einfacheren Anreise auch die erste Landungsbrücke gebaut. Ende des 19. Jahrhunderts wurden die beiden Inselteile durch den Aufbau von Schutzdünen im Süden wieder vereint. Nördlich davon blieb vorerst eine Bucht erhalten, die erst viele Jahre später durch einen Deich vom Meer getrennt wurde. Dadurch entstand der Hammersee und entwickelte sich über die folgenden Jahre zu einem Süßwassersee mit Schilfröhricht. Im Zweiten Weltkrieg wurde Juist als Außenposten genutzt und Bomben der Alliierten richteten schwere Zerstörungen an zahlreichen Häusern an. In der Nachkriegszeit wurde auch zum südlichen Wattenmeer ein Deich gebaut, 1982 ein neuer Hafen in Betrieb genommen. Sturmfluten richten bis heute auf Juist mitunter große Schäden an – wenn auch nicht vergleichbar mit denen in früheren Zeiten. Dünenabbrüche auf breiter Front gefährden die Inselsicherheit jedoch zunehmend. Nach der Allerheiligenflut 2006 mussten die Dünen im Westen mithilfe von 200 000 m^3 Sand verstärkt werden. Unabhängig von solchen Extremereignissen wird auf Juist im Westen kontinuierlich vom Meer Sand abgetragen. Wie auch die übrigen Ostfriesischen Inseln wandert der Sand mit der vorherrschenden Windrichtung von West nach Ost. Deckwerke aus Beton, wie es sie auf einigen anderen Inseln gibt, fehlen auf Juist. Lediglich am Nordstrand besteht eine fast 1,5 km lange Schutzmauer, die heute jedoch vollständig von Sand bedeckt ist. Am Kalfamer, dem Ostende von Juist, vergrößert sich die Insel durch angeschwemmten Sand laufend.

Heute ist Juist Teil des Nationalparks Niedersächsisches Wattenmeer. Diese „Drehscheibe" des ostatlantischen Vogelzugs ist von besonderer Bedeutung für Hunderte Vogelarten und seit 2009 als UNESCO-Weltnaturerbe ausgezeichnet. Sowohl die West- als auch die Ostspitze sind als Ruhezone (Schutzzone 1) ausgewiesen und dürfen größtenteils nicht betreten werden.

Besondere Vogelarten und Reisezeit

Ein Besuch von Juist ist ornithologisch zu jeder Jahreszeit lohnenswert. Einige typische Vertreter des Wattenmeeres wie Eiderenten, Austernfischer und Alpenstrandläufer lassen sich ganzjährig verlässlich beobachten. Viele Vogelarten sind auf Juist jedoch nur phasenweise anzutreffen, da sie im Jahresverlauf riesige Strecken zwischen Brut-, Rast- und Überwinterungsgebieten zurücklegen. Die charismatischen Löffler sind Zugvögel, die den Winter in Südwesteuropa und Westafrika verbringen. Auf Juist lassen sie sich am besten von April bis Oktober beobachten, wenn sie in den Salzwiesen zwischen Loog und Siedlung zur Brut schreiten. Mit den Löfflern kehren auch Rohrweihen in die Brutgebiete zurück. Sie sind auf Juist über den Salzwiesen und Dünen regelmäßig bei der Jagd zu beobachten. Besonders groß ist das Artenspektrum im Jahresverlauf bei den Watvögeln. Mit Säbelschnäblern, Sandregenpfeifern, Großen Brachvögeln und Rotschenkeln brüten nur wenige dieser Arten auf der Insel. Die meisten Limikolenarten nutzen die Wattflächen um die Insel stattdessen als „Tankstelle" auf dem Durchzug und bilden oft beeindruckende Schwärme mit Tausenden Individuen. Besonders zahlreich sind Knutts und Pfuhlschnepfen vertreten. Regelmäßige Durchzügler sind darüber hinaus Kiebitzregenpfeifer, Steinwälzer und Sanderlinge, in geringerer Zahl auch Regenbrachvögel und Grünschenkel. Während der Sommermonate können Brand- und Zwergseeschwalben bei der Jagd über dem Meer beobachtet werden. Die kleinsten Seeschwalben Europas brüten ebenso wie Sandregenpfeifer noch in kleiner Zahl an der Ostspitze von Juist. Um die Bruten zu schützen und Störungen zu vermeiden, werden zur Brutzeit Wege gesperrt. Weitere seltene Brutvögel wie Feldschwirle, Schilfrohrsänger und Blaukehlchen können im Frühjahr mit Glück anhand ihrer Gesänge entdeckt werden.

Auch die Wintermonate haben auf Juist ihren Reiz und warten mit einem veränderten Artenspektrum auf. Große Ansammlungen von Weißwangengänsen dominieren ab Oktober das Bild der offenen Flächen. Auch Hunderte von Ringelgänsen suchen dann auf den Wiesen nach Nahrung. Der Winter ist auch die Zeit der Enten. Auf dem Hammersee finden sich dann Pfeif-, Krick-,

Zwischen Oktober und Mai lassen sich auf Juist große Ringelganstrupps beobachten – mit etwas Glück sogar aus geringer Entfernung. Foto: C. König. Juist, 27.4.2023.

Spieß- und Löffelenten häufig in größerer Zahl ein, seltener auch einzelne Schellenten und Zwergsäger. Auch der Blick auf die Nordsee ist zu dieser Jahreszeit lohnenswert, wenn Hunderte Trauerenten in der Brandungszone vor dem Strand rasten. In ebenfalls größerer Zahl machen von September bis Mai Goldregenpfeifer auf den kurzrasigen Flächen Station auf der Insel. Die nach Afrika ziehenden Rohrweihen werden im Winterhalbjahr von Kornweihen abgelöst, die dann regelmäßig bei der Jagd zu beobachten sind. Unter den besonderen Wintergästen finden sich dann Ohrenlerchen, Strandpieper und Schneeammern auf Juist ein.

Im Vergleich zu anderen Inseln wird das Potenzial zur Vogelbeobachtung auf Juist häufig (noch) unterschätzt und eher selten trifft man auf andere Birder. Dass hier neben den regelmäßig zu beobachtenden Arten auch Raritäten entdeckt werden können, zeigen Nachweise von Polarmöwe, Rosenstar, Blauschwanz und Zwergammer.

Unter die winterlichen Strandbesucher mischen sich regelmäßig auch Schneeammern. Foto: E. Lietzow. Bensersiel, 9.11.2021.

Beobachtungsmöglichkeiten

Juist ist autofrei – Wind, Meeresrauschen und Vogelrufe bestimmen die Klangkulisse. Als Fortbewegungsmittel bietet sich auf der weitläufigen Insel das Fahrrad an (Mitnahme oder Anmietung problemlos möglich). Immer wieder bieten Fahrradparkplätze geeignete Abstellmöglichkeiten, um Teile der Insel Stück für Stück zu Fuß zu erkunden.

Anlaufstelle für die meisten Besucher ist der zentral gelegene Hafen. Hier befindet man sich direkt an einer der besten Beobachtungsstellen für Limikolen auf der gesamten Insel. Ein großer Hochwasserrastplatz liegt in den Salzwiesen westlich des Deichs (1), der sich mit Spektiv bequem von Bänken auf dem Deich aus überblicken lässt. Auch östlich des Hafenbeckens, vom Deich zur Seebrücke, sind schöne Beobachtungen von Watvögeln möglich. Im Winter sollte hier auf Strandpieper geachtet werden. Nur etwa 1,5 km weiter östlich bieten sich am Ostrand des Hundeauslaufplatzes (2) weitere sehr gute Möglichkeiten der Entdeckung unterschiedlicher Limikolenarten und teils großen Individuenzahlen. Einen schönen Blick über die Salzwiesen

Mit dem Hammersee befindet sich auf Juist der größte Süßwassersee der Ostfriesischen Inseln. Er dient neben Löfflern vor allem verschiedenen Entenarten als Rastplatz. Foto: C. König. 26.4.2023.

und mitunter gute Bedingungen, um Ringelgänse zu beobachten, bietet die benachbarte Aussichtsplattform am Otto-Leege-Pfad (3). Dieser rund 1 km lange Naturschutz-Lehrpfad, benannt nach dem Pionier ornithologischer Forschung auf Juist, führt vorbei an Goldfischteichen durch die Ostdünen und ist besonders im Frühjahr und Herbst Anziehungspunkt für rastende Singvögel. Dem Hauptweg entlang folgend zwischen Dünen und Salzwiesen erreicht man schließlich den Flugplatz. Unterwegs sollte ganzjährig nach Sumpfohreulen Ausschau gehalten werden, die seltene Brutvögel der Insel sind. Wer die etwa 4,5 km vom Hafen bis hierher mit dem Fahrrad zurückgelegt hat, muss dieses hier abstellen, um noch weiter in Richtung Osten vorzudringen. Ein Naturpfad führt gut 1 km weiter bis zur Schutzhütte am Kalfamer (4), von wo man eine schöne Aussicht über die Dünenlandschaft genießen kann. Ein Rundweg um die Ostspitze darf lediglich von August bis März betreten werden. Zur Brutzeit ist dieser gesperrt, da sich am Kalfamer die größten Möwenkolonien Juists befinden und Strandbrüter auf störungsfreie Bereiche angewiesen sind. Im Winter können von diesem Weg aus Sanderlinge, Ohrenlerchen und Schneeammern beobachtet werden.

Zu den seltensten Brutvögeln der Insel gehören Sumpfohreulen. Sie können ganzjährig auf Juist angetroffen werden. Foto: E. Lietzow. Dümmer, 8.4.2013.

Doch nicht nur der Weg nach Osten ist auf Juist lohnenswert. Mindestens genauso abwechslungsreich gestaltet sich der Westen der Insel. Vom Hafen (1) führt die Billstraße immer am Deich entlang, bis man nach 3 km das Ausflugslokal „Domäne Loog" erreicht. Folgt man dem Weg hier nach Norden erreicht man nach kurzer Zeit den Hammersee (5) mit Fahrradparkplatz. Der See lässt sich auf rund 3,5 km umrunden. Entlang des Weges rasten im Frühjahr und Herbst gern Ringdrosseln. Man passiert auf der Westseite auch eine Aussichtsdüne. Auf dem Hammersee lassen sich unterschiedliche Tauch- und vor allem Gründelenten beobachten. Auch Löffler nutzen das Gewässer gern zur Rast. Gut 1 km westlich des Hammersees liegt das auch als „Zauberwäldchen" bezeichnete Billwäldchen (6). In den 1930er-Jahren wurde dieser Wald durch den Vogelwart Otto Leege angelegt. In dem knorrigen Baumbestand kann man besonders zu den Zugzeiten verschiedene Singvogelarten entdecken. Wenig weiter westlich erreicht man das Ausflugslokal „Domä-

Typische Vogelarten auf Juist, deren Status und günstige Beobachtungszeit (in Klammern)
h = häufiger, r = regelmäßiger, s = seltener; B = Brutvogel, N = Nahrungsgast, D = Durchzügler, W = Wintergast

Art	Status (beste Beobachtungszeit)
Weißwangengans	hD, hW (Okt.–Mai)
Ringelgans	hD, hW (Okt.–Mai)
Trauerente	hD, hW (Sep.–Feb.)
Löffler	sB, rD (Apr.–Okt.)
Kornweihe	rD, rW (Okt.–Apr.)
Austernfischer	rB, hD, hW (ganzjährig)
Säbelschnäbler	rB, rD (Mrz.–Sep.)
Goldregenpfeifer	hD, hW (Sep.–Mai)
Sandregenpfeifer	sB, hD (Apr.–Okt.)
Pfuhlschnepfe	hD, hW (ganzjährig)

Art	Status (beste Beobachtungszeit)
Rotschenkel	rB, hD, hW (ganzjährig)
Knutt	hD, hW (Aug.–Mai)
Alpenstrandläufer	hD, hW (ganzjährig)
Zwergseeschwalbe	sB, sD (Mai–Aug.)
Brandseeschwalbe	rN, rD (Mai–Sep.)
Sumpfohreule	sB, rD, rW (ganzjährig)
Ohrenlerche	rW (Okt.–Mrz.)
Strandpieper	rW (Okt.–Feb.)
Schneeammer	rW (Okt.–Mrz.)

ne Bill“ und dahinter die kurzrasigen Flächen des Billpolders (7). Hier lassen sich Trupps von Gänsen und Goldregenpfeifern aus nächster Nähe studieren. Wiederum 850 m westlich der „Domäne Bill“ endet der Weg an einem Fahrradparkplatz. Von hier geht es nur noch zu Fuß weiter und direkt südlich erreicht man am Billriff einen interessanten Hochwasserrastplatz (8). Vom Rand der Dünen lassen sich die Vögel hier mit Blickrichtung Süd/Südost besonders bei auflaufendem Wasser gut beobachten. Die weite Sandfläche bis zur Wasserkante im Westen des Billriffs ist aus Schutzgründen gesperrt. Landschaftlich lohnenswert ist auch der Rundweg um die Westspitze entlang der hohen Dünenabbrüche und anschließend über den Strand und die „Domäne Bill“ zurück zum Fahrradparkplatz (Rundweg circa 3,5 km).

Christopher König, Till Jonas Linke

Bei auflaufendem Wasser versammeln sich an den Hochwasserrastplätzen zahlreiche Limikolen unterschiedlicher Arten. Foto: C. König. 29.4.2023.

Anfahrt

Die Insel Juist kann per Fähre vom Hafen Norddeich-Mole innerhalb von circa 90 Minuten erreicht werden. Die Überfahrt ist tidenabhängig, das heißt die Inselfähre kann aufgrund der Wasserstände meist nur ein- bis zweimal pro Tag verkehren. Zusätzlich zur großen Inselfähre fahren seit einigen Jahren auch (teurere) Schnellboote mit bis zu 50 Sitzplätzen, die nur 30 bis 45 Minuten pro Strecke benötigen. Aufgrund des geringeren Tiefgangs können diese Wassertaxis Juist auch bei niedrigeren Wasserständen erreichen. Eine Fahrradmitnahme ist nur mit der Fähre möglich.

Mit Bahn und Bus

Der Fährhafen Norddeich-Mole kann ideal über den unmittelbar benachbarten, gleichnamigen Bahnhof erreicht werden, der an den Fernverkehr der Deutschen Bahn angebunden ist.

Mit dem Auto

Norddeich-Mole erreicht man über die A 28 bis Leer und anschließend die A 31 bis Emden. Von dort geht es weiter über die B 210 und B 72 bis zum Hafen. Die Mitnahme eines Autos ist nicht möglich. Endstation der Anreise per Auto ist entsprechend einer der Parkplätze am Hafen Norddeich-Mole. Ein Shuttlebus pendelt allerdings zwischen den Parkplätzen und dem Fährterminal.

Adressen

Nationalpark-Haus Juist, Carl-Stegmann-Str. 5,
26571 Juist
www.nationalparkhaus-wattenmeer.de/juist

GPS		
Hundeauslaufplatz (2)	53.675615	7.016643
Aussichtsplattform Otto-Leege-Pfad (3)	53.678639	7.018073
Schutzhütte am Kalfamer (4)	53.682337	7.076556
Hochwasserrastplatz am Billriff (8)	53.665916	6.892488

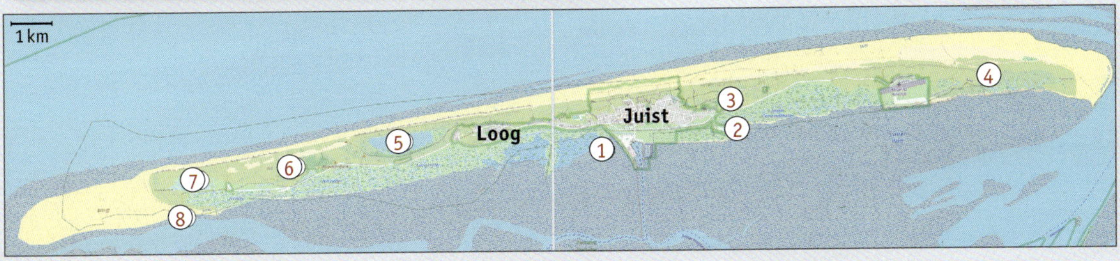

Kartengrundlage: openstreetmap.org

Sachsen-Anhalt

Tipp Nr. | **Beobachtungsplatz**

Foto: T. Brandt

Mittelelbe

Das Biosphärenreservat

Etwa 40 Kilometer südöstlich von Magdeburg erstreckt sich im Elbtal von Barby bis Lutherstadt Wittenberg einer der weitläufigsten Hartholzauenwälder Mitteleuropas. Die Elbe und die Mulde mit ihren Nebenarmen, Altwassern, Flutrinnen und großflächigen Auwäldern bestimmen hier das Landschaftsbild. Zwischen der Saalemündung und Dessau erstreckt sich beidseitig der Elbe das Naturschutzgebiet Steckby-Lödderitzer Forst, ein Auwald, dessen ursprünglicher Charakter stellenweise bis heute erhalten blieb. Oberhalb von Dessau säumen ebenfalls Weich- und Hartholzwälder sowie Wiesen den Strom. Trotz schwerer Eingriffe, z. B. der Elbeindeichung, sind für viele, teilweise seltene Vogelarten wichtige Lebensräume übrig geblieben, die die Mittelelbe zu einem interessanten Ausflugsziel für Vogelbeobachter machen.

Das hier vorgestellte Gebiet umfasst den südlichen Teil des heutigen sachsen-anhaltinischen Biosphärenreservats Mittelelbe (als Teil des länderübergreifenden Biosphärenreservats Flusslandschaft Elbe), das bereits 1979 – in der damals kleineren Gebietsfläche von 3850 ha – die Anerkennung der UNESCO und 1991 das Prädikat Europareservat erhielt.

Lebensräume

Im Mittelpunkt des Gebietes steht die Elbe mit ihren Nebenflüssen und den zahlreichen Altarmen und Altwassern (vom Fluss abgeschnittene Altarme).

Flussuferläufer sind von Mai bis September an den Ufern der Elbe regelmäßig zu sehen. Im Bild ein Vogel im oberseits gebänderten Jugendkleid.

Foto: P. Meister.

Rohrweihen, im Bild ein Männchen, sind im Biosphärenreservat Mittelelbe häufige Brutvögel.

Foto: H. Glader.

Am Fluss und den anderen Gewässern wachsen Röhrichte und von Weidenbüschen dominierte Weichholzauen. Daran schließen sich artenreiche und große Hartholzauen mit einem großen Anteil von Stieleichen und Eschen an.

Landwirtschaftliche Nutzflächen sind vor allem Wiesen, die unterschiedlich intensiv genutzt werden.

Besondere Vogelarten

Wasser- und Watvögel sind im Gebiet auf oder an Wasserflächen verbreitet und vor allem auf dem Zug und im Winter häufig. Aber auch Waldvögel finden in den großen Auwäldern Lebensräume. Ziegenmelker und Heidelerchen besiedeln die lichten, trockenen Wälder, Sperbergrasmücken die Waldränder. Fisch- und Seeadler, Rohrdommel, Schwarzstorch und Grauspecht sind sehr seltene Brutvögel oder brüten nur sporadisch. Häufiger sind Schwarz-

Typische Vogelarten, deren Status und günstige Beobachtungszeit (in Klammern) an der Mittelelbe bei Dessau.
h = häufiger, r = regelmäßiger, s = seltener, B = Brutvogel, W= Wintergast, D = Durchzügler

Art	Status (beste Beobachtungszeit)
Alpenstrandläufer	rD (März – Mai, Aug. – Sept.)
Baumfalke	sB (Mai – Sept.)
Bekassine	sB (März, April, Juli – Sept.)
Blässgans	hW (Okt. – April)
Bruchwasserläufer	rD (Mai, Juli – Sept.)
Eisvogel	rB (ganzjährig)
Feldschwirl	rB (April – Aug.)
Fischadler	sB (April – Sept.)
Flussregenpfeifer	rB, rD (April – Sept.)
Flussseeschwalbe	sB (April, Juli – Sept.)
Flussuferläufer	sB, rD (Mai – Sept.)
Goldregenpfeifer	rD (März – April, Sept. – Okt.)
Graugans	hB (ganzjährig)
Großer Brachvogel	rD (März – Sept.)
Grünspecht	rB (ganzjährig)
Gänsesäger	hW (Nov. – März)
Haubentaucher	hB (ganzjährig)
Heidelerche	rB (April – Sept.)
Kampfläufer	rD (März – Mai, Juli – Aug.)
Kiebitz	rB, hD (ganzjährig)
Knäkente	rB (März – Aug.)
Kolkrabe	rB (ganzjährig)
Kornweihe	rW (Nov. – März)
Kranich	hB (März – Okt.)
Mittelspecht	hB (ganzjährig)
Nebelkrähe	hB (ganzjährig)
Neuntöter	hB (Mai – Aug.)

Art	Status (beste Beobachtungszeit)
Ortolan	sB (Mai – Aug.)
Pirol	hB (Mai – Aug.)
Reiherente	hB (ganzjährig)
Rohrdommel	sB (März – Sept.)
Rohrschwirl	sB (April – Aug.)
Rohrweihe	hB (April – Sept.)
Rothalstaucher	hB (April – Aug.)
Rotmilan	hB (März – Okt.)
Saatgans	hW (Okt. – April)
Schellente	hB (Okt. – April)
Schlagschwirl	sB (Mai – Juli)
Schnatterente	rB (ganzjährig)
Schwarzmilan	hB (April – Aug.)
Schwarzspecht	hB (ganzjährig)
Schwarzstorch	sB, rD (April – Aug.)
Seeadler	sB, rW (ganzjährig)
Singschwan	hW (Okt. – März)
Sperbergrasmücke	rB (Mai – Aug.)
Tafelente	rB, hW (ganzjährig)
Trauerseeschwalbe	sD (Mai, Juli – Aug.)
Tüpfelsumpfhuhn	sB (April – Aug.)
Wachtelkönig	sB (Mai – Aug.)
Weißstorch	hB, rD (April – Aug.)
Wespenbussard	rB (Mai – Aug.)
Ziegenmelker	sB (Mai – Aug.)
Zwergschwan	sW (Okt. – März)
Zwergsäger	rW (Nov. – März)

und Grünspecht sowie Mittelspechte – letztere vor allem in den Eichenwäldern der Hartholzaue. Schwarz- und Rotmilane brüten in vergleichsweise großer Zahl (jeweils meist mehr als 20 Paare) vor allem in den Wäldern, suchen aber im Offenland oder über den Gewässern nach Nahrung.

In den Röhrichten singen Rohrschwirle und Teichrohrsänger. Auch Haubentaucher brüten dort. Tüpfelsumpfhühner (bis zu 15 Reviere) brüten in jährlich schwankenden Beständen in den Verlandungszonen der Altwässer. Wachtelkönige, die nicht jährlich im Gebiet brüten, können aber mit bis zu 30 Rufern manchmal relativ häufig sein.

Wiesen und Äcker sind Rastplätze der Goldregenpfeifer, während Flussuferläufer meist entlang der sandigen und kiesigen Elbuferbereiche nach Nahrung suchen. Andere Watvögel wie Bruchwasserläufer und Kampfläufer suchen hauptsächlich überschwemmte Wiesen oder freifallende Schlammflächen auf.

Seltene Durchzügler an der Elbe und an deren Altwassern sind Trauer- und Flussseeschwalben. Im Winter kann man unter den zahlreichen Entenvögeln Schellenten, Zwerg- und Gänsesäger beim Tauchen beobachten.

Reisezeit

Das Gebiet bietet ganzjährig interessante Beobachtungsmöglichkeiten. Im Winter sind auf der Elbe und ihren Seitengewässern viele Wasservögel zu sehen. Zu dieser Zeit rasten auch Hunderte von Singschwänen, Tausende Bläss- und Saatgänse auf den umliegenden Wiesen und Äckern. Im Spätwinter und im zeitigen Frühjahr kann man die Spechte, z. B. Grün-, Klein-, Mittel- und Schwarzspechte, in den Auwäldern am besten finden. Schwarzmilane und Schwarzstörche erreichen das Gebiet Ende März, Rohrschwirle und Rohrsänger erst Ende April. Schließlich kommen Pirole, Neuntöter, Sperbergrasmücken und als Letzte Schlagschwirle im Mai aus den Winterquartieren.

Beobachtungsmöglichkeiten

Es gibt zahlreiche Wanderwege, auf denen man das Gebiet erkunden kann. Besonders empfehlenswert sind die „Auenpfade“ (siehe Karte). Sie sind zwischen einem und 25 Kilometern

Anfahrt

Mit Bahn und Bus

Dessau, das zentral im hier beschriebenen Gebiet liegt, hat einen Bahnhof. Von hier aus kann man Busverbindungen nutzen.

Mit dem Auto

Über die A 9 (Berlin – Leipzig), Abfahrt Dessau Ost Richtung Oranienbaum (zum Auenzentrum) oder über die A14 (Magdeburg – Leipzig), Abfahrt Calbe in Richtung Aken.

Mit dem Fahrrad

Das ebene Gebiet eignet sich hervorragend für Fahrradtouren, zumal einige Wege nicht mit PKW befahren werden dürfen.

Adressen

Biosphärenreservat Mittelelbe
Biosphärenreservatsverwaltung
Tel.: 034904/4210, poststelle@bioresme.mlu.sachsen-anhalt.de;
www.mittelelbe.com
Informationszentrum Alfred-Hinsche-Haus
Am Kapenschlösschen 3, 06785 Oranienbaum-Wörlitz (an der B 107 zwischen Dessau und Oranienbaum), Tel.: 034904/4060

Öffnungszeiten:
Mai – Okt.: Mo. – Fr. 10 – 17 Uhr, Sa., So. u. Feiertag 11 – 17 Uhr
Nov. – April: Mo. – Fr. 10 – 16 Uhr, Sa, So u. Feiertag 13 – 16 Uhr

Besondere Beobachtungen bitte an folgende Adresse melden:
Staatliche Vogelschutzwarte Steckby
Zerbster Straße 7, 39264 Steckby, Tel.: 039244/94090

GPS

Oranienbaum (Ortsmitte)	51°47'51.76" N	12°24'23.41" O
Dessau (Ortsmitte)	51°50'19.41" N	12°14'42.57" O
Steutz (Ortsmitte)	51°52'40.08" N	12°04'32.69" O
Steckby (Ortsmitte)	51°53'37.44" N	12°01'44.52" O
Trebbichau (Ortsmitte)	51°48'52.36" N	12°00'22.82" O

Vegetationsreiche Gräben durchziehen die Hartholzaue am Auenpfad Kapenniederung. Foto: T. Brandt.

lang. Auf ihnen kann man repräsentative Ausschnitte der Kultur- und Naturlandschaft des Biosphärenreservats kennenlernen. Jedoch sind nicht alle der Pfade für Vogelbeobachter ergiebig.

- Der Auenpfad „Klieken“ (ca. 3,5 km) führt an Weich-und Hartholzauenwald vorbei und ermöglicht einen Blick über die Alte Elbe, ein saniertes Altwasser mit Schwimmblattpflanzen und Röhrichten. Von zwei Beobachtungstürmen aus kann man die in den Gehölzbeständen brütenden Schwarzmilane auf ihren Nahrungsflügen und Haubentaucher bei der Balz beobachten.
- Der Auenpfad „Steckby-Steutz“ (ca. 3,5 km) führt entlang der Elbterrassen durch unterschiedliche Lebensräume, beispielsweise Auwald, Binnendünen und Halbtrockenrasen. Ähnliche Einblicke gewinnt man auf dem Auenpfad „Elbaue Aken“ (ca. 5,5 km) auf der anderen Elbseite.
- Der „Obstpfad“ (ca. 1,5 km) führt an über 70 Obstbaumsorten vorbei. Er soll ein Bewusstsein für dieses Kulturgut schaffen und dessen landschaftsästhetischen und ökologischen Wert vermitteln.
- Wasservögel kann man hervorragend von einem Aussichtspunkt am Neolith-Teich bei Trebbichau beobachten. Der Teich entstand durch Bodensenkungen infolge des früheren Braunkohleabbaus. Das Gebiet selbst ist nicht zugänglich.
- Zwischen Dessau und Oranienbaum liegt nördlich der Landesstraße 131 das schöne Informationszentrum des Biosphärenreservates, das Auenhaus. Im Freigelände findet sich u.a. ein Bauergarten mit Picknickmöglichkeiten. Vom Infozentrum aus gelangt man über den Auenpfad „Kapenniederung“ (ca. 2,3 km) zu einer 11 500 m² großen Biberfreianlage, in der man das Symboltier des Reservates, den Biber, in seinem Bau beobachten kann.

Wiesen und Auwälder säumen die Elbe bei Dessau. Foto: T. Brandt.

Weitere Beobachtungs- und Freizeitmöglichkeiten

Ein Teil des Biosphärenreservats ist das in der zweiten Hälfte des 18. Jh. entstandene Gartenreich Dessau-Wörlitz. Das 142 km2 große Gebiet mit seinen Parkanlagen, Alleen und historischen Gebäuden steht unter Denkmalschutz und ist im Jahr 2000 von der UNESCO als Weltkulturerbe anerkannt worden.

Für Vogelbeobachter interessant ist das Naumann-Museum in Köthen mit einer großen ornithologischen Sammlung (ca. 30 km westlich von Dessau).

Thomas Brandt, Cordula Jülch, Kilian Wasmer

Infomaterial/Literatur

Biosphärenreservatsverwaltung Mittelelbe: Vögel im Biosphärenreservat Mittelelbe (2008): Verzeichnis aller 310 im Gebiet beobachteten Arten, davon 179 als Brutvogel.

Landesamt für Umweltschutz Sachsen-Anhalt, Fachbereich Naturschutz, Hrsg. (2005): 25 Jahre Biosphärenreservat an der Mittleren Elbe. Naturschutz im Land Sachsen Anhalt 42, Sonderheft.

Schwarze, E. & H. Kolbe (2006): Die Vogelwelt der zentralen Mittelelbe-Region, Halle/Saale.

Weber, M., U. Mammen, G. Dornbusch & K. Gedeon (2003): Die Vogelarten nach Anhang I der Europäischen Vogelschutzrichtlinie im Land Sachsen-Anhalt. Naturschutz im Land Sachsen-Anhalt 40, Sonderheft.

Außerdem gibt es eine Vielzahl sehr guter Faltblätter zu den einzelnen Auenpfaden und über den Biber. Sie sind im Informationszentrum Auenhaus – einem günstigen Ausgangspunkt für eine Gebietserkundung – zu bekommen.

Die Alte Elbe bei Klieken ist Brutplatz von Haubentauchern und Rohrschwirlen. Foto. T. Brandt. Juni 2006.

Die Goitzsche und der Muldestausee

Vogelbeobachtung im ehemaligen Braunkohletagebau

Wo einst Bagger im Tagebau nach Braunkohle schürften, sind im Zuge von Renaturierungsmaßnahmen östlich des Ortsteils Bitterfeld neue Lebensräume für Tiere und Pflanzen entstanden. Im Gebiet, das ca. 30 km nördlich von Leipzig liegt, wurden mehrere größere Seen mit einer Gesamtwasserfläche von ca. 30 km2 angelegt, die heute eine Vielzahl von Wasservogelarten anlocken. Von den Seen sind der Große Goitzschesee (sprich: Gottsche, 13,5 km2), Muldestausee (6,3 km2) und Seelhausener See (6,2 km2) die größeren. Ein paar kleinere (u. a. Auensee, Holzweißiger See, Ludwigsee, Paupitzscher See und Neuhäuser See) liegen südlich von Bitterfeld im Landschaftsschutzgebiet Goitzsche. Aber nicht nur offene Wasserflächen, sondern auch Röhricht bestandene Flachwasserbereiche, Feuchtgebiete, Sandtrockenrasen und Pionierwälder entstanden auf dem Gebiet des ehemaligen Tagebaus. Sie bilden heute ein Mosaik unterschiedlicher Lebensräume mit einer vielfältigen Fauna und Flora. Die nördlichen Teile des hier vorgestellten Gebietes liegen im Naturpark Dübener Heide und sind als Naturschutzgebiet ausgewiesen. Der südliche Bereich besteht aus dem Landschaftsschutzgebiet Goitzsche, das die rund 1 300 Hektar große Goitzsche Wildnis einschließt. Sie wurde 2000 vom Bund für Umwelt und Naturschutz Deutschland (BUND) erworben und ist heute im Besitz der Bundstiftung. Ziel ist hier eine natürliche Entwicklung der Landschaft ohne Nutzung.

Lebensräume

Die heutige Landschaftsstruktur ist das Resultat einer intensiven Nutzung. Aus einem Auwaldgebiet südöstlich von Bitterfeld entstand durch den Abbau von Braunkohle ab 1949 der Tagebau Goitzsche. Der Name Goitzsche stammt aus der slawischen Besiedlungszeit und bezeichnete den früheren Auwald. Im Rahmen dieser Nutzung wurden 850 Millionen Kubikmeter Erde bewegt, sechs Dörfer dem Erdboden gleichgemacht, Straßen verlegt und der Fluss Mulde auf einer Länge von 9,2 km umgeleitet, um 315 Millionen Tonnen Braunkohle zu fördern. Viele Tiere und Pflanzen verloren ihren Lebensraum. Im Frühjahr 1991 wurde der Tagebau geschlossen und mit der Sanierung des insgesamt ca. 60 km^2 großen Gebietes begonnen. Bereits am 7. Mai 1999 wurde die Flutung der Goitzsche mit Wasser aus dem Unterlauf der Mulde über einen alten Muldearm gestartet. Sie war ursprünglich langfristig bis 2006 geplant. Das Muldehochwasser im August 2002 verkürzte diesen Plan jedoch rasant: Ein Damm brach und innerhalb von drei Tagen stieg der Wasserstand um ca. sieben Meter und damit über den geplanten Sollwert. Eine weitere Flut im Jahr 2013 führte zu großen landschaftlichen Umstrukturierungen und zur Schaffung neuer ausgeprägter Rohbodenstandorte. Heute liegt der Wasserspiegel 75 m über NN, teilweise ist der See 48 m tief.

Der nordöstlich liegende Mulde-stausee, auch ein ehemaliger Tagebau, wurde bereits 1975/76 geflutet und ist mit seiner Wasseroberfläche von 6,3 km^2 der viertgrößte See in Sachsen-Anhalt. Seine Tiefe beträgt 35 m.

Ein wesentlicher Faktor für die hohe Artenvielfalt in dem ehemaligen Tagebaugebiet sind die unterschiedlich großen Wasserflächen. Neben den großen Seen, die das Gebiet prägen, liegen im Gebiet Gewässer unterschiedlicher Größe bis hin zu zahlreichen temporären Kleinstgewässern. Im Süden des Großen Goitzschesees findet sich ein großflächiges Flachwasser- und Feuchtgebiet mit weitläufigen Schilfgürteln. Durch den Bergbau entstanden zahlreiche Rohbodenflächen, die erst allmählich durch Sukzession und infolge von Rekultivierung wieder besiedelt werden. Die Goitzsche als Tagebaulandschaft ist durch eine sehr spezielle Vegetation gekennzeichnet. Neben Kie-

Brachpieper brüten in den offenen Bereichen am Rande der ehemaligen Tagebaue. Foto: H.-J. Fünfstück.

fern-, Robinien- und Pappelaufforstungen und Pionierwäldern mit Birke und Zitterpappel beherrschen von Landreitgras dominierte Grasfluren weite Teile der Kippenflächen. Stellenweise sind Sandtrockenrasen mit Silbergras und Sandstrohblumen zu sehen, die im Sommer prächtig blühen. An den Tagebaurestseen breiten sich Schilfgürtel aus.

Die so entstandene Landschaftsstruktur mit weitläufigen Offenlandgebieten und zahlreichen Wasserflächen dient vielen Vogelarten als Rast- und Brutgebiet.

Besondere Vogelarten

Im Gebiet kann man sowohl eine Vielzahl von Wat- und Wasservögeln sehen, als auch die Bewohner unterschiedlicher Wald- und Offenlandtypen.

Es lohnt sich bei Gittermasten auf Kolkrabennester zu achten. 2006 brüteten an der Goitzsche drei Paare in Masten.

Auf dem Muldestausee, vor allem im Mündungsbereich der Mulde, kann man zur Zugzeit verschiedene Limikolen z. B. Waldwasserläufer, Flussuferläufer, Grünschenkel, Dunkle Wasserläufer und Flussregenpfeifer sowie Seeschwalben sehen. In der Nähe des Muldestausees und in den Feuchtgebieten der südlichen Goitzsche brüten Kraniche.

Auf der Bärenhofinsel im Goitzschesee brüten u.a. Haubentaucher und Tafelenten, in einigen Uferzonen haben Uferschwalben ihre Kolonien angelegt. Auf den Sandinseln fand man bis 2006 kleine Möwenkolonien. Meist handelte es sich um Sturmmöwen, daneben brüteten aber auch Steppen-, Mittelmeer- und Silbermöwen. In einer benachbarten Kiesgrube brüten seit einigen Jahren Möwen und Flussseeschwalben, die zur Nahrungssuche in die Goitzsche kommen. Auf einer Sandinsel brüteten bis 2006 außerdem Flussseeschwalben, deren Bruten allerdings komplett ausfielen – wie auch die der Großmöwen. Dies wurde auf Prädation durch Säugetiere zurückgeführt. Ob die Möwen zurückkehren werden oder sich innerhalb des Gebietes neue Brutplätze suchen ist ungewiss, 2007 und 2008 blieben die Inseln unbesetzt. Ersatzweise bauten der Naturschutzbund Bitterfeld-Wolfen und der BUND für die Flussseeschwalben zwei Brutflöße. Auf diesen zogen 2008 14 Paare etwa 21 Jungvögel auf.

Seit der Schließung von zwei Hausmülldeponien in der Nähe sind vor allem die Großmöwen im Gebiet nicht mehr so häufig. Insbesondere das Bitterfelder Ufer wird im Winter noch von großen Möwenschwärmen aufgesucht. Es handelt sich zwar hauptsächlich um Lach- und Sturmmöwen, doch sind auch immer einige Großmöwen dabei.

Eine große Kormorankolonie liegt am südwestlichen Ufer des Großen Goitzschesees, die Vögel lassen sich das ganze Jahr über beobachten. Während der Zugzeit und im Winter bevölkern Hunderte bis Tausende Wasservögel den Muldestausee und den Goitzschesee. Blässrallen (bis zu 6000), Höckerschwäne (mehrere Hundert), Tafel- und Reiherenten sind dann häufige, Singschwäne, Schell-, Krick- und Pfeifenten sowie Gänsesäger regelmäßige, Kolbenenten und Mittelsäger seltene Gäste. Zwergsäger findet man vor al-

Typische Vogelarten im Bereich der Bergbaufolgelandschaft Goitzsche, deren Status und günstige Beobachtungszeit (in Klammern)
h = häufiger, r = regelmäßiger, s = seltener, ? = Status unsicher; J = Jahresvogel, B = Brutvogel, W = Wintergast, D = Durchzügler
Schwerpunktgebiete (wenn relevant): * = Muldestausee, ** = Goitzschsee, *** = kleinere Seen bei Holzweißig und Petersroda

Art	Status (beste Beobachtungszeit)
Bekassine	rD (Aug./Sept.)
Blässgans	hW (Okt.–März)
Brachpieper ***	sB (Ende April–Aug.)
Braunkehlchen ***	sB (Ende April–Sept.)
Bruchwasserläufer	rD (Juli/Aug.)
Drosselrohrsänger ***	rB (Ende April–Aug.)
Dunkler Wasserläufer	sD (April/Mai)
Eisvogel	sB, sW (ganzjährig)
Fischadler *, **	sB, rD (April–Sept.)
Flussregenpfeifer	rB, rD (April–Sept.)
Flussseeschwalbe	sB, rD (Ende April–Aug.)
Flussuferläufer	rD (Mai/Juni, Aug.)
Grauammer	rB, rW (ganzjährig)
Graugans	rB, hW (ganzjährig)
Grünschenkel	rD (Juli/Aug.)
Grünspecht	rB (ganzjährig)
Gänsesäger **	hW (Nov.–März)
Heidelerche	rB (Ende März–Sept.)
Kleinspecht	sB (ganzjährig)
Kranich	sB, rD (März–Nov.)
Krickente	sB, hD, hW (ganzjährig)
Mittelmeermöwe	rD (ganzjährig)
Neuntöter	hB (Mai–Aug.)

Art	Status (beste Beobachtungszeit)
Pfeifente	rD, (Sept.–April)
Pirol	rB (Mai–Aug.)
Prachttaucher	sW (Nov.–März)
Raubwürger	sW (Nov.–März)
Rotmilan	rB (Ende Febr.–Nov.)
Saatgans	hW (Okt.–März)
Schellente	sB?, hW (Okt.–April)
Schwarzkehlchen ***	sB (März–Okt.)
Schwarzmilan	rB (April–Aug.)
Schwarzspecht	rB (ganzjährig)
Seeadler	sB, sW (ganzjährig)
Silbermöwe	rD (ganzjährig)
Silberreiher	sD (unklar)
Steinschmätzer ***	rB (April–Aug.)
Steppenmöwe	sD (unklar)
Turteltaube	rB (Mai–Aug.)
Waldwasserläufer	sB, rD (April, Juli/Aug.)
Wasserralle	sB (März–Aug.)
Wendehals	rB (April–Aug.)
Wespenbussard	sB (Mai–Aug.)
Wiesenpieper	hB (März–Okt.)
Wiesenschafstelze	hB (April–Sept.)
Zwergsäger ***	rW (Nov.–März)

lem von Dezember bis März in größerer Zahl auf dem Seelhausener See. Mit viel Glück sieht man dann auch einen Seetaucher, Berg-, Samt-, Trauer- oder Eiderenten. Abends suchen im Winter Saat- und Blässgänse die Wasserfläche zum Übernachten auf. Tagsüber sind sie auf Äckern in der Umgebung zu finden.

Die kleineren Gewässer in der Goitzsche Wildnis und deren Ufer sind Brutplätze von Hauben- und Zwergtauchern, Rohrweihen, Teich- und Drosselrohrsängern (rund zwei Dutzend Paare). Auch Schellenten, Rohrdommeln und Blaukehlchen brüten hier.

Die teils kargen, teils mit Ruderalflora bewachsenen Böschungen der ehemaligen Abbauflächen sind Lebensraum von Rebhühnern, Wendehälsen, den seltenen Brachpiepern (bis zu zehn Paare 2007, vor allem im „Sonnental“ am Südufer des Goitzschesees), Neuntötern (häufig), Heidelerchen, Schwarz- und Braunkehlchen sowie Grauammern. Vereinzelt brüten hier auch Sperbergrasmücken und Ziegenmelker (fünf Reviere).

In den Reliktbeständen des ehemaligen Goitzschewaldes findet man neben Spechten (Schwarz-, Grün-, Grau-, Bunt- und Kleinspecht) auch Pirole. Die artenreichste Brutvogelfauna haben die Übergangsbereiche zwischen verritztem und unverritztem Gelände. So wurden z.B. im Rahmen einer Brutvogelkartierung im Bereich der Schwedenschanze 47 Brutvogelarten nachgewiesen. Darunter befanden sich mehrere in der Roten Liste aufgeführte Arten wie Steinschmätzer, Neuntöter und Braunkehlchen.

Reisezeit

Das Gebiet ist ganzjährig ein gutes Reiseziel. Im Winter sind es vor allem die großen Wasserflächen mit Enten und Gänsen, die Vogelbeobachter anziehen. Im Frühling kommen ab März die „spannenden“ Offenland- und Röhrichtarten aus ihren Winterquartieren. Schwarzkehlchen besetzen ihre Reviere bereits im März, im April folgen Feldschwirl, Braunkehlchen, Steinschmätzer, Brachpieper und Drosselrohrsänger. Zuletzt treffen Sperbergrasmücken, Ziegenmelker, Sumpfrohrsänger, Gelbspötter und Neuntöter ein.

Die Fischadler sind von Ende März bis Ende August/Anfang September an ihrem Nest zu sehen, Seeadler sind ganzjährig im Gebiet. Die Seeschwalben treffen im April in der Kolonie ein. Im Fühling sind auch die Rufe der Rohrdommeln zu hören.

Beobachtungsmöglichkeiten

Um das gesamte Gebiet kennenzulernen, das außer Vögeln weitere interessante Naturschätze (v.a. Pflanzen und Insekten) beherbergt, sollte man mehrere Tage einplanen. Es ist gut mit (Rad-)Wegen erschlossen, die aber teilweise nicht mit dem Auto befahren werden dürfen (Radfahren bietet sich an). Sinnvollerweise beginnt man einen Ausflug mit einem Besuch im Haus am See nördlich des Mulde-stausees. Eine nett gestaltete und sehr gut betreute Ausstellung vermittelt Hintergrundwissen über die Region und den Braunkohleabbau, d.h. über die Entstehung der Landschaft, sowie über die heimischen Tiere. Auf einem Großbildfernseher kann man live dem Geschehen auf einem Fischadlernest zusehen. Nördlich des Muldestausees befindet sich in Ufernähe eine Plattform, von der aus man den Nistplatz der Fischadler aus entsprechender Entfernung auch direkt einsehen kann. Auf dem Weg dorthin wird man auf jeden Fall Neuntötern und Pirolen begegnen, vielleicht auch Turteltauben und den entlang des Ufers jagenden Rohrweihen. An einem flachen, Röhricht bestandenen Gewässer wird man Biberspuren finden und vielleicht die dort lebenden Kraniche antreffen. Der Weg dorthin ist bereits Teil des 16 km langen Naturlehrpfades,

Drosselrohrsänger brüten in den Schilfstreifen entlang der Seen. Ihr knarrender Gesang ist schon von Weitem zu hören. Foto: H.-J. Fünfstück.

der sich nördlich und östlich des Sees im Landschaftsschutzgebiet Dübener Heide erstreckt.

Ein guter Platz, um einen Blick auf den Mündungsbereich der Mulde zu werfen, ist der Parkplatz unmittelbar östlich der Muldebrücke. Von einer kleinen Beobachtungsplattform aus sieht man eine Kiesbank, die häufig vom Enten, Limikolen (z.B. Flussregenpfeifer, Waldwasserläufer, Flussuferläufer und Grünschenkel), und Seeschwalben frequentiert wird. Im Winter halten sich hier beeindruckend große Ententrupps auf (vor allem Schellenten). In den Gebüsch- und Baumbeständen um die Plattform brüten Klein-specht und Neuntöter, unter der Muldebrücke selbst zahlreiche Mehlschwalben.

Den Goitzschesee erschließt man von einem befestigten Weg aus, der von Bitterfeld entlang der Südseite verläuft. Er ist Teil des Goitzsche Rundweges. Von diesem kann man (noch) fast durchgängig auf den See blicken.

Die kleineren, aber sehr reizvollen Seen in der Goitzsche Wildnis erreicht man entweder von dort über die nach Süden führenden befestigten Wege, die weitgehend durch Wälder führen, oder von Petersroda aus.

Am Südufer des Goitzschesees entwickelt sich die Verlandungszone noch. Uferschwalben brüten in den Uferabbrüchen. Foto: T. Brandt.

Der gut einsehbare Mündungsbereich der Mulde in den Stausee ist zu allen Jahreszeiten ein guter Beobachtungspunkt. Foto: C. Jülch.

GPS		
Bitterfeld (Ortsmitte)	51°37'34.51" N	12°19'39.66" O
Petersroda (Ortsmitte)	51°34'08.84" N	12°17'22.62" O
Schlaitz (Ortsmitte)	51°39'36.84" N	12°25'37.05" O
Haus am See	51°64'93.25" N	12°41'87.40" O
Parkplatz	51°64'97.91" N	12°41'73.35" O
Aussichtspunkt Fischadler	5°.65'65.58" N	12°38'93.97" O

Weitere Beobachtungs- und Freizeitmöglichkeiten.

Wer Wanderfalken beobachten möchte, findet ein Paar im Chemiepark in Wolfen, wo sie am Schornstein brüten.

Nördlich des Muldestausees liegen die ornithologisch interessanten Naturschutzgebiete „Tiefkippe Schlaitz“ und „Schlauch Burgkemnitz“.

Am Goitzschesee gibt es einen Badestrand und Imbissmöglichkeiten. Paddeln, Segeln und Surfen ist auf einem großen Teil des Sees erlaubt. Auf dem Goitzschesee verkehrt ein Fahrgastschiff (Adresse siehe rechts).

Ein schön gelegener Campingplatz (Heidecamp) liegt am Nordufer des Muldestausees bei Schlaitz (die hinterste = östlichste Parzelle ist am ruhigsten und am wenigsten frequentiert, mit Heidelerche, Grünspecht und Turteltaube). Am Großen Goitzschesee gibt es ebenfalls einen Campingplatz.

Die Einkaufsmöglichkeiten in Bitterfeld sind am Wochenende begrenzt.

Thomas Brandt, Cordula Jülch, Kilian Wasmer

Infomaterial/Literatur

Beiche, S. (2001): Die Avifauna der Goitzsche. Lausitzer und Mitteldeutsche Bergbau-Verwaltungsgesellschaft m. b. H. (Bezug über die LMBV, Tel.: 0341/2222-2158).

Kuhlig, A. & M. Richter (1998): Die Vogelwelt des Landkreises Bitterfeld. Bitterfelder Heimatblätter, Sonderheft 1998, Hrsg: Landratsamt Bitterfeld, Kreismuseum Bitterfeld. Bezug über: Haus am See (s. u.) oder Kreismuseum Bitterfeld, Tel.: 03493/401113.

Schönfelder, G., F. Gränitz & T. Poroda (2004): Bitterfeld und das untere Muldetal. Bölau Verlag, Köln (mit Abschnitten z. B. über die Goitzsche und den Muldestausee, Entwicklung der Gebiete, Geologie und Landschaft).

Anfahrt

Mit Bus und Bahn

Bitterfeld lässt sich mit dem IC oder ICE der Deutschen Bahn gut erreichen, Informationen zum Nahverkehr vor Ort finden sich hier: www.vetter-bus.de/index.php. Für die Erkundung des Gebietes empfiehlt es sich Fahrräder mitzunehmen oder zu leihen.

Mit dem Auto

Auf der A 9 Berlin-Nürnberg bis zur Abfahrt 13 Richtung Bitterfeld B 100. Auf der B 100 durch Bitterfeld hindurch, weiter über Mühlbeck und Pouch bis nach Schlaitz. Dort links in die Ernst-Thälmann-Straße einbiegen, nach 500 m wieder links in die Freiheitsstraße und schließlich nach weiteren 800 m links in die Seestraße abbiegen, am Ende der Straße findet sich ein Parkplatz für das Haus am See. Es gibt mehrere Parkplätze entlang der B 100 und am Muldestauseeeinlauf und -auslauf.

Adressen

Meldungen besonderer Beobachtungen bitte an: NABU Fachgruppe Ornithologie und Naturschutz Bitterfeld-Wolfen, Sigmar Fischer (Tel.: 03494/22998) oder Manfred Richter (Tel.: 03494/24161 bzw. 034906/22391), E-Mails an f.vorwald@t-online.de

Stadt- und Tourismusinformation Bitterfeld-Wolfen, Markt 7, 06749 Bitterfeld-Wolfen, Tel.: 03494/6660-316, -318, stadtinfo@bitterfeld-wolfen.de; www.bitterfeld-wolfen.de

Informationszentrum für Umwelt und Naturschutz, Haus am See Schlaitz, Am Muldestausee 2, 06774 Muldestausee, OT Schlaitz, Tel.: 034955/21490, Montag bis Freitag nach Vereinbarung, Sonn- und Feiertage: November–März 13–16 Uhr, April–Oktober 14–17 Uhr und nach Vereinbarung, www.informationszentrum-hausamsee-schlaitz.de; Eintritt: 2,00 Euro, Kinder: 1,00 Euro.

BUND-Stiftung Goitzsche-Wildnisprojekt
Rathausstr. 1, 06808 Holzweißig, Tel.: 0179/1454631, falko.heideck@bund-stiftung.de; www.goitzsche-wildnis.de
Infopunkt am Pegelturm, Bernsteinpromenade 2,
täglich geöffnet von 10–18 Uhr (im Winter bis zur Dämmerung).

Buchungen Fahrgastschiff über Vetter-Touristik, Tel. 03494/36690.

Die südexponierten Hänge am Nordufer des Salzigen Sees sind Lebensraum von Bienenfressern und Schwarzkehlchen. Foto: C. Wagner. 24.5.2015

Der Salzige See

Artenreiche Kulturlandschaft in einem ehemaligen Seebecken

Einstmals wurde der Salzige See seinem Namen gerecht. Er bedeckte die gesamte Talmulde von Eisleben bis Wansleben am See und war mit 875 ha Fläche der größte Binnensee Mitteldeutschlands. Doch im Rahmen von Sicherungsmaßnahmen für den Kupferbergbau in der Region wurde der Salzige See vor ungefähr 150 Jahren trockengelegt. Mit dem Ende des Kupferbergbaus entstand im Rahmen der Wiedervernässung eine besonders artenreiche Tier- und Pflanzenwelt mit teils deutschlandweit einzigartigen Lebensgemeinschaften. Nach einer teilweisen Wiederflutung der Talsenke ist der Salzige See heute das wichtigste Gebiet für Rohrdommeln, Rohrweihen, Bartmeisen und Schwarzkehlchen im südlichen Sachsen-Anhalt. Die abwechslungsreiche Landschaft macht einen Besuch zu jeder Jahreszeit außer im Mittwinter sehr lohnend.

Landschaftsgeschichte und Lebensräume

Der Süße See und der ehemalige Salzige See liegen in der Mansfelder Senke, einer 3 km breiten und 16 km langen Vertiefung, die durch einen Höhenrücken in zwei Becken unterteilt wird. Über die Entstehung vor circa 8000 Jahren gibt es verschiedene Hypothesen. Die Erste bezieht sich auf die mächtigen Steinsalzschichten unter dem Seegelände, die verantwortlich für den hohen Salzgehalt im See und seinen Namen sind und die schon in vorgeschichtlicher Zeit abgebaut wurden. Diese Schichten sollen sich durch Salzauswaschungen gesenkt und eine Hohlform gebildet haben. Die Talsenke der Mansfelder Mulde wäre also durch Senkung infolge von Salzauslaugung entstanden. Die zweite Hypothese geht davon aus, dass Süßer und Salziger See Überbleibsel früherer Flussläufe sind, wofür die regelmäßigen rinnenartigen Vertiefungen der Seen sprechen. Durch Hebungsprozesse im Bereich des Hornburger Sattels und seiner Nachbarhöhen sollen die Abflüsse versperrt worden sein und es entstanden die beiden Seen.

Der Salzige See fiel dann dem Kupferbergbau zum Opfer. Immerhin 17 000 Bergarbeiter waren Ende des 18. Jahrhunderts in der Region im Bergbau beschäftigt. Nach einem großen Wassereinbruch 1893, bei dem 30 Millionen Kubikmeter Wasser in den Untergrund verschwanden, die Fläche des Sees um 300 ha zurückging und der Wasserspiegel um mehr als vier Meter sank, wurde das Seebecken zur Sicherung des Bergbaus trockengelegt und im weiteren Verlauf teilweise landwirtschaftlich genutzt. Erst mit der Stilllegung des Kupferbergbaus im Jahr 1969 und der Einstellung der Wasserhaltung stieg das Grundwasser wieder an. Ab 1985 begannen solehaltige Quellen am Rand des Seebeckens wieder zu schütten. Es bildeten sich temporäre Gewässer, wie der Aselebener Pumpensee und der Lange See. Ende der 1990er Jahre lag der Wasserspiegel kurzzeitig so hoch, dass circa 15 % der ehemaligen Seefläche überflutet waren.

Der Anstieg des Wasserspiegels führte zu Standsicherheitsproblemen an Straßen, wie der B 80, die das Becken quert. Seitdem wird der Seespiegel über das Dauerschöpfwerk Wansleben gesteuert. Allein die Stromkosten für die Förderung der 20 bis 30 Millionen Kubikmeter Wasser beliefen sich Anfang des Jahrtausends auf bis zu 400 000 Euro pro Jahr. So ist es kein Wunder, dass es Bestrebungen gibt, das Pumpwerk abzuschalten und den ursprünglichen See wieder entstehen zu lassen. Allerdings müsste für die „Rückkehr des Salzigen Sees“ die B80 auf einem Teilstück auf Stelzen verlegt werden. Außerdem wurde eine Mitfinanzierung dieser und weiterer notwendiger Maßnahmen durch die EU abgelehnt. Ein Lichtblick ist auch, dass das Wanslebener Pumpwerk 2012/2013 generalsaniert wurde, um seinen langfristigen Betrieb zu gewährleisten. So bleibt zu hoffen, dass die Seespiegelanhebung, die dramatische Auswirkungen auf die Zusammensetzung der Vogelarten hätte, nicht umgesetzt wird.

Die Landschaft um den Salzigen See ist ausgesprochen vielfältig. Aus avifaunistischer Sicht sind neben den Flachseen, die im Herbst auch Schlammflächen ausbilden, die großen Röhrichte und die extensiven Nass- und Trockenwiesen besonders hervorzuheben. Die Röhrichte bestehen auf deutlich salzbeeinflussten Standorten kleinflächig aus Strandsimsenbeständen. Auch Rohrkolben findet man in geringem Umfang. Die weitaus größte Ausdehnung haben Schilfbestände, die die Flachgewässer in breiten Gürteln umschließen. Daran anschließend findet man extensiv genutzte Mähwiesen und im südlichen Teil findet intensiver Ackerbau statt. Die steilen und wärmebegünstigten Hänge des ehemaligen Nordufers des Salzigen Sees werden von verschiedenen Trocken- und Halbtrockenrasen-Gesellschaften dominiert, die auch aus vegetationskundlicher Sicht hochinteressant sind. Leider verbuschen die Hänge aufgrund fehlender Beweidung.

Durch den salzhaltigen Untergrund gibt es verschiedene Standorte mit salztoleranten Pflanzenarten. Man findet sie im Gebiet weit verbreitet. Besonders wertvoll sind Salzquellen, wie zum Beispiel der Igelsumpf am Westrand des ehemaligen Salzigen Sees zwischen Röblingen und Erdeborn.

Besondere Vogelarten und Reisezeit

Der Salzige See ist ein wichtiges Rast- und Überwinterungsgebiet für Wasservögel. Bis zu 1500 Saat- und Blässgänse, viele Enten sowie Zwerg- und Gänsesäger finden sich zu den Zugzeiten und im Winter ein. Fischadler ziehen regelmäßig durch. Seit drei Jahren ist auch ein Seeadlerpaar im Gebiet anzutreffen. Große Möwenrastplätze mit Silber-, Steppen- und Mittelmeermöwen befinden sich vor allem auf dem Süßen See, aber auch am Aselebener Pumpensee und am Kernersee, wo neben Lach- und Sturmmöwen auch einzelne Schwarzkopfmöwen entdeckt werden können. Ab August fallen in Normaljahren die Röhrichtzonen trocken und vor allem am Aselebener Pumpensee entstehen ausgedehnte Schlickflächen. Für Limikolen ist dies ideal und das Gebiet besitzt deswegen landesweite Bedeutung für rastende Watvögel. Am Schilfrand zeigen sich dann auch verschiedene Rallenarten. Stern- und Prachttaucher findet man im Spätherbst auf Süßem See, Kerner- und Bindersee. Allgemein lohnt ein Blick auf den Süßen See. Neben Möwen und Seetauchern wird man vor allem Entenarten, darunter Reiher- und Tafelenten, aber auch Gänsesäger und Schellenten sowie hin und wieder auch Samtenten entdecken.

Herausragend ist auch der Brutvogelaspekt. Der Salzige See beherbergt eine im Süden Sachsen-Anhalts einmalig umfangreiche Schilfbrütergemeinschaft. Die Gewässer und angrenzenden Röhrichtzonen sind Bruthabitat für eine bedeutende Grauganspopulation sowie Knäkenten, Zwerg- und Haubentaucher, Graureiher, Rohrdommeln, Rohrweihen, Wasserrallen, Tüpfelsumpfhühner, Flussregenpfeifer, Bartmeisen, Rohrschwirle, Schilfrohrsänger und Drosselrohrsänger. Silberreiher sind das ganze Jahr anwesend. Die Schilf bewohnenden Arten können besonders im Bereich des Langen Sees beobachtet werden. Unregelmäßig kommen Schwarz- und Rothalstaucher (April bis Juni) sowie Zwergdommeln (Nahrungsflüge Juni/Juli) vor. Kraniche brüten in ein bis zwei Paaren im Gebiet. Eisvögel findet man am Kerner- und Bindersee, am Mittelgraben und an der

Der See wird von einer Landstraße durchschnitten.
Foto: Dguendel, CC BY 3.0, via Wikimedia Commons

Teufe. Charakteristisch für die feuchten Hochstaudenfluren, die an die Röhrichte anschließen, sind Braunkehlchen und Wiesenschafstelzen. Auch Blaukehlchen brüten im Seebecken. In den Wiesen balzen nur noch wenige Kiebitze und auch Grauammern sind selten geworden. Feldschwirle bevorzugen die trockenen Ruderalfluren, wo sich auch Schwarzkehlchen wohlfühlen. Die Hänge am Nordufer des Salzigen Sees sind von Turteltauben, Wendehälsen, Kleinspechten, Bienenfressern, Neuntötern, Sperbergrasmücken, Nachtigallen, Gartenrotschwänzen und Bluthänflingen besiedelt. Brandgänse brüten dort in Erdhöhlen und führen ihre Jungen auf die Wasserflächen.

Bienenfresser sind Ende Mai und im Juni ein vertrauter Anblick am Südufer des Salzigen Sees.
Foto: C. Moning. Hortobagy, Ungarn, 14.6.2010.

Beobachtungsmöglichkeiten

Das Beobachtungsgebiet kann an einem Tag vom Bahnhof Röblingen aus erwandert werden. Mit dem PKW Anreisende fahren in Röblingen am See auf der L 176 bis zum Ortsende nach Norden durch den Ort. Am Ortsausgangsschild zweigt nach links eine unauffällige Einfahrt zu einem Parkplatz mit Picknickbereich ab (1). Von hier hat man einen schönen Blick über das Tal und die Teufe. Vor allem Entenarten, aber auch verschiedene Rohrsänger lassen sich hier beobachten.

Den zentralen Startpunkt (2) erreicht man, wenn man auf der L 176 1,2 km nach Norden fährt. Dort zweigt in einer Rechtskurve ein Feldweg nach rechts ab (2). Auch wenn weder ein Naturschutzgebietsschild noch ein Fahrverbotsschild darauf hinweisen, ist die Weiterfahrt hier verboten. Dem Weg nach Osten folgend, erreicht man rechter Hand den Aselebener Pumpensee, der je nach Wasserstand und Jahreszeit eine große Auswahl an Enten und Limikolen bereithält. Nach 750 m teilt sich der Weg in einen oberen Weg, der näher an die Trockenrasen und Weinberge führt und einen besseren Überblick gewährt, und einen unauffälligen unteren Weg, der näher an den Gewässern verläuft, also besser zur Beobachtung der Schilfarten geeignet ist. Bei (3) und (4) sind gute Stellen für Streuobstarten wie Wendehälse. Braunkehlchen findet man entlang des gesamten Wegs; ebenso Bienenfresser, die zahlreich in den Steilwänden brüten. Rohrweihen balzen im Frühling spektakulär und ausdauernd über den Schilfflächen. Man kann für den Rückweg den jeweils anderen Weg wählen oder etwa 700 m an der B 80

Typische Vogelarten am Salzigen See, deren Status und günstige Beobachtungzeit (in Klammern)
h = häufiger, r = regelmäßiger, s = seltener; B = Brutvogel, W = Wintergast, D = Durchzügler

Art	Status (beste Beobachtungszeit)
Graugans	hB, hD, hW (ganzjährig)
Nilgans	rB, rW (ganzjährig)
Brandgans	rB, rD, sW (Feb.–Nov.)
Schnatterente	sB, hD (März–Dez.)
Löffelente	sB, hD (März–Dez.)
Knäkente	sB, rD (März–Juni)
Zwergsäger	rW (Okt.–März)
Rothalstaucher	sD (April–Juni)
Schwarzhalstaucher	sB, sD (April–Juni)
Zwergdommel	sB (Mai–Juli)
Rohrdommel	rB, rW (ganzjährig)
Rohrweihe	hB (April–Sept.)
Kranich	sB, rD (Feb.–Nov.)
Tüpfelsumpfhuhn	sB (April–Juni)
Bekassine	sB, rD (April–Sept.)
Bruchwasserläufer	rD (Mai, Juli–Aug.)

Art	Status (beste Beobachtungszeit)
Trauerseeschwalbe	sD (Mai, Aug.)
Eisvogel	rB, sW (ganzjährig)
Bienenfresser	rB, rD (Mitte Mai–Sept.)
Wendehals	rB (April–Juni)
Raubwürger	sB, rW (ganzjährig)
Bartmeise	hB, hW (ganzjährig)
Rohrschwirl	hB (Mitte April–Juni)
Schilfrohrsänger	rB (Mitte April–Aug.)
Drosselrohrsänger	rB (Mai–Aug.)
Sperbergrasmücke	sB (Mai–Juni)
Schwarzkehlchen	hB (März–Sept.)
Braunkehlchen	rB, rD (Ende April–Aug.)
Nachtigall	hB (Mai–Aug.)
Blaukehlchen	rB (April–Aug.)
Wiesenschafstelze	hB (April–Aug.)
Grauammer	sB, sW (ganzjährig)

nach Südosten gehen, die Bundesstraße unterqueren, bei (5) eine Brücke über den Mittelgraben nehmen und auf die Südseite des Langen Sees wechseln und die Tour zu einer abwechslungsreichen Runde erweitern. Vor allem der Bereich südlich des Langen Sees ist gut für Blaukehlchen.

Der Feldweg von (2) nach Westen führt zur Wüstung Maidertal. Von dort kann man den Tausendsee überblicken und entlang der Hangkante auf Wendehälse und Schwarzkehlchen achten.

Blick in die Umgebung

Es lohnen sich – vor allem im Winterhalbjahr – Blicke auf den Süßen See (Aseleben Strandhotel (6) und Strandpromenade Seeburg, Westende Süßer See, 7), den Bindersee (Badestelle in Rollsdorf, 8) und den Kernersee (Fischerhof, 9). An Letzterem befindet sich am Nordabbruch auch eine große Uferschwalbenkolonie. Einen guten Überblick über Kernersee und Umgebung bietet ein Aussichtspunkt, den man erreicht, indem man von der L 2080 auf dem Berg zwischen Kerner- und Bindersee an der Abzweigung nach Höhnstedt dem Weg in südöstlicher Richtung bis zu einem Aussichtspunkt (10) folgt. Ein Besuch des Nordufers des Süßen Sees ist zum Beispiel Ende Mai ein abwechslungsreiches Erlebnis. Bienenfresser brüten dort in den südgerichteten kleinen Tälern. Parken kann man im Bereich des Campingplatzes Seeburg. Dazu fährt man in Seeburg Richtung „Schwittersdorf". Der Campingplatz ist ausgeschildert. Ab dem Campingplatz ist die Norduferstraße gesperrt. Es lohnt sich, die nach Norden führenden Tälchen zwischen Campingplatz und Wormsleben (einfach 4,3 km) zu erkunden. Kleine Steilwände mit Bienenfressern und alte Obstbestände mit Wendehälsen, Grün- und Kleinspechten, Neuntötern, Gartenrotschwänzen, Sperbergrasmücken und Bluthänflingen wechseln sich ab, vor allem im ersten Abschnitt. Das Gebiet ist Naturschutzgebiet, die Wege dürfen nicht verlassen werden. Bei einer Fahrradumrundung des Süßen Sees sind neben dem Nordufer auch die Salzwiesen bei Aseleben (NSG, ausgeschildert) interessant.

Christian Wagner, Christopher König, Christoph Moning, Felix Weiß

Anfahrt

Mit Bus und Bahn

Der Bahnhof von Röblingen am See ist von Halle (Saale) und Kassel stündlich erreichbar. Der in der Karte eingezeichnete Rundweg, der zu Fuß und eingeschränkt mit dem Fahrrad zu nutzen ist, hat mit Start und Ende am Bahnhof Röblingen eine Länge von etwa 12 km. Den Süßen See kann man zum Beispiel mit dem Fahrrad auf einem 14 km langen asphaltierten Weg umrunden.

Mit dem Auto

Man erreicht das Gebiet über die A 38 Halle – Göttingen/Kassel, die man an der Anschlussstelle „Querfurt (20)" nach Norden verlässt. Nach wenigen Kilometern auf der L 176 erreicht man Röblingen am See. Alternativ nimmt man von Halle aus die B 80 bis Aseleben. Dort verlässt man die Bundesstraße nach links auf die L 176 Richtung Röblingen am See.

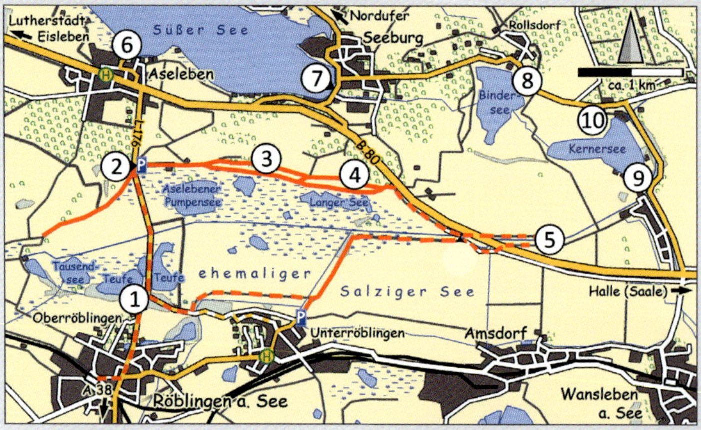

GPS		
Parkplatz Teufe (1)	51°28'12" N	11°40'33" O
Parken L 176 (2)	51°28'51" N	11°40'27" O
Strandhotel Aseleben (6)	51°29'24" N	11°40'20" O
Strandpromenade Seeburg (7)	51°29'12" N	11°42'00" O
Badestelle in Rollsdorf (8)	51°29'22" N	11°43'28" O
Kernersee Fischerhof (9)	51°28'48" N	11°44'30" O
Aussichtspunkt Kernersee (10)	51°29'07" N	11°44'07" O
Campingplatz Seeburg	51°29'47" N	11°41'03" O

Infomaterial/Literatur

Landesamt für Umweltschutz Sachsen-Anhalt (Hrsg.) 2000: Der Salzige See. Naturschutz im Land Sachsen-Anhalt, 37. Jahrgang Sonderheft, 1–72.

Wagner C, Moning C 2009: Vögel beobachten in Ostdeutschland. Franckh-Kosmos Verlags-GmbH & Co KG, Stuttgart.

http://www.kupferspuren.eu/, Informationen zu mehr als 800 Jahren Bergbau und Verhüttung in der Region

NABU-Stiftung Nationales Naturerbe, https://naturerbe.nabu.de/naturparadiese/sachsen-anhalt/salziger-see/index.html

Wir danken Tobias Stenzel ganz herzlich für die Hilfe bei der Erarbeitung des Artikels.

Die weite Elbaue bietet mit ihrer Vielzahl unterschiedlicher Habitate Lebensraum für viele verschiedene Vogelarten.
Foto: C. König. 24.5.2015.

Die Elbaue Jerichow

Perle einer geschichtsträchtigen Auenlandschaft

Über eine Länge von mehr als 80 km erstreckt sich die Elbaue Jerichow von Magdeburg nordwärts bis nach Werben im Norden Sachsen-Anhalts. Sie umfasst fünf FFH-Gebiete, ist Feuchtgebiet internationaler Bedeutung und Bestandteil des Biosphärenreservats Mittelelbe. Mehr als 13 000 ha sind als EU-Vogelschutzgebiet ausgewiesen. In großen Teilen der Aue kann die natürliche Dynamik mit periodischen Überschwemmungen im Winter und Frühjahr noch stattfinden. Die Vielfalt natürlicher Strukturen in Verbindung mit der Großräumigkeit des Gebietes verleiht der Aue eine herausragende Bedeutung als Brut-, Rast- und Überwinterungsgebiet für zahlreiche Vogelarten. Entlang der Elbaue Jerichow lassen sich ganzjährig spektakuläre Beobachtungen machen, sodass ein mehrtägiger Besuch in allen Monaten lohnenswert ist.

Landschaftsgeschichte und Lebensräume

Das heutige Relief der Mittelelbe wurde maßgeblich im Nachgang der letzten Eiszeiten geformt. Besonders prägend war die letzte Kaltzeit, die Weichseleiszeit vor circa 70 000 bis 100 000 Jahren. Die Eismassen Skandinaviens drangen hier nur noch bis in den Ostseeraum vor, während die Elberegion am Rande der Gletscher unter Dauerfrost stand. Abgetautes Schmelzwasser konnte nicht versickern, sodass sich gewaltige Wassermassen zu einem mächtigen Elbe-Nordseestrom vereinten. Dies führte zur Eintiefung des Urstromtales der Elbe. Nach dem Rückzug der Gletscher kam es auf den vegetationslosen Böden zu starken Sandverwehungen, die sich am Rand des Urstromtals zu massiven Binnendünen ablagerten. Schließlich breitete sich fast flächendeckend Wald aus und auch in der Elbaue bildeten sich ausgedehnte Auwälder.

Seit jeher bot die Flussaue dem Menschen Wasser, Wild, Fisch und Holz. Die Anwesenheit des Menschen wird durch mehr als 200 000 Jahre alte Funde von Feuersteinabschlägen belegt. Erste ortsfeste Spuren einer Besiedlung stammen aus der mittleren Steinzeit,

Zu Spitzenzeiten wird die Elbaue Jerichow von mehreren Tausend Goldregenpfeifern als Rastplatz genutzt.
Foto: E. Lietzow. Neuwerk, 12.10.2015.

vor etwa 8000 Jahren, jedoch nicht aus der Elbaue selbst, sondern von hochwasserfreien Niederterrassen. Deutlichen Einfluss auf die Landschaft nahm der Mensch vor allem ab dem frühen Mittelalter vom 8. bis 12. Jahrhundert. Zunehmende Besiedlung vor allem auch weiter flussaufwärts und damit verbundene Waldrodungen führten zu Erosion und der Ablagerung von Auenlehm und -ton im Mittel- und Unterlauf der Elbe. Aus Weichholzauen bildeten sich Hartholzauenwälder. Im 12. und 13. Jahrhundert förderte die Ansiedlung von Holländern und Flamen mit der Anlage erster Entwässerungsgräben die Ausdehnung der Nutzflächen in die Aue. Eine noch intensivere Phase der Landerschließung folgte auf den Dreißigjährigen Krieg im 17. und 18. Jahrhundert. Die Elbe wurde zur Schifffahrtsstraße ausgebaut und ein Hauptdeichsystem errichtet. Im Zuge der Industrialisierung dehnten sich Siedlungsflächen in die Talniederung hinein aus. Auch im 20. Jahrhundert setzte sich die Urbanisierung der Aue fort. Starke Umweltschäden entstanden durch Verschmutzungen der chemischen Industrie, doch entwickelten sich auch Bemühungen zum Natur-, Landschafts- sowie später auch Umweltschutz. Erst nach der Wiedervereinigung konnte ab 1990 jedoch ein deutlicher Rückgang der Verschmutzung erreicht werden.

Trotz zunehmender Nutzbarmachung der Aue über viele Jahrhunderte gehört der Bereich der Elbaue Jerichow heute zu den am besten erhaltenen Überflutungsauen im Bereich der Mittelelbe. Mit einigen Seitenarmen und regelmäßigen Überschwemmungen schlängelt sich die Elbe verhältnismäßig naturbelassen durch das Gebiet. Fast die Hälfte der Schutzgebietsfläche wird von Grünland eingenommen, ein Großteil davon extensiv bewirtschaftet. Entlang der Elbe finden sich Reste der Weichholzaue, abseits des Stroms bereichern Altarme, Altwasser und Kiesseen die Landschaft. Feuchtbiotope mit ausgedehnten Schilfbeständen führen zu einer weiteren Strukturvielfalt.

Besondere Vogelarten und Reisezeit

Die Elbaue Jerichow zeichnet sich besonders durch ihre zahlreichen gefährdeten Brutvogelarten aus. Insgesamt 24 im Rahmen der Vogelschutzrichtlinie streng geschützte Arten sowie 13 Arten, die auf der Roten Liste Sachsen-Anhalts als „stark gefährdet" oder sogar „vom Aussterben bedroht" geführt werden, wurden bislang als Brutvögel nachgewiesen. Für Rohrweihen, Seeadler, Wachtelkönige, Trauer- und Flussseeschwalben, Eisvögel, Neuntöter und Sperbergrasmücken ist die Elbaue Jerichow eines der bedeutendsten Brutgebiete in ganz Sachsen-Anhalt. Rohrweihen brüten mit rund 20 Paaren in den ausgedehnten Schilfbeständen, während Rot- und Schwarzmilane von Gewässerreichtum und ausgedehnten Grünländern profitieren und in den Hartholzauwäldern ihre Horste anlegen. Wiesenbrüter kommen im Schutzgebiet mit landesweit bedeutenden Beständen vor, darunter Große Brachvögel, Uferschnepfen, Bekassinen und Kiebitze. Vom Wachtelkönig konnten bis zu 47 Rufer nachgewiesen werden. Wie in vielen anderen Gebieten machen den Wiesenbrütern jedoch auch in der Elbaue frühe Mahdtermine und intensive Wiesennutzungen zu schaffen. Auch ein hoher Prädatorendruck wirkt sich negativ auf den Bruterfolg aus.

An mehreren Stellen werden Trauerseeschwalben durch schwimmende Nisthilfen bei der Brut unterstützt. Bis zu 20 % des Landesbestandes brütet hier. In geringerer Zahl schreiten auch Flussseeschwalben zur Brut. Ihre Brutplätze liegen auf den Sandbänken der Elbe und vor allem in Kiesgruben. Da sich die Bruthabitate durch Sukzession und Hochwasserereignisse oft in kurzer Zeit stark verändern, ist ihr Vorkommen räumlich unstet und durch starke Fluktuationen gekennzeichnet. Röhrichtarten wie Blaukehlchen, Schilf- und Drosselrohrsänger finden in den ausgedehnten Schilfbeständen geeignete Lebensräume. Die Abbruchkanten der Gewässer besiedeln Eisvögel. In den Waldbeständen der Hartholzaue brüten Mittelspechte sowie in geringer Zahl auch Schwarzspechte. In halboffenen, trockeneren Habitaten der Elbaue finden sich Neuntöter und Sperbergrasmücken in hoher Dichte.

Doch neben der in vielerlei Hinsicht interessanten Brutzeit, lohnt die Elbaue Jerichow auch zu den Zugzeiten und im

Typische Vogelarten der Elbaue Jerichow, deren Status und günstige Beobachtungszeit (in Klammern)
h = häufiger, r = regelmäßiger, s = seltener; B = Brutvogel, W = Wintergast, D = Durchzügler, N = Nahrungsgast

Art	Status (beste Beobachtungszeit)
Singschwan	hW (Okt.–März)
Zwergschwan	rW (Okt.–März)
Tundrasaatgans	hW (Okt.–April)
Waldsaatgans	sW (Okt.–März)
Blässgans	hW (Okt.–April)
Pfeifente	rD, rW (Sept.–April)
Silberreiher	rD, hW (ganzjährig)
Schwarzstorch	rD, rN (April–Aug.)
Rohrweihe	hB (April–Sept.)
Rotmilan	hB (März–Okt.)
Schwarzmilan	hB (April–Aug.)
Seeadler	sB, rW (ganzjährig)
Kranich	rB (März–Okt.)

Art	Status (beste Beobachtungszeit)
Wachtelkönig	rB (Mai–Aug.)
Goldregenpfeifer	hD (März/April, Sept./Okt.)
Kiebitz	rB, hD (ganzjährig)
Großer Brachvogel	sB, rD (März–Sept.)
Trauerseeschwalbe	rB (Mai–Aug.)
Wendehals	sB (April–Aug.)
Schwarzspecht	sB (ganzjährig)
Mittelspecht	rB (ganzjährig)
Neuntöter	hB (Mai–Aug.)
Beutelmeise	rB (April–Sept.)
Drosselrohrsänger	rB (Mai–Aug.)
Sperbergrasmücke	rB (Mai–Aug.)
Blaukehlchen	rB (April–Aug.)

Winter einen Besuch. Alljährlich rasten viele Tausend Wasservögel im Gebiet. Allein Blässgänse können hohe fünfstellige Bestände erreichen, mit mehreren Tausend Vögeln sind auch Saatgänse anzutreffen. Neben der dominierenden Tundrasaatgans finden sich auch regelmäßig bis zu 40 Waldsaatgänse ein. Auf den Wiesen und Feldern rasten jedes Jahr bis zu 12 000 Kiebitze mit bis zu 6000 Goldregenpfeifern. Mehrere hundert Sing- und Zwergschwäne sowie hohe Bestände von Pfeif-, Stock- und Tafelenten sind darüber hinaus erwähnenswert. Silberreiher wurden in den letzten Jahren mit bis zu 160 Individuen im Gebiet festgestellt.

Abgesehen von einer reichen Vogelwelt überzeugt das Gebiet auch durch zahlreiche weitere bemerkenswerte Tierarten. So sind Biber und Fischotter hier heimisch und Kreuz- und Wechselkröten, Rotbauchunken sowie Kammmolche sind mit guten Beständen vertreten.

Die majestätischen Seeadler sind seltene Brutvögel und nur im Winterhalbjahr in größerer Zahl zu beobachten. Foto: E. Lietzow. Feldberger Seen, 16.6.2009.

Beobachtungsmöglichkeiten

Entlang der insgesamt 80 km langen Elbaue Jerichow gibt es beiderseits des Stroms zahlreiche interessante Beobachtungsgebiete. Idealerweise bewegt man sich auf dem sehr gut ausgebauten Elberadweg mit dem Fahrrad fort. Dank mehrerer Brücken und Fährverbindungen gibt es verschiedene Möglichkeiten für einen Rundkurs. Beispielhaft werden hier einige lohnende Gebiete näher beschrieben.

Auf der Westseite der Elbe sollte man den Bereich südlich von Tangermünde besuchen. Ein sehr interessantes Gebiet stellen die Elsholzwiesen (1) dar. Das 161 ha große Naturschutzgebiet besteht aus großflächig wiedervernässten Wiesen im Bereich eines verlandeten Elbaltwassers. Galloway-Rinder, Wasserbüffel, Konik-Pferde und Exmoor-Ponys sorgen in ganzjähriger Freilandhaltung dafür, dass die Flächen nicht verbuschen und die Wiesen, Binsen- und Seggenrieder sowie Röhrichte als Rast- und Bruthabitat für viele Vogelarten dienen. Charakteristische Brutvögel für das Gebiet sind Bekassinen, Wiesenpieper und Braunkehlchen. Aufgrund der hohen Amphibiendichte dienen die Elsholzwiesen auch als Nahrungshabitat für Schwarzstörche. Kraniche brüten mit ein bis zwei Paaren im Gebiet und sind oft vom Beobachtungsturm am Westrand zu beobachten. Leider ist der Turm zur Kernbrutzeit allerdings nicht zugänglich. Beobachtungen sind zu dieser Zeit jedoch weiterhin vom Straßenrand aus möglich.

Ein benachbartes Gebiet ist der Bölsdorfer Haken (2). Direkt entlang des Elberadwegs gelegen sind die Zugangsmöglichkeiten mit dem Auto bzw. zu Fuß jedoch weniger komfortabel als bei den direkt an der Hauptstraße gelegenen Elsholzwiesen. Entweder man geht von den Elsholzwiesen nördlich bis Bölsdorf und wandert dort die Bergstraße etwa 2,5 km nach rechts bis zum Bölsdorfer Haken oder parkt alternativ an der K 1194 zwischen Buch und Schelldorf an einer scharfen Rechtskurve und folgt von dort zu Fuß dem Weg ebenfalls rund 2,5 km nach Norden bis zum Bölsdorfer Haken. Dort kann man sehr gut von einem Beobachtungsturm aus beobachten und hat gute Chancen auf Seeadler sowie verschiedene Möwen- und Limikolenarten.

Auf der gegenüberliegenden Seite der Elbe bei Jerichow bildet die Alte Elbe hier zu den Zugzeiten einen bedeutenden Rastplatz für Schwäne, Gänse, Kraniche und Limikolen, während zur Brutzeit vor allem die hier hervorragend bei der Brut zu beobachtenden Trauerseeschwalben eine Attraktion darstellen. Empfehlenswerte Beobachtungspunkte sind unter anderem der Stichweg in die Wiesen in Verlängerung der Wilhelm-Külz-Straße in Jerichow (3), von wo aus man zur richtigen Zeit mit etwas Glück Wachtelkönige

Die zahlreichen Altwässer der Elbaue Jerichow bieten mehr als 20 % aller Trauerseeschwalben-Paare Sachsen-Anhalts geeignete Brutmöglichkeiten. Foto: C. König. 24.5.2015.

hören kann, der Beobachtungsturm am Ostrand des Altwassers (4) mit guten Chancen auf Sperbergrasmücken in der Umgebung sowie der Bereich nordöstlich von Klietznick (5).

Weiter elbaufwärts sollte man dem Bereich Elbe-Parey/Zerben einen Besuch abstatten. Hier befinden sich mehrere aktive sowie ehemalige Abgrabungsgewässer. Am Kiessee Parey (6), nordwestlich der Stadt brüten Kormorane, Flussseeschwalben und Uferschwalben. Im Winter können sich bis zu mehrere hundert Pfeifenten hier sammeln, außerdem dient das Gewässer Schwänen, Gänsen und Möwen als Schlafplatz. Weiter südwestlich, nördlich der Stadt Zerben, liegen zwei weitere Seen (7), die heute als Angelgewässer genutzt werden. Enten sind meist nur in geringer Zahl zu beobachten, doch lohnt sich ein genauerer Blick in die umgebende Vegetation. Beutelmeisen brüten in ihren attraktiven Korbnestern und mit Glück können auch Wendehälse beobachtet werden.

Weitere Freizeitmöglichkeiten

Als romanisches Baudenkmal und ältester Backsteinbau Norddeutschlands besitzt die Klosterkirche Jerichow eine besondere baugeschichtliche Bedeutung. Die ab 1148 als Kollegiatstift der Prämonstratenser erbaute Anlage besitzt heute noch weitgehend ihr ursprüngliches Aussehen. Im Klostermuseum befinden sich die wiederhergestellten Klausurräume und der Kreuzgang. Eine Ausstellung im Dormitorium informiert über die Geschichte. Empfehlenswert ist auch ein Besuch des Klostergartens.

Christopher König, Christoph Moning, Christian Wagner, Felix Weiß

Infomaterial/Literatur

Mammen K, Mammen U, Dornbusch G, Fischer S 2013: Die Europäischen Vogelschutzgebiete des Landes Sachsen-Anhalt. Berichte des Landesamtes für Umweltschutz Sachsen-Anhalt, Heft 10/2013.

Wagner C, Moning C 2009: Vögel beobachten in Ostdeutschland, Die besten Beobachtungsgebiete zwischen Rügen und Thüringer Wald. Kosmos, Stuttgart.

Anfahrt

Mit Bahn und Bus

Der nächste Bahnhof ist Tangermünde. Von hier aus kann Bölsdorf und damit die Elsholzwiesen und der Bölsdorfer Haken regelmäßig mit dem Bus erreicht werden. Auf der Ostseite der Elbe ist Genthin der nächstgelegene Bahnhof. Von hier verkehrt der Landesbus 742 nach Jerichow. Elbe-Parey ist ebenfalls von hier per Bus erreichbar.

Mit dem Auto

Von Magdeburg folgt man entweder der B 189 westlich der Elbe in Richtung Stendal bis Tangermünde oder östlich der B 1 bis Genthin und weiter auf der B 107 bis Jerichow.

Adressen

Zentrum für Ökologie, Natur- und Umweltschutz (ZÖNU) e. V., Bucher Querstraße 22, 39590 Tangermünde/OT Buch, Tel.: 039362-81673, zoenu@elbetourist.de, www.zoenu.de

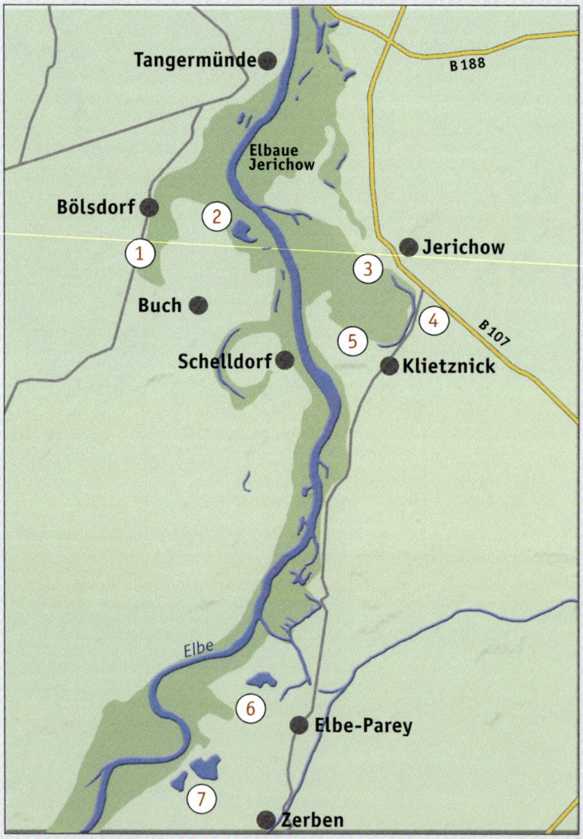

GPS		
Beobachtungsturm Elsholzwiesen	52°30'06.53" N	11°55'29.58" O
Beobachtungsturm Bölsdorfer Haken	52°30'13.24" N	11°57'27.48" O
Beobachtungsturm Alte Elbe Jerichow	52°28'56.64" N	12°2'2.85" O
Kiesseen Zerben	52°22'16.42" N	11°56'31.48" O

Die Grizehner Teiche bieten hervorragende Bedingungen zur Beobachtung typischer Schilfbewohner. Foto: C. König. 10.6.2017.

Feuchtgebiete bei Staßfurt

Zwischen Harz, Börde und Elbe

Rund 50 km südlich von Magdeburg und 40 km nördlich von Halle (Saale) liegen zwischen Harz und Elbe im Großraum Bernburg zahlreiche ornithologisch interessante Feuchtgebiete. Die Spanne reicht von Abgrabungsgewässern über geflutete Tagebaue und durch unterirdischen Salzabbau entstandene Senkungsgebiete bis hin zu natürlichen Gewässern. In diesem Beitrag werden die Grizehner Teiche, das Überschwemmte Wäldchen östlich von Neugattersleben, die Marbeteiche bei Atzendorf sowie die Athenslebener Seen und das Feuchtgebiet N Frose exemplarisch herausgestellt und beschrieben. Die Feuchtgebiete zeichnen sich vor allem durch größere Röhricht- und Flachwasserzonen aus, die zahlreichen Wasser- und Watvogelarten geeignete Bedingungen für Brut, Rast und Überwinterung bieten. Die Vorkommen einiger Arten liegen am westlichen Rand ihrer regelmäßigen Brutverbreitung in Deutschland. So lassen sich zum Beispiel Bienenfresser, Beutelmeisen, Sperbergrasmücken und Grauammern hier deutlich einfacher beobachten als weiter westlich. Ein Besuch lohnt sich vor allem während der Brutsaison oder zu den Zugzeiten.

Die beschriebenen Gebiete liegen im Tal der Saale und in der Bodeniederung. Die heutige Landschaft ist das Ergebnis einer langen, komplexen Geschichte. Die variszische Gebirgsbildung schuf vor rund 320 Millionen Jahren den geologischen Unterbau. Im Sedimentbecken sammelte sich anschließend Abtragungsschutt (Molasse) dieses Gebirges. Das Saalebecken zählt heute zu den bedeutendsten Molassebecken Mitteldeutschlands. Die Ursaale entstand nach der Elster-Eiszeit vor rund 320 000 Jahren, als sich Tauwasser vom Thüringer Wald einen Abflussweg suchte und ein tiefes Tal in das Gelände fraß. Im Laufe bzw. Anschluss an die beiden folgenden Saale- und Weichsel-Eiszeiten bildeten sich durch Sedimentablagerung und anschließend erneute Vertiefung des Stroms insgesamt drei Saaleterrassen, die heute jedoch kaum noch in ihrer ursprünglichen Form erhalten sind. Stattdessen fließt die Saale heute über Buntsandstein, auf dem eine 4 m mächtige Kiesschicht lagert. Bereits vor etwa 30 000 Jahren, gegen Ende der letzten Eiszeit, war das Saaletal von Menschen besiedelt. Diese lebten als Jäger und Sammler. Erst vor rund 8000 Jahren wurden die Menschen sesshaft und begannen mit Landwirtschaft und Tierhaltung. Die Gegend rund um Staßfurt, am Südrand der Magdeburger Börde, bot landwirtschaftlich sehr gute Voraussetzungen. Ab der Bronzezeit, die vor etwa 4000 Jahren begann, brachte die Salzgewinnung den Menschen zusätzlichen Reichtum. Neuzeitlich wurde in der Region lange Zeit intensiv Braunkohle abgebaut.

Vor rund 150 Jahren wurden an der Stelle der heutigen Grizehner Teiche die Braunkohle-Gruben „Emma“ und „Charlotte“ betrieben. Intensiv eindringendes Grundwasser führte jedoch schnell zur Aufgabe des Abbaus. In die verlassenen Stollen sackte Erdreich ein und entstandene Löcher und nachlaufendes Wasser führten zur Bildung der heutigen Gewässer- und ausgedehnten Röhrichtbereiche. Auch die Marbeteiche bei Atzendorf sind im Rahmen des Braunkohleabbaus entstanden. Von 1935 bis 1962 wurden hier aus dem 60 m tiefen Marbeschacht jährlich etwa 270 000 Tonnen Braunkohle zutage gefördert.

Die ornithologisch interessanten Marbeteiche bestehen aus zwei Flachgewässern, die durch ihren hohen Salzgehalt auch im Winter eisfrei bleiben und entsprechend gute Rastbedingungen für Limikolen bieten. Die Athenslebener Seen entstanden in ihrer aktuellen Form während eines Hochwassers der Bode im Jahr 1994. Aus mehreren Teichen, Ackersenken und gefluteten Bergbaugruben entstand ein weitläufiger Feuchtgebietskomplex. Rasch entwickelte sich das Gebiet zu einem der bedeutendsten Rast-, Überwinterungs- und Brutgebiete für Wasservogelarten im Salzlandkreis. Das Herzstück bildet heute eine flache Halbinsel im zentral gelegenen See, der von einem Schilfgürtel umrahmt ist. Dahinter schließt sich ein feuchter Wald aus Weiden und Birken an. Ornithologisch ebenfalls sehr interessant ist das sogenannte „Feuchtgebiet N Frose", nördlich der Ortschaft Frose. Aus dauerhaft feuchten Ackerflächen entwickelte sich aufgrund von Staunässe ein Gelände mit großen Röhricht- und Flachwasserzonen. Heute haben die Brutbestände einiger Arten dort landesweite Bedeutung und das Gebiet entwickelte sich zu einem Hotspot für Raritäten. Ähnlich wie in Frose verlief auch die Entstehungsgeschichte des Überschwemmten Wäldchens bei Neugattersleben. In einer Senke entwickelte sich hier über wenige Jahre ein interessantes Feuchtgebiet. Durch steigende Wasserstände wurde das angrenzende Wäldchen teilweise überschwemmt und starb ab. An den Ufern des Gewässers bildete sich ein Röhrichtgürtel, sodass heute Vogelarten mit ganz unterschiedlichen Ansprüchen geeignete Bedingungen finden.

Besondere Vogelarten und Reisezeit

Dank der zahlreichen Gewässer bieten sich im Raum Staßfurt gute Beobachtungsmöglichkeiten für Wasser- und Watvogelarten, darüber hinaus lassen sich in der Feldflur zwischen den Gebieten aber auch andernorts bereits selten gewordene Offenlandarten entdecken. Zu den bemerkenswerten Arten, die sich in den beschriebenen Gebieten beobachten lassen, zählt zweifelsohne die Rohrdommel. Sowohl an den Grizehner Teichen als auch im Feuchtgebiet N Frose darf man sich berechtigte Hoffnungen auf eine Beobachtung machen. Auch ihre kleine Verwandte, die Zwergdommel, wird regelmäßig in den beiden Feuchtgebieten festgestellt. Für Limikolen bieten die Marbeteiche beste Rastbedingungen. Die Liste der nachgewiesenen Watvogelarten ist lang. Regelmäßig können Sandregenpfeifer, Rot- und Grünschenkel, Bruchwasserläufer, Kampfläufer sowie Zwerg- und Alpenstrandläufer beobachtet werden. Auch Seltenheiten wie Stelzenläufer, Odinshühnchen und Bairdstrandläufer wurden hier schon nachgewiesen. Ein ähnliches Artenspektrum an Limikolen kann bei passenden Wasserständen auch das Feuchtgebiet N Frose bieten. Das Gebiet ist vor allem durch eine von 2015 bis 2017 anwesende Zwergscharbe bundesweit bekannt geworden. Bemerkenswert sind aber auch Brutzeitnachweise aller sieben heimischen Rallenarten. Bienenfresser brüten rund um Staßfurt in mehreren Kolonien. Von Mai bis September kann man daher vielerorts auf sie treffen. Vor allem im Bereich des Überschwemmten Wäldchens bei Neugattersleben und an den Marbeteichen hat man gute Chancen auf eine Beobachtung. Zu den in der Gegend ebenfalls noch recht häufigen Brutvögeln gehören Pirole und Neuntöter.

Die Umgebung der Athenslebener Seen und Grizehner Teiche ist hier empfehlenswert. Die beiden Gebiete sollte man auch auf der Suche nach Beutelmeisen ansteuern. Für die schilfbewohnenden Bartmeisen sind die Grizehner Teiche und das Feuchtgebiet N Frose gute Beobachtungsgebiete. Dort lassen sich auch die Gesänge von Feld- und Rohrschwirlen hören. Das Konzert wird von Schilf- und Drosselrohrsängern ergänzt. Auch Blaukehlchen stimmen mit ein. Seit mehr als 30 Jahren haben Steinschmätzer bundesweit deutliche Bestandseinbrüche zu verkraften. An den Marbeteichen sind sie allerdings noch regelmäßige Brutvögel, die sich

Typische Vogelarten der Feuchtgebiete bei Staßfurt, deren Status und günstige Beobachtungszeit (in Klammern)
h = häufiger, r = regelmäßiger, s = seltener; B = Brutvogel, N = Nahrungsgast, D = Durchzügler, W = Wintergast

Art	Status (beste Beobachtungszeit)
Rohrdommel	rB (Mrz.–Aug.)
Zwergdommel	sB (Mai–Aug.)
Rohrweihe	hB, rD (Mrz.–Sep.)
Flussregenpfeifer	hB, rD (Apr.–Sep.)
Sandregenpfeifer	rD (Mai, Aug.–Okt.)
Rotschenkel	rD (Jul./Aug.)
Grünschenkel	rD (April/Mai, Jul.–Sep.)
Bruchwasserläufer	rD (Apr./Mai, Jul./Aug.)
Kampfläufer	rD (Mrz.–Mai, Jul./Aug.)
Zwergstrandläufer	rD (Mai, Aug./Sep.)
Alpenstrandläufer	rD (Apr./Mai, Jul.–Sep.)
Flussseeschwalbe	rD (Mai–Aug.)
Bienenfresser	rN (Mai–Sep.)

Art	Status (beste Beobachtungszeit)
Pirol	rB (Mai–Aug.)
Neuntöter	rB (Mai–Aug.)
Beutelmeise	hB (Apr.–Sep.)
Bartmeise	hB (ganzjährig)
Rohrschwirl	hB (Apr.–Jul.)
Schilfrohrsänger	rB (Apr.–Aug.)
Drosselrohrsänger	hB (Mai–Jul.)
Sperbergrasmücke	sB (Mai–Aug.)
Schwarzkehlchen	rB (Apr.–Okt.)
Blaukehlchen	rB (Apr.–Jul.)
Steinschmätzer	rB (Apr.–Aug.)
Bergpieper	rW (Okt.–Apr.)
Grauammer	hB (ganzjährig)

Rohrdommeln sind in den Feuchtgebieten bei Staßfurt regelmäßig zu beobachten.
Foto: A. Hofmann. 7.4.2009.

von April bis August zuverlässig beobachten lassen. Außerhalb von Limikolen-Durchzug und Brutgeschehen sind vor allem die großen Starenschwärme erwähnenswert, die das Schilf im Feuchtgebiet N Frose im August und September als Schlafplatz nutzen. Wer den Gebieten im Winter einen Besuch abstattet, der sollte an den Athenslebener Seen und in Frose auf Bergpieper achten.

Nicht nur die vorgestellten Beobachtungsgebiete haben interessante und bemerkenswerte Vogelarten zu bieten. Zwischen den Gebieten gibt es an Feldrändern und Bracheflächen Grauammern, Schwarzkehlchen und Neuntöter. Für Sperbergrasmücken bildet die Region den Westrand der Brutverbreitung. In der Umgebung der Marbeteiche sowie des Überschwemmten Wäldchens bei Neugattersleben kann man sie mit etwas Glück finden.

Beobachtungsmöglichkeiten

Die Grizehner Teiche (1) am nördlichen Rand von Calbe erreicht man von dort aus über die L 65 Richtung Schönebeck. Rund 1 km nördlich der Stadt liegt das Gebiet in einer leichten Linkskurve auf der rechten Seite. Der Weg von der Straße darf nicht befahren werden, sodass man hier sein Auto abstellt und das Gebiet zu Fuß erkundet. Ein Plattenweg führt in nordöstlicher Richtung durch die Flächen. Von dort aus hat man gute Einsicht auf die Gewässer und die Röhrichtbereiche mit ihrer interessanten Brutvogelfauna. Entlang des Weges können Beutelmeisen, Bartmeisen, Rohrschwirle, Drosselrohrsänger und Blaukehlchen zur richtigen Jahreszeit zuverlässig beobachtet werden. In den letzten Jahren waren auch Rothalstaucher regelmäßig anwesend.

Rund 10 km südlich liegt das Überschwemmte Wäldchen bei Neugattersleben (2). Man erreicht es, indem man in Neugattersleben von der Hauptstraße L 71 in die Straße „Galgenschlucht“ abbiegt (Sackgassenschild kann ignoriert werden) und dieser für rund 1,5 km folgt. Mitten in den Feldern gelegen, kann man das Wäldchen sowie das östlich gelegene Gewässer nicht verfehlen. Man beobachtet direkt vom etwas erhöht gelegenen Weg aus. Neben verschiedenen Entenarten sind Drosselrohrsänger zu erwarten. In dem Gebüschkomplex nördlich des Weges kann man Sperbergrasmücken finden. Das gesamte Gebiet wird gern von Bienenfressern zur Insektenjagd genutzt.

15 km nordwestlich schließt sich ein weiteres interessantes Beobachtungsgebiet an: die Marbeteiche bei Atzendorf (3). Man parkt direkt an der Athenslebener Chaussee im Bereich der Staßfurter Baubetriebe zwischen Atzendorf und Athensleben. Einem Feldweg folgt man an einer Schranke vorbei nach Süden und kann von hier nach links und rechts die Flachwasserbereiche und Schlammflächen überblicken, um rastende Limikolen zu beobachten. Auf dem Weg sollte man auf Steinschmätzer und Schwarzkehlchen achten. Die Schilfgürtel am Rand der Teiche beherbergen Blaukehlchen.

Folgt man der Athenslebener Chaussee und fährt in Athensleben weiter in Richtung Groß Börnecke, erreicht man nach nur 4 km die in der Bodenniederung gelegenen Athenslebener Seen (4). Parkmöglichkeiten bestehen am Nordrand des Gebietes direkt an der Hauptstraße. Einem Plattenweg kann man zu Fuß (oder die ersten 300 m auch noch mit dem Auto) nach Südosten folgen, um von hier den großen nördlichen See und seine Ufer zu überblicken. Die übrigen Gewässer erreicht man, indem man der Hauptstraße stattdessen anfangs auf einem Feldweg parallel folgt. Der Weg führt dann an einem schmalen Wäldchen entlang, von dem immer wieder Stichwege an die Ufer der weiteren Seen abgehen. Besonders interessant ist der zentrale See auf der Ostseite des Weges. Eine flache Halbinsel bietet hier gute Rastbedingungen für Limikolen.

Eines der sicher bundesweit bekanntesten Feuchtgebiete Sachsen-Anhalts liegt rund 15 km südwestlich der Athenslebener Seen: Das Feuchtgebiet N Frose (5) hat sich zu einem wahren Hotspot für durchziehende Wasservögel entwickelt. Zahlreiche Enten- und Limikolenarten nutzen das Gebiet im Jahresverlauf. Immer wieder werden auch Seltenheiten nachgewiesen. Von Bernburg (Saale) ist das Feuchtgebiet am Nordrand der Ortschaft Frose rund 30 km entfernt und über die B 6 erreichbar. Zugang erhält man über eine quer durch das Gebiet verlaufende unbefestigte Straße, die etwa 500 m nördlich des Ortes nach Osten abgeht. Im zentralen Bereich wurde durch ehrenamtliches Engagement lokaler Beobachter eine Hütte errichtet, aus der man die Vogelwelt störungsfrei beobachten kann. Hier lohnt sich ein längeres Verweilen, um Rohrdommeln, Rohrweihen, Limikolen, Bartmeisen, Schwirle und Rohrsänger zu entdecken.

Weitere Freizeitmöglichkeiten

Das Schloss Bernburg wird auch als „Krone Anhalts" bezeichnet. Das sehenswerte Renaissanceschloss liegt erhöht direkt am östlichen Saaleufer in Bernburg (Saale), rund 15 km von Staßfurt entfernt. Die Schlossterrasse bietet einen weiten Panoramablick in das Tal der Saale und in das Harzvorland, bei guter Sicht sogar bis zum Brocken. Der aus der zweiten Hälfte des 12. Jahrhunderts stammende mächtige Hauptturm im Burghof ist einer der größten in ganz Deutschland. Der für seine Streiche bekannte Till Eulenspiegel soll hier als Turmbläser beschäftigt gewesen sein, weshalb der Turm heute als Eulenspiegelturm bezeichnet wird. Das Schloss beherbergt heute auch das Museum Schloss Bernburg, das mit einer Folterausstellung Einblick in den finsteren Teil des Mittelalters gewährt.

Christopher König, Christoph Moning, Christian Wagner, Felix Weiß

Anfahrt

Mit Bahn und Bus

Die Grizehner Teiche liegen etwa 1 km vom Bahnhof „Calbe (Saale) Stadt" entfernt, der regelmäßig von Bernburg (Saale) zu erreichen ist. Das Überschwemmte Wäldchen bei Neugattersleben ist hingegen schlecht an den öffentlichen Nahverkehr angebunden. Vom nächsten Bahnhof Nienburg (Saale) sind es 3,5 km ins Gebiet. Gleiches gilt für die Marbeteiche und die Athenslebener Seen. Hier liegt der nächste Bahnhof Staßfurt in 7,5 bzw. 9,5 km Entfernung. Das Feuchtgebiet N Frose ist vom Bahnhof Aschersleben mit dem HarzElbeExpress regelmäßig zu erreichen. Vom Bahnhof Frose sind es noch 1,5 km Fußweg ins Gebiet.

Mit dem Auto

Staßfurt ist von Süden aus Richtung Leipzig und Halle (Saale) sowie von Norden aus Magdeburg über die A 14 zu erreichen. Über die Ausfahrt „Calbe" (8) erreicht man über die L 63 in Richtung Osten die Grizehner Teiche und das Überschwemmte Wäldchen östlich von Neugattersleben, nach Westen geht es zu den Marbeteichen bei Atzendorf und den Athenlebener Seen. Zum Feuchtgebiet N Frose verlässt man die A 14 an der Ausfahrt „Bernburg" (10) auf die B 6 in Richtung Aschersleben und fährt über Hoym nach Frose.

Adressen

Die Internetseite der Ornithologischen Arbeitsgemeinschaft Strenzfeld bietet zahlreiche Informationen zum aktuellen vogelkundlichen Geschehen und den attraktivsten Gebieten im Salzlandkreis. Es werden auch Fahrradrouten zur Kombination mehrerer Gebiete empfohlen: www.oagstrenzfeld.wordpress.com

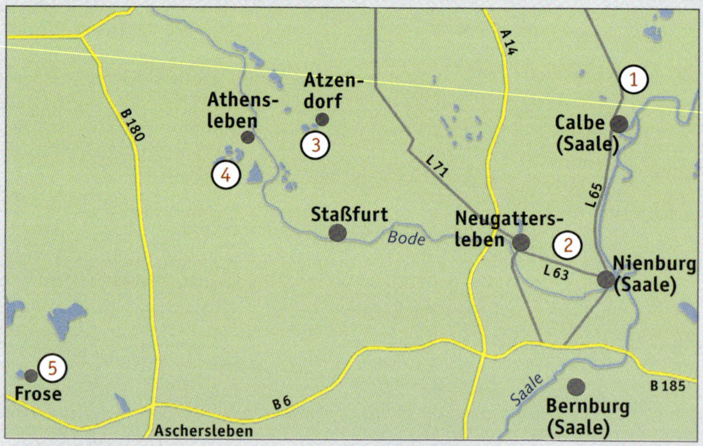

GPS		
Grizehner Teiche	51°55'16" N	11°46'57" O
Überschwemmtes Wäldchen bei Neugattersleben	51°51'13" N	11°43'40" O
Marbeteiche bei Atzendorf	51°54'15" N	11°33'41" O
Athenlebener Seen	51°53'35" N	11°30'46" O
Beobachtungshütte Feuchtgebiet N Frose	51°48'05" N	11°23'17" O

Infomaterial/Literatur

Wagner C, Moning C 2009: Vögel beobachten in Ostdeutschland. Franckh-Kosmos-Verlag, Stuttgart.

Über der Waldgrenze wachsen noch einzelne Fichten knapp unterhalb der häufig von Nebel und Wolken verhangenen Brockenkuppe.

Foto: A. Maier. 16.6.2020.

Der Brocken im Nationalpark Harz

Höchster Gipfel zwischen Alpen und Skandinavien

Der Brocken thront mit 1142 m als höchster Gipfel im sagenumwobenen Harz weit über der flachen Norddeutschen Tiefebene. Seine baumfreie Kuppe wird umgeben von Fichtenwäldern, in die ursprüngliche Hochmoore eingebettet sind. Sperlings- und Raufußkäuze brüten regelmäßig in den Bergwäldern. Auf der Brockenkuppe ist zur Brutzeit der Wiesenpieper der häufigste Sänger. Besonders bemerkenswert ist die Brutpopulation alpiner Ringdrosseln. Während der Zugzeit sind zudem skandinavische Ringdrosseln sowie weitere nordische Durchzügler auf dem kargen Brockenplateau zu beobachten. Fast alljährlich werden auch einzelne Alpenbraunellen auf der Kuppe beobachtet.

Der Brocken ist ein Ort der Wetterextreme. Starke Winde, niedrige Temperaturen – die mittlere Temperatur beträgt nur 4° C – und hohe Niederschläge herrschen hier vor. Außergewöhnlich oft ist der Brocken in Nebel gehüllt: Der Berggipfel ist gar der nebligste Ort Deutschlands, denn an rund 300 Tagen im Jahr tritt hier Nebel auf. Klimabedingt liegt die Waldgrenze sehr viel tiefer als etwa in den Alpen, nämlich bei nur 1100 m.

Im Nationalpark Harz beträgt die Höhendifferenz zwischen Tiefland und Brockenkuppe 900 m. Ausgehend von den tiefer liegenden Ebenen und Tälern bis zum Brockengipfel lassen sich so ganz unterschiedliche Vegetationszonen und Lebensräume erwandern: Buchenwälder und Buchenmischwälder, Buchen-Fichtenwälder, Schluchtwälder, Bergfichtenwälder sowie Moorwälder, Quellmoore und Hochmoore, dazwischen immer wieder Fels- und Blockhalden, Klippen, die über die Bergwaldlandschaft ragen – bis hoch oben schließlich die subalpine Zwergstrauchheide des Brockenplateaus erreicht ist.

In den tieferen Lagen des Nationalparks herrschen auf dem sauren Gestein Hainsimsen-Buchenwälder mit ihrer spärlichen und lichten Krautschicht vor. An den etwas basenreicheren Standorten durchzieht den Frühlingswald ein frischer Knoblauch-Duft: Üppige Bärlauchbestände bedecken dort den Waldboden. An kargen Stellen wachsen bis in die Höhenlagen des Brockens die mit Feuchtigkeit und auch Trockenstress auskommenden Heidelbeeren.

In den Schluchten strömt im Frühjahr das Schmelzwasser zu Tale. Obgleich die Bäche im Sommer weniger Wasser führen, speisen hohe Niederschlagsmengen bei hoher Luftfeuchtigkeit die den Brockenflanken entspringenden Quellbäche.

Lichter, naturnaher Bergwald auf circa 1000 Höhenmetern. Foto: A. Maier. 16.6.2020.

Schluchtwälder aus Esche, Ahorn und Bergulme treten an den steinigen, schattigen Hängen auf. Unter den feuchtkühlen Bedingungen wachsen üppige Moose, Flechten und Farne. Der Waldboden wird von einer dichten Krautschicht bedeckt, charakteristisch sind große Bestände des kniehohen Silberblatts. Die Quelltöpfe der Bäche sind Kinderstube der Feuersalamander.

An Stellen, wo sich Wasser über undurchlässigem Untergrund ansammelt, bilden sich moorige Stellen. Im Nationalpark befinden sich insbesondere in den Höhenlagen weitgehend unbeeinflusste, baumlose Hochmoore sowie Hang- und Quellmoore. Anders als in der Tiefebene ist hier kaum Torf gestochen worden, denn in der feuchtkalten Witterung ist das Trocknen von Torf schwierig. Hochmoore mit einer Mächtigkeit von 7 m sind entstanden, circa 25 Torfmoosarten kommen hier vor. Wollgras und Rosmarinheide sind auffällige, typische Hochmoorarten. Auch Moosbeere und Sonnentau wachsen hier. Zwergbirken, die eigentlich arktisch-alpin verbreitet sind und erst in Skandinavien einen Verbreitungsschwerpunkt aufweisen, kommen im Großen Torfhausmoor westlich des Brockens als Glazialrelikt vor.

Ab circa 700 Höhenmetern tritt im Harz natürlicherweise die Fichte auf. Vormals bildeten im Streifen zwischen 700 bis 800 Höhenmetern artenreiche Buchen-Fichtenmischwälder die natürliche Bergwaldvegetation, hier fanden auch anspruchsvolle Arten wie Auerhühner Nahrungsgrundlage und Lebensraum vor. Jedoch wurden in der Vergangenheit, auch im Gebiet des heutigen Nationalparks, fast überall Fich-

Rinddrosseln kommen als Brutvögel und häufige Durchzügler auf der Brockenkuppe vor. Foto: E. Lietzow. Sylt, 16.4.2018.

tenforste angepflanzt. Der strukturreiche Bergmischwald wurde verdrängt, Auerhühner leben inzwischen keine mehr hier.

Oberhalb dieser Höhenstufe kommen ab 800 m keine Buchen mehr vor, hier wachsen Bergfichtenwälder. Die Gestalt der Fichten zeugt von extremen Wetterbedingungen. Im Winter krümmen sich die Bäume unter der Schneelast, abgebrochene Spitzen und krüppelige Wuchsformen sind die Folge.

Die kurze Vegetationsperiode, starke Winde, Feuchtigkeitsextreme, Gefrieren und Tauen, mechanische Belastungen durch Schnee- und Eisverwehungen sorgen dafür, dass die Bäume mit zunehmender Höhe immer langsamer wachsen, kleiner bleiben und bei circa 1100 Höhenmetern schließlich die Waldgrenze erreicht ist.

Die Brockenkuppe ist steinig und mit Granitblöcken gespickt. Nur in geschützten Senken können einzelne, sehr kleine Fichten überdauern, ansonsten ist die Brockenkuppe natürlicherweise baumlos. Flechten und Moose wachsen auf den Steinen. Es gedeihen hier Zwergsträucher, Kräuter und Gräser. Darunter einige botanische Raritäten. Im Mai leuchten die weißen Blüten der Brocken-Anemonen, der Charakterpflanze des Brockens. Das Hauptverbreitungsgebiet dieser Art liegt heute in den Gebirgen Zentralasiens, in Mitteleuropa kommt sie nur vereinzelt in wenigen Bergregionen vor. Ähnlich verhält es sich mit dem gelb blühenden Brocken-Habichtskraut, welches ebenfalls sehr isoliert von anderen Vorkommen hier wächst.

Fichtenkreuzschnäbel profitieren insbesondere von älteren, fruchttragenden Fichtenbeständen.
Foto: Michal / Stock.Adobe.com

Besondere Vogelarten und Reisezeit

Charaktervögel des Brockenplateaus sind die Ringdrosseln. Weit isoliert von den nächsten Brutvorkommen in Süddeutschland besteht hier eine kleine Brutpopulation von Vögeln der Unterart *alpestris*. Zu den Zugzeiten treten zudem regelmäßig Vögel der skandinavischen Unterart *torquatus* auf, die sich durch den einheitlich dunklen Bauch unterscheiden.

Die auffälligsten und häufigsten Brutvögel der Bergkuppe sind die Wiesenpieper. Hausrotschwänze singen vom First des mehrstöckigen Brockenhotels. Ebenso brüten Rauchschwalben und Bachstelzen an den hohen Gebäuden und anderen von Menschen geschaffenen Strukturen.

Kuckucke rufen knapp unterhalb des Gipfels aus den knorrigen Fichten und Ebereschen herauf. Wenn im Sommer starke Winde Gewitterfronten über den Berg schieben, steigen ausweichende Mauersegler aus den tieferen Lagen immer weiter die Brockenhänge hinauf, schwirren dann insektenjagend in großer Anzahl tief über den letzten Bäumen der Waldgrenze und schließlich knapp über den Granitblöcken des Plateaus.

Typische Vogelarten im Gebiet des Brockens, deren Status und günstige Beobachtungszeit (in Klammern)
h = häufiger, r = regelmäßiger, s = seltener; B = Brutvogel, W = Wintergast, D = Durchzügler, S = Sommergast, N = Nahrungsgast

Art	Status (beste Beobachtungszeit)
Wanderfalke	sB (ganzjährig)
Waldschnepfe	sB, rD (Mrz.–Jun.)
Kuckuck	hB (Mai–Jul.)
Raufußkauz	sB (Mrz.–Apr.)
Sperlingskauz	rB (Mrz.–Apr.)
Schwarzspecht	rB (ganzjährig)
Grauspecht	sB (Mrz.–Mai.)
Wiesenpieper	hB (Mrz.–Jul.)
Gebirgsstelze	rB (Mrz.–Sep.)
Wasseramsel	rB (ganzjährig)
Alpenbraunelle	sD (Apr.–Mai, Sep.–Okt.)

Art	Status (beste Beobachtungszeit)
Gartenrotschwanz	rB (Apr.–Sep.)
Steinschmätzer	rD (Apr.–Mai, Aug.–Sep.)
Misteldrossel	rB, rD (Mrz.–Jun.)
Ringdrossel	rB, rD, (Apr.–Okt.)
Grünlaubsänger	sB (Mai–Jun.)
Tannenmeise	hB (ganzjährig)
Tannenhäher	rB (ganzjährig)
Kolkrabe	rB (ganzjährig)
Berghänfling	sD (Okt.–Nov.).)
Fichtenkreuzschnabel	rB (ganzjährig)
Schneeammer	sD (Okt.–Nov.)

Bergfichtenwald am Südhang des Brockens. Foto: A. Maier. 16.6.2020.

Montaner Fichtenwald mit Ebereschen, Heidelbeersträuchern und stehendem Totholz. Foto: A. Maier. 16.6.2020.

Zur Zugzeit, insbesondere Ende April/Anfang Mai lassen sich auf der steinigen Brockenkuppe regelmäßig rastende Steinschmätzer beobachten. Mornellregenpfeifer sind als seltene, aber regelmäßige Rastvögel im August/September auf dem Gipfelplateau zu entdecken. Ebenfalls selten, aber immer wieder dort aufzuspüren, sind zur Zugzeit Bergpieper und Berghänflinge – letztere auch im Winterhalbjahr. Als seltene Irrgäste treten Schneeammern und Schneesperlinge auf. Regelmäßig sind Alpenbraunellen im Frühjahr und Herbst anzutreffen, immer wieder werden einzelne Individuen auch den Sommer über dort beobachtet. Im Frühjahr suchen die Vögel an den noch feuchten Kanten der gerade schmelzenden Schneefelder nach Käfern und Hautflüglern, auch Pflanzensamen werden gefressen.

Auch in tieferen Lagen werden vornehmlich die Ränder abtauender Schneefelder und Wiesen aufgesucht, in Waldrandnähe sind dann zahlreiche Drosseln, Finken und Pieper auf Nahrungssuche zu beobachten.

In den Bergwäldern brütet das typische Artenspektrum aus unter anderem Buchfinken, Rotkehlchen, Zaunkönigen, Tannenmeisen, Heckenbraunellen und Wintergoldhähnchen. Aus den lichten Fichtenwäldern singen Misteldrosseln. Auch der Tannenhäher ist häufiger Brutvogel der Fichten- und Mischwälder in den unterschiedlichen Höhenstufen des Harzes. Fichtenkreuzschnäbel brüten in typischer, fluktuierender Anzahl besonders in den älteren, regelmäßig fruchttragenden Fichtenbeständen.

Einzelne Grünlaubsänger werden nicht alljährlich, aber dennoch regelmäßig, als Brutvögel festgestellt.

Besonders interessant sind die Höhenlagen des Harzes für die Beobachtung der kleinen Eulenarten. So kann im zeitigen Frühjahr an den oberen Brockenhängen in der Morgen- und Abenddämmerung der Gesang der Sperlingskäuze vernommen werden. Auch in den lichten Moorfichtenwäldern finden Sperlingskäuze Brutplätze. In den mittleren Höhenlagen des Harzes brüten Raufußkäuze, deren Gesang bei Nacht aus den Bergmischwäldern zu hören ist.

An den Felsvorsprüngen der über der Bergwaldlandschaft aufragenden Klippen brüten Wanderfalken. Im Frühjahr sind Rufe und Balzflug der Kolkraben über den Wäldern und Mooren gegenwärtig.

Entlang der steinigen Bäche der mittleren und tiefen Höhenlagen sind Wasseramseln zu beobachten, die häufig in Ritzen und Vorsprüngen unter Brücken oder auch in dort angebrachten Nistkästen brüten. Gebirgsstelzen und Eisvögel sind ebenso Brutvögel der Bachtäler. In den Tälern und Schluchten sind Schwarzstörche sehr heimlich auf Nahrungssuche, nach der Brutzeit sind regelmäßig Individuen auf den feuchten Talwiesen zu beobachten.

Sperlingskäuze gehören zu den typischen Brutvögeln des Bergwaldes.

Foto: E. Lietzow. Teutoburger Wald, März 2012.

Beobachtungsmöglichkeiten

Ein geeigneter Ausgangspunkt für die Brockenexkursion ist das Nationalpark-Besucherzentrum Torfhaus (1) im Westen des Brockens auf 800 Höhenmetern gelegen. Hier startet der Rundwanderweg um das Große Torfhausmoor (4,5 km) und der Goethe-Weg, welcher ebenfalls am Moor entlang, aber dann weiter bis zur Brockenkuppe, führt (Hin und Rückweg zusammen 18 km). Dieser heutige Weg folgt in etwa der – damals noch deutlich beschwerlicheren – Route des Brockenaufstieges seines Namensgebers im Winter 1777.

Rund um den Schubenstein (2) lohnt es sich nach Sperlingskäuzen zu horchen. Der Wanderweg führt an mehreren Mooren (Großes Torfhausmoor, Brockenfeldmoor, Goethe-Moor) und Fichtenmoorwäldern vorbei. Kuckucke und Wiesenpieper singen in den offenen, Baumpieper und Gartenrotschwänze in den halboffenen Bereichen. Mit Glück und zur entsprechenden Jahreszeit lassen sich rastende oder gar balzende Waldschnepfen an den feuchten Standorten entdecken. Am Eckersprung, der Quelle der Ecker, wird das grüne Band – der ehemalige Grenzstreifen – gequert.

Nun beginnt bei 900 Höhenmetern der eigentliche Aufstieg zum Brocken. Im Bergfichtenwald singen Tannenhäher, Kolkraben und Tannenmeisen. Nach weiteren circa 2,5 km trifft dann auf 1030 m der Goethe-Weg kurz vor der „Knochenbrecher-Kurve“ mit einem alternativen, aus Süden kommenden, Brockenwanderweg zusammen.

Der Ausgangspunkt für diesen südlichen Aufstieg ist der Wanderparkplatz im Nordwesten der Ortschaft Schierke auf 650 m (3). Der Weg durch das Eckerloch zum Brocken misst 5 km und überwindet circa 500 Höhenmeter auf steinigen, teils steilen Abschnitten.

Die Wanderung führt durch das Tal des mit Birken, Erlen und Weiden gesäumten „Schwarzen Schluftwassers“. Schwarz- und Buntspechte brüten hier bis in die mittleren Höhenlagen; Ringeltauben, Singdrosseln, Buchfinken und Zaunkönige sind die lauten Sänger des Frühlingswaldes. Aber auch Waldlaubsänger sind zu hören, und am Bergbach das Ziepen der Gebirgsstelzen und Wasseramseln.

Der Wanderweg führt durch bis vor Nationalparkgründung von Menschen genutzte und gepflanzte Fichtenwälder. Immer wieder fällt dabei der Blick auf weitläufige Flächen mit abgestorbenen, aufrechtstehenden Fichten: Durch die Hitze und Trockenheit der letzten Jahre konnten Borkenkäfer große Bereiche des gleichaltrigen Fichtenforstes befallen. Hier wird im Laufe der Jahrzehnte durch natürliche Waldsukzsession allmählich wieder naturnaher Bergwald entstehen.

Auf einem steileren Abschnitt steigt der Eckerlochstieg dann durch naturnahe, mystisch anmutende, flechten- und moosreiche Bergfichtenwälder nach oben. Hauben- und Tannenmeisen singen auch hier, Tannenhäher, Gimpel und Fichtenkreuzschnäbel sind spätestens jetzt zu vernehmen.

Auf der Brockenkuppe (4) angelangt, lässt sich entlang des Gipfelrundweges ein Blick in alle Himmelsrichtungen werfen und die baumlose, subalpine Zwergstrauchheide erkunden. Im Frühjahr und Herbst sind rastende Drosseln und Finken bei der Nahrungssuche zu beobachten, auch durchziehende Ringdrosseln der skandinavischen Unterart, rastende Steinschmätzer sowie seltenere

Rastvögel und Irrgäste. Singende Wiesenpieper und Kuckucke sind im Frühjahr zu hören, in der Dämmerung bzw. früh am Morgen mit Glück der Gesang der Sperlingskäuze und Ringdrosseln.

An sonnigen Tagen kann es insbesondere am Wochenende oder in den Ferien zu einem immensen Besucherandrang kommen. Es empfiehlt sich also nicht nur aus ornithologischem Interesse früh – oder ganz spät – aufzubrechen. Wer aber bereits in den frühen Morgenstunden startet, kann relativ ungestört wandern und beobachten. Mit Taschen-/Stirnlampe ausgerüstet ist auch eine Nachtwanderung von Schierke auf den Brocken möglich, am einfachsten der asphaltierten Brockenstraße (5) folgend. Im Frühjahr bestehen dann gute Chancen Sperlingskäuze (Dämmerung) und Raufußkäuze (Dunkelheit) zu vernehmen.

Als Abstecher in tiefere Lagen empfiehlt sich der Wanderweg von Torfhaus nach Süden und der Rundwanderweg um den Oderteich. Am Ostufer des Stausees wachsen einige der ältesten Fichten des Nationalparks. In den strukturreichen Wäldern kann nach Eulen und Spechten Ausschau gehalten werden.

Von Schierke aus führt im kühlen Elendstal direkt am Bach der circa 2 km lange Mühlenweg zum Ort Elend. Wasseramseln und Gebirgsstelzen kommen hier vor, in den Laubmischwäldern brüten neben Bunt- und Schwarzspechten in manchen Jahren auch Grauspechte. Der Rückweg kann über den westlich gelegenen Höhenweg erfolgen, welcher eindrückliche Granitfelsformationen, wie die sagenhaften, über 25 m hohen Felstürme der Schnarcherklippen passiert und Panorama-Aussichten über das Brockenmassiv bereithält.

Weitere Freizeitmöglichkeiten

Ein Besuchermagnet ist die traditionelle, von einer Dampflok gezogene Brockenbahn.

Auf der Brockenkuppe ist ein Besuch des neuen Nationalparkinfozentrums Brockenhaus lohnenswert. Eine weitere Besonderheit des Brockens ist der im Zuge einer Führung besuchbare Brockengarten: Hier sind (Hoch)Gebirgspflanzen aller Kontinente zu bestaunen.

Andrea Maier, Christopher König, Christoph Moning, Felix Weiß

Anfahrt

Mit Bahn und Bus

Als Fahrtziel Natur ist die Nationalparkregion gut mit öffentlichen Verkehrsmitteln vernetzt. Auf der Webseite des Nationalparks sind Haltestellen und Verbindungen zu allen Infopunkten und Nationalparkeinrichtungen zusammengetragen.

Vom Bahnhof Bad Harzburg besteht eine gute Busverbindung mit der Linie 820 nach Torfhaus. Schierke wird mit der Buslinie 264 vom Bahnhof Wernigerode erreicht.

Die Brockenbahn verkehrt auf mehreren Strecken durch den Nationalpark.

Mit dem Auto

Torfhaus liegt an der Bundesstraße 4 zwischen Bad Harzburg und Braunlage. In Torfhaus liegt ein großer gebührenpflichtiger Parkplatz direkt an der Bundesstraße. Schierke ist von Braunlage im Südwesten und Wernigerode im Nordosten zu erreichen.

Adressen

www.nationalpark-harz.de

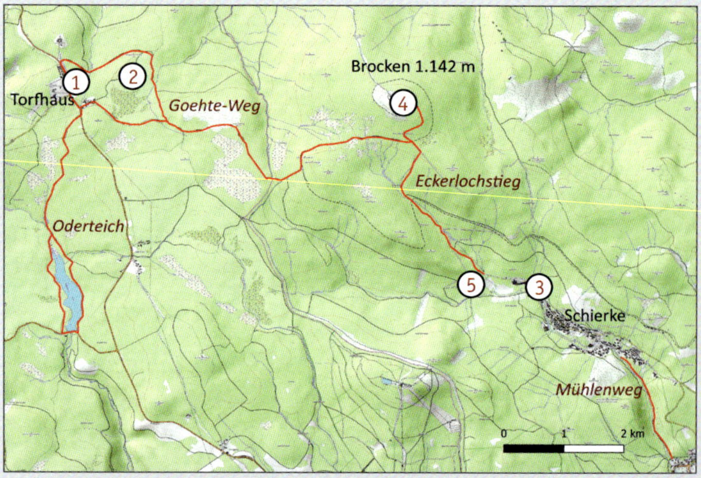

GPS		
Nationalpark-Besucherzentrum Torfhaus (1)	51°48'09" N	10°32'14" O
Schubenstein (2)	51°48'09" N	10°32'53" O
Wanderparkplatz Schierke (3)	51°46'18" N	10°38'54" O
Brockenkuppe (4)	51°47'57" N	10°36'55" O

Infomaterial/Literatur

Nationalparkverwaltung Harz 2020: Vögel des Nationalparks Harz. Schriftenreihe aus dem Nationalpark Harz, Bd. 18.

Nicolai B, Schmidt C 2005: Im Reich von Rotmilan und Sperlingskauz. Natur in Buch und, Ruppichteroth.

Wagner C, Moning C 2009: Vögel beobachten in Ostdeutschland. Kosmos, Stuttgart.

Von erhöhten Standpunkten am Rande des Großen Bruchs werden die unterschiedliche Landnutzung und der Niederungscharakter des Gebiets deutlich. Bis zur deutschen Wiedervereinigung war die Niederung des Großen Bruchs für rund vierzig Jahre Sperrgebiet. Foto: C. König. 19.3.2022.

Das Große Bruch

Auf und Ab der Wasserstände

Das Große Bruch ist eine insgesamt rund 45 km lange, jedoch nur 1 bis 4 km breite, feuchte Talniederung im Nördlichen Harzvorland, entlang der ehemaligen innerdeutschen Grenze, jeweils rund 40 km von Braunschweig und Magdeburg entfernt. Die heute vorwiegend als Grünland genutzte Offenlandschaft ist von zahlreichen Gräben durchzogen und Teil des „Grünen Bandes", dem größten Biotopverbund Deutschlands. Im Sommerhalbjahr sind insbesondere die hier brütenden Turteltauben, Wendehälse, Neuntöter, Braunkehlchen und Grauammern bemerkenswert, während das Gebiet im Winter Kornweihen und Raufußbussarden zur Überwinterung dient.

Topographisch stellt das Große Bruch eine Senkungszone mit Höhen zwischen 78 und 90 m dar, die sich infolge der saxonischen Bruchschollentektonik vom Jura bis Tertiär, also bereits vor bis zu 85 Millionen Jahren, bildete. Während der Saaleeiszeit entstand ein Niedermoorgebiet, das heute eiszeitliche Ablagerungen aus Kiesen, Sanden und Schluffen in Mächtigkeiten von 2 bis 20 m aufweist. Über Jahrtausende hatte sich in der Rinne des Großen Bruchs ein undurchdringlicher Sumpf gebildet, der als Sammelbecken für Niederschlagswasser der benachbarten Höhenzüge diente. Bereits im 12. Jahrhundert wurden auf Anweisung des Bischofs von Halberstadt erste Randbereiche entwässert und nutzbar gemacht. Ernsthafte Trockenlegungen folgten um 1530, als die Kultivierung des inneren Großen Bruchs veranlasst und in Ost-West-Richtung Entwässerungsgräben angelegt wurden. Letztere wurden sogar schiffbar gemacht, um einen Bootsverkehr zwischen den Flüssen Bode und Oker zu ermöglichen und dadurch Elbe und Weser zu verbinden. Um Weideland zu gewinnen, wurde die Entwässerung des Großen Bruchs in den Folgejahren mithilfe der Anlage rechtwinklig verlaufender Stichgräben weiter vorangetrieben. Als ab 1618 der Dreißigjährige Krieg wütete, verfielen die meisten Anlagen und nahezu das gesamte Gebiet versumpfte erneut. Doch König Friedrich Wilhelm IV. erreichte 1840 eine weitgehende Entwässerung durch Reinigung des Hauptgrabens sowie Anlage eines Nebengrabens, die in den 1930er Jahren nochmals verbreitert und vertieft wurden. Ackerbauliche Aktivitäten scheiterten dennoch vielfach an den anmoorigen und oft salpeterhaltigen Böden. Abermals führte ein Krieg zur erneuten Vernässung des Großen Bruchs: Mangelnde Pflege und

Große Brachvögel sind inzwischen leider als Brutvögel verschwunden, aber weiterhin zu den Zugzeiten im Gebiet anzutreffen. Foto: E. Lietzow. Dümmer, 4.5.2017.

Unterhaltung der wassertechnischen Anlagen ermöglichten während und nach dem Zweiten Weltkrieg eine rasche Wiedervernässung, die allerdings ebenfalls nicht von langer Dauer war. 1955 begann man im niedersächsischen Teil des Großen Bruchs durch Abpumpen großer Wassermengen in den östlichen Teil des Gebiets sowie gleichzeitig ständiger Mineraldüngergaben mit der nahezu vollständigen Umwandlung in Ackerland. Eine deutliche faunistische und floristische Verarmung setzte ein und die Böden wurden nachhaltig geschädigt. 1961 wurden schließlich auch im Bereich des Großen Bruchs Grenzanlagen entlang der innerdeutschen Grenze errichtet. Große Flächen auf dem Gebiet der ehemaligen DDR veränderten sich infolge einer kostenintensiven Komplexmelioration mit Grünlandumbruch, Einsaat von Hochleistungsgräsern und einer starken Absenkung des Grundwasserspiegels. Immer mehr präsentierte sich das Große Bruch als großflächig ausgeräumte Landschaft. Nur im Grenzstreifen wurde die Grünlandnutzung aus sicherheitspolitischen Gründen beibehalten. Die Bedeutung des Großen Bruchs für bedrohte Vogelarten wurde erstmals Anfang der 1980er Jahre thematisiert. Mehr als 780 ha Grünland nördlich von Wulferstedt konnten in diesem Zuge zur „Erhaltung ornithologischer Werte“ unter Naturschutz gestellt werden – für die ehemaligen Brutvorkommen von Blauracke, Wiedehopf und Rohrdommel allerdings zu spät. Nach dem Zusammenbruch der DDR verblieb im Bereich des ehemaligen Todesstreifens dank vierzigjähriger Abschottung das größte zusammenhängende Grünlandgebiet im Harzvorland. Das Große Bruch wurde 1990 teilweise zum Landschaftsschutzgebiet erklärt, 1998 schließlich vollständig. Seit der Wiedervereinigung setzt sich der BUND e. V. für den Erhalt von Fauna und Flora des Gebiets ein. Weiterer Grünlandumbruch oder die Beseitigung von Gewässern oder Nassstellen aller Art sind verboten.

Ganzjährig kann man im Großen Bruch mit etwas Glück Rebhühner antreffen.
Foto: E. Lietzow. Herford, Januar 2012.

Teils gegensätzliche Nutzungsansprüche von Landwirtschaft, Naturschutz und Hochwasserschutz führen jedoch immer wieder zu Spannungen.

In der kalten Jahreszeit nutzen Raubwürger das Große Bruch zur Überwinterung.
Foto: E. Lietzow. Dümmer, 3.3.2021.

Besondere Vogelarten und Reisezeit

Das Große Bruch dient im Winterhalbjahr regelmäßig Tundrasaat- und Blässgänsen in kleinerer Zahl als Rast- bzw. Überwinterungsgebiet. Die offene Landschaft ist dann vor allem auch Jagdgebiet verschiedener Greifvögel. So sind Kornweihen und Raufußbussarde ab Oktober anzutreffen, Seeadler sogar ganzjährige Nahrungsgäste. Unter den Singvögeln sind überwinternde Raubwürger erwähnenswert, insgesamt ist das Artenspektrum zu dieser Zeit jedoch überschaubar. Ab März, jedoch vor allem im Mai kehren schließlich die zahlreichen im Großen Bruch brütenden Zugvogelarten zurück. Der Kiebitzbestand ist heute leider auf wenige Paare zusammengebrochen. Ganz als Brutvögel verschwunden sind Große Brachvögel, die noch vor vierzig Jahren mit rund zwanzig Paaren im Bruch brüteten. Häufiger sind beide Arten, insbesondere Kiebitze, noch auf dem Durchzug festzustellen. Zu den ganzjährig anwesenden Rebhühnern gesellen sich ab Mai auch Wachteln, die man jedoch nur sehr schwer zu sehen bekommt, ebenso wie die seltenen Wachtelkönige. Rohrweihen und Baumfalken jagen über der Niederung und Turteltauben sind noch erfreulich regelmäßige Brutvögel. Noch bis in die 1980er Jahre war das Große Bruch Lebensraum einer Steinkauzpopulation. Vermutlich aufgrund unpassenden Wiesenmanagements und dem Entfernen vieler Weiden und Pappeln brach der Bestand nach der Wiedervereinigung allerdings innerhalb kürzester Zeit komplett zusammen. 2002 wurde mit dem Ausbringen von Niströhren und Unterstützung durch Auswilderungen ein Wiederansiedlungsprojekt gestartet. So ist der Steinkauz heute wieder ein seltener Brutvogel im Gro-

Typische Vogelarten im Großen Bruch, deren Status und günstige Beobachtungszeit (in Klammern)
h = häufiger, r = regelmäßiger, s = seltener; B = Brutvogel, N = Nahrungsgast, D = Durchzügler, W = Wintergast

Art	Status (beste Beobachtungszeit)
Tundrasaatgans	rW (Okt.–Mrz.)
Blässgans	rW (Okt.–Mrz.)
Wachtel	rB (Mai–Aug.)
Rebhuhn	rB (ganzjährig)
Kornweihe	rD, rW (Okt.–Apr.)
Seeadler	rN (ganzjährig)
Raufußbussard	rW (Okt.–Mrz.)
Rotfußfalke	sD (Aug./Sep.)
Baumfalke	rB (Mai–Sep.)
Kranich	hD, rW (ganzjährig)
Wachtelkönig	sB (Mai–Jul.)
Kiebitz	sB, hD, sW (ganzjährig)
Großer Brachvogel	rD (Apr.–Okt.)
Bekassine	rD (Mrz./Apr., Aug.–Okt.)

Art	Status (beste Beobachtungszeit)
Turteltaube	rB (Mai–Aug.)
Steinkauz	sB (ganzjährig)
Wendehals	rB (Apr.–Aug.)
Pirol	rB (Mai-Jul.)
Neuntöter	rB (Mai–Sep.)
Raubwürger	rW (Okt.–Mrz.)
Beutelmeise	sB (Apr.–Jul.)
Feldschwirl	sB (Apr.–Jul.)
Drosselrohrsänger	rB (Apr.–Jul.)
Braunkehlchen	rB, hD (Mai–Sep.)
Schwarzkehlchen	rB (Mrz.–Okt.)
Blaukehlchen	sB (Apr.–Jun.)
Gartenrotschwanz	rB (Apr.–Sep.)
Grauammer	rB (Mrz.–Jul.)

ßen Bruch. Wendehälse kehren im April zurück, Pirole und Neuntöter folgen als regelmäßige Brutvögel im Mai. Vor allem durch ihre auffälligen Gesänge zu entdecken sind Feldschwirle sowie Drosselrohrsänger. Gut zu beobachten sind im Großen Bruch auch Braun- und Schwarzkehlchen sowie Gartenrotschwänze. Seltenere Brutvögel sind die attraktiven Blaukehlchen. Vor allem in den Randbereichen der Niederung hat man auch gute Chancen Grauammern zu entdecken.

Die Grünländer sind von zahlreichen Gräben und Baumreihen durchsetzt.
Foto: C. König. 19.3.2022.

Beobachtungsmöglichkeiten

Aufgrund der jahrelangen politischen Teilung und dem Grabensystem gibt es nur wenige Möglichkeiten, das Gebiet zu Fuß zu erkunden. Drei unterschiedlich lange Varianten werden im Folgenden vorgestellt, sind aber mehr als Anregung zu verstehen. Sehr gut lässt sich das Gebiet mit dem Fahrrad erschließen, teilweise dürfen die Wege auch mit dem Auto befahren werden.

Ein rund 8,8 km langer Rundweg durch einen attraktiven Teil des Großen Bruchs startet am nordwestlichen Rand der zur Stadt Osterwieck gehörenden Ortschaft Veltheim (1). Von hier führt ein befestigter Wirtschaftsweg nach Norden ins Gebiet. Nach 450 m biegt man links ab und läuft nach Westen auf einem Plattenweg durch die Wiesen. Im Winterhalbjahr rasten hier arktische Gänse und es jagen Kornweihen und Raufußbussarde. Im Sommer lassen sich Rebhühner, Schwarz- und Braunkehlchen, Neuntöter und Grauammern beobachten. Bereits ab März ist das Trällern der Feldlerchen im Singflug über den Wiesen kaum zu überhören. In den Abendstunden können mit etwas Glück Wachtelkönige gehört werden. Auf dem Herbstzug rasteten bereits mehrfach Rotfußfalken in diesem Bereich des Großen Bruchs. Nachdem man dem Plattenweg für 2,8 km gefolgt ist, biegt man rechts ab und nach 1 km an der nächsten Wegekreuzung wieder rechts. Dabei passiert man ein kleines Wäldchen (2) mit brütenden Hohltauben und Nachtigallen. Parallel zum Hinweg, aber diesmal in Niedersachsen statt in Sachsen-Anhalt, führt der Weg nun vorbei an Wiesen und Äckern sowie einzelnen Baumreihen in Richtung Osten. Entlang des Weges sollte man auf Turteltauben achten, im Luftraum jagen regelmäßig Baumfalken. Nach 3 km führt ein Weg rechts ab entlang einer Baumreihe nach Süden. Diesem folgt man für 1,4 km, um wieder den Ausgangspunkt zu erreichen.

Luftlinie rund 10 km weiter östlich bietet sich eine weitere Gelegenheit für einen Spaziergang durch das Große Bruch. Eine Parkmöglichkeit (3) befindet sich an der B 244 zwischen Jerxheim und Dedeleben. Für diesen 6 km langen Rundweg überquert man die Bundesstraße und läuft rund 300 m auf dem befestigten Kolonnenweg nach Westen, bevor man nach Überquerung des Marienbachs nach links abbiegt. In diesem Bereich sollte man auf singende Feldschwirle achten. Es folgt ein 850 m langer unbefestigter Abschnitt, für den festes Schuhwerk erforderlich ist, bevor man am nächsten Wegekreuz wieder links auf einen Plattenweg abbiegt und nach kurzer Zeit die B 244 überquert. Nach gut 600 m erreicht man eine in Nord-Süd-Richtung verlaufende Gebüschreihe (4), die Brutplatz von Kuckucken, Nachtigallen und Neuntötern ist. Der Weg führt weiter durchs Offenland mit Braunkehlchen und im Winter Chance auf Raubwürger. Nach 1,5 km biegt man links ab und nach 500 m am Ende des Weges erneut links. Von hier sind es nun 2 km bis zum Ausgangspunkt, vorbei an Schwarzkehlchen und Grauammern bzw. im Winter Kornweihen und Raufußbussarden.

Im östlichen Bereich des Großen Bruchs, bietet sich nördlich von Wulferstedt der vielleicht attraktivste, rund 5 km lange Rundweg durch das Gebiet an. Es handelt sich um den natürlichsten Teil des Großen Bruchs, in dem noch seltene Pflanzenarten wie Quellgras, Sumpfwolfsmilch und Lauch-Gamander vorkommen. Parkmöglichkeiten (5) gibt es am Wulferstedter Weg, nordöstlich von Wulferstedt in Richtung Hornhausen. Direkt am Parkplatz bzw. im Bereich einer westlich angrenzenden Schilf- und einer südlich anschließenden Wasserfläche sollte man auf Drosselrohrsänger, Feldschwirle und Blaukehlchen achten. Bevor man den eigentlichen Rundweg in südlicher Richtung startet, empfiehlt sich ein kurzer Abstecher zur benachbarten Brücke über den Großen Graben für Eisvögel und verschiedene Entenarten. Anschließend folgt man dem Wulferstedter Weg nach Süden. Entlang des Weges kommen Wendehälse, Schwarzkehlchen und Neuntöter vor. Nach etwa 400 m biegt man rechts ab auf einen unbefestigten, aber in der Regel gut begehbaren Feldweg entlang eines Grabens. Feldlerchen und Grauammern singen entlang des Weges, Schwarz- und Braunkehlchen im Umfeld der umliegenden Wiesen, aus denen auch der Schlag der hier brütenden Wachteln zu vernehmen ist. Nach 1 km erreicht man im Bereich einer Baumreihe wieder einen festen Weg, dem man weiter geradeaus folgt (wer hier links abbiegt, kann die Runde auf 3,8 km verkürzen). Die Baumreihe ist Brutplatz von Gartenrotschwänzen und Baumpiepern. Nach weiteren 650 m biegt man links ab in Richtung Wulferstedt und erreicht nach weiteren 350 m vor den ersten Gebäuden den Alten Schradergraben, wo man erneut links abbiegt und dem Graben nach Osten folgt. Das Gehölz jenseits des Grabens (6) ist Brutplatz von Schwarzspechten, Hohltauben und Gartenrotschwänzen. Nach 1,6 km erreicht man am Ende des Feldwegs den Wulferstedter Weg und folgt diesem nach Norden bis zum Parkplatz.

Weitere Freizeitmöglichkeiten

Etwa 20 km südlich des Großen Bruchs liegt die für ihren Dom bekannte Kreisstadt Halberstadt. Der Schatz im Halberstädter Dom St. Stephanus gehört zu den umfangreichsten mittelalterlichen Kirchenschätzen der Welt. Auch wenn ein Großteil der Stadt im Zweiten Weltkrieg zerstört wurde, lockt die historische Altstadt auch heute noch mit ihren liebevoll restaurierten Fachwerkhäusern und verwinkelten Gassen. In Halberstadt sollte auch das Museum Heineanum besucht werden. Dieses Museum für Vogelkunde umfasst unter anderem die umfangreichste private Vogel- und Eiersammlung Deutschlands.

Christopher König, Christoph Moning, Felix Weiß

Anfahrt

Mit Bahn und Bus

Das Große Bruch ist mit dem ÖPNV nur schlecht erreichbar. In das Gebiet bei Veltheim gelangt man von niedersächsischer Seite ab dem Bahnhof Wolfenbüttel mit der Buslinie 710 bis „Winnigstedt Mattierzoll" innerhalb einer Stunde und anschließend 1,7 km Fußweg. Ebenso lange fährt man zum Gebiet bei Jerxheim vom Bahnhof Helmstedt mit der Buslinie 397 bis „Jerxheim Bahnhof" und anschließend 1,3 km Fußweg. Besser erreichbar ist das Gebiet bei Wulferstedt ab Bahnhof Oschersleben. Die Buslinie 653 fährt innerhalb einer Viertelstunde nach Wulferstedt. Wer das Fahrrad dabei hat, kann die 7 km vom Bahnhof ins Gebiet auch damit zurücklegen.

Mit dem Auto

Die beschriebenen Gebiete erreicht man am besten von der A2 bei Helmstedt über die B 244 und durch Schöningen nach Winnigstedt oder Jerxheim bzw. von Helmstedt über die B 245 in Richtung Halberstadt bis nach Wulferstedt.

GPS		
Parkmöglichkeiten Veltheim (1)	52.0383 N	10.7446 O
Parkmöglichkeiten an B244 südlich Jerxheim (3)	52.0561 N	10.8863 O
Parkplatz am Großen Graben bei Wulferstedt (5)	52.0274 N	11.1517 O

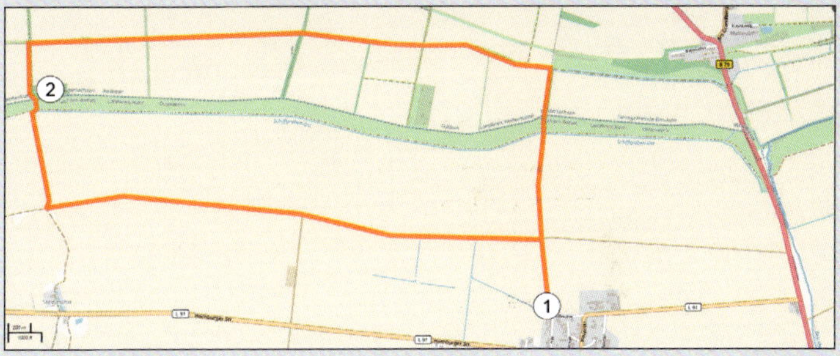

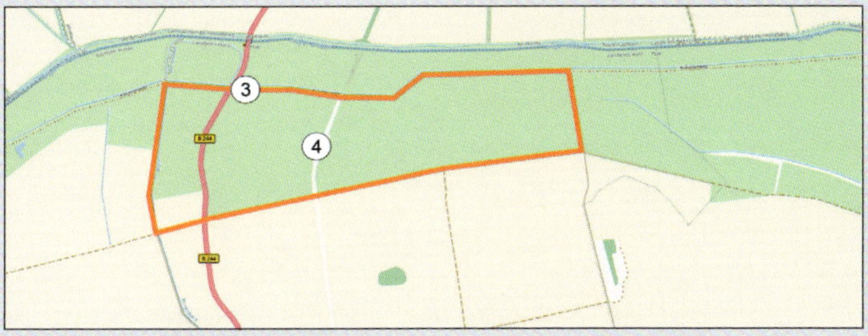

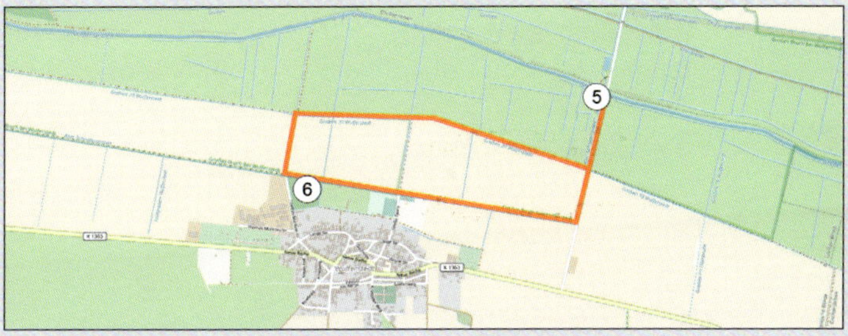

Kartengrundlage: OpenStreetMap. CC-BY-SA 2.0

Brandenburg

Tipp Nr.	Beobachtungsplatz
1	Das Naturschutzgebiet Stechlin S. 207
2	Die Belziger Landschaftswiesen S. 210
3	Der Gülper See S. 214
4	Das Storchendorf und Teichland Linum S. 219
5	Der Naturpark Schlaubetal und die Reicherskreuzer Heide S. 223
6	Der Spreewald S. 227
7	Der Nationalpark Unteres Odertal S. 231
8	Der ehemalige Truppenübungsplatz Jüterbog S. 235
9	Rietzer See und Streng S. 239
10	Die Talsperre Spremberg in der Niederlausitz S. 243
11	Vogelreiches Ökodorf: Brodowin S. 247
12	Forsthaus Prösa S. 252
13	Die Peitzer Teiche S. 257
14	Die Ziltendorfer Niederung S. 262
15	Die Döberitzer Heide S. 267

Foto: T. Brandt.

Das Naturschutzgebiet Stechlin

Wertvoller Lebensraum

Ganz im Norden Brandenburgs fällt ein See aus der Vielzahl der Gewässer im Nordosten Deutschlands heraus: der Stechlinsee. Er ist einer der wenigen oligotrophen (=nährstoffarmen) Seen der Gegend. Unter diesen Klarwasserseen ist er mit Abstand der größte (425 ha). Er ist der Kern des hier beschriebenen fast 90 km2 großen Naturschutzgebietes (NSG) Stechlin, das wiederum in den 680 km2 großen Naturpark Stechlin-Ruppiner Land eingebettet ist.

Das eiszeitlich geformte und hügelige Gebiet schließt weitere, kleinere und sehr unterschiedliche Seen ein, die in großen, teilweise naturnahen Wäldern liegen, beispielsweise den nährstoffreichen (= eutrophen) Dagowsee. Die nährstoffarmen Seen ziehen in der Regel keine Vogelmassen an, denn die Nährstoffarmut bedingt eine geringe Produktivität und somit auch eine schmale Ernährungsgrundlage. Dennoch ist die „Blaue Perle“ Brandenburgs, wie der Stechlinsee auch genannt wird, und ihre Umgebung vor allem wegen bundesweit seltener Brutvogelarten für Vogelbeobachter einen Besuch wert. Auch an anderen Tiergruppen Interessierte kommen auf ihre Kosten. Für den Schutz der Klarwasserseen und Tieflandbuchenwälder und die dazu gehörigen Tiergemeinschaften hat das Gebiet zwischen Fürstenberg und Rheinsberg – 60 km nördlich von Berlin – bundesweit eine herausragende Bedeutung und ist in das europäische Schutzgebietssystem Natura 2000 als Fauna-Flora-Habitat (FFH-Gebiet) und als EU-Vogelschutzgebiet integriert.

Lebensräume

Zunächst sind es die Seen mit einer Gesamtfläche von ca. 1200 Hektar, die das Augenmerk auf sich lenken, allen voran der große, glasklare und fast 70 Meter tiefe Stechlinsee. An seine Ufer grenzen nur wenige kleine Schilfflächen, wie es für nährstoffarme Seen typisch ist. Größtenteils grenzen Wälder an das Ufer. Sie bedecken etwa drei Viertel des gesamten Naturschutzgebietes. Davon sind etwa 2500 Hektar Laub- (vorwiegend Buchenwald) und 150 Hektar Moorwald. Ein großer Teil der Wälder besteht aus Kiefernforsten. Landwirtschaftliche Nutzflächen sind rar. Nur etwa 350 Hektar werden als Grünland genutzt.

Es gibt elf Naturentwicklungsgebiete, die insgesamt 661 Hektar umfassen. 45 Hektar davon sind Seefläche. Sie dürfen nicht bewirtschaftet und abseits der Wege nicht betreten werden. Außerhalb dieser Gebiete werden entsprechend der Vorgaben der NSG-Verordnung die Wälder im Naturschutzgebiet bewirtschaftet und die Gewässer von Fischereiwirtschaft und Anglern genutzt.

Es gibt eine Vielzahl von Mooren unterschiedlicher Größe und Naturnähe und auch unterschiedlichen Typs im NSG, wobei offene Moorflächen vor allem im Norden liegen. Ein Fremdkörper in der von Wäldern und Seen dominierten Landschaft ist das ehemalige Atomkraftwerk im Südwesten des Gebietes, das bei Ausflügen im Gebiet glücklicherweise weitgehend außer Sicht bleibt. Ziel der in Menz ansässigen Naturparkverwaltung ist der Rückbau zur „grünen Wiese“.

Besondere Vogelarten

Insgesamt stellte man im NSG Stechlin 155 Vogelarten fest, von denen 93 regelmäßig dort brüten. 20 weitere sind nur unregelmäßige oder nicht sicher nachgewiesene Brutvögel. Entsprechend der naturräumlichen Ausstattung des Gebietes dominieren Wald- und Wasservogelarten. Vor allem für Schellente, Rohrdommel, Fischadler und Zwergschnäpper ist das Brutgebiet bedeutend. Rund zehn Fischadlerpaare brüten im Gebiet und suchen am Stechlinsee und den anderen Gewässern nach Nahrung. Als kleine Entschädigung für den störenden Anblick des Atomkraftwerkes kann man Fischadler auf den Masten der abgehenden Hochspannungsleitungen beobachten. Auf Strommasten brütet rund die Hälfte der Paare des Gebietes (bitte eine Beobachtungsdistanz von etwa 300 Metern einhalten und auf den Wegen bleiben). Die Leitungsschneisen kommen Heidelerchen zugute.

Seeadler sind dagegen eher selten anzutreffen. 2004 brütete nach vermutlich 20-jähriger Abwesenheit erstmalig wieder ein Paar im NSG. Über 25 Jahre verschwunden war der Wanderfalke, der seit 1998 in Folge eines Wiederansiedlungsprojektes außerhalb des Gebietes wieder brütet (Baumbrüter). Der Wappenvogel des Naturparks Stechlin-Ruppiner Land und gleichzeitig die Charakterart der Klarwasserseen ist die Schellente. Sie findet in den Altbuchenbeständen ausreichend Nistplätze in Baumhöhlen. Gänsesäger, die ebenfalls in Baumhöhlen brüten, sind als Brutvögel dagegen sehr selten. Von 1967 bis 2000 waren sie sogar verschwunden. Erst danach konnte die Art wieder brütend nachgewiesen werden (ein Paar seit 2001). Haubentaucher brüten dagegen in den schmalen Röhrichtzonen, seltener auf Schwimmblattvegetation oder im Geäst von ins Wasser gestürzten Bäumen.

Eine die Vogelbeobachter besonders anziehende Art ist der Zwergschnäpper, der hier an seiner westlichen Arealgrenze lebt. Er besiedelt im NSG schattige und luftfeuchte Buchenwälder, sofern eine Strauchschicht weitgehend fehlt und der Stammraum möglichst frei von Flughindernissen ist. Das untere Kronenstockwerk muss dagegen ausreichend Ansitzwarten aufweisen. 2002 brüteten 12 bis 13 Paare im Gebiet, während in anderen Jahren teilweise von größeren Bestandszahlen ausgegangen wird. Ein häufiger Waldvogel ist der Schwarzspecht. Seine Höhlen werden unter anderem von über 100 Hohltaubenpaaren im Gebiet genutzt. Mittel- und Kleinspecht besiedeln hauptsächlich die Eichenmischwälder, der Grünspecht auch die lichten Kiefernforste.

Typische Brutvögel der Moore sind Kranich und Waldwasserläufer. Ersterer brütet auch in den Verlandungszonen verschiedener Seen (insgesamt etwa 10 Paare). Dort brüten auch die wenigen Bekassinen und in den größeren Schilfröhrichten Rohrdommeln (gegenwärtig ca. 5 bis 7 Reviere) und die mittlerweile selten gewordenen Drosselrohrsänger.

Die Vogelfauna des Gebietes wurde bereits in den 1960er Jahren umfassend untersucht und war zu diesem Zeitpunkt sogar besser dokumentiert als heute. Seitdem hat es einige Veränderungen gegeben, die von Klemens Steiof und Wolfram Scheffler zusammengestellt wurden (in Lütkepohl & Flade 2004). Als Brutvogel verschwunden sind Graureiher, Schreiadler und Raubwürger. Auch die baumbrütende Kolonie von Mauerseglern erlosch Ende der 1990er Jahre. Als neuer Brutvogel wurde die Beutelmeise festgestellt.

Reisezeit

Der Stechlinsee selbst wird im Frühling und Sommer weitgehend nur von den Brutvögeln besiedelt. Größere Mengen Wasservögel trifft man fast ausschließlich in den Wintermonaten an, wenn die kleineren und flacheren Seen zugefroren sind, aber der tiefe und deswegen spät zufrierende Stechlinsee noch eisfreie Stellen aufweist. Spechte findet man am einfachsten im März und April, auch wenn sie ganzjährig anwesend sind. Ganzjährig sind auch Seeadler da. Die Fischadler treffen Ende März aus den Winterquartieren ein. Etwa zeitgleich ist der Gesang der Heidelerche auffällig und das Rufen der Rohrdommel zu vernehmen. Rohrschwirl, Teich- und Schilfrohrsänger sind nicht vor Mitte April zurück, Drosselrohrsänger meist erst Anfang Mai. Danach treffen beispielsweise noch Wespenbussarde und Neuntöter ein. Als letzte kehren Ende Mai die Zwergschnäpper aus den südasiatischen Winterquartieren zurück.

Die Schellente ist der Wappenvogel des Naturparkes Stechlin-Ruppiner Land und ein regelmäßiger Brutvogel im Gebiet. Foto: W. Willner.

Beobachtungsmöglichkeiten

Eine Reihe von ruhigen und idyllischen Wanderwegen durchziehen das Gebiet. Konkrete Beobachtungsorte zu nennen ist schwer. Die Vogeldichte ist gering und – außer in bestimmten Winterphasen – nicht auf bestimmte Punkte konzentriert. Das Gebiet ist eher mit Muße, vielleicht verbunden mit einem Kurzurlaub, zu genießen. Wenn man die arttypischen Lebensräume in Ruhe zur richtigen Zeit erkundet, wird man so gut wie alle Arten finden, daneben auch weitere interessante Tiere und Pflanzen, die man in anderen Gegenden Deutschlands nicht oder nur kaum zu Gesicht bekommt.

Günstige Ausgangsorte für Exkursionen sind Neuglobsow, Menz oder Rheinsberg. Neuglobsow ist auf Tourismus ausgerichtet (und an Wochenenden und während der Ferienzeit zeitweise

Typische Vogelarten, deren Status und günstige Beobachtungszeit (in Klammern) im NSG Stechlin.
h = häufig, r = regelmäßig, s = selten; B = Brutvogel, J = Jahresvogel (kein Brutvogel), W= Wintergast, D = Durchzügler

Art	Status (beste Beobachtungszeit)
Baumfalke	rB (Mai – Sept.)
Bekassine	sB (März – Sept.)
Drosselrohrsänger	sB (Mai – Aug.)
Fischadler	rB (April – Okt.)
Flussseeschwalbe	sB (April – Sept.)
Gartenbaumläufer	hB (ganzjährig)
Gartenrotschwanz	hB (April – Sept.)
Grünspecht	rB (ganzjährig)
Gänsesäger	sB, rW (ganzjährig)
Habicht	rB (ganzjährig)
Haubentaucher	rB (März – Nov.)
Heidelerche	rB (März – Sept.)
Hohltaube	hB (März – Okt.)
Kolkrabe	rB (ganzjährig)
Kranich	rB (März – Okt.)
Krickente	sB, rW (ganzjährig)
Mittelspecht	rB (ganzjährig)
Nebelkrähe	rB (ganzjährig)

Art	Status (beste Beobachtungszeit)
Neuntöter	rB (Mai – Aug.)
Pirol	rB (Mai – Aug.)
Rohrdommel	sB (März – Nov.)
Rohrschwirl	sB (Mai – Aug.)
Rohrweihe	rB (April – Sept.)
Rotmilan	rB (März – Okt.)
Schellente	rB, rW (ganzjährig)
Schilfrohrsänger	rB (Mai – Aug.)
Schwarzmilan	rB (April – Aug.)
Schwarzspecht	hB (ganzjährig)
Seeadler	sB, rW (ganzjährig)
Waldbaumläufer	hB (ganzjährig)
Waldschnepfe	rB (März – Okt.)
Waldwasserläufer	rB (März – Okt.)
Wanderfalke	sB (ganzjährig)
Wespenbussard	rB (Mai – Aug.)
Ziegenmelker	rB (Mai – Aug.)
Zwergschnäpper	rB (Juni, Juli)

überlaufen) und bietet zahlreiche Parkmöglichkeiten. Am leicht erreichbaren Ostufer des Stechlinsees bei Neuglobsow liegt beispielsweise ein totholzreicher Mischwald mit riesigen Buchen.

Eine umfangreiche Ausstellung des Naturparks befindet sich im Besucherinformationszentrum NaturParkHaus Stechlin. Als informativer Einstieg ist der Besuch durchaus empfehlenswert. Die für einen längeren Aufenthalt unentbehrlichen Wanderkarten sind dort ebenfalls erhältlich.

Weitere Beobachtungs- und Freizeitmöglichkeiten

Auch unter anderen Tiergruppen kann man echte „Spezialitäten" des Gebietes finden, so z. B. unter den Libellen (Keilfleck-Mosaikjungfer, Zweifleck, Östliche Moosjungfer, Kleine Zangenlibelle). Eine kleinwüchsige Fischart, die Fontane- oder Tiefenmaräne (Coregonus fontanae) des Stechlinsees ist übrigens die einzige endemische Wirbeltierart Brandenburgs. Man wird sie jedoch kaum zu Gesicht bekommen.

Naturkundliche Führungen unterschiedlicher Dauer, Rad- und Kanutouren und auch baugeschichtliche Exkursionen im gesamten Naturpark Stechlin-Ruppiner Land kann man über die Naturparkverwaltung buchen. Bademöglichkeiten gibt es z. B. in Neuglobsow (Stechlinsee) und bei Menz (Roofensee). An Wochenenden kann es voll werden! In Neuglobsow gibt es einen Boots- und Fahrradverleih. Auch in der weiteren Umgebung des Naturparks finden sich zahlreiche weitere Bade- und Freizeitmöglichkeiten sowie Unterkünfte (auch Campingplätze).

Thomas Brandt, Cordula Jülch, Kilian Wasmer

Infomaterial/Literatur

Lütkepohl, M. & M. Flade (Hrsg., 2004): Das Naturschutzgebiet Stechlin. Verlag Natur & Text in Brandenburg GmbH, Rangsdorf, 268 Seiten. Hervorragende Zusammenstellung von 35 Beiträgen von Fachautoren zu unterschiedlichen gebietsrelevanten naturkundlichen Themen, u. a. über Vögel, Säugetiere, Libellen, Flora, Landschaftsgeschichte und die naturräumlichen Grundlagen.

Anfahrt

Mit Bahn und Bus

Mit dem Regionalexpress gelangt man in 45 Minuten im Stundentakt von Berlin Hbf nach Gransee, von dort aus mit dem Bus nach Neuglobsow oder nach Menz.

Mit dem Auto

Die Anreise mit dem PKW ist von Berlin aus über die B 96 am einfachsten. Über Gransee oder Fürstenberg/Havel erreicht man Menz bzw. Neuglobsow. Von Hamburg kommt man über die A 24 und fährt bei Pritzwalk (Abfahrt 19) ab, dann Richtung Rheinsberg und weiter nach Menz bzw. Neuglobsow. Das Straßennetz dünnt sich aus je näher man an den Stechlinsee kommt, viele Wege dürfen nicht befahren werden oder sind nur schwer befahrbar (was dem Vogelbeobachter durchaus entgegen kommen kann).

Mit dem Fahrrad

Das Fahrrad ist das ideale Fortbewegungsmittel im Gebiet, zumal viele Wege nicht mit dem PKW befahren werden dürfen oder man mit dem PKW erhebliche Umwege in Kauf nehmen muss. Fahrradverleihe gibt es vor Ort (z. B. in Neuglobsow, Fürstenberg/Havel oder Rheinsberg).

Adressen

Naturparkverwaltung Stechlin-Ruppiner Land, Friedensplatz 9, 16775 Stechlin-Menz.
Tel.: 033082/4070, np-stechlin-ruppiner-land@lugr.brandenburg.de; www.np-srl.brandenburg.de

Tourismusverband Ruppiner Seenland e.V., Fischbänkenstr. 8, 16816 Neuruppin.
Tel.: 03391/659630, info@ruppiner-reiseland.de; www.ruppiner-reiseland.de

Besucherzentrum NaturParkHaus Stechlin, Kirchstr. 4, 16775 Stechlin-Menz,
Tel.: 033082/51210, post@naturparkhaus.de; www.naturparkhaus.de

GPS		
Neuglobsow (Ortsmitte)	53°08'52.44" N	13°03'16.95" O
Menz (Ortsmitte)	53°06'08.21" N	13°02'47.42" O
Rheinsberg (Ortsmitte)	51°00'36.02" N	13°21'32.44" O

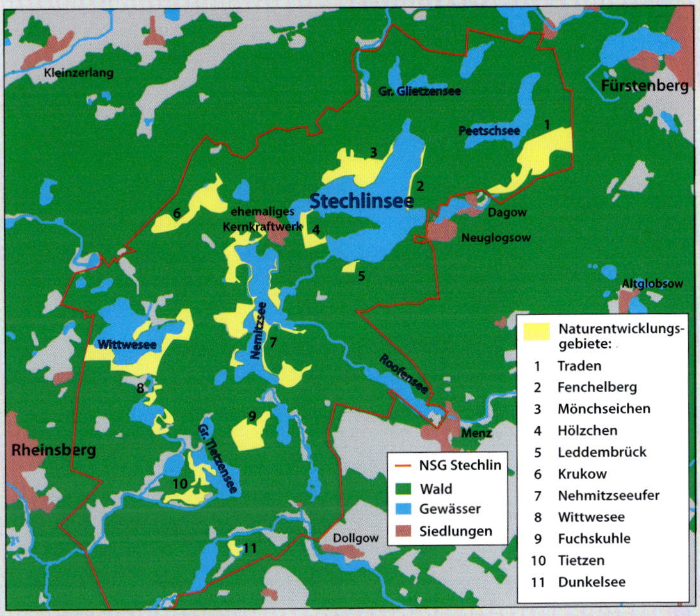

Morgenstimmung in den Belziger Landschaftswiesen. Blick von Baitz über die Wintereinstände der Trappen. Foto: M. Grimm. 23.4.2005.

Die Belziger Landschaftswiesen

Eines der letzten Großtrappengebiete Deutschland

Die Belziger Landschaftswiesen sind Teil des Baruther Urstromtals. Dieses ist eine Abflussbahn der eiszeitlichen Schmelzwasser und entstand vor rund 21 000 Jahren. Die gewaltigen Schmelzwasserflüsse hinterließen einen rund drei bis fünf Kilometer breiten Talboden. Wie bei Urstromtälern typisch, bestehen auch die Belziger Landschaftswiesen im Untergrund aus mächtigen Schmelzwassersanden. Durch das Ansteigen des Grundwasserspiegels vor ungefähr 8000 Jahren vermoorten die Sander großflächig. In der Folge bildeten sich weitläufige Bruch- und Feuchtwälder, die heute allerdings wieder verschwunden sind. In den ebenen, nur 40 bis 44 m über NN liegenden und weder von Siedlungen noch Straßen zerschnittenen Belziger Landschaftswiesen lebt die nach dem Havelländischen Luch größte Großtrappengruppe Deutschlands, die sich hier auch gut beobachten lässt. Weitere Großtrappen gibt es in Deutschland nur noch im Havelländischen Luch und im Fiener Bruch. So sind die Belziger Landschaftswiesen seit den 70er Jahren des letzten Jahrhunderts in ein staatliches Schutzkonzept zur Rettung der Großtrappe integriert, seit 2005 als Naturschutzgebiet geschützt und auch als Europäisches Vogelschutzgebiet (SPA) „Unteres Rhinluch/Dreetzer See, Havelländisches Luch und Belziger Landschaftswiesen“ gemeldet. Landschaftliche Reize bietet die nur in seinem Randbereich frei zugängliche Niederung eher den Freunden weiter Landschaften und den stillen Genießern.

Mit einem Gewicht von bis zu 18 kg sind Großtrappen die schwersten flugfähigen Vögel Europas. Foto: M. Grimm. Belziger Landschaftswiesen, 24.5.2005.

Lebensräume

Noch um 1780 waren die Belziger Landschaftswiesen ein intaktes Niedermoor und vollständig mit Bruch- und Auwäldern bestanden. Erst danach begannen die Rodungen, die bis heute zu einer fast baumlosen Landschaft geführt haben. Der heutige Waldanteil beträgt gerade einmal 1,2 %. Das Gebiet wurde nach der Entwaldung – je nach Entfernung von den am Rande gelegenen Ortschaften – als Weide, Heu- oder Streuwiese genutzt. Ab dem Mittelalter sind erste Eingriffe in das Wasserregime für das Betreiben von Mühlen bekannt, aber erst in den 70er Jahren des letzten Jahrhunderts wurden umfangreiche tiefgründige Entwässerungen durchgeführt, die zu dem aktuell umfassend kanalisierten Gewässersystem geführt haben. Die tiefgründige Entwässerung der gerodeten Offenlandstandorte hat dazu geführt, dass eine intensive Grünlandnutzung mit Saatgrasland sowie intensiver Weide- und Mahdnutzung möglich wurde. Dazwischen liegen einige nasse Vertiefungen, in denen zum Teil bis in den Sommer hinein Wasser steht. Am Rand runden Erlenbruchwaldreste und Kiefernforste auf kleinen Dünenkomplexen das Landschaftsbild ab. Im Rahmen der Schutz- und Entwicklungsmaßnahmen werden oberflächennahe Grundwasserstände und teilweise bis weit in das Frühjahr hinein flach überstaute Wiesen angestrebt.

Besondere Vogelarten

Die Belziger Landschaftswiesen sind vor allem durch die Großtrappen bekannt. Der „märkische Strauß", wie die Großtrappe auch genannt wird, bewohnte ursprünglich offene Steppen und wanderte bereits am Ende der Eiszeit nach Mitteleuropa ein, wie Knochenfunde von Lagerplätzen der steinzeitlichen Bewohner belegen. Die offene Landschaft und die vielen ruhigen Brachen führten dazu, dass diese Kulturfolger in Deutschland so häufig wurden, dass die Bauern 1753 von Friedrich II. sogar zeitweilig die Genehmigung zur Jagd auf den schwersten flugfähigen Vogel in Deutschland erhielten. Noch um 1940 lebten vor allem in Brandenburg, Mecklenburg, Sachsen-Anhalt und Sachsen etwa 4000 Großtrappen. 1997/98 wurden nur noch gut 56/59 Individuen erfasst. 2012 waren es in Deutschland wieder über 123 Tiere, davon leben 42 (2012) in den Belziger Landschaftswiesen. Bis 2014 stieg der Gesamtbestand auf 165, davon 48 in den Belziger Landschaftswiesen. Grund dafür sind konsequente Schutzmaßnahmen sowie die Aufnahme von im Freiland gefährdeten Eiern, deren künstliche Brut, Aufzucht und anschließende Auswilderung.

Neben den Großtrappen kann man zur Brutzeit mit großer Wahrscheinlichkeit Weißstorch, Fischadler, Kranich, Kiebitz, Bekassine, Pirol, Heidelerche, Braunkehlchen und Ortolan beobachten. Für den Großen Brachvogel sind die Landschaftswiesen mit jährlich 20 bis 23 Brutpaaren (1998–2007) das bedeutendste Brutgebiet in

Wiesenweihen brüten unregelmäßig in den fuchsfreien Trappengehegen. Im Bild ein Jungvogel.

Foto: M. Moning. August 2007.

Typische Vogelarten der Belziger Landschaftswiesen, deren Status und günstige Beobachtungszeit (in Klammern).
h = häufiger, r = regelmäßiger, s = seltener, J = Jahresvogel, B = Brutvogel, W = Wintergast, D = Durchzügler, N = Nahrungsgast.

Art	Status (beste Beobachtungszeit)
Baumfalke	sB (Mai–Sept.)
Baumpieper	rB (April–Aug.)
Bekassine	rB, hD (März–Nov.)
Blässgans	hW (Okt.–März)
Braunkehlchen	hB (Ende April–Sept.)
Bruchwasserläufer	rD (April/Mai)
Eisvogel	sB (ganzjährig)
Feldschwirl	rB (Ende April–Aug.)
Fischadler	sB (April–Sept.)
Gebirgsstelze	sB (Mitte März–Okt.)
Goldregenpfeifer	rD (Okt./Nov.)
Grauammer	sB (ganzjährig)
Großer Brachvogel	rB (März–Aug.)
Großtrappe	rB, rW (ganzjährig)
Haubenlerche	sB (März–Okt.)
Heidelerche	rB (Ende März–Sept.)
Kiebitz	rB, hD (März–Nov.)
Knäkente	rB (April–Aug.)
Kolkrabe	rB (ganzjährig)
Kornweihe	rW (Nov.–März)

Art	Status (beste Beobachtungszeit)
Kranich	rB (März–Nov.)
Merlin	sW (Okt.–März)
Ortolan	rB (Mai–Aug.)
Pirol	rB (Mai–Aug.)
Raubwürger	sB, rW (ganzjährig)
Raufußbussard	sW (Okt.–April)
Rotmilan	rB (März–Nov.)
Schleiereule	sB (ganzjährig)
Schwarzmilan	rB (April–Aug.)
Schwarzstorch	hN (April–Aug.)
Seeadler	hN, rJ (ganzjährig)
Sing- und Zwergschwan	rD (Okt.–März)
Steinkauz	sB (ganzjährig)
Sumpfohreule	sB (April–Juli)
Tundrasaatgans	hW (Okt.–März)
Wachtel	sB (Mai–Aug.)
Wachtelkönig	sB (Mai–Juli)
Weißstorch	rB (April–Aug.)
Wiedehopf	sB (Mitte April–Aug.)
Wiesenweihe	sB, rD (April–Aug.)

Vom Beobachtungsturm bei Freienthal hat man freien Blick über den Nordteil der Landschaftswiesen. Das Licht ist frühmorgens oder – wie hier – abends am besten. Mittags hat man volles Gegenlicht. Foto: C. Wagner. April 2007.

Ostdeutschland. Im Baitzer Kirchturm brütet regelmäßig die Schleiereule, die man in den Abend- und Nachtstunden von der Bushaltestelle im Dorfkern gut hören kann. Auch gibt es eine sehr kleine Population des Steinkauzes, die durch Auswilderungen gestützt wird. Im Großtrappenauswilderungsgehege brüten unregelmäßig Wiesenweihe und Sumpfohreule.

Zu den Zugzeiten sind die Wiesen in Teilbereichen überflutet und für Zwergschwan, Saat- und Blässgans, verschiedene Entenarten, Kranich, Kiebitz und Goldregenpfeifer bedeutsame Rastgebiete. Regelmäßige Wintergäste sind Raufußbussard, Merlin und Raubwürger. Die Belziger Landschaftswiesen sind als Überwinterungsgebiet für die Kornweihe bedeutsam.

Reisezeit

Zur Balzzeit von Mitte März bis Mitte Mai konzentrieren sich die Großtrappen im Nordwesten des Gebiets. Sie sind dann sehr gut von dem Beob-achtungsturm bei Freienthal aus zu sehen. Um die spektakuläre Balz genießen zu können, sollte man ein Spektiv dabeihaben. Frühmorgens sind die Männchen besonders aktiv. Während der Sommermonate sind die Großtrappen sehr heimlich und trotz ihrer Größe in der hohen Vegetationnur schwer zu finden. Im Winter nutzen die Trappen gerne Rapsäcker im Süden des Gebiets. Sie sind dann allerdings weniger standorttreu als im Frühjahr. Wer dann Großtrappen sehen möchte, wendet sich am besten an den Förderverein (s. Adressen), der vor allem im Havelländischen Luch aktiv ist, wo sich ebenfalls gut Großtrappen beobachten lassen.

Im Herbst und Winter kann es in den Belziger Landschaftswiesen recht ruhig sein. Wenn allerdings Wasserflächen vorhanden sind, lohnt sich ein Besuch auch in der kalten Jahreszeit.

Beobachtungsmöglichkeiten

Der wichtigste Beobachtungspunkt für Trappen zur Brutzeit befindet sich am Nordrand der Landschaftswiesen südwestlich von Freienthal. Von der A 9 fährt man nach Brück und weiter auf der L 85 Richtung „Brandenburg". In Freienthal zweigt nur eine ernstzunehmende Straße links ab und führt anfangs noch gepflastert Richtung Südwesten aus dem Ort. Nach 700 m (von der L 85) hält man sich halblinks und durchquert einen Kiefernwald, hinter dem man rechts fährt. Man nimmt den nächsten Weg links und erreicht an Stallanlagen vorbei (im zeitigen Frühjahr auf Steinkauz achten) eine Brücke über die Plane, wo man parkt (1,9 km von der L 85). Dahinter steht der auffällige Beobachtungsturm (1). Rechts blickend kann man ein Auswilderungsgehege (5) erkennen, in dessen Umgebung sich gerne Großtrappen aufhalten. Bei (2) brütet, vom Turm aus allerdings schlecht sichtbar, ein Fischadlerpaar auf einem Hochspannungsmast. Die Sandpiste zwischen (1) und (3) führt entlang eines Kiefernwäldchens und bietet Chancen auf Wachtel, Heidelerche und Ortolan. Der Weg ist 4,3 km lang.

Ein weiterer guter Übersichtspunkt ist die Hangkante östlich von Baitz (4). Von der A 9 kommend fährt man in Brück nach links Richtung Belzig und folgt der Straße ca. 5 km bis Neschholz. Dort hält man sich Richtung Baitz und verlässt in Baitz die Hauptstraße unmittelbar nach Überquerung einer kleinen Brücke (kleiner grüner Wegweiser „Europaradwanderweg R1"), nach rechts. Nach 200 m parkt man an einer weiteren Brücke. Nordwestlich der Brücke liegt ein Rinderstall, wo man auf dem Sandweg vor dem Stall Haubenlerchen beobachten kann. Der weitere Weg führt, dem Fahrradweg folgend, über die Brücke (Gebirgsstelze) in 1,1 km nach Westen zu einem Picknickplatz (4) mit einem wunderbaren Blick über die Landschaftswiesen. Greifvögel lassen sich von hier aus gut beobachten sowie im Winter Raufußbussard und Raubwürger. Vom Herbst bis zum Vorfrühling stehen die Großtrappen oft in den Rapsfeldern nördlich von (4). Seit 2007 befindet sich auch ein weiteres Trappengehege in diesem Bereich.

Der Plattenweg, der am Fischadlerhorst (2) vorbeiführt, darf befahren werden. Er durchschneidet interessante Feuchtwiesen in denen Große Brachvögel brüten. Die Tiere können bei noch kurzer Vegetation im März / April gut vom Plattenweg aus beobachtet werden. Außerdem brüten hier unregelmäßig Wachtelkönige. Der Zugang erfolgt am Einfachsten von der L 85 aus. Der asphaltierte Weg biegt 3,7 km nach Verlassen von „Brück" bzw. 900 m südöstlich von „Freienthal" nach Süden ab. Um Störungen zu vermeiden und zum Schutz der in diesen Wiesenbereichen auch regelmäßig brütenden Großtrappen, sollte man das Verlassen des Wegs unbedingt unterlassen.

Weitere Beobachtungs- und Freizeitmöglichkeiten

Der Rietzer See mit dem Streng, gut 20 km nördlich der Belziger Landschaftswiesen, und die Nuthe-Nieplitz-Niederung, 30 km westlich davon, sind zwei sehr reizvolle Gebiete im Nahbereich von Berlin, die das ganze Jahr über einen Besuch wert sind.

Thomas Brandt, Christoph Moning, Christian Wagner

Infomaterial/Literatur

Haase, P., B. Litzbarski, H. Litzbarski & T. Ryslavy (2005): Das Europäische Vogelschutzgebiet (SPA) Unteres Rhinluch/Dreetzer See, Havelländisches Luch und Belziger Landschaftswiesen. Naturschutz und Landschaftspflege in Brandenburg 14 (3/4): 82-85.

Litzbarski, B. (1998): Das Europäische Vogelschutzgebiet (SPA) Belziger Landschaftswiesen. Naturschutz und Landschaftspflege in Brandenburg 7: 182–184.

Wagner, C. & C. Moning (2009): Vögel beobachten in Ostdeutschland. Franckh-Kosmos-Verlag, Stuttgart.

Die Karte ist aus dem Buch Wagner & Moning (2009), Vögel beobachten in Ostdeutschland entnommen.

Anfahrt

Die Belziger Landschaftswiesen liegen gut 50 km südwestlich von Berlin-Mitte.

Mit Bahn und Bus

Bahnhöfe findet man in Brück und Baitz. Eine Bushaltestelle existiert in Lütte. Eine Wanderung von Lütte bis zum Bahnhof in Brück ist 18 km lang (siehe Karte). Die sehr sandigen Wege sind nur eingeschränkt fahrradtauglich.

Mit dem Auto

Die Belziger Landschaftswiesen liegen verkehrstechnisch sehr günstig nur wenige Kilometer von der A 9 entfernt. Man verlässt die Autobahn bei der Ausfahrt Brück/Treuenbrietzen. Auch von der A 2 Ausfahrt „Brandenburg" über die B 102 ist das Gebiet erreichbar.

Adressen

Das Informations-Zentrum Belziger Landschaftswiesen gibt gerne Auskunft.
Sprechzeit: Dienstag 7.30 bis 18.00 Uhr.
Anmeldung: Förderverein Großtrappenschutz e. V.,
Buckower Dorfstr. 34, 14715 Nennhausen,
Tel.: 033878/60257, E-Mail: bustard@t-online.de,
Internet: www.grosstrappe.de

Verkehrgesellschaft Belzig mbH, 03381/723217 (Fahrplanauskünfte),
www.vgbelzig.de

GPS		
Beobachtungsturm (1)	52°13'04" N	12°41'52" O
Parkmöglichkeit bei Picknickplatz Baitz (4)	52°10'32" N	12°40'40" O

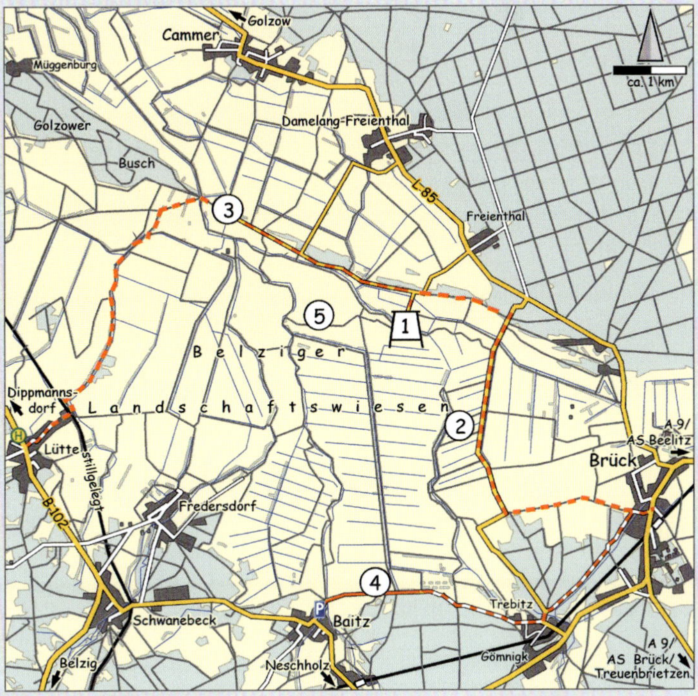

Am Südufer des Gülper Sees rasten zeitweise mehrere Tausend Wasservögel. Sie sind von dem Beobachtungsturm aus hervorragend zu sehen. Foto: C. Moning.

Foto: C. Moning.

Der Gülper See

Bekanntes Brut- und Rastgebiet im Havelland

Im westlichen Brandenburg durchzieht die Havel eine dünn besiedelte Niederungslandschaft und bildete das einstmals größte zusammenhängende Feuchtgebiet im mitteleuropäischen Binnenland. Im Zentrum dieser Niederung liegt der Gülper See. Er wird vom Rhin durchflossen, der westlich des Gülper Sees in die Havel mündet. Das außerordentlich vogelreiche Gewässer liegt ca. 7 km westlich der Ortschaft Rhinow im Landkreis Havelland und somit etwa 70 km westlich von Berlin. Noch heute gilt es als eines der wichtigsten Durchzugs- und Überwinterungsgebiete für Wat- und Wasservögel Deutschlands und hat trotz sinkender Bestände eine hohe Bedeutung für Wiesenbrüter.

Lebensräume

Die gesamte Seefläche und Teile der angrenzenden Niederung umfassen über 900 Hektar und sind seit 1978 als Feuchtgebiet internationaler Bedeutung und seit 1967 als Naturschutzgebiet geschützt. Ferner ist der Gülper See Bestandteil des insgesamt 229 km² großen Europäischen Vogelschutzgebietes/Natura 2000 Gebietes „Niederung der Unteren Havel". Im Zentrum des Gebietes liegt der Gülper See mit einer Größe von rund 660 ha. Er entstand nach der Weichsel-Eiszeit aus einer durch Schmelzwasser ausgewaschenen Mulde. Der Flachsee ist nur etwa zwei, im Bereich des Abflusses auch bis zu drei Meter tief. Bis in die 1960er Jahre war er ein eutropher, wasserpflanzenreicher Klarwassersee, der sich wegen verstärkter Nährstoffzufuhr zu einem Trübsee mit starkem Algenwachstum und Sichtweiten unter 50 cm im Sommer wandelte. Nach der Wende hat sich die Gewässergüte durch kommunale Kläranlagen und Verringerung landwirtschaftlicher Einleitungen deutlich verbessert.

Der Gülper See liegt in einer weitgehend offenen Landschaft. Im Westen, Norden und Nordosten säumen breite Schilfgürtel das Gewässer. Im Südosten und Süden gehen die flachen Ufer in extensiv beweidetes Grünland und stellenweise sogar in Magerrasen über. Die weitere Umgebung bilden vor allem feuchte Wiesen, aber auch Äcker, Kiefernforste (v. a. im Süden), Weiden- und Pappelgehölze.

Besondere Vogelarten

Der Gülper See hat sowohl für Brut- als auch für Gastvögel eine herausragende Bedeutung. Wasservögel wie Knäk-, Krick- und Löffelente brüten hier. Regelmäßige Brutvögel im Röhricht des Sees sind Rohrweihen, Rohrdommeln (ca. 3 – 5 Reviere), Teich- und Schilfrohrsänger, Rohrschwirle, Beutel- und Bartmeisen (stark schwankender Bestand). Trauer- und Flussseeschwalben brüten auf Schwimmblattpflanzen und Nistflößen im See.

In den sumpfigen und moorigen Feuchtwiesen leben noch typische Wiesenvögel, wie z. B. Bekassinen, Tüpfelsumpfhühner, Wachtelkönige und Kiebitze. In angrenzenden Gebieten brüten Kraniche, Schwarz- und Rotmilane, See- und Fischadler sowie Ortolane, in den Ortschaften Weißstörche und Schleiereulen.

Rastvögel der Uferzonen sind Kampfläufer, Wald- und Bruchwasserläufer, Grün- und Rotschenkel, Kiebitze (zeitweise über 20 000), Goldregenpfeifer (bis zu 3000) und weitere Limikolenarten. Auf dem Durchzug können große Ansammlungen von Zwergmöwen und Trauerseeschwalben beobachtet wer-

Schilfrohrsänger beziehen ab Mitte April ihre Brutreviere am Gülper See. Foto: C. Moning.

den, unter denen sich immer wieder auch die selteneren Weißflügel- und Weißbart-Seeschwalben finden lassen. Im Winter füllt sich der See mit nordischen Gästen. Sing- und Zwergschwäne, Spießenten, Pfeifenten, Gänse- und Zwergsäger rasten oder überwintern im Gebiet. Grau-, Saat- und Blässgänse kommen zu Tausenden (zusammen manchmal bis 100 000!). Selten, aber regelmäßig, findet man in den Schwärmen Zwerg- und Rothalsgänse. Mittlerweile hat der See und sein Umfeld auch eine hohe Bedeutung als Kranichrastplatz: Bis zu 10 000 Individuen sind es, die hier im Herbst aus allen Richtungen kommend abends die Flachwasserzonen zum Schlafen aufsuchen.

In den Gräben nördlich des Sees sind Biberbaue nicht zu übersehen. Am einfachsten lassen sich die Tiere bei Sonnenaufgang beobachten.

Reisezeit

Das Gebiet ist ganzjährig ein hervorragendes Ziel. Besonders eindrucksvoll ist ein Besuch im Herbst (Oktober, November), wenn zigtausend Gänse und Kraniche beim abendlichen Einflug die

Am Bärengraben nördlich des Gülper Sees ist die Biberbaue (links) unübersehbar. In der Umgebung kann man Neuntöter, Grauammern und manchmal Ortolane beobachten. Foto: T. Brandt.

Akustik dominieren. Im beginnenden Frühling treten Enten auf dem Durchzug in großer Zahl auf. Der Limikolendurchzug beginnt Ende Februar (Kiebitz, Goldregenpfeifer) und erreicht von Mitte April bis Mitte Mai seinen Höhepunkt, wenn Kampfläufer, Dunkle Wasserläufer, Bruchwasserläufer und Grünschenkel und im Gebiet rasten.

Ab März kann man die dumpfen Rufe der Rohrdommel hören, meist in den Abendstunden. In den Apriltagen füllen sich auch die Reviere der Röhrichtbewohner: Rohrweihen kommen bereits Anfang April. Rohrschwirle, Teich- und Schilfrohrsänger erreichen das Gebiet um die Monatsmitte und ab Anfang Mai „knarren" die ersten Drosselrohrsänger. Um die Monatswende April/Mai sind auch die meisten Zwergmöwen und Trauerseeschwalben zu sehen, gelegentlich dazwischen auch die selteneren Weißflügel-Seeschwalben.

Der Rückzug der Limikolen setzt Mitte Juli ein. Im August und September kann man oft mehr als zehn Arten gleichzeitig sehen. Im Sommer sind auch Tausende von Graugänsen vor Ort. Wenn der Limikolenzug im Oktober abklingt, füllt sich die Wasserfläche und das angrenzende Grünland erneut mit Enten und nordischen Gänsen.

Beobachtungsmöglichkeiten

Am Südufer ermöglicht ein Beobachtungsturm hervorragende Einblicke auf die Wasserfläche und viele am See rastende Limikolen. Der Turm ist von der Straße Prietzen – Gülpe aus über einen kleinen Fußweg erreichbar (beginnt ca. 2 km westlich von Prietzen an einer Informationstafel), der durch den Kiefernwald etwa 200 m nach Norden führt. Von diesem zentralen Beobachtungsturm aus kann man auf dem Deich in Richtung Prietzen (Osten) zuerst durch den Kiefernwald und dann am Südufer des Sees entlang gehen. Man passiert zwei Beobachtungshütten und gelangt zur Bockmühle 300 m westlich des Ortsrandes von Prietzen.

Folgt man dem Weg nördlich von Prietzen, gelangt man zu den Feuchtwiesen, die im Frühling oft überschwemmt sind. Hier rasten zur entsprechenden Zeit zahlreiche Enten und Limikolen.

Das Westufer erreicht man über die Ortschaft Gülpe (Busverbindung). Vom Ortskern aus (Weißstorchnest auf der Kirche) kann man nach Norden gehend den Deich überqueren und erreicht so einen Grünlandbereich, in dem sich im beginnenden Frühling ebenfalls Limikolen aufhalten können. Auf jeden Fall kommen hier ab Mai Braunkehlchen und Neuntöter vor. zu einem kulturhistorisch wertvollen und funktionstüchtigen Nadelwehr in der Gülper Havel.

An das Nordufer gelangt man von Rhinow aus über die L 17, indem man auf dieser noch die Ortschaft Kietz durchquert. Ein erster Zugang ergibt sich 300 m nach dem Ortsausgang über einen Plattenweg, der nach Süden (links) abzweigt und nach kurzer Strecke nur noch zu Fuß begangen werden

Typische Vogelarten am Gülper See, deren Status und günstige Beobachtungszeit (in Klammern)
h = häufiger, r = regelmäßiger, s = seltener, J = Jahresvogel, B = Brutvogel, W = Wintergast, D = Durchzügler, N = Nahrungsgast.

Art	Status (beste Beobachtungszeit)
Bartmeise	rB (ganzjährig
Bekassine	rB (April–Sept.)
Beutelmeise	rB (April–Aug.)
Blässgans	hW (Okt.–März)
Braunkehlchen	sB, rD (Ende April–Aug.)
Bruchwasserläufer	rD (Mai, Juli–Aug.)
Drosselrohrsänger	rB (Mai–Aug.)
Eisvogel	sB (ganzjährig)
Fischadler	rD (April, Aug.–Sept.)
Flussseeschwalbe	rB (Mai–Aug.)
Goldregenpfeifer	rD (März, Okt.–Nov.)
Grauammer	rB (ganzjährig)
Graugans	rB (ganzjährig)
Großer Brachvogel	rD (März–Juli)
Gänsesäger	hW (Nov.–März)
Haubentaucher	rB (ganzjährig)
Kampfläufer	rD (März–April, Juli–Aug.)
Kiebitz	hB (März–Sept.)
Kleinspecht	rB (März, April)
Knäkente	sB, rD (März–Juni)
Kormoran	hB, (ganzjährig)
Kornweihe	rW (Okt.–März)
Kranich	sB, hD, sW (ganzjährig)
Krickente	sB (März–Nov.)
Löffelente	sB, rD, (April–Nov.)

Art	Status (beste Beobachtungszeit)
Neuntöter	rB (Mai–Aug.)
Ortolan	rB (Mai–Aug)
Pirol	rB (Mitte Mai–Aug.)
Rohrdommel	rB (ganzjährig)
Rohrschwirl	rB (Mitte April–Juni)
Rohrweihe	rB (April–Sept.)
Rothalsgans	sW (Okt.–März)
Rotmilan	rB(März–Okt.)
Saatgans	hW (Okt.–März)
Schellente	rW (Okt.–März)
Schilfrohrsänger	rB (Ende April–Aug.)
Schnatterente	hB (März–Okt.)
Schwarzmilan	rB /April–Aug.)
Seeadler	sB, rW (ganzjährig)
Silberreiher	rW (Sept.–März)
Singschwan	rW (Okt.–März)
Spießente	rD (März–April, Sept.–Nov.)
Tafelente	sB, hD, hW (ganzjährig)
Trauerseeschwalbe	rD (Mai, Aug)
Tüpfelsumpfhuhn	sB (April–Juni)
Wachtelkönig	sB (Mai–Juli)
Wasserralle	rB (März–Okt.)
Zwergsäger	sW (Nov.–März)
Zwergtaucher	sB (März–Okt.)

Seeadler sind am Gülper See regelmäßig zu sehen. Adulte Vögel erkennt man an dem weißen Schwanz. Foto: B. Volmer.

darf. Nach einem halben Kilometer erreicht man auf dem Weg Grünlandflächen, die im Frühling ebenfalls lange überschwemmt sind. Hier kann man in den meisten Jahren ab April nachts Tüpfelsumpfhühner hören, ab Mai auch Wachtelkönige. Nach etwa 2 km erreicht man, immer noch östlich des Sees, eine Schranke. Man kann den Weg in westliche Richtung fortsetzen und gelangt nach weiteren 2 km an eine Pumpstation, wo der Bärengraben von Norden her zum See führt (Biberbaue entlang des Grabens). Parallel zum Graben kommt man nach 1,5 km wieder zurück auf die Landesstraße L 17. Entlang des Grabens wachsen große Hybridpappeln. Sie sind als Landmarke schon von weitem zu sehen und nützlich, falls man den Platz an der Pumpstation über den Weg am Bärengraben direkt ansteuern möchte. An dem Weg kann man Neuntöter, Grauammern und Ortolane sehen. An der Pumpstation (Parkplatz) beginnt ein sehr lohnenswerter Weg auf dem Deichweg am Nordufer des Sees. Unterwegs erhält man sehr interessante Ein-

Im Rörhricht am Gülper See brüten Bartmeisen, Rohrschwirle, Drossel-, Schilfrohrsänger und Rohrdommeln. Foto: C. Moning.

blicke in Feuchtwiesen und Röhrichte. In den Gehölzen nördlich des Deiches brüten Schwarzmilane und Kolkraben. Der Weg ist besonders geeignet, um zur passenden Jahreszeit die in den Schilfflächen brütenden Rohrdommeln, Rothalstaucher, Beutelmeisen, Rohrschwirle und Rohrsänger zu beobachten. 2009 brütete hier auch das Kleine Sumpfhuhn. Im Schilf steht ein Mast mit einer besetzten Nisthilfe für Fischadler, die sich von hier schön beobachten lassen. Schließlich gelangt man näher an das Seeufer und kann gut auf die Wasserfläche des Sees blicken. An ehemaligen Schlammpoldern vorbei gelangt man schließlich zur Gahlbergs Mühle und an den Rhin (s. o).

In den Herbstmonaten trifft man auf den landwirtschaftlichen Nutzflächen um den See Kranich- und Gänsetrupps an, beispielsweise an der L 17 zwischen Kietz und Strodehne.

Weitere Beobachtungs- und Freizeitmöglichkeiten

Nur ca. 5 km südlich des Gülper Sees liegt die Große Graben Niederung, die im Frühjahr unbedingt besucht werden muss. Dann ist die Niederung großflächig überschwemmt und Tausende Enten und Hunderte Limikolen nutzen das reiche Nahrungsangebot.

10 km südlich des Gülper Sees liegt der Schollener See (direkt westlich der Ortschaft Schollene). Das 500 ha große Naturschutzgebiet ist ebenfalls ein bedeutendes Gebiet für Wasser- und Röhrichtvögel. Das Havelländische Luch liegt etwa 30 km südöstlich des Gülper Sees und ist vor allem für sein Großtrappenvorkommen bekannt.

Thomas Brandt, Christoph Moning, Christian Wagner

Infomaterial/Literatur

Haase, P. & T. Ryslavy (2005): Das Europäische Vogelschutzgebiet (SPA) Niederung der Unteren Havel. Naturschutz und Landschaftspflege in Brandenburg 14: 78–81.

Rutschke, E. & H. Liebherr (1996): Wasser – Wiesen – Wasservögel: Ramsargebiet „Niederung der Unteren Havel/Gülper See". Falke 43: 348–351.

Wagner. C. & C. Moning (2009): Vögel beobachten in Ostdeutschland. Kosmos Verlag, Stuttgart.

Anfahrt

Mit Bahn und Bus

Mit öffentlichen Verkehrsmitteln ist das Gebiet nicht leicht zu erreichen. Die Ortschaft Rhinow wird von Rathenow (nächster Bahnhof) etwa alle zwei Stunden mit einem Bus angefahren und ist für Besucher, die auf den ÖPNV angewiesen sind, der beste Ausgangspunkt. Einige Busse halten auch in Prietzen, das näher am Südufer des Sees liegt.

Mit dem Auto

Aus westlicher Richtung über die A 2 kommend verlässt man die Autobahn auf der Abfahrt Brandenburg und fährt dann in nördliche Richtung die B 102 über Brandenburg und Rathenow bis nach Rhinow. Hier muss man entscheiden, ob man sich zunächst dem Südufer (Richtung Gülpe) oder dem Nordufer (über Kietz in Richtung Strohdene; um die Mittagszeit Gegenlicht) des Gülper Sees widmen möchte.

Mit dem Fahrrad

Das Gebiet kann man mit dem Rad grundsätzlich gut erschließen, da die Landschaft eben ist. Da einige Wege nicht mit dem PKW befahren werden können, ist ein Fahrrad oftmals sogar das ideale Fortbewegungsmittel.

Adressen

Naturparkverwaltung Westhavelland, Ilona Langgemach, Pareyer Dorfstraße 5, 14715 Havelaue, Tel.: 033872/7430, np-westhavelland@lua.brandenburg.de

Tourismusverein Westhavelland e.V., Freier Hof 5, 14712 Rathenow, Tel.: 03385/514991, tv.westhavelland@rathenow.de; www.tv-westhavelland.de

Informationspunkt Ländchen Rhinow, Lilienthalstraße 3, 14728 Rhinow, Tel.: 033875/3660, www.rhinow.de

GPS		
Prietzen (Ortsmitte)	52°43'55.44" N	12°16'42.59" O
Gülpe (Ortsmitte)	52°43'36.73" N	12°13'30.14" O
Kietz (Ortsmitte)	52°45'23.74" N	12°19'03.39" O
Strodehne (Ortsmitte)	52°45'48.99" N	12°13'47.34" O

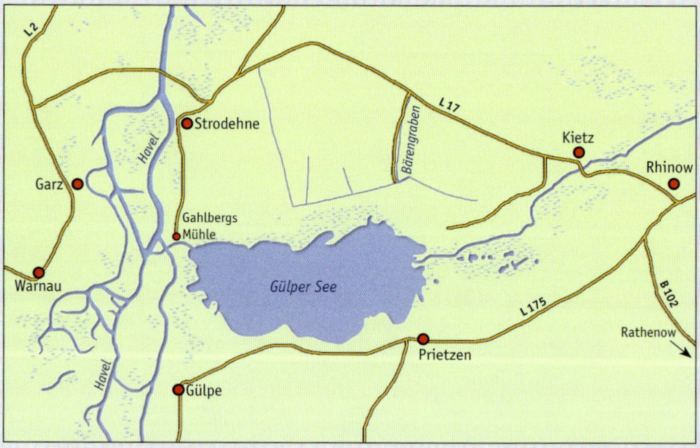

Das Storchendorf und Teichland Linum

Artenvielfalt und Kranichrast im Oberen Rhinluch

Das Rhinluch bildet den Nordteil des Havellands, einer ausgedehnten, in der letzten Eiszeit geformten Niederungslandschaft 45 km nordwestlich von Berlin. Wenig geläufig ist der Name Luch, der im Duden als Sumpf definiert wird und aus dem Urslawisch-Polabischen kommt (lucá = offenes Feuchtland). Die nach dem Rückzug der Eismassen entstandenen Seen verlandeten, es bildeten sich Sümpfe und Moore. Der Rhin durchfließt die Niederung und leiht dem Rhinluch seinen Namen. Im Gegensatz zum geheimnisvollen Namen wissen viele Vogelbeobachter um die Schönheit, die Erlebnisqualität und um die vogelkundliche Besonderheit der weiten Landschaft. Nicht zuletzt beherbergt das Naturschutzgebiet „Oberes Rhinluch" einen der größten Kranichrastplätze Mitteleuropas.

Drosselrohrsänger sind im Teichland weit verbreitet. Foto: C. Wagner.

Lebensräume

Das Obere Rhinluch, in dem Linum (erstmals 1294 urkundlich erwähnt) und das Teichland liegen, war bis zum 18. Jahrhundert kaum erschlossen. Es dominierten Erlenbrüche, Weidengebüsche, Seggenrieder, Röhrichte und andere Verlandungsgesellschaften. Zu Beginn des Jahrhunderts nahm die Heu- und Streuwiesennutzung zu, es entstanden Pfeifengraswiesen und erste Weiden. Eine intensive Kultivierung der Niedermoorsenke begann mit dem Bau des Ruppiner Kanals 1786. Die inneren Bereiche des Luchs konnten damit abgetorft werden, was in den darauffolgenden hundert Jahren auf zirka 70 Prozent der Fläche auch geschah. 1880 war das Luch weitgehend abgetorft und versumpfte wieder. Es entstanden sekundäre Röhrichte und Seggenrieder und Teile des Luchs verbuschten. Anfang des 20. Jahrhunderts bildeten sich aus Torfbrachen die ersten 12 der mittlerweile 36 Teiche des Teichlands Linum. Bis auf wenige Teilflächen, die heute noch der Fischzucht dienen, wird der überwiegende Teil des Gebietes von der Stiftung Naturerbe Nendel GmbH betreut.

Die Teiche präsentieren sich heute mit einer reichen Verlandungsvegetation, die vor allem aus Schilf und Rohrkolben besteht und Lebensraum einer ausgeprägten Schilfbrütergemeinschaft ist. Dauerhafte Siedlungen, die Luchdörfer, etablierten sich erst ab 1925 im Moor. In der Folge wurde die Niedermoornutzung durch Entwässerung, hohe Düngergaben und die Anlage von Saatgrasland für eine intensive Tierhaltung mit großen Tierproduktionsanlagen verstärkt. Die heutige Vegetation in weiten Bereichen von extensiv genutztem Grünland und kleineren Brachen und wenigen Nasswiesen geprägt. Im weiteren Umland, vor allem südlich der A 24, ist Maisanbau weit verbreitet. Im Herbst liegen hier die Hauptnahrungsflächen für die Kraniche.

Besondere Vogelarten

Das Teichland wird von zahlreichen Vogelarten als Brutgebiet genutzt. Reiher-, Schnatter- und Kolbenenten brüten auf den Teichen, Schellenten bevorzugen die angebotenen Nistkästen. Rothalstaucher, Rohr- und Zwergdommeln, Rohrweihen, Bartmeisen, Rohrschwirle, Schilf- und Drosselrohrsänger nutzen die ausgedehnten Schilffelder zur Nestanlage und zur Jungenaufzucht. Die Gebüsche und Baumgruppen des Teichlands bieten Beutelmeisen, Neuntötern, Feldschwirlen, Sperbergrasmücken und Nachtigallen Lebensraum. Auch Eisvögel und Schlagschwirle lassen sich zur Brutzeit beobachten. Weißstörche kommen in Zahlen mit überregionaler Bedeutung in Linum vor, das sich deswegen auch als „Storchendorf Linum" bezeichnet. Jährlich finden ca. 9 bis 13 Paare in den Ort, um hier auf einer Dorflinde, auf aufgestellten Nistmasten, Schornsteinen oder auch auf der Dorfkirche ihre Jungen großzuziehen. Die Störche profitierten früher von den ausgedehnten, nahrungsreichen Wiesen im Rhinluch. Heute jedoch erschwert ihnen die intensive landwirtschaftliche Nutzung und auch die Klimaveränderung die Aufzucht ihrer Jungen. Viele Greifvogelarten sind im Gebiet vertreten. So wird man im Laufe eines Tages Fischadler, Rot- und Schwarzmilane, Seeadler, Rohrweihen sowie Baumfalken bei der Jagd beobachten können.

Das Rhinluch hat sich in den letzten Jahren zum bedeutendsten Kranichrastplatz in Mitteleuropa entwickelt und im Jahr 2008 hinsichtlich der Rastzahlen erstmals auch die Rügen-Bock-Region überholt. Am 21. Oktober 2014 wurden unglaubliche 123 100 Kraniche durch die AG Kranichschutz Deutschland und von den Mitgliedern des Landschaftsfördervereins Oberes Rhinluch e.V. gezählt. Wöchentlich aktualisierte Zahlen lassen sich auf der Internetseite des Landschaftsfördervereins Oberes Rhinluch e. V. nachlesen. Die Gründe für die hohe Anzahl von Kranichen sind vielfältig. Beispielsweise liegt das Linumer Teichgebiet zentral auf der westeuropäischen Zugroute der Kraniche. Auf dieser Zugroute ziehen die skandinavischen, baltischen, polnischen und westrussischen Brutvögel in die spanische Extremadura. Die Kraniche finden auf den Teichen und überstauten Wiesen, die extra so reguliert werden, dass die Vögel im flachen Wasser stehen können, optimale, ruhige und feindgeschützte Übernachtungsflächen. Weiterhin profitieren die Kraniche von den abgeernteten Maisfeldern der Region, wo sie Ernterückstände fressen können. Nicht zuletzt scheint das gute Kranichmanagement zu greifen. Auch für Besucher wurde Einiges getan; die Infrastruktur der Beobachtungseinrichtungen ist hervorragend. Bei dem Kranichspektakel vergisst man fast, dass alljährlich noch bis zu 70 000 nordische Bläss- und Saatgänse sowie viele verschiedene Entenarten hier rasten und im Teichgebiet in manchen Jahren auch gute Nahrungsflächen für Limikolen vorhanden sind.

Storchendorf Linum: Die Jungstörche auf der Dorfkirche sind schon fast flügge.
Foto: C. Wagner.

Reisezeit

Herausragende Anziehungspunkte für Vogelbeobachter sind die Störche im Ort, die Schilfbrüter im Teichland, die Wasservogel- und Limikolenrast auf den abgelassenen Teichen und natürlich der spektakuläre Kranichdurchzug im Spätherbst. Die Schilfbrütergemeinschaft ist mit der spät ankommenden Zwergdommel ab Mitte bis Ende Mai komplett. Somit ist dies ein sehr guter Zeitpunkt für einen Besuch der Teiche. Dann brüten und füttern auch Weißstörche im Ort. Flussseeschwalben streiten sich um die Plätze auf den Brutflößen und Rotbauchunken rufen aus den Tümpeln. Ab Ende Juni beginnt der Limikolenrückzug aus den nordischen Brutgebieten und es sammeln sich im Verlauf des Spätsommers viele Enten und Gänse auf den Teichen, welche je nach aktuellem Wasserstand ganz unterschiedlich interessant sein können. Die meisten Besucher werden allerdings von der überaus spektakulären Kranichrast angezogen. Dieses Erlebnis ist besonders gut von Anfang Oktober bis Mitte November – am Besten bei einer der angebotenen Führungen – zu erleben. Danach wird es ruhiger, wobei Kraniche und nordische Gänse bis zum Zufrieren der Teiche im Gebiet bleiben.

Beobachtungsmöglichkeiten

Das Linumer Teichland ist nur in einem Teilbereich für die Öffentlichkeit zugänglich. Allerdings existieren vier lohnende Beobachtungstürme und zwei Beobachtungshütten, von denen man einen sehr guten Überblick über die Teiche erhält. Von Berlin kommend, die A 24 bei der Ausfahrt Kremmen verlassend, findet man 900 m nach dem Ortseingangsschild auf der rechten Seite das NABU-Naturschutzzentrum Storchenschmiede Linum (1). Etwas weiter auf der linken Seite befindet sich das Büro vom Vogelschutz-Komitee e.V.

Einige Lachmöwen und Flussseeschwalben brüten auf bereitgestellten Flößen. Blick vom Beobachtungsturm (5). Foto: C. Wagner.

Nach weiteren 500 m weist ein Schild „Teichland“ den Weg nach rechts zu den Teichen. Diese „Zu den Teichen“ genannte Straße kann man 900 m bis zu einem Parkplatz (2) befahren. Der weitere Weg über den sogenannten „Schwarzen Damm“ führt geradeaus mitten ins Gebiet, vorbei an zwei Beobachtungshütten (3, 4) und einem ersten Beobachtungsturm (5), von dem aus die Flussseeschwalbenkolonie einsehbar ist. Letztendlich gelangt man zum äußersten Aussichtsturm (6), von dem sich das Kranichspektakel sehr schön beobachten lässt, auch wenn die Schlafplätze nicht eingesehen werden können. Die Umrundung der kleinen Teiche bei (7) führt zu weiteren lohnenden Einblicken. Zwergdommel, Beutelmeise, Bartmeise, Drosselrohrsänger und Kolbenente sind hier zu beobachten. Von dem Beobachtungsturm bei (8) hat man am Mittag jedoch Gegenlicht. Ein Muss ist der Besuch des Beobachtungsturms bei (9) südlich des Parkplatzes. Die beiden Teiche östlich davon sind Brutplatz von Zwergdommel, Rothalstaucher und Kranich. Auch der Schlagschwirl singt in der Umgebung. Rotbauchunke und Biber runden das Artenspektrum ab.

Die Arbeitsgemeinschaft Kranichschutz, die sich aus dem NABU, dem Landesumweltamt Brandenburg und dem Landschaftsförderverein „Oberes Rhinluch“ zusammensetzt, plant im Rahmen der Besucherlenkung weitere Beobachtungstürme an sehr interessanten Stellen nordöstlich von Linum. Außerdem sollen weitere Ablenkfütterungen mit Beobachtungseinrichtungen etabliert werden. Die Storchenschmiede gibt Auskunft über den Planungsstand der Maßnahmen und bietet Führungen zu den Störchen und Kranichen an.

Weitere Beobachtungs- und Freizeitmöglichkeiten

Linumhorst liegt inmitten extensiv genutzter Wiesen und Weiden des Rhinluchs östlich des Teichlands. Viele Wege in diesem Bereich sind gesperrt, die öffentlich befahrbaren allerdings lohnen sich fast ganzjährig zur Beobachtung von Kranichen. Im Winterhalbjahr lassen sich auf den Wiesen auch nordische Gänse und im Frühjahr Limikolen beobachten.

An der Straße Linum-Kuhhorst wird eine Ablenkfütterung für Kraniche mit Sichtschutz und Parkplatz betrieben.

Beutelmeisen brüten in den ufernahen Büschen. Foto: C. Wagner

Der Kremmener See und der Kremmener Rhin bilden den naturnahen Rest in einer ehemals weiträumigen Niedermoorlandschaft. Der See ist nur mit dem Boot adäquat zugänglich. Informationen gibt ein Faltblatt Wasserwandern, das bei der Gemeinde Fehrbellin erhältlich ist.

Thomas Brandt, Christoph Moning, Christian Wagner

Infomaterial/Literatur

Fischer, S. (2002): Vogelkundlicher Jahresbericht für das Linumer Teichgebiet und Umgebung 2001. NABU Berlin, Berlin und Linum.

Wagner, C. & C. Moning (2009): Vögel beobachten in Ostdeutschland – Die besten Beobachtungsgebiete zwischen Rügen und dem Thüringer Wald. Kosmos, Stuttgart.

Wir danken Henrik Watzke herzlich für die Durchsicht des Textes.

Typische Vogelarten in Linum, deren Status und günstige Beobachtungszeit (in Klammern)
h = häufiger, r = regelmäßiger, s = seltener; J = Jahresvogel, B = Brutvogel, W= Wintergast, D = Durchzügler, N = Nahrungsgast

Art	Status (beste Beobachtungszeit)
Bartmeise	rB (ganzjährig)
Bekassine	sB, rD (März–Okt.)
Beutelmeise	hB (April–Aug.)
Bruchwasserläufer	rD (Mai, Aug.–Sept.)
Drosselrohrsänger	hB (April–Aug.)
Eisvogel	sB (ganzjährig)
Fischadler	sB, rD (April–Sept.)
Flussseeschwalbe	rB (Mai–Juli)
Goldregenpfeifer	rD (März, Okt.–Nov.)
Kampfläufer	rD (April–Mai, Okt.)
Kiebitz	rB, hD (Feb.–Nov.)
Knäkente	sB, rD (Mitte März–Aug.)
Kolbenente	sB, rD (Mitte April–Mitte Sept.)
Kranich	sB, hD, sW (ganzjährig)
Nachtigall	hB (April–Aug.)
Neuntöter	hB (Mai–Aug.)
Rohrdommel	sB (ganzjährig)

Art	Status (beste Beobachtungszeit)
Rohrschwirl	hB (Mitte April–Aug.)
Rohrweihe	rB, rD (April–Sept.)
Rothalstaucher	sB (April–Aug.)
Rotmilan	rB (März–Okt.)
Saat- und Blässgans	hD, hW (Sept.–April)
Schellente	sB, rD (März–Okt.)
Schilfrohrsänger	rB (April–Aug.)
Schlagschwirl	rB (Mai–Juli)
Schleiereule	rB (ganzjährig)
Schwarzmilan	rB (April–Aug.)
Seeadler	sB, rW (ganzjährig)
Silberreiher	rJ (ganzjährig)
Singschwan	rD (Okt.–März)
Sperbergrasmücke	rB (Mitte Mai–Aug.)
Weißstorch	hB (April–Aug.(Sept.))
Zwergdommel	sB (Mitte Mai–Aug.)
Zwergschwan	sD (Feb.)

GPS		
NABU-Naturschutzzentrum Storchenschmiede Linum	52°45'30.99" N	12°52'47.97" O

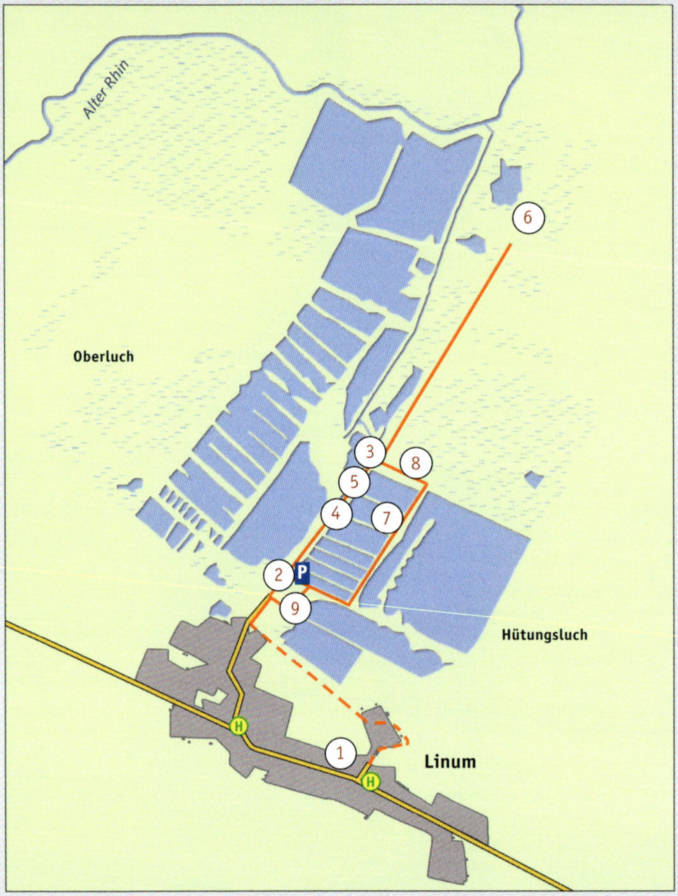

Abendlicher Kranicheinflug in die Linumer Teiche. Foto: D. Damschen.

Anfahrt

Mit Bahn und Bus

Linum liegt nur 45 km nordwestlich des Zentrums von Berlin. Trotzdem benötigt man im Normalfall zweieinhalb bis drei Stunden für die Anfahrt mit öffentlichen Verkehrsmitteln. Der nächste Bahnhof liegt in Kremmen, 12 km von Linum entfernt. Von dort mit Bus nach Linum (nur wochentags).

Mit dem Auto

Man verlässt die A 24 Berlin – Hamburg von Berlin kommend an der ersten Abfahrt nach dem Dreieck Havelland – der Anschlussstelle „Kremmen" – und folgt der B 273 zuerst Richtung Norden, um dann über Flatow nach ungefähr 11 km Linum zu erreichen. Von Hamburg kommend nimmt man die Ausfahrt „Fehrbellin" und erreicht Linum über Tarmow und Hakenberg.

Adressen

Landesamt für Umwelt Brandenburg, Naturschutzstation Rhinluch, Nauener Str. 68, 16833 Linum, Tel.: 033922/90255, norbert.schneeweiss@lugv.brandenburg.de

NABU Naturschutzzentrum Storchenschmiede Linum: Information, Öffentlichkeitsarbeit und ein umfangreiches Angebot an Veranstaltungen. Die Storchenschmiede ist Mitglied der AG Kranichschutz und sorgt in diesem Rahmen mit für die Besucherlenkung, vor allem im Herbst während der Kranichrast. Außerdem ist das Naturschutzzentrum an Naturschutzprojekten in Linum und dem Linumer Teichland beteiligt. Adresse: Storchenschmiede, Marion Szindlowski, Nauener Straße 54, 16833 Linum, Tel.: 033922-50500, storchenschmiede@nabu-berlin.de; www.nabu-berlin.de/projekte/linum.

Öffnungszeiten sind von Ende März bis zum Ende der Kranichrast im November Mi. bis Fr. von 10 bis 16 Uhr und Sa., Sonn- & Feiertags von 10 bis 18 Uhr sowie nach Vereinbarung.

Landschaftsförderverein Oberes Rhinluch e. V.: Vorträge, Exkursionen, Ausstellungen, Arbeitseinsätze, Kranichzählungen. Adresse: Am Markt 24, 16766 Kremmen, Tel.: 033055-22099, vorstand@oberes-rhinluch.de; www.oberes-rhinluch.de.

Vogelschutz-Komitee e.V., Regionalbüro Brandenburg, Nauener Str. 25a, 16833 Linum, Tel.: 033922/90631 info@vogelschutz-komitee.de; www.vogelschutz-komitee.de

Der malerische Wanderweg durch das Tal führt teilweise direkt an der sanft dahinfließenden Schlaube entlang.
Foto: C. Wagner, Schlaubetal, 10.6.2006.

Der Naturpark Schlaubetal und die Reicherskreuzer Heide

Das schönste Bachtal Brandenburgs und endlose Heiden

Als das schönste Bachtal Brandenburgs bezeichnen die Einheimischen das Schlaubetal und das zu Recht. Auf ihrem 20 km langen Lauf nach Norden schlängelt sich das lebhafte Flüsschen durch bis zu 30 Meter tiefe Rinnen und eine abwechslungsreiche sowie naturnahe Waldlandschaft. Ganz im Gegensatz dazu weitet sich der Horizont in der Offenlandschaft der Reicherskreuzer Heide und der Blick streicht über endlose Heiden. Die beiden gegensätzlichen Landschaften bilden das Herzstück des 1995 eröffneten Naturparks, der sich auf 227 km² erstreckt.

Die Gestalt des heutigen Naturparks entstand im Wesentlichen vor 90000 Jahren in der Weichseleiszeit. Prägend sind die Schmelzwasser-Rinnensysteme der Oelse, Demnitz, Dorche und natürlich der Schlaube. Auch die Sanderflächen der Reicherskreuzer Heide entstanden zu dieser Zeit. Über zwei Drittel des Naturparks sind bewaldet. 13 Tier- und Pflanzenarten kommen in Brandenburg nur noch im Naturpark Schlaubetal vor. Dazu gehören der spektakuläre Frauenschuh und die unscheinbare Korallenwurz – beides Orchideenarten. Der Fischotter besiedelt das Bachtal mit einer stabilen Population, wird aber nur selten gesehen. Bisher wurden fast 200 Vogelarten festgestellt, was umso erstaunlicher ist, da große Wasserflächen, die meist eine große Anzahl an Rast- und Zugvögeln anziehen, fehlen.

Im Frühjahr ist das Schlaubetal ein guter Beobachtungspunkt für Zwergschnäpper. Foto: C. Moning, Nationalpark Bayerischer Wald, 18.6.2009.

Lebensräume

Die Schlaubequelle liegt in einer ausgedehnten Wiesensenke südlich des Wirchensees. Die Schlaube durchfließt auf ihrem Weg nach Norden landschaftlich reizvolle Talabschnitte mit mehreren kleinen Seen und endet als Wiesenbach nach zirka 20 km im Großen Müllroser See, an den sich auch der staatlich anerkannte Erholungsort Müllrose, ein märkisches Ackerbürgerstädtchen und das Tor zum Schlaubetal, befindet.

Der Verlauf der Schlaube ist von Wiesen, Röhrichten und vor allem naturnahen Wäldern gesäumt. Typische Erlenbruchwälder wechseln sich mit Schilf- und Seggenriedern, alten Laubbaumbeständen und Fichten- bzw. Kiefernschonungen ab. Im Naturschutzgebiet Teufelssee bei Schernsdorf wachsen naturnahe Traubeneichen-Kiefern-Mischwälder und ursprüngliche Buchenwälder. Am urtümlichsten und schönsten ist die Schlaube zu erleben, wenn man ihrem Lauf entlang des Schlaubewanderwegs folgt.

Die Reicherskreuzer Heide wurde über lange Zeit als Schießplatz und Panzerübungsgelände genutzt. Im Randbereich wachsen wenig genutzte Wälder. Zentrale Flächen dagegen wurden durch Schieß- und Fahrbetrieb offen gehalten. In der Reicherskreuzer Heide dominieren vor allem Silbergrasfluren und Zwergstrauchheiden. Im Mai sind die trockenen und nährstoffarmen Sanderflächen von gelber Besenginsterblüte und im September von lilafarbener Heidekrautblüte bedeckt. Die fortschreitende Sukzession, die nach dem Abzug der russischen Truppen einsetzte, führt zu vielerlei Übergangsstadien zwischen Offenland und Wald. Im Osten wird die attraktive, offene Heide heute auf einer Fläche von etwa 750 ha durch Beweidung mit Heidschnucken und durch Entbuschung offen gehalten.

Besondere Vogelarten

Durch die Vielfalt der sehr unterschiedlichen Lebensräume lassen sich auf kleinem Raum sehr viele Vogelarten beobachten. Im Schlaubetal leben in den Laubmischwäldern unter anderem Fischadler, Wespenbussarde, Rot- und

Im starken Kontrast zu dem bewaldeten Schlaubetal dominieren in der Reicherskreuzer Heide offene und halboffene Vegetationsformen; im Bild der Beobachtungsturm (10). Foto: C. Wagner. Reicherskreuzer Heide, 10.6.2006.

Schwarzmilane, Hohltauben, Schwarz- und Mittelspechte, Waldlaubsänger, Zwerg- und Trauerschnäpper. Aber auch Nadelwaldarten wie Tannen- oder Haubenmeise, Sommergoldhähnchen und Misteldrossel lassen sich auf einer Wanderung beobachten. An der Schlaube brüten Schellenten, Haubentaucher, neuerdings Gänsesäger, Waldwasserläufer, Eisvögel und Drosselrohrsänger. An den Mühlenbauwerken z. B. der Bremsdorfer und Kieselwitzer Mühle hat die Gebirgsstelze Unterschlupf gefunden.

Ganz anders ist das Arteninventar der trockenen Reicherskreuzer Heide. Arten der offenen Wälder wie Waldschnepfen, Turteltauben, Wiedehopfe (etwa 20 Paare!), Wendehälse und Gartenrotschwänze machen in den Übergangsbereichen Ziegenmelker und Heidelerchen Platz. Die baumfreien oder gerade erst verbuschenden zentralen Flächen sind vor allem von Raubwürgern und Schwarzkehlchen besiedelt. Mit viel Glück kann man auch einen Steinschmätzer oder Brachpieper beobachten.

Typische Vögel des Gebietes sind die Gebirgsstelzen. Sie halten sich mit wenigen Brutpaaren besonders gern an den ehemaligen Mühlen auf (z.B. Schlaubermühle, Bremsdorfer Mühle, Ragower Mühle). Am Großen Treppelsee brüten mittlerweile bereits seit über 15 Jahren Gänsesäger. Auch der Findlingspark bei Henzendorf ist ein Kleinod für Vogelbeobachter. Hier brüten neben Raubwürgern und Neuntötern auch Grauammern und Heidelerchen. An lauen Tagen im Juni sind Wachteln zu hören. Die offene Feldlandschaft ist gut geeignet für die Beobachtung von größeren Vögeln wie Rohrweihen, Rot- und Schwarzmilanen, Seeadlern oder Turmfalken. Im Winterhalbjahr sind Kornweihen und Merline regelmäßig hier anzutreffen.

Reisezeit

Der Naturpark Schlaubetal bietet zur Brutzeit ein sehr abwechslungsreiches Vogelleben. Im März balzen die Spechte, im April ist der Waldwasserläufer am Auffälligsten und Ende Mai kann man sich auf die Suche nach den Zwergschnäppern machen. Die Reicherskreuzer Heide dagegen ist vor allem im Mai interessant. Ziegenmelker und die meisten Wiedehopfe sind bei uns Langstreckenzieher mit Winterquartieren bis südlich der Sahara und kommen deswegen erst spät ins Brutgebiet zurück. Im Naturpark hat man weder zum Frühjahrszug noch im Herbst gute Beobachtungsstellen und im Winter wird es im Gebiet sehr ruhig. Die Reicherskreuzer Heide ist über den Herbst und Winter sogar fast vogelfrei. Ein Besuch des Gebiets lohnt sich daher vor allem zur Brutzeit.

Beobachtungsmöglichkeiten

Zwei besonders lohnende Exkursionen bieten sich an. Die Schlaube lässt sich hervorragend erwandern. Als zentraler Ausgangspunkt eignet sich die Bremsdorfer Mühle (Gasthaus). Sie wurde im 16. Jahrhundert erbaut und ist mit ihrem malerischen Fachwerk die Schönste unter den Schlaubemühlen. Zum Wanderweg von der Bremsdorfer Mühle flussaufwärts zur Kieselwitzer Mühle geht man vom Parkplatz (1) einige Meter nach Westen und dann nach Süden. An der Jugendherberge vorbei und mehr oder weniger durch den Garten der Wirtschaft hindurch trifft man auf den Wanderweg, der in 4,5 km zur Kieselwitzer Mühle (4) führt. Der gut gangbare Weg ist mit einem blauen Querbalken auf weißem Grund gezeichnet. Ende Mai sind mit Glück Zwergschnäpper zu hören. Innehalten kann man z. B. bei (2), (3) und südlich der Kieselwitzer Mühle bei (5). An der Schlaube ist auch immer mit Waldwasserläufern zu rechnen. Ein Abstecher zum Jacobsee bei (6) erhöht die Chancen auf Schellenten und Waldwasserläufer.

Es lohnt auch die Runde um den Großen Treppelsee zu gehen. An der Bushaltestelle etwas östlich der Schlaube führt ein Weg nach Norden Richtung „Scherlauchteich“. Der gelbe Querbalken auf weißem Grund ist zu Beginn das Wanderzeichen des am Hangfuß entlang führenden Wanderpfads. Linkerhand im Sumpf wächst Erlenbruchwald, rechts am Hang stehen Kiefern. An der Spitze der Landzunge bei (7) ist ein Aussichtspunkt über den See. Auf dem Gewässer kann man Haubentaucher beobachten. Fischadler und Schwarzmilane jagen

Romantisch im Halbdunkel gelegen ist die Kieselwitzer Mühle das Eingangstor zum Schlaubetal. Foto: C. Wagner. Schlaubetal, 10.6.2006.

über dem Wasser und Drosselrohrsänger singen aus dem schmalen Schilfsaum am Ufer. Wenn man den See weiter umrundet, sollte man vor allem im Bereich (8) wieder nach Zwergschnäppern horchen. Von der Bremsdorfer Mühle bis zur Landspitze in den Treppelsee (7) sind es knapp 2,5 km. Eine Umrundung des Sees ist gut 8,5 km lang.

Die Reicherskreuzer Heide ist, wie alle ehemaligen sowjetischen Liegenschaften in Brandenburg, nicht überall öffentlich zugänglich. Ausnahme ist ein seit 2005 geräumter Lehrpfad ganz im Osten des ehemaligen Truppenübungsplatzes. Man erreicht ihn über Pinnow. Im Dorf zweigt an der Bushaltestelle und einem Telefonhäuschen nach links der Weg in die „Dorfmitte" ab. Man durchquert etwas verwinkelt Pinnow und verlässt den Ort nach Nordwesten auf dem „Reicherskreuzer Weg". Auf der kleinen Asphaltstraße erreicht man 3,3 km nach dem Ortsausgangsschild eine nach rechts abzweigende Sandpiste (9), wo man parken kann. Hier startet der Rundweg, der zuerst zu einem Beobachtungsturm (10) führt. Auf dem knapp 3,5 km langen Rundweg vorbei an einem Schafstall lassen sich auch Wiedehopfe beobachten.

Wiedehopfe jagen Großinsekten auf der Bodenoberfläche und brauchen neben einem guten Höhlenangebot vor allem schüttere Vegetation mit offenen Bodenstellen, wie man es in der Reicherskreuzer Heide noch finden kann.

Foto: C. Wagner. Mallorca, Januar 2005.

Weitere Beobachtungs- und Freizeitmöglichkeiten

Das Naturschutzgebiet Tauersche Eichen umfasst ein kaum zerschnittenes Waldgebiet mit einem hohen Anteil an alten Eichen. Neben typischen Arten wie Waldschnepfe, Hohltaube, Sperlingskauz und Mittelspecht brüten auch Mauersegler in den alten Baumbeständen und können über der Waldschule am Kleinsee bei der Insektenjagd beobachtet werden. Die Waldschule beziehungsweise den Kleinsee erreicht man, indem man in Pinnow nach rechts Richtung „Pinnower See" abbiegt. Die kleine Straße führt in 4,0 km zur ausgeschilderten Waldschule. Eine Umrundung des Sees, aber auch verschiedene Waldwege vor allem im Nordwesten und Süden des Kleinsees sind sehr lohnend.

Den Findlingspark Henzendorf findet man 1,5 km südwestlich der Ortsmitte des gleichnamigen Orts. 126 Findlinge, die aus einem umliegenden Tagebau stammen und von Künstlern gestaltet wurden, dokumentieren 2000 Jahre Menschheitsgeschichte. Die bis zu 30 Tonnen schweren Kolosse stehen auf einer ca. 4 ha großen Wiese und sind ein

Infomaterial/Literatur

Arbeitsgemeinschaft Berlin-Brandenburger Ornithologen (ABBO) (2003): Important Bird Areas (IBA) in Brandenburg und Berlin. Verlag Natur & Text, Rangsdorf.

Beutler, H. (2000): Landschaft in neuer Bestimmung – Russische Truppenübungsplätze. Findling Verlag, Neuenhagen.

Götting-Frosinski, J. (2007): Adler, Otter, Orchideen – Brandenburgs Naturlandschaften. Hrsg.: Landesumweltamt Brandenburg. L & H Verlag, Hamburg, Berlin.

Wagner, C. & C. Moning (2009): Vögel beobachten in Ostdeutschland. Franckh-Kosmos-Verlag, Stuttgart.

www.schlaubetal.com

Typische Vogelarten des Naturparks Schlaubetal, deren Status und günstige Beobachtungszeit (in Klammern)
h = häufiger, r = regelmäßiger, s = seltener; B = Brutvogel, W = Wintergast.

Art	Status (beste Beobachtungszeit)
Drosselrohrsänger	sB (Ende April–Aug.)
Eisvogel	rB (ganzjährig)
Fischadler	sB (April–Sept.)
Gartenrotschwanz	rB (April–Sept.)
Gebirgsstelze	sB (Mitte März–Okt.)
Gänsesäger	sB (ganzjährig)
Heidelerche	hB (Ende März–Sept.)
Hohltaube	rB (März–Sept.)
Kolkrabe	rB, rW (ganzjährig)
Mauersegler	rB (Mai–Aug.)
Misteldrossel	hB (März–Nov.)
Mittelspecht	hB (ganzjährig)
Neuntöter	hB (Mai–Aug.)
Raubwürger	sB, rW (ganzjährig)
Rotmilan	rB (März–Nov.)

Art	Status (beste Beobachtungszeit)
Schellente	sB, rW (ganzjährig)
Schwarzkehlchen	rB (Mitte März–Okt.)
Schwarzmilan	rB (April–Aug.)
Schwarzspecht	rB (ganzjährig)
Sommergoldhähnchen	hB (April–Okt.)
Sperlingskauz	sB (März–Mai, Sept.–Okt.)
Trauerschnäpper	rB (Ende April–Sept.)
Turteltaube	rB (Mai–Aug.)
Waldlaubsänger	hB (Mai–Aug.)
Waldschnepfe	rB (Mitte März–Okt.)
Waldwasserläufer	sB (April–Sept.)
Wendehals	hB (Mai–Juni)
Wiedehopf	sB (Mitte April–Aug.)
Ziegenmelker	hB (Mai–Aug.)
Zwergschnäpper	sB (Mai–Aug.)

beliebtes Ausflugsziel. 2008 brüteten in der Nähe Raubwürger.

Der benachbarte ehemalige Truppenübungsplatz Lieberose beherbergt die größte Panzerwüste Mitteleuropas (sieht man in Google-Maps z.B. sehr gut), darf bislang aber nicht betreten werden. Mittelfristig sollen Teilgebiete entmunitioniert werden. Bis dahin bleiben Vogelbeobachter leider außen vor.

Südlich von Eisenhüttenstadt liegt das 1268 gegründete Kloster Neuzelle. Die geschichtliche Entwicklung des Gebiets ist eng an das Stift gebunden. Das Ensemble mit der Barockkirche ist heute eines der bekanntesten kulturellen Erben in Brandenburg.

Thomas Brandt, Christoph Moning, Christian Wagner

Anfahrt

Mit Bahn und Bus

Das Beobachtungsgebiet ist zweigeteilt. Um das Schlaubetal zu besuchen, steigt man an den Bahnhöfen Eisenhüttenstadt oder Beeskow in den Bus um, der regelmäßig und in der Woche in gutem Takt die Bremsdorfer Mühle anfährt. Die Reicherskreuzer Heide dagegen ist kaum mit öffentlichen Verkehrsmitteln zu erreichen. Die nächsten Bahnhöfe befinden sich in Peitz und Guben. Eine Bushaltestelle findet man in Pinnow. Die Busse fahren jedoch unregelmäßig. Mit dem Fahrrad lässt sich die Gegend optimal erkunden.

Mit dem Auto

Den Zugang ins Schlaubetal, die Bremsdorfer Mühle, findet man an der B246 Beeskow-Eisenhüttenstadt; 85 km südöstlich von Berlin. Pinnow liegt 90 km südöstlich von Berlin an der B320 zwischen Lieberose und Guben nur 20 km von der polnischen Grenze entfernt.

Adressen

Naturwacht Schlaubetal
Dorfstr. 60, 15848 Friedland, Tel.: 033673/55097, schlaubetal@naturwacht.de Die Naturwacht bietet im Naturpark Schlaubetal ein umfangreiches Angebot an Exkursionen, Seminaren, Vorträgen und Führungen an.

Naturparkverwaltung Schlaubetal
Siehdichum 6, 15890 Siehdichum,
Tel.: 033655/591732,
np-schlaubetal@lugv.brandenburg.de;
www.schlaubetal-naturpark.de

Touristeninformation: Fremdenverkehrsverein Schlaubetal und Umgebung e.V. im Haus des Gastes, Kietz 5, 15299 Müllrose,
Tel.: 033606/7729-0,
schlaubetalinfo@t-online.de; www.schlaubetal-online.de.

BUND Bildungs- und Informationszentrum „Schlaubemühle"
An der Schlaube 1, 15898 Neuzelle OT Treppeln, Tel.: 033673-5952,
schlaubemuehle@t-online.de; www.bund-brandenburg.de
Bildungs- und Beratungsstätte mit zweckgebundenem Beherbergungsbetrieb für Umweltseminare, Klassenfahrten, Projekt- und Wandertage.

GPS

Parkplatz Bremsdorfer Mühle (1)	52°08'11" N	14°27'48" O
Parkplatz Reicherskreuzer Heide (9)	52°00'23" N	14°29'60" O
Schlaubemühle	52°04'982" N	14°29'88" O

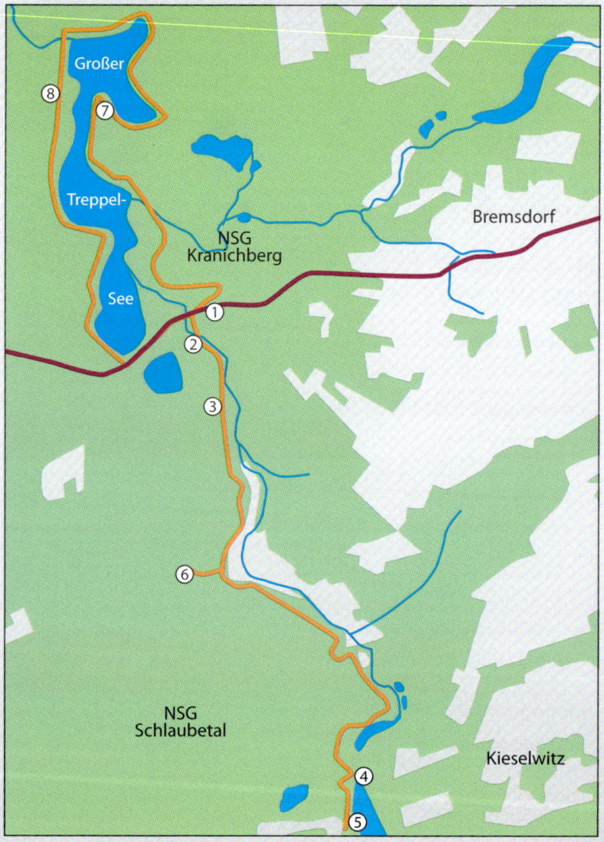

Erst aus der Luft wird der Strukturreichtum von Kleinem Gehege (Vordergrund) und Polder Kockrowsberg (Hintergrund) voll ersichtlich. Foto: J. Borries. Herbst 2007.

Der Spreewald

Sagenumwobene Kulturlandschaft

Der Spreewald, von seinen Bewohnern auch sorbisch/wendisch „Błota“ genannt, ist eine der faszinierendsten Niederungslandschaften Mitteleuropas. Kennzeichnend ist die natürliche Flusslaufverzweigung der Spree in mehrere Hundert Bäche und Entwässerungsgräben, sogenannte Fließe. Das alte Wort entspricht dem Fleth im Niederdeutschen und dem Vliet im Niederländischen. Als Auen- und Moorlandschaft besitzt die Niederung für den Naturschutz eine hohe Bedeutung und ist als Biosphärenreservat geschützt. Das Gebiet ist, nicht nur bei Vogelbeobachtern, eines der bekanntesten und beliebtesten Reiseziele im Land Brandenburg.

Landschaftsgeschichte und Lebensräume

Der Sage nach ist der Spreewald durch ein Missgeschick des Teufels entstanden. Als dieser vor langer Zeit mit seinem Ochsengespann schon ein gutes Stück das Bett der Spree gepflügt hatte, wurden seine zwei Zugtiere müde und wollten nicht mehr so recht. Wütend warf der Teufel seine Mütze nach den Ochsen und schrie sie an. Das erschreckte die Tiere so sehr, dass sie die Flucht ergriffen und rannten, mit dem Pflug hinterdrein, kreuz und quer und ohne Ordnung. So rissen die rasenden Rindviecher statt eines ordentlichen Flussbetts ein Delta mit 350 Wasserläufen und Fließen von mehr als 500 Kilometer Länge in den Wald. Dies ist nur eine der vielen Sagen der Niederlausitz. Ein Grund für die vielen Sprachkulturgüter ist, dass in der Region verschiedene Kulturen aufeinandertreffen. Mit der Eroberung der slawischen Gebiete durch die Ostfranken seit dem 8. Jahrhundert und später durch die Deutschen wurde die Bevölkerung christianisiert. Trotzdem oder deswegen hielt sich ein starker Volksglaube, der vor allem in den Sagen und Märchen weiterleben konnte. So haben sich in der Niederlausitz Sagenfiguren, wie die Mittagsfrau – pŚezpołdnica, der Drache – plon oder der Schlangenkönig – wuźowy kral, entwickelt, wie man sie in Europa so nicht noch einmal findet.

Trotz der sagenhaften Deutung ist es wahrscheinlicher, dass das Gebiet des Spreewalds seine Geburt der Eiszeit verdankt. Die Gletscher formten mit dem Abschmelzen durch ihre enormen Wassermassen das Baruther Urstromtal. Nach der Eiszeit floss die Spree zunächst als mäandrierender und nicht verzweigter Fluss durch das heutige Spreewaldgebiet. Da die Landschaft des Spreewalds aber nahezu eben ist und der heutige Fluss die ausgedehnte Niederung, die von den vielfach größeren Schmelzwässern des Urstroms geschaffen wurde, nicht einmal annähernd ausfüllen kann, kam es zu vielfachen und gleichzeitig zu ausgedehnten Vermoorungen. Der Spree-

Wespenbussarde sind heimliche Waldbewohner. Am einfachsten findet man sie von erhöhten Punkten aus, von denen man die Greifvögel über den Wäldern fliegen sieht.
Foto: C. Wagner. Bayerischer Wald, 8.8.2008.

wald war ursprünglich ein undurchdringliches Walddickicht. Allerdings begannen schon in der Bronzezeit ab zirka 1400 vor Christus slawische Völker den Wald zu roden. Kurz vor der Zeitenwende wurde die Gegend wieder verlassen und der Wald kehrte zurück. Deutsche Kolonisatoren rodeten ab dem 11. Jahrhundert den Wald wieder großflächig und intensivierten die Landnutzung. Gesiedelt wurde allerdings in den höheren Randlagen. Erst im 18. Jahrhundert entstanden die zentralen Orte Burg-Kauper und Burg-Kolonie. Auch zu DDR-Zeiten wurde der Spreewald entwässert, um die landwirtschaftliche Nutzbarkeit zu verbessern. So hat sich durch Menschenhand aus einem ehemaligen Urwald ein reich strukturiertes Mosaik aus extensiv genutzten Feuchtwiesen, kleinen Äckern und ausgedehnten Wäldern entwickelt, die in ihrer Gesamtheit eine parkartige Landschaft mit hohem Naturschutzwert ergeben. Um die vom Menschen geschaffene, artenreiche Kulturlandschaft zu schützen, wurde das Gebiet am 1. Oktober 1990 folgerichtig als Biosphärenreservat ausgewiesen. Zusammen mit der östlich angrenzenden Lieberoser Endmoräne wurde der Spreewald auch als Europäisches Vogelschutzgebiet gemeldet.

Besondere Vogelarten und Reisezeit

So vielfältig und sagenhaft wie die Landschaft des Spreewalds, so vielfältig und sagenhaft ist auch die Vogelwelt. In den letzten zehn Jahren wurden genau 300 Vogelarten festgestellt, davon brüteten mindestens 150 im Gebiet. Die Brutzeit ist demnach neben den Zugzeiten die interessanteste Zeitspanne, um den Spreewald zu besuchen. Im Winter sind die Teiche abgelassen und die Seen oft zugefroren; dann wird es im Spreewald ruhiger.

Ein herausragender Brutvogel ist der Singschwan, der seit 1995 mit mehreren Paaren zum Beispiel auf den Stradower Teichen brütet. Für die in Höhlen brütenden Schellenten und Hohltauben ist der Spreewald ein Eldorado. Viele Großvögel wie Schwarz- und Weißstörche, Wespenbussarde, Fisch- und Seeadler, Rot- und Schwarzmilane sowie Kraniche, die zu den Herbstzugzeiten auffällige Schwärme bilden, fühlen sich im Biosphärenreservat wohl. In den Fließen jagen ganzjährig Eisvögel. Die alten Wälder sind Lebensraum von Schwarz-, Mittel- und Kleinspechten. Grauspechte haben hier ihr nördlichstes regelmäßiges Vorkommen in Brandenburg. So lohnt sich ein Besuch schon im März. Später kommen Pirole, Waldlaubsänger und Nachtigallen hinzu und bis die Zwergschnäpper angekommen sind, wird es meist Ende Mai. Dann sind auch die Schilfbrütergemeinschaften mit Rohrdommeln, Rohrweihen, Bartmeisen, Rohrschwirlen und Drosselrohrsängern komplett. Im Offenland sind dann neben Wachteln, Heidelerchen, Braunkehlchen, Ortolanen und Grauammern auch die Sperbergrasmücken eingetroffen, die die Nähe der viel häufigeren Neuntöter suchen. Anfang Juni ist also eine gute Zeit, um die vollständige Brutvogelgemeinschaft des Spreewalds zu genießen.

Frühjahrs- und Herbstzug sind sehr ausgeprägt und immer für Überraschungen gut. Neben typischen Durchzüglern, wie verschiedenen Enten-, Limikolen-, Möwen- und Seeschwalbenarten, kann man im August auch Schwarzstörche bei der Nahrungssuche in offenen Feuchtgebieten beobachten. Im Herbst kommen größere Scharen von Saat- und Blässgänsen, die mit Raufußbussarden, Kornweihen, Merlinen und Raubwürgern in milderen Wintern auch zu den regelmäßigen Gästen gehören.

Beobachtungsmöglichkeiten

Die Exkursionsziele sind von Nordwesten nach Südosten beschrieben.

Der Buchenhain ist das reizvollste Waldgebiet des Spreewalds. Der reich strukturierte, von Laubbäumen dominierte Wald ist durch einen Naturlehrpfad teilweise erschlossen. Dieser beginnt an einem großen Parkplatz (1) an der Verbindungsstraße Schlepzig – Krausnick oder am Kahnfährhafen von Schlepzig. Nähere Informationen gibt es zum Beispiel auf den Internetseiten von Spreekapitän (siehe unten). Ab der zweiten Maihälfte hat man auf dem Naturlehrpfad nördlich der Straße sogar Chancen auf Zwergschnäpper. Ortolane, in den trockeneren Randbereichen des Spreewalds weitverbreitet, brüten unter anderem östlich von Schlepzig Richtung Dürrenhofe und auch 400 m südlich des Ortsausgangsschilds entlang der Straße nach Lübben (2).

Die Schlepziger Teiche reihen sich wie Perlen auf einer Schnur zwischen Schlepzig im Norden und Lübben im Süden. Ein Besuch der relativ jungen Teiche ist vor allem für die Beobachtung rastender und Nahrung suchender Wasservögel lohnend. Aber auch für Limikolen und Greifvögel ist das Gebiet interessant. Insbesondere im Herbst nutzen bis zu 20000 nordische Gänse die Teiche als Schlafgewässer. Seit einigen Jahren nächtigen auch bis über eintausend Kraniche in den abgesenkten Teichen. Ein Radweg, der mit einer radelnden Gurke markiert ist, führt von Schlepzig bis nach Lübben entlang vogelkundlich sehr attraktiver Teiche. Mit dem Auto kann man am Inselteich vorbei bis Petkamsberg (3) fahren.

Die Hartmannsdorfer Teichgruppe (4) liegt nördlich von Lübben und östlich der Straße nach Hartmannsdorf. Diese kleinere Teichanlage wird ab dem Frühjahr 2011 allerdings nicht mehr bewirtschaftet und wird daher

Singschwäne brüten seit 1995 im Spreewald. Sie überwintern unter anderem am Bodensee. Foto: C. Wagner. Bärenbrück, 6.6.2006.

ihre Bedeutung für Wasservögel rasch verlieren. Die Karpfenteiche sind von ausgedehnten Rohrkolben- und Schilfbeständen gesäumt. Hier brüten Schellenten, Rohrweihen und Drosselrohrsänger.

In den Poldern Kockrowsberg (5) und Kleines Gehege wurde 1990/1991 aus wirtschaftlichen Überlegungen der Schöpfwerksbetrieb eingestellt. Daraufhin entstanden extensiv genutzte Feuchtwiesen, offene Wasserflächen, ausgedehnte Schilffelder, Gebüsche und kleine Waldreste in einem abwechslungsreichen Mosaik. Ein Besuch des Gebiets ist nur im Winter weniger lohnend. Diverse schilfbewohnende Vogelarten im weitesten Sinne erreichen hier extrem hohe Bestandsdichten, die im landesweiten Maßstab von großer Bedeutung sind. Unter anderem brüten Rohrdommeln, Tüpfelsumpfhühner, Blaukehlchen und Karmingimpel. Nahezu überall hört man die Gesänge von Rohrschwirl, Drossel- und Schilfrohrsänger. Schwarzstörche suchen nach Nahrung und Kraniche rasten im Herbst mit vielen Hundert Individuen. Man erreicht die Polder am einfachsten von Radensdorf aus (siehe Detailkarte). Einige der Türme können auf dem Wasserweg angefahren werden. Eine gute Wiedehopfstelle befindet sich zwischen Alt Zauche und Wußwerk (6). Dort brüten auch Heidelerchen in hoher Dichte, regelmäßig werden Baumfalken und Raubwürger gesehen.

Von Fließen durchflossene Laubwälder sind typisch für den Unterspreewald; hier ein Ausschnitt aus dem Buchenhain. Foto: J. Borries. Herbst 2007.

Einer der eindrucksvollsten Erlenbruchwälder Deutschlands liegt im Herzen des Spreewalds. Er ist mit 1000 Hektar Ausdehnung bundesweit der größte seiner Art und der einzige Erlenbruchwald, der vom Mittelspecht in hoher Dichte besiedelt ist. Für den Grauspecht ist der Hochwald der einzige Brutplatz im Spreewald. Beginn der Wanderung durch das Gebiet ist das Waldhotel Eiche (7). Ein schmaler Weg führt links des Hotels zum Fließ. An diesem hält man sich links und nach 3,5 beeindruckenden Kilometern ist die Kannowmühle erreicht. Unterwegs trifft man regelmäßig auch auf Rothirsche, deren imponierende Brunftrufe man im Frühherbst hier hautnah erleben kann. An den Stradower Teichen (8) brüten Singschwäne. Das stark ge-

Typische Vogelarten des Spreewalds, deren Status und günstige Beobachtungszeit (in Klammern)
h = häufiger, r = regelmäßiger, s = seltener; B = Brutvogel, D = Durchzügler, W = Wintergast, N = Nahrungsgast.

Art	Status (beste Beobachtungszeit)
Bartmeise	sB (ganzjährig)
Baumfalke	rB (Mai–Aug.)
Bekassine	hB, hD (April–Okt.)
Blässgans	hW (Okt.–März)
Braunkehlchen	rB (Ende April–Sept.)
Eisvogel	rB (ganzjährig)
Fischadler	sB, rD (April–Sept.)
Grauammer	hB (ganzjährig)
Grauspecht	sB (ganzjährig)
Kiebitz	hB, hD, rW (ganzjährig)
Knäkente	rB, rD (Mitte März–Aug.)
Kormoran	hB, hW (ganzjährig)
Kranich	hB, hD (März–Nov.)
Mittelspecht	rB (ganzjährig)
Nachtigall	hB (Mitte April–Aug.)
Ortolan	rB (Mai–Aug.)
Pirol	hB (Mai–Aug.)
Rohrdommel	sB, (März–Okt./Nov.)
Rohrschwirl	hB (Ende April–Aug.)

Art	Status (beste Beobachtungszeit)
Rohrweihe	hB (März–Okt.)
Rotmilan	hB (März–Nov.)
Schellente	rB, hW (ganzjährig)
Schlagschwirl	rB (Mai–Juli)
Schwarzmilan	rB (April–Aug.)
Schwarzstorch	sB (April–Sept.)
Seeadler	sB, rW (ganzjährig)
Silberreiher	rN, rW (ganzjährig)
Singschwan	sB, rW (ganzjährig)
Sperbergrasmücke	hB (Mai–Aug.)
Trauerseeschwalbe	rD (Mai, Aug./Sept.)
Tundrasaatgans	hW (Okt.–März)
Tüpfelsumpfhuhn	rB, sD (April–Juni, Aug.–Sept.)
Waldsaatgans	rW (Okt.–März)
Wasserralle	hB, rW (ganzjährig)
Weißflügel-Seeschwalbe	sD (Mai)
Weißstorch	hB (April–Sept.)
Wespenbussard	sB (Mai–Aug.)
Zwergschnäpper	sB (Mai–Aug.)

GPS

Parkplatz Buchenhain (1)	52°01'48.50" N	13°52'44.00" O
Parkplatz Schlepziger Teiche (3)	52°00'20.00" N	13°52'44.00" O
Parkplatz Polder Kockrowsberg	51°54'57.00" N	13°57'41.00" O
Parkplatz Waldhotel Eiche (7)	51°52'38.00" N	14°05'09.00" O

gliederte Teichgebiet mit ausgedehnten Röhrichten ist außerdem Brutplatz von Rohrdommeln, Rohrweihen, Bartmeisen, Rohrschwirlen und Drosselrohrsängern. Zu den Zugzeiten kann man zahlreiche Limikolen beobachten. In der Umgebung sollte man auch auf Fischadlerhorste auf Hochspannungsmasten, Ortolane und Grauammern achten. Die Stradower Teiche sind vom Dorfplatz Stradow aus ausgeschildert.

Weitere Freizeitmöglichkeiten

Früher waren die Fließe die Hauptverkehrswege im unzugänglichen Spreewald und der hölzerne Kahn war das wichtigste Transportmittel. Er wurde benutzt, um zur Arbeit auf das Feld zu fahren, um die Ernte einzubringen, um Vieh zu transportieren oder um die Post zu verteilen. Heute ist die Kahnfahrt ein Symbol des Spreewaldbesuchs und eine entspannte Freizeitaktivität für jeden Gast. Häfen und Bootshäuser gibt es in fast allen Spreewaldgemeinden.

Ein deutschlandweit einmaliges Gurkenmuseum findet man in einem der ältesten Gebäude Lehdes. Man erfährt Wissenswertes über die Tradition des Gurkenanbaus und der Gurkenverarbeitung.

Christian Wagner, Christopher König, Christoph Moning, Felix Weiß

Infomaterial/Literatur

Anonymus 2007: Sagen aus dem Spreewald. Cottbus, Regia-Verlag.

Wagner C, Moning C 2009: Vögel beobachten in Ostdeutschland – Die besten Beobachtungsgebiete zwischen Rügen und Thüringer Wald. Frankh-Kosmos-Verlag, Stuttgart.

Weiß S 2003. Erlenwälder als bisher unbeachteter Lebensraum des Mittelspechts Dendrocops medius. Vogelwelt 124: 177–192.

www.spreekapitaen.de

Eine umfangreiche Sammlung von Rad-, Paddel-, Wander- und Skatertouren, jeweils mit Karte.

Anfahrt

Mit Bahn und Bus

Lübben, Lübbenau und Vetschau, die drei größten Orte im Westen des Spreewalds, besitzen neben einer Autobahnausfahrt von der A 13 bzw. A 15 Berlin-Cottbus auch jeweils einen Bahnhof. Bushaltestellen findet man in Schlepzig, das von Lübben aus angefahren wird, und in Burg (Spreewald), wo der nächste Bahnhof in Vetschau liegt. Es gibt ein Radwegenetz, das im weiteren Ausbau ist. Vorschläge für Touren finden sich zum Beispiel auf der Internetseite der Gemeinde Burg (Spreewald). Auch die Schlepziger Teiche können als eine Fahrradtour geplant werden.

Mit dem Auto

Die A 13 und A 15 führen von Berlin nach Cottbus und am Südrand des Spreewalds vorbei.

Adressen

Touristinformation Burg, Haus des Gastes, Am Hafen 6, 03096 Burg (Spreewald), Tel.: 035603/750-160, info@BurgimSpreewald.de, www.burgimspreewald.de

Gurkenmuseum, An der Dolzke 4+6, 03222 Lehde, Tel.: 03542/8999-60, museum@spreewald.com

Naturwacht Spreewald, Schulstraße 9, 03222 Lübbenau, Tel.: 03542/879168, spreewald@naturwacht.de

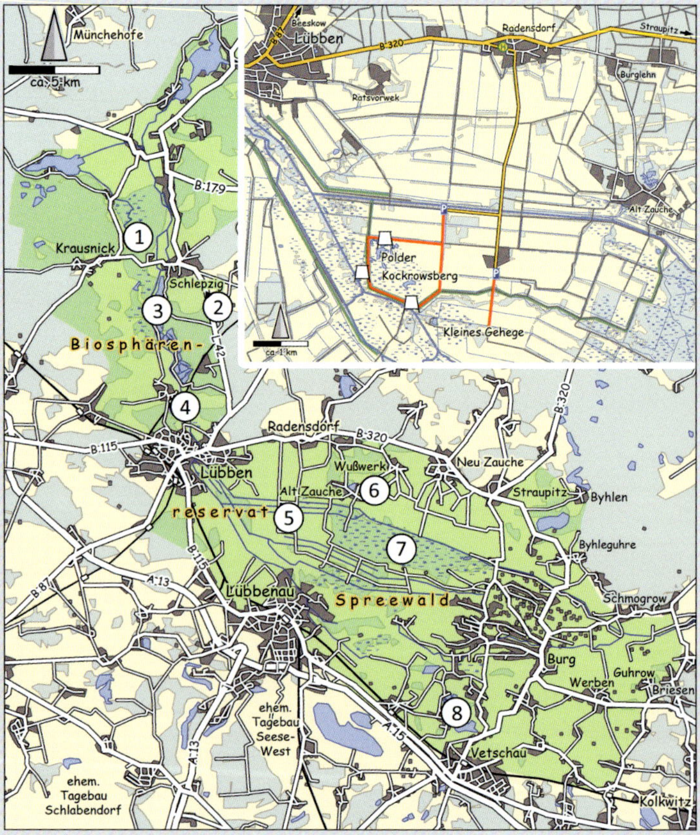

Stimmungsvolles Licht an der Gatower Vernässung - Brutplatz von Knäk- und Schnatterenten, Rothalstauchern, Trauerseeschwalben und in den letzten Jahren auch Weißbart- und Weißflügel-Seeschwalben. Foto: C. Wagner. 22.5.2008.

Der Nationalpark Unteres Odertal

Deutschlands wilder Osten

Die Aue der Unteren Oder ist im Vergleich zu den meisten anderen deutschen Flüssen naturnah und weist deshalb eine ungewöhnlich hohe Artenvielfalt auf. Insgesamt wurden 292 Vogelarten nachgewiesen. Viele gefährdete Arten, wie Wachtelkönig und Trauerseeschwalbe kommen im Gebiet in großen Beständen vor. Für Seggenrohrsänger war die Untere Oder bis vor wenigen Jahren das letzte Refugium in Deutschland. 148 Vogelarten brüten regelmäßig im Nationalpark. 1995 wurde das Flusssystem auf einer Fläche von 10 300 Hektar als Nationalpark ausgewiesen. Es ist der einzige Nationalpark Brandenburgs und der einzige Auennationalpark in Deutschland. Zusammen mit dem Landschaftsschutzgebiet Nationalparkregion Unteres Odertal sowie der Flussaue und den Hangwäldern auf der polnischen Seite, die ebenfalls unter Schutz stehen, wurde eine naturräumliche Einheit von über 1170 km² geschützt.

Landschaftsgeschichte und Lebensräume

Die ehemals durch lang andauernde Überflutungen gekennzeichnete Oderaue unterlag bis in die 1930er Jahre starken Veränderungen. So wurde der Fluss teilweise begradigt, die Hohensaaten-Friedrichthaler-Wasserstraße gebaut und die Aue in Polder unterteilt.

Diese werden je nach Nutzungsintensität nach verschiedenen Kriterien eingestuft. So nennt man die Polder, die regelmäßig von November bis April geflutet werden, Nasspolder und unterscheidet sie von den landwirtschaftlich intensiver genutzten Trockenpoldern. Nasspolder sind der Fiddichower Polder, auch Gatower Polder genannt, der Schwedter Polder und der Criewener Polder. Sie sind vor allem durch extensiv genutzte Weiden mit Mutterkuhhaltung, temporär überflutete Senken, dauerhaft Wasser führende, oft mit Schwimmblattpflanzen bewachsene Altarme sowie Schilf- oder Rohrkolbenröhrichte geprägt. Auf erhöhten Standorten und entlang der Nebenarme stehen Auwaldreste. Die Nasspolder werden zwischen Ende November und Mitte April geflutet, indem die Einlassbauwerke zur Oder hin geöffnet werden. Auch bei extremen Sommerhochwässern wie 1997 oder 2010 werden die Einlassbauwerke geöffnet. Mit der Schließung der Bauwerke Mitte April fallen vormalige Flachgewässer trocken. Hiervon sind auch Nester von Lappentauchern und Seeschwalben betroffen, die für Prädatoren zugänglich werden. In einem Flurneuordnungsverfahren wird an der Ablösung der Eigentums- und Nutzungsrechte gearbeitet, wodurch eine verlängerte Öffnung der Bauwerke ermöglicht werden soll. In einem ersten Schritt wird seit 2009 das Wasserregime des Fiddichower Polders naturverträglich gesteuert. Inzwischen hat dort eine natürliche Entwicklung der Wasserverhältnisse während der Brutzeit eingesetzt. So kann man bei Gatow auch Ende Mai noch einen flach überschwemmten Polder antreffen.

Der Lunow-Stolper Polder ist ein Trockenpolder. Er ist durch Deiche ganzjährig vor Überschwemmungen gesichert. Deswegen kann in den außerhalb des Nationalparks liegenden Gebieten auch intensiver gewirtschaftet und im Südteil Ackerbau betrieben werden. Im überwiegenden, im Nationalpark liegenden, Teil wird extensiv beweidet.

Der Nationalpark wird in zwei Schutzzonen unterteilt. In der Schutzkategorie I steht der Prozessschutz im Vordergrund. Ursprünglich war im Nationalparkgesetz vorgesehen, bis 2010 auf 50 Prozent der Nationalparkfläche die Nutzung einzustellen. Nachdem absehbar war, dass dieser Termin, vor allem aufgrund von Akzeptanz- und Durchsetzungsproblemen, nicht einzuhalten war, hat man das Nationalparkgesetz 2006 novelliert und die zeitliche Fixierung herausgenommen. Durch ein flexibleres Vorgehen im Rahmen eines Flurneuordnungsverfahrens hofft die Nationalparkverwaltung, dieses Ziel dennoch in absehbarer Zeit zu erreichen. Im Fiddichower Polder, in dem die Nutzung bereits zum Teil eingestellt ist, kann der spannende Prozess der Wildnisentwicklung verfolgt werden. Aus den Fuchsschwanzwiesen entstanden in wenigen Jahren Schlankseggenwiesen, Rohrglanzgraswiesen, Schilfröhrichte und kleinflächig auch Wasserschwadenröhrichte. In einigen Bereichen findet eine Weidensukzession hin zu einer Weichholzaue statt.

In der Schutzzone II ist Landwirtschaft weiterhin möglich. Dies birgt einerseits Konfliktpotenzial, z. B. im Hinblick auf schnelle Wasserabsenkungen im Frühjahr. Andererseits ist die Fortführung der landwirtschaftlichen Grünlandnutzung Voraussetzung für

Nirgendwo in Deutschland brüten mehr Trauerseeschwalben als im Unteren Odertal.

Foto: C Wagner. Parsteiner See, 13.5.2005.

die langfristige Erhaltung von Lebensräumen des Wachtelkönigs und des Seggenrohrsängers im unteren Odertal. Mit dem im Herbst 2014 in Kraft getretenen Nationalparkplan wird die Nationalparkverwaltung in die Lage versetzt, die Wasserstände stärker an den Ansprüchen der Brutvögel auszurichten. Mahd und Beweidung erfolgen im Hinblick auf Zeitpunkt und Fläche flexibel.

Die Oder selbst ist eingedeicht, mit Querbauwerken in ihrer Fließgeschwindigkeit verlangsamt, begradigt und für die Schifffahrt nutzbar gemacht. Vor den Winterdeichen sind teils ausgeprägte Vorländer ausgebildet. Sie sind dem natürlichen Wasserregime der Oder unterworfen, werden nicht bewirtschaftet und sind oftmals zur Zeit der Pfingsthochwässer auch im Mai noch überschwemmt; dann bilden sich Möwen- und Seeschwalbenkolonien.

Besondere Vogelarten und Reisezeit

Im Unteren Odertal brütet, rastet und überwintert eine kaum überschaubare Zahl an Vögeln, sodass ein mehrtägiger Besuch zu allen Jahreszeiten sehr lohnend ist. Außerdem sind sowohl die Artenliste mit zum Beispiel über 140 regelmäßig brütenden Vogelarten als auch die Beobachtungsmöglichkeiten so umfangreich, dass in diesem Beobachtungstipp nur ein kurzer Einblick gegeben werden und auf die „wichtigsten“ – seltene oder innerhalb Deutschlands vor allem im Osten verbreitete – Vogelarten eingegangen werden kann:

Eine hohe Attraktivität besitzt der Nationalpark in der zweiten Maihälfte. Dann sind alle Brutvogelarten anwesend und lassen sich singend, balzend, brütend und Junge führend beobachten. Herausragende Arten sind Wachtelkönig und Trauerseeschwalbe, die in der Oderaue ihre zahlenstärksten deutschen Vorkommen besitzen. Aber auch Knäkenten, Gänsesäger, Rothalstaucher, Seeadler, Kraniche, Tüpfelsumpfhühner, Kleine Sumpfhühner, Bekassinen, Beutelmeisen, Neuntöter, Schlag- und Rohrschwirle, Sperbergrasmücken, Sprosser, Blaukehlchen und Karmingimpel können dann zuverlässig beobachtet werden. In den letzten Jahren brüteten an der Gatower Vernässung und am Wrechsee im Schwedter Polder regelmäßig auch Weißbart- und Weißflügelseeschwalben. Seggenrohrsänger sind leider praktisch nicht mehr beobachtbar.

Im Herbst und Winter nutzen Zwerg- und Gänsesäger die eisfreien Gewässer des Unteren Odertals. Besonders auffällig sind die großen Ansammlungen von Schwänen und nordischen Gänsen. Die hohen Winterbestände an Wasservögeln locken viele Seeadler an. Auch Raufußbussarde, Kornweihen, Habichte, Merline und Wanderfalken gehören zu den regelmäßigen Wintergästen.

Im Frühjahr steigen die Rastbestände der Wasservögel dann auf über 100 000 Individuen an. So haben die Nasspolder als Rastgebiet für Zugvögel eine internationale Bedeutung. Bemerkenswert sind beispielsweise die hohen Frühjahrszahlen von Pfeif-, Spieß-, Löffel-, Krick- und Knäkenten. Auf den tieferen Gewässern und der Oder versammeln sich Schell-, Reiher- und Tafelenten. Die weiten Feuchtwiesen sind besonders wertvolle Rastplätze für Bekassinen, Kiebitze, Kampfläufer, Dunkle Wasserläufer, Grünschenkel, Bruchwasserläufer, Rotschenkel und verschiedene Strandläufer, die oft in großer Zahl rasten.

Typische Vogelarten im Nationalpark Unteres Odertal, deren Status und günstige Beobachtungszeit (in Klammern).
h = häufiger, r = regelmäßiger, s = seltener; B = Brutvogel, W= Wintergast, D = Durchzügler, N = Nahrungsgast

Art	Status (beste Beobachtungszeit)
Bekassine	hB, hD (April–Sept.)
Beutelmeise	rB (April–Aug.)
Blaukehlchen	rB (April–Aug.)
Blässgans	hW (Okt.–März)
Brandgans	sB, sW (ganzjährig)
Braunkehlchen	rB, rD (Ende April–Aug.)
Bruchwasserläufer	rD (Mai, Juli–Aug.)
Drosselrohrsänger	hB (Mai–Aug.)
Graugans	hB, hW (ganzjährig)
Gänsesäger	rB, hW (ganzjährig)
Kampfläufer	rD (März–April, Juli–Aug.)
Kleines Sumpfhuhn	sB (April–Juni)
Knäkente	sB, hD (März–Juni)
Kranich	rB, hD, sW (ganzjährig)
Löffelente	sB, rD, (April–Nov.)
Nachtigall	rB (Mai–Aug.)
Pfeifente	hW (Okt., März–April)

Art	Status (beste Beobachtungszeit)
Rohrdommel	sB (ganzjährig)
Rohrschwirl	hB (Mitte April–Juni)
Rothalstaucher	rB (März–Okt.)
Schlagschwirl	hB (Mai–Juni)
Schnatterente	hB, hW (ganzjährig)
Schwarzhalstaucher	rB, rD (April–Sept.)
Seeadler	sB, rW (ganzjährig)
Singschwan	hW (Okt.–März)
Sperbergrasmücke	rB (Mitte Mai–Juni)
Sprosser	hB (Mai–Aug.)
Trauerseeschwalbe	hB, hD (Mai–Aug.)
Tundrasaatgans	hW (Okt.–März)
Tüpfelsumpfhuhn	rB (April–Juni)
Wachtelkönig	hB (Mai–Juli)
Waldsaatgans	hW (Okt.–März)
Weißbart-Seeschwalbe	sB (Mai, Aug.)
Weißflügel-Seeschwalbe	sB (Mai, Aug.)

Beobachtungsmöglichkeiten

Für die Orientierung im Nationalpark ist eine gute Wanderkarte unerlässlich. Im Folgenden sind einige besonders ergiebige Punkte beschrieben.

Den im Herbst lohnenden Kranichbeobachtungsturm erreicht man in einem kurzen Fußmarsch vom Gartzer Ortsrand. Man verlässt in Gartz die Hauptstraße direkt vor dem Café „Zum Mühlenteich" nach rechts in die „Gartenstraße" und folgt dieser 500 m bis zum Schöpfwerk mit Kranichinformationstafel, an der man parkt (1).

Einen artenreichen Hangwald kann man zwischen Gartz und Mescherin (näher) erwandern. Im 45 ha großen NSG Gartzer Schrey leben Kraniche, Schwarz-, Mittel-, Grün- und Kleinspechte sowie Hohltauben, Pirole, Kolkraben und Zwergschnäpper.

Wer nur sehr wenig Zeit hat, kann sich im Mai auf den Nordteil des Fiddichower Polders konzentrieren. Von der Teerofenbrücke (2), die über eine Stichstraße von der B 2 neun Kilometer nördlich von Schwedt erreicht wird, geht man auf dem Winterdeich und nach Nordosten am Welsensee entlang, biegt nach 1,4 km nach rechts in den Polder ab und folgt dem Sommerweg bis zur Oder. Bekassinen, alle drei heimischen Schwirlarten und Karmingimpel können neben vielen anderen Brutvögeln hier beobachtet werden.

Die Gatower Vernässung erreicht man von der Gatower Brücke (3), an der regelmäßig Sprosser singen, von der man circa 1 km nach Süden geht. Weißflügel-, Weißbart- und Trauerseeschwalben brüteten in den letzten Jahren hier, daneben verschiedene Entenarten und Rothalstaucher. Im Winter stellen sich Schwäne und nordische Gänse ein. Der Sommerweg, der 200 m südlich der Gatower Brücke nach Osten abzweigt, dann nach Süden abschwenkt und dabei an der Ostseite der Gatower Vernässung entlangführt (und endet), ist speziell für das Hören von Wachtelkönigen und die Beobachtung von Sperbergrasmücken geeignet. Letztere bevorzugen neben Büschen auch einzelne Bäume in ihrem Revier.

Vom Parkplatz an der Schwedter Querfahrt (4) folgt man dem südlichen Rand der Querfahrt nach Osten und später der Oder nach Süden und kommt so zu einem Beobachtungsturm am Wrechsee (5) mit Blick auf die größte Kormorankolonie in Brandenburg und eine große Trauerseeschwalbenkolonie, die durch künstliche Nisthilfen gestützt wird.

Ein schöner Weg mit Beobachtungsmöglichkeiten für Wachtelkönige, Wiesenpieper und Wiesenschafstelzen zweigt von der B 166 Schwedt – Krajnik Dolny ab. Man parkt von Schwedt kommend 1 km nach Überquerung der Hohensaaten-Friedrichsthaler-Wasserstraße am rechten Straßenrand und folgt dem Plattenweg nach Süden in den Polder (6).

Auf dem Auelehrpfad, der vom Nationalparkhaus in Criewen (7) durch den Polder zur Oder führt, durchquert man unterschiedlichste Lebensräume. Schwirle, Rohrsänger und Sprosser können hier leicht gehört und mit etwas Geduld auch gesehen werden. Am Himmel kreisen Störche und Greifvögel.

Zum Odervorland bei Stützkow führt ein weiterer lohnender Spaziergang.

Wachtelkönige führen ein verstecktes Leben und verstehen es auch in niedriger Vegetation meisterhaft, sich den Blicken des Beobachters zu entziehen. Foto: S. Pfützke.

Von Stützkow (8) folgt man zuerst dem Damm nach Süden, zweigt dann nach Westen ab und folgt der Oder nach Südwesten stromaufwärts. Im Vorland lassen sich verschiedene Seeschwalbenarten, darunter Zwergseeschwalben, aber auch Brandgänse und Austernfischer auf die Artenliste setzen.

Wenn man von Stützkow an die Oder läuft, erscheint ein 11 m hoher Beobachtungsturm am Eiswachhaus. Ein weiterer steht bei Mescherin an der Brücke über die Westoder mit fantastischem Blick über den Staffelder Polder. Hier lassen sich Große Rohrdommeln, Kraniche, Silberreiher und auch Seeadler beobachten.

Auf Störche und Greifvögel sollte man überall achten. Weißstörche brüten in den Orten außerhalb der Aue und Schwarzstörche kommen zur Nahrungssuche in die Aue.

Mitarbeiter der Naturwacht sind im Gebiet präsent und achten dort auf die Einhaltung der Vorschriften und Wegegebote. Sie sind Anlaufstation für Informationen und können viele aktuelle Beobachtungstipps geben.

Blick von Stolpe über das Untere Odertal. Foto: C. Wagner. Stolpe, 16.5.2005.

Weitere Freizeitmöglichkeiten

Während sich der Nationalpark Unteres Odertal auf die Talaue mit den angrenzenden Wäldern und Trockenrasen der Odertalhänge beschränkt, umfasst das „Europäische Vogelschutzgebiet Unteres Odertal" auch Teile des Uckermärkischen Hügellands mit dem Felchowsee als reizvollen Abschnitt. Der Felchow-

GPS		
Parkplatz Beobachtungsturm Gartz (1)	53°12'19.00" N	14°22'60.00" O
Parkplatz Teerofenbrücke (2)	53°07'59.00" N	14°20'47.00" O
Parkplatz Gatower Brücke (3)	53°06'34.00" N	14°20'16.00" O
Parkplatz Schwedter Querfahrt (4)	53°04'14.00" N	14°19'18.00" O
Parkplatz B166	53°02'40.00" N	14°17'46.00" O
Nationalparkhaus Criewen (7)	53°00'44.00" N	14°13'22.00" O
Parkplatz Stützkow (8)	52°59'35.00" N	14°10'30.00" O
Parkplatz Felchowsee	53°03'3.00" N	14°06'51.00" O
Geesow	53°15'13.00" N	14°23'3.00" O

see mit Lanke hat große Bedeutung für Röhrichtvögel. So wird man von dem findlingsgekrönten Hügel zwischen Felchowsee und Lanke an einem lauen Maiabend neben Rohrschwirlen und Drosselrohrsängern auch Zwergdommeln und Kleine Sumpfhühner hören können. Auf dem Felchowsee selbst brüten Schwarzhalstaucher in großer Zahl. Baumfalken jagen über der Wasserfläche und regelmäßig lassen sich Fischadler blicken. Der Parkplatz befindet sich am Westrand des Gebiets.

Botanisch Interessierte sollten den seltenen kontinentalen Kalktrockenrasen auf Mergelböden, die sich durch eine große Artenvielfalt auszeichnen, Aufmerksamkeit schenken. Die Steppentrockenrasen findet man vor allem im Osten Brandenburgs an den Oderhängen. Bemerkenswert sind die beiden Naturschutzgebiete Geesower Hügel und Trockenrasen Geesow, die südlich des Dorfs Geesow im Landkreis Uckermark liegen. Die Trockenrasen werden vom Sandfedergras (Stipa borsthenica ssp. germanica) dominiert. Es kommen auch botanische Besonderheiten wie Dreizähniges Knabenkraut (Orchis tridentata) und Kreuzenzian (Gentiana crutiata) vor.

Christian Wagner, Christopher König, Christoph Moning, Felix Weiß

Infomaterial/Literatur

Dittberner, W. (2014): Die Vogelwelt des Nationalparks Unteres Odertal. Natur+Text, Rangsdorf.

Wagner C, Moning C 2009: Vögel beobachten in Ostdeutschland. Franckh-Kosmos, Stuttgart.

Zucchi H, Stegmann P Hrsg. 2006: Wagnis Wildnis. oekom verlag, München.

Nationalpark Unteres Odertal: Topographische Freizeitkarte (1:50000), Landesvermessung und Geobasisinformation Brandenburg (sehr empfehlenswert).

Anfahrt

Mit Bahn und Bus

Die Stadt Schwedt ist zentraler Ausgangspunkt für Exkursionen in das Untere Odertal und liegt 80 km nordöstlich von Berlin. Der Bahnhof wird von der Hauptstadt aus im Zweistundentakt bedient. Die Oderdämme sind durchweg fahrradtauglich und die einzelnen Beobachtungspunkte durch ein ausgedehntes und beschildertes Radwegenetz verbunden. Fahrradverleihe gibt es in Schwedt (z. B. „Butzke“), in Criewen (z. B. „Storchennest“) und in der Wildnisschule Teerofenbrücke.

Mit dem Auto

Man verlässt die A 11 von Berlin kommend an der Anschlussstelle Joachimsthal, folgt der B 198 bis Angermünde und erreicht über die B 2 (alt oder neu) nach insgesamt rund 100 km (von Berlin) die Stadt Schwedt.

Adressen

Nationalparkhaus Unteres Odertal
Park 2, 16303 Schwedt/Oder OT Criewen, Tel.: 03332/2677244,
nationalpark-unteres-odertal@nlpvuo.brandenburg.de;
www.nationalpark-unteres-odertal.eu
Großes Besucherzentrum mit Oderaquarium.
Öffnungszeiten:
Apr. – Okt.: tägl. 9 – 18 Uhr,
Nov. – März: Fr. – So. 10 – 17 Uhr.

Der schnurgerade Weg führt entlang schütter bewachsener Silbergrasfluren, durch trockene Heide und vorbei an kleinen Birkenwäldchen zur großen Düne.
Foto: C. Wagner. 6.6.2010.

Der ehemalige Truppenübungsplatz Jüterbog

Eine Wüste in Deutschland

Lange Zeit waren die aufgelassenen Übungsplätze der sowjetischen Armee in Brandenburg für Besucher gesperrt. Zu hoch schien die Gefahr, auf Hinterlassenschaften des militärischen Übungsbetriebs zu treffen. Deswegen ist es eine große Freude, dass die Stiftung Naturlandschaften Brandenburg ein Wegenetz auf dem ehemaligen Truppenübungsplatz Jüterbog freigegeben hat. Wer zum ersten Mal durch den Kieferwaldgürtel wandert und die zentrale Offenfläche erreicht, reibt sich verwundert die Augen. Eine unbewachsene Sanddüne thront über weitläufigen Zwergstrauchheiden und schütteren Silbergrasfluren. Die Einsamkeit und Kargheit der Landschaft irritieren und faszinieren zugleich. Erst bei näherer Betrachtung erschließt sich das Leben in dieser „Wüste". Wenige speziell angepasste Arten wie Raubwürger, Steinschmätzer und Brachpieper brüten hier. Ruinen und rostender Abfall erinnern den Wanderer aber ständig daran, dass er sich auf einem ehemaligen Truppenübungsplatz aufhält.

Landschaftsgeschichte und Lebensräume

Jüterbog liegt im Talsandgebiet des Glogau-Baruther Urstromtals, das in Deutschland meist als Baruther Urstromtal bezeichnet wird. Es entstand vor über 20 000 Jahren als Abflussbahn von Schmelzwässern während der maximalen Ausdehnung des Inlandeises der Weichseleiszeit. Es ist damit das südlichste und älteste der drei großen weichselzeitlichen Urstromtäler in Brandenburg. Das Baruther Urstromtal zieht sich südlich von Berlin von der in Polen liegenden Stadt Głogów (dt. Glogau) über den Oberspreewald, Luckenwalde, die Belziger Landschaftswiesen (Falke 2009, H. 4) bis nach Tangermünde an die Elbe, wo es in das Elbe-Urstromtal übergeht. Es ist nahezu tischeben, nur stellenweise sind höhere Urstromtalterrassen eingestreut. Auch die Talhänge sind nur wenige Meter bis einige Dutzend Meter hoch. Die Talsohle ist von Schmelzwassersanden bedeckt, die durch zwischeneiszeitliche Vorgänge lokal von ausgedehnten Dünenfeldern überweht wurden. Auch heute prägen silikatreiche, nährstoffarme Sande das Landschaftsbild. Die ertragsschwachen Böden erlaubten früher kaum eine landwirtschaftliche Nutzung, so erklärt sich die dünne Besiedlung der Region. Erst in neuerer Zeit wird im Urstromtal großflächig Mais als Energiepflanze angebaut.

Schon um 1864 begann die militärische Nutzung des Geländes. Nach dem Zweiten Weltkrieg erfolgte eine Übernahme des Truppenübungsplatzes durch die damalige Rote Armee. Diese nutzte Jüterbog für Großmanöver und Schießübungen. Das letzte Panzerschießen mit örtlichen Bränden fand erst 1992 statt. Jüterbog war nicht der einzige Truppenübungsplatz in Brandenburg. Um 1990 nahmen Truppenübungsplätze ca. 8 % der Landesfläche Brandenburgs ein. Mit der Wiedervereinigung verließen in einer beispiellosen Aktion 339 000 sowjetische Soldaten innerhalb weniger Jahre das Land und allein in Brandenburg gingen zwölf große Truppenübungsplätze und insgesamt 120 000 ha Liegenschaften in Landesbesitz über. Seitdem erwarben verschiedene Organisationen, wie die Stiftung Naturlandschaften Brandenburg (Jüterbog, Heidehof und Lieberose) und die Heinz Sielmann Stiftung (Döberitzer Heide), bedeutsame Naturschutzflächen auf den ehemaligen Truppenübungsplätzen und schulterten eine Riesenbürde. Die Erhaltung der Sandwüsten und Zwergstrauchheiden in der jetzigen Ausdehnung ist nicht realisierbar und muss sich auf besonders wertvolle Kernbereiche beschränken. Zur Pflege der Flächen werden Beweidung mit Haustieren oder Wildtieren sowie Offenhaltung durch Mähen, mechanische Bodenfreilegung oder Feuer diskutiert. Alle Maßnahmen haben Vor- und

Nachteile und sind in der notwendigen Ausdehnung nur schwer finanzierbar. Deswegen wurden zum Beispiel auf stark munitionsbelasteten Flächen, die größten zusammenhängenden und nicht zugänglichen Naturentwicklungsflächen des Landes Brandenburg ausgewiesen. In vielen Teilflächen wird eine Sukzession hin zu Eichen-Hainbuchenwäldern mit zunächst hohem Kiefernanteil stattfinden, die Bestände vieler Vogelarten, die auf junge Sukzessionsstadien angewiesen sind, wie Brachpieper und Steinschmätzer, gehen seit einiger Zeit deutlich zurück.

Truppenübungsplätze haben eine typische Struktur. Umgeben sind sie von größeren, unzerschnittenen Wäldern, die die Schießbahnen absicherten. Diese waren zeitweise oder gänzlich von forstlicher Nutzung ausgeschlossen und konnten sich ungestört entwickeln. Auf den armen Böden wachsen vor allem Kiefernwälder, aber auch eichendominierte Laubwälder finden sich immer wieder dazwischen. Senken werden von Gewässern und Mooren eingenommen, Fließgewässer entwickelten sich ohne bauliche Eingriffe. Näher an den Schießbahnen und Panzerübungsplätzen im Zentrum der Truppenübungsplätze wird die Landschaft offener. Im Randbereich finden sich in Abhängigkeit der Störungshäufigkeit vielgestaltige Sukzessionsmosaike mit Pionierwäldern, Zwergstrauchheiden und Grasfluren. Im Zentrum, auf den durch Granatbeschuss, spontane Brände und Panzerketten gestörten Flächen, findet man nur noch sehr lückige Silbergras- und Flechtenfluren beziehungsweise vegetationslose Sanddünen.

Brachpieper brüten in Brandenburg fast nur noch auf ehemaligen Truppenübungsplätzen und in Braunkohletagebauen. Foto: W. Suckow. 2.6.2011.

Besondere Vogelarten und Reisezeit

Der besondere Reiz des Gebiets offenbart sich im Frühling und Frühsommer. Die offene Landschaft beherbergt eine in Deutschland seltene Kombination hoch spezialisierter Vogelarten.

In dem randlichen Kieferwald brüten Schwarzspechte, Hohltauben, Pirole und Gartenrotschwänze. In den lückigen Übergangsbereichen zum Offenland fühlen sich Turteltauben, Ziegenmelker, Wiedehopfe, Wendehälse, Heidelerchen und Baumpieper wohl. Als Artenschutzmaßnahme für die Wiedehopfe sind zahlreiche Brutröhren aufgehängt. Waldschnepfen bevorzugen für ihre Balzflüge im Frühjahr Waldschneisen, wie sie Waldwege bieten. In der Abenddämmerung lässt sich die Schnepfenstrich genannte Waldschnepfenbalz am besten beobachten. Dies trifft auch auf Ziegenmelker zu, die dann flügelklatschend und schnurrend die Nacht begrüßen. Die Art ist – wie der Wiedehopf – in Brandenburg in der Zwischenzeit fast ausschließlich auf ehemaligen Truppenübungsplätzen zu finden, kommt dort aber in bemerkenswert hohen Dichten vor. Warme, trockene Abende im Juni versprechen beste Chancen.

Neuntöter wachen auf Büschen, aus denen Sperbergrasmücken singen. Am Himmel kreisen Wespenbussarde, Rotmilane und Baumfalken. Im zentralen Offenland wird man nur sehr spezialisierte Arten antreffen. Dort wo Zwergstrauchheiden wachsen, brüten Raubwürger, Feldlerchen und Schwarz-

Typische Vogelarten des ehemaligen Truppenübungsplatzes Jüterbog West, deren Status und günstige Beobachtungszeit (in Klammern). h = häufiger, r = regelmäßiger, s = seltener; B = Brutvogel, W = Wintergast

Art	Status (beste Beobachtungszeit)
Baumfalke	sB (Ende April–Sept.)
Baumpieper	hB (April–Aug.)
Brachpieper	sB (Ende April–Aug.)
Flussregenpfeifer	sB (April–Juni)
Gartenrotschwanz	hB (Apr.–Aug.)
Heidelerche	hB (Ende März–Sept.)
Hohltaube	rB (März–Okt.)
Neuntöter	rB (Mai–Aug.)
Raubwürger	sB, rW (ganzjährig)
Rotmilan	rB (März–Okt.)

Art	Status (beste Beobachtungszeit)
Schwarzspecht	rB (ganzjährig)
Sperbergrasmücke	rB (Mitte Mai–Aug.)
Steinschmätzer	sB (April–Aug.)
Turteltaube	rB (Mai–Aug.)
Waldschnepfe	hB (März–Mai)
Wendehals	rB (Mai–Juli)
Wespenbussard	rB (Mai–Aug.)
Wiedehopf	rB (Mitte April–Aug.)
Ziegenmelker	hB (Mai–Aug.)

kehlchen. Auf den schütter bewachsenen Flächen, zum Beispiel auf dem Weg zur Großen Düne (2), können nur noch Flussregenpfeifer, Steinschmätzer und Brachpieper leben.

Auch Wölfe besiedeln den ehemaligen Truppenübungsplatz. Man wird sie zwar kaum zu Gesicht bekommen, ihre Spuren kann man aber regelmäßig auf den Sandwegen entdecken.

Nur selten hat man das Glück, einen sitzenden Ziegenmelker zu entdecken.
Foto: W. Suckow. 19.6.2009.

Beobachtungsmöglichkeiten

Die erhebliche Verunreinigung durch Munitionsrückstände führt dazu, dass viele ehemalige Truppenübungsplätze weiterhin nicht betreten werden dürfen. Die Kosten für eine vollständige Entmunitionierung aller brandenburgischen Militäreinrichtungen würden wohl mehrere Milliarden Euro ausmachen. Deswegen ist es nicht selbstverständlich, dass auf Jüterbog Teilbereiche der Öffentlichkeit zugänglich gemacht werden konnten. Aber auch hier führen die beschriebenen, geräumten Wege durch Gelände mit erheblicher Munitionsbelastung. Abseits der gekennzeichneten Wege besteht große Gefahr für Leib und Leben. Zur Markierung des Gefahrenpotenzials werden die Truppenübungsplätze in Gefährdungszonen untergliedert. Die Warnschilder sind an Wegrändern und Gebietsgrenzen aufgestellt und im Allgemeinen recht auffällig. Wenn Sie auf den gekennzeichneten Wegen bleiben, steht einem unbeschwerten Naturgenuss nichts im Wege.

Der Wanderweg Wurzelberg beginnt an der Abzweigung von der Umgehungsstraße (1). Der Weg führt schnurgerade nach Südwesten und in 3,5 km zur linkerhand liegenden Binnendüne (2). Diese kann umrundet werden. Gesamtlänge dieser aufgrund des losen Sandes anstrengenden (!) Wanderung ist 7,4 km von und zum Parkplatz bzw. 13 km von und zum Bahnhof Luckenwalde.

Ein ausgedehntes Wegenetz führt durch den nördlichen Teil von Jüterbog. Vor allem der Abschnitt bei Frankenförde (3) ist zum Beispiel für die Beobachtung von Wiedehopfen lohnend. Aber auch Baumfalken, Pirole und Heidelerchen kann man im Frühjahr hier beobachten. Frankenförde Ort liegt 6 km westlich von Luckenwalde an der L 80. Man verlässt die Landstraße in Frankenförde und biegt an einer Kreuzung, an der eine Informationstafel auf den Wanderweg aufmerksam macht und wo die Bushaltestelle „Frankenförde, In der Aue“ liegt, nach links in den Bukewitzerweg ab. Diesem folgt man bis zum Ortsausgang und parkt am Straßenrand (3). Der Rundwanderweg „Frankenförde“ ist 4,6 km lang und mit einem grünen Punkt auf weißem Grund markiert. Man wandert ihn im Uhrzeigersinn, nur so ist er gekennzeichnet, und erreicht durch einen Kiefernwald bei (4) eine schöne Freifläche. Die Wanderung kann bis Felgentreu bzw. Bardenitz-Pechüle beliebig ausgeweitet werden. Der Weg führt oft durch Wald.

Die Stiftung Naturlandschaften Brandenburg bietet das ganze Jahr über geführte Wanderungen (u. a. auch Ziegenmelkerwanderungen) an.

Das warme Abendlicht verzaubert die offenen Sandflächen.
Foto: C. Wagner. Juli 2007.

Weitere Freizeitmöglichkeiten

Der Zugang zum ehemaligen Truppenübungsplatz Heidehof (Jüterbog Ost) erfolgt über Markendorf, das 7 km östlich von Jüterbog an der B 115 liegt. Markendorf ist mit dem Bus erreichbar (Haltestelle „Markendorf (Jüterbog) Dorf, Jüterbog"). 400 m östlich des Ortsausgangsschilds von Markendorf biegt man nach links in einen breiten Schotterweg in den Wald ab, der nach 1,5 km beschrankt ist. Hier stellt man sein Auto ab (5). Vor dem Bau eines Windparks wurden Teilareale des Heidehofs entmunitioniert. Auf den Wirtschaftswegen ist es deswegen möglich, das Gebiet zu erwandern. Begleitet vom Wummern der Windräder, hat man im Frühjahr Chancen auf Wiedehopfe, Raubwürger, Heidelerchen und am Abend auf Ziegenmelker.

Von der Schranke aus folgt man dem Hauptweg und erreicht so die Freifläche, die aber deutlich bewachsener ist als die Freifläche von Jüterbog West. Vor allem die Bereiche entlang der ersten und zweiten Anlagenreihe sind lohnend. Zwischendurch erreicht man den Feldherrnhügel (6), von dem aus man seinen Blick nach Greifvögeln schweifen lassen kann.

Christian Wagner, Christopher König, Christoph Moning, Felix Weiß

Infomaterial/Literatur

Anders K, Mrzljak J et al. 2004: Handbuch Offenlandmanagement – Am Beispiel ehemaliger und in Nutzung befindlicher Truppenübungsplätze. Berlin, Springer Verlag.

Beutler H 2000: Landschaft in neuer Bestimmung – Russische Truppenübungsplätze. Neuenhagen, Findling Verlag.

Oehlschlaeger S, Ryslavy T 2005: Das Europäische Vogelschutzgebiet (SPA) Truppenübungsplätze Jüterbog-Ost und West. Naturschutz und Landschaftspflege in Brandenburg 14(3), 146–148.

Informationen zu den oben beschriebenen Wanderungen finden Sie auch unter:
www.stiftung-nlb.de/pdf/023_SNLB_2016_Veranstaltungskalender_Jueterbog.pdf.

Anfahrt

Luckenwalde, über das der Zugang zur zentralen Offenfläche erfolgt, liegt etwa 50 km südlich von Berlin.

Mit Bahn und Bus

Von Berlin Hauptbahnhof erreicht man den Bahnhof Luckenwalde stündlich und ohne Umsteigen mit einer Fahrtzeit von knapp 40 Minuten. Den Bahnhof verlässt man nach Nordwesten und geht dann immer entlang der Bahngleise nach Südwesten. Man folgt dabei zuerst der „Anhaltstraße". Nach ca. 2 km überquert man die Umgehungsstraße und erreicht den Beginn des Wurzelbergwegs (1).

Mit dem Auto

Von Berlin folgt man der Bundesstraße 101 für 60 km, bis man westlich von Luckenwalde nach rechts Richtung Treuenbrietzen (und Frankenförde (3)) und nach links Richtung Luckenwalde auf die L 80 abbiegen kann. Noch einmal gut 2 km auf der B 101 westlich Luckenwalde umfahrend, biegt links eine Straße in die Stadt ab. Dort rechts in eine Einfahrt, die in einen Schotterweg mündet (1), wo man parken kann.

Adressen

Stiftung Naturlandschaften Brandenburg, Schulstraße 6, 14482 Potsdam, Tel.: 0331/7409322, info@stiftung-nlb.de; www.stiftung-nlb.de.
Die Stiftung NLB besitzt ca. 12 800 ha Flächen auf den ehemaligen Truppenübungsplätzen Jüterbog, Heidehof, Lieberose und Tangersdorf.
Eine detaillierte Karte gibt es unter:
www.stiftung-nlb.de/pdf/023_Endversion_komb_folder_web_2014.pdf

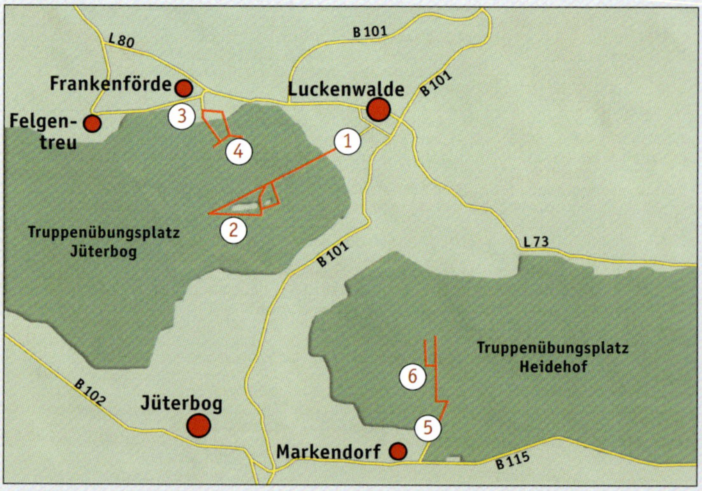

GPS		
Startpunkt Wanderweg Wurzelberg (1)	52°04'52.00" N	13°07'51.00" O
Binnendüne Jüterbog (2)	52°03'52.00" N	13°05'58.00" O
Bukewitzer Weg Frankenförde (3)	52°05'47.00" N	13°04'27.00" O
Startpunkt Exkursion Heidehof (5)	51°59'54.00" N	13°11'36.00" O
Feldherrnhügel Heidehof (6)	52°00'57.00" N	13°11'23.00" O

Weit schweift der Blick über den spätherbstlichen Streng. Ein Spektiv erhöht die Beobachterfreuden deutlich. Foto: C. Wagner. 25.11.2013.

Rietzer See und Streng

Wiedervernässung durch die deutsche Einheit

Sieben Kilometer südöstlich der Stadt Brandenburg liegen im Brandenburg-Potsdamer-Havelgebiet der Rietzer See und der Streng, zwei eutrophe Flachgewässer, die eine herausragende Bedeutung für gefährdete Wasser- und Watvogelarten besitzen. Schwarzhalstaucher, Bartmeisen, Blaukehlchen und Rohrschwirle lassen sich in dem 1127 ha großen Europäischen Vogelschutzgebiet besonders gut beobachten. Bisher wurden etwa 280 Vogelarten nachgewiesen. Aufgrund der Nähe zu Berlin ist das Gebiet ein beliebtes Exkursionsziel.

Landschaftsgeschichte und Lebensräume

Die beiden Seen liegen in einer Niederung, die durch einen Wechsel von flachen Vertiefungen, Talsandstreifen, kleinen Grundmoräneninseln und Endmoränenresten gekennzeichnet ist.

Kernstück des Gebiets ist der 450 ha große Rietzer See, der durchschnittlich nur 0,8 m und maximal 1,5 m tief ist. In dem nährstoffreichen Flachsee fehlen weitgehend höhere Unterwasserpflanzen aufgrund einer starken Algenentwicklung und der daraus folgenden Eintrübung des Wassers. Dagegen weist er einen breiten Röhrichtgürtel auf, dem an einigen Stellen kleine Schwimmblattzonen vorgelagert sind. An die ausgedehnten – am Ostufer mehrere Hundert Meter breiten – Schilfzonen grenzen Feuchtwiesen an. Im Süden schließt sich die Hochfläche des Lehniner Landes (Zauche) an die Niederung des Rietzer Sees an. Sie überragt die Niederung um zehn bis zwanzig Meter. Der kleine Ort Rietz am Westufer des Sees hat circa 400 Einwohner und wurde bereits im Jahr 1273 erstmals urkundlich erwähnt.

1990 entstand in der Streng-Niederung südöstlich des Rietzer Sees ein weiterer Flachsee. Ursprünglich war die Senke die natürliche Wasserverbindung zwischen dem Rietzer See und dem südöstlich anschließenden Netzener See, der nicht im Vogelschutzgebiet liegt. Sie war bis in die 1960er Jahre hinein durch flach überflutete Seggenriede charakterisiert, welche unter anderem Lebensraum von Seggenrohrsängern waren. Da abhängig vom Wasserstand der Havel ganzjährig mit Überschwemmungen gerechnet werden musste, konnten die Flächen nur extensiv bewirtschaf-

Im Spätherbst finden sich regelmäßig über 100 Zwergsäger am Streng ein. Foto: C. Moning. München, 25.11.2005.

Ein Seeadler versetzt Saat- und Blässgänse in helle Aufregung. Foto: R. Schneider. Steng, 19.10.2009.

tet werden. Ab Ende der 1960er Jahre wurde die Niederung deswegen eingedeicht und über ein Grabensystem entwässert. Mit zwei Schöpfwerken wurde der Grundwasserstand abgesenkt und die avifaunistische Bedeutung der nun trockenen Seggenriede nahm stark ab. Als Konsequenz verschwanden die Seggenrohrsänger bis 1979. 1990 wurden die Schöpfwerke außer Betrieb gesetzt. Der Betrieb lohnte sich nach der Wiedervereinigung nicht mehr. Die Streng-Niederung vernässte wieder – diesmal permanent und auf einer Fläche von circa 80 ha. Es entstand ein nahrungsreiches Flachgewässer mit Unterwasservegetation, Röhrichten und – bei niedrigem Wasserstand – auch kleinen Schlickflächen.

Im Südosten des Gebiets befindet sich die bedeutende Binnensalzstelle Trechwitz. Grundlage für ihre Entstehung und die Entstehung vergleichbarer Salzstellen ist, dass Salzlagerstätten des Zeichsteinmeeres in Brandenburg stellenweise nur wenige Hundert Meter unter der Oberfläche liegen. Das Grundwasser löst diese Salze und steigt durch Fehlstellen im Rupelton, einer Schicht, die das tiefe Salzwasser und das höher fließende Süßwasser normalerweise zuverlässig trennt, an die Oberfläche, wo das salzhaltige Wasser austritt.

Botaniker erkennen solche Salzstellen sofort. Sie beherbergen eine Reihe von salztoleranten Pflanzen, die man sonst im Binnenland nicht findet. Die Strandaster (*Tripolium pannonicum*) zum Beispiel hat hier ihr bedeutendstes Vorkommen in Brandenburg. Das Sumpfknabenkraut (*Orchis palustris*) ist eine weitere attraktive Art, die mit dem salzhaltigen Boden zurechtkommt. Wasserbüffel beweiden die Flächen seit Ende 2008. In Brandenburg findet man ungefähr 100 solche Binnensalzstellen.

Besondere Vogelarten und Reisezeit

Das Gebiet bietet ganzjährig lohnende Beobachtungsmöglichkeiten. Im Spätherbst rasten 20 000 bis 30 000 Saat- und Blässgänse und Kraniche etablieren einen großen Schlafplatz. Die Masse der Gänse lockt Seeadler an. Die Vogelschwärme kann man bei eindrucksvollen morgendlichen und abendlichen Schlafplatzflügen erleben. Im Winter wird man Singschwäne und selten Zwergschwäne antreffen. Weiterhin rasten viele nordische Gänse bis weit in den Winter hinein oder überwintern sogar. Schellenten, regelmäßig

Typische Vogelarten im Europäischen Vogelschutzgebiet Rietzer See, deren Status und günstige Beobachtungszeit (in Klammern)
h = häufiger, r = regelmäßiger, s = seltener; B = Brutvogel, W= Wintergast, D = Durchzügler, N = Nahrungsgast

Art	Status (beste Beobachtungszeit)
Singschwan	hW (Okt.–März)
Tundrasaatgans	hW (Okt.–März)
Blässgans	hW (Okt.–März)
Brandgans	sB, sW (ganzjährig)
Pfeifente	hW (Okt.–April)
Knäkente	sB, hD (März–Juni)
Löffelente	sB, rD, (März–Nov.)
Zwergsäger	hW (Okt.–März)
Rothalstaucher	rB (März–Okt.)
Schwarzhalstaucher	rB, rD (April–Sept.)
Rohrdommel	rB, sW (ganzjährig)
Seeadler	sB, rW (ganzjährig)
Tüpfelsumpfhuhn	sB (April–Juni)

Art	Status (beste Beobachtungszeit)
Kranich	rB, hD, sW (ganzjährig)
Bekassine	sB, hD (April–Sept.)
Bruchwasserläufer	rD (Mai, Juli–Aug.)
Weißbart-Seeschwalbe	sD (Mai, Aug.)
Weißflügel-Seeschwalbe	sD (Mai, Aug.)
Trauerseeschwalbe	hD (Mai, Aug.)
Beutelmeise	sB (April–Aug.)
Rohrschwirl	hB (Mitte April–Juni)
Drosselrohrsänger	hB (Mai–Aug.)
Braunkehlchen	rB, rD (Ende April–Aug.)
Nachtigall	hB (Mai–Aug.)
Blaukehlchen	rB (April–Aug.)

über 100 Zwergsäger und Gänsesäger finden sich dann auch auf dem Streng ein. Bei anhaltendem Frost sind die flachen Seen zugefroren. Immerhin harren Kornweihen, Seeadler, Raufußbussarde und Raubwürger im Gebiet aus.

Herausragend ist die Artenzahl zur Brutzeit. Brandgänse, Knäk-, Schnatter- und Löffelenten, Rothals- und Schwarzhalstaucher nutzen die beiden Seen zur Jungenaufzucht. Rohrweihen suchen die Verlandungszonen ab. Rotmilane, Fischadler, Seeadler und Baumfalken jagen regelmäßig im Gebiet. Mit etwas Glück wird man Bekassinen, Kraniche und Kiebitze beobachten, Rohrdommeln und Wasserrallen zumindest hören können. Eine Lachmöwenkolonie sorgt für Leben über dem Streng. Aus dem Schilf rufen Bartmeisen, Rohrschwirle, Schilfrohrsänger, Drosselrohrsänger und Blaukehlchen. Verschiedene Wiesenvogelarten wie Feldlerchen, Braunkehlchen und Wiesenschafstelzen sind häufige Brutvögel in den Feuchtwiesen.

Zu den Zugzeiten ist der Streng ein beliebter Rastplatz für Sumpfseeschwalben, darunter regelmäßig Weißbart- und Weißflügel-Seeschwalben. Viele Möwen, wie Zwergmöwen, und bei geeignetem Wasserstand auch Limikolen runden das Bild ab. Immer wieder werden seltene Arten wie Rothalsgänse oder Moorenten entdeckt.

Beobachtungsmöglichkeiten

Bei geringem Zeitbudget wird man sich auf den ornithologisch hochinteressanten Strengsee beschränken. Vom offiziellen Parkplatz am Emsterkanal (1) geht man über die Brücke und dann links. Nach 250 m führt ein Stichweg halb rechts in weitere n150 m zum Beobachtungsturm (2). Vom Turm hat man einen hervorragenden Blick über den Streng. Rot- und Schwarzhalstaucher sind häufig und im Frühjahr und Herbst jagen Möwen und Seeschwalben über der Wasserfläche. Die Schlafplatzflüge der Gänse und Kraniche kann man von hier gut beobachten. Immer, wenn man sich in Schilfnähe aufhält, lohnt es sich auf Bartmeisen und andere Schilfbrüter zu achten. Mit etwas Geduld kann man die am Streng jagenden Fischadler, Seeadler, Rohrweihen und Baumfalken beobachten. Das Licht ist am Nachmittag am besten.

Für weitere Erkundungen geht man zurück auf den Hauptweg und dann nach Nordwesten. Der Weg wird manchmal umgepflügt, was einen nicht verwirren sollte. Entlang einer Hangkante führt ein Pfad auf einen kleinen mit Bäumen bestandenen Hügel (3). Oft lohnt es sich, dort eine Zeit zu verweilen. Man hat einen weiten Blick über die nördlich anschließenden Wiesen und kann je nach Wasserstand Brandgänse, Kampfläufer und Wiesenvögel beobachten. Zwischen den Ausläufern des Rietzer Sees und dem Streng (4) streift man durch ausgedehnte Schilfröhrichte. Der Bereich ist sehr lohnend, wenn man Rohrdommeln, Wasserrallen, Tüpfelsumpfhühner, Beutelmeisen oder Bartmeisen beobachten will. Der Rundweg über Trechwitz ist insgesamt sieben Kilometer lang und in der Karte gestrichelt eingezeichnet (5). Weitere Arten der extensiv genutzten Wiesen und der naturnahen Bruchwälder wie Baumfalken, Kiebitze, Pirole und Wiesenschafstelzen wird man neben vielen anderen Arten auf dieser Runde beobachten können. Auch führt dieser Weg an der oben beschriebenen Binnensalzstelle vorbei (Führungen dorthin nach telefonischer Anfrage durch den Vogelwart Lutz Manzke).

Im Bereich der Ortslage Rietz existiert ein weiterer Beobachtungsturm (6), von dem man den eigentlichen Rietzer See absuchen kann. Der Parkplatz dazu liegt, von Prützke kommend, circa 400 m nördlich des Ortseingangsschilds von Rietz und ist durch ein Feuerwehrgebäude mit Parkbucht und Infotafel gekennzeichnet. Schon auf der Fahrt ab der Autobahnausfahrt „Brandenburg" von der A 2 sollte man auf rastende Gänse und Kraniche achten.

Ein sehr lohnender Abstecher zum Rietzer See führt von Jeserig nach Süden zu einem Beobachtungsturm am

Saat- und Blässgänse beim morgendlichen Abflug am Streng. Foto: R. Schneider, 19.10.2009.

GPS		
Beobachtungsturm Streng (2)	52°21'26" N	12°41'18" O
Parkplatz Beobachtungsturm Ortslage Rietz (4)	52°22'10" N	12°37'58" O
Beobachtungsturm Nordufer Rietzer See (5)	52°22'54" N	12°40'16" O

Nordufer des Sees (7). Vom selten besuchten Turm blickt man in der Ferne auf den Rietzer See (Spektiv). Der Deichweg nach Westen (rechts) führt entlang von Feuchtwiesen und ausgedehnten Schilfflächen. Vogelarten, die man hier erwarten kann, sind Kraniche, Wasserrallen, Seeadler, Kiebitze, Bekassinen, Rohrschwirle, Schilf- und Drosselrohrsänger sowie Braun- und Blaukehlchen.

Weitere Freizeitmöglichkeiten

Das Kloster Lehnin liegt südlich der A 2 zwischen den Ausfahrten Lehnin und Netzen. Es wurde 1180 von Markgraf Otto dem I. gegründet und ist das erste märkische Zisterzienserkloster. Von herausragender Bedeutung ist die Backsteinbaukunst der romanisch-gotischen Klosterkirche und des spätgotischen Hospitals des Klosters. Das Kloster und Zisterziensermuseum, das im barocken Amtshaus von 1696 das Leben der Zisterzienser anschaulich darstellt, können besichtigt werden.

Christian Wagner, Christopher König, Christoph Moning, Felix Weiß

Infomaterial/Literatur

Dürr T, Ryslavy T, Sohns G 2005: Das Europäische Vogelschutzgebiet (SPA) Rietzer See. Naturschutz und Landschaftspflege in Brandenburg 14 (3,4), 104–106.

Wagner C, Moning C 2009: Vögel beobachten in Ostdeutschland – Die besten Beobachtungsgebiete zwischen Rügen und dem Thüringer Wald. Franckh-Kosmos-Verlag GmbH & Co. KG, Stuttgart.

Rößling H, Bauriegel A, Haarring C, Hermsdorf A, Herrmann A, List U, Sonnenberg H, Zauft M 2010: Binnensalzstellen in Brandenburg, Regionale Überblicksdarstellungen und Gebietssteckbriefe. Naturschutz und Landschaftspflege in Brandenburg 19 (1,2), 52–116.

Wir danken Rolf Schneider für die Durchsicht des Artikels.

Anfahrt

Mit Bahn und Bus

Mit der Bahn erreicht man die Stadt Brandenburg und Jeserig. Regelmäßige Busverbindungen existieren nach „Netzen Dorf" im Süden des Gebiets (Ausgangspunkt für den Strengsee, Fußmarsch 1,6 km bis zum Parkplatz) und „Rietz (bei Brandenburg) Dorf" im Westen. Im Norden liegt die Haltestelle östlich des Orts Jeserig und heißt „Jeserig (bei Götz) Chauseehaus". Von dort sind es aber noch 3,8 km bis zum Beobachtungsturm (7).

Mit dem Auto

Den Streng erreicht man über die A 2 Ausfahrt „Netzen" in Richtung Netzen fahrend. Im Ort biegt man 400 m hinter dem Ortseingangsschild nach rechts in die „Netzener Dorfstraße" ab. Ein erstes Schild „Vogelbeobachtungsturm" weist den Weg. Nach 500 m fährt man halbrechts in den „Mühlendamm" und 100 m weiter einem weiteren Schild „Vogelbeobachtungsturm" folgend halblinks aus dem Dorf. Die asphaltierte Straße führt in 2,6 km von der Autobahnausfahrt zu einem Parkplatz vor der Brücke über den Emsterkanal (1).

Der Beobachtungsturm im Norden (7) ist etwas versteckt. Ausgangspunkt ist die B 2 zwischen Wust und Jeserig. Gut 300 m östlich der Bushaltestelle „Jeserig Chauseehaus" und noch vor Jeserig zweigt man nach rechts in ein Asphaltsträßchen ab. Es führt immer schlechter werdend in 2,6 km nach Süden zu einer T-Kreuzung. Hier fährt man rechts und erreicht in 650 m den Beobachtungsturm (7). Kurz vor dem Beobachtungsturm befinden sich auf der linken Seite Parkbuchten.

Adressen

Zisterzienserkloster Lehnin, ältestes Kloster der Mark Brandenburg, https://www.klosterlehnin.de/verzeichnis/visitenkarte.php?mandat=102026; Öffnungszeiten finden sich hier: https://www.diakonissenhaus.de/zentrum-kloster-lehnin/klosterkirche-und-musik.

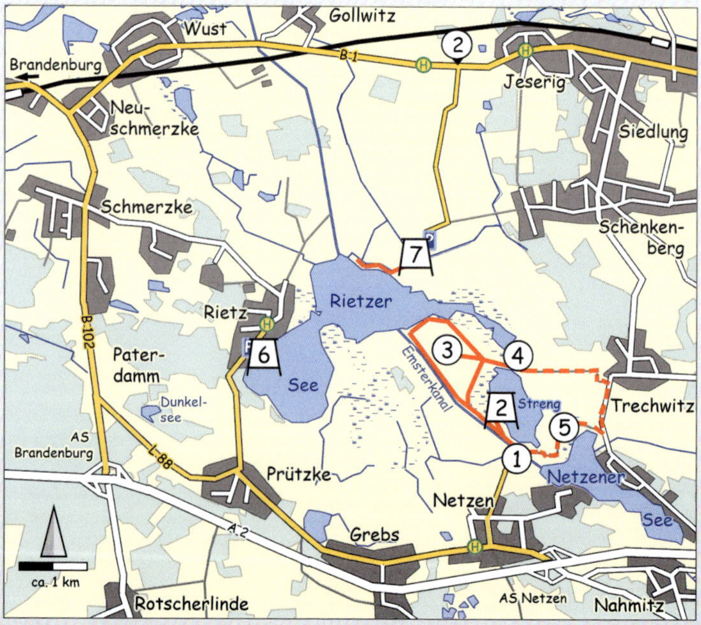

Foto: delo / Stock.Adobe.com

Die Talsperre Spremberg in der Niederlausitz

Limikolen und Seetaucher an der größten Talsperre Brandenburgs

Zehn Kilometer südlich von Cottbus liegt die 1965 fertiggestellte Talsperre Spremberg. Sie stellt ganzjährig Wasser für die Spree, den Spreewald und die großen Teichwirtschaften der Region bereit. Bei Hochwasser dient sie als Rückhaltebecken. Die Talsperre Spremberg gehört im Spätsommer und Herbst zu den besten brandenburgischen Rastgebieten für durchziehende Limikolen und ist ein sehr gutes Winterbeobachtungsgebiet. Bei einem Besuch in der kalten Jahreszeit können regelmäßig Seetaucher beobachtet werden. Den naturschutzfachlichen Wert hat man gewürdigt, indem man das Gewässer und die umliegenden Bereiche als Naturschutzgebiet ausgewiesen hat. Der Südwestteil des Gebiets ist als FFH-Gebiet Bestandteil des Natura 2000-Netzwerks geworden.

Landschaftsgeschichte und Lebensräume

Zwischen 1897 und 1933 wurde der Spreewald nach Aufzeichnungen des Kreisbauamts Cottbus 127 Mal von Hochwässern heimgesucht. Dies hatte zur Folge, dass die betroffenen Landwirte nur in wenigen Jahren geregelte Ernten einbringen konnten. Schon zu dieser Zeit gab es Überlegungen zum Hochwasserschutz für den Ober- und Unterspreewald. Allerdings ist die Landschaft so flach, dass ein Staudammbau zu dieser Zeit als zu aufwendig und schwierig angesehen wurde. Erst in den 1950er Jahren wurden die Planungen konkretisiert und zwischen 1958 und 1965 wurde die größte brandenburgische und flächenmäßig viertgrößte deutsche Talsperre errichtet. Die feierliche Inbetriebnahme erfolgte am 7. Oktober 1965. Die Talsperre dient seitdem dem Hochwasserschutz für den Spreewald und stellt darüber hinaus auch die Brauchwasserversorgung der Braunkohlekraftwerke sicher. Sie hat eine Wasserfläche von 9,6 km2 und erstreckt sich auf 7 km Länge nach Süden. Beim Anstau wurde der Ort Neumühle in der Gemarkung Bräsinchen überstaut.

An die Schaffung von attraktiven Habitaten für brütende, rastende und überwinternde Vogelarten dachte bei Planung und Bau niemand. Trotzdem wurden bis Mitte der 1970er Jahre Brutvorkommen von Lach-, Sturm- und Silbermöwen, Fluss- und wenigen Zwergseeschwalben sowie Kiebitzen, Flussregenpfeifern und Rotschenkeln überwiegend auf zwei Inseln im zentralen Talsperrenraum, circa 2,5 km südlich der Staumauer, registriert. Leider gab es zu der Zeit kein auf den Naturschutz abgestimmtes Pflegekonzept und die Brutvorkommen erloschen aufgrund der bald einsetzenden Sukzession mit Baum- und Strauchweiden. In mühsamer Arbeit wurden ab 1984 die beiden Inseln wieder von Gehölzen befreit. Danach waren sie Brutplätze für Kiebitze, Flussregenpfeifer und unregelmäßig auch für Rotschenkel.

Die hohe Bedeutung der Talsperre für durchziehende Limikolen wurde von den Avifaunisten vor Ort schon bald dokumentiert (u. a. Beschow 1999). Grundlage für die hohen Rastzahlen ist das Vorhandensein von günstiger Bedingungen für Limikolen, welche eng an niedrige Pegelstände gebunden sind. Erst bei niedrigen Wasserständen, wie sie regelmäßig zwischen Juli und Oktober auftreten, entstehen die Schlammflächen, ausgedehnten Flachwasserbereiche und Sandinseln, auf denen die Limikolen nach Nahrung stochern, Fischbrut jagen und relativ ungestört ruhen können. Die guten Rastbedingungen für Limikolen sind ein Nebenprodukt der Wasserstandsschwankungen aufgrund der Hauptfunktion der Talsperre als Wasserspeicher und Hochwasserrückhaltebecken.

Die Hauptrastflächen der Limikolen liegen heute nördlich der Inselbereiche der Westuferzone, am Ostufer südlich des Zeltplatzes Bagenz und in der Bühlower Bucht. Der kleine, ehemals hoch attraktive Rastplatz in der Sellessener Bucht hat durch starke Auflandung mit Spreesediment, Pflanzenaufwuchs und Ablagerung von Eisenhydroxidschlamm seine Bedeutung verloren.

Im Winter wird der Wasserstand in der Talsperre im Allgemeinen wieder erhöht und bietet dann gute Bedingungen für rastende und überwinternde Seetaucher und andere Wasservögel.

Vor allem zur Brutzeit von Bedeutung ist die Stauwurzel der Talsperre bei Bühlow und Sellessen. Hier wachsen Röhrichte, Feuchtgebüsche und Auwaldflecken. Umgeben ist die Talsperre von ausgedehnten Wäldern, in denen Kiefern dominieren.

Von 2005 bis 2016 wurde die Talsperre Spremberg in verschiedenen Phasen mit einer Investitionssumme von circa 15 Millionen Euro bei eingeschränktem Betrieb saniert. Um die über 50 Jahre bestehende Talsperre Spremberg weiterhin zu betreiben, sind auch in Zukunft kleinere und größere Baumaßnahmen erforderlich. Im Fokus steht immer der Schutz der Spree-Anlieger unterhalb der Talsperre bei Hochwasserereignissen.

Besondere Vogelarten und Reisezeit

Seetaucher sind auf große, auch im Winter eisfreie Wasserflächen angewiesen. Vor 1965 waren diese in der Niederlausitz selten. So verwundert es nicht, dass parallel zur Zunahme von Großgewässern im Südosten von Brandenburg auch die Beobachtungen von Seetauchern zunahmen; eine Entwicklung, wie sie nicht nur im Bereich Spremberg und Niederlausitz, sondern auch für die Oberlausitz, die östliche Mark Brandenburg, den Raum Luckau oder Tröbitz-Donsdorf gezeigt werden konnte. Das Auftreten der Seetaucher im Binnenland von Südbrandenburg und Nordostsachsen ist also eng und ursächlich in der jüngeren industriellen Entwicklung im Gebiet mit seiner Bergbaufolgelandschaft begründet. Die Talsperre Spremberg ist dabei im weiteren Umfeld eines der attraktivsten Rastgewässer für die großen Tauchvögel. Das regelmäßige Auftreten sowohl von Pracht- als auch Sterntauchern zeigt einen zweigipfligen Verlauf. Im Herbst rasten sie von Mitte Oktober bis Ende Dezember mit Maximum im November, wenn die Talsperre einer der besten Plätze für die Beobachtung von Seetauchern in Südostbrandenburg ist. Der weniger stark ausgeprägte Frühjahrsdurchzug findet zwischen April und Juni statt. Hier hat man im Mai die höchste Antreffwahrscheinlichkeit. Eistaucher (drei Nachweise) sind Ausnahmegäste und am 25. Oktober 2001 wurde der erste brandenburgische Gelbschnabeltaucher auf der Talsperre Spremberg entdeckt. Er blieb gleich einen Monat. Singschwäne, Pfeifenten und Schellenten – letztere brüten in wenigen Paaren – wird man regelmäßig antreffen. Hohe Zahlen können im Winterhalbjahr unter anderem bei Stockenten, Krickenten und Gänsesägern auftreten. Weitere bemerkenswerte Wintergäste, die man mit ein wenig Glück aber nur in wenigen Individuen beobachten kann, sind Berg- und Samtenten sowie Zwergsäger. Es lohnt sich auch, die Großmöwen durchzumustern. In abnehmender Häufigkeit wird man Steppen-, Silber-, Mittelmeer- und Heringsmöwen finden. Mantelmöwen sind dagegen an der Talsperre Spremberg sehr selten.

Während der Blick der Vogelbeobachter im Frühjahr weg von Spremberg hin zu den Peitzer und Bärenbrücker Teichen gerichtet ist, wird die Talsperre im Spätsommer wieder ein interessantes Exkursionsziel. Dann ist der Wasserstand niedrig und es existieren attraktive Flächen für rastende Limikolen. Sand-, Fluss- und Kiebitzregenpfeifer, Zwerg-, Sichel- und Alpenstrandläufer, Sanderlinge, Kampfläufer, Dunkle Wasserläufer, Grünschenkel, Bruchwasserläufer und Flussuferläufer treten im Herbstzug häufig und regelmäßig auf.

Kiebitzregenpfeifer rasten regelmäßig auf dem Herbstzug. Foto: Karin Jähne / Stock.Adobe.com

Tundrasaatgänse lassen sich regelmäßig am Ostufer der Talsperre Spremberg beobachten. Foto: Karin Jähne / Stock.Adobe.com

Abendlicher Einfall von Singschwänen am Schlafplatz Vorsperre. Foto: Risto / Stock.Adobe.com

Viele weitere Watvogelarten nutzen die ausgedehnten Rastflächen. Seltenheiten werden ebenfalls regelmäßig im Gebiet beobachtet. Im Herbst 2014 konnten erstmals drei Zwerggänse und Rothalsgänse unter Tausenden nordischer Gänse entdeckt werden, sodass die Artenliste für das Gebiet aktuell bei 260 Arten plus Gefangenschaftsflüchtlingen steht (Stand 2024).

Beobachtungsmöglichkeiten

Im Folgenden werden die wichtigsten Beobachtungspunkte beschrieben. Ein Spektiv leistet gute Dienste; ohne wird man nicht alle Arten bestimmen können.

Eine Rundtour um die Talsperre kann man am östlichen Eck des Staudamms beginnen. Die in der Karte eingezeichnete Anfahrt aus Nordosten gibt es nicht mehr (Bahnübergang geschlossen). Ein beschrankter Bahnübergang existiert zirka 200 Meter südlich des Bahnhofs Bagenz. Die Straße führt direkt zur ehemaligen Jugendherberge, heute Standort Woody. Südlich der Unterkunft kann man am Beginn der Deichanlagen am linken Straßenrand parken (Weiterfahrt verboten, 1). Links am Zaun vorbei geht man in knapp 200 m zum Strand.

Südlich von Bagenz kann man nach rechts auf einen mit „Spreecamp Bagenz" ausgeschilderten Weg zu einem weiteren Aussichtspunkt abbiegen. Der große Parkplatz ist nicht zu verfehlen (2). Tauchenten lassen sich von hier meistens am besten beobachten. Unmittelbar südlich des Campingplatzes und bequem zu Fuß erreichbar, befindet sich ein ergiebiger Rastplatz für Limikolen.

Am südlichen Ende der Talsperre liegt Sellessen. Am östlichen Ortseingang, an der Bushaltestelle („Sellessen Muckrower Str.") führt die Bräsinchener Straße nach Norden. Einen guten Überblick über den Südteil gewinnt man nach 1,1 km von einem Kanu-/Segelgelände aus (3). Im Bereich der Hochspannungsleitungen etwas weiter südlich befindet sich ein sehr guter Limikolenrastplatz.

Ebenfalls lohnend ist die Halbinsel weiter im Norden. Um zu dieser zu gelangen, fährt man weiter nach Norden und biegt dann in die Waldsiedlung Weißer Berg e. V. ab. Vom Ende der Stichstraße, das nach 400 m erreicht ist, geht man 200 m durch Kiefernwald nach Westen zur Spitze der Halbinsel (4). Von hier kann die Inselzone gut eingesehen werden und man hat freien Blick über große Teile der Wasserfläche nach Norden bis zur Staumauer.

Und auch die Stauwurzel lohnt einen Blick. Zurück in Sellessen folgt man der Hauptstraße (L 52) nach rechts (Westen) aus dem Ort. Nach 800 m gelangt man nach kurzer steiler Abfahrt ins Tal der Spree linkerhand zu einem Parkplatz (5). Von hier aus erreicht man bequem die südlich gelegene Vorsperre. Diese ist insbesondere bei stärkeren Frostperioden ein Hauptrastgebiet für Tausende Wasservögel, die hier aus nächster Nähe beobachtet werden können.

Im Westen der Talsperre führt die B 97 in Nord-Süd-Richtung in etwa zwei Kilometer Abstand am See vorbei. Drei Kilometer südlich von Groß Oßnig liegt östlich der Bundesstraße am „Campingplatz Spremberg" ein im Sommer gebührenpflichtiger Parkplatz (6). Am Strand befindet sich ein komfortabler Beobachtungsturm. Seetaucher sind von hier aus gut zu beobachten. Da man Richtung Westen schaut, ist das Licht am Nachmittag besser und man kann hier mit dem Einfall der nordischen Gänse am Schlafplatz die Runde um die Talsperre beschließen.

Typische Vogelarten der Talsperre Spremberg, deren Status und günstige Beobachtungszeit (in Klammern)
h = häufiger, r = regelmäßiger, s = seltener; B = Brutvogel, D = Durchzügler, W = Wintergast

Art	Status (beste Beobachtungszeit)
Singschwan	rW (Dez.–Feb.)
Krickente	rW (Okt.–Apr.)
Pfeifente	rD, rW (Okt.–März)
Bergente	rD, sW (Nov.–Feb.)
Samtente	rD, sW (Nov.–Feb.)
Schellente	sB, hD, hW (ganzjährig)
Zwergsäger	sW (Nov.–Feb.)
Gänsesäger	hW, hD (Okt.–Apr.)
Sterntaucher	rD, rW (Okt.–Dez., Mai)
Prachttaucher	rD, rW (Okt.–Dez., Mai)

Art	Status (beste Beobachtungszeit)
Steppenmöwe	rD, hW (Nov.–März)
Sandregenpfeifer	rD (Mitte Aug.–Mitte Okt.)
Zwergstrandläufer	rD (Aug.–Sept.)
Sichelstrandläufer	rD (Aug.–Sept.)
Alpenstrandläufer	rD (Mitte Aug.–Okt.)
Kampfläufer	rD (Aug.–Sept.)
Dunkler Wasserläufer	rD (Aug.–Okt.)
Grünschenkel	rD (Juli–Sept.)
Bruchwasserläufer	rD (Mitte Juni–Mitte Sept.)
Flussuferläufer	rD (Mitte Juni–Mitte Sept.)

GPS		
Parken östlich Staudamm (1)	51°39'13" N	14°25'03" O
Parkplatz Spreecamp Bagenz (2)	51°38'43" N	14°24'56" O
Kanu/Segelgelände (3)	51°37'07" N	14°23'51" O
Waldsiedlung Weißer Berg (4)	51°37'46" N	14°23'50" O
Parkplatz Stauwurzel (5)	51°36'23" N	14°23'25" O
Parkplatz Camping Spremberg (6)	51°38'50" N	14°22'56" O
Parkplatz Tagebau Welzow-Süd	51°36'48" N	14°15'46" O

Anfahrt

Mit Bahn und Bus:

Der nächste Bahnhof befindet sich in Bagenz, an der Zugstrecke Cottbus–Spremberg–Görlitz. Fahrradfahrer (und Fußgänger mit Ausdauer) können die Talsperre auf einem rund 20 km langen, gut ausgebauten Weg umrunden. Er verbindet alle unten genannten Exkursionspunkte miteinander.

Mit dem Auto

Die Talsperre befindet sich 10 km südlich von Cottbus östlich der B 97 Cottbus–Spremberg. Die Autobahnabfahrt „Cottbus Süd" von der A 15 liegt der Talsperre am nächsten.

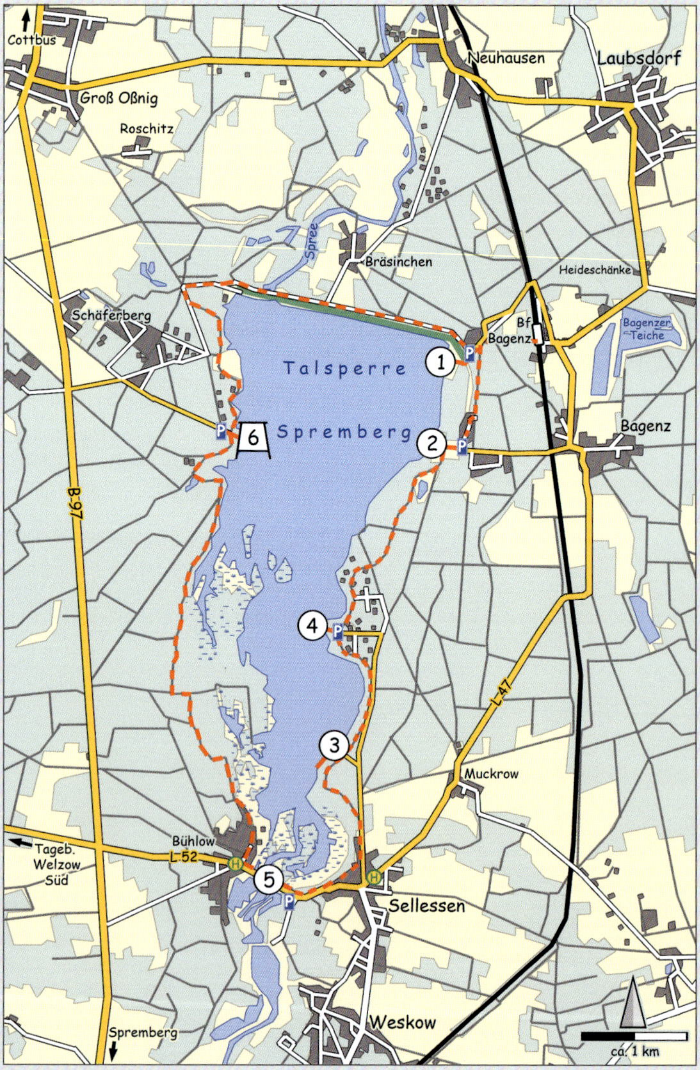

Blick in die Umgebung

Im westlich gelegenen Tagebau Welzow-Süd findet man im Frühjahr Brachpieper, Steinschmätzer, Raubwürger, Braunkehlchen, Wachteln und Grauammern. Knapp 10 km westlich der Talsperre liegt an der L 52 der Ort Jeserig, an dessen Ostende die Stradower Straße nach Süden und in das rekultivierte Tagebaugelände führt. Auf der sich gerade in Flutung befindenden Cottbuser Ostsee sind 2024 sehr bemerkenswerte Daten für Wasservögel ermittelt worden. Hier existieren großflächige Flachwasserbereiche mit guten Nahrungsbedingungen für Arten wie Blässhuhn (>8000) und Kolbenente (einige Hundert); aber auch Seetaucher zeigen sich bereits.

Christian Wagner, Christopher König, Christoph Moning, Felix Weiß

Infomaterial/Literatur

Beschow R, Kaminski R 1996: Zum Vorkommen der Seetaucher (Gaviidae) in Südost-Brandenburg. Otis 4, 50–67.

Beschow R 1999: Der Limikolenwegzug 1998 an der Talsperre Spremberg im Vergleich mit der Situation in den Jahren 1990–1997. Otis 7, 76–97.

Wagner C, Moning C 2009: Vögel beobachten in Ostdeutschland. Franckh-Kosmos Verlags-GmbH & Co KG, Stuttgart.

www.lfu.brandenburg.de/lfu/de/aufgaben/wasser/anlagen-und-gewaesserunterhaltung/talsperre-spremberg, Informationen zur Sanierung der Talsperre Spremberg.

Wir danken Ronald Beschow für seine Hilfe und die Durchsicht des Beitrags.

In einer Bucht des Parsteiner Sees brüten Trauer- und Flussseeschwalben in einer gemischten Kolonie auf künstlichen Nistflößen. Foto: F. Weiß. April 2018.

Brodowin

Vogelreiches Ökodorf

Wir befinden uns im Zeitalter von Glyphosat. Ganz Deutschland ist von industrieller Landwirtschaft geprägt ... ganz Deutschland? Nein! Ein von kreativen Landwirten bevölkertes Dorf in der Schorfheide hört nicht auf, den Monokulturen Widerstand zu leisten. Ökodorf Brodowin nennt sich der Ort selbstbewusst und ist dank der „Brodowiner Ökokörbe“ des dortigen Demeterbetriebs in Berlin bekannt wie ein bunter Hund. Aber nicht nur die Hippster vom Prenzlauer Berg profitieren von der biodynamischen Landwirtschaft, sondern auch und zuerst die Vogelwelt um Brodowin. Dort, im Süden des Biosphärenreservats Schorfheide-Chorin, umgeben von weiten Wäldern und dem kristallklaren Parsteiner See, hat sich eine Vogelwelt erhalten, wie sie einst typisch für Mitteleuropas Agrarlandschaft war. Ein Besuch ist daher besonders zur Brutzeit sehr lohnend, nicht nur um Besonderheiten wie Sperbergrasmücken und Zwergschnäpper zu beobachten, sondern auch um einen Eindruck von einer nachhaltig genutzten Agrarlandschaft zu bekommen.

Kurz nach der Wiedervereinigung beschlossen schon 1990 Brodowiner Genossenschaftsbauern neue Wege zu gehen und die bisher von der Landwirtschaftlichen Produktionsgenossenschaft bewirtschafteten Flächen nach den biologisch-dynamischen Demeterrichtlinien zu bewirtschaften. Eine richtungsweisende Entscheidung für die Region, denn mit 1237 ha sind die Flächen des Betriebes landschaftsprägend. Die Bewirtschaftung wurde in einem vom Bundesamt für Naturschutz finanzierten fünfjährigen Erprobungs- und Entwicklungsvorhaben vom Ökodorf Brodowin e. V. begleitet und auf Belange des Naturschutzes optimiert. So wurden kilometerweise neue Hecken angelegt und Optimierungsmaßnahmen für die Bewirtschaftung von Äckern und Kleegras entwickelt und erprobt, um die Zielkonflikte zwischen modernem, großflächigem Ökolandbau und Naturschutz zu entschärfen. Die Ackerflächen werden in einer mehrjährigen Fruchtfolge bewirtschaftet, in der auch Luzerne und Klee als Zwischenfrüchte angebaut werden. Auffallend ist auch das Fehlen von Mais- und Rapsfeldern und der hohe Anteil an Sommergetreide. Pestizide und künstlicher Dünger sind Tabu. Die Bewirtschaftung der Felder erfolgt nach einem Terminplan, der für die bodenbrütenden Vögel der Agrarlandschaft möglichst schonend ist. Und tatsächlich konnte durch die Maßnahmen der stark negative Bestandstrend vieler Feldvögel gestoppt oder sogar umgekehrt werden. Das Modell hat Schule gemacht. Mittlerweile ist das Biosphärenreservat

Schorfheide-Chorin die größte Ökolandbauregion Deutschlands mit circa 60 Betrieben und 20 000 ha bewirtschafteten Flächen. Weitere Betriebe sind in der Umstellung.

Südlich von Brodowin liegt das geschichtsträchtige Naturschutzgebiet Plagefenn. Der Naturschutzpionier Hugo Conwentz wurde 1906 erster Direktor der Staatlichen Stelle für Naturdenkmalpflege in Preußen, auf deren Entstehung er selbst maßgeblich hingewirkt hatte. In der Folge stellte der Förster Max Kienitz einen Antrag auf die Unterschutzstellung des Plagefenns, das 1907 mit 177 ha als flächenhaftes Naturdenkmal geschützt wurde und damit das erste Naturschutzgebiet Brandenburgs und das erste Naturschutzgebiet Deutschlands war, das zu Wildnis entwickelt werden sollte. Heute umfasst das Naturschutzgebiet 1042 ha, davon 280 ha nutzungsfreie Kernzone. Als Totalresrevat ausgewiesen sind der Große und Kleine Plagesee und die angrenzenden Moore und Erlenbrüche und Teile der Laubwälder. Das Westufer des Großen Plagesees weist eine leerbuchhafte Verlandungszone mit Schwingrasen, unberührten Moorflächen und Erlenbrüchen auf. Die Waldflächen sind vielfältig mit teils alten Buchen- und Eichenbeständen.

Die überaus reizvolle hügelige Landschaft mit ihren zahlreichen Seen und Mooren verdankt Brodowin seiner Lage in einer Endmoräne der jüngsten Eiszeit. Typisches Element der Landschaft sind die Kames-Hügel, tropfenförmige steile Hügel die häufig von Steppenrasen und trockenen Gebüschen bewachsen sind. Auch die zahlreichen großen Feldsteine, die bei der Bodenbearbeitung der Äcker immer wieder neu zu Tage treten und an den Rändern aufgehäuft werden, wurden durch die Gletscher von weither mitgeschliffen.

In der Feldflur um Brodowin sind Grauammern noch häufig.
Foto: C. Moning. Hortobagy, Juni 2010.

Besondere Vogelarten und Reisezeit

Bereits Ende Februar beginnt in den Wäldern die Brutsaison. Schwarz-, Mittel- und Kleinspechte sind verbreitet. Aus dem Plagefenn liegen aus den letzten fünfzehn Jahren sogar vier Beobachtungen von Weißrückenspechten vor, die bisher jedoch nicht belegt werden konnten. In den Erlenbrüchen und Mooren beziehen Kraniche ihre Brutplätze und Weidenmeisen lassen ihren Gesang erklingen. Kolkraben bebrüten derweilen schon ihr Gelege. In der Feldflur um Brodowin sind zunehmend Feldlerchen und Grauammern zu hören, die hier in sehr hoher Dichte brüten. Weißstörche besetzen ihre traditionellen Nester in Brodowin und Pehlitz. Anfang April erklingt der Gesang von Waldwasserläufern aus den Mooren des Plagefenns. Sie erreichen in der Schorfheide ihre höchsten Bestände in Deutschland und brüten in alten Drosselnestern. Zur Brutzeit sind sie sehr heimlich, und die Gesangsphase Anfang April ist daher die beste Möglichkeit die Vögel zu entdecken. Ende April kehren Trauer- und Flussseeschwalben zurück in ihre Kolonien an den Seen um Brodowin. Häufig wechseln sie zwischen den zahlreichen Seen und so ist es dort keineswegs ein unüblicher Anblick, wenn eine Flussseeschwalbe über ein Weizenfeld fliegt. Aus den Schilfstreifen am Parsteiner See erklingen die Gesänge von Drosselrohrsängern, Rohrdommeln und Rohrschwirlen. Einige der Besonderheiten der Brodowiner Brutvogelwelt kehren erst Mitte Mai aus

Typische Vogelarten um Brodowin, deren Status und günstige Beobachtungszeit (in Klammern)
h = häufiger, r = regelmäßiger, s = seltener; B = Brutvogel, W = Wintergast, D = Durchzügler

Art	Status (beste Beobachtungszeit)
Schellente	rB, hW (ganzjährig)
Wachtel	hB (Mai–Jul.)
Rohrdommel	rB (Apr.–Aug.)
Schwarzstorch	sB (Apr.–Aug.)
Kranich	hB, hD, rW (ganzjährig)
Waldwasserläufer	rB (Apr.)
Trauerseeschwalbe	hB (Mai–Jul.)
Flussseeschwalbe	hB (Mai–Jul.)
Wiedehopf	rB (Apr.–Aug.)

Art	Status (beste Beobachtungszeit)
Wendehals	rB (Apr.–Jul.)
Pirol	hB (Mai–Jul.)
Neuntöter	hB (Mai–Aug.)
Sprosser	sB (Mai.–Aug.)
Nachtigall	hB (Apr.–Sep.)
Schlagschwirl	rB (Mai–Aug.)
Sperbergrasmücke	sB (Mai–Aug.)
Zwergschnäpper	rB (Mai–Aug.)
Grauammer	hB (Mrz.–Sep.)

Zwergschnäpper sind alljährliche Brutvögel in den alten Buchenwäldern des Naturschutzgebietes Plagefenn.
Foto: C. Moning. Nationalpark Bayerischer Wald, Mai 2010.

ihrem Winterquartier zurück. In den Buchenwäldern besetzen dann Zwergschnäpper ihre Reviere. Sperbergrasmücken bevorzugen breite, mehrstufige Hecken und die Gebüsche der trockenen Kames-Hügel als Lebensraum. Stets brüten sie in unmittelbarer Nachbarschaft von Neuntötern. In den letzten Jahren sind sie leider immer seltener geworden und kommen nur noch sehr lokal um Brodowin vor. In den feuchten Niederungen von Brodowin und Wesensee sind Schlagschwirle heimliche Brutvögel. Nur ihr wetzender Gesang zeugt von der Anwesenheit dieses östlich verbreiteten Schwirls. Im Juni/Juli, wenn die meisten Bruten abgeschlossen sind, ist die beste Zeit um Greifvögel zu beobachten. Rot- und Schwarzmilane sind häufig und regelmäßig kann man Wespenbussarde, Baumfalken, See- und Fischadler beobachten. Gelegentlich sind auch die seltenen Schreiadler zu sehen. In ruhigen Sommernächten erklingt der Gesang von Wachteln aus der Feldflur.

Im Herbst ziehen Scharen von Kranichen, Saat- und Blässgänsen über den Himmel von Brodowin. Am Parsteiner See sammeln sich Wasservögel. Regelmäßig rasten dort Prachttaucher neben den dort häufigen Schellenten, Gänsesägern und Haubentauchern.

Beobachtungsmöglichkeiten

Von der Dorfstraße in Brodowin mit ihrer Kastanien- und Lindenallee zweigt bei der Kirche eine Straße Richtung Pehlitz ab. An der Abzweigung (1) liegt ein langjährig besetztes Weißstorchnest. Etwa 150 m weiter verlässt man die Straße und folgt einem Feldweg nach Süden, der zunächst durch Felder und dann in die Niederung zwischen Wesensee und Brodowinsee führt (2). Hier sind Sprosser regelmäßig zu hören und aus dem Schilf erklingen die kräftigen Gesänge von Drosselrohrsängern und bei günstigen Wasserständen die Rufe von Rohrdommeln. Entlang einer Baumreihe führt der Weg wieder hinauf in die hügelige Feldflur bis zu einer Kreuzung (3). Aus den Hecken am Weg sind die Gesänge von Grauammern zu hören und in den Feldern Wachteln und allerorts Feldlerchen. An der Kreuzung biegt man nach rechts ab. Nach 300 m liegt linkerhand eine Doppelhecke (4), in der regelmäßig Sperbergrasmücken brüten. Der Weg führt wieder in eine Niederung und biegt scharf rechts ab. Nach einigen Metern geht es einen schmalen Weg nach links den Hang hinauf zu einem Aussichtspunkt (5).

In den Erlenbrüchen des Plagefenn brüten Schellenten und Kraniche.
Foto: F. Weiß, April 2018

Von dort bietet sich ein fantastischer Ausblick über die Landschaft und die südlich angrenzenden Wälder. Greifvögel lassen sich von hier besonders gut beobachten, wenn sie zwischen den Brutplätzen in den Wäldern und den Nahrungsflächen um Brodowin wechseln. Rot- und Schwarzmilane, Wespenbussarde, Seeadler und mit Glück sogar Schwarzstörche oder Schreiadler sind zu sehen. Zurück am Hauptweg führt der Weg an den südlichen Dorfrand von Brodowin. An einer ehemaligen Sandgrube (6) lassen sich oft interessante Beobachtungen machen. Hier biegt man nach rechts auf die Hauptstraße Richtung Dorfzentrum von Brodowin ab und gelangt so zum Ausgangspunkt des Rundwegs. Der Ort ist ein typisches Dorf der Schorfheide mit unzähligen Haus- und Feldsperlingen, Rauch- und Mehlschwalben. In der Umgebung von Brodowin können mit Glück auch Wiedehopfe beobachtet werden.

Ein alternativer, ähnlich spannender Rundweg um den Wesensee verläuft zunächst wie der oben beschriebene Weg und biegt bei (3) links ab und führt nach Pehlitz mit einem weiteren Weißstorchnest. In Pehlitz biegt man links auf die Straße zurück Richtung Brodowin ab. Bald erreicht man den Rummelsberg (7), von dem man einen fantastischen Blick auf den Wesensee hat. Die Steppenrasen des Rummelsbergs und die dichten Hecken und Gebüsche beherbergen Sperbergrasmücken und Wendehälse. Die Straße führt entlang von Feldern und einer Streuobstwiese zurück nach Brodowin.

Auf dem Pehlitzwerder (8), einer Halbinsel im Parsteiner See, befindet sich ein Naturcampingplatz, der von einem engagierten Verein betrieben wird. Die Aktivitäten des Vereins und der Campinggäste sind keineswegs auf Grillabende beschränkt. In einer ruhigen Bucht werden jedes Jahr Anfang Mai etwa 80 kleine Nistflöße ausgebracht, die von Trauer-, aber auch von Flussseeschwalben dankbar angenommen werden. Leider wird die Kolonie in jüngster Zeit verstärkt von Waschbären aufgesucht, sodass einige Fallen aufgestellt wurden. Für einen geringen Eintritt kann der Campingplatz auch von Tagesgästen genutzt werden, was einem unter anderem den Zugang zu einem Hochsitz am östlichen Ufer des Werders verschafft, von dem die Seeschwalbenkolonie perfekt zu beobachten ist. Nachmittags und abends ist das Licht hier am besten. Von einer anderen Badestelle bietet sich ein weiter Blick über die Wasserfläche des Parsteiner Sees.

Eine Wanderung in das Naturschutzgebiet Plagefenn beginnt am Südende von Brodowin. An einem Wendehammer (6) kurz vor den letzten Häusern des Ortes kann man parken. Hier

Trauerseeschwalben brüten in einer großen Kolonie am Pehlitzwerder.
Foto: C. Moning. Brokdorf, August 2009.

Eingebettet in die leicht gewellte Jungmoränenlandschaft liegen Seen, Erlenbrüche und Feuchtwiesen.
Foto: F. Weiß. April 2018.

zweigt eine Straße Richtung Westen ab und führt an das verfallene Eingangstor eines ehemaligen Jugendcamps. Man folgt dem Weg links am Tor vorbei um das ehemalige Camp. Hinter dem Camp verläuft der Weg aus dem Wald hinaus, entlang einer Ackerfläche und wieder in den Wald. Ein niedriger steinerner Wegweiser deutet nach links in den Fennweg, dem man gen Süden folgt. Der Weg verläuft an der Grenze zwischen Bruchwald und Buchenwald (9). Im Mai und Juni hat man hier gute Chancen, Zwergschnäpper zu finden. Ohne Kenntnis des Gesangs sind die unscheinbaren Vögel jedoch kaum zu entdecken. Trauerschnäpper und Waldlaubsänger sind hier häufige Brutvögel. In den Erlenbrüchen am Weg brüten Schellenten, Kleinspechte und Weidenmeisen. Anfang April sind mit Glück Waldwasserläufer zu hören und die Rufe von Kranichen erklingen aus den Erlenbrüchen und Mooren. Unzählige Mücken sind hier eine Plage für Wanderer, aber Lebensgrundlage für viele insektenfressende Vogelarten. Vorbei an einem Gedenkstein für den Naturschutzpionier Conwentz stößt der Weg auf einen gepflasterten Querweg, dem man nach links folgt. Nach 1,7 km stößt an einer Schneise von schräg rechts ein weiterer Weg hinzu, diesen lässt man rechts liegen und gelangt nach weiteren 400 m zur Querstraße zwischen Brodowin und Liepe. Hier biegt man erneut links ab. Auch wenn in den Eichenbeständen (10) hier viele Bäume gefällt wurden, sind noch mehrere Mittelspechtreviere zu finden. Die Straße führt weiter durch alte Waldbestände und das letzte Stück durch Felder zurück nach Brodowin.

Weitere Freizeitmöglichkeiten

Nachdem die Mönche am Standort Pehlitzwerder wegen seiner ungünstigen Lage den Bau eines Klosters abgebrochen hatten, wurde das Kloster 1273 ins etwa 8 km westlich gelegene Chorin verlegt. Das ehemalige Zisterzienserkloster ist während der Sommerzeit täglich von 9 bis 18 Uhr und während der Winterzeit täglich von 10 bis 16 Uhr geöffnet. Im Sommer finden zahlreiche Konzerte und Aufführungen statt.

Felix Weiß, Christoph Moning, Christopher König

Anfahrt

Mit Bahn und Bus

Das westlich von Brodowin gelegene Chorin ist mit dem Zug von Berlin Hauptbahnhof in einer guten Stunde und stündlich zu erreichen. Von dort gelangt man am besten mit dem Fahrrad zu den Ausgangspunkten der Wanderungen. Die Busverbindung nach Brodowin verkehrt nur selten: Haltestelle Brodowin Dorf, Chorin.

Mit dem Auto

Von der A11 Abfahrt Finowfurt auf der B167 durch Eberswalde Richtung Osten. Nach 10 km auf die B2 Richtung Angermünde und nach 12,5 km kurz vor einem Bahnübergang rechts abbiegen Richtung Brodowin.

Adressen

Der Verein Ökodorf Brodowin bietet unter anderem vogelkundliche Führungen an. www.oekodorfverein-brodowin.de

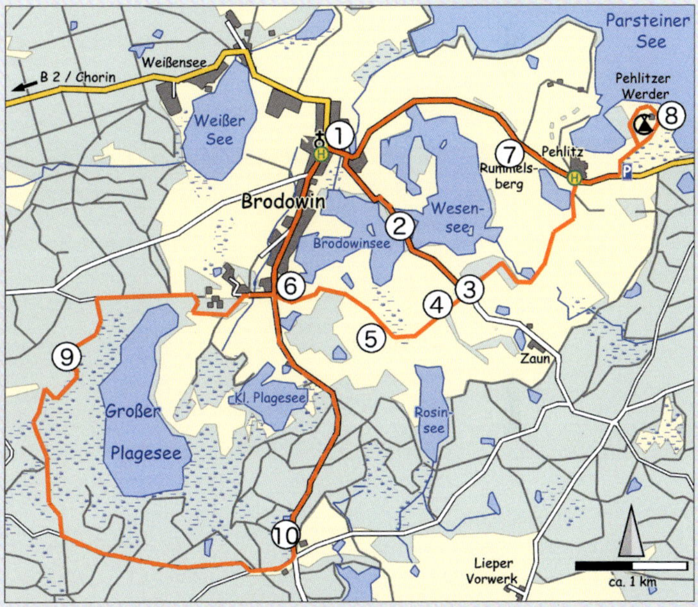

GPS		
Parkplatz Plagefenn	52°53'59.00" N	13°57'16.00" O
Parkplatz Pehlitzwerder	52°54'31.07" N	13°59'57.12" O
Parkplatz Rummelsberg	52°54'48.66" N	13°58'59.60" O

Infomaterial/Literatur

Flade M 2007: Besonderheiten der Vogelwelt des Plagefenns. Eberswalder Forstliche Schriftenreihe, Band XXXI, S. 89–103.

Wagner C, Moning C 2011: Vögel beobachten in Ostdeutschland. Kosmos-Verlag.

Die sandige Heide im Bereich der alten Dresdener Poststraße ist Brutlebensraum von Wiedehopfen und Heidelerchen. Foto: C. König. 26.5.2020.

Forsthaus Prösa

Junge Heide, alte Eichen

Im südbrandenburgischen Landkreis Elbe-Elster liegt rund 50 km nördlich von Dresden das Naturschutzgebiet Forsthaus Prösa. Jahrzehntelang war der Bereich militärisch genutztes Sperrgebiet, doch heute sind einige Bereiche von Altmunition geräumt und für die Öffentlichkeit freigegeben. Neben Heideflächen beeindruckt das Gebiet vor allem durch einen der größten zusammenhängenden Traubeneichenwälder Mitteleuropas. Zu den bemerkenswerten Brutvögeln gehören Wiedehopf und Ziegenmelker. Heidelerchen und Pirole können regelmäßig beobachtet werden. Insgesamt sieben Spechtarten besiedeln das Gebiet. Ein Besuch lohnt sich vor allem zur Brutzeit.

Das Gebiet des ehemaligen Truppenübungsplatzes Bad Liebenwerda wurde von der Saale-Eiszeit geprägt. Die flachwellige, sandig-lehmige Endmoränenlandschaft ist heute vorwiegend von Traubeneichenwäldern mit reichem Unterwuchs aus Beerensträuchern bewachsen. An der Stelle des heutigen Forsthaus Prösa wurde 1591 eine Pechhütte errichtet, die bis 1820 betrieben und anschließend als Revierförsterei genutzt wurde. Diese ist als „Prösa" (nach dem slawischen Wort breza für Birke) bis in die heutige Zeit bekannt. Über Jahrhunderte war die Gegend beliebtes Jagdrevier früherer Prominenz, insbesondere für die Jagd auf Auerhühner.

Schon im 16. Jahrhundert wurden die damals als Liebenwerdaer Amtsheide bezeichneten Bereiche als „mit Kiefern und Eichen bestockt" beschrieben. „Heide" war also eher irreführend, denn es handelte sich um ein ausgedehntes Waldgebiet, von dem sich erst Jahrhunderte später Teilbereiche durch menschliche Nutzung zu einer offenen Heide entwickelten. Die Menschen prägten die Waldentwicklung jedoch auch vorher schon. Im Dreißigjährigen Krieg fielen viele Eichen dem enormen Holzbedarf zum Opfer, Bauern der umliegenden Ortschaften betrieben Waldweide. Immerhin rund 400 ha des bis zu 200 Jahre alten Traubeneichenwaldes sind noch heute vorhanden.

Maßgeblich geprägt wurde das Gebiet von der Nutzung als Truppenübungsplatz der Nationalen Volksarmee (NVA) der DDR ab 1960. Bis 1973 wurden zur Errichtung eines Schießplatzes und zum Bau von Militäranlagen mehrere Hundert Hektar Wald gerodet und anschließend einmal jährlich baumfrei geschlagen bzw. teilweise kontrolliert abgebrannt. Eine Heidelandschaft des 20. Jahrhunderts entstand. Weite Teile des Waldes wurden aus Sicherheits-

Der Wiedehopf ist einer der attraktivsten Brutvögel des Forsthaus Prösa und es bestehen gute Chancen auf eine Beobachtung.
Foto: C. Moning. Österreich, 19.4.2010.

gründen und zum Schutz vor westlicher Spionage für die Öffentlichkeit gesperrt. Noch kurz vor der politischen Wende sollte der Truppenübungsplatz zum modernsten Munitions- und Waffenlager der DDR entwickelt werden. Diese Pläne wurden jedoch nicht mehr umgesetzt. Die Staaten der NATO und des Warschauer Pakts vereinbarten bei Verhandlungen 1988 die Reduzierung von Truppenstärken und die Übergabe von Truppenübungsplätzen in die zivile Nutzung. Dabei wurde auch der Rückbau des Truppenübungsplatzes Bad Liebenwerda vorgesehen und 1990 in die Tat umgesetzt. Es entstand ein europaweit einmaliges Pilotprojekt und Beispiel für die Umwandlung zahlreicher anderer Übungsplätze. Im Laufe der 30-jährigen Nutzung durch die NVA waren großflächige Offenlandbereiche mit Silbergrasfluren und Besenheide entstanden.

Das schon 1990 als Landschaftsschutzgebiet ausgewiesene Forsthaus Prösa stellt ein zentrales Element des Naturparks Niederlausitzer Heidelandschaft dar, der sechs Jahre später gegründet wurde. Ebenfalls im Jahr 1996 wurden mehr als 3000 ha zum Naturschutzgebiet Forsthaus Prösa erklärt. Seit 2008 ist die Deutsche Bundesstiftung Umwelt Eigentümer des Gebiets, das als „Nationales Naturerbe" mit dem Ziel ausgezeichnet wurde, das Gebiet für zukünftige Generationen zu bewahren.

In der Verordnung des Naturschutzgebietes ist neben der Beseitigung militärischer Altlasten auch die Erhaltung und Pflege der Offenlandschaften festgeschrieben. Bereits seit 1992 finden daher im Gebiet Pflegemaßnahmen statt. Neben der regelmäßigen Entbuschung und Mahd gehört dazu vor allem die Beweidung mit Schafen. Doch die Heidepflege ist nicht unumstritten. Da die Fläche vor der militärischen Nutzung bewaldet war, ist das landschaftliche Erscheinungsbild der offenen Heide in der lokalen Bevölkerung nicht verankert. Die Nutzung als Naherholungsgebiet und die touristische Entwicklung sind somit wichtige Voraussetzung für eine breite Akzeptanz und langfristige Unterstützung der Landschaftspflege.

Besondere Vogelarten und Reisezeit

Im Forsthaus Prösa lassen sich eine Reihe attraktiver Brutvogelarten beobachten. Darunter finden sich aus Erman-

Typische Vogelarten des Forsthaus Prösa, deren Status und günstige Beobachtungszeit (in Klammern)
h = häufiger, r = regelmäßiger, s = seltener; B = Brutvogel, N = Nahrungsgast, D = Durchzügler, W = Wintergast

Art	Status (beste Beobachtungszeit)
Auerhuhn	sB (ganzjährig)
Waldschnepfe	rB (Mrz.–Jun.)
Turteltaube	sB (Mai–Aug.)
Kuckuck	hB (Mai–Jul.)
Ziegenmelker	rB (Mai–Aug.)
Wiedehopf	rB (Mai–Aug.)
Wendehals	sB (Mai–Sep.)
Grauspecht	sB (ganzjährig)
Grünspecht	rB (ganzjährig)
Schwarzspecht	rB (ganzjährig)
Mittelspecht	rB (ganzjährig)

Art	Status (beste Beobachtungszeit)
Kleinspecht	rB (ganzjährig)
Pirol	hB (Mai–Aug.)
Neuntöter	rB, rD (Mai–Aug.)
Raubwürger	sB, rW (ganzjährig)
Kolkrabe	rB (ganzjährig)
Heidelerche	hB, rD (Apr.–Sep.)
Feldlerche	hB, rD (Mrz.–Nov.)
Schwarzkehlchen	rB, rD (Mrz.–Okt.)
Gartenrotschwanz	rB, rD (Apr.–Sep.)
Steinschmätzer	sB, rD (Apr.–Aug.)
Brachpieper	sB (Mai–Aug.)

gelung von Feuchtgebieten vor allem Arten wärmebegünstigter, trockener Offenlandbereiche sowie Waldarten. Einst kamen Auerhühner im Gebiet „reichlich" vor und waren Charaktervögel, gingen dann jedoch aufgrund von Lebensraumveränderungen durch eine holzorientierte Forstwirtschaft sowie erhöhte Prädatorenbestände stark zurück, bevor die letzten Vögel in den 1990er Jahren verschwanden. Inzwischen läuft im Forsthaus Prösa ein Projekt zur Wiederansiedlung. Ab 2012 wurden schwedische Wildvögel im Rahmen einer Pilotstudie ausgesetzt und aufbauend auf den positiven Ergebnissen läuft seit 2017 ein fünfjähriges Projekt zur dauerhaften Etablierung des Auerhuhns in der Niederlausitz. Zur Beobachtung von Auerhühnern im Forsthaus Prösa braucht man jedoch viel Glück. In den Wäldern leichter zu entdecken sind die zahlreichen Spechte. Während Wendehälse, Grau- und Kleinspechte eher selten sind, lassen sich Grün-, Schwarz- und Mittelspechte regelmäßig beobachten. Der melodische Gesang der Pirole ertönt ab Mai an vielen Stellen. Kaum zu überhören sind die Rufe der Kuckucke. Die trockenen Sandgebiete mit spärlicher Vegetation bieten idealen Lebensraum für Wiedehopfe. Ihre weithin hörbaren Rufe und ihr wellenförmiger Flug machen sie in Kombination mit ihrem kontrastreichen Gefieder fast unverwechselbar. Selten sind auch Raubwürger in den Offenlandflächen anzutreffen, im Randbereich brüten Turteltauben. Im Singflug lassen sich sowohl Heide- als auch Feldlerchen beobachten, während Schwarzkehlchen die einzelnen Kiefern als Singwarte nutzen. Steinschmätzer und Brachpieper gehören zu den seltensten Brutvögeln im Forsthaus Prösa und sind entsprechend schwer zu finden. In den Randbereichen des Naturschutzgebiets brüten Neuntöter und Gartenrotschwänze. Der Blick in den Himmel wird mitunter mit kreisenden Wespenbussarden, Baumfalken und Kolkraben belohnt. Wer den Rand der Heide in der Abenddämmerung besucht, kann mit etwas Glück auf balzende Waldschnepfen und Ziegenmelker treffen. Da die besonderen Arten des Gebiets vorwiegend Zugvögel sind und teilweise erst spät eintreffen, lohnt sich ein Besuch aus ornithologischer Sicht vor allem im Mai/Juni. Ein besonders ästhetisches Landschaftsbild ergibt sich jedoch auch während der Heideblüte im August und September.

Die Randbereiche der Heide sind in der Abenddämmerung Balzgebiet der Ziegenmelker. Foto: C. König. 26.5.2020.

Steinschmätzer gehören zu den seltenen Brutvögeln im Gebiet, treten jedoch auch auf dem Durchzug auf. Foto: E. Lietzow. Osterfeiner Moor, 1.5.2019.

Beobachtungsmöglichkeiten

Die Kiefern-Traubeneichenmischwälder des Forsthaus Prösa können auf verschiedenen Wanderwegen erkundet werden, von denen mehrere auch die beiden großen Heideflächen erreichen. Exemplarisch wird hier ein etwa 10 km langer Rundwanderweg durch die südliche Heidefläche am Thurmberg beschrieben. Verschiedene Stichwege ermöglichen jedoch auch kürzere Strecken. Die meisten der für das Gebiet besonderen Vogelarten können hier mit guter Chance beobachtet werden.

Der Weg beginnt am Waldparkplatz (1) nördlich von Hohenleipisch. In Richtung Westen erreicht man bereits nach 500 m einen Streuobstwiesenbereich mit Neuntötern. Nach weiteren 1,4 km am Rand des Naturschutzgebiets entlang, erreicht man die Wasserfläche der ehemaligen Braunkohlegrube „Gotthold" (2). Für Wasservögel ist das Gewässer wenig attraktiv, aber in den umgebenden Kiefernwäldern bestehen gute Chancen auf die Beobachtung von Schwarzspechten. Kurz nach der Grube trifft der Weg auf einen breiteren Wanderweg, dem man nach rechts folgt. Nach 700 m biegt man erneut rechts ab und folgt der Beschilderung Richtung Thurmberg. Dieser Waldweg führt nun direkt in die offene Sandfläche mit Kiefern und Silbergras hinein und bereits nach knapp 200 m jenseits des Waldrands folgt man an einem Wegekreuz dem Sandweg nach links in Richtung Westen. Heidelerchen und Baumpieper sowie selten auch Raubwürger lassen sich hier beobachten, bevor man nach 1 km auf die alte Dresdener Poststraße trifft und dieser rechts ab nach Norden folgt. In diesem Bereich der Heide gibt es nur wenige höhere Büsche und Bäume. Der offene Charakter und die Kargheit dieses Lebensraumes werden besonders deutlich. Eine etwas erhöht stehende Holzbank (3) bietet sich für eine ausgiebige Rast an. In der Umgebung sollte man auf Wiedehopfe achten, die sich meist durch ihre unverkennbaren dreisilbigen „up-up-up"-Rufe bemerkbar machen. Auch für Brachpieper und Steinschmätzer ist dies die aussichtsreichste Stelle der Wanderung. Von der Bank aus führt der Weg nach Osten am nördlichen Rand der Heide entlang in Richtung Thurmberg. Aus den Wäldern flöten die Pirole, die man möglicherweise auch schon in den Bereichen südlich der Heide bemerkt hatte. Nach einem weiteren Kilometer erreicht man ein Wegekreuz (4) und folgt der Beschilderung in Richtung Mittelweg nach links. In diesem Bereich sollte man auf Turteltauben achten. Am Rand der Heidefläche ergibt sich wenige Meter später die Möglichkeit entweder einem Weg rechts entlang des Waldrands mit Chance auf Wendehälse zu folgen oder weitere 200 m durch den Wald bis zum Mittelweg zu gehen und erst dort nach rechts abzubiegen. Dieser Weg führt durch die ausgeprägten Traubeneichenbestände (5) mit Mittel- und Schwarzspechten sowie Waldlaubsängern. Nach knapp 1,5 km auf dem Mittelweg erreicht man eine verbuschte Heidefläche, den Bereich des alten Jagdhauses. Von hier führt der Weg an einer Kreuzung (6) rechts ab in Richtung Südosten rund 2,4 km durch Waldflächen mit Schwarzspechten, Pirolen und Waldlaubsängern zurück zum Parkplatz. Hat man die Wendehals-Variante am Waldrand entlang gewählt, biegt man nach 1,75 km rechts auf diesen Weg ab.

Nicht weniger als sieben Spechtarten kommen in und um die weitläufigen Traubeneichenwälder vor.
Foto: C. König. 26.5.2020.

Wer auch die zweite große Heidefläche (7) des Forsthaus Prösa besuchen möchte, kann am Jagdhaus noch für rund 1 km der Beschilderung in Richtung „Heide“ folgen, um diese zu erreichen. Es ergibt sich ein ähnliches Artenspektrum mit Wiedehopfen, Heidelerchen, Baumpiepern, Schwarzkehlchen sowie in den Randbereichen zusätzlicher Chance auf Grauspechte.

Zur Beobachtung der Auerhühner ist die beschriebene Rundwanderung nicht ideal, auch wenn aus den Wäldern um die südliche Heidefläche durchaus Beobachtungen vorliegen. Zielt man besonders auf diese Art ab, empfiehlt sich eher die Wahl eines Rundwanderweges im nordöstlichen Teil des Forsthaus Prösa.

Weitere Freizeitmöglichkeiten

Das Schloss Doberlug, Luftlinie rund 15 km nördlich des Forsthaus Prösa, geht auf ein Kloster aus dem 12. Jahrhundert zurück. Die prachtvolle Anlage im Renaissancestil gehörte einst zum Besitz der Kurfürsten von Sachsen und wird daher heute auch als „Brandenburgs sächsische Perle“ bezeichnet. Es wurde lange Zeit als Jagdschloss und später als Herrschaftssitz genutzt. Das Schloss erlebte Aufenthalte von Friedrich II. von Preußen und Napoleon. Später diente es zunächst als Garnison für sowjetische Truppen, ab 1950 dann als Kaserne für Einheiten der Kasernierten Volkspolizei und der Nationalen Volksarmee der DDR. Die militärische Nutzung ging nicht spurlos an dem Architekturdenkmal vorüber, das als Sperrgebiet der Öffentlichkeit über lange Jahre entzogen war. Neben einer Dauerausstellung über die Geschichte des „sächsischen Brandenburgs“ befasst sich eine im Mai 2020 gestartete Sonderausstellung „Acht Wochen eines Jahres“ mit den Entwicklungen zu Zeiten der DDR. Im Schloss Doberlug ist außerdem das Besucherzentrum „erlebnisREICH Naturpark“ untergebracht, das den zentralen Anlaufpunkt für Besucher des Naturparks Niederlausitzer Heidelandschaft darstellt.

Christopher König, Christoph Moning, Felix Weiß

Anfahrt

Mit Bahn und Bus

Die nächstgelegenen Bahnhöfe sind Hohenleipisch und Elsterwerda. Der Bahnhof Hohenleipisch ist vom beschriebenen Waldparkplatz 2 km entfernt. Vom Bahnhof Elsterwerda fährt die Buslinie 579 innerhalb einer Viertelstunde mindestens alle zwei Stunden die nächstgelegene Bushaltestelle „Hohenleipisch, Forsthaus“ an. Von dort sind es 800 m bis zum beschriebenen Waldparkplatz.

Mit dem Auto

Hohenleipisch am südlichen Rand des Forsthaus Prösa erreicht man sowohl von Norden aus Richtung Berlin kommend, als auch von Süden aus Dresden über die A 13, Abfahrt „Ruhland“ (13). Von dort folgt man der B 169 in Richtung Elsterwerda und biegt in der Ortschaft Plessa rechts ab in die Döllinger Straße, die in Hohenleipisch auf die Berliner Straße trifft. Dieser folgt man nach rechts und biegt nach 500 m halblinks ab, um der Berliner Straße weiter bis zum Waldparkplatz an deren Ende zu folgen.

Adressen

erlebnisREICH Naturpark, Besucherzentrum Naturpark Niederlausitzer Heidelandschaft, Schlossplatz 1, 03253 Doberlug-Kirchhain,
www.niederlausitzer-heidelandschaft-naturpark.de

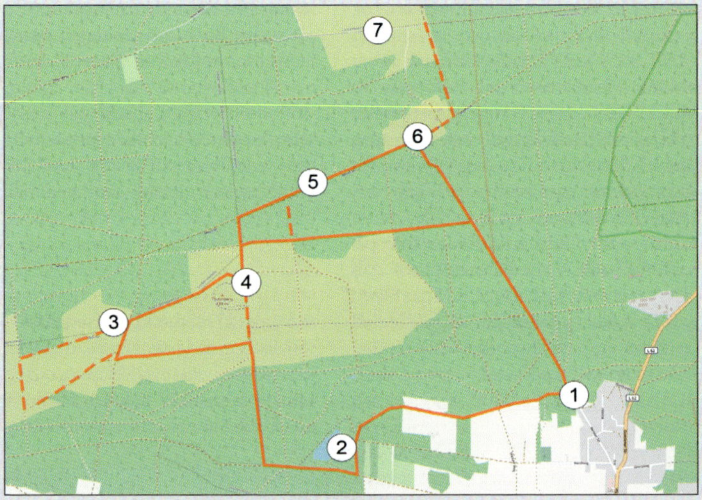

GPS		
Waldparkplatz Hohenleipisch (1)	51°30'27" N	13°33'18" O
Rastplatz Alte Dresdener Poststraße (3)	51°30'44" N	13°30'23" O
Wegekreuz Thurmberg (4)	51°30'57" N	13°31'10" O
Wegekreuz Jagdhaus (6)	51°31'29" N	13°32'17" O

Die insgesamt neun Kühltürme des Braunkohlekraftwerks Jänschwalde überragen das Peitzer Teichgebiet aus vielen Blickwinkeln.
Foto: C. König. 15.6.2022.

Die Peitzer Teiche

Teichgebiet aus Menschenhand

Rund 10 km nördlich der Stadt Cottbus gelegen, bilden die Peitzer Teiche das größte zusammenhängende, von Menschenhand geschaffene Teichgebiet Deutschlands und eine der größten künstlichen Teichanlagen Europas. Der bereits seit dem 16. Jahrhundert existierende Gewässerkomplex bietet auf über 1500 ha Brut-, Rast- und Überwinterungsmöglichkeiten für zahlreiche Vogelarten. Zu den besonderen Brutvögeln zählen Rohr- und Zwergdommeln, Fisch- und Seeadler sowie Schlag- und Rohrschwirle. Die Peitzer Teiche stellen ganzjährig ein ornithologisch attraktives Ausflugsziel dar.

Während der Weichsel-Eiszeit vor mehr als 12 000 Jahren dominierten im Bereich der heutigen Peitzer Teiche Dauerfrostböden mit sommerlichen Auftau- und Schmelzwasserperioden. Es bildeten sich breite Sandfächer, durch die sich die Schmelzwässer immer neue Abflüsse bahnten. Diese periglazialen Ablagerungen bilden den heutigen Untergrund der Talaue mit dem Peitzer Teichgebiet. Eine Bodendecke mit Vegetation konnte sich erst mit dem Ende der letzten Eiszeit bilden und die geringe Geländeneigung führte zu großflächigen Vernässungen und Vermoorungen. Unter den grundwassergesättigten Böden entstand ein leicht zugänglicher Bodenschatz – das sogenannte Raseneisenerz. Bereits aus dieser Zeit ist eine nomadische Nutzung der Gegend durch den Menschen bekannt. Eine dauerhafte Besiedlung etablierte sich ab der späten Jungsteinzeit und verdichtete sich in der Bronzezeit. Die Nutzung des Raseneisenerzes ist ab circa 600 v. Chr. durch die Germanen belegt. Mit Beginn der Zeitrechnung erloschen Siedlungsnachweise aus dem Bereich Peitz jedoch und erst im 13. Jahrhundert kam es vermutlich zu einem Neubau von Siedlungen. Der mittelalterliche Siedlungszuwachs führte zum Bau von Fernhandelsstraßen und ersten wasserbaulichen Einrichtungen. Peitz wurde zur Zollstelle an der Handelsstraße Cottbus – Frankfurt/Oder. Das Raseneisenerz diente zur Herstellung von Munition, Bauteilen und Gerätschaften. Die Entstehung der Peitzer Teiche geht vermutlich auf das 14. oder 15. Jahrhundert zurück, Belege existieren aus dem 16. Jahrhundert. Flache, bei der Gewinnung des oberflächennahen Eisenerzes entstandene Abbaumulden wurden damals zum Zweck der Fischzucht zu Teichen ausgebaut. Durch den Bau des Hammergrabens wurde frisches, nährstoffreiches Spreewasser von Cottbus zum Teichgebiet geführt und mithilfe von Dämmen schuf man gemäß dem natürlichen Gefälle ein regelbares, terrassenartiges System von Zu- und Abläufen. Doch die Fischzucht war vermutlich nicht der einzige Grund für die Anlage eines Teichgebiets. Mitte des 16. Jahrhunderts kam es zur Errichtung der Peitzer Festung. Um das zuvor leicht überwindbare Ackerland schwerer passierbar zu machen, flutete man größere Bereiche aus strategischen Gründen. Auch wenn die Peitzer Teiche bereits mehrere Hundert Jahre existieren, hat sich ihr Bild dennoch mehrfach gewandelt. Starke Nutzung von Holz und Wald als Brennmaterial für das Peitzer Eisenhüttenwerk und zur Beweidung hinterließen im 18. Jahrhundert eine offene und baumarme Landschaft. Auch die Wasserflächen waren noch weit weniger unterteilt als heute. Die starke Teilung in einzelne Gewässer erfolgte Mitte des 19. Jahrhunderts mit der Umstellung der Karpfenzucht von altersgemischter auf altersgetrennte Bewirtschaftung. 1867 wurde die Peitzer Fischzucht königlicher Hoflieferant Preußens und entwickelte sich damit zum bedeutendsten Karpfenhandelsplatz Europas. Die heutige Unterteilung in 33 Teiche entstand weitgehend in den 1930er Jahren. Ihre Größe variiert zwischen 500 m2 und 222 ha. Insbesondere die größeren Teiche sind sehr flach und durchschnittlich nur 80 bis 100 cm tief. Ab 1950 wurde die Fischproduktion mit der Übernahme eines staatlichen Zuchtbetriebs auf bis zu 3500 Tonnen Karpfen pro Jahr intensiviert und industrialisiert. Anfang der 1980er Jahre fanden umfangreiche Umbauten, Dammsanierungen und Wegeausbau statt. Nach der Wiedervereinigung wurde das Teichgebiet wieder privatisiert und ist bis heute im Besitz der Peitzer Edelfisch GmbH. In den großen Teichen schob man Inseln auf. In den 1970er und 1980er Jahren war unmittelbar östlich der Teiche das Braunkohlekraftwerk Jänschwalde entstanden. Heute wird die Abwärme des Kühlwassers zur Aufzucht von Jungfischen während des Winterhalbjahres genutzt. Die Teiche werden in bestimmten Zyklen abgefischt und die Fische in der Regel halbjährlich umgesetzt. Die Produktion beläuft sich heute auf etwa 800 Tonnen pro Jahr. Das Abfischen der Teiche erfolgt von September bis November. In dieser Zeit können sich attraktive Rastmöglichkeiten für Limikolen ergeben, da das Wasser abgelassen wird und große Schlickflächen freiliegen. Ansonsten weist das Teichgebiet Peitz eine reich strukturierte Vegetation der Gewässer und Verlandungszonen auf. Schwimmblattgesellschaften, Großseggenriede, Röhrichte, Ufergehölze und Erlenbrüche bieten im Jahresverlauf vielen verschiedenen Vogelarten geeignete Bedingungen. Die Peitzer Teiche stehen seit 1990 vollständig unter Naturschutz. Sie sind Teil des 2004 ausgewiesenen Vogelschutzgebiets „Spreewald und Lieberoser Endmoräne" und besitzen europaweite Bedeutung als Brutgebiet zahlreicher Arten.

Besondere Vogelarten und Reisezeit

Eine besondere Bedeutung kommt den Peitzer Teichen als Brutgebiet von Wasservögeln sowie als Mauserplatz einiger Entenarten zu. Je nach Wasserstand liefern die Teiche und Verlandungszonen zu den Zugzeiten Rastmöglichkeiten für durchziehende Watvögel und im Winter dienen die Teiche als Schlafgewässer nordischer Schwäne und Gänse. Ein Besuch des Gebiets kann daher ganzjährig empfohlen werden. Bis über 150 Singschwäne finden sich ab Dezember im Teichgebiet ein. Noch weitaus zahlreicher sind bereits ab Oktober Tundrasaat- und Blässgänse anzutreffen. Die Individuenzahl arktischer Gänse kann im Herbst 20 000 erreichen. Krickenten sind mit bis zu 1000 Individuen regelmäßige Durchzügler und Wintergäste. Knäkenten sind seltene, Kolbenenten regelmäßige Brutvögel. Letztere können in bis zu dreistelliger Zahl auftreten. Ganzjährig sind Schellenten anzutreffen, die regelmäßig im Gebiet brüten. Die Maximalzahl der Silberreiher kann im Herbst bei über 500 Individuen liegen. Rohr- und Zwergdommeln sind seltene Brutvögel, ebenso wie Fischadler, die zusätzlich auf dem Durchzug regelmäßig bei der Jagd im fischreichen Teichgebiet zu sehen sind. Ganzjährig häufige Nahrungsgäste in zweistelliger Zahl und im Maximum bis zu 50 Individuen sind Seeadler. Kraniche sind seltene Brutvögel und regelmäßiger auf dem Durchzug sowie auch im Winterhalbjahr anzutreffen. Je nach Rastmöglichkeiten variiert das Auftreten von Limikolen sehr stark. Kiebitze können im Herbst mit bis zu 500 Individuen auftauchen und im September sowie

Krickenten gehören zu den häufigsten Enten im Gebiet und können im Herbst mit mehr als 1000 Indiviuen rasten.

Foto: E. Lietzow. Rieselfelder Münster, 2.3.2012.

Oktober gehören Bekassinen und Alpenstrandläufer zu den regelmäßigen Gästen. Dank des Ausbringens von Brutflößen haben sich Flussseeschwalben als Brutvögel angesiedelt und sind im Sommerhalbjahr bei der Fischjagd zu beobachten. Die Randbereiche der Teiche durchschallen die exotisch anmutenden Gesänge der Pirole. Beutelmeisen sind seltene Brutvögel, jedoch konzentrieren sich die Vorkommen auf die nicht öffentlich zugänglichen Bereiche des Teichgebiets. Ebenfalls seltene Brutvögel im Gebiet sind Bartmeisen, die ganzjährig in den Röhrichtbereichen der Teiche anzutreffen sind. Der laute Gesang der Drosselrohrsänger dominiert im Frühjahr und Sommer an den Ufern der Teiche. Doch auch Schilfrohrsänger sowie Rohrschwirle stimmen mit ein. Schlagschwirle sind seltener, aber im südlichen Bereich des Teichgebiets ebenfalls zu finden. Zur Überwinterung nutzen Raubwürger die Randbereiche des Gebiets. Neben ihrer avifaunistischen Bedeutung sind die Peitzer Teiche auch Reproduktionsraum von Fischottern und bilden ein Verbreitungszentrum von Rotbauchunken im südlichen Brandenburg.

Fischadler lassen sich im Peitzer Teichgebiet aus gebührendem Abstand störungsfrei sogar bei der Brut beobachten. Foto: E. Lietzow. Enger Bruch, 9.9.2022.

Beobachtungsmöglichkeiten

Ein großer Teil des Peitzer Teichgebiets ist für die Öffentlichkeit gesperrt. Lediglich der Bereich östlich des in Nord-Süd-Richtung etwa mittig durch das Gebiet verlaufenden Hammergrabens ist zugänglich. Empfehlenswert ist vor allem eine rund 10 km oder etwas verkürzt 7,7 km lange Route, die zu Fuß oder mit dem Fahrrad rund um die Gewässer des Ostteils führt. Als Start bietet sich die Maustmühle (1) an. Hier gibt es sowohl Park- als auch Einkehrmöglichkeiten. Von der Maustmühle folgt man dem ausgeschilderten Rundweg nach Süden. Es bieten sich bereits erste Einblicke auf den Südteil des Neuendorfer Teichs (2), bevor man den am südlichsten gelegenen Streckteich (3) erreicht. Auf diesem etwas kleine-

Typische Vogelarten der Peitzer Teiche, deren Status und günstige Beobachtungszeit (in Klammern)
h = häufiger, r = regelmäßiger, s = seltener; B = Brutvogel, N = Nahrungsgast, D = Durchzügler, W = Wintergast

Art	Status (beste Beobachtungszeit)
Singschwan	hW (Dez.–Feb.)
Tundrasaatgans	hW (Okt.–Feb.)
Blässgans	rW (Okt.–Feb.)
Pfeifente	rW, hD (Okt.–Mrz.)
Krickente	hD, rW (Sep.–Feb.)
Knäkente	sB, rD (Apr.–Sep.)
Kolbenente	rB, hD (Apr.–Sep.)
Schellente	rB, rD, rW (ganzjährig)
Gänsesäger	hW (Nov.–Mrz.)
Rohrdommel	sB, sW (ganzjährig)
Zwergdommel	sB, rD (Jun.–Sep.)
Fischadler	sB, rD (Mrz.–Okt.)
Seeadler	hN, hW (ganzjährig)
Kranich	sB, rD, rW (ganzjährig)

Art	Status (beste Beobachtungszeit)
Kiebitz	hD, rW (Aug.–Feb.)
Bekassine	rD (Sep./Okt.)
Alpenstrandläufer	rD (Sep./Okt.)
Flussseeschwalbe	sB, rD (Mai–Sep.)
Pirol	rB (Mai–Aug.)
Neuntöter	rB (Mai–Jul.)
Raubwürger	sW (Okt.–Mrz.)
Beutelmeise	sB (Mai–Jul.)
Bartmeise	sB, sW (ganzjährig)
Schlagschwirl	sB (Mai–Jul.)
Rohrschwirl	rB (Apr.–Jul.)
Schilfrohrsänger	rB (Apr.–Jul.)
Drosselrohrsänger	hB (Mai–Jul.)

ren Gewässer lassen sich ganzjährig verschiedene Entenarten beobachten – meist aus geringerer Entfernung als bei den sehr großen Teichen. Im Winter halten sich hier unter anderem Gänsesäger und Pfeifenten auf. Der Weg führt erst am Westufer, anschließend ohne Blick auf das Gewässer auf der Südseite des Teichs entlang, bis man eine Bahnlinie erreicht. Auf der (nur sehr wenig befahrenen) Teerstraße führt der Weg nun in Richtung Nordost an dieser entlang, vorbei an teils landwirtschaftlich genutzten Flächen und kleineren Wäldchen. Entlang der Strecke sollte man im Sommer auf Schwarzkehlchen, im Winter auf Raubwürger achten. Nach rund 2,3 km trifft man auf das Ostufer des Neuendorfer Teichs. Leider ist die Einsicht durch hohe und dichte Vegetation allerdings meist nur sehr eingeschränkt möglich. Man passiert nun auf der Alten Bahnhofstraße das Kraftwerk Jänschwalde, dessen hohe Kühltürme von fast allen Stellen im Gebiet kaum zu übersehen sind. Nun muss man sich entscheiden, ob man die kurze Runde mit 7,7 km Länge über den Stichweg zwischen Hälterteich und Neuendorfer Teich nehmen oder die gesamte 10-km-Runde bis an die Nordseite des Teichgebiets laufen möchte. Für die Abkürzung biegt man hinter einem Gebäude links ab und durchquert den Waldstreifen und Vorkommen von Kuckucken und Pirolen. In westlicher Richtung trifft dieser Weg nach knapp 1,8 km wieder auf den Mitteldamm am Hammergraben. Unterwegs sollte man auf Zwergdommeln achten, allerdings sind die Chancen für eine Beobachtung eher gering. Für die große Runde folgt man der Straße am Kraftwerk weiter nach Norden. Etwa 300 m nördlich des Abzweigs bietet sich erstmals ein Blick auf den nordöstlichen Teil des Neuendorfer Teichs und ein Stück weiter lassen sich zur Brutzeit Fischadler störungsfrei bei der Aufzucht ihrer Jungen beobachten. Die Vögel nutzen eine Nistplattform auf einem gut einsehbaren Strommast

Flussseeschwalben sind regelmäßige Nahrungsgäste und seltene Brutvögel im Gebiet. Foto: E. Lietzow. Steinhuder Meer, 25.5.2012.

In den Röhrichtbeständen der Ufer und Inseln sollte man auf Bartmeisen und Rohrschwirle achten. Foto: C. König. 15.6.2022.

(4) als Brutplatz. Vorbei am Bahnhof Peitz-Ost führt der Weg leider vorerst ohne weitere Einsicht auf den Teich durch ornithologisch wenig interessantes Gelände die Teerstraße entlang um die Nordostecke des Hälterteichs, bevor man rund 600 m weiter mehrere Stellen mit Sitzmöglichkeiten und sehr gutem Blick auf die Wasserfläche (5) erreicht, die sich für eine längere Pause anbieten. Seeadler und Rohrweihen lassen sich regelmäßig von hier beobachten. Auf den zahlreichen Inseln im Teich brüten Kraniche und Rohrdommeln. Sie sind aber aufgrund der großen Entfernung und Heimlichkeit nur schwer zu entdecken. Die Straße führt anschließend ohne Einblicke auf das Gewässer weiter nach Westen. Aus den Gärten der umliegenden Häuser ertönt im Sommer der Gesang der Girlitze. Nach etwa 1 km biegt man vor einer Brücke links ab in einen Feldweg und erreicht so die Nordwestecke des Hälterteichs am Alten Hüttenwerk Peitz (6) mit Einkehrmöglichkeit. Hier ist die Sicht auf die Wasserfläche wieder frei möglich. Im Sommerhalbjahr jagen Flussseeschwalben, im Winter rasten Singschwäne und Blässgänse. Der Weg führt nun auf dem Mitteldamm am Hammergraben entlang nach Süden. Auf diesem Teil der Strecke sollte man im Schilf der vorgelagerten Inselchen auf Bartmeisen, auf dem südlicheren Abschnitt auch auf den Gesang der Rohrschwirle achten. Etwa 1 km südlich des Hüttenwerks erreicht man das Ende des Hälterteichs und den Ableiter am Stauwehr (7) zum Neuendorfer Teich, an dem regelmäßig Eisvögel auf der Jagd sind. Am Hammergraben entlang erreicht man nach 1,4 km den Ausgangspunkt an der Maustmühle. Wer noch einen zusätzlichen Abstecher an den Rand des Westteils der Peitzer Teiche machen möchte, in dem unter anderem auch Schellenten brüten, geht von der Maustmühle über die Brücke des Hammergrabens und biegt anschließend sofort rechts nach Norden ab. Es folgt eine S-Kurve und nach rund 150 m ist der Untere Mühlteich (8) erreicht. Man kann hier noch dem Teichweg nach links folgen und sollte dabei auf der linken Seite auf den auffälligen Gesang der Schlagschwirle achten. Der Weg führt zum Garten- und Unkenteich. Die Einsicht auf die Wasserflächen ist allerdings durch das hohe Schilf nur sehr eingeschränkt möglich.

Weitere Freizeitmöglichkeiten

Im nahegelegenen Cottbus lohnt sich ein Besuch des Schlosses Branitz mit dem zugehörigen über 600 ha großen Branitzer Park, in dem unter anderem Schwarz- und Mittelspechte brüten. Das Barockschloss wurde Anfang der 1770er Jahre von der Fürstenfamilie Pückler errichtet. Hermann von Pückler-Muskau gehörte zu den bedeutendsten Landschaftsarchitekten der damaligen Zeit und schaffte rund um das Schloss eine hügelige Landschaft mit Wasserstraßen. Besonderheit ist der Pyramidensee, in dem der Fürst und seine Frau in einer Erdpyramide im See begraben sind. Es gibt Bestrebungen, den Branitzer Park in das UNESCO-Weltkulturerbe aufnehmen zu lassen.

Christopher König, Christoph Moning, Felix Weiß

Anfahrt

Mit Bahn und Bus

Das Teichgebiet liegt direkt an der Bahnstrecke zwischen Cottbus und Frankfurt (Oder). Mit der RB11 erreicht man den Bahnhof „Teichland“ von Cottbus stündlich innerhalb von 12 Minuten. Dieser liegt bereits direkt am beschriebenen Rundweg östlich des Streckteichs (3) und circa 2 km vom der Maustmühle (1) entfernt.

Mit dem Auto

Das Peitzer Teichgebiet erreicht man über die A 15, Abfahrt 4 „Cottbus-West“ und die B 169 in Richtung „Cottbus-West/Drebkau“. Nach 3 km biegt man rechts ab auf die L 473 in Richtung „Neuendorf/Nowa“ und 1 km später nach links in die Mauster Dorfstraße. 500 m weiter biegt man rechts in den Mühlenweg ein, der bis zur Maustmühle (1) führt.

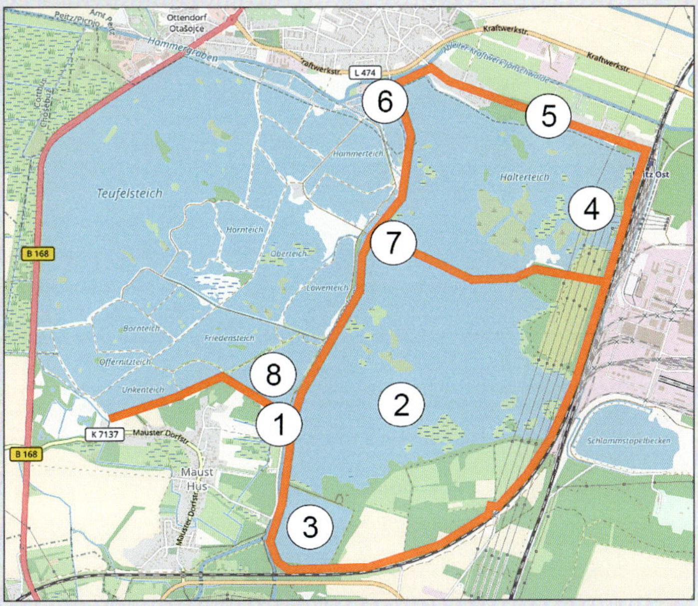

GPS		
Maustmühle (1)	51.8278 N	14.4132 O
Nistplattform Fischadler (4)	51.8412 N	14.4440 O
Aussichtspunkt Nordufer Hälterteich (5)	51.8463 N	14.4405 O
Altes Hüttenwerk Peitz (6)	51.8485 N	14.4234 O

Die reich strukturierte Flussaue der Ziltendorfer Niederung bietet vielen unterschiedlichen Vogelarten geeignete Lebensräume.

Foto: C. König. 14.6.2022.

Die Ziltendorfer Niederung

Gezähmte und doch wilde Oder

Im Landkreis Oder-Spree liegt zwischen Frankfurt (Oder) und Eisenhüttenstadt die Ziltendorfer Niederung. Sie umfasst größtenteils ehemaliges Schwemmland der Oder, die an dieser Stelle eine Schleife nach Osten gebildet hat. Der deutsch-polnische Grenzfluss stellt mit dem Naturschutzgebiet Mittlere Oder eine natürliche östliche Abgrenzung dar. Im Westen verläuft das Gebiet bis an den Oder-Spree-Kanal und die Schlaube. Die insgesamt mehr als 6000 ha umfassende Tiefebene weist in einigen Bereichen – insbesondere entlang des Oderdeichs – auch heute noch schützenswerte Biotope und Lebensgemeinschaften auf. Zu den besonderen Vogelarten des Gebiets zählen Turteltaube, Wiedehopf und Wendehals. Ein Besuch ist zu allen Jahreszeiten lohnenswert.

Das Klima der Region ist subkontinental, mit relativ hohen Sommer- und niedrigen Wintertemperaturen. Dieser Bereich des Odertals gehört zu einer der niederschlagsärmsten Regionen Deutschlands. Die Grundwasserstände sind durch die Tieflage der Aue trotzdem durchweg oberflächennah und an den Pegel der Oder gekoppelt. Geologisch ist die Ziltendorfer Niederung vor allem durch nacheiszeitliche Ablagerungen der Flussauen charakterisiert. Schwankende Wasserstände und hochwasserbedingte Flusslaufänderungen haben dabei die Sedimentfracht unterschiedlich abgelagert.

Ein spätbronze- und früheisenzeitliches Gräberfeld in Eisenhüttenstadt zeugt von der frühen Besiedlung der Region durch den Menschen. Die jüngere Besiedlung der Ziltendorfer Niederung geht auf die ehemalige Zisterzienserabtei Kloster Neuzelle zurück, die dort im 16. Jahrhundert erste Gutshöfe gründete. Diese „Vorwerke“ bilden der Ursprung der heute in der Niederung liegenden Ortschafen. Nach der Verstaatlichung des Klosters im 19. Jahrhundert wurden die landwirtschaftlichen Flächen dem neu gegründeten Stift Neuzelle als Vermögensverwalter angegliedert und verpachtet. Bis zu dieser Zeit war die mittlere Oder noch eine weitgehend naturnahe Flusslandschaft. Dies änderte sich in der zweiten Hälfte des 19. Jahrhunderts: Durch Eindeichung und durchgängige Festlegung des Flusslaufs wurde die Überflutungsdynamik der Aue stark eingeschränkt. In den folgenden Jahrzehnten wurden Grünlandnutzung und Ackerbau intensiviert. Eine weitere Zäsur bildete das Oderhochwasser im Juli 1997. Nach Starkniederschlägen in Polen und Tschechien stieg der Pegel der Oder um mehr als 3,5 m über den sonst in den Sommermonaten üblichen Pegelstand. Die Ziltendorfer Niederung musste evakuiert werden und an den Folgetagen kam es zu zwei Deichbrüchen, wodurch das Gebiet vollständig überflutet wurde. Glücklicherweise waren keine Opfer zu beklagen, doch es entstand ein erheblicher Sachschaden. In der Folge dieses dramatischen Ereignisses wurden die Deiche erhöht und verbreitert.

Zur Vogelbeobachtung empfiehlt sich das entlang des Oderufers verlaufende, mehr als 1400 ha umfassende Naturschutzgebiet Mittlere Oder. Zwar ist der Flusslauf durchgehend durch Buhnen festgelegt, die Aue aber noch weitgehend unverbaut und naturnah. Das Deichvorland wird überwiegend als extensive Weidefläche für Schafe genutzt. Es existieren allerdings auch noch einige naturnahe Weich- und Hartholzauenreste, die von Hochflutrinnen und Altwasserlöchern durchsetzt sind. Feuchte Hochstaudenfluren, Brenndolden-Stromtalwiesen und Pfeifengraswiesen gehören hier zu den hervorzuhebenden Biotoptypen. Natürlich schwankende Wasserstände führen immer wieder zu periodischen Überflutungen. Ein Hochwasserschutzdeich trennt das bis zu 700 m breite Vorland von den ehemaligen Überflutungsflächen der Ziltendorfer Niederung. Diese wird größtenteils intensiv landwirtschaftlich als Ackerland genutzt und ist besonders auch außerhalb der Brutzeit als Rast- und Überwinterungsgebiet ornithologisch attraktiv. Auffällig ist auch heute noch das in den 1920er-Jahren angelegte und in den 1970er- und 1980er-Jahren ausgebaute Grabensystem, das die Niederung entwässert.

Seit 2004 steht das Oderufer zwischen Frankfurt (Oder) und Eisenhüttenstadt unter Naturschutz: Das Naturschutzgebiet ist nahezu deckungsgleich mit dem gleichnamigen FFH-Gebiet. Der Bereich gehört außerdem zum EU-Vogelschutzgebiet Mittlere Oderniederung. Neben zahlreichen seltenen Vogelarten beherbergt die Ziltendorfer Niederung auch zahlreiche andere Tierarten mit besonderem Schutzbedarf. Hervorzuheben sind Biber und Fischotter, die überall entlang der Oder anzutreffen sind, sowie Rotbauchunke, Großer Feuerfalter und Eremit.

Besondere Vogelarten und Reisezeit

Die Wintermonate sind deutlich von rastenden und verweilenden Wasservogelarten geprägt. Ab November kann die Zahl der in der Ziltendorfer Niederung rastenden Singschwäne dreistellig werden. In noch größerer Zahl finden sich dann Blässgänse als Wintergäste in der Tiefebene ein. Neben den ganzjährig regelmäßig im Gebiet zu beobachtenden Seeadlern lassen sich in dieser Zeit auch Kornweihen und Raufußbussarde entdecken. Kraniche überwintern sogar in dreistelliger Zahl und sind auch im Sommer noch als vereinzelte Brutvögel zu finden. Sie nutzen in der Oderniederung oft Kleingewässer als Brutplatz. Der Flusslauf der Oder wird im Winter von Schellenten frequentiert, in der Oderaue sollte auf Berghänflinge und Raubwürger geachtet werden. Letztere sind als seltene Brutvögel sogar das ganze Jahr über zu entdecken. Ganzjäh-

Dort, wo in der Ziltendorfer Niederung Röhrichte wachsen, sollte man auf Schilfrohrsänger achten.
Foto: E. Lietzow. Dümmer, 28.5.2022.

rig anwesend sind auch Eisvögel und Mittelspechte sowie die in den offenen Bereichen häufigen Grauammern. Mit Beginn des Frühlings wechselt das Artenspektrum und immer mehr Zugvogelarten kehren in ihre Brutgebiete zurück. Weißstörche sind bereits ab März regelmäßig in der Niederung bei der Nahrungssuche zu sehen. Beim Brutgeschäft lassen sie sich zum Beispiel in der Ernst-Thälmann-Siedlung beobachten. Viele weitere Arten treffen ab April ein. Unter den im Gebiet brütenden Limikolenarten sind Flussregenpfeifer, Bekassine und Flussuferläufer. Braun- und Schwarzkehlchen erscheinen auf dem Durchzug in größerer Zahl, zählen aber ebenso zu den lokalen Brutvogelarten wie die (hier seltenen) Blaukehlchen. Meist leichter zu hören als zu sehen sind die laut singenden Nachtigallen; generell eher schwer zu entdecken sind die in den Auen brütenden Beutelmeisen. Dagegen machen Wiedehopfe, Wendehälse und Pirole oft durch ihre charakteristischen Gesänge auf sich aufmerksam. Den Höhepunkt der Gesangsaktivität sowie das größte Artenspektrum weist erwartungsgemäß der Mai auf. Dann sind auch Turteltauben, Neuntöter und Sperbergrasmücken sowie weitere Röhrichtbrüter wie Schlagschwirle, Schilf- und Drosselrohrsänger aus den Winterquartieren zurückgekehrt.

Der Flussuferläufer gehört in Deutschland zu den stark gefährdeten Brutvogelarten. Im Deichvorland der Ziltendorfer Niederung ist er noch zu finden.
Foto: E. Lietzow. Rieselfelder Münster, 28.8.2008.

Beobachtungsmöglichkeiten

Die Jahreszeit des Besuchs bestimmt in der Ziltendorfer Niederung sehr stark die ornithologisch attraktiven Stellen. Im Winter bieten sich Beobachtungen von den durch die Niederung verlaufenden Straßen und Wegen an. Große Sichtweiten in der offenen Landschaft bieten dann gute Chancen auf die Entdeckung jagender Greifvögel oder rastender Gänse und Schwäne. Letztere sind vor allem in den nordwestlichen Bereichen der Niederung (1) anzutreffen.

Um das Naturschutzgebiet Mittlere Elbe zu erkunden, bietet sich das Fahrrad als ideales Fortbewegungsmittel an. Auf oder entlang des Hochwasserschutzdeichs sind immer wieder spannende Einblicke in die Oderaue mit ihren unterschiedlichen Lebensräumen möglich. Zwei besonders attraktive Passagen, die auch zu Fuß zu erkunden sind, sollen im Folgenden vorgestellt werden.

Als zentrale Ausgangsstelle liegt die Ortschaft Aurith direkt am Oderufer. Direkt am Ortseingang befinden sich Parkmöglichkeiten. Der ehemalige Fähranleger (2) bietet besten Zugang zum Fluss, wo je nach Jahreszeit mit

Flutmulden mit schwankenden Wasserständen bieten attraktive Rastmöglichkeiten.
Foto: C. König. 14.6.2022.

Die Randstrukturen und Gebüschkomplexe werden von Neuntötern besiedelt. Foto: E. Lietzow. Steinhuder Meer, 2.7.2011.

Aus den dichten Auwäldern der Jessnitze erklingt der melodische Gesang der Pirole. Foto: C. König. 14.6.2022.

Eisvögeln, Gänsesägern und Schellenten gerechnet werden kann. Aus der Aue ertönen im Frühjahr und Sommer die wohlklingenden Gesänge von Kuckucken, Pirolen und Nachtigallen, die aber fast überall im Gebiet zu hören sind. Auf dem Oderdeich kann dem Weg nach Nordwesten gefolgt werden. Die Aue wird hier nun immer breiter und bietet Arten wie Kleinspecht, Wiedehopf und Wendehals geeignete Brutmöglichkeiten. Nach etwa 2 km befindet sich in der Kunitzer Loose linkerhand ein Gehölzstreifen mit Kleinspechtvorkommen. In der gegenüberliegenden Oderaue liegt hier eine Flutrinne (3), an der Flussuferläufer und Schlagschwirle vorkommen. Das Vorland wird im weiteren Verlauf immer schmaler und der Deich erreicht fast das Oderufer. Dies ist eine weitere gute Stelle, um nach Flussuferläufern sowie über dem Wasser jagenden Seeadlern und Flussseeschwalben Ausschau zu halten. Dieser Punkt liegt bereits gut 3 km vom Ausgangspunkt entfernt. Ein Rundweg ist leider nicht möglich, sodass auf demselben Weg zurückgelaufen werden muss. Wer mit dem Fahrrad unterwegs ist oder eine noch ausgedehntere Wanderung machen möchte, kann dem Deich aber auch noch weiter folgen. Das Vorland wird anschließend wieder breiter und weist einige Altwasserlöcher auf. Hier finden sich geeignete Strukturen für Gänsesäger, Wiedehopfe und Wendehälse. Binnendeichs schließt mit dem Zistenbruch ein größeres Waldgebiet an. Er ist Brutplatz von Kranichen sowie Schwarz- und Mittelspechten.

Eine alternative Route bietet sich im Südosten der Ziltendorfer Niederung

Typische Vogelarten der Ziltendorfer Niederung, deren Status und günstige Beobachtungszeit (in Klammern)
h = häufiger, r = regelmäßiger, s = seltener; B = Brutvogel, N = Nahrungsgast, D = Durchzügler, W = Wintergast

Art	Status (beste Beobachtungszeit)
Singschwan	rW (Nov.–Feb.)
Blässgans	rW (Okt.–Mrz.)
Schellente	rW (Nov.–Mrz.)
Weißstorch	rB, rD (Mrz.–Aug.)
Kornweihe	rD, rW (Okt.–Mrz.)
Seeadler	rB, rW (ganzjährig)
Raufußbussard	rW (Nov.–Apr.)
Kranich	sB, rD, rW (ganzjährig)
Flussregenpfeifer	sB, rD (Apr.–Aug.)
Bekassine	sB, rD (Apr.–Sep.)
Flussuferläufer	rB, rD (Apr.–Sep.)
Turteltaube	sB, rD (Mai–Sep.)
Kuckuck	rB, rD (Mai–Aug.)
Eisvogel	rB (ganzjährig)
Wiedehopf	rB (Apr.–Aug.)
Wendehals	rB (Apr.–Aug.)

Art	Status (beste Beobachtungszeit)
Mittelspecht	rB (ganzjährig)
Pirol	rB (Mai–Sep.)
Neuntöter	hB (Mai–Sep.)
Raubwürger	sB, rW (ganzjährig)
Beutelmeise	sB (Apr.–Jul.)
Schlagschwirl	sB (Mai–Jun.)
Schilfrohrsänger	rB (Mai–Aug.)
Drosselrohrsänger	rB (Mai–Aug.)
Sperbergrasmücke	sB (Mai–Jun.)
Braunkehlchen	sB, rD (Apr.–Sep.)
Schwarzkehlchen	sB, rD (Apr.–Okt.)
Nachtigall	hB (Apr.–Jun.)
Blaukehlchen	sB (Apr.–Jun.)
Berghänfling	rW (Nov.–Mrz.)
Grauammer	hB, rW (ganzjährig)

mit einem 5,8 km langen Rundweg an. Von der Oderstraße L 371 zwischen Ziltendorf und Aurith biegt man 4,5 km hinter Ziltendorf (oder 1,3 km vom Ortsausgang Aurith entfernt) nach Südosten ab und folgt der Straße in Richtung Oder. Am Ende befindet sich direkt am Oderdeich ein Parkplatz (4). Vom Deich hat man sofort einen schönen Blick über die Aue mit guter Chance auf Wendehälse, Nachtigallen und Neuntöter. Auf dem Deich entlang führt der Weg nun nach Süden. Immer wieder wechseln sich unterschiedliche Lebensräume ab. An Stellen mit feuchten Röhrichten kommen Blaukehlchen und Schilfrohrsänger vor. Dort, wo in der dichten und hohen Krautschicht Sträucher oder Bäume als Singwarten sind, können Schlagschwirle beobachtet werden. Nach etwa 1 km wird im Deichhinterland die Jessnitze erreicht, ein sumpfiger, von Birken durchsetzter Wiesenkomplex mit unzugänglichen Kleingewässern. Kuckuck und Pirol kommen hier ebenso vor wie Neuntöter und Sperbergrasmücke. Etwa 2,2 km nach dem Start erreicht man kurz vor einem ungenutzten Gebäude am Deichfuß (5) (hier auf singende Turteltauben achten) die erste Abbiegemöglichkeit nach rechts (Nordwest). Der Weg führt an einem Graben entlang, bis man nach rund 400 m erneut rechts abbiegt, um die Jessnitze zu umrunden. Auf dem folgenden Kilometer werden mehrere Neuntöter-Reviere passiert, bevor der Rand des Naturschutzgebiets erreicht ist und der Weg an intensiv landwirtschaftlich genutzten Flächen vorbeiführt. Hier können mit etwas Glück Wachteln, Kiebitze oder jagende Rohrweihen die Artenliste bereichern oder im Winter Raufußbussarde und Raubwürger entdeckt werden. Der Weg endet an einer T-Kreuzung, an der man der Straße nun für die letzten 900 m nach rechts (Südost) zurück zum Parkplatz folgt.

Weitere Freizeitmöglichkeiten

Am Südende der Ziltendorfer Niederung liegt mit Eisenhüttenstadt ein wahrer Goldschatz für alle, die an der Geschichte der ehemaligen DDR und Architektur interessiert sind. Die Stadt entstand ab 1950 für das Eisenhüttenkombinat Ost als erste gänzlich durchgeplante und organisierte Stadt der DDR. In der „Stadt der Werktätigen" sollte es keine Privatunternehmen geben. Das namensgebende Stahlwerk war der größte Eisenproduzent der DDR und ist auch heute noch der prägende Betrieb von Eisenhüttenstadt. Die einst mehr als doppelt so große Stadt ist heute auf rund 23 000 Einwohner geschrumpft. Geblieben ist ein Freilichtmuseum der DDR-Geschichte mit stalinistischen Wohnkomplexen, dem Friedrich-Wolf-Theater sowie dem Dokumentationszentrum für die Alltagskultur der DDR.

Christopher König, Till Jonas Linke, Felix Weiß

Anfahrt

Mit Bahn und Bus

Die Anbindung durch den ÖPNV ist leider schlecht. Der mit 7,3 km nächstgelegene Bahnhof befindet sich in Ziltendorf. Von hier besteht allerdings keine Möglichkeit, per Bus oder Bahn nach Aurith zu gelangen. Am einfachsten erreicht man Aurith vom Bahnhof Brieskow-Finkenheerd mit der Buslinie 448 innerhalb von knapp 30 Minuten. Diese verkehrt allerdings nur wochentags und nur in größeren zeitlichen Abständen.

Mit dem Auto

Die Autobahn A12 verlässt man an der Abfahrt 9 Frankfurt (Oder)-Mitte und folgt der B 112 in Richtung Eisenhüttenstadt, bis nach 16 km die Abfahrt nach Ziltendorf erreicht wird. Rechts ab auf die L 371 gelangt man nach Ziltendorf und von dort über Müllroser Straße und Oderstraße nach Aurith.

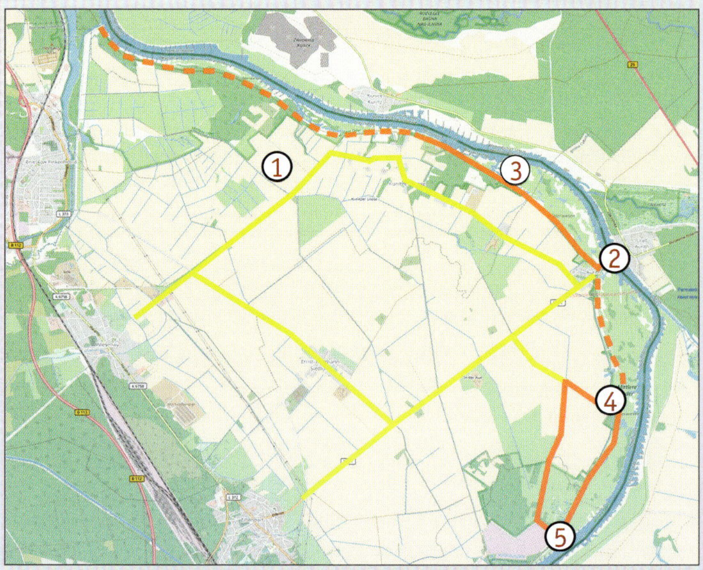

GPS		
Ehemaliger Fähranleger Aurith (2)	52.2425	14.7047
Parkplatz Rundweg Jessnitze (4)	52.2215	14.7063
Abzweig Jessnitze (5)	52.2036	14.6933

Sandige, trockene Heideflächen dominieren das Landschaftsbild in der Umgebung des Natur-Erlebniszentrums Döberitzer Heide. Foto: C. König. 23.5.2024.

Die Döberitzer Heide

Vom Truppenübungsplatz zum Naturschutzgebiet

Luftlinie etwa 20 km westlich des Berliner Reichstags und nur rund 10 km nördlich von Potsdam, befindet sich mit der Döberitzer Heide heute ein riesiges Naturparadies mit Trockenrasen, Heiden und Mooren, das von Laubmischwäldern umgeben ist. Auf dem rund 300 Jahre lang militärisch genutzten Gelände konnte auch nach dem Abzug der letzten Truppen vor rund drei Jahrzehnten ein Refugium für viele bedrohte Tier- und Pflanzenarten erhalten werden. Hier finden Wiedehopf, Wendehals und Neuntöter ideale Bedingungen und lassen sich zuverlässig beobachten. Viele Kilometer Wanderwege laden besonders im Frühjahr und Sommer dazu ein, die große Biotop- und Artenvielfalt zu erkunden.

Die Döberitzer Heide liegt im Jungmoränengebiet der Weichseleiszeit, weist jedoch eine vielfältige Relief- und Bodenstruktur auf. Von Nordwesten nach Südosten zieht sich quer durch das Gebiet eine Endmoräne aus sandig-kiesigen Ablagerungen. Südwestlich grenzt eine ehemalige Schmelzwasserrinne an, nordöstlich liegen Flächen aus Geschiebemergel. Diese Vielfalt bildet heute die Grundlage für ein Mosaik unterschiedlicher Lebensräume. Doch geprägt wurde die heutige Döberitzer Heide vor allem durch militärische Aktivitäten. Bereits ab 1713 wurde das damals noch vollständig bewaldete Gelände unter dem preußischen König Friedrich Wilhelm I. für Truppenübungen genutzt. Es handelt sich damit um das älteste militärische Übungsgelände Deutschlands. Gegen Ende des 19. Jahrhunderts wurden unter Kaiser Wilhelm II. rund drei Viertel des Waldes gerodet, um eine steppen- und wüstenähnliche Landschaft zur Simulation von Truppeneinsätzen in deutschen Kolonien zu erschaffen. Damit einher ging die Auflösung der mitten im Gebiet liegenden Ortschaft Döberitz, von der sich der heutige Name des Gebiets ableitet. Ab 1910 wurde der Flugplatz Döberitz angelegt, der damit als Geburtsort der militärischen Luftfahrt in Deutschland gilt. Anschließend übernahmen 1927 die Nationalsozialisten das Gelände mit dem Ziel, eine neue Luftstreitmacht zu etablieren. Es entstand eine große Zahl von Schießständen, Bunkern und Kasernenkomplexen. Der sandige, trockene Boden machte die Heidelandschaft zu einem idealen Platz zur Erprobung von Panzerwaffen. In den letzten Jahren des Zweiten Weltkriegs existierten am Rand der Döberitzer Heide zwei Außenstellen der Konzentrationslager Sachsenhausen und Uckermark sowie ein Zwangsarbeiterlager für sowjetische Kriegsgefangene. 1945 gelangte das mittlerweile auf 5500 ha angewachsene Gelände kampflos unter Kontrolle der Sowjetarmee, die es anschließend bis 1992 ausgiebig zur Schulung diverser Bataillone nutzte. Nach Ende der militärischen Nutzung blieb eine stark von Munition verseuchte Brache voller Minen und Granaten zurück. Ab 1994 wurden die Kasernengebäude schrittweise abgerissen, während die Räumung der Wanderwege durch die heutige Naturlandschaft Döberitzer Heide bislang mehr als acht Tonnen Munitionsschrott zutage förderte. Erst 1998 konnte ein etwa 12 km langer Wanderweg der Öffentlichkeit zugänglich gemacht werden.

2004 erwarb die Heinz-Sielmann-Stiftung die Döberitzer Heide und setzt seitdem auf rund 3600 ha ein europaweit einmaliges Naturschutzprojekt um. Die Naturlandschaft besteht aus einer inneren Kernzone, die für die Öffentlichkeit gesperrt ist, und einer äußeren Naturerlebnis-Ringzone. Die Kernzone umfasst mehr als die Hälfte der Fläche und ist mit einem dreifachen, elektrisch gesicherten Zaun umgeben. Seit 2010 leben weitgehend unbeeinflusst vom Menschen mehr als 130 Wisente, über 20 Przewalski-Pferde sowie etwa 100 Rothirsche in dieser Zone und bewahren die offene und halboffene Landschaft vor der Wiederbewaldung. In der etwa gleichgroßen Naturerlebnis-Ringzone werden die robusten Galloway- und Heckrinder, verschiedene Schaf- und Ziegenrassen sowie Wasserbüffel, Hausesel und Konikpferde als natürliche Landschaftspfleger eingesetzt. Sie tragen dazu bei, wertvolle Lebensräume wie Eichenwälder, Trockenrasen, Heiden, Binnendünen, Moore unterschiedlicher Größe und Ausprägung sowie Röhrichte und Kleingewässer zu erhalten. Doch auch die mechanische Beseitigung aufkommender Sukzession ist hier durch gezielte Pflegemaßnahmen notwendig.

Im März 2024 eröffnete Bundesumweltministerin Steffi Lemke ein neues Natur-Erlebniszentrum in der Döberitzer Heide. Das komplett sanierte, ehemals von der Roten Armee für die Panzerausbildung genutzte Gebäude bietet der Öffentlichkeit seitdem eine multimediale Ausstellung. Ein riesiger dreidimensionaler Medienkörper zeigt Fotos und Filme über die Tier- und Pflanzenwelt des Gebiets. Mit einer eigens entwickelten Smartphone-App können die Besuchenden interaktiv agieren und zum Beispiel an einem Wissensquiz teilnehmen. Die App kann auch für die Erkundung der Döberitzer Heide genutzt werden und gibt hilfreiche Tipps zu den besten Wanderrouten.

Besondere Vogelarten und Reisezeit

Mehr als 6000 Tier- und Pflanzenarten wurden bis heute in der Döberitzer Heide nachgewiesen, darunter mehr als 120 Brutvogelarten. Zu den ornithologischen Besonderheiten gehört als auffällige Charakterart des Heidegebiets der Wiedehopf. Sein „hupender" Ruf ist in Frühjahr und Sommer weit hörbar. Die Heinz Sielmann Stiftung fördert die Vorkommen in der Döberitzer Heide gezielt durch das Aufhängen von Nistkästen. Diese Schutzmaßnahmen zeigen große Erfolge: Waren es 2016 gerade einmal vier Reviere, wurden 2024 in den 25 im Gebiet verteilten Nistkästen insgesamt 15 erfolgreiche Bruten registriert. In den Heideflächen finden die Vögel große Insekten wie Feld- und Maulwurfsgrillen, die sie zur Aufzucht der Jungen benötigen. Doch Wiedehopfe sind nicht die einzige in der Heide an vielen Stellen zu beobachtende Art. Wendehälse finden in der locker mit Bäumen bestandenen Heide ideale Bedingungen und sind regelmäßige Brutvögel. Auch der hohe Insektenreichtum des Gebiets kommt dieser Art entgegen. Mit Glück lässt sich in den Randlagen der Heide einer der melodisch flötenden Pirole entdecken. In der Döberitzer Heide kommen auch Raubwürger noch als Brutvögel vor. Die Bestände dieser Art gehen leider seit vielen Jahren bundesweit zurück. Auch in der kalten Jahreszeit besetzen einige Vögel hier Winterreviere. Weitaus häufiger sind Neuntöter, die auf allen offeneren Flächen im Gebiet vorkommen und sich gerne in den Gebüschstrukturen aufhalten. Häufig und kaum zu übersehen sind auch Heidelerchen. Am leichtesten wird man auf die bräunlich gefärbten

Neuntöter sind häufige Brutvögel im Gebiet und im Sommerhalbjahr nicht zu übersehen.

Foto: C. König. Döberitzer Heide, 23.5.2024.

Vögel durch ihren melancholischen, abfallenden Gesang aufmerksam, der gerne im Singflug vorgetragen wird. Doch man muss genau hinschauen bzw. -hören, denn auch die nahe verwandte Feldlerche brütet in hoher Dichte im Gebiet. Zu den weiteren Besonderheiten gehört die Sperbergrasmücke. Ihre Vorkommen sind heute in Deutschland fast ausschließlich auf die neuen Bundesländer beschränkt. In der Döberitzer Heide hat man gute Chancen, die Art zu finden. Während der fortgeschrittenen Brutzeit sind Sperbergrasmücken allerdings heimlich und daher oft schwer zu beobachten. Leichter zu entdecken sind die ebenfalls im Gebiet brütenden Gartenrotschwänze, Braun- und Schwarzkehlchen. Eine ganz typische Art ehemaliger Truppenübungsplätze ist der Steinschmätzer. In West- und Süddeutschland nur noch in wenigen Regionen zu finden, kann man ihn in

Zu den ornithologischen Höhepunkten der Döberitzer Heide gehört ohne Zweifel der Wiedehopf, der hier mit zahlreichen Brutpaaren vorkommt.

Foto: E. Lietzow. Enger Bruch, 24.4.2022.

Der Rundweg am Havelpark führt durch weitläufige Grünlandbereiche.
Foto: C. König. 23.5.2024.

der Döberitzer Heide zur richtigen Jahreszeit eigentlich kaum verfehlen. Gerne werden exponierte Hügel und ehemalige Militäranlagen als Warte genutzt. Bei der Futtersuche hüpfen Steinschmätzer flink am Boden hin und her, wobei ihr weiß-schwarzes Schwanzmuster schnell ins Auge fällt. Eher in den Randbereichen der Heide singen Baumpieper von den Waldrändern oder im Flug ihren aus mehreren Phrasen bestehenden, lauten Gesang. In der Region nicht selten, aber bundesweit ebenfalls weitgehend auf Ostdeutschland beschränkt, sind Grauammern häufige Brutvögel der Döberitzer Heide und ganzjährig im Gebiet zu beobachten. Die Vorkommen der dämmerungs- und nachtaktiven Ziegenmelker (Nachtschwalbe) liegen dagegen weitgehend in den unzugänglichen Bereichen im Süden, die heute wieder als Standortübungsplatz Berlin militärisch genutzt werden. Hinzu kommt, dass die gut getarntenVögel nur schwer zu beobachten sind.

Da es sich bei vielen der hier genannten Arten um Zugvögel handelt, trifft man in der Döberitzer Heide im späten Frühjahr die größte Vogelartenvielfalt an. Wenn die Reviere besetzt und Partner bei der Balz umworben werden, kann man viele Arten außerdem durch ihre typischen Gesänge weitaus einfacher entdecken als in der fortgeschrittenen Brutzeit oder den übrigen Jahreszeiten. Ein Besuch empfiehlt sich daher vor allem von Mai bis August, wobei auch andere Jahreszeiten durchaus ihre Reize haben können.

Beobachtungsmöglichkeiten

Das sehr große Areal kann heute auf mehr als 55 km Wanderwegen erkundet werden. Aufgrund der großen Kernzone beschränkt sich die Zugänglichkeit dennoch auf die Naturerlebnis-Ringzone, um die ein etwa 22 km langer Rundweg führt. In diesem Artikel sollen zwei kürzere Routen genauer beschrieben werden, bei denen die charakteristischen Vogelarten des Gebiets im Fokus stehen.

Als Ausgangspunkt einer ornithologisch reizvollen Wanderung bietet sich das Natur-Erlebniszentrum Döberitzer Heide (1) an. Dort befinden sich ausreichend Parkmöglichkeiten. Schon im unmittelbaren Umfeld der Gebäude können Steinschmätzer und Grauammern angetroffen werden. Von hier aus führt ein sandiger Weg in Richtung Südosten durch die offene Fläche. In den Gebüschen sitzen Neuntöter und Schwarzkehlchen, während mit etwas Glück auch die Rufe der Wiedehopfe zu hören sind. Überall entlang der im Folgenden beschriebenen Route bestehen gute Chancen für Beobachtungen

Typische Vogelarten der Döberitzer Heide, deren Status und günstige Beobachtungszeit (in Klammern).
h = häufiger, r = regelmäßiger, s = seltener; B = Brutvogel, N = Nahrungsgast, D = Durchzügler, W = Wintergast

Art	Status (beste Beobachtungszeit)
Nachtschwalbe	rB (Mai–Jul.)
Kuckuck	hB (Mai–Jul.)
Wiedehopf	rB (Apr.–Aug.)
Wendehals	rB (Apr.–Aug.)
Kleinspecht	rB (ganzjährig)
Schwarzspecht	rB (ganzjährig)
Pirol	hB (Mai–Aug.)
Raubwürger	sB, rW (ganzjährig)
Neuntöter	hB (Mai–Aug.)

Art	Status (beste Beobachtungszeit)
Heidelerche	hB (Mrz.–Sep.)
Sperbergrasmücke	rB (Mai–Jul.)
Gartenrotschwanz	rB (Apr.–Aug.)
Braunkehlchen	rB, rD (Apr.–Aug.)
Schwarzkehlchen	hB, rD (Mrz.–Aug.)
Steinschmätzer	hB, rD (Mrz.–Aug.)
Baumpieper	hB (Apr.–Aug.)
Bluthänfling	hB (ganzjährig)
Grauammer	hB (ganzjährig)

des Vogels mit der auffälligen Federhaube. Nach rund 550 m erreicht man eine Weggabelung. In der Umgebung liegen Brutvorkommen von Wendehals und Sperbergrasmücke. Hält man sich an der Gabelung links, führt der Weg in einer langen Kurve bis an den östlich an die Heidefläche grenzenden Waldrand, vorbei an mehreren Revieren von Heidelerchen und Steinschmätzern. Auch Pirole lassen sich auf diesem Abschnitt des Weges regelmäßig beobachten. Den Waldrand teilen sich Wendehälse mit Gartenrotschwänzen und Baumpiepern, während etwas tiefer im Wald Mittel- und Schwarzspechte vorkommen. Leider ist keine Rundtour möglich, sodass der Rückweg auf demselben Weg zur Gabelung führt. Für die alternative Richtung nach Süden kann auf den rund 450 m bis zum Waldrand ein ähnliches Artenspektrum erwartet werden. In der westlich angrenzenden Offenlandfläche besteht zudem ganzjährig die Chance auf Sichtungen von Raubwürgern. Der Weg führt anschließend von einer Schutzhütte (2) aus in den lichten Mischwald hinein. Man kann diesem zum Beispiel noch für weitere 450 m folgen, zur Beobachtung von Pirolen, Gartenrotschwänzen, Waldlaubsängern oder Baumpiepern. Auch hier geht es auf bekanntem Wege zurück zur Weggabelung und anschließend zum Ausgangspunkt am Natur-Erlebniszentrum. Die beschriebene Route hat bei Ausdehnung bis zu beiden Waldrändern eine Länge von insgesamt rund 3,3 km.

Eine weitere schöne Wanderung zur Erkundung der Döberitzer Heide liegt Luftlinie etwa 5 km weiter östlich. Ausgangspunkt ist hier das Einkaufszentrum Havelpark mit umfangreichen Parkmöglichkeiten. Der Zugang zu Sielmanns Naturlandschaft Döberitzer Heide befindet sich westlich des Zentrums in einer auffälligen 90-Grad-Kurve des Döberitzer Weges (3). Hier passiert man eine Schranke und folgt dem Weg in südlicher Richtung durch den Wald, in dem neben Klein- und Schwarzspecht auch Waldlaubsänger und Pirole vorkommen. Der Weg führt anschließend nach rund 500 m in die Offenlandflächen. An der zweiten Möglichkeit kann vor Relikten der ehemaligen militärischen Nutzung rechts in Richtung Westen abgebogen werden. Durch leicht wellige, landschaftlich attraktive Bereiche führt der Weg für etwa 580 m bis zu einem Wegekreuz. Auf dem Weg dorthin lassen sich Steinschmätzer, Neuntöter und Heidelerchen zuverlässig beobachten, auch Wendehals und Wiedehopf sind möglich. Am Wegekreuz links in Richtung Süden führt der Weg anschließend am Waldrand entlang, von wo aus die Gesänge von Pirolen und Baumpiepern gehört werden können. Nach weiteren 530 m knickt der Weg nach Osten ab. Auf dem nun folgenden Abschnitt sollte man vor allem auf Wiedehopf und Grauammer sowie in den entsprechenden Habitaten auf Sperbergrasmücken achten. Etwa 750 m später erreicht man eine Schutzhütte (4) mit guter Möglichkeit für eine ausgiebige Pause. Wiedehopf, Kuckuck, Gartenrotschwanz und Baumpieper lassen sich von hier aus beobachten und in der Dämmerung ist die weitere Umgebung dieses Rastplatzes eine der aussichtsreichsten Stellen für Ziegenmelker entlang der in diesem Beitrag beschriebenen Wanderwege. In einem großen Bogen führt der Weg durch mal mehr, mal weniger von Bäumen und Sträuchern durchsetzte Heide und entlang des östlich angrenzenden Waldrandes. Auf diesem Abschnitt sollte abermals auf die quäkenden Gesangsstrophen des Wendehalses geachtet werden. Gegen den Uhrzeigersinn führt der Weg einmal um die große Offenlandfläche. Im Norden passiert man weitere Reviere von Wiedehopf, Wendehals und Neuntöter. Etwa 250 m vor dem Abzweig zurück zum Ausgangspunkt am Havelpark steht der Obelisk Döberitzer Heide (5). Dieser wurde 1903 von Kaiser Wilhelm II. zum Gedenken an die ersten Manöver der preußischen Truppen errichtet. Im Winter wird dieser Bereich häufig von Raubwürgern genutzt. Die hier beschriebene Route hat eine Länge von 6,3 km und ist sowohl landschaftlich als auch ornithologisch sehr lohnenswert. Sie lässt sich auf 4,7 km kürzen, wenn man dem Weg vom Havelpark (3) direkt bis zur Schutzhütte (4) folgt und den westlichen Teil auslässt.

Christopher König, Till Jonas Linke

In den Überresten militärischer Bauten sowie eigens aufgeschütteten Steinhaufen brüten Steinschmätzer an vielen Stellen der Döberitzer Heide.

Foto: E. Lietzow. Dümmer, 19.9.2013.

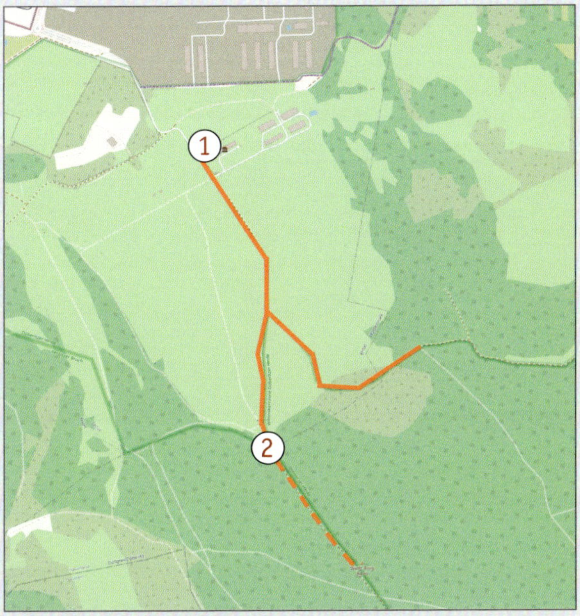

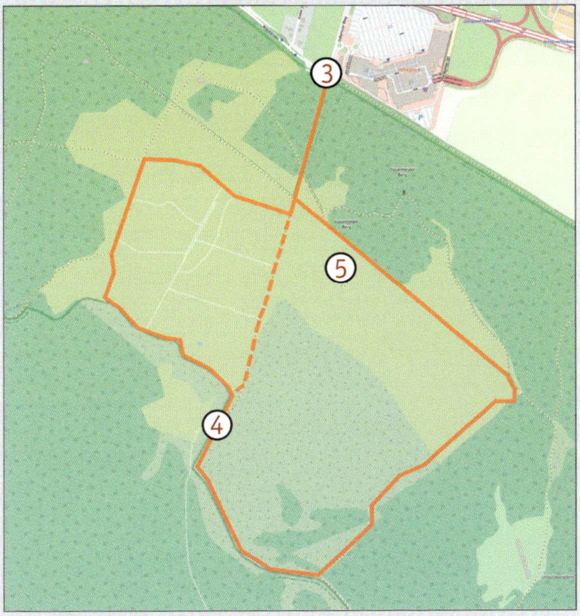

Kartengrundlage: openstreetmap.org

Anfahrt

Mit Bahn und Bus

Die nächstgelegenen Bahnhöfe sind Elstal und Dallgöw-Döberitz. Diese sind etwa halbstündlich von Berlin-Spandau erreichbar. Für das Natur-Erlebniszentrum Döberitzer Heide ist Elstal der nächstgelegene Bahnhof. Von dort verkehrt die Buslinie 668 halbstündlich innerhalb weniger Minuten bis zur Haltestelle „Zum Erlebnis-Dorf", von wo es noch 1 km bis zum Erlebniszentrum sind. Alternativ sind es dorthin etwa 3 km vom Bahnhof. Zum Ausgangspunkt am Havelpark gelangt man am einfachsten über den Bahnhof Dallgöw-Döberitz und von dort innerhalb weniger Minuten mit den Buslinien 653, 655 oder 663 bis zur gleichnamigen Haltestelle. Alternativ ist die 3 km lange Strecke zu Fuß in 30 bis 45 Minuten zu schaffen.

Mit dem Auto

Von Westen erreicht man die Döberitzer Heide über die A10 Ausfahrt Berlin-Spandau und die Bundestraße 5 bis zu den Ausfahrten Richtung „Elstal/Olympisches Dorf/Sielmann-Stiftung" bzw. „Dallgow-Dorf/Havel Park". Aus Berlin folgt man der Bundesstraße 2, die später zur B 5 wird, ebenfalls bis zu den genannten Ausfahrten.

Adressen

Natur-Erlebniszentrum Döberitzer Heide, Zur Döberitzer Heide 9, 14641 Wustermark/Elstal; nez.dh@sielmann-stiftung.de; www.sielmann-stiftung.de/natur-erleben/lernort-natur/nez-doeberitzer-heide

Das Natur-Erlebniszentrum ist von Mitte März bis Ende Oktober geöffnet. Montags ist Ruhetag, der Eintritt ist frei.

GPS		
Natur-Erlebniszentrum Döberitzer Heide (1)	52.526837	13.004650
Schutzhütte Route 1 (2)	52.517827	13.007981
Zugang Naturlandschaft am Havelpark (3)	52.530512	13.079186
Schutzhütte Route 2 (4)	52.519041	13.073492
Obelisk Döberitzer Heide (5)	52.523743	13.079890

Mecklenburg-Vorpommern

Tipp Nr.	Beobachtungsplatz
1	Das Naturschutzgebiet Krakower Obersee S. 273
2	Der Galenbecker See S. 276
3	Die Festlandküste des Greifswalder Boddens S. 279
4	Die Inseln Poel und Langenwerder S. 282
5	Die Karrendorfer Wiesen S. 287
6	Die Lewitz S. 290
7	Die Greifswalder Oie S. 294
8	Rügen S. 298
9	Groß Mohrdorf S. 302
10	Die Insel Hiddensee S. 306
11	Die Schalseeregion S. 310
12	Usedom S. 315
13	Die Schweiner Seen S. 320
14	Untere Peene und Polder bei Anklam S. 325

Foto: Schöning.

Krakower Obersee

Ein Naturschutzgebiet

Etwa 50 km südlich von Rostock liegt inmitten der Mecklenburgischen Seenplatte der 1646 ha große Krakower See. Sein Südteil ist wegen seiner Bedeutung als Rast- und Überwinterungsgebiet für zahlreiche Brutvögel als Naturschutzgebiet „Krakower Obersee" ausgewiesen. Das Feuchtgebiet von internationaler Bedeutung ist Teil des Naturparks „Nossentiner/Schwinzer Heide".Neben Wasserflächen, zahlreichen Inseln und Uferzonen sind auch Bruchwälder, Moore sowie land- und forstwirtschaftliche Flächen mit in das Schutzgebiet einbezogen.

Lebensräume

Die Wassertiefe des Krakower Obersees reicht von nur 5 Metern in einer überfluteten Grundmoränenlandschaft bis zu 27 Metern in einer „ertrunkenen" Schmelzwasserrinne. Die verschmutzungsbedingt vorübergehend fast verschwundene Unterwasservegetation besteht aus Laichkräutern und zunehmend auch wieder aus Armleuchteralgen. An die offene Wasserfläche grenzt eine 18,5 km lange Röhrichtzone, die sich nach einem drastischen Rückgang in der Vergangenheit heute wieder zu erholen beginnt. Felder, Wiesen und

Reiherenten brüten regelmäßig im Gebiet.
Foto: H.-J. Fünfstück.

Der Aussichtsturm „Rohrsänger“ am Ostufer des Sees erlaubt im Winterhalbjahr gute Gänsebeobachtungen.
Foto: W. Neubauer.

Weiden begrenzen die größten Teile des Ufers.

Die acht Inseln des Gebietes – Werder genannt – sind überwiegend bewaldet. Auf ihnen findet man naturnahe Wälder mit Linde, Eiche, Rotbuche, Bergahorn, Erle und Esche (Linden-, Stein-, Laub- und Rauhwerder) oder Erlen und Moorbirken mit dichtem Weidengebüsch (Süfs, Hardenort und Rauchstelle). Auf der größten Insel des Sees, dem Großen Werder, liegt eine trockene Magerweide. Die Ufer der Werder sind von Flachmooren, Viehkoppeln, landwirtschaftlich genutzten Flächen sowie von Bruch- und Mischwäldern gesäumt.

Charakteristische Vogelarten

Am See und auf den Inseln wurden bisher 188 Vogelarten nachgewiesen, davon 96 Brutvogelarten. Auf dem Großen Werder befinden sich Kolonien von Lachmöwe (mehr als 5 500 Paare) und Flussseeschwalbe (bis 50 Paare) und auf dem Lindenwerder eine Kormorankolonie. Die Inseln sind auch Brutplätze von Seeadler, Graugans (mehr als 50 Paare), Löffel-, Schnatter-, Schell- und Reiherente. Neuerdings brüten hier auch wieder Kolbenenten. Vor dem Aussichtsturm „Seeadler“ am Südufer nisten Haubentaucher und in den Schilfröhrichten finden Rohrweihe, Rohrdommel, Wasserralle, Bartmeise, Drossel-, Teich- und Schilfrohrsänger und Rohrschwirl geeignete Lebensräume. Im Herbst fallen abends tausende Stare am Schlafplatz ein. Bekassinen brüten in den angrenzenden Feuchtwiesen und Flachmooren. In den umgebenden Wäldern kann man Misteldrosseln, Schwarz- und Mittelspechte beobachten. Regelmäßig kommen auch Kranich, Graureiher, Eisvogel, Fischadler, mehrere Seeadlerpaare, Schwarz- und Rotmilan sowie Neuntöter und Raubwürger zur Nahrungssuche in das Schutzgebiet.

Im Winterhalbjahr nutzen bis zu 3000 Graugänse und bis zu 10 000 Bläss- und Saatgänse den See als Schlafplatz,

Typische Vogelarten am Salzigen See, deren Status und günstige Beobachtungszeit (in Klammern)
h = häufiger, r = regelmäßiger, s = seltener; B = Brutvogel, W = Wintergast, D = Durchzügler

Art	Status (beste Beobachtungszeit)
Bartmeise	sB (ganzjährig)
Bekassine	rB, rD (März – Sept.)
Beutelmeise	sB (April – Sept.)
Blässgans	hD (Sept.– März)
Braunkehlchen	rB (Mai – Aug.)
Bruchwasserläufer	rD (April – Sept.)
Drosselrohrsänger	rB (Mai – Juli)
Eisvogel	rB (ganzjährig)
Fischadler	hN (März – Okt.)
Flussseeschwalbe	hB (April – Aug.)
Flussuferläufer	rD (Mai + Juli-Sept.)
Graugans	hB, rD (März- Okt.)
Grünschenkel	rD (April – Sept.)
Gänsesäger	rW (Nov. – März)
Haubentaucher	hJ (ganzjährig)
Hohltaube	rB (April –Sept.)
Kiebitz	rB, hD (März – Okt.)
Kleinspecht	rB (ganzjährig)
Knäkente	sB (April – Mai)
Kolbenente	sD, sB (April – Sept.)
Kolkrabe	sB, rN (ganzjährig)
Kormoran	hJ (ganzjährig)
Kranich	sB (März – Okt.)
Krickente	rD (März – Nov.)
Lachmöwe	hB (ganzjährig)
Löffelente	rB, rD (April – Okt.)

Art	Status (beste Beobachtungszeit)
Mittelspecht	sB (ganzjährig)
Neuntöter	rB (Mai – Aug.)
Pfeifente	rD (März – Okt.)
Raubwürger	sB (ganzjährig)
Reiherente	rB, hD, hM (ganzjärig)
Rohrdommel	sB (März –Mai)
Rohrschwirl	rB (Mai – Juli)
Rohrweihe	rB, (April – Sept.)
Rotmilan	rB, (März – Okt.)
Saatgans	hD, rW (Sept.- März)
Schellente	rB, hD, rM (ganzjährig)
Schilfrohrsänger	rB (Mai – Juli)
Schlagschwirl	rD (Mai – Juli)
Schnatterente	rB, rD (März – Okt.)
Schwarzmilan	sB, rN (März – Aug.)
Schwarzspecht	sB (ganzjährig)
Seeadler	rB (ganzjährig)
Singschwan	rD (Okt.– März)
Sprosser	rB (Mai – Juli)
Tafelente	rD, hM (Juli – Nov.)
Trauerseeschwalbe	rD (Mai)
Wasserralle	hB (ganzjährig)
Zwergmöwe	rD (April – Mai)
Zwergschwan	rD (Okt.– März)
Zwergsäger	rW (Nov. – März)

hunderte Haubentaucher, Sing- und Zwergschwäne, Gänse- und Zwergsäger finden hier Nahrung.

Reisezeit

Interessante Beobachtungen sind am Krakower Obersee und in dessen näherer Umgebung das ganze Jahr über möglich. Wer zwischen April und Juni das Gebiet besucht, kann brütende Enten, Flussseeschwalben, Lachmöwen, Kormorane und Graugänse beobachten, die zahlreichen Rohrsänger sind dann nicht zu überhören.

Von Ende Juli bis September sieht man Reiher- und Tafelenten in beeindruckender Zahl (6000 bis 12000). Sie nutzen den See als Mauserplatz. Wer später im Herbst oder Winter kommt, kann auch Bläss- und Saatgänse, Sing- und Zwergschwäne und Säger beobachten.

Beobachtungseinrichtungen

Um den See führt ein ca. 20 km langer Rundwanderweg. Hier erlauben zwei Beobachtungstürme dem Beobachter einen Blick über das Gebiet. In der Nähe bestehen auch Parkmöglichkeiten. Vom Turm am Südufer („Seeadler“) sieht man die Lachmöwenkolonie, kann See- und Fischadler, rastende Graugänse, fischende Kormorane und die mausernden Reiher- und Tafelenten sowie den abendlichen Schlafplatzflug der Stare beobachten. Wer im Winterhalbjahr Gänse beobachten möchte, nutzt am besten den Beobachtungsturm „Rohrsänger“ am Ostufer. Gute Beobachtungen lassen sich außerdem zwischen Möllen und Bossow machen (mit Info-Tafel), am Ortsausgang Glave an der Brücke am Wadehäng, an der Badestelle bei Dobbin sowie an weiteren Stellen des Weges. In der Umgebung der Teichwirtschaft Dobbin (Imbiss) kann man häufig jagende Fischadler und Rotmilane sehen, während Kraniche, Graureiher und Graugänse auf der angrenzenden Weide nach Nahrung suchen.

Infomaterial/Literatur

Neubauer, W. (2001): Die Vögel des Naturschutzgebietes Krakower Obersee. In: Natur und Naturschutz in Mecklenburg-Vorpommern. Band 36, S. 1–70.

Weitere Freizeitmöglichkeiten

Empfehlenswert sind auch folgende Exkursionsziele in der Nähe:

- NSG „Nebeltal“ von Serrahn bis Kuchelmiß (Eisvogel, Gebirgsstelze, Wasseramsel im Winter)
- NSG Breeser See; Aussichtsturm bei Klein Breesen (im Frühling/Sommer Bartmeise, Blaukehlchen, Flussseeschwalben auf Brutinsel, Gänse)
- Naturpark Nossentiner und Schwinzer Heide mit Ausstellung in Karow und Aussichtsturm „Moorochse“ am NSG Nordufer des Plauer Sees (Kormorankolonie)

Thomas Brandt, Cordula Jülch, Kilian Wasmer

Anfahrt

Mit Bahn und Bus

Güstrow hat einen Bahnanschluss. Von dort aus fahren Busse nach Krakow am See.

Mit dem Auto

Über die Autobahn A 19 (Berlin-Rostock), Abfahrt Linstow/Krakow Süd und dann in Richtung Krakow am See (6 km). Oder über die B 103 bis Krakow am See. Aus Schwerin über die B 104 und ab Güstrow über die B 103.

Adressen

Unterkünfte: Touristinformation, Markt 21, 18292 Krakow am See, Tel. 038457/22258, info1@krakow-am-see.de; www.krakow-am-see.de

Freizeittreff Krakow am See, Tel. 038457/22433

Meldungen von außergewöhnlichen Beobachtungen bitte an: Dr. Sebastian Lorenz, Feldstr. 40b, 17489 Greifswald, see.bastian@web.de

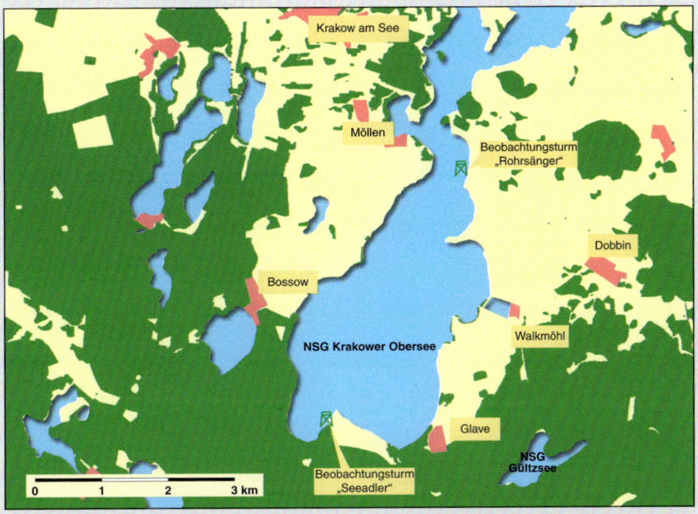

GPS

Möllen (Ortsmitte)	53°38'11.38" N	12°16'43.45" O
Bossow (Ortsmitte)	53°36'56.35" N	12°15'04.78" O
Glave (Ortsmitte)	53°35'32.89" N	12°17'36.12" O
Dobbin (Ortsmitte)	53°37'04.55" N	12°19'52.04" O

Foto E. Hoyer.

Der Galenbecker See

Wichtiger Rast- und Überwinterungsplatz

Zwischen Ostsee und mecklenburgischer Seenplatte liegt der Galenbecker See, ca. 32 Kilometer nordöstlich von Neubrandenburg, am Fuß der Brohmer Berge. Nordöstlich an den See schließt sich die Friedländer Große Wiese an, eines der größten Durchströmungsmoore Deutschlands. Der durchschnittlich nur 0,75 m tiefe See hat eine Fläche von ca. 590 ha. Wegen der herausragenden Bedeutung des Gebietes als Brut- und Nahrungsgebiet für viele Vogelarten, wurde 1939 das gleichnamige Naturschutzgebiet ausgewiesen, das eine Fläche von 1015 ha umfasst. Der See und das angrenzende Moor sind zudem „Feuchtgebiet internationaler Bedeutung“ und Natura 2000 Gebiet.

Der Seeadler (hier Altvogel) ist am Galenbecker See häufig zu beobachten. Fotos: E. Hoyer.

Lebensräume

Große Röhrichtzonen säumen die Ufer des Sees, an die im Nordwesten und Süden Bruchwälder angrenzen. Insbesondere die Teufelsbrücke, eine im Nordosten in den See hineinragende Halbinsel, und das Kalkflachmoor am südöstlichen Seeufer sind bedeutsame Standorte von stark bedrohten Kalkflachmoor-, Pfeifengraswiesen- und Feuchtwiesenpflanzen.

Durch Entwässerung der umgebenden Moorflächen seit den 1960er Jahren sowie durch Nährstoffeinträge im Zusammenhang mit Karpfenzucht und intensiver landwirtschaftlicher Nutzung wurde der Galenbecker See stark geschädigt. 2003 bis 2007 wurde das EU-LIFE-Projekt „Naturraumsanierung Galenbecker See“ vom Staatlichen Amt für Umwelt und Natur Ueckermünde umgesetzt, um die Lebensräume von Tier- und Pflanzenarten zu verbessern.

Besondere Vogelarten

Am Galenbecker See gibt es ca. 120 Brutvogelarten, darunter auch einige europaweit bedrohte Arten wie Rohrdommel und der Wachtelkönig. Wasserralle und Tüpfelsumpfhuhn sind am röhrichtbestandenen Ufer des Galenbecker Sees zu finden. Im Gebiet brüten Seeadler und hin und wieder kommen Schreiadler auf Nahrungssuche vorbei. Sie brüten in den angrenzenden Brohmer Bergen. Besondere Singvögel sind Bartmeisen, Schilf- und Drosselrohrsänger, Schlagschwirle und Sperbergrasmücken. Auch für durchziehende Vögel ist der See von großer Bedeutung. Weil die weiten Schilfzonen im Herbst vielen Singvögeln – vor allem Rohrsängern – als Schlaf- oder

Bekassine. die sich vor einer Gefahr an den Boden drückt („Schreckstellung). Fotos: E. Hoyer.

Für Schwäne und Enten ist der See ein wichtiger Rast- und Überwinterungsplatz. Fotos: E. Hoyer.

Rastplatz dienen, betrieb die Vogelwarte Radolfzell hier im Rahmen des Mettnau-Reit-Illmitz-Programms bis vor wenigen Jahren eine Beringungsstation. Aber auch Wasservögel nutzen das Gebiet zum Zwischenstopp und zum Überwintern, sodass in den vergangenen Jahren Singschwäne, Saat-, Bläss- und Graugänse sowie Zwerg- und Gänsesäger im Winterhalbjahr regelmäßig beobachtet werden konnten. Ab Mitte September bietet sich dem Beobachter am Galenbecker See ein besonderes Schauspiel: Während der Abenddämmerung fallen 5000 bis 7000 Kraniche ein. Sie fressen tagsüber auf den abgeernteten Maisäckern in der Friedländer Großen Wiese und nutzen die Sandbänke im Südostteil des Sees zum Übernachten. Der Kranicheinfall ist von der neuen Beobachtungseinrichtung am „Alten Hafen" bei Heinrichswalde gut zu sehen.

Neben zahlreichen Vogelarten finden am Galenbecker See auch Biber und Fischotter geeignete Lebensräume.

Reisezeit

Am Galenbecker See bekommen Vogelbeobachter zu jeder Jahreszeit etwas geboten. Im späten Frühjahr und im Frühsommer sind Blaukehlchen, Sprosser, Rohrsänger, Sperbergrasmücken und andere Brutvögel zu sehen und vor allem zu hören. Für Wasservögel, besonders für Gänse, ist das Winterhalbjahr zwischen Oktober und März die beste Zeit.

Vor zu viel Betrieb muss man sich am Galenbecker See nicht fürchten. Sowohl Angeln als auch Wassersport sind im Naturschutzgebiet nicht erlaubt und

Typische Vogelarten und deren Status
h = häufig, r = regelmäßig, s = seltener; J = Jahresvogel (kein Brutvogel), B = Brutvogel, W = Wintergast, D = Durchzügler, N = Nahrungsgast

Art	Status (beste Beobachtungszeit)
Bartmeise	rB (ganzjährig)
Bekassine	rB (März – Okt.)
Beutelmeise	rB (April – Juli)
Blaukehlchen	sB (April – Juli)
Blässgans	hD (Okt. – März)
Blässhuhn	hB (ganzjährig)
Drosselrohrsänger	sB (Mai – Juli)
Eisvogel	sB (ganzjährig)
Fischadler	rN (April – Sept.)
Flussseeschwalbe	rN (April – Juli)
Graugans	rB (März – Okt.)
Graureiher	J (ganzjährig)
Gänsesäger	hW (Okt. – März)
Haubentaucher	sB (März – Okt.)
Kiebitz	sB (März – Okt.)
Knäkente	sB (April – Aug.)
Kormoran	rB (ganzjährig)
Kornweihe	rD (Okt. – März)
Kranich	rB (März – Okt.)
Krickente	rJ (Mai – Okt.)
Lachmöwe	B (Feb. – Okt.)
Löffelente	sD (Aug. – Sept.)
Nachtigall	sB (April – Juli)
Neuntöter	rB (Mai – Aug.)
Pirol	rB (Mai – Aug.)
Raubseeschwalbe	rD (Juli – Sept.)

Art	Status (beste Beobachtungszeit)
Rohrdommel	sB (April – Mai)
Rohrweihe	rB (März – Sept.)
Rotmilan	rB (März – Okt.)
Saatgans	hD (Okt. – März)
Schellente	rD (Winterhalbjahr)
Schilfrohrsänger	hB (April – Sept.)
Schlagschwirl	rB (Mai – Juli)
Schnatterente	rB (April – Nov,)
Schreiadler	sD (Aug. – Sept.)
Seeadler	rB (ganzjährig)
Silberreiher	J (ganzjährig)
Singschwan	rD (Nov. – März)
Sperbergrasmücke	rB (Mai – Juli)
Sprosser	hB (Mai – Juli)
Sturmmöwe	N (Juli – Nov.)
Teichrohrsänger	hB (April – Juli)
Trauerseeschwalbe	sB (April – Aug.)
Tüpfelsumpfhuhn	sB (April – Juni)
Wachtelkönig	sB (Mai – Juli)
Wasserralle	hB (März – Okt.)
Weißbart-Seeschwalbe	rN (April – Aug.)
Zwergmöwe	rD (April – Mai)
Zwergsäger	hW (Nov. – März)
Zwergschwan	rW (Okt.)
Zwergtaucher	rB (ganzjährig)

auch Radfahrer schauen nur sporadisch vorbei. So bleibt das Gebiet ein idyllischer Ort für ungestörte Naturbeobachtungen.

Beobachtungseinrichtungen

Ein Naturlehrpfad führt von Galenbeck (nahe der Kirche) zu einem Beobachtungsstand am See. Dieser ermöglicht eine gute Sicht über die Wasserfläche. Weiterhin befindet sich eine Beobachtungseinrichtung „Am alten Hafen" bei Heinrichswalde. Von hier aus lässt sich der abendliche Kranicheinfall gut beobachten. Bei Fleethhof befindet sich ein weiterer Beobachtungsstand, der den Blick auf die neue Überflutungsfläche nordwestlich des eigentlichen Sees ermöglicht.

Weitere Freizeitmöglichkeiten

Neben dem See sind auch die im Text erwähnten angrenzenden Gebiete (Brohmer Berge und Friedländer Große Wiese) einen Besuch wert. Besonders schön lässt sich das Gebiet per Rad auf der „Eiszeitroute Mecklenburgische Seenplatte" von Schwichtenberg nach Strasburg erkunden. Auf dieser Rundroute kann Eiszeitlandschaft mit dem Rad „erfahren" werden.

Etwa 10 km nördlich des Galenbecker Sees liegt der – deutlich kleinere – Putzarer See, ebenfalls ein nährstoffreicher Flachsee.

In Galenbeck gibt es eine Burgruine aus dem 14. Jahrhundert zu sehen. Die Heimatstube in Ferdinandshof zeigt landwirtschaftliche Geräte aus dem gesamten vergangenen Jahrhundert und im nahe gelegenen Schwichtenberg kann man Einblicke in das Leben der Leute „früher" gewinnen. Hier gibt es auch eine Schmalspurbahn und einen Findlingsgarten. Im Sommer lädt der Schmiedegrundsee bei Neuensund zum Baden ein.

Thomas Brandt, Cordula Jülch, Kilian Wasmer

Infomaterial/Literatur

Hoyer, E. (1992): Naturführer Landschaftsschutzgebiet Brohmer Berge mit NSG Galenbecker See und Friedländer Große Wiese. Verlag Erich Hoyer.

Hoyer, E. (1997): Wunderbare Natur Norddeutschland. Hinstorff-Verlag.

Anfahrt

Mit Bahn und Bus

Bahnanschlüsse haben Ferdinandshof, Jatznick und Strasburg (Uckermark). Von Friedland fahren Busse nach Galenbeck und Heinrichswalde. Von Ferdinandshof fahren Busse nach Heinrichswalde.

Mit dem Auto

Über die Autobahn A 20, Abfahrt Strasburg über die L 282 Richtung Friedland, hinter Wittenborn über die L 312 Richtung Gehren / Heinrichswalde nach Galenbeck. Über die B 109 nach Ferdinandshof nach Heinrichswalde.

Adressen

Unterkünften in umliegenden Gemeinden und Hinweise zu Sehenswürdigkeiten finden Sie über: Tourist-Information Strasburg, Pfarrstr. 22a, 17335 Strasburg, Tel.: 039753/22584, touristeninfo@strasburg.de; www.strasburg.de; www.eiszeitroute.com; www.brohmerberge.com

GPS

Heinrichswalde (Ortsmitte)	53°36'46.51" N	13°46'40.74" O
Galenbeck (Ortsmitte)	53°37'10.24" N	13°42'17.41" O
Fleethof (Ortsmitte)	53°39'20.59" N	13°42'11.35" O

Die Friedländer Große Wiese grenzt nördlich an den See. Foto: E. Hoyer.

Die Festlandküste des Greifswalder Boddens

Bedeutend für Wat- und Wasservögel

Im nordöstlichen Teil von Mecklenburg-Vorpommern erstreckt sich zwischen der Insel Rügen, der Festlandküste und der Nordspitze der Insel Usedom eine etwa 570 km² große und bis 10 Meter tiefe Ostseebucht: der Greifswalder Bodden. Die Landschaft entstand während der letzten Kaltzeit vor rund 16000 Jahren. Zwischen der Insel Riems 10 km nördlich und Lubmin östlich von Greifswald liegt eine Reihe vogelkundlich wertvoller Gebiete mit guten Beobachtungsmöglichkeiten, die einfach zu erreichen sind.

Lebensräume

Für Vögel sind vor allem die Flachwassergebiete, Strände, Schlickflächen, Röhrichte und Salzwiesen bedeutend, außerdem Teile des Hinterlandes. Dieses wird vor allem als Grün- und Ackerland genutzt. In der küstennahen Landschaft liegen wenige Gehölze und Wälder. Östlich der Dänischen Wiek, so heißt die Bucht bei Greifswald, stehen im NSG Lanken Kiefernwälder an der Küste.

Besonders wertvoll ist das NSG „Insel Koos, Kooser See und Wampener Riff". Sein Kernstück ist der Kooser See, eine weitgehend vom Bodden abgeschnittene Bucht (6 km nördlich von Greifswald) mit Röhrichten und Schlickflächen, an die Salzwiesen und Weiden (Kooser Karrrendorfer Wiesen) angrenzen. Seit 1993/94 der Deich und das Binnenentwässerungssystem der Karrendorfer Wiesen zurückgebaut wurden, wird das Grünland extensiv bewirtschaftet. Die Kooser Wiesen waren nie eingedeicht und werden von jeher als Salzgrasland extensiv beweidet. Das geschützte Gebiet ist etwa 1600 ha groß. Unweit davon, unmittelbar an der B96, liegt das Kieshofer Moor, ein ca. 28 ha großes Sauer-Zwischenmoor, das seit 1938 als Naturschutzgebiet geschützt ist.

Ein bedeutendes Waldgebiet ist das küstennahe Naturschutzgebiet Eldena nahe Greifswald. Es ist 400 ha groß, im Besitz der Universität und enthält drei Totalreservate mit über 200 Jahre alten Rotbuchen- und Stieleichenbeständen. Dazwischen liegen kleinere Niedermoore und Lichtungen; an den Wald grenzt Grünland.

Besondere Vogelarten

Der Greifswalder Bodden ist vor allem für tausende rastende und überwinternde Enten, Gänse und Schwäne von großer Bedeutung und zählt zu den wertvollsten Rast- und Überwinterungsplätzen für Wat- und Wasservögel in Deutschland.

Im Gebiet des Kooser Sees und in den Karrendorfer Wiesen brütet u.a. eine Vielzahl von Limikolen. Kiebitze, Säbelschnäbler und Rotschenkel sind häufige, Austernfischer und Sandregenpfeifer seltene oder gelegentliche Brutvögel. In früheren Jahren brüteten hier auch Bekassine sowie Kampf- und Alpenstrandläufer. Unter den Singvögeln fallen im Sommer Grauammern, Braunkehlchen, Teich- und Sumpfrohrsänger auf. Die in Trupps umherhuschenden Bartmeisen besiedeln ganzjährig die Röhrichte. Seeadler sind ebenfalls das ganze Jahr über zu sehen. Auf dem Durchzug rasten Goldregenpfeifer, Dunkle Wasserläufer, Kampfläufer, Zwergstrandläufer, Bruchwasserläufer und andere Watvögel. Sing-, Zwerg- und Höckerschwäne, Pfeif-, Berg-, Schell- und Reiherenten, Gänse- und Mittelsäger sind regelmäßige Rast- und Wintergäste auf den Wasserflächen. Weiter draußen auf dem Bodden tauchen Eisenten nach Muscheln oder Heringslaich. Und in den Herbstmonaten suchen Weißwangen-, Bläss- und Graugänse in den Wiesen nach Nahrung.

Ein ähnliches Wasservogelspektrum ist auch in der Gristower Wieck südlich der Halbinsel Riems und in der Dänischen Wieck zu sehen. Überwältigend sind auch die Zahlen der überwinternden Wasservögel in den Buchten und im Bodden. Mehrere tausend Höckerschwäne und Schellenten verbringen dort den Winter solange es eisfrei bleibt. Die Zahl der rastenden Eisenten im Bodden wird mit 50000 angegeben, die der Bergenten mit 30000.

Im NSG Eldena findet man eine ganz andere Lebensgemeinschaft. In den alten Rotbuchen- und Stieleichenbeständen brüten Rotmilan, Schwarz-, Grün-, Mittel- und Buntspecht, Zwergschnäpper und Kolkrabe. In den lichteren und anmoorigen Bereichen brüten Schlagschwirl und Kranich. Die typische Vogelgemeinschaft der Kiefernwälder mit Haubenmeise, Sommer- und Wintergoldhähnchen findet man im NSG Lanken.

Im Kieshofer Moor brüten Seeadler, Kraniche, Schwarzspechte, Pirole und mehrere Bekassinenpaare. Kleinspechte bauen ihre Höhlen in den abgestorbenen Bäumen und auch Fichtenkreuzschnäbel kann man hier sehen.

Reisezeit

Das Gebiet ist ganzjährig, vor allem aber im Winter und zur Zugzeit, ein lohnendes Reiseziel, wenn tausende von

Im Greifswalder Bodden sind im Winter zahlreiche Wasservögel zu sehen. Foto: P. Meister.

Vögeln dort sind. Ab Oktober treffen die Meeresenten im Greifswalder Bodden ein. Sie bleiben bis März/April. Die brütenden Enten- und Watvögel sind im April/Mai am auffälligsten. Um Limikolen und Seeschwalben, z. B. die regelmäßig durchziehenden Raubseeschwalben, zu sehen, kommt man am besten im Spätsommer.

Die meisten typischen Waldvögel sind ganzjährig im Gebiet. Zwergschnäpper und Schlagschwirl (NSG Eldena) sind allerdings erst ab Ende Mai sicher zu hören und zu sehen.

Beobachtungsmöglichkeiten

Wasservögel kann man von mehreren Punkten aus beobachten, wobei die Ergiebigkeit der Plätze von Wind und Jahreszeit abhängt. Von Norden nach Süden und Osten empfehlen wir folgende Beobachtungsplätze:

Von der Straße zur Insel Riems zwischen Gristow und Riems hat man einen Blick auf die Gristower Wiek im Süden und den Bodden im Norden. Hier kann man Drosselrohrsänger hören und Haubentaucher mit ihren Küken beobachten.

Ein für den PKW-Verkehr gesperrter Weg zur Insel Koos führt von Karrendorf aus nördlich des Kooser Sees durch Feuchtwiesen (Karrendorfer Wiesen), Flachwasser, Schlick und Röhrichte (ca. 2,5 km). Ein Beobachtungsturm steht nur wenige hundert Meter vom Parkplatz entfernt und bietet einen hervorragenden Blick über den Kooser See. Die Insel Koos selbst darf nicht betreten werden.

Das Kieshofer Moor liegt nur etwa 2 km nördlich von Greifswald. Man erreicht es über die Stralsunder Landstraße und die B 96. Man parkt auf der linken Seite vor einer Schranke (wenig Platz) und folgt dem „Knüppeldamm", der in einen Holzbohlenweg (nicht verlassen!) übergeht und an einer Aussichtsplattform im Moorkern endet. Von hier aus kann man in etwa 200 m Entfernung ein altes Seeadlernest sehen (halblinks auf einem abgestorbenen Baum). Der aktuell genutzte Horst befindet sich im Nordwesten des NSG und ist von der B 96 bzw. vom Waldrand aus gut zu sehen. Einfacher ist es jedoch, 350 m vor dem Waldweg zum Moor einen Parkplatz auf der rechten Seite anzusteuern und von dort zu starten.

Von der Promenade am Hafen des Greifswalder Ortsteiles Wieck kann man von Süden auf die Dänische Wieck blicken. Weiter südlich führt über den Boddenweg ein kleiner Pfad an den sogenannten Kuhstrand, der ebenfalls Blicke auf die Bucht ermöglicht. Nur wenige hundert Meter davon grenzt das Waldgebiet Eldena an den gleichnamigen Ortsteil von Greifswald. Die beiden größeren Altbaumbestände liegen jeweils am nordöstlichen und nordwestlichen Rand des Waldes. Tafeln mit Wegekarten ermöglichen einen Überblick über das dichte Waldwegenetz.

Einen besseren und im Sommer auch ungestörteren Blick auf die Dänische

Typische Vogelarten, deren Status und günstige Beobachtungszeit (in Klammern) in der Region Greifswald.
h = häufiger, r = regelmäßiger, s = seltener; B = Brutvogel, J = Jahresvogel (kein Brutvogel), W= Wintergast, D = Durchzügler
*= NSG Eldena

Art	Status (beste Beobachtungszeit)
Alpenstrandläufer	rD (März – Mai, Aug. – Sept.)
Bartmeise	rB (ganzjährig)
Bekassine	rD (März – April, Juli – Sept.)
Bergente	hW (Okt. – April)
Blässgans	hW (Okt. – April)
Brandente	hB (ganzjährig)
Dunkler Wasserläufer	hD (April, Juni – Aug.)
Eisente	hW (Okt. – April)
Flussregenpfeifer	rB (April – Sept.)
Flussseeschwalbe	sD (April, Juli – Sept.)
Goldregenpfeifer	hD (März – April)
Grauammer	rB (ganzjährig)
Graugans	hB (ganzjährig)
Großer Brachvogel	sB, hD (März – Nov.)
Gänsesäger	hW (Nov. – März)
Haubentaucher	hB (ganzjährig)
Höckerschwan	hB, hW (ganzjährig)
Kampfläufer	rD (März – Sept.)
Kiebitz	rB, hD (ganzjährig)
Knäkente	rD (März – Aug.)
Kolkrabe	hB (ganzjährig)
Kormoran	hJ (ganzjährig)
Kranich	rB, hD (Febr. – Okt.)
Krickente	rJ (ganzjährig)

Art	Status (beste Beobachtungszeit)
Mittelspecht*	rB (ganzjährig)
Mittelsäger	hW (Okt. – März)
Nebelkrähe	hB (ganzjährig)
Ohrentaucher	rW (Okt. – März)
Pfeifente	rD (Okt. – Mai)
Raubseeschwalbe	rD (April – Mai, Juli – Sept.)
Regenbrachvogel	rD (April – Mai, Juli – Sept.)
Reiherente	hD (ganzjährig)
Rohrweihe	sB (April – Sept.)
Saatgans	hW (Okt. – April)
Sandregenpfeifer	sB, rD (April – Sept.)
Schellente	hW (Okt. – April)
Schlagschwirl*	sB (Mai – Juli)
Schnatterente	rD (ganzjährig)
Schwarzspecht*	rB (ganzjährig)
Seeadler	rB (ganzjährig)
Singschwan	hW (Okt. – März)
Spießente	rD (Okt. – April)
Tafelente	rB, hW (ganzjährig)
Trauerente	rW (Nov. – April)
Zwergschnäpper*	sB (Juni – Juli)
Zwergschwan	rW (Okt. – März)
Zwergseeschwalbe	rJ (Mai – Sept.)
Zwergsäger	hW (Nov. – März)

Wieck hat man von ihrer Ostseite. Dorthin gelangt man von Ludwigsburg (zunächst von Greifswald in Richtung Lubmin fahren) über den Strandweg. Von einer Steganlage nahe der Schranke aus kann man in drei Richtungen auf das Gewässer blicken. Fährt man durch die Schranke, erreicht man die Gaststätte „Boddenblick“ (Wochenendbetrieb). Von dort aus führen kleine Fußwege durch den Kiefernwald des NSG Lanken an den Nordostrand der Bucht und ermöglichen in besonders schöner Atmosphäre unter skurrilen Kiefern Einblicke in die Bucht und auf den Bodden. Ein kleiner Kinderspielplatz liegt in Sichtweite. Blicke über den Bodden sind auch im weiteren Verlauf der Küste bis Lubmin aus möglich. Fußwege führen durch den angrenzenden Mischwald.

Weitere Beobachtungs- und Freizeitmöglichkeiten

Die vergleichsweise kleine Universitäts- und Hansestadt Greifswald hat eine hübsche Altstadt mit historischen Bauwerken. So gibt es viele Speichergebäude und einige Backsteingotikbauten, z. B. die drei Kirchen St. Nikolai, St. Marien und St. Jakobi.

Die Karrendorfer Wiesen sind ein wichtiges Brut- und Rastgebiet für zahlreiche Limikolen- und Entenarten. Foto: T. Brandt.

Etwa 20 km nördlich von Greifswald liegt bei Niederhof eine große Kormorankolonie (Naturschutzgebiet!). Sie entstand 1951 im Gutspark Niederdorf und ist damit die älteste Kormorankolonie Deutschlands. Inzwischen gibt es neben der Kolonie im Gutspark eine weitere Teilkolonie, welche seit den 1990er Jahren insgesamt ca. 3000 Brutpaare beherbergt. Ebenfalls im Gutspark beheimatet ist seit den 1990er Jahren eine Graureiherkolonie mit 170 bis 415 Brutpaaren. Seit 2012 brüten hier auch Silberreiher (3 Brutpaare). Man erreicht Niederhof über die B96 (Greifswald-Stralsund), indem man bei Brandshagen nach Nordosten abbiegt. Vom Parkplatz (ausgeschildert) geht man zunächst in Richtung Gästehaus und dann an diesem rechts vorbei. Von hier aus führt ein Wanderweg durch den Park, von dem man von April bis Juli die Kormorane beim Brutgeschäft beobachten kann.

Thomas Brandt, Cordula Jülch, Kilian Wasmer

Infomaterial/Literatur

Falk Stadtplan Extra: Greifswald mit Umgebungskarte; Maßstäbe 1:17000 und 1:150000.

Küster, H. (2002): Die Ostsee – Eine Natur- und Kulturgeschichte. Verlag C. H. Beck, München.

Anfahrt

Mit Bahn und Bus

Die Universitäts- und Hansestadt Greifswald ist mit der Bahn von Berlin oder Stralsund aus regelmäßig zu erreichen. Einige der Beobachtungspunkte (z. B. Riems, Eldena über Busstopp Hainstraße, Bad Ludwigsburg) erreicht man gut mit öffentlichen Verkehrsmitteln.

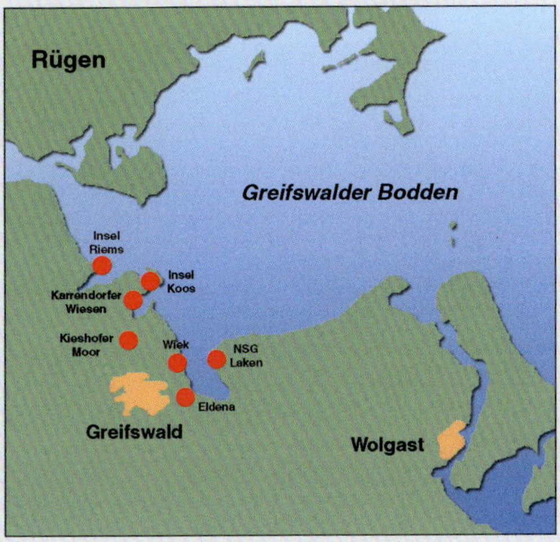

Mit dem Auto

Die Ostseeautobahn A 20 ist Ende 2005 fertig gestellt worden und führt 10 km an Greifswald vorbei. Die Fahrzeit von Hamburg über Lübeck und Rostock beträgt etwa 2,5 Stunden. Von Süden erreicht man Greifswald ebenfalls über die A 20 (von Berlin ca. 2,5 Stunden).

Mit dem Fahrrad

Die fast ebene Landschaft lädt zum Radfahren ein. Die hier vorgestellten Ziele kann man in zwei Tagestouren (jeweils in nördliche und östliche Richtung von Greifswald) hervorragend mit dem Rad erkunden.

Adressen

Fremdenverkehrsverein Hansestadt Greifswald und Land e.V. Rathaus am Markt, 17489 Greifswald, Tel.: 03834/8536 1380, Fax: 03834/8536 1382, Greifswald-Information@t-online.de; www.greifswald.info

GPS

Karrendorf (Ortsmitte)	54°09'12.69" N	13°22'10.47" O
Wieck (Ortsmitte)	54°05'45.77" N	13°26'59.41" O
Eldena (Ortsmitte)	54°05'24.29" N	13°26'48.84" O
Gristow (Ortsmitte)	54°10'18.87" N	13°19'33.62" O
Ludwigsburg (Ortsmitte)	54°06'23.84" N	13°30'34.81" O
Niederhof (Ortsmitte)	54°15'17.87" N	13°11'34.21" O

Spätsommer am Faulen See im Süden von Poel. Der Nehrungshaken verändert bei jedem Sturm seine Form. Poel, 6.8.2010.

Die Inseln Poel und Langenwerder

Mecklenburgs ältestes Seevogelschutzgebiet

Vor den Toren der Hansestadt Wismar liegt, durch den Poeldamm mit dem Festland verbunden, die 3700 ha große Ostseeinsel Poel. Ihr vorgelagert ist die 25 ha kleine Seevogelinsel Langenwerder. Die Gewässer um Poel sind als Rastplatz für Tauch- und Meeresenten von internationaler Bedeutung und als Europäisches Vogelschutzgebiet ausgewiesen. Weite Abschnitte von Poels Küste sind Naturschutzgebiete, ebenso die Seevogelinsel Langenwerder, die nur im Rahmen von Führungen betreten werden darf. Ein Besuch der Inseln lohnt sich zu jeder Jahreszeit. Wer alle Beobachtungspunkte besuchen möchte, benötigt ein bis zwei Tage Zeit.

Landschaftsgeschichte und Lebensräume

Die Insel Poel ist ein Kind der Eiszeiten. Die mächtigen Gletscher Skandinaviens dehnten sich im Laufe der Eiszeiten in mehreren Schüben bis nach Norddeutschland aus und führten gewaltige Mengen an Schutt mit sich. Nach dem Abschmelzen der Gletscher blieben Felsblöcke, Kies, Sand und Geschiebemergel, eine Mischung aus Ton und Kalk, zurück und bildeten die flachwellige Grundmoräne. Durch das Zusammenspiel von Klima und Vegetation entwickelten sich aus dem Geschiebemergel die fruchtbaren Braunerdeböden der Insel, auf denen heute intensiv Ackerbau betrieben wird. Der Name Poel stammt vermutlich aus der slawischen Bezeichnung für „flaches Feld“. Im Schutt blieben auch vereinzelte Eisblöcke zurück, die beim Abschmelzen wassergefüllte Senken, die sogenannten Sölle, zurückließen, die noch heute in der Landschaft zu sehen sind.

Zum Ende der letzten Eiszeit schmolzen die Gletscher endgültig und der Meeresspiegel stieg um über 100 m an. Das Becken der heutigen Ostsee füllte sich mit Wasser und die Landschaft versank im Meer. Wegen des gewellten Reliefs bildete sich eine Küste mit zahlreichen Buchten und Inseln. Wellen und Strömung nagten an exponierten Abschnitten der Küste und lagerten ihre Fracht in strömungsarmen Bereichen ab. Nehrungshaken bildeten sich und trennten ganze Buchten von der See ab. Die so entstandenen Strandseen süßten langsam aus und verlandeten. Über Jahrtausende entstand die heutige sogenannte Ausgleichsküste mit ihren Steilküsten, Nehrungshaken, Strandseen und vermoorten Niederungen in einem dynamischen Prozess, der auch heute nicht abgeschlossen ist. Jeden Winter brechen Teile der Steilküste

Eiderenten sind auf der Ostsee um Poel häufige Wintergäste. Eine wachsende Brutkolonie befindet sich auf der Insel Walfisch. Korsør, Dänemark, 4.6.2010.

etwa im Westen von Poel bei Timmendorf ab. Am Faulen See im Südwesten der Insel wachsen die Nehrungshaken jedes Jahr ein Stück nach Osten, bis die Lagune eines Tages vollständig von der Ostsee abgeschnitten sein wird.

An der flachen, bei Sturmfluten regelmäßig überfluteten Küste bildeten sich mit der Zeit artenreiche Salzwiesen, die auf Poel besonders schön ausgeprägt sind.

Eine Besonderheit der Ostseeküste sind die Windwattflächen. Da in der Ostsee der Tidenhub nur sehr schwach ausgeprägt ist, wird der Wasserstand hauptsächlich vom Luftdruck bestimmt. Bei ablandigen Winden aus südlichen Richtungen fallen große Flachwasserzonen trocken und sind dann ein perfektes Rasthabitat für Limikolen. Besonders große Windwattflächen findet man an Poels Nordküste westlich der Insel Langenwerder.

Besondere Vogelarten und Reisezeit

Die Insel Poel bietet das ganze Jahr über interessante Beobachtungsmöglichkeiten und jeweils sehr unterschiedliche Aspekte. In den Wintermonaten dominieren Enten das Vogelleben. In den flachen Gewässern der Ostsee überwintern Tausende Eiderenten sowie Eisenten, Schellenten und Bergenten. Die Vögel tragen zu dieser Jahreszeit ihr Prachtkleid und zeigen gegen Spätwinter eifrig ihr Balzverhalten. Aufmerksame Beobachter werden auch seltenere Arten wie Prachttaucher, Samtenten und Ohrentaucher beobachten können. Auf den Salzwiesen der Insel äsen im Winter Pfeifenten und an den Stränden überwintern Schneeammern und Strandpieper. Die Häfen von Timmendorf und Kirchdorf laden zur Beobachtung von Großmöwen wie Mantel- und Silbermöwen, selten auch Steppen- und Mittelmeermöwen ein. In den geschützten Hafenbecken lassen sich Reiherenten aus der Nähe beobachten.

Das Frühjahr ist die Zeit der brütenden Seevögel auf der Insel Langenwerder. Sturmmöwen sind mit etwa 1500 Paaren die häufigsten und auffälligsten Brutvögel. Große Bedeutung hat die Insel als Brutplatz für Küstenseeschwalben, die hier mit etwa 20 Paaren ihre größte Kolonie an der deutschen Ostseeküste haben. Silbermöwen und Lachmöwen brüten ebenfalls auf der Insel. Auch Zwergseeschwalben sind mit einigen Paaren vertreten. In manchen Jahren brütet sogar die an der Ostsee seltene Schwarzkopfmöwe. An den Stränden legen Austernfischer und Sandregenpfeifer ihre Eier und in den Salzwiesen sind Rotschenkel und Wiesenpieper noch verbreitet. Besonders schön präsentiert sich die Brutvogelwelt in der zweiten Maihälfte, dann kann man in den Küstenschutzgehölzen der Insel auch den einen oder anderen Karmingimpel entdecken.

Der Durchzug der Limikolen ist im Frühjahr nur schwach ausgeprägt. Ganz anders präsentiert er sich im Spätsommer und Herbst. Ab Juli erscheinen die ersten Durchzügler. Im August und September erreicht der Limikolenzug seinen Höhepunkt. Alpenstrandläufer sind die häufigsten Vertreter. Daneben sind immer auch einzelne Sichelstrandläufer, Knutts, Sanderlinge und Zwergstrandläufer zu finden, selten auch ein Sumpfläufer. Pfuhlschnepfen, Kiebitzregenpfeifer, Große Brachvögel und Grünschenkel sind weitere häufige Durchzügler. Die Limikolen bleiben oft nur kurz, stündlich ziehen Vögel ab und neue fallen zur Rast ein. Daher lohnt es sich, die Rastplätze mehrmals am Tag nach Neuankömmlingen abzusuchen. Auf den abgeernteten Feldern im Inneren der Insel rasten Goldregenpfeifer und Kiebitze. Die Küste bildet zudem eine Leitlinie für ziehende Möwen, Seeschwalben und Entenvögel. Der geduldige Beobachter kann mit Glück im Norden der Insel einen beeindruckenden Vogelzug erleben. In den Küstenschutzgehölzen rasten zahlreiche erschöpfte Singvögel. Im September besonders Trauerschnäpper,

Typische Vogelarten auf Poel und Langenwerder, deren Status und günstige Beobachtungszeit (in Klammern).
h = häufiger, r = regelmäßiger, s = seltener; J = Jahresvogel, B = Brutvogel, W= Wintergast, D = Durchzügler, N = Nahrungsgast

Art	Status (beste Beobachtungszeit)
Alpenstrandläufer	hD (Juli–Okt.)
Austernfischer	rB, rD (März–Okt.)
Bergente	rW (Okt.–April)
Bluthänfling	hB (März–August)
Brandgans	rB, hD (März–Okt.)
Brandseeschwalbe	sB, rN (Mai–Sept.)
Eiderente	hD, hW (Sept.–April)
Eisente	rB (ganzjährig)
Graugans	rB, hJ (ganzjährig)
Grünschenkel	hD (Juli–Sept.)
Höckerschwan	rB, hJ (ganzjährig)
Karmingimpel	sB (Mitte Mai–Juni)
Kiebitzregenpfeifer	hD (Juli–Okt.)
Kornweihe	rD, rW (Okt.–März)
Küstenseeschwalbe	sB (Mai–Juli)
Lachmöwe	rB, hJ (ganzjährig)
Löffelente	sB, rD (April–Okt.)
Mittelsäger	rB, hD, hW (ganzjährig)
Ohrentaucher	sW (Okt.–April)
Pfeifente	hD, hW (Sept.–April)
Pfuhlschnepfe	hD (Juli–Okt.)
Rothalstaucher	sB, rD, rW, (März–Juli)
Rotschenkel	rB, hD (März–Okt.)
Sandregenpfeifer	rB, rD (März–Okt.)
Schellente	hD, hW (Okt.–März)
Schnatterente	rB, rD (April–Okt.)
Seeadler	rB, rW (Okt.–März)
Silbermöwe	rB, hJ (ganzjährig)
Sperbergrasmücke	rB (Mai–Juni)
Sturmmöwe	hB (April–Juli)
Trauerente	rW (Okt.–April)
Uferschwalbe	hB (April–August)
Wiesenpieper	hb, rD (März-Okt.)
Zwergseeschwalbe	sB (Mai–Juli)

Sturmmöwen sind mit etwa 2000 Paaren die häufigsten Brutvögel auf der Vogelinsel Langenwerder.
oben: Poel, 6.8.2010, links: Wilhelmshaven, 24.1.2010.
Alle Fotos: F. Weiß.

Gartenrotschwänze und Klappergrasmücken, im Oktober vor allem Wintergoldhähnchen, Zilpzalpe, Rotkehlchen, Sing- und Rotdrosseln.

Beobachtungsmöglichkeiten

Bereits der Poeldamm, der die Insel mit dem Festland verbindet, bietet ausgezeichnete Beobachtungsmöglichkeiten. Autofahrer können auf Poeler Seite am Ortseingang von Fährdorf parken und dann den Fuß- und Radweg auf dem Damm ein Stück zurückgehen (1). Beiderseits des Dammes erstrecken sich gut ausgeprägte Salzwiesen und Flachwasserzonen, in denen besonders im Winterhalbjahr zahlreiche Entenvögel beobachtet werden können. Im Spätsommer äsen große Trupps Graugänse in den Salzwiesen.

Die Insel Langenwerder liegt vor der Nordküste von Poel bei Gollwitz. Sie ist das beste Beobachtungsgebiet im Bereich der Insel Poel. Langenwerder wird im Sommer von einem Vogelwart betreut und kann nur außerhalb der Brutzeit im Rahmen von Führungen besucht werden. Vom Strand (2) ist das Vogelleben der Insel jedoch hinreichend gut zu sehen, sodass diese Einschränkung für Vogelbeobachter zu verschmerzen ist. Gollwitz erreicht man, indem man in Fährdorf von der Hauptstraße rechts in Richtung Malchow abbiegt. In Vorwerk muss man erneut rechts abbiegen. Kurz vor dem Ortseingang von Vorwerk (3) lohnt sich ein Blick durch Lücken in der Hecke auf die Salzwiesen und Nehrungshaken der Poeler Ostküste. Dort sind ähnliche Arten zu sehen wie am Poeldamm. Am Ortseingang von Gollwitz liegt ein großer gebührenpflichtiger Parkplatz. Von dort geht man durch den Ort in Richtung Strand. Die Insel Langenwerder ist nur durch eine schmale Flachwasserzone von Poel getrennt. Die Windwattflächen im Westen bieten im Spätsommer ideale Rastbedingungen für Limikolen. Vom Strand (2) kann man diese mit dem Spektiv gut beobachten. Das Brutgeschehen auf Langenwerder überblickt man am besten von einem Aussichtspunkt (4) auf dem Steilufer ein Stück östlich von Gollwitz, den man über den Strand oder über einen Plattenweg im Küstenwald erreicht. Ein Spaziergang am Strand nach Westen führt zu einer Steilküste (5), in deren Abbruchkante Uferschwalben brüten.

Das Naturschutzgebiet „Fauler See – Rustwerder/Poel" im Südwesten Poels ist vor allem zu den Zugzeiten im Frühjahr und Herbst ein lohnendes Ziel. Von Gollwitz fährt man auf der gleichen Strecke zurück nach Süden bis Vorwerk, wo man rechts Richtung Kirchdorf abbiegt. In Kirchdorf folgt man der Ausschilderung nach Timmendorf. In Vorwangern (6) biegt man links in eine unscheinbare Asphaltstraße Richtung „Hinterwangern" ab. Nach 2 km erreicht man den Nordrand des Naturschutzgebietes (7). Dort folgt man dem Feldweg nach rechts und 200 m weiter hält man sich links, bis man nach 800 m einen gebührenpflichtigen Parkplatz erreicht. Von dort führt ein Weg an der Grenze des Schutzgebietes zum Strand (8). Linkerhand liegt der gesperrte Strand des Naturschutzgebietes, an dem oft Limikolen, Möwen, Mittelsäger und

Eiderenten rasten. Vom Zaun aus lassen sie sich gut beobachten. Im Winterhalbjahr lohnt sich der Blick mit dem Spektiv über die weite Wasserfläche der Wismarbucht, in der sich dann zahlreiche Meeresenten aufhalten. Die Wasserfläche des Faulen Sees ist ein Stück zurück vom Feldweg aus einzusehen. Im Spätsommer rasten hier zahlreiche Graugänse. Diverse Entenarten sind zu den Zugzeiten zu beobachten. Wasserläufer suchen im Flachwasser nach Nahrung und im August kreiseln gelegentlich einzelne Odinshühnchen ihre Runden. Der Hafen von Timmendorf (9) bietet vor allem im Winter lohnende Beobachtungen. Hier rasten Großmöwen und auf der Ostsee tauchen Meeresenten nach Muscheln. Die Küste an der Feriensiedlung „Am Schwarzen Busch“ (10) ist im Spätsommer und Herbst ein guter Punkt um in den Morgenstunden den Vogelzug entlang der Küste zu beobachten. Um dorthin zu gelangen, folgt man von Kirchdorf der Ausschilderung „Am Schwarzen Busch“ und kann am Ortseingang parken (gebührenpflichtig). Zur Brutzeit lohnt sich der Weg entlang des Strandes nach Westen. Hinter dem Strandwall liegt ein vom Meer abgeschnittenes Verlandungsmoor mit großen Schilfflächen (11). Hier sind im Frühjahr Teichrohrsänger und Rohrammern zu finden. Rothalstaucher brüten und fliegen regelmäßig zur Nahrungssuche auf die nahe Ostsee.

Weitere Freizeitmöglichkeiten

Das ausgezeichnete Heimatmuseum der Insel Poel im zentralen Ort Kirchdorf (12) lohnt nicht nur an verregneten Tagen einen Besuch.

Felix Weiß, Christopher König, Christoph Moning, Christian Wagner

Infomaterial/Literatur

Wagner C, Moning C 2009: Vögel beobachten in Ostdeutschland – Die besten Beobachtungsgebiete zwischen Rügen und dem Thüringer Wald. Franckh-Kosmos-Verlag, Stuttgart.

Königstedt B, Königstedt DGW 1998: Die Insel Poel in der Wismar-Bucht – Vogelschutz mit Tradition. Falke 45: 114–119.

Anfahrt

Mit Bahn und Bus

Vom Bahnhof Wismar erreicht man die Insel Poel ab dem ZOB mit der Linie 430 der Mecklenburger Verkehrsbetriebe. Der Damm, der Poel mit dem Festland verbindet, bietet Radfahrern und Wanderern durch einen separaten Weg eine sichere und bequeme Möglichkeit, die Insel zu erreichen.

Mit dem Auto

Die Insel Poel erreicht man über die A20, die man am Kreuz Wismar verlässt, ab dort ist die Insel gut ausgeschildert. Poel ist über einen Damm mit dem Festland verbunden, der für Autofahrer immer geöffnet ist.

Adressen

Heimatmuseum der Insel Poel, Möwenweg 4, 23999 Kirchdorf,
Tel.: 038425/20732, Öffnungszeiten: 15. Mai bis 14. September Di–So: 10–16 Uhr, 15. September bis 14. Mai, Di, Mi, Sa: 10–12 Uhr.
Der Verein Langenwerder betreut das Naturschutzgebiet Langenwerder und bietet regelmäßig Führungen an. Aktuelle Termine können unter www.langenwerder.de abgerufen werden.

GPS		
Strand bei Langenwerder (2)	54°01'24" N	11°29'00" O
Parkplatz Fauler See (8)	53°58'13" N	11°23'07" O
Hafen Timmendorf (9)	53°59'31" N	11°22'34" O
Heimatmuseum Kirchdorf (12)	53°59'55" N	11°26'34" O

Karte aus Wagner & Moning (2009): Vögel beobachten in Ostdeutschland. Kosmos, Stuttgart.

Im Spätsommer lassen sich in den Massen rastender Wasservögel oft seltene Arten entdecken.
Foto: C. Moning. Karrendorfer Wiesen. 21.8.2010.

Die Karrendorfer Wiesen

Sumpfläufer und Raubseeschwalben

Rund 7 km nördlich von Greifswald konnte sich in den Flachwasserzonen und Windwatten des südlichen Greifswalder Boddens seit dem 13. Jahrhundert eines der größten Küstenüberflutungsmoore der deutschen Ostseeküste bilden. Die stetige Intensivierung der Bewirtschaftung führte wie an zahlreichen anderen Orten der Ostseeküste zur Eindeichung des Gebietes und somit zum Verlust der Dynamik, vieler Lebensräume und schließlich auch anspruchsvoller Arten. Erst nach rund 150 Jahren wurde dem Gebiet in einem der größten Renaturierungsprojekte Deutschlands sein natürlicher Charakter durch den Rückbau des Deichs zurückgegeben. Seitdem gehört das Naturschutzgebiet „Insel Koos, Kooser See und Wampener Riff" besonders zu den Zugzeiten zu den besten Beobachtungsgebieten in Deutschland.

Temminckstrandläufer zählen zu den typischen Rastvögeln im Herbst.
Foto: C. Moning. Bornholm. 17.8.2010.

Landschaftsgeschichte und Lebensräume

Die ursprünglich bewaldete Insel Koos ist Teil einer Grundmoräne und somit ein Ergebnis der letzten Eiszeit. Nördlich lagerte sich ein 1 km langer Sandhaken an, der die Kooser Bucht vom Greifswalder Bodden trennt. Zwischen der Insel und dem Festland existiert mit der Beek ein schmaler Gewässerarm als Verbindung der Kooser Bucht zum Kooser See. Dieser ist von periodisch überfluteten Salzwiesen umgeben: den Karrendorfer Wiesen im Westen und den Kooser Wiesen im Süden. Östlich anschließend schützen die submarinen Sandriffe des Wampener Riffs den Kooser See vor starkem Wellengang. Bei sommerlicher Trockenheit steigt der Salzgehalt des Sees stark an.

Menschliche Nutzung ist ab dem 13. Jahrhundert belegt. Im 17. Jahrhundert wurden Holländer angesiedelt, um die Gegend zu erschließen. Die Schwedische Matrikelkarte von 1697 zeigt die umliegenden Holländereien mit Weiden, Wiesen und Äckern auf Kuppenlagen. Seit 1820 erfolgte die flächenhafte Entwässerung, die ihren Höhepunkt mit der Eindeichung der Karrendorfer Wiesen um 1850 fand. Zu DDR-Zeiten wurde die landwirtschaftliche Nutzung verstärkt. In intensiver Landwirtschaft wurden Getreide, Feldfutter und Saatgräser angebaut. Die Moorbereiche sackten in der Folge um 20 bis 40 cm ab.

Durch veränderte ökonomische Rahmenbedingungen nach der Wende 1990 bestand kein wirtschaftliches Interesse an einem Grenzertragsstandort wie den Karrendorfer Wiesen. Hierdurch wurde 1992/1993 der Weg für eine Initiative des damaligen Umweltministeriums Mecklenburg-Vorpommern frei. Diese sah die Wiederherstellung des natürlichen hydrologischen Systems im Rahmen eines umfassenden Renaturierungsvorhabens in den Karrendorfer Wiesen vor. Zuvor mussten zum Schutz vor Hochwasser jedoch die Ortslage Groß Karrendorf durch einen kurzen, ortsnahen Riegeldeich geschützt sowie die Verbindungsstraße zwischen Groß Karrendorf und der Insel auf 1,30 m über NN erhöht werden. Anschließend wurden der 6,4 km lange Außendeich zurückgebaut, Entwässerungsgräben teilweise wieder verfüllt und die Funktionsfähigkeit des ursprünglichen Prielsystems durch behutsame Geländeanpassungen und Ausbaggerungen wiederhergestellt. Knapp 150 Jahre nach dem ersten Deichbau herrschen heute wieder natürliche Überflutungsverhältnisse, womit dieses Gebiet zum Vorzeigeprojekt zur Renaturierung von Küstenüberflutungsflächen im südlichen Ostseeraum wurde.

Die Umwandlung der einstigen Acker-Intensivflächen in Salzwiesen- und Salzröhrichtbestände unter natürlichen Überflutungsverhältnissen erforderte auch eine Neuausrichtung der Bewirtschaftung. Die Karrendorfer Wiesen werden seit ihrer Renaturierung von einem auf der Insel Koos ansässigen Landwirt als Rinderstandweide genutzt, denn anders als an der Nordsee sind die Salzwiesen der Ostsee beweidungsabhängig. Ohne Beweidung entstehen durchgehende Schilfflächen und Brackwasserröhrichte.

Die Überflutung im Winter 1993/1994 führte in den tieferen Teilen zu einem Absterben des Quecken-Graslandes. Etwa seit 1995 breitet sich auf den entstandenen Offenflächen eine salztolerante Vegetation mit sogenannten Halophyten aus. Nach und nach bildeten sich Strandastern-Salzbinsen-Rasen und Andel-Rasen heraus, wobei vor allem letztere von Vögeln zur Rast und Nahrungssuche aufgesucht werden. Besonders an den Ufern der Karrendorfer Wiesen, die weniger vom Weidevieh frequentiert werden, stehen darüber hinaus verschiedene Brackwasserröhrichte.

Besondere Vogelarten und Reisezeit

Seit der Ausdeichung entwickelten sich die Karrendorfer Wiesen zusammen mit dem Kooser See und Wampener Riff durch die natürliche Küstendynamik innerhalb kürzester Zeit zu einem der bedeutendsten Rast- und Mausergebiete für Wat- und Wasservögel im südlichen Ostseeraum. Während des Herbstzuges ist das Gebiet von herausragender Bedeutung. Über 35 Limikolenarten wurden bislang nachgewiesen, davon 26 alljährlich.

Sehr hohe Rastzahlen wurden bei Bläss- und Graugänsen und Bergenten mit über 10 000 Individuen festgestellt sowie 5 000 bei Kiebitzen, Pfeifenten und Goldregenpfeifern. Die Maxima bei Weißwangengänsen, Schell- und Löffelenten sowie Zwergsägern, Alpenstrandläufern, Kampfläufern, Bekassinen, Sichelstrandläufern und Bruchwasserläufern gehen in die Hunderte. Auch Sing- und Zwergschwäne, Waldsaatgänse, Regenbrachvögel, Pfuhlschnepfen, Temminckstrandläufer, Trauer- und Brandseeschwalben finden sich besonders zahlreich auf dem Herbstzug ein. Eine Besonderheit sind die hohen Rastzahlen bei Sumpfläufern und Raubseeschwalben im Herbst. Für diese Arten zählt das Gebiet zu den besten Beobachtungsplätzen in Deutschland. Als Ausnahmen wurden bislang Graubrust-Strandläufer, Prärie-Goldregenpfeifer, Seeregenpfeifer und Terekwasserläufer beobachtet. Seit einigen Jahren übersommern Dutzende Kraniche, und im Oktober fallen manchmal über tausend dieser großen Vögel zur Zwischenrast

Typische Vogelarten im Naturschutzgebiet Insel Koos, Kooser See und Wampener Riff, deren Status und günstige Beobachtungszeit (in Klammern). h = häufiger, r = regelmäßiger, s = seltener; B = Brutvogel, W = Wintergast, S = Sommergast, D = Durchzügler, N = Nahrungsgast

Art	Status (beste Beobachtungszeit)
Alpenstrandläufer	hD (April–Mai, Juli–Okt.)
Austernfischer	rB, rD (März–Okt.)
Bergente	hD, rW (Okt.–Dez.)
Blässgans	hD (März, Okt.–Nov.)
Brandseeschwalbe	rD (Mai–Juli)
Fischadler	rN (April, Aug.–Sept.)
Goldregenpfeifer	hD (Aug.–Nov.)
Großer Brachvogel	hD (ganzjährig)
Kiebitz	rB, hD (März–Okt.)
Kiebitzregenpfeifer	rD (Aug.–Okt.)
Kranich	rS, hD (Okt.–Nov.)
Löffelente	hD (April, Sept.–Okt.)
Odinshühnchen	rD (Mai, Aug.–Sept.)
Pfeifente	hD (März, Sept.–Nov.)
Pfuhlschnepfe	rD (Mai, Juli–Sept.)
Raubseeschwalbe	rD (Juli–Aug.)
Raubwürger	rW (Okt.–April)
Regenbrachvogel	rD (April, Juli–Aug.)
Ringelgans	rD (März–Mai)

Art	Status (beste Beobachtungszeit)
Rotschenkel	rB, hD (Mai, Juli–Sept.)
Säbelschnäbler	sB (April–Aug.)
Sandregenpfeifer	sB, rD (April–Mai, Aug.–Sept.)
Schneeammer	sW (Nov.–März)
Seeadler	rN (ganzjährig)
Sichelstrandläufer	hD (Juli–Aug.)
Singschwan	rD (Nov.–März)
Sumpfläufer	rD (Juli–Aug.)
Temminckstrandläufer	hD (April–Mai, Aug.)
Trauerseeschwalbe	rD (April–Mai)
Uferschnepfe	sB, rD (April, Juli–Aug.)
Uferschwalbe	hB (April–Aug.)
Wanderfalke	rN (ganzjährig)
Weißbart-Seeschwalbe	rD (April–Mai)
Weißflügel-Seeschwalbe	rD (April–Mai)
Weißwangengans	hD (Aug.–Sept.)
Zwergsäger	hD, rW (Nov.–April)
Zwergstrandläufer	rD (Juli–Sept.)

Goldregenpfeifer suchen die Karrendorfer Wiesen zur Zugzeit zu Tausenden auf.
Foto: C. Moning. Karrendorfer Wiesen. 21.8.2010.

ein. Auf dem Frühjahrszug finden sich zwischen März bis Ende Mai Ringelgänse auf einem Schlafplatz vor der Insel Koos ein, eine Besonderheit im Deutschen Ostseeraum. Das ganze Jahr über nutzen Seeadler, Wanderfalken und Habichte das reiche Nahrungsangebot.

Das Brutvogelspektrum glich vor der Ausdeichung einer Agrar-Brutvogelgesellschaft. Seit 1994 siedelten sich acht Watvogel- und zwei Entenarten neu an. Beispielsweise wanderten Austernfischer und Rotschenkel aus dem benachbarten Salzgrasland ein. Zu den derzeit typischen Brutvogelarten zählen Reiherenten, Schnatterenten, Brandgänse, Kiebitze, Bartmeisen, Rohrschwirle, Braun- und Schwarzkehlchen und Grauammern. Sandregenpfeifer und Säbelschnäbler brüten nur in kleiner Zahl. Zahlreiche Säugetierarten, insbesondere Rotfuchs und Wildschwein, aber auch Mauswiesel, Hermelin, Steinmarder, Iltis, Mink, Dachs, Marderhund und Waschbär sowie Raben- und Möwenvögel beschränken den Bruterfolg der bestandsgefährdeten Bodenbrüter. Die Brutbestände von Wiesenlimikolen und Enten sind in den Kooser und Karrendorfer Wiesen im Vergleich zu vergangenen Zeiten nur noch rudimentär. Alpenstrandläufer – einst Charaktervögel der Kooser Wiesen und in den ersten Jahren nach der Renaturierung auch auf den Karrendorfer Wiesen brütend – sind verschwunden. Gleiches gilt auch für Kampfläufer.

Daraus ergab sich die Forderung nach einem Prädatorenmanagement, das bei konsequenten Bekämpfungsformen auf der Insel Koos auch die gewünschte Wirkung zeigte.

Schneeammern, Berghänflinge und Ohrenlerchen sind unregelmäßige Wintergäste. Regelmäßiger sind Berg- und weitere Meeresenten sowie Gänse-, Mittel- und Zwergsäger, Raufußbussarde und Raubwürger. Im Spätwinter wird es ruhig auf den Karrendorfer Wiesen.

Beobachtungsmöglichkeiten

Am westlichen Ortseingangsschild von Karrendorf führt ein für Fahrzeuge gesperrter Feldweg in 1,2 km zum Rand einer abgesperrten Weide mit einem schönen, wenn auch eingeschränkten Blick über die Karrendorfer Wiesen, der manchmal lohnend sein kann (1). Seeadler beobachten oft von einer großen Pappel in den Wiesen das Geschehen.

Vom Parkplatz östlich Karrendorfs gelangt man auf einem Plattenweg in die mit vielen Schlammflächen und Wasserlachen durchsetzten Salzwiesen. Diese können bis zur Brücke auf die Insel Koos durchquert werden. Vom Parkplatz bis zur Brücke sind es 2,6 km. Vor allem nördlich des Weges und kurz vor der Insel Koos liegen die guten Flächen für Sumpfläufer, Odinshühnchen und Raubseeschwalben (2). Die Ausbeute ist stark von den Wind- und Wasserstandverhältnissen abhängig. Am Abend können einfliegende Kraniche und Große Brachvögel beobachtet werden. Die Insel Koos sowie die Flächen abseits des Weges dürfen nicht betreten werden.

Einen guten Überblick über den Kooser See und den Südhaken der Insel Koos hat man von einem weithin sichtbaren Beobachtungsturm aus (3), zu dem ein Stichweg vom Hauptweg abzweigt. Der Turm kann alternativ vom Parkplatz aus erreicht werden, indem man nach Südosten auf den Riegeldeich geht und sich auf diesem entlang des Kooser Sees nach Nordosten hält. Die Sicht ist erst ab dem Nachmittag gut. An dieser Beobachtungsstelle dominieren Schwäne, Gänse und Enten. Es ist ein guter Beobachtungsort für Berg-, Schell- und Löffelenten sowie Zwergsäger.

Weitere Freizeitmöglichkeiten

Das 1993 wiedervernässte und in der Zwischenzeit überwiegend baumfreie Kieshofer Moor liegt 4 km nordwestlich von Greifswald. Es ist Brutplatz von Seeadlern, Baumfalken, Kranichen, Wasserrallen, Bekassinen, Kleinspechten, Schwarzspechten und Pirolen. Von Greifswald auf der B 96a/B 105 Richtung Stralsund fahrend, liegt der unauffällige, nicht beschilderte sowie nach 10 m beschrankte Zugang direkt am Wald-

Durch die extensive Beweidung und die wieder einsetzende Überflutungsdynamik der Ostsee entstehen offene Strukturen in den Karrendorfer Wiesen, die zahlreichen Rast- und Brutvogelarten Lebensraum bieten. Foto: C. Wagner. Karrendorfer Wiesen, 7.5.2005.

rand circa 4,4 km von der Ryckbrücke in Greifswald entfernt. Man parkt am besten schon 300 m davor auf der rechten Seite auf einem ausgeschilderten Parkplatz, der in einer leichten Linkskurve liegt und geht auf dem Fahrradweg bis zum Zugang (4). Das Betreten des Gebietes ist verboten, deshalb darf der Bereich nur von hier aus eingesehen werden!

Für das Wampener Spülfeld und Riff folgt man in Wampen der Hauptstraße in einem Linksknick nach Norden. 250 m nach dem Linksknick zweigt nach rechts ein Schotterweg ab, der nach 200 m beschrankt ist. Davor parkt man (5). Zu den Spülfeldern (6), die man umrunden kann, gelangt man, indem man den beschrankten Feldweg von (5) circa 500 m nach Nordosten geht. Am Strand kann man sowohl nach Norden blicken, als auch bis zu einem Eck nach Süden gehen (7), um dort am späten Nachmittag rastende Vögel auf den Sandbänken des eigentlichen Wampener Riffs zu beobachten. Am Wampener Riff befindet sich eine Uferschwalbenkolonie. Blaukehlchen brüteten in den letzten Jahren im Spülfeld. Ein Besuch lohnt vor allem im Herbst. Im August/September übernachten Tausende Graugänse und später zeitweilig noch mehr Bläss- und Saatgänse. Weiterhin rasten zum Beispiel Trauerenten, Rothals- und Schwarzhalstaucher, verschiedene Limikolenarten sowie Mantelmöwen, Zwergmöwen und Raubseeschwalben. Im Winter sind Singschwäne, Meeresenten, Lappentaucher und Seeadler typische Arten des Wampener Riffs.

Im Gristower Wiek liegen drei kleine Möweninseln, die vor allem von Silbermöwen besiedelt sind. Die Wasserfläche friert im Winter relativ schnell zu. In den Eislöchern halten sich dann alle drei Sägerarten auf. Weiterhin verteilen sich, besonders zwischen März und Mai Berg-, Eis- und Schellenten auf der weiten Boddenfläche. Weit draußen rasten im April kleinere Ringelganstrupps. Vom Bereich der Gristower Kirche (8) aus hat man einen guten Blick in den Wiek. Ein weiterer Beobachtungspunkt befindet sich am Ortseingangsschild der „Insel Riems“ mit Parkplatz und Bushaltestelle „Riemserort“ (9).

Christoph Moning, Christopher König, Christian Wagner, Felix Weiß

Anfahrt

Mit Bahn und Bus

Die Bushaltestelle in „Groß Karrendorf“ wird unter der Woche mehrmals täglich angefahren.

Mit dem Auto

Die Bundesstraße 96a/105 Stralsund-Greifswald erschließt die Beobachtungsstellen.

Adressen

Weitere Informationen bei:
Fachgruppe Ornithologie und Vogelschutz Greifswald im NABU KV Greifswald, Wilfried Starke, Rosenstr. 2, 17493 Greifswald, Tel.: 03834/843690, starke.wa@gmx.de; www.ornithologie.uni-greifswald.de

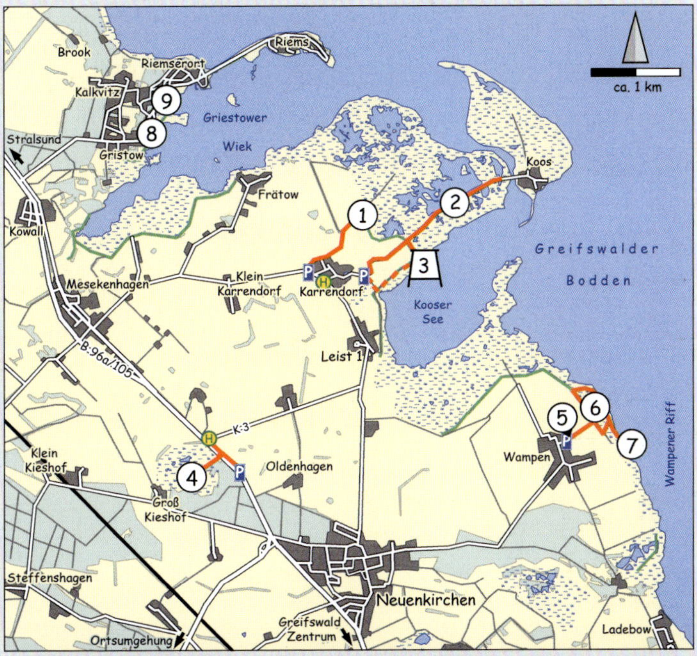

Karte nach Moning & Wagner (2009)

GPS		
Gristower Kirche (8)	54°10'20" N	13°19'59" O
Parkplatz westlich Karrendorf	54°09'19" N	13°21'54" O
Parkplatz östlich Karrendorf	54°09'16" N	13°22'46" O
Parkplatz Kieshofer Moor	54°07'46" N	13°21'02" O
Parkplatz Wampen	54°07'57" N	13°25'10" O

Infomaterial/Literatur

Wagner C, Moning C 2009: Vögel beobachten in Ostdeutschland. Franckh-Kosmos Verlags-GmbH & Co KG, Stuttgart.

Fachgruppe Ornithologie Greifswald 2007: Greifswald – Vögel und Landschaft. Kleiner Exkursionsführer für Feldornithologen, Birder und Twitcher. Selbstverlag, Greifswald.

Kissling W, Meister D, Meister P 2001: Vogelparadies nach Ausdeichung: Die Karrendorfer Wiesen an der Ostseeküste Vorpommerns. Der Falke 48, 232–238.

Meister P 2006: Karrendorfer Wiesen in Vorpommern. Vögel 1/07, 15-16.

Umweltministerium Mecklenburg-Vorpommern Hrsg 2003: Die Naturschutzgebiete in Mecklenburg-Vorpommern. Demmler Verlag, Schwerin.

Die Dütschower Brücke Ende April. Die Teiche sind wieder bespannt. Foto: C. Wagner. 28.4.2005.

Die Lewitz

Ebene der Gänse und Schwäne

Die zwischen Schwerin, Crivitz, Parchim und Neustadt-Glewe gelegene Lewitz erstreckt sich auf über 168 km2 und ist nur eine Autostunde von Hamburg entfernt. Schon der Altmeister der modernen Vogelkunde in Mecklenburg R. Kuhk (1939) erkannte und dokumentierte die Bedeutung der Lewitz. Die Kombination der Fischteiche und des Neustädter Sees, mit den ausgedehnten Grünländern und den im Nordteil ausgebildteten Waldgebieten sowie die fast fehlende Besiedlung machen einen Besuch im Gebiet auch heute noch ganzjährig lohnend. Das europäische Vogelschutzgebiet ist insbesondere zu den Zugzeiten im März und April sowie im Oktober und November ein Eldorado für Vogelbeobachter. Zusätzlich ist es eines der besten Binnenland-Winterbeobachtungsgebiete in Ostdeutschland.

Landschaftsgeschichte und Lebensräume

Der eigentümliche Name Lewitz wird verbreitet aus dem slawischen „lowit" abgeleitet. Es bedeutet sammeln, jagen oder wildreiche Gegend.

Die Lewitz wurde, wie ganz Mecklenburg, in der letzten Eiszeit geformt. Durch das Abschmelzen der Gletscher füllten sich die Lewitz und das Störtal mit Schmelzwasser, das eine Senke von 12 000 ha bildete. Zunächst entstand ein 16 m tiefer See, der später abfloss und im Laufe der folgenden Jahrtausende versumpfte und vertorfte. In der mittleren Steinzeit bot diese durch inselartige Erhebungen, kleine Seen und Wälder geprägte Landschaft Sammlern, Jägern und Fischern günstige Siedlungsplätze. Die ausgetrockneten, sandigen Moorflächen wurden von Ackerbauern und Viehzüchtern der Jungsteinzeit besiedelt.

Noch im 13. Jahrhundert war die Lewitz-Niederung mit Wäldern aus Eichen, Buchen, Schwarzerlen und Birken bedeckt. Doch der Holzhunger der wachsenden Hansestädte wurde auch aus diesen Wäldern gestillt. In den folgenden Jahrhunderten verbrauchten die Zentren der Verhüttung von Raseneisenerz wie Neustadt-Glewe weitere Teile der Wälder. Das Holz ließ sich günstig auf dem vorhandenen Flusssystem transportieren. Aus dem Holz wurde Holzkohle gewonnen, diese wiederum

Blässgänse zählen neben Saatgänsen zu den häufigsten nordischen Gänsen der Lewitz. Foto: C. Moning, Neusiedler See, Ungarn, 6.3.2011.

lieferte die Energie für die Schmelzöfen. Alleine im Jahr 1577 wurden neben 6300 Tonnen Kohle 8300 m³ Holz benötigt. 1620 wurden für den Kraaker Schlossbau bereits die letzten Buchen und Eichen in Tuckhude gefällt. Am Ende musste 1717 die letzte Eisenschmelze in Neustadt wegen Holzmangels schließen und anstelle der Wälder erstreckten sich nun moorige Wiesen in der Lewitz.

Auch wenn seit dem 18. Jahrhundert durch das Forstamt Friedrichsmoor kleine Teilflächen wieder aufgeforstet wurden, verzichtete man bewusst auf eine vollkommene Wiederherstellung der ursprünglichen Waldflächen, denn bereits Ende der 1820er Jahre erwartete man, dass die Einnahmen aus der Weidewirtschaft die der Forstwirtschaft übertreffen würden. Um die Grünlandwirtschaft effizienter zu gestalten, entstand 1862/1863 der Brenzer Kanal, um Flächen nordwestlich von Brenz zu entwässern und dadurch landwirtschaftlich nutzbar zu machen. Auch der Naturschutz wirkte früh im Gebiet, denn bereits 1938 wurden Teile der Lewitz wegen ihrer Bedeutung als Sumpfvogelbrutgebiet unter Naturschutz gestellt. Dies konnte nicht verhindern, dass zur DDR-Zeit von 1958 bis 1962 und 1976 bis 1980 mit Einführung der industriellen landwirtschaftlichen Produktion eine großflächige, komplexe Melioration erfolgte, um Grünland für die Rinderzucht zu gewinnen. In dieser Zeit verschwanden viele Tier- und Pflanzenarten und auch der Brutbestand der Wiesenbrüter wurde erheblich reduziert.

Seit 1990 werden Meliorationsmaßnahmen teilweise wieder rückgängig gemacht. Aus Weide- und Ackerflächen werden wieder Feuchtwiesen und Niedermoore. Dadurch sind einige verdrängte Pflanzen- und Tierarten wieder heimisch geworden. Leider findet in kleinerem Maßstab aber noch immer ein schleichender Umbruch von Grünland in Maisäcker, vor allem zur Biogasgewinnung statt.

Besondere Vogelarten und Reisezeit

Zu der Zeit von R. Kuhk erklang der Gesang von Wachtelkönigen und Seggenrohrsängern noch häufig aus den nassen Wiesen. Kornweihen hatten hier ihren wichtigsten und Wiesenweihen ihren einzigen Brutplatz in Mecklenburg. Hinzu gesellten sich einzelne Sumpfohreulen. Flussseeschwalben waren mit der größten, 1000 Paare zählenden Kolonie in Mecklenburg vertreten, ebenso Trauerseeschwalben und eine große Lachmöwenkolonie. Großtrappen hatten hier eines ihrer Hauptbrutgebiete und Birkhühner eine von vier Populationen in Mecklenburg. Kolbenenten, Pfeifenten, Spießenten, Moorenten, Schwarzhalstaucher, Kampfläufer, Uferschnepfen und vereinzelte Alpenstrandläufer, Doppelschnepfen und sogar Triele gesellten sich hinzu. Aufgrund der Komplexmelioration in den 1960er und 70er Jahren und einer hohen Prädatorendichte kam es zu einem drastischen Einschnitt im Brutgeschehen vieler Arten. Davon betroffen waren insbesondere die typischen Arten des feuchten Grünlandes und der feuchten Wälder. Selbst ehemalige Charaktervögel, die zum Teil noch bis in die frühen 70er Jahre vorkamen, wie Große Brachvögel, Uferschnepfen, Rotschenkel, Bekassinen und Wiesenweihen, sind heute als Brutvögel verschwunden oder brüten nur noch sporadisch. Dies trifft auch auf Schwarzstörche und Schreiadler zu. Selbst in den Teichgebieten sind anspruchsvolle Arten wie Schwarzhalstaucher, Tüpfelsumpfhühner, Kolbenenten und Flussseeschwalben rar geworden oder sie fehlen ganz. Kiebitz & Co werden erst durch ein stringent umgesetztes Management wieder zu nennenswerten Beständen zurückfinden können. Die Entwicklung von Teilflächen wie der Spornitzer Wiese mit erneuter Feuchtstellenbildung und dem damit verbundenen Auftreten von Uferschnepfen und Großen Brachvögeln als Brutvögel geben hierzu gute Impulse.

Trotz aller Rückschläge sind in der Lewitz knapp 140 Brutvogelarten bekannt. An den Fischteichen brüten Rothalstaucher, Rohrdommeln, Fisch- und Seeadler, Kleine Sumpfhühner, Rohrschwirle und Bartmeisen mit mehr als einem Prozent des gesamten deutschen Brutbestandes. Die Brutvögel des Waldes sind durch das Vorkommen von

Typische Vogelarten in der Lewitz, deren Status und günstige Beobachtungszeit (in Klammern).
h = häufiger, r = regelmäßiger, s = seltener; B = Brutvogel, W = Wintergast, D = Durchzügler, N = Nahrungsgast

Art	Status (beste Beobachtungszeit)
Bartmeise	hB (ganzjährig)
Beutelmeise	hB (Apr.–Juli)
Blässgans	hDW (Okt.–März)
Braunkehlchen	sB (Apr.–Sep.)
Drosselrohrsänger	rB (Mai–Juni)
Fischadler	rB, rD (Apr.–Aug.)
Goldregenpfeifer	hD (Okt./Nov., Apr.)
Merlin	rDW (Okt.–Apr.)
Mittelspecht	rB (ganzjährig)
Nachtigall	hB (Apr.–Juni)
Ortolan	rB (Mai–Juni)
Raufußbussard	rDW (Okt.–Apr.)
Rohrdommel	hB, rD (Apr.–Juni)
Rothalstaucher	hB, rD (März–Juli)
Rotmilan	hB, rD (März–Okt.)

Art	Status (beste Beobachtungszeit)
Schlagschwirl	rB (Mai–Juni)
Schwarzmilan	rB, rD (Apr.–Aug.)
Schwarzspecht	hB (ganzjährig)
Seeadler	rB, hN (ganzjährig)
Silberreiher	rDW (ganzjährig)
Singschwan	hD, rW (Okt.–Apr.)
Sprosser	rB (Mai–Juni)
Trauerschnäpper	rB (Apr.–Juni)
Tundrasaatgans	hDW (Okt.–März)
Waldsaatgans	hDW (Okt.–März)
Waldschnepfe	hB (Apr.–Juni)
Weißstorch	rB (März–Aug.)
Wiesenpieper	rB (März–Okt.)
Zwergschwan	hD, rW (Okt.–Apr.)

Zwergschnäppern, Mittelspechten, Waldschnepfen und Waldwasserläufern zumindest regional bedeutsam.

Weiterhin beherbergt die offene Wiesenniederung international bedeutende Bestände rastender, mausernder und überwinternder Wasser- und Watvögel. Bislang wurden knapp 200 Rastvogelarten nachgewiesen. Während die Wasserflächen, insbesondere die bespannten, also gefluteten Teiche, als Schlafplätze genutzt werden, bieten die Grünlandflächen ideale Habitate zur Rast und Nahrungsaufnahme während des Zuges. Von Sing- und Zwergschwänen, Tundrasaat-, Waldsaat- und Blässgänsen, Schnatter-, Löffel- und Tafelenten rasten zeitweise international bedeutende Rastbestände in der Lewitz. Mehr als 50 000 nordische Gänse nutzen die Wiesen. 10 000 bis 16 000 mausernde Enten sind in den Monaten Juni bis September anwesend. Neben den zahlreichen Singschwänen zählen Zwergschwäne von Januar bis April und von Oktober bis Dezember zu den charakteristischen Durchzüglern.

Beobachtungsmöglichkeiten

Große Teile des Teichgebiets wie die Neuhöfer Teiche (1) sind als Betriebsgelände für den Besucherverkehr nicht zugänglich. Öffentlich zugängliche Beobachtungspunkte am Rande ermöglichen aber gute Einblicke in die Teiche. Aufgrund der Weitläufigkeit der Landschaft ist ein Spektiv nahezu unentbehrlich.

Der Aussichtsturm an der Dütschower Brücke (2) ist mehrmals abgebrannt, wurde aber als hoher, komfortabler Turm wiedererrichtet. Von der Brücke kann man weiterhin verschiedene Entenarten, Silberreiher, Fisch- und Seeadler, Rotmilane, Eisvögel und Beutelmeisen entdecken. Im September bieten abgelassene Teiche vielen Limikolen und nordischen Gänsen Rastmöglichkeiten. Ab Mitte Oktober erscheinen dann auch Sing- und Zwergschwäne. Im Winter jagen Kornweihen über dem Grünland, Bartmeisen durchstreifen die Schilfflächen und auch Raubwürger stellen sich ein. Im Frühjahr setzt dann wieder die Limikolenrast auf den Schlammflächen der langsam volllaufenden Teiche ein. Von der nach Westen weiterführenden Straße (3) lohnt es vor allem zur Brutzeit, Augen und Ohren offen zu halten.

Der Bereich um die Spornitzer Brücke (4) eignet sich besonders gut für die Beobachtung von Fisch- und Seeadlern. Im September und Oktober äsen auf den Wiesen entlang des Weges dorthin in dem Bereich bei (5) regelmäßig Saat- und Blässgänse und auch Große Brachvögel sind dann oft anzutreffen. Im Winter rasten hier bevorzugt Sing- und Zwergschwäne.

Nördlich der Mittelschleuse des Störkanals befinden sich die Brahm- und Möwenteiche (6), ein ausgedehntes Schilfgebiet, in dem Rohrdommeln, Rohrweihen und Rohrschwirle vorkommen. Auch Löffel-, Tafel- und Schnatterenten, See- und Fischadler, Rotmilane, Baumfalken, Kraniche, Wasserrallen, Eisvögel, Kolkraben, Beutelmeisen und Schlagschwirle lassen sich zur Brutzeit beobachten. Das Gebiet ist Totalreservat und darf nicht betreten werden. Die Sicht von der Südwestseite ist durch Gehölze und Röhricht recht eingeschränkt, man hört mehr, als man sieht. Der Dammweg führt weiter in die Waldlewitz, in der unter anderem Schwarz- und Mittelspechte brüten. Weitere Arten, die man entlang des Weges antreffen kann, sind Schlagschwirle, Waldlaubsänger und Trauerschnäpper. Vor allem entlang der alten Eichenallee bei (7) trifft man regelmäßig auf Mittelspechte.

Die Hauptäsungsflächen der Gänse, die auf den Teichen übernachten, liegen südlich der Waldlewitz, in der Wiesenlewitz (8); sie fliegen aber auch 20 bis 30 km in die Feldmark hinaus. Entlang der in der Karte markierten Wege durch die Wiesenlewitz lassen sich auch regelmäßig Waldsaatgänse finden. Weitere Gänseäsungsflächen findet man zwischen (9) und (10).

Im Bereich Matzlow-Garwitz gibt es einige Beobachtungspunkte für Ortolane. Einen ersten Stopp kann man bei (11) nördlich des kleinen Waldes einlegen. In Matzlow biegt man 100 m nach dem Ortseingangsschild vor dem Kindergarten nach links ab. Nach 1,7 km befindet sich linkerhand ein Fischadlerhorst (12) auf dem Gittermast einer demontierten Leitungstrasse. Bis hierhin hat man ebenfalls gute Chancen auf Ortolane.

Im Winter ein häufiger Gast – der Raufußbussard.
Foto: M. Höfer. 18.2.2008.

Infomaterial/Literatur

Daubner L, Kinzel W 2007: Die Vogelwelt des Landkreises Parchim. Selbstverlag, Parchim.

Fellner B 2006: Faszination Lewitz, Bildband. Verlag Burkhard Fellner, Neustadt-Glewe.

Zimmermann, H 2008: Die Vogelwelt des Naturschutzgebietes Fischteiche in der Lewitz. Ornithologischer Rundbrief für Mecklenburg-Vorpommern 46, Sonderheft 1.

Wagner C, Moning C 2009: Vögel beobachten in Ostdeutschland. Franckh-Kosmos Verlag, Stuttgart.

Wir danken Klaus-Dieter Feige recht herzlich für die Durchsicht des Kapitels.

Weitere Freizeitmöglichkeiten

Ludwigslust trägt die Beinamen „Lindenstadt“ und „Versailles des Nordens“ und wurde 1997 mit dem Titel „Umweltfreundliche Kommune“ geehrt. Die Stadt liegt 35 km südlich von Schwerin. Das später von Herzog Friedrich Franz erweiterte Jagdschloss „Ludwigslust“ geht auf Herzog Christian Ludwig II. zurück, der es 1731 bis 1734 erbauen ließ. Die Stadt zählt mit ihren barocken und klassizistischen Gebäuden zu den wertvollsten Stadtanlagen des 18./19. Jahrhunderts. Der zugehörige 120 ha große barocke Schlosspark in Ludwigslust entstand 1731 bis 1735 und ist der ausgedehnteste Landschaftspark Mecklenburgs. Hier brüten Zwergschnäpper.

Christoph Moning, Christopher König, Christian Wagner, Felix Weiß

Anfahrt

Mit Bahn und Bus

Neustadt-Glewe, Dütschow und Spornitz besitzen Bahnhöfe. Das Fahrrad ist für Beobachter, die mit der Bahn anreisen, das Fortbewegungsmittel der Wahl. Bushaltestellen existieren in allen Randdörfern und in Friedrichsmoor, die Verbindungen sind allerdings ungünstig.

Mit dem Auto

Neustadt-Glewe liegt direkt an der A 24 Berlin-Hamburg.

Adressen

Weitere Informationen zum Gebiet, Aktivitäten und Unterkünften:
Lewitztour, Burkhard Fellner, Büdnereiweg 22, 19258 Schwanheide, Tel.: 038757/55887, www.lewitztour.de, Weitere Informationen unter: www.lewitz.eu, lewitz.m-vp.de und www.lewitz-rangertour.de

GPS		
Dütschower Brücke (2):	53°25'58,00" N	11°36'58,00" O
Spornitzer Brücke (4):	53°27'00,00" N	11°37'55,00" O
Ortolanstelle (11):	53°25'46,00" N	11°42'27,00" O

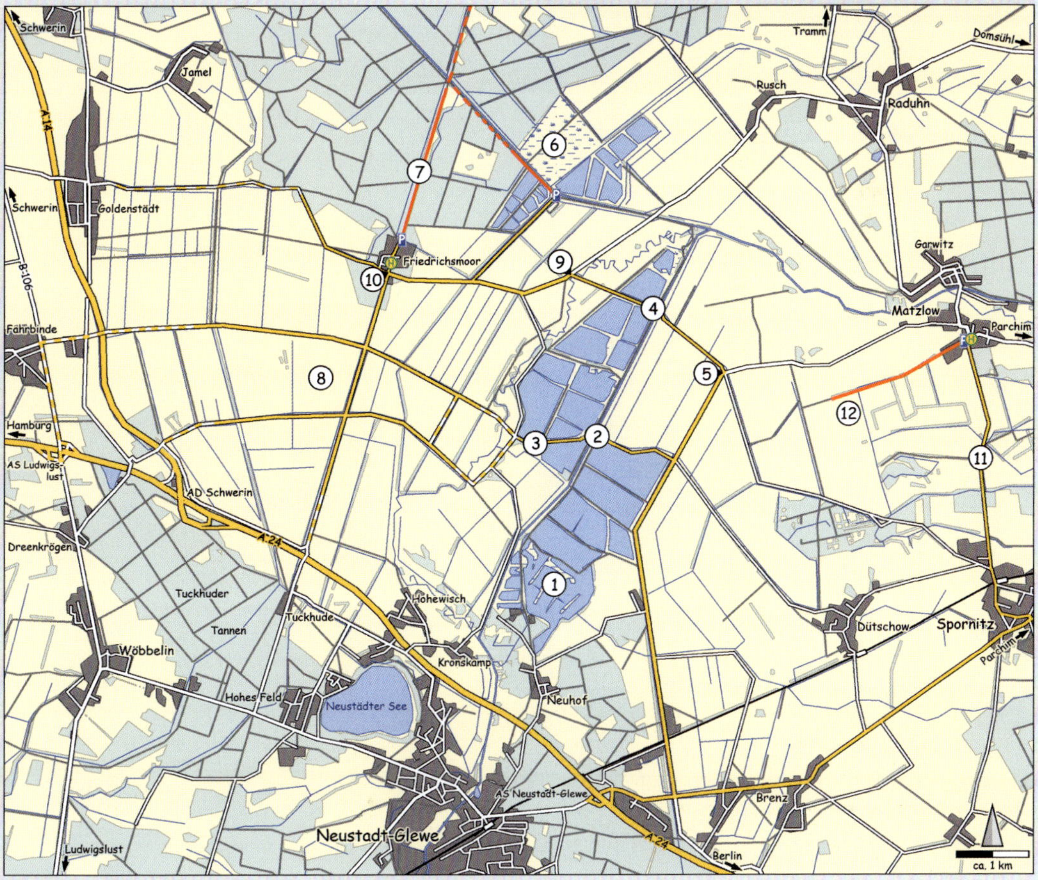

Die Westküste der Oie wird von einer aktiven Steilküste gebildet, der zahlreiche Findlinge vorgelagert sind. Foto: F. Weiß. 8.9.2012.

Die Greifswalder Oie

Das Helgoland der Ostsee

Über viele Jahrzehnte war die Greifswalder Oie militärisches Sperrgebiet und für Vogelbeobachter gänzlich unzugänglich. Erst nach der Wiedervereinigung wurde die kleine Insel in eine friedliche Nutzung überführt. Der Verein Jordsand betreibt seit 1994 eine Beringungsstation auf der Insel, in der über die Jahre zahlreiche Wissenschaftler und ehrenamtliche Helfer an der Erforschung des Vogelzugs mitgewirkt haben. Aber auch ohne auf der Beringungsstation mitzuarbeiten, ist ein Besuch der Insel möglich. Neben dem beeindruckenden, aber stark tagesabhängigen Vogelzuggeschehen begeistern die in großer Zahl rastenden Meeresenten und mit Grünlaubsänger und Karmingimpel zwei sehr seltene Brutvogelarten, die einen Besuch im Juni besonders lohnenswert machen.

Die naturschutzfachliche Bedeutung der Oie und der sie umgebenden Flachgründe spiegelt sich in der Ausweisung als Naturschutzgebiet, FFH-Gebiet und EU-Vogelschutzgebiet wieder.

Landschaftsgeschichte und Lebensräume

Die Greifswalder Oie ist von überschaubarer Größe, nur 1500 m lang und 300 m breit, also circa 54 ha groß. Auf Karten ist sie nicht leicht auszumachen und wird oft mit der näher am Festland gelegenen Nachbarinsel Ruden verwechselt. Die Oie findet man 9 km nördlich des Peenemünder Hakens, der Nordspitze Usedoms, und 12 km östlich von Thiessow auf Rügen. Mit Ausnahme der Südspitze ist die Oie ringsum von einer bis zu 18 m hohen Steilküste umgeben. Die Ostküste ist ein unbefestigtes, aktives Kliff und die Insel schrumpft auf dieser Seite von Jahr zu Jahr. Aus dem flachen Wasser ragen hier zahlreiche große Findlinge, die ständig neu aus der Steilküste zum Vorschein kommen. Die übrige Küste ist mit einer Steinschüttung befestigt. Nur an der Südspitze fällt die

Karmingimpel kehren erst spät im Jahr in ihre Brutgebiete in Mitteleuropa zurück. Die kräftige rote Farbe entwickelt sich erst im dritten Kalenderjahr. Foto: C. Moning. Murnauer Moos, 4.6.2011.

Insel flach ab und ein winziger Sandhaken ist vorgelagert. Der größte Teil der Insel ist eine halboffene Weidelandschaft, in der eine Herde Heidschnucken weidet. Die Schafe lassen Brombeergebüsche, Weißdorn, Schlehen und Sanddorn stehen, diese bieten den rastenden Zugvögeln reichlich Nahrung und Versteckmöglichkeiten. Zahlreiche verwilderte Obstbäume zeugen von der ehemaligen landwirtschaftlichen Nutzung. Im Nordwesten der Oie stockt ein alter Laubwald. Bis auf einen Teich auf dem Oberland gibt es keine permanenten Gewässer auf der Insel.

Die Greifswalder Oie wurde bis in die 1930er Jahre und für eine kurze Zeit in den 1950er Jahren landwirtschaftlich genutzt und auch eine Pension gab es auf der Insel. Im „Inselhof" residierten oft Maler und Schauspieler, darunter Hans Albers. Im Dritten Reich wurden die Bewohner der Insel vom Militär vertrieben. Die Nationalsozialisten erprobten auf der Oie ihre berüchtigten Langstreckenraketen. Nach dem Zweiten Weltkrieg wurde die Insel kurze Zeit für die Untersuchung von Tierseuchen genutzt, bevor die Nationale Volksarmee der DDR die Insel bis zur Wiedervereinigung nutzte. Vom Militär befreit strömten nach der Wiedervereinigung unzählige Menschen auf die Insel, um diese zuvor verbotene Zone mit eigenen Augen zu sehen. Der Ansturm wurde bald zum Problem für das fragile Ökosystem der Insel, die 1991 als Naturschutzgebiet ausgewiesen wurde, was die Situation jedoch nicht wesentlich änderte. Erst nachdem der Verein Jordsand 1993 vom Land Mecklenburg-Vorpommern mit der Betreuung betraut wurde, besserte sich die Situation. Bereits 1994 konnte die wissenschaftliche Vogelberingung aufgenommen werden, die bis heute in standardisierter Form vom Stationsleiter, einem FÖJler und zahlreichen ehrenamtlichen Helfern aus dem In- und Ausland durchgeführt wird. Die Beringungsstation konnte in den alten „Inselhof" im südlichen Teil der Insel einziehen und liegt in direkter Nachbarschaft des Fanggartens. Für Interessierte besteht die Möglichkeit, ehrenamtlich als Beringungshelfer an der wissenschaftlichen Arbeit mitzuwirken und nebenbei die ausgezeichneten Beobachtungsmöglichkeiten der Oie zu nutzen. Allerdings empfiehlt sich eine frühzeitige Anfrage, da die Plätze sehr begehrt sind.

Neben den Bewohnern des „Inselhofs" sind die Mitarbeiter der Deutschen Gesellschaft zur Rettung Schiffbrüchiger die einzigen ständigen Bewohner der Insel und starten von hier zu Einsätzen ins Seegebiet östlich von Rügen.

Die Ostsee ist um die Greifswalder Oie weiträumig sehr flach und die am Meeresgrund lebenden Wirbellosen sind für Meeresenten leicht erreichbar. Von der Südspitze zieht sich ein Riff 2 km nach Süden. Vor allem bei windigem Wetter zeichnet sich das Riff an der Wasseroberfläche durch die brechenden Wellen ab. Bei niedrigem Wasserstand in der Greifswalder Bucht ragen einige Findlinge sogar aus dem Wasser heraus.

Besondere Vogelarten und Reisezeit

Grünlaubsänger erreichen die Westgrenze ihres geschlossenen Verbreitungsareals in Polen und im Baltikum. Weiter westlich bestehen nur sehr lokale und nicht alljährlich besetzte Vorkommen, zu denen auch jenes auf der Greifswalder Oie gehört. Die Vögel kehren erst spät, ab Mitte Mai, aus ihrem Winterquartier in Südostasien zurück. Die besten Chancen, einen der seltenen Laubsänger zu entdecken, bieten sich in der ersten Junihälfte. Neben Feststellungen singender Männchen gelangen auf der Greifswalder Oie in den vergangenen Jahren auch vereinzelte Brutnachweise dieser bei uns sehr seltenen Laubsängerart. Karmingimpel sind weniger selten, treffen jedoch wie die Grünlaubsänger erst spät in ihren mitteleuropäischen Brutgebieten ein, sodass auch für sie die besten Beobachtungsmöglichkeiten im Juni bestehen. Eiderenten, Mittelsäger, Gänsesäger, Brandgänse und Schnatterenten profitieren sehr davon, dass die Greifswalder Oie seit einigen Jahren wieder frei von

Die Beringungsstation hat im ehemaligen Inselhotel ein Zuhause gefunden und liegt in der Nähe des Hafens am Südende der Insel. Foto: F. Weiß. 3.9.2012.

Füchsen ist. Sie brüten mit zunehmender Tendenz jeweils in einigen Paaren. Die lokale Population der Nebelkrähen ist fast vollständig mit Farbringen markiert. Rauchschwalben und Mehlschwalben konnten durch die Anlage von Lehmpfützen im Nestbau unterstützt werden und brüten an vielen Gebäuden und Ruinen der Insel.

Die flachen Gewässer des Greifswalder Boddens sind im Spätsommer Rastplatz für Tausende Trauerseeschwalben und Zwergmöwen. Die Vögel halten sich jedoch meist in Küstennähe auf und gelangen nur in kleiner Zahl bis zur Oie. Auf der Fährfahrt sind sie jedoch ebenso gut zu beobachten wie die imposanten Raubseeschwalben. Aufgrund der steilen Ufer rasten nur wenige Limikolen auf der Oie.

Der Fokus der Beringungsaktivitäten liegt auf den zahlreich rastenden Singvögeln. Die Rastbestände sind stark tagesabhängig und wandeln sich im Laufe des Herbstes ständig. Im August und September wird man unter anderem zahlreiche Trauerschnäpper, Steinschmätzer, Dorngrasmücken und Fitisse entdecken. Im Oktober und November erscheinen Drosseln, Rotkehlchen, Wintergoldhähnchen und Finken in großer Zahl.

Im Winter dominieren Meeresenten das Vogelleben. Eisenten und Bergenten rasten zu Tausenden, Eiderenten sind ebenfalls sehr häufig; hinzu kommen Trauer-, Samt- und Schellenten. Pracht- und Ohrentaucher sind weitere regelmäßige Rastvögel in den Gewässern um die Insel.

Die lange Liste von Seltenheiten, die auf der Greifswalder Oie nachgewiesen wurde, hat ihr den Beinamen „Helgoland der Ostsee" eingebracht. Neben regelmäßigen Gästen wie Gelbbrauenlaubsänger, Halsband- und Zwergschnäpper befinden sich unter den nachgewiesenen Arten auch solche extremen Seltenheiten wie Bartlaubsänger und Carolinataube.

Eisenten überwintern zu Tausenden in den Gewässern um die Greifswalder Oie.
Foto: F. Weiß. Varanger, Norwegen, 8.4.2011.

Eine weitere Besonderheit sind die zahlreichen Siebenschläfer, die auf der Oie leben. Dem Tagesgast bleiben diese nachtaktiven Kobolde jedoch in der Regel verborgen.

Beobachtungsmöglichkeiten

Die Greifswalder Oie ist international bekannt als Beringungsstation für Zugvögel, doch wissen viele Vogelbeobachter nicht, dass die Insel auch öffentlich zugänglich ist. Zwar bestehen für Besucher keine Unterkünfte, doch lässt sie sich von Anfang Mai bis Ende Oktober im Rahmen von Tagesausflügen besuchen. Von den Häfen Peenemünde auf Usedom und Freest am gegenüberliegenden Festland besteht mehrmals wöchentlich eine Fährverbindung, die den Fahrgästen etwa zwei Stunden Aufenthalt auf der Insel ermöglicht. Bereits die Überfahrt zur Oie bietet außergewöhnliche Beobachtungsmöglichkeiten. Im Juli, August und September fährt das Schiff durch Scharen von Trauerseeschwalben. Häufig sind dann auch die an Graureiher erinnernden, krächzenden Rufe von Raubseeschwalben zu hören. Die Fähre passiert die alte Lotseninsel Ruden, auf deren Mole oft Tausende Kormorane rasten. Ist ein Teil der Mole nicht dicht mit schwarzen Vögeln besetzt, so hockt dort oft ein Seeadler. Im zeitigen Frühjahr und Spätherbst wird man auch Eisenten, Bergenten und Prachttaucher sehen können. Im August und September kann man mit vereinzelten Schmarotzerraubmöwen rechnen. Die Fähre legt im Nothafen (1) an der Südspitze der Oie an. Auf den Molen des Hafens brüten Silber- und Sturmmöwen. Im Hafenbecken halten sich häufig Gänsesäger auf. Östlich der Hafenmole hat sich ein kleiner Sandhaken (2) gebildet, der einzige Rastplatz für Limikolen auf der Insel, der meist von zahlreichen Mantelmöwen bevölkert ist. Bei niedrigen Wasserständen schauen die Findlinge des südlich der Insel liegenden Riffs aus dem Wasser und gelegentlich ruhen dort Kegelrobben und selten Seehunde. Vom Hafen führt der Weg vorbei an der Station der Gesellschaft zur Rettung Schiffbrüchiger auf das Plateau der Insel (3). Wenige Meter danach zweigt vom Hauptweg links ein schmaler Weg zur Beringungsstation (4) ab. Besucher der Insel

Typische Vogelarten der Greifswalder Oie, deren Status und günstige Beobachtungszeit (in Klammern).
h = häufiger, r = regelmäßiger, s = seltener; B = Brutvogel, W = Wintergast, D = Durchzügler

Art	Status (beste Beobachtungszeit)
Höckerschwan	rB, hD, hW (ganzjährig)
Eiderente	rB, hD, hW (ganzjährig)
Bergente	hD, hW (Okt.–April)
Eisente	hD, hW (Okt.–April)
Mittelsäger	rB, hD, hW (ganzjährig)
Ohrentaucher	rD (Okt., März–April)
Kormoran	hD, hW (ganzjährig)
Silbermöwe	rB, hD, hW (ganzjährig)

Art	Status (beste Beobachtungszeit)
Mantelmöwe	hD, hW (ganzjährig)
Sturmmöwe	rB, hD, hW (ganzjährig)
Mehlschwalbe	hB (Mai–Aug.)
Uferschwalbe	hB (Mai–Juli)
Grünlaubsänger	sB, sD (Juni)
Zwergschnäpper	rD, sB (Mai–Juni, Sept.–Okt.)
Karmingimpel	sB (Juni)

können an einer Führung durch die Ausstellung teilnehmen, was jedoch die Beobachtungszeit auf der Insel deutlich verkürzt. Der Fanggarten der Station (5) liegt östlich des Hauptwegs und ist nicht öffentlich zugänglich. Für geschlossene Gruppen besteht nach Voranmeldung jedoch die Möglichkeit einer erweiterten Führung mit Besichtigung der Beringungsstation. Die Bäume um die Beringungsstation sind beliebte Rastplätze für Laubsänger und Fliegenschnäpper.

Der Hauptweg führt mittig über die Insel schnurgerade weiter nach Norden und durchquert einen Bereich mit niedriger Vegetation (6). Hier rasten oft Feldlerchen, Wiesenpieper, Steinschmätzer und Braunkehlchen. In einem Knick des Hauptwegs zweigt rechts ein schmaler Weg (7) durch einen alten Laubwaldbestand ab. Der Weg führt zum östlichen Steilufer und verläuft an ihm entlang nach Norden und kehrt dann zum Hauptweg zurück. Insbesondere entlang des Steilufers (8) besteht die Chance, im Juni einen Grünlaubsänger zu entdecken. Mit dem Gesang der Art sollte man sich für die Suche gut vertraut machen. Neben den seltenen Laubsängern sind Zwergschnäpper Brutvögel. In den Bäumen am Ufer befindet sich ein großer Schlafplatz von Kormoranen. Die Beobachtungsbedingungen für rastende Durchzügler sind aufgrund des hohen Kronendachs und der Größe des Waldes eher ungünstig. Der Hauptweg führt weiter bis zum Leuchtturm, der seit 1855 in Betrieb ist und dessen Feuer sich 49 m über der Ostsee befindet. Der Turm kann im Rahmen einer Führung besichtigt werden. Ein schmaler Rundweg führt zu zwei Aussichtspunkten an der Nordküste der Oie (9) und zurück zum Hauptweg. Bei ruhigem Wetter bietet sich ein spektakulärer Blick auf die Flachwasserzonen um die Oie mit ihren zahlreich rastenden Meeresenten. Entlang des gesamten Weges lohnt es sich, ab Ende Mai auf den Gesang von Karmingimpeln zu achten. Der Rückweg zum Hafen erfolgt wieder über den Hauptweg.

Anfahrt

Mit Bahn und Bus

Die Apollo Fahrgastreederei fährt Ostern und von Anfang Mai bis Ende Oktober mit der MS Seeadler von Peenemünde über Freest zur Greifswalder Oie. Peenemünde ist mit der Usedomer Bäderbahn zu erreichen.

Mit dem Auto

Die Greifswalder Oie ist autofrei. Besucher können ihre Autos in Peenemünde oder Freest parken.

Adressen

Verein Jordsand, Biologische Station Walter Banzhaf, 17440 Greifswalder Oie,
Tel.: 038371/21678,
E-Mail: greifswalder-oie@jordsand.de
Apollo GmbH Fahrgastreederei, Zum Hafen 1, 17449 Peenemünde,
Tel.: 038371/20829, www.schifffahrt-usedom.de

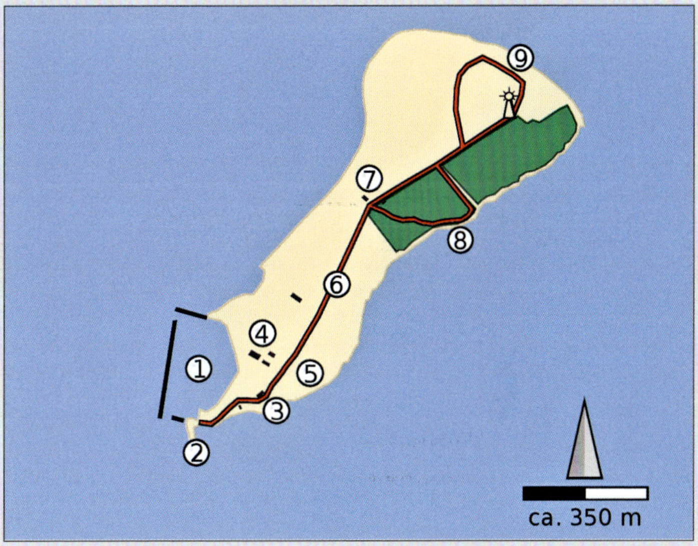

GPS		
Anleger Peenemünde	54°08'06,70" N	13°46'01,73" O
Anleger Freest	54°08'15,00" N	13°43'50,00" O
Nothafen Greifswalder Oie (1)	54°14'29,00" N	13°54'27,00" O

Weitere Freizeitmöglichkeiten

Auf dem Weg zur Greifswalder Oie passiert man eine andere kleine Insel, den Ruden. Er wird ebenfalls von Peenemünde und Freest angefahren, allerdings lassen die Fahrpläne keinen Besuch beider Inseln an einem Tag zu. Auch der Ruden ist zu den Zugzeiten ein Rastplatz fur zahlreiche Singvogelarten.

Felix Weiß, Christopher König, Christoph Moning, Christian Wagner

Infomaterial/Literatur

Mähler, M, Köppen U, von Rönn J 2013: Greifswalder Oie: Vogelzugforschung mitten in der Ostsee. Falke 60: 336–340.

Erfreulich weite Teile der Küste Rügens sind naturnah und unverbaut. Foto: C. König, 2.1.2015.

Rügen

Beobachtungen im Winterquartier der Wasservögel

Mit einer Fläche von fast 1000 km² ist Rügen Deutschlands größte Insel. Entsprechend vielgestaltig sind auch die dort zu findenden Lebensräume. Durch zahlreiche Halbinseln ist die Küste von Rügen länger als die gesamte Ostseeküste Schleswig-Holsteins. Die geschützten Buchten sowie verschiedene Stillgewässer im Inselinneren bieten gerade im Winter Tausenden Wasservögeln ein Quartier. Um die einmalige Natur der Insel zu bewahren, stehen weite Teile unter Schutz. Neben zwei Nationalparks und einem Biosphärenreservat befinden sich hier 28 Naturschutzgebiete – so viele wie in keiner anderen Region Deutschlands auf so kleinem Raum. In diesem Beobachtungstipp werden die besten Stellen zur winterlichen Wasservogelbeobachtung ausführlicher beschrieben.

Landschaftsgeschichte und Lebensräume

Entscheidend für die Entstehung der Insel Rügen waren gewaltige Erdbewegungen während der drei großen Eiszeiten, insbesondere der letzten, der Weichsel-Eiszeit. Damals schoben sich die Gletscher Skandinaviens über das Gebiet der heutigen Ostsee. Millionen Jahre alte Kreideablagerungen wurden aus der Tiefe gehoben, aufgefaltet und zusammengeschoben. Vor etwa 10 000 bis 12 000 Jahren zogen sich die Gletscher zurück und der Küstenverlauf wurde durch mehrfaches Sinken und Ansteigen des Meeresspiegels gestaltet. Aus der Ostsee, die damals einen deutlich höheren Meeresspiegel aufwies als heute, ragten einzelne Inselkerne hervor. Durch Wind und Wasser wurde im Laufe der Zeit Material von den Inseln abgetragen und im Strömungsschatten abgelagert. So entstanden Verbindungen zwischen den einzelnen Inselkernen und es bildeten sich die Bodden genannten flachen, buchtartigen Küstengewässer. Diese Boddenlandschaft ist heute typisch für die Insel Rügen.

Die ältesten Belege für eine Besiedlung Rügens reichen bis in die Altsteinzeit zurück. In der Römerzeit war Rügen von dem ostgermanischen Stamm der Rugier bewohnt, die der Insel auch ihren Namen gaben. Ab dem 7. Jahrhundert errichteten die westslawischen Ranen auf Rügen eine bedeutende militärische Stellung, die erst 1168 durch die Dänen zerstört wurde. 1648 ging die Insel im Rahmen des Westfälischen Friedens an Schweden. Zur Zeit der Napoleonischen Kriege wurde Rügen von 1807 bis 1813 von den Franzosen besetzt gehalten, bevor sie durch den Wiener Kongress 1815 an Preußen fiel. Im 19. Jahrhundert entstanden die Seebäder, für die Rügen noch heute bekannt ist. Nach dem Zweiten Weltkrieg kam die Insel zum Land Mecklenburg

Prachttaucher können vor Rügen im Winter sehr zuverlässig beobachtet werden. Foto: E. Lietzow, Schiedersee, 8.12.2011.

und zur DDR, wo sie sich zu einem der wichtigsten Urlaubsgebiete entwickelte. Die Insel verzeichnet auch heute noch etwa ein Viertel aller Übernachtungen in Mecklenburg-Vorpommern. Vor allem Rügens einzigartige Natur- und Kulturlandschaft zieht Touristen an. Mit ihren vielen Halbinseln, Nehrungen, kilometerlangen Stränden, Dünen, schroffen Steilküsten, sanften Hügeln, Seen und ausgedehnten Wäldern bietet die Insel eine große landschaftliche Abwechslung. Der westliche Teil Rügens ist überwiegend flach und wird intensiv landwirtschaftlich genutzt. Der Ostteil ist teilweise recht hügelig und bewaldet. Für die vielen überwinternden Wasservögel haben insbesondere die Flachwasserbereiche der Ostsee eine große Bedeutung. Während die hohen Fischbestände eine gute Nahrungsgrundlage für See- und Lappentaucher sowie Säger bilden, dienen große Muschelvorkommen den Meeresenten als reiche Nahrungsquelle.

Besondere Vogelarten und Reisezeit

Die Insel Rügen bietet zu jeder Jahreszeit hervorragende Möglichkeiten zur Vogelbeobachtung. Winterliche Wasservogelansammlungen treten in den Monaten von Oktober bis April auf. Prachttaucher erscheinen an den Küsten Rügens als regelmäßige Durchzügler, Wintergäste und sogar vereinzelte Übersommerer. Ihr Auftreten kann von Jahr zu Jahr und saisonal betrachtet stark schwanken. Je nach Windeinflüssen und Vereisung werden mitunter auch andere Bereiche der Ostsee aufgesucht. In deutlich geringerer Zahl sind in den küstennahen Meeresgebieten vor Rügen hin und wieder auch Sterntaucher zu beobachten. Ganzjährig können entlang der Küste sowie auf den Binnengewässern Rügens verschiedene Lappentaucher beobachtet werden. Haubentaucher sind häufig, seltener kommen Rothalstaucher und Zwergtaucher vor. Ohrentaucher sind im Winter sehr regelmäßig in geringer Zahl vertreten. Die Boddengewässer Rügens stellen für Höckerschwäne ein bedeutendes Nahrungs-, Mauser- und Überwinterungsgebiet dar. In den Konzentrationsgebieten kann es zu Ansammlungen in drei- bis sogar vierstelliger Höhe kommen. Auch Singschwäne nutzen die Gewässer im Winterhalbjahr in großer Zahl. Tagsüber sind die Vögel vorwiegend auf Rapsfeldern zu finden, abends werden die Boddengewässer zum Schlafen aufgesucht. Zwergschwäne treten auf Rügen meist nur in geringer Zahl auf. Generell schwanken auch die Bestände der Schwäne je nach Witterung enorm. Nordische Gänse bevölkern im Winterhalbjahr die Felder Rügens. Neben Tausenden Grau-, Bläss- und Tundrasaatgänsen sind auch Weißwangen- und Waldsaatgänse regelmäßig in Trupps zu beobachten, während Ringel-, Kurzschnabel-, Zwerg- und Rothalsgänse vereinzelt auftreten. Kanadagänse der schwedischen Population rasten und überwintern in großer Zahl auf Rügen. Sehr spektakulär sind auch die winterlichen Entenansammlungen auf den Gewässern auf und um Rügen. Pfeifenten bevölkern vor allem im März/April und von September bis November zu Hunderten die Boddengewässer. Noch zahlreicher sind Bergenten. Hier werden regelmäßig Ansammlungen mehrerer Tausend Vögel gezählt, oft gemischt mit Reiherenten. Auf den Flachgründen vor der Küste Rügens sind im Winter auch die übrigen Meeresenten sehr zuverlässig vertreten. Prächtige Eisenten in beeindruckender Zahl, größere Trauerententrupps sowie vereinzelte Samtenten können an verschiedenen Stellen entdeckt werden. Eiderenten ziehen regelmäßig, aber nur in geringer Zahl durch. Ganzjährig leben Schellenten auf Rügen. Ihre Konzentrationsorte richten sich im Winter stark nach der Vereisung der Gewässer. In milden Jahren sind die größten Trupps auf den Seen und Boddengewässern zu finden, bei starkem Frost werden die Außenküsten aufgesucht. Sehr zuverlässig sind auf Rügen auch Säger zu beobachten. Am zahlreichsten sind Gänsesäger, die im Winter auf allen Gewässern auf und um Rügen gefunden werden können. Lediglich auf die Küstengewässer beschränken sich Mittelsäger, die vor allem die nördlichen Bereiche Rügens in größerer Zahl aufsuchen. Sehenswert sind auch die winterlichen Trupps der Zwergsäger. Sie konzentrieren sich neben dem Nonnensee vor allem auf die geschützten Buchten der Boddengewässer.

Typische Wasservogelarten Rügens im Winter, deren Status und günstige Beobachtungszeit (in Klammern)
h = häufiger, r = regelmäßiger, s = seltener; B = Brutvogel, D = Durchzügler, W = Wintergast

Art	Status (beste Beobachtungszeit)
Höckerschwan	hB, hD, hW (ganzjährig)
Singschwan	hD, hW (Okt.–März)
Kanadagans	hD, hW (Aug.–April)
Weißwangengans	rD, rW (Okt.–Mai)
Waldsaatgans (ssp. *fabalis*)	rD, rW (Okt.–März)
Tundrasaatgans (ssp. *rossicus*)	hD, hW (Okt.–April)
Blässgans	hD, hW (Okt.–Mai)
Graugans	hB, hD, hW (ganzjährig)
Pfeifente	hD, hW (Aug.–April)
Reiherente	hB, hD, hW (ganzjährig)
Bergente	hD, hW (Sept.–März)
Eiderente	sD, sW (ganzjährig)

Art	Status (beste Beobachtungszeit)
Eisente	rD, rW (Okt.–April)
Trauerente	hD, rW (Sept.–April)
Samtente	rD, rW (Okt.–April)
Schellente	hD, hW (ganzjährig)
Zwergsäger	rD, rW (Okt.–März)
Mittelsäger	hD, hW (Okt.–April)
Gänsesäger	hD, hW (Okt.–April)
Haubentaucher	hB, hD, hW (ganzjährig)
Rothalstaucher	sB, sW (ganzjährig)
Ohrentaucher	rD, rW (Sept.–April)
Sterntaucher	sD, sW (Okt.–April)
Prachttaucher	rD, rW (Sept.–April)

Beobachtungsmöglichkeiten

Für die echten Meeresarten sind vor allem die nördlichen Küstenabschnitte empfehlenswert. Vom im Nordwesten gelegenen Dranske (1) lohnt sich ein Blick auf die vorgelagerten Flachgründe. Neben Trauerenten sind hier einzelne Samt- und Eisenten zu erwarten. Mit Glück entdeckt man auch Sterntaucher. Auch wenn die gesamte Nordküste interessante Beobachtungen bieten kann, ist die Nordostspitze Rügens (2) besonders empfehlenswert. Gute Beobachtungspunkte sind beispielsweise das Kap Wacholder oder der Leuchtturm am Kap Arkona, wo man von erhöhten Standpunkten aus auf die Ostsee blicken kann. Auch hier sind Trauer- und Samtenten sowie vor allem Prachttaucher und vereinzelt auch Sterntaucher zu beobachten. Mitunter finden sich hier größere Zahlen von Mittelsägern ein. Zu den besten Gebieten für die winterliche Wasservogelbeobachtung zählt zweifelsohne die südlich gelegene Tromper Wiek (3), ein wichtiges Rast- und Überwinterungsgebiet für Meeresenten und Prachttaucher. Für Letztere ist dies der wohl verlässlichste Bereich um Rügen. In größerer Zahl kann man Mittelsäger beobachten, von Jahr zu Jahr und saisonal verschieden sind die Bestände der Bergenten. Gute Beobachtungsmöglichkeiten gibt es von Nobbin, Juliusruh und Glowe aus. Südlich der Tromper Wiek, auf der anderen Seite der Halbinsel Jasmund, liegt die Prorer Wiek (4). Von Sassnitz, Prora oder Binz aus kann man hier vor allem größere Eisenten-Ansammlungen entdecken. Auch in dieser Meeresbucht hat man gute Chancen auf Prachttaucher. Das südöstliche Ende Rügens bildet die Halbinsel Mönchgut (5). Ihr vorgelagert befindet sich der Greifswalder Bodden, ein wichtiger Rastplatz für Trauerenten. Gute Beobachtungspunkte sind am Nordperd bei Göhren, am Lobber Ort und am Südperd bei Thiessow. Neben der küstennahen Ostsee sind im Winter vor allem auch die geschützten Binnengewässer zur Vogelbeobachtung interessant. So kann man auf dem Selliner See große Pfeifententrupps antreffen. Auch für Gänse- und Zwergsäger ist dies eine recht verlässliche Stelle. Die Halbinsel Zudar (6) bildet das südliche Ende Rügens. Ein Besuch hier lohnt sich vor allem für die vielen Bergenten, die hier vierstellige Bestände erreichen können. Die Enten halten sich entweder auf dem Strelasund genannten Meeresarm auf, der Rügen vom Festland trennt, oder in der Schoritzer Wiek. Die besten Beobachtungsmöglichkeiten ergeben sich vom Fähranleger Glewitz sowie von der Straße zwischen Zicker und dem Naturcampingplatz Pritzwald. Außer Bergenten rasten hier regelmäßig zahlreiche Schellenten und Zwergsäger. Neben den Flachgründen der Ostsee

Von erhöhter Position hat man am Kap Wacholder einen guten Blick über die Nordküste Rügens. Foto: C. König. 3.1.2015.

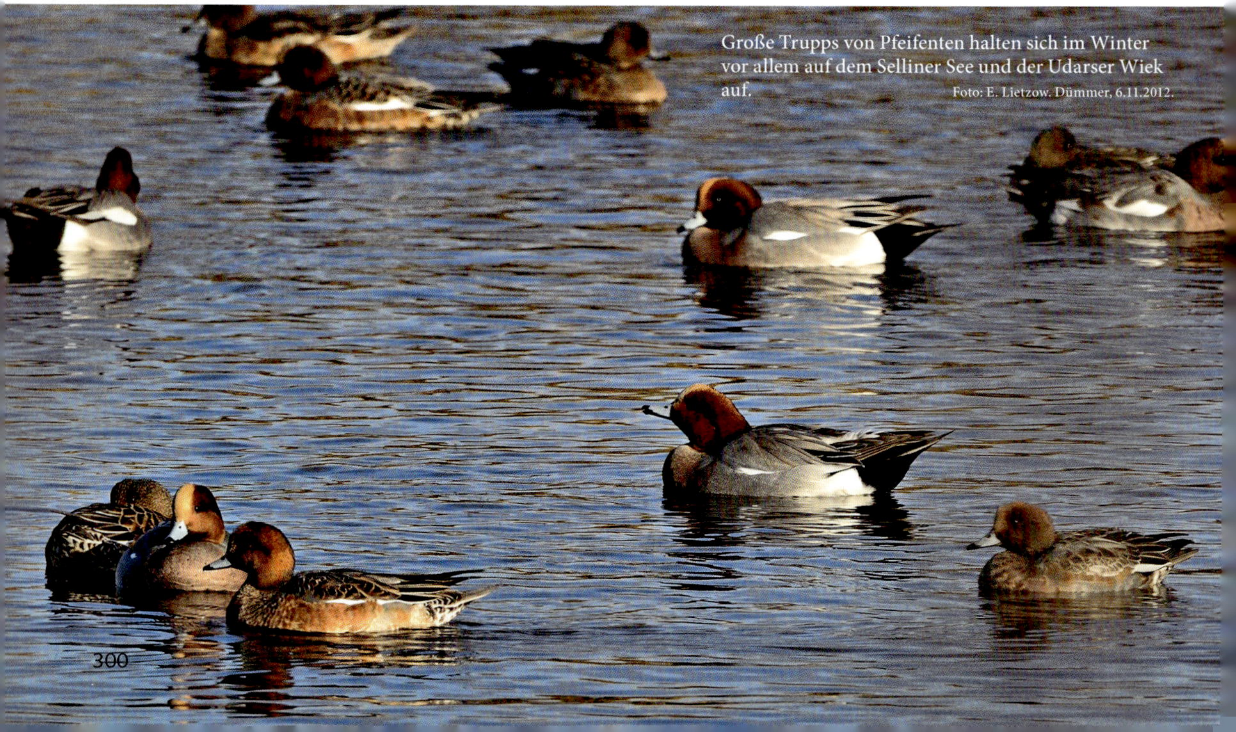
Große Trupps von Pfeifenten halten sich im Winter vor allem auf dem Selliner See und der Udarser Wiek auf. Foto: E. Lietzow. Dümmer, 6.11.2012.

und den küstennahen Seen bietet auch der im Zentrum von Rügen gelegene Nonnensee (7) bei Bergen gerade im Winter gute Beobachtungsmöglichkeiten für Wasservögel. Sowohl am Nord- als auch Südufer befinden sich Beobachtungstürme, die einen guten Blick über die Seefläche ermöglichen. Gänse- und Zwergsäger sowie Schellenten treten hier sehr regelmäßig auf. Hunderte Singschwäne können in der Umgebung der Ortschaft Sagard beobachtet werden, für die auch die Umgebung von Kartzitz bei Rappin einen Besuch wert ist. Große Konzentrationen von Höckerschwänen findet man vor allem auf der Schoritzer Wiek. Gänse äsen im Winter in allen größeren Feldgebieten Rügens. Große Blässganstrupps werden unter anderem regelmäßig bei Ummanz im Westen der Insel sowie bei Sagard beobachtet. Wer auf der Suche nach den seltenen Waldsaatgänsen ist, dem seien die Felder um Samtens sowie ebenfalls Sagard empfohlen.

Blick in die Umgebung

Das im Juni 2013 eröffnete Naturerbe Zentrum Rügen bietet die Möglichkeit, die Natur Rügens aus einer ganz anderen Perspektive zu betrachten. Neben Erlebnisausstellungen ist vor allem der mehr als 1 km lange Baumwipfelpfad sehenswert, der sich in vier bis 17 m Höhe durch den urwüchsigen Wald der Naturerbefläche Prora schlängelt. Höhepunkt ist der einem Adlerhorst nachempfundene 40 m hohe Aussichtsturm. Bei einem einzigartigen Blick über die Landschaft der Insel kann man mit etwas Glück auch Seeadler beobachten.

Christopher König, Christoph Moning, Christian Wagner, Felix Weiß

Infomaterial/Literatur

Dittberner H, Hoyer E 1993: Die Vogelwelt der Inseln Rügen und Hiddensee Teil 1: Nonpasseres (Nichtsingvögel). Verlag Erich Hoyer, Galenbeck.

White R 2015: A Birdwatching Guide to North East Germany and its Baltic Coast. Bristol.

Wagner C, Moning C 2009: Vögel beobachten in Ostdeutschland. Franck-Kosmos, Stuttgart.

Anfahrt

Mit Bus und Bahn

Alle wichtigen Städte und Gemeinden Rügens sind per Bus mindestens zweistündlich untereinander verbunden. Der Busverkehr ist zudem gut mit dem Bahnverkehr verknüpft. Das Eisenbahnnetz ist recht gut ausgebaut. Die dampfbetriebene Schmalspurbahn „Rasender Roland" gehört außerdem zu den Touristenattraktionen.

Mit dem Auto

Zwischen der Halbinsel Zudar auf Rügen und Stahlbrode auf dem Festland verkehren zwei Autofähren im halbstündlichen Wechsel. Noch einfacher ist die Insel von Stralsund über den Rügendamm oder die benachbarte Strelasundbrücke erreichbar. Die B 96 führt von Stralsund quer über die Insel bis nach Sassnitz. Alle Halbinseln Rügens lassen sich gut mit dem Auto erreichen. Einzelne Bereiche der Insel, wie das Kap Arkona, sind hingegen autofrei und müssen zu Fuß, per Fahrrad oder ÖPNV erkundet werden.

Adressen

NABU-Kreisverband Rügen, Rugardstr. 9c, 18528 Bergen auf Rügen, Tel.: 03838/209710, Fax: 03838/209709, nabu.ruegen.kv@t-online.de; www.nabu-ruegen.de

Naturerbe Zentrum Rügen, Forsthaus Prora 1, 18609 Ostseebad Binz/OT Prora, Tel.: 038393/662200, info@nezr.de, www.nezr.de

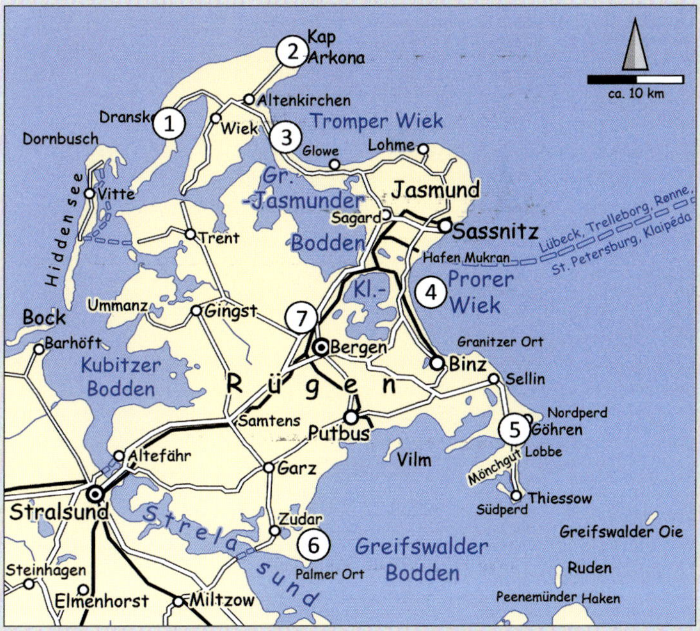

GPS		
Leuchtturm Kap Arkona	54°40'49" N	13°25'56" O
Sudperd Thiessow	54°16'24" N	13°43'22" O
Beobachtungspunkt Schoritzer Wiek	54°15'53" N	13°23'37" O
Südlicher Beobachtungsturm Nonnensee	54°25'46" N	13°24'24" O

Offene, leicht hügelige Landschaft bei Buschenhagen.
Foto: G. Nowald. 14.10.2013.

Groß Mohrdorf

Faszination Kranich

Die großen Ansammlungen mit Zehntausenden rastenden Kranichen gehören zu den großen Attraktionen in Nordostdeutschland und sind nicht nur versierten Vogelbeobachtern bekannt. Groß Mohrdorf mit dem Kranich-Informationszentrum ist ein idealer Ausgangspunkt für eine intensive Beschäftigung mit den Vögeln. Eine gute Beobachtungsinfrastruktur und Ablenkungsfütterungen sorgen dafür, dass man die Kraniche hier oft aus kurzer Distanz in aller Ruhe beobachten kann. Im Oktober erreichen die Rastbestände ihr Maximum und so ist der Monat ideal für einen Besuch in Groß Mohrdorf.

Landschaftsgeschichte und Lebensräume

Die Gemeinde Groß Mohrdorf im Landkreis Vorpommern-Rügen ist eine typische Gemeinde des norddeutschen Tieflands. Der höchste Punkt liegt etwa 22 m über dem Meeresspiegel. Die einst von Gutshöfen mit gewaltigen Ländereien geprägte und während der DDR-Zeit in Landwirtschaftlichen Produktionsgenossenschaften organisierte Landwirtschaft hat die Entstehung von sehr großen Schlägen begünstigt. In der Gegend wird besonders Getreide und Mais angebaut. Die abgeernteten Maisfelder sind bevorzugte Nahrungshabitate der Kraniche. Die wenigen Straßen werden häufig von Alleen aus Eichen gesäumt. Größere Waldgebiete in der sonst landwirtschaftlich dominierten Gemeinde befinden sich nur bei Kinnbackenhagen und auf der Insel Bock.

Der nordöstliche Teil der Gemeinde liegt im Nationalpark Vorpommersche Boddenlandschaft, der einen repräsentativen Ausschnitt der vorpommerschen Ausgleichsküste sowie der Flachwasserzone der Ostsee als größtem Brackwasserlebensraum der Erde darstellt. Er umfasst erdgeschichtlich sehr junge Landschaftsformen, die von einer innigen Durchdringung von Land- und Wasserflächen mit hoher Küstendynamik gekennzeichnet sind, Flachwasserökosysteme der Ostsee, Windwatten, Sandhaken, Nehrungen, aktive Kliffs, Strände und Dünen, Brackwasserröhrichte und Küstenüberflutungsmooren. Waldökosysteme mit vollständigem Spektrum von Pionier- zu Klimaxgesellschaften sieht man exemplarisch am Darßer Ort.

Ostsee und Nordsee unterscheiden sich in einigen Aspekten grundlegend. So hat die Ostsee eine geringere Größe und nur einen sehr kleinen Zugang zum Nordatlantik. Die Ostsee ist deswegen hydrographisch gesehen ein Brackwassermeer, mit einer starken Abnahme des Salzgehalts vom Kattegat bis zum Bottnischen Meerbusen. Auch aus diesem Grund friert die Ostsee bei winterlichen Kaltlufteinbrüchen in Extremjahren fast vollständig zu, was bei den Wasservögeln im Verlauf des Winters zu starken Verlagerungen der Rastbestände bis hin zu ausgeprägten Abwanderungen führt. Aus der geografischen Situation ergibt sich weiterhin, dass die Ostsee keine ausgeprägte Tide hat. Die Wattflächen entstehen hier vor allem durch verschiedene Windsituationen. Diese sogenannten Windwatten bieten unstete Nahrungsbedingungen für Watvögel, weshalb die Rastzahlen sowohl im Herbst als auch im Frühjahr geringer sind als an der Nordsee. Länger und in größerer Zahl rasten bei den meisten Arten nur die Jungvögel.

Besondere Vogelarten und Reisezeit

In Deutschland brüten mit steigender Tendenz über 10 000 Kranichpaare. Die größten Populationen findet man dabei in Mecklenburg-Vorpommern und Brandenburg. Ab Mitte Februar kehren die einheimischen Kraniche aus den Winterquartieren an die Brutplätze zurück. Bis zum Brutbeginn im März bzw. Anfang April lassen sie sich auf den Äsungsflächen meist frühmorgens bei ihren fantastischen Balztänzen beobachten. Bestandteil des Rituals sind Sprünge, Flügelschlagen, Zickzackläufe und im Kreis rennen. Dabei werden auch kleine Gegenstände in die Luft geworfen. Die Balztänze auf den Frühjahrsrastplätzen sind Ausdruck innerer Erregung, die eigentliche Balz findet in der Nähe des Brutplatzes statt und dient der Einstimmung der Partner aufeinander und zur Vorbereitung der Paarung. In der Regel bleiben Kranichpaare ein Leben lang zusammen. Die Jungvögel, die Anfang bis Mitte Mai schlüpfen, sind Nestflüchter und ab Ende Juli flügge. Anfang August füllen sich die Sammelplätze zuerst mit Vögeln aus der lokalen Brutpopulation und dann ab September auch mit nordischen und weiter östlich brütenden Kranichen.

Von September bis Ende November fliegen Zehntausende Kraniche die drei Hauptschlafplätze im Gebiet an: Werder-Inseln, Insel Kirr und Udarser Wiek. Die abendlichen und morgendlichen Schlafplatzflüge, an denen sich Mitte Oktober maximal 90 000 Individuen beteiligen, sind eines der eindrucksvollsten Naturschauspiele Mitteleuropas. Die Nacht verbringen die scheuen Vögel gut geschützt, stehend im Flachwasser der Bodden. Tagsüber suchen die Kraniche in kleineren Gruppen in einem Umkreis von bis zu 30 km Ernterückstände auf Mais- und Getreidefeldern. Bei gutem Nahrungsangebot versammeln sich tagsüber Hunderte bis Tausende Kraniche auf einzelnen Äckern. Um landwirtschaftliche Schäden zu verhindern, wurde ein System von Ablenkfütterungen geschaffen. Auf diesen wird zusätzlich zu den Ernterückständen Getreide aufgebracht. Im November zieht ein Großteil der Kraniche nach Westspanien in die Extremadura. Im Frühjahr kehren sie ab Mitte Februar zurück. Da der Heimzug zielstrebiger vonstattengeht als der Herbstzug, liegen die maximalen Bestände zu dieser Zeit lediglich bei rund 10 000 Individuen (Mitte März). Kleinere Gruppen verbleiben auch den Winter über in Mecklenburg-Vorpommern, sodass man ganzjährig Kraniche in Groß Mohrdorf beobachten kann.

Kraniche sind sehr scheue Vögel, sie werden schnell unruhig und fliehen oft schon bei einer Annäherung auf 200 m auf. Man beobachtet sie deswegen am besten aus dem Auto heraus. Die Fluchtdistanzen verringern sich dadurch deutlich. Wenn die Kraniche ihre Köpfe heben, zeigen sie, dass sie sich stark gestört fühlen. Spätestens jetzt sollte man die Annäherung einstellen; bei weiterer Annäherung würden sie ansonsten auffliegen. Freilaufende Hunde lösen regelrechte Panik aus. Eine gute Möglichkeit, Kraniche aus der Nähe zu studieren, sind die Beobachtungseinrichtungen des Kranich-Informationszentrums bzw. des Nationalparkamts. Zu den Hauptzugzeiten werden diese durch Ranger und durch ehrenamtliche Helfer betreut. Empfehlenswert ist die Benutzung eines Spektivs, nicht selten reicht aus den Beobachtungseinrichtungen aber auch ein Fernglas für befriedigende Erlebnisse aus. Übrigens sollte man beim Fotografieren den Blitz nicht verwenden, da dieser Kraniche verunsichert.

Neben spektakulären Kranichbeobachtungen hat man an der deutschen Ostseeküste auch gute Möglichkeiten zur Beobachtung von durchziehenden und überwinternden Wasservögeln. Für rastende und überwinternde Meeresenten ist die Pommersche Bucht mit der nördlich anschließenden Oderbank und dem Adlergrund sogar eines der wichtigsten Überwinterungsgebiete in der Westpaläarktis. Bis zu 111 000 Bergenten, 242 000 Eiderenten, 837 000 Eisenten, 177 000 Trauerenten, 51 000 Samtenten, 38 500 Schellenten und 128 000 Blässhühner halten sich dort im Winter auf. Für Gryllteisten und Ohrentaucher stellt sie das bedeutendste Rastgebiet in Deutschland dar. Neuere Untersuchungen haben belegt, dass die Pommersche Bucht auch für übersommernde und mausernde Trauer- und Samtenten eine wichtige Funktion hat.

An Nehrungshaken und in Lagunen rasten Sandregenpfeifer, Kiebitzregenpfeifer, Pfuhlschnepfen, Säbelschnäbler, Alpenstrandläufer und Große Brachvögel. An Strandseen und Fischteichen findet man besonders Bekassinen, Temminckstrandläufer, Flussregenpfeifer, Säbelschnäbler, Kampfläufer und Odinshühnchen. In den wenigen verbliebenen Salzwiesen rasten gerne Goldregenpfeifer, Kiebitze und Bekassinen.

Typische Wasservogelarten im Winterhalbjahr in Groß Mohrdorf sowie Darß und Zingst, deren Status und günstige Beobachtungszeit (in Klammern)
h = häufiger, r = regelmäßiger, s = seltener; B = Brutvogel, D = Durchzügler, W = Wintergast

Art	Status (beste Beobachtungszeit)
Singschwan	hD, hW (Okt.–März)
Kanadagans	hD, hW (ganzjährig)
Blässgans	hD, hW (Okt.–März)
Weißwangengans	hD, rW (Aug./Sept.)
Pfeifente	hD, hW (Sept.–Nov., März)
Bergente	hD, hW (Okt.–Dez.)
Eiderente	rB, hD, rW (ganzjährig)
Eisente	hW (Nov.–April)
Trauerente	rD, rW (Okt.–April)
Samtente	hW (Nov.–April)
Zwergsäger	rD, sW (April)
Gänsesäger	rB, hW (ganzjährig)
Mittelsäger	sB, hD, hW (ganzjährig)

Art	Status (beste Beobachtungszeit)
Rothalstaucher	sB, rD (Mitte März/Apr., Okt.)
Ohrentaucher	sD, rW, (März–Mitte Mai, Sept.–Nov.)
Prachttaucher	hD, sW (April, Sept./Okt.)
Seeadler	rB, hW (ganzjährig)
Kranich	hB, hD, rW (ganzjährig)
Pfuhlschnepfe	hD (April–Sept.)
Odinshühnchen	sD (Mai, Aug.–Sept.)
Alpenstrandläufer	hD (März–Okt.)
Zwergmöwe	hD (April, Juli–Okt.)
Mantelmöwe	sB, hD, hW (ganzjährig)
Raubseeschwalbe	rD (Aug./Sept.)

Raubmöwen, die regelmäßig auf dem Herbstzug zum Beispiel vom Darß aus gesehen werden, sind Schmarotzerraubmöwen und in geringer Zahl auch Spatelraubmöwen.

Kraniche nutzen das Grünland häufig zusammen mit anderen Vogelarten, zum Beispiel auf einer gemähten Wiese bei Günz mit Stockenten. Foto: G. Nowald. 21.10.2013.

Beobachtungsmöglichkeiten

Das Kranich-Informationszentrum in Groß Mohrdorf (1) bietet einen umfassenden Einblick in das Leben der Kraniche und ist erste Anlaufstation für aktuelle Informationen zu deren Aufenthaltsorten und Rastbeständen. Der Eintritt ist frei. Im September und Oktober sind Mitarbeiter des Nationalparks, des Kranich-Informationszentrums und ehrenamtliche Helfer auch im Gelände unterwegs.

Das Kranorama (2) ist eine im Herbst 2015 eröffnete barrierefreie und modern ausgestattete Kranichbeobachtungsstation am Günzer See. Schon der Weg vom Parkplatz zum Kranorama ist ein Erlebnis und stellt die einzelnen Zugetappen von den Brutgebieten in die Extremadura dar. Am Ziel angekommen hat der Besucher einen Ausblick auf die Günzer Seewiesen. Die aktuellen Öffnungszeiten des Kranoramas sind auf der Seite www.kraniche.de/de/kranorama.html veröffentlicht.

Auf dem Deich nordwestlich von Bisdorf befindet sich eine viel besuchte Beobachtungshütte (3), die sich hervorragend dafür eignet, überfliegende und am Schlafplatz einfallende Kraniche zu beobachten. Den Parkplatz erreicht man, in dem man im Ort dem „Kranichweg" nach rechts und nach Norden aus der Siedlung hinaus folgt, bis nach einem Kilometer Findlinge die Weiterfahrt versperren. Von dort geht man auf dem Deich weiter und erreicht nach circa 500 m die Beobachtungshütte (3).

Bei Zarrenzin befindet sich eine lohnenswerte Aussichtsplattform. Der Ort liegt der Insel Bock gegenüber. Zarrenzin und Barhöft erreicht man über die K 10, die 4,1 km östlich vom Kranichzentrum Groß Mohrdorf von der L 213 nach Norden abzweigt. In Solkendorf macht die Hauptstraße nach Barhöft eine Rechtskurve. Hier fährt man geradeaus nach Zarrenzin bis zum großen Parkplatz am Ufer (2 km). Ein Fußpfad führt in wenigen Hundert Metern nach Westen zur Aussichtsplattform (4).

In Barhöft gibt es einen täglich geöffneten Aussichtsturm (5) mit fantastischem Blick über die Steilküste hinaus auf den Nationalpark Vorpommersche Boddenlandschaft und einen Küstenwanderweg, der in circa 2 km nach Zarrenzin führt. In Barhöft hält man sich Richtung „Hafen", bis man den gebührenpflichtigen Parkplatz erreicht. Von ihm sind es noch 300 m bis zum Hafen. Wenige Hundert Meter sich links haltend findet man den Aussichtsturm. Er ist von 6-20 Uhr geöffnet und kostet einen Euro Eintritt (Kleingeld bereit halten).

Kranichfamilie auf Maisstoppel. Die Jungvögel sind im Herbst noch einfach an der fehlenden Kopf- und Halszeichnung zu erkennen. Foto: G. Nowald. 30.9.2012.

Blick in die Umgebung

Bei einem Besuch von Groß Mohrdorf im Herbst lohnt sich ein Abstecher auf die Halbinsel Fischland-Darß-Zingst sowie natürlich auch nach Rügen (Falke 2015, H 12) und Hiddensee. Die Halbinsel Fischland-Darß-Zingst befindet sich zu großen Teilen im Nationalpark Vorpommersche Boddenlandschaft. Im Herbst sind die Kraniche, wie bei Groß Mohrdorf, die Hauptattraktion. Das Gebiet bietet aber auch gute Möglichkeiten zur Beobachtung von Meeresvögeln.

Der landschaftlich beeindruckende Darßer Ort ganz im Norden des Darß, gilt als größtes Anlandungsgebiet in Mitteleuropa und ist durch einen Rundweg erschlossen. Es lohnt sich, im Winterhalbjahr von der Dünenkante im Bereich des Leuchtturms etwas erhöht das Meer abzusuchen. Auch von den Aussichtstürmen hat man einen hervorragenden Überblick über die Dünen, die Strandseen, Röhrichte und das vorgelagerte Sandwatt.

Die Insel Kirr südlich von Zingst ist im Herbst ein wichtiger Rastplatz für Gänse und Kraniche. Mehrere Tausend Individuen können allabendlich beobachtet werden. Der Deich südlich von Zingst bietet gute Einblicke auf die Insel.

Ganz im Osten der Halbinsel Zingst befindet sich mit der Hohen Düne von Pramort das größte Weißdünengebiet der deutschen Ostseeküste. Es ist durch einen Bohlenweg und einen Aussichtsturm erschlossen. Je nach Jahreszeit finden sich zeitweise große Ansammlungen von Kanada-, Weißwangen- (Oktober), Grau-, Bläss- und Saatgänsen, Brandgänsen, Pfeifenten, Meeresenten, Mittelsägern, Prachttauchern, Möwen, Watvögeln (z. B. Säbelschnäbler) und Raubseeschwalben ein. Seeadler können ganzjährig beobachtet werden. Für die Hauptrastzeit der Kraniche zwischen September und November ist der Zugang zur Sundischen Wiese eingeschränkt. Informationen dazu finden sich auf der Internetseite des Nationalparks Vorpommersche Boddenlandschaft (https://www.nationalpark-vorpommersche-boddenlandschaft.de/erleben-erholen/aktiv-in-der-natur/faq-kranichrast).

Die weit in die Ostsee reichenden Stege bei Prerow und Zingst sind lohnende Aussichtspunkte für Trauer-, Samt- und Eisenten sowie Rothals- und Ohrentaucher über das Winterhalbjahr. Für alle Meeresbeobachtungen ist ein Spektiv unerlässlich.

Übrigens starten im September und Oktober Ausflugsschiffe zum Beispiel ab den Häfen Born und Zingst zu einer Kranichbeobachtungstour auf dem Bodden.

Christian Wagner, Christopher König, Christoph Moning, Felix Weiß

Anfahrt

Mit Bahn und Bus

Groß Mohrdorf befindet sich etwa 15 km nordwestlich von Stralsund. Die Bushaltestelle „Groß Mohrdorf" liegt unmittelbar beim Kranich-Informationszentrum in Groß Mohrdorf und wird vom Bahnhof in Stralsund bedient.

Mit dem Auto

Von Stralsund erreicht man Groß Mohrdorf über „Prohn", das ab Stralsund ausgeschildert ist. Wer von Westen (Ribnitz-Damgarten) kommt, verlässt die B 105 in Karnin nach links auf die L 212 Richtung „Flemendorf" und erreicht über die L 21 und die L 213 Groß Mohrdorf. Das Kranich-Informationszentrum (1) befindet sich in einem gelben Gebäude direkt an der Hauptstraße (L 213).

Adressen

Kranich-Informationszentrum, Lindenstraße 27, 18445 Groß Mohrdorf, Tel.: 038323-80540, E-Mail: info@kraniche.de; www.kraniche.de.
Öffnungszeiten: März–Mai: Mo–So, 10–16 Uhr; Juni–Juli: Mo-Sa, 10–16 Uhr; Aug.: Mo–So, 10–16:30 Uhr; Sept. –Okt.: Mo–So, 9:30–17:30 Uhr und Nov.: Mo–Fr, 10–16 Uhr. In den übrigen Monaten ist eine Besichtigung der Ausstellung nach vorheriger Anmeldung möglich.

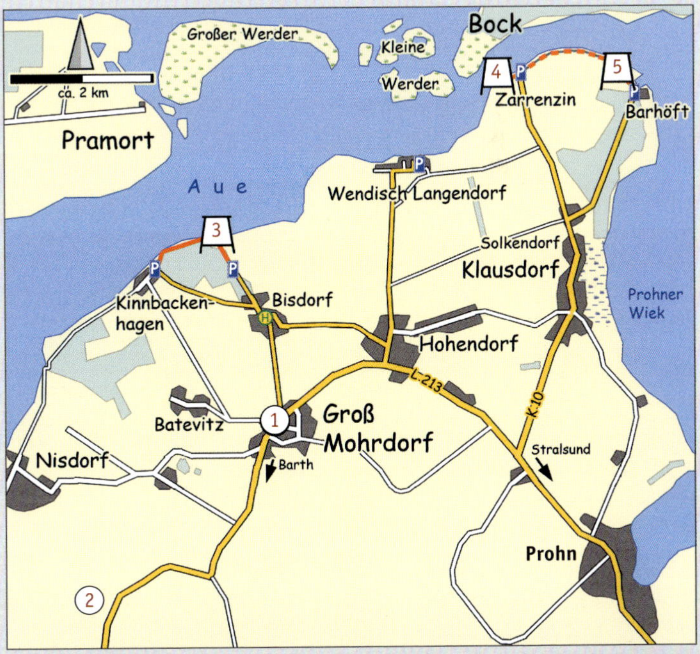

GPS		
Parkplatz Kranorama (2)	54°21'54" N	12°54'29" O
Parkplatz Beobachtungshütte Bisdorf (3)	54°24'37" N	12°56'20" O
Parkplatz Zarrenzin (4)	54°26'09" N	13°00'05" O
Parkplatz Barhöft (5)	54°25'54" N	13°01'41" O

Infomaterial/Literatur

Garthe S, Ulrich N, Weichler T, Dierschke V, Kubetzki U, Kotzerka J, Krüger T, Sonntag N, Helbig AJ 2003: See- und Wasservögel der deutschen Ostsee. Verbreitung, Gefährdung und Schutz – Ergebnisse aus dem F+E-Vorhaben 800 86 002 des Bundesamtes für Naturschutz. Bundesamt für Naturschutz, Bonn.

Scheller W, Strache RR, Eichstädt W, Schmidt E 2002: Important Bird Areas (IBA) in Mecklenburg-Vorpommern – die wichtigsten Brut- und Rastvogelgebiete Mecklenburg-Vorpommerns. Obotritendruck, Schwerin.

www.nationalpark-vorpommersche-boddenlandschaft.de: Übersicht über den Nationalpark, Zugangsregelung Pramort

Kranichfahrten bieten z. B. die Reedereien Poschke und Hiddensee an: https://reederei-poschke.de/specials/kranichtouren, www.reederei-hiddensee.de/fahrplan/kranichfahrten

Wir danken Günter Nowald für die Durchsicht des Beobachtungstipps.

Die Steilküste nordwestlich von Kloster ist Brutplatz von Sperbergrasmücken, Sprossern und Karmingimpeln. Foto: C. König. 3.10.2016.

Die Insel Hiddensee

Ruhig, sonnig, vogelreich

Westlich der Insel Rügen vorgelagert ist Hiddensee die größte Insel innerhalb des Nationalparks Vorpommersche Boddenlandschaft. Sie ist in Nord-Süd-Ausrichtung knapp 17 km lang und zwischen 3,7 km und gerade einmal 250 m breit. Aufgrund einer großen landschaftlichen Vielfalt dient Hiddensee zahlreichen Vogelarten als Brut-, Rast- und Überwinterungsgebiet. Attraktive Arten wie Eisenten, Regenbrachvögel, Sperbergrasmücken oder Karmingimpel lassen sich je nach Jahreszeit auf der autofreien Insel im wahrsten Sinne des Wortes in Ruhe beobachten. Die Beobachtungsbedingungen werden außerdem davon begünstigt, dass Hiddensee zu den sonnenreichsten Orten Deutschlands zählt und die jährliche Niederschlagsmenge im Vergleich zum Umland gering ist. Da man sich lediglich per Pferdekutsche, zu Fuß oder – am besten – mit dem Fahrrad fortbewegen kann, sollte man für einen Besuch möglichst mehrere Tage einplanen. Bei einer Tagestour muss man sich ansonsten auf eines oder wenige Gebiete beschränken. Hiddensee lohnt sich zu allen Jahreszeiten für einen Besuch.

Landschaftsgeschichte und Lebensräume

Hiddensee ist eine geologisch sehr junge Insel, die erst während der letzten Eiszeit vor etwa 12 000 Jahren entstand. Vor etwa 5000 Jahren erreichte der Meeresspiegel der Ostsee sein heutiges Niveau und hinterließ im Bereich von Hiddensee drei einzelne Inseln. Diese verschmolzen durch Sandanlandungen im Zuge der Küstenerosion schließlich zu einer gemeinsamen Insel. Hiddensee hatte zwar damals schon weitgehend seine heutige Gestalt, doch ist die Insel weiterhin dauerhaften Veränderungen unterworfen. Im Norden trägt die Erosion jährlich noch immer rund 30 cm der sandigen Kliffkante ab, die an der Südspitze und an der Ostseite wieder angespült werden. Im Süden bildete sich so der Gellen, im Osten die beiden Sandhaken Alter und Neuer Bessin. Letzterer bildete sich ab 1900 heraus und wächst bei derzeitiger Länge von 3 km um bis zu 60 m pro Jahr. Landschaftlich lässt sich Hiddensee heute in drei Abschnitte unterteilen. Den Nordteil bildet das bis zu 72 m hohe Hügelland um den Dornbusch mit einer beeindruckenden, bis zu 60 m hohen Steilküste im Westen. Dünen und Heiden bestimmen das Zentrum der Insel. Im Süden schließt sich ein flacher, nur wenige Meter hoher Sandhaken an, der Gellen. Dieser Bereich ist als Vogelschutzgebiet ausgewiesen und nicht öffentlich zugänglich.

Spuren erster Besiedlung Hiddensees liegen bereits aus der mittleren Steinzeit vor. Ab dem 6. Jahrhundert nach Christus stand die Insel unter dänischer Hoheit. Ende des 13. Jahrhunderts wurde die Insel dem Kloster Neuenkamp geschenkt, das bis zur Reformation 1536 hier Kloster und Kirchen errichtete. Im Dreißigjährigen Krieg wurden bis Mitte des 17. Jahrhunderts große Teile des Eichenmischwaldes im Norden Hiddensees zerstört, um eine Nutzholzgewinnung der Dänen zu verhindern. Nach Ende des Krieges wurde die Insel von Schweden verwaltet, bevor sie ab 1815 bis zum Ende des 2. Weltkriegs Preußen zugeordnet wurde. Mitte des 19. Jahrhunderts kam es zu einer Neuordnung der Grundstücksverhältnisse und in diesem Zuge zu einer Wiederaufforstung des niedergebrannten Dornbusches. Die Bewohner der Insel lebten zu dieser Zeit von Fischfang und Landwirtschaft. Großen

Regenbrachvögel nutzen das Naturschutzgebiet Dünenheide auf dem Zug in ihre Winterquartiere zur Rast.
Foto: E. Lietzow. Helgoland, 16.5.2016.

landschaftlichen Veränderungen wurde Hiddensee ab 1962 unterzogen. Mit der Eindeichung von Wiesen und Weiden sowie Trockenlegungen und künstlichen Aufspülungen kam es zur bislang größten Umgestaltung. Über Jahrhunderte war die Vegetation und Rohhumusschicht der Dünenheide als Brenn- und Baustoff genutzt worden. Nach der Einstellung der traditionellen Nutzung der Heide begann man Anfang des 20. Jahrhunderts mit der Bebauung dieses Bereichs. Nur durch die Ausweisung der Dünenheide als Naturschutzgebiet konnte 1964 das letzte große Küstenheidegebiet der deutschen Ostseeküste gerettet werden. Es umfasst heute etwa 75 ha und wird von ausgedehnten Kriechweiden-Zwergstrauchheiden dominiert, die durch Schafe und Ziegen beweidet werden. Abseits der Vogelwelt sind Vorkommen von Sandlaufkäfern, Argusbläulingen und Blauflügeligen Ödlandschrecken bemerkenswert.

Besondere Vogelarten und Reisezeit

Auf Hiddensee lässt sich die vielfältige Vogelwelt der Ostsee so erleben, wie an kaum einem anderen Ort in Deutschland. Unter den Entenvögeln fallen besonders von August bis Oktober große Ansammlungen von Kanadagänsen auf. Dabei handelt es sich um Vögel der schwedischen Brutpopulation. Bei den Enten können im Jahresverlauf unter anderem Löffel-, Knäk-, Spieß-, Krick- und Pfeifenten beobachtet werden. Mehrere Hundert Eis- und Trauerenten besonders in der Vitter Bucht westlich der Insel sind im März und April ein beeindruckendes Schauspiel. Schellenten sowie Zwerg-, Mittel- und Gänsesäger halten sich hingegen eher im Vitter Bodden auf der Ostseite auf. Greifvögel finden auf Hiddensee ganzjährig einen reich gedeckten Tisch. Während Fischadler und Merline nur auf dem Durchzug zu sehen sind und Kornweihen sowie Raufußbussarde lediglich als Wintergäste auftreten, können Habichte und Seeadler ganzjährig beobachtet werden. Insbesondere die majestätischen Seeadler bereichern mit großer Wahrscheinlichkeit einen Inselaufenthalt. Kraniche wird man auf Hiddensee vorwiegend überfliegend zu sehen bekommen. Lediglich vom südlichsten zugänglichen Punkt am Gellen kann man im Herbst auch regelmäßig rastende Individuen beobachten. Verschiedene Limikolenarten nutzen die Windwattflächen des Bessins als „Tankstelle" auf dem Durchzug. Am zahlreichsten sind Alpenstrandläufer (bis mehrere Tausend), aber auch Säbelschnäbler, Kiebitzregenpfeifer, Sandregenpfeifer und Große Brachvögel finden sich zuverlässig ein. Goldregenpfeifer, Bekassinen und Rotschenkel bevorzugen eher die Wiesengebiete der Insel. Eine Sonderstellung nehmen Regenbrachvögel ein. Sie nutzen auf dem Durchzug im Juli und August die Dünenheide zur Rast und ernähren sich von den hier wachsenden Krähenbeeren. Die in Deutschland eher selteneren Zwerg- und Raubseeschwalben kann man im Windwatt des Bessins zuverlässig beobachten. Zwergseeschwalben brüten auf dem Bessin sogar noch unregelmäßig und sind vor allem im Mai und Juni anzutreffen, Raubseeschwalben rasten im August und September in teils größerer Zahl.

In den Heidebereichen Hiddensees verbreiten Pirole ein exotisches Flair. Wie auch an anderen Stellen entlang der Ostseeküste nutzen Uferschwalben sandige Abbruchkanten für ihre Kolonien.

Typische Vogelarten auf Hiddensee, deren Status und günstige Beobachtungszeit (in Klammern)
h = häufiger, r = regelmäßiger, s = seltener; B = Brutvogel, D = Durchzügler, W = Wintergast, N = Nahrungsgast

Art	Status (beste Beobachtungszeit)
Eisente	hD, hW (Dez.–April)
Trauerente	hD, hW (Okt.–April)
Kornweihe	rD, rW (Okt.–April)
Seeadler	rN, rW (ganzjährig)
Sandregenpfeifer	rB, rD (März–Okt.)
Regenbrachvogel	rD (April/Mai, Juli/Aug.)
Großer Brachvogel	sB, rD (ganzjährig)
Rotschenkel	rB, hD (März–Sept.)
Sumpfläufer	sD (Mai, Aug.)
Alpenstrandläufer	hD (März–Mai, Aug.–Okt.)
Zwergseeschwalbe	sB, sD (Mai–Aug.)

Art	Status (beste Beobachtungszeit)
Raubseeschwalbe	rD (Mai/Juni, Aug./Sept.)
Pirol	sB (Mai–Juli)
Neuntöter	rB (Mai–Aug.)
Uferschwalbe	hB (April–Aug.)
Bartmeise	rB (ganzjährig)
Sperbergrasmücke	rB (Mai–Aug.)
Zwergschnäpper	sB (Mai–Juli)
Braunkehlchen	rB, rD (Mai–Sept.)
Sprosser	rB (Mai–Juli)
Karmingimpel	rB (Ende Mai–Juli)
Grauammer	rB (April–Juli)

Besonders im Nordosten der Insel ist die Art häufig. Das verbuschte und teils bewaldete Hügelland des Dornbuschs besiedeln neben Neuntötern und Sperbergrasmücken vor allem auch Sprosser und Grauammern. Als Besonderheit brüten dort auch wenige Zwergschnäpper. Karmingimpel verraten sich oft durch ihren geflöteten und am Ende abfallenden Gesang. Die besten Chancen auf eine Beobachtung der Art bieten die nördlichen Bereiche Hiddensees. Neben den genannten Arten nutzen viele weitere Vögel Hiddensee als Brut-, Rast- und Überwinterungsgebiet. Gerade zu den Zugzeiten wird man immer wieder unerwartete Entdeckungen machen.

Sandige Steilwände an der Nordseite von Hiddensee bieten Uferschwalben geeignete Brutmöglichkeiten. Foto: F. Lietzow. Lage, 12.5.2012.

Beobachtungsmöglichkeiten

Die interessantesten Beobachtungsgebiete der Insel befinden sich im Nordteil.

Bei einem Besuch von Hiddensee sollte man den Bessin keinesfalls verpassen. Vom Fähranleger Kloster biegt man an der ersten Kreuzung im Dorf nach rechts ab in Richtung Grieben. An einer alten Teichanlage vorbei führt der gepflasterte Weg nach kurzer Zeit entlang des Vitter Boddens. Immer wieder lassen sich verschiedene Enten, Möwen und Seeschwalben beobachten. 2,7 km hinter Kloster erreicht man einen Fahrradparkplatz (1). Spätestens ab hier kann man über den Altbessin nur noch zu Fuß weiter. Vorbei an Sanddorngebüschen mit Sperbergrasmücken, Neuntötern und Sprossern erreicht man nach 3 km einen Beobachtungsturm (2) an der Südspitze des Sandhakens. Hier sollte man sich ausreichend Zeit nehmen und die Sandwattflächen intensiv nach verschiedenen Wasser- und Watvogelarten absuchen. Die Lichtverhältnisse sind am Nachmittag und Abend am besten, aufgrund der teils größeren Entfernungen ist ein Spektiv ratsam. Je nach Jahreszeit trifft man auf nordische Gänse, Seeadler, Zwerg- und Raubseeschwalben und zahlreiche Limikolen. Als Besonderheit werden im Mai und August hier regelmäßig rastende Sumpfläufer nachgewiesen. Auch ein Blick auf die beweideten Flächen um den Turm kann lohnenswert sein. Auf dem Durchzug rasten zahlreiche Singvogelarten, zur Brutzeit können in den Büschen sehr zuverlässig Sprosser beobachtet werden. Im Winter besetzt hier regelmäßig ein Raubwürger ein Revier. Vom Turm aus geht man auf demselben Weg zurück zum Fahrradparkplatz. Von dort geht man noch wenige Hundert Meter weiter auf dem Plattenweg bzw. das letzte Stück auf einem Grasweg nach Norden bis zum Enddorn (3). Diese Stelle eignet sich einerseits gut zur Beobachtung von Meeresenten, See- und Lappentauchern, darüber hinaus aber auch um den Greifvogeldurchzug zu erfassen oder in den umliegenden Gebüschen nach rastenden Singvögeln zu suchen. An attraktiven Brutvögeln kommen hier Sperbergrasmücken, Sprosser und Karmingimpel vor. An den Abbruchkanten lassen sich Uferschwalben beim Brutgeschäft beobachten.

Ebenfalls vom Anleger Kloster als Ausgangspunkt lässt sich die Hucke (4) erreichen. Dabei handelt es sich um einen Steilufervorsprung im Nordwesten von Hiddensee. Dies ist die wohl beste Stelle zum „seawatching“, also der Beobachtung von Seevögeln. Das Artenspektrum entspricht dem vom Enddorn. Von der Hucke lohnt sich ein Abstecher weiter nach Norden am Rand des Dornbuschwaldes entlang. An der Steilküste hat man gute Chancen auf Sperbergrasmücken, Sprosser und Karmingimpel, im Inneren des Waldes (5) singen Waldlaubsänger und mit viel Glück lassen sich vielleicht sogar Zwergschnäpper entdecken.

Von Kloster nach Süden erstrecken sich an einer schmaleren Stelle von Hiddensee die Klosterwiesen (6). Die feuchten Wiesen mit einzelnen Tümpeln werden vor allem von Gänsen, Enten und Limikolen genutzt. Regelmäßig jagen Habichte in diesem Bereich. Im Winter sollte man auf Kornweihen achten. Je nach Sonnenstand können die Wiesen über den Deich im Osten oder die Hauptstraße im Westen eingesehen werden. Beide Wege sind auch problemlos mit dem Fahrrad befahrbar.

Südlich der Klosterwiesen liegt Vitte, der Hauptort Hiddensees. An diesen schließen sich im Südosten die Duntwiesen (7) an. Das Artenspektrum dieser Viehweiden ähnelt dem der Klosterwiesen. Man kann die Duntwiesen am einfachsten von der Hauptstraße aus einsehen. Rund 2,5 km südlich des

Vom Hauptweg aus lassen sich die Klosterwiesen im Nordteil von Hiddensee gut überblicken. Foto: C. König. 3.10.2016.

Hafens Vitte erreicht man an der Bungalowsiedlung Heiderose einen nach Osten führenden Plattenweg durch ein Birkenwäldchen. Dieser Weg – der gerne von Kreuzottern für ein Sonnenbad genutzt wird – führt bis zur Schilfkante (8) gegenüber der vorgelagerten, unzugänglichen Fährinsel, die bereits seit 1943 Vogelschutzgebiet ist. Diese Stelle ist der beste Platz auf Hiddensee, um ganzjährig Bartmeisen zu beobachten.

Auf demselben Weg wieder zur Hauptstraße und rund 700 m zurück nach Norden in Richtung Vitte gehend erreicht man eine Abzweigung, die nach Westen ins Naturschutzgebiet Dünenheide (9) führt. Verschiedene Wanderwege erschließen das Gebiet. Ornithologisch sind vor allem Pirole und Grauammern als Brutvögel sowie größere Ansammlungen von Regenbrachvögeln auf dem Durchzug erwähnenswert.

Neben den hier kurz beschriebenen Gebieten versprechen weitere Teile Hiddensees spannende Vogelbeobachtungen. Um alle interessanten Bereiche erkunden zu können, sollte man sich einige Tage Zeit nehmen. Erst dann entfaltet die Insel ihren besonderen Charme und der Vogelreichtum kann in aller Ruhe genossen werden.

Blick in die Umgebung

Bei einem Besuch auf Hiddensee sollte ein Besuch des Wahrzeichens der Insel nicht fehlen, das bereits 1888 in Betrieb genommene Leuchtfeuer Dornbusch. Dieser 28 m hohe Leuchtturm steht exponiert auf dem Dornbuschhügel, 72 m über dem Meer. Bei trockenem Wetter und ausreichender Sicht ist der Leuchtturm bis Windstärke 6 geöffnet. Im Inneren des Turms befindet sich die Dauerausstellung „Technik und Geschichte des Leuchtturmes". In den Gebüschen in der Umgebung singen zur Brutzeit Sprosser.

Christopher König, Christoph Moning, Christian Wagner, Felix Weiß

Infomaterial/Literatur

Wagner C, Moning C 2009: Vögel beobachten in Ostdeutschland – Die besten Beobachtungsgebiete zwischen Rügen und Thüringer Wald. Franckh-Kosmos-Verlag, Stuttgart.

Anfahrt

Mit Bahn und Bus

Für Bahnreisende empfiehlt sich die Überfahrt ab Stralsund, die bis zu dreimal täglich stattfindet. Für diese Verbindung muss man jedoch mit drei Stunden rechnen. Alternativ kann Hiddensee gut über die Insel Rügen erreicht werden. Mit der Bahn fährt man bis Bergen auf Rügen und von dort mit dem Bus bis zum Hafen Schaprode, von wo mehrmals täglich Fähren nach Neuendorf, Vitte und Kloster fahren. Hier dauert die Überfahrt nur 30 bis 45 Minuten.

Mit dem Auto

Da Hiddensee für den privaten Autoverkehr gesperrt ist, muss der PKW bereits vor der Überfahrt abgestellt werden. In Schaprode auf Rügen ist dies von Mai bis Oktober auf einem bewachten, kostenpflichtigen Parkplatz möglich.

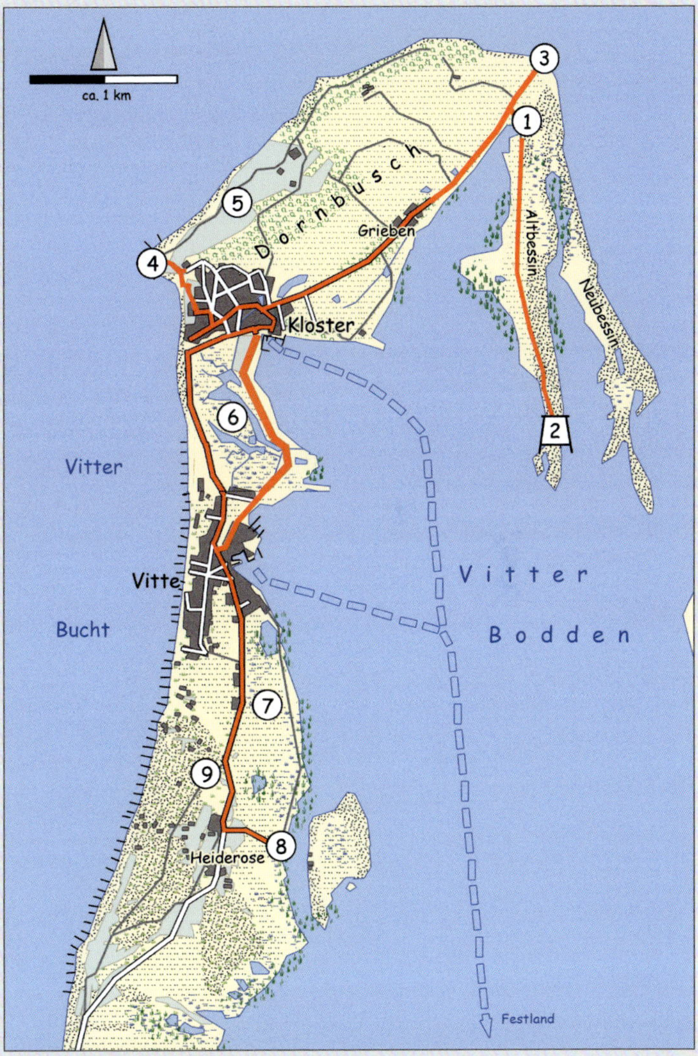

GPS		
Fahrradparkplatz am Bessin (1)	54°35'58" N	13°08'29" O
Hucke (4)	54°35'23.03" N	13°05'56" O
Schilfkante Fährinsel (8)	54°32'44" N	13°06'47" O
Abzweig ins NSG Dünenheide (9)	54°33'09" N	13°06'22" O

Morgendliche Stimmung am südlichen Schaalsee. Foto: C. König. 28.11.2018.

Die Schaalseeregion in Mecklenburg-Vorpommern und Schleswig-Holstein

Tiefe Seen im Grünen Band

Etwa 60 km östlich von Hamburg und 30 km westlich von Schwerin liegt der Schaalsee, der mit 72 m Tiefe tiefste See Norddeutschlands. Er bildet den größten See einer Region mit zahlreichen kleinen und größeren Gewässern entlang der ehemaligen innerdeutschen Grenze zwischen Schleswig-Holstein und Mecklenburg-Vorpommern. Die Gewässer ergeben in Kombination mit Mooren, Bruch- und Buchenwäldern sowie Äckern und Wiesen ein interessantes Mosaik verschiedener Lebensräume. Entsprechend vielfältig ist auch die Vogelwelt mit Schlagschwirlen und Sperbergrasmücken als vorwiegend weiter östlich verbreiteten Brutvögeln. Insgesamt brüten rund 150 Vogelarten im Gebiet. Große Bedeutung hat das Gebiet für mausernde und überwinternde Wasservögel. Besonders zahlreich sind Reiher- und Tafelenten mit jeweils mehreren Tausend Individuen.

Die Umgebung des Schaalsees wurde maßgeblich durch die letzte Eiszeit, die Weichseleiszeit, vor etwa 20 000 Jahren geformt. Schmelzwasser der mächtigen Gletscher füllte Hohlformen, Senken und Rinnen, die von den riesigen Eismassen ausgeschoben wurden. Es entstand eine wellige bis flachkuppige Grund- und Endmoränenlandschaft. Die Kuppen der Moränen, des von den Gletschern transportierten und abgelagerten Materials, weisen Höhen zwischen 30 und 100 m auf. Dank des Kalkreichtums dieser Geschiebemergel sind insbesondere die Böden im Norden der Region landwirtschaftlich sehr ertragreich. In der heutigen Landschaft auffällig sind zahlreiche oft von Kopfweiden umstandene Tümpel, die sogenannten Sölle. Sie entstanden durch große Toteisblöcke, die von Schutt überdeckt im Laufe von Jahrtausenden abtauten und wassergefüllte Senken hinterließen. Dass diese früher als „Augen Mecklenburgs" bezeichneten Lebensräume noch heute so zahlreich erhalten sind und sie nicht wie andernorts Meliorationsmaßnahmen und der Flurbereinigung zum Opfer gefallen sind, hängt sicher maßgeblich mit der mitten durch das Gebiet verlaufenden Grenze zusammen. Jahrzehntelang profitierte die Natur von der Abgeschiedenheit und konnte sich nahezu unberührt entwickeln.

Wichtigster Erwerbszweig ist seit langer Zeit die Landwirtschaft. Elemente einer kleinbäuerlichen Kulturlandschaft prägen aber bis heute das Landschaftsbild. Typisch ist die dichte Abfolge verschiedener Biotope. Neben den zahlreichen Gewässern mit Röhrichten und umgebenden Bruchwäldern finden sich in der Umgebung sowohl Hoch- als auch Niedermoore, Feuchtwiesen und Magerweiden, Hecken und Alleen.

Heute ist der Schaalsee Europäisches Vogelschutzgebiet und Feuchtgebiet internationaler Bedeutung. Bereits 1960 wurde die Westseite des Schaalsees als Naturpark Lauenburgische Seen unter Schutz gestellt. Die Ostseite folgte 1990 nach der Wiedervereinigung. Dank der rechtzeitigen Festsetzung und Übernahme in den Einigungsvertrag gelang es, die Schaalseelandschaft vor ungebremster Erschließung und Bebauung zu bewahren. Seit 2000 ist der Ostteil UNESCO-Biosphärenreservat. Die Schaalseeregion gehört zum Grünen Band, dem mit fast 1400 km Länge größten Biotopverbund Deutschlands.

Besonders am Röggeliner See erreichen Tafelenten gelegentlich vierstellige Anzahlen.
Foto: E. Lietzow. Fehmarn, 4.6.2018.

Besondere Vogelarten und Reisezeit

Ein Besuch der Schaalseeregion ist ganzjährig lohnend, jede Jahreszeit hat ihre Vorzüge. Der Winter ist insgesamt weniger artenreich, zeichnet sich aber durch große Trupps nordischer Gäste aus. Neben Singschwänen sind hier besonders Tundrasaat- und Blässgänse zu nennen. Es besteht auch die Chance die seltenen Waldsaatgänse zu sehen, weshalb man sich Saatgänse ganz genau ansehen sollte. Unter den Enten prägen Tausende Tafel- und Reiherenten das Bild, doch auch Schnatter-, Pfeif- und Schellenten erreichen regelmäßig dreistellige Bestände. Ebenso zahlreich lassen sich die fischfressenden Gänse- und Zwergsäger im Winter beobachten. An den Ufern und in der Umgebung sind Silberreiher kaum zu übersehen. Während der Großteil der bislang genannten Arten im Frühjahr das Gebiet räumt, sind andere Arten ganzjährig in der Region zu beobachten. Auf Habichte und Seeadler wird man häufig aufmerksam, wenn unter den Wasservögeln Panik ausbricht. Nur auf Fische abgesehen haben es Eisvögel. In den Wäldern der Schaalseeregion sind Grün-, Schwarz- und Mittelspechte zu beobachten. Auf den Seen versammeln sich zu den Zugzeiten Schnatter-, Krick- und Löffelenten. Mehrere Hundert Kraniche nutzen die flachen Bereiche des Schaalsees im Herbst als Schlafplatz. Besonders artenreich wird es zur Brutzeit. Rohrweihen und Baumfalken lassen sich bei der Jagd beobachten, während Kuckucke, Pirole sowie Feld-, Schlag- und Rohrschwirle gemeinsam mit Drosselrohrsängern und Nachtigallen ein wahres Vogelkonzert veranstalten. Sperbergrasmücken und Grauammern sind nicht häufig, aber an einigen Stellen regelmäßig zu sehen. Bemerkenswert sind auch Brutvorkommen von Kolbenenten.

Beobachtungsmöglichkeiten

Einen guten Einblick in die Brutvogelwelt der Region liefert ein rund 3 km langer Rundweg um den Kirchensee nördlich von Zarrentin. Schon direkt am Parkplatz an der B 195 (1) sollte man in den Büschen auf Schlagschwirle achten. Der Weg führt im Uhrzeigersinn anfangs nach Nordosten durch einen

Typische Vogelarten der Schaalseeregion, deren Status und günstige Beobachtungszeit (in Klammern)
h = häufiger, r = regelmäßiger, s = seltener; B = Brutvogel, W = Wintergast, D = Durchzügler, S = Sommergast, N = Nahrungsgast

Art	Status (beste Beobachtungszeit)
Nandu	rN (ganzjährig)
Tundrasaatgans	hD, rW (Okt.-Mrz.)
Waldsaatgans	sW (Okt.–Mrz.)
Blässgans	hD, rW (Okt.–Mrz.)
Pfeifente	hD, hW (Okt.–Apr.)
Kolbenente	sB, rD (ganzjährig)
Tafelente	rB, hD, hW (ganzjährig)
Reiherente	sB, hD, hW (ganzjährig)
Schellente	rB, hD, hW (ganzjährig)
Zwergsäger	hD, hW (Nov.–Mrz.)
Gänsesäger	sB, rD, hW (ganzjährig)
Rothalstaucher	sB, rD (Mrz.–Aug.)
Rohrdommel	sB (Apr.–Jun.)
Silberreiher	rS, rD, hW (ganzjährig)
Habicht	rB (ganzjährig)
Seeadler	rB, rW (ganzjährig)

Art	Status (beste Beobachtungszeit)
Kranich	rB, hD, sW (ganzjährig)
Bekassine	sB, hD (Apr.–Sep.)
Zwergmöwe	hD (Apr./Mai)
Eisvogel	hB (ganzjährig)
Schwarzspecht	rB (ganzjährig)
Pirol	rB, rD (Mai–Jul.)
Neuntöter	hB, rD (Mai–Aug.)
Kolkrabe	hB (ganzjährig)
Feldschwirl	hB (Mai–Jul.)
Schlagschwirl	rB (Mai–Jul.)
Rohrschwirl	sB (Mai–Jul.)
Drosselrohrsänger	rB (Mai–Jul.)
Sperbergrasmücke	sB (Mai/Jun.)
Braunkehlchen	rB, hD (Mai–Aug.)
Grauammer	sB (ganzjährig)

Bruchwald mit Schwarz- und Kleinspechten, Pirolen und Nachtigallen. Nach etwa einem Kilometer erreicht man das Westufer des Schaalsees. Aufgrund der dichten Vegetation ist der Blick auf den See jedoch anfangs noch nicht möglich. Erst einen knappen Kilometer weiter kann man sowohl die Wasserfläche des Kirchensees als auch den südlichen Schaalsee überblicken. Der geschützt liegende Kirchensee ist vorwiegend bei Starkwind Rastplatz der Wasservögel, meist ist der Schaalsee interessanter. Hier lassen sich viele Enten beobachten, darunter ganzjährig Kolben- und Schellenten. Eisvögel sind regelmäßig zu sehen, Drosselrohrsänger singen. Ein besonderes Schauspiel ist im Herbst der abendliche Einflug der Kraniche an ihren Schlafplätzen am anderen Seeufer. Seeadler sind häufig zu sehen. Ein Beobachtungsstand (2) mit Blick auf den Schaalsee bietet Sitzgelegenheiten, ist allerdings leider nicht (mehr) überdacht.

Ein Besuch in der Schaalseeregion ist ohne die Beobachtung von Seeadlern kaum denkbar. Man findet die von Wasservögeln gefürchteten Jäger an allen Gewässern.
Foto: E. Lietzow. Feldberger Seenplatte, 16.6.2009.

Eine weitere empfehlenswerte Strecke startet in Zarrentin am Informationszentrum „Pahlhuus“ (3) mit großem, allerdings kostenpflichtigem Parkplatz. Ein östlich des Hauses startender Moorlehrpfad führt auf einem Bohlenweg durch ein kleines Kalkflachmoor (4) mit Wasserrallen, Mittelspechten und Gartenrotschwänzen. Der aufgrund von Modernisierungsarbeiten im Winter 2018/2019 gesperrte Bohlenweg soll im April 2019 wieder geöffnet werden; bis dahin kann man vom Pahlhuus direkt zum Sportplatz abkürzen. Am Sportplatz lohnt sich ein kurzer Abstecher zum ganzjährig kostenfrei zugänglichen Strandbad Zarrentin (5) mit freiem Blick auf den südlichen Schaalsee. Weiter führt der Weg am Seeufer entlang, Sicht auf die Wasserfläche ist allerdings kaum möglich. Etwa 600 m nach dem Sportplatz erreicht man eine Brücke über die Schaale, an der sich regelmäßig Eisvögel aufhalten. Hinter der Brücke geht man durch Schwarzspecht- und Waldlaubsänger-Habitat. Dann führt der Weg nördlich des Waldes an einer großen Brachefläche (6) mit Braunkehlchen und Neuntötern entlang. An der Badestelle bei Schaliß (7) ergeben sich schließlich gute Beobachtungsmöglichkeiten für die Wasservögel des südlichen Schaalsees. In den ausgedehnten Schilfbereichen singen Rohrschwirle. Im Spätsommer kommt es zu größeren Ansammlungen von Schnatter- und Löffelenten. Da hier viele Armleuchteralgen wachsen, halten sich in diesem Bereich auch bevorzugt Kolbenenten auf. Vom Pahlhuus bis nach Schaliß sind es gut 2,5 km. Zurück sollte man denselben Weg wählen.

Am Nordende des Schaalsees lohnt sich insbesondere zur Brutzeit ein Besuch des Beobachtungsturms bei Kneese, 15 km nördlich von Zarrentin. Man parkt im Ort an der Brücke über das Flüsschen Bek und folgt dem Wanderweg nach Westen in Richtung Seeufer. Nach nur 350 m erreicht man den Turm, von dem man einen Rundumblick über die Feuchtwiesen hat. Bekassinen, Braun- und Schwarzkehlchen, Feldschwirle sowie Sperbergrasmücken sind hier zu entdecken. Rotmilane und Rohrweihen sind häufig zu sehen. Kraniche brüten im angrenzenden Erlenbruch.

Etwa 8,5 km nördlich von Kneese liegt der Röggeliner See, das wohl attraktivste Beobachtungsgebiet in der Schaalseeregion. Leider gibt es hier keine Wanderwege, dafür sind die Beobachtungsstellen gut mit dem Auto erreichbar. Besonders im Spätsom-

Das Ufer des Röggeliner Sees ist weitgehend dicht bewachsen. Mehrere Stellen bieten jedoch gute Einsicht auf die verschiedenen Bereiche des Sees.
Foto: C. König. 28.11.2018.

mer halten sich auf dem See größere Wasservogelansammlungen auf. Hier kommen Rot- und Schwarzhalstaucher sowie Kolbenenten vor. Rohrdommel und Drosselrohrsänger brüten hier. Während der Zugzeiten sind Zwergmöwen und verschiedene Seeschwalben nicht selten, im Winter finden sich hier Bläss- und Saatgänse, Pfeif- und Schellenten sowie Gänse- und Zwergsäger ein. Für den Südteil des Sees parkt man in Dechow an der Abzweigung Seeweg und geht diesen 150 m bis zum Seeufer an einem alten Spritzenhaus (8) oder alternativ noch etwa 600 m weiter bis man einen Badesteg erreicht. Den östlichen Röggeliner See kann man gut von einer Badestelle (9) an der Ostspitze überblicken. Diese befindet sich zwischen Röggelin und Klocksdorf, kurz vor der Abzweigung nach Demern. Die nördlichen Bereiche mit einer Kormorankolonie überblickt man entweder von einem Beobachtungsturm (10) oder vom Steg an der Badestelle (11) direkt in Klocksdorf (Straße „Am Brink").

Rund 7 km westlich liegt mit dem Mechower See ein weiteres ornithologisch reizvolles Gebiet. Kostenlose Parkmöglichkeiten gibt es am Informationszentrum Grenzhus in Schlagsdorf (12). Hier startet eine gut 8 km lange Wanderung rund um den Mechower See. Teilweise führt die Tour entlang des „Grenzweg Schlagsdorf" mit Informationstafeln zur deutschen Geschichte. Dem Moorweg folgt man nach Nordosten aus dem Dorf heraus. Auf einem Betonplattenweg geht man dann nördlich um den Mechower See herum, wo man auf Schlagschwirle achten sollte. Unterwegs passiert man die ehemalige Grenzlinie am Mechower Grenzgraben. Von hier sind es noch etwa 350 m bis zu einem hohen Beobachtungsturm (13) mit Blick auf den Nordteil des Sees. In diesem Bereich rasten oft hunderte Reiherenten, im Schilf am Ufer singen Drosselrohrsänger und mit etwas Glück auch Blaukehlchen. Blickt man nach Westen über die Äcker und Felder, sollte man auf Nandus achten. Der Weg führt weiter am nordwestlichen Ufer entlang und knickt dann in Richtung Südwesten zum Dorf Mechow ab. Grünspechte und Bluthänflinge sind hier leicht zu beobachten. Im Dorf biegt man an der Straße nach links ab und geht dann geradeaus in Richtung Wietingsbek über das Gelände des Gutshofes Mechow. Zwischen Herrenhaus und einer Scheune geht man auf einem unbefestigten Weg weiter zurück Richtung See. Rechterhand erstreckt sich die Mechower Staufläche (14), an der Rothalstaucher brüten. Je nach Wasserstand und Jahreszeit rasten hier zahlreiche Limikolen, vorwiegend Bruchwasserläufer, Grünschenkel, Kampfläufer und Bekassinen. Die Liste der hier bereits beobachteten Seltenheiten ist lang und umfasst unter anderem Rallenreiher, Teichwasserläufer, Odinshühnchen, Raub-, Weißbart- und Weißflügel-Seeschwalben sowie Rosenstar. Der Rundweg führt anschließend zwischen einer großen Weidefläche und dem See entlang, ohne dass sich jedoch gute Blicke auf die Wasserfläche ergeben. In diesem Bereich sollte man auf Neuntöter, Braunkehlchen und Grauammern achten. An der Südspitze des Sees, kurz bevor man die Straße L 315 erreicht, ergibt sich an einer Saugstelle (15) am Ufer endlich ein besserer Blick auf den südlichen See mit oft großen Entenansammlungen. Weiter geht man um das Südende des Sees herum und vom Parkplatz an der Straße auf dem Grenzweg nach Nordwesten. Nach 1,5 km erreicht man an

Der Beobachtungsturm Kneese ermöglicht Rundumblick über ein Niedermoorgebiet. In den Büschen entlang des Weges brüten Sperbergrasmücken.
Foto: C. König. 28.11.2018.

Gänsesäger sind ganzjährig in der Schaalseeregion zu beobachten, im Winter allerdings besonders zahlreich.
Foto: E. Lietzow. Steinhuder Meer, 30.11.2018.

der Infotafel „Der Grenzsee“ eine Abzweigung nach rechts zurück ins Dorf nach Schlagsdorf. Es lohnt sich aber, für einen Abstecher noch wenige Meter weiter am Ufer entlang zu gehen, bis man eine Badestelle (16) erreicht. Vom Steg aus hat man einen guten Blick über den mittleren Teil des Sees. Zurück an der Abzweigung nach Schlagsdorf geht man nun weg vom See und durch die Feldflur. Vorbei am Außengelände des Grenzhus mit DDR-Grenzsperranlagen erreicht man nach 1,2 km den Parkplatz.

Weitere Freizeitmöglichkeiten

Im Pahlhuus (3), dem Informationszentrum des Biosphärenreservats Schaalsee, erwartet die Besucher in der Naturausstellung unter anderem ein Tunnel des Lebens, ein digitales Bilderbuch und ein visueller Tauchgang im Schaalsee. Der Eintritt ist frei. Das Grenzhus Schlagsdorf (12) ist die größte und wichtigste museale Einrichtung zur Erinnerung an die innerdeutsche Grenze in Mecklenburg-Vorpommern. Die Dauerausstellung „Eingrenzen und Ausgrenzen“ erzählt anhand dramatischer Geschichten, wie sich die innerdeutsche Grenze entwickelt hat und welche Folgen das für die Menschen hatte. In der weiteren Umgebung gibt es auch noch eine ornithologische Besonderheit zu bestaunen: Im Herbst 2000 entwichen einige Nandus aus einem Gehege am Ratzeburger See. Seit 2001 pflanzen sich die aus Südamerika stammenden Laufvögel frei lebend in der Gegend fort und haben inzwischen einen Bestand von mehr als 170 Individuen aufgebaut. Sehr zuverlässig sind die Vögel auf den Wiesen und Feldern entlang der Straße zwischen Schattin und Utecht, wenige Kilometer nordwestlich von Schlagsdorf zu beobachten.

Christopher König, Christoph Moning, Felix Weiß

Infomaterial/Literatur

Denker B 2003: Lauenburgische Seen und Schaalsee. Christians Verlag, Hamburg.

Wagner C & Moning C 2009: Vögel beobachten in Ostdeutschland. Kosmos Verlag, Stuttgart.

Wir danken Reiner Schmahl für die Durchsicht des Manuskripts.

GPS		
Parkplatz Kirchensee (1)	53°33'47" N	10°54'28" O
Pahlhuus (3)	53°32'39" N	10°55'45" O
Beobachtungsturm Kneese	53°39'24" N	10°57'50" O
Beobachtungsturm Röggeliner See (10)	53°44'03" N	10°56'01" O
Grenzhus Schlagsdorf (12)	53°43'46" N	10°49'23" O
Beobachtungsturm Mechower See (13)	53°43'46" N	10°48'21" O

Anfahrt

Mit Bahn und Bus

Die Schaalseeregion ist nur unzureichend mit öffentlichen Verkehrsmitteln erreichbar. Die nächsten Bahnhöfe sind Ratzeburg, Mölln und Hagenow. Busse fahren nur selten.

Mit dem Auto

Mit dem Auto ist der Schaalsee von Hamburg und Berlin aus über die A 24, Ausfahrt „Zarrentin“ (9b) erreichbar.

Adressen

„Pahlhuus“, Biosphärenreservatsamt Schaalsee-Elbe,
Wittenburger Chaussee 13, 19246 Zarrentin am Schaalsee. Tel.: 038851/3020,
poststelle@bra-schelb.mvnet.de;
www.schaalsee.de

Grenzhus Schlagsdorf, Neubauernweg 1, 19217 Schlagsdorf.
Tel.: 038875/20326,
info@grenzhus.de;
www.grenzhus.de

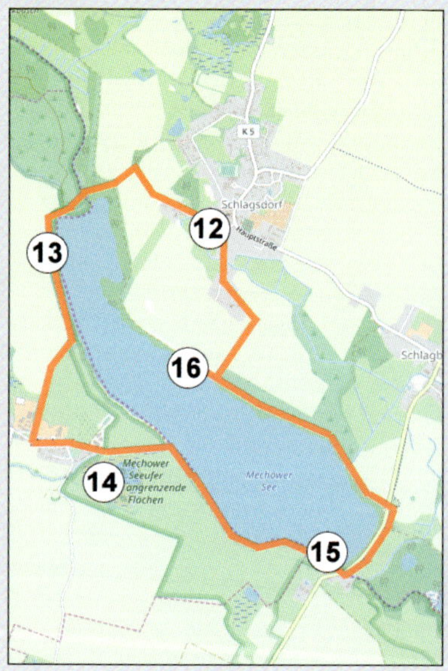

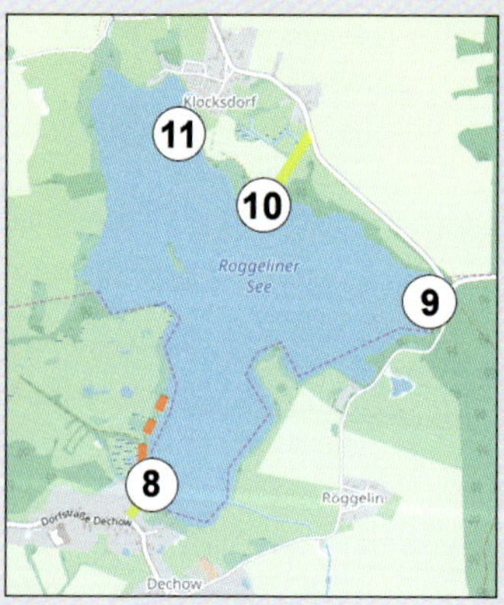

Die Südspitze der Halbinsel Gnitz bietet abwechslungsreiche Lebensräume und gute Bedingungen zur Vogelbeobachtung.
Foto: C. König. 18.7.2019.

Usedom

Die Sonneninsel der Seeadler

Im äußersten Nordosten Deutschlands liegt in der Pommerschen Bucht die Ostseeinsel Usedom, deren östlichster Teil bereits zu Polen gehört. Deutschlands zweitgrößte Insel ist auch gleichzeitig die zweitbeliebteste deutsche Urlaubsinsel. Aufgrund der bundesweit jährlich höchsten Anzahl Sonnenstunden wird sie gerne als „Sonneninsel“ bezeichnet. Doch abseits des Trubels der Seebäder bietet die Insel vielfältige Landschaftsformen auf engstem Raum und damit auch Lebensraum für eine große Zahl von Vogelarten. Seeadler brüten in enormer Dichte und sind fast flächendeckend verbreitet. Zu den weiteren bemerkenswerten Brutvögeln zählen Rohr- und Schlagschwirle, Sperbergrasmücken, Zwergschnäpper und Karmingimpel. Aufgrund ihrer enormen Größe sollte man sich mehrere Tage Zeit für die Erkundung der Insel nehmen.

Usedom ist Teil eines Endmoränenbogens. Die Moräne entstand an der Stirn des zurückschmelzenden Eises der Weichseleiszeit vor etwa 15 000 Jahren. Die oberflächennahen Schichten bestehen heute ausschließlich aus erdgeschichtlich jungen Ablagerungen. Die Oberkreide der berühmten Kreidefelsen von Rügen steht hier erst in 50 bis 100 m Tiefe an.

Aufgrund vereinzelter archäologischer Funde geht man davon aus, dass auf Usedom bereits in der Altsteinzeit Menschen lebten. Mehr als 90 Siedlungen bezeugen, dass die Bronzezeit zu den großen vorgeschichtlichen Epochen der Insel gehört. Usedom profitierte damals von seiner Lage am Oderweg, einer wichtigen Handelsroute zwischen Skandinavien und dem Mittelmeerraum. Im 7. Jahrhundert besiedelten Slawen die Insel. Im Rahmen einer Missionierung durch Bischof Otto von Bamberg erfolgte im Jahr 1128 die Christianisierung, Klöster brachten fast die gesamte Insel in ihren Besitz. 1630 kam Usedom unter schwedische Herrschaft und ging knapp hundert Jahre später als Ergebnis des Großen Nordischen Kriegs mit der Kapitulation Schwedens an Preußen. Viele Wälder wurden in dieser Zeit zugunsten der Landwirtschaft gerodet, Moore wurden trockengelegt. Der Ausbau der Swine als neuen Schifffahrtsweg brachte wirtschaftlichen Aufschwung. Das Jahr 1820 gilt als Geburtsjahr des Badewesens auf Usedom. Der Tourismus entwickelte sich seitdem zum strukturbestimmenden Wirtschaftszweig der Insel, den selbst der Erste Weltkrieg und die Weltwirtschaftskrise nicht bremsen konnten. Nach der Machtergreifung Hitlers siedelte sich das Militär auf Usedom an. In strategisch wichtiger Lage wurden Hafen und Werft in Swinemünde ausgebaut, in Peenemünde entstand 1936 eine Heeresversuchsanstalt, in der die V2-Rakete entwickelt wurde. Im Zweiten Weltkrieg war Usedom mehrfach Ziel von Bombenangriffen der Alliierten. Städte wie Swinemünde wurden dabei fast völlig

Usedom ist das Reich der Seeadler. An kaum einem anderen Ort in Deutschland kommen sie in einer so großen Dichte vor. Foto: E. Lietzow. Feldberger Seen, 16.6.2009.

zerstört. Wenige Tage vor Kriegsende wurde die Insel von der Roten Armee besetzt, ab 1949 war Usedom Teil der DDR. Der Fremdenverkehr blieb nach dem Zweiten Weltkrieg neben Landwirtschaft und Fischerei der wichtigste Wirtschaftszweig. 1953 kam es im Rahmen der „Aktion Rose" zur Verstaatlichung der meisten privaten Hotels und Pensionen durch Zwangsenteignung. Nach der Wiedervereinigung Deutschlands wurden alle Armeestandorte auf Usedom aufgelöst. Der Tourismus ging anfangs drastisch zurück, da viele Einrichtungen nicht den höheren westlich-internationalen Standards entsprachen, erholte sich jedoch. Gegenwärtig lebt der deutsche Teil der Insel wirtschaftlich überwiegend vom Tourismus. Mit dem Bau der Usedomer Bäderbahn oder der Ostseetherme wurden zusätzliche Attraktionen geschaffen. 2011 wurde die „Grenzüberschreitende Europa-Promenade" eingeweiht. Die mit 12 km längste Promenade Europas verbindet seitdem das polnische Swinemünde mit den Seebädern Usedoms.

Die Landschaft der Insel ist vielfältig. Auf gut wasserversorgten Standorten dominieren Buchen, Kiefern wachsen auf sandigeren Böden. Darüber hinaus finden sich Birken- und Erlenbruchwälder sowie mehrere Niedermoore. Das Achterwasser, eine vom Peenestrom gespeiste Lagune trennt Usedom vom Festland. Die dem Festland zugewandte Seite ist durch Halbinseln und Buchten stark gegliedert.

Der Naturschutz hat auf Usedom eine lange Tradition. Schon im 19. Jahrhundert wurden besonders alte, markante Bäume zu Naturdenkmälern ernannt. Aber auch Brutgebiete seltener oder auffälliger Vogelarten wie Schwäne, Adler oder Möwen wurden meist durch private Eigentümer oder von Natur- und Vogelschutzvereinen betreut. Mitte der 1920er-Jahre erhielten erste Gebiete als „Vogelfreistätten" offiziellen Schutzstatus. 1925 wurden „Peenemünder Haken, Struck und Ruden" als bedeutendes Brut- und Rastgebiet für Vögel zu Mecklenburg-Vorpommerns erstem Naturschutzgebiet. Seit 1966 ist die gesamte Insel Landschaftsschutzgebiet und die heute fünfzehn Naturschutzgebiete auf Usedom umfassen rund 4000 ha Fläche.

Besondere Vogelarten und Reisezeit

Durch die enorme Vielfalt unterschiedlicher Lebensräume lässt sich auf Usedom eine große Anzahl Vogelarten entdecken. Seeadler haben hier einen Verbreitungsschwerpunkt und die Chance auf eine Beobachtung dieser majestätischen Vögel ist besonders hoch. Unter den Brutvögeln finden sich einige Arten, deren Verbreitungsgrenze

Braunkehlchen sind regelmäßige Brutvögel der Insel und noch an vielen Stellen zu beobachten. Foto: E. Lietzow. Osterfeiner Moor, 6.5.2017.

durch Deutschland verläuft und die weiter westlich deutlich schwerer oder nur in Ausnahmefällen beobachtet werden können. Zu diesen Arten zählen zum Beispiel Sprosser, Sperbergrasmücken, Schlagschwirle und Zwergschnäpper. Um diese Zugvogelarten entdecken zu können, sollte man Usedom am besten zur Brutzeit im Mai/Juni besuchen. Doch interessante Beobachtungen lassen sich ganzjährig machen. Die Zugzeiten haben durch ein wechselndes Artenspektrum ihren Reiz. Im Winter können vor der Insel Eis- und Trauerenten sowie Säger beobachtet werden.

Aufgrund der enormen Ausdehnung von Usedom – allein der deutsche Teil umfasst rund 373 km² – empfiehlt sich ein Auto als Fortbewegungsmittel. Doch auch mit öffentlichen Verkehrsmitteln und dem Fahrrad lassen sich Teile der Insel gut erkunden.

Der Südhang des Weißen Bergs auf der Halbinsel Gnitz ist von Trockenrasen geprägt. Im Hintergrund erkennt man den angrenzenden Wacholder-Kiefernwald.
Foto: C. König. 18.7.2019.

Beobachtungsmöglichkeiten

Der Peenemünder Haken ganz im Norden von Usedom gilt auch heute noch als munitionsbelastet und ist für den öffentlichen Verkehr gesperrt. Seit Mai 2007 kann jedoch zumindest ein Teil der Landschaft südlich von Peenemünde erkundet werden. Ein etwa 5,5 km langer Rundweg durch die Peenewiesen beginnt in der Nähe des Hafens von Peenemünde am Parkplatz an der Hauptstraße (1). Von dort führt die Straße „Zum Deich" nach Süden bis an den Peenestrom. Der Weg führt nun auf bzw. neben dem Deich nach Süden und folgt hier für ein Stück dem insgesamt 25 km langen Rundweg „Denkmal-Landschaft", der an die militärische Vergangenheit des Gebiets erinnert. Aus dem Röhricht am Ufer singen zur Brutzeit Drosselrohrsänger. Binnendeichs liegt der rund 18 ha große Cämmerer See (2). Gute Beobachtungsmöglichkeiten ergeben sich von zwei Stegen, die man nach 650 bzw. 800 m erreicht. Auf dem See kann man verschiedene Gründel- und Tauchenten beobachten, darunter auch Schellenten. Eisvögel sind regelmäßig zu sehen. Hat man den See passiert, wird die Landschaft offener und man sollte auf Feldschwirle, Braunkehlchen und Grauammern achten. Etwa 1 km nach dem See führt der Weg an einem Schöpfwerk vorbei und wenige Meter später erreicht man eine Schutzhütte (3) mit Möglichkeit vom Deich aus auf den Peenestrom und die Insel Großer Wotig zu blicken. Auf dem häufig überschwemmten Salzgrasland rasten regelmäßig Graugänse und Kraniche. Seeadler sind hier zuverlässig zu beobachten. Der Weg führt nun vom Deich weg und vorbei an den Überresten oberirdischer Raketenlagerbunker. In einer scharfen Rechtskurve, unmittelbar nachdem man einen alten Entwässerungskanal überquert hat, ver-

Typische Vogelarten auf Usedom, deren Status und günstige Beobachtungszeit (in Klammern)
h = häufiger, r = regelmäßiger, s = seltener; B = Brutvogel, W = Wintergast, D = Durchzügler

Art	Status (beste Beobachtungszeit)
Eisente	hD, hW (Okt.–Apr.)
Trauerente	hD, hW (Okt.–Mai)
Schellente	hD, hW (Okt.–Mrz.)
Gänsesäger	hD, hW (Nov.–Apr.)
Seeadler	hB, hW (ganzjährig)
Kranich	rB, rD, sW (ganzjährig)
Brandseeschwalbe	hD (Jul.–Sep.)
Eisvogel	rB (ganzjährig)
Schwarzspecht	rB (ganzjährig)
Pirol	rB (Mai/Jun.)
Neuntöter	hB, rD (Mai–Aug.)
Raubwürger	rW (Okt.–Mrz.)
Kolkrabe	hB (ganzjährig)

Art	Status (beste Beobachtungszeit)
Bartmeise	sB, hD (Apr.–Sep.)
Waldlaubsänger	rB (Mai–Jul.)
Feldschwirl	rB (Mai–Jul.)
Schlagschwirl	sB (Mai/Jun.)
Rohrschwirl	rB (Mai–Jul.)
Drosselrohrsänger	hB (Mai–Jul.)
Sperbergrasmücke	sB (Mai/Jun.)
Zwergschnäpper	sB (Mai–Jul.)
Braunkehlchen	rB (Mai–Jul.)
Sprosser	rB (Mai/Jun.)
Gartenrotschwanz	rB (Apr.–Jul.)
Karmingimpel	rB (Mai–Jul.)
Grauammer	rB, rW (ganzjährig)

Vom Deich bei Zempin blickt man in die strukturreichen Wiesen. Foto: C. König. 19.7.2019.

lässt man den geschotterten Weg nach links entlang des Kanals. Dies ist eine gute Stelle für Braunkehlchen. Nach rund 450 m erreicht man das Ufer des Sees Piese. Die Wasserfläche ist meist weniger interessant, aber in den Büschen am Ufer entlang des Weges lassen sich mit Glück Sperbergrasmücken entdecken. Der Feldweg führt weiter an der Ostseite des Cämmerer Sees vorbei. Auf der ganzen Strecke sollte man auf Feldschwirle, Braun- und Schwarzkehlchen achten. Schlagschwirle und Karmingimpel sind in diesem Bereich seltener. Aus den östlich angrenzenden Wäldern rufen Pirole. Im Winter nutzen Raubwürger das Gebiet. Der Weg mündet schließlich auf die Feldstraße, an der man sich links hält. Nach 550 m erreicht man Peenemünde und biegt am Ende der Feldstraße links ab. Nur 150 m weiter erreicht man den Ausgangspunkt am Parkplatz. Die beschriebenen Wege lassen sich auch mit dem Fahrrad befahren.

Luftlinie etwa 15 km südöstlich von Peenemünde liegt die Halbinsel Gnitz. Von den Parkmöglichkeiten am Hafen Lütow (4) empfiehlt sich eine etwa 5 km lange Rundtour zur Südspitze. Vom Parkplatz geht es 200 m die Straße zurück nach Norden und dann links in die Straße „Zum Möwenort“. Diese führt aus dem Dorf heraus an Grauammerrevieren und einem Ferienresort vorbei. Nach etwa 750 m erreicht man das Ufer des Achterwassers. In dem dichten Gehölzstreifen brüten Kleinspechte, Pirole und Sprosser. Nachdem man dem Weg für einen weiteren Kilometer gefolgt ist, erreicht man die abgezäunte Südspitze der Halbinsel (5). Durch Tore ist hier Zugang bis zum Wasser möglich (FKK-Strand). Folgt man dem Weg weiter weg vom Wasser, ergeben sich linkerhand Blicke über feuchte Wiesen und Weiden mit eingestreuten Büschen, von denen Neuntöter und Grauammern singen. Schließlich erreicht man auf der westlichen Seite der Halbinsel wieder das Ufer des Achterwassers und den Wacholder-Kiefernwald am Weißen Berg (6). Hier ist eine Verlängerung der Route entlang der Steilküste und über den Natur-Campingplatz mit Schwarzspechten möglich. Ansonsten geht man am Waldrand entlang weiter nach Nordosten, vorbei an kalkreichen Magerrasen. Neuntöter sind häufig, auch auf Gartenrotschwänze lohnt es zu achten. Nach 750 m passiert man eine Kreuzung (von links führt hier der Umweg über den Campingplatz zurück auf die Strecke), nach weiteren 750 m erreicht man die Zeltplatzstraße. Diese führt vorbei an Grauammerrevieren zurück nach Lütow. Hält man sich am Ende der Straße rechts, sind es noch etwa 300 m zurück zum Parkplatz. Aufgrund der teilweise sandigen Beschaffenheit der Wege kann dieser Rundweg nur eingeschränkt mit dem Fahrrad befahren werden.

Ein weiterer zur Vogelbeobachtung empfehlenswerter Bereich liegt bei Zempin, knapp westlich von Lüttenort, der schmalsten Stelle von Usedom. Als Ausgangspunkt einer rund 7,5 km langen Wanderung bietet sich der große, allerdings kostenpflichtige Parkplatz an der Strandpromenade Zempin an (7). Knapp nördlich des Parkplatzes biegt man rechts auf den Oberförsterweg ab. An dessen Ende folgt man dem Möwenweg geradeaus weiter. Hinter den letzten Häusern hält man sich erneut rechts und läuft durch einen bewaldeten Bereich mit Schwarzspechten. Für rund 550 m geht es nun parallel zur Bundestraße nach Osten bis am Lüttenort die Straße überquert wird und man den kleinen Hafen (8) erreicht. Hier gibt es alternative, kostenlose Parkmöglichkeiten, die allerdings auf zwei Stunden befristet sind. Nach Südwesten führt der Weg nun auf dem Deich entlang in die Natur. Linkerhand Gehölzstreifen und Schilfgürtel mit Karmingimpeln und Drosselrohrsängern sowie Eisvögeln, rechterhand feuchte Wiesen mit einzelnen Bäumen und Büschen, in denen Schwarzkehlchen brüten. Nach etwa 900 m erreicht man das offene Achterwasser und der Röhrichtgürtel wird breiter (9). Auf den folgenden 800 m bis nach Zempin lohnt es sich, eine Zeit lang zu verweilen und auf die Rufe und Gesänge der hier brütenden Bartmeisen, Rohr- und Feldschwirle zu achten. Man passiert den Hafen Zempin und folgt dem Weg weiter am Ufer entlang nach Westen. Hinter einer Pferdeweide biegt man rechts ab und verlässt den Uferstreifen nach Norden. Man erreicht die sandige Dorfstraße und folgt dieser nach Westen an einem Kiefernwäldchen entlang. Braunkehlchen und Gartenrotschwänze sind hier zu erwarten. Direkt nachdem man eine Bahnlinie überquert hat, hält man sich an einer Weggabelung links. Der Weg führt über eine Wiese und die Bundesstraße 111 in einen von Birken und Kiefern dominierten Mischwald (10). Neben Schwarz- und Kleinspechten kann man hier auch den Gesang von Waldlaubsängern und Zwergschnäppern hören. Schließlich erreicht man den Campingplatz „Am Dünengelände“ und die Strandpromenade (11). Brandseeschwalben rasten im Spätsommer auf den Buhnen oder zeigen bei der Nahrungssuche ihre spektakulären Sturzflüge. Im Winterhalbjahr sollte man auf Schell-, Eis- und Trauerenten achten. Am östlichen Ende der Promenade führt die Strandstraße zurück in den Wald und nach 400 m zum Parkplatz. Weite Teile der beschriebenen Strecke können auch mit dem Fahrrad befahren werden, der Weg durch den Wald nordwestlich von Zempin (10) ist allerdings nur zu Fuß möglich.

Christopher König, Christoph Moning, Felix Weiß

Anfahrt

Mit Bahn und Bus

Usedom ist nicht direkt an den Fernverkehr angeschlossen, daher müssen Reisende auf der Strecke mindestens einmal umsteigen. Aus Richtung Hamburg oder Berlin erfolgt die Anreise über Züssow und von dort mit den Zügen der Usedomer Bäderbahn nach Peenemünde und Zempin. Die Anreise nach Lütow an der Südspitze Gnitz erfolgt vom Bahnhof Zinnowitz mit der sehr regelmäßig verkehrenden Buslinie 273.

Mit dem Auto

Für die beschriebenen Gebiete im Norden von Usedom erfolgt die Anreise über die A 20 bis Gützkow (Abfahrt 27) und von dort über die B 111. Peenemünde ist von dieser über die L 264, die Südspitze Gnitz über den Neuendorfer Weg in Zinnowitz erreichbar. Zempin liegt direkt an der B 111.

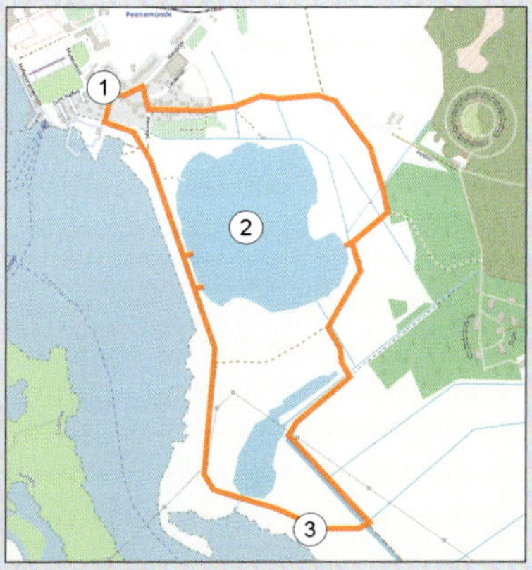

GPS		
Parkplatz Peenemünde (1)	54°08'09" N	13°46'17" O
Schutzhütte Peenewiesen (3)	54°07'12" N	13°47'05" O
Parkplatz Lütow (4)	54°00'39" N	13°52'47" O
Parkplatz Zempin (7)	54°04'07" N	13°57'11" O
Hafen Lüttenort (8)	54°03'53" N	13°58'33" O

Westufer des Schweriner Außensees mit naturnahen Uferbereichen.

Foto: A. Maier. 27.10.2023.

Die Schweriner Seen

Wasservögel beobachten zu jeder Jahreszeit

In Westmecklenburg liegen die zur Mecklenburger Seenplatte gehörenden Schweriner Seen. Für die Brutpopulation der Kolbenente sowie eine außerordentlich hohe Dichte brütender Haubentaucher bekannt, beherbergen die Schweriner Seen Brutplätze zahlreicher weiterer Wasservogelarten. Darüber hinaus sind die Seen Nahrungs-, Rast-, Mauser- und Überwinterungsgewässer von überregionaler Bedeutung, Scharen an Enten, Tauchern und weiteren Wasservogelarten treten in unterschiedlicher Artzusammensetzung das ganze Jahr über auf.

Seit 2005 sind der Schweriner Außensee und der Schweriner Innensee, zusammen mit dem westlich anschließenden Ziegelaußensee, weiteren kleineren Seen in der Umgebung, angrenzenden Niederungen sowie Wald- und Ackerflächen als EU-Vogelschutzgebiet „Schweriner Seen" ausgeschrieben.

Als Gletscherzungensee der letzten Eiszeit entstanden, erstreckt sich der Schweriner See über eine Fläche von über 60 km² und ist damit der viertgrößte See Deutschlands. Nach Süden entwässert er über das ebenso in der Weichsel-Eiszeit als Gletschersee-Abfluss entstandene Störtal. Der Störkanal wird von extensiven Wiesen gesäumt und führt durch die Störtalniederung Richtung Elbe.

Im Norden besteht, seit einem im 16. Jahrhundert künstlich errichteten Durchstich (Wallensteingraben), ein Abfluss Richtung Wismarer Bucht.

Die Seeufer sind teilweise sehr steil und mehrere Dutzend Meter über dem Seewasserspiegel liegend, wie beispielsweise das trockene, mit Buchen-Eichenwäldern bestandene Ostufer des Schweriner Binnensees im Bereich des Naturschutzgebiets „Göslower Ufer" oder das an der Westseite des Schweriner Außensees gelegene Ufer nördlich von Lübstorf, wo das Schloss Wiligrad Ende des 19. Jahrhunderts erbaut wurde. Andere Uferabschnitte sind flacher, von ausgeprägten Bruchwäldern und Feuchtgebieten eingerahmt und zum Teil breiten Schilfgürteln gesäumt.

Um eine Handelsstraße von Schwerin am Westufer zum Ostufer des Sees zu schaffen, wurde Mitte des 19. Jahrhunderts – nachdem zuvor der Bau des Stör-Elde-Kanals den Wasserstand des Sees abgesenkt hatte – ein Damm über die Feuchtgebiete und die Landenge in der Mitte des Schweriner Sees erbaut. Der 1842 fertiggestellte Paulusdamm trennt den Schweriner See in den Schweriner

Außensee im Norden und den Schweriner Innensee im Süden; mit dem Paulusdammgraben wurde jedoch eine schmale, natürliche Wasserverbindung offen gelassen. Heute führt die Bundesstraße 104 über den Damm.

Nordöstlich an den Damm angrenzend liegt das Naturschutzgebiet Ramper Moor, eine bis zum Bau des Dammes periodisch überflutete Halbinsel, auf der sich ein kalkhaltiges Verlandungsmoor entwickelte. Über die Grundwasserzuflüsse gelangt viel kalkhaltiges Wasser in den in der jungglazialen Endmoränenlandschaft gebetteten Schweriner See und fällt dort als Seekalk aus. Besonders mächtig sind diese Seekreidevorkommen im Bereich des Ramper Moors. Unter der Torfdecke sind dort bis zu 10 m mächtige Seekalkschichten entstanden. In der zweiten Hälfte des 19. Jahrhunderts wurde hier Seekreide abgestochen und im Stadtbau sowie als landwirtschaftlicher Dünger genutzt. Anschließend erfolgte eine Streuwiesennutzung, heute werden Anteile der Fläche des Naturschutzgebiets durch Pflegemaßnahmen offengehalten.

Im Schweriner Außensee befindet sich eine große Insel, die Lieps. Diese rund 1,5 km lange und an der breitesten Stelle 600 m messende Insel wurde bereits zur Jungsteinzeit von Fischern besiedelt, später landwirtschaftlich genutzt. Heutzutage werden Rinder mit einem Kahn zur Sommerweide auf die Insel übergesetzt. Im Schweriner Innensee liegen mit dem 1000 m langen und 600 m breiten Kaninchenwerder und dem etwas kleineren Ziegelwerder zwei große, unter Naturschutz stehende Inseln. Beide wurden ebenfalls bereits zu prähistorischen Zeiten besiedelt, seit dem Mittelalter veränderten Menschen durch landwirtschaftliche Nutzung, den Betrieb einer Ziegelei, den Abbau von Ton und Kalk und die Rodung für Brennholz das Antlitz der Inseln sehr stark. Heute dürfen Teile beider Inseln nicht betreten werden, die naturnahen Uferbereiche mit Bruchwäldern und Schilfgürteln bieten zahlreichen Wasservögeln und mehreren Greifvogelarten Brutplätze und beherbergen eine Kormorankolonie.

Die Schweriner Seen sind – verständlicherweise – ein beliebtes Naherholungsgebiet und Anziehungspunkt für zahlreiche Urlauber und Wassersportler, insbesondere in den Sommermonaten ist die Boots-/Besucherdichte auf und am Wasser sehr hoch.

Besondere Vogelarten und Reisezeit

Die Schweriner Seen laden zu allen Jahreszeiten zur Vogelbeobachtung ein. Wasservogelansammlungen in unterschiedlicher Artzusammensetzung nutzen die Seen das ganze Jahr über als Brut, Rast-, Nahrungs-, Winter- und Mausergewässer. Bekannt sind die Schweriner Seen für die hier brütenden Kolbenenten, welche ab März eintreffen und im Mai ihre Brutreviere beziehen (5 bis 15 Paare). Nach dem Brutgeschäft finden sie sich im September wieder in Gruppen zusammen. Es werden dann regelmäßig Trupps von mehreren Dutzend Individuen angetroffen, in einzelnen Jahren auch deutlich über hundert. Im Oktober verlassen die Kolbenenten die Schweriner Seen.

Mit über 1000 Paaren beherbergen die Schweriner Seen die größte Haubentaucher-Brutpopulation Mecklenburg-Vorpommerns, pro Uferkilometer sind im Mittel über 13 Brutpaare anzutreffen. Im Frühjahr lässt sich dadurch besonders eindrücklich die Balz der stellenweise kolonieartig brütenden Haubentaucher erleben. Auch Drosselrohrsänger kommen in den ausgeprägten Schilfbeständen in hohen Dichten vor und machen im Frühling mit ausdauerndem Gesang auf sich aufmerksam. Vereinzelt sind auch die tiefen Klänge der Rohrdommeln weit über die Gewässer vernehmbar. Einzelne Rohrweihen-Brutpaare sind hoch am Himmel balzend zu entdecken und tragen Nistmaterial zu ihren im Röhricht verborgenen Brutplätzen. Wo Schilfbestände an ungestörte Grünlandbereiche grenzen, beginnen Graugänse mit Nestbau und Brutgeschäft.

In den Erlenweiden-Bruchwäldern kommen Kleinspechte, Gelbspötter, Nachtigallen sowie einzelne Pirole vor. Regelmäßig können mit Glück die feinen Rufe der Beutelmeise vernommen werden. Vereinzelt graben Eisvögel an frischen Uferabbrüchen ihre Bruthöhlen. Ab Juli, wenn die Jungvögel flügge sind und bereits Individuen aus benach-

Haubentaucher bei der Balz. An den Schweriner Seen brütet die Art in außergewöhnlich hohen Dichten. Foto: E. Lietzow, Obersee Bielefeld, 9.4.2017.

In den windgeschützten Flachwasserbereichen der Hohen Viechelner Bucht finden sich häufig nahrungssuchende und rastende Wasservogelansammlungen ein. Foto: A. Maier. 27.10.2023.

barten Revieren als Nahrungsgäste auftreten, sind Eisvögel besonders häufig zu beobachten.

In den mit stattlichen Buchenmischwäldern bestanden Uferhangwäldern und Parkanlagen finden zahlreiche Arten Nischen und Baumhöhlen als geeignete Brutplätze. Singende und trommelnde Kleiber und Schwarzspechte sind ab dem zeitigen Frühjahr Hauptdarsteller im morgendlichen Klangkonzert, in das auch Mittelspechte einstimmen. In einigen Uferwäldern singen nachts Waldkäuze und Waldohreulen.

Seeadler brüten mit mehreren Brutpaaren direkt am See bzw. im Radius von wenigen Kilometern und sind häufig beim imposanten Fischfang zu beobachten. Auch Rotmilane, Schwarzmilane und Fischadler sind regelmäßig bei der Nahrungssuche an den Seen zu sehen.

Kormorane kommen an den Seen in großen Anzahlen zur Rast vor, eindrückliche Ansammlungen können dann an den Schlafplätzen beobachtet werden. Zur Brutzeit ist ein direkter Einblick ins Brutgeschehen der Kolonie möglich. In den Niederungen südlich der Seen sind in Mai- und Juninächten noch regelmäßig rufende Wachtelkönige zu vernehmen, Brachen und extensiv genutzte Feuchtwiesen bieten auch Schilfrohrsängern und Braunkehlchen Lebensräume, Neuntöter nutzen Sträucher und Gebüsche als Nahrungsdepot und Brutplatz.

Verschiedene Möwenarten sind das ganze Jahr über zu beobachten. Im Herbst treten oft Zwergmöwen als Durchzügler auf, welche sich teilweise zu mehreren Dutzend Individuen an einem Schlafplatz im flachen Wasser einfinden. Von Mai bis September halten sich häufig Dutzende Flussseeschwalben (Durchzügler, Nahrungsgäste) an den Seen auf, nach der Brutzeit finden sich auch oft Trauerseeschwalben aus benachbarten Brutkolonien ein.

Rast- und Zugtrupps von Großen Brachvögeln, Goldregenpfeifern oder Kiebitzen sind im Frühjahr und Herbst oft zu entdecken, vereinzelt treffen weitere Limikolen wie Flussuferläufer, Grünschenkel und Bekassinen an den Ufern und Säumen zur Rast oder Nahrungssuche ein.

Im Spätsommer und zu Herbstanfang treten Blässhühner in riesigen Scharen (über 20 000) auf, welche dann oft auch ufernah dichte „Teppiche“ bildend nach Nahrung suchen. Reiherenten kommen aus den nordöstlichen Brutgebieten im Herbst und Winter zu über 15 000 Individuen auf die Schweriner Seen. Eindrückliche Ansammlungen sind dann, oft auch zusammen mit sehr vielen Tafelenten und Haubentauchern, in windgeschützten und ungestörten Bereichen zu beobachten. Darunter sind häufig weitere Durchzügler wie Schnatterenten, Spießenten, Pfeifenten und einzelne Knäkenten. Im Spätherbst sind im Gebiet rastende und nahrungssuchende Zwerg- und Singschwäne zu beobachten. Im Winter finden sich einige Tausend Schellenten und mehrere Hundert Gänsesäger ein, auch Zwergsäger sind dann regelmäßig in Trupps mit mehreren Dutzend, selten mehreren Hundert Individuen zu entdecken. Regelmäßig

Blick vom Strand über die Zippendorfer Bucht. Foto: A. Maier. 27.10.2023.

Im Herbst und Winter finden sich besonders große Wasservogelansammlungen auf den Seen ein. Mit einem Rastbestand von mehreren Tausend Individuen ist die Tafelente eine der häufigsten Wasservogelarten.
Foto: E. Lietzow. Obersee Bielefeld, 18.2.2015.

sind auch Schwarzhalstaucher in Gruppen von mehreren Dutzend zu beobachten, vereinzelt auch Ohrentaucher.

Selten treten zur Zugzeit darüber hinaus Arten wie Eiderente, Brandseeschwalbe und Weißflügel-Seeschwalbe oder auch Irrgäste wie Eistaucher an den Schweriner Seen auf.

Beobachtungsmöglichkeiten

Ein guter Blick auf die gesamte Zippendorfer Bucht eröffnet sich vom Zippendorfer Strand (1). Weiter nach Nordosten, entlang eines alten Laubwaldbestands, führt eine zum Beobachten geeignete Straße („Am Strand“). Von hier ist ein Blick auf den See, die Schwimmnester und das Balzgeschehen der Haubentaucher möglich. Folgt man dem Weg nach Osten weiter, lässt sich die Mueßer Bucht einsehen. Mit einem Spektiv kann man vom Weg ab Zippendorf auch auf die beiden nördlich gelegenen Inseln Ziegelwerder und Kaninchenwerder schauen. Am Zippendorfer Strand befindet sich außerdem die NABU-Naturschutzstation Schwerin, die eine Ausstellung betreibt und zahlreiche naturkundliche Veranstaltungen und Exkursionen anbietet. Im Stadtteil Zippendorf liegt am Schweriner Zoo auch eine Anlegestelle der „Weißen Flotte“, welche Seerundfahrten anbietet und Einblicke auf die unter Naturschutz stehenden Inseln bietet, teilweise auch am Kaninchenwerder anlegt (2). Dort dürfen auch private Boote und Wassersportler festmachen. Auf der Insel gibt es einen Wanderweg, einen Naturerlebnispfad sowie einen Aussichtsturm. Am Zippendorfer Strand lassen sich Kajaks für eine Überfahrt bzw. Seeexkursion ausleihen. Es gilt hierbei natürlich unbedingt zu beachten, dass die dem sowieso schon starken Bootsverkehr und hohem Besucheraufkommen ausgesetzten Rast- und Brutvögel nicht gestört werden dürfen.

Besonders bei Ostwind lohnt sich das Beobachten vom Ostufer des Schweriner Außensees, wenn sich dort in windgeschützten Bereichen Wasservogelscharen ansammeln, wie zum Bespiel in der Bucht bei Rampe. Vom Wanderweg zwischen Rampe (3, dort kann geparkt werden) und dem 2 km nördlich gele-

Typische Vogelarten der Schweriner Seen, deren Status und günstige Beobachtungszeit (in Klammern)
h = häufiger, r = regelmäßiger, s = seltener; B = Brutvogel, W = Wintergast, D = Durchzügler, N = Nahrungsgast

Art	Status (beste Beobachtungszeit)
Singschwan	hW (Okt.–Nov.)
Zwergschwan	rW (Okt.–Nov.)
Graugans	hB, hD, hN (Mrz.–Jun.)
Tafelente	hW (Sep.–Dez.)
Kolbenente	rB (Mrz.–Sep.)
Reiherente	hW (Sep.–Jan.)
Schellente	rB, hW (Nov.–Apr.)
Gänsesäger	rB, hW (Sep.–Apr.)
Schwarzhalstaucher	rD, rW (Sep.–Dez.)

Art	Status (beste Beobachtungszeit)
Haubentaucher	hB, hW (ganzjährig)
Kormoran	hB, hN (ganzjährig)
Seeadler	rB, rN, rW, rD (ganzjährig)
Blässhuhn	hB, hW (ganzjährig)
Zwergmöwe	rD (Aug.–Okt.)
Trauerseeschwalbe	sD (Mai, Jul.–Aug.)
Mittelspecht	rB (Feb.–Apr.)
Drosselrohrsänger	hB (Mai–Jun.)

genen Rätgendorf lässt sich gut auf den See beobachten.

Auf den nördlichen Teil des Schweriner Außensees lässt sich vom Wanderweg zwischen Wiligrad (4) und Bad Kleinen beobachten, mit Spektiv lohnt auch ein Blick zum Ufer der Insel Lieps.

Die Hohen Viechelner Bucht an der Nordspitze des Schweriner Außensees lässt sich vom Wanderweg einsehen, der von Hohen Viecheln nach Süden führt. Geparkt werden kann nach dem Bahnübergang in Hohen Viecheln (5), dann geht es zu Fuß oder per Fahrrad weiter. Der Weg führt durch die Bruchwälder des Naturschutzgebiets Döpe, rechterhand liegt der Schweriner Außensee, linkerhand das Gewässer Döpe.

Am Ostufer des Schweriner Innensees führen mehrere Wanderwege durch das Naturschutzgebiet „Görslower Ufer". Ausgehend von Raben-Steinfeld (6) im Süden eröffnen sich am Uferweg direkte Blicke auf den See. Weiter oben am Steilhang gelegen führt der Weg durch alte Buchen-, Hainbuchen-, Eichenmischwälder, hier lassen sich Spechte und Höhlenbrüter alter Laubwälder beobachten. Südlich des Schweriner Binnensees führt ein Radwanderweg am Störkanal entlang, von welchem sich die Störtalwiesen erkunden lassen (7).

Weitere Freizeitmöglichkeiten

Von den Störtalwiesen im Süden des Schweriner Binnensees lohnt sich ein Abstecher in die Lewitz-Niederung, weiter entlang des Radwanderwegs am Störkanal nach Süden. Die feuchte Niederung ist von verschiedenartigen Gewässern wie Störkanal, Elde, Müritz-Elde-Wasserstraße und ausgedehnten Fischteichen geprägt und lädt zu vogel- wie naturkundlichen Exkursionen ein.

Andrea Maier, Christopher König

Infomaterial/Literatur

Ornithologische Arbeitsgemeinschaft Mecklenburg-Vorpommern (OAMV) e.V. (Hrsg.) 2007: Die Schweriner Seen – ein bedeutendes Wasservogelrefugium in Mecklenburg-Vorpommern. Ornithologischer Rundbrief für Mecklenburg-Vorpommern, Band 45, Sonderheft 2.

Anfahrt

Mit Bahn und Bus

Mit der Bahn sind neben Schwerin auch Lübstorf und Bad Kleinen (beide am Westufer des Schweriner Außensees) sowie Ventschow, im Nordosten, zu erreichen. Von diesen können die beschriebenen Uferbereiche am besten mit dem Fahrrad erkundet werden. Alternativ fahren Busse im Schweriner Stadtgebiet und bis nach Lübstorf sowie Raben-Steinfeld (Schweriner Nahverkehrsbetriebe). Außerhalb des Stadtgebiets besteht Anschluss mit überregionalen Busverbindungen („NAHBUS Nordwestmecklenburg").

Mit dem Auto

Von Westen oder Osten wird das Gebiet über die südlich bzw. nördlich des Gebiets verlaufende A 24 oder A 20 erreicht. Anschließend gelangt man über die Bundesstraße 106 von Wismar nach Schwerin oder über die A14 an die Ostseite der Schweriner Seen.

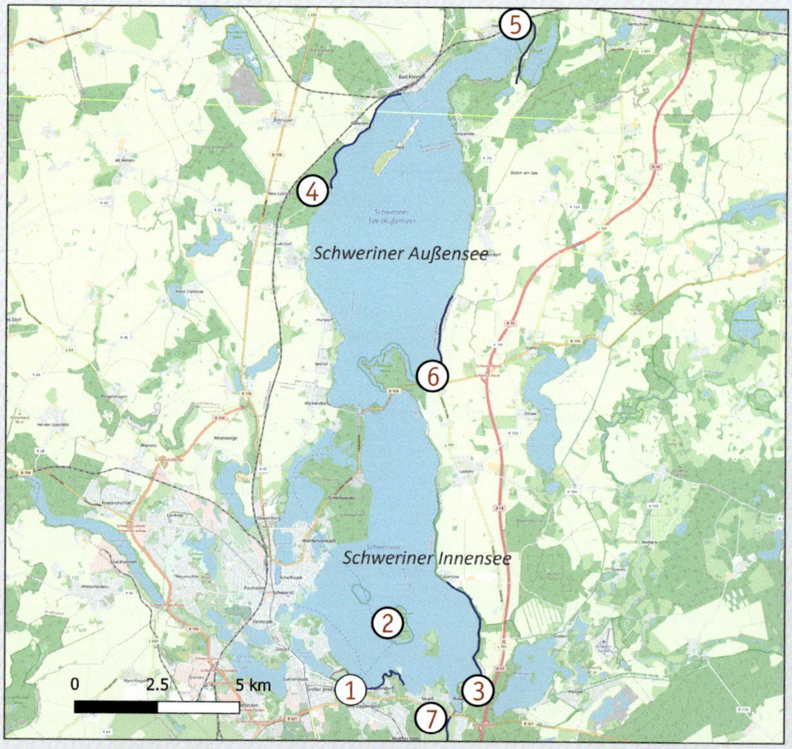

Kartengrundlage: openstreetmap.org

GPS		
Parkplatz Zippendorfer Strand (1)	53.602393	11.453586
Parkplatz Hohen Viecheln (5)	53.786352	11.523685
Parkplatz Rampe (6)	53.687793	11.481640

Der Polder Anklam-Görke ist ein wichtiges Brut- und Rastgebiet für viele Wasservögel.
Foto: T. J. Linke. 29.7.2023.

Untere Peene und Polder bei Anklam

Zurückgekehrte Wildnis im alten Flusstalmoor

Am Unterlauf der Peene ist nach umfassenden Renaturierungen wieder großflächig eine dynamische Flusslandschaft entstanden. Entlang des sehr langsam strömenden Flusses liegen alte Flusstalmoore der Peene, die bis heute eine der größten Niedermoorlandschaften Deutschlands bilden. Etwa 35 km von der Universitätsstadt Greifswald entfernt liegen die beiden Polder Menzlin und Anklam-Görke. Hier konnten sich nach Aufgabe der langjährigen Nutzung als Saatgraspolder durch weitreichende Wiedervernässungen und Extensivierungen wieder Lebensräume zahlreicher Wasser- und Röhrichtvögel entwickeln.

Obwohl die Peene von ihrem Austritt aus dem Kummerower See bis zur Mündung in das Peenehaff nur knapp 90 km überbrückt, stellt sie mit ihrem Einzugsgebiet das größte Fließgewässersystem in Mecklenburg-Vorpommern dar. Eine Besonderheit des Flusses ist seine niedrige Lage etwa auf Meeresniveau, wodurch Brackwasser aus dem Haff immer wieder durch Winde in den Unterlauf gedrückt wird. Das weitläufige Flusssystem der Peene mit Zuläufen wie der ebenfalls ökologisch aufgewerteten Trebel oder der Schwinge, weist durch seine wiedergewonnene Dynamik heute eine hohe Vielfalt unterschiedlicher Lebensräume auf. Das Peenetal wurde durch die gewaltigen Kräfte von Eis und Schmelzwasser der Kaltzeiten im Saale- und Elster-Glazial geformt. Die ältesten Funde anthropogener Besiedlung datieren aus dem 9. Jahrhundert, als nahe Menzlin mit dem „Alten Lager" eine kleine Kolonie entstand, in der sich Slawen und Wikinger ansiedelten. Bis heute lassen sich die Wikingergräber nördlich vom Polder Menzlin als Steinkreise im Gelände ausmachen. Seit dem frühen Mittelalter fanden Heunutzung und Beweidung auf Allmendeflächen in den Flusstalmooren statt. In dieser Zeit entstand zudem eine Steinpflasterstraße zum Peeneufer und es wurde eine erste Brücke über den Fluss gebaut. Aus der „Schwedenzeit" im 17. und 18. Jahrhundert stammen die ersten modernen Landvermessungskarten, die noch ein gering ausgeprägtes Grabennetz zeigen. Damals fanden sich in den niedrigwüchsigen Nasswiesen der

Flusstalmoore Bruthabitate von Doppelschnepfen und Seggenrohrsängern. Auf späteren preußischen Karten ist dagegen ein flächiges und weit verzweigtes System von Entwässerungsgräben erkennbar, welches systematische Anstrengungen zur Urbarmachung der Niedermoore belegt. Die rigorose Entwässerung ermöglichte zudem die Gewinnung von Torf als wichtigem Brennstoff. Mit zunehmendem technischem Fortschritt und windbetriebenen Schöpfwerken wurde eine umfangreiche Trockenlegung vorangetrieben, welche nach dem zweiten Weltkrieg zu Zeiten der ehemaligen DDR ihren Höhepunkt mit großen Meliorationskombinaten erreichte. In dieser Zeit wurden die stark entwässerten Moore als Saatgraspolder zur industriellen Erzeugung von Grünfutter genutzt.

Während des Frühjahrshochwassers 2002 kam es zur Unterspülung mehrerer Deiche und einer vollständigen Überflutung der bis zu diesem Zeitpunkt intensiv landwirtschaftlich genutzten Wiesen der Polder bei Anklam. Die bereits eingeleiteten Maßnahmen zur Renaturierung der Peene im Rahmen des Naturschutzgroßprojektes „Peenetal- und Peenehaffmoor" erhielten somit Unterstützung von der Natur selbst. Im Zeitraum 1992 bis 2009 wurden auf mehr als 10 000 ha Fläche wieder ein naturnaher Wasserhaushalt etabliert, wodurch sich verlorenen gegangene Lebensräume wie Nasswiesen und Seggenriede ebenso wieder entwickeln können wie Torfböden in den alten Durchströmungsmooren des Flusstals. Die hohe Dynamik der heute wieder ungezähmten Auen- und Niedermoorlandschaft entlang der Unteren Peene führte zur Wiederansiedlung zahlreicher zuvor selten gewordener oder verschwundener Brutvogelarten. Neben Ansiedlungen der ikonischen Fisch- und Seeadler sind Brutkolonien von Lachmöwen und Kormoranen entstanden.

Sowohl der Unterlauf der Peene, als auch die beiden Polder Menzlin und Anklam-Görke sind Teil des etwa 3400 ha großen Naturschutzgebietes „Peenetal von Jarmen bis Anklam" und gehören zum Naturpark Flusslandschaft Peenetal.

Besondere Vogelarten und Reisezeit

Der Flusslauf der Peene hat insbesondere während der Brutzeit seinen Reiz, wenn aus den Uferröhrichten die schnarrenden Gesänge zahlreicher Rohrsänger sowie weiterer Schilfbrüter wie Rohrschwirl, Bart- und Beutelmeise erklingen. Nördlich der Peene liegt der Polder Menzlin, der ebenso wie der südlich an den Flusslauf angrenzende Polder Anklam-Görke neben dem Frühjahr auch während der Zug- und Rastzeiten einen Besuch wert ist. Beobachtungen von Seeadlern sind in der Brutzeit nahezu garantiert, auch im Herbst und Winter können häufig mehrere Individuen oder sogar größere Ansammlungen beobachtet werden. Auch

In den halboffenen Randbereichen finden Neuntöter geeignete Lebensräume.
Foto: T. J. Linke. Polder Klotzow, 30.7.2023.

Sumpfseeschwalben wie die Trauerseeschwalbe brüten alljährlich in den Poldern. Foto: T. J. Linke. Johannishofer Wiesen, 30.7.2021.

Fischadler sind regelmäßig in der Brutzeit anzutreffen, ebenso wie Wespenbussarde und Schwarzmilane. In den umliegenden Pappeln brüten in alten Krähennestern unregelmäßig Baumfalken, deren spektakuläre Jagdflüge nach Insekten über den Wasserflächen der Polder ein echtes Highlight darstellen. Zahlreich anwesend sind während der Brutzeit zudem Lachmöwen, Kormorane und Graugänse, die jeweils in kleineren Kolonien in den Poldern brüten. Während Fluss- und Trauerseeschwalben alljährlich zur Brut schreiten, sind Weißbart-Seeschwalben hier etwas seltener als in den östlichen, flussabwärts gelegenen Poldern. Aus den Röhrichten der Polder ertönen ab April und Mai die markanten Reviergesänge von Drossel-, Teich- und Sumpfrohrsänger, auch hier kommen weitere Röhrichtbrüter wie Rohrschwirl, Rohrammer, Bartmeise und Blaukehlchen mit hohen Siedlungsdichten in den Schilfflächen vor. Etwas seltener und heimlicher dagegen sind Beutelmeisen, die ihre kunstvollen und meist nur schwer zu entdeckenden Beutelnester regelmäßig im Grenzbereich zwischen Röhrichten und Auendickicht bauen. In den feuchten Gebüschen finden sich immer wieder Reviere von Schlagschwirlen, die etwas selteneren Feldschwirle sind dagegen in den offenen Wiesenbereichen anzutreffen.

Beobachtungen von Limikolen zur Zugzeit im August und September sind stark abhängig von den Wasserständen in den einsehbaren Bereichen. Wenn Flachwasserbereiche mit Schlammflächen vorhanden sind, können Alpen- und Temminckstrandläufer beobachtet werden, bei höheren Wasserständen oft nur die langbeinigen Watvögel wie Grünschenkel, Kampläufer oder Dunkle Wasserläufer. Selten dagegen sind Beobachtungen von Knutt, Pfuhlschnepfe, Säbelschnäbler oder Goldregenpfeifer, die in den küstennahen Poldern wesentlich häufiger sind als hier. Im Herbst und Winter rasten auf den Wasserflächen teilweise bedeutsame Ansammlungen von Wasservögeln. Dann sind große Trupps von Löffel-, Krick- und Pfeifen-

Entlang der Unteren Peene finden sich neben den Flusstalmooren auch naturnahe Auenwälder. Foto: T. J. Linke. Peene, 30.7.2023.

Bartmeisen, hier ein Männchen im Jugendkleid mit schwarzem Zügelstrich und orangegelbem Schnabel, können in den Poldern an der Unteren Peene ganzjährig beobachtet werden. Foto: T. J. Linke. Polder Klotzow, 30.7.2023.

ten nicht selten, weitere Entenarten wie Schnatter- und Reiherente treten dagegen ganzjährig auf. Während Knäkenten zur Brutzeit und auf dem Zug anzutreffen sind, überwintern Schellenten meist zwischen Oktober und März. Die beiden Lappentaucher Schwarz- und Rothalstaucher legen ihre in Pflanzen verankerten Schwimmnester in Flachwasserzonen an. In den umliegenden feuchten Gebüschen sind Nachtigallen häufig anzutreffen und der flötende Gesang von Pirolen erklingt regelmäßig aus den Auengehölzen.

Mehrere Arten der versteckt lebenden Rallen können in den Poldern und ihren umliegenden Bereichen vorkommen. Während Wasserrallen in den Uferröhrichten nicht selten sind, finden Tüpfelsumpfhühner insbesondere in Jahren mit ausreichender Überstauung in den umliegenden Nasswiesen geeignete Lebensräume. Potenziell kann hier in den Schilfbereichen auch das früher für die Flusstalmoore charakteristische Kleine Sumpfhuhn vorkommen, von dem aus den letzten Jahren allerdings keine Beobachtungen bekannt sind.

Die Polder Menzlin und Anklam-Görke werden von Kranichen sowohl im Sommer im Anschluss an die Brutzeit, als auch während der Herbstrast als Schlafgewässer genutzt. Dann fliegen in der Dämmerung von den Vorsammelplätzen Hunderte bis Tausende Kraniche in die Polder ein. Auch Stare übernachten häufig in den Bäumen und Gebüschen der Polder – hier lassen sich leicht fünfstellige Schwärme bei ihren beeindruckenden Flugmanövern beobachten.

Beobachtungsmöglichkeiten

Im nördlich der Peene liegenden Polder Menzlin empfiehlt sich der Ausblickssteg Peene (1), der über eine Abzweigung nach Osten vom Weg zum Kanuverleih (2) erreicht werden kann. Von hier und dem Weg entlang der Waldkante lassen sich die offenen Wasserflächen gut einsehen, allerdings ist die Beobachtungsdistanz häufig ziemlich groß. Am kleinen Hafen in

Typische Vogelarten an der Unteren Peene und in den Poldern Menzlin und Anklam-Görke, deren Status und günstige Beobachtungszeit (in Klammern).
h = häufiger, r = regelmäßiger, s = seltener; B = Brutvogel, N = Nahrungsgast, D = Durchzügler, W = Wintergast

Art	Status (beste Beobachtungszeit)
Löffelente	rB, hD (Apr.–Okt.)
Krickente	rB, hD (Feb.–Nov.)
Knäkente	sB, rD (Apr.–Mai)
Singschwan	sW (Nov.–Feb.)
Rothalstaucher	rB (Apr.–Jul.)
Schwarzhalstaucher	rB (Apr.–Okt.)
Rohrdommel	sB, rW (Jan.–Mai)
Fischadler	rB (Apr.–Sep.)
Seeadler	hB (ganzjährig)
Wespenbussard	sB (Mai–Sep.)
Schwarzmilan	hB (Apr.–Okt.)
Baumfalke	sBr (Mai–Aug.)
Wasserralle	rB (Jan.–Apr.)

Art	Status (beste Beobachtungszeit)
Raubseeschwalbe	rD (Jul.–Sep.)
Trauerseeschwalbe	rB (Apr.–Aug.)
Weißbart-Seeschwalbe	rB (Mai–Sep.)
Wendehals	rB (Apr.–Aug.)
Rohrschwirl	rB (Apr.–Mai)
Schlagschwirl	rB (Mai–Jun.)
Neuntöter	hB (Mai–Aug.)
Pirol	rB (Mai–Jul.)
Bartmeise	rB, rW (ganzjährig)
Beutelmeise	rB (Apr.–Jul.)
Karmingimpel	rB (Mai–Sep.)
Grauammer	rB (Feb.–Okt.)

Menzlin befindet sich die Vogelbeobachtungsplattform Polder Menzlin (3), von der aus auch ein Teil der Uferröhrichte überblickt werden kann. Um die Auenwälder und Uferröhrichte entlang der Peene zu erkunden, lohnt sich unbedingt eine Kanutour, da diese Bereiche ansonsten praktisch unzugänglich sind. Flussaufwärts können in Richtung Stolpe Auenwälder und der Weichholzaue mit Weiden und Erlen sowie breite Röhrichte (4) bestaunt werden, flussabwärts schlängelt sich die Peene zwischen dem Polder Anklam-Görke und Feuchtwiesen mit Hochstaudenfluren östlich des Polders Menzlin (5) hindurch. Im südlich der Peene gelegenen Polder Anklam-Görke können die Polderflächen zu Fuß oder mit dem Fahrrad von der Parkmöglichkeit an der Demminer Landstraße (6) aus erschlossen werden. Von hier aus führt ein asphaltierter Weg entlang von Pappeln parallel zu den Wasserflächen, die sich von einzelnen Punkten immer wieder gut einsehen lassen. Für einen guten Überblick über die Wasserflächen sollte in der ersten Rechtskurve gehalten und mit dem Spektiv abgesucht werden. Nach ungefähr fünf Minuten bietet eine Beobachtungshütte (7) Schutz vor Wind und Regen sowie einen guten Überblick über die Uferröhrichte und weitere Bereiche der Wasserflächen. Der Weg führt in östlicher Richtung weiter und bietet erneut mehrere lohnenswerte Beobachtungsstopps. Schließlich führt er zum Wasserwanderrastplatz Anklam (8), der etwa 45 Minuten von der Parkmöglichkeit an der Demminer Straße entfernt liegt. Die nördlich der Peene liegenden alten Feucht- und Nasswiesen im Bereich des Grenzgrabens lassen sich über einen kleinen Weg südlich von Jagelin (9) zumindest teilweise einsehen.

Neben ihren häufiger zu sehenden Spuren lassen sich mit etwas Glück in den Poldern Menzlin und Anklam-Görke auch die beiden Auenbewohner Fischotter und Biber beobachten, die in der Flusslandschaft der Unteren Peene nennenswerte Bestände aufweisen. In der weiteren Umgebung liegen mit den Johannishofer Wiesen, dem Polder Klotzow und dem Anklamer Stadtbruch (FALKE 2023, H. 11) weitere hervorragende Beobachtungsgebiete zur Limikolenrast sowie brütender Sumpfseeschwalben.

Till Jonas Linke, Christopher König

Anfahrt

Mit Bahn und Bus

Der Bahnhof in Anklam ist über die RB 3 (3303) nach Jöterbog mäßig gut angebunden. Von hier aus können sowohl der Polder Menzlin (ca. 30 Minuten) als auch der Polder Anklam-Görke (15 Minuten) bequem mit dem Fahrrad erreicht werden. Ein Fahrrad ist zur Erschließung der weitläufigen Polderlandschaft von Vorteil. Busverbindungen in nahliegende Ortschaften bestehen nur unregelmäßig und sollten zuvor recherchiert werden.

Mit dem Auto

Der Polder Menzlin und die dortige Einstiegsstelle zur Peene können über die Universitätsstadt Greifswald (Anbindung über die A 20), via der Bundesstraße 109 erreicht werden. An der Kreuzung nach Ramitzow führt der Weg nach rechts über Salchow nach Menzlin. Die gleichnamige Straße führt über alte Panzerplatten nach Süden bis zum Kanuverleih. Hier befinden sich zudem ausreichende Parkmöglichkeiten. Der Polder Anklam-Görke kann ebenfalls über die B 109 und anschließend die B 110 (Demminer Landstraße) erreicht werden. Kurz vor der Ortschaft Görke und dem Stegenbach führt ein Weg vor einem Haus nach rechts. Nach etwa 50 m kann hier am Wegesrand geparkt werden, es gibt jedoch keine ausgewiesenen Parkmöglichkeiten.

Adressen

www.naturpark-flusslandschaft-peenetal.de
www.kanuverleih-menzlin.de

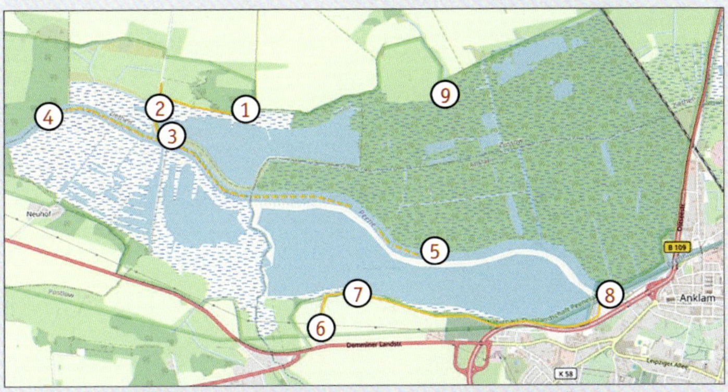

Kartengrundlage: openstreetmap.org

GPS		
Ausblickssteg Peeneblick (1)	53.869712	13.632705
Parkmöglichkeit Polder Menzlin (2)	53.872176	13.621722
Vogelbeobachtungsplattform Polder Menzlin (3)	53.868505	13.621770
Parkmöglichkeit Polder Anklam-Görke (6)	53.853268	13.640978
Beobachtungshütte Polder Anklam-Görke (7)	53.870527	13.620915
Wasserwanderrastplatz Anklam (8)	53.856075	13.677362

Infomaterial/Literatur

Herold, B 2012: Neues Leben in alten Mooren – Brutvögel wiedervernässter Flusstalmoore. Zürich, Bristol-Stiftung.

Schleswig-Holstein

Tipp Nr. **Beobachtungsplatz**

1 Helgoland S. 331
2 Der Rickelsbüller Koog S. 335
3 Hochseevögel in der Deutschen Bucht S. 339
4 Der Ellenbogen und Königshafen auf Sylt S. 343
5 Der Westerheversand S. 347
6 Die Geltinger Birk S. 351
7 Der Beltringharder Koog S. 355
8 Der Bottsand und der Barsbeker See S. 359
9 Das Hamburgische Wattenmeer S. 363
10 Das Neustädter Binnenwasser und der Pelzerhaken S. 367
11 Das Wilde Moor bei Schwabstedt S. 371
12 Die Strandseenlandschaft bei Schmoel S. 375
13 Der Haasberger See S. 379
14 Das Naturschutzgebiet Schleimündung S. 383
15 Die Hohwachter Bucht S. 387
16 Hallig Hooge S. 392
17 Die Hauke-Haien-Hoog S. 397
18 Das Storchendorf Bergenhuse S. 402
19 Das Katinger Watt
20 Lauerholz und Schellbruch in Lübeck S. 412
21 Der Selenter See S. 418
22 Die Insel Föhr S. 423
23 Reesholm und Schleswig S. 429
24 Nördliches Eiderstedt S. 435
25 Sankt-Peter-Ording S. 441
26 Moore bei Rendsburg S. 446
27 Eckernförder Bucht S. 452
28 Pellworm S. 457
29 Der Große Plöner See S. 462

Die Nordseeinsel Helgoland

Seevögel, Zugvögel und Seltenheiten auf Deutschlands abgelegenster Insel

In der Deutschen Bucht, etwa 67 km südwestlich von Sylt und rund 51 km von der niedersächsischen Festlandsküste entfernt, befindet sich Deutschlands abgelegendste und – ausnahmsweise – felsige Nordseeinsel. Im Tertiär wurden hier Buntsandstein-, Muschelkalk- und Kreideschichten schräg angehoben. Nach und nach wurden diese durch Erosion und in Folge des Zweiten Weltkriegs durch Bombardierungen und Sprengungen teilweise abgetragen. So entstanden die felsige, stark reliefierte, felsige Hauptinsel aus Buntsandstein und die einen Kilometer entfernte, relativ flache Düne aus Muschelkalk und Kreide.

Die Felsen Helgolands bieten geschützte Brutplätze für Seevögel; auf der sogenannten Düne lassen sich Möwen, Seeschwalben und Limikolen beobachten. Aufgrund der abgeschiedenen Lage ist Helgoland ein Magnet für Zugvögel, darunter auch immer wieder Seltenheiten. Im Westen der Insel befindet sich das NSG „Helgoländer Lummenfelsen" – das mit einem Hektar kleinste Naturschutzgebiet Deutschlands. Jedoch ist die Brutvogeldichte hier auf den schmalen Felsbändern mit über 10 000 Brutpaaren enorm. Der Felssockel, auf dem Helgoland liegt, bietet mit Felswatt und -riffen für Deutschland einzigartige Lebensräume (u. a. mit Tangwäldern). Er umfasst das 5148 ha große Naturschutzgebiet „Helgoländer Felssockel".

Eiderenten brüten mit über 50 Paaren auf der Helgoländer Düne. Foto: K. Wasmer.

Lebensräume

Hauptinsel

Grob lässt sich die Hauptinsel in das Unterland (mit Hafenbereichen, Stränden, etc.), das Mittelland und das Oberland (mit Lummenfelsen und der vorgelagerten „Langen Anna") gliedern. Der Ort verteilt sich überwiegend auf die südöstlichen Teile des Unter- und des Oberlandes.

Das Oberland besteht – abgesehen vom Siedlungsbereich – überwiegend aus beweidetem Grünland. Es ist mit zahlreichen kleinen Bombentrichtern durchsetzt, die ihm ein hügeliges Relief verleihen. Die Insel fällt im Westen steil zum Meer ab, die Klippen sind durch Erosion der unterschiedlich harten Gesteinsschichten mit zahlreichen Felsbändern und -vorsprüngen strukturiert.

Das Mittelland ist ein großer Sprengtrichter. Auf seinem Grund wächst kurzes Gras. Die Hänge sind stark verbuscht, die Kämme dagegen nur schütter bewachsen.

Im Unterland finden sich zahlreiche Lebensräume. Außerhalb des Ortskerns gibt es neben Ruderalflächen (z. B. im Nordostgelände), große mit Büschen bewachsene Flächen (Nordostgelände, Kurpark) eine Parkanlage (Kurgelände), Scherrasen, Strände (Kringel, Nordoststrand) und Molen.

Düne

Die Düne hat einen offenen Landschaftscharakter, größere Sträucher und Bäume fehlen weitgehend. Wie man aus dem Namen herauslesen kann, besteht sie fast ausschließlich aus Sand, genauer aus Sandstrand und den dahinter liegenden Dünen. Diese sind meist mit Strandhafer oder Kartoffelrosen bewachsen. Sie dürfen aus Gründen des Küstenschutzes nicht betreten werden! Daneben gibt es Steinmolen, zwei Teiche und einen Flugplatz.

Besondere Vogelarten

Die Anzahl der regelmäßigen Brutvogelarten ist mit etwa 40 recht überschaubar. Das Artenspektrum jedoch ist für Deutschland einzigartig (Individuenzahlen aus 2015): Die Felsbänder und -höhlen, insbesondere des Lummenfelsens und der „Langen Anna", dem Wahrzeichen Helgolands, bieten zahlreichen Seevögeln Brutplätze. Nirgendwo sonst in Deutschland brüten Eissturmvogel, Basstölpel, Trottellumme, Tordalk und Dreizehenmöwe. Hier kann man sie zur Brutzeit alle auf engstem Raum beobachten! Während man den Lummenfelsen gründlich absuchen muss, um die nur etwa 80 Tordalke zu finden, sind die rund 6000 Trottellummen und die 10000 Dreizehenmöwen nicht zu übersehen und nicht zu überhören. Auch die großen Basstölpel (ca. 1400) kann man bestens bei ihrer Brut aus nächster Nähe beobachten. Im Südosten der Düne befindet sich auf der Aade eine große Heringsmöwenkolonie mit über 300 Brutpaaren, kleinere Kolonien finden sich auch in anderen Bereichen der Düne und auf der Hauptinsel.

Das Verhalten der Basstölpel am Brutplatz lässt sich am Lummenfelsen bestens beobachten. Foto: K. Wasmer.

Neben brütenden Seevögeln lassen sich auf Helgoland zu den Zugzeiten hervorragend rastende Singvögel beobachten. So sind beispielsweise im Oktober zuweilen die Grünflächen mit Rotdrosseln „übersäht" und in nahezu jedem Gebüsch sitzen Wintergoldhähnchen. Auch im Frühjahr gibt es entsprechende Schauspiele. So halten sich während der Zugzeit an manchen Tagen neben zahlreichen Grasmücken, Braunkehlchen und Rotschwänzen massenhaft Steinschmätzer auf der Insel auf. Doch neben den „normalen" Durchzüglern, die auch – wenngleich in geringerer Dichte – auf dem Festland gut zu beobachten sind, finden sich auf Helgoland regelmäßig Seltenheiten. Arten wie Zwergschnepfe, Krabbentaucher, Gelbbrauen-Laubsänger oder Zwergammer können im Herbst bei einem einwöchigen Aufenthalt schon mit hoher Wahrscheinlichkeit gesehen werden. Entsprechendes gilt z.B. für Rotkopfwürger, Grünlaubsänger oder Weißbart-Grasmücke im späten Frühling. Daneben ist Helgoland auch über die Landesgrenzen hinaus bekannt für seine „Anziehungskraft" auf seltenere,

Typische Vogelarten auf Helgoland, deren Status und günstige Beobachtungszeit (in Klammern)
h = häufiger, r = regelmäßiger, s = seltener; J = Jahresvogel, B = Brutvogel, W= Wintergast, D = Durchzügler

Art	Status (beste Beobachtungszeit)
Basstölpel	hB, rD (März–Okt.)
Dreizehenmöwe	hB (März–Aug.)
Dunkler Sturmtaucher	rD (Aug.–Okt.)
Eiderente	rB, rD, rW (ganzjährig)
Eissturmvogel	hB, rD (März–Aug.)
Gelbbrauen-Laubsänger	sD (Sept.–Okt.)
Gryllteiste	sJ (ganzjährig)
Heringsmöwe	hB, hD (April–Sept.)
Krabbentaucher	rD (Okt.–Nov.)
Krähenscharbe	sJ (ganzjährig)
Meerstrandläufer	hW (Okt.–April)
Ohrenlerche	rD (Okt., April–Mai)
Rotdrossel	hD (Okt.–April)
Sandregenpfeifer	rB (März–Sept.)

Art	Status (beste Beobachtungszeit)
Schmarotzerraubmöwe	rD (April–Mai, Aug.–Okt.)
Schneeammer	rD (Okt.–Nov., März)
Silbermöwe	hB (ganzjährig)
Spornammer	rD (Sept.–Okt.)
Spornpieper	sD (Sept.–Okt.)
Steinwälzer	hJ (ganzjährig)
Sterntaucher	rW (Okt.–Apr)
Tordalk	rB, rW (März–Juni)
Trauerente	rD (ganzjährig)
Trottellume	hB, rW (März–Juli)
Wespenbussard	rD (Mai–Juni)
Zwergammer	sD (Sept.–Nov)
Zwergschnepfe	rD (Sept.–Okt.)

Basstölpel, Trottellummen und Dreizehenmöwen brüten an dem Felsen auf engstem Raum. Foto: K. Wasmer.

verdriftete Arten. Hier wurden schon viele Arten erstmals in Deutschland nachgewiesen, z.B. Rubinkehlchen, Braunwürger, Gelbkehlvireo oder Petschorapieper. Dies mag an der isolierten Lage, dem Strukturreichtum und der geringen Größe der Insel liegen, nicht zuletzt jedoch auch an der großen Zahl von Vogelbeobachtern, die regelmäßig jeden Winkel der Insel absuchen.

Reisezeit

Ein Besuch auf Helgoland lohnt sich besonders zu den Zugzeiten im Frühling, Spätsommer und Herbst. Dann herrscht je nach Wetterlage ein reges Treiben auf der Insel und es lässt sich Vieles entdecken. Auch die Chance, eine Seltenheit zu Gesicht zu bekommen, ist zu dieser Zeit am größten. Das Frühjahr ist interessant, da hier sowohl die Brutvögel als auch Durchzügler beobachtet werden können. Basstölpel, Tordalke und Trottellummen sind von Mitte März bis Anfang Juli regelmäßig am Brutplatz zu sehen. Eissturmvögel treffen zwar schon im Winter am Brutplatz ein, sie brüten jedoch erst von Mai bis August. Dreizehenmöwen sind von Mitte März bis Anfang August am Brutplatz anwesend. Im Herbst sind Arten wie Schnee-, Spornammer und Meerstrandläufer meist gut zu sehen, hinzu kommt die Chance auf „östliche" Laubsänger wie z.B. Goldhähnchen- und Gelbbrauen-Laubsänger. Im Sommer (Anfang Juli bis Mitte August) und im Winter (Dezember bis Februar) ist es eher ruhig auf der Insel, was jedoch nicht die eine oder andere interessante Beobachtung ausschließt. So eignet sich der Winter oft gut, um Möwen und Seetaucher zu beobachten, aber auch Seltenheiten wie Tienschan-Laubsänger und Wüstensteinschmätzer (jeweils Ende Oktober bis Dezember) können auftreten.

Beobachtungsmöglichkeiten

Konkrete Beobachtungsplätze für Helgoland zu nennen, ist kaum möglich: Die ganze Insel und jeder Lebensraum – auch der Ort – sind wert, besonders nach rastenden Vögeln abgesucht zu werden. Daher wird im Folgenden nur beispielhaft auf einige Plätze und Arten näher eingegangen. (Die detaillierte Lage und Bezeichnung einzelner Gebiete ist auf der Homepage der OAG Helgoland – siehe unten – dargestellt.)

Hauptinsel

Brütende Seevögel lassen sich im Nordwesten des Oberlandes an den Lummenfelsen und der „Langen Anna" von einem Pfad aus beobachten. Auf der Nordwestmole bei der „Langen Anna" halten sich regelmäßig einzelne Krähenscharben zwischen den vielen Kormoranen auf. Auf dem Oberland selbst mit seiner kurzrasigen Vegetation rasten oft Pieper, Stelzen, zuweilen auch Goldregenpfeifer und Gänse, in den Bombentrichtern manchmal auch Sumpfohreulen. In der ruderalen und buschreichen Vegetation des Kringels lassen sich oft Rotschwänze, Braunkehlchen, Grasmücken und Laubsänger beobachten, obwohl das Gebiet immer weiter verbaut wird. Der Grat zwischen Kringel und Mittelland ist ein hervorragender Beobachtungspunkt für durchziehende Vögel (früh morgens für Singvögel, am Nachmittag für Greifvögel). Im Mittelland, v.a. an dessen Hängen, findet man oft rastende Singvögel in großer Zahl. In einigen Bereichen kann man von oben (d.h. vom Grat aus) in die Büsche sehen, was die Beobachtung der Singvögel oft erleichtert. Ähnliches gilt für die Vegetation um die große Treppe zwischen Unter- und Oberland. Im Kurgelände sind die Büsche und die Rasenflächen interessant für Singvögel. In der ruderalen Vegetation des Südhafengeländes (einschließlich Hubschrauberlandeplatz und Umgebung) lassen sich im Herbst oft Sporn- und Schneeammer gut beobachten. Der Nordoststrand und der Kringelstrand sind für Pieper, Stelzen und Steinschmätzer sowie für Limikolen hervorragend. In den vom offenen Meer geschützten Hafenbecken ruhen sich zuweilen Seetaucher, Gryllteisten, Krabbentaucher & Co. aus, Steinbuhnen werden von Steinwälzer und Meerstrandläufer zur Nahrungssuche aufgesucht. Wer bei Westwindlagen vorbeiziehende Seevögel beobachten möchte, der tut dies – aber außerhalb der Essenszeiten oder mit entsprechendem Abstand – im Windschatten der Jugendherberge.

Düne

Auf der Düne kann man an den Stränden Limikolen und auf den Buhnen rastende Seeschwalben und Nahrung suchende Steinwälzer und Meerstrandläufer sehen. Auf dem Flugplatz, der zeitweise mit Steinschmätzern übersäht ist, rasten oft Pieper und Lerchen. Die beiden Teiche der Düne sind vor allem für in Büschen rastende Singvögel sowie für Zwergschnepfen interessant. An den Stränden halten sich regelmäßig Seehun-

Zu Helgoland gehört eine kleine zweite Insel (im Hintergrund), die „Düne". Foto: K. Wasmer.

de und Kegelrobben auf. Sie lassen sich hervorragend beobachten, sollten aber auf keinen Fall gestört werden.

An dieser Stelle seien auch die alljährlich im Oktober stattfindenden Helgoländer Vogeltage erwähnt. Hier gibt es Vorträge, Produktpräsentationen, ein Birdrace und v.a. viele Beobachter. Da sich auf Helgoland zeitweise viele Vogelbeobachter aufhalten, wird – um den Vögeln, den Bewohnern der Inselgemeinde, dem Ruf der Beobachter und den Mitbeobachtern nicht zu schaden – dringend gebeten, die auf der OAG Homepage genannten Verhaltensregeln zu befolgen! So ist z.B. der Friedhof für Beobachter tabu. Auf der Düne ist das Wegegebot aus Natur- und Küstenschutzgründen dringend einzuhalten. Damit Beobachtungen kurzfristig kommuniziert werden können, hat sich die Verwendung von Handfunkgeräten bewährt. Wer auf Helgoland beobachtet und keine Seltenheit verpassen möchte, dem sei die (zumal günstige) Anschaffung eines solchen Funkgeräts ans Herz gelegt (Informationen hierzu auf der OAG Homepage).

Weitere Beobachtungs- und Freizeitmöglichkeiten

Regelmäßig werden vom Verein Jordsand naturkundliche Führungen auf Helgoland durchgeführt. Informationen hierzu gibt es an der „Hummerbude" des Vereins sowie in allen Schaukästen. Auch eine Führung durch den Fanggarten des Instituts für Vogelforschung „Vogelwarte Helgoland" ist möglich. Im Sommer lädt die Düne zum Baden ein.

Fährt man im Herbst bei Westwindlage mit der Fähre von Cuxhaven nach Helgoland, lohnt ein Zwischenstopp an der Kugelbake Cuxhaven oder im Bereich des Fährhafens „Alte Liebe". Hier lassen sich zeitweise hervorragend vorbeiziehende Seevögelbeobachten. Auch auf der Überfahrt kann man mit etwas Glück diese Arten beobachten.

Thomas Brandt, Cordula Jülch, Kilian Wasmer

Infomaterial/Literatur

Ornithologische Jahresberichte der Ornithologische Arbeitsgemeinschaft Helgoland e.V., Bezug über OAG-Helgoland-JB@gmx.de.

Anreise

Die Fahrpläne der Fähren sind saisonabhängig. Angaben zu Verbindungen und Abfahrtszeiten finden Sie unter folgenden Adressen (bei Starkwinden und Sturm ist zu beachten, dass die Schiffe – vor allem die Katamarane – nicht mehr nach Helgoland fahren können.):

Ab Büsum: Reederei H. G. Rahder,
Tel.: 04834/1380, Fax: 04834/3825,
info@rahder.de; www.rahder.de

Ab Bremerhaven (Bustransfer), Cuxhaven, Hamburg und Wedel:
FRS Helgoline GmbH & Co. KG, Tel.: 0461/8640, Fax: 0461/86430,
info@helgoline.de; www.helgoline.de

Ab Büsum, Cuxhaven: Reederei Cassen Eils, Tel.: 04721/35082,
Fax: 04721/31161, info@helgolandreisen.de; www.helgolandreisen.de

Adressen

OAG Helgoland: Ornithologische Arbeitsgemeinschaft Helgoland e.V. (OAG), Postfach 869, 27490 Helgoland, www.oag-helgoland.de
Die Homepage der OAG bietet u.a. ausführliche Informationen zu Beobachtungsgebieten, Beobachtungsmeldungen und den Vogeltagen.

Institut für Vogelforschung „Vogelwarte Helgoland"
www.ifv-vogelwarte.de

Führungen

Informationen zu Führungen durch den Fanggarten der Vogelwarte Helgoland unter Tel.: 04725/64020, E-Mail: helgoland@ifv-vogelwarte.de.

Informationen zu naturkundlichen Führungen des Vereins Jordsand: Bornkampsweg 35, 22926 Ahrensburg, Tel.: 04102/32656

Unterkunft

Kurverwaltung Helgoland, Tel.: 04725/81430, Fax: 04725/814328,
info@helgoland.de; www.helgoland.de

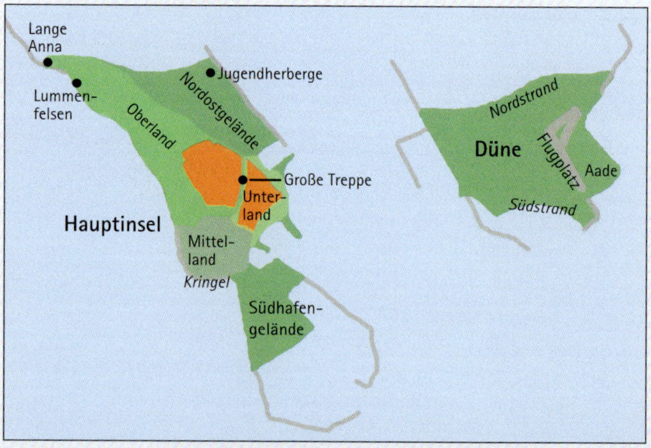

GPS

Langen Anna	54°11'17.16" N	7°52'11.28" O
Lummenfelsen	54°11'09.96" N	7°52'24.24" O
Parkanlage Kurgelände	54°11'06" N	7°53'16.44" O
Große Treppe	54°10' 58.44" N	7°53'17.52" O

Die großen Rastansammlungen auf den Salzwiesen und Schlickflächen im dänischen Margarethe Kog lassen sich vom Zugangsweg bei (6) hervorragend einsehen. Foto: C. Moning. Rickelsbüller Koog, 6.8.2009.

Der Rickelsbüller Koog

Wasservogelparadies an der deutsch-dänischen Grenze

Der seit 1981 eingedeichte und 534 ha große Rickelsbüller Koog erstreckt sich ganz im Nordwesten Schleswig-Holsteins zwischen dem Hindenburgdamm, der das Festland mit Sylt verbindet und der deutsch-dänischen Grenze. Deutschlandweit gehört der Koog zu den besten Beobachtungsgebieten überhaupt und ist hierzulande der bedeutendste Rastplatz für die Kurzschnabelgans. Auch Weißwangengänse treten in großer Zahl auf. Das seit 1982 bestehende Naturschutzgebiet Rickelsbüller Koog ist ein Feuchtgebiet von internationaler Bedeutung und eines der wichtigsten Brutgebiete an der schleswig-holsteinischen Nordseeküste. Neben zahlreichen Enten und Watvogelarten lassen sich auch Bartmeisen schön beobachten. Nicht zuletzt die beeindruckende Liste seltener Limikolen, von denen sich alljährlich einige Arten einfinden, lockt zu einem Besuch zu den Zugzeiten. In der Umgebung findet man weitere Beobachtungsmöglichkeiten im südlich angrenzenden Friedrich-Wilhelm-Lübke-Koog und am östlich gelegenen Gotteskoogsee. Man benötigt mindestens einen Tag, um das Gebiet zu erkunden.

Landschaftsgeschichte und Lebensräume

Der Bau des Rickelsbüller Koogs begann 1979, die Einweihung erfolgte 1981. Er ist nach dem 1615 untergegangenen Dorf Rickelsbüll benannt, dessen Überreste sich unter dem Deich zwischen dem Wiedingharder Neuen Koog und dem Rickelsbüller Koog befinden. Außendeichs erstrecken sich weite Salzwiesen, die in einiger Entfernung vom Deich in das Wattenmeer übergehen. Auch im Koog selbst existieren große Flächen niedriger und oftmals schütterer Salzvegetation. Sie gehen in ausgedehnte Schlickflächen über, die man besonders im Süden und im nördlich angrenzenden dänischen Margarethe Kog findet. Auf diesen rasten bei Hochwasser beeindruckende Rastvogelmengen. Bedingt durch den im Laufe der Zeit abnehmenden Salzgehalt verschilften die Ränder des Kooges und bieten Lebensraum für eine umfangreiche Schilfvogelgemeinschaft. Teile des Kooges werden extensiv beweidet. Die große zentrale Wasserfläche schließlich bietet Rasthabitat für viele Gänse und Enten.

1566 als größter Koog in der Geschichte Nordfrieslands eingedeicht, war der Gotteskoog bis in die 1930er Jahre eine große Seenlandschaft mit darin liegenden Halligen. Umfangreiche Entwässerungsmaßnahmen führten dazu, dass der Gotteskoogsee Anfang der 1980er Jahre fast gänzlich verschwunden war. Dank Renaturierungsmaßnahmen ist das Gebiet heute insbesondere wegen seiner Brutvogelwelt wieder ein bedeutendes Feuchtgebiet.

Alljährlich versammeln sich große Scharen von Weißwangengänsen im Rickelsbüller Koog. Foto: C. Moning. Lauwersmeer, Januar 2010.

Besondere Vogelarten und Reisezeit

Der Frühjahrszug beeindruckt durch große Scharen von Weißwangengänsen (März–Mai) und Kurzschnabelgänsen

Limikolen – wie diese Kiebitzregenpfeifer – lassen sich besonders gut auf dem Zufahrtsweg bei (6) beobachten.
Foto: C. Moning. Rickelsbüller Koog, 6.8.2009.

(März/April). Der Rickelsbüller Koog ist der beste Beobachtungsort für die Kurzschnabelgans in ganz Deutschland, besonders für Einsteiger, da sie zwar auch zahlreich an Helgoland vorbeiziehen, dort aber nicht in großer Zahl rasten. Neben den Gänsen tritt eine reiche Auswahl an Gründelenten und Limikolen auf. Zwergmöwen und Trauerseeschwalben bilden einen weiteren Frühjahrsaspekt. Zu den Brutvögeln zählen Weißwangengänse, Knäkenten, Austernfischer, Säbelschnäbler, Kiebitze, Seeregenpfeifer, Sandregenpfeifer, Uferschnepfen, Rotschenkel, Lachmöwen, Sturmmöwen, Silbermöwen, Flussseeschwalben und Küstenseeschwalben sowie Bartmeisen. Am nahe gelegenen Gotteskoogsee brüten Krickenten, Rohrdommeln, Wiesenweihen, Rohrweihen, Seeadler, Wasserrallen, Bartmeisen und Schilfrohrsänger. Im südlich angrenzenden Friedrich-Wilhelm-Lübke-Koog findet man an der schleswig-holsteinischen Westküste selten gewordene Brutvögel wie die Grauammer. Auch Rebhühner, Wiesenschafstelzen und Bluthänflinge brüten hier. Im Sommer beeindruckt ein zuweilen gewaltiger Starenschlafplatz am Gotteskoogsee. Den Herbstzug dominieren Weißwangen-, Ringel- und Kurzschnabelgänse sowie Gründelenten und Limikolen. Aber auch der Kleinvogelzug lässt sich schön beobachten. Die Zugzeiten bieten das größte Potenzial für Seltenheiten. Regelmäßig werden einzelne Rothalsgänse, Zwerggänse, Odinshühnchen, Sumpfläufer und Weißflügelseeschwalben entdeckt. Besonders lohnend sind die Zeiten von März bis Mai und von Juli bis Oktober. Ein Besuch des Gotteskoogsees lohnt hauptsächlich von April bis Juni. Aber auch im Winter lassen sich im Rickelsbüller Koog und seiner Umgebung interessante Arten finden, darunter Pfeifenten, Spießenten, Krickenten, Kornweihen, Raufußbussarde, Merline, Wanderfalken, Sumpfohreulen, Raubwürger, Ohrenlerchen, Berghänflinge und Schneeammern.

Beobachtungsmöglichkeiten

Die Zahlen rastender Limikolen im Wattenmeer hängen stark von Ebbe und Flut ab. Die Rastflächen im Koog werden etwa zwei Stunden vor Hochwasser aufgesucht. Bei auflaufendem Wasser sammeln sich die Vögel zunächst auf der Wattseite. Bei ablaufendem Wasser verlassen sie den großen Hochwasserrastplatz auf dänischer Seite und überfliegen in zuweilen beeindruckender Zahl den Parkplatz bei (7).

Zwar gibt es keine Wege durch den Rickelsbüller Koog, jedoch kann man von den Deichen aus sehr gut beobachten. Vom alten Seedeich (1) kann man morgens und abends die Scharen der Gänse bestaunen, die zwischen Schlaf-

Typische Vogelarten am Rickelsbüller Koog und Gotteskoogsee, deren Status und günstige Beobachtungszeit (in Klammern).
h = häufiger, r = regelmäßiger, s = seltener; J = Jahresvogel (kein Brutvogel), B = Brutvogel, W = Wintergast, D = Durchzügler, N=Nahrungsgast.

Art	Status (beste Beobachtungszeit)
Alpenstrandläufer	hD, hW (ganzjährig)
Austernfischer	hJ, hB, hD, hN (ganzjährig)
Bartmeise	hB (ganzjährig)
Berghänfling	hW (Okt.–April)
Brandgans	hJ, hD (ganzjährig)
Flussseeschwalbe	hB, hN (Mai–Sept.)
Goldregenpfeifer	hD, hW (März–Mai, Aug.–Dez.)
Grauammer	rB (Friedrich-Wilhelm-Lübke-Koog)
Kiebitzregenpfeifer	hD (Mai, Aug.–Okt.)
Knäkente	rB , hD (April–Aug.)
Kornweihe	hW (Okt.–Mai)
Krickente	hW, hB (ganzjährig)
Kurzschnabelgans	hD, rW (März/April)
Küstenseeschwalbe	rB, hN (Mai–Sept.)
Merlin	rW (Okt.–Mai)
Odinshühnchen	rD (Mai, Aug.)
Ohrenlerche	hW (Okt.–April)
Pfeifente	hW, rJ (Okt.–Mai)
Raubwürger	rW (Okt.–Mai)
Raufußbussard	rW (Okt.–Mai)
Ringelgans	hD (Okt.–Mai)
Rohrdommel	rB (Gotteskoogsee), rW
Rohrweihe	hB (Apr.–Okt.)
Rothalsgans	sD (Okt.–Mai)
Rotschenkel	hB, hD, hJ (ganzjährig)
Sandregenpfeifer	hJ, hD, rB (Mai, Aug.–Sept.)
Schilfrohrsänger	hB (April–Sept.)
Schneeammer	rW (Okt.–April)
Seeadler	sB, rN (ganzjährig)
Seeregenpfeifer	sB, rN (Apr.–Sept.)
Sichelstrandläufer	hD (April–Mai, Juli–Aug.)
Spießente	hD, rW (Okt.–Mai)
Star	hN, hD (ganzjährig)
Sturmmöwe	hB, hJ (ganzjährig)
Sumpfläufer	rD (Mai, Ende Juli–Anfang Aug.)
Sumpfohreule	rW (Okt.–Mai)
Säbelschnäbler	rB, hD (Apr.–Sept.)
Trauerseeschwalbe	hD (Mai–Sept.)
Uferschnepfe	hB, hD (März–Aug.)
Wanderfalke	rN (ganzjährig)
Wasserralle	hB (ganzjährig)
Weißflügel-Seeschwalbe	rD (Mai–Sept.)
Weißwangengans	hD, hJ, rB (März–Mai, Nov.–Dez.)
Wiesenweihe	rB (Apr.–Sept.)
Zwergmöwe	hD (Mai)
Zwergseeschwalbe	rB, rN (Mai–Aug.)

plätzen und Äsungsgebieten wechseln. Tagsüber können sie entlang der Straße auf der dänischen Seite (2) oder bei Westerdeich (3) beobachtet werden. Nach Westerdeich kann man auf dem alten Deich fahren, der einen schönen Überblick über den Koog bietet und sich zur Beobachtung der Gänse und des Kleinvogelzuges eignet.

Entlang der Staatsgrenze führt eine Straße durch den Koog zum Seedeich. Nach rund 800 m führt von dieser auf der linken Seite ein unauffälliger Weg zu einem Beobachtungsversteck (4), von dem aus verschiedene Wasservögel beobachtet werden können. Ein Stück weiter liegt südlich der Straße ein großes Schilfgebiet (5), in dem Bartmeise und Blaukehlchen vorkommen. Weiter Richtung Deich befinden sich nördlich der Straße auf dänischer Seite flache Gewässer mit Schlammflächen (6), auf denen sich viele Limikolenarten beobachten lassen, besonders Säbelschnäbler, selten auch Seeregenpfeifer. Daneben jagen Küstenseeschwalben und oft auch Zwergseeschwalben über dem Flachwasser. Hier befindet sich auch der größte Hochwasserrastplatz für Limikolen. Kurz darauf kann man am Deich parken. Vom Seedeich (7) blickt man auf das schmale Vorland, das zum Hindenburgdamm hin immer breiter wird. Im Spülsaum halten sich im Winter Ohrenlerchen und Schneeammern auf. Im Herbst ziehen hier morgens viele Kleinvögel vorüber. In den Salzwiesen und im Watt sind Ringelgänse nicht selten.

Auf dem Seedeich nach Süden gehend, liegen linker Hand zunächst noch breite Wasserflächen. Die Vögel am anderen Ufer sind kaum zu bestimmen. Gerne halten sich Schell- und Eiderenten in diesem Bereich auf. Nach knapp 2 km bestimmen Wiesen und Schlickflächen das Bild (8). Die Strecke von hier bis kurz vor den Hindenburgdamm (9) steht für hervorragende Beobachtungen. Im zeitigen Frühjahr sind die Wiesen sehr feucht und teilweise überschwemmt. Dann rasten hier unzählige Gründelenten und Wiesenlimikolen brüten in großer Dichte. Ende Mai halten sie sich vor allem an den verbliebenen Gewässern auf. Dies ist auch der beste Bereich im Koog, um Seeregenpfeifer zu sehen, besonders in der kurzen Vegetation und an trockenen Salzpfannen. Während der Zugzeit werden die Schlickflächen von Tausenden Limikolen als Hochwasserrastplatz genutzt, die etwa zwei Stunden vor Hochwasser kommen, um hier zu rasten oder nach kurzem Aufenthalt zum wesentlich größeren Rastplatz nach Dänemark weiterzufliegen. Auf dem Wegzug sind Sumpfläufer und Odinshühnchen keine Seltenheit, aber auch echte Raritäten wurden hier schon unter den Limikolen entdeckt.

Weitere Beobachtungs- und Freizeitmöglichkeiten

Der Friedrich-Wilhelm-Lübke-Koog ist besonders zur Brutzeit interessant, wenn man hier die in Norddeutschland seltene Grauammer finden kann. Im Spätsommer rasten auf den Stoppelfeldern Tausende Goldregenpfeifer, zwischen denen man regelmäßig auch Mornellregenpfeifer entdecken kann. Man erreicht das Gebiet, indem man bei Klanxbüll nicht Richtung Rickelsbüll abbiegt, sondern auf der Hauptstraße bleibt. Diese überquert die Gleise der Bahnlinie nach Sylt und führt wenig später über einen alten Deich in den Friedrich-Wilhelm-Lübke-Koog. Kurz nachdem man den Deich überquert hat, zweigen links und rechts Schotterpisten ab. An dem Weg nach Süden (10) haben mehrere Grauammern ihre Reviere. Ansonsten sind die Vögel auch an den im Koog verstreut liegenden Höfen zu finden. Die Bushaltestellen im Koog werden nur unregelmäßig angefahren, der nächste Bahnhof ist Klanxbüll.

Der Gotteskoogsee ist nur in einem kleinen Randbereich im Osten durch Wege erschlossen. Die günstigste Tageszeit ist der frühe Morgen, da man nachmittags und abends sehr störendes Gegenlicht hat.

Bereits auf der Anfahrt zum Gebiet sollte man auf Wiesenweihen achten. Am Parkplatz beginnt ein kleiner Rundweg von 2,6 km Länge, auf dem man einen guten Eindruck von der Landschaft und ihrer Vogelwelt bekommt. Der Weg ist schmal und feucht und daher zum Fahrrad fahren nicht geeignet. Gummistiefel sind jedoch nicht unbedingt nötig. Zunächst geht es auf einen Aussichtshügel (11), auf dem sich auch ein kleiner Pavillon befindet. Der Hügel ist der einzige Ort, von dem aus ein Teil der Wasserflächen im Zentrum des Gebietes einzusehen ist. Von hier aus können regelmäßig Seeadler beobachtet werden. In den moorigen Flächen entlang des Weges (12) brüten Wiesenpieper und Blaukehlchen. Über eine Brücke gelangt man auf den Damm, der das Gebiet umschließt. Von einer Plattform (13) können Graugänse, Haubentaucher und Krickenten beobachtet werden. Am Damm liegen weite Schilfflächen (14), an denen verschiedene Schilfbrüter oft leichter zu hören als zu sehen sind. Der Weg führt weiter durch Erlenbruchwald (15) mit einer vielfältigen Singvogelwelt und schließlich zurück zum Parkplatz. Im Spätsommer werden die Schilfflächen des Gotteskoogsees von bis zu einer Million Staren als Schlafplatz genutzt. Vom Beobachtungshügel aus kann man das akrobatische Luftballett vor der untergehenden Sonne beobachten.

Um den Beobachtungshügel herum befindet sich ein regelmäßig besuchtes Winterquartier des Raubwürgers, während auf den Ackerflächen des Gotteskooges zu dieser Zeit Zwerg- und Singschwäne in zum Teil großer Zahl rasten. Leider nur unregelmäßig dient der Gotteskoogsee auch als Kornweihenschlafplatz.

Westlich der „Hallig“ Bundesgaard, die rund 2 km Luftlinie weiter westlich des Rundweges am Gotteskoogsee liegt, genießt man das einzigartige Schauspiel der einfallenden Starenmassen, das auf

Diese Schlickflächen im Süden des Rickelsbüller Kooges bei (8) haben schon vielen seltenen Limikolen als Rastplatz gedient. Foto: C. Moning. Rickelsbüller Koog, 18.8.2007.

dänisch den Namen „sort sol“ (schwarze Sonne) trägt, mit Rückenlicht.

Nicht nur an Regentagen lohnt sich auch der Besuch des Emil Nolde Museums in Seebüll.

Christoph Moning, Christopher König, Christian Wagner, Felix Weiß

Infomaterial/Literatur

Landesamt für Landwirtschaft, Umwelt und ländliche Räume des Landes Schleswig-Holstein: Faltblatt Rickelbüller Koog: www.umweltdaten.landsh.de/nuis/upool/gesamt/bis_faltblaetter/5427_rickelsbueller_koog.pdf

Moning C, Weiß F 2007: Vögel beobachten in Norddeutschland, Die besten Beobachtungsgebiete zwischen Sylt und Niederrhein. – Kosmos, Stuttgart.

Anfahrt

Mit dem Fahrrad

Der nächste Bahnhof zum Rickelsbüller Koog ist Klanxbüll (5,5 Straßenkilometer bis zum Nordost-ende des Kooges). Aufgrund schlechter Busverbindungen ist das Fahrrad die einzige ernst zu nehmende Alternative zum Auto. Den Gotteskoogsee erreicht man vom Bahnhof Niebüll ebenfalls am besten mit dem Fahrrad (rund 7 Straßenkilometer). Dazu fährt man zunächst Richtung Klanxbüll und biegt dann in Langstoft von der L 8 rechts in Richtung Aventoft ab. Das Informationszentrum Gotteskoogsee (11) ist nach 3,5 km nach links ausgeschildert. Ausleihmöglichkeit von Fahrrädern im Infozentrum Wiedingharde.

Mit dem Auto

Man fährt die B 5 bis Niebüll und von dort nach Nordwesten bis Klanxbüll. Bei Klanxbüll biegt man rechts in Richtung Neukirchen/Rodenäs ab (K 98). Nach 2,4 km stößt man bei Neudorf auf eine Querstraße, der man nach links folgt. Ab dort ist der Rickelsbüller Koog ausgeschildert. Im Koog kann man bis zum Seedeich fahren und dort parken. Den Gotteskoogsee erreicht man wie mit dem Fahrrad (s. o.).

Adressen

Infozentrum Wiedingharde, Toft 1,
25924 Klanxbüll, 04668/313,
info.wied@t-online.de;
www.wiedingharder-infozentrum.de.
Öffnungszeiten:
Juni–Sept.: Mo–Sa, 9–16 Uhr, So, 9–13 Uhr;
Okt.–Mai: Mo 9–18 Uhr, Di–Fr 9–13 Uhr.
Es werden auch vogelkundliche Führungen durch den Rickelsbüller Koog angeboten.
Nolde Stiftung Seebüll, 25927 Neukirchen,
Tel.: 04664/ 983930,
info@nolde-stiftung.de;
www.nolde-stiftung.de.
Öffnungszeiten:
täglich 1. März bis 2. Dezember: 10–18 Uhr;
Juni bis September: zusätzlich Do bis 20 Uhr.

GPS		
Parkplatz (7)	54°54'39" N	8°38'20" O

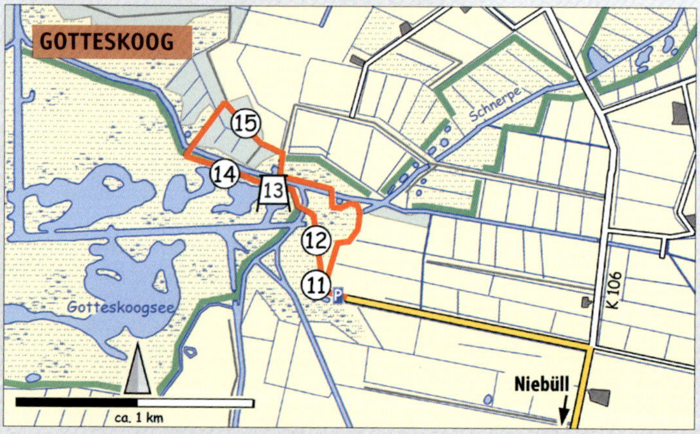

Karte aus Moning & Weiß (2007): Vögel beobachten in Norddeutschland. Kosmos, Stuttgart.

Starke Winde sind die Voraussetzung für erfolgreiche Beobachtungen von Hochseevögeln von Land aus. Ziehende Eiderenten lassen sich hingegen windunabhängig an vielen Seawatchingplätzen entlang der Deutschen Bucht beobachten.
Foto: C. Moning. Texel, Januar 2010.

Hochseevögel in der Deutschen Bucht

Das Spiel mit dem Wind

Erst seit Beginn der 1990er Jahre richten Ornithologen und Vogelbeobachter ihre Augen verstärkt in Richtung der offenen See. Insbesondere durch das deutsche Seabirds at Sea Programm und planmäßige Beobachtungen des Vogelzuges auf Helgoland wuchs das Wissen über das Auftreten von Hochseevögeln in Deutschland rasch an. In den letzten Jahren erweitern zahlreiche Untersuchungen im Rahmen von Genehmigungsverfahren für Offshore Windparks die Erkenntnisse zum Auftreten von Hochseevögeln in der Deutschen Bucht. Ehemals als selten eingestufte Arten, wie beispielsweise Dunkler Sturmtaucher oder Skua, werden nun alljährlich und teilweise in beachtlicher Zahl beobachtet. Wer allerdings bei einer Überfahrt nach Helgoland über die weite See blickt, stellt bald fest, dass die Nordsee kein Eldorado für Hochseevögel ist. Nur unregelmäßig lassen sich beispielsweise Lummen, Basstölpel oder gar Röhrennasen blicken. Jedoch liegt die Möglichkeit, in Deutschland seltene Arten zu entdecken, stets nur ein Wellental entfernt und die Beobachtung ziehender Singvögel, die sich erschöpft an Deck niederlassen, vermittelt ein beeindruckendes Bild vom Vogelzug.

Besonders wer von Land aus das Meer beobachtet, kann Vogelzug live erleben, denn fast das ganze Jahr überqueren Schwäne, Gänse, Enten, Limikolen, Möwen und Seeschwalben teilweise in sehr großer Zahl die offene See und nutzen die Küste als Leitlinie. Dabei bietet die Bestimmung weit entfernt fliegender Vögel die Möglichkeit, die eigenen Bestimmungsfähigkeiten stetig zu verbessern.

Das charakteristische Färbungsmuster junger Dreizehenmöwen lässt sich besonders regelmäßig um die einzige deutsche Kolonie auf Helgoland studieren.
Foto: C. Moning. Helgoland, August 2009.

Hochseevögel beobachten

Die Beobachtung von Seevögeln von der Küste oder von Inseln aus wird auch im deutschen Sprachraum gemeinhin als „Seawatching" bezeichnet. Die zumindest sinngemäß richtige Bezeichnung dieser Tätigkeit offenbart sich immer wieder, denn Seawatching ist über weite Strecken nichts anderes als die Beobachtung der See. Wie bereits der englische Vogelkundler Bill Oddie treffend bemerkte, erwecken dabei manche Beobachter den Eindruck, ihr Spektiv lediglich als Stütze für ein Nickerchen zu verwenden. Der Reiz des Seawatching erschließt sich nicht für jedermann und oft erst im Laufe der Zeit, wenn sich an guten Zug- oder Sturmtagen erinnerungswürdige Erfolge einstellen.

Die abseits des Atlantiks gelegene Deutsche Bucht und besonders deren Küste wird von den meisten Hochseevögeln eher gemieden. Nur starke Stürme aus nordwestlicher Richtung besonders im Herbst, wenn viele Hochseevögel im Ostatlantik nach Süden ziehen, vermögen es diese regelmäßig in die südöstliche Nordsee zu verdriften.

Die einfachste Möglichkeit, Hochseevögel auf kurze Distanz zu beobachten, bietet sich zwischen März und Juni am Lummenfelsen auf Helgoland. Hier hinterlassen Eissturmvögel, Basstölpel, Dreizehenmöwen, Trottellummen und Tordalke durch Betriebsamkeit, Lärm und Gestank einen bleibenden Eindruck. Die beste Zeit ist März bis Juni, wenn die Lummen auf den Felsen brüten. Eissturmvögel, Basstölpel und Dreizehenmöwen lassen sich noch bis weit in den Spätsommer hinein beobachten. Die Fährfahrt nach Helgoland ist eine weitere Möglichkeit, Hochseevögel in ihrer natürlichen Umgebung zu erleben. Ein Spektiv ist auf dem schwankenden Schiffsdeck jedoch nutzlos, ein Fernglas muss reichen.

Ab Windstärke 7 aus west-nordwestlichen Richtungen hat man auch von Land aus sehr gute Chancen, Hochseevögel zu entdecken. Bei stürmischen Winden sind die Beobachtungspunkte an der Küste sogar meistens besser als auf Helgoland und auf den Schiffsrouten. Die Hochseevögel werden vom starken Wind verdriftet und gelangen so nah an die Küste und in die Flussmündungen zum Beispiel von Elbe und Weser. Der erste Tag direkt nach einem Sturm ist erfahrungsgemäß der lohnendste. Die beste Tageszeit ist der Morgen.

Bei der Beobachtung von Land aus wird man die Objekte der Begierde oft nur als weit entfernte Punkte sehen können, sodass ein Spektiv mit stabilem Stativ unerlässlich ist. An vielen Spektiven lässt sich an der Mittelsäule ein Haken anbringen, an dem man beispielsweise einen Rucksack anhängen kann, sodass zusätzliches Gewicht dem Stativ weitere Stabilität verleiht. Ebenso wichtig wie ein stabiles Stativ ist der richtige Spektivkopf. Für die Beobachtung von Seevögeln sind praktisch nur sogenannte Videoneiger zu gebrauchen. Sie erlauben ein müheloses mitschwenken mit den oft schnell vorbeifliegenden Vögeln. Kugelköpfe oder Dreiwegeneiger, wie sie besonders von Fotografen verwendet werden, lassen sich nicht gleichmäßig schwenken. So verliert man Vögel schnell aus dem Blick und findet sie dann vor dem gleichförmigen Hintergrund oft nicht wieder. Warme, wind- und wasserdichte Kleidung sowie ein Sitzkissen sind bei langen Aufenthalten an der herbstlichen Küste ebenfalls dringend erforderlich.

Die Wahl des Beobachtungsplatzes bestimmt sich aus zwei Aspekten: Er muss exponiert ins Meer ragen, um möglichst nahe an die Hochseevögel he-

Typische Vogelarten in der Deutschen Bucht (auf See), deren Status und günstige Beobachtungszeit (in Klammern).
h = häufiger, r = regelmäßiger, s = seltener; B = Brutvogel, D = Durchzügler, J = Jahresvogel (ganzjährig), W = Wintergast.
Die Angaben zu den günstigen Beobachtungszeiten beziehen sich auf die Beobachtungspunkte an der Küste. Arten, die sich besser auf Helgoland beobachten lassen als vom Festland aus, sind mit einem Sternchen markiert.

Art	Status (beste Beobachtungszeit)
Atlantiksturmtaucher	sD (Juni–Okt.)
Balearensturmtaucher	sD (Juli–Aug.)
Basstölpel*	rB, rD (März–Nov.)
Brandseeschwalbe	hB, hD (Apr.–Okt.)
Dreizehenmöwe*	hB, hD (ganzjährig)
Dunkler Sturmtaucher	rD (Sept.–Okt.)
Eiderente	hD (Aug.–Apr.)
Eismöwe	sW (Okt.–Feb.)
Eissturmvogel*	rB,rD (Aug.–Nov.)
Falkenraubmöwe	sD (Mai, Sept.)
Flussseeschwalbe	hD (Apr./Mai, Juli–Sept.)
Gelbschnabel-Sturmtaucher	sD (Aug.–Okt.)
Gryllteiste*	sJ (ganzjährig)
Heringsmöwe	hB, hD (März–Okt.)
Krabbentaucher	sD (Okt.–Feb.)
Kurzschnabelgans	rD (Feb., Okt.–Nov.)
Küstenseeschwalbe	hD (Apr./Mai, Juli–Sept.)
Mantelmöwe	hD (ganzjährig)

Art	Status (beste Beobachtungszeit)
Mittelsäger	rD (Okt.–Apr.)
Papageitaucher	sW (Okt.–März)
Polarmöwe	sW (Okt.–Feb.)
Prachttaucher	rD, rW (Sept.–Apr.)
Schmarotzerraubmöwe	rD (Mai, Aug.-Okt.)
Schwalbenmöwe	sD (Sept.–Nov.)
Silbermöwe	hB, hD (ganzjährig)
Skua	sD (Sept.–Nov.)
Spatelraubmöwe	sD (Mai, Aug.–Nov.)
Sterntaucher	hD, hW (Sept.–März)
Sturmmöwe	hD (ganzjährig)
Sturmschwalbe	sD (Okt./Nov.)
Thorshühnchen	sD (Sept.–Nov.)
Tordalk*	sB (März–Juni), rDW (Juli–Feb.)
Trauerente	hD (ganzjährig)
Trottellumme*	hB (März–Juni), hDW (Juli–Feb.)
Wellenläufer	rD (Sept.–Dez.)
Zwergmöwe	rD (Apr./Mai, Okt./Nov.)

ranzukommen und gleichzeitig windgeschützt sein. Schon ab Windstärke 4 bis 5 verwackelt das Spektivbild derartig, dass artdiagnostische Merkmale nicht mehr erkannt werden können. Flach über das Wasser ziehende Vögel können in langen Wellentälern verborgen bleiben. Man sollte beim Seawatching also nicht von zu niedriger Warte aus beobachten. Andererseits sollte der Beobachtungsstandort, wenn möglich, nicht mehr als 15 m über dem Meeresspiegel liegen, da aufgrund des hohen Beobachtungswinkels nahe vorbeifliegende Vögel sonst kaum entdeckt werden können.

Einem einzelnen Beobachter entgehen immer wieder interessante Vögel. Es ist daher effektiver, in der Gruppe zu beobachten. Zur schnellen Verständigung sollte man sich anfangs über Fixpunkte wie Fahrwassertonnen und Seezeichen einigen, die später beim Auffinden von angesagten Vögeln dienen können. Der Horizont wird mit dem Spektiv regelmäßig mit geringer Geschwindigkeit abgeschwenkt. Wenn deutlicher Vogelzug zu verzeichnen ist, macht es Sinn, gegen die Hauptzugrichtung zu schwenken, sodass man möglichst viele vorbeiziehende Vögel frühzeitig mitbekommt.

Verfügt man am Spektiv über ein Zoom-Okular, beobachtet man am besten zur Übersicht mit einer geringen Vergrößerung, um dann, wenn man einen interessanten Vogel entdeckt hat, näher heranzuzoomen.

Besondere Vogelarten und Reisezeit

Zur Beobachtung von Hochseevögeln eignet sich besonders der Zeitraum von Spätsommer bis Herbst. Früher wurden die Spektive vor allem in den klassischen Zugmonaten September und Oktober auf das Meer gerichtet. Zu dieser Zeit darf der geduldige Beobachter auf Dunkle Sturmtaucher, Wellenläufer und Schwalbenmöwen hoffen. Der Durchzug junger Raubmöwen erreicht im September seinen Höhepunkt und neben den dominierenden Schmarotzerraubmöwen lassen sich vereinzelte Spatelraubmöwen und selten auch Falkenraubmöwen beobachten. Basstölpel und Dreizehenmöwen sind in diesen Monaten häufig zu sehen. Der Sommer bietet einen ganz eigenen Aspekt und kann, im Gegensatz zur allgemeinen Annahme, dass diese Jahreszeit wenig Sehenswertes bietet, sehr lohnend zum Seawatchen sein. Atlantiksturmtaucher und Balearensturmtaucher gelangen zu dieser Jahreszeit regelmäßig in die Deutsche Bucht. Der Durchzug der Raubmöwen beginnt mit den leichter zu bestimmenden Altvögeln, außerdem ziehen Fluss- und Küstenseeschwalben in großer Zahl durch. Von Seiten der Witterung häufig eine Herausforderung und auch von der Vogelwelt her wieder völlig anders präsentiert sich der November. Nach Stürmen aus nordwestlicher Richtung darf man in diesem Monat auf Sturmschwalben, Thorshühnchen und Krabbentaucher hoffen. Skuas sind regelmäßig zu sehen, ebenso wie Stern- und Prachttaucher.

In allen Monaten hängt der Beobachtungserfolg, abgesehen von der Seevogelkolonie am Helgoländer Lummenfelsen, wesentlich von den Wetterbedingungen ab. Es macht Sinn, in Abhängigkeit von der Witterung kurzfristig aufzubrechen. Einen guten Überblick über das aktuelle Zuggeschehen bietet die Seite www.trektellen.nl. Dort werden aktuelle Tagessummen von diversen europäischen Beobachtungspunkten, darunter die Kurpromenade von Westerland, veröffentlicht. Neben echten Hochseevögeln lassen sich, deutlich unabhängiger von der Windsituation, praktisch alle in Deutschland durchziehenden Entenvögel, Limikolen und viele Singvogelarten bei ihrem Zug über die Deutsche Bucht beobachten.

Eine der besten Möglichkeiten zur Beobachtung von Eissturmvögeln in Deutschland bietet der Lummenfelsen auf Helgoland.

Foto: C. Bock. Nordsee offshore, 14.8.2009.

Beobachtungsmöglichkeiten

Bei Nordweststürmen im Spätsommer und Herbst zählt die Kugelbake Cuxhaven aufgrund ihrer Lage an der Elbmündung zu den lohnendsten Beobachtungsorten für Hochseevögel in Deutschland. Die besten Beobachtungspunkte sind die „Alte Liebe" (1) oder das „Steubenhöft" (2), weil man sich hier windgeschützt postieren kann. Auch ziehende Gänse, Enten und Singvögel lassen sich gut beobachten. Wenn kein Sturm herrscht, stellt man sich am besten an der Deichkrone südlich der Kugelbake auf (3). Ab Ende Februar setzt der Durchzug der Weißwangen- und Blässgänse ein. Danach prägen Singvögel, vor allem Wiesen- und Baumpieper, Stelzen und Schwalben das Bild. Auch durchziehende Mäusebussarde, Fischadler, alle drei Weihenarten und Merline lassen sich beobachten. Wanderfalken rasten auf der Kugelbake selbst oder auf den Seezeichen, die dem Leitdamm vorgelagert sind. Im Herbst dominieren Drosseln, Wiesenpieper und Finken den Singvogelzug. Rastende Vögel können am besten direkt hinter dem Deich in dem Wäldchen rund um das Fort beobachtet werden (4). Hier findet man auch Grasmücken, Laubsänger und viele Wintergoldhähnchen. An der Kugelbake und am Bauhafen (5) rasten Steinschmätzer, Stelzen und Ammern. Im Winter halten sich hier oft Schneeammern auf. Auch Sanderlinge, Steinwälzer und Meerstrandläufer besuchen diesen Bereich im Winter. Im Becken des Bauhafens schwimmen Lappentaucher und Enten, darunter regelmäßig Mittelsäger. Westlich der Kugelbake (6) sammeln sich im Winter besonders viele Eiderenten, aber auch Sterntaucher.

Fährverbindungen nach Helgoland werden im Sommer von zahlreichen Häfen an der Küste und von einigen

Inseln angeboten. Die wichtigsten Abfahrtshäfen sind Büsum, Hamburg, Cuxhaven und Wilhelmshaven. Ab Mitte Oktober verkehrt nur noch die Fährverbindung ab Cuxhaven. Auf der Insel selbst ist die Jugendherberge im Nordosten der Hauptinsel der beste Platz für die Beobachtung von vorbeiziehenden Hochseevögeln (Windschutz am Gebäude).

Die Kurpromenade in Westerland auf Sylt gehört bei Starkwinden aus westlicher Richtung ebenfalls zu den sehr lohnenden Beobachtungspunkten. Hier hat man nachmittags jedoch störendes Gegenlicht und verbringt viel Zeit damit, Urlaubern Fragen zu beantworten. Unabhängig von der Windstärke lassen sich ziehende Gänse, Trauerenten, Sterntaucher, Seeschwalben, Zwergmöwen und andere Wasservögel beobachten. Im Winter rasten Sanderlinge am Strand. Der Zugang zur Kurpromenade ist kostenpflichtig. Wettergeschützte Beobachtungsstandorte sind die überdachten Bänke direkt an der Musikmuschel auf der Kurpromenade.

Nach starken Nordweststürmen im Herbst werden Hochseevögel in die Elbe bis nach Hamburg verdriftet. Wenn der Sturm sich abschwächt, verlassen die Vögel die Elbe wieder in Richtung Nordsee. Neben Cuxhaven ist dann auch die „Strandhalle" in Brunsbüttel ein guter Beobachtungsort. Es handelt sich um ein Lokal auf dem Elbdeich im Südwesten Brunsbüttels (Deichstraße 75). Weitere lohnende Beobachtungspunkte sind auch die Kühlwasserausflüsse der Atomkraftwerke von Brunsbüttel und Brokdorf.

Auf Neuwerk ist das Badehäuschen im Norden der Insel ein guter Punkt, um nach Stürmen nach verdrifteten Hochseevögeln Ausschau zu halten. Allerdings sind die Beobachtungsdistanzen recht groß.

Auf Wangerooge ist die Kurpromenade der beste Seawatchingplatz. Windschutz findet man z. B. am Schwimmbad. Bei schwächerem Wind sind ähnliche Beobachtungen auch vom Deichübergang östlich des ehemaligen Mutter-Kind-Kurheimes „Villa Kunterbunt" möglich (östlich des Ortes). Zu den Zugzeiten und im Winterhalbjahr können stets einige Trauerententrupps und einzelne Sterntaucher beobachtet werden. An guten Zugtagen kann der Zug von Eiderenten und Weißwangengänsen spektakulär sein.

Auf Norderney stellt das Ostende der Strandpromenade den besten Kompromiss bei stürmischem Wetter dar. Dort steht man geschützt und gleichzeitig einigermaßen exponiert.

Auf Borkum ist der Nordstrand die beste Stelle zum Seawatchen. Auf der Uferpromenade in Borkum-Ort gelangt man entlang des Nordstrandes auf dem Dünenweg zum „Cafe Seeblick". Hier liegen etwa 200 m vor einem, bis die offene See beginnt. Der Küstenverlauf bewirkt an dieser Stelle, dass Meeresenten, Seetaucher, Sturmvögel, Basstölpel, Raubmöwen, Alke und Dreizehenmöwen in Ufernähe vorbeikommen. Gleichzeitig steht man windgeschützt.

Weitere gute Beobachtungspunkte sind der Bereich der Wesermündung (Bremerhaven), exponierte Punkte an der Westküste Schleswig-Holsteins (z. B. St. Peter-Ording) und alle weiteren Ostfriesischen Inseln.

Christoph Moning, Christopher König, Christian Wagner, Felix Weiß

GPS

Alte Liebe (1)	53°52'21" N	8°42'38" O
Steubenhöft (2)	53°52'13" N	8°42'52" O
Parkplatz Kugelbake (3)	53°53'27" N	8°40'40" O

Karte aus Moning & Weiß (2007): Vögel beobachten in Norddeutschland. Kosmos, Stuttgart.

Infomaterial/Literatur

Blomdahl A, Breife B, Holmstrom N 2003: Flight Identification of European Seabirds. Christopher Helm.

Dierschke J, Lottmann R, Potel P 2008: Vögel beobachten im Nationalpark Niedersächsisches Wattenmeer. Nationalparkverwaltung Niedersächsisches Wattenmeer.

Mendel B, Sonntag N, Wahl J, Schwemmer P, Dries H, Guse N, Müller S, Garthe S 2008: Artensteckbriefe von See- und Wasservögeln der deutschen Nord- und Ostsee. Naturschutz und Biologische Vielfalt 61.

Moning C, Weiß F 2007: Vögel beobachten in Norddeutschland. Kosmos, Stuttgart.

Oddie B 1998: Bill Oddie's Little Black Bird Book. Anova Robson Books.

„Im süßen Gefühl des höchsten Genusses, im sinnigen Anschauen dieser ornithologischen Herrlichkeiten versunken, sah ich diese ohne Vögel wohl traurige Gegend“ (Naumann, 1824). Foto: C. Moning. Sylt, August 2007.

Der Ellenbogen und Königshafen auf Sylt

In Deutschland ganz oben

Der friesische Wahlspruch „Rüm hart – klaar kiming“ (weites Herz – klarer Horizont) wird den inselfriesischen Kapitänen zugeschrieben, die damit ihre Weltläufigkeit ausdrücken wollten. Er weht auf vielen Fahnen der Insel Sylt und besonders im Norden der Insel lässt sich dieses Lebensgefühl nachempfinden. Hier umschließt ein „Ellenbogen“ genannter Nehrungshaken in einem ausladenden Bogen eine Bucht mit weiten Watten und Salzwiesen, den Königshafen. An dessen Südostende liegt List, die nördlichste Ortschaft Deutschlands. In dieser reizvollen Küstenlandschaft lassen sich vor allem die zahlreichen Zugvögel auf zum Teil angenehm kurze Distanz beobachten.

Pfuhlschnepfen lassen sich besonders im Mai und Juli/August im Prachtkleid erleben. Foto: C. Moning. Bornholm, August 2010.

Landschaftsgeschichte und Lebensräume

An wenigen Orten Norddeutschlands ist die Geschichte menschlicher Besiedlung so eng mit der Vogelwelt verwoben wie im Norden Sylts. Viehzüchter und Bauern wurden bereits am Ende der Jungsteinzeit um 2500 v. Chr. in der Region sesshaft. Sie nutzten das reiche Vogelleben zur eigenen Ernährung und schon früh wurden spezielle Vogelfangeinrichtungen wie die Entenkojen geschaffen, wie man sie exemplarisch noch bei Kampen besichtigen kann.

Das Sammeln von Eiern hatte bei den Lister Festebauern große Bedeutung. Sie besaßen das vom dänischen König verliehene Privileg, im Listland samt Ellenbogen Eier von Seeschwalben und Möwen zu sammeln. Dazu setzten sie einen „Eierkönig“ ein, der sich zwei bis drei Gehilfen, die „Eierprinzen“ erwählte, mit denen er in einer Hütte mitten unter den Vögeln wohnte. Neben dem kontrollierten Absammeln der Eier war es ihre Aufgabe, die Vogelkolonien zu bewachen. Der bekannteste Eierkönig Lille Peer (= Kleiner Peter) ließ gar einen wilden Stier zur Abschreckung frei herumlaufen. Obwohl durch die wirtschaftliche Nutzung der Vögel begründet, war dies jahrzehntelang ein sehr effizienter Schutz der Seevogelkolonien. Friedrich Boie belegte sogar, dass es durch den Schutz der Kolonien erst zu den massiven Ansiedlungen kam, während sich in den umliegenden Brutvorkommen nur vergleichsweise wenige Vögel einfanden. Jährlich wurden bis zu 30 000 Möweneier für den Verkauf auf dem Festland und oftmals mehr als 20 000 Seeschwalbeneier, die als besonders schmackhaft galten, für den Eigenbedarf gesammelt. Dieser Eierreichtum machte die Haltung von Haushühnern auf der Insel lange Zeit entbehrlich.

Der Schutz der Kolonien fand Anfang 1870 mit Erlass der preußischen Provinzialregierung zur Schonzeit des Wildes ein jähes Ende. Mit dem Erlass fiel das vom dänischen König verliehene Monopol. In der Folge kam es zu illegalen und unkontrollierten Sammeltätigkeiten. Angebrütete Eier wurden aus Unkenntnis und Enttäuschung zer-

Die Eier von Brandgänsen (im Bild ein Vogel im ersten Kalenderjahr) wurden im Listland mittels künstlich angelegter Bruthöhlen gesammelt. Eine Höhle war in rund ein Dutzend Kammern untergliedert, die jeweils durch einen Deckel oberirdisch erreichbar waren. Durch diese wurde täglich ein Ei entnommen, sodass die Gänse lange mit dem Eierlegen fortfuhren. Die Weibchen blieben bei dieser Prozedur auf dem Gelege sitzen. Jeder Bewohner Lists besaß mehrere solcher Entenbaue. Erst Mitte des 20. Jahrhunderts verschwand diese schon im 18. Jahrhundert beschriebene Nutzungsform durch die Hühnerhaltung.

Foto: C. Moning. Bornholm, August 2010.

schlagen. Zwar wurde die Verordnung 1905 zurückgenommen, doch zu spät. Militärische Aktivitäten ab 1894 beschleunigten durch Beunruhigung den Niedergang, der sich durch das Ausbleiben der Raubseeschwalbe als Brutvogel 1915 manifestierte. Mit dem Bau des Hindenburgdammes (1923–1927), der das Festland mit Sylt verbindet, kam der Rotfuchs auf die Insel. Heute verhindert er die Ansiedlung größerer Kolonien von Möwen und Seeschwalben in den Dünen auf dem Ellenbogen.

Bereits Johann Friedrich Naumann (1780–1857) dokumentierte zusammen mit Friedrich Boie (1789–1870), Peter von Wöldike (1784–1854) und Ernst Hermann Schrader (1797 bis ca. 1852) eindrucksvoll das reiche Vogelleben im Listland am Nordende Sylts. Zu ihrer Zeit brüteten hier unzählige Silbermöwen, Austernfischer, Brand- und Küstenseeschwalben sowie 250 bis 300 Paare Raubseeschwalben und rund 100 Paare Eiderenten. Die Ansiedlungen von Eiderente und Raubseeschwalbe waren zu Naumanns Zeit sogar die einzigen in Deutschland. Schrader berichtete, dass die reisenden Vogelfreunde, wie damals in der Ornithologie üblich, dank der vom Landvogt Martin Thomsen (im Amt 1817–1830) und Listlandeigentümer Boie Paulsen (1789–1846) erteilten Jagderlaubnis, Vögel erlegen und Eier sammeln durften.

Zwischen dem Ellenbogen und den Dünen des Listlandes gelegen, erstreckt sich die flache Meeresbucht des Königshafens. Hier bieten ausgedehnte Wattflächen einer Vielzahl von Zug- und Brutvögeln Nahrung. Die angrenzenden Salzwiesen, Strände und Dünen der (Halb)Insel Uthörn, der Lister Nehrung sowie die Feuchtwiesen des Lister Kooges werden als Hochwasserrastplatz und Brutlebensraum genutzt. Der Königshafen wurde bereits 1937 unter Schutz gestellt. Er gehört seit 1985 zum

Typische Vogelarten am Ellenbogen und Königshafen, deren Status und günstige Beobachtungszeit (in Klammern).
h = häufiger, r = regelmäßiger, s = seltener; J = Jahresvogel (kein Brutvogel), B = Brutvogel, W = Wintergast, D = Durchzügler, N = Nahrungsgast.

Art	Status (beste Beobachtungszeit)
Alpenstrandläufer	hD, hW, (März–Mai, Juli–Nov.)
Austernfischer	hJ, hB, hD, hN (ganzjährig)
Brandgans	hJ, hD, hB (ganzjährig)
Brandseeschwalbe	hN (Juli–Okt.)
Eiderente	hJ (ganzjährig)
Flussseeschwalbe	hN (Juli–Aug.)
Goldregenpfeifer	hD,(März–April)
Heringsmöwe	rB, hN, hD (April–Sept.)
Kiebitzregenpfeifer	hD (Mai, Juli–Okt.)
Knutt	hD (März/April, Aug.–Okt.)
Kornweihe	rW, hD (Okt.–März)
Krickente	rD, rJ (Aug.–Dez.)
Küstenseeschwalbe	rB, hN (April–Aug.)
Meerstrandläufer	rW (Okt.–März)
Merlin	rD (April, Sept./Okt.)
Mittelsäger	rB, rJ (März–Nov.)
Ohrenlerche	rW (Okt.–April)
Pfeifente	hW, rJ (Okt.–März)
Pfuhlschnepfe	hD (April–Mai, Aug.–Okt.)
Regenbrachvogel	hD (Juli/Aug.)

Art	Status (beste Beobachtungszeit)
Ringdrossel	rD (April, Okt.)
Ringelgans	hD, sW (März–Mai, Sept./Okt.)
Rotschenkel	hB, hD, sW (ganzjährig)
Sandregenpfeifer	hD, sB (März–Sept.)
Schneeammer	rW (Okt.–März)
Sichelstrandläufer	rD (Juli–Aug.)
Sperber	hD (März/April, Sept.–Nov.)
Spießente	hD (Sept.–Feb.)
Steinschmätzer	rB, hD (April/Mai, Aug./Sept.)
Steinwälzer	rW, hD (Mai, Aug./Sept.)
Sterntaucher	hW, hD (Okt.–April)
Strandpieper	rW (Sept.–April)
Sturmmöwe	sB, hJ (ganzjährig)
Sumpfohreule	rW, rD (Okt.–Mai)
Säbelschnäbler	sB, hD (April–Sept.)
Trauerbachstelze	sD, sB (März)
Trauerente	hW, sJ (Dez.–April)
Wiesenpieper	hB, hD (März–Okt.)
Zwergseeschwalbe	rB, rN (April–Aug.)

Nationalpark Schleswig-Holsteinisches Wattenmeer.

Auch am Königshafen existierten große Möwenkolonien, wie beispielsweise einst am Möwenberg, so groß, dass Mädchen des Dorfes beim Hüten der Schafe aus Langeweile „Rührei" aus Sand und Möweneiern machten. Obwohl diese Kolonien heute verschwunden sind, lohnt ein Besuch des Königshafens zu jeder Jahreszeit.

Besondere Vogelarten und Reisezeit

Die arten- und individuenreichsten Zeiträume sind Mitte März bis Ende Mai und Ende Juli bis Ende Oktober. Besonders zu den Zugzeiten suchen bei Niedrigwasser je nach Jahreszeit die vielen Limikolenarten in den Watten nach Nahrung. Zu den typischen Arten zählen Austernfischer, Sandregenpfeifer, Rotschenkel, Alpenstrandläufer- und Knutts, Kiebitzregenpfeifer, Pfuhlschnepfen und Große Brachvögel. Knutts treten im März und April in spektakulären Scharen auf und kehren Ende Juli/Anfang August in deutlich geringerer Zahl, aber noch im Prachtkleid, zurück. Im Sommerhalbjahr können regelmäßig vier Seeschwalbenarten beobachtet werden: Brand-, Küsten-, Fluss- und Zwergseeschwalbe. Im April und Oktober sind Ringelgänse besonders zahlreich. Dabei ist der Königshafen in Deutschland einer der verlässlichsten Plätze, um Hellbäuchige Ringelgänse zu beobachten. Von November bis März finden sich große Pfeifentenansammlungen ein.

An den Süßwasserflächen im Lister Koog halten sich besonders zu den Zugzeiten Gründelenten, Säbelschnäbler und bei Hochwasser viele weitere Limikolen auf, darunter viele Wasserläufer wie Dunkle Wasserläufer und Grünschenkel. In den Grünländern brüten Kiebitze und Bekassinen. Besondere Bedeutung für Brutvögel hat die im Königshafen gelegene Sandinsel Uthörn. Seit 1950 wurden Sand- und Seeregenpfeifer, Austernfischer, Küsten- und Zwergseeschwalben sowie Sturmmöwen und auch Silbermöwen brütend registriert. Ende Juli, Anfang August rasten auf Uthörn größere Gruppen von Regenbrachvögeln, die in den umgebenden Krähenbeerenbeständen nach Nahrung suchen. Auch Brandseeschwalben sind dann stetig anwesend.

Der Ellenbogen ist auf Sylt einer der besten Plätze zur Beobachtung des Vogelzugs, besonders im Herbst. Gänse, Greifvögel, Möwen, Seeschwalben und Kleinvögel vollziehen hier die Querung von der benachbarten Insel Rømø. Regelmäßig ziehen Kurzschnabelgänse vorüber. Pieper, Stelzen und Finken sind sehr zahlreich. Drosseln rasten zeitweise zu Tausenden. An kleinen Tümpeln gesellen sich Zwergschnepfen zu den häufigeren Bekassinen. Nach guten Zugnächten sammeln sich Kleinvögel in den wenigen Gebüschen, darunter immer wieder auch einzelne Gelbbrauenlaubsänger. In den Dünen rasten gerne Sumpfohreulen. Durch beharrliches Beobachten werden immer wieder auch Hochseevögel entdeckt, hauptsächlich an der Nordwestecke. Jedoch besteht wenig Schutz vor dem Wind an den besonders lohnenden stürmischen Tagen. Austernfischer, Feldlerche und Wiesenpieper sind häufige Brutvögel. Steinschmätzer brüten ebenfalls noch verbreitet am Ellenbogen. Auch im Winterhalbjahr lohnt sich ein Besuch. Dann lassen sich am Ellenbogen Trauerenten, Sterntaucher, Sanderlinge und Schneeammern finden. In den Schwärmen der Trauerente schwimmen regelmäßig einzelne Samtenten und im Königshafen suchen zahlreiche Eiderenten nach Nahrung.

Die besondere Lage des Gebietes hat schon für die Sichtung vieler Seltenheiten gesorgt, darunter Scheckente, Elfenbeinmöwe, Schnee-Eule, Blauschwanz und Bindenkreuzschnabel. Trauerbachstelzen haben bereits auf dem Ellenbogen gebrütet.

Beobachtungsmöglichkeiten

Nach Naumanns Schilderungen begann bereits im 19. Jahrhundert so etwas wie ein Ornitourismus zum Ellenbogen, der deutsche, dänische und englische Ornithologen einschloss. Noch heute ist ein Besuch des Gebietes sehr lohnend.

Am Lister Hafen (1) überwintern Meerstrandläufer und Steinwälzer. Im Lister Urwald (2), einem niedrig gewachsenen Wäldchen in List, lassen sich besonders im Oktober sehr viele rastende Singvögel beobachten, darunter gelegentlich seltene Arten. An der Lister Nehrung (3) brüten Sandregenpfeifer und gelegentlich Zwergseeschwalben. Im Spätsommer rasten hier wie auch bei Uthörn (5) zahlreiche Seeschwalben. Die Wasserflächen des Lister Kooges (4)

Knutts, hier mit Alpenstrandläufern, suchen im März/April die Watten des Königshafens in großer Zahl auf.
Foto: C. Moning. Tetenbüllspieker, Juli 2009.

sind bei Hochwasser ein wichtiger Rastplatz für Limikolen. Auch viele Gründelenten finden sich hier ein. Von einer Bank auf dem Deich bei Uthörn (5) können im März/April die Knuttschwärme beobachtet werden, im Herbst dominieren Alpenstrandläufer und Pfuhlschnepfen. Das Schilfbecken der Kläranlage (6) dient im Sommer und Herbst vielen Staren als Schlafplatz, zahlreiche Knutts suchen bei ablaufendem Wasser außendeichs nach Nahrung. Hinter der Jugendherberge (7) lassen sich Vögel in den Salzwiesen beobachten, besonders bei Hochwasser. Dies ist der beste Platz für Hellbäuchige Ringelgänse.

Hinter der Mautstelle an der Straße zum Ellenbogen liegt links eine Aussichtsdüne (8) mit Übergang zum Strand. Entlang des Strandes (9) kann man bis zur Ellenbogenspitze wandern (hin und zurück 13 km), oder mit Hilfe des Autos Teilabschnitte begehen. Von der Straße am Ellenbogen (10) hat man einen schönen Blick auf den Königshafen und die Nordspitze von Uthörn mit seinen Seehunden.

Weitere Freizeitmöglichkeiten

Direkt in List bietet das Erlebniszentrum Naturgewalten Sylt eine große Ausstellung zum Anfassen, Ausprobieren und Mitmachen. Die Themen sind Wetterereignisse, Leben in Watt und Dünen, Küstenschutz und erneuerbare Energien (siehe Adressen).

Darüber hinaus bietet Sylt Beobachtungsmöglichkeiten für viele Tage. Besonders schöne Salzwiesen findet man nördlich von Kampen im NSG Nielönn, zu den Zugzeiten lohnt sich auch ein Besuch der Kampener Vogelkoje. Die Kurpromenade in Westerland gehört besonders Mitte August bis Ende Oktober zu den besten Beobachtungsplätzen für Hochseevögel in Deutschland. Vormittags hat man Rückenlicht. Die überdachten Bänke direkt an der Musikmuschel auf der Kurpromenade bieten guten Wetterschutz. Das Rantumbecken mit seinen angrenzenden Watten gehört zu den Zugzeiten zu den besten Beobachtungsplätzen in Deutschland. In Hörnum findet man wiederum besonders günstige Beobachtungsmöglichkeiten für den Vogelzug und Schweinswale.

Christoph Moning, Christian Wagner, Christopher König, Felix Weiß

Anfahrt

Mit Bahn und Bus

Mit der Bahn bis Westerland und von dort mit dem Bus nach List. Die Busse nehmen Fahrräder mit.

Mit dem Auto

Mit dem Autozug von der Verladestation in Niebüll nach Westerland oder preisgünstiger mit der Fähre von der dänischen Nachbarinsel Rømø nach List.

Adressen

Erlebniszentrum Naturgewalten Sylt, Hafenstrasse 37, 25992 List/Sylt, Tel.: 04651/83619-0, info@naturgewalten-sylt.de; www.naturgewalten-sylt.de

Fähre von Rømø nach List: www.syltfaehre.de

Gezeitenvorhersage: Bundesamt für Seeschifffahrt und Hydrografie, www.bsh.de

Naturschutzgemeinschaft Sylt e.V., M.T. Buchholz-Stich 10a, 25996 Wenningstedt/Braderup, Tel.: 04651/44421, naturschutz-sylt@t-online.de; www.naturschutz-sylt.de

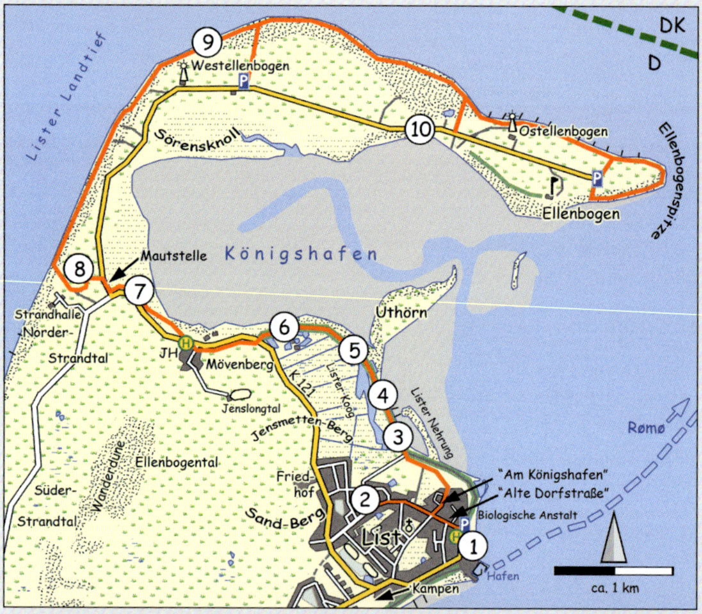

GPS		
Parkplatz Lister Hafen (1)	55°1'07" N	8°26'17" O
Lister Urwald (2)	55°1'16.33"N	8°25'29.59"O
Lister Nehrung	55°1'37.86"N	8°25'45.04"O
Beobachtungspunkt Uthörn	55°1'59.49"N	8°25'25.28"O
Beobachtungspunkt (7)	55°2'13.52"N	8°23'38.64"O
Beobachtungspunkt (10)	55°2'56.55"N	8°25'55.46"O

Infomaterial/Literatur

Moning C, Weiss F 2010: Vögel beobachten in Norddeutschland. Franckh-Kosmos Verlag, Stuttgart.

Pfeifer G 2003: Die Vögel der Insel Sylt. Husum Druck- und Verlagsgesellschaft, Husum.

Striberny W. 2000: Das Seevogelgebiet Listland auf der Insel Sylt und seine Entwicklung. Seevögel 21: 18–26.

Die Salzwiesen sind Winterlebensraum von Ohrenlerchen, Schneeammern und Berghänflingen. Foto: F. Weiß. Westerhever, 14.2.2009.

Der Westerheversand

Vögel beobachten unter dem Leuchtturm

Die Küste bei Westerhever gehört zu den landschaftlich schönsten Abschnitten an der deutschen Nordsee. Der berühmte rot-weiße Leuchtturm mit den weißen Häusern des Wartes fehlt auf keinem Nordseeprospekt. In den Salzwiesen überwintern arktische Ohrenlerchen, Berghänflinge und Schneeammern. Weißwangen- und Ringelgänse äsen in den weitläufigen Grünländern des Kooges. Vor der Sandbank überwintern Tausende Trauerenten. Westerhever ist das ideale Ziel für eine winterliche Tagesexkursion an die Küste.

Landschaftsgeschichte und Lebensräume

Die Halbinsel Eiderstedt ragt wie eine Nase nach Westen in die Nordsee, ihr sind keine weiten Wattflächen vorgelagert wie an anderen Abschnitten der schleswig-holsteinischen Küste, sondern Außensände. Im Norden bei Westerhever liegt vor der Küste der Westerheversand, auf dessen Westseite unmittelbar die Nordsee anschließt. Er ist weitgehend vegetationsfrei, nur auf seiner dem Land zugewandten Seite wachsen Quellerrasen, die besonders überflutungsresistent sind. Weite Bereiche des Sandes sind von Sandklaff-, Herz- und Schwertmuschelschalen bedeckt. Ein hochliegendes Sandwattgebiet trennt den Westerheversand von den Salzwiesen der Küste. Bei mittlerem Hochwasser steht es nur wenige Dezimeter unter Wasser. Die Sandbank selbst wird nur bei kräftigen Stürmen überspült. Salzwiesen erstrecken sich von Stufhusen nördlich von Westerhever in einem breiten Band entlang der Küste durch die Tümlauer Bucht bis Sankt Peter Ording. Drei Viertel der Salzwiesenfläche werden seit 1991 nicht mehr beweidet und weisen eine gut ausgeprägte, artenreiche Salzwiesenvegetation auf. Das Vorland wird von zahlreichen Prielen und Entwässerungsgräben, den sogenannten Grüppen durchzogen.

Der berühmte Leuchtturm Westerheversand steht, geschützt vor Sturmfluten, auf einem Hügel in den Salzwiesen. Die Büsche auf dem Warfthügel sind die einzigen in weitem Umkreis. Der 40 m hohe Leuchtturm wurde im Jahr 1906 gebaut und ist noch heute in Betrieb, allerdings wird er nicht mehr von einem Leuchtturmwärter betreut, sondern direkt von Tönning aus gesteuert. Die Häuser des Leuchtturmwartes beherbergen heute eine Naturschutzstation und ein Seminarhaus der Schutzstation Wattenmeer. Über das Jahr werden hier verschiedene naturkundliche Seminare abgehalten, aktuelle Angebote sind auf der Internetseite der Schutzstation Wattenmeer zu erfahren. Der Turm kann im Rahmen von Führungen bestiegen werden. Hinter dem Deich liegt der Westerheverkoog, er wird noch heute von feuchten Grünländern, zahlreichen Tränkkuhlen für das Vieh und reetgedeckten Friesenhäusern geprägt – eine Landschaft, die früher typisch für weite Teile der Nordseeküste war, aber in dieser Ausprägung vielerorts verschwunden ist. Die Sandbank und die Salzwiesen sind bis 150 m seewärts der Deichkrone Teil des National-

Ohrenlerchen sind häufige Wintergäste im Vorland von Westerhever. Foto: C. Moning. Texel, Niederlande, Januar 2010.

parks Schleswig-Holsteinisches Wattenmeer. Die Tümlauer Bucht südlich des Leuchtturms Westerheversand ist Schutzzone 1 des Nationalparks und darf nicht betreten werden. Absperrungen und Schilder weisen lokal auf dieses und weitere Betretungsverbote hin.

Besondere Vogelarten und Reisezeit

Die Salzwiesen bei Westerhever sind allbekannt für die hier zahlreich überwinternden Ohrenlerchen, Berghänflinge und Schneeammern. Im Januar lassen sie sich zuverlässig beobachten. Alle drei Arten ernähren sich überwiegend von den Samen der Salzwiesenpflanzen, meist sind sie in dichten Trupps unterwegs, die oft mehrere Arten umfassen. Weiterhin kommen Strandpieper als regelmäßige Wintergäste vor. Spornammern sind hingegen nicht alljährlich und nur in wenigen Individuen zu erwarten. Wanderfalken, Kornweihen und Merline machen im Vorland Jagd auf die Singvögel. Wanderfalken nutzen gerne den Leuchtturm als Aussichtswarte. In von Jahr zu Jahr schwankender Zahl überwintern Sumpfohreulen. Ringel- und Weißwangengänse äsen in den Vorländern und in der Marsch des Westerheverkoogs. Vereinzelt mischen sich Rothals- und Zwerggänse sowie die beiden seltenen Ringelgans-Unterarten „Hellbäuchige Ringelgans“ und „Pazifische Ringelgans“ unter die Schwärme dieser Gänse.

Die Nordsee vor dem Westerheversand ist ein bedeutendes Überwinterungsgebiet für Trauerenten, die hier in manchen Wintern zu Tausenden rasten. Vereinzelt findet man in diesem Teppich aus Enten einzelne Samtenten und ausnahmsweise werden sogar Brillenenten beobachtet. Eiderenten sind häufig und in kleinerer Zahl halten sich auch Schellenten in diesem Bereich auf. Sterntaucher sieht man meist einzeln und besonders im Spätwinter und Frühjahr vor der Sandbank. Ruhiges Wetter ist Voraussetzung, um diese Arten beobachten zu können; bei Wind verschwinden die Vögel in den Wellentälern und sind dann sehr schwer zu entdecken. Die Wattflächen der Tümlauer Bucht und nördlich der Sandbank werden im Winter von Austernfischern, Alpenstrandläufern, Knutts, Kiebitzregenpfeifern und Großen Brachvögeln bevölkert. Die Rastbestände dieser Arten sind im Mittwinter viel geringer als zu den Zugzeiten, doch können die Rastbestände an den Hochwasserrastplätzen auf der Sandbank und bei Stufhusen auch zu dieser Jahreszeit immer noch beachtlich sein.

Beobachtungsmöglichkeiten

Eine Wattwanderung zum Westerheversand kann auch ohne kundigen Wattführer unternommen werden, jedoch sollte man sich vorher die Zeiten von Hoch- und Niedrigwasser, die Wasserstandsvorhersage und einen aktuellen Wetterbericht besorgen. Die Gezeitenvorhersage und die Wasserstandsvorhersage können im Internet auf der Seite des Bundesamtes für Seeschifffahrt und Hydrographie (www.bsh.de) abgerufen werden. Von circa

Typische Vogelarten im Vorland bei Westerhever, deren Status und günstige Beobachtungszeit (in Klammern)
h = häufiger, r = regelmäßiger, s = seltener; B = Brutvogel, W = Wintergast, D = Durchzügler, N = Nahrungsgast, S = Sommergast

Art	Status (beste Beobachtungszeit)	Art	Status (beste Beobachtungszeit)
Alpenstrandläufer	hD, hW (ganzjährig)	Samtente	sW (Okt.–März)
Austernfischer	hB, hD, hW (ganzjährig)	Sanderling	hD, hW (Aug.–Mai)
Berghänfling	hW (Okt.–März)	Schneeammer	hW (Okt.–März)
Eiderente	hD, hW, hS (ganzjährig)	Spornammer	sW (Okt.–März)
Großer Brachvogel	hD, hW (Juli–März)	Sterntaucher	rD, rW (Okt.–Apr.)
Knutt	hD, rW (März/Apr.–Sept./Okt.)	Strandpieper	rW (Okt.–März)
Mantelmöwe	hD, hW (ganzjährig)	Sturmmöwe	rD, hW (ganzjährig)
Ohrenlerche	rW (Okt.–März)	Trauerente	hW (Okt.–März)
Pfeifente	hD, hW (Sept.–Apr.)	Wanderfalke	rN, W (ganzjährig)

zwei Stunden vor bis zwei Stunden nach Hochwasser ist das Watt zwischen Salzwiese und Westerheversand überflutet. Wenn die Wasserstandsvorhersage einen Wasserstand deutlich über dem Mittleren Hochwasser vorhersagt, sollte man von einer Wattwanderung absehen. Auch die Wettervorhersage sollte man beachten, bei Gewitter oder Nebel kann ein Aufenthalt auf der Sandbank lebensgefährlich sein.

Der gebührenpflichtige Parkplatz am Deich bei Westerhever (1) ist für die meisten Besucher Ausgangspunkt für Exkursionen auf den Westerheversand und zum Leuchtturm. Im Infohaus am Parkplatz kann man Karten für die Leuchtturmführungen erwerben. Direkt am Leuchtturm ist dies nicht möglich. Ein weiterer, kleiner, gebührenfreier Parkplatz liegt etwas nördlich am Deich bei Stufhusen (2) und eignet sich besonders als Ausgangspunkt für eine Exkursion zum dortigen Hochwasserrastplatz (3).

Vom Hauptparkplatz ist der Weg zum Leuchtturm gut ausgeschildert. Nach circa 200 m erreicht man die Deichkrone und blickt weit über das Vorland zum Leuchtturm und zum Westerheversand. Der Spülsaum aus

Bei Sturmflut versinkt das Vorland in der Nordsee und der Leuchtturm wird zur Insel.
Foto: F. Weiß. Westerhever, 27.11.2011.

abgestorbenem Pflanzenmaterial am Deichfuß ist ein beliebter Aufenthaltsort von Ohrenlerchen und Berghänflingen. Am Deichfuß geht man zunächst nach rechts und nach etwa 80 m biegt man links auf einen breiten Weg durchs Vorland ab. Beiderseits des Weges rasten im Winterhalbjahr zahlreiche Ringel- und Weißwangengänse, die sich an die vielen Besucher gewöhnt haben und daher wenig Scheu zeigen. Nach 460 m zweigt links ein Plattenweg in Richtung Leuchtturm ab, geradeaus geht es zur Abbruchkante der Salzwiese (4), Ausgangspunkt für Wattwanderungen zum Westerheversand. Die Strecke durchs

Pfeifenten sind häufige Wintergäste in den SalzwieseÇn und Marschen bei Westerhever.
Foto: C. Moning. De Puetten, Niederlande, Dezember 2009.

Watt zur Sandbank ist durch Pfähle markiert und daher gut zu finden. Auf der Sandbank ist die Rettungsbake mit Notruf (5) eine gute Orientierungshilfe. Im Norden und Süden der Sandbank liegen Hochwasserrastplätze (6), an denen im Winter vor allem Knutts, Alpenstrandläufer, Austernfischer und Kiebitzregenpfeifer zu beobachten sind. Die Schwärme der rastenden Limikolen sind sehr störungsempfindlich und sollten aus gebührendem Abstand mit dem Spektiv betrachtet werden. Der Spülsaum im Westen der Sandbank (7) wird von Sanderlingen nach Nahrung abgesucht. Mit einem Spektiv kann man bei ruhiger See die rastenden Meeresenten und Seetaucher beobachten.

Der Plattenweg zum Leuchtturm führt über mehrere Priele. In den Salzwiesen beiderseits des Weges suchen Ohrenlerchen, Schneeammern und Berghänflinge nach Nahrung. In der Vegetation sind sie gut getarnt und oft entdeckt man die Vögel erst, wenn ein Schwarm auffliegt. Am Leuchtturm besteht ein weiterer Zugang (9) zur Abbruchkante der Salzwiesen, an der man auf einen weiteren Hochwasserrastplatz blickt. Im Sommerhalbjahr bietet der Stockenstieg, ein schmaler, befestigter Fußpfad, einen alternativen Rückweg zum Deich, im Winter ist er gesperrt.

Im Norden des Vorlandes liegt bei Stufhusen außendeichs ein weiterer Hochwasserrastplatz (3), der sich von der Deichkrone hervorragend einsehen lässt. Die Straße (10) zum Parkplatz bei Stufhusen (2) führt durch feuchte Grünländer, in denen Weißwangengänse, Pfeifenten und Goldregenpfeifer rasten.

Weitere Freizeitmöglichkeiten

An den Westerheverkoog schließen im Osten der alte und der neue Augustenkoog an. Hier dominieren weite Ackerflächen das Landschaftsbild, Grünländer sind vergleichsweise selten. Wenn im August die Äcker abgeerntet sind, suchen Tausende Goldregenpfeifer auf ihnen nach Nahrung. Fast alljährlich rasten zu dieser Zeit auch kleine Trupps Mornellregenpfeifer. Für die Suche nach den Vögeln eignet sich besonders die Straße auf dem Deich zwischen altem und neuem Augustenkoog.

Felix Weiß, Christopher König, Christoph Moning, Christian Wagner

Anfahrt

Mit Bahn und Bus

Vom Bahnhof Garding fährt die Linie 1074 bis zum Parkplatz am Deich bei Westerhever (Haltestelle: Westerhever, Leuchtturm) (1). Von Husum fährt die Linie 1073 zur selben Haltestelle.

Mit dem Auto

Von Tönning auf der B 202 in Richtung St. Peter Ording. Nach 13 km in Garding rechts in Richtung Osterhever abbiegen, nach weiteren 2 km links in Richtung Westerhever. Der Leuchtturm ist ein Besuchermagnet in der Region und sehr gut ausgeschildert. Den Schildern in Richtung Westerhever und Leuchtturm Westerhever folgend gelangt man zum Parkplatz am Deich (1).

Adressen

Schutzstation Wattenmeer Westerhever, Nationalpark-Seminarhaus Westerhever, Am Leuchtturm 1, Südhaus, 25881 Westerheversand,
Tel.: 04865/298, westerhever@schutzstation-wattenmeer.de;
www.schutzstation-wattenmeer.de/unsere-stationen/westerhever

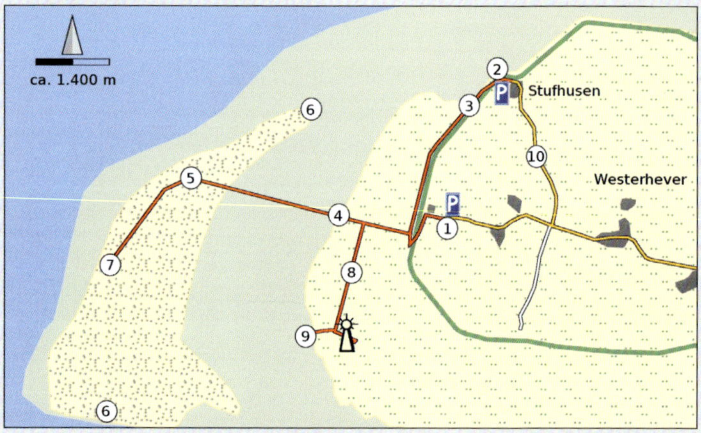

GPS		
Parkplatz Westerhever (1)	54°23'02,00" N	8°39'13,00" O
Parkplatz Stufhusen (2)	54°23'42,00" N	8°39'42,00" O
Rettungsbake Westerheversand (5)	54°23'14,63" N	8°37'06,43" O
Leuchtturm	54°22'24,00" N	8°37'06,43" O
Mornellregenpfeifer-Stelle Neuaugustenkoog	54°23'13,00" N	8°43'48,00" O

Infomaterial/Literatur

Moning C, Weiß, F 2007: Vögel beobachten in Norddeutschland – Die besten Beobachtungsgebiete zwischen Sylt und Niederrhein. Franckh-Kosmos-Verlag, Stuttgart.

Die Mühle Charlotte hat fast 150 Jahre lang das Hinterland der Geltinger Birk entwässert.
Foto: F. Weiß. Geltinger Birk, 16.12.2011.

Die Geltinger Birk

Auf dem Sprung nach Skandinavien

Die Geltinger Birk liegt am Übergang der Flensburger Förde in die Ostsee und bildet dort einen markanten Landvorsprung nach Norden. Ihre Küste ist unverbaut und vielgestaltig. Zu den winterlichen Attraktionen gehören Bergenten und Ohrentaucher. Im Spätwinter setzt langsam der spektakuläre Frühjahrszug ein und Seeadler sowie Kraniche beginnen mit dem Brutgeschäft. Obwohl die Geltinger Birk sehr abgelegen im äußersten Norden Deutschlands liegt, ist ein Besuch gerade im Spätwinter und Frühjahr höchst lohnend.

Landschaftsgeschichte und Lebensräume

Über Jahrhunderte haben sich im Spiel der Strömungen neue Nehrungshaken und Strandwälle am Zusammenstoß von Flensburger Förde und Ostsee gebildet. Noch heute wächst die Geltinger Birk am sogenannten Birk-Nack nach Norden weiter ins Meer. Hinter den Strandwällen entstand das Geltinger Noor, früher eine flache Bucht, die weitgehend von der Flensburger Förde abgeschnitten war. Im Jahr 1826 wurde die Mühle Charlotte erbaut, mit der ein Schöpfwerk betrieben wurde, um das Hinterland zu entwässern und damit landwirtschaftlich nutzbar zu machen. Die Mühle wurde erst 1971 durch ein elektrisches Schöpfwerk ersetzt. Ein Deich von Goldhöftberg bis Falshöft auf dem äußersten Strandwallsystem sorgte dafür, dass kein Ostseewasser nachströmte. Die so entstandene Landschaft des 773 ha großen Naturschutzgebietes Geltinger Birk umfasst eine große Lebensraumvielfalt. Für Wasservögel bietet die westlich gelegene Geltinger

Eisenten sind Wintergäste auf den Flachgründen der Ostsee.
Foto: F. Weiß. Varanger, Norwegen, April 2011.

Bucht guten Windschutz und großen Nahrungsreichtum, ebenso das Geltinger Noor, eine Brackwasserbucht, die durch Nehrungshaken fast ganz vom Meer abgeschlossen ist. Bei einer Umwanderung der Halbinsel in küstennähe lassen sich neben dem Noor auch sand- und geröllbedeckte Außenstrände, Salzwiesen, verlandete Schilfsümpfe, Dünen und eine weit in die Geltinger Bucht hineinwachsende, nahrungsreiche Seegraswiese entdecken. Da die am Ufer liegenden Salzwiesenstreifen mit Tümpeln und Wasserläufen durchzogen sind, bieten auch sie hervorragende Rast- und Nahrungsmöglichkeiten für Enten und Limikolen. Unter Leitung der Integrierten Station Geltinger Birk, die als Außenstelle der oberen Naturschutzbehörde (LLUR) 8 Naturschutzgebiete in der Region betreut, wurden ein Beweidungsprojekt und die kontrollierte Vernässung umgesetzt. Der Wasserstand wurde im Gebiet von 3,5 m auf 1 m unter dem Meeresspiegel angehoben. Seewasser wird kontrolliert zugeführt und in einem Polder bei Falshöft können winterliche Sturmfluten durch noch höheren Einstau simuliert werden. Eine vollständige natürliche Dynamik im Gebiet war vor Ort nicht durchsetzbar, man versucht aber eine möglichst naturnahe Situation zu schaffen. Bereits im ersten Jahr wurden diese Maßnahmen von unzähligen Brut- und Rastvögeln honoriert.

Das Hinterland der Birk ist nicht weniger vielgestaltig. Auf 400 ha, die sich im Besitz der Stiftung Naturschutz Schleswig-Holstein befinden, weiden Galloways und Konikpferde, die erfolgreich Landschaftspflege betreiben. Die Pferde (bisher 60 Tiere) können sich als „Wildpferde" frei innerhalb des Projektgebietes bewegen. Zudem wurden zur Laubfrosch-, Rotbauchunken und Kreuzkröten-Wiederansiedlung zahlreiche Kleingewässer angelegt, die auch den Wiesenvögeln zugutekommen.

Besondere Vogelarten und Reisezeit

Im Spätwinter wird die Vogelwelt der Geltinger Birk von überwinternden Wasservögeln geprägt. Eider-, Trauer- und Eisenten ernähren sich von den reichen Miesmuschelbeständen der Flachgründe. Sie schwimmen meist weit vor der Küste und lassen sich am besten mit einem Spektiv beobachten. Schellenten und Mittelsäger zeigen zu dieser Jahreszeit ihr auffälliges Balzverhalten und halten sich oft in Strandnähe auf. Bergenten begeben sich nachts auf Nahrungssuche und verbringen den Tag schlafend auf dem windgeschützten Geltinger Noor. Neben den zahlreich überwinternden Haubentauchern sind Ohrentaucher alljährliche Wintergäste in für die deutsche Festlandküste ungewöhnlich hohen Individuenzahlen. Zu den selteneren Wintergästen, für deren Beobachtung man etwas Glück benötigt, gehören Samtenten, Sterntaucher und Tordalke. Am Strand überwintern Berghänflinge und wenige Schneeammern sowie einzelne Strandpieper. Raubwürger besetzen alljährlich Winterreviere auf der Birk. Raufußbussarde und Kornweihen sind alljährliche Wintergäste in den ausgedehnten Grünlandgebieten.

Während auf der Ostsee noch zahlreiche Wasservögel überwintern, ist die Brutzeit für einige Großvogelarten der Birk bereits voll im Gange. Seeadler, Uhus und Kolkraben beginnen im Spätwinter mit der Balz. Kraniche und Graugänse folgen im März. Seit einigen Jahren besteht eine Kormorankolonie, in der 2011 96 Paare brüteten, allerdings mit geringem Bruterfolg, denn das lokale Seeadlerpaar hat sich offenbar auf die Jungvögel als leichte Beute spezialisiert. Bis Anfang Juni als Letzte die Karmingimpel aus ihrem Winterquartier zurückkehren, erscheinen jede Woche neue Vogelarten. Auf der Geltinger Birk wurden in den vergangenen Jahren mehr als 90 Brutvogelarten nachgewiesen.

An der Ostküste der Birk konzentriert sich im Frühjahr der Vogelzug. Zahlreiche tagziehende Arten stoßen auf die in Nord-Süd-Richtung verlaufende Küste und folgen ihr nach Norden, bis sie am Birk-Nack oder bei Falshöft die Küste

Der stetige Wind hat dem „Gespensterwald" bei Beveroe sein charakteristisches Profil gegeben. Foto: F. Weiß. Geltinger Birk, 16.12.2011.

verlassen. Die Vögel sind hier buchstäblich auf dem Sprung nach Skandinavien. An einzelnen Tagen wurden bis zu 60 000 Individuen gezählt. Die Artenvielfalt ist ebenfalls groß. Der stärkste Zug lässt sich im März und April in den Morgenstunden bei ruhigem Wetter beobachten.

Die Flensburger Förde ist eines der Verbreitungszentren des Schweinswals in der Ostsee. Bei glatter See hat man gute Chancen, einen der kleinen Delfine zu beobachten. Die Integrierte Station Geltinger Birk ist an jeder Sichtung und insbesondere auch an Totfunden interessiert.

Seeadler brüten in der Umgebung und sind im Gebiet sehr stetig zu beobachten.
Foto: C. Moning. Varanger, April 2011.

Beobachtungsmöglichkeiten

Ausgangspunkte für eine Wanderung durch die Geltinger Birk sind die Parkplätze an der Mühle Charlotte (1) am Westrand und bei Falshöft (11) im Osten der Birk. Ein Wanderweg zwischen den Parkplätzen verläuft entlang der Küste. Radfahrer können diesen Weg ebenfalls nutzen, müssen jedoch bei Beveroe einen kleinen Schlenker um den Gespensterwald machen, da hier der Weg an der Küste zu schmal wird. Der blau ausgeschilderte „Möwenweg" (13) verbindet im Binnenland die Orte Falshöft und Goldhöftberg, allerdings ist der Weg im Winter streckenweise sehr feucht und morastig. Der Rundweg ist insgesamt etwa 13 km lang. Radfahrer und Wanderer können für den Rückweg alternativ auch die Straße zwischen Falshöft und Goldhöft nutzen (14).

Der Birk-Kiosk am Parkplatz (1) an der Mühle Charlotte ist Treffpunkt für naturkundliche Führungen des Vogelwarts und Start des hier beschriebenen Weges. An der Mühle Charlotte bietet sich ein freier Blick (2) über das Geltinger Noor, an dessen Nordrand kleinflächig Salzwiesen ausgeprägt sind, auf denen sich gerne Pfeifenten und gelegentlich Berghänflinge aufhalten. Regelmäßig jagen Seeadler über dem Noor. Etwas nördlich wird die Küste von einem kleinen Steilufer gebildet. Der erhöhte Standpunkt (3) verschafft eine gute Aussicht über die flache Geltinger Bucht. Die Berge angespülten Seegrases weisen auf ausgedehnte Seegraswiesen vor der Küste hin. Schellenten und Mittelsäger lassen sich hier oft gut beobachten. Dies ist auch die beste Stelle, um Ohrentaucher zu entdecken. Der „Gespensterwald" (4) bei Beveroe verdankt seinen Namen den vom Wind bizarr verformten Buchen und Eichen. An seinem Nordrand liegt die Infohütte des NABU (5), im Sommerhalbjahr Unterkunft des Vogelwarts. Regelmäßig besteht die Möglichkeit, diese Position für einige Wochen zu übernehmen. Interessenten können sich mit dem Schutzgebietsreferenten in Verbindung setzen (Adresse siehe unten). Die kleine Lagune vor der Infohütte ist zu den Zugzeiten Rastplatz von Limikolen und Gründelenten. Der Weg zum Birk-Nack durchquert alte Strandwälle und moorige Senken (6). Im Winter können

Typische Vogelarten der Geltinger Birk, deren Status und günstige Beobachtungszeiten (in Klammern).
h = häufiger, r = regelmäßiger, s = seltener; B = Brutvogel, W = Wintergast, D = Durchzügler

Art	Status (beste Beobachtungszeit)
Berghänfling	sW (Okt.–März)
Eiderente	hD, hW, rS (ganzjährig)
Eisente	rW (Okt.–März)
Kornweihe	rD, rW (Okt.–Apr.)
Mittelsäger	sB, hW (ganzjährig)
Ohrentaucher	rW (Okt.–Apr.)
Pfeifente	hD, hW (Sept.–Apr.)
Raubwürger	rW (Okt.–Apr.)
Raufußbussard	rD, rW (Okt.–Apr.)

Art	Status (beste Beobachtungszeit)
Samtente	sW (Okt.–März)
Schellente	hW (Okt.–Apr.)
Schneeammer	sW (Okt.–März)
Seeadler	hW, rB (ganzjährig)
Sterntaucher	sW (Okt.–März)
Strandpieper	rW (Okt.–Apr.)
Tordalk	sW (Nov.–März)
Trauerente	hW (Okt.–März)

hier gelegentlich Schneeammern und Sumpfohreulen beobachtet werden. Die Nehrung am Birk-Nack (7) ist ein beliebter Rastplatz von Eiderenten, Mittelsägern, Kormoranen, Silber- und Mantelmöwen. Nördlich vor dem Birk-Nack liegt der Kalkgrund mit großen Miesmuschelbänken, die Nahrungsgrundlage für Tausende Meeresenten sind. Es lohnt sich vor allem bei ruhigem Wetter, die Ostsee mit dem Spektiv abzusuchen. Am Birk-Nack konzentriert sich auch der Frühjahrszug. Der beste Standort, um ihn zu beobachten (8), liegt ca. 300 m östlich des Birk-Nack. Der weitere Weg verläuft bis Falshöft nah an der Küste. Am Spülsaum suchen Strandpieper nach Nahrung. Zum Schutz der Brut- und der Rastvögel darf der Strand nur an einem Aussichtspunkt nördlich des Falshöfter Eichenkratts (9) betreten werden. Die Niederung hinter dem Deich (10) wurde zu einer Flachwasserzone mit zahlreichen Brutinseln umgestaltet. Die Wiesen sind ein beliebter Rastplatz von Gänsen und Jagdhabitat von Raufußbussarden und Kornweihen. Der Weg (13) durch das Binnenland zurück zum Parkplatz an der Mühle Charlotte hat dem Vogelbeobachter im Winter wenig zu bieten. Im Sommer brütet hier eine artenreiche Vogelgemeinschaft mit Neuntötern, Dorngrasmücken und Goldammern. In Falshöft befindet sich die Integrierte Station Geltinger Birk (12) deren Besuch sehr lohnenswert ist.

Weitere Freizeitmöglichkeiten

Dreißig Kilometer westlich von Gelting liegt die kleine Stadt Glücksburg, deren Wasserschloss zu den bedeutendsten baulichen Sehenswürdigkeiten Schleswig-Holsteins zählt. Das Schloss war unter anderem Sitz des dänischen Königs und beherbergt heute ein Museum.

Felix Weiß, Christopher König, Christoph Moning, Christian Wagner

Infomaterial/Literatur

Moning C, Weiß, F 2007: Vögel beobachten in Norddeutschland – Die besten Beobachtungsgebiete zwischen Sylt und Niederrhein. Franckh-Kosmos-Verlag, Stuttgart.

Anfahrt

Mit Bahn und Bus

Mit der Bahn bis Süderbrarup, weiter mit dem Bus bis Kappeln. Von Kappeln ZOB fährt dreimal täglich ein Bus, der an der Abzweigung zur Mühle Charlotte und bei Falshöft hält. In Gelting können auch Fahrräder geliehen werden. Durch die Geltinger Birk verläuft ein Abschnitt des Ostseeküsten-Radwanderweges.

Mit dem Auto

Von Westen und Süden über die B 199 bis Gelting. In Gelting an der großen Kreuzung Richtung „Nieby, Pommerby". Wenige Meter nach dem Ortsausgang von Gelting links Richtung „Nieby". An der zweiten Abzweigung geht es links zum Parkplatz an der Mühle Charlotte (Schild „Zur Birk"). Um nach Falshöft zu gelangen, folgt man der Straße jedoch weiter und biegt hinter Nieby links in Richtung „Falshöft" ab.

Adressen

Integrierte Station Geltinger Birk, Falshöft 11, 24395 Nieby, Tel.: 04643/18609-11, nils.kobarg@llur.landsh.de

NABU Naturschutzwärterhütte, Tel.: 04643/189474, Führungen ab Birk-Kiosk von März bis Oktober mittwochs und freitags um 10.00 Uhr und sonntags um 14.30 Uhr.

NABU Schutzgebietsreferent, Michael Fischer, Tel.: 04632/875916, geltinger.birk@nabu-sh.de

GPS

Parkplatz Goldhöft (1)	54°46'08,00" N	9°54'29,00" O
Parkplatz Falshöft (11)	54°46'14,00" N	9°57'40,00" O
Vogelwärterhütte (5)	54°47'06,00" N	9°54'20,00" O
Integrierte Station (12)	54°46'13,00" N	9°57'34,00" O

Die Beobachtungshütte am Parkplatz Lüttmoorsiel liegt am Rande des ausgesüßten Lüttmoorsees.
Foto: F. Weiß. Beltringharder Koog, September 2012.

Der Beltringharder Koog

Süß und salzig

Der Beltringharder Koog entstand in den 1980er Jahren durch die Eindeichung der Nordstrander Bucht. Bald nach der Eindeichung wurde der junge Koog auf seiner ganzen Fläche von ca. 3400 ha unter Naturschutz gestellt und im zentralen Teil über ein Siel weiter mit Salzwasser versorgt. Die amphibische Landschaft mit ihren unterschiedlichen Gewässertypen, großflächigen Feuchtgrünländern und Schilfflächen hat sich aus vogelkundlicher Sicht zu einem der bedeutendsten Gebiete an der deutschen Nordseeküste entwickelt. Zu allen Jahreszeiten sind spektakuläre Vogelschwärme und spezielle Arten zu beobachten.

Landschaftsgeschichte und Lebensräume

Die Eindeichung der Nordstrander Bucht war 1987 die vorerst letzte große Eindeichungsmaßnahme in der Geschichte der Schleswig-Holsteinischen Nordseeküste. Früher dienten Eindeichungen der Landgewinnung und die Flächen kamen bald nach Deichschluss unter den Pflug, da die Böden sehr ertragreich waren. Die Eindeichungen seit Mitte des 20. Jahrhunderts wurden hingegen mit Notwendigkeiten des Küstenschutzes begründet. Lange wurden diese Maßnahmen von der Öffentlichkeit kaum hinterfragt. Der Eindeichung der Nordstrander Bucht hingegen waren jahrelange Proteste von Naturschutzverbänden und Bürgern vorausgegangen, die diese Maßnahme letztlich zwar nicht verhindern konnten, jedoch wurde die ursprünglich geplante Deichführung verändert, sodass eine kleinere Fläche eingedeicht wurde als ursprünglich geplant. Die hohe Bedeutung des Naturschutzgebiets Beltringharder Koog darf nicht darüber hinwegtäuschen, dass durch die Eindeichung der Nordstrander Bucht ca. 2450 ha Wattflächen, 140 ha Wattströme und 845 ha Salzwiesen zerstört wurden.

Der zentrale Teil des Beltringharder Koogs wird von der Salzwasserlagune dominiert, die sich südlich des Lüttmoordamms erstreckt und über das Lüttmoorsiel und Holmer Siel mit Nordseewasser versorgt wird. In ihren Randbereichen wachsen großflächig Salzpflanzen, darunter ein großer Bestand des Quellers am Parkplatz Lüttmoorsiel. Die ehemaligen Vorländer entlang der alten Deichlinie werden größtenteils extensiv beweidet und haben sich zu Feuchtgrünländern entwickelt, die im Winter und bis weit in das Frühjahr großflächig flach über-

Bartmeisen leben in den ausgedehnten Schilfflächen im Beltringharder Koog.
Foto: C. Moning. Seewinkel, Österreich, April 2010.

Raufußbussarde sind im Koog Wintergäste aus Skandinavien. Foto: C. Moning. Middelmeer Niederlande, Januar 2011.

schwemmt sind. Aus den ehemaligen Vorländern wurde in zwei Bereichen der Boden (Kleie) für den Deichbau entnommen. Die Gruben füllten sich mit Wasser, in dem zahlreiche Inseln zurückblieben. Die so entstandene nördliche und südliche Kleientnahme sind heute wichtige Brutplätze für Gänse, Möwen und Seeschwalben im Koog. Der Holmer See im Südosten des Koogs wird von weiten Schilfflächen umgeben und ist völlig ausgesüßt. So kann man innerhalb des Koogs das ganze Spektrum von Küstenlebensräumen bis zu binnenländischen Feuchtgebieten finden.

Besondere Vogelarten und Reisezeit

Die winterliche Vogelwelt im Koog wird von Entenvögeln dominiert. Pfeifenten sind zu dieser Jahreszeit die häufigsten Vögel im Koog. Zu Tausenden äsen sie in den Feuchtwiesen und fliegen bei kleinsten Störungen zu den nie weit entfernten Wasserflächen. Schellenten sind weitere häufige Wintergäste auf den Gewässern. Vor allem im Bereich der südlichen Kleientnahmestelle sind sie oft mit einzelnen Zwergsägern vergesellschaftet. In den flach überschwemmten Wiesen rasten im Spätherbst und zeitigen Frühjahr Sing- und Zwergschwäne. Spießenten sind häufige Durchzügler und Wintergäste. Die große Wasserfläche der Salzwasserlagune fühlt sich für einige Arten wohl an wie das offene Meer und so rasten hier regelmäßig einzelne Seetaucher, darunter über mehrere Winter ein einzelner Eistaucher und auch Meeresenten, vor allem Eiderenten, sind hier oft zu beobachten.

Der Beltringharder Koog gehört zum Nahrungsrevier eines Seeadlerpaares. Zusätzlich lassen sich regelmäßig auch immature Vögel im Koog blicken. Sie verweilen zum Teil für längere Zeit. Raufußbussarde überwintern alljährlich und sind vor allem in den ausgedehnten Feuchtgrünländern bei der Jagd zu beobachten. Kornweihen fliegen im niedrigen Jagdflug über die abgestorbenen Schilfflächen. Wanderfalken und Merline machen Jagd auf die Singvögel und Limikolen im Koog.

Über das Jahr treten im Beltringharder Koog alle durch Mitteleuropa ziehenden Limikolenarten auf. In den Wintermonaten ist das Artenspektrum hingegen sehr eingeschränkt. Austernfischer, Große Brachvögel und Alpenstrandläufer sind die häufigsten Limikolen im winterlichen Wattenmeer. Rotschenkel, Kiebitzregenpfeifer und Knutts harren ebenfalls aus, jedoch in kleinerer Zahl. In strengen Wintern wie 2011/2012 ist die Zahl der Kälteopfer groß.

Bartmeisen überwintern in den Schilfflächen des Koogs und konnten sich auch in den vergangenen schweren Wintern im Koog halten. Besonders aus den Schilfflächen am Holmer See sind die metallischen Rufe dieser Art zu hören.

Beobachtungsmöglichkeiten

Der etwa 3400 ha umfassende Beltringharder Koog wird nur von wenigen öffentlichen Straßen und Wegen erschlossen, die bis auf den Lüttmoordamm entlang der neuen und alten Deichlinien verlaufen. So können einzelne Bereiche des Koogs schon mal über einen Kilometer vom nächsten öffentlichen Weg entfernt liegen. Die Mitnahme eines Spektivs ist daher jedem Besucher des Koogs anzuraten. Auch ein Fahrrad erweitert die Beobachtungsmöglichkeiten im weitläufigen Koog enorm.

In der Arlauschleuse (1) befindet sich ein kleines Informationszentrum, das sonntags von 12 bis 16 Uhr und nach Absprache geöffnet ist. Bei der Arlauschleuse beginnt ein kurzer Weg zu einem Beobachtungsversteck am östlichen Rand der Salzwasserlagune (2). Auf dem Weg dorthin passiert man rechterhand ein kleines Gewässer, an dem regelmäßig Bartmeisen und selten eine Rohrdommel beobachtet werden können. Ein Stück entlang des Deichs Richtung Husum blickt man über den Holmer See. Eine Landzunge ist Schlafplatz für Möwen (3). Von der Arlauschleuse führt eine Straße entlang der alten Deichlinie in Richtung Cecili-

Typische Vogelarten des Beltringharder Koogs, deren Status und günstige Beobachtungszeit (in Klammern)
h = häufiger, r = regelmäßiger, s = seltener; B = Brutvogel, W = Wintergast, D = Durchzügler, N = Nahrungsgast.

Art	Status (beste Beobachtungszeit)
Alpenstrandläufer	hD, hW (ganzjährig)
Austernfischer	hB, hD, hW (ganzjährig)
Bartmeise	rB, rW (ganzjährig)
Berghänfling	rW (Okt.–März)
Großer Brachvogel	hD, hW (ganzjährig)
Kornweihe	rD, rW (Okt.–April)
Ohrenlerche	rW (Okt.–März)
Pfeifente	hD (Sept.–April)
Raufußbussard	rD, rW (Okt.–April)
Ringelgans	hD, rW (ganzjährig)

Art	Status (beste Beobachtungszeit)
Rohrdommel	rB, sW (März–Mai)
Rotschenkel	hB, hD, hW (ganzjährig)
Schellente	hD, hW (ganzjährig)
Schneeammer	rW (Okt.–März)
Seeadler	rN (ganzjährig)
Spießente	rD (Sept.–April)
Wanderfalke	rD, rW (ganzjährig)
Weißwangengans	rB, hD, rW (ganzjährig)
Zwergsäger	rW (Nov.–März)

Weißwangengänse rasten zu Tausenden im Beltringharder Koog. Foto: C. Moning. Oudega, Niederlande, Januar 2010.

enkoog. In den Grünländern der Hattstedter Marsch rasten im Frühjahr und Herbst große Scharen Weißwangen- und Blässgänse. In milden Wintern harren die Gänse auch über den Winter aus. Ein Beobachtungsturm (4) auf dem Deich bietet einen grandiosen Blick auf ausgedehnte Feuchtgrünländer, die bis weit ins Frühjahr überstaut sind. Einzelne Silberreiher fischen in den Gräben und Sing- sowie Zwergschwäne schwimmen im flachen Wasser. Das Licht an diesem Beobachtungspunkt ist morgens am schönsten. Im Cecilienkoog wird intensiv Ackerbau betrieben. Die Landschaft ist hier ganz anders als in der benachbarten älteren Hattstedter Marsch.

Vom Beobachtungsturm durch den Cecilienkoog nach Norden fahrend, biegt man an der ersten Kreuzung links in Richtung Lüttmoordamm ab und überquert nach einigen Metern die alte Deichlinie. Der Lüttmoordamm führt bis zum Parkplatz am Lüttmoorsiel. Linkerhand liegen die Feuchtgrünländer, die bereits vom Beobachtungsturm zu sehen waren, rechterhand führt die Straße an der südlichen Kleientnahme vorbei. Aus einem Beobachtungsversteck (5) lassen sich die überwinternden Enten auf diesem Gewässer aus geringer Distanz beobachten. Am Parkplatz Lüttmoorsiel (6) endet die Straße. In der Quellerfläche südlich der Straße sind Ringelgänse und gelegentlich Berghänflinge zu beobachten. Ein Stück zurück entlang der Straße führt ein Pfad nach Norden zum Ufer des Lüttmoorsees. Von einem neuen Beobachtungsversteck können vor allem Entenvögel beobachtet werden. Vom Parkplatz geht man zu Fuß oder fährt mit dem Fahrrad nach Süden entlang des Seedeichs. Nach wenigen Metern erreicht man das Lüttmoorsiel (7), über das die Salzwasserlagune mit Nordseewasser versorgt wird. Der Bereich des Siels ist ein beliebter Aufenthaltsort von Eiderenten, gelegentlich lassen sich auch andere Meeresenten hier beobachten. Der Weg führt am Seedeich entlang bis zum Holmer Siel (8), das über die Insel Nordstrand direkt angefahren werden kann. Entlang des Wegs blickt man auf die große Wasserfläche der Salzwasserlagune. Der Weg vom Parkplatz Lüttmoorsiel nach Norden wird außendeichs bald von Salzwiesen gesäumt. In den angespülten Pflanzenteilen auf dem Deich suchen Schneeammern und Ohrenlerchen nach Nahrung. Richtung Hamburger Hallig wird das Vorland immer breiter und die Chancen auf diese beiden Arten werden größer. Das Gewässer binnendeichs ist ausgesüßt, die Ränder werden von Gänsen und Rindern kurzgehalten, sodass sein Schilfsaum unterbrochen ist. Tauchenten und Haubentaucher rasten in großer Zahl auf dem Gewässer. Nach

Wie das Laub in den Wäldern färbt sich auch der Queller im Herbst rot. Foto: F. Weiß. Beltringharder Koog, September 2012.

ca. 3,5 km erreicht man einen Schenkeldeich (9). Dies ist eine sehr interessante Beobachtungsstelle. Im Hintergrund liegt die nördliche Kleientnahmestelle mit steilen Ufern und zahlreichen kleinen Inseln. Im Vordergrund bietet ein Mosaik aus Flachwasserbereichen, Schilf, flachen Ufern und Feuchtwiesen Rastplätze für Limikolen und Enten, darunter im Winter vor allem viele Pfeifenten. Nördlich des Schenkeldeichs liegt das Speicherbecken Sönke-Nissen-Koog. Der Wasserstand in diesem Becken schwankt stark und damit auch seine Attraktivität für Vögel. Bei niedrigen Wasserständen ist das Speicherbecken ein wichtiger Hochwasserrastplatz für Limikolen. Vor allem Wasserläufer rasten hier zu den Zugzeiten in großer Zahl. Am Nordrand des Speicherbeckens befindet sich ein weiterer Parkplatz (10), der über den Cecilien- und Sönke-Nissen-Koog auch direkt angefahren werden kann.

Weitere Freizeitmöglichkeiten

Vom Parkplatz Lüttmoorsiel fahren die Loren zur Hallig Nordstrandischmoor ab. Mit ihren vier Warften ist die Hallig vom Seedeich aus in der Ferne gut zu sehen. Von der Badestelle Lüttmoorsiel nördlich des Lorendamms führt ein Wattweg zur Hallig, der mit rot-weiß gestrichenen Stangen markiert ist. Wer keine Erfahrung mit Wattwanderungen besitzt, kann sich einer der zahlreichen Wattführungen anschließen. Die Hallig ist mit ihren ausgedehnten Salzweiden ein beliebter Rastplatz von Weißwangengänsen, Ringelgänsen, Ohrenlerchen und Schneeammern.

Felix Weiß, Christopher König, Christoph Moning & Christian Wagner

Infomaterial/Literatur

Hötker H, Kölsch G 1993: Die Vogelwelt des Beltringharder Kooges – Ökologische Veränderungen in der eingedeichten Nordstrander Bucht. Corax 15 (Sonderheft).

Moning C, Weiß F 2007: Vögel beobachten in Norddeutschland. Franckh-Kosmos-Verlag, Stuttgart.

http://www.beltringharderkoog.de
Internetseite der Schutzstation Wattenmeer mit Informationen zum Koog und aktuellen Terminen zu Führungen.

Anfahrt

Mit Bahn und Bus

Der nächstgelegene Bahnhof ist Bredstedt. Um von dort in den Koog zu gelangen, ist man auf ein Fahrrad angewiesen, auf das man im Koog ohnehin nicht verzichten möchte. Vom Bahnhof bis zum Parkplatz am Speicherbecken Sönke-Nissen-Koog radelt man ca. 7 km.

Mit dem Auto

Man erreicht den Beltringharder Koog über die Bundesstraße 5. Auf der B 5 von Husum nach Niebüll biegt man 2,4 km hinter dem Ortsausgang von Hattstedt in einer leichten Rechtskurve links ab und folgt der Ausschilderung Richtung „Arlau Schleuse". Die Straße führt zum Parkplatz an der Arlau Schleuse (1).

Adressen

Schutzstation Wattenmeer Beltringharder Koog, Nationalpark-Station Arlau Schleuse, Hattstedter Marsch 42, 25856 Hattstedt, Tel.: 04846/6017961, Mobil: 01525/8150920, arlau-schleuse@schutzstation-wattenmeer.de; www.schutzstation-wattenmeer.de

GPS		
Parkplatz Lüttmoorsiel (6)	54°33'40" N	8°52'20" O
Parkplatz Speicherbecken Sönke Nissen Koog (10)	54°35'47" N	8°53'41" O
Parkplatz Badestelle Nordstrand (8)	54°31'22" N	8°51'55" O
Parkplatz Arlauschleuse (1)	54°32'47" N	8°56'27" O

Geschützt vom Strandwall konnten sich an der Lagune ausgedehnte Salzwiesen entwickeln.

Bottsand, 26.5.2013.

Der Bottsand und der Barsbeker See

Ein Hafen für Segler und Vögel

Im Randbereich der Landeshauptstadt Kiel gelegen, sind der Nehrungshaken Bottsand und der verlandende Barsbeker See seit vielen Jahren beliebte Exkursionsziele für Vogelbeobachter. Besonders begeistern die auf dem Herbstzug in zahlreichen Arten rastenden Limikolen und die brütenden Zwergseeschwalben. Der Bottsand ist bereits seit 1939 als Naturschutzgebiet ausgewiesen und wird vom NABU betreut. Der Barsbeker See wird vom Landesjagdverband Schleswig-Holstein betreut. Die große Bedeutung des Bottsands für Brut- und Zugvögel wurde mit der Ausweisung als EU-Vogelschutzgebiet gewürdigt.

Landschaftsgeschichte und Lebensräume

Der Bottsand entstand erst in den letzten 150 Jahren durch Sandablagerungen entlang der Probsteier Küste. Die Sedimentfracht lagerte sich im strömungsberuhigten Bereich westlich der Kolberger Heide ab und ließ einen Nehrungshaken entstehen, der immer weiter nach Westen wuchs. Die 1972 gebaute Hafenmole, des Segelhafens Marina Wendtorf setzte dem weiteren Anwachsen des Strandwallsystems ein Ende und so ist die Lagune hinter dem Strandwall über die Hafenausfahrt auch heute noch mit der Ostsee verbunden. Andernfalls wäre sie mittlerweile vielleicht zu einem Strandsee geworden.

Der Nehrungshaken des Bottsands wird zur Ostsee hin von einem Kiesstrand begrenzt, auf dem oft große Mengen Seegras liegen, die hier, anders als an vielen Abschnitten der Küste, nicht weggeräumt werden. Der Kiesstrand geht in einen Strandwall mit Dünenvegetation über, an den zur Lagune hin Salzwiesen und Röhrichte anschließen. In der Lagune und an der Küste bei Stein entstehen bei West- und Südwestwind sogenannte Windwatten. Das

Sturmmöwen haben die Flachdächer an der Marina als fuchssicheren Brutplatz entdeckt.

Langeneß, 26.5.2013.

Wasser wird von der Küste weggedrückt und der Meeresboden fällt trocken. Solche Situationen sind besonders attraktiv für die rastenden Limikolen.

Die Ostsee vor dem Bottsand ist ausgesprochen flach. Hier erstrecken sich hier weite Seegraswiesen und Muschelbänke. Einen Eindruck vom Leben unter der Wasseroberfläche vermitteln die großen Mengen Miesmuscheln und Seegras, die nach kräftigen Stürmen an die Küste gespült werden.

Eine Entwicklung zum Strandsee ist beim Barsbeker See, der östlich des Bottsands hinter dem Seedeich liegt, bereits lange abgeschlossen. In der Tat ist ihm seine Vergangenheit heute kaum noch anzusehen. Seine Ufer sind von breiten Schilfröhrichten gesäumt, an die sich im Norden feuchte Wiesen und Weiden anschließen. Das südliche Ufer des Barsbeker Sees grenzt an die leicht gewellte Endmoränenlandschaft der Probstei an. Getreide- und Rapsäcker werden hier von den für Schleswig-Holstein typischen Wallhecken, den sogenannten Knicks, eingeschlossen.

Besondere Vogelarten und Reisezeit

Im Spätsommer und Frühherbst bestimmen Limikolen das Vogelleben am Bottsand. Kiebitze und Goldregenpfeifer nutzen die flache Lagune zu Hunderten als Rast- und Schlafplatz. Tagsüber suchen sie auf Ackerflächen in der Feldmark des Hinterlandes nach Nahrung. Die Rastmöglichkeiten in der Lagune und in den Flachwasserzonen bei Stein hängen stark vom Wind ab. Südliche und westliche Winde drücken das Wasser aus der Kieler Bucht und sorgen für niedrige Wasserstände und weite Schlickflächen; ideale Rastbedingungen für Limikolen. Der Wegzug der Limikolen beginnt bereits Ende Juni, wenn die Brutvögel des Bottsands noch mit der Jungenaufzucht beschäftigt sind. Zunächst erscheinen ausschließlich Altvögel, bis sich nach einem fließenden Übergang im August der deutlich stärker ausgeprägte Durchzug der Jungvögel anschließt, der im Oktober ausklingt. Die Vögel nutzen das Naturschutzgebiet meist nur für einen kurzen Stopp auf dem Zug. Dadurch bauen sich keine so großen Rastbestände auf wie etwa im Wattenmeer. Die Artenvielfalt ist jedoch außerordentlich hoch und fast stündlich fallen neue Trupps von Limikolen ein, während andere nach Westen abziehen. Innerhalb eines Tages kann sich das Bild der Rastvögel somit mehrfach ändern. Neben Goldregenpfeifern und Kiebitzen sind Alpenstrandläufer die häufigsten Rastvögel. Dazu gesellen sich jedoch immer auch andere Limikolen, wie Sichelstrandläufer, Zwergstrandläufer, Sanderlinge, Knutts, Pfuhlschnepfen, Kiebitzregenpfeifer, Steinwälzer, Große Brachvögel und Grünschenkel. Regelmäßig werden auch seltene Arten wie Sumpfläufer und Odinshühnchen beobachtet. Brandseeschwalben sind häufige Gäste an der Küste am Bottsand und im August treten vereinzelt Raubseeschwalben auf.

Die Flachdächer an der Marina sind mit ihren Kiesauflagen und der niedrigen Vegetation dem Strandwall des Bottsands nicht unähnlich. Bottsand, 26.5.2013.

Im Winterhalbjahr ist die Kieler Außenförde ein bedeutendes Überwinterungsgebiet für Meeresenten und andere Wasservögel. Eiderenten sind die häufigsten Meeresenten, aber auch Trauer-, Berg- und Eisenten rasten in großer Zahl. Schellenten, Reiherenten und Mittelsäger sind weniger zahlreich. Weitere häufige Wintergäste sind Haubentaucher, Kormorane und Höckerschwäne. Mit Geduld können auf der Förde auch einzelne Sterntaucher und Samtenten beobachtet werden. An den Steinmolen der Küste bei Heidkate überwintern einige Meerstrandläufer. Am Strand des Bottsands finden sich kleine Trupps Schneeammern und einzelne Strandpieper ein.

Das Frühjahr bestimmen typische Brutvogelarten der Ostseeküste. Am Bottsand sind die Brandgänse besonders auffällig. Mittelsäger brüten in einigen Paaren. Rotschenkel sind noch Brutvögel in den Salzwiesen an der Lagune. Auf dem Strandwall brüten Sandregenpfeifer, Austernfischer, Küstenseeschwalben und Zwergseeschwalben. Die Strandbrüter werden seit vielen Jahren intensiv untersucht. Leider gehen die Bestände kontinuierlich zurück. Als Hauptursache wurde ein ausbleibender Bruterfolg ausgemacht, der in den zahlreichen Prädatoren, vor allem Füchsen und verschiedenen Marderarten, begründet ist. Daher werden diese Arten in enger Abstimmung mit dem betreuenden Naturschutzverein im Naturschutzgebiet intensiv bejagt. Zusätzlich werden Füchse und Marder von der Seeschwalbenkolonie durch einen massiven Elektrozaun ferngehalten. Erfolge mit ähnlichen Maßnahmen sind aus verschiedenen Gebieten in Mecklenburg-Vorpommern und Schleswig-Holstein bekannt.

Im Steilufer bei Stein brüten in manchen Jahren Uferschwalben. Wiesenpieper, Feldlerchen, Rohrammern, Schafstelzen und Bluthänflinge sind weitere klassische Brutvogelarten im Gebiet. In manchen Jahren werden im Juni auch einzelne Karmingimpel festgestellt. Oft handelt es sich dabei um vorjährige Männchen, die noch nicht die rote Färbung tragen und oft unverpaart bleiben.

Küstenseeschwalben brüten mit Zwergseeschwalben in einer gemischten Kolonie auf dem Bottsand.
Eidersperrwerk, Mai 2013. Alle Fotos: F. Weiß.

Im Frühjahr kommt es an der Küste der Probstei zu einer beeindruckenden Konzentration des Vogelzugs. Tauben, Finken und Pieper ziehen zu Zehntausenden entlang der Küste oder nach Norden über die Ostsee in ihre Brutgebiete. Das Spektrum der durchziehenden Arten ist ebenfalls ausgesprochen vielfältig. Wie überall ist der Vogelzug jedoch von Tag zu Tag sehr unterschiedlich und neben Massenzugtagen findet an manchen Tagen auch praktisch kein Zug statt.

Beobachtungsmöglichkeiten

Auf dem Seedeich an der Lagune des Bottsands befindet sich die NABU-Naturstation, die nach einer Neugestaltung der Ausstellung voraussichtlich am 2. August 2013 feierlich wiedereröffnet wird. Der gesamte Seedeich südlich des Infozentrums (2) bietet einen hervorragenden Blick auf die Windwattflächen und Flachwasserbereiche der Lagune. Ein Besuch am Vormittag ist hier besonders lohnend, da man dann mit Rückenlicht auf die rastenden Limikolen und Enten blickt. Die Flachdächer der Appartementhäuser an der Marina (3) haben Sturm- und Silbermöwen sowie Austernfischer als fuchssicheren Brutplatz entdeckt. Die Kolonie der Zwerg- und Küstenseeschwalben auf dem Bottsand lässt sich am besten von der Hafenausfahrt aus einsehen (4). Westlich der Marina Wendtorf schließen sich weitere Windwatten und Sandbänke (5) an, die wie die Lagune beliebte Rastplätze von Limikolen sind. In den Flachwasserbereichen jagen hier oft Zwerg- und

Typische Vogelarten am Bottsand und Barsbeker See, deren Status und günstige Beobachtungszeit (in Klammern)
h = häufiger, r = regelmäßiger, s = seltener; B = Brutvogel, W = Wintergast, D = Durchzügler

Art	Status (beste Beobachtungszeit)
Brandgans	hB, hD, (März–Okt.)
Mittelsäger	rB, hD, hW (ganzjährig)
Eiderente	hW, hD (Sept.–April)
Seeadler	hB, hD, hW (ganzjährig)
Rohrweihe	hB (März–Sept.)
Austernfischer	hB, hD, rW (ganzjährig)
Goldregenpfeifer	hD (Aug.–Nov.)
Sandregenpfeifer	rB, hD (März–Okt.)
Alpenstrandläufer	hD, rW (ganzjährig)
Sumpfläufer	sD (Aug.)
Meerstrandläufer	rW (Okt.–März)

Art	Status (beste Beobachtungszeit)
Rotschenkel	rB, hD (März–Okt.)
Silbermöwe	rB, hD, hW (ganzjährig)
Sturmmöwe	hB, hD, hW (ganzjährig)
Zwergseeschwalbe	rB, hD (Mai–Aug.)
Küstenseeschwalbe	rB, hD (Mai–Aug.)
Raubseeschwalbe	sD (Aug.–Sept)
Wiesenpieper	hB, hD (März–Okt.)
Rohrammer	hB, hD (März–Okt.)
Mehlschwalbe	hB, hD (April–Sept.)
Bluthänfling	hB, hD (März–Okt.)
Karmingimpel	sB (Mai–Juli)

Brandseeschwalben. Weiter westlich liegt eine Steilküste, der weitere Sandbänke und Flachwasserbereiche vorgelagert sind. In manchen Jahren brüten in der Steilküste Uferschwalben.

Nördlich des Infozentrums führt ein Stichweg entlang der Grenze des Naturschutzgebietes an die Ostsee (6). Von hier kann man im Winterhalbjahr die Wasserfläche vor dem Bottsand nach Meeresenten absuchen. Der Strand des Nehrungshakens ist zum Schutz der brütenden Sandregenpfeifer und der rastenden Limikolen bis auf einen kleinen FKK-Strand im Nordteil gesperrt. Weiter östlich ist die Küste durch Steinbuhnen geschützt, die alle 200 m vom Strand in die Ostsee ragen. Im Winter sind an den Buhnen mit Glück Meerstrandläufer zu sehen. Die Küste bei Heidkate (7) ist im Frühjahr ein hervorragender Ort um den Vogelzug zu beobachten. Sehr positiv wirkt sich dabei Wind aus Nord oder West aus. Der beste Standort richtet sich nach Windrichtung und -stärke. Alle Stellen auf dem Deich zwischen Leuchtturm und Parkplatz sind jedoch für gute Beobachtungen geeignet. Von der Straße zwischen Heidkate und Bundesstraße lässt sich bei (8) ein Seeadlerhorst einsehen. An der Stelle steht am östlichen Straßenrand eine Infotafel. Die Seeadler jagen oft am benachbarten Barsbeker See, der sich auf einem abwechslungsreichen Wanderweg (9) umrunden lässt. Zwar lkann man die Wasserfläche des Sees vom Rundweg aus nicht einsehen, doch bieten Äcker, Wallhecken Schilfröhrichte und Feuchtwiesen eine Vielzahl unterschiedlicher Lebensräume.

Weitere Freizeitmöglichkeiten

Etwa 3 km westlich des NSG Bottsand liegt das Marine Ehrenmal Laboe. Vom Turm des 72 m hohen Mahnmals eröffnet sich ein beeindruckender Blick über die Kieler Förde. Das Bauwerk erinnert an die auf See Gebliebenen aller Nationen und ist ein Mahnmal für eine friedliche Seefahrt auf freien Meeren. In den Gebüschen um das Mahnmal singen in manchen Jahren im Juni Karmingimpel.

Felix Weiß, Christopher König, Christoph Moning, Christian Wagner

Anfahrt

Mit Bahn und Bus

Die Haltestelle „Marina Wendtorf“ ist recht gut an den Kieler ZOB angebunden. Der Seedeich zwischen Bottsand und Barsbeker See ist ein Abschnitt des ausgeschilderten Ostseeküsten-Radwegs.

Mit dem Auto

Von Kiel folgt man der B 502 Richtung Schönberg und biegt kurz hinter Lutterbek links auf die K 44 zur Marina Wendtorf ab. Gegenüber des NABU-Naturstation (1) liegt ein kostenpflichtiger Parkplatz.

Adressen

NABU-Naturstation Bottsand, Kontakt über NABU Kiel, Dr. Peter Borkenhagen, Schrevendorf 42, 24253 Probsteierhagen. www. nabu-kiel.de; www.nabu-bottsand.de.

Geöffnet an Wochenenden und Feiertagen von 11 bis ca. 16 Uhr. Die renovierte Ausstellung öffnet vermutlich am 2.8.2013. Die Saison geht bis zum 29. September.

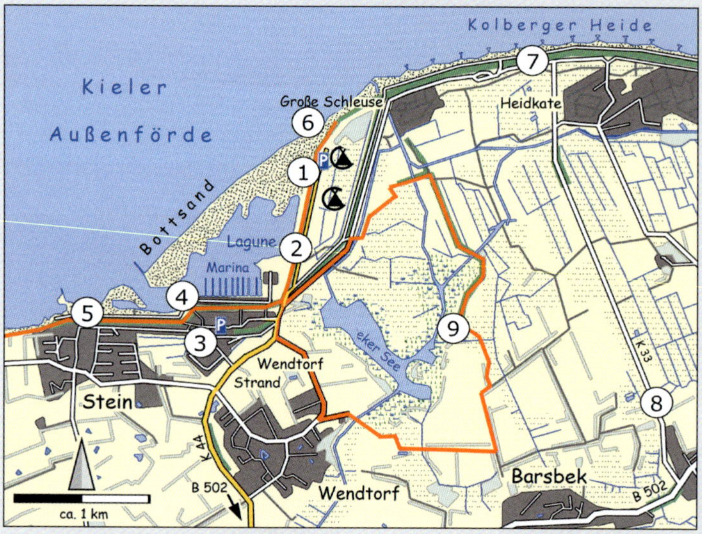

GPS		
Parkplatz Infozentrum	54°25'36" N	10°17'46" O
Beobachtungspunkt Seeadler Barsbek (8)	54°24'43" N	10°20'00" O

Infomaterial/Literatur

Kube J, Struwe B 1994: Die Ergebnisse der Limikolenzählungen an der südwestlichen Ostseeküste 1991. Corax 15, Sonderheft 2: 4–56.

Moning C, Weiß F 2007: Vögel beobachten in Norddeutschland – Die besten Beobachtungsgebiete zwischen Sylt und Niederrhein. Franckh-Kosmos-Verlag, Stuttgart.

Weite Watten prägen die Landschaft um Neuwerk. Schleswig-Holstein, 17.8.2007.

Das Hamburgische Wattenmeer

Eine Millionenstadt mit Nationalpark

Im Jahr 2011 erhielt das 137 km2 große Wattgebiet vor der Elbmündung mit den Inseln Neuwerk, Scharhörn und Nigehörn den Titel UNESCO-Weltnaturerbe. Kaum zu glauben, dass die Hansestadt Hamburg hier einst einen gigantischen Tiefseehafen errichten wollte. Zu Recht wurde das gesamte Gebiet bereits 1990 zum Nationalpark Hamburgisches Wattenmeer ernannt. Heute vermitteln die bedeutenden Seevogelkolonien herausragende Eindrücke der Küstenvogelwelt und auch ein reger Vogelzug und große Mengen rastender Limikolen tragen zur hohen Attraktivität des Gebietes bei.

Landschaftsgeschichte und Lebensräume

Das nur rund vierzig Einwohner zählende Hamburgische Wattenmeer ist das am dünnsten besiedelte Gebiet im Großraum Hamburg. Es gelangte bereits vor rund 700 Jahren in den Besitz der aufstrebenden Hansestadt, die von hier aus die freie Zufahrt zur Elbe und den über 100 km langen Handelsweg in den Hamburger Hafen sicherte.

Die reiche Seevogelwelt zieht Nutzen aus dem nährstoffreichen Brackwasser, das die Elbe und auch die Weser in das Gebiet eintragen. Denn es ernährt eine im Vergleich zur gesamten Nordsee in der Artenzahl zwar reduzierte, aber gewaltige Masse an Würmern, Schnecken und Muscheln. Stinte bilden die wichtigste Nahrungsgrundlage für die großen Seeschwalbenbestände. Dieser mit den Lachsen verwandte Fisch laicht in Flussläufen und ist daher überwiegend an die Elb- und Wesermündung gebunden.

Die rund 300 ha große Marschinsel Neuwerk bildet das Zentrum des Gebietes. Einst eine Hallig, wird der 115 ha große, Innengroden genannte Inselkern heute von einem Ringdeich geschützt und ist durch beweidete Grünländer, Gräben, einzelne Gehöfte und Gehölze geprägt. Im Norden und Osten erstrecken sich 171 ha große Vorländer. Sie bilden die wichtigsten Lebensräume der hier brütenden Seevögel. Das frei

Die große Brutkolonie der Brandseeschwalben hat sich von Scharhörn nach Neuwerk verlagert. Sylt, 15.7.2007.

zugängliche Nordvorland ist extensiv beweidet. Im Ostvorland wurde die Beweidung hingegen seit 1988 schrittweise reduziert und bis 2003 vollständig eingestellt. Hier dringt Meerwasser seit 2004 ungehindert durch die Ostschleuse mit jeder Flut in das Gebiet und kann es bei Hochwasser auch überfluten. So konnten sich im Ostvorland natürliche Salzwiesen entwickeln, die in der Schutzzone I des Nationalparks liegen und die nur auf einem gekennzeichneten Weg betreten werden dürfen.

Die Düneninsel Scharhörn liegt rund 5 km nordwestlich von Neuwerk und kann im Rahmen einer hin und zurück rund 14 km langen Tages-Wattwanderung besucht werden. Die Insel bildete sich aus einer Sandbank und wird seit 1939 durch den Verein Jordsand betreut. In den Sommermonaten führt ein Vogelwart auf der Insel Erfassungen und Führungen durch und sorgt für die Einhaltung der Nationalparkregelungen.

In den 1980er Jahren wurde deutlich, dass Scharhörn eines Tages im Elbfahrwasser versinken könnte. Darum wurde 1989 die Sandinsel Nigehörn an sicherer Stelle aufgespült. Sie ist außer für den Vogelwart durch niemanden betretbar.

Besondere Vogelarten und Reisezeit

Ringelgänse sind ganzjährig anwesend, wobei im zeitigen Frühjahr und im Herbst vor allem im Nord- und Ostvorland von Neuwerk regelmäßig einige Tausend Vögel beobachtet werden. Auch Weißwangengänse sind häufige Jahresgäste. Pfeifenten sind mit zeitweise mehreren Tausend Vögeln die häufigsten Durchzügler unter den Enten und überwintern auch außendeichs in deutlich geringerer Zahl. Spieß-, Knäk-, Reiher-, Tafel- und Eiderenten rasten ebenfalls im Gebiet. Zu den Zugzeiten können nahezu alle typischen Limikolenarten der Nordseeküste erwartet werden. Die Rastbestände von Kiebitzen, Austernfischern, Knutts, Sanderlingen, Alpenstrandläufern, Pfuhlschnepfen und Großen Brachvögeln gehen zum Teil in die Zehntausende und übersteigen im Hamburger Wattenmeer 1 % der jeweiligen biogeographischen Populationen. Die wichtigsten Nahrungsflächen für die meisten Limikolenarten liegen westlich von Neuwerk. Zur Mauserzeit sind Brandgänse in international bedeutenden Beständen im Scharhörner Watt anwesend. Im Frühjahr und Herbst rasten viele Kleinvögel auf den Inseln. Wiesenschafstelzen und Steinschmätzer bevorzugen das Vorland, während man für andere Arten die Gebüsche des Neuwerker Binnengrodens sorgfältig absuchen muss. Im Rahmen der Zugvogelplanbeobachtungen von August bis September 1992 konnten fast 200 000 durchziehende Vögel beobachtet werden! Zahlenmäßig dominierend waren Wiesenpieper, Rotdrosseln, Buchfinken und Stare.

Noch bis in die 1990er Jahre bereicherte eine der bedeutendsten Seeschwalbenkolonien mit Zigtausend Fluss-, Küsten- und Brandseeschwalben die Insel Scharhörn. Derzeit brüten lediglich einzelne Paare der Zwergseeschwalbe. Nach einer Pause zwischen 2008 und 2011 sind auch ein gutes Dutzend Lachmöwenpaare zurückgekehrt. Größere Bedeutung haben noch die rückläufigen Brutansiedlungen von Silber- und Heringsmöwen, wobei die letztgenannten derzeit mit knapp 300 Paaren doppelt so stark vertreten sind wie die Silbermöwen.

Auf der frisch aufgespülten Insel Nigehörn etablierte sich schnell eine über 1000 Paare starke Seeschwalbenkolonie, die ähnlich wie die auf dem benachbarten Scharhörn mittlerweile wieder verschwunden ist. Stattdessen brüten heute Löffler und rund 200 Kormorane auf dem Boden der von Landsäugern freien Insel. Selbst ein Wanderfalkenpaar erkannte 1992 die geschützte und zugleich nahrungsreiche Lage und brütete hier erstmals in Deutschland am Boden. Seit Jahren wachsen Scharhörn und Nigehörn aufgrund der durch Elbe und Weser herangespülten und durch Dünen- und Salzwiesenvegetation befestigten Sedimente zusammen. In der Folge bildete sich ein Prielsystem, das ersten Säbelschnäblerpaaren als Nahrungsraum dient.

Besondere Bedeutung für die Brutvogelwelt haben die Vorländer Neuwerks. Wie in anderen Vorländern der Nordseeküste, in denen die Beweidung aufgegeben wurde, erhöhte sich der Bruterfolg der Rotschenkel im Ostvorland Neuwerks. Ihnen spülen die Priele mit jeder Flut eine reiche Nahrungsgrundlage vor die roten Füße. Vor allem die Brutbestände der Lachmö-

Austernfischer bilden ganzjährig die lautstarke Hintergrundkulisse im Hamburgischen Wattenmeer. Tetenbüllspieker, 30.7.2009.

wen haben von der Ungestörtheit und deckungsreichen Vegetationsstruktur des Ostvorlandes Neuwerks profitiert und wuchsen bis 2012 auf bislang 6000 Paare an. Auch Silbermöwen sind mit einigen Hundert Brutpaaren vertreten. Im Gefolge der Möwen etablierte sich 2006 eine Brandseeschwalbenkolonie, die zuletzt rund 750 Paare zählte.

Austernfischer, Fluss- und Küstenseeschwalbe bevorzugen hingegen die beweideten und in der Folge kurzrasigen Grünländer des Nordvorlandes. Die beiden Seeschwalbenarten brüten sogar fast ausschließlich hier.

Neben den genannten Arten zählen auch Brandgänse, Löffelenten, Reiherenten, Austernfischer, Kiebitze, Sandregenpfeifer, Sturmmöwen sowie verschiedene Singvogelarten wie Wiesenpieper, Gelbspötter, Gartenrotschwänze, Klappergrasmücken und Teichrohrsänger zu den regelmäßigen Brutvögeln auf den Inseln Neuwerk und Scharhörn. Sumpfohreulen brüten unregelmäßig auf Scharhörn und Nigehörn.

Im Winter besuchen Singschwäne, Kornweihen, Raufußbussarde, Ohrenlerchen, Bergfinken, Berghänflinge und Schneeammern die Inseln. Merline und Waldohreulen sind regelmäßige Durchzügler. Letztere brüten auch regelmäßig auf Neuwerk.

Heringsmöwen haben auf Scharhörn eine kopfstarke Kolonie etabliert.
Helgoland, 3.8.2009. Alle Fotos: C. Moning.

Beobachtungsmöglichkeiten

Auf **Neuwerk** dürfen das Nordvorland und der Innengroden frei betreten werden. Das Ostvorland darf nur auf den durch rote Pflöcke gekennzeichneten Pfaden begangen werden. Die Größe der Insel erlaubt eine Umwanderung in wenigen Stunden, einschließlich Beobachtungsstopps. Ein kompletter Rundgang ist rund 6,5 km lang.

Südöstlich der Turmwurt bietet das Nationalpark-Haus Neuwerk eine gute erste Anlaufstelle (1). Im Innengroden brüten Austernfischer, Rotschenkel und Kiebitze (2). Bei Flut rasten hier Bekassinen, Austernfischer, Möwen und Entenvögel (3). Weitere Arten wie Ringelgänse, Pfeifenten, Goldregenpfeifer und Große Brachvögel suchen im Innengroden nach Nahrung.

Im Nordvorland lassen sich Fluss- und Küstenseeschwalben aus gebührendem Abstand beim Brutgeschäft beobachten (4). Im Winter sind in diesem Bereich unter anderem Ohrenlerchen zu finden. Am Badehäuschen (5) und dem mit Steinen verbauten Ufer sowie den Buhnen und Lahnungen können Steinwälzer und im Winterhalbjahr Meerstrandläufer sowie gelegentlich Arten der offenen Nordsee wie Raubmöwen oder Sterntaucher beobachtet werden. Die Stelle ist auch gut, um bei Stürmen nach verdrifteten Hochseevögeln Ausschau zu halten.

Im Ostvorland hat man bei (6) einen guten Blick auf einen mit Buhnen eingefassten Wattbereich. Hier rasten viele Limikolen, darunter Große Brachvögel und Pfuhlschnepfen sowie Entenvögel. Vom Weg im Ostvorland aus hat man hervorragende Möglichkeiten, die hier brütenden Möwen und Brandseeschwalben zu beobachten. Im Bereich der Ostschleuse (7) rasten größere Limikolen- und Entenansammlungen und im Winter findet man Lappentaucher.

Typische Vogelarten im Nationalpark Hamburgisches Wattenmeer, deren Status und günstige Beobachtungszeit (in Klammern)
h = häufiger, r = regelmäßiger, s = seltener; B = Brutvogel, D = Durchzügler, N = Nahrungsgast, W = Wintergast

Art	Status (beste Beobachtungszeit)
Ringelgans	hD, rN (Sept.–Mai)
Weißwangengans	hD, rN (Sept.–Mai)
Brandgans	hN, hD, rB (ganzjährig)
Pfeifente	hD, rW (Okt.–Apr.)
Eiderente	hD, hN (ganzjährig)
Sterntaucher	rW (Okt.–Apr.)
Kornweihe	rW, rD (Okt.–Apr.)
Merlin	rD (Sept.–Okt., März–Apr.)
Wanderfalke	rB, rN (ganzjährig)
Schmarotzerraubmöwe	sD (Aug.–Okt.)
Kiebitz	hD, rB (Feb.–Nov.)
Austernfischer	hD, hN, hB (ganzjährig)
Knutt	hD (Apr.–Mai, Aug.–Okt.)

Art	Status (beste Beobachtungszeit)
Alpenstrandläufer	hD, rW (ganzjährig)
Rotschenkel	hD, hN, hB (ganzjährig)
Pfuhlschnepfe	hD (März–Mai, Juli–Sept.)
Großer Brachvogel	hD, hN (Juli–Apr.)
Steinwälzer	rD (Mai, Aug.–Okt.)
Sandregenpfeifer	rB, hD (Apr.–Sept.)
Heringsmöwe	hD, hN, hB (März–Okt.)
Brandseeschwalbe	hD, hN, hB (Apr.–Aug.)
Flussseeschwalbe	hD, hN, hB (Apr.–Aug.)
Küstenseeschwalbe	hD, hN, hB (Apr.–Aug.)
Waldohreule	rD, sB (März–Mai, Aug.–Nov.)
Sumpfohreule	sD, sB (ganzjährig)
Ohrenlerche	rD, rW (Sept.–Apr.)

Die Insel **Scharhörn** kann zwischen März und Oktober nach vorheriger Anmeldung zu Fuß erreicht werden. Gäste dürfen während Hochwasser auf der Insel verweilen und nur bis zum Vogelwarthaus gehen. Die Beobachtungszeit ist daher recht kurz, weil man während des gleichen Niedrigwassers bis Neuwerk zurückgehen muss. Auf dem Weg zwischen Neuwerk und Scharhörn kann man mit dem Fernglas oft Seehunde und Kegelrobben an der Hundebalje entdecken.

Weitere Freizeitmöglichkeiten

Auf Neuwerk bietet das Nationalpark-Haus (1) eine umfangreiche Ausstellung und viele Veranstaltungen sowie einen Nationalpark-Erlebnispfad. Gleich nebenan befindet sich der 1310 fertiggestellte und sehenswerte Leuchtturm der Insel. Er ist das älteste Gebäude der Hansestadt Hamburg. Eine Bademöglichkeit bietet sich am Badehäuschen (5).

Christoph Moning, Christopher König, Christian Wagner, Felix Weiß

Infomaterial/Literatur

Enemark J, Hartwig E, Hellwig U, Janke K, Jesse M, Körber P, Krüger-Hellwig L, Kruspe V, Michalczyk C, Spring K, Steinberger E 2001: Nationalparkatlas Hamburgisches Wattenmeer. Naturschutz und Landschaftspflege in Hamburg, 50, Umweltbehörde Hamburg.

Lemke W 1982: Die Vögel Neuwerks. Verlagsgesellschaft Cuxhaven, Cuxhaven.

Moning C, Weiß F 2010: Vögel beobachten in Norddeutschland. Franckh-Kosmos, Stuttgart.

Anfahrt

Mit Bahn und Bus

Von Cuxhaven aus kann man Neuwerk je nach Tide entweder vom Fähranleger „Alte Liebe“ aus mit dem Fährschiff oder von Sahlenburg aus mit hochrädrigen Pferdefuhrwerken oder zu Fuß erreichen. Zu Fuß sind es etwa 2,5 bis 3 Stunden auf dem durch Buschwerk gekennzeichneten Wattwanderweg nach Neuwerk. Um nicht bei Flut in Gefahr zu geraten, sollte der Weg mindestens 2,5 Stunden vor Niedrigwasser angetreten werden! Man kann im Sommer an einem Tag nach Neuwerk und Scharhörn und wieder zurück zum Festland gelangen, doch ist eine solche Gewalttour nicht zu empfehlen. Mehr Zeit zum Beobachten hat man durch eine Übernachtung auf Neuwerk.

Mit dem Auto

Bei kurzzeitigen Aufenthalten kann man das Fahrzeug kostenpflichtig auf den Besucherparkplätzen an der „Alten Liebe“ und in Sahlenburg an der Straße „In der Wolskermarsch“ (hier besonderer Bereich für Neuwerk-Besucher) abstellen. Im Falle längerer Inselaufenthalte organisieren die Neuwerker Vermieter Unterstellmöglichkeiten am Festland.

Adressen

Nationalpark Hamburgisches Wattenmeer, Nationalpark-Haus, Turmwurt, 27499 Insel Neuwerk, Tel.: 04721/395349, www.nationalpark-wattenmeer.de

Reederei Cassen Eils, Tel.: 01805/228661, info@neuwerkreisen.de; www.neuwerkreisen.de.

Wattwagenbetriebe: Fischer, Tel.: 04721/28770 oder Fock, Tel.: 04721/29043, www.wattfahrten.de oder Griebel, Tel.: 04721/29076, www.wattwagenfahrten.de.

Anmeldung Scharhörn: am Infozentrum auf Neuwerk (1) oder per Telefon beim Vogelwart unter Tel.: 04721/28584 oder beim Nationalpark-Haus Neuwerk unter Tel.: 04721/395349.

GPS		
Startpunkt der Wanderung nach Neuwerk	53°51'50" N	8°35'37" O
Leuchtturm Neuwerk	53°54'55" N	8°29'45" O
Vogelwart-Station Scharhörn	53°57'40" N	8°26'23" O

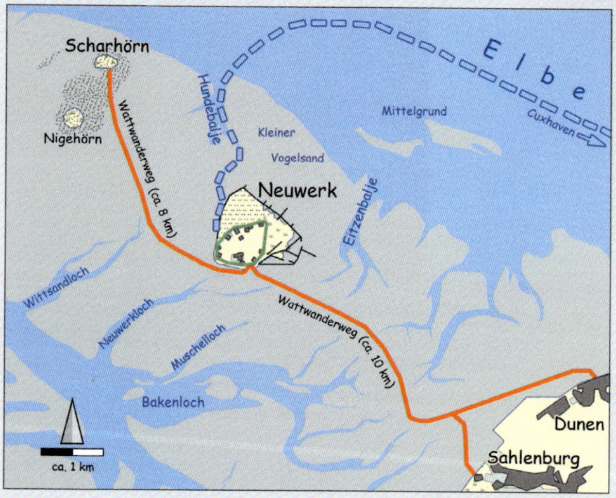

Stadt und Naturschutzgebiet sind direkte Nachbarn. Foto: F. Weiß. Neustadt, 4.8.2013.

Das Neustädter Binnenwasser und Pelzerhaken

Am Puls der Vogelfluglinie

Wenn im Spätsommer der Wegzug zahlreicher Vogelarten an Fahrt gewinnt, zieht es Vogelbeobachter in Scharen nach Fehmarn an den Grünen Brink oder in das bekannte NABU-Wasservogelreservat Wallnau. Die meisten fahren dabei über die Autobahn A1 oder die Bahnstrecke Lübeck–Puttgarden in Richtung Ostseeinsel und passieren dabei fast unbemerkt eine Reihe hervorragender Feuchtgebiete und Konzentrationspunkte des Vogelzugs, unter denen das Neustädter Binnenwasser und der Pelzerhaken besonders hervorzuheben sind. Rastende Limikolen und Enten am Binnenwasser oder ein Morgen mit intensivem Vogelzug am Pelzerhaken sind gute Gründe, die Fahrt nach Fehmarn zu unterbrechen oder die Gebiete als Exkursionsziel anzusteuern.

Landschaftsgeschichte und Lebensräume

Die Küste, das Neustädter Binnenwasser und die umgebende Landschaft sind Teil der Jungmoränenlandschaft, die die gesamte schleswig-holsteinische Ostseeküste prägt und die von der letzten Eiszeit – der Weichsel-Eiszeit – geschaffen wurde. Diese endete vor circa 10 000 Jahren, sodass die Landschaft aus geologischer Sicht ausgesprochen jung ist, daher die Bezeichnung Jungmoräne. Das heutige Neustädter Binnenwasser liegt im Becken eines ehemaligen Gletschersees, der beim Bruch des Moränendammes und dem folgenden Abfluss in die Ostsee eine Rinne schuf, die heute den Neustädter Hafen bildet. Der See verlandete und vermoorte mit den Jahrtausenden, bis die Senke sich durch den Anstieg der Ostsee nach dem Abschmelzen der Gletscher wieder mit Salzwasser füllte. Über den Hafen ist das Binnenwasser mit der Ostsee verbunden. Hier mischen sich Salzwasser aus der Ostsee und Süßwasser aus den Flüssen, zum Beispiel aus der Lachsau, die in das Binnenwasser münden. Die Lachsau trägt ihren Namen nicht ohne Grund und es werden intensive Besatzmaßnahmen unternommen, um Lachse und Ostseeschnäppel in dem Gewässer wieder anzusiedeln. Das Binnenwasser ist von typischer hügeliger Grundmo-

Durchziehende Ringelgänse sind im Herbst ein häufiger Anblick am Pelzerhaken.
Foto: F. Weiß. Langeneß, Mai 2013.

Zwischen Binnenwasser und Autobahn liegen extensiv genutzte Wiesen. Foto: F. Weiß, Neustädter Binnenwasser, 4.8.2013.

ränenlandschaft umgeben. Einer der Hügel, die sogenannte „Burg“, liegt mitten im Naturschutzgebiet „Neustädter Binnenwasser“. Alte slawische Siedlungsreste zeugen von der langen Besiedlungsgeschichte der Region. Auf der „Burg“ stockt ein Laubwald aus Buchen, Eschen und Pappeln mit einer artenreichen Krautschicht, der 1945 angepflanzt und in den seither nie forstwirtschaftlich eingegriffen wurde. Die Ufer des Binnenwassers sind teils von Schilfröhrichten gesäumt, teilweise werden sie von mäßig bis stark beweideten Salzweiden abgelöst. Die Wassertiefe des Binnenwassers beträgt maximal nur 1,3 m, sodass sich bei anhaltendem Ostwind kleine Wattflächen im nördlichen Teil des Gewässers bilden können. Zwischen Binnenwasser und Autobahn liegen extensiv genutzte Wiesen, Weiden und Brachflächen. Ein großer Teil des Neustädter Binnenwassers ist mit den angrenzenden Salzwiesen und der Burg auf 177 Hektar als Naturschutzgebiet, EU-Vogelschutzgebiet und FFH-Gebiet geschützt. Das Gebiet wird vom BUND betreut, der in Neustadt das BUND-Umwelthaus betreibt, das in erster Linie Gruppen beherbergt, jedoch auch verschiedene naturkundliche Führungen anbietet.

Am Lenster Strand sind im Sommer keine Fußspuren zu sehen. Er ist den brütenden Zwergseeschwalben vorbehalten. Foto: F. Weiß. Lenster Strand, 4.8.2013.

Der Pelzerhaken liegt östlich von Neustadt und ist die einzige nach Süden weisende Halbinsel an der schleswig-holsteinischen Ostseeküste. Die Küste ist hier stark vom Tourismus geprägt, endlos erstrecken sich Campingplätze und Ferienhäuser. Zahlreiche Kitesurfer gehen nördlich von Pelzerhaken ihrem Sport nach. Am Strand wird regelmäßig das angespülte Seegras weggeräumt. Nur kleinräumig ist Dünenvegetation ausgeprägt. Als Rastgebiet somit denkbar unattraktiv, ist es durch den Verlauf der Küste für die Beobachtung des Vogelzugs wie geschaffen. Sowohl Landvögel, die der Küste nach Süden folgen und von hier den Flug über die Lübecker Bucht antreten oder ihren Flug nach Westen korrigieren als auch Wasservögel, die über die Lübecker Bucht gen Westen in Richtung Nordsee ziehen, lassen sich hier beobachten. Der Pelzerhaken mit den vorgelagerten Flachwasserzonen ist für die Schifffahrt mit einem Leuchtturm gekennzeichnet, der Leuchtturm ist ein viereckiger Backsteinbau und kann nicht besichtigt werden

Besondere Vogelarten und Reisezeit

Der Vogelzug entlang der Küste ist die Hauptattraktion für Vogelbeobachter. Ein Besuch lohnt vor allem auf dem Wegzug zwischen August und November. Am intensivsten ist das Zuggeschehen in den Monaten September und Oktober. Sehr günstig wirkt sich leichter Wind aus südlicher Richtung aus und auch nach einigen Tagen mit Sturm oder Regen, wenn der Zugstau sich auflöst, bieten sich günstige Bedingungen. Der Zug ist stark auf die Morgenstunden konzentriert und Beobachter tun gut daran, sich dem Tagesverlauf des Vogelzugs anzupassen. Die Zusammensetzung der durchziehenden Arten ändert sich im Verlauf des Herbstes kontinuierlich.

Im August dominieren Limikolen, Segler, Schwalben, Baumpieper und Wiesenschafstelzen das Zuggeschehen am Pelzerhaken. Im Neustädter Binnenwasser finden sich dann bei günstigen Wasserständen zahlreiche Limikolenarten ein, vor allem Wasserläufer, Kampfläufer, Flussuferläufer, Kiebitze und Goldregenpfeifer. Ende August oder Anfang September erreicht der Durchzug der Wespenbussarde am Pelzerhaken seinen Höhepunkt. Das Zuggeschehen ist bei dieser Art jedoch auf wenige Tage mit günstiger Witterung konzentriert. Fischadler sind zu dieser Zeit oft am Neustädter Binnenwasser zu beobachten, wo sie eine kurze Pause auf ihrem Zug einlegen. Dort sind den ganzen Spätsommer auch zahlreiche Höckerschwäne, Grau- und Kanadagänse vertreten. Im September wandelt sich das Zuggeschehen am Pelzerhaken langsam und es dominieren Sperber, Wiesenpieper und Finkenvögel. Im Oktober schließlich kommt der große Auftritt der Gänse, Mäusebussarde, Ringeltauben und Drosseln, bevor im November der Zug ausklingt. Neben den dominierenden Arten wie Buchfinken und Wiesenpiepern sind meist auch einzelne seltenere Arten wie zum Beispiel Sterntaucher, Raubmöwen, Ringdrosseln, Seidenschwänze oder Schneeammern zu beobachten. In den Büschen am Leuchtturm Pelzerhaken rasten oft nachtziehende Arten wie Grasmücken, Fliegenschnäpper, Laubsänger oder Goldhähnchen.

Im Winterhalbjahr ist das Neustädter Binnenwasser ein bedeutender Rastplatz für Tauchenten. Reiher-, Tafel- und Bergenten rasten oft zu Tausenden auf der Wasserfläche, sodass sich zusammen mit Schellenten, Gänse- und Zwergsägern sowie Blässhühnern im Winter ein munteres Treiben ergibt. Auf der benachbarten Ostsee stellen sich dann typischerweise Eiderenten, Trauerenten, Eisenten und Mittelsäger ein. Im Neustädter Hafen rasten Silber-, Mantel- und Sturmmöwen. Seeadler erscheinen häufig zur Jagd. Der Brutvogelaspekt

Feldlerchen sind häufige Durchzügler am Pelzerhaken und brüten in den Salzwiesen am Neustädter Binnenwasser. Foto: F. Weiß. Hallig Hooge, März 2013.

am Neustädter Binnenwasser ist vielfältig, aber ohne große Besonderheiten. Graugänse, Kanadagänse, Mittelsäger, Kiebitze und einzelne Rotschenkel sind typische Brutvögel, auch Eisvögel sind regelmäßig zu beobachten. In den Schilfröhrichten und den angrenzenden Wiesen und Hecken kommen unter anderem Schilfrohrsänger und Neuntöter vor. In Pelzerhaken können in manchen Jahren im Juni Karmingimpel beobachtet werden.

Beobachtungsmöglichkeiten

Das Neustädter Binnenwasser grenzt direkt an die Stadt Neustadt. Das ganze Ost- und Südufer ist von einer Promenade und einem Wanderweg aus gut einsehbar (4). Vom Bahnhof ist die Promenade gut zu Fuß zu erreichen. Nach der Brücke über das Hafenwasser folgt man dem Ufer nach links. Parkplätze sind mit einem Parkleitsystem ausgeschildert und auch von ihnen hat man die Promenade schnell erreicht. Im Norden verlässt der Weg das Ufer und führt um ein Klärwerk zu einem nördlich gelegenen weiteren Beobachtungspunkt (5). Hier wird das Ufer von einer kurzrasigen Weide gebildet, die gute Rastmöglichkeiten für zahlreiche Gänse, Enten und Möwen bietet. Auch am gegenüberliegenden Ufer halten sich oft zahlreiche Wasservögel auf.

Der westliche Teil des Neustädter Binnenwassers ist über einen Weg westlich des Bahndammes erschlossen.

Typische Vogelarten am Neustädter Binnenwasser und Pelzerhaken, deren Status und günstige Beobachtungszeit (in Klammern)
h = häufiger, r = regelmäßiger, s = seltener; B = Brutvogel, D = Durchzügler, N = Nahrungsgast, W = Wintergast

Art	Status (beste Beobachtungszeit)	Art	Status (beste Beobachtungszeit)
Höckerschwan	hD, rN (ganzjährig)	Sperber	rD (März, Sept.–Okt.)
Graugans	hD, hB (ganzjährig)	Ringeltaube	rB, hD (Feb.–Nov.)
Kanadagans	hD, hB (ganzjährig)	Buchfink	hD, rB (März–Okt.)
Eiderente	hD, hW (Okt.–Apr.)	Wiesenpieper	hB, hD (März–Okt.)
Pfeifente	hD, hW (Sept.–Apr.)	Birkenzeisig	hB, rD (März–Okt.)
Seeadler	rN (ganzjährig)	Bluthänfling	hB, hD (März–Okt.)
Wespenbussard	rD (Aug.–Sept.)	Karmingimpel	sB (Juni)

Südlich des Neustädter Hafens führt die Straße „Zuckerdamm“ unter den Gleisen der Bahnlinie Lübeck-Puttgarden hindurch. Direkt hinter der Unterführung beginnt der Weg nach Norden entlang der Gleise. Nach kurzer Zeit erblickt man links das von breiten Röhrichten gesäumte Anstaltswasser (1), das mit dem Bau der Bahnlinie vom Rest des Binnenwassers abgetrennt wurde und nur über einen schmalen Durchlass noch mit diesem verbunden ist. Kurz darauf erreicht man den Laubwald auf der „Burg“ (2). Nördlich der Burg verläuft der Weg durch eine abwechslungsreiche Wiesenlandschaft (3). Es bietet sich jedoch kein praktikabler Rundweg an, sodass man auf demselben Weg zum Ausgang zurückkehren muss.

Am Pelzerhaken liegt der beste Beobachtungspunkt am Strandübergang circa 50 Meter westlich des Leuchtturmes. Von hier kann man einerseits den Zug von Wasservögeln über der Lübecker Bucht im Auge behalten und auch die entlang der Küste ziehenden Singvögel und Greife gut beobachten. Durch die Bäume um den Leuchtturm ist der Blick nach Norden jedoch etwas eingeschränkt, weshalb es sich je nach Zuggeschehen auch anbieten kann, etwa einen Kilometer weiter nördlich zu beobachten, wo man einen freieren Blick nach Norden hat.

Weitere Freizeitmöglichkeiten

Auf dem Weg vom Neustädter Binnenwasser nach Fehmarn passiert man den kleinen Ort Cismar, der bekannt für sein geschichtsträchtiges ehemaliges Kloster ist. Für den Naturinteressierten ist ein Besuch im „Haus der Natur“, einem privaten Naturkundemuseum, zu empfehlen. Das Museum im 400-Seelen-Dorf beherbergt eine der größten wissenschaftlichen Molluskensammlungen in Deutschland, die mit manchen universitären Museen mithalten kann, und die größte Molluskenausstellung Deutschlands ist. An der Küste bei Cismar liegt nördlich des großen Seebades Grömitz der Lenster Strand. Ein kurzer Abschnitt des Strandes ist hier zur Brutzeit gesperrt, was an der intensiv genutzten Küste Ostholsteins eine Rarität darstellt. Der Strand beherbergt eine der größten Zwergseeschwalbenkolonien in Deutschland und mehrere Paare Sandregenpfeifer. Von der Absperrung am nördlichen Ende des Schutzgebietes ist das Brutgeschehen gut zu beobachten.

Felix Weiß, Christopher König, Christoph Moning & Christian Wagner

Anfahrt

Mit Bahn und Bus:

Das Neustädter Binnenwasser ist bestens mit öffentlichen Verkehrsmitteln zu erreichen. Die Stadt ist Bahnstation an der Strecke Lübeck-Puttgarden. Von Neustadt verkehren Busse zum Pelzerhaken. Der Lenster Strand ist mit öffentlichen Verkehrsmitteln schwierig zu erreichen, hier ist man auf ein Fahrrad angewiesen.

Mit dem Auto

Über die A1 von Süden bis zur Ausfahrt Neustadt-Süd oder von Norden bis zur Ausfahrt Neustadt-Nord. Der Badeort Pelzerhaken ist von Neustadt ausgeschildert. In Neustadt und Pelzerhaken gibt es zahlreiche ausgewiesene Parkplätze.

Adressen

Haus der Natur – Cismar, täglich von 10–19 Uhr geöffnet, Tel.: 04366-1288, info@hausernatur.de; www.hausdernatur.de

BUND-Umwelthaus Neustädter Bucht, Am Strande 9, 23730 Neustadt, www.bund-umwelthaus.de

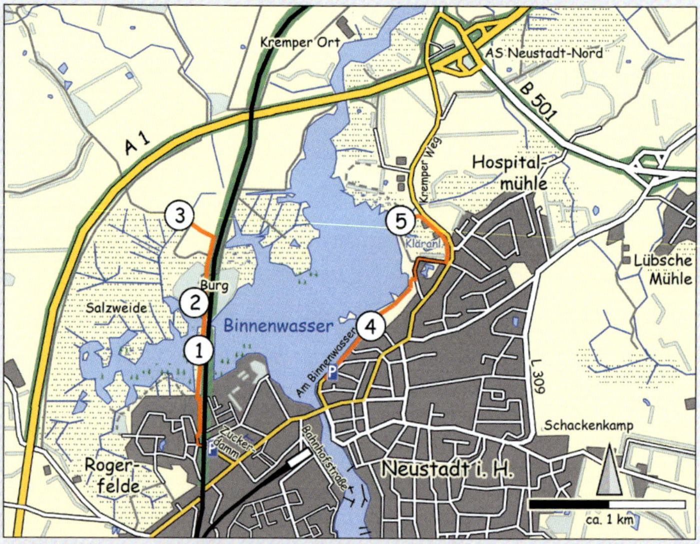

GPS		
Parkplatz Neustädter Binnenwasser	54°06'30,60"N	10°48'45,50"O
Parkplatz Pelzerhaken	54°05'17,50"N	10°52'26,00"O
Haus der Natur Cismar	54°11'17,70"N	10°58'57,80"O
Parkplatz Lenster Strand	54°10'22,30"N	11°01'44,60"O

Infomaterial/Literatur

Moning C, Weiß F 2010: Vögel beobachten in Norddeutschland. Franckh-Kosmos, Stuttgart.

Im Westtteil grenzt das Wilde Moor dierekt an die sanft gewellte Landschaft der Schleswig-Holsteinischen Geest. Foto: F. Weiß. 28.12.2014.

Das Wilde Moor bei Schwabstedt

Kleine Schwäne in großartiger Landschaft

Schleswig-Holstein erfreut sich einer derart rauen Natur, dass es gleich zwei „Wilde Moore" im Land gibt: Das Wilde Moor bei Schwabstedt im Naturraum der Eider-Treene-Sorge-Niederung und das Wilde Moor in der Nähe der Kreisstadt Rendsburg, das hier nicht weiter beschrieben wird. Hunderte rastende Zwergschwäne, Schwarzspechte in den alten Buchenwäldern des angrenzenden Lehmsieker Forstes und balzende Bekassinen im Mai über den offenen, zentralen Bereichen des Wilden Moors – in der ersten Jahreshälfte reiht sich ein Naturschauspiel an das nächste und ein Besuch zwischen Februar und Juni verspricht immer interessante Beobachtungen.

Landschaftsgeschichte und Lebensräume

Das Wilde Moor liegt in der Flussmarsch der Treene im Naturraum der Eider-Treene-Sorge-Niederung. Die Flüsse haben über Jahrtausende eine großflächige, sehr ebene und weitgehend baumlose Niederung geschaffen, die hier auf die sanft gewellte Landschaft der Geest mit ihren Wäldern und Äckern trifft. Die Grenze zwischen Marsch und Geest zieht sich, wie auch die Flüsse, in zahlreichen Windungen durch die Landschaft und trägt damit zum besonderen landschaftlichen Reiz dieses sehr abwechslungsreichen Naturraums bei.

Das Wilde Moor liegt in der Flussmarsch am Rand der Geest. Hier bildete sich nach Ende der letzten Eiszeit ein großer See, der durch eine Sandbarriere vom Rest des Treenetals abgetrennt war. Über die Jahrtausende verlandete der See und es bildete sich auf etwa 700 ha ein bis zu 11 m mächtiges atlantisches Hochmoor, ein sogenanntes Planregenmoor. Während die kleinbäuerliche Nutzung in Form von Handtorfstichen für die Brennstoffgewinnung vermutlich einen eher geringen Einfluss auf das Ökosystem hatte, wurde 1913 mit der Kultivierung der Flächen begonnen und damit der natürliche Wasserhaushalt des Moores zerstört. In den 1960er Jahren spürte man langsam die Folgen der Bewirtschaftung. Bodenabsackungen traten auf und die Kosten für die künstliche Entwässerung stiegen im-

Singschwäne rasten häufig im Winter und auf dem Heimzug, haben aber vereinzelt auch im Gebiet gebrütet. Foto: F. Weiß. Reykjavik, Island, 10.9.2014.

Raubwürger besetzen jeden Winter ihre Reviere im Wilden Moor.
Foto: C. Moning. Seewinkel, Österreich, 6.3.2011.

mer weiter. Mit Beginn der 1980er Jahre begannen daher Bemühungen zur Renaturierung und 1992 erfolgte die Ausweisung als Naturschutzgebiet auf 631 ha. Bis in die Gegenwart werden weiter Anstrengungen unternommen, den Wasserhaushalt des Moores zu verbessern. Der für viele Hochmoore typische urglasförmig aufgewölbte Charakter hat sich trotz der Kultivierung bis heute erhalten und in den zentralen Bereichen sind heute wieder Hochmoorentwicklungsstadien anzutreffen. Offene Wasserflächen sind nur kleinflächig vorhanden. Zum Randbereich ist insbesondere im Süd- und Westteil ein Birkenwaldgürtel ausgeprägt. Östlich windet sich die Treene in unzähligen Schleifen am Moor nach Süden durch eine von intensiver Grünlandnutzung geprägte Niederung. Im Winterhalbjahr tritt die Treene regelmäßig über die Ufer und es bilden sich teilweise große Überschwemmungsflächen. Südwestlich des Wilden Moors liegt, durch einen schmalen Grünlandstreifen von diesem getrennt, der Lehmsieker Forst, der von Laubwald dominiert ist. Kleinflächig findet sich dort sehr alter Buchenwald mit hohem Totholzanteil und auch ein alter Eichen-Hainbuchenwald. Als Unterwuchs in den Laubholzbeständen wachsen auch die für Gebiete mit atlantischem Klimaeinfluss typischen immergrünen Stechpalmen (Ilex aquifolium). Die ehemals größten Nadelwaldbestände im Nordwesten (7) sind 2013 den Orkantiefs „Christian" und „Xaver" zum Opfer gefallen und werden hoffentlich mit standortgerechten Baumarten wieder aufgeforstet. Mit Moor, Fluss und Wald liegen hier also drei ganz unterschiedliche Lebensräume eng verzahnt in unmittelbarer Nachbarschaft. Die Vielfalt und die Qualität der Lebensräume spiegeln sich in einem umfassenden gesetzlichen Schutz wider. Der Lehmsieker Forst ist als Flora-Fauna-Habitat-Gebiet (FFH-Gebiet) ausgewiesen, die Treene ist FFH- und europäisches Vogelschutzgebiet und das Wilde Moor ist zudem noch Naturschutzgebiet.

Besondere Vogelarten und Reisezeit

Im Februar prägen rastende Zwergschwäne das Bild in der Flussniederung um das Wilde Moor. Ein großer Teil der sibirischen Population rastet alljährlich im Februar und März im Naturraum Eider-Treene-Sorge-Niederung. Die Population zeigt seit Jahren einen deutlich negativen Trend und so ist das größte Rastvorkommen der Art in Deutschland seit vielen Jahren unter intensiver Beobachtung und jeder ist aufgerufen, an den Schwänen auf gelbe Halsmanschetten zu achten, möglichst den Anteil der Jungvögel auszuzählen und seine Beobachtungen weiterzuleiten (www.geese.org, www.ornitho.de). Die Zwergschwäne sind oft mit ihren größeren Verwandten, den Singschwänen, vergesellschaftet, die vereinzelt bereits im Wilden Moor gebrütet haben. Raufußbussarde und Kornweihen gehören ebenso wie Raubwürger zu den typischen Wintergästen im Wilden Moor und in der angrenzenden Flussmarsch der Treene. Raufußbussarde sind im Gegensatz zu den häufigen Mäusebussarden im Winter eng an Grünlandgebiete als Jagdrevier gebunden. Bläss- und Weißwangengänse äsen gelegentlich in größerer Zahl. Während die Wintergäste die Region

Typische Vogelarten im Wilden Moor und im Lehmsieker Forst, deren Status und günstige Beobachtungszeit (in Klammern)
h = häufiger, r = regelmäßiger, s = seltener; B = Brutvogel, D = Durchzügler, W = Wintergast

Art	Status (beste Beobachtungszeit)
Singschwan	hW, sB (Nov.–März)
Zwergschwan	rW, hD (Jan.–März)
Krickente	rW, hD, hB (März–Mai)
Kornweihe	hW (Okt.–März)
Raufußbussard	rW (Okt.–März)
Baumfalke	rD (Aug.–Sept.)
Kranich	rB, rD, sW (Feb.–April)
Wachtelkönig	rB (Mai–Juni)
Bekassine	rB, hD, rW (ganzjährig)
Waldschnepfe	rB, rD, sW (März–Mai)
Hohltaube	rB (April)

Art	Status (beste Beobachtungszeit)
Sumpfohreule	sB, rD, rW (Okt.–April)
Schwarzspecht	rB (ganzjährig)
Kolkrabe	rB (ganzjährig)
Dohle	rB (ganzjährig)
Fitis	hB (April–Mai)
Sumpfrohrsänger	hB (Juni)
Trauerschnäpper	rB (Mai)
Braunkehlchen	rB (Mai–Juni)
Schwarzkehlchen	hB (April–Juni)
Wiesenpieper	hB, hD, rW (März–Mai)
Rohrammer	hB, hD, rW (März–Mai)

im März langsam verlassen, ist im angrenzenden Lehmsieker Forst die Brutzeit bereits im vollen Gange. Kolkraben bebrüten bereits ihre Eier, und bei den Spechten ist die Balzaktivität auf ihrem Höhepunkt. Neben den kurzen Trommelwirbeln der Buntspechte hört man regelmäßig auch das lange, laute Trommeln der Schwarzspechte. Dohlen und Hohltauben als Nachmieter sind weitere Brutvögel in den alten Buchenbeständen. Bereits früh im Jahr ist auch die Gesangsaktivität der Meisen in vollem Gang. Während im Lehmsieker Forst die Sumpfmeisen verbreitet sind, brüten im Birkenwald im Wilden Moor zahlreiche Weidenmeisen. Hält die Überschwemmung der Treenemarsch bis in das Frühjahr an, so rasten oft zahlreiche Gründelenten, darunter auch Löffel-, Spieß- und Knäkenten. Auch im Moor kommt die Brutzeit langsam in Schwung. Wiesenpieper und Rohrammern sind Charaktervögel. In Gräben und Schlenken brüten die kleinen, scheuen Krickenten und in guten Mäusejahren ist das Wilde Moor regelmäßig Brutplatz der seltenen Sumpfohreulen. Schwarzkehlchen ersetzten die einst häufigen Braunkehlchen in den letzten Jahren zunehmend, sowohl im Moor als auch in den Grünlandbereichen. Wiesenweihen suchen Moor und Niederung für die Nahrungssuche auf. Rohrweihen brüten in mehreren Paaren. Ende April kehren Trauerschnäpper und Waldlaubsänger zurück in den Lehmsieker Forst. Ende Mai und Anfang Juni ist ein Besuch in der Abenddämmerung besonders lohnend. Wenn der Gesang der anderen Arten verstummt, wird die außerordentlich hohe Dichte der hier

Für Zwergschwäne ist die Eider-Treene-Sorge-Niederung auf dem Heimzug das bedeutendste Rastgebiet Deutschlands. Foto: F. Weiß. Wildes Moor, 28.12.2014.

vorkommenden Sumpfrohrsänger und Feldschwirle deutlich und auch Blaukehlchen sind nach der ersten Brut wieder vielerorts zu hören. Im Randbereich des Wilden Moores singen zudem vereinzelte Sprosser und in manchen Jahren einzelne Schlagschwirle. Wachtelkönige sind in guten Jahren im Wilden Moor und der Treenemarsch zu hören. Ende Juni wird es ruhig im Moor und an der Treene. Weißstörche sammeln sich auf frisch gemähten Wiesen zur Nahrungssuche und Baumfalken rasten auf dem Durchzug im Wilden Moor und jagen Libellen.

Beobachtungsmöglichkeiten

Von der Kreisstraße östlich von Hollbüllhuus (1) hat man einen wunderbaren Blick über das Wilde Moor und das Tal der Treene. Wenn die Marsch überschwemmt ist, muss man sich mit einem Blick von hier oben begnügen, denn der im Folgenden beschriebene Rundweg ist dann nicht begehbar und nur Stichwege sind zu benutzen. Kurz vor dem westlichen Ortsausgang von Hollbüllhuus weist ein Holzschild nach Norden zum Wilden Moor. Nach 100 m muss man sein Auto abstellen. Weiter geht es zu Fuß, vorzugsweise mit hohen Gummistiefeln, denn oft sind Teile des Weges überschwemmt, gelegentlich auch unpassierbar.

Zunächst führt der Weg durch einen Birkenwald und Weidengebüsch (2), bis sich der Blick nach einiger Zeit weitet und der zentrale Bereich des Moors sichtbar wird (3). Balzende Bekassinen, jagende Sumpfohreulen oder Braunkehlchen auf einer niedrigen Warte am Wegesrand – hier lassen sich immer tolle Beobachtungen machen. Ein Moorlehrpfad auf Holzbohlen zur Linken erschließt auf einem kurzen Rundweg

Im Spätwinter ist die Treeneniederung oft großflächig überschwemmt und bietet Rast- und Nahrungsflächen für Tausende Entenvögel. Foto: F. Weiß. Hollbüllhuus, 28.12.2014.

typische Strukturen und die Vegetation des Moores. Ein Abstecher, der in jedem Fall lohnt. Ein zeltartig gestalteter kleiner Aussichtsturm bietet etwas Überblick in der sonst ebenen und schwer überschaubaren Landschaft. Nachdem man die Mitte des Moors durchquert hat und an einem nach links abzweigenden Weg vorbeigegangen ist, kreuzen sich nach einiger Zeit zwei Wanderwege. Hier biegt man rechts ab und folgt dem Weg bis zu einem befestigten Wirtschaftsweg am Rand des Moors. Hier geht man erneut rechts weiter und erreicht ein Pumpenhaus am Treeneufer, das von den umfassenden Entwässerungsmaßnahmen in der Niederung zeugt. Der Weg schlängelt sich von hier entlang der Treene nach Süden, biegt letztlich wieder nach Westen ab und erreicht wieder die Kreisstraße bei Hollbüllhuus. Der Rundweg ist insgesamt circa 10 km lang.

Ein weiterer Wanderweg nimmt seinen Ausgang mitten im Lehmsieker Forst. In einem deutlichen Knick der Straße liegt dort nördlich ein kleiner Parkplatz, von dem man nach Norden bis zum Waldrand wandert, an dem man rechts abbiegt. Die Baumbestände in diesem Bereich (5) sind von alten Buchen und Eichen geprägt. Der Teil ist als Naturwald ausgewiesen und wird nicht mehr forstwirtschaftlich genutzt. Schwarzspechte, Hohltauben und Dohlen sind hier häufig zu beobachten. Ein Stichweg (6) führt von hier in den westlichen Teil des Wilden Moores, erreicht aber nicht die zentralen, offenen Bereiche. Im Birkenwald sind Weidenmeisen häufig zu beobachten. Zurück bei (5) führt der Weg zwischen einem sehr alten und einem sehr jungen Waldteil nach Süden. Entlang des Weges passiert man weitere sehr alte Baumbestände mit exzellenten Beobachtungsmöglichkeiten. Der Weg führt zurück zur Straße und so wieder zum Parkplatz. Mit dem Stichweg ins Moor ist die Strecke etwa 3,6 km lang.

Anfahrt

Mit Bahn und Bus

Der nächstgelegene Bahnhof liegt in Friedrichstadt an der Bahnlinie Hamburg-Westerland. Von dort verkehren allerdings nur selten Busse ins Beobachtungsgebiet und so ist man für die letzten 15 km praktisch auf ein Fahrrad angewiesen.

Mit dem Auto

Von der B 202 zwischen Friedrichstadt und Rendsburg biegt man in Seeth nach Norden in Richtung Schwabstedt ab und folgt dann, direkt nachdem man die Treene bei Schwabstedt überquert hat, der Ausschilderung nach Hude/Fresendelf nach rechts. Nach etwa 7 km erreicht man den kleinen Ort Hollbüllhuus im Zentrum des Beobachtungsgebietes.

Adressen

Michael-Otto-Institut im NABU, Goostroot 1, 24861 Bergenhusen;
Tel.: 04885/570, http://bergenhusen.nabu.de

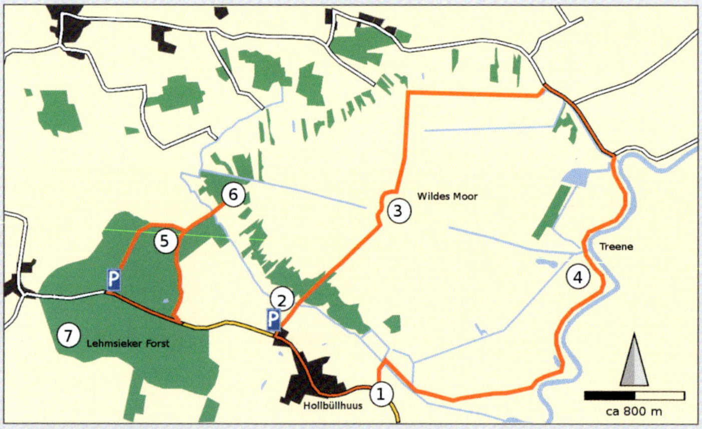

GPS		
Parkplatz Wildes Moor	54°24'24" N	09°14'05" O
Parkplatz Lehmsieker Forst	54°24'35" N	09°12'46" O
Michael-Otto-Institut Bergenhusen	54°22'27" N	09°19'21" O

Weitere Freizeitmöglichkeiten

Ganz in der Nähe liegt das berühmte Storchendorf Bergenhusen, in dem 2014 19 Weißstorchpaare brüteten. Das Michael-Otto-Institut des NABU und die zum Land Schleswig-Holstein gehörende Naturschutzstation Eider-Treene-Sorge sind dort ebenfalls zu Hause und bieten eine großartige Ausstellung über die von Flüssen geprägte Naturlandschaft. Ein Besuch ist unbedingt zum empfehlen.

Felix Weiß, Christopher König, Christoph Moning, Christian Wagner

Infomaterial/Literatur

Moning C, Weiß, F 2007: Vögel beobachten in Norddeutschland Die besten Beobachtungsgebiete zwischen Sylt und Niederrhein. Franckh-Kosmos-Verlag, Stuttgart.

Die Seebrücke am Schönberger Strand ist einer der besten Orte zur Beobachtung von Meeresenten in Schleswig-Holstein. Foto: F. Weiß. Schönberger Strand, März 2015.

Die Strandseenlandschaft bei Schmoel

Vom Acker zum Naturschutzgebiet

Die Strandseenlandschaft bei Schmoel entstand 1989 bei einer Sturmflut. Das Ereignis war von langer Hand geplant, denn das Gebiet war als Ausgleichsmaßnahme für die Deichverstärkung an der Probsteier Küste vorgesehen und der alte Deich auf einem Teilstück im Vorfeld entfernt worden. Heute wirkt es durch und durch natürlich und ist ein bedeutender Trittstein für Zugvögel. Auf der vorgelagerten Ostsee überwintern Tausende Meeresenten und am Strand brüten die stark gefährdeten Sandregenpfeifer. Das Gebiet eignet sich für eine Tagesexkursion zu allen Jahreszeiten.

Landschaftsgeschichte und Lebensräume

An der Küste der Probstei zwischen Schönberger Strand und Laboe lagen einst die größten Salzwiesen der schleswig-holsteinischen Ostseeküste. Spätestens seit einer umfassenden Verstärkung des Seedeiches, die in sieben Bauabschnitten von 1974 bis 1990 durchgeführt wurde, sind diese jedoch gänzlich vom salzigen Wasser der Ostsee abgeschnitten. Aber auch im Strandbereich ging mit dem Deichbau ein massiver Eingriff in den Naturhaushalt einher, für den ein Ausgleich zu schaffen war. So entschloss man sich östlich des verstärkten Deiches einen 1,2 km langen Abschnitt des alten Deiches abzutragen und in den dahinter gelegenen Ackerflächen einige flache Senken auszuschieben. Schon bald musste sich das Konzept beweisen: Ein starker Wintersturm peitschte das Ostseewasser über den Strandwall, die Senken füllten sich mit Salzwasser und die Strandseenlandschaft war geboren. Die Gewässer wurden sofort von zahlreichen Wasservogelarten angenommen. Auf den angrenzenden brachgefallenen Ackerflächen entwickelte sich eine üppige Ruderalvegetation und die Wallhecke im zentralen Teil der Ausgleichsfläche spross in alle Richtungen. Am Südrand des Gebietes wurden entlang des Weges einige Gehölzinseln angepflanzt. Bald waren die Gewässer von dichten Schilfgürteln umgeben und auf den Brachen wuchsen großflächig Gehölze auf. Seit einigen Jahren werden die Flächen, die außerhalb des Einflussbereiches der Ostsee liegen mit Rindern beweidet und es hat sich eine halboffene Weidelandschaft entwickelt. Der Strandbereich wird auch ohne Pflege von der Ostsee regelmäßig umgestaltet und wirkt mittlerweile so natürlich, dass von der künstlichen Entstehung heute nichts mehr zu erkennen ist. Auf dem Strandwall aus grobem Kies wachsen Meerkohl und Meersenf. Ausgedehnte Seegrasablagerungen am Strand zeugen vom Leben in der Ostsee. Der Meeresboden vor den Strandseen fällt nur flach ab. Am Grund der Ostsee liegen großflächige Seegraswiesen und Miesmuschelbänke. Im starken Kontrast stehen die großflächigen Ackerschläge des Gutes Schmoel, die einen Eindruck vom ehemaligen Aussehen der heutigen Strandseenlandschaft vermitteln. Doch damit endet die Vielfalt des Gebietes nicht. Zum Anfang des Seedeiches haben sich im Schutz einer langgezogenen

Buhne Dünen und Muschelschillflächen ausgebildet, in denen sogar die seltene Stranddistel wächst. In der Nähe mündet der Scheidebach in die Ostsee.

Besondere Vogelarten und Reisezeit

Die Ostseeküste der Probstei hat eine starke Leitlinienfunktion für den Vogelzug. Sowohl für Wasservögel, die über die Ostsee parallel zur Küste ziehen, als auch für Landvögel, die im Frühjahr von Süden kommend auf das Hindernis Ostsee stoßen oder im Herbst von Dänemark kommend an der Küste zur Rast einfallen. Besonders auf dem Frühjahrszug ist morgens häufig ein ausgeprägter Zug von Singvögeln entlang der Küste zu beobachten. Im März und April ziehen Ringeltauben, Wiesenpieper, Heckenbraunellen, Dohlen, Buchfinken, Rohrammern und viele weitere Arten.

Am Strand besetzen zu dieser Zeit allmählich Sandregenpfeifer und Austernfischer ihre Reviere. Zwergseeschwalben sind leider keine regelmäßigen Brutvögel mehr im Gebiet, erscheinen jedoch häufig als Nahrungsgäste oder Durchzügler. Auf den Strandseen brüten Rothalstaucher, deren beeindruckendes Balz- und Revierverhalten im Frühjahr schön zu beobachten ist. Mittelsäger fühlen sich hinter dem Strandwall in dichter Vegetation wohl und führen ihre Küken auf die nahe gelegene Ostsee. An den Strandseen brüten Schnatter-, Löffel- und Knäkenten in kleiner Zahl. In den Schilfflächen sind Bartmeisen und Rohrweihen zuhause. Ein Seeadlerpaar besucht das Gebiet regelmäßig zur Jagd. Neben den häufigen Graugänsen brüten auch einige Kanadagänse. In manchen Jahren besetzen Karmingimpel Reviere in der Strandseenlandschaft, Dorngrasmücken, Sumpfrohrsänger und Neuntöter sind alljährliche Brutvögel.

Aus der Nähe betrachtet zeigen Eiderenten Farbmuster, die kein Bestimungsbuch zeigt. Foto: F. Weiß. Schönberger-Strand, März 2015.

Im Hochsommer beginnt bereits der Wegzug der arktischen Limikolen. Zunächst rasten nur Altvögel bis sich das Verhältnis im August langsam zugunsten der Jungvögel verschiebt. Die Rastbestände sind meist niedrig, aber das Spektrum der rastenden Arten ist sehr groß. In den Scharen der rastenden Alpenstrandläufer sind fast immer auch einzelne Sichel- und Zwergstrandläufer vertreten. Selten, aber regelmäßig rasten auch Sumpfläufer und Odinshühnchen. Das Gebiet hat durchaus auch Potenzial für echte Raritäten wie die Nachweise von Binden- und Graubrust-Strandläufer beweisen. Seeschwalben sind auf dem Wegzug häufige Gäste, besonders Brandseeschwalben sind dann sehr auffällig. Im Spätherbst treffen langsam die überwinternden Meeresenten ein. Eider-, Trauer-, Eis-, Schell- und Bergenten sind häufige Wintergäste an der Küste. Am Strand überwintern kleine Trupps der Schneeammer und einzelne Strandpieper. Raubwürger besetzen zuweilen Reviere in den Brachflächen des Naturschutzgebietes.

Beobachtungsmöglichkeiten

Der Küstenwanderweg beginnt an der Bushaltestelle Schönberger Strand, in deren Umgebung auch zahlreiche Parkmöglichkeiten existieren. Zur Hauptsaison ist der Parkplatz gelegentlich überfüllt und man muss auf einen der größeren Parkplätze, zum Beispiel an der Museumsbahn, ausweichen. Von

Typische Vogelarten im NSG Standseenlandschaft bei Schmoel, deren Status und günstige Beobachtungszeit (in Klammern)
h = häufiger, r = regelmäßiger, s = seltener; B = Brutvogel, W = Wintergast, D = Durchzügler, N = Nahrungsgast

Art	Status (beste Beobachtungszeit)	Art	Status (beste Beobachtungszeit)
Mittelsäger	rB, hD, hW (ganzjährig)	Sumpfläufer	sD (Juli–Aug.)
Eiderente	hW, hD (Sept.–April)	Meerstrandläufer	sW (Okt.–März)
Trauerente	hW (Nov.–März)	Zwergseeschwalbe	rD, rN (Mai–Aug.)
Eisente	rW (Nov.–März)	Küstenseeschwalbe	rB, hD (Mai–Aug.)
Seeadler	rN (ganzjährig)	Neuntöter	rB (Mai–Juli)
Rohrweihe	rB, rD (März–Sept.)	Uferschwalbe	rB (Mai–Juli)
Austernfischer	sB, hD, sW (ganzjährig)	Dorngrasmücke	hB (Mai–Juli)
Goldregenpfeifer	hD, rW (Aug.–Nov.)	Rohrammer	hB, hD (März–Okt.)
Sandregenpfeifer	rB, hD (März–Okt.)	Bluthänfling	hB, hD (März–Okt.)
Alpenstrandläufer	hD (Juli–Sept.)	Karmingimpel	sB (Mai–Juli)

Im zweiten Kalenderjahr sind männliche Karmingimpel noch nicht rot gefärbt, singen aber bereits eifrig. Foto: F. Weiß. Helgoland, Juni 2011.

der Bushaltestelle ist nach wenigen Metern der Seedeich erreicht, der letztlich zur Entstehung der Strandseenlandschaft bei Schmoel führte. Zur Linken blickt man auf die 2001 eingeweihte, 250 m lange Seebrücke. Im Winterhalbjahr und im Spätsommer ist der Anleger am Ende der Seebrücke (1) ein ausgezeichneter Ort, um Meeresenten auf kurze Distanz zu beobachten und den Durchzug von Limikolen, Enten und Seeschwalben entlang der Probsteier Küste zu verfolgen. Von der Seebrücke führt der Weg auf dem breit geteerten Deichfuß nach Osten auf einer Länge von 2,4 km bis zum Ende der alle 200 m errichteten Steinbuhnen und damit zum Beginn des Naturschutzgebietes (2). Entlang dieser Strecke lassen sich bereits interessante Beobachtungen machen. Die Buhnen dienen als Rastplätze für zahlreiche Silber- und Mantelmöwen und es bieten sich ausgezeichnete Möglichkeiten Ringe abzulesen. Im Winter sind gelegentlich Meerstandläufer zu beobachten, jedoch ist der Rastbestand recht klein und mit insgesamt 49 Buhnen zwischen Wendtorf und Schönberg haben die Vögel reichlich Auswahlmöglichkeiten. Im Schutz der verlängerten letzten Buhne hat sich eine flache Lagune ausgebildet (2), die mit jedem Wintersturm umgestaltet wird. Schlickflächen, angespülter Tang und Muschelschill bilden zusammen optimale Rastbedingungen für Limikolen und Brutplätze für Sandregenpfeifer. Hier endet der Deich und es beginnt das Naturschutzgebiet. Eine Infotafel gibt eine kurze Einführung in die Geschichte des Gebietes. Man blickt auf die westlichen Strandseen (3), die von einer breiten Verlandungszone aus Schilf und Rohrkolben umgeben sind. Je nach Wasserstand und Jahreszeit sind zahlreiche Gründelenten und gelegentlich Rallen zu beobachten. Bartmeisen und Teichrohrsänger bewohnen das Schilf. Der Weg führt jetzt ein kurzes Stück ins Binnenland, bevor er nach circa 400 m nach links abknickt und durch eine kleine Feuchtfläche (4) mit angrenzenden Pappeln und Knicks führt. Hier sind zur Brutzeit zahlreiche Singvogelarten zu beobachten, darunter gelegentlich auch Karmingimpel. Häufiger sind Sumpfrohrsänger und Gelbspötter, die hier nebeneinander vorkommen. Der schmale Weg verläuft weiter am Südrand des Gebietes entlang einer halboffenen Weidelandschaft mit zahlreichen Gebüschgruppen (5). Dorngrasmücken und Goldammern sind hier häufig, einzelne Neuntöter brüten und in manchen Wintern besetzen Raubwürger Reviere. Entlang des östlichen Strandsees erreicht man wieder die Küste. Hier liegt der größte Strandsee im Naturschutzgebiet mit abwechslungsreichen Ufern und einer reichen Unterwasservegetation. Gründelenten sind zahlreich und in mehreren Arten vertreten. An den Ufern rasten Limikolen und Gänse nutzen das Gewässer zum Baden und Trinken. Im Binnenland schließen sich die gewaltigen Ackerschläge des Gutes Schmoel an, auf denen meist Raps oder Wintergetreide angebaut wird. Nach der Ernte und im Winter rasten auf den Flächen gelegentlich größere Goldregenpfeifer- oder Kiebitzschwärme sowie Gänse. Die Küste ist hier als niedrige Steilküste ausgebildet und der weiße Sandstrand des Schönberger Strandes ist grobem Kies gewichen. Vom Strand bei (6) blickt man entlang der Küste auf den Strandwall des Naturschutzgebietes. Der Strand darf begangen werden, jedoch sollte man zum Schutz der rastenden Vögel und der Brutvögel darauf verzichten. Der Weg verläuft weiter am oberen Rand der Steilküste nach Osten. Zwischen Küste und den Feldern des Gutes Schmoel liegt ein schmaler brach-

Nur ein schmaler Strandwall trennt die Seen von der Ostsee. Foto: F. Weiß. Moorwiese, März 2015.

Leider ist bei den Strandbrütern, wie diesem Sandregenpfeifer, nur noch selten Nachwuchs zu beobachten. Sie leiden unter Störungen durch Spaziergänger und hohen Prädationsdruck.

Foto: F. Weiß. Husum, August 2014.

liegender Streifen, in dem oft Pieper und Finken rasten. In manchen Jahren brüten Uferschwalben in der Abbruchkante und von der erhöhten Position aus lassen sich die Meeresenten auf der Ostsee gut beobachten. Nach 1,2 km erreicht man einen weiteren kleinen Strandsee (7), die Moorwiese. Trotz seiner geringen Größe ist dieses Gewässer ein ausgezeichneter Beobachtungsort. An der Südostecke wurde von der Stiftung Naturschutz Schleswig-Holstein ein Beobachtungsturm errichtet, von dem aus sich das Gewässer gut überblicken lässt. Zur Brutzeit sind Rothalstaucher zu beobachten und bei niedrigen Wasserständen im Spätsommer rasten zahlreiche Kampfläufer, Bekassinen und verschiedene Wasserläufer. Hier ist das Ende des Küstenwanderweges erreicht. Das Vogelleben ist dank des intensiven Vogelzuggeschehens an der Küste allerdings so dynamisch, dass man auf dem Rückweg zum Ausgangspunkt am Schönberger Strand mit einigen neuen Beobachtungen rechnen kann, obwohl man sich auf der gleichen Strecke bewegt.

Weitere Freizeitmöglichkeiten

Der Schönberger Strand war einst so populär, dass eine Eisenbahnlinie Badegäste vom Kieler Hauptbahnhof ans kühle Nass führte. Im Jahr 1914 wurde die Strecke von Kiel nach Schönberg dafür um vier Kilometer bis zum Schönberger Strand verlängert. Der tägliche Betrieb endete 1974 und es ist dem privaten Einsatz des Vereins Verkehrsamateure und Museumsbahn zu verdanken, dass die Linie nicht zurückgebaut wurde. Mittlerweile verkehren im Sommerhalbjahr zu einzelnen Terminen wieder Züge vom Kieler Hauptbahnhof, regelmäßig fahren Museumszüge mit einer Dampflok ins nahe Schönberg. Eine Besonderheit sind zudem die historischen Straßenbahnen, die auf einem kleinen Rundkurs verkehren.

Felix Weiß, Christopher König, Christoph Moning, Christian Wagner

Anfahrt

Mit Bahn und Bus

Vom ZOB am Kieler Hauptbahnhof verkehren Busse bis zum Schönberger Strand, dem Ausgangspunkt der oben beschriebenen Wanderung. In den Sommermonaten gibt es gelegentlich Sonderfahrten der Museumsbahn auf der gleichen Strecke.

Mit dem Auto

Von Kiel fährt man auf der B 502 Richtung Schönberg. Bei Schönberg durchfährt die B 502 zwei Kreisverkehre. Den zweiten Kreisverkehr verlässt man an der dritten Ausfahrt nach „Schönberger Strand".

Adressen

Internetpräsenz des NABU zum NSG: www.nabu-nsg-schmoel.de
Verein Verkehrsamateure und Museumsbahn e. V.:
www.vvm-museumsbahn.de

GPS		
Parken und Bushaltestelle	54°24'46,00" N	10°24'52,00" O
Alternativparkplatz Museumsbahn	54°24'39,00" N	10°24'39,50" O

Infomaterial/Literatur

Moning C, Weiß, F 2007: Vögel beobachten in Norddeutschland – Die besten Beobachtungsgebiete zwischen Sylt und Niederrhein. Franckh-Kosmos-Verlag, Stuttgart.

Im Sommer verschwindet der Haasberger See bis auf einige feuchte Senken.
Foto: F. Weiß, Haasberger See, 1.8.2015.

Der Haasberger See

Sørt Sol

Weitgehend unbemerkt spielt sich im äußersten Norden Deutschlands an der deutsch-dänischen Grenze alljährlich im Herbst ein gewaltiges Spektakel ab. Ein Spektakel an Vögeln und auch eines an Menschen. Hunderte, meist dänische Naturbegeisterte bestaunen Hunderttausende Stare, die sich allabendlich zum Tanz über den Schilfröhrichten des Haasberger Sees versammeln. Das Phänomen hat sogar einen eigenen dänischen Namen: Sørt Sol – Schwarze Sonne. Wenn ein Schwarm über die staunende Menschenmenge hinwegfliegt, dann wird es tatsächlich für einen Moment dunkel. Ein Schauspiel, das endlich auch von deutscher Seite die gebührende Aufmerksamkeit verdient. Und das Warten auf den Einflug der Stare wird nie langweilig, denn sie sind bei Weitem nicht die einzige Attraktion in dieser vogelreichen Landschaft.

Landschaftsgeschichte und Lebensräume

Der Haasberger See liegt in der Nordfriesischen Marsch, einer brettebenen, amphibischen Landschaft an der Westküste Schleswig-Holsteins. Seit Jahrhunderten leben die Menschen hier mit wiederkehrenden Sturmfluten und winterlichen Überflutungen. Die erste Grote Mandrenke, eine katastrophale Sturmflut im Januar 1362, führte zu gewaltigen Landverlusten. Sie markierte den Beginn der Landgewinnungen und Entwässerungen, die mit der Trockenlegung des Gotteskoogs und der Tøndermarsch im 20. Jahrhundert ihren Höhepunkt erreichten. Viele Häuser in der Region stehen noch heute auf hochwassersicheren Warften, kleinen Erdhügeln, obwohl Sturmfluten durch die hohen Seedeiche heute keine Gefahr mehr darstellen. Die Landschaft ist durchzogen von Abertausenden Entwässerungsgräben, die von winzigen Rinnen bis zu den gewaltigen Sielzügen reichen und das Wasser, häufig unterstützt durch Pumpwerke, zur Nordsee ableiten. Auch der Haasberger See ist ein Teil des Entwässerungssystems. Er ist ein Wasserspeicherbecken des Deich- und Hauptsielverbandes Südwesthörn-Bongsiel. In den Jahren 2006 und 2007 wurde das Becken auf seine heutige Größe von 75 ha erweitert und als biotopgestaltende Maßnahme zahlreiche flache Senken ausgehoben. Im Winterhalbjahr treten die angrenzende Süderau oder Søderå, die zugleich die Grenze zum benachbarten Dänemark bildet, und der Dreiharder Gotteskoogstrom regelmäßig über die Ufer und verwandeln die Fläche in einen flachen See. Über das Frühjahr sinkt der Wasserstand wieder und im Sommer bleiben nur einige Pfützen zurück. Es bietet sich dann ein gänzlich anderes Bild mit Großseggenrieden, Schilfröhrichten und Weidengebüschen. Der westlich angrenzende Aventofter Wald bildet einen scharfen Kontrast zur Marschlandschaft. Die Pflanzungen aus Fichten und Lärchen wirken seltsam deplatziert in der ansonsten baumarmen Gegend, aber auch Laubbäume wie Erlen und Birken finden sich hier in größerem Umfang. Die Bestände sind überwiegend jung und werden von großen Röhrichtflächen unterbrochen und von Gräben durchzogen. Wenige Kilometer nördlich der Grenze bei Tønder liegt der Nørresø, ein Renaturierungsprojekt im Flusslauf der Vidå, zum Schutz des Nordseeschnäpels, einer hochgradig bedrohten Fischart, die hier neue Laichplätze finden soll. Zwischen den Deichen hat sich ein rund 90 ha großes, sehr abwechslungsreiches Feuchtgebiet mit Flachwasserzonen, Seggenrieden und Schlammflächen ausgebildet.

Der Nørresø soll dem Nordseeschnäpel neue Laichmöglichkeiten bieten. Foto: F. Weiß, 1.8.2015.

Besondere Vogelarten und Reisezeit

Hauptattraktion sind zweifelsohne die gewaltigen Starenschwärme, die sich von August bis Oktober an vielen Abenden am Haasberger See zum Schlafen versammeln. Anfang Oktober erreicht der Rastbestand sein Maximum. Es empfiehlt sich, zwei Stunden vor Sonnenuntergang vor Ort zu sein, nicht nur um den Einflug nicht zu verpassen, sondern auch um überhaupt noch einen Parkplatz zu finden. Das Schauspiel verläuft in Abhängigkeit vom Wetter und auch von den zahlreichen Greifvögeln, die der Schlafplatz anlockt, jeden Abend anders. Bei kräftigem Wind fallen die Stare oft niedrig über das Schilf fliegend an ihrem Übernachtungsplatz ein, während sie an windstillen Tagen häufig ihre berühmten Lufttänze vorführen. Auch die Lage des Schlafplatzes verändert sich regelmäßig. Aber nicht nur Stare sammeln sich zum Übernachten im Schilf, auch Rauchschwalben, Rohrammern, Bach- und Schafstelzen sind häufig zu beobachten, wie sie abends in die schützenden Röhrichte und Weidengebüsche abtauchen. Meist finden sich am Schlafplatz auch Greifvögel ein, die hier auf ein schnelles Abendessen hoffen. Im Spätsommer sind regelmäßig Rohrweihen, Sperber und Baumfalken zu beobachten. Mit fortschreitender Saison sind dann oft Kornweihen, Merline und Wanderfalken vertreten. Einsetzende Bodenfröste Ende Oktober oder Anfang November beenden das Spektakel und die meisten Stare verlassen Nordfriesland. Dann kehrt etwas Ruhe ein am Haasberger See. Im Frühjahr wiederholt sich das Schauspiel weniger ausgeprägt im März und April.

Die Schlammflächen und Flachwasserbereiche am Haasberger See und am Nørresø sind im Herbst beliebte Rastplätze zahlreicher Limikolen. Besonders am Nørresø bieten sich oft sehr gute Beobachtungsmöglichkeiten während die Vögel in der dichten Vegetation am Haasberger See oft nur zu sehen sind, wenn sie auffliegen. Kiebitze sind die häufigsten und auffälligsten Rastvögel, aber auch Bekassinen, Kampfläufer, Bruch- und Waldwasserläufer sowie Temminckstrandläufer sind regelmäßige Gäste.

Im Winter bestimmen am Haasberger See und am Nørresø Entenvögel das Bild. Sing- und Zwergschwäne fallen schon aus der Ferne durch ihre Rufe auf. Pfeifenten äsen auf den Dämmen und flüchten bei jeder Störung sofort ins schützende Wasser. Bläss- und Weißwangengänse suchen in der angrenzenden Marsch nach Nahrung und kommen regelmäßig zum Baden und Trinken an die Gewässer. Rohrdommeln überwintern in milden Jahren am Haasberger See, sind jedoch schwer zu beobachten. Raufußbussarde sind typische Wintergäste in kleiner Zahl.

Im Frühjahr rasten in den Flachwasserzonen oft Tausende Gründelenten. Die gemischten Trupps aus Löffel-, Krick-, Spieß-, Schnatter- und Stockenten im Prachtkleid bilden ein farbenfrohes Bild. Seeadler brüten in der Umgebung und jagen regelmäßig am Haasberger See. Ab Mitte April ziehen Trauerseeschwalben und Zwergmöwen durch, gelegentlich werden einzelne Weißflügelseeschwalben beobachtet. Heringsmöwen aus der großen Kolonie auf Amrum suchen seit einigen Jahren vermehrt im Binnenland nach Nahrung und sind häufig auf den angrenzenden

Typische Vogelarten am Haasberger See und am Nørresø, deren Status und günstige Beobachtungszeit (in Klammern)
h = häufiger, r = regelmäßiger, s = seltener; B = Brutvogel, D = Durchzügler, W = Wintergast

Art	Status (beste Beobachtungszeit)	Art	Status (beste Beobachtungszeit)
Singschwan	hW, sB (Nov.–März)	Bekassine	hD, rW, rB (ganzjährig)
Blässgans	hD, rW (Okt.–März)	Bruchwasserläufer	hD (April, Juli–Aug.)
Weißwangengans	hD, rW (Okt.–April)	Trauerseeschwalbe	hD (Mai–Aug.)
Pfeifente	hD, hW (Okt.–März)	Fitis	hB (April–Juni)
Löffelente	hD, sW,rB (ganzjährig)	Feldschwirl	hB (April–Juni)
Rohrdommel	rW, rB (ganzjährig)	Sumpfrohrsänger	hB (Juni–Juli)
Rohrweihe	hB (März–Sept.)	Schilfrohrsänger	hB (April–Aug.)
Kornweihe	hW (Okt.–März)	Schwarzkehlchen	hB (April–Juni)
Merlin	hD, rW (Okt.–März)	Star	hD, rW (März–April, Aug.–Okt.)
Wasserralle	hB (März–Aug.)	Rohrammer	hB, hD, rW (März–Mai)

Allabendlich versammeln sich große Starenschwärme am Haasberger See.
Foto: F. Weiß. Nordfriesland, 18.10.2013.

Wiesen bei der Nahrungssuche zu beobachten. Das Brutgeschäft erreicht im Mai seinen Höhepunkt. Eine abendliche Exkursion Ende Mai oder Anfang Juni bietet ein beeindruckendes Vogelkonzert. In den Schilfflächen leben zahlreiche Teichrohrsänger und Wasserrallen. Feldschwirle, Sumpfrohrsänger, Rohrammern, Schilfrohrsänger und Blaukehlchen sind weitere häufige und charakteristische Brutvögel.

Beobachtungsmöglichkeiten

Von der Landstraße zwischen Süderlügum und Aventoft lässt sich der Haasberger See perfekt einsehen. Abends hat man hier bestes Rückenlicht. Allerdings gibt es an der Straße keinen separaten Fuß- oder Radweg, sodass man am sichersten von der kleinen Parkbucht bei (1) aus beobachtet. Auch die Bushaltestelle etwas südlich (2) bietet Schutz vor dem Autoverkehr. Der Damm um den Haasberger See sollte zum Schutz der Rast- und Brutvögel nicht betreten werden. Wer den abendlichen Einflug der Stare gerne gegen die untergehende Sonne betrachten oder fotografieren möchte, der muss sich ans gegenüberliegende Ufer bei Haasberg (3) begeben. Ein kurzer Stichweg an einem kleinen Wäldchen vorbei führt hier zum Deich. Sollte der abendliche Einflug der Stare einmal ausbleiben, so lohnt sich ein Ortswechsel zum Richi-Hügel am Gotteskoogsee (siehe Koordinaten), denn auch die Stare ziehen gelegentlich um. Mit dem Auto sind es von (1) circa 11 km.

Vom Parkplatz bei (1) bietet sich zur Brutzeit ein Abstecher in den benachbarten Aventofter Wald an. Hierfür folgt man zunächst der Straße Richtung Aventoft und biegt nach 600 m, kurz vor einer Bushaltestelle, links Richtung Segelflugplatz ab. Spätestens am Waldrand muss man das Auto abstellen. Der Weg führt gerade nach Süden durch den Wald, eine Abzweigung zur Rechten führt in 500 m zu einer großen Riedfläche (4) im Wald. Das Mosaik unterschiedlicher Habitate beherbergt hier eine ausgesprochen reiche Singvogelwelt, unter anderem mit Weidenmeisen, Misteldrosseln und Goldammern, die in der Marsch sonst selten sind. Zurück am Hauptweg geht es weiter nach Süden. An einer Brücke über den Freesmarker Sielzug (5) sind gelegentlich Eisvögel zu beobachten. Der Weg knickt hier scharf nach rechts ab. Ein Stück weiter verlässt man den Wald an einer Abzweigung nach links und durchquert extensiv beweidete Flächen (6) der Stiftung Naturschutz. Am Waldrand kommen Neuntöter vor. Schwarzkehlchen sind im Weideland häufige Brutvögel. Zurück an der Hauptstraße gelangt man nach links zurück zum Ausgangspunkt am Haasberger See (1). Der Rundweg ist mit Abstecher 6 km lang.

Die Renaturierungsfläche Nørresø an der Vidå erreicht man vom Haasberger See über die Straße nach Aventoft. Kurz nach dem Ortsanfang von Aventoft

Schilfrohrsänger gehören zu den charakteristischen Singvogelarten am Haasberger See. Foto: F. Weiß. Beltringharder Koog, 28.8.2014.

GPS		
Parkplatz am Haasberger See (1)	54°53'43,00'' N	8°50'55,00'' O
Parkplatz am Nørresø	54°54'49,00'' N	8°50'00,00'' O
Richi-Hügel am Gotteskoog	54°50'18,00'' N	8°46'06'' O
Parkplatz Nolde Stiftung Seebüll	54°52'56,00'' N	8°46'33'' O
Naturkundemuseum Niebüll	54°46'55,00'' N	8°49'19,00'' O

biegt man rechts ab Richtung Tønder. Nachdem man zwei Brücken über die Süderau und Vidå überquert hat, weist ein Schild mit Rastplatzsymbol nach rechts zum Parkplatz. Am Südrand des Parkplatzes führt ein Weg nach Osten vorbei am Pumpwerk und dann auf die unbefestigte Deichkrone (7). Der Wanderweg um den Nørresø verläuft von hier immer auf der Deichkrone bis zur Eisenbahnbrücke bei Tønder (8), wo man die Vidå überquert und am südlichen Ufer, ebenfalls auf der Deichkrone, zurückwandert. Der Rundweg ist etwa 5 km lang und bietet auf der ganzen Strecke optimale Beobachtungsmöglichkeiten.

Weitere Freizeitmöglichkeiten

Kein anderer Künstler hat die Nordfriesische Marsch mit ihren Warften, Bauernhäusern und ihrem wolkenreichen Himmel so treffend und farbenfroh festgehalten wie der expressionistische Maler Emil Nolde, der wenige Kilometer westlich des Haasberger Sees, in Seebüll, lebte und arbeitete. Sein Wohnhaus und Atelier sowie der bunte Bauerngarten des Ehepaars Nolde sind heute ein lebendiges Museum, das Noldes Werk in wechselnden Ausstellungen präsentiert und sein bewegtes Leben beleuchtet. Die Ausstellung ist täglich von 10 bis 18 Uhr geöffnet. Ein idealer Ort um sich die Zeit bis zum abendlichen Einflug der Stare zu vertreiben.

Viele Hintergrundinformationen zur Naturgeschichte der Nordfriesischen Marsch erfährt man im Naturkundemuseum in Niebüll.

Felix Weiß, Christopher König, Christoph Moning, Christian Wagner

Infomaterial/Literatur

Moning C, Weiß F 2007: Vögel beobachten in Norddeutschland. Die besten Beobachtungsgebiete zwischen Sylt und Niederrhein. Franckh-Kosmos-Verlag, Stuttgart.

Anfahrt

Mit Bus und Bahn

Der kleine Ort Süderlügum liegt circa 4 km südöstlich des Haasberger Sees an der Bahnstrecke zwischen Niebüll und Tønder in Dänemark. Vom Bahnhof ist das Beobachtungsgebiet mit dem Fahrrad gut erreichbar. Auch der Bahnhof von Tønder bietet sich als Ausgangspunkt für eine Exkursion an. Die Bushaltestellen am Haasberger See werden leider nur selten angefahren.

Mit dem Auto

Von Süden fährt man auf der B 5 bis Süderlügum. Man durchquert den Ort und biegt 1 km nach dem Ortsausgang links ab in Richtung Aventoft/Neukirchen. Nach weiteren 4 km stößt man auf eine Vorfahrtsstraße. Rechter Hand liegt der Haasberger See.

Adressen

Nolde Stiftung Seebüll, www.nolde-stiftung.de, 28. Februar bis 30. November: täglich von 10–18 Uhr
Naturkundemuseum Niebüll, www.nkm-niebuell.de, 1. April bis 31. Oktober: Di–So von 14.00–17.30, Juni bis August: täglich von 14–17.30 Uhr

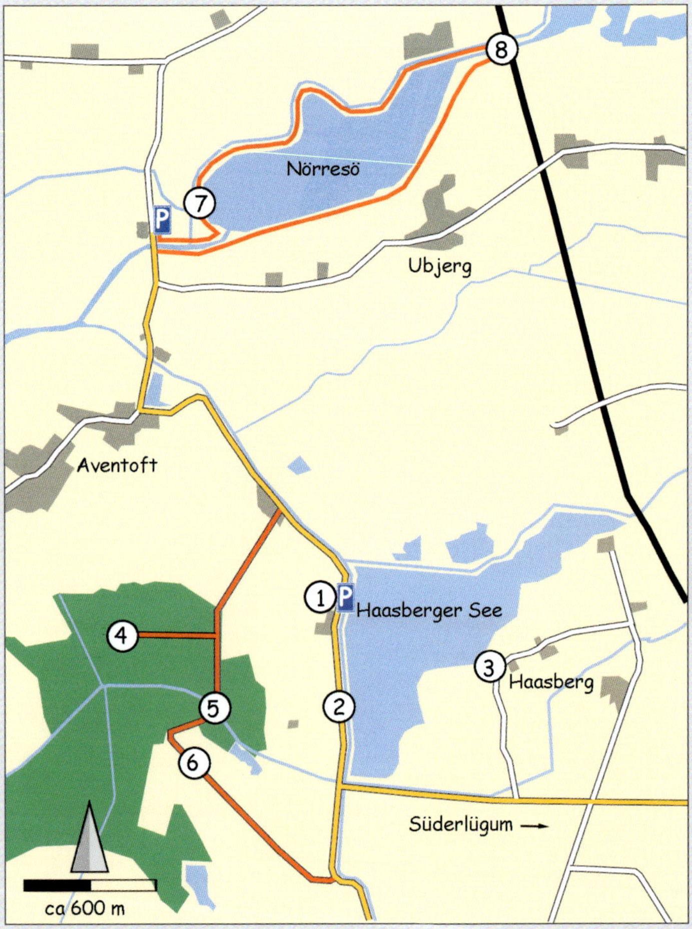

Ostsee, Strandwälle und Salzwiesen prägen das Naturschutzgebiet. Foto: R. Martin. November 2006.

Das Naturschutzgebiet Schleimündung

Am Eingang zum Fjord

Das Naturschutzgebiet Schleimündung liegt im äußersten Norden Schleswig-Holsteins an der Mündung der Schlei in die Ostsee. Das vom Verein Jordsand betreute Naturschutzgebiet ist eines der ältesten im Land und wurde schon 1927 als Vogelfreistätte Oehe-Schleimünde für die hier brütenden Möwen und Seeschwalben eingerichtet. An der Schnittstelle zweier wichtiger Vogelzugwege gelegen und fast störungsfrei ist das Naturschutzgebiet Schleimündung in Schleswig-Holstein ein Magnet für Brut- und Zugvögel gleichermaßen.

Aus der Luft betrachtet wirkt die Schlei wie ein breiter Fluss, der sich von Schleswig durch die hügelige Endmoränenlandschaft Angelns und Schwansens gen Ostsee windet, sich östlich der Stadt Kappeln weitet und ein Delta ausbildet. Doch der Schein trügt. Wer in das klare Wasser blickt, wird ungewöhnliche braune Algen erspähen und spätestens eine Geschmacksprobe schafft Klarheit: Dies ist Meereswasser und die Schlei kein Fluss, sondern eine Förde. Diese Landschaftsform ist in Deutschland nur im äußersten Norden an der Ostseeküste Schleswig-Holsteins zu finden. Förden entstanden während der Eiszeiten durch Gletscherzungen, die von See her tiefe Keile ins Land schürften, die sich nach Abschmelzen der Eismassen in Meeresbuchten verwandelten. Etwas weiter nördlich in Dänemark werden sie Fjorde genannt, ein Begriff der von den Fremdenverkehrsvereinen an der Schlei gerne aufgegriffen wird. Doch der Begriff ist falsch, denn Fjorde entstehen durch aus den Bergen meerwärts herabfließende Gletscher – also durch genau den entgegengesetzten Prozess. Auch die Bezeichnung Förde für die Schlei ist umstritten, denn ihre Entstehung geht vermutlich auf eine Rinne zurück, die Schmelzwasser nach der Eiszeit in der Landschaft hinterlassen hat und die sich später mit Meerwasser füllte. Am Übergang in die Ostsee hat sich durch Sedimentdrift entlang der Küste ein System aus Strandwällen ausgebildet, das die Schlei bis auf einen kleinen, künstlichen Durchlass vollständig von der Ostsee trennt. Zur Ostsee hin von einem Sand- und Kiesstrand begrenzt, folgt ein hoher Strandwall und zur Schlei hin Serien von Strandwällen und Salzwiesen, die stark zerklüftet in das flache Wasser der Förde auslaufen. Eine extensive Beweidung mit Galloway-Rindern drängt das Schilf und aufwachsende Büsche zurück und hält so die Flächen dauerhaft offen.

Eine weitere Landschaftsform, die nur an Schleswig-Holsteins Förden vorkommt, sind die Noore. Dabei handelt es sich um kleine Buchten, die durch schmale Landzungen oft fast von der Hauptförde abgetrennt sind. Im Flachwasser der Schlei wachsen dichte Seegraswiesen und Muschelbänke. Im Spätwinter ziehen Heringe zu ihren Laichplätzen in die Schlei. Auf ihrem Weg dorthin nehmen sie keine Nahrung zu sich, erst bei ihrer Rückkehr in die Ostsee fressen sie wieder und werden von Hunderten Anglern erwartet, die ihre Ruten von der Klappbrücke in Kappeln in die Schlei auswerfen. Auch mit einer Reusenanlage in Kappeln, dem sogenannten Heringszaun, werden die silbrigen Schwarmfische gefangen. Im nahe gelegenen Maasholm dreht

Im flachen Wasser tauchen Eiderenten im Winter auf der Ostsee und in der äußeren Schlei nach Miesmuscheln. Foto: F. Weiß. Schönberger-Strand, März 2015.

sich ebenfalls alles um den Fischfang und natürlich bieten die Schwärme der Heringe auch eine wichtige Nahrungsgrundlage für Wasservögel.

Der Wasserstand in der Schlei schwankt je nach Windrichtung. Nach anhaltendem Westwind wird Wasser aus der Schlei gedrückt und es fallen breite Schlammflächen trocken, die in Anlehnung an das Wattenmeer der Nordsee Windwatten genannt werden. Die Umgebung der Schlei wird von einer leicht gewellten Endmoränenlandschaft geprägt, in der intensiv Ackerbau betrieben wird. Zwischen den Getreide- und Rapsfeldern finden sich jedoch auch alte Wälder mit Buchen und Eichen, wie zum Beispiel um das alte Gut Buckhagen. Mit ihrer Mischung aus Kultur und außerordentlichem landschaftlichen Reiz ist die Schleimündung nicht nur ein Vogelparadies, sondern lockt seit jeher auch unzählige Touristen an. Besonders in den Sommerferien im Juli und August ist die Küste stark überlaufen. Der Strandabschnitt im Naturschutzgebiet Schleimündung gehört zu den wenigen für Besucher gesperrten Bereichen der Ostseeküste. Für die Besucherlenkung wurden an seinem Nordende ein massiver Zaun und eine Vogelwärterhütte errichtet, sodass Strandbrüter und Rastvögel ihre Ruhe haben. Das Naturschutzgebiet bleibt dabei jedoch im Rahmen geführter Wanderungen zugänglich.

Am südlichen Ufer der Schleimündung befand sich bis 2006 der Marinestützpunkt Olpenitz. Nach der Aufgabe begann ein privater Investor, auf dem gigantisch großen Gelände mit mehreren Hafenbecken und Molen das Ostseeresort Olpenitz zu entwickeln, das sich derzeit noch im Bau befindet.

Besondere Vogelarten und Reisezeit

Im Winter dominieren Entenvögel das Vogelleben an der Schlei. Sing- und Höckerschwäne äsen auf den Rapsäckern im Hinterland. Kanadagänse und Graugänse versammeln sich auf den Wiesen an der Förde. Eider-, Trauer- und Eisenten tauchen in der flachen Ostsee nach Miesmuscheln. Auf der Schlei versammeln sich Schellenten, Gänsesäger und Kormorane. Die zahlreichen Wasservögel locken Seeadler an. Im Spülsaum der Ostsee suchen Schneeammern und Strandpieper nach Nahrung.

Anfang März beginnt intensiver Vogelzug. An der Schleimündung kreuzen sich zwei wichtige Zugwege: Die Küste ist Leitlinie für Greifvögel, Tauben und tagziehende Singvögel. Gleichzeitig stellt die Schlei eine Leitlinie für Wasservögel auf ihrem Weg zwischen Nord-

Typische Vogelarten an der Schleimündung, deren Status und günstige Beobachtungszeit (in Klammern)
h = häufiger, r = regelmäßiger; B = Brutvogel, W = Wintergast, D = Durchzügler, N = Nahrungsgast

Art	Status (beste Beobachtungszeit)
Höckerschwan	hB, hD, hW (ganzjährig)
Singschwan	hW (Okt.–März)
Kanadagans	rB, hW (ganzjährig)
Brandgans	hB, hD, rW (ganzjährig)
Eiderente	hD, hW (ganzjährig)
Gänsesäger	rB, hW (ganzjährig)
Mittelsäger	rB, hW (ganzjährig)
Kormoran	hN, hD, hW (ganzjährig)
Seeadler	hN (ganzjährig)
Sandregenpfeifer	rB, hD (März–Sept.)

Art	Status (beste Beobachtungszeit)
Großer Brachvogel	hD, rW (Juli–April)
Rotschenkel	rB, hD (März–Sept.)
Mantelmöwe	rD, hW (ganzjährig)
Sturmmöwe	hB, hD, hW (ganzjährig)
Küstenseeschwalbe	rB, hD (Mai–Aug)
Feldlerche	hB, hD (März–Aug.)
Wiesenpieper	hB, hD (April–Aug.)
Bluthänfling	hB, hD (März–Sept.)
Schneeammer	rW (Okt.–März)

Singschwäne sind häufige Wintergäste an der Schleimündung. Foto: F. Weiß. Wildes Moor, Januar 2016.

und Ostsee dar. Besonders Eiderenten und Weißwangengänse nutzen diesen Zugweg in großer Zahl. Ein idealer Ort also, um den Vogelzug zu beobachten.

Im Frühjahr kommt auch das Brutgeschäft in Gang. Das störungsarme Naturschutzgebiet beherbergt eine von wenigen Seevogelkolonien an der Ostseeküste. Sturmmöwen und Küstenseeschwalben nisten auf der Halbinsel Olpenitz. Brandgänse und Mittelsäger brüten in den Strandwällen und führen ihre Jungen kurz nach dem Schlupf auf die Schlei. Rotschenkel sind noch mit einigen Paaren in den Salzwiesen vertreten, in denen Feldlerchen und Wiesenpieper zu den häufigsten Brutvogelarten gehören. Der Strand ist Brutplatz für die empfindlichen Sandregenpfeifer und Austernfischer. Zwergseeschwalben brüten nur unregelmäßig, besuchen die Schleimündung jedoch von der Kolonie am südlich gelegenen Schwansener See.

Der Wegzug der Limikolen beginnt zeitig: Schon Anfang Juli sind Alpenstrandläufer, Große Brachvögel, Grünschenkel und viele andere Limikolenarten auf den Windwatten zu beobachten. Seinen Höhepunkt erreicht der Durchzug der Limikolen mit dem Erscheinen der Jungvögel im August: Sichelstrandläufer, Zwergstrandläufer, Knutts, Pfuhlschnepfen und viele weitere Arten sind dann häufig zu beobachten.

Beobachtungsmöglichkeiten

Von Kappeln folgt man der B 199 in Richtung Gelting. Von der Abzweigung in Kappeln sind es 6,5 km, bis man die Bundesstraße verlässt und nach rechts in Richtung Maasholm abbiegt. Die Straße durchquert große Feldschläge (1), auf denen im Winter regelmäßig Trupps von Höcker- und Singschwänen äsen, und führt durch den kleinen Ort Wormshöft. Kurz danach erscheint auf der rechten Seite das Wormshöfter Noor (2), auf dem im Winter Schellenten und Gänsesäger rasten. Die Straße endet im kleinen Fischerort Maasholm. Ein großer Parkplatz befindet sich am Ortseingang. Lohnend ist ein Uferweg um die kleine Halbinsel und durch den Hafen (3). Eiderenten, Mittelsäger und Großmöwen sind hier häufig auf geringe Distanz zu beobachten und die Halbinsel bietet einen freien Blick über die zentrale Schlei, wobei ein Spektiv hier gute Dienste leistet. Der Weg führt weiter auf einem Damm nach Norden bis zu einem Aussichtshügel (4), der direkt auf 10° östlicher Breite liegt. Ein idealer Punkt, um mit einem Spektiv die Wasserflächen abzusuchen und den Vogelzug zu beobachten. In den umliegenden Wiesen äsen häufig Kanadagänse und die Schilfflächen am Schleiufer sind Lebensraum von Bartmeisen. Der Weg verläuft weiter auf einem niedrigen Deich Richtung Ostsee. Nach Süden blickt man auf die Flachwasserzone und die Windwatten (5) des Naturschutzgebietes mit zahlreichen rastenden Enten- und Limikolenarten. An einem Rechtsknick des Deiches führt eine Stichstraße geradeaus zum Naturerlebniszentrum (6) und zur Jugendherberge, die auf einem ehemaligen Militärgelände mit zahlreichen verbuschten Hügeln liegen. Neben der sehenswerten Ausstellung lohnt ein Besuch auch für die hier brütenden Vögel. Dorngrasmücken und Bluthänflinge sind häufig und zur Zugzeit rasten verschiedene Singvogelarten. Der Hauptweg führt weiter am Deich zur Vogelwärterhütte (7) fast direkt an der Ostsee. Hier beginnen die sehr empfehlenswerten und außer montags täglich angebotenen Führungen in das Schutzgebiet, auf denen man den Flachwasser- und Schlammflächen näher kommt. Auf der Ostsee vor dem nahe gelegenen Strand schwimmen im Winter Meeresenten und Haubentaucher. Im Frühjahr und Herbst ist die Küste Leitlinie für Zugvögel. Besonders auf dem Frühjahrszug ist in den Morgenstunden oft intensiver Zug zu beobachten. Auf dem Rückweg lohnt sich ein kleiner Umweg: Am Aussichtshügel verlässt man die Küste und folgt dem Fahrweg in weiten Kurven durch eine Niederung (8) mit angrenzenden

Infomaterial/Literatur

Dierschke V 2007: Naturschutzgebiet „Vogelfreistätte Oehe-Schleimünde". Seevögel 18, Sonderheft 44–46.

Aufforstungsflächen. Die feuchten Wiesen, Gebüsche und Waldränder beherbergen eine vielfältige Brutvogelwelt. Die Straße stößt auf die Hauptstraße am Wormshöfter Noor und einen Wanderparkplatz. Hier folgt man dem Weg am Ufer nach Süden zurück nach Maasholm. Der Weg ans Südufer der Schleimündung führt zunächst zurück in Richtung Kappeln. Entlang der Strecke lohnt sich bei Rabel ein Abstecher zum Gutshof Buckhagen (9), der von drei Laubwaldinseln mit mächtigen alten Eichen und Buchen umgeben ist. Hier sind Gartenrotschwänze, Kernbeißer und Waldlaubsänger Brutvögel. In Kappeln endet die B 199 an einer Ampel. Hier biegt man links ab und überquert die Klappbrücke über die Schlei. Hinter der Klappbrücke biegt man die zweite Möglichkeit nach links ab in die „Ostseestraße" Richtung Olpenitz. Von der Hauptstraße geht es nach links durch Olpenitz nach Olpenitzdorf. Hier kann man im Ort parken und den „Olperöer Weg" nach Norden auf eine kleine Halbinsel (10) mit Salzwiesen und angrenzenden Flachwasserflächen laufen. In den Salzwiesen rasten im Herbst gerne Goldregenpfeifer. Östlich von Olpenitzdorf entsteht seit 2006 das Ostseeresort Olpenitz. Während in Teilen des Gebietes noch eifrig gebaut wird, sind andere Bereiche schon fertiggestellt. Das Gelände befindet sich in Privatbesitz, jedoch ist es nach Anmeldung beim Pförtner in der Regel möglich, auf dem Gelände zu beobachten. Sehr lohnend ist die Straße „Schleidamm" (11) auf der ehemaligen nördlichen Kaimauer. Von der Straße blickt man nach Norden auf die Möwen- und Seeschwalbenkolonie der Halbinsel Olpenitz, die durch einen massiven Zaun von Bodenprädatoren freigehalten wird. Nördlich dieser Halbinsel liegt die einzige Verbindung der Schlei zur Ostsee und dahinter die sogenannte Lotseninsel (12) mit dem Leuchtturm. Im Sommer verkehren von Kappeln Ausflugsschiffe zur Lotseninsel, von wo ebenfalls Führungen in das Gebiet angeboten werden. Der Fahrplan reicht zwar nur für einen kurzen Aufenthalt, jedoch gibt es dort einen kleinen Campingplatz, der aufgrund seiner einmaligen Lage zu den ungewöhnlichsten und vogelkundlich interessantesten in Deutschland gehört.

Anfahrt

Mit Bahn und Bus

Der nächstgelegene Bahnhof ist Süderbrarup, von wo die Reise mit dem Bus weiter bis Kappeln führt. Bushaltestellen gibt es auch in Maasholm und Olpenitz.

Mit dem Auto

Den zentralen Ort Kappeln erreicht man von der A 7 Abfahrt Schleswig/Schuby in 25 km über die B 201.

Adressen

Verein Jordsand, Naturerlebniszentrum, Tel.: 04642-921680; Vogelwärterhütte, Tel.: 04642-6117; www.jordsand.de/schutzgebiete/schleim%C3%BCndung

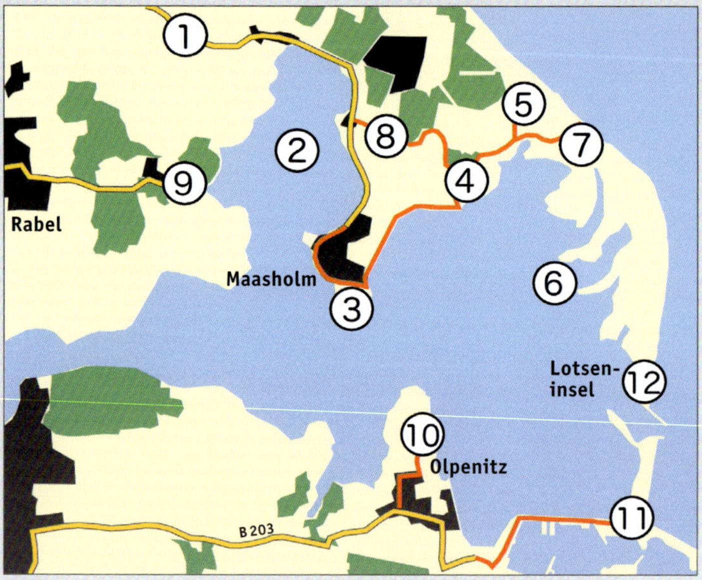

GPS		
Parkplatz nördlich Maasholm	54°41'43" N	09°59'37" O
Parkplatz Maasholm	54°41'11" N	09°59'31" O
Naturerlebniszentrum	54°41'45" N	10°00'56" O
Vogelwärterhütte	54°41'41" N	10°01'27" O

Weitere Freizeitmöglichkeiten

Südlich von Kappeln liegt Arnis, die kleinste Stadt Deutschlands. Über die genaue Zahl ihrer knapp über 300 Einwohner gibt es widersprüchliche Angaben. Die Gründung geht auf das 17. Jahrhundert zurück, als einige Bürger mit ihrem Umzug hierher der Leibeigenschaft entgingen und in der Folge einen florierenden Seehandel mit anderen Ostseehäfen aufbauten. Die malerisch am Ufer der Schlei auf einer Halbinsel gelegene Stadt besteht im Wesentlichen aus einer einzigen Straße. Die alten Häuser sind liebevoll restauriert worden.

Felix Weiß, Christopher König, Christoph Moning, Christian Wagner

Vom Steilufer bei Hohwacht eröffnet sich ein weiter Blick über die Hohwachter Bucht mit ihren überwinternden Meeresenten.
Foto: F. Weiß. September 2017.

Die Hohwachter Bucht

Steilküste und Strandseen

In einer weit geschwungenen Bucht der Ostsee liegen um das beschauliche Ostseebad Hohwacht drei Strandseen mit jeweils ganz eigenem Charakter: Der Sehlendorfer Binnensee mit seinen unzähligen Buchten und weiten Salzwiesen liegt hinter einem weißen Sandstrand versteckt, der Kleine Binnensee liegt in direkter Nachbarschaft zum Truppenübungsplatz Todendorf und am Südufer des Großen Binnensees mit seinen Buchenwäldern vergisst man, dass man sich an der Ostsee befindet. Die drei Gewässer und die angrenzende Ostsee sind ein Magnet für Zugvögel und bedeutende Winterquartiere für unzählige Wasservögel. Die Erkundung aller Beobachtungspunkte benötigt ein bis zwei Tage und ist ganzjährig sehr lohnend.

Während der letzten Eiszeit, der Weichsel-Eiszeit, reichten die Gletscher des Skandinavischen Eisschildes bis ins östliche Schleswig-Holstein und ließen im Bereich der heutigen Hohwachter Bucht eine kräftig gewellte Endmoränenlandschaft zurück. Südlich des Großen Binnensees steigt das Land am Pilsberg, einer Stauchmoräne, sogar auf 134 m über dem Meeresspiegel. Damit ist der Pilsberg die zweithöchste Erhebung Schleswig-Holsteins. Nach dem Abschmelzen der Gletscher entstand in Etappen die heutige Ostsee infolge von Meeresspiegelanstieg und absinkender Landmasse im Bereich des heutigen Schleswig-Holsteins. Geologisch betrachtet ist die Küste der Hohwachter Bucht sehr jung und die andauernden Veränderungen lassen sich an vielen Stellen beobachten. Stetig wird von Wind und Wellen an den Steilküsten, zum Beispiel bei Hohwacht, Sediment abgetragen und durch küstenparallele Strömungen verdriftet. In den Buchten entstehen so Sandhaken und schließlich Nehrungen, die ganze Buchten von der Ostsee abtrennen können und Strandseen entstehen lassen.

Der Sehlendorfer Binnensee ist der jüngste der drei Strandseen in der Hohwachter Bucht und noch nicht von der Ostsee abgenabelt. Je nach Windrichtung strömt salziges Wasser durch einen breiten Kanal in den See und überflutet die niedrigen Salzwiesen an seinen Ufern oder strömt hinaus ins Meer und lässt weite Windwattflächen entstehen. In den Brackwasserröhrichten wächst der Echte Eibisch (*Altaea officinalis*), ein Malvengewächs, aus dessen Wurzeln mit Eiweiß und Zucker die Urform des Marshmallows hergestellt wurde. Das ehemalige Campingplatzgelände „Tivoli“ zwischen Sehlendorfer Binnensee und Ostsee wurde renaturiert und mit zahlreichen kleinen Gewässern und Steinhaufen für die wiederangesiedelten Kreuzkröten (*Epidalea calamita*) und

Nach Sonnenuntergang erklingen noch lange die Rufe der Kraniche und Gänse an ihrem Schlafplatz am Sehlendorfer Binnensee. Foto: F. Weiß, September 2017.

Wechselkröten (*Bufotes viridis*) hergerichtet. Lediglich die einzelnen Birken zeugen noch von seiner Vergangenheit. Die angrenzende Ostseeküste besteht aus einem feinen weißen Sandstrand mit niedrigen Dünen, in denen vereinzelt noch Stranddisteln (*Eryngium maritimum*) wachsen.

Der Kleine Binnensee besitzt keinen Zugang zur Ostsee mehr. Er ist durch einen hohen Strandwall und einen Deich von dieser getrennt. Seine Ufer werden von Rindern und den zahlreichen Gänsen offengehalten. Der Ostseestrand vor dem Kleinen Binnensee ist von Kies durchsetzt und geht in einen ausgeprägten Strandwall mit Meerkohl (*Crambe maritima*) und Meersenf (*Cakile maritima*) über, wie er für viele Abschnitte der Ostsee einst typisch war. Zum Schutz der Strandbrüter sind im Sommerhalbjahr Teile des Strandes gesperrt.

Der Große Binnensee ist der älteste und mit 4,6 km^2 auch der größte der drei Strandseen. Sein landschaftlicher Charakter entspricht insbesondere im Westen und Süden dem eines Binnensees. Alte Buchenwälder, Steilufer und Schilf prägen hier sein Ufer. Trotz seiner Größe ist er jedoch, wie für Strandseen typisch, bei einer mittleren Wassertiefe von 1,9 m ausgesprochen flach. Am unzugänglichen östlichen Ufer, das als Naturschutzgebiet Kronswarder ausgewiesen ist, säumen breite Schilfröhrichte den See. Die Umgebung des Großen Binnensees wird von gewaltigen Ackerschlägen geprägt, auf denen Getreide oder Raps angebaut wird, was auf die noch heute bestehenden Gutshöfe der Region zurückgeht.

Die Flachgründe der Ostsee erstrecken sich vor der Hohwachter Bucht bis zum Horizont. Unter der Wasseroberfläche liegen Miesmuschelbänke und Seegraswiesen, die die Nahrungsgrundlage für die überwinternden Wasservögel sind. Der Fischreichtum lässt sich auch an den zahlreichen Stellnetzen, den vielen Meeresanglern am Strand und den Fischerbooten im Hafen von Lippe ablesen.

Besondere Vogelarten und Reisezeit

Am Sehlendorfer Binnensee hat sich ein Kranichschlafplatz mit regelmäßig etwa 300 Vögeln etabliert, die hier bis spät im Herbst ausharren. Einzelne Vögel überwintern bei milder Witterung auch.

Auf der Ostsee überwintern unzählige Wasservögel. Die prominentesten Wintergäste sind die Meeresenten: Eiderenten sind mit Abstand die häufigste Art aber auch Trauer-, Eis-, Berg- und Schellenten sind ausgesprochen häufig. Für Samtenten stellte die Hohwachter Bucht, neben der Geltinger Birk, den einzigen regelmäßig besetzten Rastplatz

Typische Vogelarten an der Hohwachter Bucht, deren Status und günstige Beobachtungszeit (in Klammern)
h = häufiger, r = regelmäßiger, s = seltener; B = Brutvogel, W = Wintergast, D = Durchzügler, S = Sommergast, N = Nahrungsgast

Art	Status (beste Beobachtungszeit)
Singschwan	hW (Nov.–Mrz.)
Eiderente	hW, rS (Okt.–Apr.)
Eisente	rW, (Okt.–Apr.)
Trauerente	hW (Okt.–Apr.)
Samtente	sW, sD (Okt.–Apr.)
Schellente	hW (Okt.–Apr.)
Zwergsäger	rW, rD (Jan.–Mrz.)
Mittelsäger	rB, hW (ganzjährig)
Gänsesäger	rB, hW (ganzjährig)
Sterntaucher	rW, rD (Okt.–Apr.)
Ohrentaucher	rW, rD (Okt.–Apr.)

Art	Status (beste Beobachtungszeit)
Kormoran	hW, hD, hN (ganzjährig)
Seeadler	rB, hN (ganzjähig)
Kranich	hD, sW (Aug.–Nov.)
Austernfischer	rB, hD, rW (Mrz.–Okt.)
Sandregenpfeifer	rB, hD (Mrz.–Okt.)
Zwergmöwe	hD, rN (Apr./Mai)
Zwergseeschwalbe	sB, hD (Mai–Aug.)
Raubseeschwalbe	sD (Aug./Sep.)
Uferschwalbe	hB, hD (Mai–Aug.)
Bluthänfling	hB (Mrz.–Sep.)

an der Ostseeküste Schleswig-Holsteins dar. Die Vorkommen sind jedoch seit vielen Jahren sehr unstet. In kleiner Zahl rasten Sterntaucher, Ohrentaucher und Tordalke auf der Ostsee, selten lassen sich auch Gryllteisten entdecken. Auf den Rapsäckern um die Strandseen äsen Sing- und Höckerschwäne und am winterlichen Strand suchen Schneeammern und Strandpieper nach Nahrung.

Die Hohwachter Bucht braucht sich in Sachen Vogelzug nicht hinter ihrem bekannteren Nachbarn Fehmarn zu verstecken. Insbesondere im Frühjahr lässt sich der sichtbare Tagzug hier sogar besser beobachten. Bereits im Februar macht sich der Durchzug von Feldlerchen und Drosseln bemerkbar und die Zahl rastender Zwergsäger nimmt deutlich zu. Im März und April erreicht der Vogelzug seinen Höhepunkt. Besonders eindrucksvoll ist der Durchzug der Zwergmöwen, der mit dem Schlupf der Zuckmücken Ende April/Anfang Mai zusammenfällt. Für wenige Tage rasten dann einige Tausend der kleinen Möwen in der Hohwachter Bucht und gaukeln unermüdlich über den Wasserflächen der Strandseen.

Die Strände der Hohwachter Bucht sind Lebensraum von Austernfischern, Sandregenpfeifern und Zwergseeschwalben. Leider sind die weißen Sandstrände auch bei Touristen höchst beliebt und zudem bedroht Prädation durch Füchse und Marder den Bruterfolg der seltenen Strandbrüter. An den Strandseen brüten Graugänse, Mittelsäger, Kiebitze und Rotschenkel. Am Großen Binnensee liegt ein langjähriges Brutrevier von Seeadlern, die an der ganzen Hohwachter Bucht ein häufiger Anblick sind. Gänsesäger brüten in den Nistkästen am Ufer. Auch Flussseeschwalben profitieren von Artenschutzmaßnahmen und haben auf zwei Brutflößen am Sehlendorfer Binnensee eine Kolonie etabliert. In den Steilküsten graben Uferschwalben ihre Brutröhren und Anfang Juni sind vereinzelt singende Karmingimpel anzutreffen. Bei den Limikolen ist der Wegzug sehr viel stärker ausgeprägt als der Heimzug. Bereits im Juli sind die rastenden Trupps von Alpenstrandläufern auffällig, in denen häufig auch Sichelstrandläufer, Zwergstrandläufer, Knutts- und Sanderlinge versteckt sind. Odinshühnchen und Sumpfläufer sind seltene aber regelmäßige Gäste, besonders im August. In den letzten Jahren werden im August und September sehr regelmäßig einzelne Raubseeschwalben am Sehlendorfer Binnensee beobachtet.

Beobachtungsmöglichkeiten

Vom Parkplatz am Westende des Kleinen Binnensees (1) sind es nur wenige Meter bis zum Ostseestrand. 800 m westlich beginnt der Truppenübungsplatz Todendorf (2). Hinter dem massiven Zaun, quer über den Strand, rasten vor Störungen geschützt Kormorane, Mittelsäger, Silber- und Mantelmöwen. Den östlichen Teil des Kleinen Binnensees erreicht man zu Fuß am Strand oder auf einem ausgebauten Fuß- und Radweg zwischen Strandwall und Deich. Einige Holzbrücken verbinden Strand und Weg und bieten die Möglichkeit, einen Blick auf den Strandsee zu werfen. Zahlreiche Gründelenten und Gänse sind dort zu beobachten und oft rasten Kraniche. Am Ostende des Kleinen Binnensees liegt etwas versteckt die Hütte des Vogelwarts (3). Die umgebenden Bäume und Gebüsche sind zu den Zugzeiten beliebte Rastplätze von Singvögeln. Einige Meter weiter liegt ein weiterer Parkplatz. Von hier lässt sich im Frühjahr in den Morgenstunden der Zug von Singvögeln besonders gut beobachten. Der Fischerei- und Sportboothafen Lippe (4) liegt 500 m weiter an der Mündung der Kossau. Südlich der Hafenausfahrt liegt ein kleiner geschützter Strandabschnitt, an dem unregelmäßig Zwergseeschwalben brüten. Im Hafen von Lippe sind im Winterhalbjahr Möwen gut zu beobachten und häufig rasten große Ansammlungen Eider- und Trauerenten auf der Ostsee vor dem Hafen.

Der beste Beobachtungspunkt für einen Blick auf die Wasserfläche des Kleinen Binnensees liegt etwas versteckt. In Behrensdorf zweigt von der „Strandstraße“ der Feldweg „Heinholtshöh“ ab und schlängelt sich von dichten Knicks gesäumt durch Wiesen und Felder. Nach 900 m erreicht der Weg eine kleine Aussichtsplattform (5), von der sich ein fantastischer Blick auf den Kleinen Binnensee mit den angrenzenden Feuchtwiesen bietet. Zudem herrscht hier fast den ganzen Tag Rückenlicht.

Die Ufer des Großen Binnensees sind nur an wenigen Stellen zugänglich und durch seine Ausdehnung ist ein Spektiv hier sehr hilfreich. Die besten Beobachtungsbedingungen bieten sich am westlichen Ufer. Von der Straße zwischen Behrensdorf und Stöfs zweigt eine kleine Straße zum Gut Waterneversdorf ab. Das Gutsgelände ist im Privatbesitz.

Weiße Sandstrände sind beliebt bei Urlaubsgästen und Zwergseeschwalben.
Foto: F. Weiß. September 2017.

Kraniche rasten nicht so viele wie andernorts, aber sie sind selten so gut zu beobachten.
Foto: E. Lietzow. Rehdener Geestmoor, 4.11.2015.

Man verlässt das Gut nach Süden über eine lange Alleestraße, die eine Sichtachse des klassizistischen Gutshauses bildet. Entlang der Straße bieten sich immer wieder freie Blicke (6) auf die Seefläche und die zahlreich dort rastenden Wasservögel. Der Weg schlängelt sich weiter am Seeufer nach Süden und folgt den Buchten. Im Winter liegt hier oft ein Schlafplatz von Bergenten, Seeadler sind regelmäßig bei der Jagd zu beobachten und in den Nistkästen am Ufer brüten Gänsesäger.

Als Ausgangspunkt für eine Erkundung des Sehlendorfer Binnensees bietet sich der Parkplatz im Süden von Hohwacht an (7). Bevor es zum Binnensee geht, lohnt sich im Winterhalbjahr jedoch zunächst der Weg ans Steilufer (8) in Hohwacht mit einer spektakulären Sicht über die Hohwachter Bucht. Von einer Aussichtsplattform an der Steilküste hat man beste Beobachtungsmöglichkeiten für die überwinternden Wasservögel. Zum Sehlendorfer Binnensee gelangt man über die Straße „Brackstock". Sie durchquert zunächst das renaturierte Gelände des ehemaligen Campingplatzes „Tivoli", in dem für Amphibien diverse Steinhaufen angelegt wurden, die auch bei rastenden Steinschmätzern sehr beliebt sind. Nach 800 m erreicht man einige Sitzbänke und Infotafeln. Hier teilt sich der Weg: Ein Abstecher nach Norden führt durch niedrige Dünen an den feinen weißen Sandstrand (9). Hier bietet sich ein Blick auf die Einmündung des Verbindungskanals zwischen Binnensee und Ostsee sowie auf die Hohwachter Bucht. Der Hauptweg führt über eine Holzbrücke zum östlichen Teil des Sehlendorfer Binnensees und einigen großen Campingplätzen. Kurz vor der Brücke zweigt nach rechts ein schmaler Fußweg ab, über den man zu einer Beobachtungsplattform (10) gelangt, die gefühlt mitten im See liegt. Dieser Beobachtungspunkt gehört sicher zu den spannendsten an der Deutschen Ostseeküste. In nur 50 m Entfernung liegen zwei Brutflöße, auf denen Flussseeschwalben eine Kolonie etabliert haben. Dahinter schweift der Blick über Flachwasserbereiche und kurzrasige Salzwiesen mit zahlreichen rastenden Gründelenten und Gänsen. Südlich der Plattform liegen Sandbänke, auf denen Limikolen, Möwen und Seeschwalben rasten. In den Abendstunden ist der lautstarke Einflug von Kranichen an ihrem Schlafplatz zu bewundern. Hier kann man zu allen Jahreszeiten stundenlang beobachten.

Weitere Freizeitmöglichkeiten

Ein beeindruckendes Beispiel für die prächtigen Gutshöfe im Kreis Plön stellt

Raubseeschwalben sind im Spätsommer regelmäßige Gäste in der Hohwachter Bucht.
Foto: C. Moning. Gambia, Januar 2014.

Infomaterial/Literatur

Moning C, Weiß F 2007: Vögel beobachten in Norddeutschland. Kosmos, Stuttgart.

das Gut Panker dar, das südwestlich des Großen Binnensees liegt. Das schlossartige Gutshaus ist in Privatbesitz und kann nur von außen betrachtet werden, doch ist der Rest des großen Gutes touristisch erschlossen mit zahlreichen Galerien und Restaurants. Beeindruckend sind die alten Solitäreichen, die um das Gut wachsen, und die eleganten Pferde des Trakenergestüts. In der Nachbarschaft liegt der Pilsberg mit dem Aussichtsturm Hessenstein, von dem der Blick bei guter Sicht bis Fehmarn und zur Dänischen Küste reicht. Besonderes zur Zeit der Rapsblüte im Mai bietet sich von dort oben ein malerischer Blick.

Felix Weiß, Christopher König, Christoph Moning

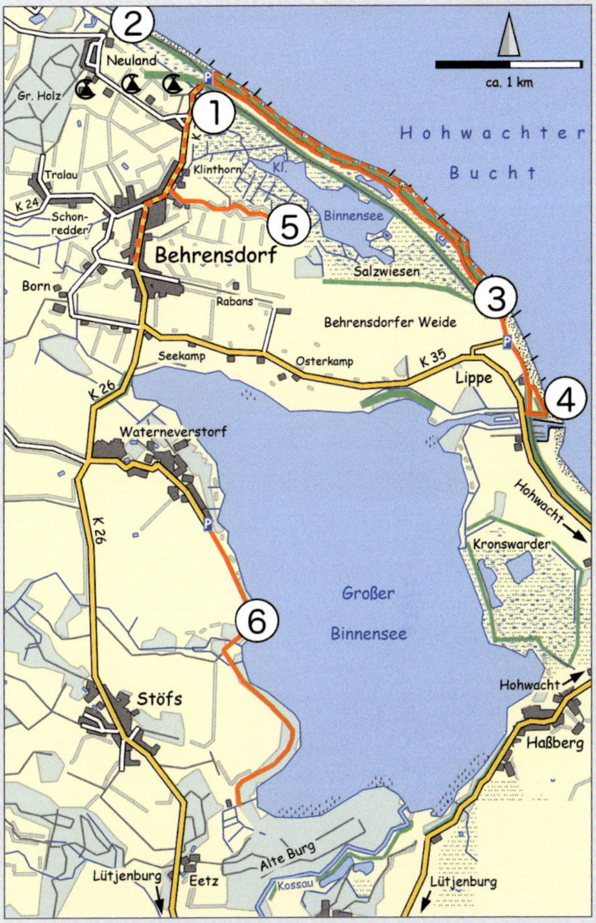

Anfahrt

Mit Bahn und Bus

Die Region liegt weit abseits jeglicher Bahnlinien, jedoch ist Hohwacht vom Bahnhof Kiel aus über den ZOB in Lütjenburg erreichbar. Haltestelle „Strandstraße, Hohwacht". Alternativ erreicht man Lütjenburg auch vom Bahnhof in Oldenburg i. H. an der Bahnlinie Lübeck-Puttgarden.

Mit dem Auto

Auf der A1 bis zur Abfahrt Oldenburg i. H.-Süd und weiter auf der B 202 Richtung Lütjenburg. Nach 14 km rechts Richtung Hohwacht.

Adressen

NABU Lütjenburg: www.nabu-luetjenburg.de

GPS		
Parkplatz Kleiner Binnensee (1)	54°21'27.00" N	10°36'41.00" O
Beobachtungsturm Kleiner Binnensee (5)	54°20'56.00" N	10°37'12.00" O
Parkplatz Hohwacht (7)	54°19'06.00" N	10°40'32.00" O
Beobachtungsplattform Sehlendorfer Binnensee (10)	54°18'36.00" N	10°40'38.00" O
Gut Panker	54°19'49.00" N	10°34'23.00" O

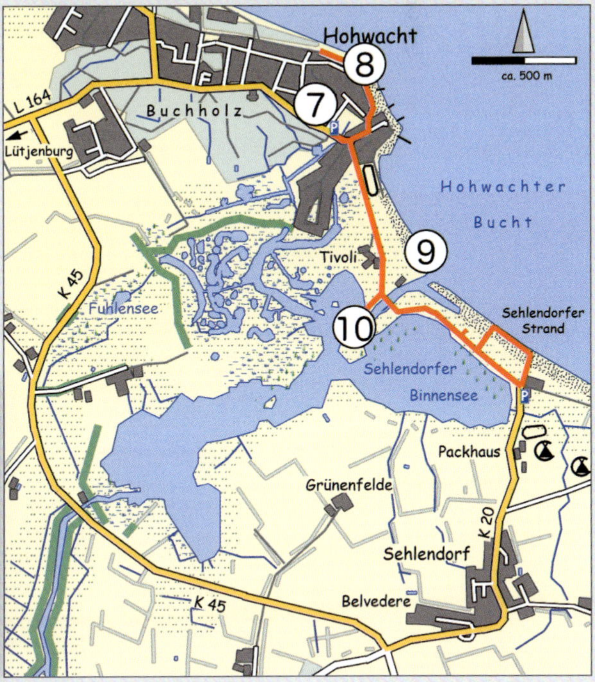

Nicht Meer, aber auch nicht ganz Land – die Wiesen von Hallig Hooge werden regelmäßig überflutet. Andreas / Adobe.Stock.com

Hallig Hooge

Die Königin der Halligen

Vögel prägen die Landschaft auf Hallig Hooge. Im April und Mai rasten Tausende Ringelgänse in den Salzwiesen fast ohne Scheu vor Menschen. Die leisen „rott-rott“-Rufe der Gänse sind zu dieser Zeit allgegenwärtig. Weit vor der Küste, umgeben vom Nationalpark Schleswig-Holsteinisches Wattenmeer, und in der Biosphäre „Die Halligen“ leben Menschen und Vögel im Einklang miteinander. Das Leben wird bestimmt vom Rhythmus der Gezeiten, vom Fahrplan der Fähre und vom oft rauen Wetter. Ein Besuch auf der Hallig Hooge bietet nicht nur einmalige Vogelbeobachtungen, sondern ist auch landschaftlich und kulturell ein Erlebnis.

Von der Fähre ist Hallig Hooge zunächst nur als feine dunkle Linie am Horizont auszumachen. Beim Näherkommen erkennt man elf flache Hügel, die Warften, auf denen die Häuser der 108 Einwohner geschützt vor Sturmfluten sind. Denn Hallig Hooge liegt nur wenige Dezimeter über dem mittleren Tidehochwasser und wird besonders bei Sturmfluten im Winterhalbjahr regelmäßig überspült. Eine Warft, die Pohnwarft, ist unbewohnt. Den 108 Einwohnern stehen rund 500 Gästebetten mit etwa 45 000 Übernachtungen im Jahr und Tausende weitere Tagesgäste gegenüber.

Bei der Ankunft am Fähranleger erblickt man den Sommerdeich, der die Hallig im Gegensatz zu den übrigen Halligen zumindest vor den niedrigen Sommersturmfluten schützt und die Zahl der Landunter auf zwei bis fünf im Jahr beschränkt. Seewärts wird der Sommerdeich von einem massiven Deckwerk aus schweren Granitblöcken geschützt. Lahnungen aus doppelten Pflockreihen mit zwischenliegendem Buschwerk befestigen die Hallig zusätzlich und sind beliebte Rastplätze für Limikolen, Eiderenten, Möwen und Seeschwalben. Die Pflege des Deiches und der Lahnungen ist Aufgabe der Küstenschützer, neben Tourismus und Landwirtschaft der wichtigste Arbeitsbereich auf Hallig Hooge. Die Wiesen auf Hallig Hooge ähneln sehr extensiven Weiden am Festland. Die wenigen Überflutungen im Jahr reichen nicht für die Ausprägung einer typischen Salzwiese, wie sie für die anderen Halligen und die Vorländer am Festland typisch ist. Prägend für die Wiesen sind die großen Bestände des Roten Zahntrost (*Odontites vulgaris*). In den Lahnungsfeldern und an den Rändern der Priele, die die Hallig engmaschig durchziehen, findet sich dann doch die typische Vegetation der Salzwiesen, die an die extremen Standortbedingungen im Wechsel der Gezeiten angepasst ist. Queller (*Salicornia salicornia*) und Schlickgras (*Spartina anglica*) wachsen in den tiefliegenden Bereichen in den Lahnungsfeldern. Portulak Keilmelde (*Halimione portulacoides*), Strandwermut (*Artemisia maritima*) und Strandflieder (*Limonium vulgare*) sind typische Arten an den Rändern der Priele. Neben den Ringelgänsen weiden im Sommerhalbjahr zahlreiche Rinder und einige Schafe auf den Wiesen der Hallig. Als Pensionsvieh werden die meisten Tiere im Herbst mit der Fähre zurück ans Festland gefahren.

Die Häuser auf den Warften stehen eng gedrängt und schützen sich gegenseitig vor den oft heftigen Winterstürmen. Im Zentrum jeder Warft liegt ein kleiner vom Regenwasser gespeister Teich, der Fehting, häufig von Schilf, Büschen und Bäumen umgeben. Bevor Hooge an die Trinkwasserversorgung vom Festland angeschlossen wurde, waren die Fehtinge die einzige Quelle für Süßwasser, denn anders als die benachbarten Geestinseln Amrum und Föhr besitzt Hooge wie alle Halligen keine Süßwasserlinse im Boden.

Die Schwärme der Goldregenpfeifer sind für das Frühjahr genauso typisch wie die Ringelgänse. Foto: C. Moning. Karrendorfer Wiesen, 21.8.2010.

Besondere Vogelarten und Reisezeit

Der Frühling ist die Zeit der Ringelgänse. Ab März kehren die ersten Trupps aus ihrem Winterquartier in den Niederlanden zurück, um für zwei Monate Rast auf den Salzwiesen zu machen. Den weitaus größten Teil machen Dunkelbäuchige Ringelgänse aus, die ihr Brutgebiet in der Sibirischen Tundra haben. Vereinzelt sind jedoch auch Hellbäuchige Ringelgänse (Unterart *hrota*) der Population Spitzbergens und Pazifische Ringelgänse (Unterart *nigricans*) aus Nordamerika oder Ostsibirien in den Schwärmen versteckt. Die hübschen Rothalsgänse sind ebenfalls seltene, aber regelmäßige Gäste im Frühjahr. Zeitweise halten sich sogar mehrere Vögel gleichzeitig auf der Hallig auf. Prägend im Frühjahr sind auch die großen Schwärme der Goldregenpfeifer.

Bis Ende Mai verweilen die Ringelgänse auf Hallig Hooge, während das Brutgeschäft der heimischen Vögel be-

Die Warften mit ihren Häusern sind die einzigen Erhebungen in der ebenen Landschaft von Hallig Hooge. T homasBal / Stock.Adobe.com

reits auf Hochtouren läuft. Hier gibt es weder Füchse noch andere Bodenprädatoren und so gleicht die Hallig einer einzigen Vogelkolonie. Überall verstreut in den Salzwiesen nisten Küstenseeschwalben, Säbelschnäbler, Herings-, Silber- und Sturmmöwen. Austernfischer und Rotschenkel brüten in sehr hohen Dichten. Zwergseeschwalben brüten auf einer vorgelagerten Sandbank mit Muschelschill im Osten und Lachmöwen in einer großen Kolonie im Westen, aber auch verstreut über die ganze Hallig. Eiderenten und Mittelsäger führen ab Juni ihre Küken in den Prielen der Hallig und allgegenwärtig sind die Gesänge von Feldlerchen und Wiesenpiepern. Auf der benachbarten Hallig Norderoog befindet sich die größte Brandseeschwalbenkolonie in Schleswig-Holstein. Wie die Ringelgänse denken auch viele arktische Limikolen im Mai noch nicht ans Brüten. Knutts, Pfuhlschnepfen, Kiebitzregenpfeifer, Steinwälzer, Alpenstrandläufer und Sandregenpfeifer der nordischen Unterart *tundrae* fressen sich auf den Wattflächen um Hallig Hooge Fettpolster für den langen Flug in die Tundra an. Ihr Aufenthalt in der Arktis ist nur kurz und bereits ab Juli sind sie wieder zurück im Wattenmeer. Im Herbst sind in den Büschen und Bäumen auf den Warften so manche spannenden Entdeckungen möglich. Für rastende Singvögel sind die Bäume und Büsche die einzigen Rastmöglichkeiten in der sonst völlig offenen Landschaft. Grasmücken und Fliegenschnäpper leiten im August den Herbstzug ein, gefolgt von Laubsängern, Finken und Drosseln. Ende September und im Oktober sind Gelbbrauenlaubsänger regelmäßige Gäste.

Ab Mitte November wird es ruhig auf der Hallig. Kleine Gruppen von Meerstrandläufern und Steinwälzern überwintern an der Steinschüttung am Ringdeich. Schneeammern und Strandpieper sind vereinzelt am Sommerdeich zu beobachten.

Die isolierte Lage von Hallig Hooge im äußeren Wattenmeer und die guten Beobachtungsmöglichkeiten haben in den letzten Jahren zu einer ganzen Reihe von Beobachtungen extrem seltener Arten geführt. So gelangen allein 2017 Nachweise einer Elfenbeinmöwe, eines Steinortolans und eines Waldpiepers.

Beobachtungsmöglichkeiten

Schon während der Fahrt vom Festland zur Hallig sollte man das Fernglas immer parat haben. Im Sommerhalbjahr folgen zunächst Flussseeschwalben dem Schiff, die bei Annäherung an die Hallig vermehrt von Küstenseeschwalben abgelöst werden. Brandseeschwalben kreuzen das Fahrwasser und Eiderenten schwimmen in dichten Schwärmen über den Miesmuschelbänken oder stehen an den Rändern der Priele. Bei ruhigem Wetter kann man gelegentlich Schweinswale entdecken und Seehunde rasten auf den Sandbänken. Bei der Ankunft auf der Hallig sind zunächst die Einreiseformalitäten zu absolvieren. Für einen Kurbeitrag von einem Euro erhält man eine Postkarte mit

Typische Vogelarten auf Hallig Hooge, deren Status und günstige Beobachtungszeit (in Klammern)
h = häufiger, r = regelmäßiger, s = seltener; B = Brutvogel, W = Wintergast, D = Durchzügler, S = Sommergast, N = Nahrungsgast

Art	Status (beste Beobachtungszeit)
Ringelgans	hD, sW (Mrz.–Mai, Sep.–Nov.)
Rothalsgans	sD (Mrz.–Mai, Sep.–Nov.)
Pfeifente	hD, rW, (Sep.–Apr.)
Eiderente	hW, rB, rS (ganzjährig)
Mittelsäger	hB, rD, rW (ganzjährig)
Austernfischer	hB, hD, hW (ganzjährig)
Säbelschnäbler	hB, rD (Apr.–Sep.)
Sandregenpfeifer	rB, hD (Mrz.–Sep.)
Rotschenkel	hB, hD, rW (ganzjährig)
Knutt	hD, rW, rS (Mrz.–Okt.)
Pfuhlschnepfe	hD, sW, sS (Apr.–Mai, Jul.–Sep.)

Art	Status (beste Beobachtungszeit)
Meerstrandläufer	rW (Okt.–Mrz.)
Heringsmöwe	rB, hD (Mrz.–Sep.)
Silbermöwe	hB, hD, hW (ganzjährig)
Lachmöwe	hB, hD (Mrz.–Okt.)
Küstenseeschwalbe	hB, hD (Mai–Aug.)
Zwergseeschwalbe	rB (Mai–Aug.)
Brandseeschwalbe	hN (Apr.–Sep.)
Feldlerche	hB, hD (Mrz.–Okt.)
Wiesenpieper	hB, hD, rW (Apr.–Okt.)
Gelbbrauen-Laubsänger	sD (Sep.–Okt.)

einer Landkarte der Hallig. Am Anleger (1) warten Pferdegespanne auf die Tagesgäste, die von hier zur Hanswarft fahren. Für Vogelbeobachter empfiehlt sich bei kurzem Aufenthalt am Anleger ein Fahrrad zu mieten. Geradeaus führt der Weg zur Backenswarft und links an ihr vorbei. Am Fuß der Warft teilt sich der Weg. Geradeaus geht man Richtung Hanswarft, einige Meter weiter zweigt nach links ein Weg zu den Klärteichen (2) ab, an denen eine Beobachtungshütte errichtet wurde, deren Zugang leider keinen Sichtschutz hat. Hier lassen sich im Winterhalbjahr Pfeifenten und häufig Reiherenten beobachten. Zurück am Hauptweg geht man weiter zur Hanswarft (3), dem kulturellen Mittelpunkt der Hallig. Neben dem sehenswerten Museum „Königspesel" befinden sich hier auch das legendäre Sturmflutkino, ein Laden und das Nationalpark-Informationszentrum und Seminarhaus der Schutzstation-Wattenmeer. Hier kann man sich über aktuelle Beobachtungen und Zählergebnisse informieren oder den Lebensraum Wattenmeer mit seinen Bewohnern besser kennenlernen. Auf der Hanswarft findet traditionell auch die Eröffnungsveranstaltung der Ringelganstage statt, die 2018 vom 21. April bis zum 13. Mai mit zahlreichen Veranstaltungen auf die Halligen locken. Wegen der vielen öffentlichen Gebäude auf der Hanswarft, kann man hier in Ruhe die Büsche und Bäume nach Singvögeln absuchen, ohne die Privatsphäre der Halligbewohner zu strapazieren. Weiter führt der Weg durch die Salzwiesen zur Ockenswarft ganz im Osten und links an der Warft vorbei zum Sommerdeich. Auf dem Deich ein Stück nach links gehend ist in den Lahnungsfeldern eine kleine Sandbank (4) mit Muschelschill entstanden, auf der sich eine kleine Kolonie Zwergseeschwalben befindet und auf der auch Sandregenpfeifer brüten. Bei Hochwasser rasten zahlreiche Limikolen. Auf dem Sommerdeich führt der Weg zurück zum Anleger. Bei Niedrigwasser halten sich im Frühjahr und Herbst an den Lahnungen häufig Regenbrachvögel auf. Bei auflaufendem Wasser lassen sich Knutts, Pfuhlschnepfen und viele andere Limikolen beobachten.

Der Sommerdeich zwischen dem Seglerhafen und der Westerwarft ist der beste Abschnitt (5), um im Winter Meerstrandläufer zu beobachten. Auf dem Sommerdeich lässt sich die Hallig komplett umrunden. Der leicht erhöhte Standpunkt bietet dabei immer einen guten Blick über die rastenden Gänse, aber auch die Wege quer über die Hallig bieten gute Beobachtungsmöglichkeiten.

Meerstrandläufer rasten gerne auf den Granitblöcken des Sommerdeichs.
Foto: C. Moning. Island, 2.3.2014.

Ringelgänse prägen die Landschaft auf Hallig Hooge.
Foto: Menno Schäfer / Stock.Adobe.com

Hallig Hooge sind die unbewohnten Außensände Japsand und Norderoogsand sowie die Hallig Norderoog vorgelagert. Alle drei Gebiete liegen in der Schutzzone 1 des Nationalparks. Der Japsand und die Hallig Norderoog (nur außerhalb der Brutzeit) können im Rahmen von geführten Wattwanderungen besucht werden, die zum Beispiel von der Schutzstation Wattenmeer angeboten werden. Die Nordspitze des Japsand darf auch auf eigene Faust erkundet werden, jedoch ist es sehr ratsam, sich einem ortskundigen Führer anzuschließen. Eine Wanderung zu diesen letzten Flecken Wildnis in Deutschland ist ein ganz besonderes Erlebnis. Die Weite und Dynamik des Wattenmeeres offenbart sich auf einer solchen Wanderung und mit Glück begegnet man im Watt einem der großen Knuttschwärme bei der Nahrungssuche.

Weitere Freizeitmöglichkeiten

Der Königspesel auf der Hanswarft ist ein Kapitänshaus und als Museum öffentlich zugänglich. Die mit handbemalten holländischen Kacheln übersäten Wände und die Kunstschätze aus aller Welt vermitteln ein Bild von der Bedeutung und dem Reichtum der Hooger Kapitäne und Walfänger in früheren Jahrhunderten. König Friedrich IV. von Dänemark wählte dieses Haus für sein Nachtlager, als ihn 1825 eine Sturmflut zum Verweilen auf Hooge zwang. Auch heute sind die Fahrpläne der Fähren nur Anhaltspunkte und Wetter und Tide entscheiden letztlich, ob man die Hallig erreicht und wann man sie wieder verlässt. Der etwas betagte Film über den Blanken Hans im benachbarten Sturmflutkino ist ein authentisches Dokument einer Sturmflut.

Felix Weiß, Christopher König, Christoph Moning

Infomaterial/Literatur

Moning C, Weiß F 2007: Vögel beobachten in Norddeutschland. Kosmos-Verlag, Stuttgart.

Just K, 2017: Barfuß auf dem Sommerdeich. Eden Books, Berlin.

Wir bedanken uns bei Nationalparkranger Martin Kühn und Michael Kliesch von der Schutzstation Wattenmeer für Anregungen zum Beitrag.

Anfahrt

Mit Bahn und Bus

Zur Hallig Hooge gelangt man mit der Fähre ganzjährig ab Schlüttsiel mit den Schiffen der WDR und in der Saison von Strucklahnungshörn auf Nordstrand mit der MS Adler-Express. Zudem verkehren von Schlüttsiel eine Reihe Ausflugsschiffe. Die Fahrten der MS Seeadler zur Hallig Hooge werden von Mai bis September dienstags und donnerstags von einem Nationalparkranger vogelkundlich begleitet. Das Schiff legt um 12 Uhr ab. Die MS Rungholt verkehrt ebenfalls regelmäßig von Schlüttsiel zur Hallig Hooge.

Schlüttsiel ist mit dem Bus vom Bahnhof Bredstedt erreichbar und Strucklahnungshörn vom Bahnhof Husum ebenfalls mit dem Bus. Die Fahrtzeiten der Busse sind auf die Fähren abgestimmt.

Mit dem Auto

Kostenpflichtige Parkplätze sind an den Fähranlegern in Schlüttsiel und Strucklahnungshörn vorhanden.

Adressen

Schutzstation Wattenmeer Hallig Hooge, Hanswarft 2, 25859 Hallig Hooge, Tel.: 04849-229, hooge@schutzstation-wattenmeer.de; www.schutzstation-wattenmeer.de/unsere-stationen/hooge

Fahrpläne der MS Seeadler: www.seeadler-hooge.de; Fahrpläne der MS Adler-Express: www.adler-schiffe.de; Fahrpläne der MS Rungholt: www.halligmeerfahrten.de; Fahrpläne der WDR: www.faehre.de

www.ringelganstage.de

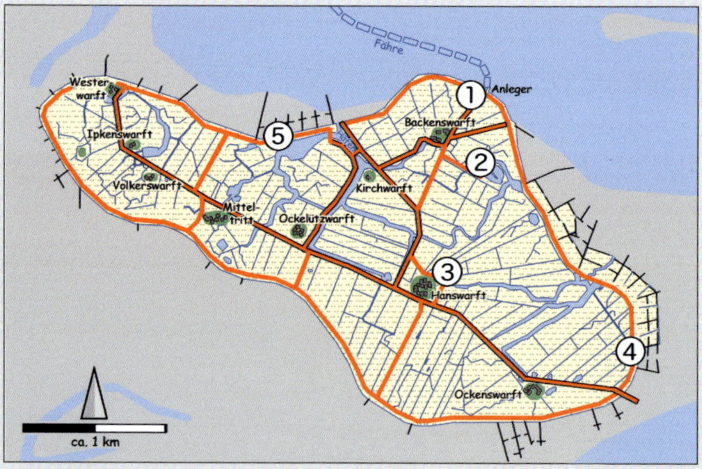

GPS		
Parkplatz Schlüttsiel	54°40'52.00" N	8°45'26.00" O
Parkplatz Strucklahnungshörn	54°29'52.00" N	8°48'38.00" O
Fähranleger Hallig Hooge	54°34'42.00" N	8°33'24.00" O
Hanswarft	54°33'56.00" N	8°33'02.00" O

Die Ufer der Speicherbecken werden von kurzrasigen Wiesen und Schilfgürteln gesäumt. Foto: F. Weiß. 3.1.2019.

Der Hauke-Haien-Koog

Im Land des Schimmelreiters

Der 1958/1959 eingedeichte Hauke-Haien-Koog war der erste Speicherkoog an der schleswig-holsteinischen Nordseeküste. Die beiden Speicherbecken stellten sich schon bald nach der Eindeichung als wertvolle Brut- und Rastplätze für unzählige Küsten- und Wasservögel heraus. Ein Besuch im Hauke-Haien-Koog in direkter Nachbarschaft zum Nationalpark Schleswig-Holsteinisches Wattenmeer ist ein herausragender Exkursionspunkt bei jeder Beobachtungstour nach Nordfriesland. Die hier überwinternden Uferschnepfen und der spätsommerliche Rastplatz der Löffler sind nur zwei der zahlreichen vogelkundlichen Besonderheiten in diesem einzigartigen Gebiet.

Benannt wurde der Hauke-Haien-Koog 1961 kurz nach seiner Eindeichung nach dem berühmten Deichgrafen aus Theodor Storms Novelle „Der Schimmelreiter“, die von Hans Mommsen, einem Bauern und Universalgelehrten aus dem nahegelegenen Fahretoft, inspiriert war, der insbesondere auf den Gebieten der Mathematik und Astronomie glänzte. Sehr gefragte Kenntnisse in dieser flachen, amphibischen Region, die seit jeher von hereinbrechenden Sturmfluten bedroht wurde und in der Landwirtschaft und Leben nur durch ein geniales System aus Kanälen, Sielen, Schöpfwerken und Deichen möglich war und ist. Auch heute noch existiert der Titel des Deichgrafen – es sind die Leiter der Deich- und Hauptsielverbände, denen die hoheitliche Verantwortung für Pflege und Betrieb der wasserbaulichen Anlagen obliegt. Der Hauke-Haien-Koog liegt im Verbandsgebiet Südwesthörn-Bongsiel. Weite Teile der Marsch, des ebenen, geologisch jungen Landes in dieser Region liegen nur knapp über oder sogar unter dem Meeresspiegel. Ständig muss daher Wasser ins Meer abgeleitet werden. Als weitere Herausforderung muss außerdem das aus der höher gelegenen Geest über die Lecker und Soholmer Au abfließende Wasser durch die flache Marsch in die Nordsee gelangen. Früher war die Marsch in den Wintermonaten daher großflächig überschwemmt, denn bei Sturmfluten mussten die Siele in den Deichen verschlossen werden und das nachströmende Wasser trat schon bald über die Ufer der Flüsse und Kanäle. Daher wurden die Flüsse im von hohen Dämmen begrenzten Bongsieler Kanal durch die Marsch direkt in die Nordsee geleitet. Der Hauke-Haien-Koog mit seinen beiden großen Speicherbecken wurde als zusätzliches Reservoir konzipiert, für den Fall dass bei schweren Sturmfluten über längere Zeit die Siele verschlossen werden müssen. Heute gehören die großflächigen Überschwemmungen in der Marsch der Vergangenheit an. Die Speicherbecken selbst haben sich schnell zu einem bedeutenden Brut- und Rastgebiet für unzählige See- und Küstenvögel entwickelt. Nördlich zwischen Hauke-Haien-Koog und Dagebüll wurde 1988 der mit 55 ha deutlich kleinere Fahretofter Westerkoog eingedeicht und südlich Richtung Hamburger-Hallig entstand zwei Jahre später die gleich große Ockholmer Vordeichung. Beide Köge verkürzten und ersetzten die nicht mehr zeitgemäße Bedeichung auf diesen Abschnitten.

Der Naturschutz im Hauke-Haien-Koog beruht auf dem langjährigen Engagement des betreuenden Vereins Jordsand und der Unterstützung des Eigentümers, des Deich- und Hauptsielverbandes, sowie in jüngerer Zeit auch durch die vom Land Schleswig-Holstein finanzierte Integrierte Station Westküste. Ein schönes Beispiel dafür, dass auch ohne gesetzlichen Schutz Gebiete positiv für die Natur entwickelt werden können, wenn alle Akteure hinter diesem Ziel stehen. Bis heute ist der Hauke-Haien-Koog nicht als Naturschutzgebiet, ja nicht einmal als Landschaftsschutzgebiet ausgewiesen. Lediglich seit Etablierung des Schutzgebietsnetzwerks Natura 2000 genießt er den Status eines Europäischen Vogelschutzgebietes und in Teilen eines FFH-Gebietes.

Die beiden Speicherbecken im Hauke-Haien-Koog sind an ihren Ostufern von breiten Schilfröhrichten gesäumt, die im Winter teilweise geerntet werden, um Reet für die Dächer der typischen Friesenhäuser zu gewinnen. Die Westufer sind von breiten Schlickflächen gesäumt und gehen in kurzrasige Flächen über, die mit Schafen beweidet und zusätzlich von Tausenden Gänsen kurz gehalten werden. In den Wiesen liegen zahlreiche kleine Blänken und kleinräumig bilden sich durch Qualmwasser im ansonsten ausgesüßten Koog Salzrasen aus. Der Ostteil des Hauke-Haien-Koogs wird intensiv landwirtschaftlich genutzt und ist von Ackerbau, Schweinemast und einzelnen Gehöften geprägt.

Der weiter im Hinterland gelegene Bottschlotter See ist ein alter naturnaher Marschsee mit breiten Verlandungszonen. Über den Bongsieler Kanal ist er mit dem Hauke-Haien-Koog verbunden und dient bei Sturmfluten ebenfalls als Speicherbecken.

Besondere Vogelarten und Reisezeit

Einmalig in Deutschland sind die regelmäßig überwinternden Uferschnepfen. Das Vorkommen im Hauke-Haien-Koog und im Fahretofter Westerkoog besteht erst seit etwa zehn Jahren. Die Ablesung einer auf Island beringten Uferschnepfe deutet darauf hin, dass es sich um Vögel der Unterart *islandica* handeln könnte. Allerdings ist das Gefieder im Winter keine Hilfe bei der Bestimmung und die im Vergleich zur Nominatform etwas gedrungenere Struktur ist oft schwer einzuschätzen. Weitere Ringablesungen wären daher sehr hilfreich für die Einordung dieses in Deutschland einmaligen Winterrastplatzes.

Auch einige andere Limikolenarten harren im Hauke-Haien-Koog oft bis weit in den Winter aus, wenn die meisten ihrer Artgenossen längst weiter südlich im Winterquartier sind. Regelmäßig, aber nicht alljährlich, können noch im Dezember einzelne Kampfläufer und Säbelschnäbler beobachtet werden und auch Löffler verweilen als Einzelvögel oft bis in den Winter. Typisch und häufig sind im Winter hingegen Austernfischer, Große Brachvögel, Kiebitzregenpfeifer und Alpenstrandläufer. An den Hafenmolen des Fähranlegers rasten häufig Steinwälzer. Auf den kurzrasigen Wiesen im Koog weiden unzählige Pfeifenten und Weißwangengänse. Spieß- und Krickenten schwimmen im Flachwasser und auf den fischreichen Sielzügen halten sich Gänse- und Zwergsäger auf. Die zahlreichen Wintergäste locken Seeadler und Wanderfalken an, die sich regelmäßig zur Jagd einfinden. In den Schilfflächen im Südbecken besteht in manchen Wintern ein Schlafplatz von Kornweihen. Im Spülsaum am Deich suchen Schneeammern und Ohrenlerchen nach angespülten Sämereien aus den Salzwiesen.

Als Brutgebiet ist vor allem der nördlich angrenzende Fahretofter Westerkoog mit seinen zahlreichen kleinen Inseln von Bedeutung. Dort brüten Säbelschnäbler, Weißwangengänse, Reiher-, Tafel-, und Schnatterenten sowie Säbelschnäbler und Schwarzhalstaucher. Im Hauke-Haien-Koog sind vor allem schilfbrütende Arten vertreten. Darunter mehrere Paare Rohrweihen,

Der Hauke-Haien-Koog ist im Spätsommer einer der bedeutendsten Rastplätze für Löffler in Deutschland. Foto: E. Lietzow. Greetsiel, 16.3.2017

Ohrenlerchen sind Wintergäste in den Salzwiesen. Foto: C. Moning. Texel, 3.1.2010.

Rohrdommeln, Bartmeisen sowie unzählige Schilfrohrsänger. Auch am Bottschlotter See dominieren schilfbrütende Arten.

Im Spätsommer ist der Hauke-Haien-Koog dann bis zum Bersten voll mit Vögeln und gehört zu den herausragenden Beobachtungsgebieten an der Küste. Tausende Graugänse finden sich nach der Brut zur Mauser im Koog ein. Auch für Nilgänse ist das Gebiet nach der Brutzeit der größte Sammelplatz an der Westküste. Rostgänse, Kanadagänse und einzelne Streifengänse sowie zahlreiche Gänsehybriden zwischen Grau-, Kanada- und Weißwangengänsen tragen weiter zur Vielfalt bei. Für Löffler ist das Nordbecken einer der größten Sammelplätze in Deutschland mit hervorragenden Beobachtungsbedingungen und der Möglichkeit Farbringe abzulesen. Kampfläufer rasten in großen Scharen im Koog und suchen in den angrenzenden Ackerflächen nach Nahrung. Zwischen den häufigen Alpenstrandläufern kann man Sichel-, Zwerg- und Temminckstrandläufer entdecken. Im Juli werden regelmäßig einzelne adulte Sumpfläufer beobachtet und Anfang August erscheinen alljährlich einzelne Odinshühnchen.

Über die Jahre wurde eine große Zahl an Ausnahmeerscheinungen im Hauke-Haien-Koog entdeckt. Besondere Aufmerksamkeit erregten dabei in den letzten Jahren Grasläufer, die teilweise sogar zu zweit anwesend waren und ihr spektakuläres Balzverhalten zeigten. Weitere herausragende Seltenheiten waren Wüstenregenpfeifer, Wilsonwassertreter und Weißbürzel-Strandläufer. Fast alljährlich erscheinen Stelzenläufer, Teichwasserläufer, Graubrust-Strandläufer, Mornellregenpfeifer und Weißflügel-Seeschwalben.

Beobachtungsmöglichkeiten

Die Beobachtungspunkte im Hauke-Haien-Koog liegen überwiegend entlang der stark befahrenen Straße zu den Fährhäfen Schlüttsiel und Dagebüll. Beim Beobachten und Parken ist dabei stets mit teilweise schnell fahrenden Autos zu rechnen. Mit dem Auto aus Richtung Bredstedt kommend überquert man 11 km nach der Abfahrt von der B 203 den Deich in den Hauke-Haien-Koog und erblickt zur Rechten die Wasserflächen des Südbeckens. 500 m nachdem man den Deich überquert hat besteht links eine erste Parkmöglichkeit (1). Vom Parkplatz aus geht man am Deich 800 m nach Süden (2) und erreicht die ersten Wasserflächen in der kleinen und deutlich jüngeren Ockholmer Vordeichung. Außendeichs beginnen hier bereits die breiten Vorländer des Sönke-Nissen-Koogs, in denen im Winter häufig Ohrenlerchen, Berghänflinge, Strandpieper und Schneeammern zu beobachten sind. Zurück am Parkplatz lohnt sich ein Blick auf die Wasserflächen und Salzwiesen. Oft ist dies die vogelreichste Stelle im Südbecken des Hauke-Haien-Koogs. Mit dem Auto weiter nach Norden fahrend erreicht man nach weiteren 800 m rechts

Außendeichs auf den Lahnungen rasten bei Hochwasser zahlreiche Limikolen und der Blick wandert in der Ferne bis zu den Halligen. Foto: F. Weiß. 3.1.2019.

eine neu errichtete Beobachtungshütte (3) mit Blick auf die kurzrasigen Wiesen am Ufer des Speicherbeckens und eine größere Bucht im Schilf. Bei Hochwasser rasten hier oft zahlreiche Wasserläufer und vor der Hütte lassen sich Kiebitze und Kampfläufer aus der Nähe beobachten und fotografieren. Eine dritte Parkmöglichkeit erreicht man nach weiteren 1,3 km (4) ebenfalls auf der rechten Seite. Als nächstes erreicht man den Fährhafen Schlüttsiel (5). Hier bestehen kostenpflichtige Parkmöglichkeiten. Auf den Hafenmolen sind oft Steinwälzer zu beobachten und im Hafenbecken schwimmen Eiderenten und gelegentlich Seehunde. Auf dem Deich befindet sich neben einem derzeit geschlossenen Hotel ein kleines Infozentrum des Vereins Jordsand und das Büro der Integrierten Station. Das Infozentrum dient gleichzeitig als Warteraum für Fahrgäste der Fähren und bietet daher großzügige Öffnungszeiten von 8 bis 20 Uhr. Das Infozentrum ist auch der Treffpunkt für die vom Verein Jordsand angebotenen Führungen (Dienstag, Donnerstag und Sonntag um 14 Uhr). Bei Schlüttsiel mündet der Bongsieler Kanal in die Nordsee und das Mittelbecken bleibt bei Frost als letztes eisfrei. Die Ufer vor allem in der Südwestecke (6) sind einer der regelmäßigen Rastplätze von Uferschnepfen im Winter. Die isoliert gelegenen Bäume und Büsche östlich der Straße sind im Herbst ein Magnet für Singvögel, regelmäßig werden auch seltene Arten wie Gelbbrauen-Laubsänger entdeckt.

Am Nordbecken besteht nur eine etwas ungünstig gelegene Parkmöglichkeit (8), sodass man vom Parkplatz Schlüttsiel am besten zu Fuß auf dem Deich weiter Richtung Norden geht. Das

Schneeammern suchen im Spülsaum auf dem Deich nach Nahrung. Foto: F. Weiß. 3.1.2019.

Wasser im Nordbecken ist flach und die Ufer sind meist von breiten Schlickflächen gesäumt, auf denen besonders zu Hochwasser unzählige Limikolen, Gründelenten und Brandgänse rasten. Im Spätsommer ist das Becken Rastplatz für Hunderte Löffler. Vom Deich bieten sich auf der ganzen Strecke (7 und 9) bis zum Fahretofter Westerkoog, den man 2 km nördlich von Schlüttsiel erreicht, beste Beobachtungsbedingungen. Der Weg führt am Fahretofter Westerkoog weiter auf dem Seedeich Richtung Norden. Es bietet sich an, hier auf den seeseitigen Weg am Deichfuß zu wechseln und nur stellenweise (10 und 11) vorsichtig über die Deichkrone in den Koog zu blicken, um die oft großen Rastansammlungen nicht aufzuscheuchen. Im jungen Fahretofter Westerkoog ist noch gut die Struktur der alten Lahnungen zu erkennen. Zahlreiche Inseln bieten geschützte Brutplätze für Weißwangengänse, Säbelschnäbler und diverse Entenarten. Regelmäßig wurden in den vergangenen Jahren im Frühsommer im Fahretofter Koog einzelne Schwarzkopf-Ruderenten beobachtet und im Winter ist er ein bevorzugter Rastplatz für Uferschnepfen. Nach 1 km hat man die Mitte des Koogs erreicht und von hier lassen sich die meisten Flächen gut einsehen. Bei Hochwasser rasten zu den Zugzeiten zahlreiche arktische Limikolenarten wie Knutts, Kiebitzregenpfeifer und Pfuhlschnepfen. Der Weg führt auf

Typische Vogelarten im Hauke-Haien-Koog, deren Status und günstige Beobachtungszeit (in Klammern)
h = häufiger, r = regelmäßiger, s = seltener; B = Brutvogel, W = Wintergast, D = Durchzügler, S = Sommergast, N = Nahrungsgast

Art	Status (beste Beobachtungszeit)
Graugans	hW, hB, hD, hS (ganzjährig)
Weißwangengans	hW, hB, hD (ganzjährig)
Pfeifente	hW, hD, rS (Sep.–Apr.)
Schwarzkopf-Ruderente	sS (Mai–Jul.)
Löffler	hS, rD (Jul.–Sep.)
Rohrweihe	hB, hD (Mrz.–Sep.)
Kornweihe	rW (Okt.–Mrz.)
Seeadler	rN (ganzjährig)
Säbelschnäbler	hB, hD, sW (Mrz.–Sep.)

Art	Status (beste Beobachtungszeit)
Austernfischer	hB, hD, hW (ganzjährig)
Kiebitz	hB, hD, rW (Okt.–Apr.)
Goldregenpfeifer	hD, sW (Sep.–Apr.)
Isländische Uferschnepfe	rW (Okt.–Feb.)
Odinshühnchen	rD (Aug.)
Kampfläufer	hD, sW (Mrz.–Sep.)
Ohrenlerche	rW (Okt.–Mrz-)
Berghänfling	rW (Okt.–Mrz-)
Schneeammer	rW (Okt.–Mrz.)

derselben Strecke zurück zum Parkplatz in Schlüttsiel. Weiter fährt man mit dem Auto Richtung Norden. 2,6 km nach dem Kreisverkehr bei Schlüttsiel zweigt man von der Hauptstraße scharf rechts ab. Die Straße führt durch den östlichen Teil des Hauke-Haien-Koogs (12), der von intensivem Ackerbau geprägt ist. Trotzdem sind hier nach der Ernte im Spätsommer oft sehr schöne Beobachtungen möglich, wenn Hunderte Kampfläufer, Kiebitze und Goldregenpfeifer auf den abgeernteten Äckern nach Nahrung suchen. Die Straße führt weiter bis zum Bottschlotter See. Hier ergeben sich schöne Beobachtungen entlang der Straße nach Niebüll (13 und 14) am Ostufer des Sees. Im Winter lassen sich oft Tausende Weißwangengänse beobachten, die das Gewässer zum Trinken und Baden aufsuchen. Im Frühjahr rasten zahlreiche Gründelenten und die Röhrichte werden von schilfbrütenden Arten besiedelt.

Weitere Freizeitmöglichkeiten

Schlüttsiel ist das Tor zur Halligwelt. Vom Hafen verkehren mit der MS Seeadler Fahrten in die Halligwelt mit einem besonderen Fokus auf die Vogelwelt im Wattenmeer, die von einem Nationalparkranger begleitet werden.

Ein besonderes Erlebnis sind die von Juni bis August angebotenen geführten Wattwanderungen von Schlüttsiel durch den Nationalpark Schleswig-Holsteinisches Wattenmeer zur urigen Hallig Gröde, deren Salzwiesen von den Bewohnern noch gemeinschaftlich als Allmende genutzt werden. Im Juli ist auf der Hallig die spektakuläre Blüte des Halligflieders zu bestaunen. Zurück fährt man mit dem Schiff nach Schlüttsiel.

Felix Weiß, Christopher König, Christoph Moning

Infomaterial/Literatur

Moning C, Weiß F 2007: Vögel beobachten in Norddeutschland. Kosmos, Stuttgart.

Storm T 1888: Der Schimmelreiter. Paetel Berlin.

Wir bedanken uns bei Nationalparkranger Martin Kühn und bei Walther Petersen-Andresen von der Integrierten Station Westküste für zahlreiche wertvolle Hinweise.

Anfahrt

Mit Bahn und Bus

Schlüttsiel ist als wichtiger Fährhafen und Tor zur Halligwelt gut an den Nahverkehr angeschlossen. Vom Bahnhof Bredstedt verkehren regelmäßig Busse, deren Fahrzeiten auch auf die Fährverbindungen abgestimmt sind.

Mit dem Auto

Von der B 203 biegt man nördlich von Bredstedt Richtung Schlüttsiel ab und erreicht nach 11 km den Hauke-Haien-Koog.

Adressen

Verein Jordsand, Hauke-Haien-Koog, 25842 Ockholm/Schlüttsiel;
Tel.: 04674-848, www.jordsand.de/schutzgebiete/hauke-haien-koog

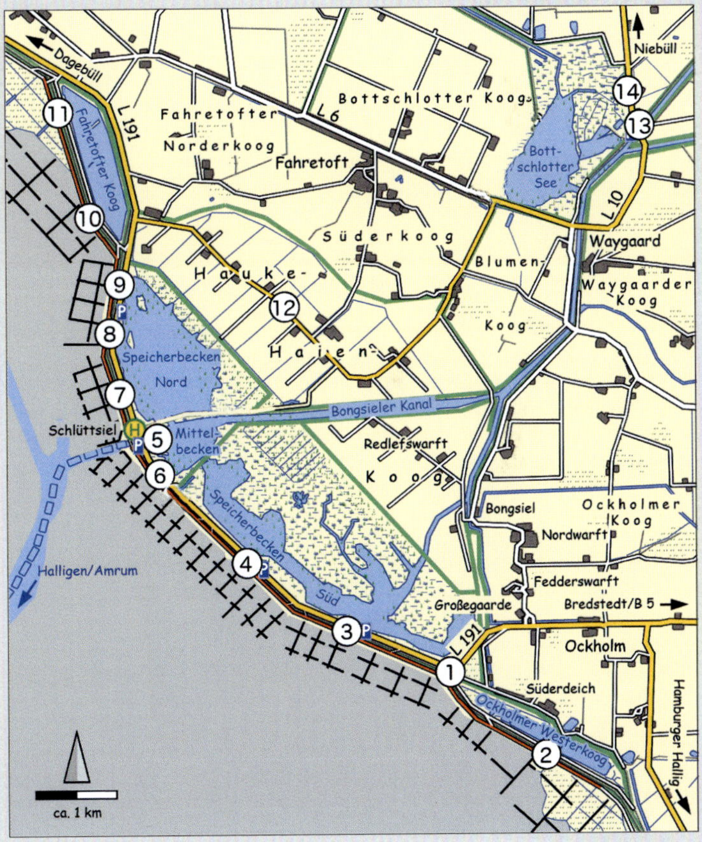

GPS		
Parkplatz (1)	54°39'40" N	8°48'14" O
Beobachtungshütte (3)	54°39'51" N	8°47'31" O
Fährhafen Schlüttsiel (5)	54°40'52" N	8°45'27" O

Die Eider-Treene-Sorge Niederung ist ein bedeutendes Brutgebiet für Wiesenvögel wie Uferschnepfen.
Thorsten Schier / dobe.Stock.com

Bergenhusen

Das Storchendorf

Auf einem Geestrücken im Herzen der Eider-Treene-Sorge-Niederung liegt das beschauliche Dorf Bergenhusen, das in ganz Schleswig-Holstein seit jeher als Storchendorf bekannt ist. Dass hier mit 17 Paaren (Stand 2018) der höchste Storchenbestand im Bundesland brütet, ist kein Zufall, denn Bergenhusen ist umgeben von Wiesen, Mooren, gemächlich dahinfließenden Flüssen und sumpfigen Niederungen. Nicht nur für Weißstörche optimale Bedingungen, auch zahlreiche Wiesenbrüter haben hier dank intensiver Schutzmaßnahmen noch immer einen Verbreitungsschwerpunkt. Ein Besuch lohnt aber nicht nur zur Brutzeit, sondern auch im Spätwinter, wenn über tausend Zwerg- und Singschwäne in der Gegend rasten und Kornweihen und Raufußbussarde über den Wiesen jagen.

Drei Flüsse fließen durch die weite Niederung, die von einigen Geestrücken aus der vorletzten Eiszeit überragt wird. Auf einer solchen Geländeerhebung, dem Stapelholm, liegt das Storchendorf Bergenhusen. Östlich von Bergenhusen lagen ursprünglich mehrere flache Marschseen, der Börmer und der Meggersee waren die größten. Im 17. Jahrhundert warb der Gottorfer Herzog Friedrich III. holländische Wasserbauer an, um die unwirtliche Region durch Entwässerung nutzbar zu machen. Ein zähes Unterfangen, denn obwohl weit im Binnenland gelegen, drückte das Wasser der Nordsee bei Sturmfluten über die Eider bis in die Niederung und machte die Arbeiten wieder zunichte. Schlussendlich gelang die Entwässerung der Seen doch und es entstanden die heutigen Köge Meggerkoog und Börmer Koog, deren großflächige Wiesen und Weiden mittlerweile leider auch teilweise von Maisäckern durchsetzt sind. Herzstück der Niederung bildet die Alte Sorge, ein in engen Mäandern dahinfließender Marschfluss, an den extensiv genutzte Feuchtwiesen, Niedermoore und Röhrichte angrenzen. Die tiefsten Stellen liegen zwei Meter unter dem Meeresspiegel. Im Rahmen des „LIFE Limosa“-Projektes wurden angrenzend an die Alte Sorge mehrere Polder angelegt, die im Frühjahr flach überstaut werden und beste Lebensräume für Wiesenlimikolen darstellen. Mit dem Colsrakmoor und dem Tetenhusener Moor befinden sich auch zwei degenerierte Hochmoore in der Nähe von Bergenhusen. Sie werden von großen Gagelstrauchflächen und Pfeifengraswiesen geprägt. In den Randbereichen wachsen Birken und Weidengebüsche. Kleinflächig finden sich auch wiedervernässte Handtorfstiche und kleine aktive Moorreste.

In Zusammenarbeit mit den Landwirten wird in der Umgebung von Bergenhusen der Gemeinschaftliche Wiesenvogelschutz durchgeführt, bei dem Landwirte und ehrenamtliche Helfer Nester und Familien von Wiesenvögeln suchen, kennzeichnen und bei Brachvögeln teilweise einzäunen, sodass sie von den Landwirten bei der Bearbeitung der Flächen ausgespart werden können und vor Bodenprädatoren geschützt sind. Große Flächen gehören zudem der Stiftung Naturschutz Schleswig-Holstein und werden extensiv bewirtschaftet.

Besondere Vogelarten und Reisezeit

Weißstörche sind die Charaktervögel von Bergenhusen und der Eider-Treene-Sorge-Niederung. Im April, wenn das Wiesenschaumkraut die Landschaft mit blassrosa Tupfen überzieht, ist der Himmel voller balzender Limikolen. Für Brachvögel ist die Region das Verbreitungszentrum in Schleswig-Holstein und vielerorts ist das melodische Flöten der Krummschnäbel zu hören. Kiebitze sind trotz starken Rückgangs noch immer häufig und verbreitet. Bekassinen sind deutlich unauffälliger und besiedeln die besonders sumpfigen Bereiche, über denen sie in der Morgen- und Abenddämmerung ihre spektakulären Balzflüge präsentieren. Uferschnepfen brüten nur noch in wenigen Paaren und die ehemals häufigen Kampfläufer sind leider fast nur noch auf dem Durchzug zu beobachten, auf dem sie im Mai ihr spektakuläres Balzverhalten zeigen. Rotschenkel, Austernfischer und Flussregenpfeifer kommen in geringer Zahl vor und komplettieren das Artenspektrum der brütenden Limikolen. Seltene, aber regelmäßige Brutvögel in den extensiv genutzten Wiesen sind Wachtelkönige und in alljährlich schwankender Zahl Wachteln. Bei einer nächtlichen Exkursion kann man im Juni mit Glück die beiden Arten neben Hunderten Sumpfrohrsängern, Feldschwirlen und Blaukehlchen hören. In den Dörfern brüten vereinzelt Schleiereulen, Steinkäuze sind als Brutvögel vor Jahren verschwunden. Braunkehlchen sind leider stark zurückgegangen und nur noch lokal zu finden, dafür haben Schwarzkehlchen stark zugenommen. Auf dem Frühjahrszug rasten regelmäßig Merline und Regenbrachvögel suchen in kleinen Gruppen auf Wiesen nach Nahrung. Sumpfohreulen sind unregelmäßige und seltene Brutvögel, erscheinen jedoch regelmäßig auf dem Durchzug. Kraniche brüten in zunehmender Zahl in den Mooren.

Nach der Brutzeit sammeln sich Kiebitze in großen Schwärmen. Die ersten Weißwangen- und Blässgänse kehren zurück aus dem Norden und Kraniche sammeln sich in kleinen Gruppen. In den Mooren besetzen Raubwürger

Bergenhusen ist weithin als Storchendorf bekannt.
Foto: Bonsales / Adobe.Stock.com

Typische Vogelarten im Gebiet, deren Status und günstige Beobachtungszeit (in Klammern)
h = häufiger, r = regelmäßiger, s = seltener; B = Brutvogel, W = Wintergast, D = Durchzügler, S = Sommergast, N = Nahrungsgast

Art	Status (beste Beobachtungszeit)
Singschwan	rW, hD (Nov.–Mrz.)
Zwergschwan	rW, hD (Nov.–Mrz.)
Blässgans	rW, rD (Okt.–Mrz.)
Tundrasaatgans	sD (Okt.–Mrz.)
Knäkente	sB, rD (Apr.–Mai)
Pfeifente	hD (Mrz.–Apr.)
Raufußbussard	rW (Okt.–Apr.)
Merlin	rD (Apr.–Mai)
Wachtelkönig	sB (Mai-Jun.)
Kiebitz	hB, hD (Feb.–Sep.)
Brachvogel	rB, (Mrz.–Aug.)
Regenbrachvogel	rD (Apr.)

Art	Status (beste Beobachtungszeit)
Uferschnepfe	rB (Mrz.–Sep.)
Rotschenkel	rB, rD (Mrz.–Sep.)
Bekassine	rB, hD, rW (ganzjährig)
Feldlerche	hB, hD, sW (Mrz.–Mai)
Wiesenpieper	hB, hD, sW (Mrz.–Mai)
Bergpieper	rW (Okt.–Mrz.)
Schilfrohrsänger	hB (Apr.–Aug.)
Schafstelze	hB (Apr.–Aug.)
Braunkehlchen	rB (Apr.–Aug.)
Schwarzkehlchen	hB (Mrz.–Aug.)
Blaukehlchen	hB (Apr.–Jul.)

ihre Winterquartiere und Raufußbussarde und Kornweihen jagen über den Wiesen. Im Spätwinter mit Höhepunkt im Februar ist die Eider-Treene-Sorge-Niederung das wichtigste Rastgebiet für Zwergschwäne in Deutschland. Große gemischte Trupps aus Sing- und Zwergschwänen äsen dann tagsüber im Grünland und sammeln sich abends an den Schlafgewässern.

Die vielfältige Vogelwelt darf nicht darüber hinwegtäuschen, dass einige ehemals typische Arten der Region ausgestorben sind. In den 1930er Jahren gab es auf dem Höhepunkt des Vorkommens in der Niederung noch über tausend Birkhühner, 1981 brütete im Colsrakmoor die letzte Henne. Auch Doppelschnepfen und Bruchwasserläufer sind aus den Mooren und Feuchtwiesen schon lange verschwunden.

Für Brachvögel ist die Eider-Treene-Sorge-Niederung das bedeutendste Brutgebiet in Schleswig-Holstein. Foto:Risto / Adobe.Stock.com

Beobachtungsmöglichkeiten

Erster Anlaufpunkt im Sommerhalbjahr ist die Weißstorchausstellung im Michael-Otto-Institut des NABU in Bergenhusen (1). Von Mitte März bis Mitte September, also während der Hauptanwesenheit der Störche, ist die Ausstellung täglich von 10 bis 18 Uhr geöffnet. In den letzten Jahren brütete ein Storchenpaar auf dem Reetdachhaus, dessen Brutgeschehen über einen Monitor in der Ausstellung live verfolgt werden kann.

Für Beobachtungen im Börmer Koog und im Meggerkoog ist ein Auto ideal. Viele Wintergäste und Brutvögel reagieren sehr störungsempfindlich auf Fußgänger und Radfahrer, tolerieren aber Autos. Man sollte daher keinesfalls aus dem Auto aussteigen, solange Trupps rastender Schwäne oder Gänse in der Nähe sind. Auch sollte man darauf achten, die Straßen und Feldwege nicht für die hier mit großen Maschinen arbeitenden Landwirte zu blockieren.

Am Michael-Otto-Institut des NABU (1) stellt man den Kilometerzähler auf 0 und fährt auf der Goosstroot 100m nach Norden und biegt dann rechts in den Börmer Weg, der nach kurzer Fahrt auf eine Querstraße stößt (2). Nach links fährt man Richtung Börmer Koog und nach rechts Richtung Meggerkoog,

Die Eider-Treene-Sorge-Niederung ist der wichtigste Frühjahrsrastplatz für Zwergschwäne in Deutschland. Foto: imageBROKER / Stock.Adobe.com

Colsrakmoor und Tetenhusener Moor. Die Straße Richtung Börmer Koog macht zunächst einen scharfen Rechtsknick und dann eine Linkskurve, bevor sie einen Arm der Alten Sorge überquert, 2 km vom Michael-Otto-Institut entfernt. Hier biegt man links ab auf einen Feldweg, der sich entlang des Flussarms durch die ebene Landschaft windet. Der Feldweg verläuft leicht erhöht in Dammlage und bietet einen guten Überblick. Die typischen Wiesenbrüter sind entlang der gesamten Strecke zu erwarten, besonders Brachvögel sind im Börmer Koog gut vertreten und im Spätwinter rasten hier große Trupps Zwerg- und Singschwäne. Bei Kilometerstand 4,3 biegt man rechts in einen unbefestigten Feldweg und erreicht bei Kilometer 5,2 einen Beobachtungsturm (3). Bei Kilometer 6,2 biegt man erneut rechts ab und erreicht bei Kilometer 7,6 wieder die Hauptstraße zwischen Bergenhusen und Börm. Hier biegt man rechts ab und gelangt so wieder zur Abzweigung bei Bergenhusen (2), wo die Straße in den südlichen Teil des Beobachtungsgebietes beginnt. Diese biegt zunächst scharf nach links ab und überquert bald die Alte Sorge, die hier deutlich breiter ist als im Börmer Koog, und durchquert dann die kleine Siedlung Fünfmühlen. Die Weidengebüsche und Schilfflächen an der Straße sind optimaler Lebensraum für Schilfrohrsänger und Blaukehlchen, die hier häufig und gut zu beobachten sind. Ein kurzes Stück weiter steht an der rechten Straßenseite ein Beobachtungsturm (4), der wohl lohnendste Beobachtungspunkt in der Region. Vom Turm blickt man über die lokal als Spieljunken bekannten Feuchtwiesen an der Alten Sorge, die im Frühjahr häufig überstaut sind. Im April und Mai rasten Knäk- und Löffelenten in den Flachwasserzonen, rastende Kampfläufer führen ihre rituellen Kämpfe vor und Bekassinen balzen in den Morgen- und Abendstunden. Im Spätwinter sind die Flachwasserflächen Schlafplatz für Zwerg- und Singschwäne und im Herbst für Kraniche. 1,25 km weiter entlang der Straße zweigt rechts ein Feldweg Richtung Colsrakmoor ab. Hier parkt man sein Auto. Nach weiteren 500 m erreicht man eine Weggabelung, an der man sich rechts hält und

Kiebitze sind trotz starker Rückgänge noch häufige Brutvögel.
Foto: Pim Leijen / Stock.Adobe.com

Im Winter rasten Bläss- und Weißwangengänse in der Niederung. Anna Reinert / Stock.Adobe.com

dann den nächsten Weg erneut nach rechts in das Moor abzweigt. Zunächst durchquert der Weg Birken- und Weidenaufwuchs, bevor sich der Blick öffnet. Im Moor bietet sich ein Rundweg gegen den Uhrzeigersinn an. Besonders im nördlichen Teil (5) des Colsrakmoors sind regelmäßig Braunkehlchen zu beobachten und im Winter lohnt es sich nach Raubwürgern Ausschau zu halten. Feldschwirle, Rohrammern und Wiesenpieper sind häufige Brutvögel im Moor. Zurück an der Hauptstraße geht es weiter in Richtung Meggerdorf und durch den Ort bis zur L 40 zwischen Erfde und Bennebeck. Hier biegt man links ab und nach 2 km zweigt rechts ein Feldweg ins Tetenhusener Moor ab. Nach 200 m liegt links ein kleiner Parkplatz. Der Stichweg führt nach Osten ins Moor (6). Kraniche, Brachvögel und Bekassinen sind nur einige der zahlreichen Brutvogelarten. Im Sommer sind regelmäßig jagende Wiesenweihen zu beobachten. Zurück an der L 40 fährt man weitere 1,1 km Richtung Norden und biegt dann links ab. Die Straße, die sich in recht schlechtem Zustand befindet, führt in 3,8 km an einer alten Windmühle (7) vorbei zurück zur Alten Sorge bei Fünfmühlen. Entlang der Strecke rasten im Winter häufig Zwergschwäne und im Frühjahr können zahlreiche Wiesenbrüter beobachtet werden.

Weitere Freizeitmöglichkeiten

15 km westlich von Bergenhusen am Zusammenfluss von Eider und Treene liegt Friedrichstadt, die Grachtenstadt. Ihre Gründung geht wie die Trockenlegung der Marschseen bei Bergenhusen auf Herzog Friedrich III. zurück, der Mitglieder der in Holland verfolgten Religionsgemeinschaft der Remonstranten anwarb und ihnen Religionsfreiheit und einige Privilegien zusicherte. Die Architektur und Kultur der holländischen Siedler prägt Friedrichstadt bis heute. Stadthäuser im Stil der niederländischen Backsteinrenaissance und die Grachten mit von schmiedeeisernen Geländern gezierten Brücken ziehen jedes Jahr Tausende Gäste an. Noch heute hat Friedrichstadt eine Remonstrantengemeinde.

Felix Weiß, Christopher König, Christoph Moning

Anfahrt

Mit Bahn und Bus

Vom Bahnhof Friedrichstadt verkehrt die Buslinie 1512 mehrmals täglich nach Bergenhusen.

Mit dem Auto

Von der Bundesstraße 202 zwischen Rendsburg und Friedrichstadt fährt man in Norderstapel Richtung Wohlde und biegt nach 3,8 km rechts ab Richtung Bergenhusen.

Adressen

Michael-Otto-Institut im NABU, Goosstroot 1,
24861 Bergenhusen, https://bergenhusen.nabu.de

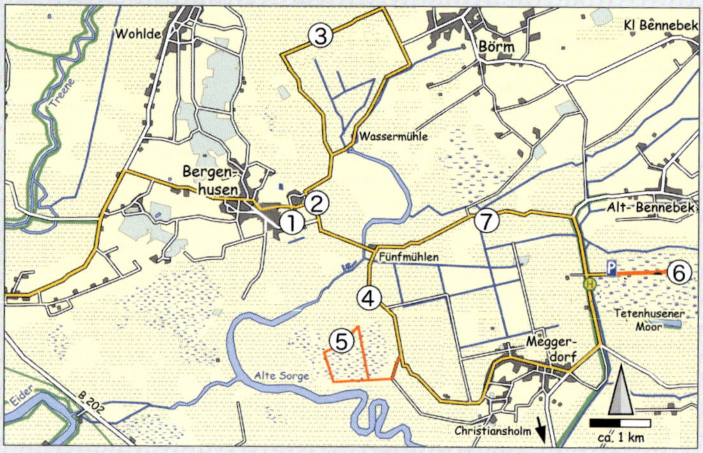

GPS		
Michael-Otto-Institut des NABU (1)	54°22'27.00" N	9°19'22.00" O
Aussichtsturm Börmer Koog (3)	54°24'18.00" N	9°20'20.00" O
Aussichtsturm Spieljunken (4)	54°21'39.00" N	9°21'02.00" O
Abzweigung Colsrakmoor	54°21'05.00" N	9°21'31.00" O
Parkplatz Tetenhusener Moor	54°21'50.00" N	9°24'45.00" O

Infomaterial/Literatur

Moning C, Weiß F 2007: Vögel beobachten in Norddeutschland. Kosmos-Verlag.

Wir bedanken uns bei Jan Sohler für die Unterstützung bei der Recherche zu diesem Beobachtungstipp.

Das Katinger Watt ist zu den Zugzeiten „Tankstelle“ für Tausende Limikolen. Foto: F. Weiß. 14.5.2015.

Das Katinger Watt

Seevögel hautnah erleben

An kaum einem anderen Ort in Deutschland lassen sich Limikolen und Seeschwalben so schön aus der Nähe studieren wie im Katinger Watt an der Mündung der Eider in das Wattenmeer. Zu Recht ist das Gebiet daher ein Mekka für Vogelfotografen. Aber auch Familien und Einsteiger in die Vogelbeobachtung kommen hier besonders auf ihre Kosten. Eine große Kolonie mit Lachmöwen, Küsten- und Flussseeschwalben, brütende Seeregenpfeifer, rastende Sumpfläufer im Mai sowie drei gut platzierte Beobachtungsverstecke sind nur einige der vielen Attraktionen am Eiderästuar. Ein Besuch lohnt zu allen Jahreszeiten und auch ein mehrtägiger Aufenthalt im Gebiet wird sicher nicht langweilig.

Die Eider war mit 188 km einst der längste Fluss Schleswig-Holsteins, bis sie durch den Bau des Nord-Ostsee-Kanals unterbrochen wurde. Der westliche Teil misst seither nur noch 108 km. Über 1000 Jahre markierte der Fluss bis zum Jahr 1864 die Südgrenze Dänemarks und war zur Zeit der Wikinger eine bedeutende Handelsroute zwischen Nordsee und Ostseeraum. Bei Tönning weitet sich der Flusslauf der Eider zu einem Ästuar. Die Gezeiten der Nordsee prägen die Eidermündung flussaufwärts bis zu einer Schleuse bei Friedrichstadt. Am Eidersperrwerk beträgt der Tidenhub etwa drei Meter. Viele schwere Sturmfluten haben in historischer Zeit über die trichterförmige Eidermündung das Hinterland erreicht. Der Name Eider soll sogar auf den Germanischen Meeresriesen Ægir zurückgehen, der für schreckliche Fluten verantwortlich gemacht wurde. Nach den schweren Sturmfluten Ende der 1960er Jahre beschloss man den Bau eines Sperrwerks im äußeren Eiderästuar. 1967 begannen die Bauarbeiten und 1973 wurde das 171 Millionen D-Mark teure Monumentalwerk eingeweiht. Nach Norden wurde vom Sperrwerk ein 3 km langer Deich mit Deckwerk aus Teer errichtet und am nördlichen Ufer der Eider ein weiterer niedriger Leitdamm bis zu den Vorländern der Grünen Insel. Im eingedeichten ehemaligen Vorland wurde ein großer Wald aufgeforstet und Ackerland angelegt. Aber es fielen auch Flächen für den Naturschutz ab. Die Wiesen am Eiderdamm werden speziell für Wiesenbrüter gepflegt und nur einmal im Jahr im Spätsommer gemäht. Von dieser Art der Bewirtschaftung profitieren nicht nur die Vögel, es hat sich auch ein beeindruckender Orchideenbestand entwickelt. Geflecktes, Fleischfarbenes und Übersehenes Knabenkraut verwandeln die Wiesen im Mai und Juni in ein Blütenmeer.

Besondere Vogelarten und Reisezeit

Die Brutzeit im Katinger Watt ist spektakulär. Einen besonders schönen Einblick bekommt man im Mai und Juni: Eine gewaltige Lachmöwenkolonie, in der auch einige Paare Schwarzkopfmöwen brüten und eine große Kolonie Küsten- und Flussseeschwalben sind besonders eindrucksvoll. In den speziell gemanagten Wiesenflächen brüten mehrere Paare der seltenen Seeregenpfeifer sowie zahlreiche Uferschnepfen, Kiebitze und Rotschenkel. Im angrenzenden Katinger Wald präsentiert sich ein komplett anderes Bild mit Vogelarten, die im flachen Marschland an der Westküste Schleswig-Holsteins ursprünglich gar nicht vorkamen: Buntspechte, Kernbeißer, Gartenbaumläufer und unzählige Fitisse und Mönchsgrasmücken sind in den aufgeforsteten Flächen vertreten. Seeadler haben einen seit vielen Jahren besetzten Brutplatz. Die Vielfalt an Lebensräumen von den Salzwiesen an der Eider, über die Röhrichte und Feuchtwiesen bis zum Katinger Wald spiegelt sich in einer ausgesprochen großen Zahl von Brutvogelarten wieder. Zusammen mit den Rastvögeln ergibt sich eine Artenvielfalt, die in Deutschland ihresgleichen sucht. Im Mai lassen sich mit etwas Ehrgeiz im Katinger Watt an einem Tag über 100 Vogelarten beobachten. Während die heimischen Brutvögel bereits ihre erste Brut großziehen, sind viele arktische Limikolen noch auf dem Frühjahrszug. Das Katinger Watt gehört zu den besten Gebieten, um diese Artengruppe auf dem Frühjahrszug zu beobachten, denn neben den häufigen Pfuhlschnepfen, Kiebitzregenpfeifern, Alpenstrandläufern, Knutts und Sandregenpfeifern sind hier zuverlässig auch seltenere Arten wie Sichel-, Zwerg- und Temminckstrandläufer sowie Sumpfläufer zu beobachten. Regelmäßig werden auch Raritäten wie Mornellregenpfeifer, Stelzenläufer, Odinshühnchen, Teich- und Terekwasserläufer entdeckt. Die Eider stellt zudem eine bedeutende Leitlinie für den Vogelzug zwischen Nord- und Ostsee dar. Zu den entsprechenden Zeiten treten häufig ziehende Trupps von Großen Brachvögeln, Eider- und Trauerenten, Weißwangen- und Ringelgänsen auf, die von hier ihre lange Reise in die Brutgebiete antreten oder zur Mauser ins Wattenmeer ziehen. Besonders beeindruckend ist der Abzug der Weißwangengänse in der zweiten Maihälfte.

Der Spätsommer und Herbst sind nicht weniger interessant. Tausende mausernde Graugänse, Trupps rastender Löffler, unzählige Stockenten und Brandgänse in den Eiderwatten und ein oft ausgeprägter Singvogelzug prägen das Bild. Im Winter dominieren Gänse- und Entenvögel die Vogelwelt im Katinger Watt. Pfeif- und Spießenten, Gänsesäger und Schellenten sind dann häufig. Kornweihen gaukeln über den Wiesen und Merline und Wanderfalken machen Jagd auf Rastvögel.

Beobachtungsmöglichkeiten

Auf der südlichen Seite des Eidersperrwerks befindet sich ein großer Parkplatz mit Restaurant (1). Auf den Wattflächen der Eider am Restaurant rasten oft große Scharen Rotschenkel. Vom Parkplatz geht man die Treppen hinauf auf das begehbare Sperrwerk. Direkt unterhalb des Aussichtspunktes am südlichen Ende des Sperrwerks blickt man in eine große Lachmöwenkolonie. Die Vögel lassen sich hier wunderbar beim Nestbau und der Jungenaufzucht beobachten. Von der Aussichtsplattform am nördlichen Ende des Sperrwerks blickt man in eine gemischte Kolonie von Küsten- und Flussseeschwalben. Insbesondere die Küstenseeschwal-

Seeregenpfeifer brüten noch mit einigen Paaren in den besonders kurzwüchsigen Teilen der Grünländer an der Eidermündung.

Foto: C. Moning. Bahrain, 1.11.2010.

ben brüten hier unmittelbar am Weg und es sind einmalige Beobachtungen möglich. Die Absperrungen sind hierbei unbedingt zu beachten und auch davor sind attackierende Seeschwalben ein deutliches Indiz, dass man etwas zurücktreten sollte. Seit einigen Jahren brüten auch am Nordende des Sperrwerks Lachmöwen und regelmäßig darunter einzelne Schwarzkopfmöwen. An den Leitdämmen des Eiderstroms halten sich fast immer Eiderenten auf. Zurück am Parkplatz fährt man durch einen Tunnel nach Norden und biegt kurz danach rechts in Richtung Tönning ab . Nach 600 m liegt rechts ein kleiner Parkplatz. Die Flachwasserflächen mit abgestorbenen Büschen (2) an der Straße sind beliebte Rastplätze von Bruchwasserläufern und Knäkenten. Von hier geht man entlang der Hauptstraße ein kurzes Stück weiter Richtung Tönning und blickt nach 200 m links auf das Südende des Katinger Priels (3). Hier sind zu den Zugzeiten sehr regelmäßig jagende Zwergmöwen und Trauerseeschwalben zu beobachten. Immature Zwergmöwen verweilen bis in den Spätsommer. Im Winter lassen sich Sing- und Zwergschwäne, Schellenten, Zwerg- und Gänsesäger beobachten. Uferschwalben brüten in manchen Jahren in der Abbruchkante am Ostufer des Priels, wo sich oft auch Eisvögel entdecken lassen. Zurück am Parkplatz fährt man weiter Richtung Tönning. Nach 1 km befindet sich auf der linken Straßenseite eine Parkmöglichkeit. Von hier führt ein Stichweg nach rechts zum Leitdamm an der Eider (4). Linkerhand liegt eine Flachwasserzone mit Schlammflächen, die als Nullfläche bekannt ist. Die Vielfalt der Enten und Limikolen ist hier besonders zu den Zugzeiten überwältigend, im Spätsommer sind Löffler und gelegentlich einzelne Odinshühnchen zu beobachten. Zur anderen Seite auf den Wattflächen der Eider rasten besonders im Mai Tausende arktische Limikolen: Pfuhlschnepfen (interessanterweise fast ausschließlich Männchen), Kiebitzregenpfeifer, Alpenstrandläufer, Sanderlinge, Steinwälzer, Sandregenpfeifer, Dunkle Wasserläufer, Rot- und Grünschenkel gehören zu den häufigsten Arten. Regelmäßig gesellen sich auch Sichelstrandläufer, Zwergstrandläufer und sogar einzelne Sumpfläufer hinzu. Auf dem Teerdamm kann man nach Norden bis zur Grünen Insel wandern (5), wobei sich auf der ganzen Strecke beiderseits sehr lohnen-

Küstenseeschwalben kann man am Katinger Watt aus nächster Nähe beobachten.
Foto: F. Weiß. Katinger Watt, 18.6.2016.

Für die Landschaftspflege im Katinger Watt sind auch Wasserbüffel im Einsatz.
Foto: F. Weiß. Katinger Watt, 13.5.2019.

Mit etwas Glück lassen sich im Mai sowie Juli und August durchziehende Sumpfläufer zwischen den vielen Strandläufern im Katinger Watt entdecken.
Foto: C. Moning. Thailand, 27.2.2019.

de Beobachtungsmöglichkeiten bieten. Das breite Vorland der Grünen Insel ist von zahlreichen Gräben und Schlänken durchzogen und ein bedeutendes Brutgebiet für Uferschnepfen, Säbelschnäbler, Löffel- und Knäkenten. Obwohl sie als Brutvögel praktisch verschwunden sind, kann man hier im Mai auch noch die Balz von Kampfläufern beobachten. Den Winter über und bis in den Mai rasten gewaltige Scharen Weißwangengänse. Etwas weit von den interessanten Flächen entfernt, aber trotzdem mit schönem Blick steht nördlich der Straße ein kleiner Aussichtsturm (6). Zurück geht man entlang der Straße Richtung Parkplatz an der Nullfläche. Hier liegt einer der Zugänge zum Katinger Wald (7) mit einem umfangreichen Wegenetz. Wer auf eine lange Artenliste aus ist, der sollte hier auf Erkundungstour gehen. Vom Parkplatz geht man zurück zum Teerdeich am Eidersperrwerk und nach rechts in Richtung Sankt Peter-Ording. 1,3 km nördlich des Sperrwerks liegt rechts ein kleiner Parkplatz (8). Der imposante Aussichtsturm nördlich des Parkplatzes ist leider wegen Einsturzgefahr geschlossen und auch der Weg dorthin ist bis auf Weiteres gesperrt. Trotzdem lohnt sich ein Halt, denn vom Parkplatz lassen sich sehr gut Seeregenpfeifer beobachten. Die kleinen flinken Limikolen halten sich besonders gerne in den fast ausgetrockneten Blänken auf. Im Winter sind häufig Goldregenpfeifer zu beobachten. Bei auflaufendem Wasser, ab etwa zwei Stunden vor Hochwasser, lohnt sich auch ein Blick auf die Wattflächen vor dem Teerdeich. Das auflaufende Wasser treibt die großen Limikolenschwärme dann immer dichter an die Küste und es bieten sich hervorragende Beobachtungsmöglichkeiten. Das Artenspektrum ist ähnlich wie auf den Eiderwattflächen. Vom Parkplatz geht man weiter Richtung Sankt-Peter-Ording über den alten See-

Typische Vogelarten im Gebiet, deren Status und günstige Beobachtungszeit (in Klammern)
h = häufiger, r = regelmäßiger, s = seltener; B = Brutvogel, W = Wintergast, D = Durchzügler, S = Sommergast, N = Nahrungsgast

Art	Status (beste Beobachtungszeit)
Weißwangengans	hW, hD, sB, hD, rS (Mrz.–Mai)
Brandgans	hW, hB, hD (ganzjährig)
Knäkente	rD, rB (Apr.–Aug.)
Löffelente	sS (Mai–Jul.)
Löffler	rS (Jun.–Aug.)
Seeadler	rB, rN (ganzjährig)
Flussregenpfeifer	rB, rW (Okt.–Mrz.)
Seeregenpfeifer	rB (Mitte Apr.–Aug.)
Temminckstrandläufer	rD (Mai, Jul.–Aug.)

Art	Status (beste Beobachtungszeit)
Zwergstrandläufer	rD (Mai, Jul.–Aug.)
Sumpfläufer	sD (Mai, Jul.–Aug.)
Sichelstrandläufer	rD (Mai, Jul.–Aug.)
Uferschnepfe	hB, rD (Mrz.–Aug.)
Lachmöwe	hB, hD, rW (Mrz.–Sep.)
Schwarzkopfmöwe	sB (Apr.–Jul.)
Zwergmöwe	hD, rS (Apr.–Jul.)
Küstenseeschwalbe	hB, hD (Ende Apr.–Aug.)
Flussseeschwalbe	hB, hD (Ende Apr.–Aug.)

deich und kurz danach an einer Kreuzung nach rechts und sofort wieder rechts zum NABU Naturzentrum Katinger Watt (9). Rechts am Straßenrand bestehen Parkmöglichkeiten. Von April bis Oktober ist die liebevoll gestaltete Ausstellung täglich von 10 bis 18 Uhr geöffnet. Über das ganze Jahr werden neben vielen anderen Veranstaltungen auch regelmäßig geführte Wanderungen mit vogelkundlichem Schwerpunkt angeboten. Aber auch auf eigene Faust lässt sich das Naturerlebnisareal am Infozentrum erkunden. Durch eine Pforte geht man den Deich hinunter und durch Erdwälle von den Blicken der Vögel geschützt zu drei Beobachtungsverstecken. Hier lassen sich Säbelschnäbler und Flussregenpfeifer aus der Nähe bei der Brut beobachten, rastende Temminckstrandläufer, Flussuferläufer und viele weitere Limikolen im Detail studieren und Entenfamilien mit ihren Küken beobachten. Im nördlichen Teil des Areals befindet sich eine weitere kleine Lachmöwenkolonie, in deren Schutz einzelne Schwarzhalstaucher brüten. In den Beobachtungshütten selbst bauen Rauchschwalben ihre Nester und zeigen sich von Vogelbeobachtern und Fotografen völlig unbeeindruckt. Ein letzter lohnender Beobachtungsstopp liegt außendeichs bei Vollerwiek (10). Bei auflaufendem Wasser kurz vor Hochwasser sind hier Mitte Mai sehr regelmäßig Sumpfläufer zu beobachten. Die Vögel verstecken sich zwischen Tausenden anderen rastenden Limikolen.

Weitere Freizeitmöglichkeiten

Das Multimar Wattforum in Tönning ist die zentrale Ausstellung zum Nationalpark Schleswig-Holsteinisches Wattenmeer. Mit ihren zahlreichen Aquarien und den Skeletten von Pott- und Zwergwal ist das Wattforum nicht nur an Regentagen ein Muss. Unter anderem kann man hier auf einer historischen Filmaufnahme den Fang des letzten Störs in der Eider bestaunen.

Felix Weiß, Christopher König, Christoph Moning

Infomaterial/Literatur

Moning C, Weiß F 2007: Vögel beobachten in Norddeutschland. Kosmos-Verlag.

Anfahrt

Mit Bahn und Bus

Das NABU Naturzentrum Katinger Watt ist vom Bahnhof Garding mit dem Rufbus erreichbar. Fahrten müssen zwischen 8 und 18 Uhr mindestens zwei Stunden im Voraus unter Tel. 04862-1000788 vereinbart werden. Alternativ ist auch die Anreise mit Bahn und Fahrrad über den Bahnhof Tönning möglich.

Mit dem Auto

Von Hamburg auf der A 23 bis Heide West, weiter auf der B 203 Richtung Büsum. Im ersten Kreisverkehr Richtung Wesselburen abbiegen. Die Straße verläuft durch Wesselburen zum Eidersperrwerk.

Adressen

NABU Naturzentrum Katinger Watt, Katingsiel 14, 25832 Tönning, Tel.: 04862-8004, katinger.watt@nabu-sh.de

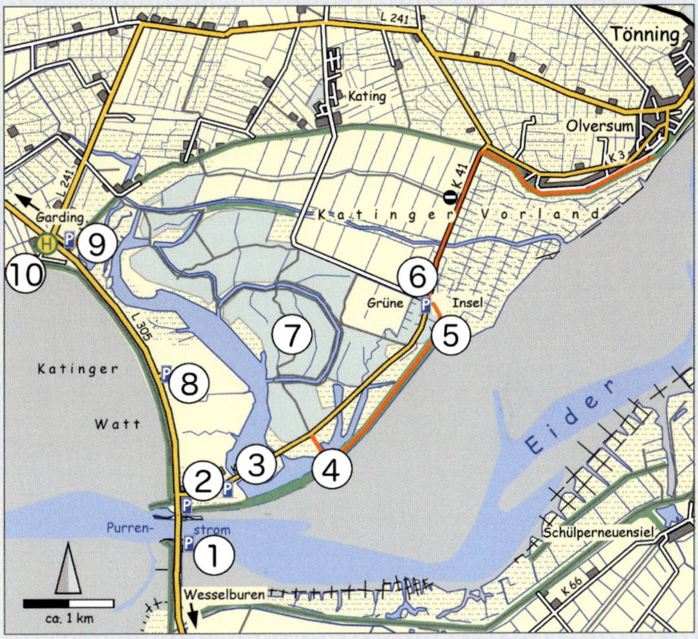

GPS		
Parkplatz Eidersperrwerk	54°15'47.00" N	8°50'48.00" O
NABU Naturzentrum Katinger Watt	54°17'34.00" N	8°49'38.00" O

Nach dem Laubaustrieb dringt nur noch wenig Licht durch die geschlossene Baumkronenschicht im Lauerholz. Inga Nielsen / Stock.Adobe.com

Das Lauerholz und der Schellbruch in Lübeck

Forstwirtschaft und Naturschutz Hand in Hand

Vor den Toren der Hansestadt Lübeck liegt das Lauerholz, ein Juwel innerhalb der umfangreichen stadteigenen Wälder. Vor über dreißig Jahren begann im Stadtwald auf Initiative der Förster des Stadtwaldes, Teilen der Lübecker Bevölkerung und unterstützt vom Lübecker Senat ein wegweisendes Modell naturnaher Waldwirtschaft. Das Konzept war nicht nur finanziell, waldökologisch und sozial ein Erfolg, sondern führte auch zu einer arten- und individuenreichen Brutvogelgemeinschaft. Charaktervögel im Lauerholz sind Mittelspechte, aber auch Zwergschnäpper besetzen hier am westlichen Rand ihres Verbreitungsgebiets regelmäßig Reviere. Der benachbarte Schellbruch an der Trave, ein vielseitiges Feuchtgebiet mit etwa 90 Brutvogelarten, ergänzt die Beobachtungsmöglichkeiten perfekt und macht die ausgesprochen artenreiche Region ganzjährig zu einem lohnenden Beobachtungsziel, nicht nur aus ornithologischer Sicht.

Im Mittelalter dürsteten die Lübecker nach Holz. Unmengen gigantischer Eichenstämme verschlang der Bau der gewaltigen Kirchendächer und der Handelsflotte der Hansestadt. Schon bald waren die Wälder um die Stadt ausgedünnt und es wurden im weiteren Umland, vor allem am südlichen Stadtrand in Richtung Elbe, Wälder hinzugekauft, sodass Lübeck eine der wenigen Städte wurde, die ihren Holzhunger im direkten Umfeld stillten und nicht auf größere Importe angewiesen war. So kommt es, dass die Stadt Lübeck noch heute einen riesigen Stadtwald von 4600 ha besitzt. 1986 entschied der Senat der Stadt Lübeck, in den stadteigenen Forsten neue Wege zu gehen, und beauftragte den damals neu eingesetzten Forstamtsleiter Dr. Lutz Fähser, mit seinen Mitarbeitern ein Konzept für eine nachhaltige Waldnutzung zu entwickeln, das 1995 mit großer Mehrheit offiziell festgeschrieben wurde und seit 2010 vom neuen Forstamtsleiter Knut Sturm konsequent fortgeführt wird. Der Lübecker Stadtwald hat damit national und international viel beachtete Pionierarbeit in der naturnahen Waldbewirtschaftung geleistet. Das Konzept hebt die besondere Komplexität von Wäldern hervor und betont die herausragende Bedeutung eines wissenschaftlich ausgerichteten Monitorings als Basis für die nachhaltige Bewirtschaftung. Eine besondere Bedeutung haben dabei unbewirtschaftete Referenzflächen, von denen drei mit zusammen über 120 ha Größe im Lauerholz liegen. Hier findet seit 1994 kein forstwirtschaftlicher Eingriff mehr statt. Aus ihrer Entwicklung werden Rückschlüsse für die Bewirtschaftung der übrigen Waldflächen gezogen. Es herrscht das Gebot des minimalen Eingriffs. Naturverjüngung wird der Vorzug gegeben, Bäume werden nur einzeln und nach Erreichen des Zieldurchmessers entnommen und auf den Einsatz von Pestiziden und Dünger wird ganz verzichtet. Die Ergebnisse des Konzepts sind offensichtlich für jeden, der häufiger im Wald spazieren geht. Im Lauerholz sieht man keine Kahlschläge, kein Stangenholz aus Douglasien oder Roteichen, keine von Harvestern tief zerfurchten Forstwege und keine von Metallzäunen geschützten Aufforstungsflächen. Dafür bietet sich dem Wanderer ein beeindruckendes Waldbild mit einer geschlossenen Baumkronenschicht aus mächtigen alten Eichen und Buchen, unter der unzählige junge Buchen, Eschen, Hainbuchen, Berg-, Spitz- und Feldahorn sowie Berg- und vor allem Flatterulme dem Licht entgegensprießen. Am Wegesrand stehen uralte abgestorbene Buchen mit den großen Fruchtköpern von Zunderschwämmen und verwitterte Eichenstämme mit alten Spechthöhlen, der Boden ist übersät von Totholz, kleinen Ästen ebenso wie mächtigen umgestürzten Baumveteranen. Zielwert ist ein Totholzvorkommen, das den unbewirtschafteten Referenzflächen entspricht. Zahlreiche kleine Waldtümpel und Erlenbrüche zeugen vom hohen Grundwasserstand und dem natürlichen Wasserhaushalt. Die verbreitetsten Waldgesellschaften im Lauerholz sind Waldmeister-Buchenmischwald und Sternmieren-Eichen-Hainbuchenwald. Nach derzeitigem Kenntnisstand wird langfristig der Eichenanteil abnehmen, Hainbuche, Esche, Ulme, Ahorn und Linde werden deutlich zunehmen und die Buche wird auf den grundwasserfreien Standorten ebenfalls ihren Anteil ausbauen können. Diese Dynamik der Waldökosysteme ist gewollt und gehört zum Konzept ebenso dazu wie eine umfangreiche Öffentlichkeitsarbeit, unter anderem mit dem jährlich am ersten Sonntag im September stattfindenden Walderlebnistag.

Vom Lauerholz getrennt durch die vierspurige, stark befahrene Bundesstraße 75 liegt an der Trave der Schellbruch. In den 1970er Jahren durch Proteste von Naturschützern des Naturschutzbund Deutschland vor seinem vermeintlichen Schicksal als zusätzliche Spülfläche für Hafenschlick bewahrt, ist er heute ein herausragendes Naturschutzgebiet in der Hansestadt. In seinem Zentrum liegt, von breiten Schilfrändern umgeben, die Große Lagune, ein brackiges, seichtes Gewässer mit direktem Zugang zur Trave. Die je nach vorherrschender Windrichtung stark schwankenden Wasserstände der Trave führen zu einer ausgeprägten Dynamik im Schellbruch mit regelmäßigen Überschwemmungen, die bis in die Medebek hinaufreichen und zum Absterben des hier ehemals wachsenden Erlenbruchwaldes geführt haben. Dafür sind an den Ufern der Großen Lagune und an der Medebek sehr artenreiche Feuchtwiesen entstanden, in denen so seltene Pflanzenarten wie die Schachbrettblume, aber auch salztolerante Arten wie Strandastern und Salzbinsen wachsen. Um das Gebiet kümmert sich die sehr aktive Arbeitsgemeinschaft Schellbruch des NABU Lübeck.

Aufgrund der Vielfalt der Lebensräume wurden Lauerholz und Schellbruch als Teil der Westmecklenburgischen Ostseeküste und des Lübecker Beckens

Im Lauerholz besetzen alljährlich einzelne Zwergschnäpper ihre Reviere.

Foto: karthick / Stock.Adobe.com

vom Bundesamt für Naturschutz als einer von dreißig Hotspots der Biologischen Vielfalt in Deutschland identifiziert, und das trotz der engen Verzahnung mit innerstädtischen Siedlungsräumen und Industrieflächen.

Besondere Vogelarten und Reisezeit

Charaktervögel des Lauerholzes sind die Mittelspechte. An den ersten sonnigen Tagen Anfang März ist ihr quäkender Gesang ein ständiger Begleiter bei Spaziergängen. Das seit 1992 alle fünf Jahre ohne Klangattrappe durchgeführte Monitoring konnte die Bestandszunahme gut dokumentieren. Eine große Besonderheit im Lauerholz sind die Zwergschnäpper, die hier alljährlich einzelne Reviere besetzen. Sie kommen erst spät aus dem Winterquartier zurück und ihre Gesangsphase ist sehr kurz und auf zwei Wochen Mitte Mai beschränkt. Sie profitieren von der geschlossenen Baumkronendecke, verbundenen mit alten Bäumen und den zahlreichen Tümpeln und kleinen Mooren im Lauerholz. Häufiger sind Trauerschnäpper. Sie besetzen ihre Reviere bereits Ende April und sind zusammen mit Waldlaubsängern weitere Charaktervögel im Lauerholz. Schwarzspechte sind eine Schlüsselart im Buchenwald und häufig zu hören. Bäume mit Schwarzspechthöhlen werden als wichtige Biotopbäume erhalten und dienen Nachmietern wie den Hohltauben als Nistplätze. In der Abenddämmerung ist im zeitigen Frühjahr der Gesang von Waldkäuzen zu hören. Kernbeißer sind verbreitete Brutvögel im Lauerholz und fressen besonders gerne die Samen der Hainbuchen. Unter den Greifvögeln sind Habichte und Wespenbussarde hervorzuheben, die beide im Lauerholz brüten, aber eher am benachbarten Schellbruch zu beobachten sind. Eisvögel brüten in den Wurzeltellern umgestürzter Bäume im Lauerholz und sind stetig am gesamten Lauf der Medebek zu beobachten. Der Schellbruch, durch den die Medebeck kurz vor ihrer Mündung in die Trave fließt, ist von besonderer Bedeutung für schilfbewohnende Brutvogelarten. Rohrschwirle besetzen zeitig im April ihre Reviere. Bartmeisen sind ganzjährig zu beobachten. Wasserrallen sind häufig zu hören und im Spätsommer an den Schilfrändern gelegentlich auch zu beobachten. Rohrweihen erscheinen als Nahrungsgäste, Rohrdommeln sind aufgrund der Prädation durch Wildschweine leider verschwunden. Teich- und Schilfrohrsänger, Blaukehlchen und Rohrammern sind verbreitete Brutvögel. Ein neues Brutfloß auf dem Süßwasserteich wurde 2019 direkt von Flussseeschwalben und Lachmöwen als Brutplatz angenommen. 2020 soll ein weiteres, doppelt so großes, Floß auf der Großen Lagune verankert werden. Die naturnahen Übergangsbereiche zwischen Schilfflächen, Erlenbruchwäldern, Feuchtwiesen und Gewässern beherbergen eine sehr reiche Brutvogelwelt, unter anderem mit regelmäßigen Vorkommen von Schlagschwirlen, Neuntötern, Kleinspechten, Kuckucken und Nachtigallen. Als große Besonderheit sind, allerdings nicht mehr alljährlich, auch Beutelmeisen zu beobachten. Während der Zugzeiten ist die Artenvielfalt nochmal höher. Im Oktober rasten Tausende Grau-, Bläss-, Saat- und Weißwangengänse auf der Großen Lagune. Auf dem Frühjahrszug sind im April häufig Zwergmöwen und Knäkenten zu beobachten und im Spätsommer rasten verschiedene Arten

Die Medebek fließt durch das Lauerholz und mündet im Schellbruch in die Große Lagune. Foto: F. Weiß. Januar 2020.

Wasserläufer, Alpenstrandläufer und zahlreiche Bekassinen. Im Winter rasten auf der Trave und den Gewässern im Schellbruch Gänse- und Zwergsäger. Raubwürger besetzen ihre Winterreviere und Kornweihen jagen über den Schilfflächen und Wiesen.

Ab Mitte April ist im Schellbruch der sirrende Gesang von Rohrschwirlen zu hören.
Foto: C. Moning. Seewinkel, 17.4.2010.

Beobachtungsmöglichkeiten

Ausgangspunkt für Beobachtungen im Lauerholz ist ein Parkplatz in einer kurzen Sackgasse südlich der B 104/ „Mecklenburger Straße" (1). Dies ist die erste Möglichkeit, nach dem Dreieck B 75/B 104 nach Süden abzubiegen. Vom Parkplatz läuft man auf einer asphaltierten Straße nach Süden in das Lauerholz. Nach einem Kilometer gelangt man an einen metallenen Wegweiser mit drei Schildern (2), von denen man jedoch keinem folgt, sondern scharf rechts abbiegt und 200 m zurück Richtung Norden bis zu einer Kreuzung mit fünf abzweigenden Wegen geht (3). Hier weist ein hölzerner Wegweiser nach links in den „Buchenbergweg", dem man für 1,2 km bis hinter einer Brücke über die Medebek folgt. In der ersten Hälfte verläuft der Weg am Rand der Referenzfläche. Hinter der Brücke über die Medebek (4) biegt man erneut links ab in die „Karlshofer Schneise", der man durch Eichen-Hainbuchenwald 1,2 km bis zu einer weiteren Kreuzung mit fünf abgehenden Wegen (5) folgt, wo man erneut links abbiegt und nach weiteren 1,2 km wieder die geteerte Straße erreicht, der man nach links zurück zum Parkplatz folgt. Mittelspechte lassen sich praktisch entlang der ganzen Strecke beobachten, besonders entlang der „Karlshöfer Schneise". Für die Beobachtung von Zwergschnäppern braucht man viel Glück und eine gute Kenntnis des unauffälligen Gesangs.

Der kürzeste Zugang zum Schellbruch erfolgt von der Straße „Niels-Bohr-Ring" westlich des Gebietes (6). Der Weg führt zwischen einer Gewerbefläche und einem Wohnhaus (Hausnummer 30) durch ein Waldstück, quert einen Weg und verläuft weiter auf einem Damm ins Gebiet. Die Wege im Schellbruch sind schmal, unbefestigt und bei feuchter Witterung matschig. Am besten eignen sie sich zum Wandern, eingeschränkt zum Radfahren. Von der Kreuzung geht man weiter geradeaus auf dem „Gänsepfad" und überquert bald die Medebek (7), die hier in die Große Lagune mündet. In den Feuchtwiesen rasten im Frühjahr oft größere Trupps Bergpieper, die Ufer der Großen Lagune sind an ihrem Südufer offen und bieten beste Rastbedingungen für

Typische Vogelarten im Lauerholz und Schellbruch, deren Status und günstige Beobachtungszeit (in Klammern)
h = häufiger, r = regelmäßiger, s = seltener; B = Brutvogel, W = Wintergast, D = Durchzügler, S = Sommergast, N = Nahrungsgast

Art	Status (beste Beobachtungszeit)
Schwarzhalstaucher	sS (Apr./Mai)
Rohrdommel	sW (Frostperioden)
Seeadler	rN (ganzjährig)
Wasserralle	hB, rW (ganzjährig)
Flussseeschwalbe	rB (Mitte Apr.–Jun.)
Hohltaube	rB, rW (Mai–Jul.)
Waldkauz	rB (ganzjährig)
Eisvogel	rB, rW (Jul.–Sep.)
Mittelspecht	hB (Mrz.–Apr.)
Schwarzspecht	rB (Mrz.–Apr.)

Art	Status (beste Beobachtungszeit)
Kleinspecht	sB (Mrz.–Apr.)
Bartmeise	hB, rW (ganzjährig)
Waldlaubsänger	hB (Mitte Apr.–Jun.)
Rohrschwirl	rB (Mitte Apr.–Jun.)
Schlagschwirl	sB (Ende Mai–Jun.)
Zwergschnäpper	sB (Mitte Mai–Mitte Jun.)
Trauerschnäpper	rB (Mitte Apr.–Jun.)
Bergpieper	rW (Nov.–Anfang Apr.)
Kernbeißer	hB, hW (ganzjährig)

Bartmeisen sind die Charaktervögel im Schellbruch.
Foto: H. Daum. Schellbruch, 11.11.2016.

Gänse, Gründelenten und Limikolen. Ein Stück weiter steht am Waldrand ein grüner Bauwagen der AG Schellbruch. Ist er besetzt, erhält man hier aktuelle Informationen über das Gebiet. Weiter verläuft der Weg am Rand des Schutzgebietes entlang einer alten Baumreihe auf einer Geländekante. Eine Beobachtungsplattform (8) bietet einen fantastischen Blick über den östlichen Teil der Großen Lagune und die dahinter liegenden Schilfflächen. Hier lohnt es sich, längere Zeit zu verweilen. Neben den Brut- und Rastvögeln im Gebiet kann man von hier auch bestens den Vogelzug entlang des Travetals und jagende Rohrweihen und Seeadler beobachten. Der Weg verläuft weiter an der Geländekante. Zur Rechten liegen auf der Heidkoppel einige Ackerflächen, die von einem Biobetrieb bewirtschaftet werden. Hier rasten zu den Zugzeiten und im Winter oft große Trupps Drosseln, Finken und Lerchen, im Winter gelegentlich auch ein Raubwürger. Am Ende des Weges biegt ein kurzer Stichweg links zum Treidelpfad an der Trave ab, hier sind im Frühjahr oft Nachtigallen zu hören. Von hier lohnt sich ein kurzer Abstecher nach Osten zur Kleinen Lagune (9), an der sich Bartmeisen und oft Eisvögel sowie diverse Arten Gründelenten und im Winter Zwerg- und Gänsesäger beobachten lassen. Hier kehrt man um und folgt dem Treidelpfad zwischen Trave und Schellbruch zurück nach Westen. Am Weg rasten zu den Zugzeiten häufig Flussuferläufer und aus den weiten Schilfflächen ertönen die Rufe von Bartmeisen, im Frühjahr die Gesänge von Blaukehlchen, Teich- und Schilfrohrsängern, Rohrammern und Rohrschwirlen. Der Weg überquert einen breiten Durchstich zwischen Trave und Großer Lagune und biegt dann an einigen hohen Pappeln links ab auf den „Mövenstieg", der auf einem Damm zwischen dem Süßwasserteich und der brackigen Großen Lagune verläuft (10). Früher haben hier regelmäßig Beutelmeisen gebrütet, aber sie sind nicht mehr alljährlich zu beobachten. Kleinspechte jedoch sind hier ganzjährig zu sehen und Rohrschwirle haben mehrere Reviere. Zwei Brutflöße beherbergen eine kleine Lachmöwen- und Flussseeschwalbenkolonie und im Frühjahr sind gelegentlich Schwarzhalstaucher zu beobachten, brüten aber bisher nicht. Im Winter ist der Süßwasserteich Schlafplatz von Gänsesägern. Der Weg stößt wieder auf die Kreuzung mit dem „Gänsepfad". Nach rechts geht es zurück zum Parkplatz am „Niels-Bohr-Ring", geradeaus lohnt sich der Weg besonders im Frühjahr (11). Das Mosaik aus Schilfflächen, Erlenbrüchen, feuchten Gebüschen und Wiesen entlang der Medebek beherbergt eine sehr reiche Brutvogelwelt. Schlagschwirle sind hier ab Mitte Mai regelmäßig zu hören und lassen sich mit den ebenfalls hier brütenden Feldschwirlen vergleichen.

Im zeitigen Frühjahr ist der Waldboden im Lauerholz übersät von Buschwindröschen.
Foto: Tilo Grellmann / Stock.Adobe.com

Weitere Freizeitmöglichkeiten

Die Hansestadt Lübeck blickt auf eine 877-jährige Geschichte zurück und die Altstadt ist mit ihren mehr als 1000 Kulturdenkmälern seit 1987 als UNESCO Weltkulturerbe gelistet. Als Königin der Hanse war sie über drei Jahrhunderte eine der bedeutendsten Städte Nordeuropas. Die Altstadt liegt auf einem Geländerücken zwischen Trave und Wakenitz und bildet mit den sieben Türmen der fünf Kirchen eine weithin sichtbare, einprägsame Silhouette. An ihrer höchsten Stelle wurde 1277 bis 1351 die Marienkirche errichtet, die mit ihren zwei hohen Türmen als Ursprung der Backsteingotik und als Hauptwerk des Kirchenbaus im Ostseeraum gilt. Von der Lübecker Stadttouristik werden von April bis Dezember täglich um 11 Uhr Stadtführungen angeboten.

Felix Weiß, Christoph Moning, Christopher König

Infomaterial/Literatur

Reimers H R 2019: Der Lübecker Wald und seine Geschichte. Heft 1, Schriftenreihe Gesellschaft der Freunde des Stadwaldes Lübeck e.V.

Wir bedanken uns bei dem Forstamtsleiter Knut Sturm sowie bei Hermann Daum, Werner Peschel und Benno Moreth von der Arbeitsgemeinschaft Schellbruch im NABU für zahlreiche Anregungen und wertvolle Hinweise zum Manuskript.

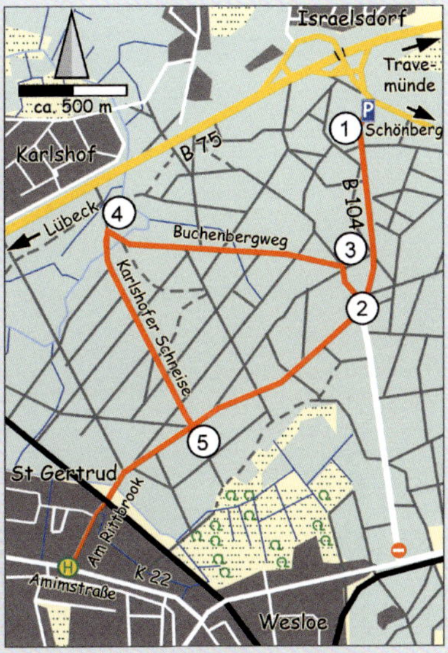

GPS		
Parkplatz Lauerholz (1)	53°53'40.00" N	10°45'05.00" O
Abzweigung Lauerholz (2)	53°53'06.00" N	10°45'01.00" O
Abzweigung Buchenbergweg (3)	53°53'13.00" N	10°44'56.00" O
Abzweigung Karlshofer Schneise (4)	53°53'21.00" N	10°43'52.00" O
Abzweigung Rittbrook (5)	53°52'44.00" N	10°44'05.00" O
Parkplatz Schellbruch Niels-Bohr-Ring (6)	53°53'55.00" N	10°42'33.00" O
Schellbruch Beobachtungsplattform (8)	53°54'13.00" N	10°43'37.00" O

Anfahrt

Mit Bahn und Bus

Lauerholz und Schellbruch sind gut mit öffentlichen Verkehrsmitteln zu erreichen. Vom Hauptbahnhof Lübeck mit den Buslinien 10 oder 21 bis zur Haltestelle „Am Rittbrook" südlich vom Lauerholz oder mit der Linie 15 bis zur Haltestelle „Niels-Bohr-Ring 1" am Schellbruch.

Mit dem Auto

Lauerholz und Schellbruch sind über die Bundesstraßen 74 und 104 zu erreichen. Die Bundesstraße 104 von Norden über die Trave ist mautpflichtig.

Adressen

Die Internetseite der AG Schellbruch im NABU: www.nabu-luebeck.de/nabu-lübeck-wer-wir-sind-und-was-wir-tun/projekte/arbeitsgemeinschaft-schellbruch

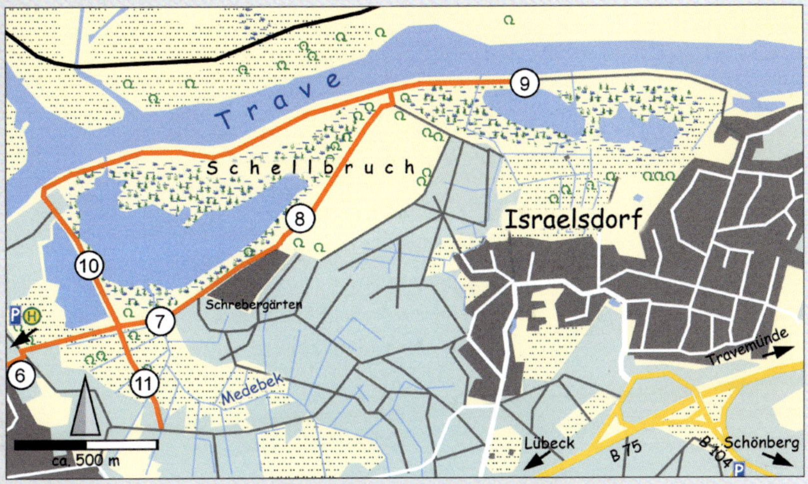

Panoramablick auf den Selenter See vom Belliner Ufer. Foto: A. Maier. 23.3.2020.

Der Selenter See

Ein Hotspot für Wasservögel

In den großen Flachwasserbereichen des zweitgrößten Sees Schleswig-Holsteins gedeihen im klaren Wasser weitläufige Unterwasserwiesen aus vor allem Armleuchteralgen und Laichkräutern. Von der ausgeprägten Unterwasserflora und dem Fischreichtum des Sees profitieren viele Vogelarten. Besonders lohnenswert ist ein Besuch im Winterhalbjahr, wenn über 10 000 Wasservögel, hauptsächlich verschiedene Tauchenten, zu beobachten sind. Zu Beginn des Winters weiden Hunderte Singschwäne in den Flachwasserbereichen des Sees. In kalten Wintern konzentrieren sich besonders viele Vögel auf die noch eisfreien Stellen, an den Eislöchern sind dann nicht selten über ein Dutzend Seeadler zu sehen. Aber auch im Frühjahr empfiehlt sich ein Besuch: Besonders die Tage, wenn Tausende Zwergmöwen den See als Rast- und Nahrungsstopp nutzen, sind eindrücklich.

Vom Ufer des mehr als 20 km² großen Selenter Sees eröffnet sich ein weiter Blick über die ausgedehnte, offene Seefläche. Von Uferbruchwäldern und Schilfröhrichten gesäumte, naturbelassene Seeufer umgeben die sich vor dem Betrachter erstreckende Wasserfläche. Das in der Ferne gegenüberliegende Ufer ist oftmals nicht auszumachen, an windigen Tagen schlagen mitunter heftige Wellen ans Ufer: Fast lässt der Selenter See dann schon an eine Meeresküste denken.

Der zweitgrößte See Schleswig-Holsteins liegt in der Holsteinischen Schweiz, einer während der letzten Eiszeit geformten Jungmoränenlandschaft. Beim Selenter See handelt es sich um einen sogenannten Zungenbeckensee, entstanden in einem von einer Gletscherzunge geschaffenen Becken. Im Süden und Osten des Sees ragen die am Gletscherrand aufgeschobenen Stauch- und Endmoränenwälle bis zu 90 m bzw. 130 m (Strezerberg) auf. Viele große Steine und Findlinge sind im klaren Wasser des Sees noch erkennbar und auch an den Uferbereichen und in den angrenzenden Wäldern zu finden.

Die Nord- und Ostufer des Sees zeichnen sich durch eine vielfältige Struktur an Buchten, ausgedehnten Verlandungszonen und weitläufigen Flachwasserbereichen aus. Der Nordteil des Selenter Sees steht als Naturschutzgebiet inklusive Ufer und Waldbereiche auf 7 km² unter besonderem Schutz. Ausgeprägte Schilfgürtel rahmen dort die Flachwasserbereiche ein, unwegsame Uferbruchwälder schließen sich landseitig an. Die vorherrschenden Schwarzerlen, dazwischen auch Weiden, trotzen den unterschiedlich hohen Wasserständen und regelmäßigen Überflutungen. Immer wieder sind sie auch Wellenschlag und im Winter Eisgang ausgesetzt. Aus den Bruchwäldern strahlt im Frühjahr die leuchtend gelbe Farbe der blühenden Sumpfdotterblumen.

Anders gestaltet sind die Ufer im Süden und Westen des Sees. Die dort höher gelegenen Uferterrassen bilden trockenere Standorte, es wachsen Eichen- und Buchenwälder, mit teils urigen Altbaumbeständen. Die Seeufer fallen hier nach wenigen Metern Flachwasser ab. In der Mitte des Sees werden an manchen Stellen Tiefen von mehr als 40 m erreicht.

Im nährstoffarmen Seewasser sind Sichttiefen von bis zu 8 m keine Seltenheit. Von den Brücken und Badestegen lassen sich häufig kleine Fische und ganze Jungfischschwärme beobachten. Oft sind kleine Flussbarsche zu sehen, aber auch Rotaugen, Rotfedern, Schleien, Brassen und Aale sind einige der im für Fischreichtum bekannten See auftretenden Arten. Auch die als Eiszeitrelikte geltenden Kleinen und Großen Maränen – welche in tiefen Seen mit klarem, kaltem Wasser vorkommen – sind im Selenter See vorhanden. Einige ungestörte, relativ flache Bereiche in Ufernähe, werden im Frühjahr von Hechten aufgesucht, die sich dann zur Paarung und zum Laichen hier einfinden und das in sowohl beeindruckend großen Individuen als auch beeindruckend großen Anzahlen.

Das im klaren Wasser tief einfallende Sonnenlicht lässt eine bemerkenswerte Unterwasservegetation gedeihen, Armleuchteralgen und Laichkräuter bilden ausgedehnte Unterwasserwiesen, See- und Teichrosen erblühen im Sommer in den windgeschützten Buchten im Nordosten.

Die Unterwasserfauna des Sees ist reich an Krebstieren, Muscheln und Schnecken. Die großen Mengen der an Steinen anheftenden Zebramuscheln sind wichtige Nahrungsgrundlage für Tauchenten.

Die Larven der Zuckmücken werden unter anderem von vielen (Jung)fischen gefressen. Nach dem synchronen Schlüpfen im April bis Mai formen die Insekten enorme Schwärme. Überall auf der Vegetation, auf der Wasseroberfläche und am Ufer lassen sich dann Individuen nieder, große wolkenbildende Schwärme steigen über dem See in die Höhe. Ein reich gedeckter Tisch für viele Vogelarten. Blässhühner und Möwen picken die Zuckmücken von der Wasseroberfläche. Große Möwentrupps steigen mit den Mückenschwärmen in die Luft und folgen diesen auch über Land. Schwalben und Mauersegler nutzen gerade an windig-kühlen Tagen im Mai das Angebot während der Zugrast.

Von Oktober bis Januar finden sich über 5000 Reiherenten auf dem Selenter See ein.
Foto: C. Moning. Nymphenburg, 11.10.2009.

Besondere Vogelarten und Reisezeit

Der Selenter See ist ein bedeutendes Rast-, Mauser- und Überwinterungsgebiet für zahlreiche Wasservogelarten. Zeitweise finden sich allein im Nordteil, in der Giekauer Bucht, über 10 000 Wasservögel in wechselnder Artenzusammensetzung ein. Bereits im Spätsommer mausern über 1000 Haubentaucher auf dem See. Tauchenten, die zumeist auf dem wenige Kilometer nordöstlich gelegenen Großen Binnensee mausern, wechseln, nachdem dort das Nahrungsangebot ausgeschöpft ist, auf den Selenter See. Daher sind vom Spätsommer an bis über die Wintermonate hinaus Tausende Tafelenten und Reiherenten auf dem Selenter See zu beobachten. Die höchsten Zahlen werden regelmäßig mit über 5000 Tafelenten im September/Oktober und ebenso vielen Reiherenten von Oktober bis Januar erfasst. Weitere im Zeitraum zwischen Herbst und Winter in großen Zahlen vorkommende Arten sind Grau- und Blässgän-

Typische Vogelarten am Selenter See, deren Status und günstige Beobachtungszeit (in Klammern)
h = häufiger, r = regelmäßiger, s = seltener; B = Brutvogel, W = Wintergast, D = Durchzügler, N = Nahrungsgast

Art	Status (beste Beobachtungszeit)
Singschwan	hW (Nov.–Dez.)
Tafelente	hW (Aug.–Dez.)
Kolbenente	hW (Sep.–Okt.)
Reiherente	hW (Sep.–Jan.)
Schellente	hW (Nov.–Feb.)
Gänsesäger	hW (Sep.–Nov.)
Haubentaucher	hB, hW (ganzjährig)
Kormoran	hN (ganzjährig)

Art	Status (beste Beobachtungszeit)
Seeadler	rB, rN, rW, rD (ganzjährig)
Blässhuhn	hB, hW (ganzjährig)
Zwergmöwe	hD (Ende Apr.–Anfang Mai, Sep.–Okt.)
Trauerseeschwalbe	sD (Mai, Aug.–Sep.)
Eisvogel	rB, rD, rW (ganzjährig)
Rohrammer	hB (Mrz.–Jul.)

se, auch Stock-, Schnatter-, Pfeif- und Schellenten sind anzutreffen. Hunderte bis mehrere Tausend Blässhühner finden sich im Spätherbst und Winter auf dem See ein. Oftmals bilden die Vögel nahrungssuchend oder ruhend dichte Trupps, die dann aus großer Entfernung schon als dunkle „Flöße“ erkennbar sind. Das klare Wasser des Selenter Sees und die ausgeprägte Unterwasserfauna mit reichlich Jungfischschwärmen sind auch den Gänsesägern dienlich, welche zu mehreren Hundert anwesend sind. Zwergsäger sind in Dutzenden zu beobachten. Immer wieder einmal sind einzelne Pracht- oder Ohrentaucher anzutreffen.

Hervorzuheben sind auch die zahlreichen, in Schleswig-Holstein recht seltenen Kolbenenten. Insbesondere zwischen September und November werden regelmäßig über 500 Individuen angetroffen, die zur Kleingefiedermauser gezielt den Selenter See anfliegen. Kolbenenten ernähren sich hauptsächlich von Wasserpflanzen – zum Beispiel Laichkräutern und besonders Armleuchteralgen – welche bei relativ kurzen Tauchgängen aus geringen Wassertiefen aufgenommen oder gründelnd abgeweidet werden. Im Selenter See finden Kolbenenten in den weitläufigen, klaren Flachwasserbereichen mit reicher Unterwasservegetation gute Nahrungsbedingungen vor.

Im Spätherbst kommen regelmäßig Hunderte Singschwäne auf den See und können im flachen Uferbereich beobachtet werden. Dort weiden die Vögel an Armleuchteralgen und Unterwasserwiesen und fressen Wurzeln von Wasserpflanzen. Später im Winter weichen die Trupps auf Raps- und Stoppelfelder aus.

Sind im kalten Winter die benachbarten Seen und Teiche bereits zugefroren, finden sich am großen und tiefen Selenter See noch lange offene Wasserstellen. An diesen tummeln sich dann besonders viele Wasservögel. Es ist auch keine Seltenheit, um diese letzten eisfreien Wasserlöcher über zehn Seeadler auf engem Raum zu beobachten. Seeadler sind am Selenter See in allen Jahreszeiten zu entdecken: Durchzügler und Nahrungsgäste suchen den See auf und in der Nähe kommen drei bis vier Brutpaare vor.

Ebenfalls ganzjährig zu beobachten sind sich auf Pollern und Stegen sonnende Kormorane. Immer wieder sind von tiefhängenden Weidenästen aufschillernde Eisvögel zu entdecken. Im Schilf singen Rohrammern und Teichrohrsänger. Im Bruchwald am nördlichen Seeufer brüten Kraniche und im Spätwinter hört man, ebenfalls vom Nordufer, den Gesang der Uhus.

Ziehende und rastende Zwergmöwen treten im Spätsommer/Herbst zu Hunderten am Selenter See auf. Das besondere Erlebnis ist jedoch der Frühjahrsdurchzug, der mit dem synchronen Schlupf unzähliger Zuckmücken zusammenfällt: Zwischen Ende April und Anfang Mai sind regelmäßig Tausende, in einigen Jahren sogar über zehntausend Zwergmöwen auf dem Selenter See zu beobachten! Die Vögel rasten hier und fressen sich vor dem Weiterzug an den Unmengen von Zuckmücken satt.

Beobachtungsmöglichkeiten

Ein Spektiv ist für Beobachtungen der Vögel auf dem See empfehlenswert, um die in der Mitte des Sees sitzenden Wasservögel zu erkennen sogar unerlässlich. Je nach Tageszeit und Windverhältnissen findet man unterschiedliche Beobachtungsbedingungen vor, Gegenlicht und Hitzeflimmern können störend sein. Haubentaucher und Zwergmöwen halten sich häufig in der Mitte des Sees auf. Die meisten anderen Wasservögel finden sich in der Regel an windgeschützten Stellen ein. In der Giekauer Bucht sind aufgrund der stark gegliederten Ufer- und Buchtenstruktur oft windabgewandte Bereiche vorhanden – ein Grund weshalb sich hier häufig eine große Anzahl an Wasservögeln aufhält. Die Flachwasserbereiche und üppige Unterwasserflora und -fauna bieten zudem gute Nahrungsbedingungen. Einen Ausblick über die Giekauer Bucht bekommt man von einer Aussichtsplattform südwestlich des Ortes Giekau (1). Oftmals bietet sich hier die Möglichkeit große Tauchententrupps aus vergleichsweise geringer Entfernung zu beobachten. Im Ort Giekau biegt man im Westen zum Schützenhaus ab und parkt

Kormorane trocknen sich auf den Stegen in der Bucht vor Seekrug. Foto: A. Maier. 23.3.2020.

Eisvögel spähen von Schilfhalmen oder tiefhängenden Ästen nach kleinen Fischen.

Foto: C. Moning. Eittinger Weiher, 30.12.2019.

neben dem Spielplatz. Die nördlichen Seeufer und Waldbereiche sind Teil des Naturschutzgebietes und nicht zugänglich, von der Aussichtsplattform bieten sich jedoch auch Einblicke in Schilf und Uferwald sowie auf die gegenüberliegende Halbinsel Warderholz.

Einen weiterern Beobachtungspunkt im Norden des Sees bietet die Badestelle in Pülsen, hier blickt man nach Süden und Südwesten auf den See (2). Hier bestehen zur Brutzeit noch Chancen Pirole zu entdecken, die vor wenigen Jahren noch, als große Pappelbestände am Südufer wuchsen, in deutlich größerer Zahl am See vorkamen

Als lohnender Abstecher von der Seelandschaft in den Wald empfiehlt sich das Gebiet „Pülser Vieh“ (3). In diesem, von der Stiftung Naturschutz Schleswig-Holstein zum Erhalt und zur Entwicklung von Natur(ur)wald erworbenen Buchenwald, entstehen nun nach Wiedervernässungsmaßnahmen und dem Stopp von Holzeinschlag, mehr und mehr feuchte Senken, Waldweiher und Bereiche mit hohem Totholzanteil: vielversprechende Lebensräume für Waldschnepfen und Schwarzspechte.

Im Westen des Selenter Sees fährt man zwischen Fargau und Grabensee (4) direkt am See entlang; in den uferbegleitenden Bruchwälder kommen einzelne Klein- und Mittelspechtpaare vor.

Bei Grabensee hat man vom Steg der Badestelle einen Ausblick nach Osten. Anders als auf der Bundestraße, die im Südostteil des Sees ebenfalls direkt am Seeufer verläuft, ist hier bei ähnlich beeindruckendem Seepanorama deutlich weniger Verkehr. Auch zum Radfahren bietet sich dieser Straßenabschnitt an, von Nord nach Süd kommend besteht dann die Möglichkeit zwischen den Feldern weiter zur Badestelle nördlich von Selent zu radeln. Besonders interessant sind die Uferbereiche im Westen des Sees im November bis Dezember, wenn dort Hunderte Singschwäne zu beobachten sind.

Von der Badestelle nördlich von Selent (5) beobachtet man nach Norden auf den See. Empfehlenswert ist hier auch ein Spaziergang in Ufernähe oder durch den Wald zum Ort Selent, zum Teil durch urige Altbaumbestände.

Bei Bellin liegt direkt an der Bundesstraße ein Parkplatz mit beeindrucken-

Blick vom Nordufer des Selenter Sees.

Foto: A. Maier. 23.3.2020.

dem Panoramablick (6) nach Westen auf den See. Durch eine Unterführung gelangt man an den Sandstrand. Watet man hier im klaren Wasser, fühlt und sieht man alsbald die zarten Armleuchteralgen, welche auch hier weitläufige Unterwasserwiesen bilden. Im Schilf bei Bellin besteht in manchen Jahren im Spätsommer und Herbst ein großer Starenschlafplatz. Oben vom Parkplatz aus hat man auch bei schwierigen Bedingungen eine relativ gute Sicht: Man steht hier erhöht und hat so auch bei Hitzeflimmern Chancen Vögel weit vor dem Ufer zu beobachten.

Im Südosten des Sees befinden sich bei Seekrug eine weitere Badestelle und Bootsstege (7). In der Bucht finden Tauchententrupps bei Wind aus Süd und Ost Windschutz, vor den Schilfbereichen balzen und brüten im Frühjahr Haubentaucher und ein bis zwei Paare Rothalstaucher.

Wenige Kilometer östlich des Selenter Sees lässt sich bei klarem Wetter ein außergewöhnlicher Ausblick auf die Landschaft der Holsteinischen Schweiz erleben. Vom Hessenstein Turm (8) – Eintritt erfolgt mit einer 1-Euro-Münze durch ein Drehkreuz – auf dem Pilser Berg (128 m) erstreckt sich der Selenter See im Südwesten, im Westen schaut man bis nach Kiel, im Norden über die Hohwachter Bucht hinaus und im Nordosten bis nach Fehmarn und zu den dänischen Inseln. Wunderbar lassen sich von hier oben die an manchen zugstarken Herbsttagen unentwegt nach Südwesten ziehenden Gänsetrupps bestaunen.

Weitere Freizeitmöglichkeiten

Seit Ende der Eiszeit siedeln Menschen am Selenter See. Hügelgräber und Burgenreste zeugen von den frühen Phasen der menschlichen Anwesenheit. Eine Fahrradtour durch die Region bietet sich an, um die Landschaft und Kulturgeschichte zu entdecken. Die Badestellen am See laden zum Schwimmen und Picknicken ein, vor allem im Süden und Westen des Sees gibt es Cafés.

Am Südufer bei Bellin sind noch typische historische Fachwerkhäuser, zum Teil aus traditionellem Baustoff aus der Region, erhalten.

Andrea Maier, Christopher König, Christoph Moning, Felix Weiß

Anfahrt

Mit Bahn und Bus

Mit der zwischen Kiel und Lütjenburg verkehrenden Buslinie 310 sind mehrere am Selenter See gelegene Orte zu erreichen. Weitere Busse fahren auf den Routen Schönberg-Preetz über Fargau, bzw. Schönberg-Plön über Selent. Die nächstgelegenen Bahnhöfe befinden sich in Schwentinental und Preetz. Von dort sind es zum Seeufer zwar jeweils noch über 10 km, die Bahnhöfe bieten sich aber dennoch als Start-/Endpunkte für (größere)Fahrradexkursionen in die Region an.

Mit dem Auto

Der Selenter See liegt direkt an der B 202, zwischen Kiel und Oldenburg in Holstein. Mit dem Auto sind alle beschriebenen Beobachtungspunkte leicht erreichbar, es gibt Parkmöglichkeiten.

GPS		
Giekauer Bucht (1)	59°19'11" N	10°29'51" O
Badestelle Pülsen (2)	54°19'19" N	10°27'09" O
Pülser Vieh (3)	54°20'03" N	10°27'51" O
Badestelle Grabensee (4)	54°18'14" N	10°22'58" O
Badestelle Selent (5)	54°17'54" N	10°25'08" O
Bellin (6)	54°17'02" N	10°28'37" O
Badestelle Seekrug (7)	54°17'42" N	10°30'55" O
Hessenstein Turm (8)	54°19'41" N	10°32'45" O

Infomaterial/Literatur

Moning C, Weiß F 2007: Vögel beobachten in Norddeutschland. Kosmos-Verlag, Stuttgart.

www.umweltdaten.landsh.de/public/natura/pdf/bis/nordteil_des_selenter_sees.pdf

Wir danken Bernd Koop für wertvolle Hinweise und die Durchsicht des Manuskripts.

Entlang der Südküste von Föhr zieht sich ein 15 km langer Sandstrand, der im geschützten Bereich an der Mündung der Godel noch Brutplatz von Sandregenpfeifern und Zwergseeschwalben ist. Foto: F. Weiß. Föhr, 2.8.2020.

Die Insel Föhr

Zu Gast in der Friesischen Karibik

Mit ihrer abwechslungsreichen Landschaft und den guten Beobachtungsmöglichkeiten ist die Insel Föhr ein hervorragendes Reiseziel für Vogelbeobachter. Die Vogelwelt des Wattenmeeres lässt sich hier eindrucksvoll erleben und auch die Föhrer Marsch beherbergt Dank lokaler Naturschützer noch so bedrohte Arten wie Uferschnepfen und Knäkenten. Wegen ihrer Insellage weit vor der Küste ist Föhr bis heute frei von Füchsen, sodass in den Vorländern noch große Möwenkolonien und sogar die empfindlichen Löffler einen sicheren Brutplatz finden. Unzählige arktische Limikolen fressen sich auf den Wattflächen im angrenzenden Nationalpark und UNESCO Weltnaturerbe Fettreserven für den Weiterflug an und rasten bei Hochwasser auf Föhr. Besonders lohnend ist ein Besuch während des Frühjahrszugs und der Brutzeit Anfang Mai sowie im Spätsommer, wenn bereits wieder Tausende Limikolen auf Föhr rasten.

Im Zentrum der Nordfriesischen Insel- und Halligwelt liegt die alte friesische Insel Föhr. Ursprünglich war sie Teil des Festlands und wurde erst durch verheerende Sturmfluten im Mittelalter zur Insel. Geologisch ist Föhr in zwei Regionen gegliedert: Im Süden liegt die Geest, der eiszeitliche Inselkern, der etwas weniger als die Hälfte der Inselfläche einnimmt, und im Norden die Marsch, das brettebene, nacheiszeitliche Schwemmland. Die leicht gewellte und bis zu 13 m hohe Geest wurde bereits in der Bronzezeit besiedelt, wovon noch heute siebzehn Hügelgräber zeugen. Auf ihr wurden auch die alten Friesendörfer und die Inselhauptstadt Wyk hochwassersicher gegründet. Föhr ist ein Zentrum der friesischen Kultur und Sprache in Deutschland. Der inseleigene Dialekt, Fering, wird besonders im Westen von Föhr gesprochen und ist anerkannte Minderheitensprache.

Waldwasserläufer sind im Spätsommer sehr häufige Rastvögel in den Gräben und Tränkekuhlen in der Marsch. Foto: C. Moning. Lesbos, 4.4.2009.

Natürlich kennt Fering auch für die Vogelarten der Insel eigene Namen, an denen sich die Eigenständigkeit der Sprache gut erkennen lässt: Liiw (Austernfischer), Güüseniarp (Rohrweihe) und Kleer (Rotschenkel) seien als Beispiele genannt. Eine Blütezeit erlebte die Insel im 17. und 18. Jahrhundert, als zeitweise über 1000 Seeleute, darunter bis zu 150 Kapitäne, die Sommer über auf holländischen Walfangschiffen in die Arktis fuhren. Der Reichtum, den der Walfang auf die Insel brachte, lässt sich noch heute an den imposanten Friesenhäusern der Zeit erkennen. Auf den sandigen, kargen Böden der Geest wird Ackerbau betrieben und es wachsen kleine aufgeforstete Wälder, die bis ins Zentrum von Wyk reichen. Entlang der Geestkante ziehen sich die 15 km langen Sandstrände, die Föhr so beliebt bei Urlaubern machen und mit dem Slogan „Friesische Karibik" beworben werden. Über 200 000 Urlauber und 1,8 Millionen Übernachtungen werden jährlich auf Föhr verbucht. Mit der Godel mündet an der Südküste sogar ein kleiner Bach ins Wattenmeer, der einzige Marschbach in Deutschland, der ohne Siel frei in die Nordsee mündet. Im Schutz des Strandwalls hat sich hier eine brackige Niederung mit enger Verzahnung von Salzwiesen und ausgesüßten Wiesen gebildet, die von der BUND Ortsgruppe betreut wird.

Im Nordteil von Föhr liegt die Marsch, die über Jahrhunderte eine unbewohnte, amphibische Landschaft war. Bewirtschaftet wurde das sumpfige Gelände von den Höfen am Rand der Geest aus. Mit der Flurbereinigung Anfang der 1960er Jahre wandelte sich das Landschaftsbild drastisch. Erst in dieser Zeit entstanden auch die zahlreichen Aussiedlerhöfe. Heute entwässern 163 km Gräben über zwei Schöpfwerke und ein Siel die Marsch so stark, dass dort sogar Ackerbau betrieben werden kann. Die Spuren der alten Landschaft sind noch in Form der zahlreichen

Bei Hochwasser rasten unzählige arktische Limikolen, wie Pfuhlschnepfen, auf Föhr.
Foto: E. Lietzow. Sylt, 17.9.2017.

Im Elmeere Kerngebiet finden sich wieder ganzjährig stark vernässte Bereiche, die beliebte Rastflächen für Wasserläufer und Bekassinen sind.
Foto: F. Weiß. Föhr, 2.8.2020.

Tränkekuhlen und der oberirdischen Entwässerungsfurchen, die sogenannten Grüppen, erkennbar. Der drastische Wandel der Landschaft, insbesondere die Entwässerung, war 1993 Auslöser für die Gründung des lokalen Naturschutzvereins Elmeere, der nach einem schon im 19. Jahrhundert verschwunden Flachsee auf Föhr benannt ist. Der Verein kauft seither landwirtschaftliche Nutzflächen an, renaturiert sie und entwickelt ein langfristiges Pflegekonzept. Auf mittlerweile 170 ha Fläche des Vereins sind der ursprüngliche Charakter der Marsch und ihre reiche Vogelwelt wieder erlebbar. Auch außerhalb dieser Flächen wird über Vertragsnaturschutz im Rahmen des Projektes Gemeinschaftlicher Wiesenvogelschutz die Bewirtschaftung für Wiesenbrüter optimiert.

Jenseits des Deiches beginnt das UNESCO Weltnaturerbe, der Nationalpark Schleswig-Holsteinisches Wattenmeer. Zu ihm gehören auch die breiten Vorländer im Norden von Föhr. Größtenteils unbeweidete Salzwiesen und kleine Dünen mit eingeschlossenen Lagunengewässern erstrecken sich dort auf einer Strecke von 8 km entlang des Deiches. Die angrenzenden Wattflächen liegen in der Nullnutzungszone des Nationalparks, die sich bis zum Hindenburgdamm erstreckt. Betreut werden die Flächen von der Schutzstation Wattenmeer, die im Sommer auch einen Informationspunkt am Deich unterhält.

Besondere Vogelarten und Reisezeit

Die isolierte Lage von Föhr hat eine sehr ungewöhnliche Säugetierfauna zur Folge, die auch auf die Vogelwelt großen Einfluss hat. So gibt es auf Föhr weder

Typische Vogelarten auf Föhr, deren Status und günstige Beobachtungszeit (in Klammern)
h = häufiger, r = regelmäßiger, s = seltener; B = Brutvogel, W = Wintergast, D = Durchzügler, S = Sommergast

Art	Status (beste Beobachtungszeit)
Graugans	hB, hD, hW (ganzjährig)
Weißwangengans	hB, hD, hW (ganzjährig)
Ringelgans	hD, rW, sS (Sep.–Mai)
Pfeifente	hD, hW (Sep.–Apr.)
Knäkente	rD, sB (Apr.–Aug.)
Löffelente	hD, rW, sB (ganzjährig)
Spießente	hD, rW (Sep.–Apr.)
Eiderente	hD, hW, hS (ganzjährig)
Kormoran	hB, sW (Mrz.–Sep.)
Löffler	rB, rD (Apr.–Sep.)
Rohrweihe	hB, hD (Apr.–Sep.)

Art	Status (beste Beobachtungszeit)
Seeadler	sB (ganzjährig)
Austernfischer	hB, hD, hW (ganzjährig)
Säbelschnäbler	rB, rD (Mrz.–Sep.)
Sandregenpfeifer	sB, hD (Mrz.–Sep.)
Uferschnepfe	rB (Mrz.–Aug.)
Mantelmöwe	sB, hD, hW (ganzjährig)
Silbermöwe	hB, hD, hW (ganzjährig)
Heringsmöwe	hB, hD (Mrz.–Sep.)
Zwergseeschwalbe	sB, sD (Mai–Aug.)
Blaukehlchen	hB (Apr.–Jul.)
Grauammer	sB (Mrz.–Jul.)

Füchse noch Steinmarder und auch Waschbären und Marderhunde konnten die Insel noch nicht erreichen. Auffallend ist auch das Fehlen von Maulwürfen und Feldmäusen. Wegen der fehlenden Prädatoren konnten sich auf Föhr noch große Möwenkolonien halten, die zum Beispiel auf der Nachbarinsel Sylt nach dem Bau des Hindenburgdamms vollständig verschwunden sind. Selbst die gegenüber Prädation sehr empfindlichen Löffler konnten in den Vorländern an der Nordküste eine wachsende Kolonie gründen. In Nachbarschaft der Löffler brüten über 1000 Paare Silber- und Heringsmöwen in mehreren gemischten Kolonien, darunter mit zunehmender Tendenz auch einzelne Paare Mantelmöwen. Sturm- und Lachmöwen haben ebenfalls kleine Kolonien in den Vorländern. Die Strände an der Godelniederung im Süden der Insel sind noch Lebensraum von den typischen Strandbrütern Zwergseeschwalben und Sandregenpfeifern. Im Osten von Föhr brüten auf den Inseln einer wassergefüllten Bodenentnahmestelle Kormorane in einer großen Kolonie. Aber nicht nur die Küste von Föhr ist zur Brutzeit lohnend, auch das Binnenland beherbergt Dank eines hohen Grünlandanteils und der fehlenden Füchse noch Uferschnepfen (66 Reviere in 2019), Kiebitze, Rotschenkel und Austernfischer. Graugänse und Weißwangengänse sind sehr zahlreiche Brutvögel in der gesamten Marsch und prägen zu allen Jahreszeiten die Landschaft. In den Wiesen sind Feldlerchen und Wiesenpieper noch häufige Brutvögel und an den Gräben sind die Gesänge von Blaukehlchen und Schilfrohrsängern zu hören. Rohrweihen sind häufige Brutvögel und patrouillieren ständig über der Marsch und den Vorländern. Zu den Zugzeiten beherbergen die Wattflächen um Föhr Zehntausende arktische Limikolen, die sich dort für den Weiterflug in die Brutgebiete bzw. ins Winterquartier Fettreserven anfressen. Täglich rasten die Vögel während Hochwasser in den Vorländern und lassen sich dann gut beobachten. Alpenstrandläufer, Knutts, Pfuhlschnepfen, Große Brachvögel und Kiebitzregenpfeifer gehören zu den häufigsten Rastvögeln. An Molen und Kiesstränden rasten Steinwälzer und Regenbrachvögel, Brandseeschwalben von der Kolonie auf Norderoog jagen in den Gewässern um Föhr. An den Gräben, Tränkekuhlen und Flachwasserflächen in der Marsch rasten andere, mehr an Süßwasser gebundene Arten wie Wald- und Bruchwasserläufer, Bekassinen, Kampfläufer und Temminckstrandläufer. Der Wegzug setzt dabei sehr zeitig bereits im Juni ein und die beste Zeit für die Beobachtung einer großen Artenzahl von Limikolen ist im Juli und August. Im September erscheinen dann bereits Ringelgänse und Pfeifenten, die bei Niedrigwasser die üppigen Seegraswiesen um Föhr abweiden. Im Oktober verwandelt sich jedes Gebüsch und jedes kleine Wäldchen in ein eigenes Beobachtungsgebiet. Tausende Drosseln, Laubsänger und Finken rasten zu dieser Zeit auf der Insel. Die Winter sind ruhig, doch können zu dieser Jahreszeit in den Salzwiesen Ohrenlerchen, Schneeammern, Strandpieper und Berghänflinge beobachtet werden.

Rohrweihen sind die häufigsten Greifvögel auf Föhr.

Foto: E. Lietzow. Enger Bruch, 23.5.2010.

Beobachtungsmöglichkeiten

Vom Hafen in Dagebüll bestehen mehrmals täglich tideunabhängig Fährverbindungen zur Insel Föhr. Die Überfahrt dauert nur etwa 50 Minuten und dank der zahlreichen Abfahrten und der kurzen Überfahrt lohnen sich auch Tagesausflüge. Der Hafen in Dagebüll ist gut mit der Bahn erreichbar. Für Autofahrer stehen kostenpflichtige Langzeitparkplätze mit Shuttle zur Fähre bereit. Das Verkehrsmittel der Wahl auf Föhr ist das Fahrrad. Wer kein Rad auf der Fähre mitgenommen hat, findet in der Nähe des Hafens einige Fahrradverleihe. Erste interessante Beobachtungsmöglichkeiten ergeben sich bereits im Hafengelände. Vom Ausgangspunkt am Fährhafen (1) umrundet man das Hafenbecken und erreicht an dessen Nordende eine Steinmole (2). Von hier lassen sich im Sommer sehr gut jagende Fluss- und Küstenseeschwalben im Hafenbecken beobachten. An der Mole rasten Steinwälzer und im Winterhalbjahr selten Meerstrandläufer. Entlang des Seedeichs nach Norden erreicht man nach 600 m binnendeichs eine alte Bodenentnahmestelle (3). Hier hat sich vor einiger Zeit eine große Kormorankolonie angesiedelt, die sich von der Deichkrone aus hervorragend beobachten lässt. Uferschwalben brüten in den steilen Abbruchkanten der Inseln. Zu den Zugzeiten und im Winter rasten viele Pfeifenten auf dem Gewässer und auch Löffler lassen sich hier nach der Brutzeit oft beobachten.

Nach weiteren 3 km liegen außendeichs junge Lahnungsfelder (4), die besonders zu Hochwasser Limikolen und Möwen als Rastplatz dienen und in denen in den letzten Jahren regelmäßig Seidenreiher beobachtet wurden.

Löffler brüten in einer großen Kolonie in den Salzwiesen im Norden der Insel.

Foto: E. Lietzow. Greetsiel, 16.3.2017.

Von hier führt der Weg ins Inselinnere. Hierzu fährt man zunächst ein Stück zurück am Seedeich und biegt an der Boldixumer Vogelkoje (5) ins Inselinnere ab. Nach 800 m biegt man rechts in den Siedlerweg. Die Straße führt gerade durch die Föhrer Marsch vorbei an einigen Flächen des Vereins Elmeere. Im Frühjahr lassen sich die typischen Brutvogelarten der Marsch beobachten. Nach 2,8 km zweigt rechts ein unscheinbarer Schotterweg ab (6), der leicht zu verfehlen ist. Auf der gegenüberliegenden Seite mündet eine asphaltierte Straße. Dem Schotterweg nach Norden folgend erreicht man nach 800 m auf der rechten Seite die Fläche 8 des Vereins Elmeere (7). Die flach überstaute Fläche bietet insbesondere zu den Zugzeiten spannende Beobachtungsmöglichkeiten mit rastenden Bekassinen und vielen weiteren Limikolenarten. Der Weg verläuft weiter nach Norden in das Kerngebiet der Naturschutzflächen des Vereins Elmeere (8). Die Wege dürfen in diesem Bereich auf keinen Fall verlassen werden. Im Frühjahr lässt sich hier noch ein guter Eindruck der Wiesenbrüter auf Föhr gewinnen mit balzenden Uferschnepfen, Rotschenkeln und Kiebitzen. In den Gräben schwimmen zu dieser Jahreszeit Löffel- und Knäkenten. Der Weg stößt auf den Fardings-Norderquerweg, dem man nach links folgt. Der Weg knickt bald nach Süden ab, passiert eine weitere spannende vernässte Fläche und stößt danach auf einen Querweg, dem man nach rechts zu einem Hof und dann erneut nach rechts zum Seedeich folgt. Von der Deichkrone (9) blickt man über die breiten Vorländer mit ihren Möwenkolonien und zu Hochwasser rastenden Limikolen. Ein Spektiv ist hier für Beobachtungen sehr hilfreich. Der Weg verläuft weiter am Deich nach Westen. Binnendeichs erreicht man nach 1,2 km den Andelhof (10). Derzeit entsteht dort eine Ausstellung des Vereins Elmeere und das Dachgeschoss wird zu einer Beobachtungsplattform ausgebaut, die bei Fertigstellung öffentlich zugänglich wird. Derzeit ist ein Besuch nach Rücksprache mit dem Verein möglich. Die Flachwasserflächen am Hof bieten Rastflächen für viele Limikolenarten und regelmäßig sind Seeadler bei der Jagd zu beobachten. Zurück am Seedeich lohnt sich ein erneuter Blick ins Vorland (11). Von hier sind oft Löffler zu beobachten, die zwischen Nahrungsflächen am Andelhof und der Brutkolonie hin- und herfliegen. Der Weg verläuft weiter am Deich nach Westen. Am westlichen Ende des Vorlands betreibt die Schutzstation Wattenmeer im Sommer einen Infopunkt an einem Bauwagen (12). Nachdem das Watt auf kurzer

Am Sörenswai liegen hinter niedrigen Dünen und Strandwällen mehrere Lagunen direkt am Deichfuß.

Foto: F. Weiß. Föhr, 2.8.2020.

Strecke direkt an den Deich reicht, beginnt das Vorland Sörenswai (13) mit einem Strandwall, niedrigen Dünen und kleinen Lagunengewässern, die besonders zu Hochwasser ein sehr lohnendes Beobachtungsgebiet sind. Binnendeichs liegt hier eine große neue Kleinentnahmestelle (14), die ein beliebter Rastplatz von Gänsen, Enten und Möwen ist. An einer Steinmole (15) westlich vom Sörenswai rasten bei Hochwasser Regenbrachvögel und Steinwälzer. Hier endet die Route entlang der Beobachtungsgebiete im Norden der Insel. Ein weiteres einmaliges Beobachtungsgebiet, die Godelniederung, liegt in der Südwestecke von Föhr. Ein Besuch dort lohnt besonders zu Hochwasser, wenn sich einer der am besten einsehbaren Rastplätze im Wattenmeer für Limikolen mit Vögeln füllt. Im kleinen Ort Witsum führt die Stichstraße „Dorfstraße" nach Süden und überquert die Godel, an der gelegentlich jagende Zwergseeschwalben zu beobachten sind. In einer scharfen Wegbiegung verläuft ein Weg weiter geradeaus zum Strand (16). Dieser Beobachtungspunkt liegt westlich von der Godelmündung und bietet besonders nachmittags und abends beste Lichtverhältnisse für die Beobachtung des Hochwasserrastplatzes. Einen weiteren Beobachtungspunkt mit guten Lichtverhältnissen am Vormittag erreicht man, indem man dem Weg zurück Richtung Witsum über die Godel und dann nach Osten folgt, bis zu einem weiteren Stichweg nach Süden zum Beobachtungspunkt östlich der Godelmündung (17).

Weitere Freizeitmöglichkeiten

Für besonders Wagemutige besteht die Möglichkeit, Föhr auf einer geführten Wattwanderung vom Festland aus zu Fuß zu erreichen. Eine etwas häufiger begangene Route führt mit Wattführer zur Nachbarinsel Amrum. Die Rückreise erfolgt dann mit der Fähre von Wittdün auf Amrum nach Wyk. Lohnend ist auch ein Besuch im Museum der Westküste (18), das wechselnde Ausstellungen mit Bezug zum Meer präsentiert, sowie der Lembecksburg, einem Ringwall aus der Wikingerzeit (19).

Felix Weiß, Christopher König, Christoph Moning

Anfahrt

Mit Bahn und Bus

Die Anreise erfolgt vom Hafen Dagebüll mit den Fährschiffen der Wyker Dampfschiffs-Reederei. Im Sommer gibt es an den meisten Tagen über zehn Fährverbindungen nach Föhr. Direkt am Hafen liegt auch der Bahnhof von Dagebüll. Der Fahrplan der Fähren ist auf den Bahnverkehr abgestimmt.

Mit dem Auto

In Dagebüll bestehen kostenpflichtige Kurz- und Langzeitparkmöglichkeiten. Die Mitnahme eines Autos nach Föhr ist nicht zu empfehlen.

Adressen

Wyker Dampfschiffs-Reederei www.faehre.de

Verein Elmeere www.elmeere.de

Schutzstation Wattenmeer www.schutzstation-wattenmeer.de/unsere-stationen/foehr

BUND Ortsgruppe Föhr www.bund-foehr.de

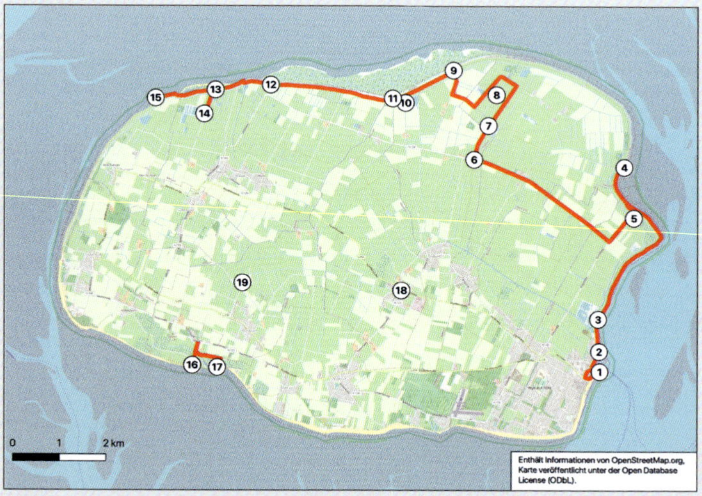

GPS		
Parkplatz Dagebüll	54°43'56" N	8°42'08" O
Fährhafen Wyk	54°41'33" N	8°34'29" O
Abzweigung Siedlerweg (6)	54°44'01" N	8°32'02" O
Andelhof (10)	54°44'41" N	8°30'39" O
Bauwagen Schutzstation Wattenmeer (12)	54°44'54" N	8°27'59" O
Beobachtungspunkt Godelniederung West (16)	54°41'36" N	8°26'24" O

Infomaterial/Literatur

Wir bedanken uns bei Matthias Feldhoff für zahlreiche wertvolle Hinweise und die Durchsicht des Manuskripts sowie bei Dieter Risse für einen Einblick in die Arbeit des Vereins Elmeere.

Flach überschwemmte Wiesen im Naturschutzgebiet Reesholm sind Rastplätze für Limikolen und Enten. Foto: F. Weiß. 9.11.2020.

Reesholm und die Domstadt Schleswig

Zwischen den Meeren

Auf halber Strecke zwischen Nord- und Ostsee, am Ende der Schlei, liegt die alte Domstadt Schleswig. Unzählige Wasservögel ziehen jeden Herbst von der Ostsee über die Landenge nach Westen, bei Schleswig müssen sie das vertraute Nass verlassen und ihren Flug über Land fortsetzen. Ein seltsames Bild sind die Scharen ziehender Eiderenten im Juni oder Brandseeschwalben hier tief im Binnenland. Die abwechslungsreiche Landschaft beherbergt jedoch auch eine artenreiche Brutvogelwelt und mit den UNESCO Welterbestätten Haithabu und Danewerk auch zwei herausragende archäologische Stätten.

Aus der Luft betrachtet wirkt die Schlei wie ein breiter Fluss, doch ist sie tatsächlich ein 42 km langer Meeresarm der Ostsee, entstanden während der letzten Eiszeit als Abflussrinne des Schmelzwassers eines Gletschers. Unmittelbar westlich von Schleswig lag in der Weichseleiszeit die Grenze des skandinavischen Eispanzers und so ist die Umgebung von Endmoränen mit einer charakteristischen hügeligen Landschaft geprägt. Die Schlei hat keine Fließrichtung und ihr Wasser ist brackig mit abnehmendem Salzgehalt von ihrem Übergang in die Ostsee bei Schleimünde (1,8 %) bis Schleswig (0,4 bis 0,8 %). Lediglich durch den Wind wird Wasser in die Schlei oder aus ihr hinausgedrückt. Mit einer durchschnittlichen Tiefe von nur 3 m ist sie ausgesprochen flach. Der geringe Wasseraustausch und die hohen Nährstoffeinträge aus der Landwirtschaft auf den fruchtbaren Böden an ihren Ufern führten schon in den 1960er Jahren zu einer starken Eutrophierung des Gewässers. Der Gewässerboden der inneren Schlei bei Schleswig war damals überwiegend mit Faulschlamm bedeckt und die Lebensgemeinschaft des Gewässers extrem verarmt, die Sichttiefe durch das starke Algenwachstum minimal. In der Folge wurden zahlreiche Kläranlagen errichtet, aber der starke Eintrag von Nährstoffen aus der Landwirtschaft, besonders über die Füsinger Au blieb bestehen. So wird der ökologische Zustand der inneren Schlei auch nach aktuellen Untersuchungen als schlecht bewertet. Die Sichttiefe ist mit 0,6 m weiterhin extrem gering und die Unterwasservegetation daher nur von einer Art, dem Kamm-Laichkraut, geprägt oder ganz fehlend. Die Lebensgemeinschaft am Gewässergrund ist ebenfalls verarmt und von wenigen Arten wie einem Schlickkrebs, einem Ringelwurm aus der Klasse der Vielborster, einer eingeschleppten Schnecke und Zuckmückenlarven geprägt.

Als wäre die Nährstoffbelastung nicht Problem genug, wurde im Jahr 2017 bekannt, dass die Schleswiger Kläranlage über Jahre mehrere Tonnen Mikroplastik mit ihren Abwässern in die Schlei geleitet hatte, die aus geschredderten, noch teils verpackten Lebensmittelresten stammten. Ein handfester Skandal, der von den Behörden nur zögerlich aufgeklärt wurde und umfangreiche Reinigungsaktionen der Ufer nach sich zog, die dort zu Störungen der Brut- und Rastvögel führten.

Für den Vogelbeobachter sind all diese Umweltprobleme kaum sichtbar, die Landschaft mit den schilfgesäumten Buchten der Schlei, der gefällig hügeligen Landschaft, der historischen Domstadt Schleswig und den alten Wäldern der Umgebung ist wunderschön und Rast- und Zugvögel in großer Artenvielfalt vertreten.

Ein Juwel in der Region ist das 120 ha große vom NABU betreute Naturschutzgebiet Reesholm östlich von Schleswig mit seinen extensiv genutzten Salzwiesen in denen im Frühjahr das Löffelkraut blüht. Im Spätsommer bilden Laugenblumen und Strandastern einen weiteren besonderen Blühaspekt. Der zentrale Teil der Halbinsel wird von flachen Schlänken mit Schlammflächen und Flachwasserflächen durchzogen, es dominieren jedoch Schilfbestände.

Besondere Vogelarten und Reisezeit

Unzählige Wasservögel überqueren bei Schleswig die Landenge zwischen Nord- und Ostsee, was den besonderen Reiz der Gegend für Vogelbeobachter ausmacht. Besonders eindrucksvoll sind die Ketten ziehender Eiderenten, die im Juni zum Mausern nach Westen ins Wattenmeer ziehen. Im August folgen Flussseeschwalben in großer Zahl neben den selteneren, aber auch regelmäßigen Brand-, Zwerg-, Küsten- und Trauerseeschwalben und verschiedene Limikolenarten, im September Pfeif- und Spießenten und im Oktober große Scharen Weißwangengänse. Der Frühjahrszug ist weniger stark ausgeprägt, doch sind auch zu dieser Zeit spannende Beobachtungen möglich, wie die Beobachtung eines Mongolenregenpfeifers, ein Erstnachweis für Deutschland, im Mai 2020 auf dem Reesholm zeigt. Spektakulär ist Ende Mai der abendliche Abzug von Weißwangen- und Ringelgänsen sowie arktischen Limikolen aus dem Wattenmeer, der auch an der Schlei sichtbar ist. Generell ist zu den Zugzeiten immer mit ungewöhnlichen Arten zu rechnen.

Im Winter rasten zeitweise Tausende Reiher- und Tafelenten auf der Schlei, darunter oft auch einzelne Bergenten. Alle drei Sägerarten und zahlreiche Schellenten sind weitere typische Wintergäste, immer wieder aufgeschreckt von Seeadlern. Auf den Äckern der Umgebung äsen Singschwäne. Auf Reesholm besteht ganzjährig ein Schlafplatz von Kranichen mit Höchstwerten von einigen Hundert Vögeln im Spätherbst.

Im März und April ist der Tiergarten, ein alter Laubwald bei Schleswig, erfüllt

Schellenten sind häufige Wintergäste auf der Schlei.
Foto: E. Lietzow. Schlüsselburg, 26.1.2017.

Die zahlreichen Buchten der Schlei werden von Schilf gesäumt.
Foto: F. Weiß. 25.12.2020.

von den Gesängen von Meisen, Kleibern und Baumläufern. Neben den häufigen Buntspechten brüten hier am nordwestlichen Rand ihres Verbreitungsgebietes auch Mittelspechte neben Schwarz- und Kleinspechten. In den Schilfflächen an der Schlei brüten einige Bartmeisen und die mittlerweile häufigen Blaukehlchen. Die Möweninsel vor dem Ufer der Stadt ist eine der bedeutendsten Möwenkolonien im Binnenland Schleswig-Holsteins. Silber- und Heringsmöwen sind die beiden dominierenden Arten, in den letzten Jahren wurde auch ein Brutpaar der Steppenmöwe beobachtet. Die ehemals zu Tausenden brütenden Lachmöwen sind seit 2007 verschwunden. Früher bewirtschaftete ein Möwenkönig die Kolonie, verkaufte Eier an Restaurants und Läden in der Stadt. Erst 1989 endete diese Praxis wegen eines zu hohen Schadstoffgehalts in den Eiern. Seit 1988 ist der Verein Jordsand Betreuer und langfristiger Pächter der Insel.

Beobachtungsmöglichkeiten

An der Abfahrt Schleswig/Jagel verlässt man die Autobahn 7 und fährt ein kurzes Stück weiter auf der Bundesstraße 77 Richtung Schleswig. 3,5 km hinter der Ausfahrt erscheint auf der rechten Seite die Schlei. Ein kleiner Rastplatz (1) an der Bundesstraße auf der rechten Seite ermöglicht erste Beobachtungen. Links im Bild dominiert der 90 m hohe Wikingerturm, ein Hochhaus aus den 1970er Jahren mit einem Panoramares-

Typische Vogelarten im Gebiet, deren Status und günstige Beobachtungszeit (in Klammern)
h = häufiger, r = regelmäßiger, s = seltener; B = Brutvogel, W = Wintergast, D = Durchzügler, S = Sommergast, N = Nahrungsgast

Art	Status (beste Beobachtungszeit)
Weißwangengans	hD (Mai, Okt.)
Eiderente	hD (Juni)
Schellente	hW (Okt.–Mrz.)
Sterntaucher	rD (Nov./Dez.)
Rothalstaucher	rB (Mrz.–Jul.)
Kormoran	hD, rW (Mrz.–Apr.)
Seeadler	rB, hN (ganzjährig)
Fischadler	rD (Aug.–Sep.)
Kranich	rD (Mrz.–Sep.)

Art	Status (beste Beobachtungszeit)
Flussregenpfeifer	rB, rD (Apr./Mai)
Heringsmöwe	hB, hD, sW (Mrz.–Sep.)
Silbermöwe	hB, hD, hW (ganzjährig)
Zwergmöwe	hD (Apr./Mai)
Flussseeschwalbe	rB, hD (Mai–Sep.)
Mittelspecht	rB (Mrz./Apr.)
Bartmeise	sB, rW (Okt.–Feb.)
Blaukehlchen	hB (Apr.–Jun.)
Thunberg-Schafstelze	rD (Mai)

taurant, das einen guten Orientierungspunkt darstellt. Geradeaus liegt die Insel Mövenberg mit ihrer Möwenkolonie und auf dem Wasser der Schlei sind im Winter Gänsesäger und Schellenten zu beobachten. Der Standort wäre auch gut geeignet, um den Vogelzug zu beobachten, ist jedoch durch die direkte Lage an der Bundesstraße laut und unruhig. Zurück auf der Bundesstraße fährt man an der nächsten Ausfahrt ab und an der ersten Ampelkreuzung links entlang einer Lindenallee zum imposanten Schloss Gottorf (2). Links vor dem Schloss liegt ein großer Parkplatz. Ab hier sind die weiteren Beobachtungspunkte einschließlich Reesholm auch sehr gut mit dem Fahrrad zu erreichen. Über die Wiese am Parkplatz und vorbei an einem Pavillon mit Café gelangt man ans Ufer des Burgsees. Am gegenüberliegenden Ufer befindet sich der seit vielen Jahren besetzte Nistplatz eines Seeadlerpaares, der sich von hier perfekt und völlig störungsfrei einsehen lässt. Im Spätsommer rasten zudem oft Fischadler. Weiter links im Bild sind die Bäume am Ufer weiß bekleckst vom Kot der Kormorane, die hier ihren Schlafplatz haben. Zeitweise nächtigen über 1000 Vögel hier. Der Burgsee selbst ist im Herbst Tagesrastplatz für zeitweise Tausende Reiher- und Tafelenten, die nachts auf der Schlei nach Nahrung tauchen. Im Frühjahr ist eine reiche Brutvogelwelt mit Wasserrallen, Rohrweihen und gelegentlich Rohrschwirlen zu beobachten. Dann lohnt auch ein Abstecher zum benachbarten Gehege Tiergarten, zu dessen Brutvögeln Mittelspechte, Schwarzspechte und Uhus zählen und der auch eine artenreiche Pflanzenwelt mit Riesenschachtelhalm und Christophskraut beherbergt. Für eine Beobachtungsrunde folgt man hinter dem Schloss der Schlossallee nach Norden Richtung Barockgarten, biegt dann links in die Straße Stampfmühle und kurz darauf wieder links in die Straße Waldmühle (3), der man am Waldrand für etwa 1 km folgt bis der Kolonnenweg scharf nach rechts in den Wald und den Hang hinauf abzweigt. Nach weiteren 400 m erreicht man im Wald eine große Kreuzung mit einem Gedenkstein (4), von dem aus im Frühjahr abends der Gesang von Uhus zu hören ist. Hier hält man sich rechts und gelangt so wieder Richtung Barockgarten und Schloss. Wieder am Parkplatz fährt

Das Barockschloss Gottorf wird von einem vogelreichen Graben und See umgeben.
Foto: F. Weiß. 25.12.2020.

man zurück zur Hauptstraße, der man weiter Richtung Zentrum Schleswig folgt. Rechterhand liegt die Schlei, nach 1,4 km fährt man an einer Kreuzung rechts in den Strandweg, dem man bis zu den Parkplätzen am Luisenband (5) folgt. Das Schleiufer und die Königswiesen sind im Rahmen der Landesgartenschau 2008 gestaltet worden. Von den Stegen am Strandbad (6) hat man einen guten Blick auf die Möweninsel in der Schlei. Neben Möwen brüten hier auch Grau-, Kanada- und Weißwangengänse. Im Spätsommer rasten oft Limikolen an den Ufern der Insel, Kormorane nutzen sie tagsüber als Ruheplatz und Möwen auch außerhalb der Brutzeit abends als Schlafplatz. Regelmäßig werden seltene Arten wie Raubseeschwalben, Schwarzkopf-, Eis- und Polarmöwen hier entdeckt. Im Schilfgürtel am Ufer der Königswiesen lassen sich Bartmeisen, Wasserrallen und Zwergtaucher beobachten.

Der beste Ort für die Beobachtung des Vogelzugs liegt östlich der Schleswiger Altstadt. Vom Luisenbad fährt man zurück zur Hauptstraße und dort nach rechts bis zur nächsten großen Ampelkreuzung, an der man rechts in die Plessenstraße abbiegt, der man für 1,2 km folgt, bis rechts die Straße „Auf der Freiheit“ abzweigt. Entlang der Straße bestehen Parkmöglichkeiten. Nördlich der Straße liegt das Holmer Noor (7), ein Feuchtgebiet, das sich noch weiter nach Westen erstreckt. In manchen Jahren sind hier im Mai/Juni singende Sprosser oder Nachtigallen zu hören. Nach 200 m verläuft rechts ein Weg zum Schleiufer und einem markanten Landvorsprung (8) mit einer Bronzeskulptur. Von hier hat man einen hervorragenden Blick über das Wasser. Besonders die Morgenstunden sind für die Beobachtung ziehender Vögel interessant, aber an guten Zugtagen dauert das Geschehen oft den ganzen Tag an und im Frühsommer und Sommer sind besonders die Abendstunden lohnend. Bei Westwind ziehen die Vögel oft besonders niedrig und lassen sich bestens beobachten. Geduld zahlt sich aus und wer regelmäßig hier beobachtet, wird spektakuläre Tage mit Tausenden ziehenden Wasservögeln erleben können. Auch der Durchzug von Greifvögeln und Singvögeln über die Schlei konzentriert sich im Herbst über diesem Landvorsprung. Ende April und Anfang Mai sind oft Hunderte Zwergmöwen über der Schlei zu beobachten.

Von der Straße „Auf der Freiheit“ fährt man zurück auf die Hauptstraße und nach Norden auf dem Holmer Noorweg, von dem man nach 250 m rechts in die Straße Ilensee abbiegt, ihr 1 km folgt und dann links in die Pionierstraße abbiegt, die nach einem weiteren Kilometer auf die Schleidörfer Straße stößt, der man nach rechts für

Rothalstaucher brüten an den Klärteichen Winnig. Foto: E. Lietzow. Fehmarn, 27.7.2011.

2,6 km folgt bis auf der rechten Seite eine Bushaltestelle und eine Parkmöglichkeit (9) bestehen. Man geht eine Fahrspur hinter einem Schlagbaum nach Süden und erreicht nach wenigen Metern die Klärteiche Winning (10), drei große Becken mit steilen Ufern, die teilweise mit Rosen- und Weißdornbüschen bewachsen sind. Hier lohnt es sich länger zu beobachten. Im Frühjahr sind Rothals- und Zwergtaucher beim Brutgeschäft zu beobachten und in den Büschen brüten Neuntöter. Verschiedene Gründelenten, darunter besonders viele Schnatterenten, lassen sich hier ebenso beobachten wie viele andere Wasservögel, die die Ruhe der nicht zugänglichen Gewässer zu schätzen wissen. Zurück am Parkplatz fährt man auf der Hauptstraße weiter nach Osten, überquert bald die Füsinger Au und erreicht danach das Dorf Füsing, in dem man gleich die erste Möglichkeit rechts abbiegt. Die Straße macht eine Rechts-Links-Kurve und 200 m weiter teilt sie sich, geradeaus knickt die Straße nach 200 m links ab und verläuft erhöht am Schleiufer entlang (11). Von hier hat man mit dem Spektiv einen guten Blick auf den östlichen Teil des Naturschutz-

Ein Landvorsprung östlich der Altstadt bietet einen Panoramablick über die Schlei und auf die vorbeiziehenden Wasservögel. Foto: F. Weiß. 9.11.2020.

GPS		
Parkplatz Schloss Gottorf (2)	54°30'40" N	9°32'27" O
Parkplatz Luisenbad (5)	54°30'43" N	9°33'27" O
Beobachtungspunkt Vogelzug (8)	54°30'37" N	9°35'14" O
Parkplatz Klärteiche Winnig (10)	54°32'18" N	9°36'50" O
Parkplatz Reesholm (12)	54°31'45" N	9°37'54" O

gebietes Reesholm. Oft sind hier Kraniche, Gänse, Singschwäne, Kiebitze und Goldregenpfeifer zu beobachten. Die andere Straße führt zu einem Parkplatz am Schleiufer (12). Vom Parkplatz geht man nach links und erreicht nach wenigen Metern die Grenze zum Naturschutzgebiet. Im Winterhalbjahr ist der Weg sehr matschig und nass, sodass sich Gummistiefel empfehlen. Entlang des Weges sind im Frühjahr singende Blaukehlchen, Schilfrohrsänger und Bartmeisen zu hören und man kann erste Einblicke in die Flachwasserflächen auf Reesholm erhaschen. Nach 300 m erreicht man einen kleinen Hügel (13) mit einer Sichtblende, von dem die Flachwasserflächen im Naturschutzgebiet perfekt einzusehen sind. Dies ist neben dem Beobachtungspunkt für den Vogelzug (8) der lohnendste Beobachtungspunkt in der Region mit einem ständig wechselnden Spektrum an rastenden Limikolen, Enten, Seeschwalben und Möwen. Im Herbst ist von hier abends der Einflug der Kraniche an ihren Schlafplatz zu beobachten und auch Gänse, Stare, Schwalben und Schafstelzen nutzen Reesholm als Schlafplatz.

Weitere Freizeitmöglichkeiten

Die archäologischen Stätten aus der Wikingerzeit, der Handelsplatz Haithabu und die Grenzbefestigungsanlage Danewerk sind seit 2018 auf der UNESCO-Liste der Welterbestätten. Nicht nur Vögel nutzen die Landenge bei Schleswig, auch für die Wikinger war sie eine bedeutende Handelsroute zwischen Ostseeraum und Nordsee. Nur 16 km Vogelfluglinie liegen zwischen Haithabu und Hollingstedt, dem nächsten Hafen an der Treene, die über die Eider in die Nordsee mündet. Die Strecke dazwischen wurde durch ein imposantes Grenzbauwerk, das Danewerk gesichert, das heutzutage als Naturschutzgebiet ausgewiesen ist und noch größere Bestände Magerrasen und andere seltene Biotoptypen beherbergt. Sehr lohnend ist ein Besuch im Wikingermuseum Haithabu, in dem viele archäologische Fundstücke aus dem täglichen Leben der Wikinger präsentiert werden. Ebenso lohnend ist ein Besuch im Schloss Gottorf mit seinem Museum für Archäologie und dem Museum für Kunst- und Kulturgeschichte. Höhepunkte der Ausstellungen sind das 1500 Jahre alte und 23 m lange Nydamboot und die berühmten Moorleichen. Auch das Barockschloss selbst mit dem nördlich liegenden Barockgarten ist sehenswert.

Felix Weiß, Christoph Moning, Christopher König

Anfahrt

Mit Bahn und Bus

Der Bahnhof Schleswig liegt südwestlich vom Schloss Gottorf an der Bahnlinie Hamburg-Flensburg.

Mit dem Auto

Schleswig erreicht man über die A 7 zwischen Hamburg und Flensburg.

Adressen

Aktuelle Zugdaten auf https://trektellen.nl/site/info/1017

NABU Ortsgruppe Schleswig: www.nabu-schleswig.de

Internetseite des Vereins Jordsand über die Möweninsel: www.jordsand.eu/schutzgebiete/insel-möwenberg

Museumsinsel Schloss Gottorf: www.schloss-gottorf.de

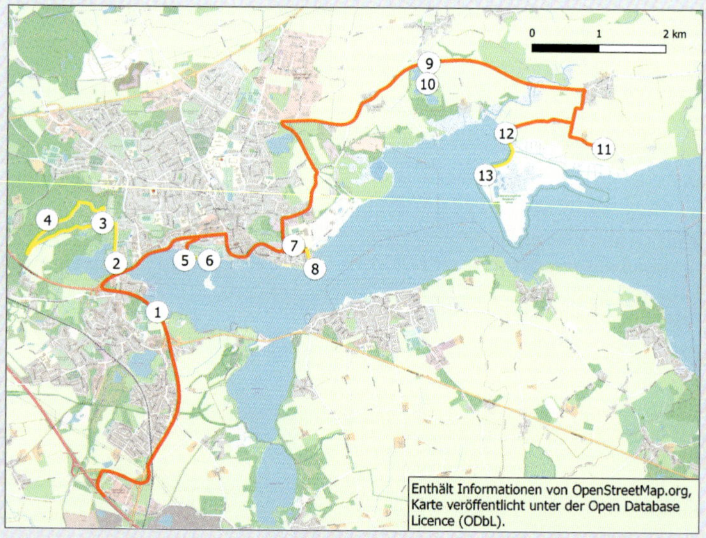

Infomaterial/Literatur

Wir danken Oliver Piepgras für wertvolle Hinweise zum Manuskript.

Blick von Südosten auf den Tetenbüllspieker mit trockengefallenen Uferbereichen, im Hintergrund das Sielhaus am Seedeich. Foto: A. Maier. 23.5.2021.

Nördliches Eiderstedt

Küstenvögel hinter dem Seedeich

Südwestlich von Husum liegen der Tetenbüllspieker, das Naturschutzgebiet Westerspätinge und die Speicherbecken des Finkhaushallig-Koogs. Die Süß- und Brackwassergebiete direkt hinter dem Seedeich werden zu jeder Jahreszeit von Wasser- und Küstenvögeln in unterschiedlicher Artenzusammensetzung aufgesucht. Während der Wintermonate sind die Gänsetrupps und Entenansammlungen bemerkenswert, in den Vorländern suchen nordische Singvögel nach Nahrung. Zur Brutzeit singen Schilfbrüter, Brand- und Graugansfamilien sind mit Gösseln unterwegs. Limikolen sind das ganze Jahr über zu beobachten. In den großen Trupps rastender und nahrungssuchender Durchzügler und Wintergäste wird gelegentlich auch die eine oder andere Seltenheit entdeckt.

Die Gestalt der Küste von Nordfriesland wird seit jeher von der Dynamik und den Kräften der Nordsee geprägt. Wind, Wasser und Wellen schufen immer wieder zugleich neues Land und ließen anderswo ganze Inseln verschwinden. Inzwischen ist die Küstenlinie des nördlichen Eiderstedts in ihrer heutigen, geschlossenen Gestalt von Menschenhand fixiert. Heutzutage liegen die Gemeinden Simonsberg und Uelvesbüll hinter einem stetig erneuerten und modernisierten Seedeich, welcher in den kommenden Jahren als sogenannter Klimadeich noch weiter ausgebaut wird. Hinter dem Deich liegen neben Siedlungen und landwirtschaftlich genutzten Flächen auch einige durch Küstenschutzmaßnahmen entstandene Strukturen, welche von vielen Wasser- und Küstenvögeln aufgesucht werden. Diese Biotope sind zwar mit ihrer ausgesüßten Vegetation, den für gewöhnlich unabhängig von der Nordsee von Menschenhand regulierten Wasserständen, sowie auch dem Prädationsdruck von Landsäugetieren wie Füchsen, keine ursprünglichen Lebensräume der Nordseeküste mehr. Dennoch sind sie sowohl kulturhistorisch spannende als auch vogelkundlich interessante Gebiete.

Der Tetenbüllspieker ist ein Speicherbecken, das über Gräben und Sielzüge der Entwässerung der tief liegenden Felder und Fennen (Weiden) dient und einen gesteuerten Abfluss des Wassers ermöglicht. Der Spieker liegt zwischen Norderheverkoog im Westen und Jordflether Koog im Osten, in der heutigen Form besteht die Deichlinie dort seit 1970. Die beiden Köge wurden jedoch schon in den 1930er Jahren zur Landgewinnung eingedeicht, im Westen war bereits 1898 der Hever-Sommerdeich, als Abgrenzung des zum Husumer Hafen führenden Nordseearmes, errichtet worden. Der über 700 m lange und 600 m breite Tetenbüllspieker ist von grünen Deichen und befestigten Uferbereichen umschlossen. Inzwischen gedeiht auf schmalen Streifen stellenweise auch hochstaudige Ufervegetation. Aufgrund der Größe der Wasserfläche und der Offenheit der Landschaft ist der Spieker für viele Wasservögel interessant. Wenn in den Sommer- und Herbstmonaten der Wasserspiegel sinkt und große Bereiche trockenfallen, finden auch stochernd und gründelnd nahrungsuchende Vögel hier großflächig Beute. Ist seeseitig des Deiches Hochwasser, suchen die Küstenvögel Hochwasserrastplätze auf. Läuft die Flut bei Voll- oder Neumond besonders hoch auf, oder herrscht gar Sturmflut, stehen vor dem Seedeich besonders wenige Hochwasserrastplätze zur Verfügung. Ist der Wasserstand im Spieker zeitgleich niedrig, sind dann tausende Watvögel hier anzutreffen.

Gut 8 km nordöstlich des Tetenbüllspiekers liegt das seit 1983 vom NABU betreute Naturschutzgebiet „Westerspätinge". Die Gewässerlandschaft ist ein Relikt mittelalterlichen Deichbaus. 1579 wurde der Außendeich zur Landgewinnung und als Schutz vor Sturmfluten errichtet. Der als Baumaterial benötigte Klei wurde damals mit dem Spaten „abgespaten". Dadurch entstanden Senken, die sich alsbald mit Wasser füllten und die in dieser Region dann Spätinge genannt wurden. Nach der Sturmflut von 1962 wurde erneut Klei für die Ausbesserung des Deiches benötigt, so entstand das jüngste Baggerloch im Norden des Gebietes. In Folge dieser Maßnahme fand kaum mehr Salzwassereintrag in die Westerspätinge statt, die Vegetation süßte aus. Heute prägen Schilf und Süßgräser die Brackwasserlandschaft. Auf den Feuchtwiesen im Osten des Gebietes wächst Breitblättriges Knabenkraut. In den letzten Jahren wurden Pflegemaßnahmen zur Offenhaltung der Landschaft durchgeführt, darunter insbesondere die Entfernung einer Gebüschreihe im Osten des Gebiets. Ziel ist, die Attraktivität für Wiesenbrüter zu steigern, die auf den südlich und östlich angrenzenden Weiden im Adolfskoog (benannt nach dem zur Zeit der Eindeichung 1579 lebenden Herzog Adolf I) mit seinen zahlreichen Gräben und Tränkekuhlen noch großflächig geeignete Lebensräume finden. Im Widerspruch mit den Schutzzielen der Westerspätinge steht die in zwei Wintermonaten innerhalb des Naturschutzgebiets zulässige Wasservogeljagd, die dann zur Jahreszeit, wenn die großen Trupps überwinternder Enten und Gänse das Gebiet zur Rast, Ruhe und Nahrungsaufnahme aufsuchen, auch gezielt innerhalb des Naturschutzgebiets ausgeübt wird.

Der als Naturbadestelle bekannte Punkt Lundenbergsand liegt 3 km nach Nordosten. Dort, wo heute gebadet wird und der nach der Sturmflut von 1326 entstandene Heverstrom die Schiffe in Richtung Osten nach Husum führt, war im Mittelalter noch eine Landverbindung zur damaligen Insel Alt-Nordstrand. In Folge mehrerer Sturmfluten

Im Frühjahr und Sommer sind zahlreiche Graugansfamilien mit Gösseln zu beobachten. Foto: E. Lietzow. Enger Bruch, 13.5.2015.

blieben von dem Lundenbergharde genannten Verwaltungsbezirk nur noch eine Insel und schließlich Teile der heutigen Gemeinde Simonsberg übrig. Während im Norden Flächen von der Nordsee überspült worden waren, ging im 15. und 16. Jahrhundert mit Eindeichungen und dem Verlanden eines Eider-Nebenarmes der Anschluss an die Halbinsel Eiderstedt einher. Der Finkhaushallig-Koog im Norden der Gemeinde Simonsberg wurde 1934/1935 eingedeicht und 1965 bis 1967 erweitert. Die beiden zur Entwässerung dienenden Speicherbecken im Finkhaushallig-Koog sind mit einem schmalen Damm voneinander getrennt. Zusammen bilden sie eine Wasserfläche von circa 30 ha. Die Böschungen der Deiche und des Dammes sind in weiten Teilen von Weidensträuchern gesäumt, Schilf und Hochstauden säumen die Uferbereiche. An den Speicherbecken wird intensiv geangelt, die Pfade und Ufer werden von Anwohnern wie Ausflüglern genutzt. Die Speicherbecken im Finkhaushallig-Koog haben wie auch der Tetenbüllspieker keinen Naturschutzstatus.

Das westliche Ufer des Speichers im Finkhaushallig-Koog lässt sich von einem Pfad aus erkunden. Foto: A. Maier. 23.5.2021.

Besondere Vogelarten und Reisezeit

Das ganze Jahr über werden die Speicherbecken und Spätinge von Wasservögeln in wechselnder Zusammensetzung aufgesucht. Im Winterhalbjahr bestimmen oft hunderte Pfeifenten, die auf den Wasserflächen rasten, aber auch auf den Salzwiesen weiden, das Bild – und oft auch die Geräuschkulisse. Im Spätsommer und Herbst finden sich mehrere Hundert Krickenten ein. Auch Löffel- und Schnatterenten sind typische Rast- und Brutvögel im Gebiet. Zwischen Januar und März finden sich mehrere Dutzend bis Hundert Schellenten auf den Gewässern ein. Dann sind auch jeweils kleine Gruppen von Zwergsägern und Gänsesägern, sowie dutzende bis hunderte Reiherenten auf den Gewässern zu beobachten. In den Wintermonaten besucht seit einigen Jahren regelmäßig ein „Schellsäger" (Hybrid aus Schellente und Zwergsäger) die Finkhaushallig-Speicherbecken.

Typische Vogelarten im Gebiet, deren Status und günstige Beobachtungszeit (in Klammern).
h = häufiger, r = regelmäßiger, s = seltener; B = Brutvogel, W = Wintergast, D = Durchzügler, N = Nahrungsgast

Art	Status (beste Beobachtungszeit)
Graugans	hB, hW (ganzjährig)
Weißwangengans	hW (Okt.–Mai)
Ringelgans	hW (Sep.–Mai)
Brandgans	hB, hW (ganzjährig)
Spießente	hW, hD (Nov.–Apr.)
Pfeifente	hW, hD (Okt.–Apr.)
Schellente	hW (Jan.–Mrz.)
Gänsesäger	rW (Jan.–Mrz.)
Zwergsäger	hW (Jan.–Mrz.)
Seeadler	rN, rW (ganzjährig)
Kornweihe	rD, rW (Nov.–Apr.)
Raufußbussard	rD, rW (Nov.–Mrz.)
Kiebitzregenpfeifer	hD (Aug.–Sep., Apr.–Mai)
Sumpfläufer	sD (Mai)
Rotschenkel	rB, hD, rW (ganzjährig)

Art	Status (beste Beobachtungszeit)
Dunkler Wasserläufer	rD (Apr.Mai, Jul.–Dez.)
Grünschenkel	hD (Apr.Mai, Jul.–Dez.)
Lachmöwe	hN, hD, hW (ganzjährig)
Flussseeschwalbe	rB (Apr.–Jun.)
Trauerseeschwalbe	rD (Mai)
Kuckuck	rB (Apr.–Jun.)
Eisvogel	rD, rW (Aug.–Mrz.)
Ohrenlerche	rW (Nov.–Mrz.)
Blaukehlchen	hB (Mrz.–Jun)
Schilfrohrsänger	hB (Apr.–Jun.)
Bartmeise	rB, rW (ganzjährig)
Berghänfling	rW (Nov.–Mrz.)
Rohrammer	hB, rD, rW (ganzjährig)
Schneeammer	rW (Dez.–Feb.)

Spießenten sind im Winter in großen Trupps im Watt und den Vorländern anzutreffen, später im Frühjahr suchen dann auch manchmal Hunderte Individuen die Speicherbecken und Spätinge auf. Im Frühjahr und Herbst sind unter den Durchzüglern gelegentlich Knäkenten zu entdecken.

Zu Tausenden weiden in den Wintermonaten Weißwangen-, Ringel- und Graugänse auf den umliegenden Grünländern, Vorländern und auch im Naturschutzgebiet, besonders in den Morgen- und Abendstunden sind die typischen Transferflüge der Trupps zu beobachten. Auch Blässgänse sind dann regelmäßig in größerer Anzahl anzutreffen. Gelegentlich lassen sich einzelne Rothalsgänse erspähen.

Hin und wieder sind Singschwäne zu sehen, welche auf umliegenden Grünländern und Stoppelfeldern Nahrung suchen, seltener auch Zwergschwäne.

Auf der seeseitigen Seite des Deichs sind im Winter große Trupps von bis zu über hundert Berghänflingen und auch fast ebenso vielen Ohrenlerchen zu beobachten, die dann in den Vorländern und Salzwiesen nach Nahrung suchen. Immer wieder tauchen auch Schneeammern sowie Strandpieper in kleineren Trupps auf. Selten, aber so gut wie alljährlich, sind einzelne Spornammern zu beobachten.

Kornweihen und gelegentlich Raufußbussarde treten als Wintergäste und Durchzügler auf.

Im Frühjahr beginnen Haubentaucher mit der Balz. In den Schilf- und Vegetationsgürteln brüten Wasserrallen und Reiherenten. Die Strophen der Schilf-, Teich- und Sumpfrohrsänger sind zu hören, auch Rohrammern und Bartmeisen singen im Schilf. Blaukehlchen, welche in Nordfriesland an fast allen vegetationsreichen Gräben und Schilfgürteln anzutreffen sind, brüten ebenfalls hier. Im Mai sind Kuckucke nicht zu überhören, die dann in der offenen Landschaft der Westerspätinge auch umherfliegend zu beobachten sind. Oft sind im Gebiet oder der Umgebung nahrungssuchende Rohrweihen und auch Seeadler auszumachen.

Brandgänse und Graugänse brüten im Naturschutzgebiet Westerspätinge. Im Frühjahr bis Sommer sind die Gänsefamilien mit Gösseln zu beobachten. Flussseeschwalben und seltener auch Küstenseeschwalben brüten auf den für

Blaukehlchen brüten an den mit Schilf und staudiger Vegetation bestandenen Gräben und Uferbereichen. Foto: C. Moning. Langenmosen, 14.4.2021.

diesen Zweck ausgebrachten Brutflößen im Gebiet. Als Durchzügler tauchen im Mai immer wieder Trauerseeschwalben auf, im August/September sind Brandseeschwalben regelmäßig zu beobachten.

Im Spätsommer und Herbst versammeln sich mit der wachsenden Brutpopulation auf der benachbarten Hallig Südfall inzwischen auch immer wieder Löffler in großer Anzahl im Gebiet. Im Naturschutzgebiet Westerspätinge sind dann regelmäßig über 100 Individuen zu sehen. Ab Spätsommer tauchen auch Eisvögel an den Gewässern auf, einige sind anschließend das Winterhalbjahr über anzutreffen.

Mitte Juni treffen die ersten nordischen Limikolen, bereits auf dem Rückzug aus den Brutgebieten, ein. Dunkle Wasserläufer sind mit die ersten. Schon kurz nach Mittsommer bis September sind regelmäßig mehrere Hundert zu sehen. Auch Kampfläufer sind dann zu Dutzenden, regelmäßig auch über 100 Individuen, anzutreffen. In sehr großen Ansammlungen sind im Spätsommer auch Grünschenkel zu beobachten. Rotschenkel sind das ganze Jahr über zu sehen, auch in den Wintermonaten sind Dutzende bis Hunderte an den Gewässern oder im Vorland und Watt zu finden. Im Frühjahr und Herbst sind regelmäßig rastende Bruch- und Waldwasserläufer sowie Flussuferläufer und größere Trupps Bekassinen zu sehen. Alpenstrandläufer sind ganzjährig im Gebiet oder im Vorland bzw. Watt zu finden, außer im Hochsommer oft in großen Trupps, von hundert bis zu tausend Individuen. An den Speicherbecken sind Säbelschnäbler im Herbst und im zeitigen Frühjahr häufig zu mehreren Dutzenden zu beobachten. Im März versammeln sich hier auch Uferschnepfen, kurz bevor diese dann in die Brutgebiete auf Eiderstedt wechseln.

Seltene Durchzügler und Irrgäste tauchen immer wieder auf, wie in der Vergangenheit beispielsweise Teichwasserläufer, Prärie-Goldregenpfeifer und Großer Schlammläufer. Im Mai sind im Tetenbüllspieker regelmäßig Sumpfläufer bei der Nahrungssuche kurz vor Abflug in die nordischen Brutgebiete zu sehen. Dann halten sich auch Trupps von Regenbrachvögeln, Kiebitzregenpfeifern, Knutts und Pfuhlschnepfen

Die flachen Uferbereiche der Gewässer werden das ganze Jahr über von Limikolen zur Nahrungssuche und Rast aufgesucht. Im Spätsommer sind Grünschenkel in großen Trupps von mehreren Hundert Individuen anzutreffen.
Foto: E. Lietzow. Enger Bruch, 18.4.2009.

im Gebiet auf. Ende Mai ist ebenfalls der Aufbruch der Ringelgänse vom Wattenmeer in die subarktischen Brutgebiete zu beobachten.

Beobachtungsmöglichkeiten

Im Norden des Tetenbüllspiekers kann gegenüber des Schöpfwerks geparkt (1) und ein erster Blick auf die Speicherfläche geworfen werden. Am Sielhaus ist auch eine Treppe auf den Seedeich, von dem aus sich ein guter Ausblick weit nach Süden über die Wasserfläche eröffnet.

Am Westufer suchen häufig Enten und Limikolen im flachen Wasser und in den trockenfallenden Bereichen nach Nahrung. Um von der Westseite (2) zu beobachten, schaut man zuerst vorsichtig über den Deich des Speichers, um keine Störung zu erzeugen. Je nach Sonnenstand und Aufenthaltsort der Vögel hat man jedoch bessere Beobachtungsbedingungen von Südosten und Nordosten. Hierzu parkt man im Südosten neben der Bushaltestelle (3) und folgt dem Feldweg nach Norden, um nach Norden und Westen auf die Wasserflächen zu schauen. Aus nördlicher Richtung folgt man dem Trampelpfad in der Nähe des Parkplatzes nach Süden, um nach Südwesten auf den Spieker zu beobachten.

Das Naturschutzgebiet Westerspätinge befindet sich einige Kilometer nordöstlich. Das Auto kann im Osten geparkt werden (5). Daneben befindet sich auch die Infohütte des NABU, wo Infobroschüren zur Verfügung stehen und auf Anfragen auch Ferngläser ausgeliehen und Führungen angeboten werden. Das Naturschutzgebiet darf nicht betreten werden, dies ist aber zum Beobachten auch nicht notwendig, denn der Fahrradweg zwischen (5) und (6) führt am Nord- und Westrand entlang des Gebietes. Von dort und vor allem auch vom Seedeich daneben kann das ganze Gebiet gut überblickt werden.

Am Speicher im Finkhaushallig-Koog befindet sich ein großer Parkplatz im Norden (7). Am Westufer führt ein Pfad direkt am Ufer von Nord nach Süd entlang (8), von dort ist das westliche Speicherbecken gut einzusehen, auch die Flachwasserbereiche im Westen und Süden. Am Nordufer gelangt man entlang eines Feldweges zum Damm zwischen den beiden Becken (9). Von dort kann auf beide Wasserflächen geschaut werden. Der Feldweg führt noch weiter nach Osten und schließlich am Ost-

Vom Radweg am Gebietsrand lassen sich Schilfbereiche und Gewässer der Westerspätinge einsehen. Foto: A. Maier. 23.5.2021.

ufer (10) entlang nach Süden. Er ist stark mit Weiden und Sträuchern bewachsen, im unbelaubten Zustand finden sich aber noch Lücken, um auf die Wasserfläche zu spähen.

Weitere Freizeitmöglichkeiten

Lundenbergsand ist bei Niedrigwasser Ausgangspunkt für geführte Wattwanderungen, bei Hochwasser kann hier gebadet werden. Eine weitere Badestelle befindet sich außendeichs am Tetenbüllspieker.

Auf der Halbinsel Eiderstedt liegen gleich mehrere ornithologisch interessante Gebiete, wie die Tümlauer Bucht oder das Katinger Watt. Westerhever und St. Peter-Ording sind während der Sommermonate voller Touristen aber aufgrund der sehr besonderen Landschaft, den großen Sandbänken und Salzwiesen, auch dann noch eindrücklich.

Andrea Maier, Christopher König, Christoph Moning, Felix Weiß

Infomaterial/Literatur

NSG Westerspätinge: https://schleswig-holstein.nabu.de/natur-und-landschaft/nabu-schutzgebiete/wester-spaetinge/index.html

Anfahrt

Mit Bus und Bahn

In Kombination mit den öffentlichen Verkehrsmitteln lohnt sich eine Fahrradtour entlang der Küste vom Bahnhof Husum über die beschriebenen Gebiete nach Südwesten und anschließend nach Süden zum Bahnhof in Katharinenheerd und von dort mit der Bahn zurück nach Husum. Je nach Windrichtung empfiehlt sich die flache, circa 35 km lange Radstrecke gegebenenfalls entgegengesetzt zu radeln. Wer gut in Form ist, kann vom Tetenbüllspieker weiter nach Westerhever und St. Peter-Ording radeln und anschließend von dort den Zug zurück nach Husum nehmen. Die Strecke ist dann insgesamt circa 50 km lang, aber bei Rückenwind angenehm zu schaffen.

Mit dem Auto

Mit dem Auto gelangt man von Norden oder Süden über die B 5 nach Simonsberg und zum Speicherbecken Finkhaushallig-Koog. Von Osten aus fährt man zuerst über die B 202 auf die B 5.

GPS		
Parkplatz (1)	54°24'28" N	8°49'41" O
Parkplatz (5)	54°26'10" N	8°56'30" O
Parkplatz (7)	54°27'25" N	8°58'45" O

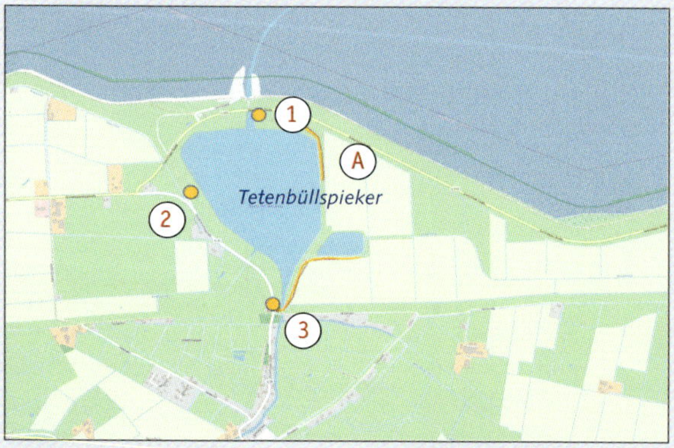

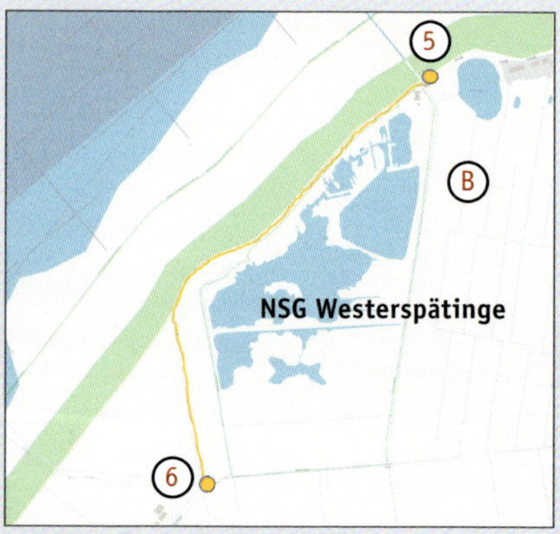

Die nördliche Sandbank ist durch einen breiten Priel von der Sandbank vor Sankt Peter-Böhl getrennt. Foto: F. Weiß. 23.3.2012.

Sankt Peter-Ording

Sand bis zum Horizont

Die unendliche Weite der Sandbank vor Sankt Peter-Ording, in deren Ferne sich im Luftflimmern Spiegelungen wie eine Fata Morgana bilden, ist beeindruckend. Die Landschaft wird zudem noch hoch überragt von Häusern, die auf Hunderten Pfählen sturmflutsicher in der Luft zu schweben scheinen. Auf der Nordsee schwimmen Meeresenten und Sterntaucher und an den Stränden sind Seeregenpfeifer und Sanderlinge zu beobachten. Während der Zugzeiten rasten unzählige arktische Limikolen hier im Nationalpark und Weltnaturerbe Schleswig-Holsteinisches Wattenmeer. Sankt Peter-Ording ist ein vielseitiges Exkursionsziel und mit seinen einmaligen Stränden auch der ideale Ort für einen längeren Familienurlaub mit vogelkundlicher Komponente.

Die Sandbank vor Sankt Peter-Ording erinnert an den Kniepsand der Insel Amrum und die großen Außensände am Übergang zwischen Wattenmeer und offener Nordsee, nur dass sie direkt an die Festlandsküste der Halbinsel Eiderstedt angebunden ist. Sie erreicht eine Nord-Süd-Ausdehnung von etwa 9 km und ist bis zu 1,2 km breit. Durch einen großen Priel getrennt schließt sich südlich vor der Küste des Ortsteils Böhl eine weitere, kleinere Sandbank an. Der Sand ist seit Jahrhunderten Fluch und Segen der Bewohner von Sankt Peter-Ording. Der ständige Sandflug bei Westwind übersandete die Weideflächen und zweimal (im 15. Jahrhundert und 1748) musste die Ordinger Kirche nach Osten verlegt werden, weil das alte Gebäude übersandet war. Gleichzeitig ist die Sandbank mit ihren endlosen Stränden die Grundlage des Badetourismus, der mit über einer Million Übernachtungen im Jahr die wirtschaftliche Grundlage für die ganze Region darstellt. Obendrein hat die Geologie die Gemeinde auch noch mit einer Schwefelquelle bedacht, sodass sie den Titel Nordseeheil- und Schwefelbad tragen darf.

Der Sand wird östlich durch eine niedrige, junge Dünenkette begrenzt, deren Entstehung erst in den 1980er Jahren begann. Im Schutz der Dünen liegen sehr naturnahe, reich strukturierte Salzwiesen, die zu den botanischen Hotspots der Artenvielfalt in Schleswig-Holstein zählen. Bis in die 1980er Jahre brüteten in diesem Vorland noch Alpenstrandläufer. Östlich werden die Salzwiesen von einem Teerdeich begrenzt, der jedoch nördlich der Dünentherme eine Lücke von etwa 900 m aufweist. In diesem Abschnitt sind alte Dünenzüge der natürliche Schutz der Küste vor den winterlichen Sturmfluten. Diese an der Westküste Schleswig-Holsteins einmalige Landschaft wird vor dem Hintergrund des Klimawandels und Meeresspiegelanstiegs aktuell intensiv erforscht. Die gesamte Fläche der Sandbank, die Dünen und die Salzwiesen sind Teil des Nationalparks und UNESCO-Weltnaturerbes Schleswig-Holsteinisches Wattenmeer. Mit Ausnahme eines kleinen Bereichs im Vorland bei Sankt Peter-Böhl liegen sie jedoch in der Schutzzone II des Nationalparks und dürfen frei betreten werden. Besonders empfindliche Lebensräume, wie die Dünen und Brutplätze von Seeregenpfeifern, sind saisonal abgesperrt. Östlich des Teerdeichs schließen sich alte Dünenzüge an, die mit einem Kiefernwald bepflanzt und damit festgelegt wurden. Auf kleinen Flächen

Tausende Trauerenten halten sich vor der Sandbank auf und tauchen nach jungen Schwertmuscheln. Foto: E. Lietzow. Neuwerk, 13.10.2015.

wächst Heide und in den Dünentälern sind kleinflächig Feuchtheiden mit so bedrohten Arten wie dem Lungenenzian erhalten geblieben. Zu den weiteren botanischen Raritäten gehören Zwerg-Lein und Kleinling. Im Hinterland schließt sich altes Marschland an, das seit dem Mittelalter bewirtschaftet wird, und dessen Entwässerungsgräben noch die alten Verläufe der Priele nachzeichnen. Die für die Halbinsel Eiderstedt typischen Tränkekuhlen für das Vieh sind noch auf fast jeder Weide zu finden.

Besondere Vogelarten und Reisezeit

Die sich ständig umlagernden Sandbänke, mit ihren Muschelschillflächen und Primärdünen sind Lebensraum für die darauf spezialisierten Zwergseeschwalben, See- und Sandregenpfeifer. Leider sind die ehemals bedeutenden Brutbestände der drei Arten selbst hier stark zurückgegangen und stehen kurz vor dem Erlöschen. Zwergseeschwalben sind sogar leider nur noch unregelmäßige Brutvögel. Für die Wattenmeerpopulation der Seeregenpfeifer ist die Sandbank im Sommer jedoch weiterhin ein bedeutender Sammel- und Mauserplatz vor dem Wegzug und Zwergseeschwalben erscheinen zu den Zugzeiten häufig als Nahrungsgäste entlang der Küste. Der Dünensee und die Schilfflächen im Vorland der Sandbank sind Brutplätze für einige Paare Rothalstaucher, viele Bartmeisen, Blaukehlchen und beherbergen in manchen Jahren ein Revier der Rohrdommel. In den Salzwiesen brüten zahlreiche Rotschenkel, Austernfischer, Wiesenpieper und Feldlerchen. Landwärts hat sich teilweise die typische Eiderstädter Marschlandschaft mit von Gräben durchzogenem Grünland erhalten, in der noch Kiebitze, Löffel- und Knäkenten als Brutvögel vorkommen. An mehreren Gehöften brüten zudem Schleiereulen. Der Kiefernwald von Sankt Peter-Ording wirkt in der offenen Landschaft befremdlich und ist Brutplatz für einige häufige Singvogelarten wie Haubenmeisen, Sommergoldhähnchen und Misteldrosseln, die auf der Halbinsel Eiderstedt sonst kaum zu finden sind.

Im Sommer ist die Sandbank Rastplatz für Hunderte Herings- und Silbermöwen, unter denen oft auch einzelne Steppenmöwen und gelegentlich Mittelmeermöwen zu entdecken sind. Im Juli ist der Wegzug der arktischen Limikolen bereits in vollem Gange, der zunächst von den Altvögeln eingeleitet wird, die jetzt noch im Prachtkleid sind. Zur gleichen Zeit sammeln sich auch die Seeregenpfeifer auf der Sandbank, Brandseeschwalben patrouillieren entlang der Küste und nicht zuletzt erreicht der Badetourismus seinen Höhepunkt.

Von Ende August bis Anfang November ist der Wald von Sankt Peter-Ording Rastplatz für Singvögel. Das Rastgeschehen ist dabei starken Schwankungen unterworfen und sehr von Wind und Wetter abhängig. Außerdem sind die Vögel im dichten Kiefernwald nicht immer leicht zu beobachten. Im südlichen Teil, im Ortsteil Böhl, ist in den Morgenstunden, besonders im Oktober auch der sichtbare Tagzug von Finken, Drosseln, Stelzen, Piepern und Greifvögeln zu bestaunen.

Typische Vogelarten im Gebiet, deren Status und günstige Beobachtungszeit (in Klammern)
h = häufiger, r = regelmäßiger, s = seltener; B = Brutvogel, W = Wintergast, D = Durchzügler, N = Nahrungsgast

Art	Status (beste Beobachtungszeit)
Eiderente	ganzjährig
Trauerente	ganzjährig
Samtente	sW (Okt.–Mrz.)
Sterntaucher	rD, rW (Okt.–Apr.)
Rothalstaucher	rB (Apr.–Jul.)
Rohrdommel	sB (Mrz.–Mai)
Löffler	rD (Jul.–Sep.)
Austernfischer	hB, hD, hW (ganzjährig)
Seeregenpfeifer	sB, rD, rN (Apr.–Aug.)
Sandregenpfeifer	sB, hD (Mai, Jul.–Sep.)
Sanderling	hD, hW (Jul.–Mai)
Rotschenkel	hB, hD (Apr.–Okt.)

Art	Status (beste Beobachtungszeit)
Silbermöwe	hD, hN, hW (ganzjährig)
Heringsmöwe	hD, hN (Apr.–Sep.)
Zwergseeschwalbe	sB, rD, rN (Mai–Aug.)
Brandseeschwalbe	hD, hN (Apr.–Sep.)
Schleiereule	rB (Mrz.–Mai)
Ohrenlerche	hW (Okt.–Mrz.)
Gelbbrauen-Laubsänger	sD (Okt.)
Birkenzeisig	rB, rD, rW (ganzjährig)
Spornammer	sW (Nov.–Feb.)
Schneeammer	hW (Okt.–Mrz.)

Auch im Winter ist Sankt Peter-Ording ein sehr lohnendes Ziel. Schneeammern, Berghänflinge und Ohrenlerchen sind in teilweise großen Trupps auf der Sandbank und in den Dünen und Salzwiesen zu beobachten. Unter ihnen werden regelmäßig auch Spornammern beobachtet. Auf der Nordsee rasten große Trupps Trauerenten, unter denen sich mit Geduld auch oft einzelne Samtenten entdecken lassen. Bei ruhiger See sind häufig Sterntaucher zu sehen, gelegentlich auch Tordalke und Trottellummen. Am Strand laufen Sanderlinge zwischen den Spaziergängern umher.

Die exponierte Lage und die hohe Beobachtungsaktivität führen dazu, dass immer wieder Raritäten entdeckt werden. Im Februar 2022 wurde eine Sperberbeule gefunden, die sich über einen Monat lang im Ort aufhielt und von vielen Beobachtern bestaunt werden konnte. Elfenbeinmöwen wurden über die Jahre gleich zweimal nachgewiesen und im Herbst erscheinen alljährlich einzelne Gelbbrauen-Laubsänger und gelegentlich weitere sibirische Gäste wie Blauschwänze, Wald- und Spornpieper oder Zwergammern.

Die Sandbank gehört zu den letzten natürlichen Brutplätzen des Seeregenpfeifers in Deutschland.
Foto: Volodymyr Kucherenko / Adobe.Stock.com

Beobachtungsmöglichkeiten

Die Gemeinde Sankt Peter-Ording erhebt auch von Tagesgästen eine Kurtaxe, die im Winter 1 Euro, im Frühjahr und Herbst 2 Euro und im Sommer 3 Euro beträgt. Die Abgabe wird zum Beispiel an den Übergängen zur Sandbank erhoben. Vor jedem Ausflug auf die Sandbank sollte man die Wettervorhersage prüfen. Bei Sturmflut, Gewitter oder Seenebel ist der Aufenthalt dort lebensgefährlich. Insbesondere ist es wichtig zu bedenken, dass der höchste Bereich der Sandbank unmittelbar an der Wasserkante liegt und die Bereiche dahinter bei Sturmfluten zuerst überfluten und einem den Rückweg abschneiden. Regelmäßig müssen bei Sturmfluten eingeschlossene Gäste von der Sandbank gerettet werden. Der Leuchtturm Westerhever ist vom nördlichen Ende der Sandbank zwar gut zu sehen, jedoch wegen eines tiefen Priels zu Fuß nicht erreichbar. Ebenso sollte man nicht versuchen vom Südende der Sandbank nach Sankt Peter-Böhl zu laufen.

Der Parkplatz am Dünensee (1) ganz im Norden des Ortes ist ein idealer Ausgangspunkt für Vogelbeobachtungen auf der nördlichen Sandbank. Direkt südlich des Parkplatzes liegt ein von Schilf gesäumter See, der sich vom benachbarten Teerdeich (2) bestens einsehen lässt. Zur Brutzeit sind hier Rothalstaucher zu beobachten, Möwen kommen zum Baden und Trinken an das Gewässer und aus dem Schilfgürtel hört man die Gesänge und Rufe von Bartmeisen, Blaukehlchen und Schilfrohrsängern. Am Parkplatz beginnen auch die Auffahrt zum Strandparkplatz auf der nördlichen Sandbank und ein paralleler Fuß- und Radweg, der zur Wasserkante führt. Beim Durchqueren des Dünengürtels und in den vorgelagerten Primärdünen sollte man im Winter auf Schneeammern und Ohrenlerchen achten. Der Strandparkplatz ist besonders im Spätsommer ein beliebter Rastplatz von Großmöwen. Am Ende des Bohlenwegs zum Strand liegt rechterhand einer der berühmten Pfahlbauten (3), mit öffentlichen Toiletten.

Sanderlinge sind bei Strandspaziergängen ständige Begleiter.
Foto: Flowal93 / Stock.Adobe.com

Die Pfahlbauten stehen sturmflutsicher auf der Sandbank. Foto: OK1966 / Stock.Adobe.com

Von der Plattform des Gebäudes bietet sich ein beeindruckender Blick über die Sandbank und auf die Nordsee. Je nach Windrichtung kann man auf der Plattform auch den Windschutz des Gebäudes nutzen. Von hier aus lassen sich die Meeresenten und Sterntaucher auf dem Meer gut beobachten. Theoretisch bietet die Plattform im Herbst sogar die Möglichkeit zum Seawatching, der Beobachtung vorbeiziehender Hochseevögel. Am Strand kann man einen langen Spaziergang zur Nordspitze der Sandbank (4) unternehmen und wird dabei fast das ganze Jahr über immer wieder kleine Trupps Sanderlinge beobachten können, die wegen der zahlreichen Spaziergänger oft wenig Scheu zeigen und sich gut fotografieren lassen. Zurück am Pfahlbau bietet sich ein Rundweg nach Süden an. Bei den nächsten Pfahlbauten am südlichen Rand des Strandparkplatzes gibt es eine weitere Querung durch die Dünen (5) zurück zum Teerdeich. Der Abschnitt südlich ist geologisch hoch interessant, da die Küste hier nicht durch einen Deich geschützt ist. Diese Funktion übernehmen hier die Dünen. Lohnend ist ein Abstecher zur Aussichtsplattform „Maleens Knoll“ (6) inmitten einer kleinen Heidefläche. Ansonsten führt der Weg zurück am Teerdeich entlang des Dünensees zum Parkplatz.

Ein lohnender Abstecher führt vom Parkplatz am Dünensee binnendeichs den Deich entlang zu den Brösumer Spätingen (7), einem Teichgebiet, das man nach 2,2 km erreicht. Die Strecke ist bis zu Beginn der Spätinge für Autos geöffnet, bietet sich aber insbesondere für Fahrräder an. Bereits auf dem Weg zu den Spätingen fährt man an binnendeichs gelegenen Weideflächen vorbei, auf denen zu den Zugzeiten häufig Ringel- und Weißwangengänse und Goldregenpfeifer rasten. An den Teichen angekommen lassen sich zu den Zugzeiten alle heimischen Gründelenten beobachten sowie rastende Limikolen, wie Waldwasserläufer und Kampfläufer, die eher an Süßwasser gebunden sind. Im Spätsommer rasten an den Teichen oft Löffler. Die Teiche, Feuchtwiesen und Schilfflächen erstrecken sich am Deichfuß über eine Strecke von 1,5 km, zwei Beobachtungshütten bieten Wetterschutz und störungsfreie Beobachtungen. Man gelangt auf demselben Weg zurück zum Parkplatz.

Die Sandbank von Sankt Peter-Ording ist durch einen breiten Priel in einen nördlichen und südlichen Teil getrennt. Die Ränder des Priels sind ein wichtiges Nahrungsgebiet für rastende Limikolen und im Hochsommer rasten dort kurze Zeit über 100 Seeregenpfeifer. Der beste Zugang erfolgt über die Zufahrt Südstrand. Direkt am Teerdeich liegen Parkplätze (8), der Bus fährt durch das Vorland bis zu den Pfahlbauten an der Wasserkante (9). Von hier aus kann man mit dem Spektiv die Limikolen bei der Nahrungssuche auf den Wattflächen beobachten. Besonders im Mai und im Juli und August sind die typischen arktischen Limikolen wie Knutt, Pfuhlschnepfe und Kiebitzregenpfeifer hier gut zu beobachten. Die Seeregenpfeifer sind nicht immer leicht zu finden und man sollte den Bereich entlang der Abbruchkante nördlich und südlich der Pfahlbauten in seine Suche miteinbeziehen. Das Vorland zwischen Teerdeich und Pfahlbauten ist im Winter Jagdgebiet von Kornweihen und gelegentlich sind Sumpfohreulen und Spornammern zu beobachten.

Der südlichste Zugang zur Sandbank liegt im Ortsteil Böhl. Auch dort gibt es direkt am Deich Parkmöglichkeiten (10). Im Oktober kann man in den Morgenstunden vom Deichübergang aus durchziehende Finken, Pieper und Drosseln beobachten. Im September und Oktober lohnt sich von hier ein

Abstecher auf dem Teerdeich nach Norden bis zum unscheinbaren Leuchtturm Sankt Peter-Böhl (11) und in den Kiefernwald hinter dem Deich. Regelmäßig sind im Oktober Gelbbrauen-Laubsänger sowie zahlreiche andere rastende Singvogelarten zu beobachten. Zurück am Parkplatz führt ein Weg parallel zur Straße bis zu den Pfahlbauten der Badestelle Böhl (12). Auf den Wattflächen vor der Badestelle lassen sich zur Brutzeit und im Hochsommer ebenfalls regelmäßig Seeregenpfeifer beobachten. Südlich der Pfahlbauten sind zur Brutzeit Bereiche zum Schutz der Brutvögel abgesperrt, was unbedingt zu beachten ist.

Weitere Freizeitmöglichkeiten

Das Nationalpark-Haus der Schutzstation-Wattenmeer befindet sich im Gebäude der Dünentherme (13). Die moderne Ausstellung mit zahlreichen Aquarien gewährt einen guten Einstieg in das Ökosystem Wattenmeer. Die Schutzstation-Wattenmeer bietet auch zahlreiche geführte Wattexkursionen, Führungen durch die Salzwiesen und vogelkundliche Führungen in Sankt Peter-Ording an.

Besonders mit Kindern lohnt sich ein Besuch im Westküstenpark (14), einem kleinen Privatzoo. Der Park beherbergt eine große freifliegende Kolonie von Weißstörchen und eine große Gruppe Basstölpel, die aus an der Küste geschwächt aufgefundenen Vögeln besteht.

Felix Weiß, Christopher König, Christoph Moning

Infomaterial/Literatur

Moning C, Weiß F 2007: Vögel beobachten in Norddeutschland. Kosmos-Verlag, Stuttgart.

Wir bedanken uns bei Dominic Cimiotti, Jannes Fröhlich und Jan Sohler für ihre Hilfe bei der Recherche.

Enthält Informationen von OpenStreetMap.org, Karte veröffentlicht unter der Open Database Licence (ODbL).

GPS		
Parkplatz Dünensee (1)	54.333920° N	8.603863° O
Aussichtsdüne (6)	54.319952° N	8.605905° O
Parkplatz Südstrand (8)	54.303464° N	8.628017° O
Parkplatz Böhl (10)	54.282396° N	8.664919° O
Dünentherme (13)	54.315984° N	8.604712° O
Westküstenpark (14)	54.301077° N	8.656414° O

Anfahrt

Mit Bahn und Bus

Sankt Peter-Ording ist Endstation der Bahnlinie von Husum nach Sankt Peter-Ording. Im Ort liegen die Haltestationen Bad Sankt Peter Süd und Bad Sankt Peter-Ording. Im Ortsgebiet verkehren zahlreiche Buslinien und es gibt reichlich Möglichkeiten zum Ausleihen von Fahrrädern, die das ideale Fortbewegungsmittel im Gebiet sind.

Mit dem Auto

Mit dem Auto erfolgt die Anfahrt von Tönning über die Bundesstraße 202. Eine begrenzte Anzahl kostenloser Parkmöglichkeiten gibt es direkt nördlich der Bahnstation Sankt Peter-Ording. Wer sich mit dem Auto auf die Sandbank begibt, sollte die aktuelle Wasserstandvorhersage des Bundesamts für Seeschifffahrt und Hydrographie kennen und die rostfördernde Wirkung von Salzwasser bedenken.

Adressen

Nationalpark-Haus St. Peter-Ording, Maleens Knoll 2, 25826 St. Peter-Ording; Tel.: 04863-9504254; Öffnungszeiten: Mo, Di, Mi, Fr 13–17 Uhr, Wochenende 11–17 Uhr

Westküstenpark & Robbarium St. Peter-Ording, Wohldweg 6, 25826 St. Peter-Ording; Tel.: 04863-3044; https://tierpark-westkuestenpark.de; Öffnungszeiten in der Saison: täglich 10–16 Uhr

Torfmoosteppiche und Wollgrassäume an einer Staufläche im Dellstedter Birkwildmoor.
Foto: A. Maier. 26.5.2022.

Moore bei Rendsburg

Ausflug ins Fockbeker Moor, Dellstedter Birkwildmoor und Wilde Moor

In der Region um Rendsburg in Schleswig-Holstein befanden sich ehemals ausgedehnte Hoch- und Niedermoore. Industrieller Torfabbau und die Umwandlung in landwirtschaftliche Nutzflächen führten zu extremen Veränderungen dieser von Wasser geprägten Landschaft. Heute stehen viele der verbliebenen Moor-Überbleibsel unter Schutz, vielerorts werden Anstrengungen unternommen die Gebiete durch Wiedervernässung zu erhalten und zu renaturieren. Im Fockbeker Moor und Dellstedter Birkwildmoor sind kleinräumig erstaunliche Hochmoorbereiche mit einem typischen Bulten-Schlenken-Relief zu erleben. Torfmoosteppiche mit Schnabelried und Wollgräsern säumen alte, mit Wasser gefüllte Torfstichen. Im Wilden Moor bei Osterrönfeld bietet sich ein weiter Blick auf die Wasservögel und Limikolen anziehenden Überstauungsflächen. Ein Ausflug lohnt zur Brutzeit oder im Spätwinter, wenn Sing- und Zwergschwäne, sowie Kraniche in größeren Ansammlungen und einzelne Raubwürger zu beobachten sind.

Die Flusslandschaft der Eider-Treene-Sorge ist das größte zusammenhängende Niederungsgebiet in Schleswig-Holstein, sowie eines der letzten großen unzerschnittenen Niederungsgebiete in Europa. Die drei namensgebenden Flüsse sind in ausgedehnte Grünlandniederungen gebettet, charakteristisch in der von Wasser geprägten Landschaft sind Feuchtwiesen, flache Seen, Röhrichte sowie Nieder- und Hochmoore. Die über Jahrhunderte unternommenen Anstrengungen vor allem um das Land kultivierbar zu machen, sowie Brenntorf zu gewinnen, führten zu extremen Veränderungen im Wasserregime und damit gleichzeitig zur Veränderung der Landschaft. Inzwischen sind weite Teile der Eider-Treene-Sorge Niederung als Naturschutz- und Natura 2000-Gebiete ausgewiesen. Es werden nun Anstrengungen in gegenläufige Richtung unternommen, um mit Wiedervernässungs- und Landschaftspflegemaßnahmen die verbliebenen Moor-Reste zu erhalten und zu renaturieren. Zu den ehemaligen und heute in Teilen noch erhaltenen Hochmooren der Region gehört das im Eidertal, am Geestrand entstandene Dellstedter Birkwildmoor. Dieses umfasst das Norder- und das Ostermoor. Im 19. Jahrhundert wurde das Moor durch Abbau von Raseneisenerz und Brenntorf, im 20. Jahrhundert mit dem Bau eines Schöpfwerkes und maschinellem Torfabbau, stark beeinträchtigt und verändert. Die verbliebenen Anteile an naturnahen Hochmoorbereichen konnten ab 1980 mit der Errichtung von Randverwallungen und dem Aufstau von Gräben allmählich wiedervernässt werden. Inzwischen konnten immer mehr angrenzende Moorgrünländer von der Stiftung Naturschutz Schleswig-Holstein gekauft werden, sodass weiter umfangreichere Wiedervernässungsmaßnahmen ermöglicht wurden. Heute haben sich Torfmoose wieder ausgebreitet, ein Höhenwachstum des Hochmoores findet stellenweise wieder statt, weißes Schnabelried und Wollgräser blühen im Frühsommer. Das Vorhaben das hier einst häufige namensgebende Birkhuhn wiederanzusiedeln, blieb jedoch in mehreren Anläufen erfolglos.

Nordöstlich der Eider-Treene-Sorge Niederung, in der Region der Oberen Sorge, befindet sich eine in der flachen Geestlandschaft entstandene Binnendünen- und Moorlandschaft. Ein Relikt dieser, ebenso starken Veränderungen unterlegenen Landschaft, ist das Fockbeker Moor. Die Entstehung des Moors begann vor circa 2500 Jahren in einer Senke: Direkt auf dem sandigen Untergrund begann die Moorbildung und das Aufwachsen des im Verhältnis jungen Geesthochmoores. Typisch für so entstandene, sogenannte wurzelechte Hochmoore sind zum Teil von Torf freiliegende Sandhügel. 1817 wurde mit dem ersten Entwässerungsgraben der Beginn der Degeneration des Hochmoors eingeleitet. Zuerst stachen die Bewohner der umliegenden Dörfer Brenntorf für den Eigenbedarf und Verkauf. Der enorme Bedarf an Brenntorf, der einige Jahre darauf mit dem Bau und Betrieb der Eisenhütte (Carlshütte) in Büdelsdorf einsetzte, leitete schließlich den industriellen Torfabbau im Fockbeker Moor ein. Nach dem Zweiten Weltkrieg erfolgte der Torfabbau maschinell und teilweise bis auf den mineralischen Untergrund. Zusätzlich wurden Moorflächen in Äcker und Grünland umgewandelt oder mit Fichten aufgeforstet. In den 1980er-Jahren wurde vom unabhängigen Kuratorium Landschaft Schleswig-Holstein mit den ersten Maßnahmen zum Wiedereinstau des Wassers und anschließenden Pflegemaßnahmen begonnen. Heute ist das Fockbeker Moor als Naturschutzgebiet, FFH- und EU-Vogelschutzgebiet ausgewiesen.

Ein hochmoortypisches Relief aus nassen Schlenken und erhabenen, trockeneren Bulten ist in einigen Bereichen vorhanden. In den von grünen Torfmoosrasen bewachsenen Schlenken finden sich auch Stellen von offenem Torfschlamm, es wachsen charakteristische Arten wie Weißes Schnabelried, Schmalblättriges Wollgras, Moosbeere und Rundblättriger Sonnentau. Einige der durch rote Torfmoose gebildeten, über die Hochmoorfläche herauswachsenden Bulte sind von Rosmarinheide, Scheidigem Wollgras und Besen- und Glockenheide besiedelt. Einerseits erstaunt das Fockbeker Moor mit einer für Schleswig-Holstein heutzutage sehr seltenen und beeindruckenden Hochmoorperspektive. Gleichzeitig sind weite Teile der ehemaligen Hochmoorflächen bis heute von andauernder Entwässerung betroffen. Die für eine Umkehr der Austrocknung des Moorkörpers notwendigen Maßnahmen stehen mit den Interessen der Eigentümer benachbarter Flächen im Widerspruch, sodass die Aufstauungsmaßnahmen zur Wiedervernässung in weiten Bereichen bislang nicht im erforderlichen Umfang durchgeführt werden.

Südlich von Rendsburg, zwischen den Flüssen Wehrau und Jevenau, entstand auf einer Sandschicht vor rund 5700 Jahren das Wilde Moor. Das heutige Landschaftsschutzgebiet Wildes Moor besteht sowohl aus Grünland und Moorflächen. Torfabbau und Umwandlung in landwirtschaftliche Flächen veränderten im 18. und 19. Jahrhundert auch die Landschaft des Wilden Moores extrem. Ab den 1970er-Jahren begann das Unabhängige Kuratorium Landschaft Schleswig-Holstein auf dem verbliebenen, jedoch stark beeinträchtigten Drittel der einstigen Moorfläche mit Maßnahmen zur Wiedervernässung und Pflege. Als Ergebnis ist das Renaturierungsgebiet heute wieder von Torfmoosen und Wollgräsern geprägt. Ein Beobachtungsturm an einer Staufläche zieht Wasservögel, Vogelbeobachter und Ausflügler gleichermaßen an.

Bemerkenswert im Wilden Moor ist der für Schleswig-Holstein größte Bestand der Schlingnatter, welcher auch durch Artschutzmaßnahmen unterstützt wird. Weiterhin kommen in den beschriebenen Mooren die für diesen Lebensraum typischen Reptilienarten (Waldeidechse, Blindschleiche, Ringelnatter und Kreuzotter) und Amphibien (Moor-, Gras-, Wasserfrosch, Teichmolch, Erdkröte) vor. Viele der dort lebenden Insektenarten sind an Moorstandorte angepasst und dadurch inzwischen stark gefährdet. So etwa der Heidemoor-Rindenfalter oder der im Raupen-Stadium ausschließlich auf Moosbeeren angewiesene Hochmoor-Perlmutterfalter.

Typische Vogelarten in den beschriebenen Moorgebieten, deren Status und günstige Beobachtungszeit (in Klammern)
h = häufiger, r = regelmäßiger, s = seltener; B = Brutvogel, W = Wintergast, D = Durchzügler, N = Nahrungsgast

Art	Status (beste Beobachtungszeit)
Singschwan	hW, rB (Mrz.)
Zwergschwan	hW (Mrz.)
Graugans	hW, rB (ganzjährig)
Brandgans	hB (Feb.–Jun.)
Stockente	hB, hD, hW (ganzjährig)
Krickente	rB, hD, hW (ganzjährig)
Knäkente	rD, rW (Okt.–Mrz.)
Kranich	hW, hD, rB (ganzjährig)
Rohrdommel	rB (Mrz.)
Wasserralle	rB (Mrz.)
Tüpfelsumpfhuhn	sB (Apr.–Mai)
Zwergtaucher	rB (ganzjährig)
Seeadler	hN (ganzjährig)
Baumfalke	rB, rN (Mai–Jun.)

Art	Status (beste Beobachtungszeit)
Rohrweihe	rB, rN (Apr.)
Großer Brachvogel	rB (Mrz.)
Bruchwasserläufer	rD (Aug)
Waldwasserläufer	rD (Apr.–Mai / Jul.–Aug.)
Kampfläufer	rD (Aug.)
Bekassine	rB, hD, sW (Apr.–Mai)
Waldschnepfe	sB (Apr.)
Kuckuck	hB (Apr.–Jun.)
Braunkehlchen	rB (Apr.–Jun.)
Schwarzkehlchen	rB (Apr.–Jun.)
Blaukehlchen	hB (Apr.–Jun.)
Fitis	hB (Apr.–Jun.)
Wiesenschafstelze	hB (Apr.–Jun.)
Rauchschwalben	hN (Mai–Jul.)

Besondere Vogelarten und Reisezeit

Im Frühjahr erklingt der Gesang der Kuckucke, während singende Wiesen- und Baumpieper, Wiesenschafstelzen und Fitisse eine morgendliche Klangkulisse bilden. Alle vier „Kehlchenarten", Rot-, Blau-, Braun- und Schwarzkehlchen, kommen hier vor. Außerdem singen Gelbspötter, Bluthänflinge und Rohrammern. Neuntöter brüten in Hecken und Sträuchern im Randbereich der Moorgebiete.

Teich-, Schilf- und Sumpfrohrsänger sowie Feldschwirle kommen an der Staufläche im Wilden Moor und zum Teil in Röhrichtsäumen am Dellstedter Moor vor. Am letztgenannten ertönt auch der Ruf der Rohrdommeln.

An den Wasserflächen, meist wassergefüllte alte Torfstiche, brüten Krick-, Tafel- und Reiherenten sowie Brandgänse. Auch Zwergtaucher und Wasserrallen brüten dort in der Ufervegetation. Außerhalb der Brutzeit werden die Wasserflächen von durchziehenden Trupps der genannten Entenarten, sowie Schnatter-, Knäk- und Löffelenten aufgesucht. In den herbstlichen Abendstunden ist der Einflug der Graugans-trupps zu beobachten. Lach-, Sturm- und Silbermöwen kommen in teilweise größeren Ansammlungen außerhalb der Brutzeit vor, im Wilden Moor brüten einige Paare Sturmmöwen. Regelmäßig sind im Mai einzelne nahrungssuchende Zwergmöwen im Wilden Moor anzutreffen, zu dieser Zeit sind auch immer wieder nach Nordosten durchziehende Trupps von hunderten Individuen zu sehen.

In den Winternächten ist der Uhugesang aus der Umgebung des Gebiets zu hören. Später im Frühjahr besteht in den Abendstunden die Chance Tüpfelsumpfhühner zu hören, die regelmäßig, aber nicht alljährlich, im Wilden Moor vorkommen. Im Fockbeker Moor lohnt sich in der Dämmerung nach Waldschnepfen zu horchen, die im Balzflug über die Baumwipfel ihrer Reviere kreisen. Eine Besonderheit im Fockbeker Moor war 2021 ein über die Brutzeit anwesender und in lauen Nächten balzender Ziegenmelker.

Einzelne Kranichpaare brüten, zumeist gut in der Vegetation versteckt, in den drei Gebieten. Im Fockbeker Moor wurden mehrmals Brutplätze im vom Turm oder Weg einsehbaren Bereich genutzt, jedoch ohne Bruterfolg. Außerhalb der Brutzeit sind regelmäßig Durchzügler anzutreffen. Im Wilden Moor befindet sich im Winter ein Schlafplatz, an dem sich mehrere Dutzend Kraniche einfinden, die dann beim Einflug gut zu beobachten sind.

Limikolen brüten in rückläufigen Zahlen und mit geringem Bruterfolg im Gebiet. Während Bruchwasserläufer schon seit Mitte des letzten Jahrhunderts verschwunden sind, waren bis in die 1990er-Jahre noch Rotschenkel und Uferschnepfen häufige Brutvögel im Fockbeker Moor. Nun sind dort selbst die Kiebitze verschwunden. Von bis vor einigen Jahren noch dutzenden Großen Brachvögeln sind in den Gebieten noch einzelne anzutreffen. Bemerkenswert sind die im Wilden Moor mit noch fünf bis zehn Paaren brütenden Bekassinen, welche ab dem zeitigen Frühjahr balzend zu beobachten sind. Auch an den wiedervernässten Flächen im Dellstedter Moor sind einzelne balzende Bekassinen, sowie einzelne Uferschnepfen anzutreffen. Im Fockbeker Moor brüten regelmäßig Flussregenpfeifer. Im Mai sind durchziehende Limikolen (Bruch-, Wald- und Dunkler Wasserläufer, Rotschenkel, Kampfläufer, Alpenstrandläufer, Sandregenpfeifer, ab und an Temminckstrandläufer) im Gebiet zu entdecken. Ab Juli findet der Rückzug der genannten Arten statt, dazu kommen seltener auch einzelne Sichelstrandläufer.

Nahrungssuchende Seeadler, Rohrweihen und Baumfalken sind häufig in den Mooren zu beobachten. Einzelne Wiesenweihen werden regelmäßig im Frühjahr angetroffen, im wilden Moor sind selten auch brütenden Paare zu beobachten. Während der Zugzeit sind vereinzelt durchziehende Rotfußfalken

Ausblick im Wilden Moor bei Osterrönnfeld. Foto: A. Maier 11.6.2022.

zu entdecken. 2021 hielt sich über einen längeren Zeitraum ein Schlangenadler im Gebiet auf, der vom Reichtum an Reptilien profitierte.

Im Winter suchen Kornweihen in der Binsenwiese im Wilden Moor einen Schlafplatz auf. Im Winterhalbjahr sind außerdem regelmäßig einzelne Raubwürger zu beobachten. Als Wintergäste und Durchzügler sind dann, besonders in der Dämmerung, häufig auch Sumpfohreulen zu entdecken. Im wilden Moor finden sich in der kurzen Vegetation Bergpieper als nordische Wintergäste ein. Im Spätwinter rasten Sing- und Zwergschwäne in großer Anzahl in den Gebieten und den umgebenen Niederungen.

Beobachtungsmöglichkeiten

Vom Parkplatz am Fockbecker Moor (1) folgt man zu Fuß dem Weg zum Aussichtturm (2), mit Blick auf die Vernässungsfläche der ehemaligen Torfstiche. Dort lassen sich zu jeder Jahreszeit Wasservögel, manchmal auch Limikolen an der Wasserfläche beobachten. In den Abendstunden ist ab Herbst der Einflug von Graugänsen zu den Teichen zu beobachten. Im Frühsommer ist es bei Einbruch der Dunkelheit möglich, eine singende Waldschnepfe über die Baumwipfel kreisen zu entdecken. Von den Teichen geht man an Torfmoos-

Im Wilden Moor brüten mehrere Paare Bekassinen, zur Zugzeit sind an den offenen und schlickigen Bereichen häufig kleine Ansammlungen nahrungssuchender Durchzügler zu entdecken. Foto: C. Moning. Fehmarn, 22.8.2010.

Gelegentlich brüten Singschwäne an den Stauflächen oder wassergefüllten alten Torfstichen der Moore. Größere Ansammlungen an Wintergästen sind in den Gebieten im Spätwinter vor Abzug in die Brutgebiete zu beobachten. Foto: C. Moning. Echinger Stausee, 23.1.2021.

Wollgras-Schwingrasen (3) entlang, bis der von Nord nach Süd verlaufende Königsdamm auf den Südost-Nordwest verlaufenden „Hüttendamm“ trifft. Im Frühjahr sind hier oft Kuckucke zu hören. Biegt man auf den Hüttendamm ein, läuft man zuerst entlang von Heidevegetation und gelangt schließlich an die „Hüttenteiche“, alte mit Wasser gefüllte Torfstiche (4). Weiter westlich befinden sich Torfstiche mit Resten von Hochmoorvegetation (5). Von dort können Braun- und Schwarzkehlchen und Große Brachvögel am besten beobachtet werden. Auf den beiden Dämmen kann ein Rundweg begangen werden.

Um beide Teile des Dellstedter Birkwildmoors führt ein Fußweg. Besonders der Weg um das Nordermoor ist empfehlenswert. Geparkt wird in einer Straßenausbuchtung (6), von dort folgt man der Straße noch etwas weiter nach Norden und biegt dann in den Rundweg ein. Bei (7) eröffnet sich im Frühsommer ein Blick über das Wollgrasmeer im Norden. In südlicher Richtung befinden sich höhere Vegetationssäume und Röhrichtstreifen, hier singen Rohrsänger und der Ruf der Rohrdommel ertönt von dort. Im nördlichen Teil des Rundweges befindet sich ein Aussichtsturm (8), von dort können weite Bereiche der offenen Hochmoorlandschaft, der Heide- und Torfmoosbereiche noch besser überblickt werden. Hier können regelmäßig nahrungssuchende Baumfalken, Rohrweihen, Kraniche und Weißstörche über den Moorflächen und den angrenzenden Sukzessionsflächen beobachtet werden. Der Weg im Südosten (9), zwischen einer Staufläche und Feuchtgrünland gelegen, bietet Beobachtungsmöglichkeiten für Wiesenlimikolen und Röhrichtbrüter.

Blaukehlchen gehören zu den häufigen Brutvögeln der drei beschriebenen Gebiete.

Foto: C. Moning. Langenmosen, 14.4.2021.

Im Landschaftsschutzgebiet Wildes Moor beobachtet man am einfachsten von einem erhöhten Aussichtspunkt (10), mit der Hauptblickrichtung nach Süden. Von dort lassen sich die Stauflächen und ein weiter Teil des Gebiets bequem einsehen, Wasservögel und Limikolen sind gut zu beobachten. Auch einfliegende Kraniche und Gänse können gut beobachtet werden. Direkt am Weg zum Turm brüten Blaukehlchen in erstaunlich hoher Dichte; am Querdamm lassen sich hier bis zu zwanzig Revierpaare feststellen. Einen Eindruck über das Gebiet verschafft man sich über einen Rundgang auf den Dämmen. Folgt man dem Querdamm vom Ausguck nach Süden lassen sich zu beiden Seiten des Dammes die Stauflächen beobachten. Im Süden des Querdammes kann die längere Route nach Osten (insgesamt circa 5 km) oder die kürzere Runde (circa die Hälfte) nach Westen eingeschlagen werden. Nach Osten folgt man dem Dreivierteldamm durch Niedermoor- und Sukzessflächen, biegt am Ende nach Norden ab und folgt dem Moor-Weg zurück zum Aussichtspunkt. Die Option nach Westen führt über den Schwaber Damm, anschließend den Schwarzen Damm und Wilder Moordamm zurück zum Ausguck. Beide Wege bieten gute Sicht und Beobachtungsmöglichkeiten, die kürzere

Ein wassergefüllter alter Torfstich am Königsdamm im Fockbeker Moor.

Foto: A. Maier. 21.5.2022.

Route führt im Westen an landwirtschaftlichen Flächen vorbei, die längere Route ermöglicht einen umfassenderen Einblick in das Gebiet.

Weitere Freizeitmöglichkeiten

Neben den genannten Standorten empfiehlt sich ein Besuch weiterer Moorgebiete der Region. Vom Fockbeker Moor bietet sich ein Abstecher nach Norden zum Duvenstedter Moor, Krummenorter Heide und Owschlager Moor an. Die nur wenige Kilometer entfernt gelegenen Gebiete können auf markierten Wegen umwandert werden, Informationstafeln erläutern die Geschichte und Besonderheiten der Gebiete. In unmittelbarer Nachbarschaft liegt auch das Naturschutzgebiet Sorgwohlder Binnendünen, dort lassen sich neben Moor- und Heidebereichen auch vegetationsarme „Flugsanddünen“ bestaunen.

Andrea Maier, Christopher König, Christoph Moning, Felix Weiß

Infomaterial/Literatur

Landesamt für Landwirtschaft, Umwelt und ländliche Räume des Landes Schleswig-Holstein (LLUR) 2016: Moore in Schleswig-Holstein. Geschichte – Bedeutung – Schutz.

Unabhängiges Kuratorium Landschaft Schleswig-Holstein e.V. 2011: Artenreich, Vielfältig, Schützenswert. Die Binnendünen- und Moorlandschaft in der Region Sorgwohld.

GPS		
Fockbeker Moor Aussichtsturm (1)	54°19'16" N	9°35'29" O
Dellstedter Birkwild Moor Parkplatz (7)	54°14'51" N	9°22'21" O
Ausguck Wildes Moor (11)	54°15'34" N	9°43'30" O

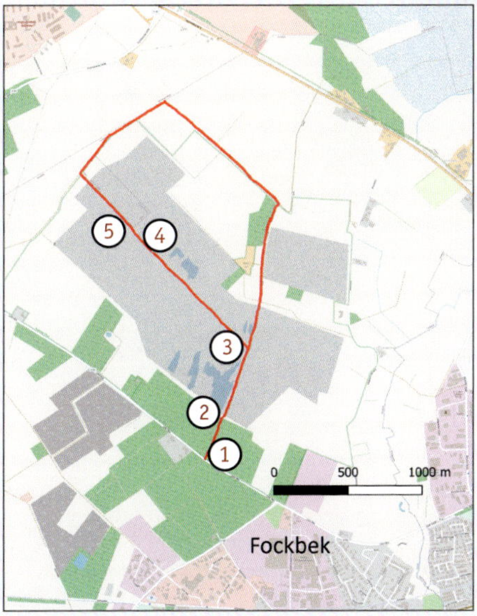

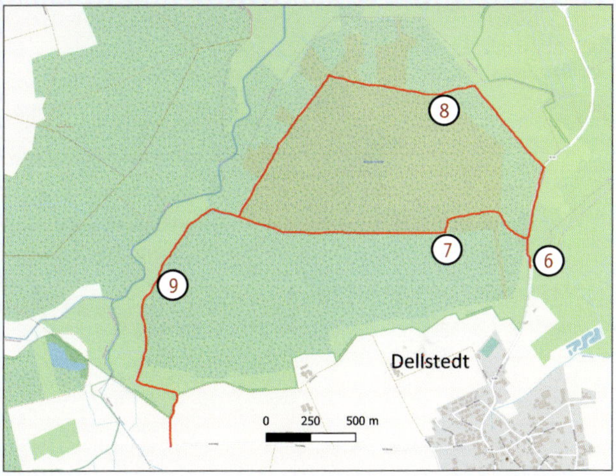

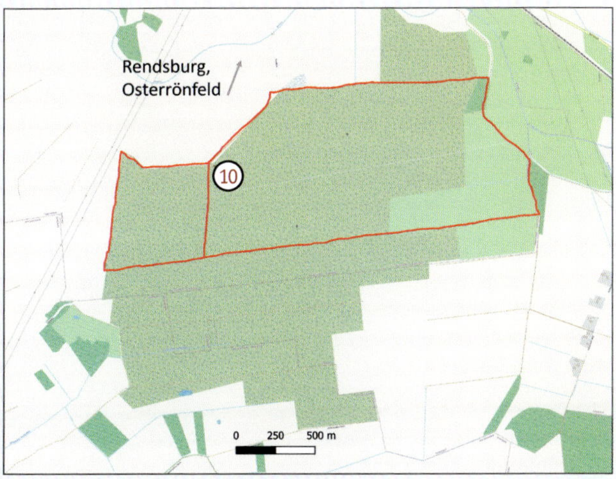

Anfahrt

Mit Bahn und Bus

Mit Bahn und Fahrrad können die Gebiete Fockbeker Moor und Wildes Moor vom Bahnhof in Rendsburg gut erreicht werden. Nach Dellstedt gelangt man mit dem Bus, zum Beispiel von Rendsburg aus, über den ZOB in Wrohm.

Mit dem Auto

Nach Dellstedt folgt man der L202 von Rendsburg Richtung Heide und biegt in Wrohm nach Norden ab. Das Fockbeker Moor liegt nördlich von Fockbek, nordwestlich von Rendsburg und im Südwesten der B77. Das Wilde Moor befindet sich südöstlich von Rendsburg, östlich der B77.

Nach der morgendlichen Beobachtung des Vogelzugs kann man sich direkt nebenan auf ein Bad in die Ostsee begeben oder im Herbst ins angrenzende Meerwasserschwimmbad wechseln. Foto: F. Weiß. 3.9.2022.

Die Eckernförder Bucht

Steilküsten und Strandseen

Der breite Meeresarm der Eckernförder Bucht schneidet 17 km tief nach Westen in die Kimbrische Halbinsel. An seinem Ende liegt die Hafenstadt Eckernförde. Nur 53 km Luftlinie trennen sie von der Nordseeküste bei Husum. Besonders auf dem Wegzug nutzen zahlreiche Wasservögel die Landenge für einen Wechsel zwischen den Meeren. In Eckernförde lässt sich dieses Zuggeschehen komfortabel vom feinen Sandstrand aus beobachten. Im Winter locken die reichen Fischbestände und Muschelbänke Tordalken, Bergenten und viele weitere Wasservögel an und versprechen abwechslungsreiche Beobachtungen in einer landschaftlich sehr reizvollen Umgebung.

Den Erzählungen nach soll ein Eichhörnchen früher die gesamte Eckernförder Bucht von Baum zu Baum springend umrundet haben können, ohne einmal auf den Boden hinabkommen zu müssen. Auch der Name der Stadt Eckernförde geht auf die Früchte der Rotbuchen zurück, die hier auf den Jungmoränen-Böden der jüngsten Eiszeit vor der Rodungsaktivität des Menschen geschlossene Wälder bildeten. Dem Eichhörnchen wurde als Wappentier der Stadt Eckernförde ein Denkmal gesetzt und es ziert seither Springbrunnen, Gullideckel und Ansichtskarten. In der Stadtverwaltung wird großer Wert auf Belange des Umwelt- und Naturschutzes gelegt und dies hat Eckernförde bereits viermal den Titel „Umweltfreundliche Gemeinde“ eingebracht.

Die alten Laubwälder sind bis auf Reste gerodet. Überwiegend ist das Hinterland der Eckernförder Bucht entsprechend intensiv landwirtschaftlich genutzt. Historisch bedingt wird die Landschaft von großen Gutshöfen geprägt, die sich teilweise bis in die Gegenwart erhalten haben und auf großen Schlägen intensiven Ackerbau betreiben. Raps und Getreide sind die vorherrschenden Feldfrüchte auf den nährstoffreichen Böden und die Äcker werden teilweise umrandet von den für Schleswig-Holstein typischen Wallhecken, den Knicks.

Die Küste der Eckernförder Bucht ist eine klassische Ausgleichsküste mit aktiven bis 30 m hohen Steilküsten, von denen bei Stürmen im Winter immer weiteres Material abgetragen und entlang der Küste verdriftet wird, sodass sich andernorts Nehrungshaken und Strandseen ausbilden. Auch die Stadt Eckernförde wurde auf einem Nehrungshaken gegründet, der das Windebyer Noor von der Bucht abtrennte. An den aktiven Steilküsten entsteht regelmäßig offener Rohboden und sie gehören zu den wenigen von Natur aus waldfreien Standorten in der Landschaft, sodass sie für viele Pflanzen des Offenlandes, wie Rot-Klee und Wiesen-Flockenblume zu den wenigen ursprünglichen Wuchsorten in Schleswig-Holstein gehören. An einigen Stellen tritt Quellwasser aus der Steilküste und es sind kleine Quellsümpfe und Niedermoore ausgebildet, die so seltene Arten wie das Sumpf-Herzblatt und Fuchs-Knabenkraut beherbergen. Hangwälder an der Steilküste, zum Beispiel bei Aschau, beherbergen deutschlandweit bedeutende Vorkommen der Stängellosen Schlüsselblume.

Wo sich das Sediment entlang der Küste wieder ablagert, entstehen Strandwälle, Dünen und kleine Nehrungshaken, die immer wieder kleine Strandseen entstehen lassen. Insbesondere am nördlichen Ufer der Eckernförder Bucht reihen sich die Strandseen entlang der Küste wie eine Perlenkette. Leider gilt dies auch für die Campingplätze, die die Seen teilweise komplett umgeben und zu reinen Freizeitgewässern degradieren. Lediglich im Winter kehrt etwas Ruhe ein und Wasservögel können dort rasten.

Besondere Vogelarten und Reisezeit

Unzählige Limikolen, Enten, Gänse, Seetaucher, Seeschwalben und Möwen ziehen im Herbst aus den Brutgebieten in der russischen Tundra nach Südwesten. Sie folgen auf ihrer Wanderung der Küste, da sie sichere Rastmöglichkeiten und Nahrung für sie bereithält, bis sie im Weißen Meer auf Land stoßen und über die Landenge zum Finnischen Meerbusen bei St. Petersburg weiterfliegen. Von dort verläuft ihre Reise weiter übers Wasser durch die gesamte Ostsee bis sie bei Eckernförde erneut auf Land stoßen. Nur die Kimbrische Halbinsel trennt sie jetzt noch von ihren Überwinterungsgebieten in der Nordsee und an der Atlantikküste. Eckernförde ist damit ein durchaus bemerkenswerter Ort auf diesem Zugweg, dem natürlich auch viele Brutvögel aus dem Ostseeraum folgen. Der Wegzug wird im Juli eingeleitet von adulten Limikolen, besonders Austernfischern, Großen Brachvögeln, Pfuhlschnepfen, Kiebitzregenpfeifern, Alpenstrandläufern und Knutts. Männliche Eiderenten ziehen zu dieser Zeit ebenfalls nach Westen in ihre Mausergebiete im Wattenmeer. Fluss- und Küstenseeschwalben gehören zu den häufigen Durchzüglern im August. Von den Limikolen erscheinen jetzt die Jungvögel und bilden einen zweiten Durchzugsgipfel bei vielen Arten. Im September beginnt der Durchzug der Weißwangengänse, der im Oktober seinen Höhepunkt erreicht. Pfeifenten, Spießenten, Lach- und Sturmmöwen gehören zu den weiteren häufigen Durchzüglern zu dieser Zeit.

Im Winterhalbjahr ist die Eckernförder Bucht durch die großen Fischvorkommen Nahrungsgebiet für Tausende Wasservögel. Eindrucksvoll sind besonders die großen Schwärme der Kormorane und die unzähligen Haubentaucher. In den letzten Jahren wurde zudem ein starkes Auftreten von Tordalken beobachtet, die meist morgens von Osten her in die Bucht einfliegen und bei ruhigem Wasser auch bei der Nahrungssuche zu beobachten sind. Regelmäßig wurden auch die in der Ostsee sehr seltenen Basstölpel beobachtet und ausnahmsweise einzelne Trottellummen und Dreizehenmöwen. Häufige Wintergäste sind zudem Eiderenten, die im flachen Wasser nach Miesmuscheln tauchen und in kleiner Zahl Eis- und Trauerenten sowie vereinzelt Samtenten. Bergenten sind zumeist rastend auf den Strandseen zu beobachten.

Im Frühjahr wartet die Eckernförder Bucht mit einigen Besonderheiten und seltenen Brutvögeln auf. Gänsesäger finden in den Laubwäldern, die direkt bis an die Küste reichen teilweise noch natürliche Bruthöhlen und werden zudem durch Nistkästen unterstützt. Zwergseeschwalben, Austernfischer, Mittelsäger und Sandregenpfeifer brüten noch in kleiner Zahl besonders an den Küstenabschnitten in militärischen Sperrgebieten und sind ansonsten durch Störungen von Strandspaziergängern gefährdet. Der Hemmelmarker See nördlich von Eckernförde beherbergt die größte Kormorankolonie an der Ostseeküste Schleswig-Holsteins. Rothalstaucher brüten vereinzelt auf den Strandseen und in den Steilküsten legen vereinzelt Uferschwalben ihre Kolonien an. Wer sich für Säugetiere interessiert, sollte zudem aufmerksam die Felder am nördlichen Ufer der Bucht absuchen. Die aus Ostasien stammenden Sikahirsche haben in der Region eine Population, die auf entkommene Tiere aus einem Gatter zurückgeht.

Typische Vogelarten in der Eckernförder Bucht, deren Status und günstige Beobachtungszeit (in Klammern)
h = häufiger, r = regelmäßiger, s = seltener; B = Brutvogel, W = Wintergast, D = Durchzügler, S = Sommergast, N = Nahrungsgast

Art	Status (beste Beobachtungszeit)
Weißwangengans	hD (Sep.–Nov.)
Pfeifente	hD, rW (Sep.–Nov.)
Bergente	rW (Nov.–Mrz.)
Eiderente	hD, hW (ganzjährig)
Gänsesäger	sB, rW (ganzjährig)
Mittelsäger	sB, rW (ganzjährig)
Sterntaucher	rD, rW (Okt.–Mrz.)
Haubentaucher	hW, rB (ganzjährig)
Rothalstaucher	rB (Apr.–Jun.)
Basstölpel	sN (Nov.–Mrz.)
Sandregenpfeifer	sB, rD (Jul.–Sep.)

Art	Status (beste Beobachtungszeit)
Kiebitzregenpfeifer	rD (Jul.–Sep.)
Pfuhlschnepfe	rD (Jul.–Sep.)
Alpenstrandläufer	rD (Jul.–Sep.)
Lachmöwe	hD, hW (ganzjährig)
Sturmmöwe	hD, hW (ganzjährig)
Zwergseeschwalbe	sB, rD (Mai–Aug.)
Küstenseeschwalbe	hD (Jun.–Aug.)
Flussseeschwalbe	hD (Jun.–Aug.)
Tordalk	rW (Okt.–Apr.)
Uferschwalbe	rB, rD (Apr.–Sep.)
Bergpieper	rW (Okt.–Feb.)

Tordalke suchen die Eckernförder Bucht im Winter gezielt zur Nahrungssuche auf. Foto: F. Weiß. Varanger, 4.4.2011.

Beobachtungsmöglichkeiten

Der beste Standort für die Beobachtung des Vogelzugs liegt direkt am Kurstrand von Eckernförde (1) an der kleinen Seebrücke beim Meerwasserhallenbad. Kostenlose Parkmöglichkeiten bestehen in der Nähe am „Parkplatz P1 Grüner Weg“ (2) östlich der Bundesstraße 76, der über das Parkleitsystem gut ausgeschildert ist. Von dort sowie vom unmittelbar benachbarten Bahnhof Eckernförde ist der Kurstrand in wenigen Minuten fußläufig erreichbar. Die beste Tageszeit für die Beobachtung des Vogelzugs ist der frühe Morgen. Wer sichergehen will, bereits zum Sonnenaufgang vor Ort zu sein, kann sich auch in einen der Schlaf-Strandkörbe auf dem Strand einmieten. Allerdings ist nicht nur der frühe Morgen interessant, auch die Abendstunden können sehr lohnend sein. Natürlich hat neben der Tageszeit auch das Wetter am Beobachtungstag und an den Vortagen einen großen, aber schwer einschätzbaren Einfluss auf das Zuggeschehen. Ein großer Reiz der Vogelzugbeobachtung am Kurstrand in Eckernförde ist, das Verhalten der See- und Küstenvögel zu beobachten, wenn sie nach langer Reise über die Ostsee auf Land treffen und dort ihre Reise fortsetzen. Besonders Seeschwalben sind häufig dabei zu beobachten, wie sie niedrig über die See ziehen und sich vor dem Strand in große Höhe schrauben und nach Westen Richtung Nordsee weiterfliegen. Etwas nördlich, am Ende des Strandes liegt am Eingang zum Eckernförder Jachthafen das Ostsee Info-Center (3) mit seiner sehr sehenswerten Ausstellung zur Unterwasserwelt der Eckernförder Bucht. Neben zahlreichen Aquarien beeindruckt auch ein Hydrophon, das die Geräuschkulisse unter Wasser live in die Ausstellung überträgt. Im benachbarten Jachthafen und im westlich daran anschließenden Fischereihafen rasten stets Silbermöwen mit einigen Dutzend Vögeln und darunter gelegentlich auch einzelne Steppenmöwen. Man gelangt auf demselben Weg zurück zum Parkplatz bzw. Bahnhof.

Die Aschauer Lagune liegt am Südufer der Eckernförder Bucht. Vom Parkplatz „Grüner Weg“ (2) fährt man wieder auf die Bundesstraße 76 nach Süden Richtung Kiel. Die Straße verläuft zunächst entlang der Küste und verlässt diese dann südlich von Eckernförde und durchquert einen Teil des Schnellmarker Holzes. Danach verlässt man die Bundesstraße über die Ausfahrt Richtung „Surendorf, Kiel Nebenstrecke“ und biegt nach etwa 1,5 km links ab in Richtung „Aschau Hof“ und dann direkt wieder links auf einen kleinen Parkplatz (4). Die Weiterfahrt ist nur für Anlieger gestattet. Zu Fuß oder mit dem Fahrrad erreicht man schnell den Ort Aschau, durchquert ihn und biegt am Ortsende rechts ab, dem Schild

Gesperrte Strandabschnitte in militärischen Sperrgebieten sind die letzten Rückzugsorte der seltenen Strandbrüter Zwergseeschwalbe und Sandregenpfeifer. Foto: F. Weiß. 3.9.2022.

Eisenten sind in der Eckernförder Bucht Wintergäste in kleiner Zahl.
Foto: F. Weiß. Varanger, Norwegen, 8.4.2011.

WTD71 folgend. Die Straße führt die ehemalige Steilküste hinab. Links blickt man hinunter in eine kleine Niederung. Dahinter liegen die Aschauer Lagune und die Ostsee. Der Weg knickt am Fuß der ehemaligen Steilküste nach links ab und führt durch die Niederung. Nach kurzer Strecke stößt er auf das Ufer der Aschauer Lagune (5). Im Grünland sind häufig große Trupps Grau- und Kanadagänse und zu den Zugzeiten auch Weißwangen- und Blässgänse zu beobachten. Im Winterhalbjahr sind Bergpieper zu entdecken und zu den Zugzeiten rasten auf den Zaunpfählen regelmäßig Steinschmätzer und Braunkehlchen. Auf der Lagune rasten zudem verschiedene Entenarten. Mittel- und Gänsesäger sind hier im Sommer oft mit ihrem Nachwuchs zu beobachten. An der Aschauer Lagune knickt der Hauptweg rechts ab und folgt dem Ufer, bis er auf den Strandwall stößt. Vom Strand an der Aschauer Lagune (6) lässt sich der Vogelzug über der Förde meist mit Rückenlicht beobachten. Die See- und Küstenvögel ziehen jedoch häufig recht weit entfernt vorbei, sodass an diesem Ort ein Spektiv unerlässlich und einige Erfahrung im Seawatching von Vorteil ist. Auf dem Wegzug sind vor allem Wasser- und Watvögel sowie im Frühjahr auch zahlreiche Singvögel zu beobachten. Bei ruhigem Wasser kann man zudem regelmäßig Schweinswale entdecken. Zwergseeschwalben und Sandregenpfeifer sind seltene Brutvögel und erscheinen ansonsten regelmäßig als Durchzügler. Linkerhand liegt ein kleiner Campingplatz und dahinter ein kleines Gelände der Bundeswehr mit einem gesperrten Strandabschnitt, an dem häufig viele Kormorane und Graugänse rasten, aber auch Seeschwalben und Möwen. In den Büschen auf dem Strandwall rasten zu den Zugzeiten Laubsänger, Drosseln und weitere Singvogelarten. Auch das westliche Ende der Lagune ist über einen kleinen Weg zugänglich und auch hier ist ein kleiner Strandabschnitt gesperrt und bietet geschützte Rastmöglichkeiten für Gänse und andere Wasservögel. Nach Westen blickt man auf die Steilküste und das Waldgebiet Schnellmarker Holz. Eine Wanderung entlang der Steilküste (7) ist landschaftlich ausgesprochen reizvoll. Man gelangt auf demselben Weg zurück zum Parkplatz bei Aschau. Wer nur einen schnellen Blick auf die Ost-

Die Aschauer Lagune wirkt wie ein natürlicher Strandsee, wurde jedoch von Menschen geschaffen. Foto: F. Weiß. 3.9.2022.

see werfen möchte und den Fußweg zur Aschauer Lagune scheut, der kann einen Ort weiter östlich in Lindhöft die „Strandstraße" bis zu einem Parkplatz direkt an der Küste vorfahren (8). Von diesem Beobachtungspunkt aus konnte in den vergangenen Jahren das Wintervorkommen von Tordalken in der Eckernförder Bucht besonders gut beobachtet werden.

Der Aassee liegt am Nordufer der Eckernförder Bucht eingebettet zwischen Campingplätzen und einem kleinen Wald. Man verlässt die Bundesstraße 76 nördlich von Eckernförde in Richtung Kappeln auf die Bundesstraße 203, verlässt diese kurze Zeit später in Richtung Waabs und folgt der Ausschilderung in Richtung Waabs. Die Alleestraße schlängelt sich durch die hügelige Landschaft und passiert die gewaltigen Ackerflächen der Güter Hemmelsmark und Karlsminde. Gelegentlich sind Sikahirsche auf den Feldern zu beobachten, die in der Region eine recht große eingebürgerte Population haben. Im Gut Ludwigsburg biegt man rechts ab in Richtung „Ludwigsburg Strand". Die Straße führt frei über Felder und trifft bald auf einen kleinen Wald. Auf der linken Straßenseite liegt im Wald ein kleines historisches Gebäude (6). Hier ist der Buchenwald recht offen und man blickt aus erhöhter Position über die Wasserfläche des angrenzenden Aassees. Der See ist im Winterhalbjahr ein beliebter Schlafplatz von Bergenten und auch Zwergsäger sind mit hoher Stetigkeit zu beobachten. Im Frühjahr lassen sich oft Rothalstaucher beobachten. Die Straße verläuft weiter durch den Wald und endet am Parkplatz am Campingplatz Ludwigslust. Das Campinggelände ist Privatbesitz und Besucher müssen sich anmelden. Der Zugang zum Strand (7) ist jedoch frei. Direkt östlich an den Campingplatz grenzt ein Sperrgebiet der Bundeswehr, dessen Strandwall von der Grenze aus einsehbar ist. Sandregenpfeifer und Zwergseeschwalben sind hier im Sommer recht zuverlässig zu beobachten und brüten auch regelmäßig.

Weitere Freizeitmöglichkeiten

Bereits seit 2007 findet in Eckernförde alljährlich das Internationale Naturfilmfestival Greenscreen statt. Von kleinen Anfängen hat es sich im 16. Jahr seines Bestehens zu Europas populärstem Naturfilmfestival entwickelt. Der Veranstaltungszeitraum Anfang September fällt in den Herbstzug und lässt sich daher sehr gut mit spannenden Vogelbeobachtungen an der Eckernförder Bucht verbinden. Interessierte sollten sich allerdings frühzeitig um Karten bemühen, denn viele Veranstaltungen sind lange im Voraus ausgebucht. Neben Filmvorführungen und Premieren ist das Festival auch ein wichtiger Treffpunkt für Naturfilmer aus dem deutschsprachigen Raum mit zahlreichen Workshops, Podiumsdiskussionen und Gelegenheit zum Austausch für das Fachpublikum.

Felix Weiß, Christopher König, Christoph Moning

Infomaterial/Literatur

Wir bedanken uns bei Thomas Hansen für wertvolle Hinweise zur Vogelwelt der Eckernförder Bucht.

Anfahrt

Mit Bahn und Bus

Der Bahnhof Eckernförde liegt an der Bahnstrecke Kiel-Schleswig und wird stündlich angefahren.

Mit dem Auto

Eckernförde liegt an der Bundesstraße 76 zwischen Kiel und Schleswig.

Adressen

Ostsee Info-Center Eckernförde, Jungfernstieg 110, 24340 Eckernförde; www.ostseeinfocenter.de

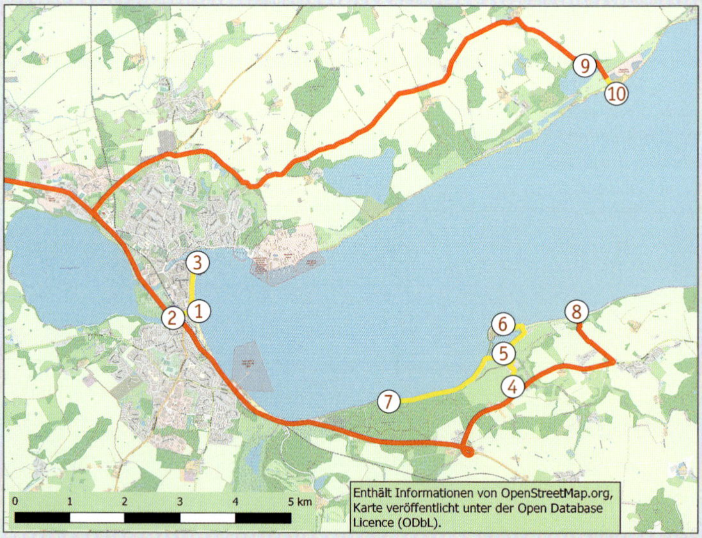

GPS		
Parkplatz Kurstrand (2)	54,46585° N	9,83610° O
Parkplatz Aschauer Lagune (4)	54,45163° N	9,92962° O
Parkplatz Aassee	54,50326° N	9,95815° O

Der Leuchtturm ist eines der Wahrzeichen von Pellworm und von vielen Stellen der Insel aus sichtbar. Foto: C. König. 30.9.2022.

Pellworm

Grüne Marscheninsel im Wattenmeer

Rund 10 km vor der Westküste Schleswig-Holsteins liegt die nach Sylt und Föhr drittgrößte Nordfriesische Insel Pellworm mitten im Nationalpark Wattenmeer. Sie ist komplett begrünt und landwirtschaftlich geprägt. Auch wenn der Tourismus heute neben der Landwirtschaft den bedeutendsten Wirtschaftsfaktor darstellt, ist die Insel wenig vom Fremdenverkehr beeinflusst. Pellworm ist somit ein beschaulicher Rückzugsort geblieben – nicht nur für Urlauber, sondern auch für die Vogelwelt. Ornithologisch besonders hervorzuheben sind große Trupps von Weißwangengänsen, Tausende Limikolen an den Hochwasserrastplätzen sowie rastende Löffler und brütende Blaukehlchen. Ein Besuch lohnt sich vor allem im Frühjahr und Herbst, doch haben alle Jahreszeiten ihre Reize. Aufgrund der überschaubaren Ausdehnung der Insel lassen sich alle Bereiche innerhalb weniger Tage erkunden.

Die Gestalt der nordfriesischen Küste hat sich im Verlauf der Jahrhunderte stark verändert. Über die Frühgeschichte der Gegend um Pellworm ist wenig bekannt. Die Küstenlandschaft, zu der die heutige Insel Pellworm gehört, war aber über lange Zeit von Landgewinnung und Sturmfluten geprägt. Ab der frühen Wikingerzeit siedelten sich Friesen entlang der Küste an. Dem Festland vorgelagerte Außenlande wurden damals als Uthlande bezeichnet. Einen Verwaltungsbezirk der Uthlande bildete die großflächige Insel Strand. Doch besonders in den Wintermonaten suchten schwere Sturmfluten die Insel heim. Der Großen Mandränke, einer der verheerendsten Sturmfluten, fielen im Januar 1362 viele Ortschaften zum Opfer, darunter auch der sagenumwobene Hafenort Rungholt. Aus der einstigen Insel Strand wurde das hufeisenförmige Alt-Nordstrand. Die Küstenlinie wurde durch Deiche geschützt und die von Handel, Ackerbau und Viehzucht lebenden Menschen wohnten auf künstlich errichteten Warften. Sturmfluten im 15. Jahrhundert zerrissen die Insel mehrfach in zwei Teile, durch große Anstrengungen konnte Alt-Nordstrand jedoch jeweils wieder vereinigt werden. Zu Beginn des 17. Jahrhunderts wütete die Pest auf der Insel und während des Dreißigjährigen Kriegs mussten hohe Abgaben geleistet werden. Den endgültigen Untergang von Alt-Nordstrand bedeutete aber die Buchardiflut im Oktober 1634. Als eine Ursache wird heute der massive Salztorfabbau in der Region zur Gewinnung von Brennmaterial vermutet, der auch die Strömungen im Wattenmeer veränderte. Deiche brachen und bis zu 15 000 Menschen und 50 000 Stück Vieh starben in der Flut, sechs Kirchtürme und dreißig Windmühlen wurden zerstört. Neben einem Moor, der heutigen Hallig Nordstrandischmoor blieben lediglich zwei kleine Bereiche erhalten und konnten neu bedeicht werden. Es entstanden die

Weißwangengänse sind im Winterhalbjahr auf Pellworm in großen Trupps zu beobachten. Foto: E. Lietzow. Hauke-Haien-Koog, 2.4.2022.

heutigen Inseln Pellworm und Nordstrand. Da die Marschengebiete der Gegend zu den fruchtbarsten in ganz Schleswig-Holstein gehörten, lockte die Landwirtschaft in der Folgezeit zahlreiche Siedler und führte zu einer neuen Blütezeit. Der Getreideanbau und die Viehzucht, später auch der Anbau von Raps, entwickelten sich zu den wichtigsten Wirtschaftszweigen, während die Fischerei seit jeher eine untergeordnete Rolle spielte. Grund war vor allem die schlechte Anbindung an das Festland, was den Export leicht verderblicher Waren unmöglich machte. Erneut setzte eine Sturmflut dem Aufschwung ein Ende. Die Weihnachtsflut von 1717 kostete nicht nur einige Menschenleben, sie führte gemeinsam mit weiteren Sturmfluten in den Folgejahren aufgrund von Deichbrüchen zu einer Verschlechterung der Trinkwasserqualität, in deren Folge es zu Ausbrüchen von Krankheiten kam. Bis 1774 war es so geregelt, dass jeder Landbesitzer für den Schutz eines bestimmten Stücks Deich verantwortlich war. Ein neues Deichrecht wurde umgesetzt und die Kosten anteilig auf den Grundbesitz umgelegt. Nach einer weiteren Flut 1825, die Pellworm fast komplett überschwemmte, musste dadurch jedoch rund ein Drittel der Landwirte Konkurs anmelden. Der Deich wurde anschließend auf ein Niveau angehoben, das überspülende Sturmfluten seitdem verhindert. Die letzte maßgebliche Veränderung der Insel Pellworm erfolgte schließlich 1938/1939, als im Rahmen eines Landgewinnungsprogramms die Nationalsozialisten den heutigen Bupheverkoog eindeichten und besiedelten. Damals war sogar eine Festlandsanbindung durch einen Sicherungsdamm geplant, der jedoch nie in die Tat umgesetzt wurde.

Auf Pellworm leben heute rund 1200 Einwohner, die Bevölkerungszahl ist jedoch seit Langem rückläufig. Auch wenn in den Sommermonaten der Tourismus dominiert, ist die Landwirtschaft ein bedeutender Wirtschaftsfaktor geblieben und die Insel weit weniger vom Fremdenverkehr geprägt als die meisten anderen deutschen Nordseeinseln. Zu den Sehenswürdigkeiten zählt neben dem Leuchtturm vor allem die Alte Kirche mit ihrer Arp-Schnittger-Orgel von 1711. Der geziegelte Turm stürzte 1611 auf dem weichen Wattboden weitgehend in sich zusammen. Der erhaltene Rumpf ragt jedoch noch heute 26 m empor und gilt als Wahrzeichen der Insel. Auch die Neue Kirche von 1517 in der Inselmitte ist einen Besuch wert.

Pellworm ist eine grüne, aus Ablagerungen des Meeres aufgebaute Marscheninsel, die von einem 28 km langen und 8 m hohen Seedeich umgeben ist. Sie verfügt über keine Sandstrände, stattdessen reichen die grünen Deiche vielerorts bis ans Wasser. Zweimal täglich fallen bei Ebbe ausgedehnte Sand- und Schlickflächen trocken und bieten Tausenden Wasser- und Watvögeln einen reich gedeckten Tisch. Bei Flut suchen die Vögel Hochwasserrastplätze in den wenigen, schmalen Salzwiesen der Insel oder den Pütten im Nordwesten und Südwesten der Insel auf. Das

Typische Vogelarten auf Pellworm, deren Status und günstige Beobachtungszeit (in Klammern).
h = häufiger, r = regelmäßiger, s = seltener; B = Brutvogel, N = Nahrungsgast, D = Durchzügler, W = Wintergast

Art	Status (beste Beobachtungszeit)
Weißwangengans	hD, hW (Nov.–Mai)
Ringelgans	hD, hW (Okt.–Mai)
Pfeifente	hD, hW (Sep.–Mrz.)
Löffler	rD (Jul.–Sep.)
Rohrweihe	rB (Mrz.–Jul.)
Seeadler	sB (ganzjährig)
Austernfischer	rB, hD, hW (ganzjährig)
Goldregenpfeifer	hD, hW (Aug.–Mai)
Sandregenpfeifer	rB, hD (Mai–Okt.)
Großer Brachvogel	hD, hW (ganzjährig)
Uferschnepfe	sB, rD (Mrz.–Jun.)

Art	Status (beste Beobachtungszeit)
Pfuhlschnepfe	hD (Mrz.–Okt.)
Rotschenkel	rB, hD, hW (ganzjährig)
Grünschenkel	hD (Jul.–Sep.)
Knutt	hD, hW (ganzjährig)
Alpenstrandläufer	hD, hW (ganzjährig)
Sumpfohreule	rD (Sep.–Nov.)
Ohrenlerche	rW (Okt.–Mrz.)
Schilfrohrsänger	rB (Apr.–Jul.)
Blaukehlchen	sB (Apr.–Jun.)
Schneeammer	rW (Okt.–Mrz.)

Waldhusentief, ein ehemaliger Priel, enthält heute Süßwasser und dient vor allem verschiedenen Entenarten als Lebensraum.

Im Inselinneren dominieren auf Pellworm unterschiedlich feuchte Grünländer, immer wieder durch Gräben unterteilt. Foto: C. König. 30.9.2022.

Besondere Vogelarten und Reisezeit

Im nordfriesischen Wattenmeer liegt Pellworm umgeben von Weltnaturerbe, Nationalpark und Biosphärenregion mitten auf der Drehscheibe des Vogelzugs. Entsprechend viele Arten nutzen die Insel im Jahresverlauf zur Brut, Rast oder Überwinterung. Besonders eindrucksvoll sind die Massen von Weißwangengänsen, die alljährlich im Winterhalbjahr die Insel bevölkern. Ebenfalls in großer Zahl sind dann Ringelgänse anzutreffen. Unter den Enten sind vor allem Zigtausende auf Pellworm rastende und überwinternde Pfeifenten zu erwähnen. Insbesondere im Herbst machen auf der nahegelegenen Hallig Oland brütende Löffler auf der Insel Station. Seeadler sind seltene Brutvögel und haben im Wäldchen der Vogelkoje im Nordosten der Insel einen geeigneten Rückzugsort zur Brut gefunden. Häufig patrouillieren im Sommer Rohrweihen über den Wiesen und Gräben, im Winter sollte man nach Kornweihen und Raufußbussarden Ausschau halten. Sumpfohreulen lassen sich insbesondere im Herbst auf Pellworm beobachten. Besonders artenreich sind Limikolen vertreten. Austernfischer sind als Charakterart der Nordseeküste ganzjährig entlang der gesamten Küste präsent. Des Weiteren brüten auch Kiebitze, Säbelschnäbler, Sandregenpfeifer, Uferschnepfen und Rotschenkel auf der Insel. Insbesondere zu den Zugzeiten erweitern in teils großer Zahl Kiebitz- und Goldregenpfeifer, Große Brachvögel, Pfuhlschnepfen, Grünschenkel, Knutts und Alpenstrandläufer das Artenspektrum. Zu den selteneren Gästen gehören Odinshühnchen. Die Ränder der Pütten werden von Schilfrohrsängern und Blaukehlchen besiedelt. Wer Pellworm im Winter besucht, sollte am Deich auf Ohrenlerchen und Schneeammern achten.

Grundsätzlich lässt sich feststellen, dass Pellworm zu allen Jahreszeiten einen Nordseeurlaub abseits des vielerorts zumindest in der Hauptsaison üblichen Touristentrubels bietet. Die grüne Insel im Wattenmeer strahl eine ungemeine Ruhe aus. Jede Jahreszeit hat ihren Reiz, wobei es zu den Zugzeiten und während der Brutzeit ornithologisch am meisten zu sehen gibt. Unter Vogelkundlern ist Pellworm geradezu ein weißer Fleck – verglichen mit einigen Gebieten entlang der Westküste sowie den meisten anderen Nordfriesischen Inseln. Pellworm weist nicht den Strukturreichtum und die Beobachtungsmöglichkeiten von Amrum oder Sylt auf. Aber gerade das kann auch den Reiz ausmachen und von Beobachtungen typischer Küstenvögel bis hin zur Chance auf Raritäten bietet auch Pellworm zahlreiche Möglichkeiten.

Beobachtungsmöglichkeiten

Die Insel Pellworm ist nicht autofrei, kann aufgrund ihrer Größe jedoch ideal, kostengünstig und umweltschonend mit dem Fahrrad erkundet werden. Das Leben auf der Insel spielt sich zum größten Teil im Ort Tammensiel im Südosten der Insel ab, wo sich auch der Hafen und die meisten Unterkünfte befinden. Über verschiedene Straßen und Wege bildet er eine gute Ausgangslage Pellworm in westlicher oder nordöstlicher Richtung zu erkunden. Wenn man die Insel Pellworm von Strucklahnungshörn am Fähranleger erreicht, präsentiert sich direkt eines der besten Beobachtungsgebiete der Insel. Vom

In den Salzwiesen im Nordosten und Südosten Pellworms rasten bei Hochwasser Tausende Limikolen – hier Austernfischer. Foto: C. König. 2.10.2022.

Im Herbst sind Pfeifenten sehr häufige Durchzügler und in bis zu fünfstelliger Zahl zu sehen.
Foto: E. Lietzow. Sylt, 6.10.2021.

Tiefwasseranleger über die Straße nach Tammensiel gelangt man nach rund 1 km automatisch zum Junkernhallig-Vorland (1). Es handelt sich dabei um die beste Stelle zur Beobachtung von Wasser- und Watvögeln auf ganz Pellworm. Bereits zwischen Anleger und Insel kann man links und rechts der Straße Limikolen beobachten. Die eigentlichen Hochwasserrastplätze liegen meist am Rande der Salzwiesen etwas weiter nördlich. Besonders bei Hochwasser versammeln sich hier große Trupps von Austernfischern, Großen Brachvögeln und Alpenstrandläufern. Ebenfalls zahlreich zu beobachten sind Pfuhlschnepfen, Rotschenkel und Knutts sowie in geringerer Zahl auch Sandregenpfeifer und Steinwälzer. Beobachtungsmöglichkeiten bestehen am Junkernhallig-Vorland von der Straße nach Tammensiel (mit breitem Fahrradstreifen) sowie vom Deich. Die Vorländer sind verhältnismäßig schmal, dennoch ist ein Spektiv empfehlenswert. Im südlichen Teil bietet sich auch der außendeichs verlaufende, für den Straßenverkehr gesperrte Deichweg als Standort an. Dieser ist auch eine gute Stelle, um insbesondere im Herbst nach Sumpfohreulen sowie im Winter nach Ohrenlerchen und Schneeammern Ausschau zu halten. Auch das kleine Vorland Hökhallig an der Nordermühle ist ein recht zuverlässiger Ort, um Ohrenlerchen zu beobachten. Ein weiterer großer Watvogelrastplatz Pellworms befindet sich im Bupheverkoog-Vorland (2) im Nordosten der Insel. Hier ist ein ähnliches Artenspektrum zu erwarten, die Anzahlen unterscheiden sich jedoch bei einigen Arten deutlich. Besonders hervorzuheben sind größere Trupps von Kiebitz- und Goldregenpfeifern, die im Junkernhallig-Vorland eher spärlich anzutreffen sind. Bemerkenswert sind die mitunter riesigen Pfeifenten-Ansammlungen entlang der Nordostseite der Insel. Der Zugang zu diesem Gebiet ist etwas schwieriger als im Südosten. Empfehlenswert ist es, mit dem Fahrrad den Deichweg entlangzufahren. Dies bietet ideale Möglichkeiten, das Vorland an geeigneten Stellen und aus verschiedenen Perspektiven zu überblicken. Folgt man von Tammensiel dem Deich nach Norden, passiert man unterwegs außerdem das größte Wäldchen der Insel mit der alten Vogelkoje, die jedoch bis auf Weiteres aufgrund des dortigen Seeadlerpaares gesperrt ist (Stand Oktober 2022). Mit dem Auto kann man das Bupheverkoog-Vorland über einen Stichweg zum Deich am Bupheverweg 15 erreichen sowie weiter westlich an der Kreuzung der Straßen Norderhaffdeich/Grüner Deich. Im Inselinneren befindet sich mit dem Waldhusentief (3) ein ehemaliger Priel, der heute Süßwasser führt und durch Regenwasser gespeist wird. Nach alten Karten existiert dieses Gewässer mindestens seit der großen Sturmflut von 1634. Hier sind vor allem große Ansammlungen von Weißwangengänsen sowie verschiedene Gründelenten anzutreffen. Auch Löffler nutzen dieses Gewässer gerne zur Rast. Im Herbst können sich bis zu 50 Individuen versammeln. Das Artenspektrum der Limikolen lässt sich hier im Frühjahr sowie Spätsommer/Herbst mit Säbelschnäblern, Dunklen Wasserläufern und Grünschenkeln erweitern. Beobachtungsmöglichkeiten bestehen auf der Ostseite von der Brücke über den Bekstrom sowie vor allem im Norden von der Hauptstraße L 97/Schardeich. Als weiteres Gebiet zur Vogelbeobach-

Im Junkernhallig-Vorland kann man sich insbesondere bei auflaufendem Wasser intensiv mit dem Studium der zahlreichen Gänse-, Enten- und Watvogelarten beschäftigen. Foto: C. König. 3.10.2022.

tung auf Pellworm lassen sich die Pütten in Südwesten (4) beschreiben. Mehrere kleine, durch den Deichbau entstandene Gewässer und ein größerer Angelteich reihen sich hier am Deich entlang. Die Flächen sind sehr gut von der binnendeichs gelegenen, auch mit dem Auto befahrbaren Straße, die zwischen Alter Kirche, dem Westerschütting und dem Leuchtturm entlangführt, einzusehen. Auch hier lassen sich hin und wieder Löffler beobachten. Zuverlässiger sind die über dem Schilf jagenden Rohrweihen zu sehen. Ein besonderer Anblick sind die hier in den Pütten östlich des Angelteichs brütenden Säbelschnäbler. Auch Rotschenkel kommen als Brutvögel vor. Ab April sollte man in der Umgebung der Gewässer auf die Gesänge der hier brütenden Schilfrohrsänger und Blaukehlchen achten. Der Angelteich selbst dient den typischen Möwenarten der Nordseeküste und Brandgänsen als Badeplatz.

Für Ringelgänse können auf Pellworm nur schwer bestimmte Bereiche empfohlen werden. Allgemein sind sie vor allem im westlichen Teil Pellworms zu beobachten, etwa vom Alten Kirchenweg zwischen Parlament und Klostermitteldeich. Die größten Ringelganstrupps, mitunter in vierstelliger Zahl, findet man meist im April/Mai hingegen in den Wiesen östlich des Leuchtturms sowie binnendeichs östlich von Tammensiel. Uferschnepfen sind seltene Brutvögel auf Pellworm. Man findet sie in den Grünländern im Westen der Insel, unter anderem zwischen Parlament und Klostermitteldeich sowie entlang der Straße Tüterland. Letztere Straße trägt ihren Namen nach der dort dominierenden Wiesenlimikole, dem Rotschenkel, der auf Plattdeutsch „Tüter“ heißt.

Das Auftreten von Raritäten lässt sich nicht vorhersagen. Rothalsgans, Kuhreiher und Eismöwe gehören zu den in den letzten Jahren auf der Insel entdeckten Seltenheiten. Regelmäßiger werden Odinshühnchen und Gelbbrauen-Laubsänger beobachtet. Für die Suche nach seltenen Singvögeln bieten sich auf Pellworm der Alte und Neue Friedhof, die Umgebung der Kläranlage sowie die Straßen Westerschütting und Seegarden an. Viele weitere Gehölze und Gebüschstrukturen befinden sich ansonsten auf unzugänglichen Privatgrundstücken.

Anfahrt

Mit Bahn und Bus

Seit 1993 ist Pellworm tidenunabhängig innerhalb von etwa 40 Minuten per Fähre vom Hafen Strucklahnungshörn auf der Halbinsel Nordstrand erreichbar. Der nächstgelegene Bahnhof ist Husum. Von dort verkehrt die Buslinie R 140 stündlich innerhalb von 45 Minuten.

Mit dem Auto

Die Mitnahme eines Autos ist mit der Fähre von Strucklahnungshörn möglich. Das Straßennetz auf der Insel ist gut ausgebaut, das Verkehrsaufkommen sehr gering. Aufgrund der geringen Größe der Insel bietet sich allerdings ein Verzicht des Autos und stattdessen vor allem die Erkundung mit dem Fahrrad an.

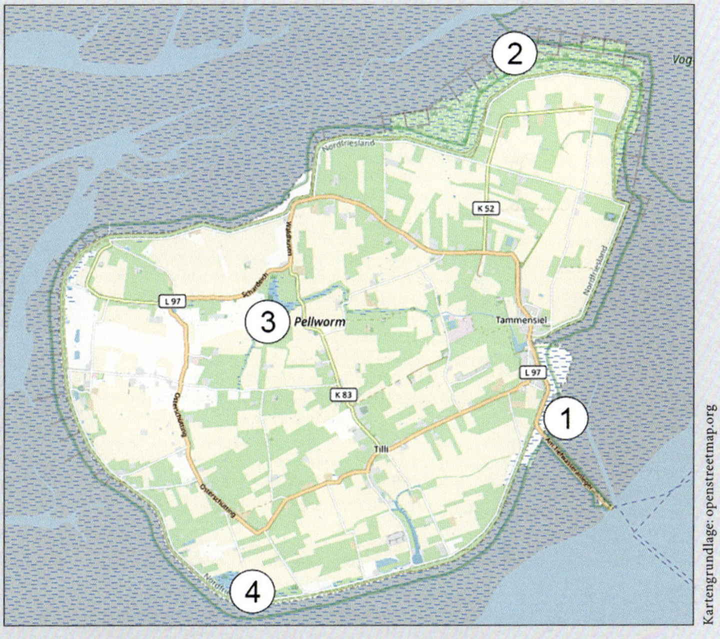

Kartengrundlage: openstreetmap.org

GPS		
Junkernhallig-Vorland	54.511080	8.686124
Bupheverkoog-Vorland	54.547503	8.675402
Waldhusentief	54.529706	8.630702
Pütten in Südwesten	54.489802	8.626001

Blick in die Umgebung

Eindrückliche Naturerlebnisse bieten die geführten Wattwanderungen zur Hallig Süderoog. Hier kann man Limikolen, Brandgänse und Ringelgänse bei der Nahrungssuche beobachten, während die Hallig selbst als Hochwasserrastplatz und Brutgebiet für die typischen Küstenvögel dient. Führungen werden durch die Touristeninformation bekanntgegeben und finden von Ostern bis zu den Herbstferien statt. Ebenfalls ein besonderes Erlebnis ist eine Fahrt zum Norderoogsand. Die Fahrten beginnen ab der Hooger Fähre im Nordwesten Pellworms.

Christopher König, Andreas Leistikow, Felix Weiß

Bruchwaldsäume und sandige Uferbereiche, im Hintergrund die unter Naturschutz stehenden Inseln im Großen Plöner See. Foto: A. Maier. 9.2.2023.

Der Große Plöner See

Wasservögel der Holsteinischen Seenplatte

In der Hügellandschaft der Holsteinischen Schweiz liegt Seite an Seite mit Dutzenden weiteren Seen der Große Plöner See. Insbesondere die Inseln, geschützten Buchten und Flachwasserbereiche bieten Brutplätze, Deckung und Nahrung für verschiedene Vogelarten. Ein Besuch ist im Winterhalbjahr besonders interessant, wenn große Wasservogelansammlungen zu beobachten sind, sowie im zeitigen Frühjahr, wenn Schellenten und Gänsesäger balzen, Kraniche in den Bruchwäldern trompeten und Mittelspechte an den bewaldeten Uferhängen rufen.

Der Große Plöner See, in der Seenlandschaft im Naturpark Holsteinische Schweiz gelegen, ist mit rund 3000 ha Wasserfläche und rund 40 km Uferlänge das größte Binnengewässer Schleswig-Holsteins. Während der Weichsel-Kaltzeit vor rund 12 000 Jahren entstand die Jungmoränenlandschaft der Holsteinischen Schweiz. Von den Gletschern transportiertes Gesteinsmaterial formte die typische Hügellandschaft, Gletscherzungen schürften mächtige Becken aus. Der Große Plöner See besteht aus zwei solchen weichselzeitlichen Zungenbecken, dem flacheren Ascheberger Becken im Westen und dem bis zu 60 m tiefen östlichen Becken. Im Norden wird der Große Plöner See von der Schwentine durchflossen, welche in ihrem Verlauf vom Bungsberg zur Kieler Förde zahlreiche Seen der Holsteinischen Schweiz miteinander verbindet. Zu den unmittelbar benachbarten Seen des Großen Plöner Sees gehören die im Osten und Norden angrenzenden Gewässer Vierer See, Suhrer See, Dieksee, Behler See, Schöhsee, Trammer See, Stadtsee, Trentsee, Schwanensee und Kleiner Plöner See.

Zwischen dem Großen Plöner See und dem nördlich gelegenen Kleinen Plöner See befindet sich eine Landbrücke, entstanden durch Materialablagerungen einer späteren Gletscher-Endmoräne. Die Seeufer wurden bereits in der Steinzeit von Jägern und Sammlern genutzt, anschließend von ersten Bauern besiedelt. Auf der heute Olsborg genannten Insel errichteten Slawen im Frühmittelalter eine befestigte Burg (Plune), später wurde von den sächsischen Holsten die Burg auf der Landbrücke neu errichtet. Dort entstand später die Stadt Plön, anstelle der Burg wurde um 1635 das Schloss Plön erbaut.

Über zwanzig Inseln liegen im Großen Plöner See. Einige davon sind erst im Zuge künstlicher Wasserstandabsenkungen in den vorigen Jahrhunderten zutage getreten. Damals versuchte man, fruchtbares Ackerland zu gewinnen, doch die Landneugewinnung brachte aufgrund steiniger Böden nicht den gewünschten Erfolg. Im 19. Jahrhundert ist so auch die Landzunge, welche heute die Prinzeninsel mit dem nördlichen Seeufer verbindet, entstanden. Der Name der Insel geht auf die Söhne von Kaiser Wilhelm II. zurück, welche an der Spitze der Prinzeninsel ihre landwirtschaftliche Ausbildung erhielten.

Seit den 1950er-Jahren fielen mehr als 95 % der ehemals ausgedehnte Ufersäume bildenden Schilfflächen einem Schilfsterben zum Opfer, zu dessen vielschichtigen Ursachen Beschattung durch aufkommende Erlensäume, Uferbefestigungen, Erosion und Massenentwicklungen von Fadenalgen gehören. Infolgedessen verschwanden viele Brutvögel der Röhrichte, wie die einst regelmäßig vorkommenden Drosselrohrsänger und Rohrdommeln. Von Letzterer zeugt noch der Name der im Nordwesten der Prinzeninsel gelegenen Bucht.

Insbesondere die vor der Ortschaft Ascheberg, im westlichen Teil des Sees gelegene Insel Ascheberger Warder ist heute urwaldartig bewachsen. Der damalige Eigentümer der Ascheberger Inseln setzte dort bereits ab 1850 ein Betretungs- und Befahrungsverbot von Ostern bis Mittsommer durch. Zu jener Zeit gehörte das Sammeln von Seeschwalben- und Möweneiern auf anderen Inseln noch zum Alltag der Anwohner der Seeufer. Der frühzeitige Schutz der Ascheberger Inseln führte zu besonders eindrücklichen Brutvogelkolonien von Hunderten Lachmöwen und Flussseeschwalben, die bereits im 19. Jahrhundert von Ornithologen beschrieben und hervorgehobenen wurden. Die Flussseeschwalben- und Lachmöwenkolonien der Inseln sind inzwischen deutlich geschrumpft. Die Ursache hierfür ist nicht eindeutig geklärt, dürfte aber auf ein Zusammenspiel von verschiedenen Faktoren wie verringerte Nahrungsverfügbarkeit auf den umliegenden, intensiv bewirtschafteten Flächen und Prädationsdruck durch Säugetiere zurückzuführen sein. Kleine Brutkolonien von Flussseeschwalben und Lachmöwen bestehen jedoch auf der Insel Tempel und dem Ruhlebener Warder fort. Dort wird die aufkommende Vegetation als regelmäßige Pflegemaße kurz gehalten.

Reiherenten finden sich in den Wintermonaten zu Tausenden am Großen Plöner See ein. Einige Paare brüten auch am Gewässer. Foto: E. Lietzow. Enger Bruch, 2.8.2019.

Heute sind die Ascheberger Inseln als Naturschutzgebiet geschützt, welches den Ascheberger Warder und die Möweninsel Tempel nebst kleinen Inseln umfasst. Ein weiteres Naturschutzgebiet umfasst die Inseln und Flachwasserbereiche in der Mitte des Sees, unter anderem Langer Warder, Alswarder, Konau sowie die Halbinsel Störland. Der gesamte Große Plöner See ist zudem als FFH- und Vogelschutzgebiet ausgewiesen.

Typische Vogelarten am Großen Plöner See, deren Status und günstige Beobachtungszeit (in Klammern).
h = häufiger, r = regelmäßiger, s = seltener; B = Brutvogel, W = Wintergast, D = Durchzügler, S = Sommergast, N = Nahrungsgast

Art	Status (beste Beobachtungszeit)
Singschwan	hW (Okt.–Dez.)
Graugans	hB, hD, hN (Mrz.–Jun.)
Tafelente	hW (Sep.–Dez.)
Kolbenente	rB, RW (Apr.–Jun., Okt.–Feb.)
Reiherente	rB, hW (Apr.–Jun., Sep.–Jan.)
Schellente	rB, hW (Nov.–Apr.)
Gänsesäger	rB, hW (Sep.–Apr.)

Art	Status (beste Beobachtungszeit)
Haubentaucher	hW, rB (ganzjährig)
Kormoran	hN (ganzjährig)
Seeadler	rB, rN, rW, rD (ganzjährig)
Blässhuhn	hW, hB (ganzjährig)
Zwergmöwe	rD (Ende Apr.–Anfang Mai)
Mittelspecht	rB (Feb.–Apr.)
Neuntöter	rB (Mai–Jul.)

Gänsesäger überwintern auf dem Großen Plöner See, im zeitigen Frühling sind balzende und brutplatzsuchende Paare zu beobachten.

Foto: E. Lietzow. Hücker Moor, 30.11.2018.

Mittelspechte sind im Vorfrühling von den Waldhängen zu vernehmen.

Foto: E. Lietzow. Bad Salzuflen, 18.3.2009.

Besondere Vogelarten und Reisezeit

Besonders eindrücklich lassen sich Seeadler am Großen Plöner See beobachten. Das ganze Jahr über sind Individuen anwesend, mehrere Paare brüten in der Region und finden im fischreichen See Nahrung. Zu beobachten ist oftmals die Jagd nach Fischen, im Winter auch nach Blässhühnern und gelegentlich das Schmarotzen bei Kormoranen.

Der Große Plöner See zählte bis vor wenigen Jahren zu den wichtigsten Brut-, Rast- und Überwinterungsgewässern des Landes und es ließen sich ganzjährig große Trupps an Wasservögeln in wechselnder Artzusammensetzung beobachten. Heute hat der Große Plöner See vor allem als Überwinterungsgewässer für Wasservögel eine große Bedeutung mit Maxima zwischen Oktober und Februar, insbesondere für Reiherenten (15 000), Schellenten (zunehmend, zuletzt bis > 1500, was vermutlich mit der Ausbreitung der Quaggamuschel *Dreissena burgensis* im See zusammenhängt), Gänsesäger, Haubentaucher und Blässhühner. Andere Arten sind seltener, treten aber regelmäßig an bestimmten Stellen auf, unter anderem Kolbenenten, Spießenten und Zwergsäger. Eine Besonderheit ist ein regelmäßiges Herbst- und Wintervorkommen von Schwarzhalstauchern (gelegentlich sind Ohrentaucher dazwischen).

Im Spätwinter balzen Waldkäuze in den Wäldern; aus den Bruchwäldern ist das Trompeten der Kraniche zu hören. Mittelspechte und auch Schwarz- und Kleinspechte, trommeln und quäken an den Hang- und Bruchwaldsäumen im Vorfrühling. Alsbald besetzen Graugänse ihre Brutplätze auf den Inseln und bald darauf suchen auch Gänsesäger und Schellenten ihre Brutplätze in Baumhöhlen und Nistkästen an den Ufern auf. Haubentaucher balzen und

Von Wurzeln, Totholz und überhängenden Ästen gesäumtes Seeufer.

Foto: A. Maier. 9.2.2023.

bauen sich, in Ermangelung großer Schilfbestände, Nester unter überhängenden Zweigen von Bäumen.

Anfang April findet sich die kleine Brutpopulation der Kolbenenten ein. Auf den Inseln beginnen dann auch Lach-, Sturm- und Silbermöwen zu brüten, bis vor wenigen Jahren auch Schwarzkopfmöwen. Seit 1981 brüten auch Mittelsäger regelmäßig – das einzige Vorkommen dieses Küstenvogels in der Seenplatte. Anfang Mai finden sich Dutzende Flussschwalben in den verbliebenen Kolonien auf den Inseln ein. Dann sind regelmäßig auch durchziehende, rastende oder nahrungssuchende Zwergmöwen zu mehreren Dutzend bis Hunderten auf dem See zu beobachten. Die einst großen Ansammlungen von teilweise mehreren Tausend Zwergmöwen bestehen allerdings nicht mehr, offenbar aufgrund eines deutlichen Rückgangs von Zuckmücken als Hauptnahrung.

Bis zu 4000 Graugänse erscheinen ab Mitte Mai zur Mauser: Die dann flugunfähigen Vögel finden tagsüber Rückzug und Deckung in der Vegetation der Inseln und schwimmen zur Nahrungssuche, oftmals in den Abend- und Nachtstunden, die Grünländer und Rasenflächen der Uferbereiche an.

Im Spätsommer mausern vor allem Höckerschwäne und zuletzt kleine Trupps Schellenten, während die übrigen Wasservögel kaum noch am See mausern. Ende des Sommers ist der See, von wenigen Arten abgesehen, vogelleer, bevor ab September die ersten Durchzügler und Wintergäste wieder auftreten.

Kormorane sind ganzjährig zu beobachten. Im Sommer fallen vor allem große fischende Verbände der Kormorane auf, in den Herbstmonaten finden sich Hunderte Individuen am Schlafplatz auf der Insel Sterin in der Plöner Stadtbucht ein. Im Spätsommer und Herbst sind regelmäßig einzelne rastende Limikolen wie Bekassinen, Grünschenkel, Alpenstrandläufer und Sandregenpfeifer zu entdecken, die bei Niedrigwasser an den Inselufern Nahrung suchen. Gelegentlich befinden sich auf den Sandhaken dann Schlafplätze von Großen Brachvögeln und Kiebitzen. Während der Zugzeit lassen sich regelmäßig Fischadler bei der Jagd beobachten. Zu den seltenen Gastvögeln gehören Kurzschnabelgänse, Schmarotzerraubmöwen, Samt- und Trauerenten sowie Eisenten und einzelne Seetaucher.

Beobachtungsmöglichkeiten

Der Rundwanderweg „Nehmtener Horn" ist knapp 16 km lang und führt durch die typische hügelige Wald- und Weidelandschaft. Stellenweise von Knicks gesäumt, verläuft der Weg bisweilen unten am waldigen Seeufer entlang und schlängelt sich dann wieder durch Offenlandschaft mit Trockenrasen und eröffnet einen Ausblick auf den See von einer Anhöhe. Ausgangspunkt für die Wanderung ist der Wanderparkplatz Nehmten (1) im Ortsteil Sande. Es ist auch möglich, in Sepel oder in Godau zu parken und nur einen Teil der Wegstrecke am See entlang zu gehen. In Sepel hat man eine gute Sicht auf den See, anschließend schlängelt sich der Weg am Sepel Kliff (2) circa 25 m in die Höhe. Von dort bieten sich erneut gute Blicke auf den See, auf Wasservogelansammlungen im Flachwasser und im Bereich der Inseln. Weiter nach Osten führt der Weg am Naturschutzgebiet „Inseln im Großen Plöner See und Halbinsel Störland" vorbei; in der Offenlandschaft (3) lassen sich oft Neuntöter beobachten. Am Ostufer der Halbinsel Störland führt der Weg am Waldhang entlang weiter nach Süden. Hier lassen sich im Frühjahr mehrere Paare Mittelspechte vernehmen. Zwischen Godau und Gut Nehmten lässt sich außerdem nach Osten auf den See beobachten (4).

Einen fantastischen Ausblick über die gesamte Seenlandschaft eröffnet sich vom Parnaß-Turm (5). Ein Aufstieg zur Aussichtsplattform des 1888 errichteten Turms ist zwischen Ostern und Oktober von 9 bis 19 Uhr möglich. Zur Zugzeit können ziehende Gänse und Enten hervorragend beobachtet werden, wie auch in der Thermik kreisende Groß- und Greifvögel, oder die an manchen Sommertagen zu Hunderten den dann aufsteigenden Schwärmen von Ameisen folgenden Lachmöwen, Stare und Mauersegler.

Ein beliebter Spazierweg führt vom Parkplatz (6), durch Bruchwälder mit teils mächtigen Erlen und Buchen, am historischen Apfelgarten mit Dutzenden alten Sorten entlang, auf die rund 2 km lange Halbinsel „Prinzeninsel". An der Spitze befinden sich das Niedersächsische Bauernhaus sowie eine Badestelle und Restaurant, insbesondere im Sommer ist mit viel Besucherverkehr zu rechnen, im Winterhalbjahr ist es deut-

Regelmäßig sind jagende Seeadler am Großen Plöner See zu beobachten.

Foto: E. Lietzow. Feldberger Seen, 16.6.2009.

lich ruhiger. Das ist auch die Jahreszeit, um große rastende Wasservogeltrupps zu beobachten, welche insbesondere bei Westwind oft an der Ostseite der Halbinsel (7) Windschutz suchen. Von der Prinzeninsel aus lässt sich auch mit dem Spektiv auf den Inseln im Naturschutzgebiet und die dazwischenliegenden geschützten Flachwasserbereiche beobachten, wo im Herbst Singschwäne die Unterwasserwiesen abweiden. Nach Osten lässt sich zudem bis zum Ruhlebener Warder beobachten.

Im Osten des Gebiets führt zwischen dem Großen Plöner See und dem Vierer See ein Fuß- und Radweg, von welchem es sich gut beobachten lässt. Ein offizieller Parkplatz befindet sich nördlich von Bosau (8).

Weitere Standorte, um Wasser- und Ufervögel zu beobachten, sind beispielsweise das Plöner Stadtwäldchen bei Fegetasche (9), südlich von Ascheberg (10), der Kleine Warder bei Bosau (11) und am Südufer des Sees (12).

Einen besonderen Blickwinkel auf die Wasservögel und auch häufig auf nahrungssuchende Seeadler bietet eine Bootsrundfahrt. Es werden zwei Ausflugsfahrten angeboten: Von der „Großen Plöner See-Rundfahrt" hat man gute Einblicke auf die Möweninsel Tempel bei Ascheberg, die „Bosaufahrt" bietet sich für eine Kombination mit dem Wanderweg zwischen Bosau und Plön an.

Mit der seit 2022 eingerichteten Busstrecke „Seekieker", welche den Großen Plöner See stündlich im Uhrzeigersinn umrundet, kann man zwischen Mai und September Teilstrecken um den See zu Fuß gehen und Teilstrecken per Bus fahren.

Weitere Freizeitmöglichkeiten

Ein Blick in die Umgebung und Besuche anderer Gewässer sind gerade im Sommer lohnenswert und können die zeitweilige Vogelarmut auf dem Großen Plöner See ausgleichen. Interessant sind unter anderem die Naturschutzgebiete Kührener Teich oder Vogelfreistätte Lebrader Teiche, wo gerade im Hochsommer viele Wasservögel mausern.

Für Seeadlerfreunde gibt es in der Brutzeit einen betreuten Infostand der Projektgruppe Seeadlerschutz in Rathjensdorf nördlich von Plön.

Andrea Maier, Christopher König, Felix Weiß

Anfahrt

Mit Bahn und Bus

In Plön befindet sich ein Bahnhof an der Strecke Kiel–Lübeck, welcher mindestens stündlich angefahren wird. Ein weiterer Bahnhof ist in Ascheberg am westlichen Seeufer.

Mit dem Auto

Zwischen Kiel, Neumünster und Lübeck gelegen ist Plön mit dem Auto über die B 76 bzw. B 430 zu erreichen. Mehrere Straßen und Wege verbinden die Ortschaften am Seeufer.

Adressen

Naturpark Holsteinische Schweiz: www.naturpark-holsteinische-schweiz.de

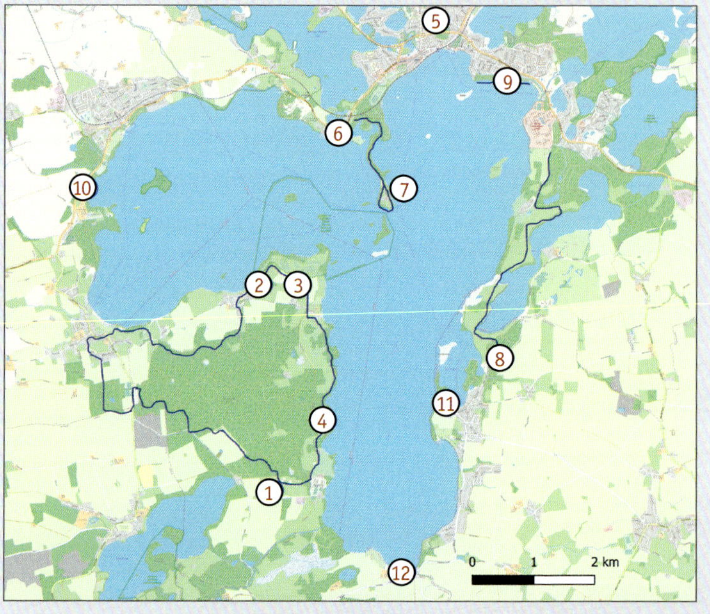

GPS		
Wanderparkplatz Nehmten, Sande (1)	54.09583 N	10.37333 O
Sepeler Kliff (2)	54.12528 N	10.37722 O
Parnaß-Turm (5)	54.16806 N	10.42917 O
Parkplatz Prinzeninsel (6)	54.14944 N	10.40167 O

Infomaterial/Literatur

Moning C, Weiß F 2007 Vögel beobachten in Norddeutschland. Kosmos, Stuttgart.

Berndt R K 2008: Zur Vogelkundlichen Erforschung des Großen Plöner Sees, Zeitschrift für Schleswig-Holstein, Hamburg und Mecklenburg

Wir danken Bernd Koop für Hinweise zum Manuskript.

Tipp
Nr. Beobachtungsplatz

1	Der Duvenstedter Brook	S. 468
2	Der Hamburger Holzhafen und die Elbinsel Kaltehofe	S. 471

Foto: C. Jilch

Der Duvenstedter Brook

Wertvolle Mosaiklandschaft

Mit der Millionenstadt Hamburg verbindet man mit Sicherheit nicht gleich balzende Kraniche, Wachtelkönige oder jagende Fischadler. Nur wenige wissen, dass das 780 ha große Naturschutzgebiet Duvenstedter Brook im Norden des Stadtgebietes nicht nur einen beeindruckenden Bestand an Rot- und Damwild beherbergt, sondern auch zahlreiche Brutvögel. Der Duvenstedter Brook – Brook ist eine alte Bezeichnung für einen feuchten Wald – ist eine Mosaiklandschaft aus Grünland, Moorheiden, Wäldern und Gewässern. Diese Lebensraumvielfalt spiegelt sich in einer reichen Brutvogelfauna wider. In den letzten 50 Jahren wurden 120 Brutvogelarten nachgewiesen, darunter sowohl Offenland- als auch typische Waldbewohner. Jährlich brüten hier zwischen 90 und 100 Arten. Der Duvenstedter Brook wurde 1958 als Naturschutzgebiet ausgewiesen und bildet zusammen mit den südlich und östlich angrenzenden Naturschutzgebieten Wohldorfer Wald, Hansdorfer Brook und der Ammersbek-Hunnau-Niederung in Schleswig-Holstein eine zusammenhängende Schutzgebietsfläche von über 1500 ha.

Lebensräume

Der sehr feuchte Brook wurde seit dem Mittelalter landwirtschaftlich genutzt. Durch die damit verbundene Waldrodung entstand im Laufe der Jahrhunderte die heutige abwechslungsreiche Landschaft: Nieder- und Hochmoore neben Heiden und feuchtem Grünland, daneben Teiche, Bäche, Röhrichte sowie Laub- und Auenwälder. Viele Moorflächen wurden in der Vergangenheit leider durch Entwässerungsmaßnahmen trockengelegt und in Acker- oder Grünland umgewandelt. Birken und Kiefern drohten in den entwässerten Gebieten die Moor- und Heidevegetation zu verdrängen. Um diesen Prozess zu stoppen, wurden in den 1970er Jahren Wiedervernässungsmaßnahmen durchgeführt, die zur Entstehung großer Wasserflächen im Zentrum des Gebietes führten und ein Mosaik aus vom Wasser beeinflussten Biotopen entstehen ließ.

Heute machen Moorheiden mit Pfeifengras, Glocken- und Besenheide sowie sich entwickelnde Hochmoorflächen mit Moosbeere und Wollgras vor allem den westlichen Teil des Brooks mit insgesamt ca. 15-20 % der Fläche aus. Die Bruchwälder, die über das gesamte Gebiet verteilt sind, setzen sich vor allem aus Birken und Erlen zusammen. Die Birkenbruchwälder, die im westlichen und nordwestlichen Teil des Gebietes vorkommen, entstanden durch die Entwässerung der Hochmoorgebiete. Bei Renaturierungsmaßnahmen werden sie zunehmend von Moorheideflächen abgelöst. Die Erlenbruchwälder finden sich vornehmlich auf den nährstoffreichen und kalkhaltigen Lehmböden im östlichen Teil; sie sind meist mit kleineren feuchten Wiesen durchsetzt. Im nordöstlichen Teil des Gebietes formen vor allem extensiv bewirtschaftete Grünlandflächen das Landschaftsbild. Sie sind durch Knicks, Gebüsche und Kopfweiden aufgelockert, so dass viele Brutvögel der halboffenen Landschaft hier einen geeigneten Lebensraum finden. Neben zahlreichen kleineren Teichen, die Anfang der 1990er Jahre angelegt wurden, finden sich im Zentrum des NSG große Wasser- und weite Röhrichtflächen. Die beiden Bäche Ellernbek (im Zentrum) und Röthbek (im Westen) wurden in den 1970er und 1980er Jahren durch Renaturierungsmaßnahmen in einen naturnahen Zustand zurückversetzt.

Besondere Vogelarten

Den Naturschutzmaßnahmen ist es zu verdanken, dass seit 1980 Kraniche im Gebiet brüten. Inzwischen sind es um die 15 bis 20 Brutpaare im NSG und der näheren Umgebung. Auf den Wiesen kann man die Vögel im Frühjahr balzen sehen. Hier lässt sich auch der Balzflug der Bekassinen beobachten, von denen rund ein Dutzend Paare hier brüteten; in den letzten zehn Jahren sind die Bestände aber leider zurückgegangen. In den Moorheide- und Grünlandgebieten kann man den Singflug des Baumpiepers beobachten, der im gesamten Gebiet sehr häufig ist. Baumfalken, Kornweihen und Raubwürger nutzen die Moorheiden zur Nahrungssuche. In den feuchten Wiesen brüten Feldschwirle, weniger regelmäßig auch Wachtelkönige. Neuntöter und Dorngrasmücken nutzen die Gehölzstrukturen an den Wiesenrändern. In den Schilfröhrichten leben Wasserrallen, Rohrschwirle und Teichrohrsänger. Hier brüten auch Graugänse und verschiedene Enten. Sumpfrohrsänger besiedeln staudenreiche Wiesen. Ab Mitte der 1980er Jahre haben hier bis zu 50 Paare Graureiher gebrütet. Die Kolonie ist jedoch seit 2013 verlassen. Mittlerweile sind Seeadler und Rotmilan als Brutvögel hier beheimatet. Verbuschte Gebiete in Kombination mit Hochstauden werden in jährlich schwankenden Beständen von Schlagschwirlen bezogen. In den Wäldern findet man neben einer Reihe anderer Singvogelarten auch Pirole. Abends kann man Waldschnepfen über die Bäume hinweg streichen sehen. In Hamburg brüten die größten Bestände im Duvenstedter Brook und im angrenzenden Wohldorfer Wald. Baumfalke und Wespenbussard brüten ebenfalls im Brook.

Reisezeit

Die Kranichbalz findet bereits Ende Februar statt, die Vögel sind aber auch später im Jahr häufig zu beobachten. Wenn man auf den Wegen bleibt, zeigen sie eine erstaunlich geringe Fluchtdistanz. Ab Ende März lohnt sich ein Besuch in der Abenddämmerung, wenn das „blubbern“ der Moorfrösche die Nacht erfüllt und man die Balz der Waldschnepfe und das Quiecken der Wasserralle hören kann. Zur Zeit der Amphibienwanderung sollte man besonders vorsichtig gehen, denn es kann sein, dass die Wege von wandernden Tieren, vor allem von kleinen Molchen regelrecht „überschwemmt“ werden (Taschenlampe mitbringen!). Erst ab Ende April/Anfang Mai kann man in den Röhrichtbereichen und an den Wiesenrändern dem Konzert der Rohrsänger und der Feldschwirle lauschen. Auch sind die peitschenden Rufe des Tüpfelsumpfhuhns und Laubfrösche zu hören. Ende Mai treffen als letzte der Zugvögel die Schlagschwirle ein. Im Herbst lassen sich in der Dämmerung die eindrucksvollen Rangkämpfe der Rothirsche und die Sammelflüge der Stare beobachten. Der Winter eignet sich zur Eulenbeobachtung; ab Januar ertönen im benachbarten Wohldorfer Wald die tiefen Balzrufe der Uhus, die man mit etwas Glück auch zu Gesicht bekommen kann. An vielen Stellen hört man die Rufe des Waldkauzes. Im Winter kann man auch große Trupps von Birken- und Erlenzeisigen sowie Rot- und Wacholderdrosseln sehen. Auch der Raubwürger ist im Winter gut zu beobachten. Dem aufmerksamen Beobachter entgehen auch nicht die Bergpieper, Gäste aus höheren Lagen.

Beobachtungsmöglichkeiten

Der Duvenstedter Brook ist mit Wanderwegen gut erschlossen, von denen aus schöne Beobachtungen möglich sind. Es gibt eine Beobachtungshütte, die direkt an einem kleinen Gewässer liegt, von der man aber auch einen guten Blick auf die Flächen des Zentrums hat. Zudem finden sich im Duvenstedter Brook mehrere Sichtschirme für die Rotwildbeobachtung. Von diesen Punkten aus hat man teilweise eine gute Sicht über weite Flächen. Von Beobachtungsstand A und B (s. Karte unten) kann man auf die zentralen Flächen blicken, wo die Kraniche am besten zu beobachten sind. Ein Spektiv ist hierfür empfehlenswert.

Wegen seiner Nähe zur Stadt Hamburg wird das Gebiet von vielen Erholungssuchenden genutzt. Nur durch geschickte Wegeführung und jahres-

Baumpieper besiedeln die halboffenen Flächen im Duvenstedter Brook in großer Zahl. Vor allem in den Mooren ist ihr Gesang ab Mitte April zu hören.
Foto: H. Glader.

Typische Vogelarten im Duvenstedter Brook und deren Status
h = häufig, r = regelmäßig, s = seltener; J = Jahresvogel (kein Brutvogel), B = Brutvogel, W = Wintergast, D = Durchzügler, N = Nahrungsgast

Art	Status (beste Beobachtungszeit)
Baumfalke	sB (Mai – Sept.)
Baumpieper	hB (April – Sept.)
Feldschwirl	rB (April – Aug.)
Fischadler	rD (April, Aug. – Okt.)
Grünspecht	sB (ganzjährig)
Habicht	rB (ganzjährig)
Hohltaube	sB (Febr. – Nov.)
Kiebitz	rB (März – Nov.)
Kleinspecht	rB (ganzjährig)
Kornweihe	rW (Okt. – März)
Kranich	rB (März – Okt.)
Kuckuck	hB (April – Aug.)
Mittelspecht	rB (ganzjährig)
Pirol	sB (Mai – Aug.)
Rohrschwirl	sB (Mai – Aug.)
Rohrweihe	sB (April – Sept.)
Schlagschwirl	sB (Mai – Aug.)
Schwarzspecht	rB (ganzjährig)
Seeadler	B (ganzjährig)
Sperber	rB (ganzjährig)
Sumpfrohrsänger	rB (Mai – Aug.)
Teichrohrsänger	hB (Mai – Aug.)
Uhu	sJ (ganzjährig)
Wachtelkönig	sB (Mai – Juli)
Waldlaubsänger	hB (Mai – Aug.)
Waldohreule	sB, sW (ganzjährig)

zeitliche Sperrung einiger Wege ist es möglich, dass Vögel und Hirsche ungestört bleiben. Es ist daher sehr wichtig, sich an die Wegsperrungen zu halten. Zudem herrscht im gesamten Gebiet absolutes Hundeverbot. Nach starken Regenfällen können kleinere Wege teilweise überspült werden, Gummistiefel sind dann erforderlich.

Das DuvenstedterBrookHus (Naturschutz-Informationshaus) beherbergt seit April 2015 eine neue, sehr informative Ausstellung über die Naturschutzgebiete Duvenstedter Brook und Wohldorfer Wald. Ein fachkundig gestaltetes Diorama mit Präparaten sowie Wandtafeln informieren über die Tier- und Pflanzenwelt verschiedener Lebensräume. Der NABU-Shop bietet Infomaterial, gute Gebietskarten und Fachbücher an. Für ein kleines Picknick können Tische und Bänke vor dem Haus genutzt werden. Während der Öffnungszeiten steht auch ein Seminarraum – mit monatlich wechselnden Sonderausstellungen – zur Verfügung.

Weitere Freizeitmöglichkeiten

Durch das südlich angrenzende Naturschutzgebiet Wohldorfer Wald führt ein Natur- und Kulturinformationspfad mit mehreren Naturerlebnisstationen. In dem totholzreichen Laubwald brütet eine Vielzahl typischer Waldvögel.

Etwas weiter entfernt im Nordosten von Hamburg liegen die Naturschutzgebiete Stellmoorer Tunneltal und Höltigbaum. Das NSG Höltigbaum ist ein ehemaliger Standortübungsplatz der Bundeswehr und ein wichtiges Brutgebiet für Neuntöter. Die halb offene Hügellandschaft bietet sich für Spaziergänge und Radtouren an.

Thomas Brandt, Cordula Jülch, Kilian Wasmer

Infomaterial/Literatur

Naturschutzbund Deutschland (NABU) (Hrsg.): „Der Duvenstedter Brook. Wildnis in Hamburgs Norden“, Bezug: Naturschutz-Informationshaus Duvenstedter Brook.

Mitschke, A. & S. Baumung (2001): Brutvogel-Atlas Hamburg. Hamburger avifaunistische Beiträge 31.

Wesolowski, K. & T. Depke (2006): Die Avifauna des Naturschutzgebietes Duvenstedter Brook. In Vorbereitung.

Anfahrt

Mit der Bahn

Von Hamburg Hbf mit der U1 bis zur Endhaltestelle Ohlstedt (35 Min.), nach Verlassen des Bahnhofes unter der Bahn durch und nach dem Parkplatz rechts in ‚Timms Hege' einbiegen. An der Kreuzung wieder rechts, dem Kupferredder durch das NSG Wohldorfer Wald (Abstecher im Gebiet lohnenswert!) folgen. Nach ca. 40 Min. erreicht man das Informationshaus. Oder mit dem Bus 276 bis zur Haltestelle Duvenstedter Triftweg und dann zu Fuß 20 Min. entlang des Triftweges. Infos zum Fahrplan und Tickets des Hamburger Verkehrsverbundes: www.hvv.de

Mit dem Auto

Bis Wohldorf (südwestlich vom Duvenstedter Brook), am Rande des Gebietes, auch an der Ecke Wiemerskamper Weg und Duvenstedter Triftweg in der Nähe des Informationshauses, stehen Parkplätze zur Verfügung (siehe Karte).

Adressen

DuvenstedterBrookHus
Duvenstedter Triftweg 140
22397 Hamburg
Tel. 040/6072466
NABU-Betreuer sind werktags auch unter 040/69708914 zu erreichen.

Öffnungszeiten:
Öffnungszeiten: Nov.–März.: Sa. 12–16 Uhr, So. & Feiertag 10–16 Uhr; Apr.–Okt.: Di.–Fr. 12–17 Uhr, Sa. 12–8 Uhr, So. & Feiertag 10–18 Uhr. Dez. & Jan. geschlossen.

Besondere Beobachtungen bitte Herrn K. Wesolowski (wesolowski@nabu-hamburg.de) melden!

GPS

Wohldorf (Ortsmitte)	53°42'26.99" N	10°06'34.89" O
Naturschutz-Informationshaus Duvenstedter Brook	53°42'50.58" N	10°08'24.88" O
Beobachtungsstand am Duvenstedter Triftweg	53°43'15.42" N	10°10'01.80" O
Beobachtungsstand	53°43'45.66" N	10°10'14.22" O

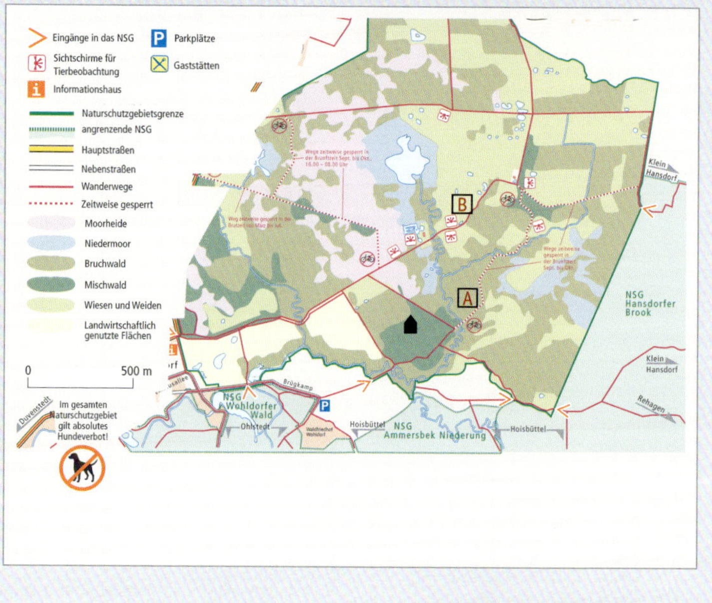

Der Kontrast zwischen Natur und Industrie ist im Hamburger Hafen allgegenwärtig.
Foto: Wasserkunst Kaltehofe. Kaltehofe, September 2011.

Der Hamburger Holzhafen und die Elbinsel Kaltehofe

Auen in einer Industrielandschaft

Die Elbinsel Kaltehofe liegt nur 5 km südöstlich des Rathausmarktes der Hansestadt Hamburg. Zwischen Industrie und Gewerbeflächen, alten Dörfern und Hafenanlagen erstreckt sich im angrenzenden sogenannten Holzhafen Hamburgs zweitgrößtes Wattgebiet. Zusammen mit den ehemaligen Filtrationsbecken auf der Elbinsel Kaltehofe bilden sie eines der bedeutendsten Rastgebiete für Wasservögel im Hamburger Raum. Vom 24. bis 26. Mai 2013 wird das Gelände der Wasserkunst Kaltehofe zudem Schauplatz der HanseBird, der Messe für Vogelbeobachter im Raum Hamburg, sein.

Landschaftsgeschichte und Lebensräume

Die Elbe erfuhr im Laufe der Geschichte der Hafenstadt Hamburg zahllose Umgestaltungen. Bei Flusskilometer 609, 122 km vor der Mündung in die Nordsee, trennt sich der Strom in Norder- und Süderelbe. 1870 wurde durch Begradigung des Hauptstroms die Billwerder Bucht mit dem Holzhafen als Altarm von der Norderelbe abgetrennt. In der nicht mehr vom Fluss durchströmten Bucht lagerte sich Schlick ab. Durch Ebbe und Flut – die Gezeiten reichen flussaufwärts bis Geesthacht – entstand in der Bucht ein Süßwasserwatt. Denn der Einfluss des Meerwassers endet anders als die Gezeiten schon flussabwärts (westlich) des Hamburger Stadtgebietes. Der Hafen wird heute nicht mehr zum Verladen von Holz genutzt. Dafür befinden sich hier Liegeplätze von Sportbooten und kleine Bootswerften.

Das Süßwasserwatt ist ausgesprochen nährstoffreich und wird von einer individuenreichen Gemeinschaft von Bodenlebewesen bewohnt, dem sogenannten Benthos, das die Nahrungsgrundlage für die rastenden Wat- und Wasservögel darstellt. Die Randbereiche sind von Schilfröhrichten, Weichholzauen und Hochstaudenfluren geprägt. Ein ehemaliges Spülfeld im

Für Löffelenten sind Süßwasserwatten das bedeutendste Rasthabitat im Hamburger Raum.
Foto: C. Moning. Wallnau auf Fehmarn, August 2012.

Die Süßwasserwatten der Unterelbe sind ein bedeutendes Rastgebiet für Krickenten.

Foto: E. Lietzow. Rieselfelder Münster, 2.3.2012.

Holzhafen wurde 2008 abgetragen, um die Fläche der Süßwasserwatten zu vergrößern. Die Maßnahme war eine Ausgleichsmaßnahme für Lebensraumverluste an anderen Stellen im Hamburger Stadtgebiet.

Die Geschichte der Wasserkunst Kaltehofe – der Begriff Wasserkunst meint hier die Kunst der Trinkwassergewinnung – ist eng mit der großen Hamburger Choleraepidemie 1892 verbunden, der letzten diesen Ausmaßes in Deutschland. Im Jahr 1891 begann man auf der Elbinsel Kaltehofe mit dem Bau einer Sandfiltrationsanlage, um die miserable Qualität des Hamburger Trinkwassers zu verbessern, in dem sogar Aale lebten. Zu spät, wie sich im kommenden Sommer herausstellte. Am 14. August 1892 wurde der erste Patient mit Cholera in ein Krankenhaus eingeliefert. Bis zum Ende der zehnwöchigen Epidemie starben 8605 Menschen an der Krankheit. Der Betrieb im Hamburger Hafen kam vollständig zum Erliegen. Der berühmte Arzt Robert Koch kommentierte seinen Besuch des besonders betroffenen Gängeviertels mit den Worten: „Meine Herren, ich vergesse, dass ich in Europa bin!". Der Bau der Filterbecken in Kaltehofe wurde nach Ausbruch der Epidemie mit Hochdruck vorangetrieben und konnte so bereits 1893, ein Jahr früher als geplant, abgeschlossen werden. Jedes der zwanzig Filterbecken hat seinen eigenen Charakter, schilfumstanden mit künstlichen Inseln, verlandet, die Ufer mit Weidengebüsch oder ganz offen.

Die Umgebung des Holzhafens und der Elbinsel Kaltehofe ist von starken Kontrasten geprägt. Die Stadt mit ihren Gewerbegebieten und Autobahnen ist hier in eine alte dörfliche Struktur hineingewachsen. Neben alten Bauernhäusern und Gemüsefeldern finden sich ein Golfplatz, das Kraftwerk Tiefstack, Hochspannungstrassen sowie das Autobahndreieck Moorfleet. Die Vögel scheinen mit dem Nebeneinander zurechtzukommen.

Besondere Vogelarten und Reisezeit

Das Gelände der Wasserkunst Kaltehofe beherbergt eine artenreiche Brutvogelwelt. Bei einer vollständigen Kartierung 2009 wurden 44 Arten ermittelt. In den Filterbecken brüten je nach Verlandungsfortschritt Höckerschwäne, Graugänse, Brandgänse, Stockenten, Reiherenten, Blässhühner, Teichhühner, Haubentaucher und Zwergtaucher. Die Schilfgürtel sind Brutplätze von Rohrweihen, Teichrohrsängern und Rohrammern. In den Gebüschen und Weichholzauen leben Nachtigallen und Weidenmeisen. Südlich der Autobahn A 1 befindet sich in einem unzugänglichen Areal eine Kormorankolonie. Sturmmöwen brüten in einem Gewerbegebiet in der Umgebung und suchen den Holzhafen zur Nahrungssuche auf.

Das Elbtal ist eine bedeutende Zugroute für viele Wasservögel aber auch andere Artengruppen. Bei einem Besuch zu den Zugzeiten im Frühjahr und Herbst können zum Beispiel ziehende Blässgänse, Kraniche und Ringeltauben in zum Teil großer Zahl beobachtet werden.

Die Charakterarten des Süßwasserwatts im Holzhafen sind Brandgänse, Krick- und Löffelenten. Bei Niedrigwasser suchen sie zusammen mit Lach- und Sturmmöwen auf den ausgedehnten Wattflächen nach Nahrung. Kiebitze, Rotschenkel und Flussregenpfeifer sind unscheinbare, aber regelmäßige Brutvögel am Holzhafen und in der Umgebung. Austernfischer brüten häufig auf Flachdächern in den benachbarten Gewerbegebieten und suchen das Gebiet zur Nahrungssuche auf. Das Süßwasserwatt ist auf dem Frühjahrs- und Herbstzug Rastgebiet für weitere Limikolenarten. Bruchwasserläufer, Flussuferläufer, Grünschenkel und Bekassinen sind regelmäßig zu beobachten. Vereinzelt treten auch Alpenstrandläufer, Temminckstrandläufer und Uferschnepfen auf. In den vergangenen Jahren wurden zudem Raritäten wie Sumpfläufer und Graubrust-Strandläufer beobachtet. Trauerseeschwalben sind im Mai und August regelmäßige Durchzügler. In den Verlandungszonen des Holzhafens brüten Sumpfrohrsänger, Feldschwirle und wenige Blaukehlchen.

Typische Vogelarten des Hamburger Holzhafens, deren Status und günstige Beobachtungszeiten (in Klammern)
h = häufiger, r = regelmäßiger, s = seltener; B = Brutvogel, W = Wintergast, D = Durchzügler, N = Nahrungsgast

Art	Status (beste Beobachtungszeit)
Brandgans	hB, hD, hW (ganzjährig)
Krickente	hD, hW (Sept.–April)
Löffelente	hD (März–Mai, Sept./Okt.)
Reiherente	rB, rD, hW (ganzjährig)
Zwergtaucher	rB (April–Juli)
Haubentaucher	hB, rD, rW (ganzjährig)
Seeadler	sN (ganzjährig)
Rohrweihe	sB (April–Aug.)
Austernfischer	rN, rD (März–Juli)

Art	Status (beste Beobachtungszeit)
Rotschenkel	sB, rD (März–Aug.)
Kiebitz	rB, hD, sW (ganzjährig)
Flussregenpfeifer	sB, rD (April–Sept.)
Sturmmöwe	hD, hN, hW (ganzjährig)
Nachtigall	rB (Mai/Juni)
Blaukehlchen	sB (April–Juni)
Teichrohrsänger	hB (Mai–Aug.)
Weidenmeise	rB (ganzjährig)
Rohrammer	hB (März–Aug.)

Die Brandgans, hier ein Jungvogel, ist der Charaktervogel des Hamburger Holzhafens.
Foto: C. Moning. Bornholm, Dänemark, August 2010.

Auch im Winter lohnt ein Besuch des Hamburger Holzhafens. Gänsesäger und vereinzelt Zwergsäger sind dann zu Gast in der Billwerder Bucht. Reiherenten und Tafelenten schlafen tagsüber in dichten Trupps, zum Teil auf dem Gelände der Wasserkunst und suchen nachts nach Nahrung. Brandgänse und Krickenten harren in milden Jahren auch im Winter im Gebiet aus.

Beobachtungsmöglichkeiten

Während der Öffnungszeiten der Wasserkunst Kaltehofe (siehe unten) kann man einen Rundgang über das Gelände der ehemaligen Sandfiltrationsanlage (1) mit ihren 22 Filterbecken machen. Mehrere Filterbecken sind über einen Naturlehrpfad verbunden, der nicht nur über die erstaunlich vielfältige, bestens untersuchte Tier- und Pflanzenwelt aufklärt, sondern auch die zahlreichen Lebensraum gestaltenden Maßnahmen erläutert. Außerhalb der Öffnungszeiten kann man von der Krone des Elbdeichs einen großen Teil der Filterbecken einsehen. Im schlossartigen Museum, dem ehemaligen Hygienischen Institut, befindet sich eine sehr lohnende Ausstellung über die Geschichte der Hamburger Wassergewinnung, an der die Wasserkunst Kaltehofe einen wesentlichen Anteil hatte.

Das Gelände der Wasserkunst Kaltehofe wird vom 24. bis 26. Mai 2013 die Vogelbeobachtermesse HanseBird beherbergen, die vom NABU Hamburg ausgerichtet wird. Neben zahlreichen Optikherstellern werden sich auch Verlage, Reiseveranstalter und Naturschutzorganisationen präsentieren. Die Veranstaltung wird von einem umfangreichen Rahmenprogramm mit Führungen, Workshops und Vorträgen begleitet.

Vom Gelände der Wasserkunst führt der Weg entlang des Elbdeichs nach Süden. Für Autos ist die Strecke gesperrt, für Fahrräder jedoch bestens geeignet. Südlich der Filterbecken schließt linkerhand ein Waldstück (2) mit auenartigem Charakter an. Weidenmeisen und Nachtigallen sind hier regelmäßig zu hören. Ein Stück weiter südlich öffnet sich der Blick zur Linken auf den Hamburger Holzhafen (3). Je nach Stand der Tide blickt man auf Wattflächen und Priele oder eine große Wasserfläche. Die Strecke bis zur Autobahnbrücke über die Elbe bietet beste Beobachtungsmöglichkeiten. Bei Niedrigwasser verteilen sich die Wat- und Wasservögel über die Wattflächen. Bei Hochwasser halten sie sich vor allem am südlichen Rand nahe der Autobahn auf (4). Dort hat man auch gute Chancen, zur Brutzeit eines der Blaukehlchen zu beobachten oder im Verkehrslärm zu hören. Der Deichweg unterquert die Autobahn und folgt dabei weiter der Elbe. Südlich der Autobahn liegen vier weitere große Wasserbecken, die ebenfalls Teil der Filtrationsanlage Kaltehofe waren. Die Gewässer sind leider schlecht ein-

Als Ausgleichsmaßnahme wurde im Süden des Holzhafens ein ehemaliges Spülfeld abgetragen, um die Wattflächen zu vergrößern.
Foto: F. Weiß. Hamburger Holzhafen, Juni 2012.

GPS		
Parkplatz Kaltehofe (1)	54°46'08,00" N	9°54'29,00" O
Ausblick Kormorankolonie (5)	54°46'14,00" N	9°57'40,00" O

sehbar und nur an wenigen Stellen (5) kann man vom Deich einen Blick auf die Wasserflächen erhaschen. An den Gewässern liegt eine Kormorankolonie, die einzige im Hamburger Stadtgebiet. In der Weichholzaue östlich der Teiche sind Weidenmeisen und Nachtigallen zu hören. Von hier kann man nach Norden durch den Kneidenweg und dann zwischen Auwald und Golfplatz gehen. Am Vereinsgebäude des Golfplatzes biegt man rechts ab und an der folgenden T-Kreuzung links. Nach Unterquerung der Autobahn biegt man links ab und folgt dem Moorfleeter Deich bis an das Ostufer des Holzhafens. Dem Ufer des Holzhafens folgend (6), erreicht man auf diesem Rundweg mit einem kurzen Schlenker um das Kraftwerk Tiefstack den Ausgangspunkt. Für diesen zweiten Teil der Runde empfiehlt sich die Mitnahme eines Stadtplans, andernfalls gelangt man problemlos entlang des Elbdeiches zurück an den Ausgangspunkt. Der Rundweg ist 10 km lang. Die einfache Strecke von der Wasserkunst Kaltehofe (1) bis zur Kormorankolonie (5) misst 2,5 km.

Weitere Freizeitmöglichkeiten

Neben der HanseBird findet 2013 auf der westlich angrenzenden Elbinsel Wilhelmsburg ein weiteres Großereignis statt. Am 26. April wird dort die Internationale Gartenschau eröffnet, die bis zum 13. Oktober täglich von 9 bis 19 Uhr geöffnet ist. Die Vielfalt der Angebote ist gewaltig und reicht von einem Klettergarten über einen Kanuwanderweg bis zu den Gärten der Naturwelten.

Felix Weiß, Christopher König, Christoph Moning, Christian Wagner

Infomaterial/Literatur

- www.hansebird.de: Webseite der HanseBird
- www.igs-hamburg.de: Informationen zur Internationalen Gartenschau in Wilhelmsburg.
- www.wasserkunst-hamburg.de: Webseite der Hamburger Wasserkunst.
- www.ornithologie-hamburg.de: Informationen zur Avifaunistik im Hamburger Raum.

Anfahrt

Mit Bahn und Bus

Mit der S-Bahn-Linie S 21 bis Hamburg Rothenburgsort. Von dort auf dem Billhorner Deich mit dem Fahrrad oder zu Fuß nach Süden. Bis zur Wasserkunst Kaltehofe sind es, einfacher Weg, 2 km. Während der Messe HanseBird wird ein Pendelverkehr zwischen der S-Bahn-Station Tiefstack (ebenfalls Linie S 21) und der Wasserkunst Kaltehofe eingerichtet.

Mit dem Auto

Das Beobachtungsgebiet ist sehr verkehrsgünstig gelegen. Von Süden über die Elbbrücken fahrend nimmt man die erste Ausfahrt und folgt dem Billhorner Röhrendamm bzw. im weiteren Verlauf dem Vierländer Damm bis zur Ecke Billhorner Deich. Dort biegt man rechts ab. Die Straße führt zum Sperrwerk Kaltehofe, das man überquert. Nach ca. 600 m erreicht man den Parkplatz der Wasserkunst Kaltehofe, der nur während der Öffnungszeiten genutzt werden kann.

Adressen

Wasserkunst Elbinsel Kaltehofe, Kaltehofe Hauptdeich 6-7, 20539 Hamburg, Tel.: 040/7888 4999-0, info@wasserkunst-hamburg.de. Öffnungszeiten: März bis Oktober tägl. 10 bis 18 Uhr, von November bis Februar montags geschlossen.

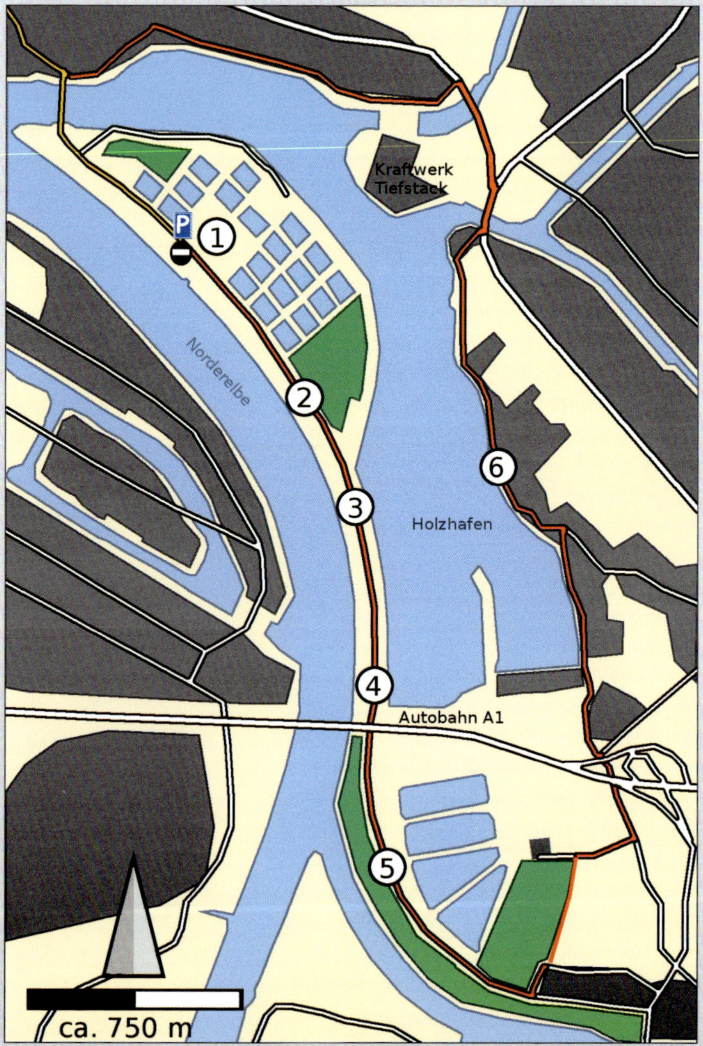

Register der Arten

Die Zahlen verweisen auf die empfohlenen Beobachtungsplätze im jeweiligen Bundesland. Mit * markierte Arten finden sich ausschließlich in Beobachtungsgebieten des "Bandes Nord", alle anderen auch in "Band Süd".

Vogelart	Bremen (S. 7)	Niedersachsen (S. 26)	Sachsen-Anhalt (S. 174)	Brandenburg (S. 206)	Mecklenburg-Vorpommern (S. 272)	Schleswig-Holstein (S. 330)	Hamburg (S. 467)
Alpenbraunelle			6				
Alpenstrandläufer		2, 6, 16, 21, 23, 25, 33	1, 5	10, 13	3, 4, 5, 9, 10	2, 4, 5, 7, 8, 9, 12, 27, 28	
Atlantiksturmtaucher*						3	
Auerhuhn				12			
Austernfischer	1, 3	2, 3, 5, 6, 7, 11, 16, 21, 23, 33			4, 5	2, 4, 5, 7, 8, 9, 12, 15, 16, 17, 22, 25, 28	2
Balearensturmtaucher*						3	
Bartmeise	1, 3	7, 13, 15, 32	3, 5	3, 4, 6, 13	1, 2, 6, 10, 12, 14	2, 7, 20, 23, 24	
Basstölpel*		29				1, 3, 27	
Baumfalke	4	1, 9, 10, 13, 18, 20, 22, 24, 26, 27	1, 7	1, 2, 6, 8	14	11, 26	1
Baumpieper		9, 18, 20, 24, 26		2, 8, 15			1
Bekassine	1, 3, 4	7, 12, 17, 18, 19, 22, 26, 27, 28, 30, 31	1, 2, 3	1, 2, 3, 4, 6, 7, 9, 13, 14	1, 2, 3, 11	11, 13, 18, 26	
Bergente				10	3, 4, 5, 7, 8, 9	27	
Berghänfling		2, 5, 6, 11, 16, 17, 21, 23	6	14		2, 5, 6, 7, 17, 24	
Bergpieper	4	27, 30	5			18, 20, 27	
Beutelmeise	1	10	4, 5, 7	3, 4, 7, 9, 13, 14	1, 2, 6, 14		
Bienenfresser			3, 5				
Birkenzeisig		2				10, 25	
Birkhuhn		20					
Blässgans	1, 3, 4	3, 5, 7, 10, 12, 13, 17, 18, 22, 25, 26, 27, 28, 30	1, 2, 4, 7	2, 3, 4, 6, 7, 9, 13, 14	1, 2, 3, 5, 6, 8, 9, 11	13, 18	
Blässhuhn		8			2, 13	21, 29	
Blaukehlchen	1, 3, 4	3, 5, 7, 8, 12, 17, 18, 23, 26, 27, 28, 30, 31	3, 4, 5, 7	7, 9, 14	2	18, 22, 23, 24, 26, 28	2
Bluthänfling				15	4	8, 10, 12, 14, 15	
Brachpieper			2	8, 12			
Brachvogel*	4	30				18	
Brandgans	1, 3	2, 3, 5, 6, 7, 11, 15, 16, 21, 23	3	7, 9	3, 4	2, 4, 8, 9, 14, 19, 24, 26	2
Brandseeschwalbe*		2, 6, 23, 33			4, 5, 12	3, 4, 9, 16, 25	
Braunkehlchen	1, 4	1, 7, 22, 24, 27, 31	2, 3, 7	2, 3, 6, 7, 9, 14, 15	1, 6, 10, 11, 12	11, 18, 26	
Bruchwasserläufer	1	10, 25, 26, 28	1, 2, 3, 5	2, 3, 4, 7, 9, 10	1	13, 26	
Buchfink						10	

Vogelart	Bremen (S. 7)	Niedersachsen (S. 26)	Sachsen-Anhalt (S. 174)	Brandenburg (S. 206)	Mecklenburg-Vorpommern (S. 272)	Schleswig-Holstein (S. 330)	Hamburg (S. 467)
Buntspecht	2	14					
Dohle*						11	
Dorngrasmücke						12	
Dreizehenmöwe*		29				1, 3	
Drosselrohrsänger	1	1, 8, 22, 32	2, 3, 4, 5, 7	1, 3, 4, 5, 7, 9, 13, 14	1, 2, 6, 11, 12, 13		
Dunkler Sturmtaucher*		6, 29				1, 3	
Dunkler Wasserläufer	1	3, 5	2	10	3	24	
Eichelhäher							
Eiderente		2, 6, 11, 16, 23, 29			4, 7, 8, 9	1, 3, 4, 5, 6, 8, 9, 10, 12, 14, 15, 16, 22, 23, 25, 27	
Eisente*					3, 4, 7, 8, 9, 10, 12	6, 12, 15	
Eismöwe*		29				3	
Eissturmvogel*		29				1, 3	
Eistaucher							
Eisvogel	2, 3	4, 10, 13, 14, 19, 25	1, 2, 3	2, 3, 4, 5, 6, 14	1, 2, 11, 12	20, 21, 24	
Erlenzeisig							
Falkenraubmöwe*		29				3	
Feldlerche	3, 4	6, 7, 21, 28		12		14, 16, 18	
Feldschwirl	1, 4	10, 18, 22, 26, 27, 30	1, 7	2, 3	11, 12	13	1
Feldsperling							
Fichtenkreuzschnabel		19, 24	6				
Fischadler		1, 8, 9, 10, 12, 13, 19, 32	1	1, 2, 3, 4, 5, 6, 13	1, 2, 5, 6, 14	23	1
Fitis*	2	9				11, 13, 26	
Flussregenpfeifer	1	3, 10, 26, 28,	1 ,2, 5	8, 14	3	19, 23	2
Flussseeschwalbe	1, 2, 3	2, 5, 6, 7, 10, 15	1, 2, 5	1, 3, 4, 11, 13	1, 2, 3	2, 3, 4, 9, 19, 20, 23, 24, 27	
Flussuferläufer			1, 2	10, 14	1		
Gänsesäger	1, 2	1, 3, 8, 10, 12, 13, 19, 25, 31, 32	1, 2	1, 3, 5, 7, 10, 13	1, 2, 3, 8, 9, 11, 12, 13	14, 15, 21, 24, 27, 29	
Gartenbaumläufer*	2	14		1			
Gartenrotschwanz		18, 19, 26	6, 7	1, 5, 8, 12, 15	12		
Gebirgsstelze		4, 25	6	2, 5			
Gelbbrauen-Laubsänger*						1, 16, 25	
Gelbschnabel-Sturmtaucher*						3	
Gelbspötter		26, 27					
Goldregenpfeifer	3, 4	2, 3, 5, 7, 10, 15, 16, 17, 18, 30, 33	1, 4	2, 3, 4	3, 5, 6	2, 4, 8, 12, 17, 28	
Grauammer			2, 3, 5, 7	2, 3, 6, 11, 14, 15	3, 10, 11, 12, 14	2, 22	
Graugans	1, 3	1, 3, 7, 8, 9, 10, 16, 19, 28	1, 2, 3	3, 7	1, 2, 3, 4, 8, 13	10, 17, 22, 24, 26, 29	

Vogelart	Bremen (S. 7)	Niedersachsen (S. 26)	Sachsen-Anhalt (S. 174)	Brandenburg (S. 206)	Mecklenburg-Vorpommern (S. 272)	Schleswig-Holstein (S. 330)	Hamburg (S. 467)
Graureiher		13			2		
Grauspecht		4, 13, 24	6	6, 12			
Großer Brachvogel	1	2, 3, 5, 6, 7, 12, 13, 16, 18, 20, 21, 22, 23, 26, 28, 31	1, 4, 7	2, 3	3, 5, 10	5, 7, 9, 14, 26, 28	
Großtrappe*				2			
Grünlaubsänger*			6		7		
Grünschenkel	1	6, 16, 25, 26, 27	2, 5	10	1, 4	24, 28	
Grünspecht	2	1, 4, 13, 14, 20, 24	1, 2	1, 12			1
Gryllteiste*						1, 3	
Habicht		14, 18, 19, 24		1	11		1
Haubenlerche*				2			
Haubenmeise		9					
Haubentaucher	1	1, 5, 7, 8, 12, 13	1	1, 3	1, 2, 3, 8, 13	21, 27, 29	2
Heidelerche		1, 20, 29	1, 2	1, 2, 5, 8, 12, 15			
Heringsmöwe		6, 16				1, 3, 4, 9, 16, 22, 23, 25	
Höckerschwan		7			3, 4, 7, 8	10, 14	
Hohltaube	2	1, 2, 4, 11, 14, 16, 24		1, 5, 8	1	11, 20	1
Kampfläufer	1, 4	12, 17, 27, 28, 30, 31	1, 5	3, 4, 7, 10	3	17, 26	
Kanadagans	3	9			8, 9	10, 14	
Karmingimpel		12			4, 7, 10, 12, 14	8, 10, 12	
Kernbeißer						20	
Kiebitz	1, 3, 4	3, 5, 6, 7, 8, 16, 18, 28, 31	1, 4, 7	2, 3, 4, 6, 13	1, 2, 3, 5	9, 17, 18	1, 2
Kiebitzregenpfeifer*		2, 3, 21, 23			4, 5	2, 4, 24, 27	
Kleiber	2	14					
Kleines Sumpfhuhn				7			
Kleinspecht		1, 4, 19, 20, 22, 24, 32	2	3, 12, 15	1	20	1
Knäkente	1, 3, 4	1, 7, 12, 17, 27, 28, 30, 31, 32	1, 3	2, 3, 4, 6, 7, 9, 13	1, 2, 3, 14	2, 18, 19, 22, 26	
Knutt*		2, 16, 21, 23, 33				4, 5, 9, 16, 28	
Kolbenente		32		4, 13	1, 11, 13	21, 29	
Kolkrabe		1, 4, 13, 18, 19, 22, 24	1, 6	1, 2, 5, 12	1, 3, 12	11	
Kormoran	3	8, 10, 12		3	1, 2, 3, 7, 13	14, 15, 21, 22, 23, 29	
Kornweihe	1	2, 3, 5, 6, 7, 10, 11, 12, 15, 16, 18, 20, 21, 23, 26, 27, 30, 33	1, 7	2, 3, 14	2, 4, 10	2, 4, 6, 7, 9, 11, 13, 17, 24	1
Krabbentaucher*		29				1, 3	
Krähenscharbe*						1	

Vogelart	Bremen (S. 7)	Niedersachsen (S. 26)	Sachsen-Anhalt (S. 174)	Brandenburg (S. 206)	Mecklenburg-Vorpommern (S. 272)	Schleswig-Holstein (S. 330)	Hamburg (S. 467)
Kranich		1, 8, 9, 12, 13, 20, 22, 26, 27, 31, 32	1, 2, 3, 4, 7	1, 2, 3, 4, 6, 7, 9, 11, 13, 14	1, 2, 3, 5, 9, 11, 12	11, 15, 23, 26	1
Krickente	1, 3, 4	1, 2, 3, 8, 9, 10, 12, 18, 19, 20, 26, 27, 28, 30, 32	2	1, 3, 10, 13	1, 2, 3, 14	2, 4, 11, 26	2
Kuckuck	3	9, 19, 26	6	12, 14, 15		24, 26	1
Kurzschnabelgans*		11				2, 3	
Küstenseeschwalbe*		2, 5, 8, 11			4	2, 3, 4, 8, 9, 12, 14, 16, 19, 27	
Lachmöwe		5, 6, 13, 16, 18, 21, 23			1, 2, 4	16, 24, 27	
Lachseeschwalbe*		17, 29					
Löffelente	1, 3, 4	1, 2, 3, 7, 8, 10, 12, 17, 18, 25, 27, 28, 30, 31, 32	3	3, 7, 9	1, 2, 4, 5, 14	13, 19, 22	2
Löffler	3	2, 3, 5, 11, 15, 16, 21, 23, 27, 30, 33				17, 19, 22 , 25, 28	
Mandarinente		14					
Mantelmöwe*					7, 9	3, 5, 14, 22	
Mauersegler				5			
Meerstrandläufer*		2, 6, 11, 23, 29				1, 4, 8, 12, 16	
Mehlschwalbe*					7	8	
Merlin		11, 18		2	6	2, 4, 9, 13, 18	
Misteldrossel		9	6	5			
Mittelmeermöwe		14	2				
Mittelsäger		13, 15			3, 4, 7, 8, 9	3, 4, 6, 8, 12, 14, 15, 16, 27	
Mittelspecht	2	13, 14, 19, 20, 24, 32	1, 4	1, 5, 6, 12, 14	1, 3, 6, 13	20, 23, 29	1
Nachtigall	1, 2,	14, 25, 31	3	4, 6, 7, 9, 11, 14	2, 6		2
Nachtschwalbe*				15			
Nandu*					11		
Nebelkrähe*			1	1	3		
Neuntöter	4	10, 12, 20, 22, 24, 27, 31	1, 2, 4, 5, 7	1, 3, 4, 5, 8, 11, 12, 13, 14, 15	1, 2, 10, 11, 12, 14	12, 29	
Nilgans			3				
Odinshühnchen*					5, 9	2, 17	
Ohrenlerche*		2, 5, 6, 11, 15, 21, 23, 33				1, 2, 4, 5, 7, 9, 24, 25, 28	
Ohrentaucher*					3, 4, 7, 8, 9	6, 15	
Ortolan		22	1	2, 3, 6	6		
Papageitaucher*						3	
Pfeifente	1, 3, 4	2, 3, 5, 10, 11, 13, 15, 17, 21, 25, 27, 28, 30, 31, 32	2, 4	7, 9, 10, 13	1, 3, 4, 5, 8, 9, 11	2, 4, 5, 6, 7, 9, 10, 13, 16, 17, 18, 22, 24, 27, 28	

Vogelart	Bremen (S. 7)	Niedersachsen (S. 26)	Sachsen-Anhalt (S. 174)	Brandenburg (S. 206)	Mecklenburg-Vorpommern (S. 272)	Schleswig-Holstein (S. 330)	Hamburg (S. 467)
Pfuhlschnepfe*		2, 3, 6, 16, 21, 23, 33			4, 5, 9	4, 9, 16, 27, 28	
Pirol	4	19, 20, 22, 26, 27, 31, 32	1, 2, 5, 7	1, 2, 3, 6, 11, 12, 13, 14, 15	2, 10, 11, 12, 14		1
Polarmöwe*						3	
Prachttaucher			2	10	8, 9	3	
Purpurreiher							
Raubseeschwalbe*					2, 3, 5, 9, 10, 14	8, 15	
Raubwürger		1, 18, 20, 26, 27, 31	2, 3, 7	2, 5, 8, 12, 13, 14, 15	1, 5, 12	2, 6	
Rauchschwalbe*						26	
Raufußbussard	3	5, 15, 17	7	2, 14	6	2, 6, 7, 11, 18, 24	
Raufußkauz		20, 24	6				
Rebhuhn	1	8	7				
Regenbrachvogel*		2, 3, 5, 7, 30, 31			3, 5, 10	4, 18	
Reiherente		1, 8, 19, 25	1		1, 3, 8, 11, 13	21, 29	2
Ringdrossel		20	6			4	
Ringelgans*		2, 6, 11, 15, 16, 21, 23, 33			5	2, 4, 7, 9, 16, 22, 24, 28	
Ringeltaube						10	
Rohrammer	3	8				8, 11, 12, 13, 21 ,24	2
Rohrdommel	1	1, 13, 32	1, 3, 5	1, 3, 4, 6, 7, 9, 11, 13	1, 2, 6, 11, 14	2, 7, 13, 20, 25, 26	
Rohrschwirl	4	1, 7, 12, 27, 31, 32	1, 3, 5	1, 3, 4, 6, 7, 9, 13	1, 11, 12, 14	20	1
Rohrweihe	1, 3, 4	1, 2, 3, 5, 7, 12, 13, 15, 16, 18, 26, 27, 28, 32	1, 3, 4, 5	1, 3, 4, 6	1, 2, 3	2, 12, 13, 17, 22, 26, 28	1, 2
Rotdrossel*						1	
Rotfußfalke		9	7				
Rothalsgans*				3		2, 16	
Rothalstaucher		13, 32	1, 3	4, 7, 9	4, 6, 8, 9, 11, 14	23, 25, 27	
Rotmilan		4, 8, 12, 13, 20, 22, 24	1, 2, 4	1, 2, 3, 4, 5, 6, 8	1, 2		
Rotschenkel	3	2, 3, 5, 6, 7, 12, 15, 16, 17, 23, 26, 27, 30, 31, 33	5		4, 5, 10	2, 4, 7, 8, 9, 14, 16, 18, 24, 25, 28	2
Saatgans		3	1, 2	3, 4	1, 2, 3		
Saatkrähe		7					
Säbelschnäbler*	1, 3,	2, 3, 5, 11, 15, 16, 17, 21, 30, 33			5	2, 4, 16, 17, 22	
Samtente		10		10	8, 9	5, 6, 15, 25	
Sanderling*		2, 6, 11, 29				5, 25	
Sandregenpfeifer		2, 3, 5, 16, 17, 21, 23, 26, 27, 33	5	10	3, 4, 5, 10	1, 2, 4, 8, 9, 12, 14, 15, 16, 22, 25, 27, 28	

Vogelart	Bremen (S. 7)	Niedersachsen (S. 26)	Sachsen-Anhalt (S. 174)	Brandenburg (S. 206)	Mecklenburg-Vorpommern (S. 272)	Schleswig-Holstein (S. 330)	Hamburg (S. 467)
Schafstelze						18	
Schellente	2, 4	1, 5, 10, 19, 25, 32	1, 2	1, 3, 4, 5, 6, 10, 11, 13, 14	1, 2, 3, 4, 8, 11, 12, 13	6, 7, 15, 21, 23, 24, 29	
Schilfrohrsänger	1, 3, 4	1, 3, 5, 7, 15, 17, 23, 27, 28, 30, 31	3, 5	1, 3, 4, 13, 14	1, 2	2, 13, 18, 24, 28	
Schlagschwirl		22	1	4, 6, 7, 11, 13, 14	1, 2, 3, 6, 11, 12, 14	20	1
Schleiereule*				2, 4		25	
Schmarotzer-raubmöwe*		29				1, 3, 9	
Schnatterente	1	1, 2, 3, 7, 12	1, 3	3, 7	1, 2, 3, 4		
Schneeammer*		2, 5, 6, 11, 16, 17, 21, 23, 33	6		5	1, 2, 4, 5, 6, 7, 14, 17, 24, 25, 28	
Schreiadler*					2		
Schwalbenmöwe*		29				3	
Schwarzhalstaucher	1	8, 10, 13, 18, 25, 30, 32	3	7, 9	13, 14	20	
Schwarzkehlchen	1, 3	1, 22, 26, 27, 30	3, 5, 7	5, 12, 14, 15		11, 13, 18, 26	
Schwarzkopfmöwe		16				19	
Schwarzkopf-Ruderente*						17	
Schwarzmilan		8, 10, 12, 13, 22, 31	1, 2, 4	1, 2, 3, 4, 5, 6	1, 6, 14		
Schwarzspecht		1, 4, 9, 12, 13, 14, 18, 19, 20, 22, 24, 25	1, 2, 4, 6	1, 5, 8, 12, 15	1, 3, 11, 12	11, 20	1
Schwarzstorch		1, 4, 24	1, 4	2, 6, 11			
Seeadler	3, 4	1, 9, 10, 12, 17, 22, 25, 27, 28, 30, 31, 32	1, 2, 4, 7	1, 2, 3, 4, 6, 7, 9, 13, 14	1, 2, 3, 4, 5, 6, 9, 10, 11, 12, 14	2, 6, 7, 8, 10, 12, 14, 15, 17, 19, 20, 21, 22, 23, 24, 26, 28, 29	1, 2
Seeregenpfeifer*		11				2, 19, 25	
Sichelstrandläufer*				10	5	2, 4, 19	
Silbermöwe		5, 13, 16	2		4, 7	1, 3, 8, 16, 22, 23, 25	
Silberreiher	1	8, 10, 12, 19, 25	2, 4	3, 4, 6	2, 6, 11		
Singschwan	1, 4	3, 17, 18, 22, 25, 26, 27, 30	1, 4	2, 3, 4, 6, 7, 9, 10, 13, 14	1, 2, 3, 5, 6, 8, 9, 13, 14	11, 13, 14, 15, 18, 21, 26, 29	
Skua*		29				3	
Sommer-goldhähnchen*				5			
Spatelraubmöwe*		29				3	
Sperber*	2					4, 10	1
Sperbergrasmücke		22	1, 3, 4, 5	4, 6, 7, 8, 11, 14, 15	2, 4, 10, 11, 12		
Sperlingskauz		20, 24	6	5			
Spießente	1, 4	2, 3, 5, 6, 10, 15, 28, 32		3	3	2, 4, 7, 22, 24	
Spornammer*		23				1, 5, 25	

Vogelart	Bremen (S. 7)	Niedersachsen (S. 26)	Sachsen-Anhalt (S. 174)	Brandenburg (S. 206)	Mecklenburg-Vorpommern (S. 272)	Schleswig-Holstein (S. 330)	Hamburg (S. 467)
Spornpieper*						1	
Sprosser*				7, 11	1, 2, 6, 10, 12		
Star						2, 13	
Steinkauz			7	2			
Steinschmätzer	1	18, 20, 26	2, 5, 6	8, 12, 15		4	
Steinwälzer*		2, 6, 11, 16, 23, 29				1, 4, 9	
Steppenmöwe		14	2	10			
Steppenweihe							
Sterntaucher		11, 29		10	8	1, 3, 4, 5, 6, 9, 15, 23, 25, 27	
Stockente*						26	
Strandpieper*		6, 11, 21, 23, 33				4, 5, 6	
Sturmmöwe		5			2, 4, 7	2, 3, 4, 5, 8, 14, 27	2
Sturmschwalbe*		29				3	
Sumpfläufer*		21			5, 10	2, 8, 12, 19, 24	
Sumpfmeise*	2	14					
Sumpfohreule		2, 7, 11, 16, 21, 23, 30, 31, 33		2		2, 4, 9, 11, 28	
Sumpfrohrsänger*	1	32				11, 13	1
Tafelente		1, 12, 13, 25, 32	1	3	1, 3, 11, 13	21, 29	
Tannenhäher		24	6				
Tannenmeise			6				
Teichhuhn*		8					
Teichrohrsänger	1	8, 32			2		1, 2
Temminckstrandläufer	1	15			5	19	
Thorshühnchen*						3	
Thunberg-Schafstelze*						23	
Tordalk*						1, 3, 6, 27	
Trauerbachstelze*						4	
Trauerente*		11, 23, 33			3, 4, 8, 9, 10, 12	1, 3, 4, 5, 6, 12, 15, 25	
Trauerschnäpper		14, 18, 19, 24		5	6	11, 20	
Trauerseeschwalbe	1	8, 10, 15, 25	1, 3, 4	3, 6, 7, 9, 11	1, 2, 5, 13, 14	2, 13, 21, 24	
Trottellumme*						1, 3	
Tundrasaatgans	4	10, 12, 18, 22, 26, 28	4, 7	2, 6, 7, 9, 13	6, 8, 11	18	
Tüpfelsumpfhuhn	1, 4	31, 32	1, 3	3, 6, 7, 9	2	26	
Turteltaube		20	2, 7	5, 8, 12, 14			
Uferschnepfe	1, 3	3, 5, 6, 7, 11, 15, 16, 17, 28, 30			5	2, 17, 18, 19, 22, 28	
Uferschwalbe		7			4, 5, 7, 10	12, 15, 27	
Uhu		4					1

Vogelart	Bremen (S. 7)	Niedersachsen (S. 26)	Sachsen-Anhalt (S. 174)	Brandenburg (S. 206)	Mecklenburg-Vorpommern (S. 272)	Schleswig-Holstein (S. 330)	Hamburg (S. 467)
Wachtel	1, 4	27, 29	7	2, 11			
Wachtelkönig	1, 4	1, 3, 17, 31	4, 7	2, 3, 7	2	11, 18	1
Waldbaumläufer		24		1			
Waldkauz	2	14, 24				20	
Waldlaubsänger		14, 24		5	12	20	1
Waldohreule						9	1
Waldsaatgans			4	6, 7	6, 8, 11		
Waldschnepfe		9, 20, 24	6	1, 5, 8, 12	6	11, 26	
Waldwasserläufer		4, 9, 19, 20, 26	2	1, 5, 11		26	
Wanderfalke	2	2, 5, 6	6	1	5	2, 5, 7, 9	
Wasseramsel		4, 13	6				
Wasserralle	1, 3, 4	1, 7, 13, 31, 32	2	3, 6	1, 2, 14	2, 13, 20, 26	
Weidenmeise	2	8, 9, 14					2
Weißbart-Seeschwalbe				7, 9	2, 5, 14		
Weißflügel-Seeschwalbe				6, 7, 9	5	2	
Weißstorch		10, 27	1	2, 4, 6, 14	6		
Weißwangengans	1, 3, 4	3, 5, 7, 15, 16, 17, 28, 30, 33			5, 8, 9	2, 7, 9, 13, 17, 19, 22, 23, 24, 27, 28	
Wellenläufer*		6, 29				3	
Wendehals		10, 20, 29, 32	2, 3, 4, 7	5, 8, 11, 12, 14, 15	14		
Wespenbussard		4	1, 2	1, 6, 8	14	1, 10	
Wiedehopf				2, 5, 8, 11, 12, 14, 15			
Wiesenpieper	1, 3, 4	5, 6, 18, 21, 24, 26, 27, 28, 30	2, 6		4, 6	4, 8, 10, 11, 14, 16, 18	
Wiesenschafstelze	1	26	2, 3			26	
Wiesenweihe		3, 7, 15		2		2	
Ziegenmelker		12, 18, 20, 26, 29	1	1, 5, 8, 12			
Zwergammer*						1	
Zwergdommel			3, 5	4, 13			
Zwergmöwe	1	8, 15			1, 2, 9, 11, 13	2, 3, 15, 19, 21, 23, 29	
Zwergsäger	1, 2	1, 8, 10, 12, 25	1, 2, 3	3, 9, 10	1, 2, 3, 5, 8, 9, 11	7, 15, 24	
Zwergschnäpper				1, 5, 6, 11	3, 7, 10, 12	20	
Zwergschnepfe	4					1	
Zwergschwan	1, 4	17, 18, 22, 25, 26, 27, 30	1, 4	2, 4	1, 2, 3, 6, 13	11, 18, 26	
Zwergseeschwalbe*		2, 11, 23, 33			3, 4, 10	2, 4, 8, 12, 15, 16, 22, 25, 27	
Zwergstrandläufer			5	10	5	19	
Zwergtaucher	1	1, 5, 13, 32		3	2	26	2

Liste der wissenschaftlichen Artnamen

A

Acanthis flammea – Birkenzeisig
Accipiter gentilis – Habicht
Accipiter nisus – Sperber
Acrocephalus arundinaceus – Drosselrohrsänger
Acrocephalus palustris – Sumpfrohrsänger
Acrocephalus schoenobaenus – Schilfrohrsänger
Acrocephalus scirpaceus – Teichrohrsänger
Actitis hypoleucos – Flussuferläufer
Aegolius funereus – Raufußkauz
Aix galericulata – Mandarinente
Alauda arvensis – Feldlerche
Alca tarda – Tordalk
Alcedo atthis – Eisvogel
Alle alle – Krabbentaucher
Alopochen aegyptiaca – Nilgans
Anas acuta – Spießente
Anas clypeata – Löffelente
Anas crecca – Krickente
Anas platyrhynchos – Stockente
Anas strepera – Schnatterente
Anser albifrons – Blässgans
Anser anser – Graugans
Anser brachyrhynchus – Kurzschnabelgans
Anser fabalis – Waldsaatgans
Anser serrirostris – Tundrasaatgans
Anthus campestris – Brachpieper
Anthus petrosus – Strandpieper
Anthus pratensis – Wiesenpieper
Anthus richardi – Spornpieper
Anthus spinoletta – Bergpieper
Anthus trivialis – Baumpieper
Apus apus – Mauersegler
Aquila pomarina – Schreiadler
Ardea alba – Silberreiher
Ardea cinerea – Graureiher
Ardenna grisea – Dunkler Sturmtaucher
Arenaria interpres – Steinwälzer
Asio flammeus – Sumpfohreule
Asio otus – Waldohreule
Athene noctua – Steinkauz
Aythya ferina – Tafelente
Aythya fuligula – Reiherente
Aythya marila – Bergente

B

Botaurus minutus – Zwergdommel
Botaurus stellaris – Rohrdommel
Branta bernicla – Ringelgans
Branta canadensis – Kanadagans
Branta leucopsis – Weißwangengans
Branta ruficollis – Rothalsgans
Bubo bubo – Uhu
Bucephala clangula – Schellente
Buteo lagopus – Raufußbussard

C

Calcarius lapponicus – Spornammer
Calidris alba – Sanderling
Calidris alpina – Alpenstrandläufer
Calidris canutus – Knutt
Calidris falcinellus – Sumpfläufer
Calidris ferruginea – Sichelstrandläufer
Calidris maritima – Meerstrandläufer
Calidris minuta – Zwergstrandläufer
Calidris pugnax – Kampfläufer
Calidris temminckii – Temminckstrandläufer
Calonectris borealis – Gelbschnabel-Sturmtaucher
Caprimulgus europaeus – Nachtschwalbe, Ziegenmelker
Carpodacus erythrinus – Karmingimpel
Cepphus grylle – Gryllteiste
Certhia brachydactyla – Gartenbaumläufer
Certhia familiaris – Waldbaumläufer
Charadrius alexandrinus – Seeregenpfeifer
Charadrius dubius – Flussregenpfeifer
Charadrius hiaticula – Sandregenpfeifer
Chlidonias hybrida – Weißbart-Seeschwalbe
Chlidonias leucopterus – Weißflügel-Seeschwalbe
Chlidonias niger – Trauerseeschwalbe
Chroicocephalus ridibundus – Lachmöwe
Ciconia ciconia – Weißstorch
Ciconia nigra – Schwarzstorch
Cinclus cinclus – Wasseramsel
Circus aeruginosus – Rohrweihe
Circus cyaneus – Kornweihe
Circus pygargus – Wiesenweihe
Clangula hyemalis – Eisente
Coccothraustes coccothraustes – Kernbeißer
Coloeus monedula – Dohle
Columba oenas – Hohltaube
Columba palumbus – Ringeltaube
Corvus corax – Kolkrabe
Corvus corone – Nebelkrähe
Corvus frugilegus – Saatkrähe
Coturnix coturnix – Wachtel
Crex crex – Wachtelkönig
Cuculus canorus – Kuckuck
Curruca nisoria – Sperbergrasmücke
Cygnus columbianus – Zwergschwan
Cygnus cygnus – Singschwan
Cygnus olor – Höckerschwan

D

Delichon urbicum – Mehlschwalbe
Dendrocopos major – Buntspecht
Dendrocoptes medius – Mittelspecht
Dryobates minor – Kleinspecht
Dryocopus martius – Schwarzspecht

E

Emberiza calandra – Grauammer
Emberiza hortulana – Ortolan
Emberiza pusilla – Zwergammer
Emberiza schoeniclus – Rohrammer
Eremophila alpestris – Ohrenlerche

F

Falco columbarius – Merlin
Falco peregrinus – Wanderfalke
Falco subbuteo – Baumfalke
Falco vespertinus – Rotfußfalke
Ficedula hypoleuca – Trauerschnäpper
Ficedula parva – Zwergschnäpper
Fratercula arctica – Papageitaucher
Fringilla coelebs – Buchfink
Fulica atra – Blässhuhn
Fulmarus glacialis – Eissturmvogel

G

Galerida cristata – Haubenlerche
Gallinago gallinago – Bekassine
Gallinula chloropus – Teichhuhn
Gavia arctica – Prachttaucher
Gavia stellata – Sterntaucher
Glaucidium passerinum – Sperlingskauz
Grus grus – Kranich
Gulosus aristotelis – Krähenscharbe

H, J

Haematopus ostralegus – Austernfischer
Haliaeetus albicilla – Seeadler
Hippolais icterina – Gelbspötter
Hirundo rustica – Rauchschwalben
Hydrobates leucorhous – Wellenläufer
Hydrobates pelagicus – Sturmschwalbe
Hydrocoloeus minutus – Zwergmöwe
Hydroprogne caspia – Raubseeschwalbe
Jynx torquilla – Wendehals

L

Lanius collurio – Neuntöter
Lanius excubitor – Raubwürger
Lanius minor – Schwarzstirnwürger
Larus argentatus – Silbermöwe
Larus cachinnans – Steppenmöwe
Larus canus – Sturmmöwe
Larus fuscus – Heringsmöwe
Larus glaucoides – Polarmöwe
Larus hyperboreus – Eismöwe
Larus marinus – Mantelmöwe
Larus melanocephalus – Schwarzkopfmöwe
Larus michahellis – Mittelmeermöwe
Limosa lapponica – Pfuhlschnepfe
Limosa limosa – Uferschnepfe
Linaria cannabina – Bluthänfling
Linaria flavirostris – Berghänfling
Locustella fluviatilis – Schlagschwirl
Locustella luscinioides – Rohrschwirl
Locustella naevia – Feldschwirl
Lophophanes cristatus – Haubenmeise
Loxia curvirostra – Fichtenkreuzschnabel
Lullula arborea – Heidelerche
Luscinia luscinia – Sprosser
Luscinia megarhynchos – Nachtigall
Luscinia svecica – Blaukehlchen
Lymnocryptes minimus – Zwergschnepfe
Lyrurus tetrix – Birkhuhn

M

Mareca penelope – Pfeifente
Melanitta fusca – Samtente
Melanitta nigra – Trauerente
Mergellus albellus – Zwergsäger
Mergus merganser – Gänsesäger
Mergus serrator – Mittelsäger
Merops apiaster – Bienenfresser
Milvus migrans – Schwarzmilan
Milvus milvus – Rotmilan
Morus bassanus – Basstölpel
Motacilla alba yarrellii – Trauerbachstelze
Motacilla cinerea – Gebirgsstelze
Motacilla flava – Schafstelze
Motacilla flava flava – Wiesenschafstelze
Motacilla flava thunbergi – Thunberg-Schafstelze

N

Netta rufina – Kolbenente
Nucifraga caryocatactes – Tannenhäher
Numenius arquata – Brachvogel
Numenius phaeopus – Regenbrachvogel

O

Oenanthe oenanthe – Steinschmätzer
Oriolus oriolus – Pirol
Otis tarda – Großtrappe
Oxyura jamaicensis – Schwarzkopf-Ruderente

P

Pandion haliaetus – Fischadler
Panurus biarmicus – Bartmeise
Perdix perdix – Rebhuhn
Periparus ater – Tannenmeise
Pernis apivorus – Wespenbussard
Phalacrocorax carbo – Kormoran
Phalaropus fulicarius – Thorshühnchen
Phalaropus lobatus – Odinshühnchen
Phoenicurus phoenicurus – Gartenrotschwanz
Phylloscopus collybita – Zilpzalp
Phylloscopus inornatus – Gelbbrauen-Laubsänger
Phylloscopus sibilatrix – Waldlaubsänger
Phylloscopus trochiloides – Grünlaubsänger
Phylloscopus trochilus – Fitis
Picus canus – Grauspecht
Picus viridis – Grünspecht
Platalea leucorodia – Löffler
Plectrophenax nivalis – Schneeammer
Pluvialis apricaria – Goldregenpfeifer
Pluvialis squatarola – Kiebitzregenpfeifer
Podiceps auritus – Ohrentaucher

Podiceps cristatus – Haubentaucher
Podiceps grisegena – Rothalstaucher
Podiceps nigricollis – Schwarzhalstaucher
Poecile montanus – Weidenmeise
Poecile palustris – Sumpfmeise
Porzana porzana – Tüpfelsumpfhuhn
Prunella collaris – Alpenbraunelle
Puffinus mauretanicus – Balearensturmtaucher
Puffinus puffinus – Atlantiksturmtaucher

R
Rallus aquaticus – Wasserralle
Recurvirostra avosetta – Säbelschnäbler
Recurvirostra avosetta – Lachseeschwalbe
Regulus ignicapilla – Sommergoldhähnchen
Remiz pendulinus – Beutelmeise
Rhea americana – Nandu
Riparia riparia – Uferschwalbe
Rissa tridactyla – Dreizehenmöwe

S
Saxicola rubetra – Braunkehlchen
Saxicola rubicola – Schwarzkehlchen
Scolopax rusticola – Waldschnepfe
Sitta europaea – Kleiber
Somateria mollissima – Eiderente
Spatula querquedula – Knäkente
Stercorarius longicaudus – Falkenraubmöwe
Stercorarius parasiticus – Schmarotzerraubmöwe
Stercorarius pomarinus – Spatelraubmöwe
Stercorarius skua – Skua
Sterna albifrons – Zwergseeschwalbe
Sterna hirundo – Flussseeschwalbe
Sterna paradisaea – Küstenseeschwalbe
Streptopelia turtur – Turteltaube
Strix aluco – Waldkauz
Sturnus vulgaris – Star
Sylvia curruca – Dorngrasmücke

T
Tachybaptus ruficollis – Zwergtaucher
Tadorna tadorna – Brandgans
Tetrao urogallus – Auerhuhn
Thalasseus sandvicensis – Brandseeschwalbe
Tringa erythropus – Dunkler Wasserläufer
Tringa glareola – Bruchwasserläufer
Tringa nebularia – Grünschenkel
Tringa ochropus – Waldwasserläufer
Tringa totanus – Rotschenkel
Turdus iliacus – Rotdrossel
Turdus torquatus – Ringdrossel
Turdus viscivorus – Misteldrossel
Tyto alba – Schleiereule

U, V, X, Z
Upupa epops – Wiedehopf
Uria aalge – Trottellumme
Vanellus vanellus – Kiebitz
Xema sabini – Schwalbenmöwe
Zapornia parva – Kleines Sumpfhuhn

Liste der Beobachtungsplätze